国家科学技术学术著作出版基金资助出版

无机闪烁晶体及其应用

任国浩　秦来顺 等　编著

科 学 出 版 社

北　京

内 容 简 介

无机闪烁晶体经历了半个多世纪的发展，如今已经成为功能晶体材料中一颗璀璨的明珠。本书在广泛汲取国内外相关文献的基础上，结合作者所在单位过去四十多年所开展的相关研究工作，比较系统地总结了典型无机闪烁晶体材料的结构和性能特征、闪烁发光机理、晶体缺陷、晶体制备的关键技术以及商用无机闪烁晶体在辐射探测技术领域的应用情况。全书共 8 章，第 1 章和第 2 章从闪烁发光的基本概念和基本原理入手，以简洁通俗的方式阐述闪烁晶体的发光过程、发光机理，以及闪烁性能的测试和表征方法。第 3～第 7 章按照材料的化学成分分别对卤化物、锗酸铋、钨酸盐、硅酸盐和铝酸盐等五个类别中的典型闪烁晶体进行介绍，阐述其结构、性能、生长方法、生长缺陷，以及制备技术等。第 8 章集中展示了闪烁材料在核物理、高能物理、核医学和安全检测等主要领域的应用。

本书可作为从事人工晶体材料研究和开发工作的科研人员、工程技术人员，以及材料专业的本科生、研究生使用，也可供辐射探测技术开发与应用专业的工程技术人员参考。

图书在版编目（CIP）数据

无机闪烁晶体及其应用 / 任国浩等编著. —北京：科学出版社，2024.3

ISBN 978-7-03-077741-6

Ⅰ. ①无…　Ⅱ. ①任…　Ⅲ. ①无机材料-闪烁晶体　Ⅳ. ①O7

中国国家版本馆CIP数据核字（2023）第252853号

责任编辑：牛宇锋 / 责任校对：任苗苗
责任印制：吴兆东 / 封面设计：有道文化

科 学 出 版 社 出版
北京东黄城根北街 16 号
邮政编码：100717
http://www.sciencep.com
北京中石油彩色印刷有限责任公司印刷
科学出版社发行　各地新华书店经销
*
2024 年 3 月第 一 版　开本：720 × 1000 1/16
2025 年 1 月第二次印刷　印张：37
字数：743 000

定价：298.00 元

（如有印装质量问题，我社负责调换）

编著人员名单

吴云涛　杨　帆　任国浩
陈俊锋　史宏声　丁栋舟
冯　鹤　秦来顺　魏钦华

前　言

无机闪烁晶体是一种重要的光功能晶体材料，它在吸收 X 射线、γ 射线等高能射线或粒子后发射出波长从紫外到近红外的低能光子。闪烁晶体与光敏元件耦合在一起所组成的闪烁探测器是辐射探测装备中必不可少的核心器件，其诞生与发展一直伴随着人类认识物质世界的步伐，19 世纪末至 20 世纪初掀起了轰轰烈烈的科学大发现，从 1895 年伦琴发现 X 射线、1896 年贝克勒尔发现铀射线到居里夫人发现放射性，人类对物质世界的探索从宏观深入到微观。在揭示原子结构和微观粒子的过程中，闪烁材料将看不见的射线转化成可以探测的光信号，从而突破了人类感觉器官的局限。自从 1948 年物理学家罗伯特·霍夫施塔特(Robert Hofstadter)发现了掺铊碘化钠晶体以来，基于闪烁晶体的辐射探测器因其优异的性能而被广泛应用于核物理、高能物理、国土安全、医学诊断和资源勘探等领域，成为“人类探索微观世界的眼睛”，为人类认识世界和改造世界发挥了重要作用。

我国对闪烁晶体的研究始于 20 世纪 60 年代，为配合国家核技术的研发，国内多家单位开展了掺铊碘化钠闪烁晶体和辐射探测器的研制。80 年代，在国际高能物理大科学工程的牵引下，中国科学院上海硅酸盐研究所(简称上海硅酸盐所)联合北京玻璃研究院、中国科学院高能物理研究所和同济大学等单位相继开展了 BGO、BaF_2、CeF_3、CsI:Tl 和 $PbWO_4$ 等晶体的研发和生产，先后为欧洲核子研究中心(CERN)大型正负电子对撞机(LEP) L3 实验、美国斯坦福直线加速器(SLAC) Barbar 实验、日本高能加速器研究所(KEK) Belle 实验、欧洲核子研究中心大型强子对撞机 CMS 实验，以及我国北京正负电子对撞机(BEPCII) BesⅢ谱仪和“悟空”号暗物质粒子探测卫星等大型前沿物理设施提供了大量闪烁晶体。随后，高质量 BGO 晶体又在 PET 等核医学装备获得大规模成功应用。进入 21 世纪以来，核医学、安全检测和粒子物理学的需求推动了硅酸钇镥和溴化镧等高亮度、高分辨和快响应闪烁晶体的发展，钙钛矿闪烁晶体在个别性能指标上已经突破传统闪烁晶体的性能局限，表现出巨大的性能优势。如今，传统闪烁晶体的质量在不断改进，产量在不断提升，应用目标也由传统领域向新兴领域扩展，新型闪烁晶体如雨后春笋般不断涌现，从事闪烁晶体研究的科研机构和人数也在迅速增加，特别是企业的参与度也越来越高，在某些晶体的开发和产业化方面甚至表现出引领的趋势。

在这种形势下，作者根据所在单位——上海硅酸盐所在闪烁晶体研究方面的多年积累，结合国内外文献调研和梳理，编撰出《无机闪烁晶体及其应用》一书，旨在提高和加深人们对闪烁晶体材料的认知和理解，推动和促进我国闪烁晶体材料的基础研究、技术开发和商业应用。

本书以无机闪烁晶体材料为对象，集中阐述闪烁晶体的发光机理、闪烁性能测试和表征方法，以及若干典型闪烁晶体的性能特征，重点选取已经获得商业应用或产生了重要科学价值的无机闪烁晶体进行介绍，并按照晶体的化学成分进行分类讨论，着重阐述这些材料的晶体结构、闪烁性能、制备方法、生长缺陷，以及制备技术等。第 1 章阐述闪烁发光的基本概念和基本原理(由吴云涛主笔)，第 2 章介绍闪烁性能的测试原理和表征方法(由杨帆主笔)，第 3 章介绍卤化物闪烁晶体(由任国浩主笔)，第 4 章介绍锗酸铋闪烁晶体(由陈俊锋主笔)，第 5 章介绍钨酸盐闪烁晶体(由史宏声主笔)，第 6 章和第 7 章分别介绍硅酸盐闪烁晶体和铝酸盐闪烁晶体(由丁栋舟和冯鹤主笔)。第 8 章集中介绍闪烁材料在核物理、高能物理、核医学等主要领域的应用，以及未来的应用需求(由秦来顺和魏钦华主笔)。全书由任国浩负责统稿和审定。

虽然我们希望本书能尽可能全面深入地展示无机闪烁晶体材料的研究成果和最新进展，但受限于作者的理论水平和认知能力，对资料的搜集和提炼还不到位，对闪烁发光机理的认识还不够深入，书中难免存在遗漏、缺点、不足，敬请读者批评指正。

本书在编写过程中得到了宁波大学陈红兵教授、北京玻璃研究院张明荣教授、同济大学顾牧教授和上海硅酸盐所冯锡淇研究员的大力支持。书中许多插图的绘制和精修得到了成双良、王谦、舒昶、郑中秋、向鹏、何君雨等多位研究生的帮助。本书的出版得到了国家科学技术学术著作出版基金、上海硅酸盐所和中国计量大学的资助，在此一并致谢！

谨以此书献给导师殷之文院士！

作　者

2023 年 6 月

目　录

第1章　无机闪烁晶体的发光机理

无机闪烁晶体是一类重要的辐射探测材料，可将高能量的射线或粒子转换成一束紫外、可见，甚至近红外波段的光子。闪烁发光过程的本质是辐射能量的吸收和转化过程，整个能量转换主要涉及电离转换、载流子输运和复合发光等过程。在上述过程中，由于存在形式各异的非辐射跃迁而直接或间接地影响到闪烁材料的性能表现，从而闪烁过程比一般的发光过程要复杂得多。为了能更好地阐明性能表象背后的物理过程，也为了能进一步设计和制备出新型高性能闪烁材料，对闪烁发光机理的理解就显得尤为重要。因此，本章将从辐射对物质的主要作用方式出发，介绍能量的吸收和激发过程、能量的传递过程和光发射过程。然后介绍可能影响无机闪烁晶体发光效率的因素，如电子-声子耦合、光电离猝灭、电荷转移猝灭、浓度猝灭和自吸收等。最后，简要介绍辐射对晶体闪烁性能的影响以及若干典型无机闪烁晶体的抗辐照损伤性能。

1.1　辐射与物质的相互作用

闪烁晶体主要用于探测 α 粒子、电子、质子、高能光子(X 射线和 γ 射线)及中子等。按照粒子或射线的种类及其与晶体的作用方式，可以将上述相互作用分为：带电粒子与物质的相互作用、高能光子与物质的相互作用，以及中子与物质的相互作用等。下面将按照以上三个方面分别进行介绍。

1.1.1　带电粒子与物质的相互作用

带电粒子主要包括 α 粒子、电子、质子和介子等。这些粒子在闪烁晶体中主要发生非弹性碰撞(导致带电粒子损失能量)、弹性碰撞(通常不会导致显著的能量损失)、切连科夫辐射及穿越辐射(能量损失很小)。其中非弹性碰撞包括带电粒子与闪烁晶体原子核外电子的电离和激发、带电粒子与闪烁晶体原子核直接作用所产生的轫致辐射。弹性碰撞是带电粒子与原子核及核外电子发生的库仑散射(图 1.1.1)。

上述过程中与闪烁过程直接相关的是电离和激发过程。电离过程中入射带电粒子与物质原子核外的电子发生库仑相互作用而损失能量，同时核外电子获得能量，当电子获得的能量足以克服原子核的束缚时，电子就脱离原子成为自由电子，形成正离子和自由电子。若内壳层电子被电离后，该壳层留下的空穴由外层电子

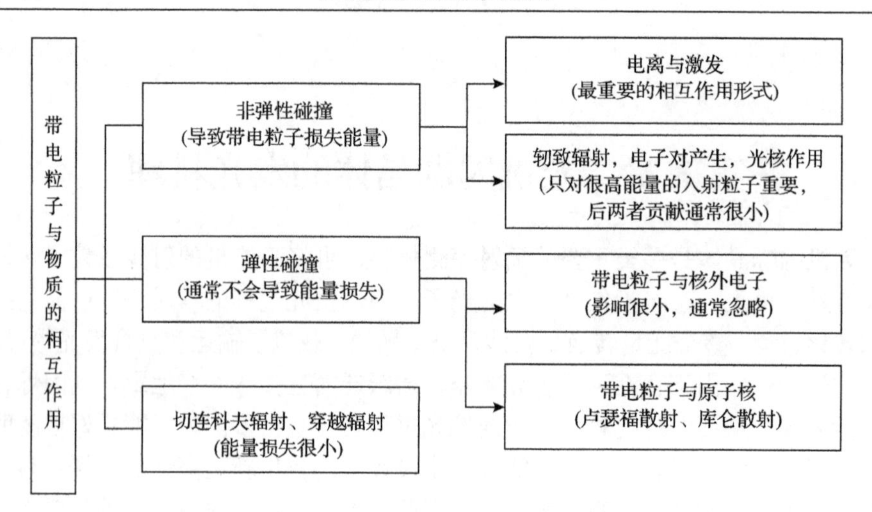

图 1.1.1　带电粒子与物质的相互作用

跃迁来填补，同时放出特征 X 射线或俄歇电子。如果获得能量较少，不足以克服原子核的束缚成为自由电子，核外电子将从低能级跃迁到较高的能级，这就是原子的激发。处于激发态的原子不稳定，作短暂停留后，将从激发态跃迁回到基态，这就是退激发过程。退激发时，激发态与基态之间的能量差以光的形式发射出来。

带电粒子穿过物质时，把能量传递给行径路程上的物质所引起的能量损失($-\mathrm{d}E/\mathrm{d}x$)称为平均能量损失率，简称为“能量损失”或“能损”，单位是 MeV/cm，但当 dx 采用 g/cm^2 的单位时，能损的单位是 MeV/(g/cm^2)。入射粒子损失掉的能量，一部分用于对靶原子的激发和电离，另一部分用于靶原子的整体运动[1]。同时，入射粒子因不断损失能量，速度逐渐减小而慢化，因此能量损失过程又被称为阻止过程，$-\mathrm{d}E/\mathrm{d}x$ 也被称作“阻止能力”(stopping power)。

入射的带电粒子与靶物质中原子核外的束缚电子发生非弹性碰撞的过程中，相互作用的形式主要是使物质中的原子发生激发和电离，并以电离过程为主。电离发射的电子往往具有较高的能量，因而又会引起其他原子的电离，即产生次级电离，所有的次级电离和原初电离累积在一起构成总电离。由上述两种方式引起的能量损失合称为电离损失(ionization loss)。带电粒子的平均电离损失可用 Bethe-Bloch 半经验公式来表达[1]：

$$\left(-\frac{\mathrm{d}E}{\mathrm{d}x}\right)_{\mathrm{ion}}=\frac{4\pi N_{\mathrm{A}}z^2e^4}{m_{\mathrm{e}}V^2}\cdot\frac{Z}{A}\cdot\left[\ln\frac{2mV^2}{\overline{I}\left(1-\beta^2\right)}-\beta^2\right] \tag{1-1}$$

式中，m、z 和 V 分别为入射粒子的质量、电荷和运动速度；m_{e} 是电子的静止质量；$\beta=V/c$(c 是光速)；Z 和 A 分别是靶物质的原子序数和原子量；x 是带电粒子在靶物质中的行程，单位是 g/cm^2；N_A 是阿伏伽德罗常数；$\bar{I}$ =13.5Z(eV)是靶物质的平均电离势。

式(1-1)是对粒子穿越物质时因电离和激发过程所损失能量的一种近似描述。它表明，电离能量损失通过系数 Z/A 与靶物质的性质有关(如 He 和 U 的 Z/A 分别为 0.5 和 0.39)，与入射粒子电荷(z)的平方成正比，与入射粒子的速度(V)的平方成反比。重带电粒子的电离能损是同等速度电子电离能损的 z^2 倍。假如在一个原子序数为 A 的闪烁晶体中，质子的能量损失 dE/dx>300MeV/cm，这样的电离损失将产生大约每厘米 10^7 电子激发态，因此在质子穿越的行程中将电离或激发出次级或更次一级的原子，在被重带电粒子辐照的固体中会出现一个沿粒子穿越途径分布的完全电离区。电离能损随着入射粒子速度 V 的降低而增加，这是因为速度低的粒子在束缚电子附近停留的时间长，相互作用的可能性大，能量损失多。低能电子、质子、α 粒子和重粒子都是弱渗透粒子，只需要很薄一层闪烁晶体就足以实现对这些粒子的探测。

Bethe-Bloch 公式描述的是由于电离和激发过程导致的能量损失，当入射粒子的能量很高时(如 E>1TeV)，辐射能量损失开始起重要作用，其中最重要的是轫致辐射。当高速带电粒子在原子核库仑场的作用下速度迅速降低，动能减少，减少的这一部分动能以电磁波(光子)的形式发射出来，这种辐射叫轫致辐射(bremsstrahlung)，由轫致辐射所造成的能量损失叫辐射损失(radiation loss)。单位路程上因轫致辐射损失的能量$(-\mathrm{d}E/\mathrm{d}x)_{\mathrm{rad}}$与入射粒子的电荷($Z_p$)、质量($M_p$)和靶核的电荷($Z_t$)之间的关系为[2]

$$\left(-\frac{\mathrm{d}E}{\mathrm{d}x}\right)_{\mathrm{rad}} \propto \frac{Z_p^2 Z_t^2}{M_p^2} N E_p \tag{1-2}$$

式中，Z_p、M_p 分别为入射粒子的电荷、质量；Z_t 为靶核的电荷；N 和 E_p 分别为靶物质中单位体积内的原子数和入射粒子的能量。由此可见，此能量损失与 M_p^2 成反比，与 Z_p^2 成正比，对于质荷比 M_p/Z_p 比较大的重带电粒子，其轫致辐射可以忽略不计。而对于电子——这个最轻的带电粒子，它的能损又与 Z_t^2 成正比，所以当入射电子的能量较大且靶物质中的原子序数较高时，由电子引起的辐射能损将非常显著。例如，在入射速度相同的情况下，电子的辐射能损是 α 粒子和质子的辐射能损的 10^6 倍，因此电子的轫致辐射是最重要的能量损失机制，其效应是使入射电子损失能量并在吸收介质中产生次级电离效应和热效应。

除轫致辐射的能量损失之外，还有一些其他的辐射机制也会造成能量损失，特别是在高能情况下，入射粒子在原子核库仑场的作用下生成电子-正电子对。这种机制引起的能量损失甚至比轫致辐射能损还要大。

高能光子或电子(包括正电子)与物质相互作用的主要能损机制是产生正-负电子对和韧致辐射，电子对或韧致辐射产生次级电子和光子，次级电子和光子可以再次发生更次级的类似过程，犹如雪崩般级联发展，直到电子的能量等于临界能量为止，这种现象称为电磁簇射(electromagnetic shower)。电磁簇射经过多次散射，其横向宽度逐渐变大，但约 95%的电子簇射能量沉积在一个相对狭小的区域内，其空间分布可以描述为一个以入射粒子的径迹为轴线、轴半径为 $2R_M$ 的圆柱体。

为此引入辐射长度和莫里哀半径两个物理量：辐射长度(X_0)是指高能电子通过韧致辐射将其能量损失到入射能量的 1/e 时所经过的平均路程(e 为自然对数常数)，其表达式为[1]

$$X_0 = \frac{A}{4\alpha N_A Z(Z+1) r_e^2 \ln(183/Z^{1/3})} \tag{1-3}$$

式中，$\alpha = 1/137$ 称为精细结构常数；$r_e = e^2 m_e c^2$ 是电子的经典半径。

但实际工作中计算单质的辐射长度(X_0)时经常使用的是经验公式[3]：

$$X_0 = \frac{716.4A}{Z(Z+1)\ln\left(287/\sqrt{Z}\right)} \tag{1-4}$$

化合物的辐射长度可近似地由式(1-5)计算[3]：

$$\frac{1}{X_0} = \sum_i \frac{w_i}{X_0^i} \tag{1-5}$$

式中，X_0^i 和 w_i 分别为 i 元素的辐射长度及 i 元素在化合物中所占的质量分数。

式(1-3)和式(1-4)表明，辐射长度的定义通常以电子为入射粒子，因此 X_0 只依赖于物质性质，正比于物质的原子量(A)，随原子序数(Z)的增加而减小。辐射长度的单位为 g/cm^2，经常也采用 cm 为单位，二者之间的换算关系是 $X(\text{cm}) = X_0/\rho$ (ρ 为物质的密度)。

X_0 是评价闪烁晶体的重要参数之一，其数值越小表明阻挡射线的本领越强，从而有利于建造出体积更小、结构更紧凑、造价更低廉的辐射探测器，这对于高能物理中建造大型电磁量能器尤为重要。

莫里哀半径(R_M)用来表征电磁簇射的横向分布特征。它在本质上与辐射长度(X_0)相关，同时也与入射粒子的临界能量(E_c)有关。对于电子，当电离能损与辐射能损相等时所对应的入射能量称为临界能量(E_c=800MeV/Z)。R_M 与 X_0 和 E_c 的关系是[3]

$$R_M = \frac{E_s X_0}{E_c} = \frac{21.2 X_0}{E_c} \tag{1-6}$$

式中，$E_s = \sqrt{4\pi / \alpha} m_e c^2 = 21.2\text{MeV}$，称为标度能量。

化合物的莫里哀半径可以表示为[3]

$$\frac{1}{R_M} = \frac{1}{E_s} \sum_j \frac{w_j E_{cj}}{X_{0j}} \tag{1-7}$$

式(1-4)、式(1-6)和式(1-7)表明，莫里哀半径的大小与辐射长度相关，有效原子序数高、密度大的材料具有较小的莫里哀半径。R_M值小有助于降低入射粒子横向簇射的空间范围，减少其他粒子对能量测量的干扰。

1.1.2　高能光子与物质的相互作用

X 射线和 γ 射线都是电磁辐射，其波长比紫外辐射的波长短很多。近代物理学已经确认光具有波粒二象性，由于 X 射线和 γ 射线波长短、能量大，在与物质相互作用时会表现出更明显的粒子性特征。X 射线和 γ 射线本身没有直接的电离和激发效应，无法被直接探测到。但是当它们穿过物质时，由于和原子核外电子或原子核存在电磁相互作用，因而会产生一些效应。光子与物质的相互作用是一种单次性的随机事件：要么发生作用后消失或转换为另一光子，要么不发生作用而穿过物质。光子与物质的相互作用主要有三种形式：光电效应、康普顿效应和电子对效应。

1. 光电效应

γ光子射入到某种物质并与物质原子的内层(通常为K层)电子发生电磁作用，光子被吸收而把全部能量交给一个内层电子，使其脱离原子，同时在内层留下一个空穴位(图 1.1.2(a))[3]。习惯上把这个脱离原子的电子叫作光电子，这种效应就叫光电效应。该光电子的能量(E_e)等于入射 γ 光子的能量减去该电子在原子中的结合能[2]，即

$$E_e = E_\gamma - E_b \tag{1-8}$$

式中，E_γ为入射 γ 光子的能量；E_b为电子在原子中的结合能。结合能越小，产生光电效应的概率就越大。

同时，原子的内层电子被电离后留下的一个空位，使原子处于激发状态。处于激发态的原子是不稳定的，会通过适当的方式回到基态，即退激过程。退激过

程可以通过两种竞争方式来实现：一种是原子外层更高轨道上的电子跃迁到内层来填补这个空位，内、外层电子的结合能之差以辐射光子的形式释放，如发射软X射线(图 1.1.2(b))；另一种是非辐射能量转移，将能量转移给另一个电子，得到能量的电子从原子中发射出来成为自由电子(图 1.1.2(b))，这就是所谓的俄歇(Auger)电子。例如，一个能量为 30keV 的光子在与氙原子相互作用时，大约有86%的能量通过光电效应被 K 层电子所吸收，剩余 14%被 L 或 M 层的电子所吸收。K 层电子被激发后所留下的空位在捕获更高能级的电子时，有 87.5%的能量转化成了特征 X 射线，另外的 12.5%的能量在退激时发射出俄歇电子。

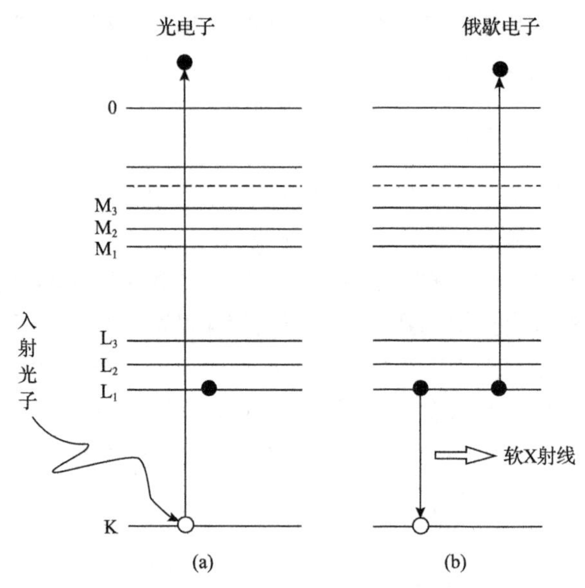

图 1.1.2　光电效应(a)与退激过程(b)示意图

如果所形成的光电子的能量大于固体物质中电子的逸出功，这些电子便会从固体物质的表面逸出，形成外光电效应，光电倍增管就是基于这个原理研制出来的。如果光电子所获得的能量小而不足以从固体表面射出，则会形成电子-空穴参与到晶体的能量传输过程中，这就是所谓的内生光电效应。光电效应是低能 γ 射线、X 射线与物质作用的主要方式，由光电效应所引起的能量吸收截面(σ_{ph})与入射 γ 光子的能量(E_γ)和物质中电子的结合能(E_b)或原子序数(Z)有关[1]。

当 E_γ 略大于 E_b 时，

$$\sigma_{ph} \propto \frac{Z^5}{E_\gamma^{3.5}} \tag{1-9}$$

当 $E_\gamma \gg E_b$ 时，

$$\sigma_{ph} \propto \frac{Z^5}{E_\gamma} \tag{1-10}$$

可见，光电效应在低能 γ 射线和高 Z 值的材料中表现得最为突出。

2. 康普顿效应

能量为 $E_\gamma(E_\gamma=h\nu_0)$ 的 γ 光子与物质原子中的电子发生非弹性碰撞，入射光子的能量一部分被物质中的自由电子散射，光子损失了能量，改变了方向，成为康普顿散射光子；另一部分能量以动能的形式传递给反冲电子，成为它的动能(E_e)，并沉积在周围介质中(图 1.1.3)。这一效应称为康普顿-吴有训效应，或简称康普顿效应。

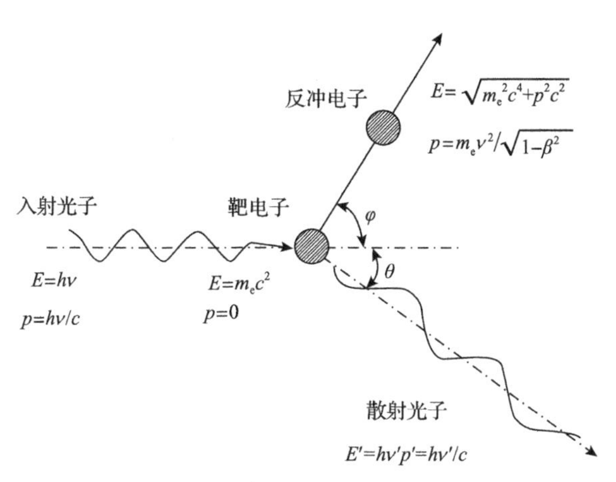

图 1.1.3　康普顿效应原理示意图

由于射线的能量远大于电子起始结合能，可以把被击中的电子看作是自由的和非束缚的，这一过程可以视作具有一定动能和动量的 γ 光子与静止的自由电子之间的弹性碰撞。根据动量和能量守恒原理，散射光子的能量(E'_γ)与入射光子的能量(E_γ)和散射角(θ)之间的关系为[4]

$$E'_\gamma = \frac{E_\gamma}{1+\alpha(1-\cos\theta)} \tag{1-11}$$

康普顿反冲电子所获得的能量 E_e 为

$$E_e = \frac{E_\gamma \alpha(1-\cos\theta)}{1+\alpha(1-\cos\theta)} \tag{1-12}$$

式中，$\alpha=E_\gamma/m_e c^2$，m_e为电子的静止质量，c为光速；θ为康普顿散射光子与光子入射方向的夹角，称为散射角。

从式(1-11)和式(1-12)可以看出，在入射能量一定时，康普顿散射光子和反冲电子的能量都与散射角有关。当θ=0°时，没有发生散射，$E'_\gamma = E_\gamma$，E_e=0；当θ=180°时，光子向相反方向散射，称为反散射，散射光子能量最小，$E'_\gamma = E_\gamma/(1+2\alpha)$，反冲电子的能量最大，$E_{\max} = 2\alpha E_\gamma/(1+2\alpha)$。当散射角$\theta$从0°到180°时，康普顿反冲电子有一个连续的能量分布，即从0到最大值$E_{\max}$。

如果康普顿散射光子从闪烁晶体中射出，则仅有康普顿反冲电子的能量传递给闪烁晶体。多数情况下，散射光子留在闪烁晶体内，并通过与闪烁晶体发生光电效应而产生次级电子，次级电子的能量与康普顿反冲电子的能量叠加在一起。由于散射光子被闪烁晶体吸收的概率随闪烁晶体尺寸的增加而增加，所以康普顿效应对整个光输出的贡献随闪烁晶体尺寸的增大而增加。而反冲电子的能量随着散射角的变化而连续变化，因此形成的脉冲在γ射线能谱中对应连续的康普顿电子的平台，其最大能量的边缘为康普顿反冲电子的最大能量值。由于康普顿平台的能量并没有反映γ射线能量，在能谱中占比越大，则相应全能峰的占比就要越小，从而影响γ射线测量，所以γ谱仪希望康普顿连续谱占比越小越好。

康普顿效应的吸收截面(σ_c)随入射γ光子能量的增加而降低，随原子序数的增加而增加[1]，即

$$\sigma_c \propto Z / E_\gamma \tag{1-13}$$

3. 电子对效应

当入射γ光子的能量(E_γ)超过相当于两个电子静止质量之和($2m_e c^2$)(即1.022MeV)时，在原子核或电子的库仑场作用下γ射线湮灭，产生一对正负电子，即$\gamma \rightarrow e^+ + e^-$，称作电子对或电子偶(图1.1.4)。正负电子对的总动能(E_p)为

$$E_p = E_\gamma - 1.022\ (\text{MeV}) \tag{1-14}$$

电子对效应中所产生的正电子是不稳定的，在静止电子场中会与电子湮灭，产生2个能量为0.511MeV的光子，这种现象被称为湮灭辐射(图1.1.4)。湮灭产生的光子能量如果足够大，则仍可通过电子对效应产生次级电子。次级电子的能量被物体吸收，所产生的脉冲将会叠加到电子对所产生的脉冲上，当所有多次效应过程的能量都被吸收时，将在γ能谱中获得γ射线全能峰。如果正电子湮灭产生的一个光子飞离物体，将在能谱图上能量位置为$E_\gamma - m_e c^2$处形成一个单逃逸峰；如果两个光子全都飞离，能谱图上能量位置为$E_\gamma - 2m_e c^2$处将形成双逃逸峰。同

样，单逃逸峰和双逃逸峰占比越小越好。

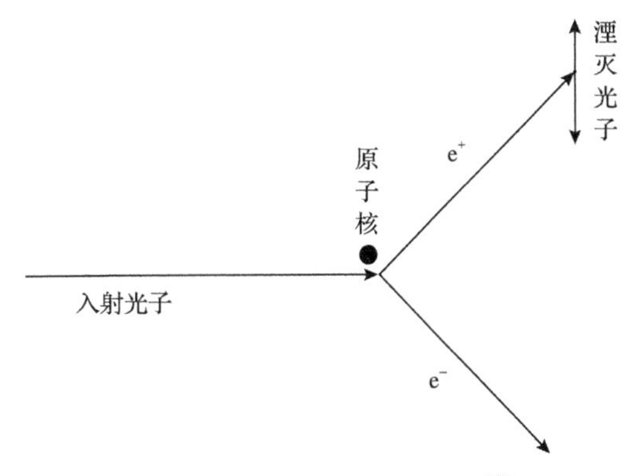

图 1.1.4　电子对效应示意图[2]

正负电子对效应的吸收截面(σ_{pr})与原子序数(Z)和入射光子的能量(E_γ)之间的关系是[1]

$$\sigma_{pr} = Z^2 \ln 2E_\gamma \tag{1-15}$$

当入射能量达到 5GeV，产生电子对的概率达到最大，不再随能量的增加而增长。在自由电场中，产生电子对的起始能量是 $E_\gamma>4m_ec^2$，但发生概率比在原子核中要小千倍。

当 X 射线或 γ 射线入射到介质当中，由于光电效应、康普顿效应和电子对效应三种过程的作用，使得总的吸收截面可表示为[1]

$$\sigma_T = \sigma_{ph} + \sigma_c + \sigma_{pr} \tag{1-16}$$

上述三种效应中，前两种是 γ 光子与核外电子相互作用的结果，后一种是 γ 光子与原子核电磁场相互作用的结果。式(1-9)和式(1-10)表明，光电效应在低能 γ 光子与高原子序数(Z)物质中占优势；而式(1-15)表明，电子对效应在高能 γ 光子和高原子序数物质中占优势；康普顿效应居于二者之间(图 1.1.5)。这三种效应中，光电效应和电子对效应所发射的电子能量单一，适用于 γ 射线能量的测量。因此对用作 γ 射线探测器的闪烁材料要求其原子序数尽可能大。

光子通过以上形式的相互作用产生次级电子，损失全部或部分能量，并转换为次级电子的能量。对光子的探测是通过这些次级电子与物质的相互作用进行的，即首先把光子“转换”为带电粒子，然后通过探测这些次级带电粒子实现对光子的探测。

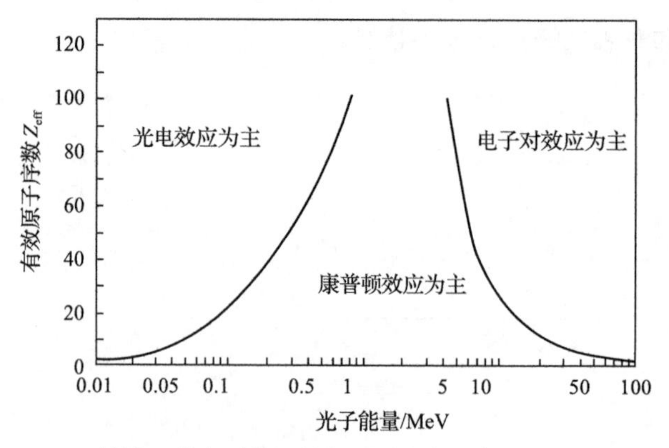

图 1.1.5　γ 射线三种主要作用的相对强度与入射光子能量的关系[5]

当一束初始强度为 I_0 的 γ 射线或 X 射线入射到厚度为 x 的物质，射线(光子)的部分能量被吸收，部分穿过物质。如果光子与物质发生光电效应或电子对效应，则光子完全被物质所吸收。穿过物质的光子通常由两部分组成，一部分是没有发生相互作用的光子，另一部分是发生过一次或者多次康普顿效应的散射光子，其能量和方向均发生了变化。当一束不包含散射成分的单能窄束 γ 射线穿过一定厚度的物质，因与物质之间发生了以上三种作用而被晶体所吸收，入射射线的能量被吸收后其强度(I_0)将逐渐衰减，并服从指数衰减规律[2]：

$$I = I_0 \exp(-\mu x) \tag{1-17}$$

式中，μ 为物质的衰减系数，或称为线性吸收系数。对于一定能量的 γ 射线和具体的吸收物质而言，μ 为一常数，单位 cm^{-1}。实际工作中经常采用质量吸收系数 μ_m，$\mu_m=\mu/\rho$(ρ 是密度)，单位是 cm^2/g。

γ 射线主要与电子发生作用，在能量非常高时才与原子核发生作用，在一般的能量范围内可以忽略不计。这样，吸收系数 μ_m 可以表示为[5]

$$\mu_m = \frac{dI}{I dx} = n_e \sigma_T \tag{1-18}$$

式中，n_e 是单位体积内的电子数(电子密度)，对于原子量为 A、密度为 ρ、原子序数为 Z 的物质，$n_e=N_A \cdot \rho \cdot Z/A$；$\sigma_T$ 是物质对高能光子总的吸收截面。这里的截面并非几何截面，而是一个原子对射线起作用的概率大小的表示，但它的量纲确实是面积单位，它等于光电效应、康普顿效应和电子对效应三种吸收截面的加和，见式(1-16)。

式(1-18)给出了衰减系数与晶体内电子密度和吸收截面的正比关系。对于化合物 $A_xB_yC_z$，其质量吸收系数可表示为[1]

$$\mu_{m} = W_{A}\mu_{mA} + W_{B}\mu_{mB} + W_{C}\mu_{mC} \tag{1-19}$$

式中，μ_{mA}、μ_{mB} 和 μ_{mC} 分别是元素 A、B 和 C 的质量吸收系数；W_{A}、W_{B} 和 W_{C} 分别是化合物 $A_xB_yC_z$ 中 A、B、C 原子所占的质量分数，例如对于 W_{A}，其计算方法是[1]

$$W_{A} = \frac{xM_{A}}{xM_{A} + yM_{B} + zM_{C}} \tag{1-20}$$

式中，M_{A}、M_{B} 和 M_{C} 分别为元素 A、B 和 C 的原子量。

相应地，化合物晶体 $A_xB_yC_z$ 的原子序数应该是有效原子序数(Z_{eff})，在入射能量不高，光子与晶体之间以光电效应为主的条件下，Z_{eff} 可以近似地参照下述公式计算[1]：

$$Z_{eff} = \left(W_{A}Z_{A}^{4} + W_{B}Z_{B}^{4} + W_{C}Z_{C}^{4}\right)^{1/4} \tag{1-21}$$

式中，Z_{A}、Z_{B} 和 Z_{C} 分别为元素 A、B 和 C 的原子序数。

1.1.3　中子与物质的相互作用

中子不带电，无法直接与物质中的电子发生相互作用，它与物质相互作用主要是通过与原子核的强相互作用进行的。中子与物质相互作用的方式如图 1.1.6 所示，主要分为两大类：散射和吸收(俘获)。散射是中子与原子核的碰撞，结果使发射中子的能量和方向发生改变，但原子核的类型不变，仅中子被反冲或激发。中能中子和快中子与物质互相作用的主要形式是弹性散射。对于能量大于 10MeV 的快中子，非弹性散射是主要的。当快中子与轻物质弹性散射时，损失的能量远大于重物质作用。例如，当快中子与氢原子核碰撞时，给予反冲质子的能量可以达到中子能量的一半。因此，水、石蜡等含氢较多的物质是性能最好的中子屏蔽材料，同时，由于其价格低廉、易获得、效果好，也是性价比最高的中子屏蔽材

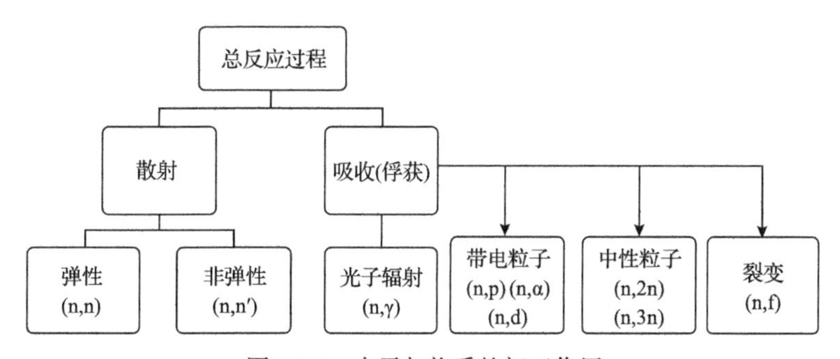

图 1.1.6　中子与物质的相互作用

料。吸收是中子在介质中进入原子核并激发原子核的核反应。处于激发态的原子核通过发射射线或产生二次带电粒子而退激发。慢中子与原子核相互作用的主要形式是吸收。光子辐射是在激发态下通过吸收中子而形成的复合核。复合核因光子的发射而退激发。带电粒子发射是辐射核对 α 粒子、质子和氚核等重带电粒子的发射。裂变是复合核的裂变反应。

探测中子的本质是探测中子与原子核的相互作用中所产生的次级带电粒子。为此必须有能够与中子发生相互作用并产生次级带电粒子的物质，称为辐射体。

1.2　能量的吸收与激发过程

电离辐射是指宇宙射线、X 射线和来自放射性物质的辐射能量使物质的原子或分子中的电子成为自由态，从而使这些原子或分子发生电离的现象。电离辐射激发闪烁晶体的作用机制非常复杂。俄罗斯科学家 Vasilev 教授根据能带结构提出弛豫模型，描述了包含最初高能激发到最终发光中心发光的闪烁过程，定性地解释了激发后的能量分布和空间关联。

1.2.1　闪烁过程概述

闪烁过程可以粗略地分为以下三个主要步骤：

第一步，能量吸收(包括辐射能与物质的相互作用和初级激发、电子激发热化和电子空穴局域化)。

高能粒子入射闪烁晶体，通过 1.1 节所介绍的几种复杂作用方式而激发闪烁晶体，从理论上讲，只要辐射粒子交给晶体的能量大于禁带宽度，就可以使价带的电子激发到导带，而在内层的价带或芯带产生深空穴(用 h 表示)，导带产生热电子(用 e 表示)。实际上，一般入射粒子的能量比禁带宽度大许多，被激发的电子所获得的能量远远大于其跃迁到导带所需要的能量，从而使电离出的电子往往具有相当高的动能。深空穴和热电子是不稳定的，在 10^{-16}～10^{-14}s 的极短时间内激发倍增，通过非弹性电子散射和俄歇过程产生大量二次电子，并不断激发，最终在导带产生大量电子，在芯带、价带产生大量空穴。当导带中所有电子能量小于 $2E_g$(E_g 为晶体的禁带宽度)、空穴全部占据价带，从而完成激发过程。随后，具有一定能量的电子、空穴通过各种方式将多余的能量损失于另外的电离或者与周围晶格原子碰撞而热化，通过发射声子传递部分能量给晶格，电子、空穴的能量逐渐降低，最终使低能电子位于导带底，空穴位于价带顶，变成热化电子或空穴，这个过程称为弛豫(或热化)过程。

第二步，能量传输。

理想状态下，该过程中激发态载流子分别在导带和价带中迁移，最终将能量传输给发光中心。但实际上，载流子在被发光中心捕获前会存在各种形式的能量损耗。例如，激发态载流子间相互作用传递能量或被深陷阱缺陷捕获，导致载流子数量的减少或者余辉效应；或者被浅陷阱缺陷捕获，造成衰减慢分量；或者通过共振在发光中心间能量传递，影响闪烁晶体的能量非线性响应，造成非指数衰减。

第三步，复合发光。

捕获能量或者能量传递后处于激发态的发光离子、电子-空穴对、激子、自由电子与空穴等通过辐射跃迁而返回到基态，激发态与基态之间的能量差则以光的形式发射出来，发射光的波长根据能量差的大小可以是紫外光、可见光，甚至是近红外范围的闪烁光。闪烁光通过多次折射、反射、散射和吸收等光学过程传播出闪烁晶体。激发态发光中心也可以通过无辐射跃迁消耗能量返回基态。

离子晶体的闪烁机制可以用简化的能带结构来描述。图 1.2.1 所示为稀土离子晶体的闪烁发光机制示意图。Ce 离子是闪烁晶体中常用的稀土发光中心离子。在 Ce 基和 Ce 离子掺杂的闪烁晶体中，当 Ce 的 4f 和 5d 能级位于禁带中，Ce 离子将直接参与闪烁过程中电子的激发弛豫。

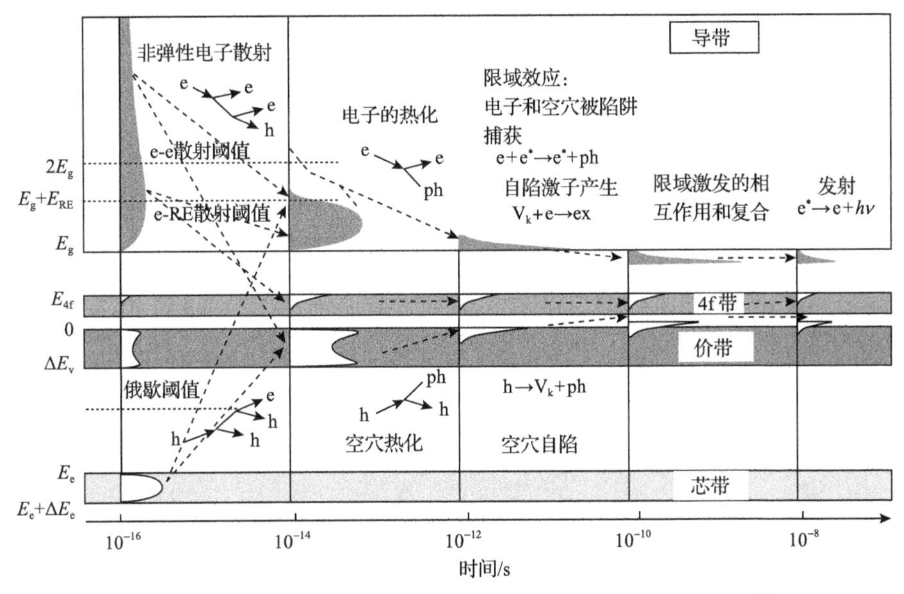

图 1.2.1　稀土离子发光闪烁晶体中电子激发弛豫过程示意图[6]

芯带-价带发光(又称交叉发光)是一种本征发光现象，最早用于解释 BaF_2 晶体的超快发光现象，Ba 的 5p 能带位于导带底以下小于 $2E_g$ 处，为最外层芯带，如图 1.2.2 所示。第一阶段的激发作用不仅产生价带空穴，而且能产生最外层芯带空穴。但由于能量上不允许，芯带空穴不能通过俄歇效应弛豫到价带。经过热化、传输和局域化等阶段，芯带空穴、价带空穴和自陷激子(self-trapped exciton, STE)可以在较长的时间内共存。最后阶段，芯带空穴参与芯带-价带交叉发光，跃迁产生了衰减时间为亚纳秒级的快发光。

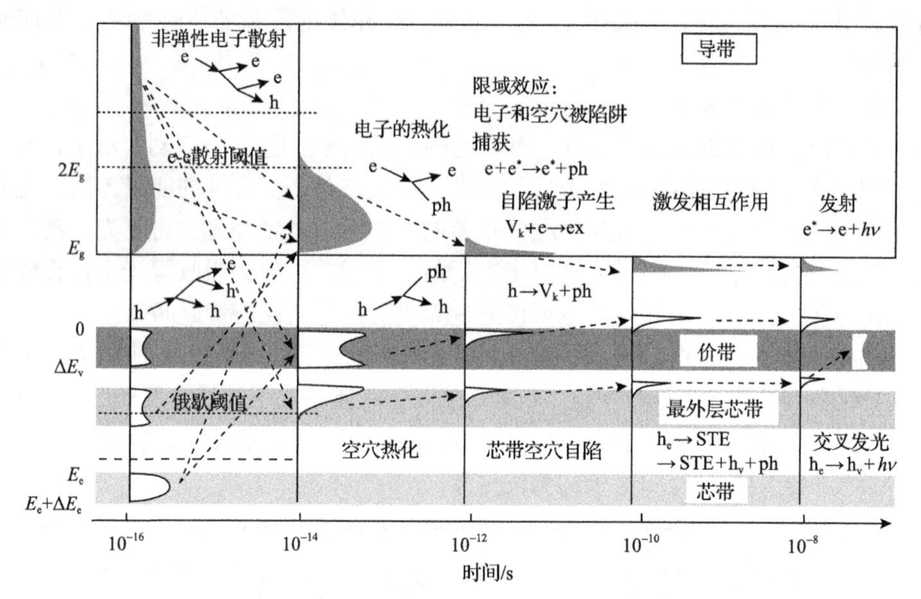

图 1.2.2　芯带-价带发光闪烁晶体中电子激发弛豫过程示意图[6]

1.2.2　闪烁效率

闪烁效率取决于整个闪烁发光的三个阶段：能量吸收(或能量转化)、能量传输和复合发光。闪烁晶体的闪烁效率一般用光产额(light yield，LY)来描述，具体是指在电离辐射激发下闪烁晶体吸收单位能量后发射出的光子数，单位为 photons/MeV，通常简写为 ph/MeV，在省略了热化和激发猝灭等物理过程的条件下，产生的光子数可近似地用以下公式描述：

$$\mathrm{LY}=\left(10^6/\beta E_{\mathrm{g}}\right)SQ \tag{1-22}$$

式中，LY 是闪烁晶体的光产额；E_g 是晶体的带隙(或禁带)宽度，单位 eV；S 是能量传输效率；Q 是发射中心的量子效率；$\beta=E_{eh}/E_g$，E_{eh} 是产生一个电子-空穴对所需的能量。许多情况下，S 和 Q 的值接近于 1，那么闪烁效率将取决于 β。电离辐射产生的电子-空穴对(e-h)的数量(N_{eh})与入射粒子的能量(E_γ)成正比，与 E_{eh} 成反比，根据 $\beta=E_{eh}/E_g$ 可得

$$N_{\mathrm{eh}}=E_\gamma/E_{\mathrm{eh}}=E_\gamma/\left(\beta E_{\mathrm{g}}\right) \tag{1-23}$$

实际上 N_{eh} 与 β、E_g 成反比，即带隙越窄的晶体越有利于获得更高的光产额，例如在纯卤化物晶体中，禁带宽度按照氟化物、氯化物、溴化物、碘化物的顺序递减，闪烁发光效率则按照这个顺序增加。根据实验和理论数据对比，β 值的大小与晶体中的化学键和禁带宽度有关，宽禁带离子晶体的 β 约为 2，典型半导体材料的 β 约为 3，该差异可以从物理过程角度解释：半导体中电子和空穴同时热化而损失能量，而离子晶体中主要是电子热化。根据 β 值，无机闪烁晶体可以分为三类(图 1.2.3)：①拥有宽价带和窄禁带的共价晶体，β=3；②拥有部分离子键性质的共价极化晶体，价带宽度小于禁带，β=2.1；③价带宽度远小于禁带的极化晶体，β=1.7[7]。

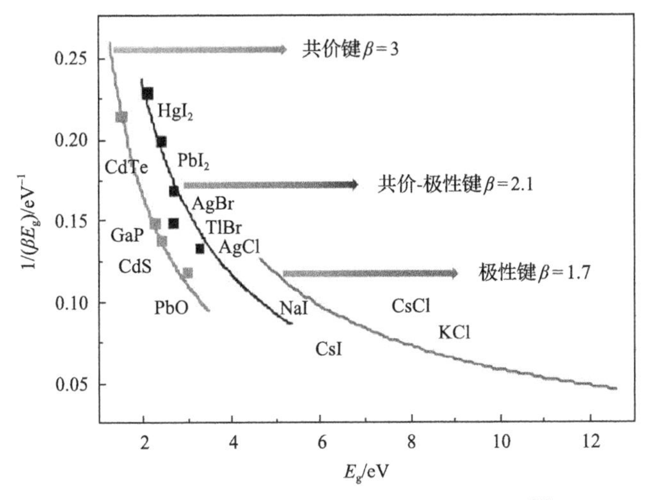

图 1.2.3　不同化学键无机闪烁晶体的 β 值[7]

闪烁光通常由光电探测器测量而获得电子信号，即光输出(light output，LO)，指闪烁晶体吸收单位能量后发射出的闪烁光在光电探测器中产生的光电子数，单位为 phe/MeV。光输出的测量值既取决于晶体本身所发射的光子数，同时还取决于闪烁光的收集效率和光电探测器的量子效率。不同类别的光电倍增管、雪崩光电二极管、硅基光电倍增管等光电探测器对光波的响应效率不同，即存在光量子效率(quantum efficiency, η)曲线。通过测量光输出、光收集效率和光电探测器的量子效率得到光产额。具体计算方式在第 2 章中多道能谱的数据处理与分析部分讨论。

电离辐射相互作用后所产生的电子-空穴的运动轨迹可以用 Onsager 模型来描述(图 1.2.4)[8]。电子和空穴能否复合形成激子态并将能量输运到发光中心离子，或者直接被发光中心离子顺序俘获取决于 Onsager 热化半径(r_{Ons})，它与体系热能的关系为

$$\frac{e^2}{\varepsilon r_{\text{Ons}}} = kT \tag{1-24}$$

式中，ε是静电介电系数；e 是基本电子电荷；kT 是体系热能，并且这里假设载流子与样品温度达到平衡。Onsager 热化半径是指载流子与晶格作用达到弱耦合前的平均自由程。它可以描述载流子的复合概率 $p(r)$，具体公式如下：

$$p(r) = 1 - \exp(-r_{\text{Ons}} / r) \tag{1-25}$$

其中，r 是电子和空穴的初始间距。当电子的平均自由程大于热化半径，热化后形成分离的电子、空穴。当电子的平均自由程小于电子热化半径，激发区的结构类似准圆柱形[9, 10]，空穴沿轴向分布，电子分布在其周围，每个空穴周围的 Onsager 球体中存在一定数量的电子和空穴，存在随机相互作用复合。当热化半径较大时，电子-空穴间既有成对复合，也有随机复合，猝灭概率增加。Onsager 热化半径也与温度成反比。当温度升高时，Onsager 热化半径的减小会导致电子-空穴复合的概率增加。

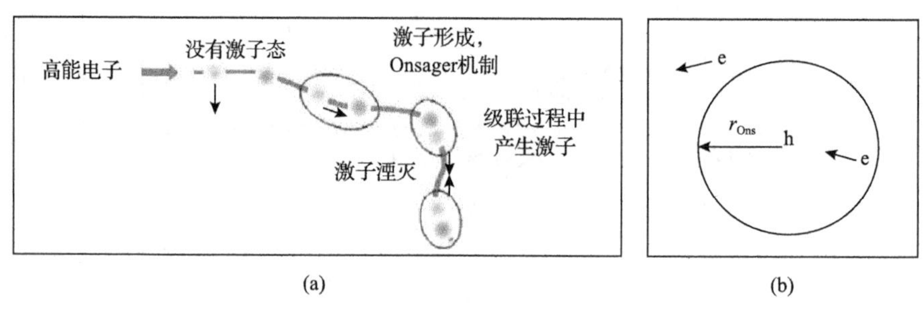

图 1.2.4　电离轨道中载流子和激子相互作用示意图(a)及 Onsager 机制示意图(b)[8]

载流子迁移有两种类型：热电子、空穴的迁移和热化后的激发态电子、空穴和激子的迁移。初级激发产生单个电子-空穴对和局域激发态团簇，载流子迁移将增加热化半径和猝灭概率。热化后载流子的激发团簇重叠，激发态平均间距随着激子迁移率的增加而增加，高迁移率有利于降低激发态载流子的猝灭概率。高效闪烁晶体应具有低的热电子和空穴迁移率、高的热化后激发态迁移率，意味着初级激发的激子产量高、热化后激发态间相互作用低。

室温下，碱土金属卤化物和碱金属卤化物具有较高的闪烁效率，原因在于载流子特性和较短的热化半径。声子能量高的晶体表现出较短的热化半径，电子和空穴成对复合成激子的产率较高。例如，SrI_2 中电子-空穴对通常成对复合形成激子，而 CsI、NaI 等碱金属卤化物中激子产量较低，SrI_2 晶体的热化半径比 NaI 晶体短得多，如图 1.2.5 所示。如果热化后的激发态载流子迁移率很高，能量转移到发光中心就变得非常有效，而且激发态能量猝灭小，导致高效闪烁发光和优异的能量线性响应，接近于“理想”型闪烁晶体。闪烁过程初级激发复杂，能量和空间分布决定着能量弛豫，影响着闪烁晶体的闪烁效率、能量分辨率和衰减等性能。

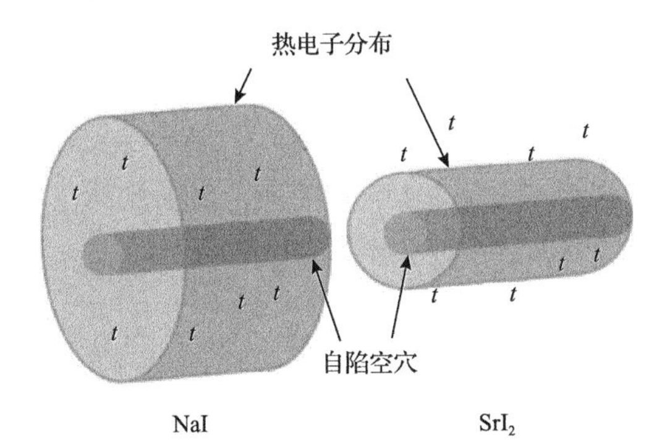

图 1.2.5　NaI 与 SrI_2 中相对迁移率和热电子迁移[11]

内圆柱体表示自陷空穴半径，外圆柱体表示热化时热电子分布

1.3　能量传输过程

能量传输是两个中心之间相互作用所引起的一种跃迁，这种跃迁的结果是激发能量从一个中心转移到另一个中心。热化弛豫结束后，激发态的电子-空穴对(或激子)向发光中心迁移，或将能量直接传递至发光中心，或在迁移过程中被陷阱俘获。能量传输过程受到许多因素的影响，从而显著影响闪烁过程和衰减特性。闪烁衰减一般慢于荧光衰减，原因在于，闪烁晶体受电离辐射激发后，载流子在能量传输过程中会被陷阱俘获和释放，从而使闪烁衰减速度变慢，或者增加新的慢成分。

1.3.1　掺杂离子的能量俘获

当施主为电子-空穴对时，受主通常连续俘获载流子转移的电荷而被激发，俘获效率高，闪烁晶体才能获得高光产额。CsI:Na、CsI:Tl 晶体的闪烁源于掺杂离子俘获激子能量，由于 Tl^+和 Na^+对电子俘获截面大，激子中心能够得到有效激发[12,13]。在掺 Ce 或者 Ce 基晶体中，Ce 离子首先俘获空穴，其俘获效率与 Ce 的 4f 能级在禁带中的位置密切相关。在掺 Ce 的氧化物和卤化物中，Ce 的 4f 能级通常非常低，位于带隙中靠近价带顶的位置[14]，可以产生高效的闪烁光，如 LSO:Ce、$LaBr_3$:Ce 等。而在 Ce^{3+}掺杂的氟化物晶体中，Ce 的 4f 能级位于价带上方 3～4eV[14]，空穴俘获效率很低，光产额不高。此外，CeF_3 中 Ce 4p→4f 的禁戒俄歇跃迁概率非常低，空穴直接转移到价带，从而终止了 Ce 芯带能级上的俄歇级联[15]。

1.3.2　激子和陷阱的能量俘获

闪烁晶体中往往存在许多自陷空穴，即 V_k 中心。当电子被 V_k 俘获[V_k+e^-]后，形成的自陷激子(STE)作为激发发光中心。STE 也可以直接由电子-空穴对形成。STE 传递能量的方式有两种：一是辐射能量传递，二是 STE 扩散传递。在前一种方式中，STE 发射带与发光中心离子激发带之间必须有能级交叉，STE 可以通过发光的形式将其能量传输到发光中心。在后一种方式中，STE 通过跳跃形式在晶格之间运动，扩散运动的动力来自于热激活，因此其迁移率随温度的上升而增加，并存在一个与最大能量传递效率相对应的最佳温度，且在某个温度下出现热猝灭。

例如，Guillot-Noël 等[16]为了解释 Ce 掺杂 $LaCl_3$、$LuBr_3$ 和 $LuCl_3$ 的闪烁特性，提出了分别对应不同时间范围内的三种能量传输过程：①Ce^{3+}直接顺序俘获电子-空穴，实现能量快速传输；②通过$[V_k + e]$和$[Ce^{3+} + h]$实现电子-空穴复合，属于快速能量传输过程；③STE 传输，实现慢速能量传输。通过分析闪烁衰减曲线和 X 射线激发发射光谱，能够拟合得到各机制的相对贡献。

电子和空穴可以被晶体中不同深度的陷阱所俘获，若无辐射弛豫则以热能耗散，也有一定的概率从陷阱中释放后再次间接激发。很多闪烁晶体中观察到严重的荧光猝灭和荧光衰减慢成分，其原因就在于各类陷阱俘获。

1.4 光发射过程

闪烁过程的最后阶段是发光中心被激发后辐射跃迁产生光发射。发光机理取决于发光离子和基质的电子结构以及它们之间的相互作用。非辐射跃迁和能量传递等许多过程会影响发光效率。

1.4.1 发光中心类型

发光中心通过顺序捕获电子和空穴获得能量而激发，受激的发光中心在退激发时向外发射紫外或可见光子，即发射闪烁光。无机闪烁晶体的发光，包括电子-空穴对的复合、自陷和缺陷束缚的激子发光、施主-受主跃迁、芯带-价带跃迁或者电荷迁移等。不同种类的发光中心，其电子跃迁的种类及辐射荧光的性质各不相同，造成不同的闪烁光谱和不同的衰减时间。无机闪烁晶体中主要的发光中心和电子跃迁的种类见表 1.4.1[17]。

无机闪烁晶体的发光与材料的电子能带结构直接相关。图 1.4.1 根据能带结构描述无机闪烁晶体的发光机理。图 1.4.1(a)和(b)描述了晶体的自陷激子发光和芯带-价带发光。图 1.4.1(c)所示为掺杂离子的发光机理：入射辐射能量直接被激活剂所吸收，或由基质晶格先吸收，然后再经载流子迁移或能量传递给激活剂，产生激发态的激活原子，然后电子退激发后辐射跃迁返回基态放出光子。

表 1.4.1　典型闪烁材料的发光过程中的电子跃迁

发光类型	闪烁材料	电子跃迁
自激活发光型	CeF_3	5d→4f
	$Bi_4Ge_3O_{12}$	6p→6s
	CsI, BaF_2, LaF_3	自陷激子
	$CdWO_4$, $YTaO_4$	电荷迁移
	CsF, BaF_2, $KMgF_3$	芯带-价带发光
激活发光型	$Gd_2O_3:Eu^{3+}$, $Gd_2O_2S:Pr^{3+}$, Tb^{3+}	4f→4f
	$CaF_2: Eu^{2+}$	5d→4f
	$Lu_2SiO_5:Ce^{3+}$, $LaF_3: Nd^{3+}$	5d→4f
	$NaI:Tl^+$, $CsI: Tl^+$	6p→6s
	$CsI:Na^+$, $CdS: Te^{2-}$	激子发光
	ZnS:Ag, CuI, PbI_2	施主-受主对跃迁

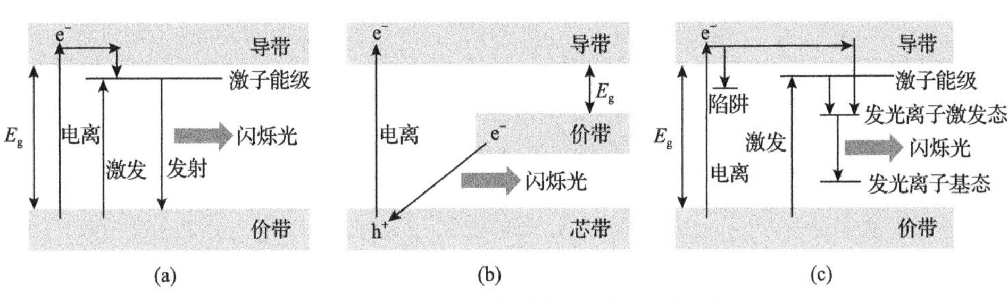

图 1.4.1　根据能带结构划分的闪烁发光示意图

(a)和(b)分别为自陷激子和芯带-价带发光；(c)掺杂离子发光

1.4.2　辐射跃迁与非辐射跃迁

发光中心被激发后，处于激发态。激发态是不稳定的，会通过释放能量的形式跃迁到基态，其中以发射光子的形式释放能量的跃迁称为辐射跃迁，而将能量转变成晶格振动或者分子振动或者其他形式的跃迁称为非辐射跃迁。基于谐振子近似下的对称伸缩振动以及激活离子与晶格振动之间的相互作用，辐射跃迁、非辐射跃迁和热猝灭过程可以用位形坐标模型(SCC)来解释。典型的 SCC 模型如图 1.4.2 所示，位形坐标中的横坐标 Q 描述振动，代表发光离子与配体之间的距离，纵坐标代表系统的能量。基态 g 和激发态 e 的势能分别用两条抛物线表示，水平线代表振动能级，垂直线表示概率最大的光跃迁。根据弗兰克-康登(Franck-Condon)近似，在电子状态发生变化时，原子核因质量相对电子较大而发生的位置和动量变化可以忽略不计。在电子跃迁过程中，当两个振动能级(分别属于不同的电子能级)的波函数有效重叠程度最大时，这两个振动能级之间发生跃迁的概率最大。Q_g 是当体系处于基态时发光中心与配体之间的平衡距离。根据玻恩-奥本海默(Born-Oppenheimer)近似，考虑到原子核的质量比电子一般要大 3～4 个数量级，因而在同样的相互作用下，电子的移动速度会较原子核快很多，这一速度差使得电子在每一时刻仿佛运动在静止原子核构成的势场中，而原子核则感受不到电子的具体位置，而只能受到平均作用力。由此，可以实现原子核坐标与电子坐标的近似变量分离。所以 Q_g 在吸收跃迁过程中保持不变，但随后在激发态弛豫之后而变为 Q_e。激发态下发光中心-配体之间的距离 Q_e 一般较大，引起激发态势能抛物线偏移。因而，激发态的发射跃迁与吸收跃迁相比会向低能量方向移动，表现为光谱的斯托克斯位移(Stokes shift)。斯托克斯位移是发光中心和振动晶格之间相互作用的量度，斯托克斯位移越大，电子-声子耦合作用越强。电子-声子的耦合强度也是发光中心产生非辐射跃迁的量度。

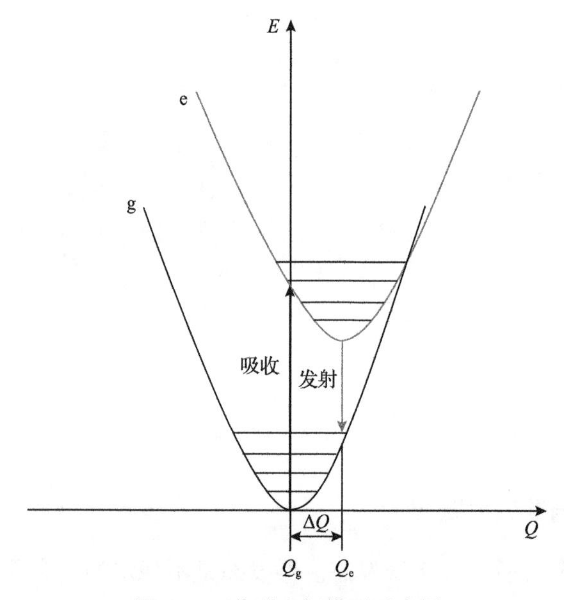

图 1.4.2　位形坐标模型示意图

当电子与声子为中等耦合时，抛物线有较小位移，发射光谱线展宽，其振动谱反映了发光离子伸缩振动；当电子与声子为强耦合时，形成宽发射光谱带，Tl^+、Pb^{2+}、Bi^{3+}等类汞离子，5d→4f 跃迁的稀土离子、自陷激子、阴离子基团(如 $(WO_4)^{2-}$)和电荷迁移跃迁等均属于这种情况。中等耦合或强耦合如图 1.4.3(a)所示，激发态可通过辐射跃迁到基态发射光子，但如果温度足够高而使激发态达到两个抛物线的交叉点，也可能会通过无辐射弛豫回到基态。该模型解释了发光的热猝灭现象，也可以解释当斯托克斯位移足够强时，在一定温度下会出现发光完全消失的现象。例如，大多数 Tl^+或 Ce^{3+}掺杂的闪烁晶体通常可以在室温下使用，这是因为这些高效闪烁晶体发光中心的量子效率在室温下仍然接近 1；但是 BGO 闪烁晶体的室温光产额相对较低，温度猝灭导致其室温量子效率仅为 13%[18]。

当电子与声子为弱耦合时，抛物线没有明显位移，发射光谱通常表现为窄线谱，例如稀土离子 4f→4f 跃迁。如图 1.4.3(b)所示，激发态抛物线相较基态没有明显的移动，但也可通过多声子过程无辐射弛豫。自发多声子发射率不仅取决于上下能级间的能级差，而且还依赖于能量守恒所需的声子数，与基质声子频谱相关。因此，能级耦合弱并不能决定室温量子效率。例如，在合适的基质中 Eu^{3+}的 4f→4f 跃迁的室温量子效率仍然可以达到 80%[19]。

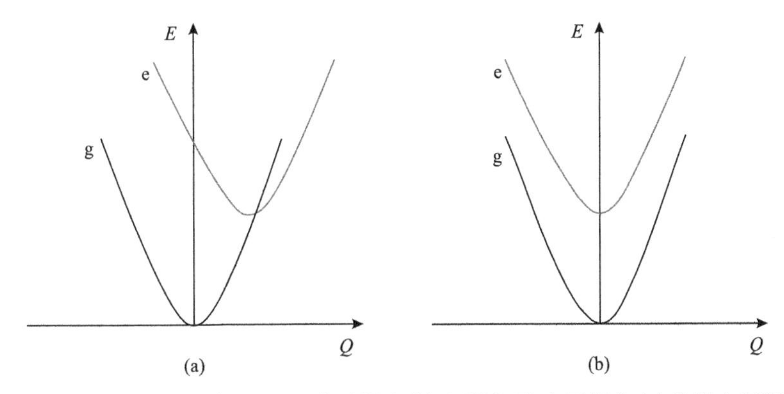

图 1.4.3　典型的中等/强电子-声子耦合(a)和弱电子-声子耦合(b)位形坐标图

1.4.3　电荷迁移发光

电荷迁移态(charge transfer state，CTS)是一种激发态，指电子从较低能量轨道移动到较高能量轨道，电荷迁移在发光过程中发挥重要作用。电荷迁移跃迁可分为三种类型：从配位体到中心离子；从中心离子到配位体；金属离子与金属离子之间。其中，第一种情况占多数，如钨酸盐中$[WO_4]^{2-}$的发光，电荷从配体氧离子迁移到中心的 W 离子。

最低电荷迁移跃迁吸收的能量(σ)可通过 Jorgensen 经验公式(1-26)来估算[20]：

$$\sigma = \left[\chi(\mathrm{X}) - \chi(\mathrm{M})\right] \times 30000\mathrm{cm}^{-1} \tag{1-26}$$

式中，$\chi(\mathrm{X})$是配体阴离子的电负性；$\chi(\mathrm{M})$是中心离子的电负性。

对于配体阴离子 F、O、S，其电负性值分别是 $\chi(\mathrm{F})=3.9$[20]、$\chi(\mathrm{O})=3.2$[21]、$\chi(\mathrm{S})=2.8$[20]，氟化物中吸收带的能量比氧化物、氧硫化物和硫化物要高得多，氧化物、氧硫化物和硫化物通常在紫外-可见光区域观察到电荷迁移的吸收。氧化物中掺杂稀土离子，如 YPO_4[22]中，Eu^{3+}(χ=1.75)和 Yb^{3+}(χ=1.6)是最有可能受到电荷转移态扰动的发光离子，如图 1.4.4 所示。

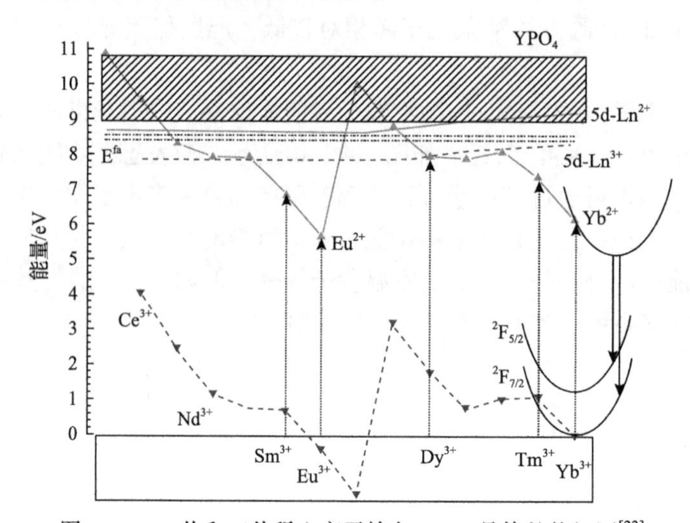

图 1.4.4 二价和三价稀土离子掺杂 YPO_4 晶体的能级图[23]

箭头实线代表的是二价稀土离子的 4f 和 5d 能级，箭头虚线代表的是三价稀土离子的 4d 和 5d 能级

在 Eu^{3+}掺杂的氧硫化物(La_2O_2S、Y_2O_2S)中，随着温度升高，电荷迁移态不同 ^5D_J 能级的发射依次猝灭[24,25]，该温度猝灭依赖于基质。在 La 基化合物中，随着温度的升高，^5D 发射依次以 $^5D_3$、$^5D_2$、$^5D_1$、$^5D_0$ 的顺序猝灭。对于 $Y_2O_3:Eu^{3+}$，CTS 吸收带比氧硫化物高大约 10000cm^{-1}，700K 以下不会发生 $^5D\rightarrow$CTS 跃迁的猝灭。因此，可以利用 CTS 吸收的宽谱特性有效地吸收紫外线，通过无辐射弛豫到较低的 4f 能级，获得较强的 $^5D\rightarrow{}^7F$ 跃迁。

YAG:Yb^{3+}是一种新型超快闪烁晶体，可观察到超快纳秒级紫外闪烁光[26]。Yb^{3+}的 4f $^2F_{5/2}$ 激发态位于基态 $^2F_{7/2}$ 上方约 10000cm^{-1}(1.25eV)处，CTS 与 $^2F_{5/2}$ 态之间有较大的能级差，其电子构型非常有利于 CTS 发光，容易观察到。Yb^{3+}的电荷转移发光是允许跃迁，具有从几纳秒到几十纳秒的辐射寿命，具体取决于基质晶格和温度，该特性可用于开发能够区分极短事件的快闪烁晶体。Yb^{3+}荧光通常在室温发生热猝灭，可能源于 CTS 激发态与基态的交叉，或者热释电离，涉及空穴从电荷迁移态逃逸到价带[26]。

1.5 闪烁发光动力学

1.5.1 闪烁上升时间和衰减时间

高能粒子的能量在闪烁晶体中沉积后，能量经过吸收、传递、激发等一系列复杂过程后使发光中心处于激发状态，发光中心在退激过程中发射出闪烁光，整个发光过程可以分为闪烁光逐渐增强的上升过程和达到最高值之后由强到弱的衰减(下降)过程(图 1.5.1)。上升和衰减过程的快慢分别用上升时间 τ_r 和衰减时间 τ_d 来表征。上升时间通常被定义为闪烁晶体在电离辐射作用下，每单次激发后的光子发射率由最大值的 10%上升到 90%时所需要的时间；衰减时间被定义为发光强度降低到最高强度的 1/e 时所对应的时间。

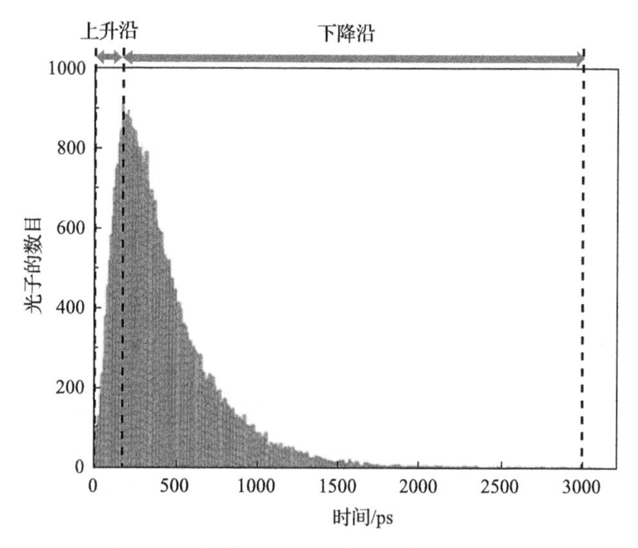

图 1.5.1　闪烁发光的上升和下降过程示意图

基于电偶极跃迁的发光理论，衰减时间 τ_d 可以由以下公式表达[27]：

$$\tau_d = \frac{cm_e}{8\pi \cdot e^2} \cdot \frac{\lambda^2}{fn}\left(\frac{3}{n^2+2}\right)^2 \tag{1-27}$$

式中，f 是跃迁振动强度；λ 是发射波长；n 是闪烁晶体的折射率。从式(1-27)可知，衰减时间与发射波长的二次方成正比，随着发射波长的红移而增加，因此紫外波段发光闪烁晶体通常具有较快的衰减时间，而发光波长较长的闪烁晶体则难以呈现较快的衰减时间。此外，根据式(1-27)可知，电偶极跃迁最短的衰减时间为数纳秒。杂质或热猝灭可以降低衰减时间，但是伴随着光产额的降低。所以，短的衰减时间总是与低的光产额相伴随。

一些闪烁晶体表现出有限的上升时间 τ_r 和衰减时间 τ_d，此时发光强度的表达式可以写为

$$I(t) = \frac{N_{eh}}{\tau_d - \tau_r}\left[\exp\left(-\frac{t}{\tau_d}\right) - \exp\left(-\frac{t}{\tau_r}\right)\right] \tag{1-28}$$

式中，N_{eh} 为电子空穴对的数量。当有两个或两个以上衰减时间成分时，式(1-28)

可以改写为

$$I(t)=\sum_{i}\frac{\left(N_{\mathrm{ph}}\right)_{i}}{\tau_{i}}\exp\left(-\frac{t}{\tau_{i}}\right) \tag{1-29}$$

式中，$(N_{\mathrm{ph}})_i$ 是在衰减时间分量 τ_i 中的光子数量。值得注意的是，对于 $i>3$ 的情况，式(1-29)不再适用。当 $i=3$ 时，如果衰减常数 τ_1、τ_2 和 τ_3 存在本质上的不同时，那么式(1-29)是可以对衰减曲线进行描述的。当衰减常数 τ_1、τ_2 和 τ_3 只是略有不同时，式(1-29)只会给出类似于二级动力学复合的曲线。

如果闪烁晶体有一个上升时间和两个衰减成分，其动力学方程可以写成如下形式：

$$I(t)=I_1\left[\exp\left(-\frac{t}{\tau_1}\right)-\exp\left(-\frac{t}{\tau_{\mathrm{r}}}\right)\right]+I_2\exp\left(-\frac{t}{\tau_2}\right) \tag{1-30}$$

式中，I_1 和 I_2 分别为衰减成分 1、2 的强度贡献；τ_1 和 τ_2 分别是衰减成分 1、2 的衰减时间常数[28]。CsI:Tl 闪烁晶体就是这种情况，图 1.5.2 所示为 CsI:Tl 的闪烁时间响应曲线，其中 τ_{r}=19.6ns、τ_1=0.877μs 和 τ_2=5.151μs，两个分量的占比分别为 72.2%和 27.8%。在 NaI:Tl 或 CsI:Tl 中，τ_{r} 随 Tl^+ 浓度的增加而降低。这一结果表明激发能量最初集中在中心或陷阱上，然后延时传输到发光中心 Tl^+。上升时间常数还取决于温度和辐照类型。

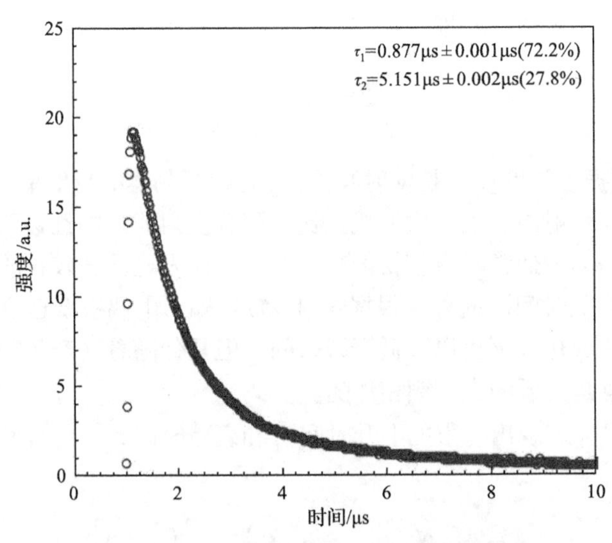

图 1.5.2　CsI:Tl 晶体室温下的闪烁衰减曲线

上升时间为 19.6ns，两个衰减时间常数分别为 0.877μs 和 5.151μs

有些闪烁晶体的上升时间很短，之后发射强度稍有增加即达到最大值，然后开始衰减。这种情况发生在晶体激发过程中，部分热化载流子被陷阱或另一个中心(敏化剂)俘获。随即载流子在陷阱中被热释放，并参与发光中心的激发过程。在这种情况下，微分方程的解可以写成

$$I(t)=\frac{N_{\mathrm{ph}}}{\tau}\exp\left(-\frac{t}{\tau}\right)+\frac{kN_{\mathrm{s}}}{\tau_{\mathrm{s}}-\tau}\left[\exp\left(-\frac{t}{\tau_{\mathrm{s}}}\right)-\exp\left(-\frac{t}{\tau}\right)\right] \tag{1-31}$$

式中，τ_{s}是陷阱中载流子的寿命(或敏化剂的衰减时间)；N_{s} 是激发过程中被陷阱俘获的载流子数量；k 是发光中心俘获载流子的概率。

1.5.2　各类发光类型的衰减特性

通常情况下，我们更多关注的是闪烁晶体的闪烁衰减时间。在理想闪烁晶体中，激发能量从电离位置传输到发光中心的时间往往比发光中心本身的衰减时间要快得多。例如，对于稀土发光闪烁晶体，其闪烁衰减完全由稀土离子的 5d 最低能级的衰减时间决定，而稀土离子的 5d 能级的衰减时间是由其辐射衰减率和非辐射衰减决定。在理想闪烁晶体中非辐射衰减的比例非常小，因此闪烁衰减率 Γ 可以由式(1-32)[29]表示：

$$\Gamma=\frac{1}{\tau}\propto\frac{n}{\lambda^{3}}\left(\frac{n^{2}+2}{3}\right)^{2}\left|\langle 5\mathrm{d}|\mu|4\mathrm{f}\rangle\right|^{2} \tag{1-32}$$

从以上公式可知，降低衰减时间的方法是缩短发光波长 λ 和增加折射率 n，其中 μ 为 5d 最低能级和 $4\mathrm{f}^{n}$ 基态的电偶极算符。图 1.5.3 所示为根据式(1-32)预测的衰减时间与折射率关系曲线，以及不同基质材料(氟化物、卤化物、氧化物和硫化物)中实际的 Ce^{3+}衰减时间[30]。图中显示了不同 Ce^{3+}发光波长下，衰减时间随折射率的变化趋势(图中实线)，与式(1-32)的预测趋势相同。根据发光波长和折射率在不同化合物中的总体情况[31,32]，Ce^{3+}的极限衰减时间大约在 15～17ns 的范围。Pr^{3+}也是 5d→4f 发射，在相同的基质中其 $^{3}H_{4}$ 能级总是位于 Ce^{3+}的 $^{2}F_{5/2}$ 能级的上方 1.55eV 处[32, 33]。根据文献报道的实验数据，在相同的基质中，Pr^{3+}的衰减时间比 Ce^{3+}快约一倍[34, 35]，因此，Pr^{3+}掺杂闪烁晶体的极限衰减时间为 7～9ns，Eu^{2+}的 5d→4f 跃迁的衰减时间为 500～1500ns。

对于稀土 d→f 跃迁闪烁晶体，其荧光衰减具有较明显的温度依赖性，相应的闪烁衰减也具有明显的温度依赖性，随着温度升高，闪烁衰减时间会迅速缩短。相关的温度依赖性产生的机理可见 1.6.1 小节中关于温度猝灭部分的介绍。

此外，闪烁晶体的浅能级缺陷、额外的能量传递，都会导致闪烁衰减时间在发光中心荧光衰减基础上的进一步延迟，如稀土石榴石结构晶体 LuAG:Ce 中的反

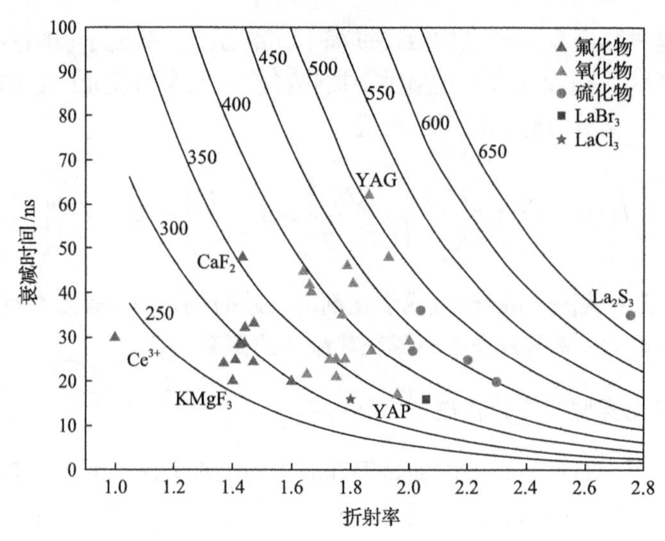

图 1.5.3　根据式(1-32)预测的衰减时间与折射率关系曲线，以及不同基质材料(氟化物、卤化物、氧化物和硫化物)中实际的 Ce^{3+}衰减时间[30]

替位缺陷和GAGG:Ce、GPS:Ce($Gd_2Si_2O_7$:Ce)晶体中的Gd^{3+}-Ce^{3+}能量传递过程等，相关内容见后续硅酸盐和铝酸盐闪烁晶体的部分。因此，对于闪烁发光动力学过程的影响机理及优化是闪烁晶体的一个重要的研究内容。

CeF_3、$CeCl_3$和$CeBr_3$等本征发光闪烁晶体中，也有较快的衰减分量，如CeF_3中，除有30ns的主衰减成分外，还有5ns的快分量，该快分量被认为可能是来自于正常的Ce^{3+}和受扰动的Ce^{3+}的相互作用或有芯带-价带传输成分[36]。

芯带-价带发光闪烁晶体，如BaF_2，具有亚纳秒的快衰减成分，且该成分基本不随温度发生变化[37]，也有300nm处约0.6μs的慢衰减成分[38]。在不同的高能粒子激发下，BaF_2表现出不同的发光类型：在α粒子激发下，主要为慢成分，而在γ射线照射下，快慢成分都有。利用这种特点可以将BaF_2用于α/γ或n/γ粒子的甄别。

激子发光闪烁晶体中只有碱土金属氟化物在室温下具有较高的光产额，但衰减时间也比较慢(略低于毫秒级)，如SrF_2的闪烁光中，约20ns的快成分只占2%。激子发光CdF_2闪烁晶体的密度较大，为6.64g/cm³，衰减时间在室温下为7ns，光产额为200ph/MeV[39]。

对于Yb^{3+}掺杂的闪烁晶体的电荷迁移发光，由于其闪烁发光的强烈猝灭效应，也具有超快的闪烁衰减时间，如YAP:Yb、YAG:Yb及LuAG:Yb闪烁晶体[40-42]在低温(100K<T<140K)下闪烁衰减时间为几十纳秒，而室温下的衰减时间小于3ns，但光产额较低，如LuAG:Yb室温下光产额只有930ph/MeV[43]。

1.6 光　猝　灭

许多过程可能会降低晶体的发光效率，如电子-声子耦合、光/热电离猝灭、电荷转移猝灭、浓度猝灭、自吸收等。

1.6.1 温度猝灭

温度猝灭或热猝灭是指闪烁发光效率随环境温度的升高而降低的现象。固体发光中心的热猝灭与电子-声子之间相互作用和无辐射跃迁有关[14,44]。电子-声子耦合是指发光离子与基质晶格的振动相互作用产生无辐射跃迁。无论耦合强度如何，辐射跃迁和无辐射跃迁之间总是存在竞争。量子效率定义为发射光子数与吸收光子数之比，在无竞争的辐射跃迁情况下，量子效率接近于 100%，高效闪烁晶体中发光离子通常就是这种情况。在中等强度和强耦合的情况下，斯托克斯位移会引起热猝灭；耦合强度很弱时(即没有斯托克斯位移)，当激发态和基态的能量差不大于周围离子振动频率的 4～5 倍时，这部分能量可以同时激发一些高能振动，然后以无辐射形式损耗能量(称为多声子发射过程)。任何情况下，激发能级和基态之间存在中间激发态都是有害的，因为它很可能导致无辐射弛豫。

图 1.6.1 展示的是典型闪烁晶体的归一化光输出随温度的变化关系[45]。其中 CsI:Tl 和 CsI:Na 晶体的光输出随温度的升高经历了从增加到减少的巨大变化，而 $LaBr_3$:Ce 晶体的光输出在−75～175℃的温度区间表现出比较高的温度稳定性。

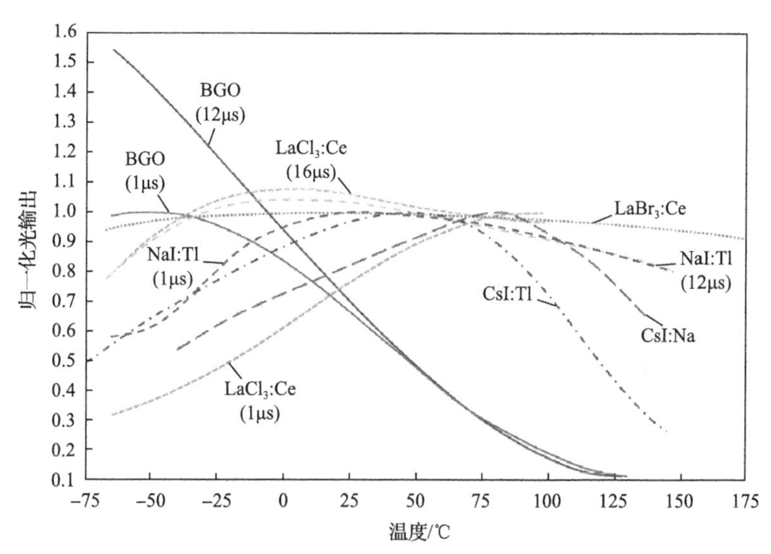

图 1.6.1　典型闪烁晶体的闪烁发光温度依赖性(图中圆括号内的数字表示成形时间)[45]

一般来说，闪烁晶体光产额随温度的变化可用光输出的温度系数来表征：

$$\alpha_{\mathrm{T}}=\frac{L-L_0}{L_0\left(T-300\right)} \tag{1-33}$$

式中，L_0和 L 分别为 300K 和温度为 T(K)时晶体的光输出；α_{T} 称为温度系数，单位是%/K，它随温度而变化。例如，在常用的闪烁晶体中，PWO 晶体在-25～50℃温度范围内的α_{T}=-1.98%/K，BGO 晶体的α_{T}=-1.5%～-1.7%/K，负号表示光输出随温度的升高而下降。

但某些闪烁晶体的光输出随着温度增加而增加。这类现象的产生与晶体中电子陷阱密切相关。图 1.6.2 所示为 $YAlO_3$:Ce 的完整晶体和含缺陷(浅陷阱)时光输出-温度依赖性的计算模拟结果[46]。显然，含有缺陷的晶体在高温下的光输出比无缺陷晶体高出很多。在其他钙钛矿闪烁晶体中也能发现类似的光输出-温度依赖性[46,47]，Ce 掺杂$(Y_{1-x}Lu_x)AlO_3$晶体中，随着 Lu 含量的增加，特征电子陷阱的热激活能增加，猝灭温度向高温区移动。因此，调节 YAP-LuAP 晶体中电子陷阱浓度是控制晶体温度依赖性的有效方法。

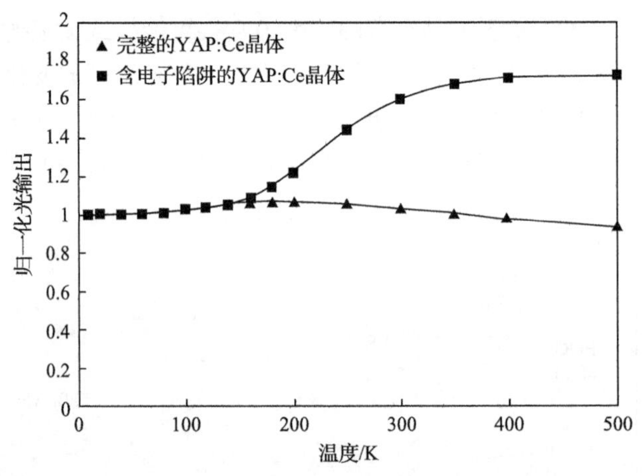

图 1.6.2　$YAlO_3$:Ce 完整晶体与含电子陷阱时的闪烁光输出随温度的变化[46]

1.6.2　电离猝灭

当晶体中掺杂离子(发光中心)的局域基态和激发态接近或简并到导带时，从外界吸收较低的能量就可致掺杂离子电离，如光致电离和热致电离效应。

当发光中心的发射能级与导带重叠或接近时，通常会发生光电离，导致电子离域化。电子在导带中是自由的，通过不同的过程辐射复合或无辐射弛豫，也可能被晶格缺陷捕获。光电离后无辐射弛豫或缺陷捕获，不仅降低了发光量子效率，而且改变了荧光衰减动力学。电离后的电子仍能被束缚在发光中心，与在中心的空穴形成激子，称为杂质俘获激子。俘获激子可以通过复合产生其他发光，导致所需的发光完全猝灭。Eu^{3+}和 Tb^{3+}等发光离子掺入某些晶体时，与局域态跃迁相同的能量范围内电荷转移跃迁，捕获价电子后可形成电荷转移态，电荷迁移发光往往属于跃迁禁戒，导致部分或全部发光猝灭。

热致电离也是一种导致晶体发光效率和激发态动力学显著变化的猝灭形式。通过光电导谱测试[48]，可以估算 $Lu_2SiO_5:Ce^{3+}$闪烁晶体导带底与 Ce^{3+}的 5d 定域最低发射能级之间的能级差(<1eV)，室温下较小的能级差使得通过热激发能明显观察到光电导。图 1.6.3 所示为 $Lu_2SiO_5:Ce^{3+}$能级结构示意图。

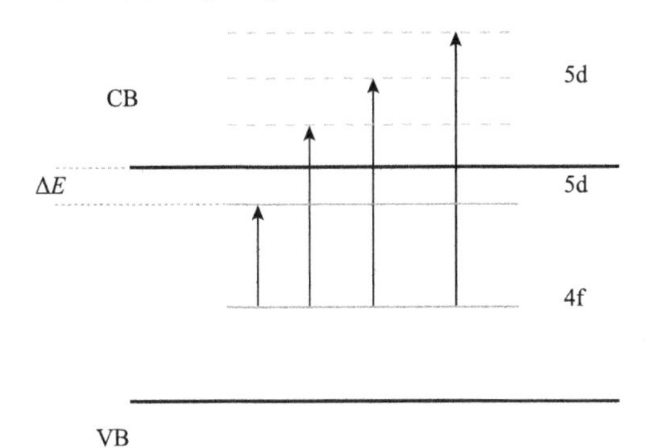

图 1.6.3　$Lu_2SiO_5:Ce^{3+}$晶体中能级结构示意图

$Y_3Al_2Gd_3O_{12}:Ce$ 的光输出和荧光衰减也与温度紧密相关，当温度略高于室温时，发光效率就迅速下降，并出现余辉，因此使用时必须控制温度。$LaI_3:Ce$ 晶体在 100K 以下闪烁光发射良好，然而室温下闪烁性能变差，闪烁光热猝灭，这种现象可以用热释电离来解释[49]，Ce^{3+}最低 5d 能级非常接近于导带底，能级差约 0.1eV。

闪烁晶体的温度猝灭效应与陷阱高效俘获相关联。在电离辐射激发闪烁晶体时能观察到热猝灭，而直接激发发光中心则不会产生热猝灭。高能激发使基质产生载流子，载流子被陷阱俘获后无法激发发光中心或造成延迟激发，延迟多久取决于俘获电子从陷阱中逃逸出来的概率，而这个概率又是受温度影响的。当在某温度范围内检测到热释光，表明晶体中存在陷阱，即可预测到闪烁热猝灭，最终影响闪烁衰减。例如，YAG:Yb 晶体存在 X 射线激发的电荷迁移发光，当温度低于 120K 时，其 X 射线激发发光强度迅速下降(图 1.6.4(a))，说明电子被陷阱捕获，造成衰减时间中的慢分量增加，而当温度加热到 120K 时，被捕获的电子逃逸出来(对应于如图 1.6.4(b)所示热释光峰)[50,51]并参与发光，因此 YAG:Yb 晶体在 120K

会出现最强发光峰。

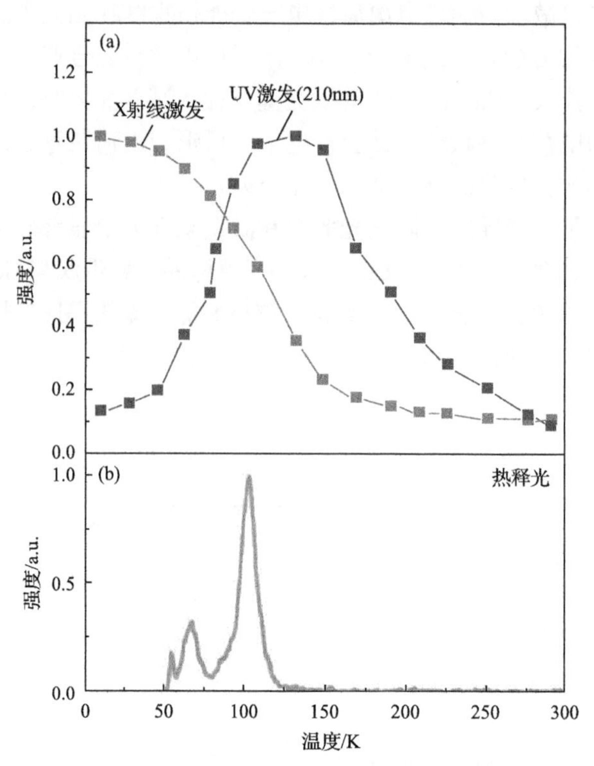

图 1.6.4　YAG:Yb 在 333nm 处电荷转移发射强度随温度变化(a)和热释光谱(b)[50,51]

1.6.3　浓度猝灭与自吸收

随着材料中发光中心浓度增加，发光中心间相互作用不断增强，当浓度达到一定阈值开始进行能量传递，激发能量在固体材料中传播一定距离后，最终在猝灭位置以无辐射跃迁的形式耗散激发能量，从而导致发光强度的急剧降低或消失，这种现象称为浓度猝灭。

当能量转移激发机制起主导作用时[46]，光输出对激活剂掺杂浓度具有很大的依赖性，图 1.6.5 展示了 $YAlO_3$:Ce 光输出随 Ce^{3+}掺杂浓度的变化，当掺杂浓度达到 0.2%时光输出具有最大值，然后随掺杂浓度的增加而下降。

当电荷迁移激发机制起主导作用时，光输出随着掺杂浓度的提高而增强，在较高的激活剂浓度时达到饱和。图 1.6.6 所示 $(Lu_{0.5}\text{-}Y_{0.5})AlO_3$:Ce 晶体的光输出与 Ce^{3+}吸收系数的关系，Ce^{3+}吸收系数与激活剂的浓度成正比。当 Ce^{3+}浓度增加到一定时光输出的增加趋于饱和，但并不下降。

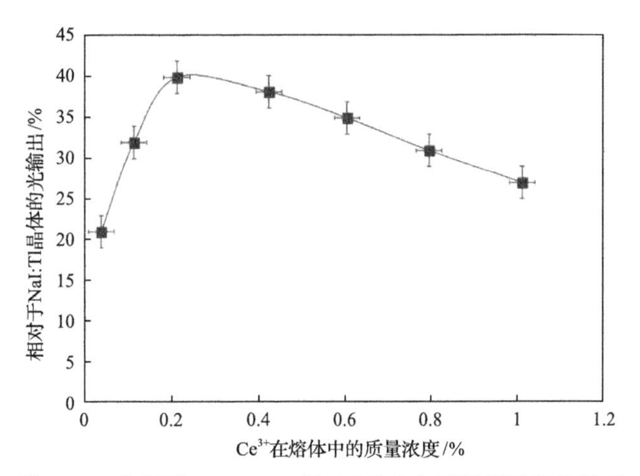

图 1.6.5　室温下 $YAlO_3$:Ce 相对光输出与激活剂浓度的关系

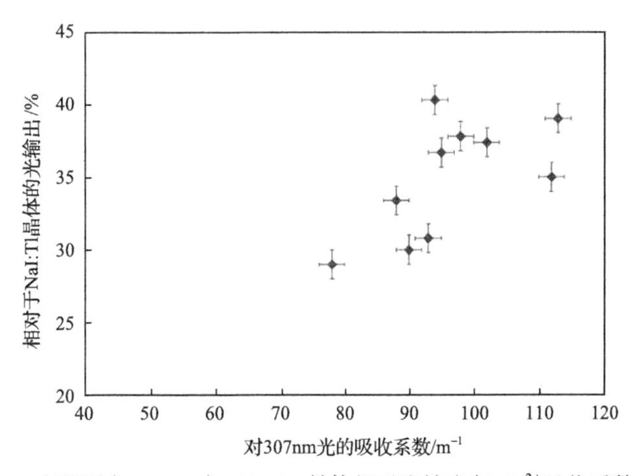

图 1.6.6　室温下 $(Lu_{0.5}$-$Y_{0.5})AlO_3$:Ce 晶体相对光输出与 Ce^{3+}吸收系数的关系

闪烁光发射产生后还需要经过不同路径从固体中射出，路径取决于闪烁晶体的尺寸、形状以及探测器的光路设计。发射光在通过闪烁晶体时可能被发光中心再吸收。相同的发光中心产生吸收并传播能量，称为辐射能量转移，理论上不影响发射效率，但导致荧光衰减时间延长。对于不同的发光中心吸收，产生严重猝灭，导致闪烁晶体的光输出显著降低。大尺寸闪烁晶体中自吸收还会导致发光峰值波长向长波方向移动，因此闪烁晶体在发光波长范围内应尽可能保持高的透光性。晶体中可能存在多种吸收中心，如晶格畸变、点缺陷、色心等，通过使用高纯原料、改进晶体生长工艺、采取特殊退火等方法减少吸收中心数量。

1.6.4 杂质猝灭

晶体中某些杂质离子经常导致发光猝灭。它们与有效的发光离子竞争俘获载流子，或与载流子相互作用，严重降低闪烁效率，这种杂质被称为猝灭剂。例如，Ce有稳定价态的Ce^{3+}和Ce^{4+}，能通过金属-金属电荷交换电子从而产生猝灭转移，在掺Ce的钨酸盐和钒酸盐中，Ce-W和Ce-V的相互作用导致Ce离子的闪烁发光猝灭[52]。

Ce^{3+}是有效的空穴陷阱，而Yb^{3+}是有效的电子陷阱，Yb和Ce共存会导致荧光猝灭[53,54]。闪烁晶体被激发后产生电子-空穴，Ce^{3+}和Yb^{3+}可分别俘获空穴、电子，形成中间激发态Ce^{4+}和Yb^{2+}，Ce^{4+}4f壳层全空、Yb^{2+}4f壳层全填充，均具有很高的稳定性，随后通过弛豫和隧道交换，无辐射跃迁返回基态。杂质猝灭也发生在其他成对体系中，如Ce^{3+}+Eu^{3+}、Ce^{3+}+硝酸盐和Ce^{3+}+羧酸盐[55]。

区熔法生长的$Lu_2Si_2O_7$:Ce(LPS)晶体表现出高光产额，而提拉法生长的同种晶体的光产额却很低[56]。EPR测试表明，提拉法生长的LPS晶体中引入了坩埚杂质Ir^{4+}[57]，因而可判定Ce^{3+}和Ir^{4+}之间电荷转移降低了LPS:Ce晶体的发光效率。

1.7 闪烁晶体的辐照损伤

1938年，德国科学家用X射线辐照氯化钾晶体，发现辐照后氯化钾晶体从无色透明变成紫色，因而提出着色是由于晶体内部形成的色心缺陷所致。后来发现，X射线、γ射线或中子等高能射线都会引发卤化物晶体的色心，不同于X射线只能在晶体表面引发色心，穿透能力更强的γ射线可使整个晶体产生色心。

闪烁晶体用于辐射探测，长期服役于辐照环境，特别是核物理或高能物理实验等应用环境中，累积辐照剂量和辐照剂量率非常高。例如，欧洲核子研究中心(CERN)的大型强子对撞机(large hadron collider，LHC)中紧凑缪子线圈(compact muon solenoid，CMS)实验的电磁量能器(electro-magnetic calorimeter，EMC)，受到的累积电离辐照剂量高达130Mrad，伴随高达3×10^{14}带电强子/cm^2和5×10^{15}中子/cm^2累积强子辐照[58,59]。高能射线辐照在晶体中产生的辐照诱导色心会对闪烁光产生吸收，从而降低闪烁晶体的透光率和光输出，这种现象被称为辐照损伤(radiation damage)。

抗辐照损伤能力是闪烁晶体关键的性能指标之一，通常用抗辐照硬度(radiation hardness)来表示闪烁晶体的抗辐照性能。抗辐照硬度并没有统一的量化指标，实际应用中常用闪烁晶体探测器所允许的最大辐照剂量，或者闪烁晶体在受到一定辐照剂量辐照后性能的下降幅度来衡量。

1.7.1　电离辐射下的辐照损伤

辐照损伤机制因入射射线种类、粒子的能量和辐照剂量率的不同而不同。

闪烁晶体受到重子辐照后，由于重子与晶体之间的作用远远强于电磁作用，从而导致原子的永久性位移，或者在获得足够能量后将原子逐出晶格形成点缺陷，点缺陷再捕获电子或空穴形成色心。不带电的中子辐照闪烁晶体，辐照损伤由级联碰撞造成的离位效应主导，同时还存在核反应生成的次级杂质原子核。带电的质子辐照闪烁晶体，电离作用导致缺陷，级联碰撞造成离位效应产生缺陷和散裂反应原子核。在 X 射线、γ 射线高能光子或电子的辐照下，晶格内会发生电离、弹性碰撞、轫致辐射或康普顿散射，导致晶格上的原子或离子偏离其平衡位置。

电离辐射辐照损伤基本是电离效应引起的，即晶格离子在电离作用下偏离其平衡位置形成点缺陷，点缺陷捕获电子或空穴形成辐照诱导色心。辐照诱导色心的本质为普通色心，所以晶体产生辐照损伤后的宏观表现为晶体着色。可能的色心类型有：阴离子空位(正电中心)及其束缚电子的中心(F 心)、阳离子空位(负电中心)及其束缚空穴的中心(V 心)、填隙原子(H 心)、填隙离子(I 心)以及由不同缺陷缔合在一起而形成的缺陷簇。晶体辐照损伤的外在表现为晶体性能的变化，如透光率下降或对光产生选择性吸收、光输出下降或暂时性提高、发光均匀性降低、能量分辨率下降、衰减时间变化、产生余辉等，损伤严重时甚至引起发光机理的改变。

如果辐照剂量低，造成的晶格畸变幅度较小，通过热扰动或放置一定的时间可全部或部分得到恢复。恢复的速度取决于陷阱能级的深度，浅能级对应于快恢复，深能级对应于慢恢复。从实际应用考虑，慢恢复有助于辐射探测器的校准，而快恢复是不利的。受到较大剂量辐照后很多闪烁晶体产生很强的余辉，导致无法进行光输出测试。不同闪烁晶体对于辐照的吸收效率不同，为了便于比较闪烁晶体电离辐照的损伤，一般用空气吸收剂量来计算辐照剂量，而不考虑样品本身吸收的平均电离辐射能量，所以可对不同尺寸、不同种类晶体的辐照损伤效果进行比较。吸收剂量的单位是拉德(rad)或戈瑞(Gy)(1Gy=100rad)，1Gy 相当于每千克物质吸收 1J 的能量(1J/kg)。剂量率的单位是 rad/h 或者 Gy/h。

闪烁晶体辐照损伤的明显特征是光输出的下降和辐照诱导色心的形成，表现为晶体在辐照前后透光率的降低。因此，本书定义了一个专用参数——发射权重透光率(emission weighted longitudinal transmittance，EWLT)，用于衡量晶体在辐照前后透光能力的变化，计算公式如下[60, 61]：

$$\mathrm{EWLT}=\frac{\int \mathrm{LT}(\lambda)\mathrm{Em}(\lambda)\mathrm{d}\lambda}{\int \mathrm{Em}(\lambda)\mathrm{d}\lambda} \tag{1-34}$$

式中，LT(λ)表示晶体长轴方向的透光率；Em(λ)表示晶体的发射光谱。晶体的透光率与测试光程相关，所以进行晶体 EWLT 比较需要考虑尺寸因素，光程相同的透光率才能直接比较。

图 1.7.1 展示了 LSO/LYSO:Ce 晶体受到 γ 射线辐照前后的归一化光输出和归一化 EWLT 之间的关系。尽管这些 LSO/LYSO:Ce 晶体来自不同的生产商，但同尺寸晶体的归一化光输出和归一化 EWLT 数值之间呈现非常好的线性关系，表明 LSO/LYSO:Ce 晶体在受到电离辐照后产生的光输出下降都是由辐照诱导色心引起的晶体透光率下降造成的。

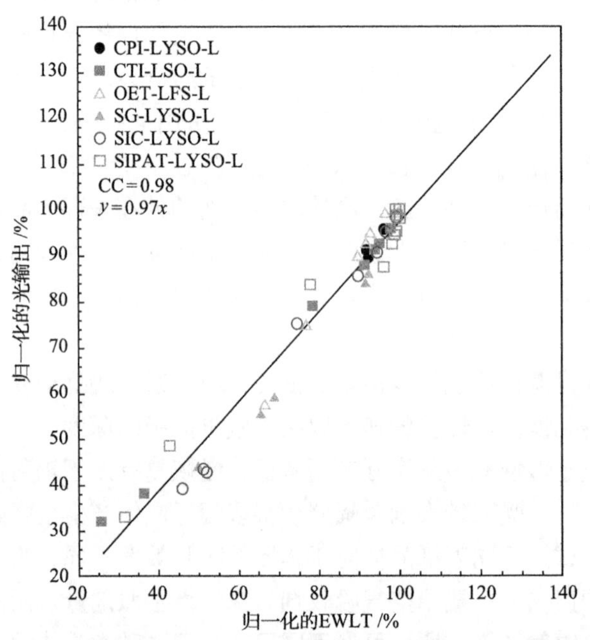

图 1.7.1　LSO/LYSO:Ce 晶体(25mm×25mm×200mm)在受到 γ 射线辐照前后归一化光输出和归一化 EWLT 之间的关系[62]

进一步的研究表明，闪烁晶体在室温下受到辐照后透光率变化有两类情况，基于辐照诱导色心的湮灭速率，分为慢恢复和快恢复。图 1.7.2 展示了 LYSO 晶体在室温下受到 200Mrad 的 γ 射线辐照后，随着恢复时间的增加，LYSO 晶体的 EWLT 数值有非常缓慢的增加，说明 LYSO 晶体受到电离辐照后在室温下辐照诱导色心的湮灭速率非常缓慢，可忽略不计，表现为慢恢复。图 1.7.3 展示了 $PbWO_4$(PWO)

晶体室温下受到 30rad/h 剂量率的 γ 射线辐照达到平衡后，EWLT 数值在短时间内有比较快的增加，随着恢复时间的增长逐渐趋于饱和，说明 $PbWO_4$ 晶体受到电离辐照后辐照诱导色心湮灭的速度比较快，表现为快恢复。

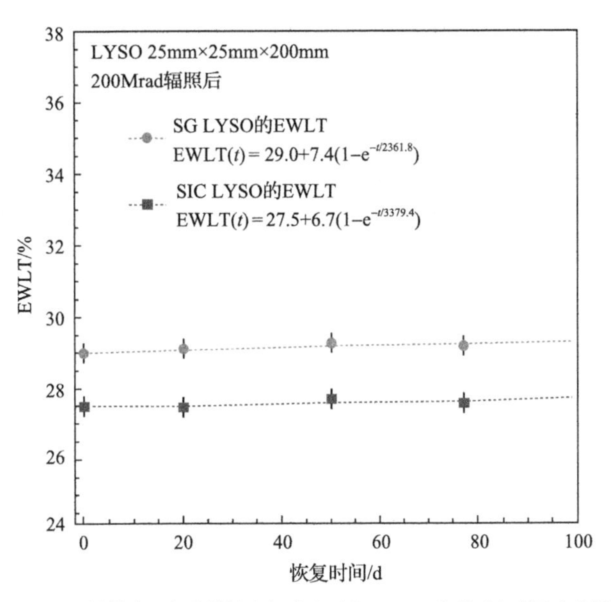

图 1.7.2　LYSO 晶体辐照后(放置在暗室中)EWLT 与恢复时间之间的关系[62]

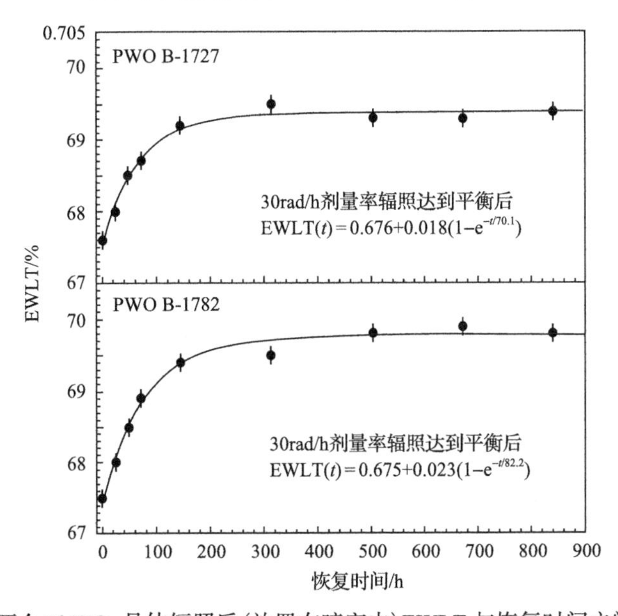

图 1.7.3　两个 $PbWO_4$ 晶体辐照后(放置在暗室中)EWLT 与恢复时间之间的关系[60]

闪烁晶体辐照损伤对晶体透光性能的影响还可用辐照诱导吸收系数(RIAC)

来衡量，简化计算如下式所示：

$$\mathrm{RIAC}=\frac{1}{l}\ln\frac{T_0(\lambda)}{T(\lambda)} \tag{1-35}$$

式中，T_0是晶体辐照前的透光率；T是晶体辐照后的透光率；l是晶体的长度；RIAC的单位是 m^{-1}。

闪烁晶体辐照诱导色心在室温下的湮灭速率，导致晶体的辐照损伤程度不仅与辐照剂量相关，而且与辐照剂量率密切相关。室温下辐照诱导色心湮灭速率较慢的晶体，辐照后透光率与光输出的下降幅度仅与所受辐照的累积剂量相关，而与所受辐照的剂量率无关。如图 1.7.4 所示，LSO/LYSO 晶体的透光率与光输出，随着 γ 射线累积辐照剂量的增加而不断下降。室温下辐照诱导色心湮灭速率较快的晶体，受到辐照时透光率与光输出下降主要与所受辐照的剂量率相关，与所受辐照的累积剂量只呈现微弱的相关性。如图 1.7.5 所示，BGO 晶体受到一定剂量率的 γ 射线辐照，其透光率与光输出下降会出现饱和现象，即保持剂量率不变只增加累积辐照剂量，晶体的透光率与光输出会在一定程度的下降后保持不变，晶体中辐照诱导色心的生成与湮灭达到了平衡，继续辐照不会增加晶体中的辐照诱导色心浓度。

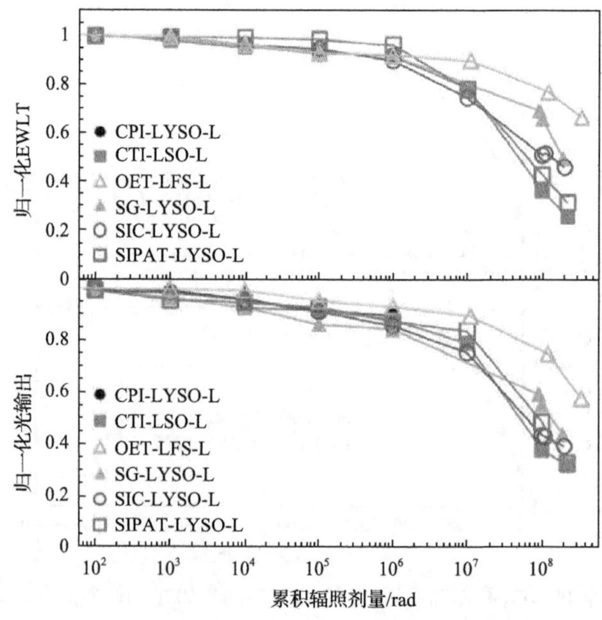

图 1.7.4　LSO/LYSO 晶体的归一化 EWLT 与光输出与辐照剂量之间的关系[62]

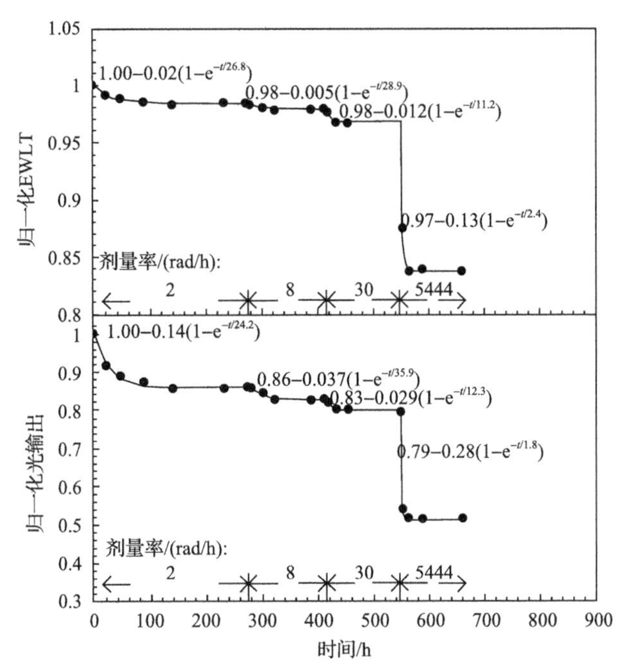

图 1.7.5　BGO 晶体的归一化 EWLT 与光输出与辐照剂量率和辐照时间之间的关系[62]

为了更直观地表示辐照诱导色心浓度，也可用发射光谱权重辐照诱导吸收系数(EWRIAC)来评价闪烁晶体的辐照损伤程度[63]：

$$\mathrm{EWRIAC}=\frac{\int \mathrm{RIAC}(\lambda)\mathrm{Em}(\lambda)\mathrm{d}\lambda}{\int \mathrm{Em}(\lambda)\mathrm{d}\lambda} \tag{1-36}$$

式中，RIAC(λ)表示辐照诱导吸收系数，反映了辐照诱导色心浓度；Em(λ)表示晶体的发射光谱。EWRIAC 直观衡量晶体的辐照诱导吸收，消除了透光率测试时晶体尺寸的影响，可以对不同尺寸的晶体进行比较。

图 1.7.6 所示为 LSO/LYSO:Ce 晶体的 EWRIAC 数值与辐照剂量之间的关系，随着累积辐照剂量的增加，EWRIAC 数值明显增加，意味着辐照诱导吸收增强。图 1.7.7 所示为 PWO 晶体的 EWRIAC 数值与辐照剂量率之间的关系，随着辐照剂量率的增加，EWRIAC 数值明显增加。对于辐照诱导慢恢复的 LSO/LYSO:Ce 晶体，EWRIAC 与累积辐照剂量相关；而对于快恢复的 PWO 晶体，EWRIAC 与辐照剂量率相关。

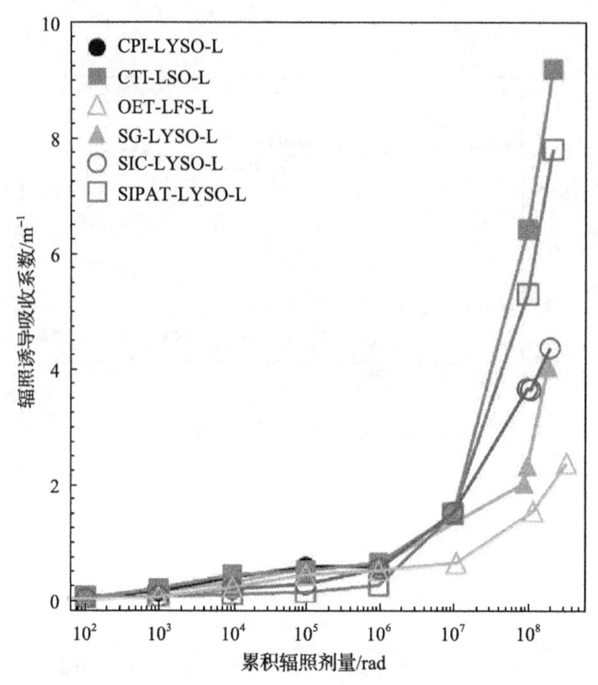

图 1.7.6 LSO/LYSO:Ce 晶体的 EWRIAC 数值与辐照剂量之间的关系[62]

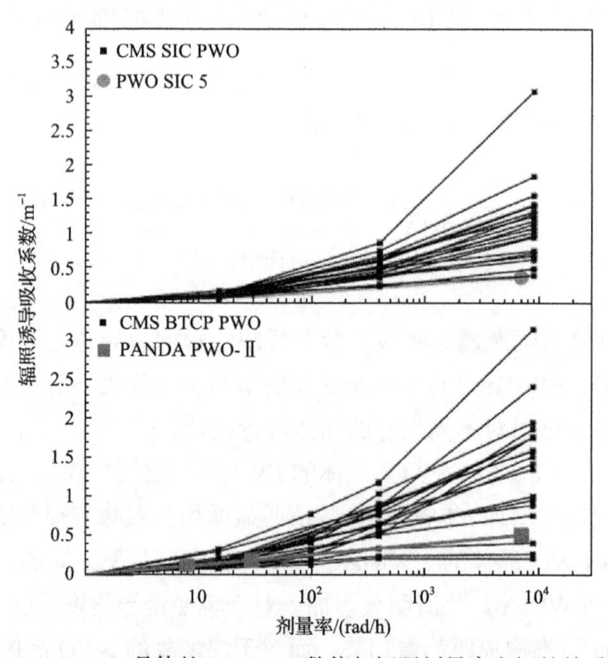

图 1.7.7 PWO 晶体的 EWRIAC 数值与辐照剂量率之间的关系[62]

EWRIAC 可用于定量评价闪烁晶体的发射谱权重的辐照诱导色心浓度对于光

输出的影响。辐照后晶体的光输出与 EWRIAC 之间关系如下：

$$LO = LO_0 \exp\left(-\mu_{EW} L\right) \tag{1-37}$$

式中，LO 表示晶体被辐照后的光输出；LO_0 表示晶体在辐照前的光输出；μ_{EW} 代表晶体受到辐照后的 EWRIAC 数值(μ_{EW}=EWRIAC)；L 代表闪烁光在晶体中的光程。

式(1-37)表明辐照后晶体的光输出取决于晶体中辐照诱导色心的吸收系数，可以方便计算闪烁晶体在受到辐照后理论上的光输出。图 1.7.8 展示了 LSO/LYSO:Ce 晶体和 BGO 晶体辐照后的理论光输出随 EWRIAC 的变化。一般将闪烁光从产生到离开闪烁晶体所传播的平均长度称为闪烁光的平均光程，LSO/LYSO:Ce 晶体中其闪烁光的平均光程是 0.22m，略大于晶体的长度(0.2m)，而相同尺寸的 BGO 晶体中其闪烁光的平均光程是 0.80m，远大于晶体的长度(0.2m)。这是因为 BGO 晶体在其发光峰值波长(480nm)的折射率为 2.15，闪烁光在晶体中传播时有较强的全反射，从而导致闪烁光的平均光程长。

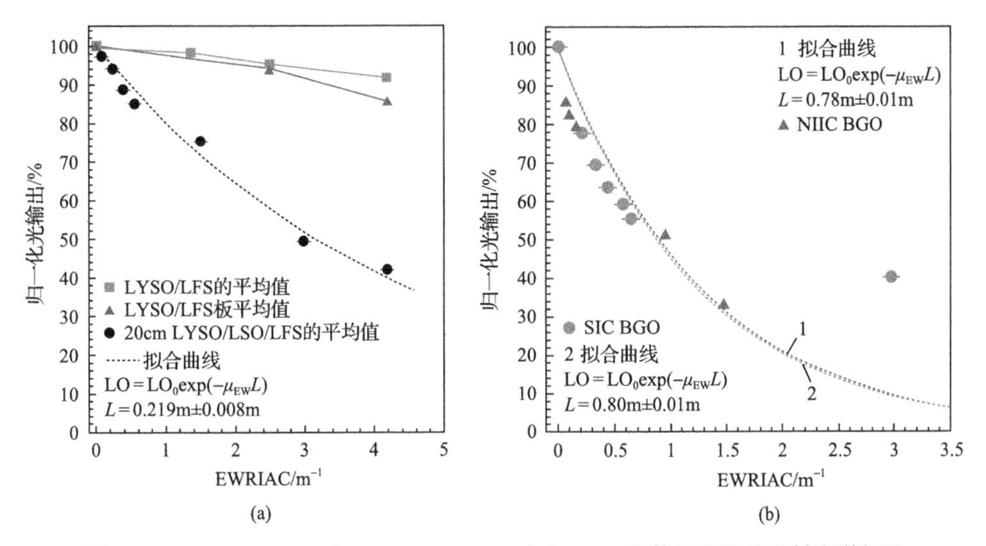

图 1.7.8　LSO/LYSO:Ce(2.5cm×2.5cm×20cm)和 BGO 晶体辐照后的发射光谱权重辐照诱导吸收系数(EWRIAC)与归一化光输出之间的关系

(a) LSO/LYSO:Ce 晶体；(b) BGO 晶体

图 1.7.9(a)展示了 LYSO、BaF_2、CsI、CeF_3、PWO 和 BGO 晶体受到 γ 射线辐照后归一化的光输出随所受累积辐照剂量的变化趋势，图 1.7.9(b)是上述晶体受到γ射线辐照后闪烁发光峰值波长处的辐照诱导吸收系数(RIAC)与晶体所受的累积辐照剂量之间的关系进行对比。从图中可以看出，六种常见闪烁晶体在受到相同剂量的 γ 射线辐照时，LYSO 晶体表现出最低的光输出下降幅度和最小的辐

照诱导吸收系数，这意味着 LYSO 晶体具有最好的抗辐照硬度。

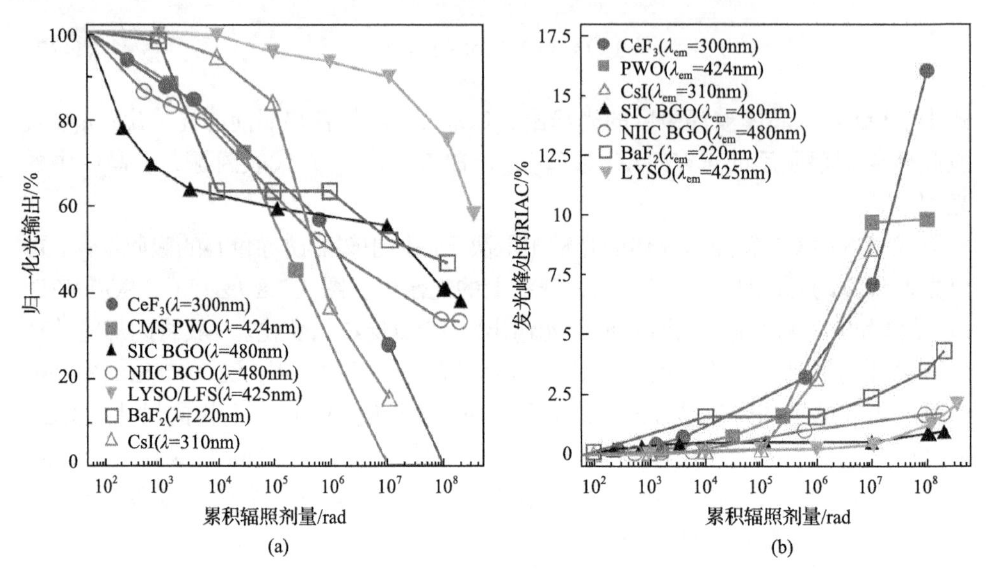

图 1.7.9　六种典型闪烁晶体在受到 γ 射线辐照后的光输出下降(a)与闪烁发光峰值波长处的辐照诱导吸收系数(b)与晶体所受的累积辐照剂量之间的关系[63]

1.7.2　质子辐照下的辐照损伤

在带电的质子辐照下，晶格中的质点出现位移效应，同样会束缚电子或空穴形成辐照诱导色心，宏观表现为透光率下降和光输出降低，而透光率的下降由辐照诱导色心的吸收所致。

图 1.7.10 所示为 LYSO/LFS 晶体在 800MeV 的质子辐照后晶体归一化光输出与发光峰值波长的辐照诱导吸收系数之间的关系，均符合式(1-34)，表明晶体在质子辐照后的光输出的下降与透光率的下降有关。图 1.7.11 所示为 LYSO/LFS 晶体在 800MeV 和 24GeV 的质子辐照后归一化光输出的下降与质子流量(或注量)之间的关系，两种质子对 LYSO/LFS 晶体所造成的辐照损伤差异很小。

图 1.7.12 所示为原位测试的 LYSO 晶体在受到能量为 800MeV 质子辐照后立即测试的透光率数据。可以看出，LYSO 晶体在受到能量为 800MeV、强度为 $3.27\times10^{14}cm^{-2}$ 的质子辐照后其透光率下降较小，这说明该晶体的抗质子辐照硬度好。图 1.7.13 所示为 LYSO 晶体在 430nm 波长处辐照诱导吸收系数和恢复时间之间的关系，可以看到晶体在质子刚辐照后存在一个较快的辐照诱导色心的湮灭过程，其时间常数为 86min。而在长期恢复的情况下，该晶体中辐照诱导色心因湮灭而导致的色心浓度下降较小。在恢复 400 天后其辐照诱导吸收系数只减少了 12%，而时间常数长达 362 天。所以可以认为这一恢复对应的辐照诱导色心湮灭

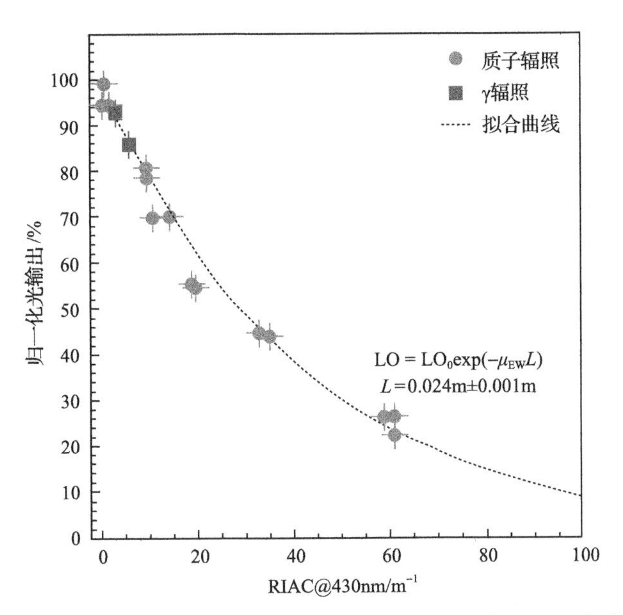

图 1.7.10　LYSO/LFS 晶体(14mm×14mm×1.5mm)质子辐照后的发光峰值波长的辐照诱导吸收系数与晶体归一化光输出之间的关系

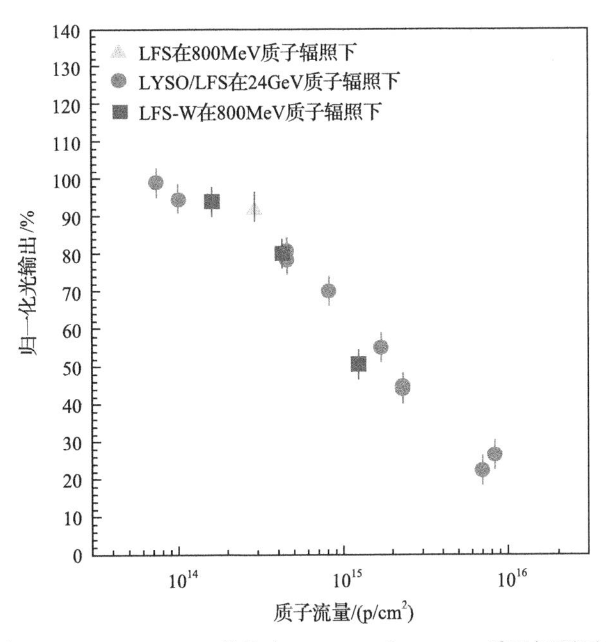

图 1.7.11　LYSO/LFS 晶体在 800MeV 和 24GeV 质子辐照下的归一化光输出与质子流量之间的关系

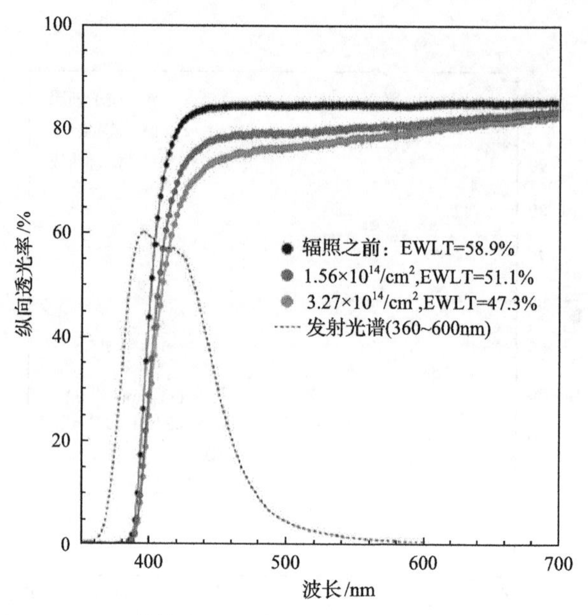

图 1.7.12　LYSO 晶体(25mm×25mm×200mm)在受到 800MeV 质子辐照后的透光率和发射光谱

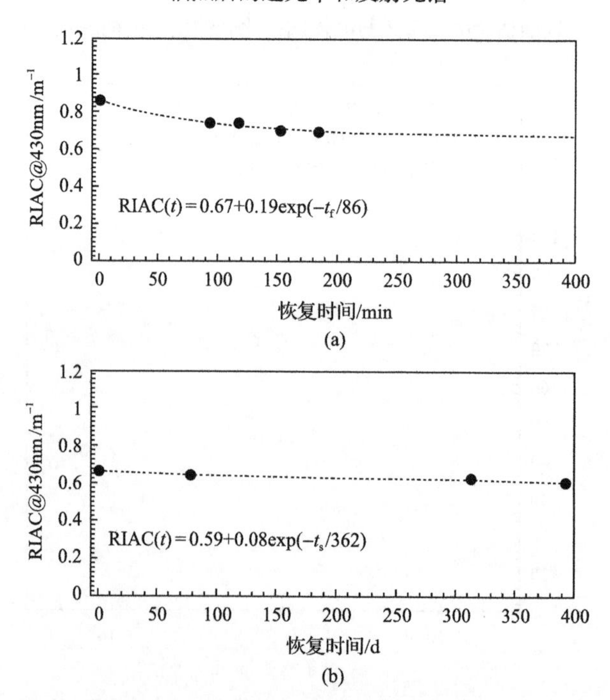

图 1.7.13　LYSO 晶体(25mm×25mm×200mm)在 430nm 波长处的辐照诱导吸收系数和恢复时间之间的关系

(a)快速恢复数据；(b)慢速恢复数据

速率非常慢，即该色心在室温下基本不发生湮灭。与电离辐照损伤相比较，在质子辐照下 LYSO 晶体存在一个室温下湮灭速率非常快的辐照诱导色心，这意味着晶体在质子辐照下产生的辐照诱导色心与电离辐照有所区别。

1.7.3　中子辐照下的辐照损伤

中子辐照对于晶体闪烁性能的影响主要是辐照诱导色心。图 1.7.14 展示了 LYSO/LFS 晶体在分别受到 γ 射线、质子以及中子辐照后其 EWLT 损失和光输出损失的测试结果，显示光输出损失和透光率下降呈现线性关系，表明透光率的下降是由辐照诱导色心吸收所致，光输出下降由透光率下降所致。

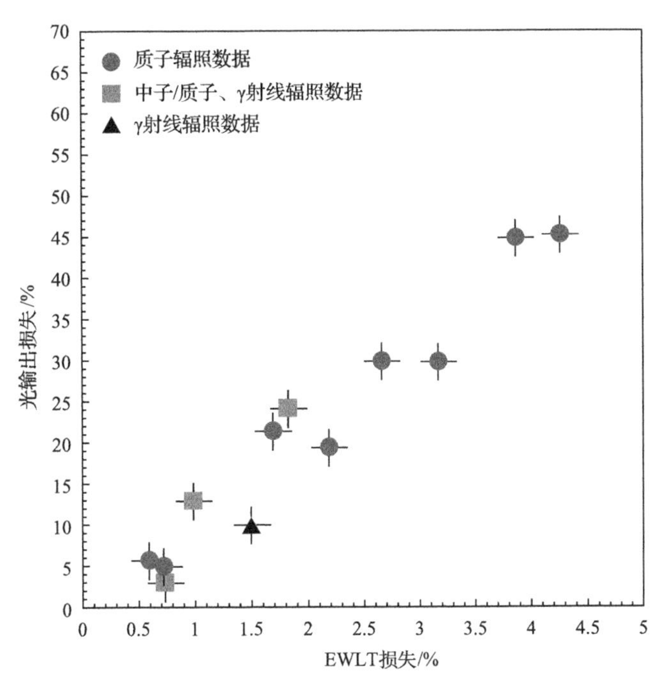

图 1.7.14　LYSO/LFS 晶体在受到 γ 射线、质子以及中子辐照后的 EWLT 损失和光输出损失之间的关系

参 考 文 献

[1] Rodnyi P A. Physical Processes in Inorganic Scintillators. New York:CRC Press, 1997.

[2] 林理彬. 辐射固体物理学导论. 成都: 四川科学技术出版社, 2004.

[3] 汪晓莲, 李澄, 邵明, 等. 粒子探测技术. 合肥: 中国科学技术大学出版社, 2009.

[4] 曹利国. 核辐射探测及核技术应用实验. 北京: 原子能出版社, 2010.

[5] 褚圣麟. 原子物理学. 北京: 高等教育出版社, 1979.

[6] Lecoq P, Gektin A, Korzhik M. Inorganic Scintillators for Detector Systems: Physical Principles

and Crystal Engineering. Cham: Springer International Publishing, 2017.
[7] Ronda C, Wieczorek H, Khanin V, et al. Review—Scintillators for medical imaging: A tutorial overview. ECS Journal of Solid State Science and Technology, 2016, 5: R3121-R3125.
[8] Payne S A,Cherepy N J, Hull G, et al. Nonproportionality of scintillator detectors: Theory and experiment. IEEE Transactions on Nuclear Science, 2011, 56: 2506-2512.
[9] Wang Z, Williams R T, Grim J Q, et al. Kinetic Monte Carlo simulations of excitation density dependent scintillation in CsI and CsI(Tl). Physica Status Solidi B, 2013, 250: 1532-1540.
[10] Moses W W, Bizarri G A, Williams R T, et al. The origins of scintillator non-proportionality. IEEE Transactions on Nuclear Science, 2012, 59: 2038-2044.
[11] Grim J Q, Li Q, Ucer K B, et al. The roles of thermalized and hot carrier diffusion in determining light yield and proportionality of scintillators. Physica Status Solidi A, 2012, 209: 2421-2426.
[12] Chernov S A. Luminescence mechanisms in CsI-based scintallators//Dorenbos P, van Eijk C W E. Proceeding International Conferences on Inorganic Scintillators and their Applications. Delft: Delft University Press, 1996: 419-422.
[13] Chernov S A. Relaxation of electron-hole pairs and scintillation mechanism in alkali halide crystals. Journal of Luminescence, 1997, 72-74: 751-752.
[14] Bouttet D, Pédrini C. X-ray photo electron spectroscopy of some scintillating materials// Dorenbos P, van Eijk C W E. Proceeding International Conferences on Inorganic Scintillators and their Applications. Delft: Delft University Press, 1996: 111-113.
[15] Vasilev A N. Polarization approximation for electron cascade in insulators after high-energy excitation.Nuclear Instruments and Methods in Physics Research B, 1996, 107: 165-171.
[16] Guillot-Noël O, de Haas J T M, Dorenbos P, et al. Optical and scintillation properties of cerium-doped $LaCl_3$, $LuBr_3$ and $LuCl_3$. Journal of Luminescence, 1999, 85: 21-35.
[17] Weber M J. Scintillation: Mechanisms and new crystals. Nuclear Instruments and Methods in Physics Research A, 2004, 527: 9-14.
[18] Lempicki A, Wojtowicz A J, Berman E. Fundamental limits of scintillator performance. Nuclear Instruments and Methods in Physics Research A, 1993, 333: 304-311.
[19] Ye W, Zhao C, Shen X, et al. High quantum yield $Gd_{4.67}Si_3O_{13}$:Eu^{3+} red-emitting phosphor for tunable white light-emitting devices driven by UV or blue led. ACS Applied Electronic Materials, 2021, 3: 1403-1412.
[20] Jϕrgensen C K. Modern Aspects of Ligand Field Theory. Amsterdam: North-Holland Publishing Company, 1971: 538.
[21] van Vugt N, Wigmans T, Blasse G. Electron transfer spectra of some tetravalent lanthanide ions in ZrO_2. Journal of Inorganic and Nuclear Chemistry, 1973, 35: 2601-2602.

[22] Nakazawa E. The lowest 4f-to-5d and charge-transfer transitions of rare earth ions in YPO_4 hosts. Journal of Luminescence, 2002, 100: 89-96.

[23] Dorenbos P. Systematic behaviour in trivalent lanthanide charge transfer energies. Journal of Physics: Condensed Matter, 2003, 15: 8417.

[24] Struck C W, Fonger W H. Role of the charge-transfer states in feeding and thermally emptying the 5D states of Eu^{3+} in yttrium and lanthanum oxysulfides. Journal of Luminescence, 1970,1-2: 456-469.

[25] Struck C W, Fonger W H. Dissociation of Eu^{3+} charge-transfer state in Y_2O_2S and La_2O_2S into Eu^{2+} and a free hole. Physical Review B, 1971, 4: 22-34.

[26] Bressi G, Carugno G, Conti E, et al. New prospects in scintillating crystals. Nuclear Instruments and Methods in Physics Research A, 2001, 461: 361-364.

[27] Rodnyi P A. Physical Processes in Inorganic Scintillators. Baca Roton: CRC Press, 2000.

[28] Valentine J D, Moses W W, Derenzo S E, et al. Temperature dependence of CsI (Tl) gamma-ray excited scintillation characteristics. Nuclear Instruments and Methods in Physics Research A, 1993, 325: 147-157.

[29] Duan C K, Reid M F. Local field effects on the radiative lifetimes of Ce^{3+} in different hosts. Current Applied Physics, 2006, 6: 348-350.

[30] Dorenbos P. Fundamental limitations in the performance of Ce^{3+}-, Pr^{3+}-, and Eu^{2+}-activated scintillators. IEEE Transactions on Nuclear Science, 2010, 57:1162-1167.

[31] Dorenbos P. Light output and energy resolution of Ce^{3+}-doped scintillators. Nuclear Instruments and Methods in Physics Research A, 2002, 486:208-213.

[32] Dorenbos P. The 5d level positions of the trivalent lanthanides in inorganic compounds. Journal of Luminescence, 2000, 91: 155-176.

[33] Dorenbos P. The $4f^n \leftrightarrow 4f^n - 15d$ transitions of the trivalent lanthanides in halogenides and chalcogenides. Journal of Luminescence, 2000, 91: 91-106.

[34] Nikl M, Ogino H, Krasnikov A, et al. Photo- and radioluminescence of Pr-doped $Lu_3Al_5O_{12}$ single crystal. Physica Status Solidi A, 2005, 202: R4-R6.

[35] Blazek K, Krasnikov A, Nejezchleb K, et al. Luminescence and defects creation in Ce^{3+}-doped $Lu_3Al_5O_{12}$ crystals. Physica Status Solidi B, 2004, 241: 1134-1140.

[36] Pedrini C, Moine B, Gacon J C, et al. One- and two-photon spectroscopy of Ce^{3+} ions in LaF_3-CeF_3 mixed crystals. Journal of Physics: Condensed Matter, 1992, 4:5461-5470.

[37] Nanal V, Back B B, Hofman D J. Temperature dependence of BaF_2 scintillation. Nuclear Instruments and Methods in Physics Research A, 1997, 389: 430-436.

[38] Farukhi M R, Swinehart C F. Barium fluoride as a gamma ray and charged particle detector. IEEE Transactions on Nuclear Science, 1971, 18: 200-204.

[39] Derenzo S E, Moses W W, Cahoon J L, et al. X-ray fluorescence measurements of 412 inorganic compounds. Conference Record of the 1991 IEEE Nuclear Science Symposium and Medical Imaging Conference, 1991,141: 143-147.

[40] Belogurov S, Bressi G, Carugno G, et al. Properties of Yb-doped scintillators: YAG, YAP, LuAG. Nuclear Instruments and Methods in Physics Research A, 2004, 516: 58-67.

[41] 侯晴, 陈建玉, 齐红基, 等. Yb:YAG 超快闪烁晶体研究进展与展望. 发光学报, 2016, 37: 1323-1331.

[42] 杨帆, 任国浩. 超快闪烁晶体研究进展. 量子电子学报, 2021, 38: 16.

[43] Antonini P, Bressi G, Carugno G, et al. Scintillation properties of YAG:Yb crystals. Nuclear Instruments and Methods in Physics Research A, 2001, 460: 469-471.

[44] Di Bartolo B. Radiationless Processes. New York: Plenum Press, 1980.

[45] https://www.crystals.saint-gobain.com/sites/hps-mac3-cma-crystals/files/2021-06/LaBr-Performance-Summary-2021.pdf[2021-10-9].

[46] Korzhik M V. Physics of scintillators on a base of oxide compounds. Minsk: Belarusian University, 2003.

[47] Glodo J, Wojtowicz A J. Thermoluminescence and scintillation properties of LuAP and YAP. Journal of Alloys and Compounds, 2000, 300-301: 289-294.

[48] Yen W M, Raukas M, Basun S A, et al. Optical and photoconductive properties of cerium-doped crystalline solids. Journal of Luminescence, 1996, 69: 287-294.

[49] Bessiere A, Dorenbos P, van Eijk C W E, et al. Luminescence and scintillation properties of the small band gap compound $LaI_3:Ce^{3+}$. Nuclear Instruments and Methods in Physics Research A, 2005, 537: 22-26.

[50] Guerassimova N,Garnier N, Dujardin C, et al. X-ray-excited charge transfer luminescence in YAG:Yb and YbAG. Journal of Luminescence, 2001, 94-95: 11-14.

[51] Guerassimova N, Garnier N, Dujardin C, et al. X-ray excited charge transfer luminescence of ytterbium-containing aluminium garnets. Chemical Physics Letters, 2001, 339: 197-202.

[52] Blasse G. Luminescence of inorganic solids: From isolated centres to concentrated systems. Progress in Solid State Chemistry, 1988, 18: 79-171.

[53] Wojtowicz A J, Wenewski D, Lempicki A, et al. Scintillation mechanisms in rare earth orthophosphates. Radiation Effects and Defects in Solids, 1995, 135: 305-310.

[54] Korzhik M V, Drobyshev G Y, Kondratiev D M, et al. Scintillation quenching in cerium-doped ytterbium-based crystals. Physica Status Solidi B, 1996, 197: 495-501.

[55] Blasse G, Schipper W J, Hamelink J J. On the quenching of the luminescence of the trivalent cerium ion. Inorganica Chimica Acta, 1991, 189: 77-80.

[56] Pidol L, Kahn-Harari A, Viana B, et al. Scintillation properties of $Lu_2Si_2O_7:Ce^{3+}$, a fast and

efficient scintillator crystal. Journal of Physics: Condensed Matter, 2003, 15: 2091.

[57] Pidol L, Guillot-Noël O, Jourdier M A, et al. Scintillation quenching by Ir^{3+} impurity in cerium doped lutetium pyrosilicate crystals. Journal of Physics: Condensed Matter, 2003, 15: 7815.

[58] Bilki B. CMS forward calorimeters phase Ⅱ upgrade. Journal of Physics: Conference Series, 2015, 587: 012014.

[59] Pezzullo G, Budagov J, Carosi R, et al. The LYSO crystal calorimeter for the Mu2e experiment. Journal of Instrumentation, 2014, 9: 705-710.

[60] Yang F, Mao R H, Zhang L Y, et al. A study on radiation damage in PWO-Ⅱ crystals. IEEE Transactions on Nuclear Science, 2013, 60: 2336-2342.

[61] Chen J M, Mao R H, Zhang L Y, et al. Gamma-ray induced radiation damage in large size LSO and LYSO crystal samples. IEEE Transactions on Nuclear Science, 2007, 54: 1319-1326.

[62] Yang F, Zhang L Y, Zhu R Y. Gamma-ray induced radiation damage up to 340 Mrad in various scintillation crystals. IEEE Transactions on Nuclear Science, 2016, 63: 612-619.

[63] Mao R H, Zhang L Y, Zhu R Y. Quality of mass-produced lead tungstate crystals. IEEE Transactions on Nuclear Science, 2004, 51: 1777-1783.

第 2 章　闪烁性能的测试与研究方法

闪烁晶体是一种用于辐射探测的光功能晶体材料，其性能主要包括透光率、光产额、能量分辨率、衰减时间、闪烁发光波长以及有效原子序数等[1-4]。其中，光产额是指无机闪烁晶体产生的光子总数与被该无机闪烁晶体吸收的入射辐射能量之比值，通常以无机闪烁晶体每吸收 1MeV 的入射辐射能量后所产生的光子数来表达，单位为光子每兆电子伏(ph/MeV)；能量分辨率表征在某一给定的能量下，能分辨的两个粒子能量间最小相对差值的量度；衰减时间是指闪烁晶体受核辐射激发停止后，闪烁光从最高强度下降到 1/e 所需的时间；闪烁发光波长是指闪烁晶体在受到激发后所发射的闪烁光的光谱中最高光强度所对应的波长；晶体的有效原子序数是指辐射与闪烁晶体相互作用时，可以等效为与某种单质相互作用，这种等效的单质的原子序数称为这种无机闪烁晶体的有效原子序数。围绕着上述性能参数需要对闪烁晶体进行多道能谱、衰减时间谱、激发发射光谱的测试。

因为闪烁光一般在带电粒子径迹的几个微米范围内产生，所以闪烁光发光中心的分布与带电粒子在闪烁晶体内的运动轨迹相关。如果高能粒子在闪烁晶体中有较大的平均自由程，则晶体内的闪烁发光分布在晶体的大部分甚至整个区域内，这将导致晶体内不同位置产生的闪烁光在从发光点到光探测器这一光传播过程所经历的光程会有很大的不同，从而对闪烁光在闪烁晶体中的传播造成很大影响。所以，闪烁晶体的光学性能(如透光率、折射率等)会对晶体的光输出、能量分辨率以及衰减时间等闪烁性能有较大的影响。因此在闪烁晶体的闪烁性能表征中需要包含透射光谱和吸收光谱的测试。

本章将围绕透射光谱、吸收光谱、激发发射光谱、多道能谱、衰减时间谱等测试手段，详细介绍闪烁性能测试的原理、仪器、方法、条件和数据处理知识，同时，阐述高能光子(X 射线、γ 射线)、中子和带电粒子与闪烁晶体的作用过程以及该过程与晶体原子序数和密度的关系，探讨闪烁光在晶体中的生成与传播过程。通过本章的介绍，使读者初步了解闪烁晶体的各主要性能的物理意义、测试原理和方法，以及影响测试结果的主要因素，从而可以对闪烁晶体的性能进行准确的评价。

2.1　闪烁性能测试的物理基础

2.1.1　光传播的经典理论

闪烁晶体在服役过程中大多只受辐射场的作用，同时闪烁光的强度也较弱，因此对于闪烁晶体中闪烁光的传播过程可以运用几何光学的基本原理进行分析，即当光通过固体材料时，着重考虑光在晶体中的透射、折射、反射、吸收和散射这些线性效应过程。

光通过介质时，一部分能量被介质吸收而转化为热能或者内能，因此进入介质越深，强度就衰减越大，这就是介质对光的吸收现象。光在固体介质中的传播速度一般要小于在真空中的传播速度，并且介质中的光速与光的频率或者波长有关，即介质对不同波长的光有不同的折射率，这就是光的色散现象。光在均匀介质中的传播服从 Lambert-Beer 定律，即一束强度为 I_0 的入射光在物质中传播距离 d 后，光的强度(I)遵从指数衰减律，可以简单地表示为

$$I = I_0 \exp(-\mu d) \tag{2-1}$$

式中，μ 为吸收系数，单位为 cm^{-1}，表示光在固体中传播距离 $d=1/\mu$，光强衰减到原来的 1/e。由吸收系数 μ 和消光系数 k，可以定义光在固体中的穿透深度(也叫趋肤深度)：

$$d_1 = \frac{1}{\mu} = \frac{1}{2|k_i|} = \frac{\lambda_0}{4\pi k} \tag{2-2}$$

$$d_2 = \frac{1}{|k_i|} = \frac{\lambda_0}{2\pi k} \tag{2-3}$$

式中，d_1、d_2 分别为光强穿透深度和振幅穿透深度，后者是前者的 2 倍。显然，消光系数或吸收系数大的介质，光的穿透深度越浅，表明物质的吸收越强；而长波光比短波光穿透深度更大。

图 2.1.1 展示了基于光线追踪的办法，使用蒙特卡罗模拟计算的一个底面积为 50mm×50mm 的 YAG:Yb 晶体在测量光输出时，光收集效率随着晶体厚度的变化情况。从图中可以明显看到，光收集效率随着晶体厚度的增加呈现指数衰减，这一结果说明闪烁光在晶体中传播过程的吸收效应会直接影响到实际测得的光输出数据。

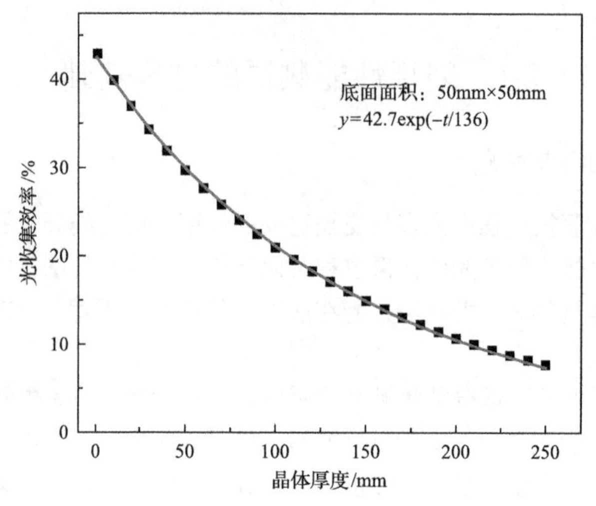

图 2.1.1　YAG:Yb 晶体的闪烁光收集效率随晶体厚度的变化

反射和折射是由两种介质界面上分子性质的不连续性而引起的。当一个平面波射到光学性质不同的两个介质的界面上时，它将分为两个波：一个透射波和一个反射波，透射波进入第二介质内，反射波传回到第一介质中。如果入射角为 θ_i，折射角为 θ_t，则满足折射定律：$\sin\theta_i/\sin\theta_t=n_2/n_1$，其中 n_1 和 n_2 分别为入射介质和折射介质的折射率。当 $n_2>n_1$ 时，认为第二介质和第一介质相比是光密的，每个入射角都有一个实折射角相对应。如果第二介质和第一介质相比是光疏的，则只有在入射角满足 $\sin\theta_i\leqslant n_2/n_1$ 时，θ_t 才可能有实值，如果入射角再大则发生全反射。对于反射波和透射波的振幅，假定入射波各分量为已知，反射率和透光率与入射波的偏振状态有关，分别用平行分量和垂直分量的反射率 $\dot{R}_{\parallel}$、$\dot{R}_{\perp}$ 和透光率 $\dot{T}_{\parallel}$、$\dot{T}_{\perp}$ 表示出 $\dot{R}$ 和 $\dot{T}$，解出反射波和透射波各分量可得到菲涅耳公式：

$$T_{\parallel}=\frac{2\sin\theta_t\cos\theta_i}{\sin(\theta_i+\theta_t)\cos(\theta_i-\theta_t)}A_{\parallel} \tag{2-4}$$

$$T_{\perp}=\frac{2\sin\theta_t\cos\theta_i}{\sin(\theta_i+\theta_t)}A_{\perp} \tag{2-5}$$

$$R_{\parallel}=\frac{\tan(\theta_i-\theta_t)}{\tan(\theta_i+\theta_t)}A_{\parallel} \tag{2-6}$$

$$R_{\perp}=-\frac{\sin(\theta_i-\theta_t)}{\sin(\theta_i+\theta_t)}A_{\perp} \tag{2-7}$$

反射波和折射波各分量的位相与入射波相应分量的位相或是相等，或是差 π。

因为 $T_{\|}$和 $T_{\perp}$与 $A_{\|}$和 $A_{\perp}$同号，所以透射波的位相与入射波的位相总是相同。反射波的位相与 θ_{i}和 θ_{t}的相对大小有关。因此，界面的反射率为 $\dot{R}=\frac{|R|^2}{|A|^2}$，透光率为 $\dot{T}=\frac{n_2}{n_1}\frac{\cos\theta_{\mathrm{t}}}{\cos\theta_{\mathrm{i}}}\frac{|T|^2}{|A|^2}$，同时满足 $\dot{R}+\dot{T}=1$。

设 α_{i}为入射波电矢量与入射面所作的角，于是

$$A_{\|}=A\cos\alpha_{\mathrm{i}} \tag{2-8}$$

$$A_{\perp}=A\sin\alpha_{\mathrm{i}} \tag{2-9}$$

$$\dot{R}=\dot{R}_{\|}\cos^2\alpha_{\mathrm{i}}+\dot{R}_{\perp}\sin^2\alpha_{\mathrm{i}} \tag{2-10}$$

式中

$$\dot{R}_{\|}=\frac{|R_{\|}|^2}{|A_{\|}|^2}=\frac{\tan^2(\theta_{\mathrm{i}}-\theta_{\mathrm{t}})}{\tan^2(\theta_{\mathrm{i}}+\theta_{\mathrm{t}})} \tag{2-11}$$

$$\dot{R}_{\perp}=\frac{|R_{\perp}|^2}{|A_{\perp}|^2}=\frac{\sin^2(\theta_{\mathrm{i}}-\theta_{\mathrm{t}})}{\sin^2(\theta_{\mathrm{i}}+\theta_{\mathrm{t}})} \tag{2-12}$$

用同样方法可以得到

$$\dot{T}=\dot{T}_{\|}\cos^2\alpha_{\mathrm{i}}+\dot{T}_{\perp}\sin^2\alpha_{\mathrm{i}} \tag{2-13}$$

其中

$$\dot{T}_{\|}=\frac{n_2}{n_1}\frac{\cos\theta_{\mathrm{t}}}{\cos\theta_{\mathrm{i}}}\frac{|T_{\|}|^2}{|A_{\|}|^2}=\frac{\sin2\theta_{\mathrm{t}}\sin2\theta_{\mathrm{i}}}{\sin^2(\theta_{\mathrm{i}}+\theta_{\mathrm{t}})\cos^2(\theta_{\mathrm{i}}-\theta_{\mathrm{t}})} \tag{2-14}$$

$$\dot{T}_{\perp}=\frac{n_2}{n_1}\frac{\cos\theta_{\mathrm{t}}}{\cos\theta_{\mathrm{i}}}\frac{|T_{\perp}|^2}{|A_{\perp}|^2}=\frac{\sin2\theta_{\mathrm{t}}\sin2\theta_{\mathrm{i}}}{\sin^2(\theta_{\mathrm{i}}+\theta_{\mathrm{t}})} \tag{2-15}$$

仍可证明：$\dot{R}_{\|}+\dot{T}_{\|}=1$，$\dot{R}_{\perp}+\dot{T}_{\perp}=1$。

如果入射光(如日光)的振动方向杂乱无章，则 $\sin^2\alpha$ 与 $\cos^2\alpha$ 的平均值均为 1/2。在正入射下 $\theta_{\mathrm{i}}=0$，因而 $\theta_{\mathrm{t}}=0$，所以，设 $n=n_2/n_1$，则

$$T_{\|}=\frac{2}{n+1}A_{\|} \tag{2-16}$$

$$T_{\perp}=\frac{2}{n+1}A_{\perp} \tag{2-17}$$

$$R_{\parallel}=\frac{n-1}{n+1}A_{\parallel} \tag{2-18}$$

$$R_{\perp}=-\frac{n-1}{n+1}A_{\perp} \tag{2-19}$$

$$\dot{R}=\left(\frac{n-1}{n+1}\right)^{2} \tag{2-20}$$

$$\dot{T}=\frac{4n}{(n+1)^{2}} \tag{2-21}$$

光线通过均匀的介质或两种折射率不同的均匀介质的界面，产生光的直射、折射或反射等现象。这仅限于给定的一些方向上能看到光线，而其余方向则看不到光线。当光线通过不均匀介质(如空气中含有尘埃)时，可以从侧面清晰地看到光线的轨迹，这种现象称为光的散射。这是由于介质的光学性质不均匀，光线向四面八方散射的结果。散射使原来传播方向上的光强减弱，并遵循如下指数规律：$I=I_0\exp[-(\alpha_a+\alpha_s)l]$，式中，$\alpha_a$是吸收系数，是一般吸收部分；$\alpha_s$是散射系数。如上所述，光在均匀介质中，只能沿直射、反射和折射光线方向传播，不可能有散射。这是因为当光通过均匀介质时，介质中的偶极子发出的频率与入射光的频率相同，并且偶极子之间有一定的相位关系，因而它们是相干光。理论上可以证明，只要介质密度是均匀的，这些次波相干叠加的结果，只剩下遵从几何光学规律的光线，沿其余方向的光则完全抵消。因此，均匀介质不能产生散射光。为了能产生散射光，必须有能够破坏次波干涉的不均匀结构。

为展示闪烁晶体中的光反射与折射对于光收集效率的影响，图 2.1.2 给出了两种情况下高为 20mm 的 Yb:YAG 晶体四棱台的光收集效率模拟结果。如图 2.1.2(a)所示，正置棱台时，固定 5 号面的尺寸为 50mm×50mm，6 号面为边长 10～50mm 的正方形，棱台呈现从正棱台到长方体的形状变化；反置棱台时，固定 6 号面为 50mm×50mm，5 号面为边长 10～50mm 的正方形，棱台呈现从反棱台到长方体的形状变化。固定 5 号面是棱台状晶体与光电探测器耦合的面。两种情况下 Yb: YAG 晶体的光收集效率如图 2.1.2(b)所示，可以看到棱台面积较大的一面与探测器耦合时光收集效率更高，且与探测器耦合面相对面积越大时，光收集效率越高，当 5 号面与 6 号面的面积比例大于 25∶9 时光收集效率为最高。分析原因是当 5 号面(与探测器耦合的面)不变而 6 号面变大时，光子传播过程的反射次数和平均光程都变大，所以光收集效率降低。当 6 号面不变而 5 号面变大时，虽然光子传播过程的反射次数和光程都变大，但晶体与探测器耦合的面积也变大，所以光收集效率升高。

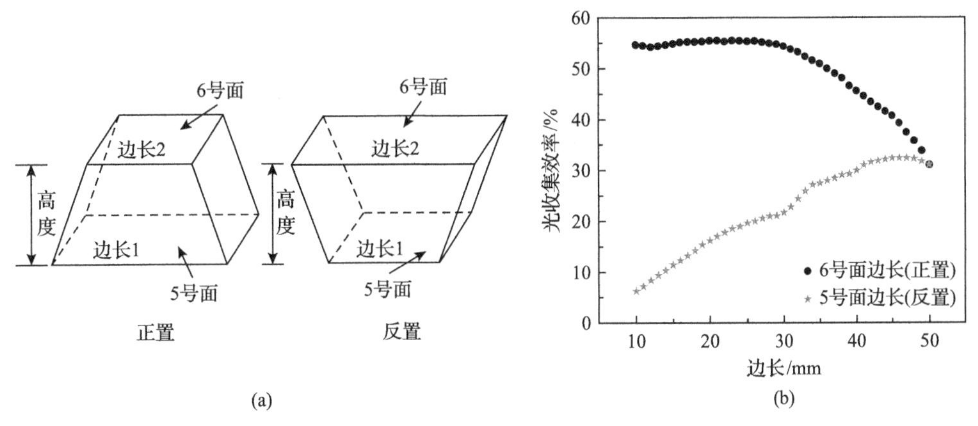

图 2.1.2　Yb:YAG 晶体四棱台正置和反置的光收集效率

(a) 正置和反置棱台示意图；(b) 光收集效率与棱台形状之间的关系

散射按不均匀结构的性质和散射颗粒的大小分为三大类：几何散射 (geometric scattering)、米氏 (Mie) 散射、瑞利 (Rayleigh) 散射。散射中心的尺度远大于入射光波波长的散射，称为几何散射。散射中心的尺度和入射光波波长可以相比拟的散射，称为米氏散射。散射中心的尺度小于入射光波波长时的散射，称为瑞利散射。图 2.1.3 就展示了使用红光激光检验两根 20cm 长的 PWO 晶体光学质量的照片。从图中可以看出，晶体在自然光照射下用肉眼观察不到散射中心，但是在激光照射下右侧照片的晶体中出现明显的光路。这一光路是激光被晶体中的包裹体等散射中心散射后形成的，大多为几何散射。所以，用激光照射闪烁晶体来观察光路径迹是一种判断晶体内在光学质量的简单方法。

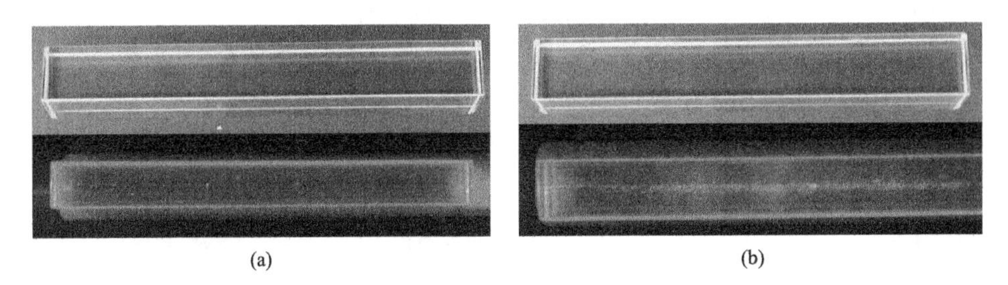

图 2.1.3　无散射 (a) 和有散射 (b) PWO 闪烁晶体在自然光 (上) 和激光照射 (下) 下的照片

2.1.2　高能光子/电子与闪烁晶体作用的相关参数

第 1 章已经详细介绍了高能射线/粒子与闪烁晶体的作用过程与机制，这里主要介绍一下高能光子与常见的无机闪烁晶体作用的相关参数及计算过程。对于光子与无机闪烁晶体作用最相关的参数是闪烁晶体的 X 射线吸收系数，该系数可用来计算高能光子射入晶体后在晶体中沉积的能量。一种晶体的 X 射线吸收系数越大表明高能光子在该晶体中行进单位长度后能量衰减越大。该吸收系数常用来评价闪烁晶体对于高能光子的探测效率，在相同体积的前提下，X 射线吸收系数越大的晶体对于高能光子的探测效率越高。对于 1～92 号元素对不同能量高能光子(1keV～20MeV)的吸收系数数据，可以通过美国国家标准与技术研究院(National Institute of Standard and Technology, NIST)的数据库进行查询，然后通过如下公式可以计算不同长度的闪烁晶体对于高能光子的吸收效率：

$$I = I_0 \exp\left[-\left(\mu / \rho\right) x\right] \tag{2-22}$$

式中，I_0代表入射光子束强度；I代表穿过物质后的光子束强度；x代表光子在物质中穿行的长度；μ/ρ 代表 X 射线吸收系数，其中 ρ 代表物质的密度。根据式(2-22)就可以计算光子在穿过闪烁晶体后有多少能量可以被晶体吸收。对于多种元素组成的闪烁晶体，其 μ/ρ 可以用各种元素 μ/ρ 按照该元素在晶体中的质量分数求和获得。

图 2.1.4 列出几种常见闪烁晶体对于不同能量高能光子的吸收系数，其中图 2.1.4(a)列出四种氧化物闪烁晶体的数据，而图 2.1.4(b)列出四种卤化物闪烁晶体的数据。从图中曲线趋势可以知道，随着入射光子能量的增加，所有闪烁晶体对于光子的吸收系数都在减小。通过对比不同种类闪烁晶体的吸收系数可以看到，密度越大有效原子序数越高的晶体，其对于高能光子的吸收系数越大，也就是单位体积下探测效率越高。通过简单计算可以得知，在入射光子能量为 100keV 时，当晶体对该入射光子的吸收达到 90%，在光子的入射方向 YAG:Yb 晶体需要至少厚 16.2mm，而 PWO 晶体仅需厚 6.4mm。这也是在设计闪烁晶体时，希望晶体的密度大，同时组成晶体元素的原子序数大的原因。

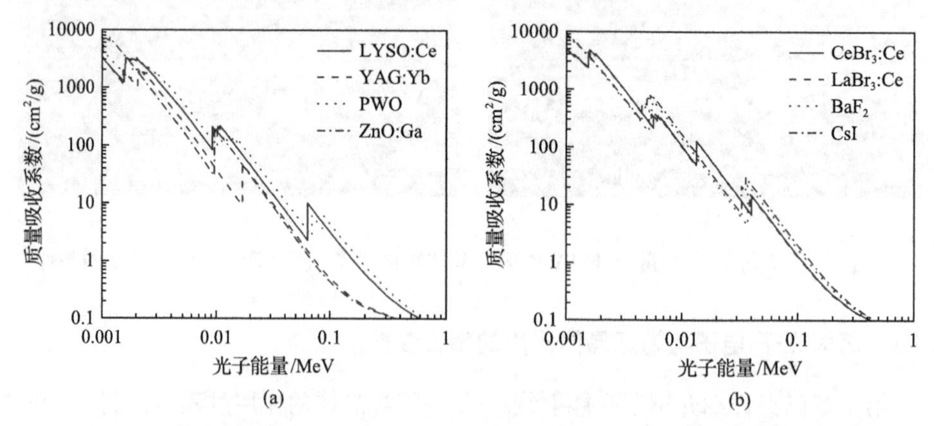

图 2.1.4 若干典型氧化物(a)和卤化物(b)闪烁晶体对不同能量光子的吸收系数

在闪烁晶体的能谱测试中，全能峰(S_A)与总谱(S_T)的面积比率，即峰总比是一个很关键的参数，越大的峰总比意味着越高的探测效率。可以根据下述公式计算峰总比(S_A/S_T)[5]：

$$\frac{S_A}{S_T}=\frac{\sigma_{光}}{\sigma_{光}+\sigma_{康}+\sigma_{对}} \tag{2-23}$$

式中，$\sigma_{光}$、$\sigma_{康}$、$\sigma_{对}$ 分别代表光子与物质发生光电效应、康普顿效应和电子对效应的反应截面大小。图 2.1.5 展示了八种典型闪烁晶体对不同能量光子的峰总比。从图中可以看出，峰总比在光子能量较低时很大，随着光子能量增大而减小，而且闪烁晶体介质的有效原子序数 Z_{eff} 越大，峰总比越大，那么探测效率就会越高。

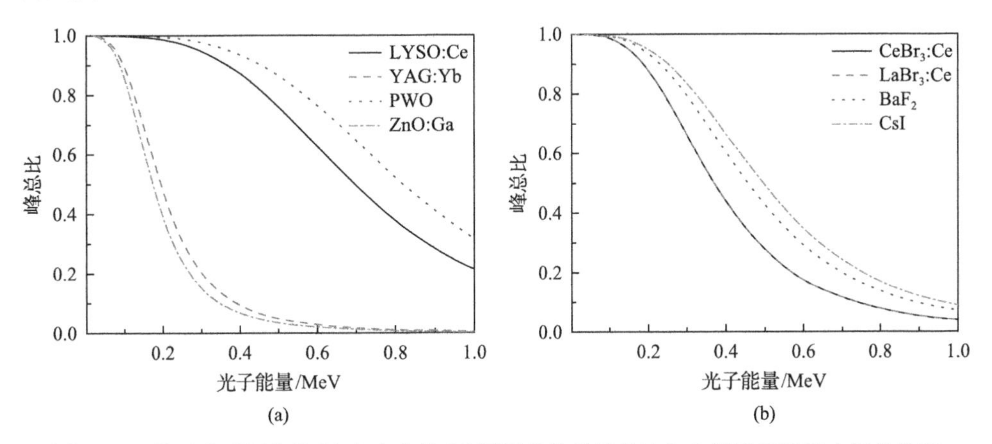

图 2.1.5　若干典型氧化物(a)和卤化物(b)闪烁晶体的峰总比与入射光子能量之间的关系

2.1.3　统计规律与误差分析

放射性同位素原子核的衰变过程是相互独立、彼此无关的，每个核什么时候衰变纯属偶然。但实践证明，对大量核而言，其衰变遵从统计规律——衰变定律：

$$N(t)=N_0\mathrm{e}^{-\lambda t} \tag{2-24}$$

式中，t 表示时间；N_0 为 0 时刻的放射性核数；$N(t)$ 为 t 时刻的放射性核数；λ 为衰变常数。对不同的放射性原子核，λ 的值不同，它描述着放射性核衰变的快慢，λ 值大衰变得快，λ 值小衰变得慢。通常还习惯用“半衰期”来描述放射性核衰变的快慢。所谓半衰期 T 是指放射性核由初始的 N_0 个衰变到 $N_0/2$ 个所需要的时间。无疑 T 越长，衰变得越慢，T 越短衰变得越快。半衰期 T 和衰变常数 λ 有如下关系：

$$T=\frac{\ln 2}{\lambda}=\frac{0.693}{\lambda} \tag{2-25}$$

由于核衰变中每个核何时衰变完全是偶然的，在进行放射性测量时，即便测量条件完全相同，多次重复测量的结果也不可能完全一样，而是围绕各次测量的平均值构成一定分布。设 N 为尚未衰变的放射性核数，n 为某时间 t 内衰变的核数，$\overline{n}$ 为多次测量 t 时间内平均衰变的核数，又假设该种放射性核的半衰期很长，即 $n \ll N$，在测量过程中可以认为 N 不变，从而推出 t 时间内有 n 个核衰变的概率为

$$P(n)=\frac{(\overline{n})^n}{n!}\mathrm{e}^{-\overline{n}} \tag{2-26}$$

此即统计学中的泊松分布公式，其意义是：对满足上述假设条件的某种放射性核进行多次重复性测量，其计数的平均值为 $\overline{n}$ 时，计数为 n 的测量出现的概率为 $P(n)$。当平均数 $\overline{n}$ 比较大时，泊松分布式(2-26)化为高斯分布公式

$$P(n)=\frac{1}{\sqrt{2\pi\overline{n}}}\mathrm{e}^{-\frac{(\overline{n}-n)^2}{2\overline{n}}} \tag{2-27}$$

这里 $\sqrt{\overline{n}}$ 是统计学中高斯分布公式中的标准差 σ，也就是说核衰变遵从 $\sigma=\sqrt{\overline{n}}$ 的高斯分布。将 $\left(\overline{n}-n\right)$ 用 $\varDelta$ 代表，$\overline{n}$ 换成 σ^2，式(2-27)就成了常见的高斯分布：

$$P^*(\varDelta)=\frac{1}{\sqrt{2\pi}\sigma}\mathrm{e}^{-\frac{\varDelta^2}{2\sigma^2}} \tag{2-28}$$

设有一固定的偏差值 $\varDelta_0$，若以 $P^*(\varDelta_0)$ 表示，则有

$$\begin{aligned}P^*(\varDelta_0)&=\int_{-\infty}^{-\varDelta_0}P(\varDelta)\mathrm{d}\varDelta+\int_{\varDelta_0}^{+\infty}P(\varDelta)\mathrm{d}\varDelta=2\int_{\varDelta_0}^{\infty}P(\varDelta)\mathrm{d}\varDelta\\&=2\left[\int_0^{\infty}P(\varDelta)\mathrm{d}\varDelta-\int_0^{\varDelta_0}P(\varDelta)\mathrm{d}\varDelta\right]=1-\frac{2}{\sqrt{2\pi}\sigma}\int_0^{\varDelta_0}\mathrm{e}^{-\frac{\varDelta^2}{2\sigma^2}}\mathrm{d}\varDelta\end{aligned} \tag{2-29}$$

可知，当 $\varDelta_0=\sigma$ 时，测量值落在$(\overline{n}\pm\sigma)$之外的概率为 31.7%，也就是说，标准误差的含义是：在完全相同的条件下进行测量，测量值 n 有 68.3%的概率处于$(\overline{n}\pm\sigma)$之间。当实验结果具有 3σ 的置信度就表明，实验结果有 99.7%的概率处于$(\overline{n}\pm\sigma)$之间，而一般粒子物理实验的数据置信度为 5σ 的置信度。

由于放射性核衰变存在统计涨落，对原子核衰变进行重复测量，每次的计数将围绕平均计数 $\bar{n}$ 起伏。通常把 $\bar{n}$ 看成测量结果的最概然值，把起伏带来的误差称为统计误差，其大小用标准误差来表示。从理论上讲，$\bar{n}$ 应取无限多次测量的平均值，实际上无法办到，也没有必要。实验室中总是按一定的精度要求进行有限次测量。前面已经指出标准误差 σ 与平均值 $\bar{n}$ 的关系是：$\sigma=\sqrt{\bar{n}}$，在 $\bar{n}$ 较大的情况下，一次测量值 n 出现在 $\bar{n}$ 附近的概率较大，即($\bar{n}-n \ll \bar{n}$)，所以有近似式

$$\sigma=\sqrt{\bar{n}}=\sqrt{(\bar{n}-n)+n} \approx \sqrt{n} \tag{2-30}$$

在进行放射性测量时，往往只测量一次，只要测量值比较大，就可以近似地把它当作理想情况下的平均值，其标准误差也作类似处理。若测量的计数为 N，则其结果表示成

$$N \pm \sqrt{N} \tag{2-31}$$

$\sqrt{N}$ 就作为标准误差。为了能够直接地表示出测量的精度，实际工作中也常用相对标准误差，它是标准误差与测量值之比，即

$$\pm\frac{\sqrt{N}}{N}=\pm\frac{1}{\sqrt{N}} \tag{2-32}$$

通常以百分数表示。由此可以看出，计数 N 越大，测量的精度越高。如果做 A 次测量，每次的计数分别用 N_i(第 i 次计数)表示，则总计数为 $\sum_{i=1}^{A} N_i = A\bar{N}$（$\bar{N}$ 为平均计数)，总计数的标准误差为 $\sqrt{A\bar{N}}$。一次计数的平均值应表示为

$$\frac{A\bar{N}}{A} \pm \frac{\sqrt{A\bar{N}}}{A}=\bar{N} \pm \sqrt{\frac{\bar{N}}{A}} \tag{2-33}$$

一次计数平均值的标准误差为 $\pm\sqrt{\frac{\bar{N}}{A}}$，其相对标准误差为 $\frac{1}{\sqrt{A\bar{N}}}$。由此可见，增加测量次数可以提高测量精度。如果测量时间为 t，计数为 N，则计数率应表示为

$$计数率=\frac{N \pm \sqrt{N}}{t}=n \pm \sqrt{\frac{n}{t}} \tag{2-34}$$

其标准误差为 $\pm\sqrt{\frac{n}{t}}$，相对标准误差为 $\pm\frac{1}{\sqrt{nt}}$。可见，延长测量时间，可以提高测量计数率的精度。

在放射性测量中，对于间接测量的误差，可利用标准误差的传递公式来计算。

设 $y=f(x_1,x_2,\cdots,x_n)$，而 $x_1,x_2,\cdots,x_n$ 的标准误差分别为 $\sigma_1,\sigma_2,\cdots,\sigma_n$，且相互独立，则 y 的标准误差为

$$\sigma_y=\left[\left(\frac{\partial f}{\partial x_1}\right)^2\sigma_{x_1}^2+\left(\frac{\partial f}{\partial x_2}\right)^2\sigma_{x_2}^2+\cdots+\left(\frac{\partial f}{\partial x_n}\right)^2\sigma_{x_n}^2\right]^{1/2} \tag{2-35}$$

由此式可得

(a)若 $y=x_1\pm x_2\pm\cdots\pm x_n$，

则

$$\sigma_y=\left(\sigma_{x_1}^2+\sigma_{x_2}^2+\cdots+\sigma_{x_n}^2\right)^{1/2} \tag{2-36}$$

(b)若 $y=x_1\cdot x_2\cdots x_n$，

则

$$\frac{\sigma_y}{y}=\left[\left(\frac{\sigma_{x_1}}{x_1}\right)^2+\left(\frac{\sigma_{x_2}}{x_2}\right)^2+\cdots+\left(\frac{\sigma_{x_n}}{x_n}\right)^2\right]^{1/2} \tag{2-37}$$

(c)若 $y=\frac{x_1}{x_2}$，

则

$$\frac{\sigma_y}{y}=\left[\left(\frac{\sigma_{x_1}}{x_1}\right)^2+\left(\frac{\sigma_{x_2}}{x_2}\right)^2\right]^{1/2} \tag{2-38}$$

2.2　透射光谱与吸收光谱

闪烁晶体所发射的闪烁光会在晶体内部和边界处发生透射、折射、反射、吸收、散射等作用，而这些过程会影响闪烁光的传播过程，进而影响闪烁光探测过程的光收集效率。而闪烁光探测过程的光收集效率又会直接影响到光输出和能量分辨率的测试结果。所以，在对闪烁晶体的闪烁性能测试之前，一般要先研究该闪烁晶体的透射光谱与吸收光谱。因为吸收光谱可以从透射光谱计算获得，所以

本节将主要从测试原理、测试设备以及数据处理这三个方面介绍闪烁晶体性能测试中的透射光谱测试。

2.2.1　测试原理与设备

闪烁晶体透射光谱与吸收光谱的测试原理是利用光分别穿过空气与穿过晶体时强度衰减程度有所不同，通过对这个强度衰减程度的不同与所用光波长的关系进行研究就可以获得透射光谱与吸收光谱。其中通过测试直接获得的是透射光谱，而吸收光谱是通过对透光率数据进行处理而获得的。

闪烁晶体的透射光谱和吸收光谱是用分光光度计进行测量的。闪烁材料的发光主要集中在紫外和可见光波段，因此最常用的测试设备是紫外/可见光近红外分光光度计。为了有效消除仪器本身性能波动对测试结果的影响，在高性能分光光度计中均使用双光束模式，即单色化后的光束会通过斩波器作用，以固定频率分别形成参比光束和测试光束。这样做的好处在于参比光束和测试光束其实来自同一光束的不同路径，将两者相比可以有效消除仪器波动对于测试结果的影响。由于斩波器的存在，光信号经过一次调制会成为周期信号，从而可以配合锁相放大器消除杂散光对于测试精度的影响，进一步提高测试系统的信噪比。在分光光度计中，信号光的收集和探测通过积分球和光电探测器来进行，其中最主要的紫外/可见光波段的光电探测器是光电倍增管，红外波段的光探测器是 PbS 半导体。高端光谱仪为了避免光倍增管与 PbS 半导体之间的低探测效率光谱范围，还会增加一个 InGaAs 探测器，实现全光谱的高效率探测。

一台典型的双光束紫外/可见光分光光度计的光路如图 2.2.1 所示。可根据所要测试的波段选择不同的光源：氘灯(120～370nm)、氙灯(250～1800nm)及溴钨灯(320～1100nm)。因为大多数的分光光度计可测试较宽的光谱范围，所以常常同时配有两种或两种以上的光源，在测试过程中通过光源切换来完成宽光谱覆盖。如图 2.2.1 中反射镜 1 就通过水平移动位置，从而实现氘灯和氙灯的切换。分光光度计通过使用衍射光栅完成对光源所发光的单色化过程，为了实现更好的单色化，有时会在分光光度计中使用级联的两组衍射光栅。光栅的分辨率定义为：$R=\lambda/\Delta\lambda$。其中 $\Delta\lambda$ 是光栅所能分辨的最靠近两条谱线的波长差。显然，$\Delta\lambda$ 越小，光栅的分辨本领越大。设 K 为光栅的衍射级数，N 为光栅刻痕总数，则一块光栅所能分辨的最小波长间隔为：$\Delta\lambda=\lambda/KN$。光栅所能分解谱线的宽度，也叫作线形，它与光栅的线色散率 $\mathrm{d}l/\mathrm{d}\lambda$，以及入射与出射狭缝宽度 w_1 与 w_2 有关。光谱谱线宽度可以表示为

$$\delta\lambda=\frac{\mathrm{d}\lambda}{\mathrm{d}l}\left(w_1+w_2\right)\tag{2-39}$$

式中，线色散率 $\mathrm{d}l/\mathrm{d}\lambda=F/d$，$F$ 为光栅的焦距，d 代表光栅常数。显然，焦距越大、

光栅刻痕越多和狭缝开得越窄，光谱仪的分辨本领就越大。另一方面，光谱仪分解出谱线的强度(I)与狭缝的宽度和高度有关：

$$I = Aw_1w_2h_1h_2 \tag{2-40}$$

式中，A 为与光源、光栅常数有关的常数；h 代表狭缝高度。显然，光谱分解强度与狭缝的面积成正比。要提高测量灵敏度，需要开大光谱仪的狭缝，结果增加了谱线宽度，降低了分辨率。要使光谱仪分解出谱线的强度和分辨率兼容，需要根据情况设置适当的狭缝宽度，不可任意开大狭缝。

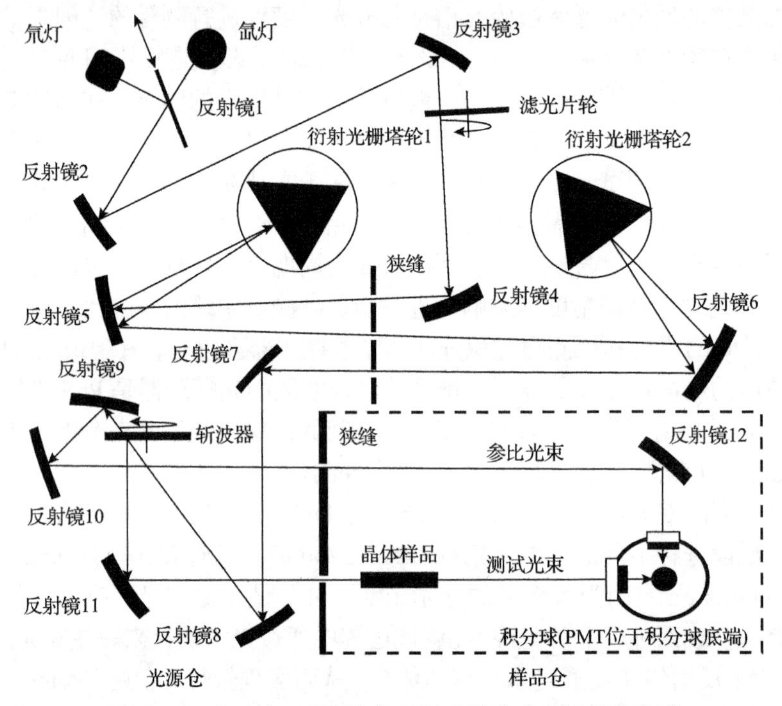

图 2.2.1　典型的双光束紫外/可见光分光光度计的光路图

2.2.2　数据处理方法

根据分光光度计的测试过程可知，测试光与晶体样品的光入射端面的法线平行，因此透光率的测试过程可以近似为光垂直入射晶体样品的过程。闪烁晶体的吸光度(A)的计算公式为

$$A = \log\left(I_0 / I\right) = \log(1 / T) \tag{2-41}$$

式中，T 为晶体的透光率；I_0 和 I 分别为入射光和透射光的强度。因此可以通过透射光谱计算获得吸收光谱。根据菲涅耳公式可以计算晶体样品在空气环境中所能

够测得的透光率上限(或理论透光率)。在不考虑光在晶体内部的吸收和散射过程，并且考虑到光在晶体的两个端面多次反射的效果后，晶体样品的透光率上限计算公式如下[6]：

$$T_s = (1-n)^2 + n^2(1-n)^2 + \cdots = \frac{1-n}{1+n} \tag{2-42}$$

式中，T_s 是特定波长的理论透光率；n 是晶体样品在这一波长处的折射率。如果这一波长的光在晶体样品中的衰减长度为 λ，则测试光在晶体样品中穿过长度 L 后强度衰减系数(α)变为

$$\alpha = I / I_0 = \exp\left(-L/\lambda\right) \tag{2-43}$$

而此时透光率上限计算公式变为

$$T_s = \left(1-n\right)^2 \alpha + n^2\left(1-n\right)^2 \alpha^3 + \cdots = \alpha\left(1-n\right)^2 / \left(1-\alpha^2 n^2\right) \tag{2-44}$$

使用式(2-44)与折射率数据计算了 BaF_2 晶体的理论透光率(图 2.2.2 中的黑色圆点)，并且与实测的含有包裹体和无包裹体以及表面抛光与否 BaF_2 晶体的透光率曲线进行了对比。从图中可以看到，晶体样品是否抛光以及是否存在包裹体都会影响到晶体的透光率测试结果，所以通过透光率的实验值与理论值比较，可以初步判断晶体样品的光学质量。需要强调的是，晶体的实测透光率之所以低于其理论透光率，除了与晶体内的包裹体等散射中心有关，还与晶体表面的抛光程度相关。只有不含包裹体且表面抛光良好的晶体才具有较高的透光率。因此，为了获得准确的测试结果，在透光率测试中应该使用表面经过良好光学抛光的晶体样品。

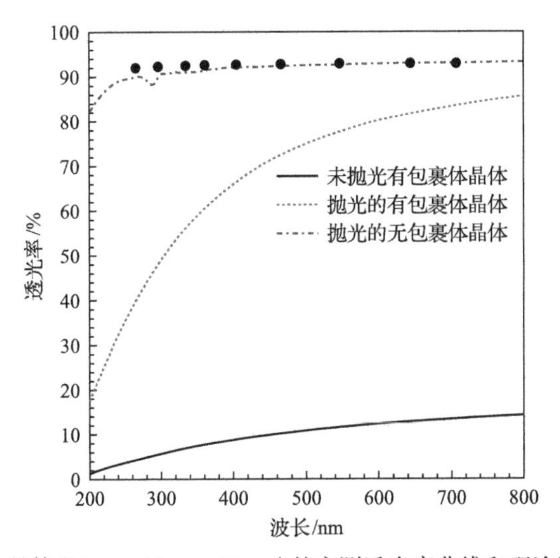

图 2.2.2　BaF_2 晶体(30mm×30mm×30mm)的实测透光率曲线和理论透光率(•)对比

对于掺杂晶体，因掺杂所致的吸收与掺杂剂的浓度相关[7, 8]，当掺杂剂浓度较高时会出现掺杂形成的吸收边波长移动现象，所以可以通过测量吸收边的波长移动距离，再根据波长移动量与掺杂浓度之间的关系，从而间接地确定晶体内的掺杂剂浓度。图 2.2.3 就展示了相同长度的 LYSO:Ce 晶体中 Ce 浓度和透射光谱中的紫外吸收边波长之间的测试结果[9]，可以看到这二者之间呈现明显的线性关系，而且即使是不同生产商制备的晶体也都符合这一线性关系，根据这一关系可以计算出这一长度的 LYSO: Ce 晶体中的 Ce 离子浓度。需要注意的是，只有透光率测试中具有相同光程的晶体，其掺杂剂的浓度才和吸收边波长具有这种关系。闪烁晶体在特定波长(如发射光谱的峰值波长)的透光率会影响到晶体的光输出。第 5 章图 5.1.5 将展示 CMS 实验用中国科学院上海硅酸盐研究所(Shanghai Institute of Ceramics，SIC)(简称上海硅酸盐所)和俄罗斯博戈罗季茨克化工厂(Bogoroditsk Technical Chemical Plant，BTCP)两家供应商生长的 PWO 晶体的光输出和 360nm 透光率之间的线性关系，线性相关系数(correlation coefficient, CC)越接近 1 说明两组数据之间的相关性越强[10]。从数据可以看出，无论是 SIC 还是 BTCP 的晶体，其光输出和 360nm 透光率之间均呈现较好的相关性，所以该实验将样品的 360nm 透光率作为衡量晶体质量的一项重要性能指标。

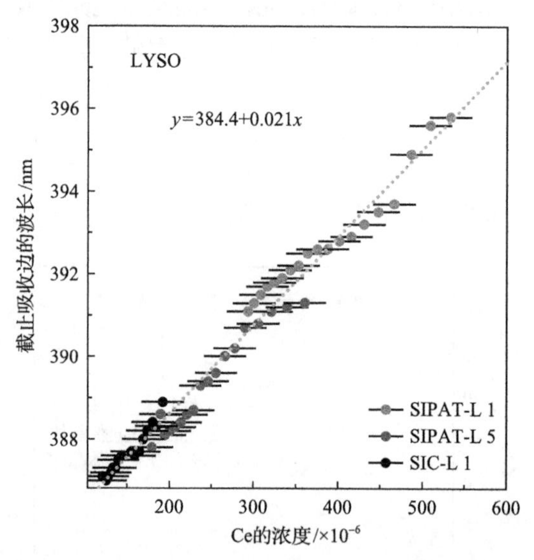

图 2.2.3　相同长度的 LYSO:Ce 晶体中 Ce 浓度和紫外吸收边波长之间的关系[9]

使用晶体的透光率还可以计算其他与晶体性能相关的参数。对于闪烁晶体来说发射权重透光率(EWLT)是一个用于权衡透光率对于晶体光输出影响的重要参数，这一参数的计算公式见式(1-33)[9-12]。

第 1 章图 1.7.1 展示了不同生产商生产的大尺寸 LYSO/LSO 晶体受到辐照前

后的归一化 EWLT 数值和归一化光输出之间的关系，数据的归一化是以辐照之前晶体样品的 EWLT 和光输出为 100%的[12]。图中的数据显示 LYSO/LSO 晶体样品受到辐照后其光输出的下降和 EWLT 的下降呈现明显的线性关系，这一结果充分说明 LYSO/LSO 晶体受到辐照后产生的光输出下降是由晶体的透光率下降所引起的。晶体的 EWLT 数据和晶体闪烁性能之间的关系要比透光率和闪烁性能之间的关系更为直接和紧密。

2.3　激发发射光谱

闪烁晶体在高能射线/粒子或特定波长的紫外/可见光激发下会发射荧光，通过对闪烁晶体受到激发后发射的荧光光谱进行采集就可以获得其激发发射光谱。根据激发源的不同，发射光谱可以分为：紫外/可见光激发发射光谱、X 射线(或 γ 射线)激发发射光谱和阴极射线激发发射光谱。通过研究闪烁晶体的激发发射光谱可以获得晶体的闪烁发光波长，同时还可以获取与晶体闪烁发光相关的能级、跃迁、效率等信息。

2.3.1　紫外/可见光激发发射光谱

闪烁晶体的紫外/可见光激发发射光谱具有两个特征光谱：激发光谱和发射光谱。激发光谱反映了特定波长荧光的强度对激发波长的依赖关系；发射光谱反映了特定波长激发光激发下荧光强度的波长分布。激发光谱和发射光谱统称为激发发射光谱，激发发射光谱能够提供光谱、峰位、峰强度、量子产率、荧光寿命、荧光偏振度等信息，是荧光分析定性和定量的基础。理想情况下，如果发光过程没有声子参与则发射光谱的波长范围与吸收光谱重叠。但实际情况中，由于存在能量弛豫，发射峰的能量总是小于吸收峰的能量，或者说发射波长通常是向长波方向移动，发射波长最大值与激发波长最大值之间的差称为斯托克斯位移，或者说斯托克斯位移是相同电子跃迁在吸收光谱和发射光谱中最强波长间的差值。

稳态/瞬态荧光光谱使用稳态/瞬态荧光光谱仪进行测试，仪器结构如图 2.3.1 所示，主要由光源、单色仪、样品仓和探测器等组成：①光源。闪烁晶体的发射光谱强度与激发光的强度成正比，因此激发光源应该有稳定而强的出射光强以及平滑而又宽的光谱。常用的光源主要有卤素灯、氙灯和激光器。②单色仪。光谱仪中单色仪一般为反射式光栅。③样品仓。光谱仪用的样品仓内壁涂层和各种配件必须无荧光发射。为了完成变温荧光性能研究，可以使用变温光学样品室。④探测器。荧光的强度通常比较弱，因此要求探测器有较高的灵敏度，一般采用光电倍增管或者 CCD 进行数据采集。一般光谱仪的光谱分辨率由光谱仪所用光栅性能和狭缝宽度决定，目前主流的光谱仪的光谱分辨率可达到0.2nm。为了实现对微弱光的探测，光谱仪中使用单光子计数技术。单光子计数技术是利用在弱光下光电倍增管(PMT)输出信号自然离散化的特点，采用放大技术和精密的脉冲幅度甄别技术，以及数字计数技术，可把淹没在背景噪声中的光信号提取出来[13]。

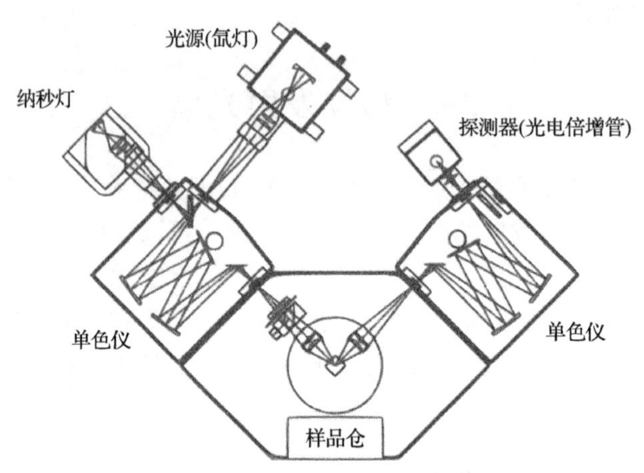

图 2.3.1　稳态/瞬态荧光光谱仪的结构示意图

使用荧光光谱仪除了可以获得二维的激发发射光谱外，还可以通过波长扫描或者加入温度信息绘制出三维荧光光谱。闪烁晶体的荧光强度是激发和发射这两个波长变量的函数，描述荧光强度同时随激发和发射波长变化的关系谱图，就是三维荧光光谱。它可以提供比常规荧光光谱和同步荧光光谱更为完整的光谱信息。在一个多发光中心闪烁晶体的三维荧光光谱中，每个发光中心有独立吸收和发射的特定光谱区，可以通过一次扫描检测出体系中的全部发光中心。图 2.3.2 展示了 LYSO:Ce 晶体的三维荧光光谱，从图中可以清楚地看到 LYSO:Ce 晶体的三个激发峰和其发射峰之间的强度对应关系。

由于不同发光中心的荧光衰减时间不同，可在激发与检测之间延缓一段时间，即时间分辨荧光光谱。采用带时间延迟设备的脉冲光源和带有门控时间电路的检测器件，可以在固定延迟时间后和门控宽度内得到时间分辨荧光光谱，即瞬态荧光光谱。

2.3.2　X 射线激发发射光谱

闪烁晶体在 X 射线(或 γ 射线)激发下的发射光谱称为 X 射线(或 γ 射线)激发发射光谱，或者统称为辐射发光光谱。X 射线激发发射光谱的测试装置如图 2.3.3 所示，从射线源发射出的射线入射到晶体中，晶体被激发后所产生的闪烁光从与

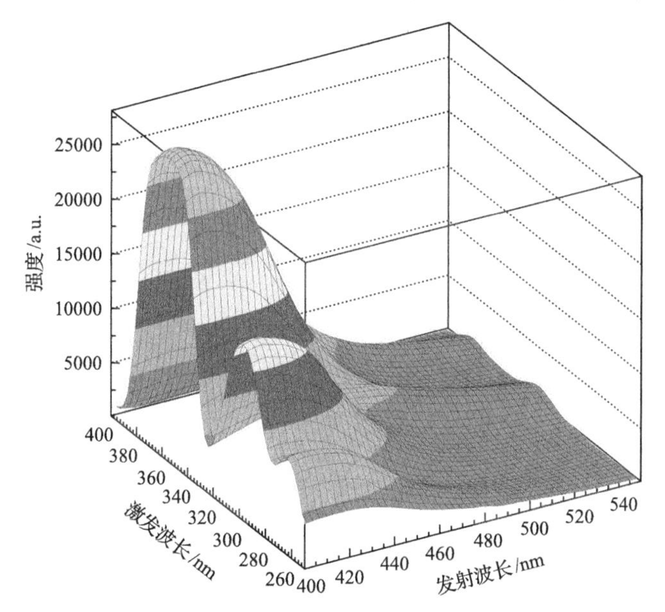

图 2.3.2　LYSO:Ce 晶体的三维荧光光谱

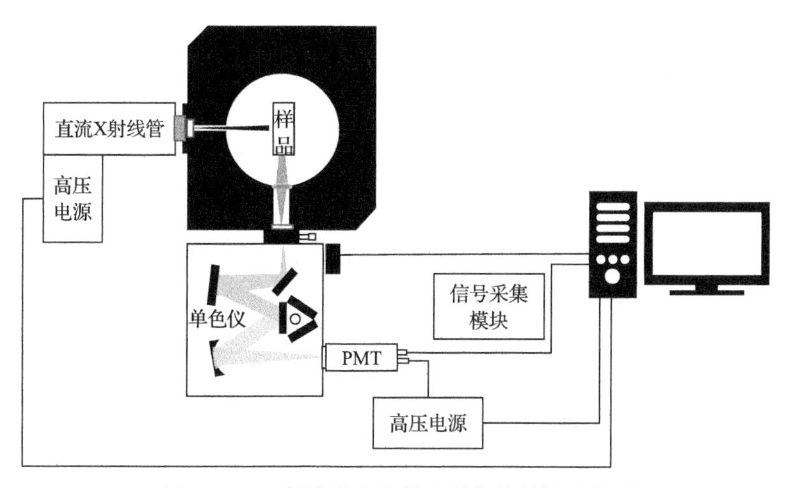

图 2.3.3　X 射线激发发射光谱仪的结构示意图

入射线相垂直的方向出射。闪烁光从晶体中出射后会进入单色仪进行波长甄别，然后由光电探测器进行信号收集。最后，波长和强度信息进入计算机进行处理，从而获得 X 射线激发发射光谱。

2.3.3　数据处理方法

图 2.3.4 展示了几种常见闪烁晶体的透射光谱和紫外/可见光激发发射光谱(除 BaF_2 晶体)[14]。从图中可以看到，常见闪烁晶体均可在紫外/可见光激发下发出荧

光，发光波长为 300～600nm，处于大多数光电探测器的灵敏波长范围内。可以看到，目前商用的闪烁晶体的一个重要特点就是发光波长与光电探测器匹配较好，因此进行光电转换时才能实现高效低噪。但 BaF_2 晶体只有在真空紫外/X 射线波段的光激发下，才可以观察到明显的芯带-价带发光和自陷激子发光，这是由该晶体的独特发光机制造成的[15, 16]。

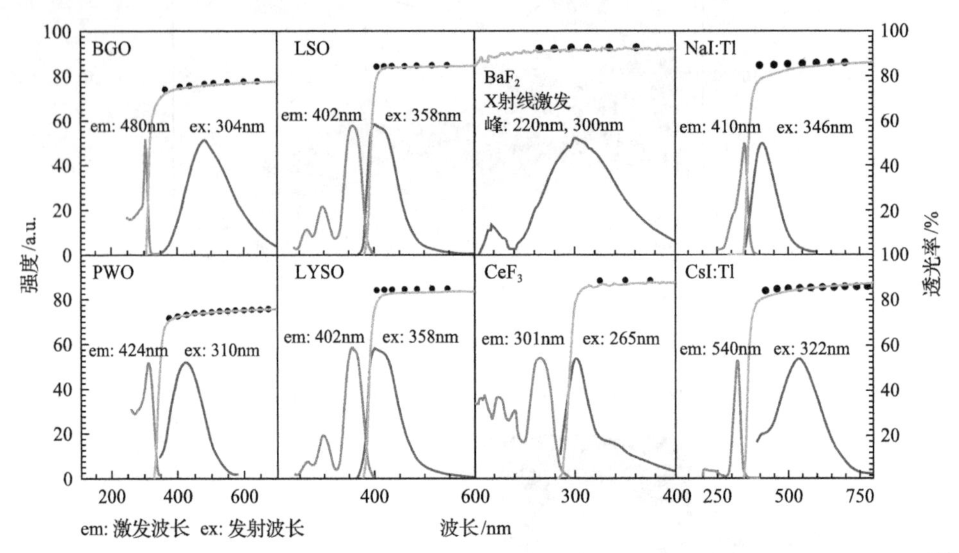

图 2.3.4　常见闪烁晶体的透射光谱、紫外/可见光激发发射光谱和 X 射线激发发射光谱比较[14]

对于闪烁晶体而言，X 射线/γ 射线激发发射光谱与紫外/可见光激发发射光谱的区别在于：①激发光的波长差异。X 射线和 γ 射线的能量较紫外线高，远远大于闪烁晶体的禁带宽度，所以在激发时会将大量电子激发到导带。②由于测试设备和光子穿透深度的不同，闪烁光在晶体内传输路线可能不同。一般紫外/可见光激发发射光谱测试时，激发光和发射光处于样品同一侧，为掠射式；而 X 射线/γ 射线激发发射光谱测试时，激发射线和发射光分别处于样品的两端或者互相垂直，为透射式。紫外/可见波段的激发光在闪烁晶体中的穿透深度较浅，而 X 射线/γ 射线在晶体内的穿透深度较深。结合两种测试方法本身的区别，一般情况下紫外/可见光激发发射光谱测试中闪烁光在闪烁晶体中的光程较短，而 X 射线/γ 射线激发发射光谱测试中闪烁光在闪烁晶体中的光程较长。前者为表面发光，后者为体发光。上述两种发光模式的不同，导致同一种闪烁晶体的 X 射线/γ 射线激发发射光谱与紫外/可见光激发发射光谱会有所区别，尤其在有自吸收效应的闪烁晶体中这一差异会更加明显。

图 2.3.5 展示了 BGO 和 LYSO:Ce 晶体的紫外激发发射光谱、X 射线激发发射光谱和 γ 射线激发发射光谱的对比，其中紫外激发发射光谱的测试中尝试了掠射

式和透射式两种闪烁光的传播方式[17]。从图 2.3.5 中可知，相较于掠射式紫外激发发射光谱，BGO 和 LYSO:Ce 晶体的透射式紫外激发发射光谱、X 射线和 γ 射线激发发射谱发射峰的波长都出现不同程度的红移，这一现象就是晶体闪烁光的自吸收现象导致的。从图 2.3.5 还可以看到，LYSO:Ce 晶体的发射光谱和透射光谱的吸收边有明显的重叠，说明 LYSO:Ce 晶体对其自身所发射的闪烁光存在较强

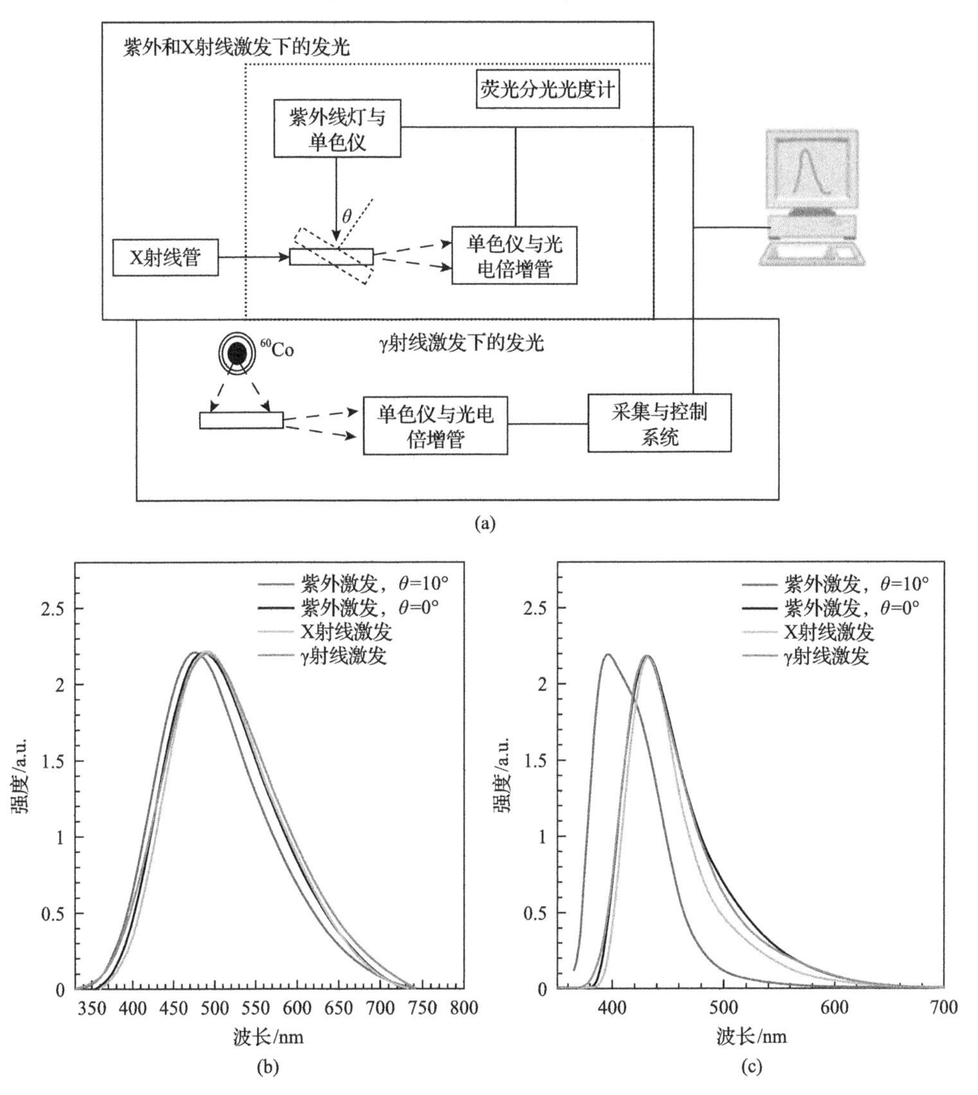

图 2.3.5　BGO 和 LYSO:Ce 晶体的紫外激发发射光谱、X 射线和 γ 射线激发发射光谱对比（θ 角为入射光与样品表面法线之间的夹角）[17]

(a) 紫外激发发射光谱、X 射线和 γ 射线激发发射光谱测试方式示意图；(b) BGO 晶体的三种发射光谱对比；(c) LYSO:Ce 晶体的三种发射光谱对比

的自吸收效应，所以在 LYSO:Ce 晶体中的红移比 BGO 晶体的红移更为明显。这一结果说明，如果要准确测定闪烁晶体的闪烁发光波长，需要尽可能避免闪烁光自吸收效应对于测试结果的干扰。在研究工作中曾有人使用紫外可见光激发发射光谱或 X 射线/γ 射线激发发射光谱的积分强度来比较或评价不同闪烁晶体光输出，但这一方法在使用中要非常小心。这是因为相较于使用多道能谱进行光输出测试，在紫外激发发射光谱或 X 射线/γ 射线激发发射光谱的测试中，影响光谱强度的因素较多。由于紫外/可见光激发发射光谱是紫外或可见光激发闪烁晶体发光，激发能是直接传递给闪烁晶体的发光中心，缺乏闪烁过程中的光电效应、电离作用等能量转化与传递过程，所以无法全面表征闪烁发光的效率，它只能表征发光中心发光的效率。因此不建议将紫外/可见光激发发射光谱用于闪烁晶体光输出的比较。

从理论上讲，有效原子序数高的闪烁晶体在 X 射线/γ 射线激发发射光谱测试中因为其单位厚度对 X 射线/γ 射线吸收效率高，同时光电效应的截面积大，所以即使其光输出较低也会测出较强的 X 射线/γ 射线激发发射光谱。因此，使用 X 射线/γ 射线激发发射光谱进行光输出比较时最好只在同种闪烁晶体之间进行，而且要确保样品具有相同的尺寸、形状和表面质量。如果要使用该方法比较不同闪烁晶体，必须确保使用的 X 射线能量较低，以使 X 射线入射后绝大部分光子发生的都是光电效应。一般而言，折射率比较高而且闪烁发光具有自吸收效应的闪烁晶体光收集效率低，所以其 X 射线/γ 射线激发发射光谱的相对强度较低。因此这类闪烁晶体不适合使用 X 射线/γ 射线激发发射光谱进行光输出比较。具有强余辉的闪烁晶体因为余辉也会对 X 射线/γ 射线激发发射光谱的强度有贡献，所以也不适合使用 X 射线/γ 射线激发发射光谱进行光输出比较。

综上所述，使用 X 射线/γ 射线激发发射光谱的积分强度对闪烁晶体光输出进行比较的方法有很大的局限性和非常大的误差，所以要获得相对准确的结果需要考虑很多影响因素，并对影响作用进行必要的修正，而要获得闪烁晶体的准确光输出还是要依靠多道能谱。

2.4 多道能谱

闪烁晶体的能量分辨率以及闪烁光输出的表征须采用多道能谱仪。多道能谱仪不是一台设备，而是很多信号采集和信号处理模块的集合。针对闪烁晶体性能评价的多道能谱仪一般包括光电探测器(如光电倍增管、雪崩光电二极管、硅光电倍增管)、前置放大器、主放大器、恒比甄别器、多道分析器等几部分组成。通过多道能谱仪输出的数据是多道能谱，即横坐标为能量、纵坐标为总计数的能量谱。多道能谱的“道”是指多道分析器在对所探测的模拟信号(一般为电压信号)使用模数转换器(analog to digital converter，ADC)进行模数转换时的转换精度。普通能谱仪用的 ADC 为 10 位精度，则输出的能谱为 2^{10} 道即 1024 道，而高精度能谱仪的 ADC 可以做到 14 位精度，则可输出 2^{14} 即 16384 道能谱。通过搭配具有不同性能的信号采集和处理模块，多道能谱仪可实现不同的测试内容和测试精度。

2.4.1　测试原理

根据前面介绍的核衰变的统计规律可知，虽然对于单个原子核其衰变是随机的，但对大量原子核而言其衰变遵从统计规律。一般用于闪烁晶体多道能谱测试的同位素放射源有 ^{137}Cs(γ 源)、^{60}Co(γ 源)、^{22}Na(β^+)等，活度为几个微居里。假设使用一个活度为 10μCi 的 ^{137}Cs 同位素放射源进行测试，则根据活度可知，该放射源每秒钟衰变 3.7×10^5 次，这就意味着该放射源每秒钟发射 3.7×10^5 个能量为 662keV 的 γ 光子。考虑到同位素放射源衰变产生的 γ 光子呈空间随机发射，这就意味着当该放射源紧靠闪烁晶体时，每秒钟射入晶体的 662keV 的 γ 光子不超过 1.9×10^5 个，即平均每 5.3μs 才有一个 γ 光子射入待测的闪烁晶体中。所以可以认为在闪烁晶体性能测试过程中，使用的同位素放射源对于闪烁晶体的激发在时间上是分立的。因此在测试过程中，光电探测器所探测到的闪烁光以时间分立的脉冲形式存在，光电探测器输出的信号也是一个个的电脉冲。

虽然同位素放射源发射的 γ 光子是能量确定的光子，但因为光子进入闪烁晶体中除了光电效应还会发生康普顿效应，同时光电效应产生的高能电子也有可能从闪烁晶体中逃逸，所以相同能量的 γ 光子入射闪烁晶体后，沉积在晶体中用于晶体发光的能量并不相同。因此对大量 γ 光子激发闪烁晶体后获得的发光强度进行统计，获得的结果是呈现一定分布的能谱。而多道能谱仪工作的基本过程是：闪烁晶体在高能射线/粒子激发下发出闪烁光，闪烁光被光电探测器接收，经光电转换输出脉冲电流，再转换为电压脉冲被多道分析器采集然后进行数据输出。

2.4.2　测试使用的光电探测器

对于一套多道能谱仪，最重要的模块就是其所用的光电探测器。目前用于评价闪烁晶体发光性能的光电探测器主要有三种，分别是光电倍增管(photomultiplier tube, PMT)、硅光电倍增管(silicon photomultiplier, SiPM)和雪崩光电二极管(avalanche photodiode，APD)。这三种光电探测器具有不同的特点，所以要根据需求选用合适的光电探测器。

1. 光电倍增管

光电倍增管是一种对紫外光、可见光和近红外光极其敏感的特殊真空管。光电倍增管是由玻璃封装的真空装置，其内包含光阴极(photocathode)、几个倍增极(dynode)和一个阳极，结构如图 2.4.1 所示。工作时光阴极、各个倍增极和阳极加上的电压依次递增。光阴极接受闪烁晶体所发之光，并将其转换成光电子。光电子被极间电场加速，射向第一倍增极。每个电子打在倍增极表面上，能打出多个次级电子(一般为 3～6 个，随加速电压而变)。这些次级电子又被加速射向第二个倍增极，打出更多的次级电子。这样连续下去，最后一个倍增极发射的电子总数可达原始光电子数的 10^5～10^8 倍。这些电子被阳极收集，产生电脉冲。

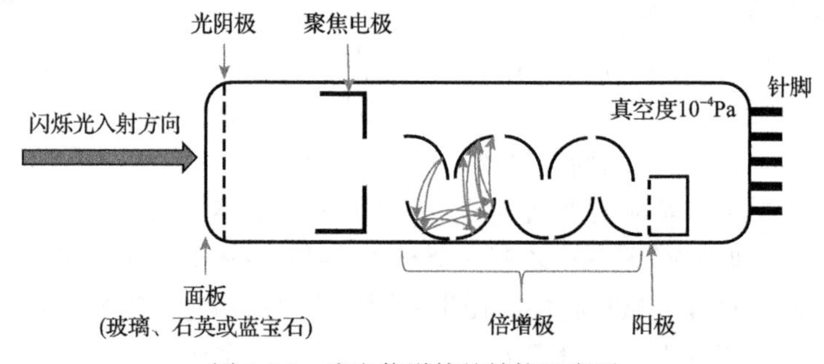

图 2.4.1　光电倍增管的结构示意图

对于一个光电倍增管最重要的两个参数是：对各个波长光探测的量子效率和增益。光电倍增管对各个波长光探测的量子效率与光电倍增管所用窗口材料和光阴极材料相关。通过选用合适的窗口材料和光阴极材料可以有效增加光电倍增管的响应光谱范围和光电转换的量子效率。在对不同闪烁晶体进行多道能谱测试时，要选用与该闪烁晶体的发射光谱相匹配的光电倍增管。光电倍增管阳极收集到的电子数与光阴极发射的光电子数之比为光电倍增管的增益。因倍增极发射的次级电子数随入射电子的加速电压而变化，故增益强烈地随光电倍增管的工作电压而变化。所以在进行多道能谱测试时，要求光电倍增管使用高度稳定的高压电源。

光电倍增管是当前闪烁晶体性能测试中最常用的光电探测器。其性能优点在于：①光阴极面积大，可用于大尺寸闪烁晶体性能的测试；②灵敏度极高，放大倍数很高，可用于探测弱光甚至低至单光子的光；③响应速度快且光电特性的线性关系好；④对温度不敏感。

光电倍增管虽然有诸多的优点，但是也有其缺点：①对磁场敏感；②供电电压高；③玻璃外壳，抗震性差；④价格昂贵，体积大。所以它将在未来一些需要大量使用光电探测器的领域中逐渐被硅光电倍增管所取代。

2. 硅光电倍增管

硅光电倍增管是一种半导体光电探测器，由大量的单光子计数雪崩光电二极管(SAPD)单元组成，见图 2.4.2[18,19]。每个 SAPD 单元尺寸在 10～100μm，所以单位面积 SAPD 密度可以达到 10000/cm^2。SiPM 中的 SAPD 工作于盖格模式，由一个雪崩光电二极管和一个猝灭电阻串联而成，这些微元并联成一个面阵列。当 SiPM 加上反向偏压(一般是几十伏)后，每个微元的 SAPD 耗尽层有很高的电场，此时若外界有光子进来，由于光电效应生成电子与空穴，电子和空穴随即在电场中加速，打出大量的次级电子和空穴，发生雪崩。此时每个微元电路中电流突然变大，在猝灭电阻上降落的电压也变大，SAPD 中的电场瞬间变小，即 SAPD 输出一个瞬时电流脉冲后雪崩停止，不同微元的猝灭电阻阻值相同，所以理论上讲每个微元会输出等大的脉冲。SAPD 是模拟器件，但宏观来看每个微元都是逻辑单元，有信号输出是“1”，没有信号就是“0”。在硅光电倍增管的动态范围内，它输出电流的大小就和发生雪崩的微元数成正比，因此有一定的动态范围，在每平方厘米的有效面积内可以实现单光子到上千个光子的探测。

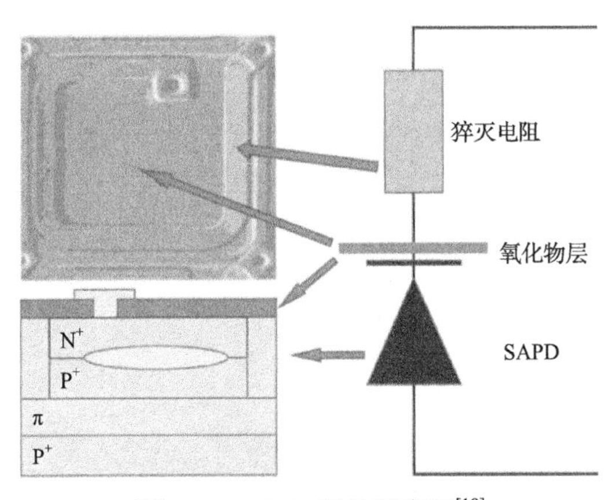

图 2.4.2 SiPM 结构示意图[19]

硅光电倍增管具有增益高、灵敏度高、偏置电压低、对磁场不敏感、结构紧凑等优点，因此是目前光电探测器的研究热点，已经在 PET-CT 等核医学设备上获得应用，但它灵敏区面积小、对温度灵敏、动态范围小等缺点限制其应用范围的进一步扩大。

3. 雪崩光电二极管

雪崩光电二极管是一种半导体光探测器，其工作原理类似于光电倍增管，如图 2.4.3 所示。在 APD 上加一个较高的反向偏置电压后(在硅中一般为 100～200V)，利用电离碰撞(雪崩击穿)效应，可在 APD 中获得一个大约 100 的内部电流增益。某些硅 APD 采用了不同于传统 APD 的掺杂等技术，允许加上更高的电压(>1500V)而不被击穿，从而可获得更大的增益(>1000)。一般来说，反向电压越高，增益就越大。APD 倍增因子 M 的计算公式很多，一般常用的公式为

$$M=\frac{1}{1-\int_0^L\alpha(x)\mathrm{d}x} \tag{2-45}$$

式中，L 是电子的空间电荷区的长度；α 是电子和空穴的倍增系数，该系数取决于场强、温度、掺杂浓度等因素。APD 的增益与反向偏置和温度的关系很大，因此有必要对反向偏置电压进行控制，以保持增益的稳定。雪崩光电二极管的灵敏度高于其他半导体光电二极管。为获得更高的增益($10^5\sim10^6$)，某些 APD 还可以工作在反向电压超出击穿电压的区域。此时，必须对 APD 的信号电流加以限制并迅速将其清零，为此可采用各种主动或被动的电流清零技术。这种高增益的工作方式称为 Geiger 方式，它特别适用于对单个光子的检测，只要暗计数率足够低。

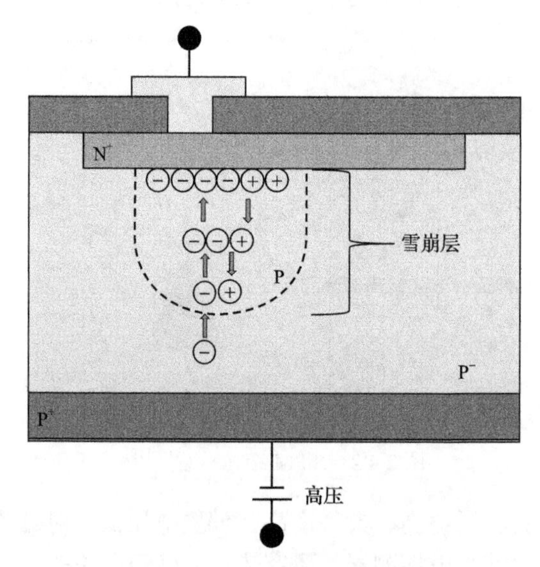

图 2.4.3　APD 结构示意图

APD 的几个主要性能指标为量子效率(表示 APD 吸收入射光子并产生原始载流子的效率)和总漏电流(为暗电流、光电流与噪声之和)。暗电噪声包括串联噪声和并联噪声，其中串联噪声为霰弹噪声，它大致正比于 APD 的电容，而并联噪声则与 APD 的体暗电流和表面暗电流的波动有关。此外，还存在用噪声系数 F 表示的超额噪声，它是随机的 APD 倍增过程中所固有的统计噪声。APD 具有小

型、快速等优点，但是其增益很低，因此一般只用于高光输出闪烁晶体的性能测试。

2.4.3　多道能谱仪

一般在闪烁晶体测试中使用的光电探测器是光电倍增管，与光电倍增管配合使用的多道能谱仪的常见结构如图 2.4.4 所示。图中展示了最常用基于模拟信号采集处理的多道能谱仪，其基本工作原理是：光电倍增管将闪烁光转换为脉冲电流，经过电荷灵敏前置放大器转换为电压信号，这个电压信号一般是一个衰减时间从几微秒到几十微秒的脉冲，其脉冲幅度和闪烁光的强度成正比。这个电压信号经过一个成形放大器(主放大器)之后变成一个准高斯型的电压脉冲，该电压脉冲的幅度和闪烁光的强度成正比。这个电压脉冲信号分成两路，一路进入甄别器，通过脉冲幅度来判定该脉冲是信号还是噪声，如果判断是信号则给 ADC 发送一个触发信号。另一路信号经过延迟直接进入 ADC，在 ADC 收到触发信号后通过模数转换将这个电压脉冲的幅值转换成数字信号进行输出。在对大量脉冲进行处理后就可以获得多道能谱。

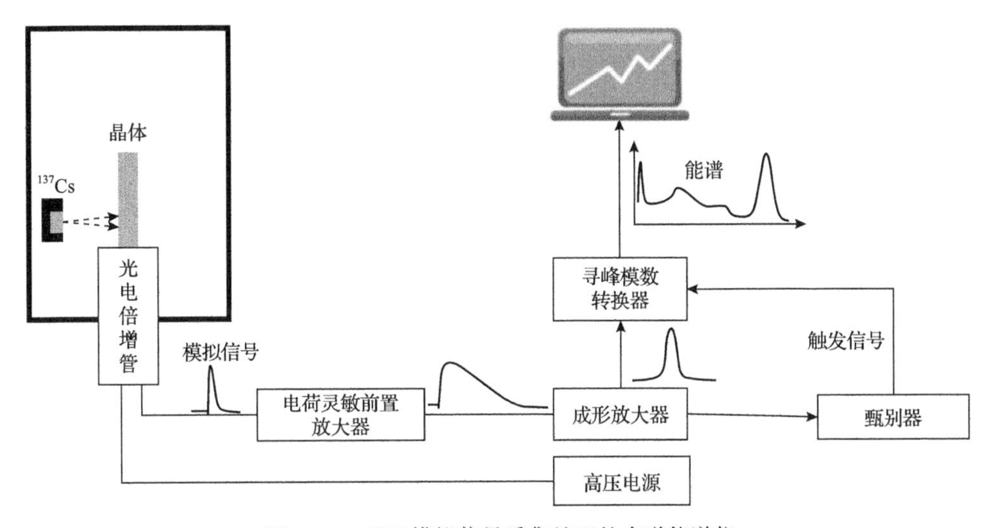

图 2.4.4　基于模拟信号采集处理的多道能谱仪

在使用该套测试系统进行能谱测试时有几个注意事项：首先，要选择和所用光电探测器匹配的电荷灵敏前置放大器。如果使用光电倍增管作为光电探测器，可以通过使用电压输出管座匹配光电倍增管，从而不使用前置放大器。其次，成形放大器的成形时间要仔细选择。如果不使用前置放大器，则成形时间为闪烁晶体衰减时间的 3 倍以上，如果成形时间太长则增加多道能谱仪的死时间。若使用前置放大器，选择合适的成形时间以最优化能谱测试的信噪比，而最佳成形时间需要根据实验结果确定。最后，甄别器的甄别阈值要仔细选择，既不能太高，造成谱型失真，也不能太低，造成噪声堆积。这种结构的多道能谱仪的优点在于能谱测试中噪声低、精度高，一般用于追求高能量分辨率的闪烁晶体性能测试，缺点是可提供的信息较少，同时能谱测试的死时间较长，单位时间内计数率较低。

图 2.4.5 展示的是另一种基于模拟信号采集处理的多道能谱仪，其基本工作原理是：光电倍增管将闪烁光转换为脉冲电流，经过一个分流器将一小部分(一般小于 10%)的信号输入甄别器进行甄别，然后进行逻辑判断(如符合或反符合)，进入门脉冲发生器，进入电荷数字转换器进行触发，从分流器出来的另一路信号直接通过延迟后进入电荷数字转换器进行电荷积分和模数转换。如图 2.4.6 所示，此时电荷数字转换器积分的电荷是一定时间门宽(如门 1)下的电荷。在对大量脉冲进行处理后就可以获得此门宽(如门 1)下的多道能谱。在测试过程中可以调整门宽，如果要测试闪烁晶体的光输出，则要确保门宽大于 3 倍的闪烁晶体衰减时间，以确保所有的脉冲电荷都获得积分。通过此种方法还可以对不同门宽下的光输出进行测试，然后对光输出和门宽之间的关系进行指数拟合，从而可以在获得光输出的同时获得与之相对应的衰减时间。图 2.4.7 展示了基于时间门宽法测得的衰减时间和光输出谱，图中的横坐标代表时间门宽，纵坐标代表在该时间门宽下测得的光输出。

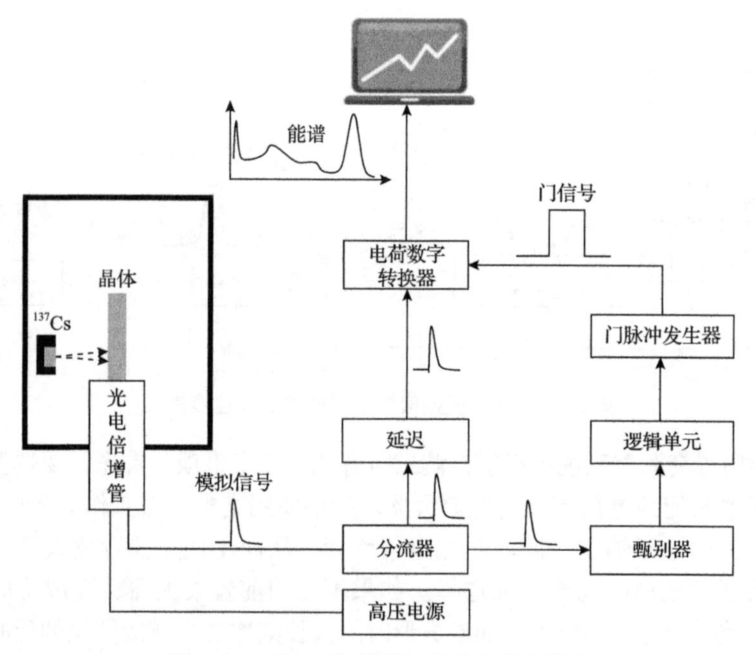

图 2.4.5　基于时间门宽技术的多道能谱仪

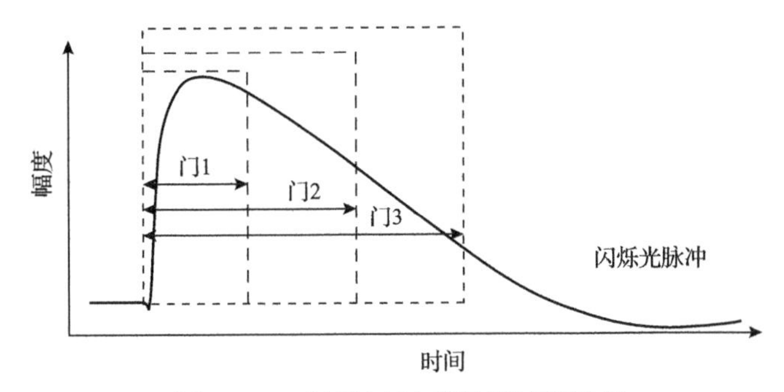

图 2.4.6　时间门宽法能谱测试的原理

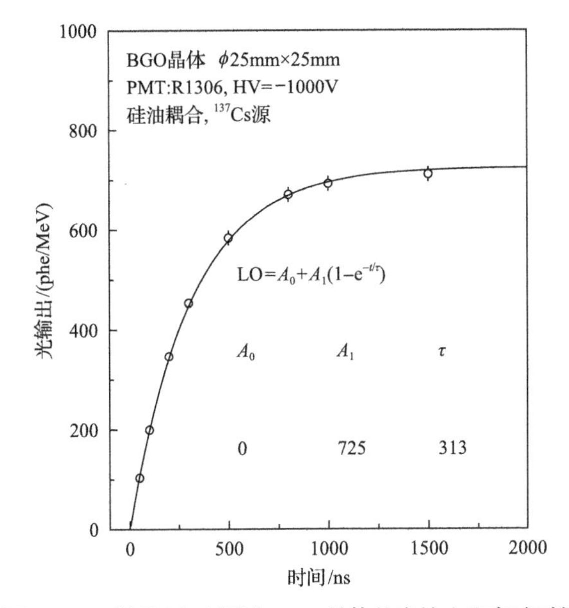

图 2.4.7　时间门宽法测试 BGO 晶体的光输出和衰减时间

图 2.4.8 展示的是基于数字采样技术的多道能谱仪，其基本工作原理是：通过快速模数转换模块采集光电倍增管输出的脉冲波形，然后通过现场可编程门阵列(FPGA)对采集到的波形数据进行处理，就可以获得该脉冲的积分强度、触发时间和不同采样时间的脉冲幅度等信息。通过对大量脉冲数据的处理就可以获得多道能谱。图 2.4.5 和图 2.4.8 所展示的这两种不同结构的多道能谱仪在进行能谱测试的同时还会获得时间信息，通过对不同门宽下测得的闪烁晶体光输出进行拟合可以获得闪烁晶体的衰减时间和进行脉冲波形甄别。但是，因为存储深度的限制，所以产生的门时间宽度有限，不适合对衰减时间超过几十个微秒的闪烁晶体进行性能测试。

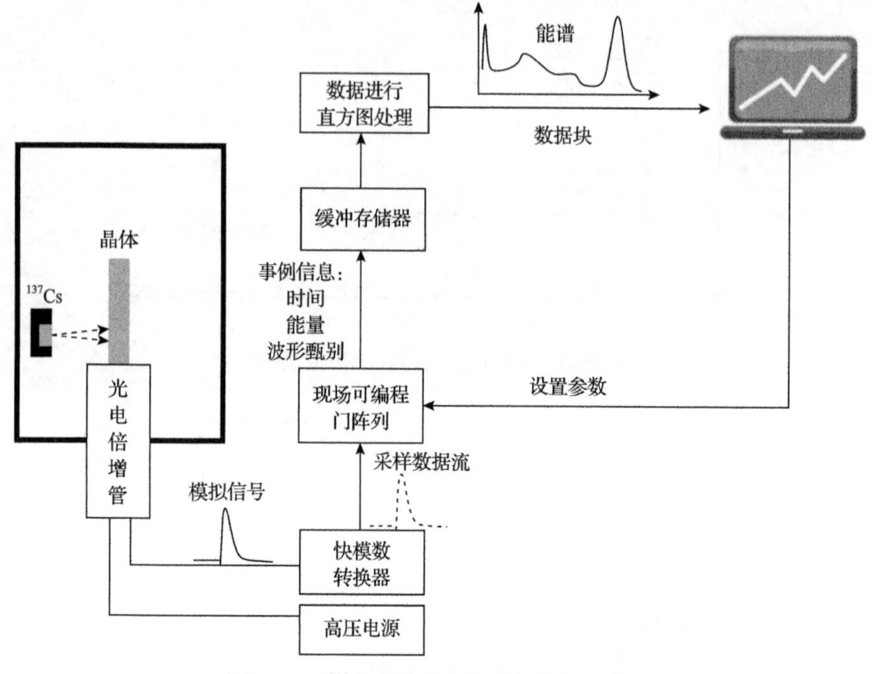

图 2.4.8　数字采样多道能谱仪结构示意图

2.4.4　数据处理与分析

^{137}Cs 是一种放射性同位素，半衰期 30.17 年，通过衰变发射出 662keV 的 γ 射线，是最常用的 γ 射线源。一个典型的闪烁晶体被 ^{137}Cs 同位素放射源激发形成的多道能谱如图 2.4.9 所示。图中，^{137}Cs 衰减发射的能量为 662keV 的 γ 光子进入晶体，发生光电效应，然后产生的电子能量被晶体完全吸收用于闪烁发光，这些光脉冲经过光电转换与数据采集后在能谱中就会形成一个全能峰(或称为光电峰)。图中还可以看到康普顿平台，该平台由能量为 662keV 的 γ 光子进入晶体发生康普顿效应产生的能量为 0～477keV 的康普顿电子(或称反冲电子)形成。图中的背散射峰是由 662keV 的 γ 光子穿过闪烁晶体，打到光电倍增管上发生 180° 康普顿散射，反散射光子又返回晶体中发生光电效应所形成，对于 ^{137}Cs 源来说反散射光子能量总是在 200keV 左右，因此在能谱上较易识别。特征 X 射线峰是由 ^{137}Cs 的 β 衰变体 ^{137}Ba 退激发时不产生 γ 射线，而是通过内转换把 Ba 的 K 层电子打出，从而发射 Ba 的 K 系 X 射线(能量为 32keV 左右)而形成的特征 X 射线峰。

从图 2.4.9 中可以看到，单能的 γ 射线在能谱中的全能峰不是一条线而是一个符合高斯分布的峰，这是因为闪烁晶体的发光、光电倍增管光阴极的光电子发

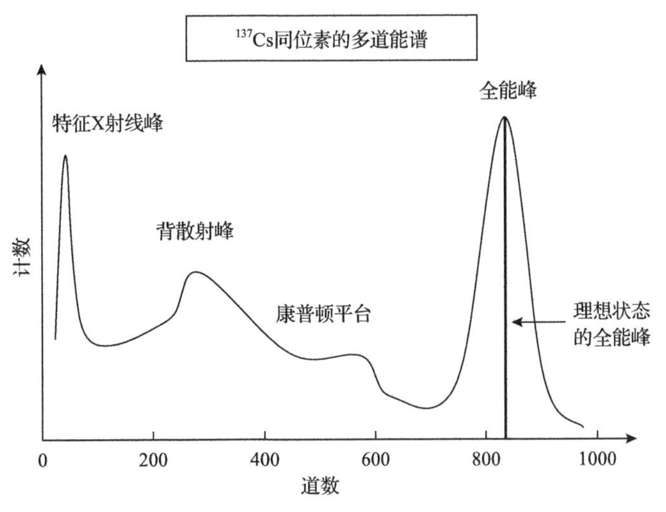

图 2.4.9　^{137}Cs 放射源激发闪烁晶体的多道能谱示意图

射、光电倍增管倍增极的次电子发射等都服从统计规律，存在一定的统计涨落。同时闪烁晶体各部分的发光效率和光的收集效率不会完全一样，光电倍增管的光阴极各部分的灵敏度也有差别。

一般将全能峰曲线半高度处的全宽度(ΔV)与全能峰脉冲幅度(V_E)的比值定义为能量分辨率(ER)。

$$\mathrm{ER}=\frac{\Delta V}{V_\mathrm{E}}\times 100\% \tag{2-46}$$

一块闪烁晶体展现出的能量分辨率与入射粒子/射线的能量有关。入射粒子/射线的能量越高，测得的能量分辨率越好。所以要针对特定能量来评价闪烁晶体的能量分辨率。对于一种闪烁晶体来说，从其多道能谱中测试出的能量分辨率数值越小，表示该晶体对于不同能量的射线/粒子区分能力越强。通过多道能谱测得的能量分辨率可以看作闪烁晶体的能量分辨率与测试设备的能量分辨率共同作用的结果，符合如下公式：

$$\mathrm{ER}^2_{实验}=\mathrm{ER}^2_{晶体}+\mathrm{ER}^2_{设备} \tag{2-47}$$

其中测试设备的能量分辨率受系统统计学涨落、系统噪声等因素的影响。所以，要测得较好的能量分辨率除了要求样品本身具有较好的能量分辨率外，还要求测试系统具有很低的噪声和很小的统计误差。如果测试样品具有较高的光输出，则测试系统的统计误差会大大减小，所以在进行能量分辨率测试时，要尽可能提高样品的光收集效率以增加可测得的光输出。几种典型闪烁晶体在 ^{137}Cs 源激发下的多道能谱及其能量分辨率如图 2.4.10 所示[20]。

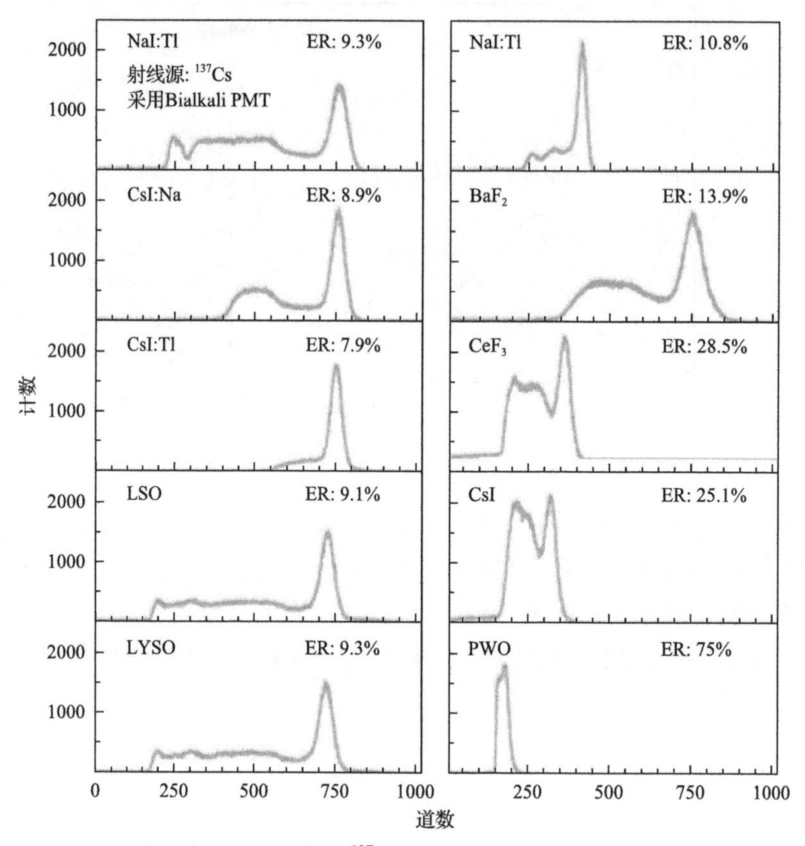

图 2.4.10　若干典型闪烁晶体在 ^{137}Cs 源激发下的多道能谱与能量分辨率[20]

通过全能峰的道数可以计算闪烁晶体的光输出，光输出代表闪烁晶体将入射射线/粒子的能量转化为闪烁发光强度的能力。光输出的测试一般使用两种方法。

1）标样法

通过测试晶体样品的全能峰道数与已知光输出的标准样品的全能峰道数进行对比就可以获得该待测样品的光输出，单位是光电子每兆电子伏（phe/MeV）。使用这种方法要注意使待测样品和标准样品的多道能谱测试条件必须一致，且使用的标准样品和待测样品须是同种晶体或者闪烁发射光谱基本一致的晶体，这样才可以忽略光电探测器量子效率随波长而变化这一因素的影响。

2）单光电子峰标定法

光电倍增管的光阴极由于热激发会发射单光电子，这些单光电子会形成一个电脉冲输出，通过对这些脉冲进行收集并做多道能谱就可以获得其对应的道数，这一道数值就表示一个光电子对应的道数。对闪烁晶体样品的多道能谱的全能峰道数除以这个单光电子对应的道数就可以获得该晶体样品的光输出。使用这种方法要注意的是必须对单光电子峰道数测试和晶体样品全能峰道数测试时使用的不同增益进行换算。

闪烁晶体的光输出是一个与测试方法、测试过程和测试条件密切相关的物理量，是个相对量。如果在晶体样品的测试过程中使用量子效率较高的光电探测器，则测出来的光输出就会较高。测试过程中的光收集效率也会影响到光输出的测试结果，测试过程中在晶体样品与光电探测器之间是否使用光耦合剂或耦合材料的种类、测试样品是否包覆反光层、反光层的种类与厚度、测试样品尺寸及其与光电探测器耦合的面积等因素都会影响晶体样品的光输出测试数据。所以对不同种类的闪烁晶体进行光输出的比较时需要综合考虑上述因素的影响。

通过测试获得闪烁晶体样品的光输出后，还可以使用光输出数值计算该晶体的绝对光产额，单位是光子每兆电子伏(ph/MeV)。其计算公式如下：

$$\text{绝对光产额} = \frac{\text{光输出}}{\text{光电探测器的量子效率} \times \text{测试过程的光收集效率}} \tag{2-48}$$

闪烁晶体的光输出与测试时所用光电探测器的量子效率以及测试过程的光收集效率相关。使用高量子效率的探测器进行测试，测出的光输出高；测试系统的光收集效率高，测出的光输出高，因此光输出是一个相对量。而闪烁晶体的光产额是晶体的本征性质，与如何测量无关，是一个绝对量。因此，对不同种类的闪烁晶体进行比较一般使用绝对光产额的数值。

2.5　闪烁衰减时间测试

闪烁晶体的衰减时间会影响闪烁晶体探测器在进行辐射探测时的响应速度以及探测器的死时间。一般来说，闪烁晶体的衰减时间越短则闪烁晶体探测器的响应速度越快，死时间越短。同时闪烁晶体的衰减时间短还意味着其发射的闪烁光脉冲在单位时间内产生的光子数多，这样进行光电转换时候的信噪比就高。所以衰减时间是闪烁晶体最重要的性能参数之一。本节将详细介绍闪烁晶体的闪烁光脉冲的时间特性、衰减时间及其测试的相关知识。

2.5.1　测试原理

闪烁晶体受到激发后会发射闪烁光，该闪烁光为一个光脉冲，如图 1.5.1 和图 2.5.1 所示。从强度与时间的关系来看，一个闪烁光脉冲谱由两个部分构成，分别称为上升沿和下降沿。一般定义，在上升沿，当强度从 10%增加到最大强度的 90%时所用的时间为这个脉冲的上升时间。在下降沿，当强度从最高点下降到最大强度的 1/e 时所用的时间为衰减时间。一个闪烁光脉冲的上升时间与衰减时间表示当激发停止后多长时间闪烁光才会消失。如果一个光脉冲的上升时间与衰减时间越短则表明当激发停止后，闪烁晶体闪烁发光停止的速度越快。在实际应用中，闪烁晶体闪烁光脉冲的上升时间会影响晶体在进行辐射探测时的时间分辨率，而衰减时间会影响晶体单位时间内可探测的射线/粒子的数目。从应用角度讲，闪烁晶体的闪烁光脉冲的上升时间与衰减时间应该越短越好。

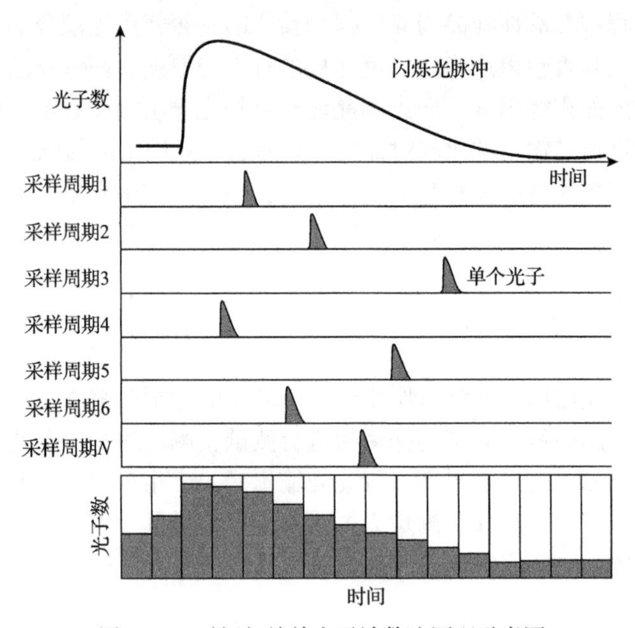

图 2.5.1　时间相关单光子计数法原理示意图

2.5.2　测试装置与方法

目前，常用的闪烁衰减时间的测试方法包括：时间相关单光子计数法、脉冲波形法和时间门宽法，其中时间相关单光子计数法的应用最为广泛，技术也最为成熟。

1. 时间相关单光子计数法

时间相关单光子计数技术(TCSPC)是在 20 世纪 60 年代发展出来的，目的是解决闪烁晶体的闪烁发光衰减时间的测试问题[21-23]。其基本原理如图 2.5.1 所示，一般认为，闪烁晶体受到相同能量的光子或电子激发后产生的闪烁光脉冲，其幅度虽然有区别，但是上升时间和衰减时间是相同的。所以可以通过从每个光脉冲中随机抽取一个光子，然后对大量光脉冲抽取的大量光子进行统计，从而复现出这个光脉冲的形状。这种方法的特点是精确度较高，但是为了减少多光子污染，单个样品的测试时间较长。

时间相关单光子计数法测试闪烁衰减时间的设备如图 2.5.2 所示。测试过程是闪烁晶体受到 ^{137}Cs 源激发后产生闪烁光，一部分闪烁光进入与闪烁晶体直接耦合的光电倍增管 1 转化为电脉冲，然后该电脉冲经过快速放大器的放大和恒比甄别器的处理，产生一个时间信号进入时幅转换器作为开始信号(start)。闪烁晶体发出的另一部分闪烁光经过传播并经过中性衰减片衰减后，只剩一个光子，它被光电倍增管 2 转化为电脉冲，然后该电脉冲经过快速放大器的放大和恒比甄别器的处理，产生一个时间信号进入时幅转换器作为停止信号(stop)。时幅转换器会对开始和停止信号之间的时间差进行计算，然后将该时间差转换为脉冲幅度输出给多道分析器进行处理，获得一个横坐标为道数，纵坐标为计数的谱。根据系统设置可以知道该衰减时间谱中的每一道代表多长时间，进行换算就可以获得横坐标为时间、纵坐标为计数的衰减时间谱。

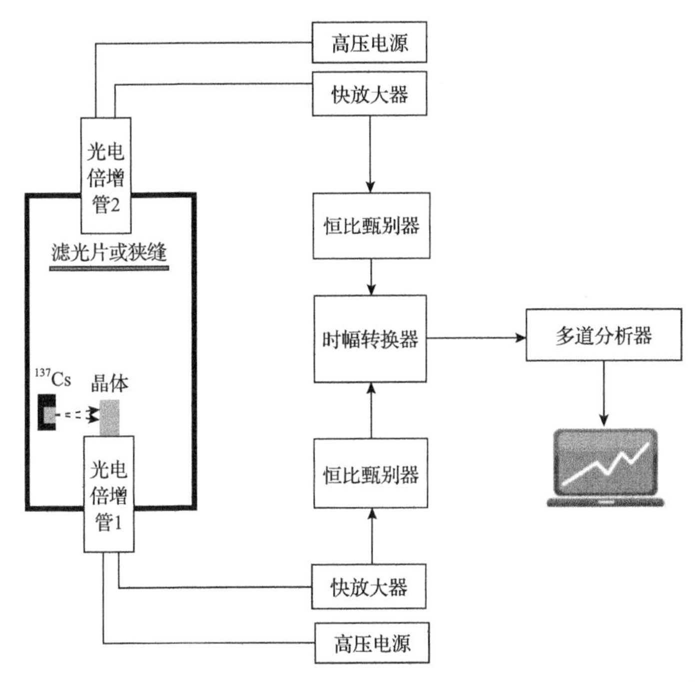

图 2.5.2　时间相关单光子计数法测试闪烁晶体衰减时间的仪器结构示意图

在使用时间相关单光子计数法测试闪烁衰减时间的过程中要注意以下三个问题：

(1)要避免多光子污染，即确保产生停止信号的是单光子。一般要使产生停止信号的探测器计数率小于产生开始信号探测器计数率的 5%。

(2)要尽量降低产生停止信号的探测器的噪声。因为停止探测器探测的是单光子，所以信号强度很弱，容易受到噪声的影响。一般采用对探测器制冷或者采用专用的半导体单光子探测器来实现对单光子的低噪声探测。

(3)时间相关单光子计数法测试仪器有很快的响应时间，所以在闪烁衰减时间长于 5ns 的闪烁晶体衰减时间测试中影响较小。但要进行快闪烁晶体的衰减时间测试，则一定要有测试系统的响应函数，然后通过对获得的衰减时间谱解逆卷积的方式获得准确的衰减时间。

2. *脉冲波形法*

脉冲波形法测量衰减时间的原理是使用放射性同位素或脉冲 X 射线作为激发源，直接激发闪烁晶体发光，然后通过示波器或者数字采集卡对光电探测器输出的脉冲波形直接采集，从而获得闪烁光脉冲强度与时间之间的关系。这种方法的优点在于可以快速获得数据，但缺点在于使用放射源激发的情况下因闪烁发光强度低会影响测试结果的精确度。如果使用脉冲 X 射线激发进行衰减时间测试，其难点在于具有超窄脉冲宽度的脉冲 X 射线难以获得。

图 2.5.3 展示了以同位素放射源激发闪烁晶体，使用脉冲波形法测试衰减时间的装置图。该方法以 ^{22}Na 为激发源，利用 ^{22}Na 放射源同时发射两个能量为 511keV、飞行方向近似呈 180°的 γ 光子，分别射入一个待测晶体和一个参考晶体，这两个晶体发出的闪烁光被光电倍增管转换后，电信号同时进入示波器，示波器的触发选择符合触发。这样可以保证示波器采集到的脉冲波形是待测晶体闪烁发光形成的脉冲波形。通过对所采集的脉冲波形进行指数拟合就可以获得待测晶体的衰减时间。图 2.5.4 展示了使用脉冲 X 射线激发闪烁晶体，然后使用脉冲波形法进行衰减时间测试的装置图。其测试过程与放射源激发晶体类似，只是由脉冲 X 射线

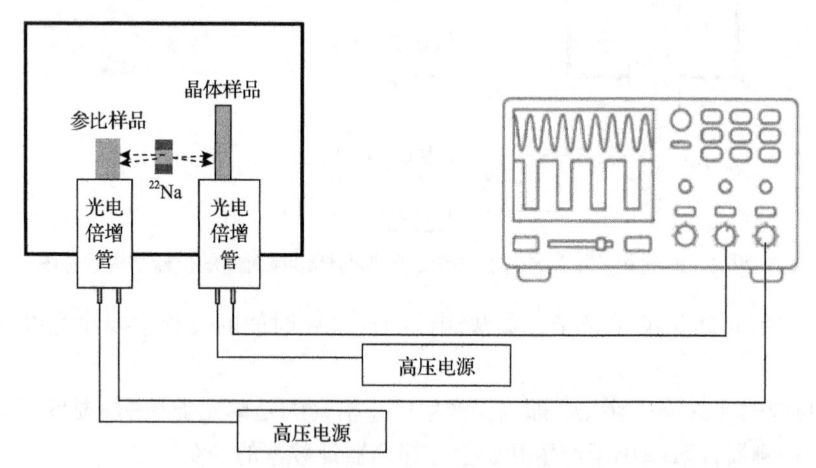

图 2.5.3　脉冲波形法利用放射源激发闪烁晶体测试衰减时间示意图

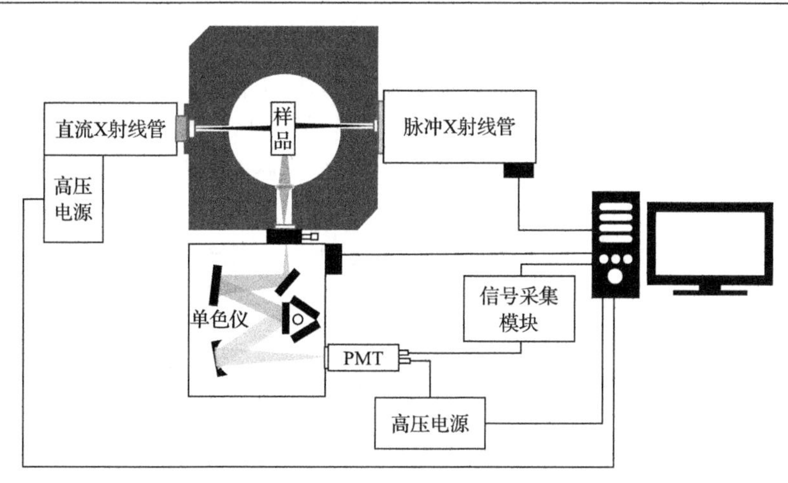

图 2.5.4　脉冲波形法利用脉冲 X 射线源激发闪烁晶体测试衰减时间示意图

激发待测样品的闪烁光，然后由光电探测器将光脉冲转换成电脉冲，最后由信号采集模块进行波形采集，通过计算机处理获得衰减时间。

3. 时间门宽法

基于时间门宽法的衰减时间测试过程在前面的多道能谱测试部分已有详细介绍，这里就不再赘述。使用该方法进行衰减时间测试的优点在于可以同时获得光输出和衰减时间的数据，但缺点在于对衰减时间很短的闪烁晶体的测试结果误差较大。

2.5.3　数据处理方法

衰减时间测试的结果受到所用设备本身响应时间的影响，在闪烁晶体的时间相关单光子计数法、脉冲波形法以及时间门宽法测试衰减时间中所使用设备的响应时间一般在百皮秒的量级，这对于衰减时间大于 10ns 的闪烁晶体衰减时间测试影响较小，可以忽略。但是对于衰减时间较短的闪烁晶体，测试设备的响应时间对于测试结果的影响就不可忽略，在数据处理中必须扣除设备响应时间的影响。在时间相关单光子计数法、脉冲波形法测试衰减时间的数据处理中要考虑所使用设备响应时间的影响。设备响应时间对衰减时间影响的去除一般是通过对原始数据进行逆卷积处理，具体计算公式如下：

$$h(t)=\int_0^t g(t-\tau)f(\tau)\mathrm{d}\tau \tag{2-49}$$

式中，h 是实验测得的衰减时间谱；g 是闪烁晶体真实的衰减时间；f 是测试设备的响应函数。其中，测试设备的响应函数包括光源本身的时间宽度、探测器的响应时间以及电子学的响应时间等。如果是使用放射源进行激发，则光源的时间宽度可以看作零。所以在测试快闪烁晶体的衰减时间中很重要的一点就是要知道所使用测试设备的响应函数。一般可使用 PbF_2 这种无闪烁光晶体作为标样，测试其切连科夫光的衰减时间。因为切连科夫光本身的衰减时间非常短，所以测到的衰减时间谱就是测试设备的响应函数。

图 2.5.5 分别展示了使用时间相关单光子计数法测试 BGO 和 LYSO:Ce 晶体所获得的衰减时间谱，同时还在图中展示了所用测试设备的响应函数。因为 BGO 晶体的衰减时间较 LYSO:Ce 晶体长，测试设备的响应函数在衰减时间测试结果中可忽略，但是对 LYSO:Ce 晶体的衰减时间测试结果有影响。

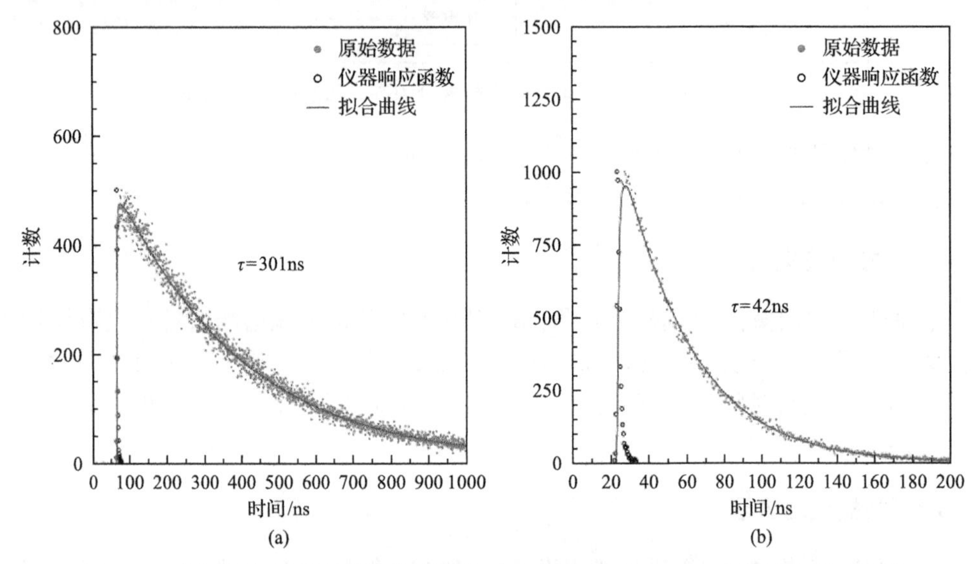

图 2.5.5　用时间相关单光子计数法测得 BGO 晶体和 LYSO:Ce 晶体的衰减时间谱

(a) BGO 晶体的衰减时间谱；(b) LYSO:Ce 晶体的衰减时间谱

时间门宽法测试数据的处理方法与时间相关单光子计数法、脉冲波形法有所不同，具体处理过程在图 2.4.5 已经进行了展示。需要注意的是，所采集的数据点越多，拟合获得的结果越准确，但所需要的测试时间也越长，所以实际工作中需要在精确度和效率之间进行一定的折中或取舍。

参 考 文 献

[1] Lempicki A, Wojtowicz A J, Berman E. Fundamental limits of scintillator performance. Nuclear Instruments and Methods in Physics Research A,1993, 333 (2): 304-311.

[2] Derenzo S E, Weber M J, Bourret-Courchesne E, et al. The quest for the ideal inorganic scintillator. Nuclear Instruments and Methods in Physics Research A, 2003, 505 (1): 111-117.

[3] Melcher C L. Perspectives on the future development of new scintillators. Nuclear Instruments and Methods in Physics Research A, 2005, 537(1): 6-14.

[4] Eidelman S I. Handbook of Particle Detection and Imaging. Berlin, Heidelberg: Springer, 2012: 1226.

[5] 汪晓莲, 李澄, 邵明, 等. 粒子探测技术. 合肥: 中国科学技术大学出版社, 2009.

[6] Ma D A, Zhu R Y. Light attenuation length of barium fluoride-crystals. Nuclear Instruments and Methods in Physics Research A, 1993, 333(2-3): 422-424.

[7] Yang F, Chen J F, Zhang L Y, et al. La- and La-/Ce-Doped BaF_2 crystals for future HEP experiments at the energy and intensity frontiers Part II. IEEE Transactions on Nuclear Science, 2019, 66(1): 512-518.

[8] Yang F, Chen J F, Zhang L Y, et al. La- and La-/Ce-Doped BaF_2 crystals for future HEP experiments at the energy and intensity frontiers Part I. IEEE Transactions on Nuclear Science, 2019, 66(1): 506-511.

[9] Zhu R. LYSO Crystals for SLHC. http://hep.caltech.edu/～zhu[2019-10-8].

[10] Yang F, Mao R H, Zhang L Y, et al. A study on radiation damage in PWO-Ⅱ crystals. IEEE Transactions on Nuclear Science, 2013, 60(3): 2336-2342.

[11] Chen J M, Mao R H, Zhang L Y, et al. Gamma-ray induced radiation damage in large size LSO and LYSO crystal samples. IEEE Transactions on Nuclear Science, 2007, 54(4): 1319-1326.

[12] Yang F, Zhang L Y, Zhu R Y. Gamma-ray induced radiation damage up to 340 mrad in various scintillation crystals. IEEE Transactions on Nuclear Science, 2016, 63(2): 612-619.

[13] Itzler M A. Introduction to the issue on single photon counting: Detectors and applications. IEEE Journal of Selected Topics in Quantum Electronics, 2007, 13(4): 849-851.

[14] Mao R H, Zhang L Y, Zhu R Y. Optical and scintillation properties of inorganic scintillators in high energy physics. IEEE Transactions on Nuclear Science, 2008, 55(4): 2425-2431.

[15] Farukhi M R, Swinehart C F. Barium fluoride as a gamma ray and charged particle detector. IEEE Transactions on Nuclear Science, 1971, 18(1): 200-204.

[16] Laval M, Moszynski M, Allemand R, et al. Barium fluoride—Inorganic scintillator for subnanosecond timing. Nuclear Instruments and Methods in Physics Research A, 1983, 206(1): 169-176.

[17] Mao R H, Zhang L Y, Zhu R Y. Emission spectra of LSO and LYSO crystals excited by UV light, X-ray and gamma-ray. IEEE Transactions on Nuclear Science, 2008, 55(3): 1759-1766.

[18] Bondarenko G, Buzhana P, Dolgoshein B, et al. Limited Geiger-mode microcell silicon photodiode: New results. Nuclear Instruments and Methods in Physics Research Section A, 2000, 442(1-3): 187-192.

[19] Piatek S. Silicon Photomultiplier Operation, Performance and Possible Applications[2018-9-3].

https://www.hamamatsu.com/sp/hc/osh/ sipm_webinar_1.10.pdf.

[20] Zhu R. Crystal calorimeters in the next decade//International Conference on Calorimetry in Particle Physics, Pavia, 2008.

[21] Bollinger L M, Thomas G E. Measurement of the time dependence of scintillation intensity by a delayed-coincidence method. Review of Scientific Instruments, 1961, 32(9): 1044-1050.

[22] Xiao D. On synthetic instrument response functions of time-correlated single-photon counting based fluorescence lifetime imaging analysis. Frontiers in Physics, 2021, 9: 1-11.

[23] Becker W, Bergmann A, Hink M A, et al. Fluorescence lifetime imaging by time-correlated single-photon counting. Microscopy Research and Technique, 2004, 63(1): 58-66.

第 3 章　卤化物闪烁晶体

无机闪烁晶体可根据化合物类型划分为氧化物和卤化物两个类别。据统计，在已知的几百种闪烁晶体中，卤化物晶体占据了半壁江山。与氧化物相比，卤化物晶体的特点是熔点较低，普遍具有较高的光输出和较好的能量分辨率，因而在辐射探测技术领域具有非常强的竞争优势。但缺点是，除了氟化物之外的卤化物几乎都存在一定程度的潮解性，这给原料合成、晶体生长、晶体加工以及后续的服役过程都带来许多困难。但随着除湿技术和封装技术的完善，卤化物晶体的这一缺点正在逐步得到克服。

卤化物闪烁晶体的种类很多，本章着重介绍已经商业化或正在进行商业化开发的闪烁晶体。按照化学组成的不同，卤化物闪烁晶体可以细分为碱金属卤化物（AX 型）、碱土金属卤化物（AX_2 型）、稀土卤化物（AX_3 型）和钾冰晶石等四大类。

碱金属卤化物闪烁晶体主要有两种类型：面心立方结构的 NaCl 型（CN=6）和简单立方结构的 CsCl 型（CN=8）。与之对应的典型闪烁晶体分别是碘化钠（NaI）和碘化铯（CsI），它们均为无色透明的单晶体，在铊离子激活下具有非常优异的闪烁性能。

碱土金属卤化物闪烁晶体有三种类型：立方晶系的萤石结构（如 CaF_2、BaF_2）、六方晶系的碘化镉（CdI_2）结构（如 CaI_2）和正交晶系（如 SrI_2、BaI_2）。

稀土卤化物闪烁晶体在结构上主要有三方晶系（GdI_3、LuI_3 等）、六方晶系（CeF_3、$LaCl_3$、$LaBr_3$ 等）、单斜晶系（$LuCl_3$）和正交晶系（LaI_3）等。

钾冰晶石类卤化物是由碱金属卤化物与稀土卤化物化合而成的一种复盐晶体，化学式可表示为$[A^+]_2[B^+][C^{3+}][X^-]_6$，其中的 A 和 B 为碱金属，C 为稀土元素，如 Cs_2LiYCl_6。

本章最后介绍近几年发展起来的新型卤化物闪烁晶体。

3.1　碱金属卤化物闪烁晶体

碱金属卤化物闪烁晶体包括 LiI、NaI、KI 和 CsI 晶体，这些晶体在未掺杂情况下就能够发射出一定强度的闪烁光，属于本征闪烁晶体，只是发光强度太弱而没有引起人们的足够重视。当掺入某些激活剂，如铊、钠或者铕离子之后，其发光强度骤然增加，是最早被认识和制备的一类无机闪烁晶体。上述晶体中，除了

KI 因 ^{40}K 本底放射性而被淘汰之外，其他几种晶体均具有十分优异的闪烁性能，加之它们在结构上具有对称程度高、熔点低和性能稳定等优点，因而在多数情况下可以直接从同成分的熔体中生长出来，从发现至今一直被广泛用作核辐射探测材料，每年的产量高达数十吨。表 3.1.1 汇总了若干典型卤化物闪烁晶体的主要物理和闪烁性能。

表 3.1.1　几种典型卤化物闪烁晶体的物理和闪烁性能

性能	NaI:Tl	CsI:Tl	CsI:Na	CsI	LiI:Eu	BaF_2
密度/(g/cm^3)	3.67	4.53	4.51	4.51	4.08	4.89
吸收系数/cm^{-1}	2.22	3.24	3.24	3.24	—	0.48
辐射长度/cm	2.59	1.86	1.86	1.86	—	2.03
衰减时间/ns	230	1050	570～780	6～28	1200～1400	0.6/630
发光主峰位/nm	415	550	420	310	475	220/310
光产额/(ph/MeV)	38000～68000	65000	36000～58000	3200	11000～15000	1400～9400
余辉/(%@6ms)	0.3～5	0.5～5	0.5～5	—	—	—
熔点/℃	651	621	621	621	469	1354
莫氏硬度	2	2	2	2	2	3
热膨胀系数/($\times10^{-6}K^{-1}$)	47.4	54	49	49	—	—
折射率	1.85	1.79	1.84	1.95	1.96	1.56
吸潮性	强	弱	强	弱	强	微弱
解理	(100)	无	无	无	无	(111)

3.1.1　碘化钠晶体

1. 晶体结构

碘化钠是一种无色透明单晶，化学式为 NaI，Na^+与 I^-的半径比为 $r^+/r^-=0.44$，介于 0.414～0.732 之间，其结构可视为大半径的 I^-做立方最紧密堆积，形成立方面心结构，小半径的 Na^+填充其中的八面体空隙，正、负离子的配位数都为 6。Na^+与 I^-通过静电力的作用结合在一起，属于典型的离子型晶格，岩盐(NaCl)型结构(图 3.1.1)。空间群为 O_h-Fm3m，晶胞参数 a=6.46Å。由于(100)面网内 Na^+与 I^-交替排列，面网内部的库仑力最强，使得面网之间的结合力相对较弱，从而造成该晶体存在(100)解理面，因此容易产生沿解理面方向的开裂(图 3.1.2)。单晶的常见形态为立方体，晶体密度为 3.67g/cm^3。

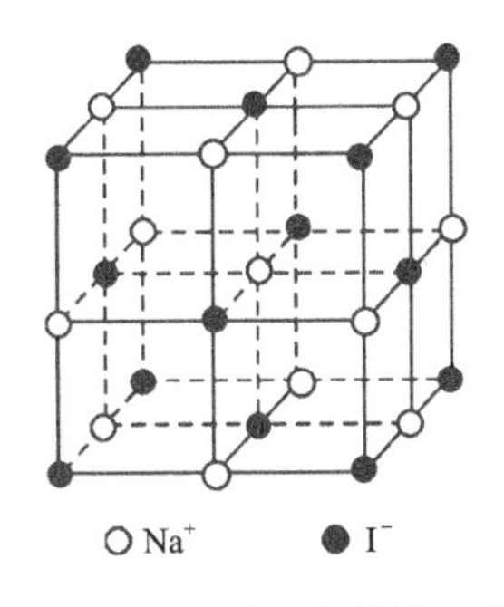

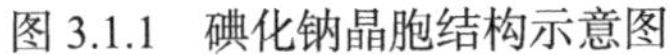

图 3.1.1　碘化钠晶胞结构示意图

图 3.1.2　碘化钠晶体的(100)解理

2. 纯碘化钠晶体的闪烁性能

纯碘化钠晶体的发光主峰位于 300～310nm(图 3.1.3(a))[1]，在 10K 温度下，该发射峰的波长为 298nm。一般认为，这个发射峰来源于 NaI 晶体的本征发射或者自陷激子发射(STE)，但随着温度的升高而减弱，室温下几乎完全消失。除了 300～310nm 这个主发射峰之外，纯碘化钠晶体偶尔还在 380nm、410nm(图 3.1.3(a)中的 NaI(B)和 NaI(C))、479nm，甚至在 590nm 和 603nm 处出现一些次要的发射峰[2]。这些次要发光峰不仅强度很弱，而且出现与否还因样品而异，所以通常认为它们来源于 NaI 晶体中的杂质，如波长位于 410nm 的弱发射峰被认为是来自晶体中存在的 Tl 杂质，590nm 被认为是来自 F 心，603nm 发射峰的产生与 Pb^{2+}杂质有关，

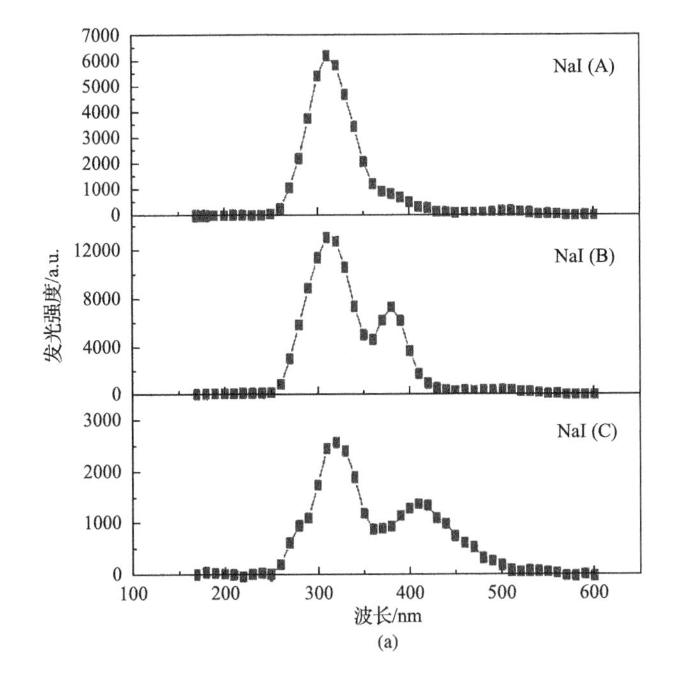

(a)

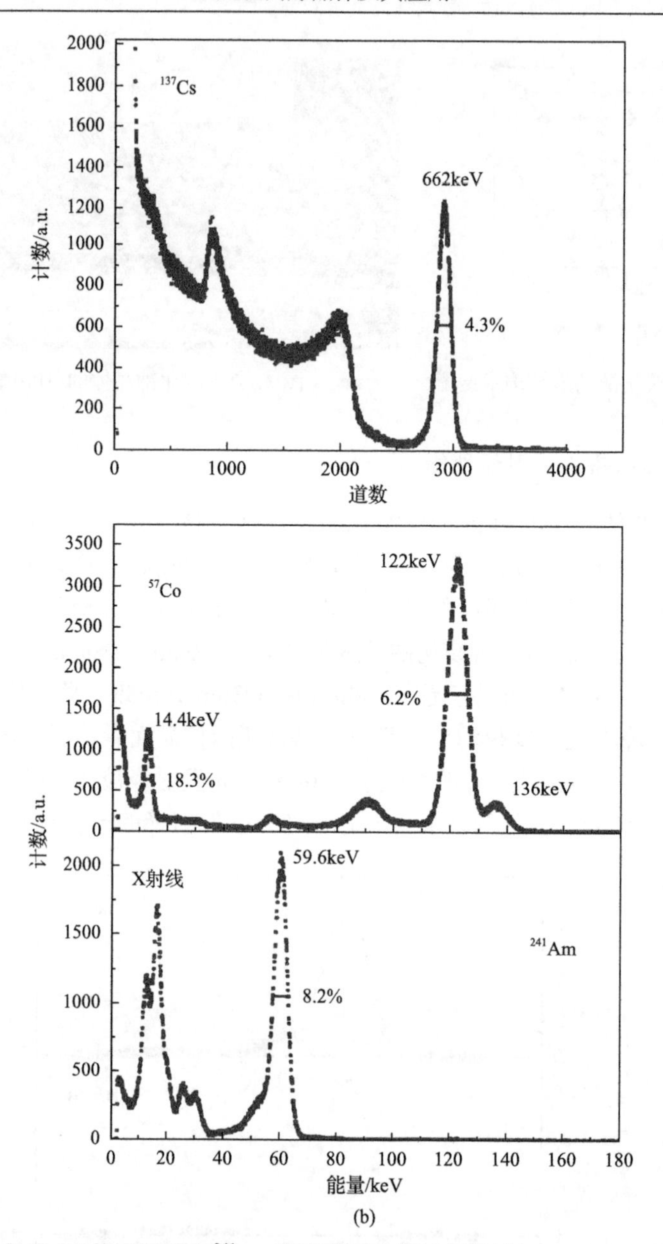

图 3.1.3　非掺杂 NaI 晶体室温下在 ^{241}Am 源激发下的发射光谱((a)：A、B、C 为三个不同来源的样品)和样品 B 在液氮温度和三种不同放射源激发下的多道能谱(b) [1]

Pb^{2+}杂质与 Na^{+}不仅半径相近，而且 Pb^{2+}可以与晶体中的 O^{2-}杂质形成“Pb^{2+}-O^{2-}”偶极子以实现电荷平衡。根据 NaI 晶体的光衰减曲线可拟合出 4 个时间常数，1ns、5ns、22ns 和 120ns，各个分量所占的比例分别为 10%、22%、50%和 18%。在 ^{60}Co 和 ^{22}Na 激发下所测得的时间分辨率分别达到 140ps±10ps 和 180ps±15ps，比纯 CsI

提高了2倍，因此纯碘化钠晶体属于快衰减无机闪烁晶体，在时间分辨领域具有重要应用价值。Moszyński 等分别以 ^{137}Cs、^{57}Co 和 ^{241}Am 所发射的 662keV、122keV 和 59.6keV 的γ射线为激发源测试了纯 NaI 晶体在液氮温度下的多道能谱(图 3.1.3(b))[1]，所测得的能量分辨率分别为 4.3%±0.1%、6.2%±0.3%和 8.2%±0.4%。而且，发光强度会随着温度的下降逐渐增强，液氮温度下的光输出可达(60～84)×10^3ph/MeV，同时其光输出对能量响应的非比例性要优于掺铊碘化钠晶体。

3. 铊掺杂碘化钠晶体的闪烁性能

铊掺杂碘化钠晶体(NaI:Tl)的发光中心是 Tl^+，Tl 原子核外的电子构型是[Xe]$4f^{14}5d^{10}6s^2 6p^1$，失去 $6p^1$ 电子之后形成 Tl^+。Tl^+在 NaI 晶体中存在两种占位情况，一种是占据 Na^+格位形成所谓的“单聚体”(monomer)发光中心，发光能量是2.95eV(420nm)；另一种是两个 Tl^+占据相邻的两个 Na^+格位形成所谓的“双聚体”(dimer)发光中心，发光能量是 3.6eV(345nm)(图 3.1.4)[3]。由于双聚体捕获激子的吸收截面比单聚体大1～2个数量级，会把吸收的能量传递给单聚体，且传递效率随着铊浓度的增加而增加，从而双聚体的发光强度明显弱于单聚体的发光，只有单聚体发光强度的40%，即 345nm 发射峰的强度总是低于 420nm 发射峰的强度。实际的激发和发射机理可能比上述过程要复杂得多。根据 Hull 等对不同来源 NaI:Tl 晶体的研究[4]，虽然大部分 NaI:Tl 晶体都存在源于 Tl 离子的 420nm(2.92eV)发射，但除此之外还出现了 380nm(3.28eV)、340nm(3.64eV)或 480nm(2.7eV)弱发射峰，说明 NaI:Tl 晶体中存在有两个或者两个以上发光中心。

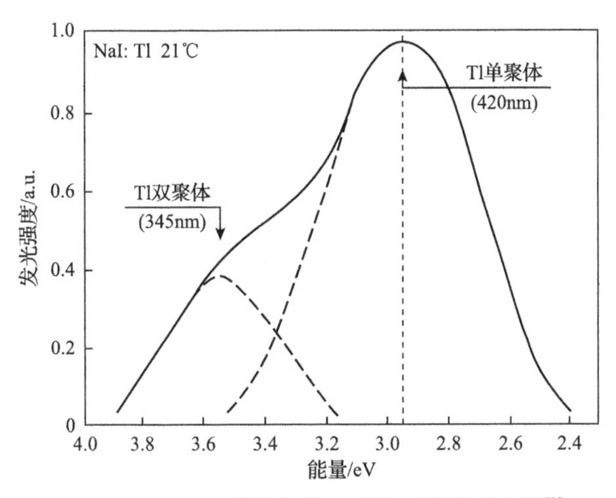

图 3.1.4　NaI:Tl 晶体在 ^{60}Co 激发下的发射光谱[3]

NaI:Tl 晶体在被 X 射线或γ射线辐照后形成自由电子和 V_k 心(即 I_2^-)，V_k 心在热运动过程中被 Tl^+ 捕获，形成 Tl^{2+}。Tl^{2+}再与导带电子(e)复合，形成激发态的

$(Tl^+)^*$。$(Tl^+)^*$由激发态返回到基态的过程中发射出可见光。整个发光过程可简化成如下几个阶段[5]：

$$V_k + Tl^+ \longrightarrow Tl^{2+}\ (\text{热迁移阶段})$$

$$Tl^0 \longrightarrow Tl^+ + e^-\ (\text{热激发阶段})$$

$$Tl^{2+} + e^- \longrightarrow (Tl^+)^*\ (\text{激发阶段})$$

$$(Tl^+)^* \longrightarrow Tl^+ + h\nu\ (\text{退激发阶段})$$

由于 Tl^+的半径(1.50Å)与 Na^+的半径(1.02Å)相差 47%，加之碘化亚铊(TlI)的四方对称结构与 NaI 的立方面心结构不同，离子半径和晶体结构的不同造成 Tl^+在 NaI 晶体中的分凝系数很小，约为 0.24～0.27。表现为晶体中的 Tl^+浓度随着结晶作用的进行而不断升高，由此引起晶体的发光强度也随结晶作用的进行而出现逐渐增强的变化。图 3.1.5 显示，NaI:Tl 晶体的光输出和能量分辨率随 Tl^+浓度的

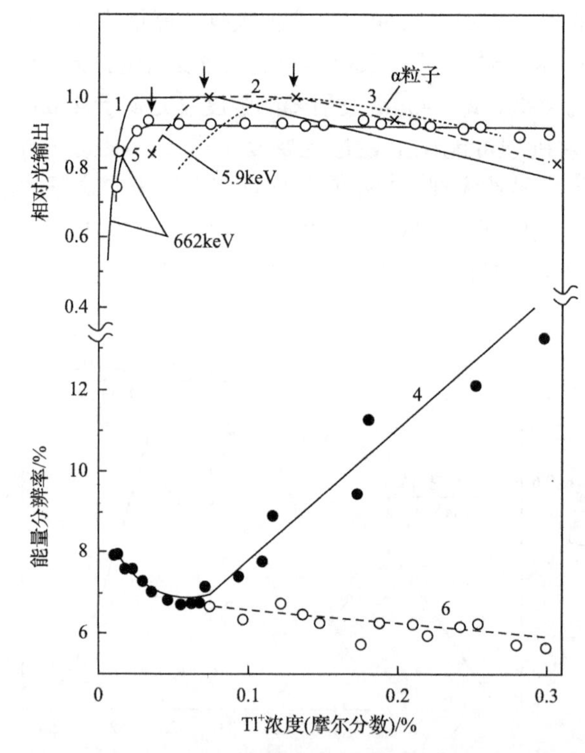

图 3.1.5　NaI:Tl 晶体的相对光输出和能量分辨率与 Tl 浓度的关系[6]

上图：相对光输出对 Tl 浓度的依赖性；下图：能量分辨率对 Tl 浓度的依赖性。曲线 1～4 为真空 Stockbarger 法所生长的晶体，曲线 5、6 为反应气氛法所生长的晶体。曲线 1、4～6：662keV γ射线激发；曲线 2：5.9keV X 射线激发；曲线 3：5.15MeV α射线激发

变化经历了一个两个阶段：当晶体中 NaI:Tl 中 Tl^{+} 摩尔浓度小于 0.06%，光输出随 Tl^{+}浓度的增加而增强；但当 Tl^{+} 摩尔浓度大于 0.06%时，晶体的光输出不再随浓度的增加而增强，能量分辨率随 Tl^{+} 浓度的增加反而变差[6]。

铊掺杂碘化钠(NaI:Tl)晶体自从 1949 年被 Hofstadter 首先发现以来，因其发光主峰位于 420nm(图 3.1.4)，与 PMT 的敏感波长相匹配，光产额高(40000ph/MeV)，闪烁发光的衰减时间短(230ns)，温度稳定性好，能量分辨率得到不断优化，已从 8.0%@662keV 优化至 6.5%，加之原料价格便宜，易于制作大尺寸晶体等优点，被广泛应用于核物理、高能物理、石油测井和工业 CT，是闪烁晶体家族中名副其实的"常青树"。其光输出一直被作为评价其他晶体发光效率的参比标准。

2015 年，法国圣戈班公司的 Yang 通过共掺杂 Sr^{2+}和 Ca^{2+}使 NaI:Tl 晶体的能量分辨率从 6.5%优化到 5.3%，衰减时间也从 230ns 加快到 170ns(图 3.1.6(a))[7]。同年，美国劳伦斯伯克利国家实验室采用多元素组合芯片技术从 Mg、Ca、Sr、Ba 与 Eu 共掺杂的多组分配方中筛选出多个共掺杂 NaI:Tl 晶体，发现共掺杂 Eu 的 NaI:Tl 晶体相对于 NaI:Tl 晶体的发射波长有一定程度的红移(图 3.1.6(b))，而且峰的半高宽明显收窄，其中基于 Ca、Eu 共掺杂 NaI:Tl 的配方(NaI:0.1%Tl,0.1%Eu,0.2%Ca(摩尔分数))所生长的晶体表现出非常优异的闪烁性能：光产额达到 52000ph/MeV，能量分辨率达到 4.9%@662keV(图 3.1.6(b))[8]。这是迄今报道的性能最好的碘化钠闪烁晶体。对于这种共掺杂效应的解释可概括为：一是由于 NaI 晶体容易吸潮，而 Ca 和 Eu 对 O^{2-}和 OH^{-}有很强的亲和性，可以在熔体中扮演脱氧剂的作用，从而生长出几乎没有含氧杂质的高质量晶体；二是 Eu 掺入 NaI 后占据 Na 格位形成的正电荷中心(Eu_{Na}^{2+})与 Na 空位负电荷中心(V_{Na}')组合在一起，形成的缔合缺陷($Eu_{Na}^{2+}+V_{Na}'$)扮演空穴陷阱的作用。与此同时，共掺杂进

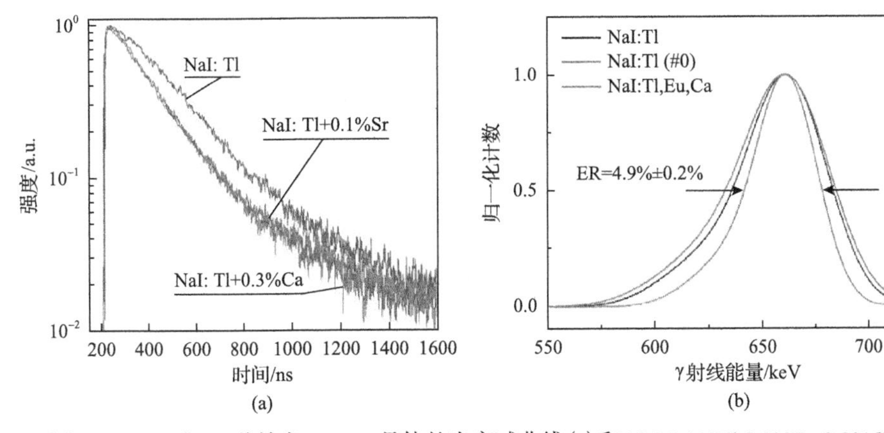

图 3.1.6　Sr 或 Ca 共掺杂 NaI:Tl 晶体的光衰减曲线(a)和 NaI:0.1%Tl,0.1%Eu,0.2%Ca(摩尔分数)晶体在 ^{137}Cs 激发下的脉冲高度谱(b)[8]

来的 Ca 占据 Na 格位，与 Tl 发光中心离子一道形成（$Ca_{Na}^{2+}+Tl_{Na}^{0}$）类 Dexter 复合受体，即两组缔合缺陷之间可通过电偶极子相互作用而实现能量传递。当（$Eu_{Na}^{2+}+V_{Na}'$）复合体与（$Ca_{Na}^{2+}+Tl_{Na}^{0}$）复合体的空间距离满足共振能量传递的条件时，就会显著增强共掺杂碘化钠晶体的发光效率。当然，这两种解释是否为真尚待进一步研究。

同时，根据 LiI 和 NaI 同属于立方面心对称、岩盐(NaCl)结构的特征，美国圣戈班公司的 Yang(杨侃)认为 LiI 和 NaI 之间能够形成固溶体，因此于 2017 年以 ^{6}LiI 为共掺杂剂生长 NaI:Tl 晶体，以期通过 ^{6}Li 与中子之间的核反应，制备出能够同时测量中子和 γ 射线的双读出闪烁晶体——NaI:^{6}Li,Tl 晶体。实验表明，NaI:^{6}Li,Tl 晶体在中子和 γ 射线激发下脉冲谱的强度、快分量和慢分量衰减时间、能量分辨率和脉冲形状甄别(PSD)品质因子等参数均对锂的掺杂浓度有很强的关联性，衰减时间随锂浓度的增加而延长，测得 ^{6}Li 掺杂浓度为 1%、尺寸为 ϕ50mm×25mm 的 NaI:(^{6}Li,Tl)晶体的光产额为 34000ph/MeV，能量分辨率为 7%@662keV，PSD 品质因子 2.8(图 3.1.7)[9]；当 Li 浓度优化到 0.4%时，PSD 品质因子达到 4.3。同时发现 NaI:Tl 晶体在经受 10^{8}～10^{14}/cm^{2} 注量率的快中子照射之后，能量分辨率未发生显著的退化，展现出良好的抗中子辐照损伤能力。但与单掺铊离子的碘化钠晶体相比，NaI:(^{6}Li,Tl)晶体在 X 射线激发下的发射光谱变得比较复杂，原来只有两个发光分量的 NaI:Tl 晶体(图 3.1.4)，在共掺锂离子后可拟合出四个发光分量(图 3.1.8 中的

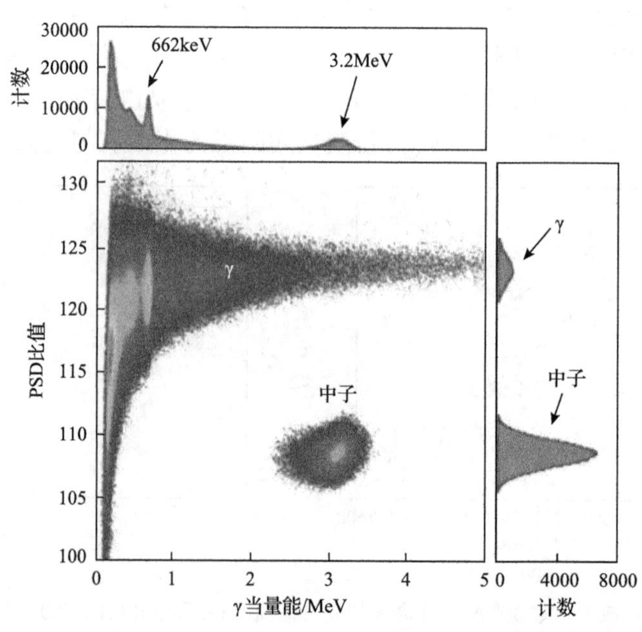

图 3.1.7　NaI:(1%^{6}Li,Tl)晶体在 ^{251}Cf 和 ^{137}Cs 激发下的 PSD 散点图和能谱图[9]

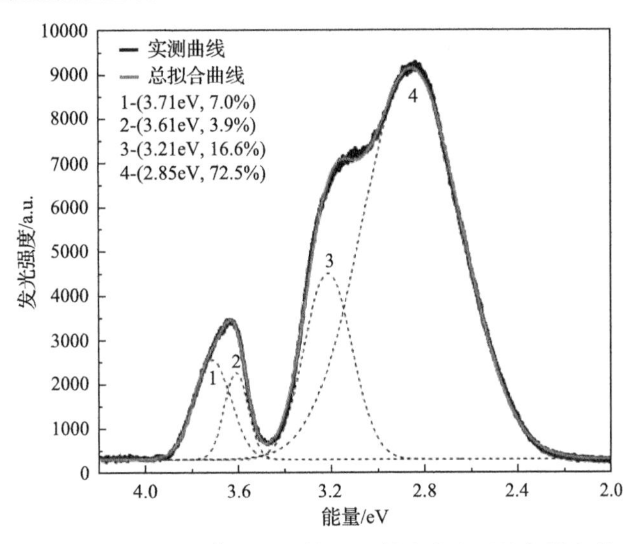

图 3.1.8　NaI:(5%^{6}Li,Tl)晶体在 X 射线激发下的发射光谱

曲线 1、曲线 2、曲线 3 和曲线 4)，相应的衰减时间也存在 270ns 和 1500ns 两个分量，说明 Li 的掺入不仅使得 NaI:Tl 晶体的发光衰减时间变长，而且发光中心的结构也出现了新的变化。综合对比可以看出，NaI:(^{6}Li,Tl)晶体不仅集高光输出、高能量分辨率、高中子探测效率和优异的中子-γ 脉冲形状甄别能力为一体，它还具有高温稳定性、高的抗辐照硬度和大尺寸晶体制备成本低等优点，因此预测掺^{6}Li 碘化钠晶体将很快作为具有中子-γ 甄别能力的双读出闪烁晶体获得实际应用，基于该晶体的新型辐射探测器一旦研制成功必将对中子物理研究、中子成像、安全检测和核辐射反恐等发挥重要的推动和促进作用。

碘化钠晶体不仅闪烁性能优良，而且晶体中 ^{40}K、U、Th 和其他放射性核素的含量远远低于其他闪烁晶体，具有非常低的放射性背景噪声，因而被视作寻找暗物质和暗能量的最佳探测材料[10]。

4. 晶体生长和晶体缺陷

碘化钠晶体的生长既可以采用提拉法，也可以采用下降法和泡生法等多种生长技术。但无论哪种方法，原料和生长体系中如果含有水或氧则对晶体生长极其不利。NaI 晶体生长中的阴离子杂质主要有两个来源：一是原料，碘化钠能吸收空气中的水，形成吸附水或者结晶水合物；二是来自生长气氛中的氧气、水蒸气和二氧化碳等，它们在高温下与 NaI 之间可能发生的化学反应如下[11]：

$$4NaI + 2H_2O + O_2 = 4NaOH + 2I_2 \tag{3-1}$$

$$NaI + H_2O = NaOH + HI \tag{3-2}$$

$$6NaOH + 3I_2 = 5NaI + NaIO_3 + 3H_2O \tag{3-3}$$

$$2NaOH + CO_2 = Na_2CO_3 + H_2O \tag{3-4}$$

$$2NaI + 1/2O_2 = Na_2O + I_2 \tag{3-5}$$

$$2NaI + 3O_2 = 2NaIO_3 \tag{3-6}$$

$$2NaI + 1/2O_2 + CO_2 = Na_2CO_3 + I_2 \tag{3-7}$$

因此，在空气中生长出的 NaI 晶体中可能存在的包裹体有 NaOH、$NaIO_3$、Na_2CO_3 以及它们的分解产物。根据红外光谱测试，这些包裹体都有对应的特征吸收波数，它们分别是 $3600cm^{-1}$(NaOH)、800～$770cm^{-1}$($NaIO_3$)、$800cm^{-1}$ 和 $1440cm^{-1}$(Na_2CO_3)，而在干燥的密闭环境下生长的 NaI 晶体则基本不存在上述吸收峰。上述杂质或者以包裹体形式进入晶体形成光散射中心，或者以 OH^-、O^{2-}、IO_3^-、CO_3^{2-} 阴离子团的形式进入晶体的格位，形成缺陷或色心。此外，反应(3-1)、(3-5)和(3-7)中所产生的 I_2 还可能在熔体中形成多碘卤化物——NaI-I_2 或 NaI:Tl-I_2 包裹体，它们的存在都会降低晶体的透光率或者增强晶体在 340nm、360nm、370～380nm、420nm 和 470nm 波段光吸收，甚至引入新的发光中心，造成晶体出现较长时间的余辉[11]。这些色心被辐照后将导致晶体的光输出和能量分辨率下降。对比实验表明，与空气中生长的晶体相比，在干燥和密封坩埚中生长的碘化钠晶体的光输出可以提高两倍，能量分辨率达到 5%～7%。

孔宪武等用化学分析方法测得 NaI 熔体的 pH 和碘酸根浓度均随时间的延长而增大，表明上述反应中生成的 OH^-和$[IO_3]^-$的浓度确实随时间的延长而增多[12]。他们在三种不同条件下熔融 NaI 原料：①真空通氮气；②只通氮气；③在大气中。获得的结果是：在第一种条件下，碱度为 0.015%，几乎没有碘酸根；在第二种条件下，碱度为 0.075%，$[IO_3]$为 0.006%；在第三种条件下，碱度为 0.15%，$[IO_3]$为 0.16%。由此可见，NaI 在大气中熔融时极易分解，在高温下容易氧化，但在真空和通氮气下熔融不易分解。所以，要获得透明单晶体，必须确保原料干燥和晶体生长是在无氧氛围中进行。

遭受氧化污染的碘化钠晶体透明度很差，体内出现大量散射颗粒，类似于“白雾”。对这些含有“白雾”的碘化钠晶体所做的 XRD 结构分析表明，晶体中的主要物相是无水 NaI，此外还有少量是含有两个结晶水的 $NaI \cdot 2H_2O$(图 3.1.9(a)中的测试样品)。在这种晶体的差热曲线上可以非常明显地看到三个吸热峰(图 3.1.9(b))，它们对应的温度从低到高依次是 96.8℃、152.5℃和 661℃，已知 96.8℃为吸附水的脱水温度，661℃是熔化温度，而 152.5℃为 $NaI \cdot 2H_2O$ 晶体失去结晶水的脱水温度。在整个脱水过程中，样品的质量损失达到 3.81%，说明结晶水合物的存在是造成碘化钠晶体失透的又一重要原因。

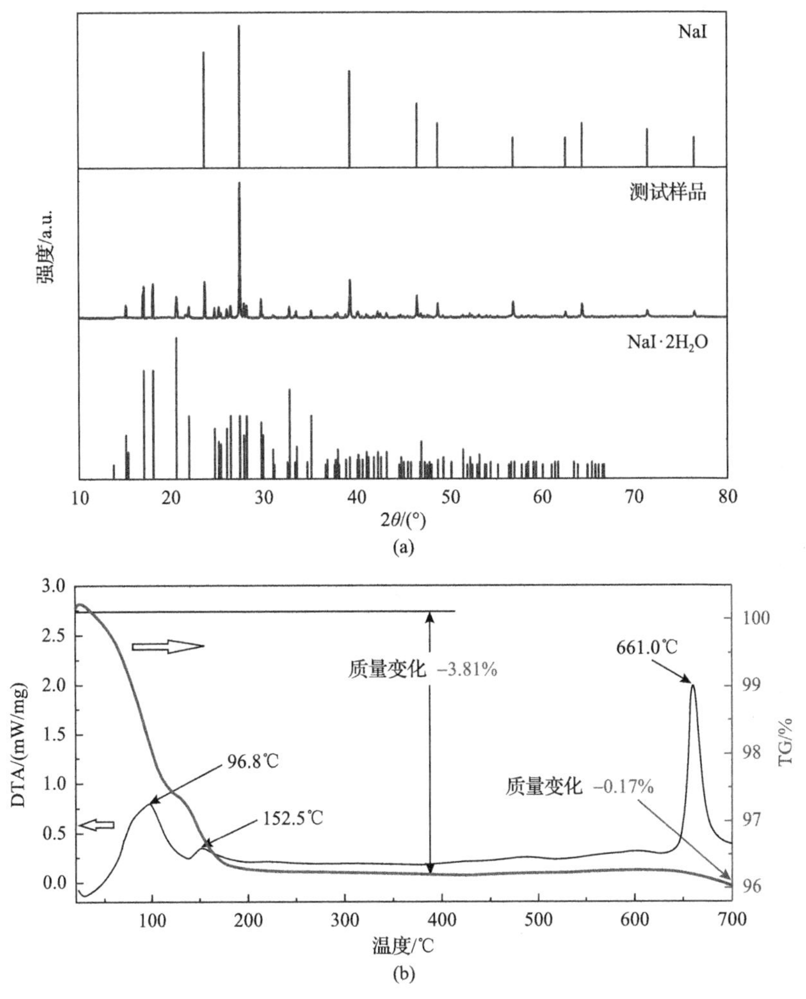

图 3.1.9　内部有“白雾”碘化钠晶体的 XRD(a)和 DTA-TG 曲线(b)

碘化钠晶体的生长技术一直在随着市场的需求而不断创新。核医学成像探测器、安全检测和航空探测技术的发展需要大尺寸和高均匀性的碘化钠晶体，例如，γ 射线照相机和单光子 X 射线 CT(SPECT)为了从更广的角度进行成像，所需 NaI:Tl 晶体的最小尺寸是 500mm×600mm×10mm，集装箱安检所需的尺寸为 100mm×100mm×400mm，同时要求晶体发光效率的非均匀性不超过 ±3%[13]，如此大的尺寸要求对晶体生长技术提出了严峻的挑战。1970 年美国 Harshaw 公司发现离子晶体材料在高温下发生范性形变时结构基本上保持不变，只是在滑移面和位错线的交织运动作用下由原来的单晶体转变成为多晶体，因此发明了碘化钠晶体的热锻工艺。在通常条件下，大多数离子晶体表现出极大的脆性或易解理的物理特性，所以当受到冲撞或冷热变化时极易破裂，这就给加工和应用带来许多困难。但在高温下，这种晶体的脆性会大大降低，塑性会适当增强。对晶体进行锻造正是利用温度这个因素，当晶体处于高温下并受到足够大的外力作用时就会发生从位错开始的滑移变形，产生塑性形变而不碎裂。该技术以优质单晶体或透明晶块做坯料，按所要求的尺寸和形状在模具腔内锻造成形，这样就可用尺寸较小的优质坯料锻造出大尺寸的圆片、长方板、长方柱或者空心环等待定形状的制品，以解决靠单晶生长难以达到的尺寸问题，同时还可直接制备出所需形状的闪烁晶体。热锻出的闪烁晶体材料不仅具有优良的闪烁性能和发光均匀性，而且机械强度和热稳定性都优于单晶。在这项技术中，锻造温度、形变速率和锻造比等热锻参数是决定能否将一块晶体坯料锻造成强度大、性能好、质地均匀、外形尺寸符合要求的透明多晶体材料所必须严格控制的关键技术参数。这种热锻工艺还可应用于 BaF_2、CaF_2、LiF 等离子晶体的锻造，同样取得了积极的效果。

2000 年，德国西门子公司发明了一种定向凝固技术来生长 NaI:Tl 晶体，仅用 3 天时间(包括熔融、结晶和冷却)就生长出一块尺寸为 430mm×430mm×17mm 的板状晶体，且晶体的光输出和能量分辨率与传统方法生长的单晶完全相同[14]，从而为大尺寸平板状碘化钠晶体的高效制备开辟出一条新的技术路线。

3.1.2 碘化铯晶体

碘化铯(CsI)是除碘化钠以外的最著名的卤化物闪烁晶体，分为不掺杂(纯 CsI)、Tl 掺杂(CsI:Tl)和 Na 掺杂(CsI:Na)三种碘化铯晶体。

1. 纯 CsI 晶体

1)晶体结构

碘化铯是简单立方结构，空间群为 Pm3m(221)，a =5.679Å。CsI 晶体中的 r^+/r^-=0.78，介于 0～1 之间，易形成配位数为 8 的立方原始格子(图 3.1.10)。在立方体的顶角上为 I^-，在体心上为 Cs^+，I^-与 Cs^+各自均为简单立方布拉维格子，它们均由沿立方体空间对角线的 1/2 长度套构而成。碘化铯结构是复式结构，每个原胞内含有一个阳离子(Cs^+)和一个阴离子(I^-)。碘化铯晶体密度为 4.51g/cm^3，熔点 621℃，它在空气中有微弱的潮解性，稳定性优于掺杂的碘化铯。碘化铯晶体无解理面，硬度较低，只有约 7kg/mm^2，在常温下呈现一定的塑性，而

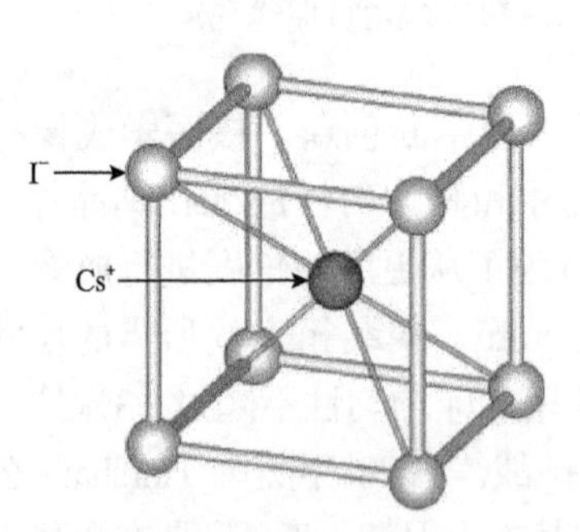

图 3.1.10 碘化铯晶体的晶胞结构示意图

非脆性，这一特性造成碘化铯晶体的表面很难被抛光到光学级。

2) 闪烁性能

纯 CsI 晶体的快衰减特性最早是由日本学者 Kubota 等报道的[15]，当用紫外敏感 PMT 测试 γ 射线激发下纯碘化铯晶体时，发现该晶体在 305nm 处存在一个半高宽为 50nm 的发射峰以及 350～600nm 的宽阔发射带，并从 γ 射线激发下的光衰减曲线中拟合出时间常数分别为 10ns 和 36ns 的快分量，以及时间常数为 1～4μs 慢分量。真空紫外荧光光谱确认该晶体的激发波长和发射主峰分别为 241nm 和 318nm (图 3.1.11)。不同文献所报道的纯碘化铯衰减时间因激发源的种类和测试方法的不同而略有差异，但基本上都在纳秒量级(表 3.1.2)[15-20]，习惯上把小于 10ns 时的发光叫作超快分量，几十纳秒发光叫作快分量。快分量的发光强度无论在退火处理还是掺杂的样品中几乎不发生变化，而慢分量则因样品而异，因此认为快分量属于纯碘化铯晶体的本征发光，而慢分量则属于非本征发光。Nishimura 等研究了纯 CsI 在 4.5～290K 温度下的发光性能，发现纯 CsI 在 8K 以下的温度实际上存在两个发光分量——4.3eV 和 3.7eV(图 3.1.12(a))[21]，它们被认为是来源于 CsI 晶体两种不同类型的自陷激子(STE)——同心自陷激子(on-center STE)和离心自陷激子(off-center STE)，前者是由 V_k(即 $I^-h^+I^-$)心捕获一个电子，电子和空穴分布于 $(I_2)^-$心上；后者则是由于晶格畸变，电子与 V_k 心分离，V_k 心转化成 H 色心，所形成的阴离子空位捕获电子而形成 F 心对，即所谓的“Frenkel”对(“F-H”对) (图 3.1.12(b))。随着温度的升高，这两个发光峰逐渐靠拢，并在室温下合并成一个能量为 4.1eV 的发光峰，这就是在室温下测到的快发光分量(约 305nm)。由于该发光可拟合出两个时间常数，许多人认为它实际上是由两个发光带叠加而成的。测得其发光强度随温度的降低而增强，至液氮温度(77K)下的光产额可达到 50000ph/MeV±5000ph/MeV，接近于 CsI:Tl 晶体在室温下的光产额。在 511keV 的 γ 射线激发下，其能量分辨率可达 8.3%。但随着温度的升高，纯 CsI 晶体的光输出迅速下降，尤其是在 150K 附近，温度每升高 1K 光输出下降 1%[18]。室温时的光产额只有液氮温度下的 1/12(图 3.1.13(a))，约为 3200ph/MeV±400ph/MeV。光衰减时间也从 192K 的 39ns 和 192ns 缩短至室温下的 6ns 和 28ns(图 3.1.13(b))。

表 3.1.2　纯 CsI 晶体的光衰减时间

分量	衰减时间/ns					
τ_1	10	2	7	6±1	5～9	2～3
τ_2	36	22	29	28±2	10～25	约 25
参考文献	[15]	[16]	[17]	[18]	[19]	[20]

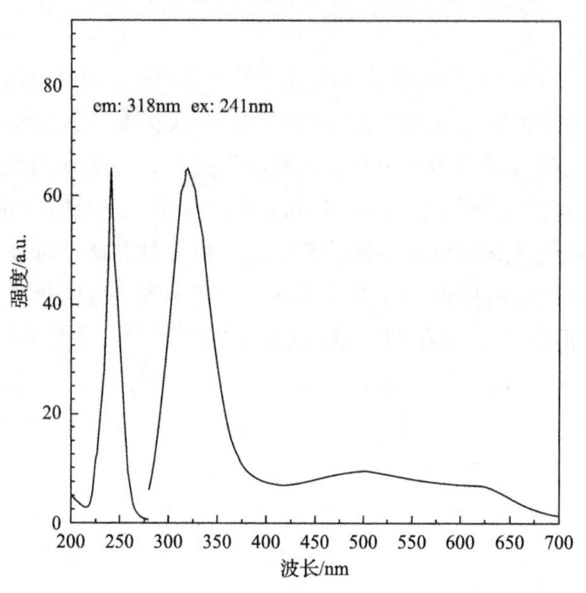

图 3.1.11　纯 CsI 晶体在真空紫外线激发下的发射光谱[15]

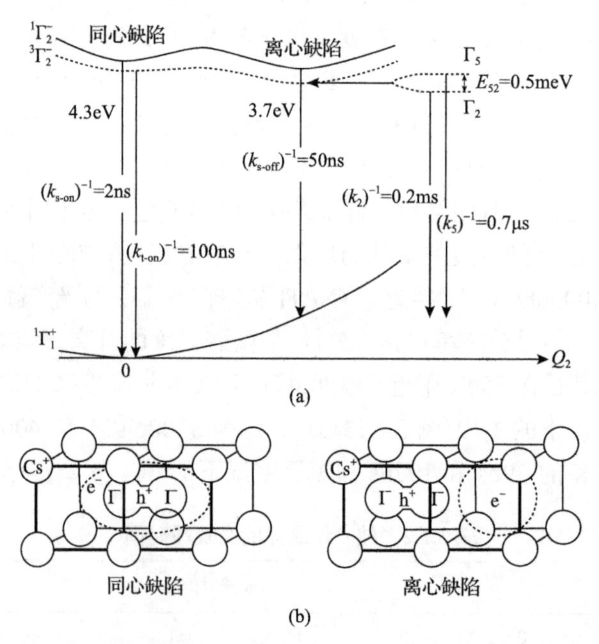

图 3.1.12　纯 CsI 晶体的两个发光带(4.3eV 和 3.7eV)与晶体中结构缺陷的关系[21]

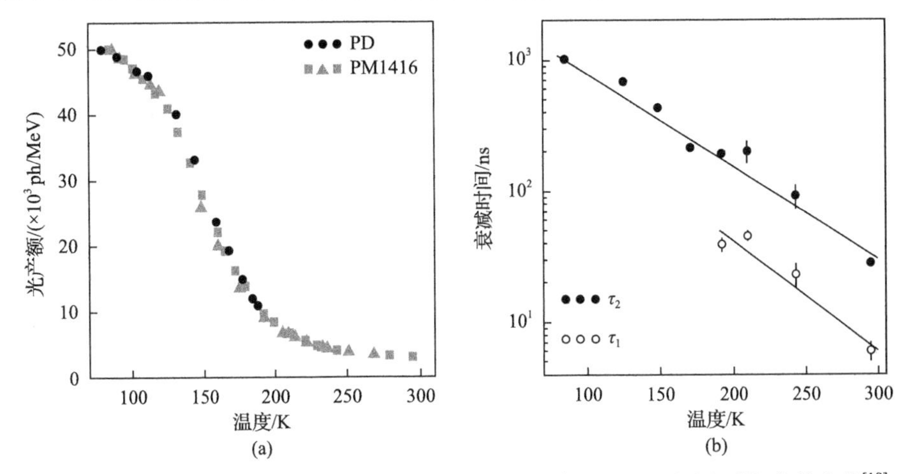

图 3.1.13 纯 CsI 晶体的光产额(a)和两个衰减时间分量(τ_1 和 τ_2)(b)随温度的变化[18]

3) 慢发光分量

纯碘化铯晶体中除了存在波长为 305nm 的快分量之外，有时在 350～600nm 之间还存在一个衰减时间为约 3μs 的慢分量(图 3.1.11)。慢分量的存在对实际应用是不利的，因此希望晶体中慢分量在整个光输出中所占比例尽可能地小。为此定义了一个参数——快分量占比(即 R_{FT}=快发光数量/总发光数量)。例如，日本高能加速器研究所(KEK)的 B 介子工厂在建造时规定纯碘化铯晶体的 R_{FT} (=LY@100ns/LY@1000ns)必须大于 70%[21]，美国费米实验室建造的 Mu2e 大型加速器要求纯碘化铯晶体的 R_{FT}(=LY@200ns/LY@3000ns)必须大于 75%。然而，要抑制慢分量或者提高快分量占比，就必须掌握慢分量的产生机理。但迄今为止关于慢分量的成因尚无定论。归纳起来，可以概括为以下三种观点：

一是氧杂质。氧是卤化物晶体生长中经常遇到的一个有害杂质。乌克兰闪烁晶体材料研究所的 Shiran 等测试了碘化铯晶体的红外吸收光谱，从中发现许多弱吸收带，吸收波数分别为 1100cm^{-1}、1380cm^{-1}、1930cm^{-1}、1350cm^{-1}、1410cm^{-1}、3650cm^{-1}，这些红外吸收带的波数分别与含氧杂质$[SO_4]^{2-}$、$[NO_3]^-$、$[BO_2]^-$、$[CO_3]^{2-}$、$[OH]^-$和[CNO]等相对应，估算出的氧含量最高可达 50ppm[22]。图 3.1.14 展示了三个具有不同氧含量纯碘化铯晶体的 X 射线激发发射光谱，其中的 307nm 发射带属于 CsI 晶体的本征快发光分量，而波长在 410～580nm 的发光为慢发光分量，可以明显看出慢分量发光带的强度随晶体中的氧含量的降低而减弱，因此认为氧离子引起的缺陷是诱发碘化铯晶体中慢发光分量的原因。在以$[CO_3]^{2-}$为掺杂剂所生长的 CsI:CO_3 晶体中几乎看不到 310nm 的本征发光峰，取而代之的是两个峰值波长分别为 410nm 和 500nm 的慢衰减发光峰，它们的衰减时间长达 1.76μs(强度比>99%)。其衰减时间、光产额和能量分辨率均随掺杂浓度的变化而变化(表 3.1.3)，快分量占比随晶体中$[CO_3]^{2-}$的吸收系数的增大而下降(图 3.1.15)，说明$[CO_3]^{2-}$的掺入导致慢分量的增加。

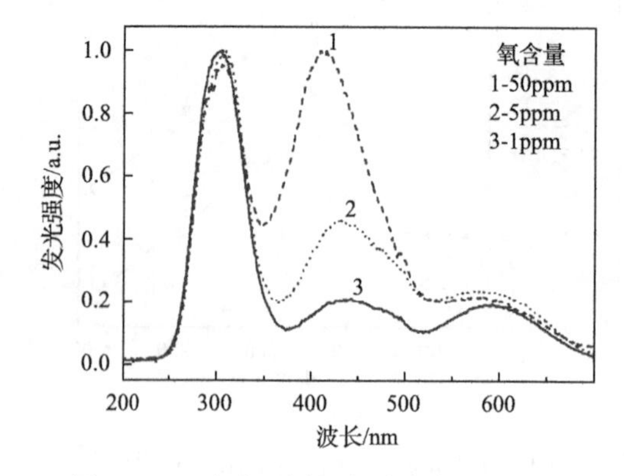

图 3.1.14　含有不同氧杂质浓度的纯碘化铯晶体的 X 射线激发发射光谱[22]

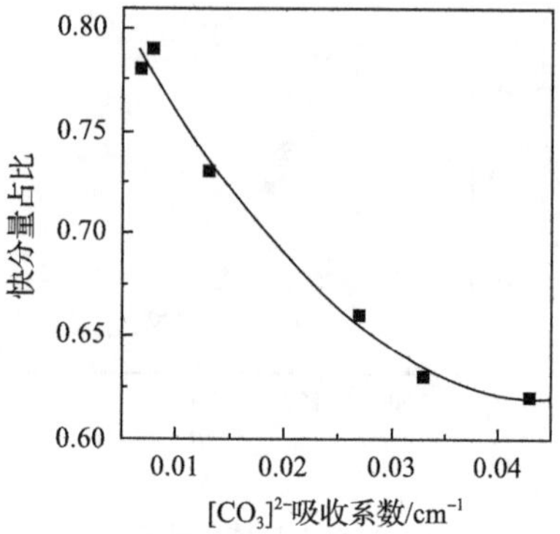

图 3.1.15　CsI 晶体的快分量占比与$[CO_3]^{2-}$吸收系数的关系[23]

表 3.1.3　$CsI:CO_3$ 晶体的闪烁性能与掺杂浓度的关系

$[CO_3]^{2-}$掺杂摩尔浓度/%	衰减时间/μs	光产额/(ph/MeV)	能量分辨率/%
0.007	2.46	28500	10.06
0.02	1.88	31000	8.47
0.05	1.77	37500	8.53
0.1	1.76	39000	8.35

基于这样的认识，如何消除晶体中的含氧杂质便成为抑制慢分量的关键。Shiran 等以 EuI_2 为脱氧剂，通过 Eu^{2+}转变成 Eu^{3+}，起到争夺含氧离子的作用。图 3.1.16 显示，当 Eu 掺杂浓度约 2ppm 时，晶体中的慢分量几乎完全消失[22]。然而，当 Eu 掺杂浓度约 200ppm 时，快分量也得到抑制，同时还会出现峰值波长为 445nm 的发射峰，它被认为是源于 Eu^{2+}的 5d→4f 跃迁。不仅如此，由于 CsI-EuI_2 是一个具有共结点的二元体系，CsI 属于立方体心结构，EuI_2 属于正交结构，二者之间不仅晶体结构不同，而且 Eu^{2+}与 Cs^+在电价和离子半径上均存在很大的差异，从而导致 Eu^{2+}在 CsI 晶体中的分凝系数只有 0.002，Eu^{2+}很难进入 CsI 的晶格当中，而是与氧离子反应后形成铕的氧化物或者碘氧化物(如 EuO、Eu_2O_3、Eu_2OI_2、EuOI 等)，并沉积在熔体中或者成为包裹体存在于晶体中，造成晶体质量的下降。Cherginets 等则提出以 MgI_2 为脱氧剂，通过化学反应

$$Mg^{2+}+[CO_3]^{2-} \longrightarrow MgO\downarrow + CO_2\uparrow$$

或者

$$Mg^{2+}+[SO_4]^{2-} \longrightarrow MgO\downarrow+SO_2\uparrow$$

也可以起到驱除含氧杂质、抑制慢分量的作用。但这种方法对脱氧剂的浓度有很强的依赖性，如果所掺入的浓度正好可以消除其中的含氧杂质，则能够完全抑制慢分量(如图 3.1.17 中的曲线 2)[24]，但如果掺入的浓度过高，则因多余的 Mg^{2+}与其替代离子 Cs^+之间因电荷不等价而在碘化铯晶体中产生点缺陷(如正离子空位)，从而会使慢分量再次出现(图 3.1.17 中的曲线 3)。

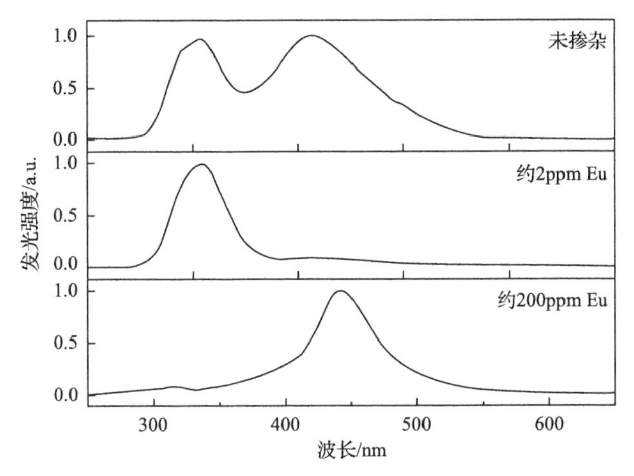

图 3.1.16　纯碘化铯和 Eu 掺杂碘化铯晶体的 X 射线激发发射光谱[22]

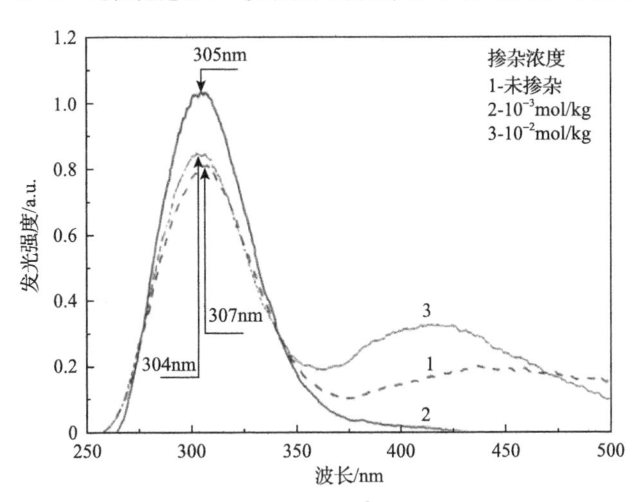

图 3.1.17　未掺杂碘化铯和掺杂不同浓度 Mg^{2+}碘化铯晶体的 X 射线激发发射光谱

二是阳离子杂质。Gektin 等在排除氧杂质影响的情况下生长了一系列掺有 Na、Ca、Sb、Bi、Pb 和未掺杂的碘化铯晶体，发现这些晶体在 γ 射线激发下绝大多数都出现至少两个发光带，其中一个是位于 307nm 的本征发光带，另外是波长在 415～440nm 的蓝色发光带，前者的衰减时间是几十纳秒，后者则有数微秒(表 3.1.4)[25]，说明晶体中至少存在两个发光中心。Boyarintsev 等甚至发现，纯碘化铯晶体中快分量的占比随 Na、Tl、$[CO_3]^{2-}$浓度的增加而下降，表现出明显的杂质依赖性[23]。此外在 Bi 离子和 Sb 掺杂的碘化铯晶体中还出现 550nm 的发光带。因此把纯 CsI 晶体中的慢衰减成分归因于晶体中的阳离子杂质。然而，虽然某些杂质离子确实可以引起慢发光，但在用超高纯度原料所生长的晶体中依然发现有慢分量，说明杂质虽然可以引入慢分量，但慢分量并不全是阳离子杂质所为。

表 3.1.4　纯碘化铯和部分阳离子掺杂碘化铯晶体的发光特征

晶体	光致激发			γ射线激发	
	激发波长/nm	发射波长/nm	衰减时间/μs	发射波长/nm	衰减时间/μs
CsI	242	430，460，530		307,440	0.01,3
CsI:Na	238	425	0.4	425	0.6,1.8
CsI:Ca	240	415	0.55	307,420	0.01,1.0
CsI:Sb	241	415		307,420	0.01,0.98,2.7
	262	545		556	1.6,4.8
CsI:Bi	240	420		307,420	0.01,1
	262	550		550	3

三是碘空位。慢分量的产生除了与杂质有关，还与晶体中的结构缺陷有关。实验表明，刚结晶出炉的纯 CsI 晶体往往具有比较强的慢分量，但随着晶体存放时间的延长，慢分量的占比越来越小。根据斯坦福大学对经过不同热处理 CsI 晶体所进行的电子顺磁谱(ESR)测试结果[26]，刚加工出的 CsI 晶体存在微弱的 ESR 信号，而在 520K 温度下退火后 ESR 信号消失，说明退火前晶体中存在某种结构缺陷。当把温度降低至 80K 时，晶体中再次出现 ESR 信号，并且信号强度随着温度的下降而增强。由于晶体在冷却过程中因晶格收缩而产生的临界切应力(10^8dyn/cm^2，1dyn=10^{-5}N)远远大于位错移动所需要的最小外应力(约 10^5dyn/cm^2)，该应力将促使晶体发生位错滑移和塑性形变，形变的结果是出现空位或晶格不完整性，最终成为电子、空穴或移动激子的陷阱。ESR 谱中 g=2.0023 的顺磁性特征峰被归因于 CsI 晶体中带有一个电子的碘空位，即 F 心。图 3.1.18 展示了纯碘化铯晶体在空气、真空和碘蒸气三种气氛中分别在不同的温度下退火之后的 X 射线激发发射光谱。从图 3.1.18(a)可以看出，一个慢分量并不明显的纯碘化铯晶体在空气中退火到 300℃时，就开始出现慢分量，之后随着温度的升高而不断增强；而在碘蒸气下退火到 400℃以下，慢分量基本没有出现，只有当温度升高到 500℃时，才出现强度相对较弱的慢分量(图 3.1.18(b))。这个现象表明，碘蒸气下的退火有助于阻止碘的挥发和抑制碘空位(V_I)，空气气氛下退火所产生的慢分量可能与

氧(O^{2-})的引入导致碘空位(V_I)的产生有关，相关的缺陷反应可表示为

$$空气退火：1/2O_2+2I_I \longrightarrow [O_I]'+[V_I]^{\bullet}+I_2\uparrow$$

$$碘蒸气退火：I_2+2[V_I]^{\bullet}+2e \longrightarrow 2I_I$$

晶体生长实验进一步证明，在 750℃温度下生长的晶体，则具有较强的慢分量和较强的热释光峰，相反，在 660℃温度下生长的纯碘化铯晶体不仅含有较弱的慢分量，而且晶体还具有较弱的热释光峰。这些结果表明，生长温度越高，因偏组分挥发而造成的碘空位结构缺陷就越多，慢分量占比就越高。

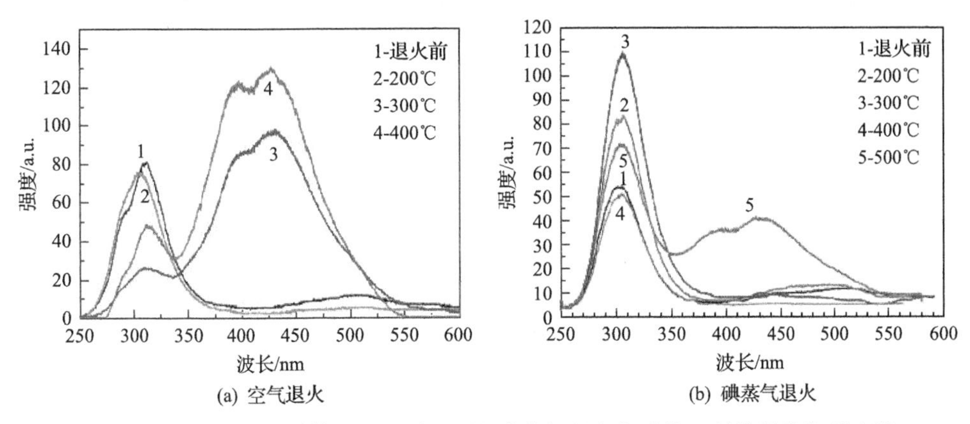

图 3.1.18 纯碘化铯晶体在(a)空气和(b)碘蒸气退火之后的 X 射线激发发射光谱

由于纯碘化铯是非掺杂晶体，因杂质带来的缺陷相对掺杂晶体大为减少，所以其抗辐照硬度是 CsI:Tl 的十倍。相对于 BaF_2 快闪烁晶体，CsI 较短的辐射长度(1.86cm)和较高的密度(4.51g/cm^3)可使电磁量能器的体积和重量分别缩小 15%和 22%。因此纯碘化铯晶体被认为是继氟化钡晶体之后又一个难得的快响应闪烁晶体[26]。虽然其发光波长位于紫外区(约 310nm)，但通过由纳米结构有机硅发光材料的转换可将波长红移至 588nm，从而将光探测效率提高 4 倍以上。也可以通过光学滤波器将慢分量过滤掉以获得快发光成分。根据美国加州理工大学的测评，由法国 Saint-Gabain 公司、捷克 Amcry 公司、意大利 Optomaterials 公司和上海硅酸盐所生长的纯碘化铯晶体在性能上已经完全满足 Mu2e 等离子加速器的建设标准，日本 KEK 采用纯 CsI 阵列制造的电磁量能器在 2～64GeV 的范围内能量分辨率可以达到 1%，说明该晶体的性能正受到越来越多用户的认可。

2. CsI:Tl 晶体

1) 闪烁性能

铊离子掺杂碘化铯晶体(CsI:Tl)的闪烁性能见表3.1.1，其光产额可以达到

65000ph/MeV，能量分辨率为 6.2%，光衰减时间约为 1050ns，其发光主峰位在 550nm（图 3.1.19），此外在 400～420nm 处还存在一个弱发光带。主峰波长能与硅光二极管很好地匹配，从而使读出系统大为简化。其次，它在 γ 射线激发下的衰减时间可拟合出两个时间常数——0.877μs 和 5.151μs，并以前者为主，占比 72.2%，而在电子、质子和 α 粒子激发下的衰减时间分别是 0.7μs、0.52μs 和 0.43μs。由于衰减时间与电离损失 dE/dX 存在密切的依赖性，可利用脉冲谱的形状来区分粒子的种类，特别适宜于在强伽马本底下对重带电粒子的探测。再者，CsI:Tl 晶体机械强度大，能承受较大的冲击、振动和温度变化，既可用锯、车床等进行机械加工，也可根据需要锻压成特殊形状，加之材料熔点较低，生长成本相对低廉，在大气环境下只有微弱的潮解性，从而在辐射探测领域获得了非常广泛的应用。

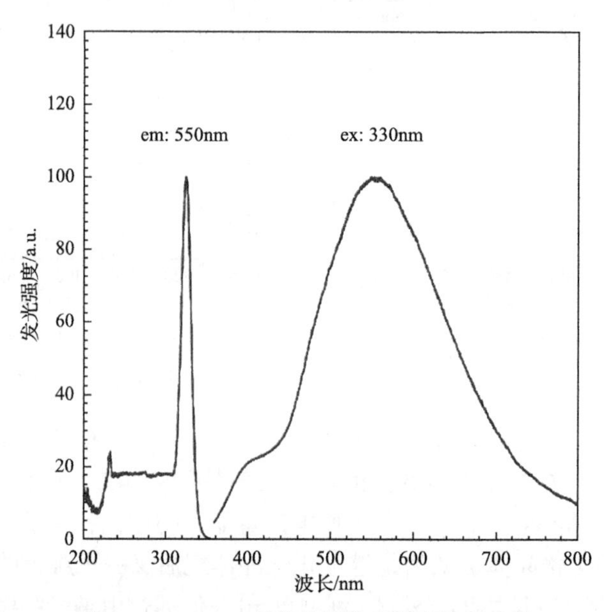

图 3.1.19　CsI:Tl 晶体的激发光谱和发射光谱

（1）CsI:Tl 晶体发光不均匀性。由于 CsI:Tl 晶体的发光源于其中的 Tl^+，所以，Tl^+浓度与 CsI:Tl 晶体发光强度之间的关系就变得非常重要。由于 Tl^+在 CsI:Tl 晶体中的分布与晶体的生长方法和生长条件等密切相关，必须针对不同的生长方法探索 CsI:Tl 晶体光输出与 Tl 浓度的依赖性。以坩埚下降法所生长的 CsI:Tl 晶体的光输出和能量分辨率与 Tl 掺杂浓度的关系如图 3.1.20 所示。从图中可以看出，CsI:Tl 晶体光输出随 Tl 浓度的变化关系可以粗略地划分为两个区间，从 100ppm 到 700ppm，光输出基本上随 Tl 浓度的增加而线性增强，但到了大约 1000ppm 之后，光输出的增大幅度明显减小。尽管如此，在所研究的浓度范围内，仍然没有观测到 Tl^+在 CsI:Tl 晶体中的猝灭浓度，只是趋于饱和而已。同时，由于受 Tl 在 CsI

晶体中的分凝系数(k=0.1～0.2)的限制，Tl 在 CsI 晶体中固溶度是非常有限的。对晶体尾端的橘黄色甚至紫黑色分凝物所进行的 X 射线粉末衍射分析表明，除 CsI 晶体主晶相之外，其中还含有少量的 TlI 晶体，说明熔体中的 TlI 随着结晶分凝作用而不断向末端富集。综合上述两方面的因素，在实际工作中，采用的最佳掺杂浓度一般在摩尔浓度 0.1%左右。

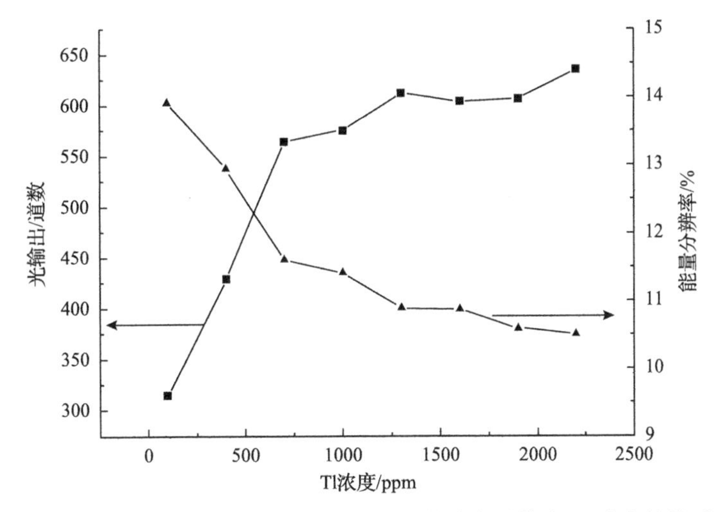

图 3.1.20　CsI:Tl 晶体的光输出和能量分辨率与晶体中 Tl 浓度的关系

将一个长度为 400mm 的晶体毛坯，从籽晶端开始沿生长轴方向每间隔 5cm 取一个与长轴垂直、厚度约 2mm 的小薄片，然后用电感耦合等离子体(ICP)分别测试来自同一支毛坯不同位置上各个样品的 Tl 浓度(图 3.1.21)。从图中可以看出，Tl^+在 CsI 晶体中的分布是非常不均匀的，靠近籽晶端处含量低，随着结晶作用的进行，Tl 浓度逐渐升高，尤其是靠近尾部，含量骤然升高，最高浓度约为最低浓度的十倍，测得的发光强度也明显比先期结晶的部位高(图 3.1.22)，说明晶体生长的后期已经偏离正常的分凝规律。作为发光中心，Tl^+在晶体中的这种不均匀分布造成晶体发光强度的不均匀分布，因此给晶体的应用带来一定的困难。图 3.1.23 所示 CsI:Tl 晶体的形状是一个(50mm×50mm)×280mm×(60mm×60mm)的截头四方锥，以两层 Tyvek 和一层铝箔包覆晶体的 5 个表面，仅留 60mm × 60mm 一个端面作为出光面与 PMT 耦合。以 ^{137}Cs 放射源所发出的 γ 射线为辐射源，沿晶体长轴方向每隔 28mm 测量晶体的发光强度，采用多道能谱仪对测量的光信号进行记录和处理，所测光输出的轴向分布如图 3.1.23(b)所示。这里，参照文献[27]定义了一个衡量晶体光输出轴向不均匀性的参数：$LY/LY_{mid}=1+\delta(X-X_{mid})$，$\delta$越大，说明晶体光输出的轴向不均匀性越严重。

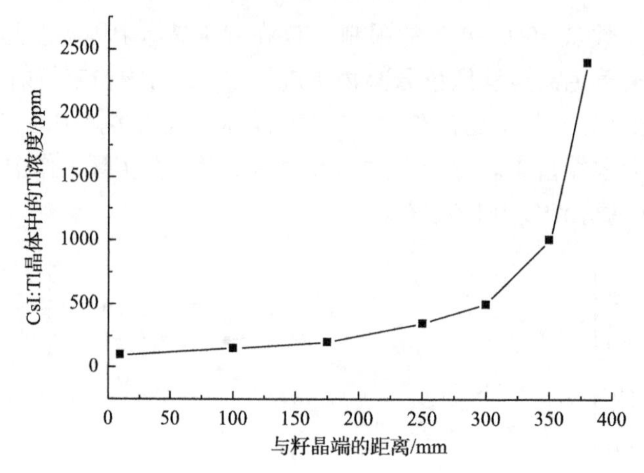

图 3.1.21　CsI:Tl 晶体中 Tl 浓度沿生长方向的分布

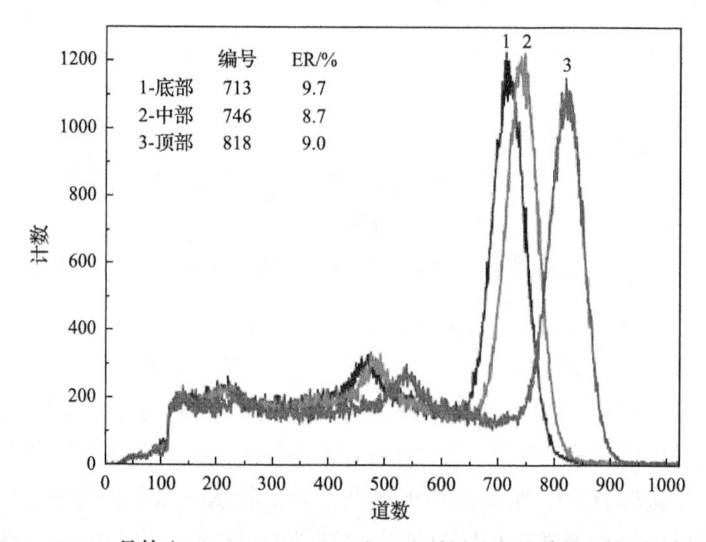

图 3.1.22　CsI:Tl 晶体(52mm×52mm×2mm)25℃时沿生长方向不同部位的多道能谱

图 3.1.23(a)显示，当以毛坯的籽晶端加工成成品晶体的小端时，光输出会随远离小端距离的增加而不断增强，测得该分布曲线的斜率δ为 13.6%±0.6%；相反，如果以毛坯的尾端加工成成品晶体的小端时，光输出会随远离小端距离的增加而不断下降，测得该分布曲线的斜率为δ=−1.2%±0.6%(图 3.1.23(b))[28]。显然，在后一种加工方式中所测得的发光不均匀度远远低于前一种方式。由此不难发现，晶体光输出的不均匀性虽然源于 Tl^+在 CsI:Tl 晶体中的不均匀分布，但同时也与毛坯在加工时的取材方式和加工方向有关。由于毛坯尾端的 Tl^+浓度比较高，如果这一端直接与 PMT 耦合，这部分晶体所发的光在经过很短距离的传播后就可以进入 PMT。而 Tl^+浓度比较低的籽晶端本来光输出就低，再加上远离 PMT，所发出

的光子又要经过多次的反射和传播才能到达 PMT。这势必导致高端更高，低端更低，从而加重了光输出的不均匀程度。所以，采用图 3.1.23(b)所示的加工方式可以大大改善 CsI:Tl 晶体光输出的轴向均匀性。

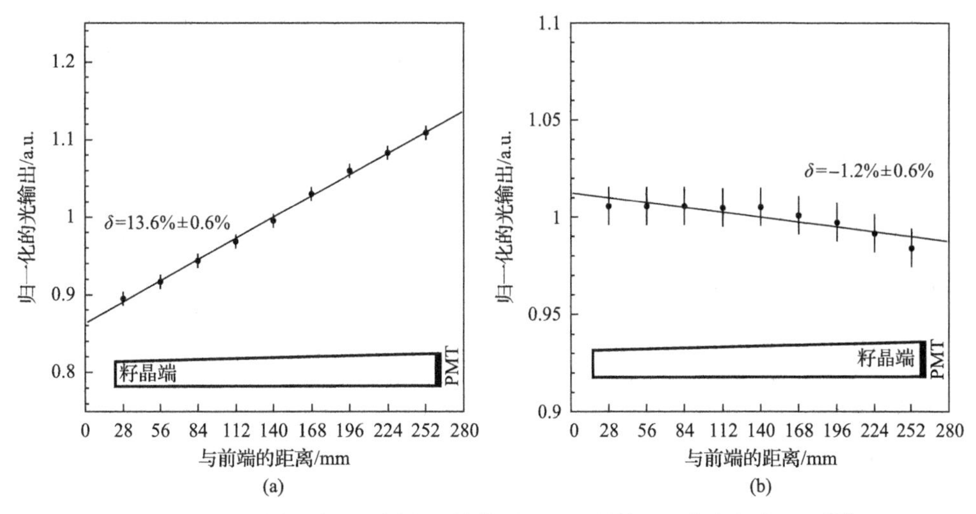

图 3.1.23　不同取向和不同形状晶体对 CsI:Tl 晶体发光均匀性的影响[28]

(a) PMT 与尾端耦合；(b) PMT 与籽晶端耦合

(2) CsI:Tl 晶体余辉。所谓余辉，是指在激发源停止辐照后晶体中出现的延迟发光现象(图 3.1.24)，其本质是晶体中被浅能级陷阱捕获的电子或空穴获得适当能量后又参与发光的过程。CsI:Tl 晶体的余辉较强，在 X 射线停照 10ms 后的残余光强度仍有 1%，也有的报道是 CsI:Tl 晶体在 X 射线停照 6ms 后的余辉约为

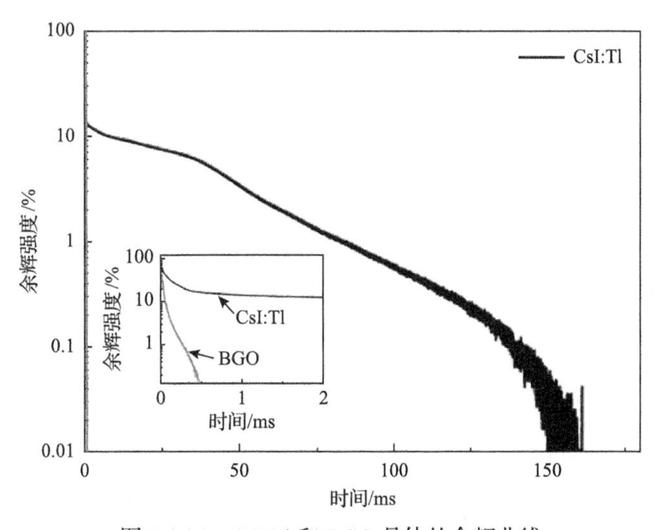

图 3.1.24　CsI:Tl 和 BGO 晶体的余辉曲线

0.1%～0.8%。余辉的存在造成图像模糊、重影和“鬼影”的产生，从而严重制约了该晶体在成像技术领域的应用，因此，如何降低 CsI:Tl 晶体的余辉一直是个研究热点和难点。

迄今为止，对于余辉的表征还没有统一的定量标准，但要准确描述余辉的强弱，强度和时间这两个物理量是必不可少的，即延迟到时间 t 时所对应的发光强度 $I(t)$ 与初始强度 I_0 之比 $I(t)/I_0\times100\%$，如 0.5%@100ms 即表示激发停止后到 100ms 时的发光强度占最大强度的比是 0.5%。由于核医学成像和安全检测对 CsI:Tl 晶体余辉要求非常严格，如何降低晶体余辉便成为 CsI:Tl 晶体或薄膜在高分辨成像应用的关键。美国 RMD 公司在国际上率先开展了抑制 CsI:Tl 晶体余辉的研究工作，Brechera 等发现 Eu^{2+} 掺杂可以使该晶体在 10μs～100ms 范围内的余辉强度下降两个数量级[29]，但只能降低短时间内的余辉，而对于长时间段的余辉不仅没有降低，反而有所增强。于是，Nagarkar 等提出用 Sm^{2+} 对晶体进行共掺杂，发现晶体的余辉强度确实得到了明显的抑制[30]，只不过 Sm^{2+} 在降低余辉强度的同时，也降低了晶体的发光效率。

实验研究表明，CsI:Tl 晶体的余辉随着 Tl 离子掺杂浓度的增加有上升的趋势，因此 Tl^+ 的浓度、V_k 心的浓度和禁带中陷阱的数量等因素对余辉的强弱起决定性的作用。虽然调节 Tl^+ 在晶体中的浓度是方便的，但当 Tl^+ 浓度降低时也会降低晶体的光输出，因此这个方法并不可取。V_k 心是两个 I^- 束缚后失去一个电子形成的 $(I_2)^-$，它是卤化物晶体中最常见的束缚态，其数量无法通过工艺手段来控制。事实上，禁带中的陷阱的种类和数量对余辉的形成也起着至关重要的作用。Eu^{2+} 共掺杂是通过共掺杂引入有效发光中心，使其与 $[(Tl^+)V_k]$ 中心争夺电子，抑制 $[(Tl^+)V_k]$ 中心余辉的产生。但是这种方法的缺点在于，引入的发光中心所捕获的一部分电子会在室温下再次被热电离，这部分电子会被 $[(Tl^+)V_k]$ 发光中心再次捕获并与空穴复合后发光，从而引起长达数秒甚至分钟级的余辉；而发光中心所捕获的其余电子会在该中心与空穴复合后辐射发光，这部分发光的寿命也在微秒级、毫秒级甚至更长。通过共掺杂 Sm^{2+} 所形成的深能级(非发光中心)与 $[(Tl^+)V_k]$ 浅能级之间形成竞争吸收，“蚕食”原本应被 $[(Tl^+)V_k]$ 中心所捕获的电子，而这部分电子会在自旋-轨道相互作用下从掺杂离子的低能激发态以无辐射电荷转移的方式与 $[(Tl^+)V_k]$ 中心的空穴复合。此方法虽然能够降低余辉，但会相应降低 CsI:Tl 晶体的光输出。基于上述认识，吴云涛等提出用 Yb^{2+} 共掺杂 CsI:Tl 晶体，借助于 Yb^{2+} 与 Tl^+ 发光中心形成空间局域结构，当 Yb^{2+} 竞争捕获延迟的迁移空穴而在 CsI:Tl 晶体中形成 Yb^{3+}，从而阻止这些空穴与 Tl 原子结合形成 Tl^+ 发光中心——$[(Tl^+)V_k]$，所生成的 Yb^{3+} 和 Tl^0 以局域结构 $\{Yb^{3+}+Tl^0\}$ 的形式从激发态无辐射弛豫到基态，达到抑制余辉的效果(图 3.1.25)[31]。所获得晶体在 50ms 和 80ms 的余辉强度比未共掺杂的 CsI:Tl 晶体(3.96%和 1.45%)降低了一个数量级(0.34%和 0.12%)，而光输出和能量分辨率不仅没有下降，反而略有提高(图 3.1.26)，从而获得了降低余辉而不降低光输出的积极效果，为该晶体在核辐射成像技术领域的应用奠定了坚实的基础。

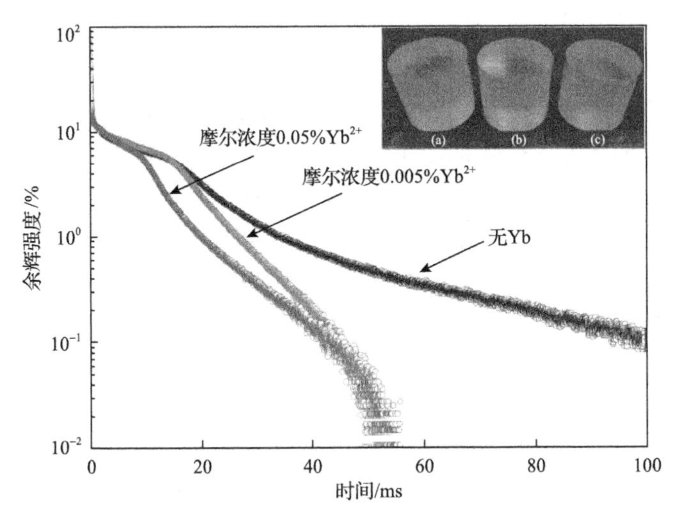

图 3.1.25　Yb 掺杂 CsI:Tl 晶体(ϕ25mm×25mm)的余辉强度[31]

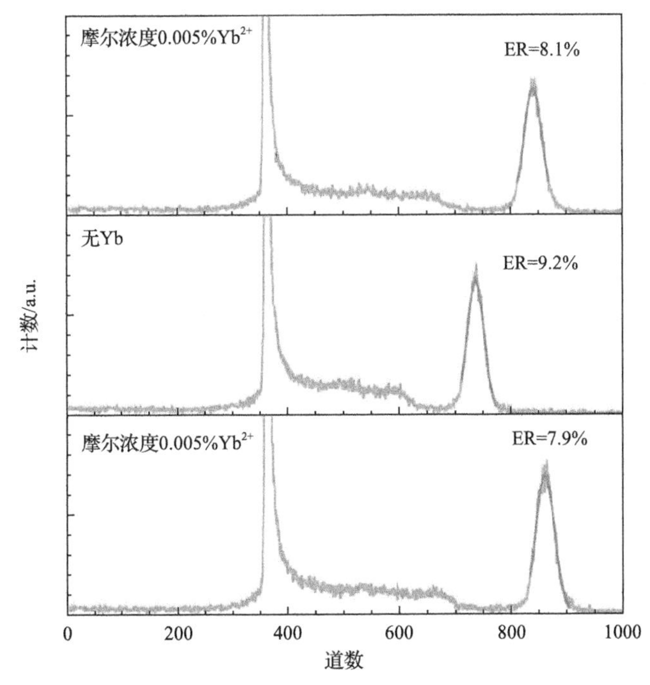

图 3.1.26　Yb 掺杂 CsI:Tl 晶体(ϕ25mm×25mm)在 ^{22}Na 激发下的脉冲高度谱[31]

2) 辐照损伤

CsI:Tl 晶体在经受一定剂量的 γ 射线辐照后会出现光输出下降、透明度下降，有的甚至在日光照射下就能引起色心的形成，即所谓的光损伤或辐照损伤。损伤的程度随着辐照剂量的积累而增大，但不同质量的晶体的光输出在辐照之后的下降幅度是不同的(图 3.1.27)。造成这种现象的原因既可能是杂质因素，也可能是结构缺陷。经过对不同辐照硬度的晶体所进行的氧含量分析，发现辐照损伤大的晶体(如图 3.1.28 中的 SIC-T1 和 SIC-2)中的氧杂质含量明显高于辐照损伤小的晶体(图 3.1.28 中的 SIC-T3 和 Khar'kov)。通过对不同制备方法所生长晶体进行的红外光谱测试进一步表明，晶体中的这些含氧杂质包括$[CO_3]^{2-}$、OH^-、BO^{2-}等含氧离子(图 3.1.29)。虽然通过改进生长工艺可使 CsI:Tl 晶体在受到辐照 10rad、100rad、1000rad 后性能降低幅度分别不超过 3%、5%、10%，但从本质上讲，含氧杂质的存在是造成辐照损伤的根本原因，所以必须在生长过程中尽量消除氧杂质的污染。对此，除了采用真空法生长之外，用脱氧剂来消除原料和生长系统中的含氧杂质也被证明是一个行之有效的措施。

关于着色问题，正常生长的优质碘化铯晶体应该是无色透明的，但有时生长的晶体却带有浅浅的淡红色或者品红色，或者虽然刚出炉时是无色的，但随着在日光中暴露时间的延长而逐渐呈现着色现象(图 3.1.30(a))。透射光谱分析表明，当晶体着色不明显时，在透射光谱中几乎看不到明显的吸收，但随着着色加深到

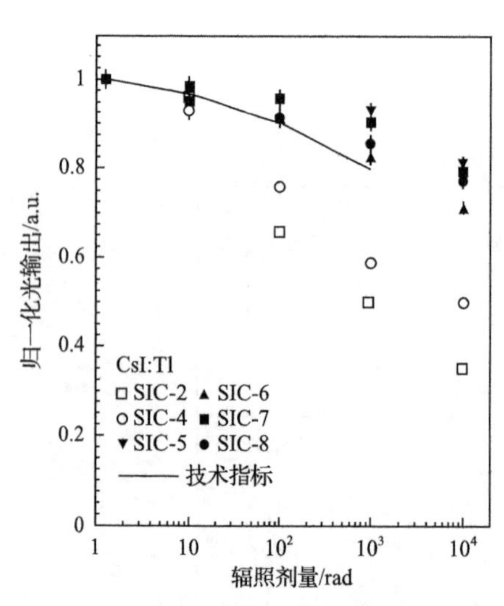

图 3.1.27 碘化铯晶体经不同剂量 γ 射线辐照后相对光输出的变化[27]

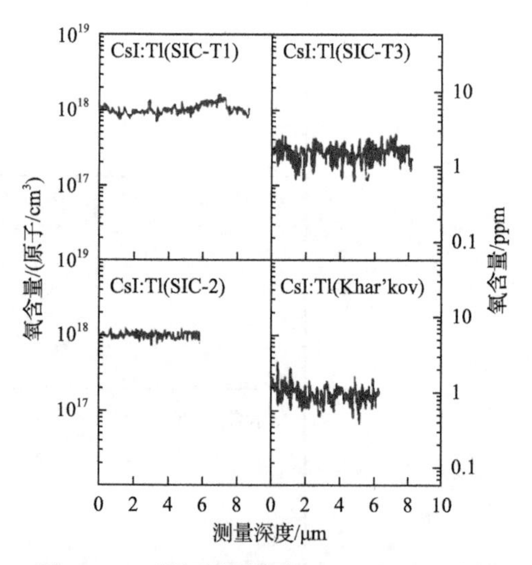

图 3.1.28 低辐照硬度(SIC-T1 和 SIC-2)与高辐照硬度(SIC-T3 和 Khar'kov) CsI:Tl 晶体中不同深度内的氧离子含量[27]

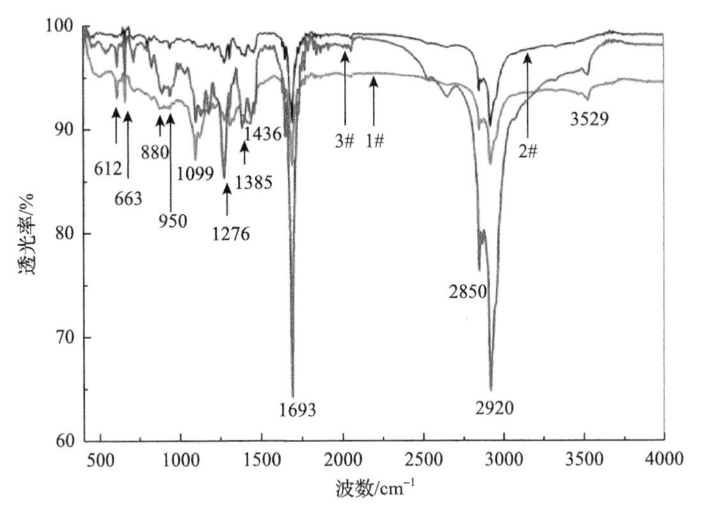

图 3.1.29　碘化铯晶体的红外透射光谱

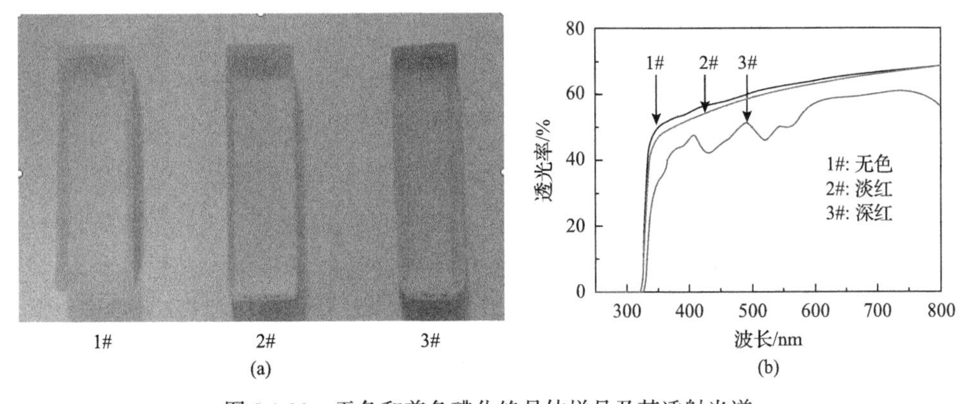

图 3.1.30　无色和着色碘化铯晶体样品及其透射光谱

一定程度时，可以观察到几个明显的光吸收带。对应的吸收波长分别是 355nm、390nm、430nm、460nm、520nm 和 560nm(图 3.1.30(b))，号称六重峰(sixtet of bands)。前人的研究表明，碘化铯晶体的着色与晶体中存在点缺陷有关，由于碘在高温下的挥发造成晶体中出现碘空位型色心，这些色心为了平衡电价而捕获的电子在从低能级跃迁到高能级时对透过晶体的可见光产生选择性吸收，造成晶体着色。Chowdhury 等在 ^{60}Co 辐照后的 CsI:Tl 晶体中观察到 840nm 的吸收带，且该吸收带的强度随 Tl 浓度的增加而增强[32]。由于纯 CsI 晶体在室温下存在一个 785nm 的吸收带，该吸收带归因于 CsI 晶体中的 F 心，因此，CsI:Tl 晶体中的 840nm 吸收带归因于受到 Tl^+微扰的 F 心，即 F_A 心。实验表明，上述六重峰中每一个峰的吸收强度与 F_A 心的吸收强度之间存在密切的正相关性，而 F_A 心的吸收强度又与 Tl^+的掺杂浓度密切相关，因此上述六重峰的产生也必然与 Tl^+的存在有关，它们在本质上都是受 Tl^+扰动的 F 心的电子跃迁所致，具体能级关系如图 3.1.31 所示。

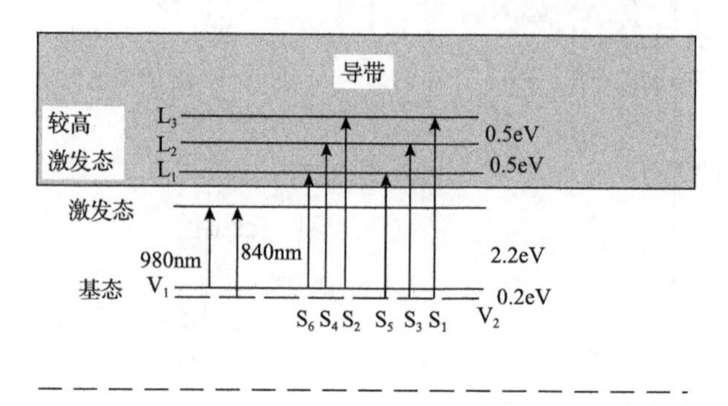

图 3.1.31　CsI:Tl 晶体中各个吸收带的能级关系[32]

着色对晶体闪烁性能的影响集中表现在发光效率的下降和余辉时间的增长。对比表明，随着晶体从无色、浅色到深色的变化，晶体 γ 射线多道能谱中全能峰的道数逐渐降低，能量分辨率也从 7.6%劣化到 7.8%(图 3.1.32(a))，晶体的余辉时间随着晶体颜色的加深而增长(图 3.1.32(b))。这些色心构成的浅能级陷阱使得导带中的电子不能直接与发光中心复合而实现发光，因此降低了发光效率，增强了晶体余辉。

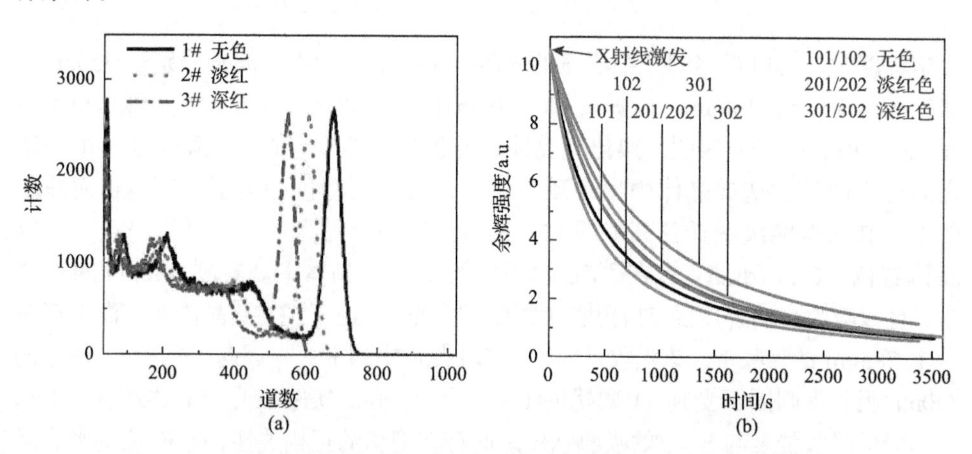

图 3.1.32　无色与着色碘化铯晶体的 γ 射线多道能谱(a)和光衰减曲线(b)

3)碘化铯晶体生长

CsI:Tl 晶体的生长研究始于 20 世纪 50 年代，它既可以用坩埚下降法生长，也可以用温梯法、泡生法和提拉法生长。目前，国内外流行的生长方法有两种：第一种方法是真空连续加料提拉法生长技术，由乌克兰闪烁晶体材料研究所开发。该技术的核心是在腔体内安装了两个坩埚，一个是用来直接生长晶体的主坩埚，另一个是用来对原料进行熔化、过滤的副坩埚，两个坩埚之间通过一个输液管连通(图 3.1.33(a))。当晶体生长时，液面因熔体的减少而逐渐下降，液面的液位传感器通过对液位高度的感知而反馈供料系统把副坩埚中的熔体抽取到主坩埚当中，以确保液面位置在整个晶体生长过程中始终保持在一个恒定位置。这种连续加料的方法不仅可以生长出直径 400mm、质量达 500kg 的碘化铯晶体(图 3.1.33(b))，成为迄今为止世界上尺寸最大的闪烁晶体，而且由于可以调节副坩埚中熔体的组分从而减少了熔体中的有害杂质；通过调控激活剂的浓度，缩小激活剂在晶体中不同部位的浓度差异，从而可以在扩大晶体尺寸的同时实现掺杂离子的均匀分布，进而显著提高晶体的发光均匀性。同时，为了清除原料中的有害杂质，乌克兰科学家 Zaslavsky 发明了将金属钛或铝掺入副坩埚的熔体中，使钛或铝与含氧酸根离子(如$[SO_4]^{2-}$)发生化学反应($Ti+Cs_2O \longrightarrow TiO_2+Cs_2S$)，或者与$[CO_3]^{2-}$反应($Ti+Cs_2CO_3 \longrightarrow TiO_2+Cs_2O_3+C$)后形成一些难熔的氧化物(如 TiO_2、Al_2O_3、Cs_2O)或硫化物(Cs_2S)，再将这些难熔化合物从熔体中过滤出去，从而达到对原料提纯的效果，确保进入主坩埚的熔体都是纯净的。这种方法已经成功应用于 CsI:Tl、CsI:Na 和 NaI:Tl 等晶体的生长，比较圆满地解决了晶体大尺寸与高均匀性之间的矛盾。

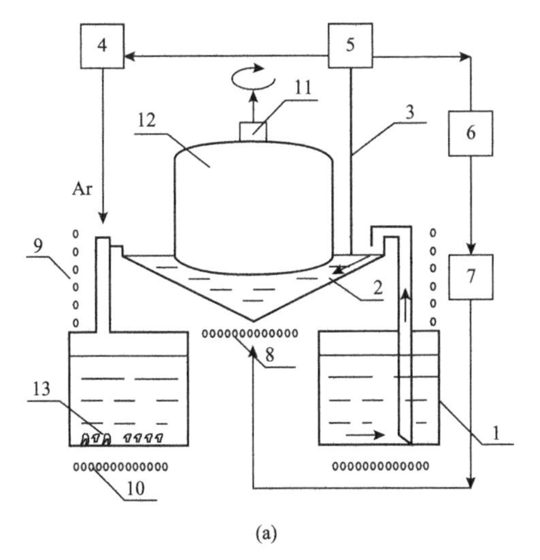

(a)

(b)

图 3.1.33　连续加料提拉法晶体生长炉的结构(a)及其所生长出的碘化铯晶体(b)(乌克兰)[33]

1-副坩埚；2-主坩埚；3-液位传感器；4-液位校准器；5-气阀；6-PC 控制机；7-温度矫正模块；8-下加热器；9-主加热器；10-副坩埚加热器；11-籽晶；12-生长出的晶体；13-从原料中析出的杂质

第二种方法是坩埚下降法，该方法的创始人是布里奇曼(Bridgman)。斯托克巴杰(Stockbarger)曾对这种方法做出重要的改进和推动，因此这种方法也叫作布里奇曼-斯托克巴杰方法，简称 B-S 方法。该方法的特点是使熔体在坩埚中冷却而凝固。所用的炉体从上到下划分成高温区、结晶区和低温区，炉子的发热体一般是硅碳棒、硅钼棒或者金属电阻丝。所使用的坩埚既可以是石英玻璃或者内壁镀膜的石英坩埚，也可以是铂金坩埚等。为了防止晶体黏附于坩埚壁上，可以使用石墨衬里或涂层。生长时，先将经过脱水和脱羟基的 CsI 和 TlI 经过准确的称重和配比后混合均匀，放入具有特殊形状的坩埚，抽真空后封口。将坩埚放入高温区加热使之熔化。通过下降装置使坩埚在具有一定温度梯度的结晶炉内缓缓下降，经过温度梯度最大的区域时，熔体便会在坩埚内自下而上地结晶为整块晶体。也可以让坩埚保持静止不动而提升炉体的方法，使坩埚缓慢经过结晶区，实现熔体的结晶。生长之前可以在坩埚底部放置籽晶来实现定向生长，也可以设计特定形状的坩埚通过几何淘汰的方法来获得单晶。对于含有强挥发性组分的材料要使用密封坩埚。以前的坩埚下降炉多为单管炉，即每个炉体中只能放置一个坩埚，这种结构的炉子具有高对称温度场，但生产效率比较低。上海硅酸盐所将单管炉发展成多工位炉，可在一炉次中放置多个坩埚(图 3.1.34)，使晶体生长效率得到数倍提高。

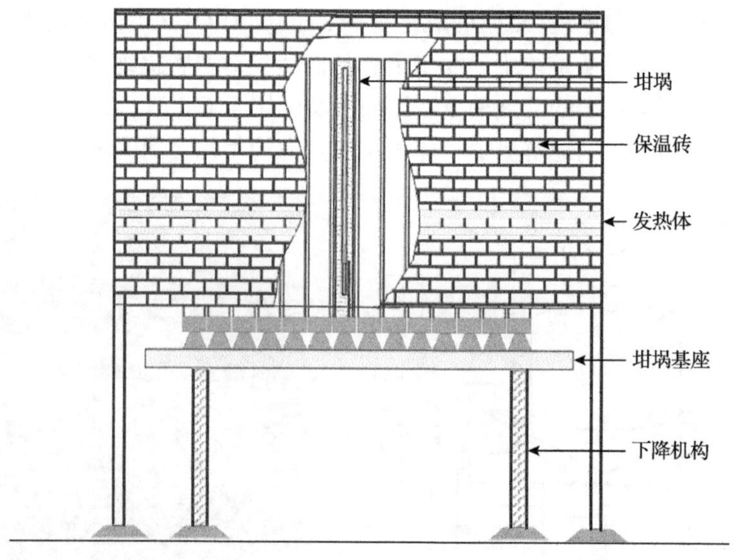

图 3.1.34　多工位坩埚下降法晶体生长炉示意图

由于碘化铯容易遭受氧化污染，所以传统上都是在真空环境下生长。沈定中等在前人工作的基础上发明了具有自主知识产权的“多坩埚非真空坩埚下降法生长技术”[34]，通过在坩埚内部掺入“脱氧剂”的方法，在坩埚内部建立一个局部脱氧环境，实现非真空条件下生长碘化铯晶体。它不仅能够驱除气体形式存在的氧杂质，而且能够去除固体形式的氧杂质。实践表明，掺入这种脱氧剂所生长的晶体，抗辐照损伤能力得到明显增强(图 3.1.27 中的 SIC-5、SIC-6、SIC-7、SIC-8)。其基本原理是根据 Si—O 之间的强结合力将无定型硅粉末掺入到原料当中，在高温条件下硅与氧杂质发生反应(3-8)，随着氧离子数量的不同而形成不同结构的硅酸根基团(3-9)、(3-10)，这些基团再与其中的一些金属离子杂质反应(3-11)，形成硅酸盐：

$$Si + 2O \longrightarrow SiO_2 \tag{3-8}$$

$$SiO_2 + O^{2-} \longrightarrow [SiO_3]^{2-} \tag{3-9}$$

$$[SiO_3]^{2-} + O^{2-} \longrightarrow [SiO_4]^{4-} \tag{3-10}$$

$$[SiO_4]^{4-} + 2M^{2+} \longrightarrow M_2[SiO_4] \tag{3-11}$$

因脱氧剂的掺入所形成的硅酸盐在晶体结晶过程中被排斥到坩埚顶部围着边缘部位，从而达到脱去氧杂质的作用。脱去氧杂质后的晶体不仅抗辐照损伤能力得到增强，同时相对光输出也得到了提高(图 3.1.35)，实验表明脱氧剂掺杂浓度为 80ppm～90ppm 时获得最高的相对光输出。

这个方法具有设备投资少、生产成本低、工艺简单、无污染的优点，而且由于一台炉子可以同时放置多个坩埚，大大提高了生产效率。用该法生长的晶体(图 3.1.36)成功地应用于日本 KEK、美国 SLAC 和我国北京正负电子对撞机 BES Ⅲ改造工程，经过长时间的运行考验，晶体性能达到甚至优于国际同类产品。

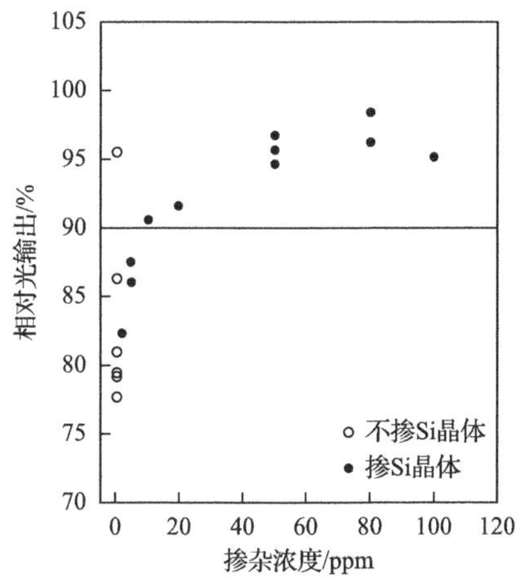

图 3.1.35　脱氧剂含量对 CsI:Tl 晶体光输出的影响

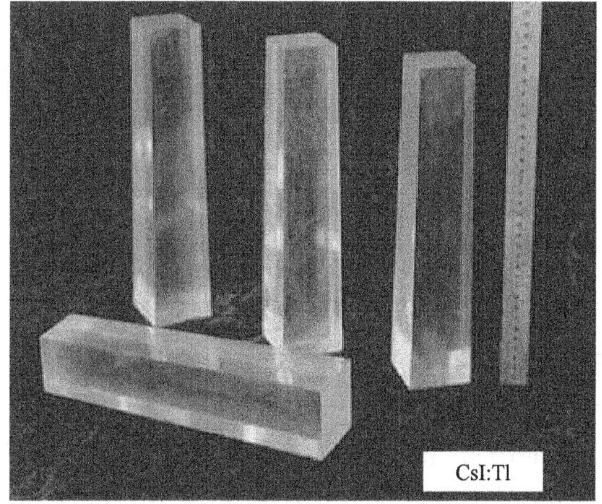

图 3.1.36　用非真空多坩埚下降法生长的碘化铯晶体

4) 碘化铯晶体中的生长缺陷

碘化铯晶体中生长缺陷与晶体的生长方法关系密切。在以硅为脱氧剂的铂金坩埚下降法生长的碘化铯晶体中时常会出现一些包裹体，它们呈弥散状或团块状分布于晶体毛坯的尾端和边缘，造成晶体的透明度下降，表现为晶体内含有“云雾”状包裹体(图 3.1.37(a))。用光学显微镜和 SEM 对含有包裹体的 CsI 晶体薄片进行观察，发现包裹体为隐晶质集合体。它们在单偏光下不透光，在正交偏光下有微弱的灰白色干涉色，如同絮状或纤维状结晶物(图 3.1.37(b))。XRD 分析表明，衍射谱中除了立方 CsI 这个主晶相之外，还含有若干强度较弱的衍射线，从中可鉴定出至少三种物相：CsI、SiO_2 和具有复杂成分的含水铝硅酸盐 $NaCa_2Mg_4Al(Si_6Al_2)O_{22}(OH)_2$。X 射线荧光半定量分析结果表明，包裹体的主要杂质成分是 Si、Ti、Ca、Pb、Mg、Al 和 Fe 等(表 3.1.5)。电子探针分析表明，其成分为 Si、Al、Ca、O、I 和 Cs。从 SEM 照片中可以看出，有些包裹体呈颗粒状，其成分与 SiO_2 完全吻合(如 O 原子分数 68.92%，Si 原子分数 31.08%)。这些颗粒在光学显微镜下形态清晰，呈现黄色干涉色，具备石英的光学特性。这些特征与脱氧反应(3-8)～(3-11)相吻合。

(a)

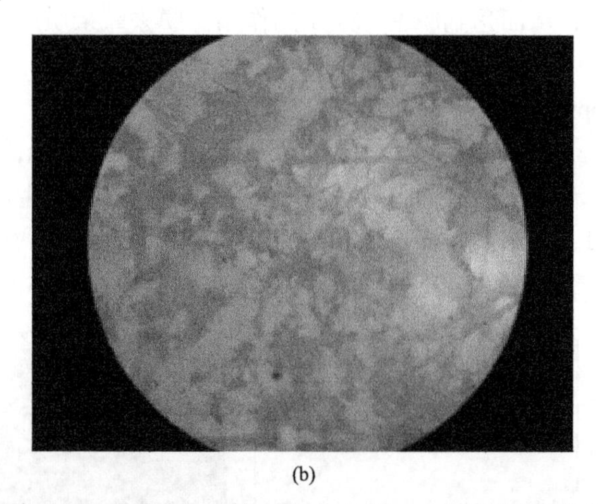

(b)

图 3.1.37 用非真空坩埚下降法所生长碘化铯晶体中的“云雾”(a)及其显微图像(b)

表 3.1.5 包裹体的 X 射线荧光半定量分析结果(元素的质量浓度) (单位：%)

Mg	Al	Si	P	K	Ca	Ti	Fe	Cu	I	Cs	W	Tl	Pb
0.26	0.25	32.8	0.03	0.13	2.4	5.5	0.16	0.06	7.9	48.4	0.13	0.46	1.5

而用石英坩埚所生长的碘化铯晶体中时常含有一些黑色包裹体，呈弥散状分布在晶体的内部、顶端或者边缘(图 3.1.38(a))，这些包裹体完全不透光(3.1.38(b))。由于这些黑色包裹体很容易对可见光产生吸收，所以它们的存在会大幅度降低晶体的光输出。对富含黑色包裹体的碘化铯晶体所进行的 XRD 测试结果显示，衍射图中只有碘化铯晶体的衍射线，没有任何其他衍射峰，说明黑色物质属于非晶态或无定形结构的物质。电子探针能量散射谱(EDS)分析结果(表 3.1.6)显示，

其主要成分为碳，原子浓度为 71.2%，其次是少量的氧(11.29%)、铝(1.12%)、硅(0.82%)和夹杂其间的 CsI。辉光放电质谱法(GDMS)的分析表明，其组成为碳和硅。因此，结合 XRD 测试和成分分析结果，可以判定黑色包裹体是无定形碳。由于用来生长晶体的容器是石英玻璃，所以杂质硅和氧可能来源于石英坩埚。而无定形碳的来源估计有两种可能：一是原料中所含的有机物杂质在高温和无氧环境下被还原，形成无定形碳；另一种可能性是在用机械泵对石英管抽真空时，由于机械泵的返油问题而把油脂带入坩埚内部，这些油脂在高温和无氧环境下，被还原成无定形碳。

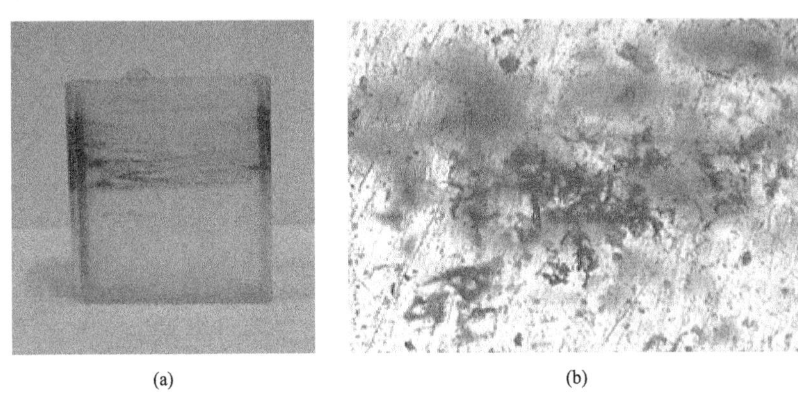

(a)　(b)

图 3.1.38　用石英坩埚所生长碘化铯晶体中的黑色包裹体

(a)宏观；(b)微观

表 3.1.6　图 3.1.38 中黑色包裹体的 EDS 分析结果

成分	C	O	Al	Si	I	Cs
质量浓度/%	27.44	5.8	0.97	0.74	28.22	36.83
原子浓度/%	71.20	11.29	1.12	0.82	6.93	8.64

3. CsI:Na 晶体

Na 离子掺杂的碘化铯晶体(CsI:Na)也是一种性能优良的闪烁晶体。它在室温下存在两个发光峰：4.1eV 和 3.0eV(图 3.1.39)，通常把 4.1eV 发光峰归因于 CsI 本身的自陷激子(STE)发光，而 3.0eV 则与 Na^+所引入的发光中心有关。其中 4.1eV 发射峰的强度比较稳定，无论是改变退火温度或退火气氛基本保持不变，强度总体占比很低；3.0eV(410～420nm)发射峰是 CsI:Na 晶体的主要发射峰，但强度受测试条件的影响很大，在大气环境下测试，3.0eV 发射峰随测试时间的延长而迅速下降，但经真空和 250℃退火该发射峰随退火时间的延长而增强(图 3.1.39)[35]。这种现象源于晶体易于潮解，造成部分 Na^+析出，使表面晶体内 Na^+减少，因此该晶体在使用中必须进行防潮处理。根据 Yakovlev 等的研究[36]，它在 80K 的低温下

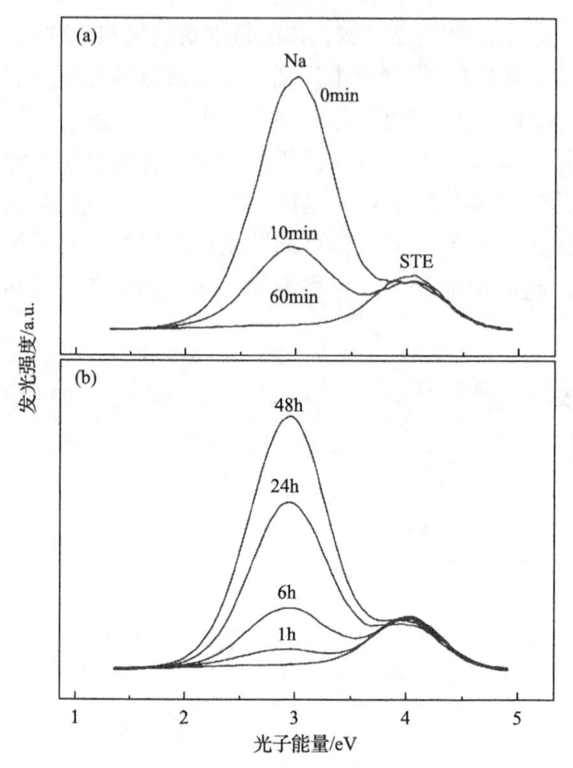

图 3.1.39　CsI:Na 晶体的 X 射线激发发射光谱[36]

(a)室温和大气环境下测试；(b)真空和 250℃退火不同的时间

存在三个发光带，发射能量分别为 4.3eV、3.7eV 和 3.0eV，其中 4.3eV 和 3.7eV 发射源于晶格中的单独自陷激子和三联自陷激子的辐射，该发射可通过三指数拟合出 $\tau_1 \leqslant 10$ns、τ_2=1.0μs 和 τ_3=3.0μs 三个时间常数，与纯 CsI 晶体的 310nm 发光峰相比较，这里 $\tau_1 \leqslant 10$ns 发光中心可以认为是 CsI 晶体中的自陷激子发光，即局域在 Na^+附近的两个卤素离子所形成的激子(I_2e^-*)(又称 V_k 心)。而两个微秒级(1μs 和 3μs)发光中心则源于与激活剂 Na 耦合形成发光中心$\{Na^0 + V_k\}$，在这种发光中心内部因 Na^0 与激子 V_k 空间距离的差异又可进一步划分为两种不同的构型，如图 3.1.40 中的Ⅰ型和Ⅱ型，它们内部 Na 与 V_k之间的间距(r)分别为$\sqrt{6}a/2$和$\sqrt{2}a/2$ (a 为 CsI 的晶胞参数)，通过隧穿的辐射复合实现发光。发生隧穿辐射复合的概率(p)与距离(r)的关系是

$$p = \tau^{-1} \sim \exp(-r/B)$$

即 r 越短，辐射概率越高。此外，CsI:Na 晶体的衰减时间还受 Na^+掺杂浓度的影响，当 Na^+掺杂浓度从 18ppm 增加至 350ppm，晶体的室温闪烁衰减时间从 780ns 缩短至 570ns，同时晶体的晶胞参数也在缩小。说明 Na^+含量的增加，V_k心与 Na

之间的距离缩短，从而有利于能量的快速传递。

波兰 Syntfeld-Kazuch 测试了 Amcry 公司生长的 CsI:Na 晶体在室温下的光输出[37]，发现光输出随着成形时间的延长而增加(图 3.1.41)，对于 ϕ25mm×25mm 的晶体，当成形时间从 3μs 增加至 12μs，光输出从 12000phe/MeV 增加至 16000phe/MeV，增幅超 30%，相应的能量分辨率也从 6.7%变化至 5.8%@662keV，说明该晶体中存在比较多的慢成分，其中微秒级的慢分量占整个光输出的 50%以上。高的光输出使得 CsI:Na 晶体的能量分辨率不仅优于 CsI:Tl 晶体(图 3.1.42)，而且可以与 NaI:Tl 晶体(6.5%～7.0%@662keV)相媲美，同时由于它具有较高的密度和较大有效原子序数，

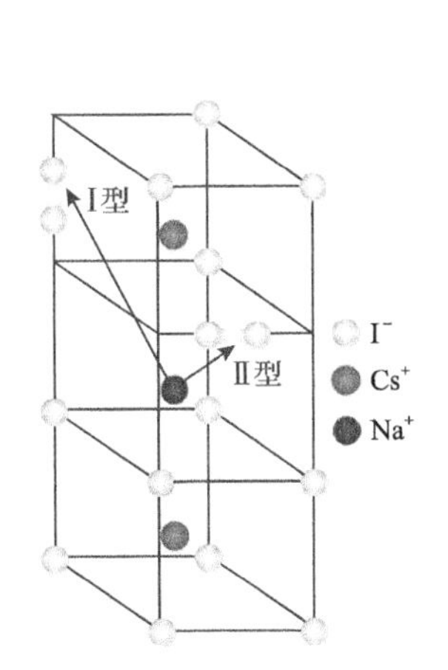

图 3.1.40 CsI:Na 晶体结构中两种类型 $\{Na^0+V_k\}$ 发光中心示意图[35]

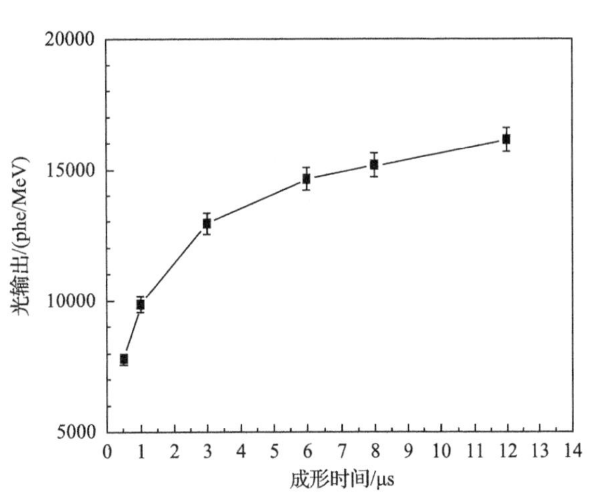

图 3.1.41 CsI:Na 晶体在 ^{241}Am 激发下的光输出随成形时间的变化[37]

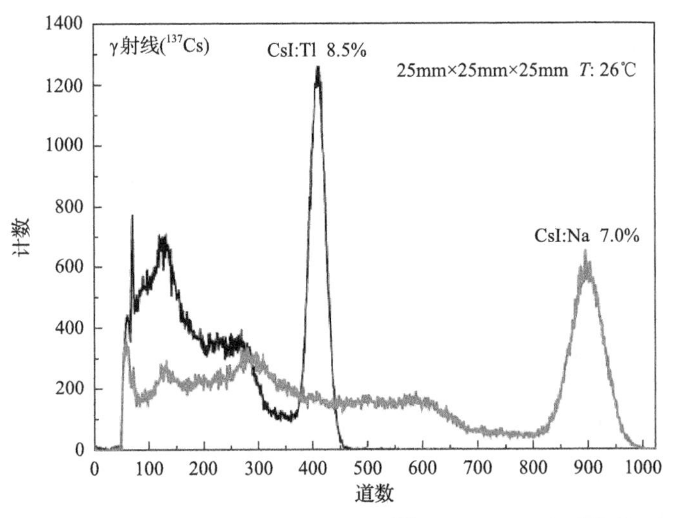

图 3.1.42 CsI:Na 和 CsI:Tl 晶体在 ^{137}Cs 激发下的多道能谱

因而具有比 NaI:Tl 晶体更高的峰康（康普顿）比[37]。但由于其光输出中含有比较多的慢分量，光输出对能量响应的非比例性比较严重，这是它的一个弱点。

3.1.3　掺铕碘化锂晶体

碘化锂（LiI）晶体属于立方晶系，NaCl 型结构，密度 3.49～4.16g/cm^3，对 470nm 光的折射率为 1.96，熔点因测试条件的不同而变化于 449～462℃之间。作为激活剂的 EuI_2 熔点为 650℃，存在正交相和单斜相两种变体，相变温度为 355℃。LiI-EuI_2 之间构成一个简单的二元低共晶体系，共结晶温度为 385℃[38]。Eu 掺杂 LiI 晶体（LiI:Eu）的主要物理性质如表 3.1.1 所示。

1. 闪烁性能

早在 1954 年，英国科学家 Nicholson 和 Sneling 等首次制备出的 ϕ50mm×70mm LiI:Eu 晶体成为第一种锂基闪烁晶体。由于 ^{6}Li 核素具有高达 940b（1b=10^{-28}m^2）的中子捕获截面，可借助于核反应：

$$n + {}^{6}Li \longrightarrow {}^{4}He + {}^{3}H + Q \tag{3-12}$$

所产生的次级粒子实现对热中子的间接探测。上述反应方程式中 ^{4}He（α 粒子）的能量是 2.051MeV，^{3}H（氚核）的能量是 2.735MeV，总的反应能 Q=2.051MeV+2.735MeV=4.786MeV。所发射的能量激发 LiI 晶体中的发光中心——Eu^{2+}，使 Eu^{2+}产生 $4f^65d \to 4f^7$ 跃迁而获得闪烁光，因而成为探测中子辐射的首个锂基闪烁晶体。但因 ^{6}Li 在自然状态下的丰度只有 7.6%，为了提高探测效率，常常以富集了 ^{6}Li 同位素的原料来生长 LiI:Eu 晶体。Syntfeld 等对 ^{6}Li 富集度为 96%的 ^{6}LiI（Eu）晶体进行了伽马和中子探测性能进行了评价，以 ^{137}Cs 的 662keV γ 射线和 Pu-Be 中子源为激发源，测得 ^{6}LiI:Eu 晶体在 γ 射线激发下的能量分辨率和光产额分别为 7.5%±0.1%（图 3.1.43）和 15000ph/MeV±1500ph/MeV（相当于 NaI:Tl 晶体的 40%）；测得 LiI:0.06% Eu 晶体室温下的衰减时间为 1.7μs，而 LiI:3%Eu 的衰减时间是 1.2μs。在中子激发下的能量分辨率和光产额分别为 3.9%（图 3.1.44）和 51000 光子/中子[39]，n/γ 甄别系数高达 0.86。说明 ^{6}LiI:Eu 晶体不仅对中子灵敏，同时对 X 射线和 γ 射线也灵敏，因此成为非常经典的中子/伽马双探测材料。

LiI:Eu 晶体的发光中心是 Eu^{2+}，发光波长为 470nm，但 LiI:Eu 晶体的截止吸收边为 450nm（图 3.1.45），发光波长与吸收边非常接近，所以很容易产生自吸收作用，从而降低晶体的光输出和能量分辨率。这种效应对于大尺寸晶体尤为显著，表现为 LiI:Eu 晶体的发光波长与 Eu 的掺杂浓度密切相关，当掺杂浓度为摩尔浓度 0.01%时，发光波长位于 465nm；但当掺杂浓度增加到摩尔浓度 0.6%时，发光波长逐渐红移到 489nm（图 3.1.46）。

用作 ^6LiI 晶体发光中心的 Eu 离子通常是以 EuI_2 的形式掺入到起始原料中，也可以是含有 Eu^{3+}的非碘化合物，如 Eu_2O_3、EuF_3、EuOF、$Eu(OH)_3$ 或者其中两个的混合物(如 $Eu_2O_3 + EuF_3$)，掺杂质量浓度变化于 0.002%～0.1%之间。Eu^{3+}在生长晶体的高温和真空环境下发生了如下还原反应使 Eu^{3+}转变成 Eu^{2+}：

$$3LiI + EuCl_3 \longrightarrow 3LiCl + EuI_3 \tag{3-13}$$

$$2EuI_3 \longrightarrow 2EuI_2 + I_2 \uparrow \tag{3-14}$$

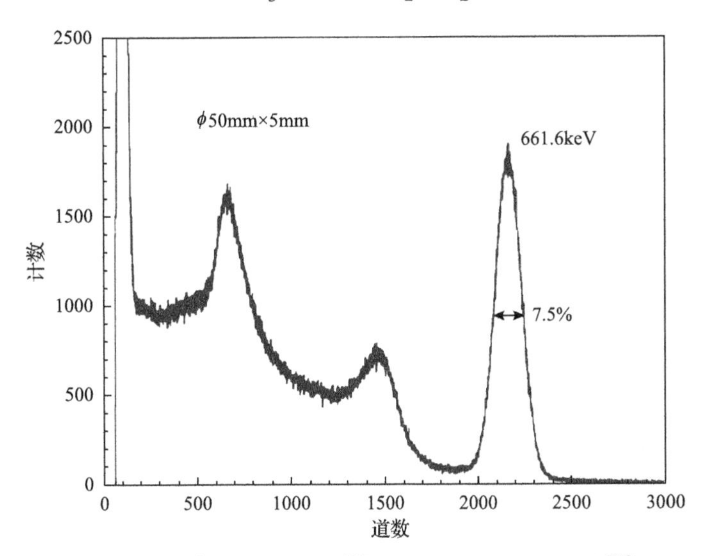

图 3.1.43　$^6LiI:Eu$ 晶体在 ^{137}Cs 激发下的 γ 射线能谱[39]

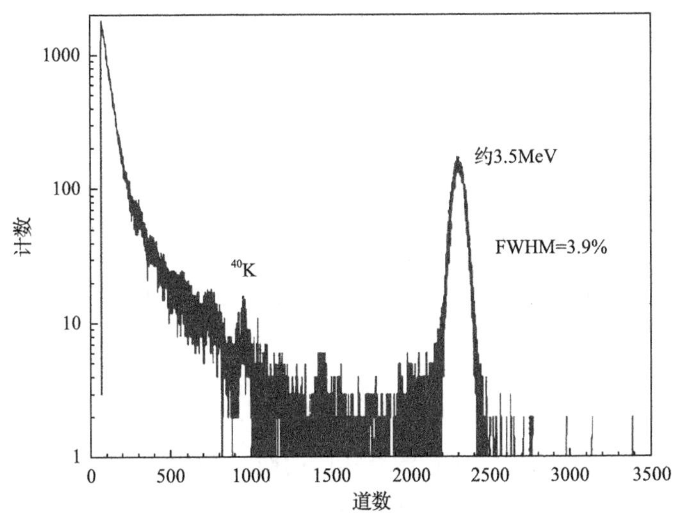

图 3.1.44　$^6LiI:Eu$ 晶体在 Pu-Be 源激发下的热中子能谱[39]

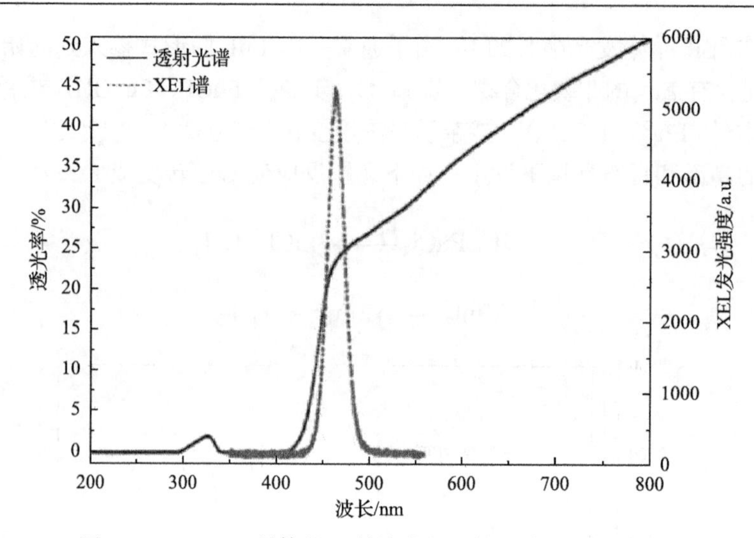

图 3.1.45　LiI:Eu 晶体的 X 射线激发发射光谱与透射光谱

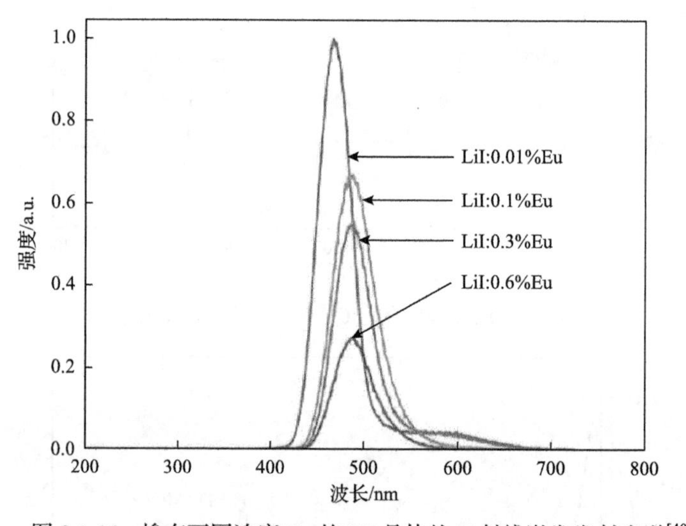

图 3.1.46　掺有不同浓度 Eu 的 LiI 晶体的 X 射线激发发射光谱[40]

也有人提出 Eu^{3+}发光的可能原因是处于 O_h 格位上的 Eu^{3+}的有效电荷较多而具有很强的捕获电子能力，捕获一个电子后成为激发态$(Eu^{2+})^*$，后者在返回基态的过程中发射出闪烁光[40]，即

$$Eu^{3+} + e \rightarrow (Eu^{2+})^* \longrightarrow Eu^{2+} + h\nu \tag{3-15}$$

随后，Eu^{2+}可以通过捕获价带的空穴而返回到 Eu^{3+}状态，或者继续保持+2 价状态，后者就是通常所说的辐射还原效应。

除了 Eu^{2+}可以之外，Tl^+、Sn^{2+}、Sm^{3+}和 Ag^+离子也可以作为激活剂促使 LiI

晶体发出不同性质的闪烁光，具体参数如表 3.1.7 所示。其中，Tl^+和 Ag^+掺杂的 LiI 晶体的光输出和能量分辨率已经接近 ^{6}LiI:Eu 晶体[41,42]，但 LiI:Tl 的光输出不及 ^{6}LiI:Eu 晶体，LiI:Ag 的衰减时间比 ^{6}LiI:Eu 晶体更长，且发光波长位于紫外区，不利于光的收集。

表 3.1.7　掺有不同激活剂的碘化锂晶体在 γ 射线激发下的闪烁性能

激活剂	Eu^{2+}		Ag^+	Tl^+	Sn^{2+}	Sm^{3+}
激活剂原子浓度/%	0.05	0.03	0.1	0.5	0.05	0.02
发射波长/nm	475	470	300,360,425	470,360,610	530	
衰减时间/ns	1200	1200	106(3%) 1954(66%) 463(28%)	185(88%) 1098(12%)	0.8	0.25
光产额/(ph/MeV)	15000±1500		16000±1600	14000±1400		
慢中子激发电子等效能量/MeV	4.1	4.1		4.1	4.0	3.6
能量分辨率/%@662keV	6～8	11.5	8.6	8.5	11	13.8

2. 生长与晶体缺陷

LiI 晶体在 20℃中的溶解度约为 178.5g/100gH_2O(表 3.1.8)，是一种极易潮解的材料。市售碘化锂原料通常是含有不同数量水分子的结晶水合物，如 LiI·0.5H_2O、LiI·H_2O、LiI·2H_2O，甚至 LiI·3H_2O。这些含结晶水的碘化锂是不稳定的，在加热时会逐步失去结晶水。但加热须在真空或无水无氧条件下进行，否则碘化锂会被氧化生成游离碘，导致颜色变红，纯度降低，无法用于晶体生长。差热分析表明，脱水反应始于 77℃，随后在 83℃、133℃、175℃和 246℃均出现吸热效应(图 3.1.47)。但不同来源的碘化锂结晶水合物脱水温度并不完全相同，乌克兰 Sofronov 等把 LiI·nH_2O 在被加热时的脱水温度划分为两个区间：30～95℃(峰值在 65℃)和 100～160℃(峰值在 140℃)(图 3.1.48)，而高于 260℃的吸热效应则不是脱水反应所致，而是与 LiI 的热分解反应有关，理由是在这个温度下观察不到水分子吸收强度的变化，而是观察到与碘蒸气挥发有关的蒸气压升高和着色现象[43]。此外，羟基也是原料中非常常见的水杂质存在形式，例如 LiOH·2H_2O，它们在被加热时会发生脱水反应(LiOH·2H_2O $\longrightarrow$ LiOH+2H_2O)和分解反应(2LiOH $\longrightarrow$ Li_2O+H_2O)，所形成的产物——LiOH 和 Li_2O 都对晶体性能产生不利影响。

LiI:Eu 晶体生长时通常以石英玻璃为坩埚，用垂直布里奇曼法生长。原料 LiI 和 EuI_2 在使用之前需经过真空烘干处理，以彻底消除其中的水分。为防止晶体与坩埚的粘连而导致晶体开裂，所用玻璃坩埚的内壁需清洗干净或经过镀膜处理。炉子的高温区温度一般控制在 550℃左右，低温区控制在 425℃左右。正常情况下所生长的晶体是无色透明的，但由于痕量水、氧杂质的存在，或者碘组分的偏析则常常会使晶体呈现淡淡的粉红色，并且颜色越深，性能越差。

表 3.1.8　碘化锂在水中的溶解度

温度/℃	0	10	20	30	40	50	60	70	80
溶解度/(g/100gH_2O)	146	166	178.5	191	204	214	224	234.5	245.5

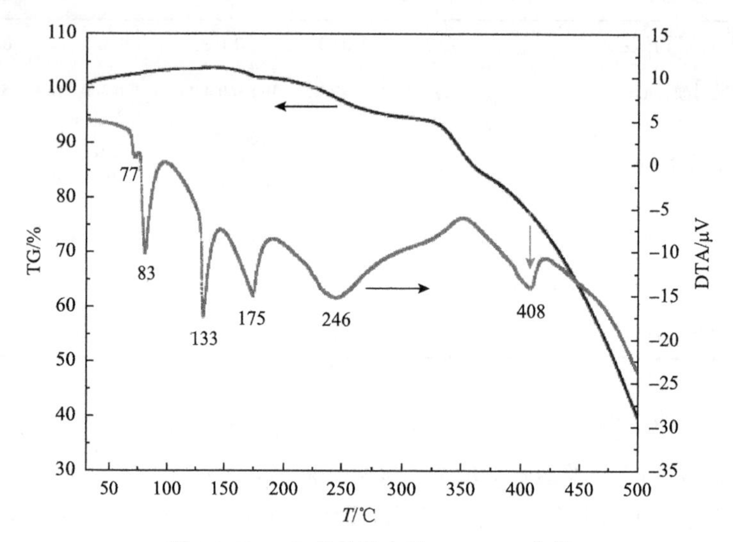

图 3.1.47　LiI 多晶粉末的 TG-DTA 曲线

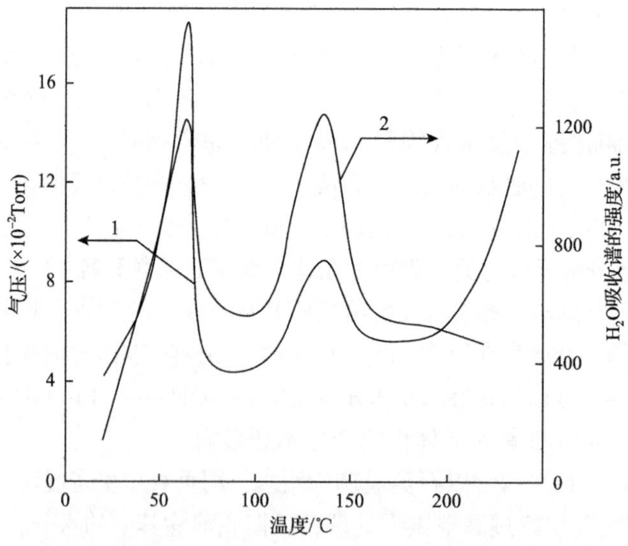

图 3.1.48　LiI 在加热过程中水分子的吸收强度与温度的变化[43]

由于 EuI_2-LiI 是一个具有低共结点的二元体系，二者之间不易形成化合物。作为发光中心的 Eu^{2+}与 LiI 中的 Li^+在化合价和离子半径上均存在差异，造成 Eu^{2+}在 LiI 中的掺杂浓度难以提高，通常在质量浓度 0.01%～0.1%之间。如果掺杂质量浓度大于 0.5%，所生长的晶体不透明。不透明的原因是晶体中存在一种被称作"Suzuki 相"的包裹体，它们对光的散射造成晶体透光率和闪烁发光效率的降低。美国橡树岭国家实验室 Boatner 等找到了一种消除"Suzuki 相"的"两步法"退火技术[44]，即首先在干燥的高纯氩气或者"Ar+4%H_2"气氛中将晶体加热到 400℃左右的高温，确保所有的"Suzuki 相""溶解"、扩散到碘化锂晶体中。待晶体完全透明之后再迅速冷却降温，降温速度约为 100℃/min，以阻止"Suzuki 相"在冷却的过程中重新聚集。经过这样两步处理，原先不透明的 LiI:Eu 晶体的透光率和发光效率得到了显著提高。

3.2　碱土金属卤化物闪烁晶体

碱土金属卤化物闪烁晶体有三种类型：立方晶系的 CaF_2 和 BaF_2、六方晶系的碘化钙(CaI_2)和正交晶系的 SrI_2、BaI_2、$BaBr_2$ 和 $BaCl_2$ 等。本节重点介绍最具代表性的两个闪烁晶体——BaF_2 晶体和 SrI_2 晶体。

3.2.1　氟化钡晶体

氟化钡(BaF_2)晶体属于立方晶系，萤石结构，空间群为 Fm3m，其中的正负离子半径比 r_{Ba}/r_F=1.05，F^-做简单立方堆积，占据 4(a)位置(O_h对称)，与 4 个 Ba^{2+}配位，形成配位四面体结构基元；Ba^{2+}占据 8(c)位置(T_d对称)，周围与 8 个 F^-配位，形成[BaF_8]立方体结构基元。晶胞参数 a=6.200Å，单位晶胞中含有 4 个 BaF_2"分子"(图 3.2.1)。因(111)晶面上 F 离子相邻排布而导致晶体中存在(111)解理。晶体的理论密度 4.88g/cm^3。努氏(Knoop)硬度和抗弯强度分别为 82kg/mm^2 和 27MPa。透光范围从真空紫外(140nm)至红外，单晶在 200nm 以上的透光率最高可达 90%以上(图 3.2.2)。主要物理性能如表 3.2.1 所示。此外它还具有折射率温度稳定性好、吸潮性小及屈服应力较大等特点，是一种品质优良的透紫外-红外窗口材料和闪烁材料。

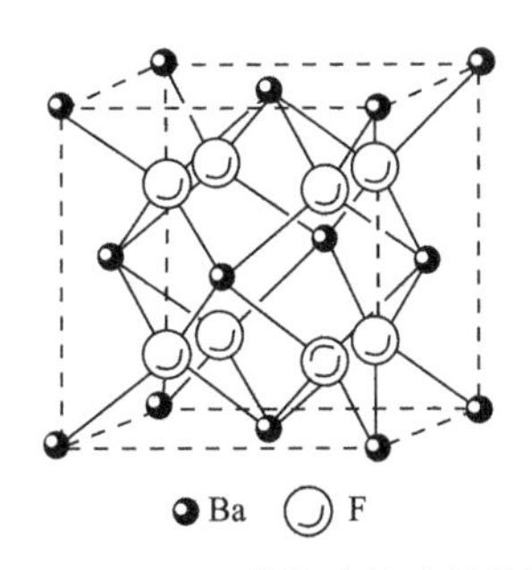

图 3.2.1　BaF_2 晶体的晶胞结构图

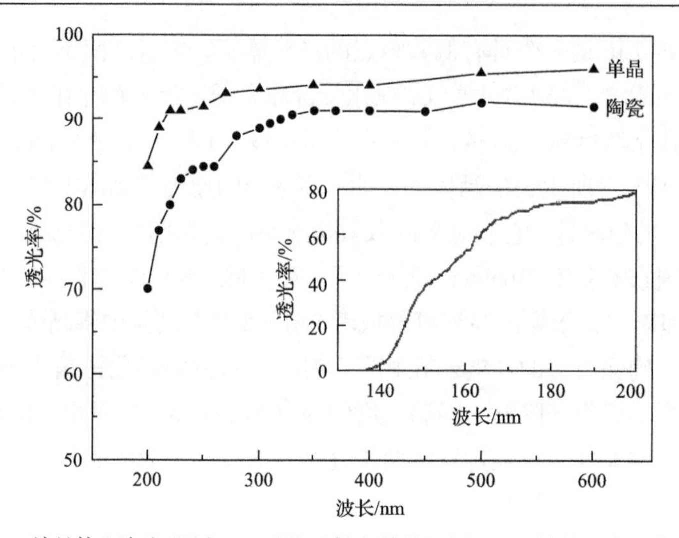

图 3.2.2 BaF_2单晶体和陶瓷(厚度 5mm)的透射光谱(插图为BaF_2单晶的真空紫外透射谱)[45]

表 3.2.1 氟化钡(BaF_2)晶体的主要物理性能

透光范围/μm	折射率@2.6μm	熔点/℃	热导率/(W/(m·K))	比热容/(J/(kg·K))
0.15～15	1.4626	1280,1355	11.72@13℃	410@27℃
热胀系数/(10^{-6}/℃)(–100～200℃)	硬度/(kg/mm^2)	杨氏模量/(GN/m^2)	弹性系数/(GN/m^2)	介电常数
18.1	82	53.07	C_{11}=90.4,C_{12}=40.6,C_{44}=25.3	7.33@10^6Hz

1. 闪烁性能与发光机理

早在 20 世纪 40 年代，人们就开始研究和应用BaF_2晶体的光学性能。1971 年美国 Harshaw 化学公司 Farukhi 等在研究氟化钡晶体的发光现象时发现，BaF_2晶体在γ射线激发下会发出波长为 310nm、衰减时间为 630ns 的荧光。1983 年，法国 Laval 等又在 220nm 和 195nm 处发现了两个弱的发光峰(图 3.2.3)，衰减时间为 0.6ns[46]。BaF_2晶体是迄今为止衰减速度最快的无机闪烁晶体[47]。

1993 年，Dorenbos 等对 Harshaw 公司生长的BaF_2晶体进行了精确测试，测得该晶体在 X 射线激发下的发光波长依次是 175nm、195nm、220nm 和 310nm[48]，但实际上 175nm 的发光强度很弱，多数情况下难以察觉，一般实验室只测到波长较长的 195nm、220nm 和 310nm 三个发光分量(图 3.2.3)，其中前两个发射为快分量，310nm 是慢分量，快/慢分量的强度比约为 1:7。关于快分量的光产额，文献报道值相差很大，多数认为是 2000ph/MeV，个别报道是 2670ph/MeV。Dorenbos 等采用两种不同的光探测器分别测得该晶体在 ^{137}Cs 所发射的 662keV γ射线激

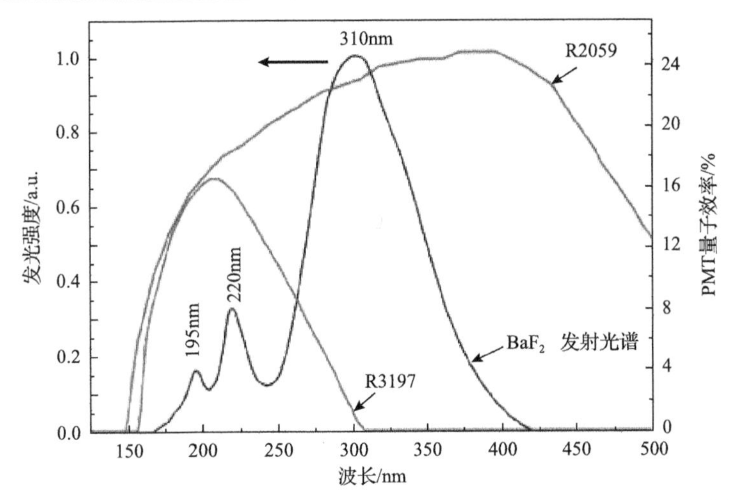

图 3.2.3　BaF_2 晶体的发射光谱及光电倍增管(R3197 型和 R2059 型)的量子效率[47]

发下的光电子产额以及经过量子效率校正后的光产额(表 3.2.2)[48]，因此认为快分量光产额的准确值应该是 1400ph/MeV 左右，慢分量为 9400～9500ph/MeV，以前报道的值似乎都过高了。

表 3.2.2　BaF_2 晶体在 X 射线激发下的光衰减常数及各分量的占比[48]

发光分量	快分量		慢分量	
发光机理	交叉发光(CL)		自陷激子(STE)发光	
光(电)产额	phe/MeV	ph/MeV	phe/MeV	ph/MeV
XP2020Q	290±15	1430±80	2110±70	9500±300
R2059	195±15	1380±110	2280±70	9400±300

2020 年，欧洲核子研究中心 Rosalinde 等在 X 射线激发下研究了 BaF_2 晶体的光衰减曲线，并分别按照双指数拟合和三指数拟合对光衰减常数进行了精确测试(图 3.2.4)[49]。对比发现，三指数的拟合效果更好，拟合出的衰减时间常数及其所占比例如表 3.2.3 所示，其中的 τ_{d1} 分量为慢衰减，源于自陷激子(STE 发光)，而 τ_{d2}(τ_{d3})为快衰减，发光机制被解释为芯-价跃迁发光。

芯带-价带(core-valence)跃迁发光又称交叉发光(cross luminescence)，是指芯带的电子吸收辐射能被激发到导带后在芯带产生一个空穴，当价带中的电子与充满芯带顶部中的空穴复合时，就会发出光子(图 3.2.5)。这是一个允许跃迁，其衰减时间约为 1ns 或更短。BaF_2 晶体是最典型的芯带-价带跃迁发光闪烁晶体。芯带-价带跃迁与激发能量的大小密切相关，当激发能量超 10eV 时，价带中的电子被激发进入导带从而在价带中产生空穴，被激发进入导带的电子与价带中形成的空穴重新复合形成自陷激子(STE)。这种亚稳态的自陷激子退激时，发射出能量为 4.1eV(310nm)的闪烁光，其衰减时间为 680ns，即氟化钡的慢分量；当激发能量≥18eV 时，Ba^{2+}的 5p 芯带中的电子被激发，越过 F^- 的 2p 价带而进入导带，在 Ba^{2+}的 5p 芯带中产生的空穴被来自 F^- 的 2p 价带的电子填充，发射出能量为 5.7eV(220nm)的辐射，衰减时间为 0.6ns，同时在 6.4eV(195nm)产生较弱的辐射。

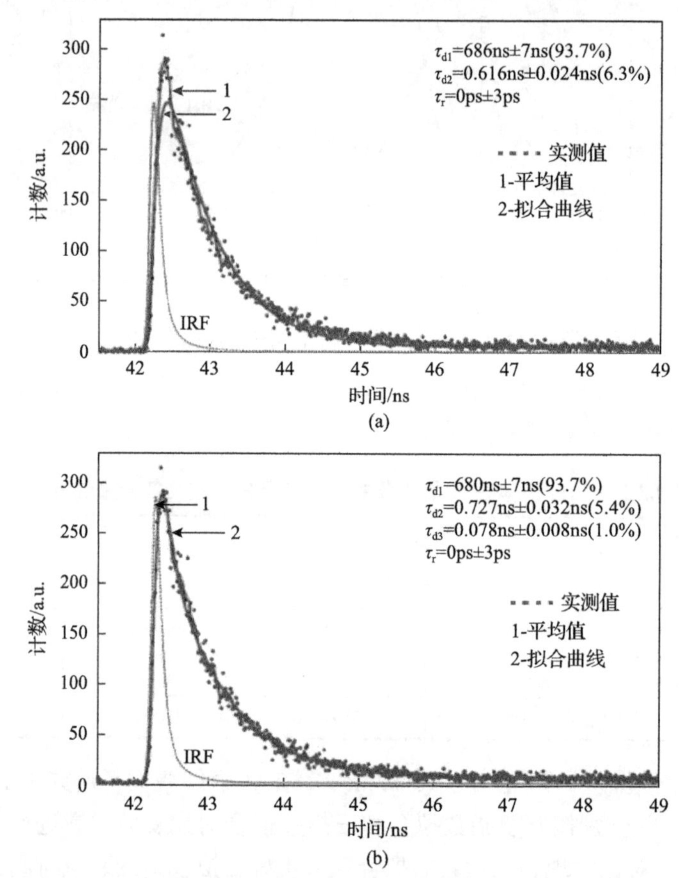

图 3.2.4 BaF_2 晶体(2mm×2mm×3mm)在 X 射线激发下的光衰减曲线及拟合结果[49]

(a)双指数拟合；(b)三指数拟合。IRF-仪器的脉冲响应函数；曲线 1-实测点的平均曲线；曲线 2-数据点的拟合曲线

表 3.2.3 BaF_2 晶体在 X 射线激发下的光衰减常数及各分量的占比[49]

拟合	τ_r/ps	τ_{d1}/ns	R_1/%	τ_{d2}/ns	R_2/%	τ_{d3}/ns	R_3/%	χ^2±0.0038
双指数拟合	0±3	686±7	93.7	0.616±0.02	6.3	—	—	1.008
三指数拟合	0±3	689±7	93.7	0.727±0.03	5.4	0.078±0.01	1	1.005

注：τ_r 为上升时间；τ_{di} 为第 i 分量的衰减时间；R_i 为 i 发光分量所占比例。

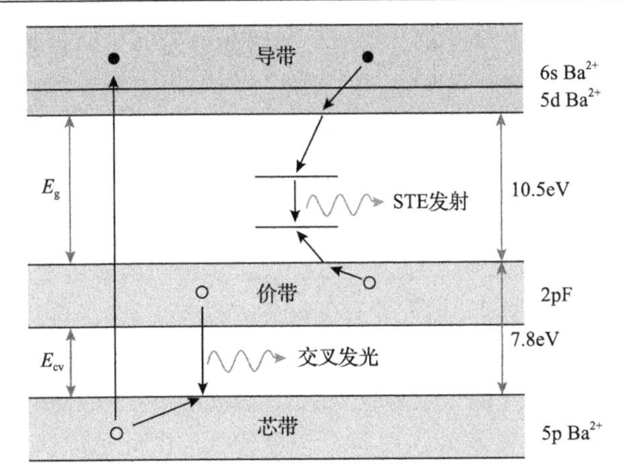

图 3.2.5　BaF_2 晶体的能带结构及其芯带-价带发光原理示意图[49]

由于快成分形成的快脉冲可以用于精密的时间测量，得到很高的时间分辨率，因而成为材料科学、高能粒子物理和医学应用中进行正电子湮灭研究的极佳材料。在 20 世纪 80 年代，美国曾把氟化钡晶体作为其建造超导超级对撞机(SSC)的第一候选晶体，随即在全世界掀起了研究氟化钡晶体的热潮。氟化钡的快发光特性对于探测短寿命高能粒子具有非常重要的意义，加之该晶体抗辐照损伤能力强，在空气中不易潮解，因而特别适合于在未来大型粒子加速器上用作探测器，在核医学领域可用于飞行时间正电子断层扫描仪(TOF-PET)的关键探测材料。

2. 氟化钡晶体发光中的慢分量

虽然氟化钡晶体能够发射出衰减时间为亚纳秒快发光，但同时也存在强度较高的慢成分(310nm)，衰减时间 630ns，而且快发光成分与慢发光成分的强度比因晶体来源的不同而变化于 1∶4 到 1∶7 之间。慢分量的存在使得氟化钡基探测器在强 γ 场中进行高计数测量时将会引起信号的严重堆积，造成读出系统的死时间；再者，快成分的发光峰值在远紫外区(195nm 和 220nm)，只有采用透紫外光电倍增管才能实现光信号的有效读出与转换，从而提高了设备的造价；同时，由于在芯带上产生空穴的效率低，造成 BaF_2 的光产额只有 NaI:Tl 晶体的 20%。虽然在高能物理实验中，高能粒子在 BaF_2 晶体中的能量沉积，可以弥补其光产额的不足，但为了扩大氟化钡晶体的应用范围，人们一直在探索如何抑制晶体中的慢成分、提高快/慢分量比的途径。目前所取得的进展可概括为如下几个方面：

(1) 通过稀土离子掺杂产生间隙氟离子 F_i，以破坏慢成分的发光中心——自陷激子的产生。荷兰 Delft 大学的 Schottanus 等发现，在 BaF_2 晶体中掺入少量的 LaF_3 可以在不减少快成分的前提下有效地抑制慢成分(310nm)，随着 La 掺杂浓度的增加，慢分量的强度迅速下降，而快分量只是略有减弱(图 3.2.6)[50]。陈玲燕等分别采用同步辐射闪烁荧光衰减时间谱仪和X射线激发发射仪两种独立的实验方法对上海硅酸盐所和北京玻璃研究所(BGRI)研制的不同浓度 La 掺杂 BaF_2 晶体的快/慢成分比进行了精确测试，发现 BaF_2 晶体的快/慢分量比随 La 离子掺杂浓度的增加而提高。掺杂前 BaF_2 晶体的快/慢分量比是 1∶6.5，当 La 的掺杂浓度增加至 1%时，该比例增加至 1∶1.14，与纯 BaF_2 相比，慢成分被抑制了 82%[51]。进一步研究表明，BaF_2:La 晶体在 50ns 门宽所测得的光输出随 La 掺杂浓度的增加而下降，即 LO@50ns 从 260phe/MeV 下降到 180phe/MeV(图 3.2.7 上部)，而在 5000ns 门宽所测得的光输出(LO@2500ns)从 1200phe/MeV 下降到 300phe/MeV(图 3.2.7 中部)，说明两个分量都在下降，但峰值波长在 220nm 的快发光强度降低幅度较小，而峰值波长在 310nm 的慢发光强度降低幅度较大，由此造成快/慢分量比的提高(图 3.2.7 下部)[52]，只不过这种提高是以牺牲整个光输出为代价的。此外，根据杨帆等的测试[52]，La 离子在 BaF_2 晶体中的分凝系数是 1.53，说明 La 离子更容易进入 BaF_2 晶格，造成 La 离子的浓度随 BaF_2 结晶过程的进行而呈现出由高到低的不均匀分布，从而引起快/慢分量比沿生长轴方向呈现不均匀变化。

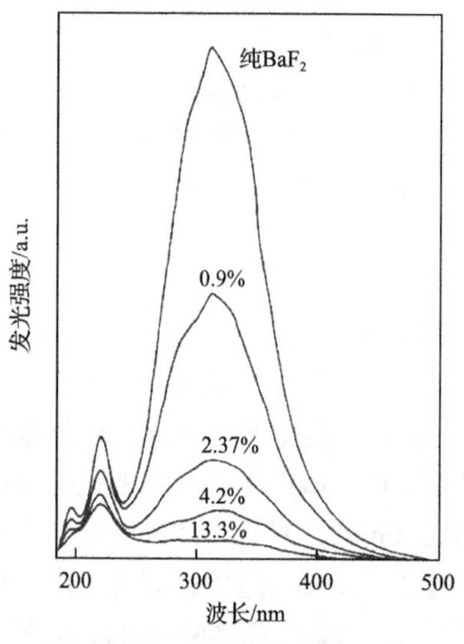

图 3.2.6　不同浓度 La 掺杂 BaF_2 晶体的 XEL 发射光谱[50]

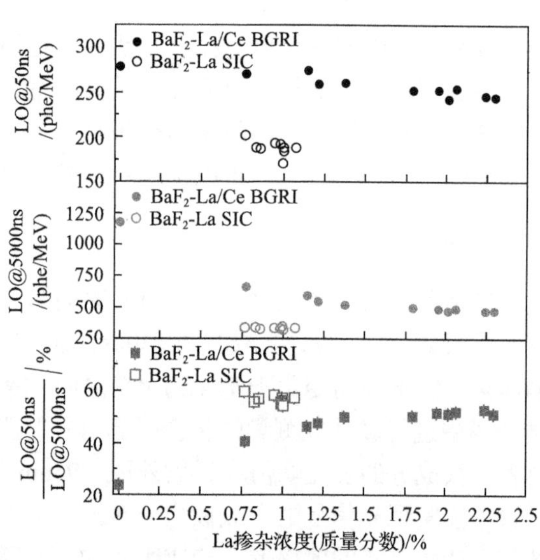

图 3.2.7　La 和 La/Ce 共掺杂 BaF_2 晶体在不同时间门宽下的光输出与 La 掺杂浓度的关系[52]

顾牧等运用局域密度近似的 Hartree-Fock-Slatez 离散变分方法，分别计算了纯 BaF_2 和 La 掺杂 BaF_2 晶体的能级结构[53]，发现掺 La 抑制 BaF_2 晶体中闪烁光慢成分的直接原因可能并非 La 本身，而是由于 La^{3+} 占据 Ba^{2+} 格位的同时，发生了如下缺陷反应：$LaF_3 \longrightarrow La_{Ba}^{\bullet} + 2F_F + F_i'$，即 La^{3+} 占据 Ba^{2+} 格位时，为平衡电荷而产生了间隙氟离子 F_i'。由于 BaF_2 晶体闪烁光的慢成分是由晶体的自陷激子产生的，而自陷激子是由于自陷空穴捕获一电子而构成亚稳态，它在退激过程中通过发光的方式而产生闪烁光的慢成分。在室温下，自陷空穴很容易被带有负电荷的填隙氟离子所捕获，从而降低自陷激子的浓度，减少了慢成分的强度。同时，由于 BaF_2 晶体结构中存在着有利于接纳氟离子的空间位置，许多稀土离子都容易进入到 BaF_2 晶体中，得到填隙氟的 2p 电子能级位于晶体价带之上，因而这些掺杂的三价稀土离子都具有抑制慢成分的功能。

除了 La 之外，其他离子也被引入 BaF_2 晶体中。俄罗斯 Seliverstov 等发现 Sc 或 Tm 的掺杂也能抑制慢分量而将快/慢分量比分别提高 2.4～2.6 倍[45]。Cd 掺杂能把慢分量降低到未掺杂时的 10%，而快分量则几乎没有发生变化，但掺 Cd 的 BaF_2 晶体在经 X 射线辐照之后会在紫外和可见区域产生光吸收，造成辐照硬度的下降。Lu 掺杂使 BaF_2 晶体的慢分量下降了 75%，但同时快分量也遭受一定程度的损失[50]。

上海硅酸盐所陈俊锋等发现，Y^{3+}在离子半径上与 Ba^{2+}差异更小，掺杂原子浓度 1%的 Y 可使 BaF_2 晶体的快/慢分量比从 0.2 提高到 1.3，提高了大约 6 倍，其抑制效果比镧掺杂更为显著。同时，慢分量的衰减时间从 649ns 缩短至 426ns[54]。胡辰等研究了北京玻璃研究院生长的 Y 掺杂 BaF_2 晶体在 X 射线激发下的激发发射光谱(图 3.2.8)[55]，发现 310nm 慢发光分量随 Y^{3+}掺杂浓度的提高而迅速下降，而 220nm 快分量基本保持稳定。图 3.2.9 展示了 BaF_2:xY(x=0%, 1%, 2%, 3%, 5%)晶

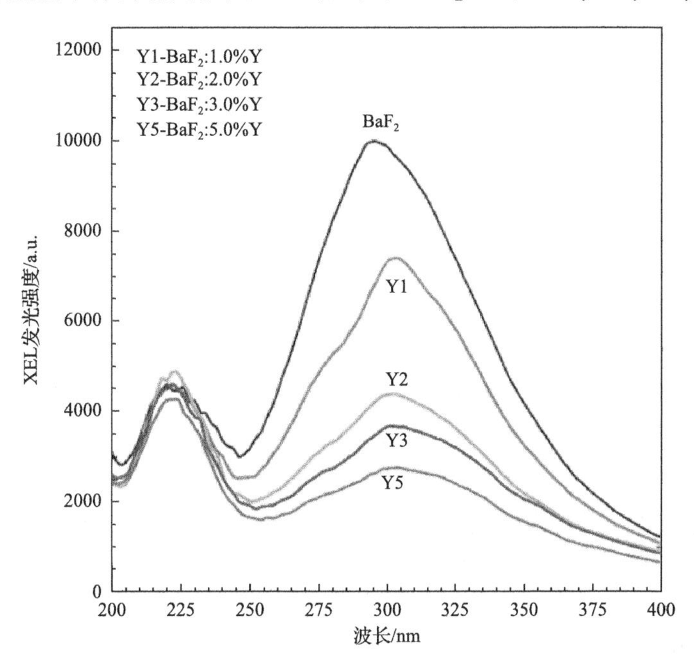

图 3.2.8　纯 BaF_2 和 BaF_2:xY 晶体(ϕ18mm×20mm)的 X 射线(25kV, 80μA)激发发射光谱[55]

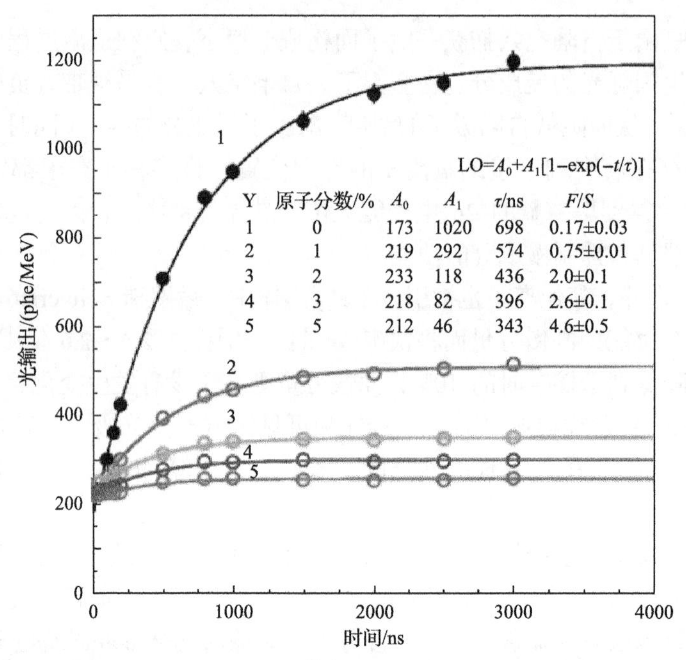

图 3.2.9　纯 BaF_2 和 BaF_2:xY 晶体在 ^{22}Na 源激发下的光输出随积分时间的变化[55]

体在 ^{22}Na 放射源所发射的 511keV 激发下的光输出与积分时间的关系，光输出(LO)中的快分量(A_0)和慢分量(A_1)可按照 $LO=A_0+A_1[1-\exp(-t/\tau)]$进行拟合。拟合结果(见图中的数据表)显示，未掺杂 BaF_2 晶体的慢分量 A_1 为 1020phe/MeV，随着 Y 掺杂原子浓度从 1%增加到 5%，慢分量从 292phe/MeV 降低到 46phe/MeV，快/慢分量比($F/S=A_0/A_1$)从 0.17 增加到 4.6。与此同时，晶体的快发光分量 A_0 则基本保持不变，甚至比未掺杂的 BaF_2 晶体还略有增加。

上述实验结果表明，以 La 和 Y 为代表的三价稀土离子掺杂确实能够大幅度提高 BaF_2 晶体的快/慢分量比，特别是 Y 在 BaF_2 晶体中不仅分布更加均匀而且不像 La 那样引入放射性核素 ^{138}La，对慢分量的抑制效果更好。产生这一效果的原因被认为是三价离子掺杂所产生的电荷不平衡问题而导致间隙氟离子(F_i)的出现，能级位于价带顶部的间隙氟离子容易捕获价带的空穴，从而阻止了自陷激子的形成并降低了慢发光(310nm)的强度。但这一模型难以解释二价离子(如 Cd^{2+})掺杂对 BaF_2 晶体慢分量的抑制作用。Radzhabov 等通过对 La、K 共掺杂 BaF_2 晶体吸收光谱和发射光谱的研究[56]，提出激子扩散仅仅在 La、Y 掺杂的 BaF_2 晶体中起主导作用，而在 Cd 掺杂的 BaF_2 晶体中，电子捕获才是抑制慢分量的主要原因。

(2)根据快、慢分量的发光波长的不同，采用只对快分量(195nm 和 220nm)

敏感而对慢分量不敏感的特殊光探测器，如图 3.2.3 所示，基于 Cs-Te 光阴极的光电倍增管 R3197 在 180～240nm 具有较高的量子探测效率，峰值效率位于 220nm，而对波长大于 300nm 光的量子效率则降低 3 个数量级，即所谓的“日盲”光探测器，从而可使 BaF_2 晶体闪烁光的快/慢成分比提高 5 倍左右[47]；已经开发出的在 220nm 量子效率达 17%的新型 APD 可望为 BaF_2 晶体快发光分量的充分利用提供一个有力的帮助。

根据快、慢分量对环境温度存在不同的依赖关系，即慢分量的发光强度随温度的升高而下降，快分量的发光强度则基本保持不变，慢分量的衰减时间随温度的上升而缩短(图 3.2.10)，可以通过提高环境温度来降低慢分量所占的比例[57]。但在实际工作中，因高温会使光电器件产生较大的噪声而降低读出信噪比，以至于该方法对提高闪烁光快/慢成分比的作用非常有限。

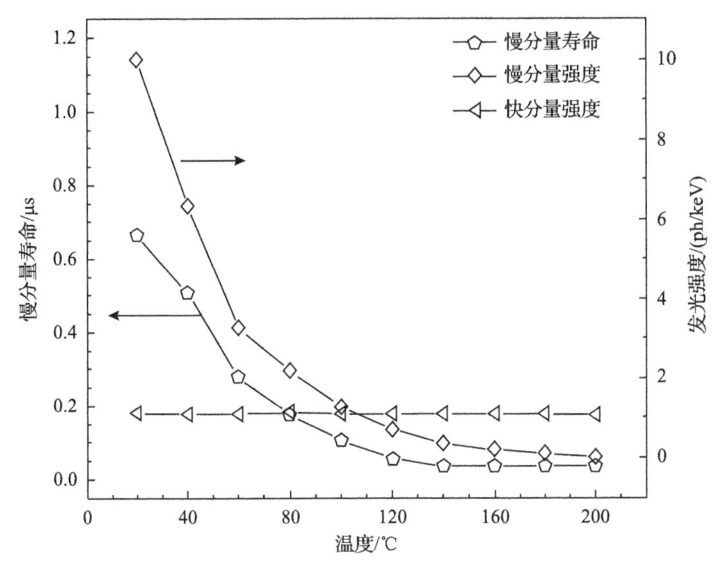

图 3.2.10　BaF_2 晶体快慢发光分量的强度和衰减时间随温度的变化[57]

(3)波长位移和波长过滤。用有机移波材料将短波长的快成分转化成波长更长的光，即所谓的移波器(wavelength shifter)来克服一般光探测器对紫外光不敏感的问题，通过增加波长来实现光探测器的高效接收。可用作移波剂的材料有蒽、聚对二甲苯等有机物。通过波长移动可使闪烁光快/慢成分比提高约 16 倍[47]。但移波材料的应用降低了快分量的光产额，同时还会损失 BaF_2 闪烁探测器的时间特性，因而与实际应用之间依然存在一定的距离。此外，使用一种让波长在 235nm 以下的快分量通过，而阻止波长在 235nm 以上的慢分量通过的特种 UV 滤波器也是提高快/慢分量比的一种技术路线，最近开发的 UV 滤波器已经能够将慢分量降低至 1%。

(4)根据快、慢分量在发光波长上的差异，在氟化钡晶体表面加载光子带隙(photonic band gap, PBG)膜，设计并制备出在 180～240nm 范围透明，在 240～420nm 范围吸收，而且在透射和截止带之间存在具有尽量陡峭过渡区的光子带隙，以实现对快分量的单独收集。例如，同济大学顾牧教授等采用对紫外吸收较小的 Al_2O_3 和 MgF_2 分别作为高、低折射率膜料，选用金属 Al 作为反射膜，制成以“$Al_2O_3/MgF_2/Al/MgF_2$”为周期的多层膜系，使 BaF_2 晶体闪烁光的快成分波段具有较高的透光率，而慢成分波段透光率趋近于零(图 3.2.11)[58]。测试结果表明，加载光子带隙膜可使 BaF_2 晶体的闪烁光快/慢成分比提高 80 倍以上。

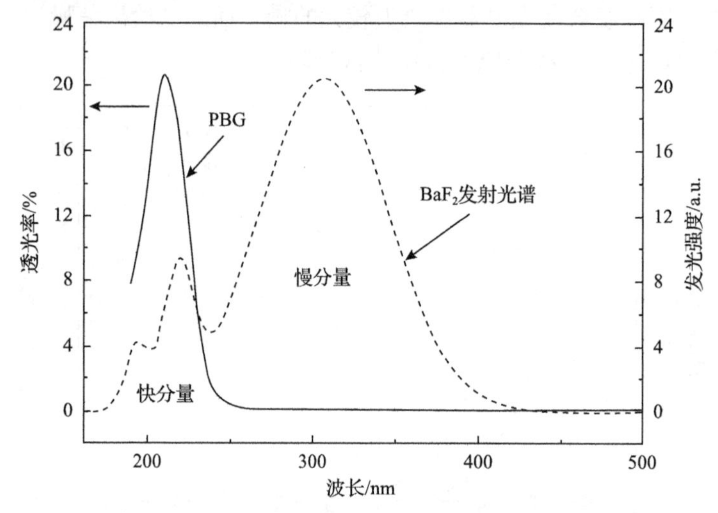

图 3.2.11　BaF_2 晶体的发射光谱和涂在 BaF_2 晶体上的光子带隙膜(PBG)的透射光谱[58]

3. 晶体生长与晶体缺陷

1)晶体生长

氟化钡晶体的熔点约为 1354℃，通常采用石墨加热的真空坩埚下降法生长。用纯度高于 5N 的 BaF_2 粉末为原料，以 PbF_2 为脱氧剂，先将上述原料在真空炉中加热到 200℃以上的温度，以烘干其中的水分和其他挥发物。然后与脱氧剂(如 PbF_2，掺杂量约为质量浓度 1%～3%)和掺杂剂混合均匀，装入高纯石墨坩埚中。抽真空至 10^{-4}Pa，逐步升温至 BaF_2 的熔点温度以上，并在 1300～1400℃保温一定的时间使原料完全熔化。PbF_2 脱氧剂在高温下与原料中的含氧杂质通过下列反应以驱除熔体中的含氧杂质[59]：

$$PbF_2 + BaO \longrightarrow PbO\uparrow + BaF_2 \tag{3-16}$$

$$PbO + C(石墨坩埚) \longrightarrow Pb + CO\uparrow \tag{3-17}$$

上述反应所形成的产物——金属铅的熔点只有327.3℃，在BaF_2的熔体中很容易挥发，所形成的CO气体更容易挥发，由此实现对BaO中氧杂质的驱除，并将其转化为BaF_2。此外，其他金属氧化物杂质，如Cr_2O_3、Fe_2O_3、NiO和CuO等也可通过上述反应得到消除。开始生长时，坩埚的下降速度为1～3mm/h，生长结束后将晶体毛坯在生长炉内原位退火，再以10～50℃/h的降温速度将炉子冷却到室温。图3.2.12展示了上海硅酸盐所生长的纯BaF_2和BaF_2:3%Y(摩尔分数)晶体，晶体在220nm处的透光率达到90%，接近理论极限[60]。

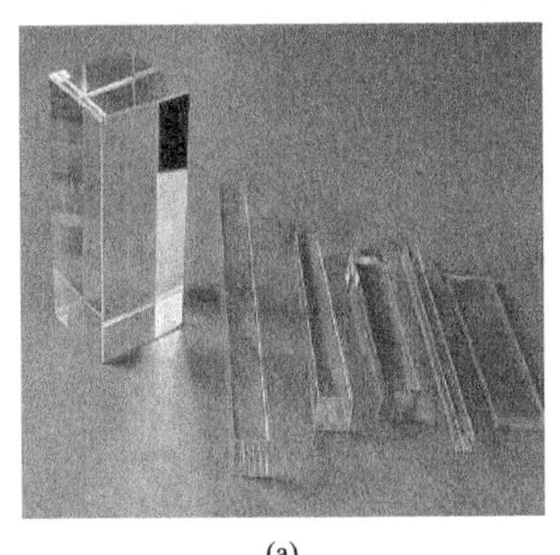

(a)

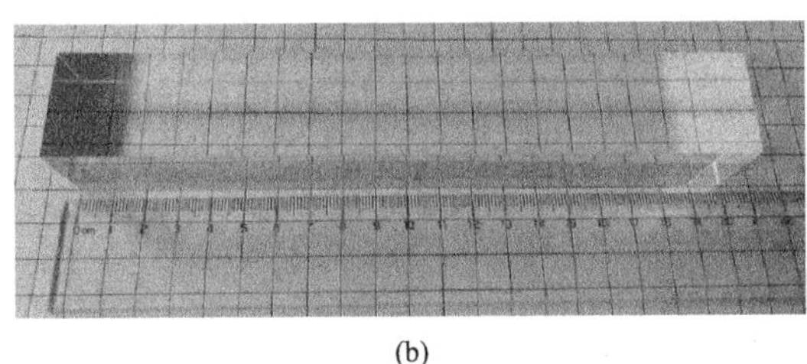

(b)

图3.2.12　上海硅酸盐所生长的纯BaF_2(a)和BaF_2:3%Y晶体(30mm×30mm×200mm)(b)[60]

此外，氟化钡晶体也可采用提拉法生长，通常选择[111]方向的BaF_2作为籽晶，经过预先干燥处理后的原料先在10^{-4}Pa的真空环境下加热至300℃，保温一定的时间后再充入高纯氩气。生长过程中让坩埚与籽晶反向旋转以增强熔体的对流和均化，提拉速度为1～5mm/h，晶体生长结束后以30℃/h速度冷却到室温。日本东北大学已经用提拉法生长出最大尺寸为ϕ205mm×90mm的无色透明氟化钡晶体，对200nm以上波段的透光率大于80%[61]，显示出良好的透光性能。

2)宏观缺陷

氟化钡晶体中最常见的生长缺陷是散射颗粒(或称包裹体)、多晶晶界和色心等。杨帆等用光学显微镜直接观察到氟化钡晶体中的散射颗粒具有规则的几何外形，横切面上为四边形、六边形或者八边形等，空间形态为立方体、八面体、十二面体或者它们的组合，而且按照一定的方位分布(图3.2.13)[52]。SEM照片显示，这些规则颗粒的内部完全是空心的，颗粒与基体的界面平直光滑。成分分析表明，颗粒内部的成分与基体完全相同。华素坤等根据氟化钡的晶体结构和结晶习性分析，把这类具有规则几何外形的空心包裹体称作“负晶”结构。当负晶结构遇到入射光时便对光产生折射和散射效应，造成光的损失，其过程与通常包裹体所形成的散射现象没有明显的区别，但负晶的形成机理是不同的。由于晶体生长速度过快或熔体过冷，这部分熔体没有在正常的结晶温度下结晶，而是被包裹在晶体内部，先是以熔体的形式存在，随着生长温度的降低被包入的熔体逐渐从周围的内壁上析出，由周边向内心生长[62]。生长时受周围晶体结构的制约，所形成的负晶结构具有一定的结晶方位。由于熔体结晶成晶体后体积收缩，多余的空间就成为形状规整的空洞。

图 3.2.13　BaF_2 晶体中的“负晶”缺陷[52]

(a)光学显微照片；(b)SEM 照片(从点 1 和点 2 所测得的成分与基体点 3 完全相同)

3)色心

除了宏观缺陷，BaF_2 晶体中还经常存在一些点缺陷——色心。在图 3.2.14 所示的透射光谱中，BaF_2 晶体时常出现一个峰值波长为 290nm 的强吸收带以及波长为 205nm 的弱吸收带。由于 205nm 吸收带非常靠近 BaF_2 晶体的快发光分量(190nm 和 220nm)，它的存在会显著降低 BaF_2 晶体的快发光分量和快/慢发光分量比，这对晶体性能是非常有害的。这些吸收带的强度常因晶体生产厂家的不同而略有差异，即便对同一支晶体，吸收带的强度也会因晶体结晶阶段的不同而不同。Schottanus 等[50]和李培俊[63]认为，190～220nm 吸收来自于铅污染所致，因为 BaF_2 晶体生长时都普遍采用 PbF_2 作为脱氧剂，铅对晶体产生污染的可能性很大。掺杂实验证明，即便 2ppm 的 Pb 含量都会使 BaF_2 晶体在 205nm 产生强烈的吸收，说明其成因与原料纯度和脱氧剂的含量都有一定的关系。

关于 290nm 吸收带的成因则存在两种不同的解释：一种认为源于杂质 Ce^{3+} 的 4f→5d 轨道跃迁所引起的吸收。陈刚等发现，即便在 BaF_2 晶体中掺入质量浓度只有 1.5×10^{-4} 的 Ce^{3+}，也会使 BaF_2 晶体在 290nm 波长处产生一个明显的吸收谷[64]。在氟化铅晶体中出现的 300nm 吸收也被确认为是 Ce^{3+} 杂质所为[65]。杨帆等在 La 掺杂 BaF_2 晶体和 La/Ce 双掺杂 BaF_2 晶体中均发现强烈的 290nm 吸收带，并用紫外荧光光谱测试出它们与 Ce 离子对应的激发和发射光谱，确认 La 掺杂

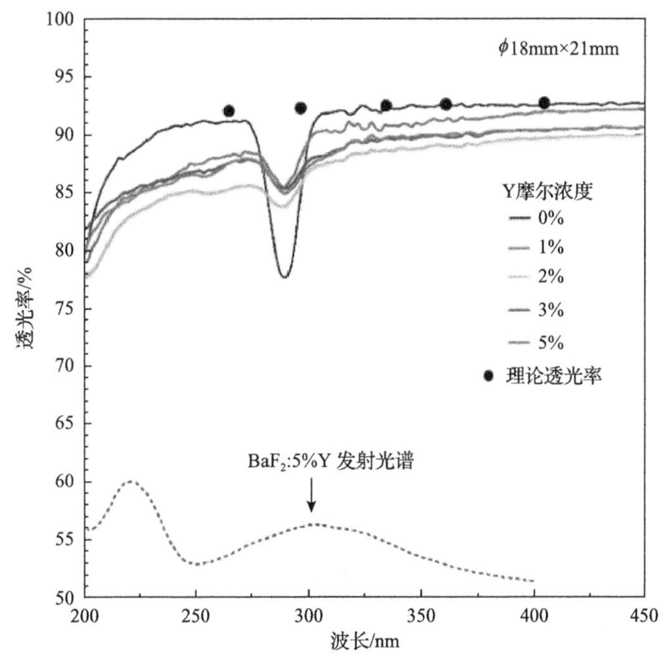

图 3.2.14　BaF_2:x%Y (x=0,1,2,3,5) 晶体的透射光谱和 X 射线激发发射光谱[55]

BaF_2晶体和 La/Ce 双掺杂 BaF_2 晶体在 290nm 激发下都能够产生波长分别为 305nm 和 325nm 的发射，该发射与 Ce 离子的 5d→4f 跃迁所产生的特征发射完全对应。同时测得 Ce 和 La 离子在 La/Ce 双掺 BaF_2 晶体中的分凝系数分别为 1.72 和 1.77，说明 Ce 和 La 离子一样都很容易进入 BaF_2 晶体中并引起 290nm 吸收带[66]。由于 La、Y 与 Ce 的晶体化学性质十分相近，要实现它们之间的完全分离在技术存在一定的困难，即便是单掺高纯度的 La 或者单掺 Y，都有可能引入少量的 Ce 杂质，何况 BaF_2 原料自身也可能含有 Ce 杂质。由 Ce 杂质引起的 290nm 吸收带紧靠 BaF_2 晶体在 300nm 处的慢发光分量(图 3.2.15)，所以会对 BaF_2 晶体的 310nm 发射峰产生部分吸收，这从另外一个角度解释了三价稀土离子掺杂对提高 BaF_2 晶体快/慢分量比的作用。

除了 Ce 离子之外，痕量 Pb^{2+} 和氧杂质的存在也会对 290nm 吸收产生一定的贡献。由于 PbF_2 被广泛用作氟化物晶体生长的脱氧剂，掺杂浓度最高达 4%，难免会有少部分残留在晶体当中。CaF_2 晶体透射光谱中的 205nm 和 155nm 吸收带的吸收系数与 Pb 浓度之间存在密切的线性关系，已经被证明是造成 CaF_2 晶体紫外透光率降低的主要原因[67]。Sastry 等在质量浓度 1%PbF_2 掺杂的 BaF_2 的晶体中观察到两个最强的吸收峰：289nm 和 217nm，并把它们归因于 Pb^{3+} 和 Pb^{+} 吸收[68]。根据 Nicoara 等对掺杂不同浓度 PbF_2 的 BaF_2 晶体所进行的吸收光谱测试(图 3.2.15)[69]，

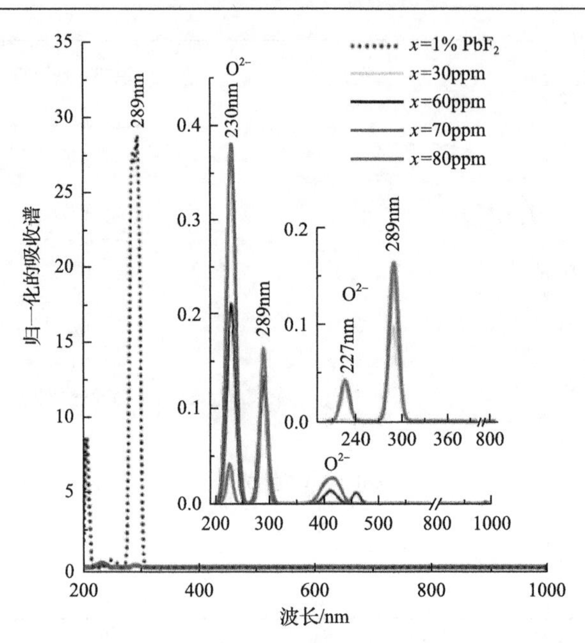

图 3.2.15　掺有不同浓度 PbF_2 杂质的 BaF_2 晶体的吸收光谱[69]

BaF_2 晶体出现在 289nm（约 290nm）吸收带的吸收强度随 Pb^{2+} 掺杂浓度的增加而增强，当 PbF_2 的掺杂摩尔浓度达 1%时，289nm 和 205nm 吸收峰明显高于其他吸收峰。因此，这两个吸收峰被认为是 Pb 杂质所为。其他弱吸收峰——230nm、430nm 和 470nm 被认为是由于 BaF_2 晶体在低真空条件下生长时所混入的氧杂质引起的。吸收带的位置取决于杂质的种类及其配位环境，吸收带的强度取决于杂质的含量。Pb 掺杂 BaF_2 晶体在遭受不同剂量的 γ 射线辐照之后，源于 Pb^{2+} 的 289nm 吸收峰的吸收强度会随着辐照剂量的增加而减弱（图 3.2.16），同时会出现一些新的吸收峰，它们的波长分别是 212nm（源于 Pb^{3+}）、350nm（源于 Pb^0）、440nm（F 色心）和 470nm，其中 470nm 吸收还可进一步拟合出 425nm、477nm 和 522nm 吸收峰，分别对应于 F 色心、Pb^+ 和 Pb^+-Pb^{2+}（缩写为 P-P）二聚体吸收。这些吸收带的强度会随着辐照剂量的增加而增强，说明 Pb^{2+} 在 γ 射线的辐照下发生了电离和电荷转移，产生了 Pb^{3+}、Pb^+ 和 Pb^0 等不同价态的 Pb。从 Pb^{2+} 上失去的电子被阴离子空位（V_a）捕获，形成 F 心，即

$$Pb^{2+} + V_a^+ \xrightarrow{\gamma} Pb^{3+} + F \tag{3-18}$$

同时，进入 BaF_2 晶体中的 O^{2-} 因为要平衡多余的负电价而产生阴离子空位（V_a），在 γ 射线辐照下，O^{2-} 被电离后失去一个电子，形成 O^-，由此导致与 O^{2-} 对应的 230nm 吸收峰在辐照之后强度下降。失去的电子被阴离子空位（V_a）捕获后形成 F 心，即

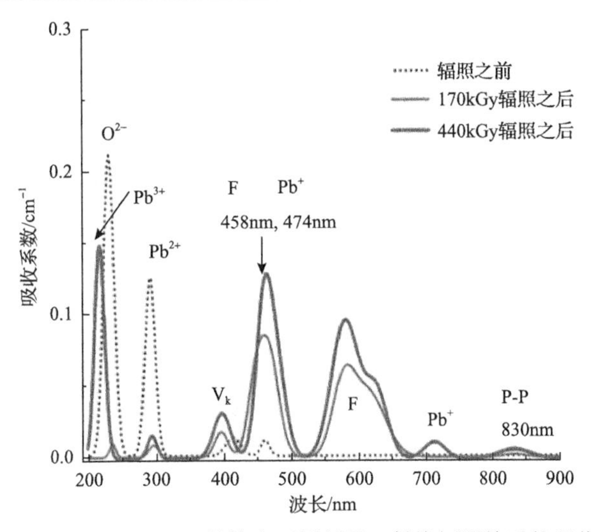

图 3.2.16　BaF_2:80ppmPbF_2 晶体在不同剂量 γ 射线辐照前后的吸收光谱[69]

$$O_s^{2-} + V_a^{+} \xrightarrow{\gamma} O_s^{-} + F \tag{3-19}$$

根据前人的研究结果，掺有不同浓度 PbF_2 的 BaF_2 晶体在 γ 射线激发下所诱导的光吸收带与点缺陷的对应关系总结于表 3.2.4。综上所述，铅杂质、F 色心及其组合(R)是造成氟化钡晶体产生辐照损伤的主要因素，Pb^{2+}和 O^{2-}杂质在 BaF_2 晶体中都属于有害杂质，在晶体制备过程中必须严加控制。

表 3.2.4　BaF_2:PbF_2 晶体在 γ 射线激发下所产生的诱导光吸收带以及相关的色心[69]

PbF_2摩尔浓度	Pb^{3+}	O^{2-}	O_s^-	Pb^{2+}	Pb^0	V_k	F	Pb^+	P-P
1%	217	—	—	286～294	354*	—	467	486	522
30ppm	220*	—	—	290	350	—	440,570	470*	830*
60ppm	212	230, 430*	252	290	350*	395	453,580	320*,474	830*
70ppm	212	228, 430	255	290	—	395	448,580	470	830*
80ppm	212	230	245	290	350	—	430	480,320	520,830*

* 表示该吸收峰的强度非常弱。

3.2.2　碘化锶晶体

早在 1968 年，美国学者 Robert Hofstadter 报道了掺铕碘化锶(SrI_2:Eu)晶体的闪烁性能并申请了发明专利。该专利采用 $EuCl_3$ 作为掺杂剂，掺杂浓度为 10ppm～16000ppm，测到 SrI_2:Eu 晶体的衰减时间约为 0.44μs，光输出仅相当于 NaI:Tl 晶体的 0.37～0.93(<40000ph/MeV)。由于受当时原料质量差、掺杂浓度低或生长技术的限制，其性能未显示出任何优势，因而没有引起人们的关注。一直到 2008 年，美国劳伦斯国家实验室的 Cherepy 等再次报道了 $SrI_2:Eu^{2+}$晶体的闪烁性能，从而掀起了研究 SrI_2 晶体的热潮[70]。$SrI_2:Eu$ 发光的主峰位在 435nm，源于 Eu^{2+} 的 d→f 能级跃迁，属于电偶极和自旋均允许的跃迁，其特点是发光效率高。同年，美国 RMD 公司 van Loef 团队制备出光输出可达 120000ph/MeV，能量分辨率为 2.8%(662keV)的 SrI_2:5% Eu 晶体，且能量线性响应好[71]。这是迄今为止光输出最高的无机闪烁晶体，尽管其发光衰减时间(1.2μs)比 Ce^{3+}离子激活的闪烁晶体延迟了将近一个数量级。因此，该晶体在核物理实验、无损检测、核医学及现代反恐等辐射探测技术领域将有广阔的应用前景。

1. 碘化锶晶体结构

SrI_2 晶体存在多种结构相，包括 SrI_2-Ⅰ型、SrI_2-Ⅳ型和 $PbCl_2$ 型，其中 $PbCl_2$ 型(空间群 Pnma)为高压稳定相(>1.5GPa)，常压下不稳定；SrI_2-Ⅳ型为介稳相；常压下能够稳定存在的只有 SrI_2-Ⅰ型，它属正交晶系，空间群为 Pbca，Z=8，结构中每个 Sr^{2+}与 7 个 I^-配位形成$[SrI_7]$变形的八面体配位(图 3.2.17(a))，八面体之间分别通过共角顶和共棱的方式互相连接形成三维网络结构(图 3.2.17(b))。I^-的格位有两种，I1 和 I2，分别与 3 个和 4 个 Sr^{2+}配位，Sr-I1 和 Sr-I2 的平均键长分别为 3.31Å 和 3.39Å，形成不规则三角形和四面体配位结构[72]，密度 4.59g/cm^3，结

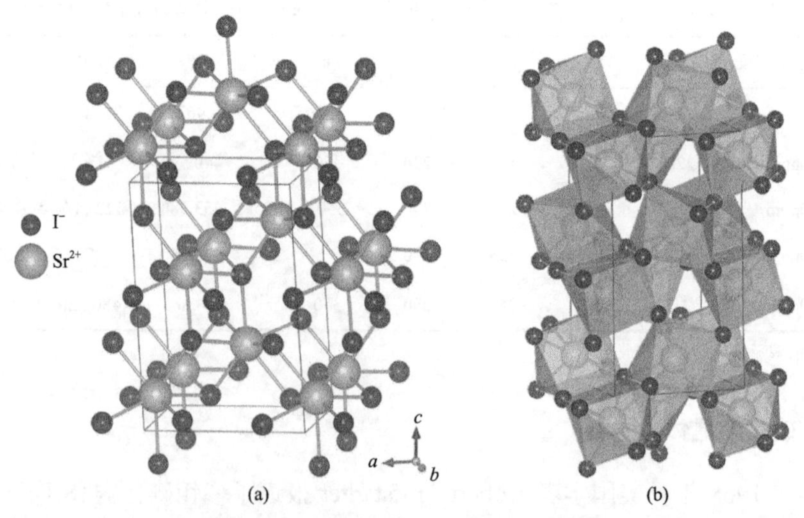

图 3.2.17　正交结构 SrI_2 晶体结构图[72]

(a)晶胞中的原子排布图；(b)$[SrI_7]$配位多面体连接方式图

构稳定，从室温到熔点温度之间没有结构相变。尽管该晶体的结构对称程度不高，但各向异性很小，它在⟨a⟩ ⟨b⟩ ⟨c⟩三个晶向的热膨胀系数分别为 1.552×10^{-5}℃$^{-1}$、2.164×10^{-5}℃$^{-1}$ 和 0.924×10^{-5}℃$^{-1}$[73]，对 435nm 光的折射率分别为 $n_x=n_z=2.05$ 和 $n_y=2.07$，从而可以排除各向异性对晶体生长和晶体性能的不利影响。

Eu^{2+}与 Sr^{2+}不仅化合价相同，而且电负性(1.054eV 和 1.004eV)和离子半径(1.20Å 和 1.21Å)也相似，从而导致它们的二碘化物——SrI_2 和 EuI_2 具有相同的晶体结构、相似的晶胞参数和熔融温度(分别为 534℃和 541℃)(表 3.2.5)[73]。因此，当把 Eu^{2+}作为激活剂掺入到 SrI_2 晶体中，Eu^{2+}非常容易进入 SrI_2 晶格并占据 Sr 位置，可以在全成分范围内无限互溶，实现均匀分布。

表 3.2.5　SrI_2 和 EuI_2 晶体的结构参数表[73]

晶体	对称	空间群	a/Å	b/Å	c/Å	密度/(g/cm^3)	熔点/℃
SrI_2	正交	Pbca	15.22	8.22	7.90	5.459	534
EuI_2	正交	Pbca	15.12	8.18	7.83	5.503	541

2. 发光与闪烁性能

纯的 SrI_2 晶体在 251nm 激发下会发射出峰值波长为 540nm、半高宽为 200nm 的可见光，激发峰与发射峰之间的斯托克斯位移为 289nm(图 3.2.18)[74]。以 ^{137}Cs 为激发源所测得的闪烁衰减曲线具有单指数衰减特征，从中拟合出的闪烁衰减时间为 498ns，与其荧光衰减时间(494ns)几乎相同。这种发光基本上与晶体中存在的自陷激子发光有关。

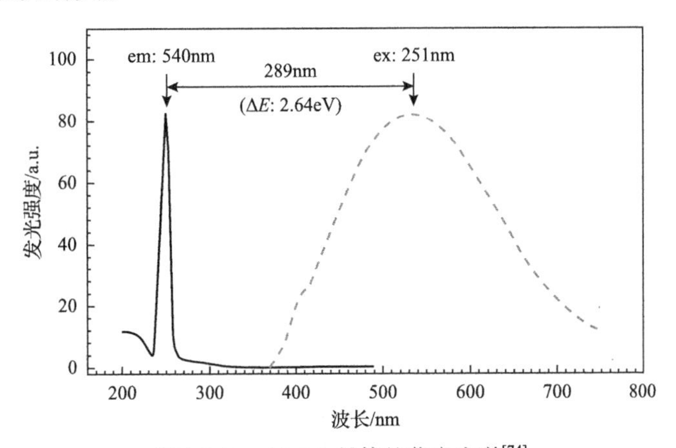

图 3.2.18　纯 SrI_2 晶体的荧光光谱[74]

图 3.2.19 展示了 Eu 掺杂 SrI_2 晶体的透射光谱和发射光谱，这里完全看不到纯

SrI_2的540nm发光带，SrI_2:Eu晶体的荧光发射谱和X射线激发(XEL)发射谱的峰值波长分别出现在425nm和433nm，属于Eu^{2+}的特征发射。Eu的价电子构型是$[Xe]4f^76s^2$，失去$6s^2$轨道上的两个电子后形成Eu^{2+}，其基态电子构型是半充满的4f壳层，即$4f^7(^8S_{7/2})$，最低激发态为$4f^65d(^6P_J)$，5d→4f跃迁属于电偶极和自旋均允许的跃迁。Eu^{2+}的特点是发光强度大，量子效率高，但发光衰减时间比Ce^{3+}的5d→4f跃迁至少慢了一个数量级，一般为1μs左右。荧光发射波长为425nm，与X射线激发的发射波长(433nm)之间的差别在于前者是表面发射，而后者则是穿过晶体内部的体发射。从图3.2.19不难发现，SrI_2:Eu晶体的发射波长与透射光谱的截止吸收边存在明显的重叠，说明该晶体存在严重的自吸收问题。

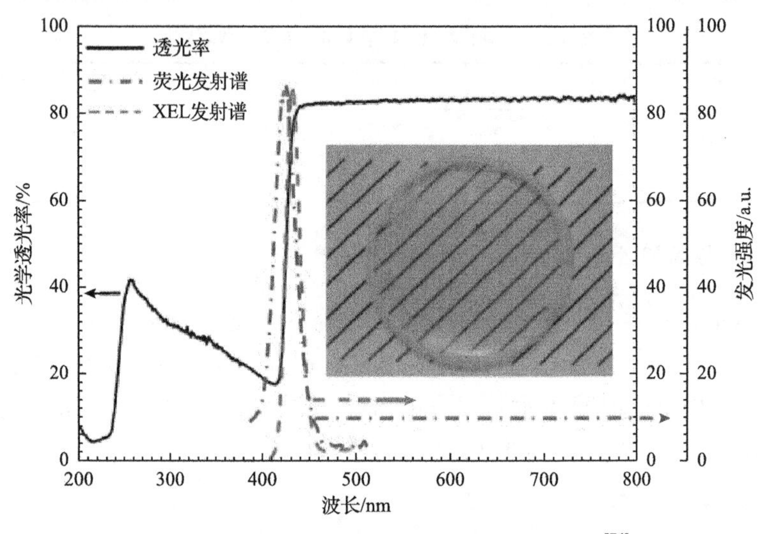

图 3.2.19　SrI_2:Eu晶体的透射光谱和发射光谱[74]

SrI_2:Eu晶体的闪烁性能对Eu^{2+}的含量有较强的依赖性[75]，虽然发射谱的形状基本相同，且都具有高斯分布特征，但发射谱的峰值波长随着Eu^{2+}掺杂浓度的提高而红移(图3.2.20)，当Eu的含量从0.5%增加至10%时，UV激发的荧光发射波长从427nm增加至432nm，X射线激发的发射波长从429nm增加至436nm(图3.2.20)。

Smerechuk等从低掺杂浓度(0.1%～2%)SrI_2:Eu[76]系列晶体的紫外激发光衰减曲线谱中拟合出三个衰减时间常数：40ns的快分量，占比约10%，被认为是Eu^{2+} 5d轨道上的电子被热激活进入导带，然后与空穴无辐射复合而产生的快衰减；500ns为主要发光常数，占比80%以上，起源于Eu^{2+}的5d→4f跃迁；此外还存在时间大于1200ns的慢分量，占比约10%，是Eu^{2+}因强烈的自吸收而产生的延迟发光。同时，SrI_2:Eu晶体在^{137}Cs激发下闪烁衰减曲线也表现出强烈的浓度依赖性

(图 3.2.21)，对掺 Eu 浓度为 0.5%、2%、5%、10%的 SrI_2:Eu 晶体的闪烁衰减曲线进行单指数拟合，所得到的衰减时间分别为 620ns、900ns、1200ns 和 1650ns(图 3.2.21)。在以紫外激发的荧光衰减谱中也测得了类似的依赖关系，即随着 Eu^{2+}掺杂浓度的增加，衰减时间不断延长，慢分量时间常数及其占比也会持续增加。同时，衰减时间不仅对 Eu^{2+}的掺杂浓度有依赖性，而且还受晶体体积的影响，当晶体体积从 1 个单位增加到 9 个单位时，光衰减时间从 700ns 延长至 1200ns[75]。除了发射波长和衰减时间，SrI_2:Eu 晶体的光输出和能量分辨率也与 Eu^{2+}的掺杂浓

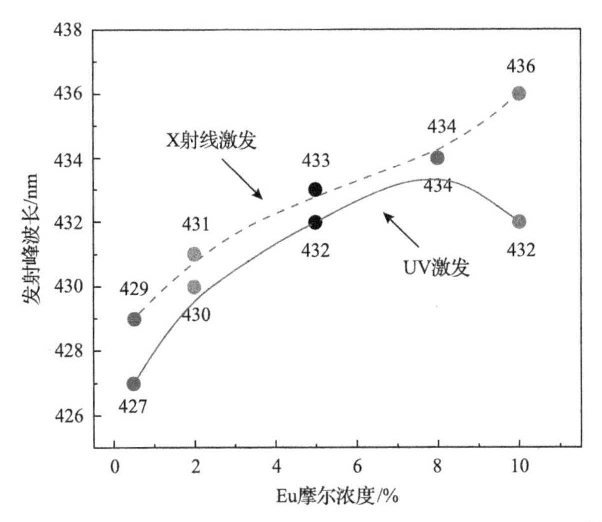

图 3.2.20　SrI_2:Eu 晶体的发射峰波长与 Eu 摩尔浓度的关系[75]

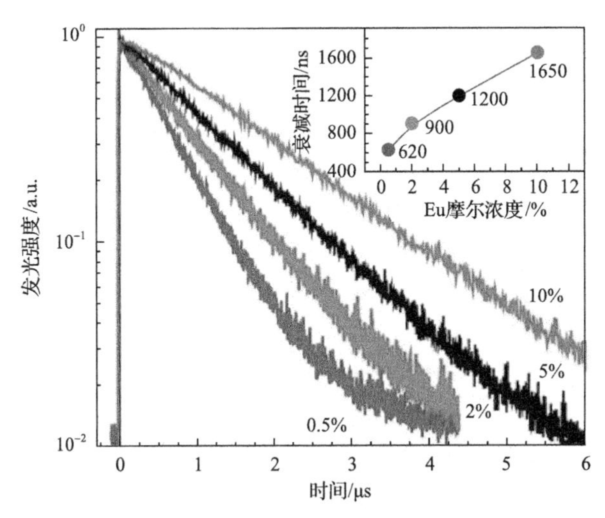

图 3.2.21　SrI_2:Eu 晶体在 ^{137}Cs 激发下的光衰减曲线与 Eu 摩尔浓度的关系[75]

插图为衰减时间随 Eu 摩尔浓度的变化

度有关，总的趋势是随着 Eu 掺杂浓度的增加晶体的光输出增强，能量分辨率值逐渐变好(图 3.2.22(a))。当 Eu 掺杂浓度为 5%～6%时出现光产额最大值——30000ph/MeV(图 3.2.22(b))，在 662keV 的 γ 射线激发下，能量分辨率达到 2.8%(图 3.2.23)[71]。若继续增加 Eu^{2+}掺杂浓度，光输出反而下降。由于高的掺杂浓度和大的晶体体积都会加重晶体的自吸收效应，所以最佳的性能测试结果都是在小尺寸晶体上测得的。例如，美国费斯克(Fisk)大学所生长的小尺寸 SrI_2:3%Eu 晶体则被橡树岭国家实验室测试出 2.6%的能量分辨率[72]。这是迄今为止报道的最佳能量分辨率。

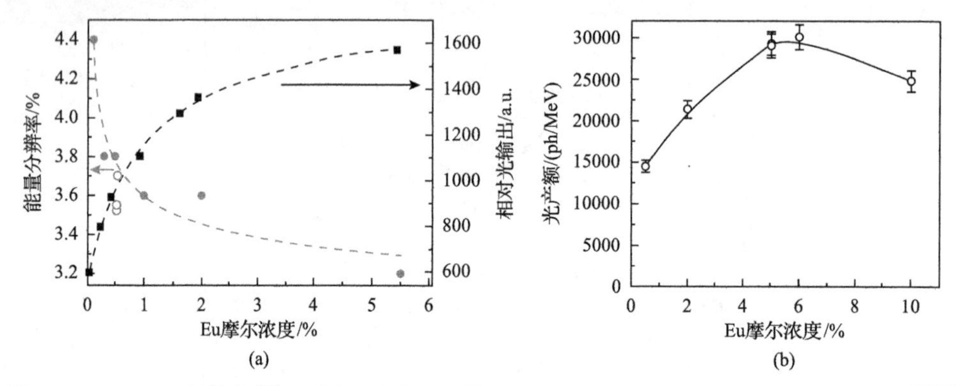

图 3.2.22　SrI_2:Eu 晶体在 ^{137}Cs 激发下的能量分辨率(a)和光产额(b)对 Eu 摩尔浓度的依赖性[75,76]

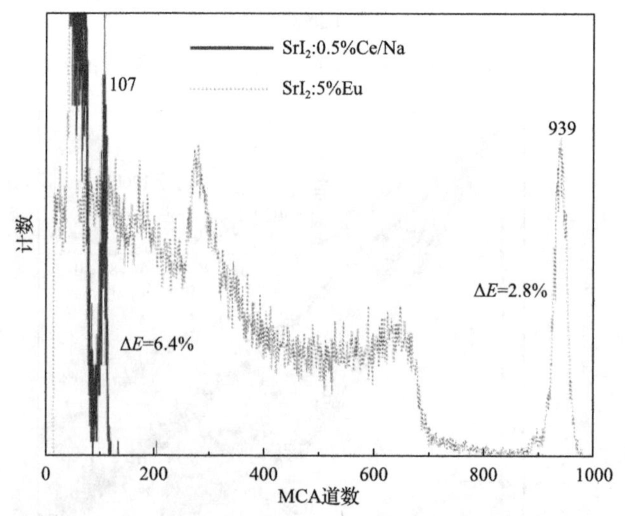

图 3.2.23　SrI_2:5%Eu 和 SrI_2:0.5%Ce/Na 晶体在 ^{137}Cs 源激发下的脉冲高度谱[71]

SrI_2:Eu 晶体之所以具有小于 3%的能量分辨率数值，其原因之一是，Eu^{2+}与 Sr^{2+}的半径和电负性非常接近，EuI_2 和 SrI_2 具有同样的晶体结构，Eu^{2+}在 SrI_2 晶格中的分布非常均匀，晶体中的浓度与配料中的浓度几乎完全相同，因闪烁晶体性能不均匀性对能量分辨率的干扰最小；原因之二是，由于 SrI_2:Eu 的光输出极高，光电倍增管统计涨落的贡献极小，能量的非比例响应系数(nPR)对 SrI_2:Eu 晶体能量分辨率的贡献是主要的，由 nPR 决定的能量分辨率仅为 2.2%[73]。SrI_2:Eu 晶体具有极为优良的能量线性响应特性，其 nPR 在 14～1274keV 范围内的数值小于 2%，远远优于 NaI:Tl 晶体，甚至优于 $LaBr_3$:Ce 晶体，且随着 Eu^{2+}浓度的增加，非比例响应还会进一步减弱(图 3.2.24)。

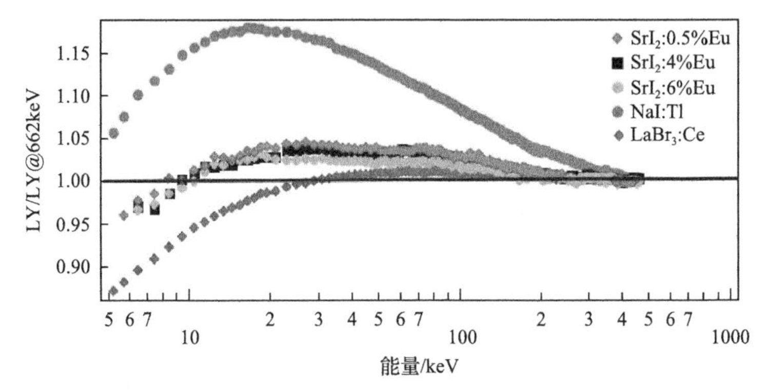

图 3.2.24　SrI_2:Eu 和 NaI:Tl、$LaBr_3$:Ce 晶体的光输出对不同能量的响应曲线[73]

针对 SrI_2:Eu 晶体衰减时间较长的缺点，van Loef 等[77]根据 Ce^{3+} 5d→4f 跃迁通常具有快衰减特性，在国际上率先开展了 Ce^{3+}掺杂 SrI_2 晶体的制备和闪烁特性研究，为了保持电荷平衡，甚至采用了 Ce^{3+}与 Na^{+}共掺，制备出了不同 Ce^{3+}掺量的 SrI_2:Ce/Na 晶体。这些晶体呈现峰值位于 404nm 和 435nm 的特征 Ce^{3+}发光，当 Ce^{3+}掺量较小时，还可以观察到峰值位于 525nm——属于 SrI_2 晶体的本征发光带。SrI_2:0.5%Ce/Na 衰减曲线可以拟合出两个衰减常数：27ns(25%)和 450ns(75%)。SrI_2:2%Ce/Na 晶体的衰减曲线也可以拟合出两个衰减常数：33ns(47%)和 570ns(53%)。显然，与 SrI_2:Eu 晶体相比，SrI_2:Ce/Na 晶体的衰减时间明显加快，但光产额较 Eu 掺杂的 SrI_2:Eu 晶体低(11000～16000ph/MeV)，能量分辨率也较差(图 3.2.22)，变化于 6.4%～12.3%之间，同时光输出在 60～1274keV 的范围内对能量响应的非比例系数(6%)也不及 SrI_2:Eu 的好(2%)。根据陈俊锋对 Ce^{3+}掺杂 SrI_2 晶体的辐射发光、光致发光和荧光衰减等特性的研究[74]，室温下 SrI_2:Ce 晶体的辐射发光由 STE 发光和 Ce^{3+}的 4f→5d 发光两部分构成，Ce^{3+}的 4f→5d 发光的斯托克斯位移仅为 0.164eV，如此小的斯托克斯位移决定了该发光的激发光谱和发射光谱也存在着较大的光谱重叠，这必然造成严重的发光自吸收现象，从而影响晶体的能量分辨性能和时间响应特性。因此单从自吸收角度来看，Ce^{3+}并不比 Eu^{2+}有明显的优势。其次，由于 Ce^{3+}与 Sr^{2+}电负性(1.248 和 1.004)、电荷(+3 价和+2 价态)和离子半径(1.07Å 和 1.21Å)都存在差异，造成 Ce^{3+}在 SrI_2 基质中的分凝系数仅为 0.015～0.056，存在严重的发光不均匀性，这必然会导致晶体能量分辨率的恶化。

3. 碘化锶晶体生长

SrI_2非常容易潮解，每个SrI_2与水结合后形成含有1～6个水分子的结晶水合物——$SrI_2·6H_2O$、$SrI_2·4H_2O$、$SrI_2·2H_2O$和$SrI_2·H_2O$。当在真空条件下加热时，随着加热温度的升高，$SrI_2·6H_2O$分别在不同的温度下脱去结晶水。结晶水的脱水顺序因研究者所用样品性质(如粒度、纯度)和测试条件(如升温速度和气体流量等)的不同而呈现出不同的过程，其中最典型的脱水顺序分别是6→4→2→1→0、6→2→1→0和6→4→1→0等(数字代表含水量)。根据陈俊锋对Sigma-Aldrich公司生产的4N纯度$SrI_2·6H_2O$差热分析结果，随着温度的升高其脱水过程为6→4→1→0[74]，即

$$SrI_2·6H_2O \rightarrow SrI_2·4H_2O \rightarrow SrI_2·H_2O \rightarrow SrI_2$$

DSC曲线显示，它们在第一轮升温-降温循环过程中出现若干个吸热峰(图3.2.25)，对应的温度分别是202℃、308℃、327℃和535℃，其中的202℃和308℃被认为是$SrI_2·4H_2O \rightarrow SrI_2·H_2O$和$SrI_2·H_2O \rightarrow SrI_2$的脱水温度，327℃因没有对应的热重变化而被认为是SrI_2晶体从介稳相(Pnma)向稳定相(Pbca)的转变温度，535℃和477℃分别为SrI_2晶体的熔点温度和降温冷却时的结晶温度。但在第二轮升温-降温循环过程中，因原先存在于原料中的水分均已挥发而在加热时不再出现吸热峰，只有534℃的熔化温度和472℃的结晶温度。两次热循环的过冷度分别为58℃和62℃[74]。由此可见，在进行晶体生长之前对SrI_2原料进行脱水处理不仅是必需的，而且是有效的。除了SrI_2这个主要原料之外，EuI_2也具有很强的潮解性，同样需要进行脱水处理。

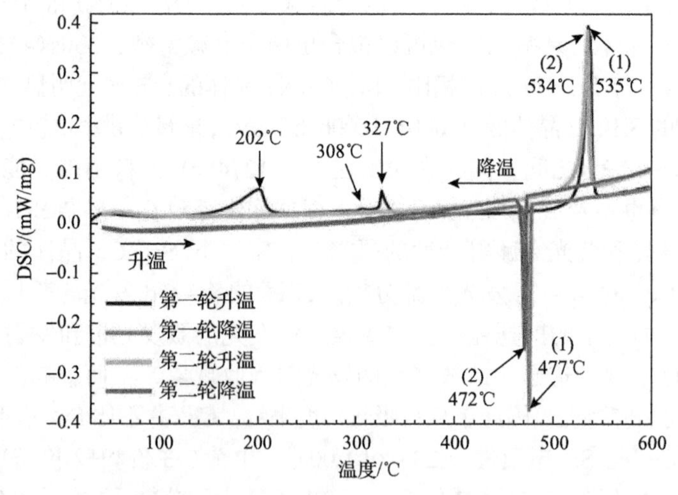

图3.2.25 SrI_2原料的DSC曲线[74]

SrI_2:Eu 晶体既可以采用坩埚下降法生长，也可以采用提拉法或垂直温度梯度凝固(VGF)法。下降发生生长时通常以熔石英玻璃为坩埚，在使用之前须经过高温烘干。将脱水后的纯度不低于 4N 的 SrI_2 和 3N 的 EuI_2 原料按照一定的比例在手套箱中配比称重、混合均匀以及适当的预处理之后装入石英坩埚内，然后在不低于 10^{-5}torr 的真空和大约 150℃的加热条件下把坩埚口完全密封。2008 年以来，美国劳伦斯伯克利国家实验室、橡树岭国家实验室与 RMD 公司和费斯克大学等实验室合作，通过采用形似哑铃状的石英坩埚，让原料在上部熔融后所形成的熔体通过两段石英管分界处的过滤网进入下部的生长坩埚，过滤掉熔体中因碳化而形成的有机混合物，可有效清除了其中的黑色包裹体，生长出了清澈透明、无散射颗粒的 SrI_2:Eu 晶体(图 3.2.26)[72]。Glodo 等和 Smerechuk 等通过对 SrI_2 原料纯度的提高和 Eu^{2+}掺杂浓度的调整，发现晶体的光产额随 Eu^{2+}掺杂浓度的不同变化于 70×10^3～115×10^3ph/MeV 之间，衰减时间随晶体体积的不同变化于 1～5μs，能量分辨率≤3%@662keV[75-78]。2016 年，日本东北大学材料研究所在微下拉法晶体生长装置的基础上，采用底部加籽晶的石墨坩埚和感应加热法生长技术(图 3.2.27)，通过对原料的真空脱气、坩埚锥角的调节和加热方式的优化从而有效消除了晶体中的气泡和开裂问题，生长出ϕ50mm×50mm 的 SrI_2:Eu 晶体，晶体光产额达到 87000ph/MeV，能量分辨率为 3.5%@662keV[79]。2018 年，乌克兰闪烁晶体材料研究所采用铂金坩埚和感应加热的提拉法技术也生长出直径 50mm 的 SrI_2:Eu 晶体，晶体除了比较容易开裂[80]，闪烁性能与下降法生长的晶体相比没有明显差异。

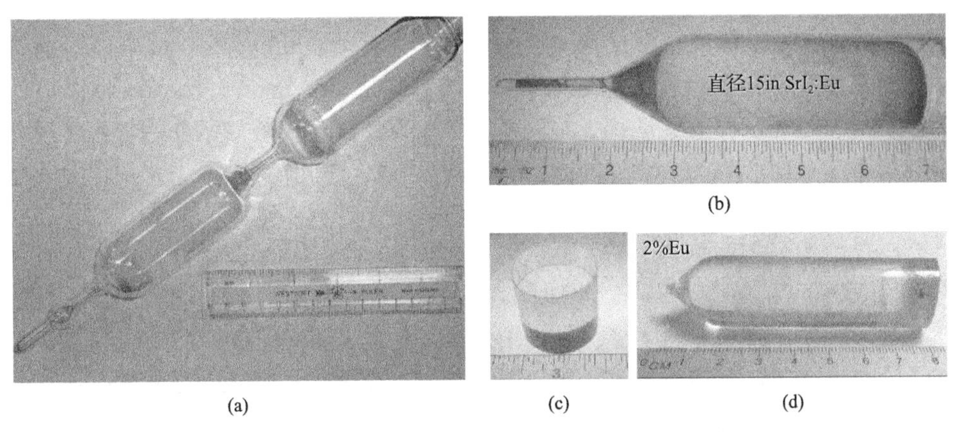

(a)　(b)　(c)　(d)

图 3.2.26　用垂直下降法生长 SrI_2:Eu 晶体所使用的两段式石英坩埚

(a)图中右上方一段为熔料区，左下方为结晶区，中间的缩颈部分为过滤区，最左下端的玻璃球和毛细管为晶核淘汰区[72]；(b)、(c)和(d)为 SrI_2:Eu 晶体[75,78]

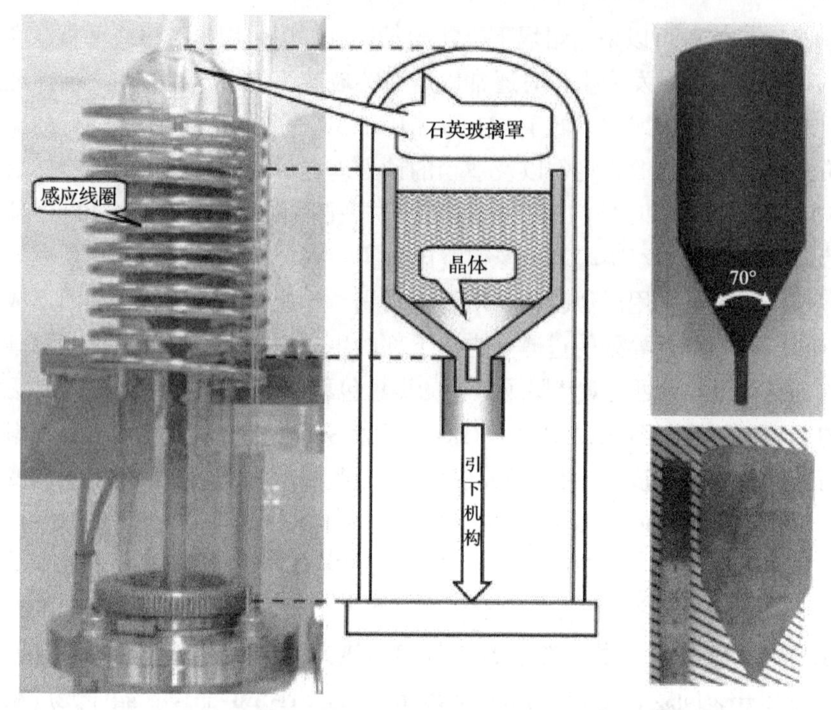

图 3.2.27　用感应加热石墨坩埚下降法所生长的 SrI_2:Eu 晶体[79]

3.3　稀土卤化物闪烁晶体

闪烁晶体通常由基质材料和激活剂两部分组成。稀土元素中的 Y^{3+}、La^{3+}($4f^0$)、Lu^{3+}($4f^{14}$)等离子都具有闭壳层结构，属于光学惰性离子，Gd^{3+}($4f^7$)的 4f 轨道具有半充满结构，它们都是基质材料的理想化学组分。此外，Ce^{3+}既可以作为基质材料也可以作为激活剂，在闪烁晶体中发挥了不可或缺的作用。由上述元素与卤素结合所形成的 LnX_3 型化合物具有高密度、高光输出、快衰减的特性，是闪烁晶体家族中的重要成员。

Ce^{3+}的电子构型是[Xe]$4f^1$，如果失去 $4f^1$ 电子则成为+4 价离子 Ce^{4+}。拥有一个 $4f^1$ 电子的 Ce^{3+}在游离基态(^2F_J)时，其激发态分别是 5d(^2D_J)和 $6s^2$($S_{1/2}$)，自旋轨道相互作用把基态(^2F_J)和激发态(^2D_J)分别劈裂成两对能级，即 $^2F_{7/2}$、$^2F_{5/2}$ 和 $^2D_{5/2}$、$^2D_{3/2}$，相应的能级差分别是 2250cm^{-1} 和 2500cm^{-1}，4f→5d 之间的电偶极子跃迁是允许的并且具有大的振荡能量。通常，Ce^{3+}的发射光出现在最低的 5d 能级向 4f 基态能级 $^2F_{7/2}$ 和 $^2F_{5/2}$ 之间的跃迁，从而使 Ce^{3+}离子的 5d→4f 发射具有典型的双峰特征，依据基质晶体结构和测试温度的不同，这个跃迁很容易被解析出来。由于 4f 电子受到近邻 5s 和 5d 电子壳层的屏蔽，在晶体中 Ce^{3+}基态(^2F_J)能级的劈

裂一般只有几百个 cm^{-1}，这取决于晶体中与 Ce^{3+}配位的阴离子的化学键性质和配位体的种类。Ce^{3+}掺杂晶体的量子效率不仅受基质晶体的带隙宽度的制约，而且还受基质晶体结构类型、Ce^{3+}-阴离子之间化学键的类型，以及 Ce^{3+}与基质阳离子之间电离势的影响。Ce^{3+}的发射一般处于光谱的紫外或蓝色波段(但在 YAG 晶体中由于受晶体场影响而发射绿光或红光)，光衰减速度很快，一般只有几十纳秒，因此，成为多数无机闪烁晶体中的首选激活离子。表 3.3.1 列出了若干 Ce 掺杂 LnX_3 型稀土卤化物的主要物理性能和闪烁性能。

表 3.3.1　若干 Ce 掺杂 LnX_3 型稀土卤化物的主要物理性能和闪烁性能

基质	晶体结构	密度/(g/cm^3)	熔点/℃	发射波长/nm	Ce^{3+}含量(摩尔分数)/%	光产额/(ph/MeV)	能量分辨率/%*
CeF_3	$P\bar{3}c1$	6.16	1443	300	100	4400	>20
$CeCl_3$	$P6_3/m$	3.9	817	360	100	28000	8.0
$CeBr_3$	$P6_3/m$	5.2	732	370	100	60000	3.8
LaF_3	$P\bar{3}c1$	8.3	1490	310	10	2200	>20
$LaCl_3$	$P6_3/m$	3.86	859	350	10	46000	3.2
$LaBr_3$	$P6_3/m$	5.29	783	385	0.5	66000	2.8
LuF_3	Pnma	8.3		310		8000	
$LuCl_3$	C2/m	4.0	925	374	10	5900	>11
$LuBr_3$	$R\bar{3}$	5.17	1025	408	0.76	10000	6.5
LuI_3	$R\bar{3}$	5.68	1050	470	2	115000	4.7
$GdBr_3$	$R\bar{3}$	4.6	770	770	2	28000	>20

* 以 ^{137}Cs 源所发射的 662keV γ 射线激发下的能量分辨率。

3.3.1　氟化铈晶体

氟化铈(CeF_3)晶体是一种多用途光功能晶体材料，既可以用作宽光谱光学材料，透光范围从真空紫外到红外，掺杂 Dy、Er、Nd 后可作为激光介质材料，还可以作为氟离子电池用于电解质材料，以及作为高功率磁光材料在光通信领域用于 Farady 光隔离器。

1. CeF_3 晶体结构和基本物理性质

氟化铈的化学式为 CeF_3，天然矿物叫作氟铈矿，人工合成的 CeF_3 晶体是一种无色透明的材料。该晶体结构存在两种变体，低温变体的空间群为 $P\bar{3}c1$，高温变体的空间群为 $P6_3/mmc$。但这两种变体在结构上的差异很小，相互之间的转变非常缓慢，甚至可以共存于同一个晶体中。从熔体中生长的 CeF_3 晶体属于六方晶系，$P\bar{3}c1$空间群，每个F^-与周围3个Ce^{3+}相连，每个Ce^{3+}与周围的9个F^-配位，Ce—F平均键长为2.468Å，晶胞参数a=7.1141Å，c=7.2702Å，γ=120°，Z=6(图3.3.1)[81]。因$(11\bar{2}0)$和(0001)晶面 F^-相邻排列，使该晶面间的结合力较弱，从而发育出$(11\bar{2}0)$和(0001)完全解理面和$(1\bar{1}00)$不完全解理面，当晶体受到热应力和机械应力作用时便优先沿着这两个解理面发生开裂。该晶体密度6.2g/cm^3，莫氏硬度4.5～5，带隙宽度E_g约等于10eV，透光范围在283～12000nm之间，在350nm处的透光率达80%以上(图3.3.2)。与一般卤化物闪烁晶体相比，它不潮解，物化性质稳定，从而可直接在大气环境下使用。折射率(1.62@400nm)与玻璃相近，从而有利于提高光的收集效率。因此在20世纪90年代初，CeF_3晶体被作为欧洲核子研究中心大型强子对撞机(LHC)中CMS电磁量能器建设的三个候选材料之一而受到高度关注和详细研究。

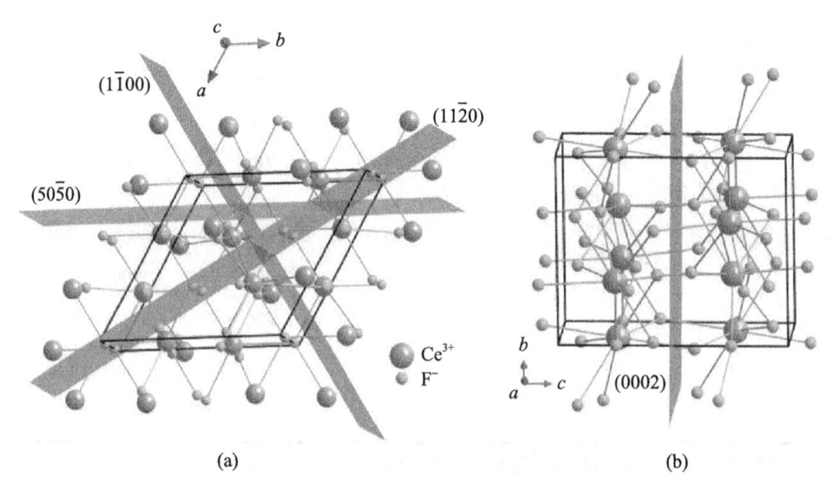

图3.3.1　氟化铈(CeF_3)晶体结构沿c轴方向(a)和a轴方向(b)的透视图[81]

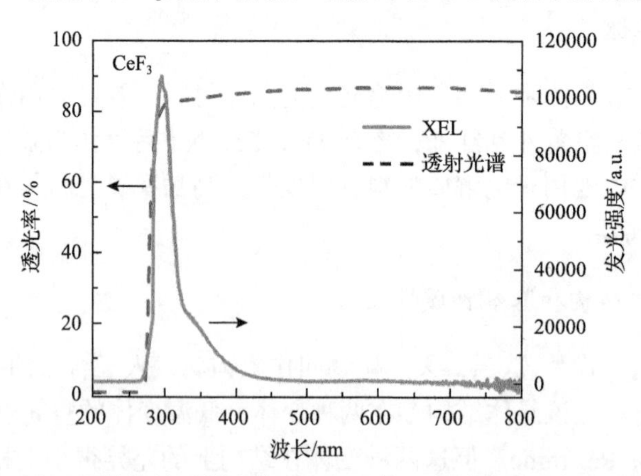

图3.3.2　CeF_3晶体的透射光谱和室温下的X射线激发发射光谱(XEL)

2. CeF_3 晶体闪烁性能

CeF_3 晶体发光性能研究最早见于 1941 年 Kröger 和 Bakker 的报道。1989 年，Anderson 以及 Moses 等研究发现 CeF_3 晶体不仅密度高，而且衰减时间只有 5ns 和 30ns 的两个分量，没有长于 100ns 的慢分量，属于响应速度比较快的闪烁晶体[82,83]。CeF_3 晶体的光产额约为 4400～4500ph/MeV，比纯 CsI 高出 50%，且温度系数很小(−0.05%/℃)。CeF_3 晶体在 X 射线激发下的发光带分布在 270～360nm 的紫外区，其中主峰位于 305nm，此外在 330nm 附近还存在一个弱发光带(图 3.3.2)，分别对应两个发光中心。Voloshinovsky 在 77K 的低温下根据激发波长的变化可以非常清晰地分辨出两个发光带(图 3.3.3)：一个是在 240nm 激发下产生的两个发光峰(A 带)，波长分别为 286nm 和 305nm，衰减时间 8.6ns；另一个是在 285nm 激发下产生的两个发光峰(B 带)，波长分别为 305nm 和 325nm，衰减时间 27～32ns[84]。由于 A 带的 285nm 发射峰与 B 发射带的激发峰重叠，所以 A 带中的 285nm 发射峰通常无法显露，室温下呈现出来的就是 305nm 和 325nm 发射峰，并以前者为主。A 带和 B 带中两个发光峰之间的能级差($^2F_{5/2}$ 与 $^2F_{7/2}$ 之间)几乎是完全相同的，因此认为这两个发光峰都来自 Ce^{3+} 的 $5d\rightarrow{}^2F_{5/2}$ 和 $5d\rightarrow{}^2F_{7/2}$ 跃迁。差异在于 5d 轨道所处的能级不同，通常把 305nm 发光带归因于正常格位上 Ce^{3+}(Ce_{reg})的 5d→4f 跃迁，而 325nm 发光带被认为是由于受附近本征缺陷或杂质缺陷微扰的 Ce^{3+}(Ce_{per})的 5d→4f 跃迁。这些微扰因素包括氟离子空位、阴离子杂质(如与 Ce^{3+} 配位的某个 F^- 被 O^{2-} 取代)或者 Ce_{reg} 与 Ce_{per} 之间的相互作用等都会影响到 CeF_3 晶体的发射波长和衰减时间。例如，日本的 Shimamura 等测得的发光波长为 290nm 和 340nm 对应的衰减时间分别为 17ns 和 29ns[85]。而中国科技大学汪兆民等对国产 CeF_3 晶体的测试结果表明，该晶体存在两个发射峰：一是由 287nm 和 303nm 连为一体的主发射主峰，同时在 340nm 处还有一个弱发光带，拟合出的衰减时间分别为 5ns 和 35ns 两个分量，两者的强度比例约为 1:9[86]，说明晶体中 35ns 的分量占据主导地位。这个室温下的测试结果与 Voloshinovsky 在 77K 下的测试结果几乎完全相同。

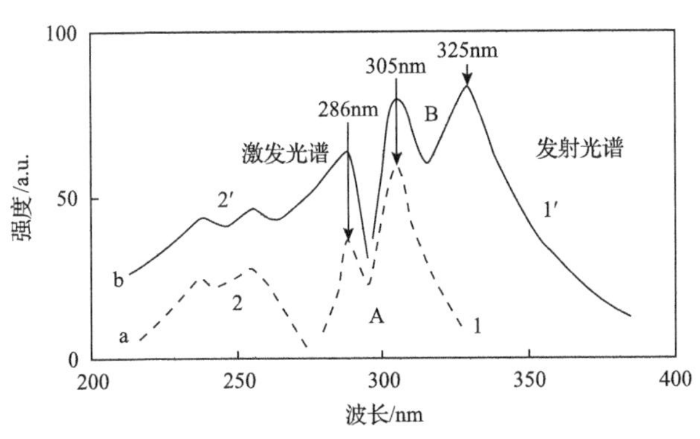

图 3.3.3　CeF_3 晶体在 77K 温度下的激发(2,2′)与发射光谱(1,1′)[84]

CeF_3 晶体具有较高的密度、快的衰减时间、好的温度稳定性及比较高的 α/β 比，且 α/β 比与入射粒子能量(E_α，keV)之间存在比较好的线性关系：$\alpha/\beta=0.084+1.09\times 10^{-5} E_\alpha$[87]，但缺点是光产额偏低，约为 4400ph/MeV。为提高光产额，日本的 Shimamura 等对 CeF_3 进行了掺杂实验[85]，发现掺杂摩尔浓度 5% Lu^{3+}可将 CeF_3 晶体的光输出提高了 100%(图 3.3.4)，而且慢分量比掺杂之前有明显下降，说明通过掺杂可望对该晶体的闪烁性能进行一定程度的改进。如果对 Lu 的浓度适当优化，光输出有可能进一步提高。但因发光波长在紫外区，一般的硼硅酸盐玻璃在这个波段的透光率都比较低，造成光探测器对紫外区光的探测效率也都比较低，因此有人试图通过一种叫作波长移动膜(WSL)的有机材料吸收 CeF_3 的紫外光然后发射出波长较长的蓝色光，从而可以提高光探测效率(图 3.3.5)。

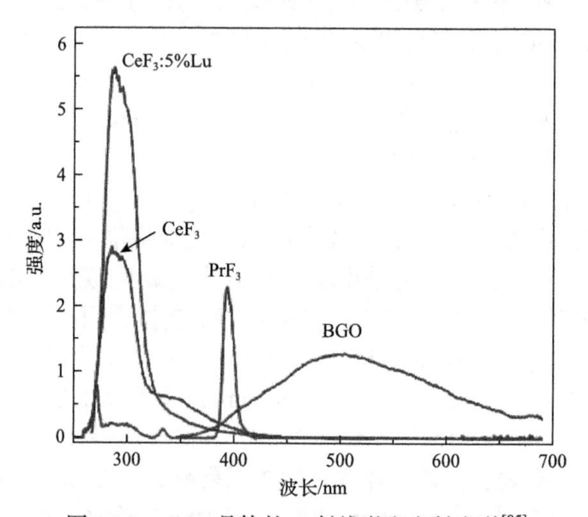

图 3.3.4　CeF_3 晶体的 X 射线激发发射光谱[85]

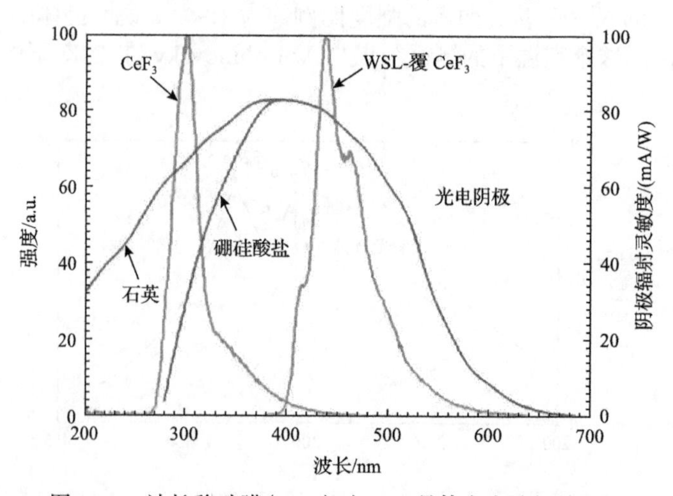

图 3.3.5　波长移动膜(WSL)对 CeF_3 晶体发光波长的调整

3. 晶体生长与生长缺陷

CeF_3晶体的熔点为1443℃，从熔点到室温没有破坏性相变，因此既可以采用提拉法生长，也可以采用坩埚下降法生长，但生长必须是在真空或CF_4、HF等含氟气体保护的氛围中进行。因为，在加热或熔融CeF_3原料时，系统中的含氧杂质很容易与CeF_3发生化学反应[88]：

$$4CeF_3 + 4O_2 \longrightarrow 4CeO_2 + 6F_2 \uparrow \tag{3-20}$$

$$2CeF_3 + 2CeO_2 \longrightarrow 4CeOF + F_2 \uparrow \tag{3-21}$$

$$2CeF_3 + O_2 \longrightarrow 2CeOF + 2F_2 \uparrow \tag{3-22}$$

在有水存在的条件下，还会发生如下反应：

$$4CeF_3 + O_2 + 6H_2O \longrightarrow 4CeO_2 + 12HF \uparrow \tag{3-23}$$

反应(3-21)和(3-22)中所形成的CeOF或反应(3-20)和(3-23)中所形成的CeO_2都是对晶体生长极其有害的杂质，很容易以包裹体的形式存在于晶体内。因此，在开展晶体生长之前必须对原料进行脱水和脱氧处理。通常是在10^{-3}Pa的真空环境中加热到200℃左右保温一定的时间。如果处理不彻底，生长出的晶体中经常会出现CeO_2或CeOF包裹体，这些包裹体的存在会导致光散射现象的发生，从而降低晶体的光收集效率[86]。此外，还有一种光散射颗粒并非固体包裹体，而是一种叫作"负晶"的生长缺陷[89]。它们的形态与BaF_2晶体中的负晶类似，也具有规则的几何多面体外形，如立方体，尺寸从几个微米到几百个微米(图3.3.6)。在正交偏光下全消光，在单偏光下呈现出与基底不同的颜色，内部全空或者包含有一些杂相。其成因与氟化钡晶体中的负晶相同，即生长过程中被包裹的熔体按照晶体结晶习性而形成的规则形空洞。

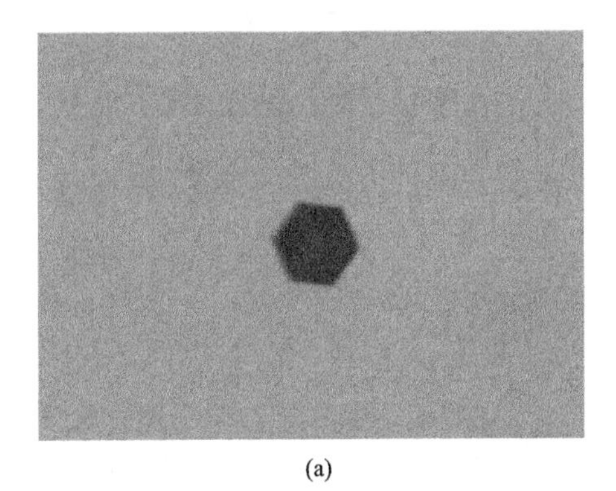
(a)

(b)

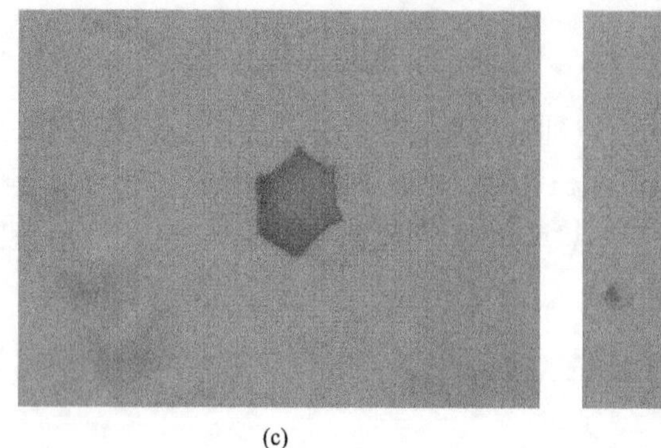
(c)

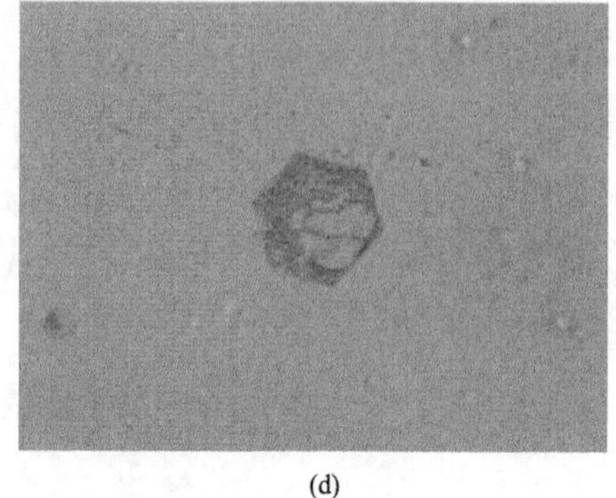
(d)

图 3.3.6　CeF_3 晶体中的负晶颗粒在光学显微镜下的形貌
(a)正交偏光；(b)～(d)单偏光

1991 年，上海硅酸盐所与北京玻璃研究所应丁肇中先生的邀请与瑞士苏黎世高等工业学院联合开展 CeF_3 晶体的研制工作，所采用的晶体生长方法是以石墨为坩埚和以石墨为发热体的真空下降法，为避免 O_2 或者 OH^- 发对晶体质量的不利影响，还在生长原料中加入了脱氧剂。然而，晶体中仍不时出现 340nm 吸收带。这种吸收曾经被认为是稀土离子在化学性质上的相似性使得 CeF_3 原料中总是含有少量其他稀土杂质，容易引起光吸收而降低晶体的光输出。但经过分析，确认该吸收带与晶体中的 O^{2-} 或者 OH^- 因电荷补偿而形成的“O^{2-}-V_F”缺陷对和 O^{2-}2p→Ce^{3+}4f 电子跃迁有关，通过严格控制原料和生长炉内的氧杂质，最终克服了晶体的抗辐照损伤问题，生长并加工出净尺寸为 28mm×28mm×280mm 的优质 CeF_3 晶体(图 3.3.7)。

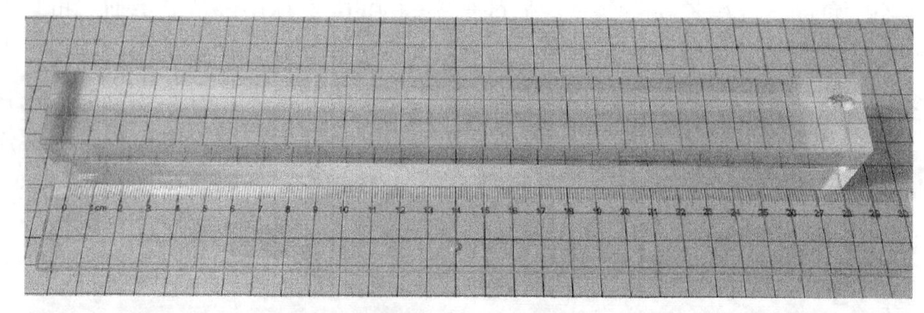

图 3.3.7　用真空坩埚下降法生长的 CeF_3 晶体(28mm×28mm×280mm)

3.3.2　氯化镧晶体

1. 纯氯化镧的晶体结构和发光特征

氯化镧($LaCl_3$)晶体属于六方晶系，UCl_3 型结构，空间群为 $P6_3/m$，密度为 $3.86g/cm^3$，有效原子序数为 59.5，熔点为 859℃[90]。受晶体结构的影响，$LaCl_3$ 晶体的热物理性质表现出显著的各向异性，在25℃沿着 a 向与 c 向的热胀系数分别为 $\alpha_a=24\times10^{-6}℃^{-1}$，$\alpha_c=11\times10^{-6}℃^{-1}$[91]，$a$ 向是 c 向的两倍多。这种各向异性和(100)解理面共同加重了晶体的开裂问题。

纯 $LaCl_3$ 晶体无色透明，其透射光谱中在215nm左右存在一个强的本征吸收带，在251nm处还存在一个弱吸收峰(图3.3.8(a))。在X射线或251nm的紫外激发下均出现一个宽的发光带，主峰波长位于405nm(图3.3.8(b))。此外，在短波长区域还存在一个325nm的弱发射峰(图3.3.8(a))[92]。325nm和405nm发光峰是氯化镧晶体中的自陷激子(STE)发光，分别对应于STE1和STE2，自陷激子产生过程可描述为两个相邻的 Cl^- 捕获一个空穴(h^+)形成 V_k 心($2Cl^-+h^+\rightarrow V_k$)，V_k 心再捕获一个电子形成所谓的自陷激子STE($V_k+e^-\rightarrow$exciton$\rightarrow$STE)，STE从激发态回到基态时将多余的能量以光的形式释放出来，即STE$\rightarrow h\nu$。由于这种自陷激子(电子-空穴对)具有一定的动能，在运动过程中会不断地损失能量，发光峰的宽化。当用固定发射波长405nm检测 $LaCl_3$ 晶体的激发光谱时，测得激发谱的波长在251nm(图3.3.8(b))，其能量对应于束缚的电子-空穴对。纯氯化镧晶体的自陷激子激发与发射光谱之间的斯托克斯位移约为15149cm^{-1}，因此基质晶体没有发光自吸收现象。在 ^{137}Cs γ射线激发下，纯的 $LaCl_3$ 光产额为34000ph/MeV，光衰减曲线呈单指数衰减，但均为慢衰减成分，衰减时间为3.5μs[93]。

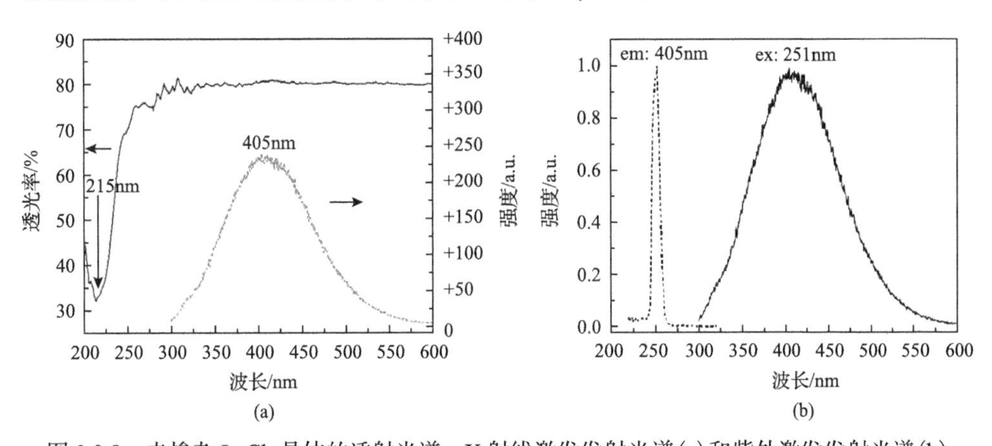

图3.3.8　未掺杂 $LaCl_3$ 晶体的透射光谱、X射线激发发射光谱(a)和紫外激发发射光谱(b)

2. Ce掺杂氯化镧晶体的闪烁性能

以 $CeCl_3$ 为掺杂剂，对掺杂原子浓度为0.1%、1%、2%、5%、10%的 $LaCl_3$:Ce晶体进行了X射线衍射分析。测试结果表明，即便 $CeCl_3$ 掺杂浓度达10%，$LaCl_3$:Ce晶体的XRD图中仍显示为单一晶相，表明 $CeCl_3$ 在 $LaCl_3$ 中完全互溶(图3.3.9)。这是因为 Ce^{3+} 与 La^{3+} 的晶体化学性质极其相近，它们可以在很宽的浓度范围内形成完全互溶的固溶体。因此，就可行性而言，Ce^{3+}在 $LaCl_3$ 晶体中的掺杂比例可以任意选择，但具体掺杂浓度则要视晶体性能的变化。实验表明，$LaCl_3$ 晶体的性能受 Ce^{3+}掺杂浓度的影响很大。

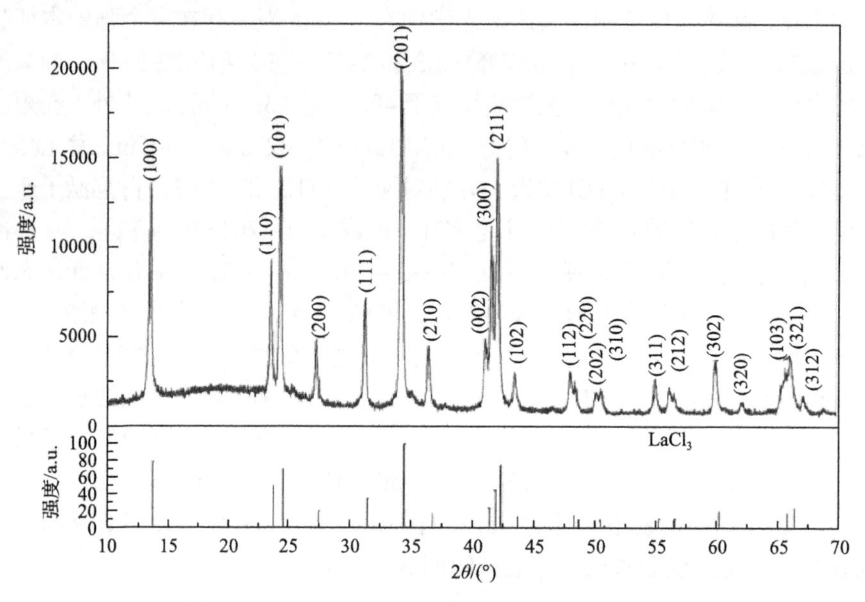

图 3.3.9 $LaCl_3$:10%Ce(摩尔浓度)晶体的 XRD 谱

Ce^{3+}掺杂氯化镧晶体的透射光谱、X 射线/紫外激发发射光谱示于图 3.3.10，与图 3.3.8(a)相比可以看出，掺入 Ce^{3+}后，$LaCl_3$ 晶体的截止吸收边从 215nm 红移至 300nm 附近(图 3.3.10)。在 X 射线激发下，Ce^{3+}掺杂 $LaCl_3$ 晶体在 300～400nm

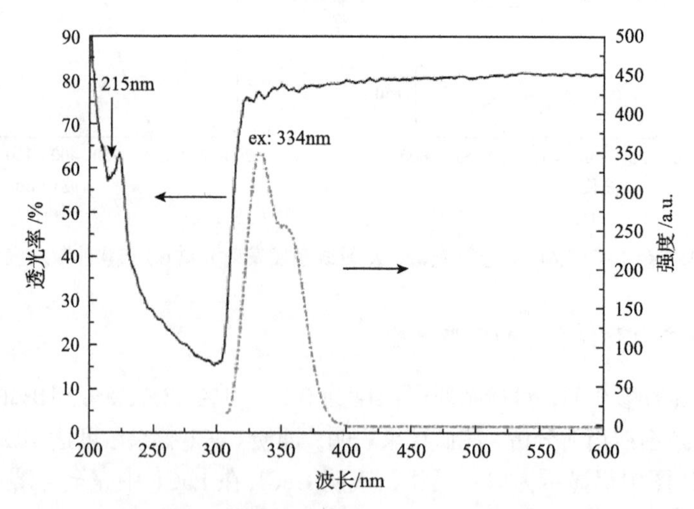

图 3.3.10 $LaCl_3$:Ce 晶体的透射光谱和 X 射线/紫外激发发射光谱

之间出现一个具有双峰特征的发光带谱(主峰位于 334nm,次峰位于 358nm 附近)。同时，未掺杂 $LaCl_3$ 晶体在 405nm 处的 STE 发射几乎完全消失，Ce^{3+}的 5d→4f 发光占据主导地位。

图 3.3.11 展示了 Ce 掺杂原子浓度从 1%向 10%变化时 $LaCl_3$:Ce 晶体的 X 射线激发发射光谱。该发射光谱可粗略地划分为两个发射带，一个位于 300～400nm 波段，强度较大且波形比较尖锐，具有双峰发射特征，由于 Ce^{3+}的 $4f^1$ 基态电子构型在自旋-轨道耦合作用下分裂出两个能级——$^2F_{5/2}$ 和 $^2F_{7/2}$，这两个能级之间相差大约 2000cm^{-1}，当处于激发态 5d 轨道上的电子跃迁到 $^2F_{5/2}$ 和 $^2F_{7/2}$ 能级，所产生的发射谱则具有双峰形状，这就是 Ce^{3+}的特征发射 5d→$^2F_{5/2}$ 和 5d→ $^2F_{7/2}$；另一个位于 400～500nm 波段，强度较弱且宽，属于纯 $LaCl_3$ 晶体固有的 STE 发射。

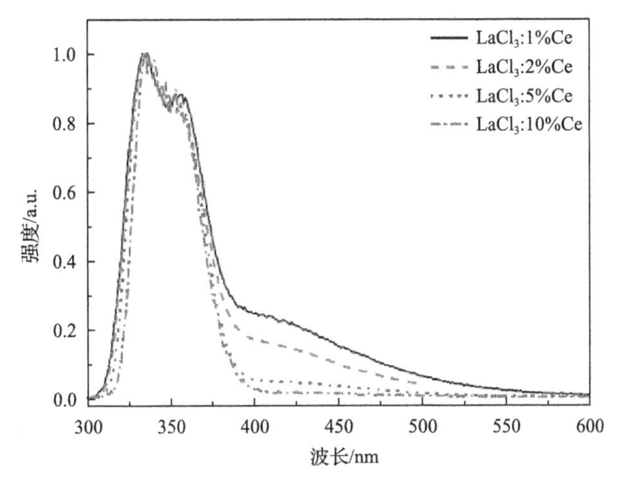

图 3.3.11　掺杂不同 Ce 原子浓度的 $LaCl_3$:Ce 晶体 X 射线激发发射光谱

图 3.3.11 同时显示，随着掺杂 Ce 浓度的增加，Ce^{3+}的发光强度比越来越高，而 400～500nm 段的 STE 发射强度比则越来越小，当 Ce 的原子浓度达到 10%时，$LaCl_3$:Ce 中 STE 发光带几乎完全消失，只存在 Ce^{3+}发光峰(图 3.3.11)。测得该晶体在 ^{137}Cs γ 源的激发下的光产额达 50000ph/MeV，能量分辨率达 3.2%。但超过这一掺杂浓度之后，发光强度则呈现略微下降的趋势。

van Loef 等也测试了未掺杂和掺杂不同 Ce^{3+}浓度的 $LaCl_3$:Ce 的 X 射线激发发射光谱，进一步确认纯 $LaCl_3$ 晶体只有一种发光中心——STE 自陷激子，$LaCl_3$:Ce 存在两种发光中心——Ce 离子和 STE 自陷激子，而且它们对晶体光产额的贡献是变化的，即随着 Ce^{3+}浓度从 0.57%增加到 10%，Ce^{3+}对晶体光产额的贡献从 25300ph/MeV 逐渐增大至 45300ph/MeV，而 STE 自陷激子对晶体光产额的贡献则逐渐下降(表 3.3.2)，两者之间存在明显的此消彼长关系。这种关系表明 Ce^{3+}浓度的增加会促使 STE 发光中心逐渐把其能量传递给 Ce^{3+}发光中心[93]。对 $LaCl_3$:Ce 的晶体在 ^{137}Cs γ 射线激发下的衰减曲线(图 3.3.12)可利用重卷积公式(3-24)进行拟合。

$$s^*(t)=\sum_i^N I_i\tau_i e^{-t/\tau_i} \tag{3-24}$$

式中，N 为衰减时间谱分成的个数；τ_i 为第 i 个衰减谱的平均寿命；I_i 为它的相对发光强度。

表 3.3.2　$LaCl_3$:xCe 晶体的光产额和闪烁衰减时间[93]

Ce^{3+}掺杂剂摩尔浓度/%	光产额/(ph/MeV)			衰减时间(ns)及其占比(括号中数字表示占比)		
	Ce^{3+}发光	STE	总的光产额	快分量	中分量	慢分量
—	—	32000	32000	—	—	3.5μs±0.3%μs
0.57	25300	12700	38000	20ns±2ns(8%)	350ns±50ns(20%)	2.5μs±0.3μs(72%)
2	38200	8800	47000	27ns±3ns(10%)	230ns±20ns(18%)	1.8μs±0.2μs(72%)
4	44000	3000	47000	25ns±3ns(18%)	210ns±20ns(25%)	1.1μs±0.1μs(57%)
10	45300	1700	47000	25ns±3ns(41%)	210ns±20ns(29%)	0.8μs±0.1μs(30%)

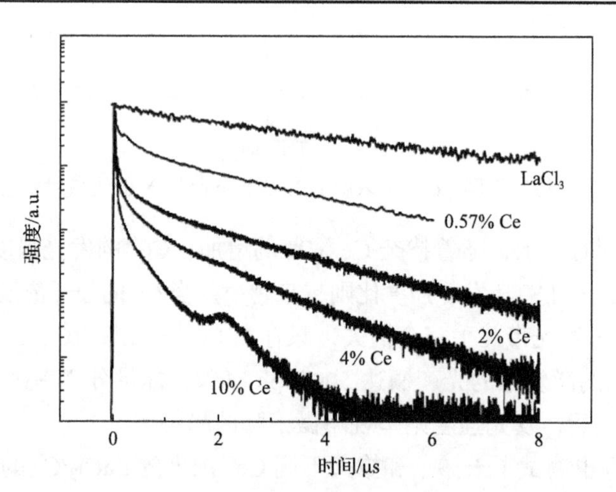

图 3.3.12　$LaCl_3$:xCe(x=0, 0.57%, 2%, 4%,10%)晶体在 ^{137}Cs 激发下的闪烁衰减曲线[93]

拟合得到三个衰减分量，纯氯化镧晶体的发光只有一个 3.5μs±0.3μs 的衰减时间，没有快分量，这个发光通常被认为是源于 $LaCl_3$ 晶体中的自陷激子(表 3.3.2)。当掺入 Ce^{3+}后，出现快、中、慢三个分量，分别为 20～30ns、200～350ns 和 0.8～2.5μs，当 Ce^{3+}掺杂浓度从 0.5%增加到 10%时，快分量的占比从 8%逐渐增加到

41%；中分量的衰减速度在不断加快且占比在缓慢增加；慢分量的衰减时间不断缩短，占比逐渐下降。这说明，随着 Ce^{3+}浓度的增加，STE 自陷激子中心向 Ce^{3+}中心进行扩散的行程和能量传递的时间都大大缩短，高的 Ce^{3+}浓度使得由 Ce^{3+}直接捕获电子-空穴对的概率大幅度增加，复合的速度都不同程度地加快，因此快分量对整个光产额的贡献也就越来越大。

$LaCl_3$ 晶体的两个发光中心对光产额的贡献不仅受 Ce^{3+}掺杂浓度的影响，而且还受温度的影响(图 3.3.13)。当温度介于 100～225K 之间时，Ce^{3+}和 STE 发光均随着温度的升高而缓慢下降，因此造成总的发光强度随着温度的上升而下降；但当温度在 225～400K 之间变化时，STE 发光分量随着温度的升高而急剧下降，但 Ce^{3+}的相对发光强度则随着温度的升高而增强。到室温时，总的发光强度主要来自 Ce^{3+}的贡献，STE 的占比不足 10%。STE 与 Ce^{3+}发光强度随着温度的增加，而呈现出此消彼长的关系，说明高温有助于促进 STE 的移动和能量向 Ce^{3+}的传递。

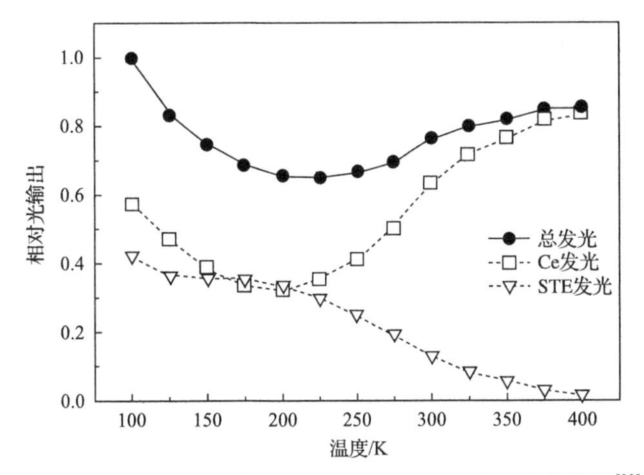

图 3.3.13　$LaCl_3$:Ce 晶体中两个发光成分随温度的变化趋势[93]

衰减时间也受温度的影响，当温度从-20℃增加到 60℃，$LaCl_3$:10%Ce 晶体两个衰减分量随温度的变化关系如图 3.3.14 所示，快分量衰减时间随温度的升高而延长(图 3.3.14(a))，慢分量衰减时间随温度的升高而缩短(图 3.3.14(b))。而且随温度的升高，快分量所占比例缓慢增加，慢分量占比缓慢减少(图 3.3.14(c))。快、慢分量随温度的增加所表现出的反相关关系说明，STE 在发生非辐射衰减之前就把能量传递给了 Ce^{3+}，温度越高，越有利于能量传递，STE 扩散是 $LaCl_3$:Ce 晶体中能量传递的主要模式。

图 3.3.15 展示了 $LaCl_3$:10%Ce 晶体在 ^{137}Cs 所发射的 662keV γ 射线激发下的多道能谱，当用 BGO 晶体(光产额 8000ph/MeV)为参考标准时测得该晶体的光产额

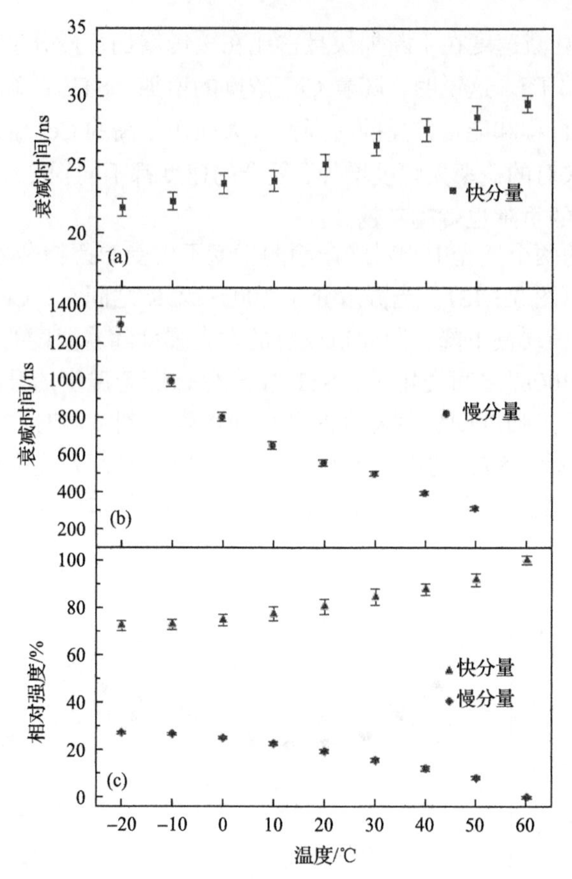

图 3.3.14　$LaCl_3$:10%Ce 晶体衰减时间对温度的依赖性[94]

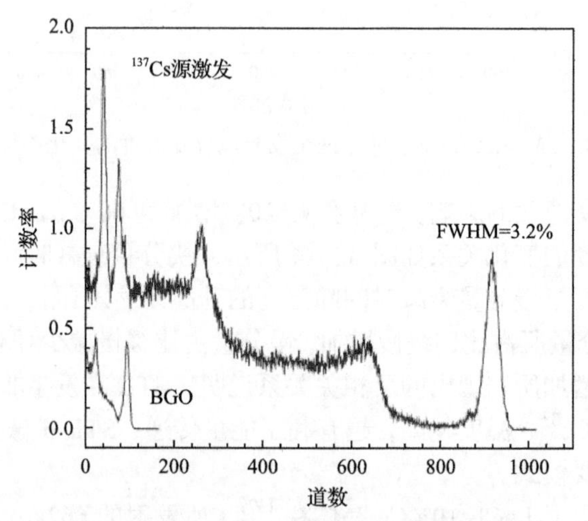

图 3.3.15　$LaCl_3$:10%Ce 晶体的多道能谱[95]

为 50000ph/MeV，能量分辨率为 3.2%，衰减时间为 26ns，时间分辨率达 224ps[95]。在能量为 60keV 到 1275keV 的 γ 射线源激发下，对能量响应的非比例系数为 7%，优于 LSO:Ce(35%)、NaI:Tl 及 CsI 晶体(20%)[95]。从以上介绍中可明显看出，$LaCl_3$:Ce 具有衰减速度快、光产额高、能量分辨率好、时间分辨率高和比例响应好等特点。

3. $LaCl_3$ 晶体的氧化与潮解

$LaCl_3$ 晶体在大气环境下很容易吸收水分而潮解，根据对潮解后的 $LaCl_3$ 晶体在氮气气氛保护下所做的差热和热重分析可以发现，其水解产物为含有多个结晶水的 $LaCl_3 \cdot nH_2O$ 水合物。它在加热时分别在 105℃、165℃、191℃、222℃和 850.7℃产生明显的吸热效应，其中前四个温度是水合物的脱水温度，对应的质量损失分别为 4.65%、13.17%、10.4%和 5.8%(图 3.3.16)。850.7℃是 $LaCl_3$ 的熔融温度。通过对比不同温度下的质量损失比例和相应 XRD 测试结果，可以分析出 $LaCl_3 \cdot 7H_2O$ 结晶水合物在加热过程中经历了四次脱水反应，结晶水的脱水次序依次是 7→6→3→1→0(数字表示水分子数，见表 3.3.3)[96]。

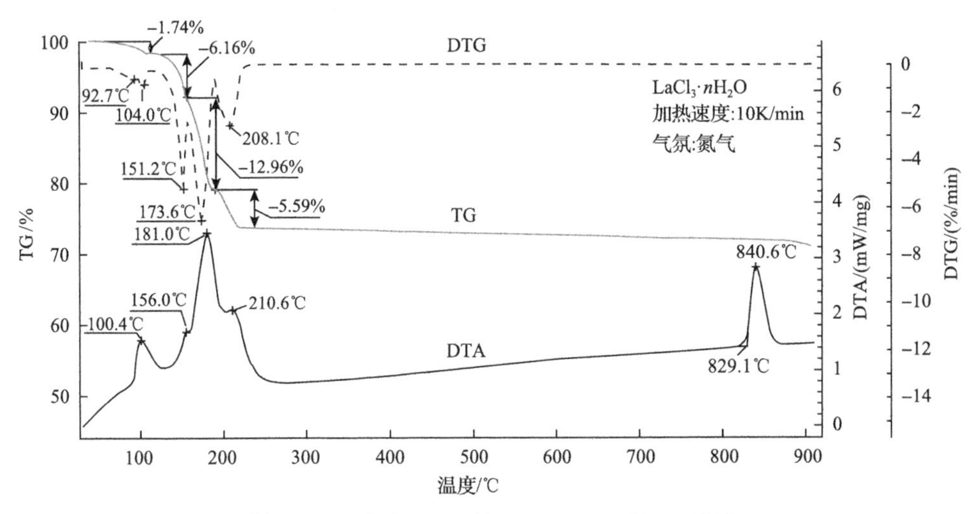

图 3.3.16　含水 $LaCl_3$ 的 DTA、DTG 和 TG 曲线

表 3.3.3　$LaCl_3 \cdot 7H_2O$ 结晶水合物的脱水温度和脱水过程

温度/℃	脱水温度/℃	实测的质量损失/%	脱水反应	质量损失计算值/%
90～135	105	4.65	$LaCl_3 \cdot 7H_2O \longrightarrow LaCl_3 \cdot 6H_2O$	4.85
135～175	165	13.17	$LaCl_3 \cdot 6H_2O \longrightarrow LaCl_3 \cdot 3H_2O$	14.55
175～210	191	10.4	$LaCl_3 \cdot 3H_2O \longrightarrow LaCl_3 \cdot H_2O$	9.7

续表

温度/℃	脱水温度/℃	实测的质量损失/%	脱水反应	质量损失计算值/%
210～270	222	5.8	$LaCl_3·H_2O \longrightarrow LaCl_3$	4.85
—	—	34.2	总计	33.95

当在空气中加热 $LaCl_3$:Ce 晶体时，随着加热温度的不断提高，$LaCl_3$:Ce 会与大气环境中的水或氧发生反应，形成氯氧化镧：$LaCl_3 + H_2O \longrightarrow LaOCl + 2HCl$，或 $LaCl_3 + 1/2O_2 \longrightarrow LaOCl + Cl_2$。根据高温 XRD 测试结果(图 3.3.17)，氧化反应的起始温度约为 135℃，反应结束温度约为 565℃。由于反应产物 LaOCl 不溶于水，所以通过过滤和烘干，很容易得到单一物相的 LaOCl 白色粉末。实验表明，LaOCl 的含量随着加热温度的提高而增加(图 3.3.18)。对反应产物——LaOCl 所进行的 X 射线激发发射光谱(图 3.3.19)分析表明，它在 300～500nm 之间存在三个发光峰：338nm、366nm 和 400nm，分别对应于 Ce^{3+}的 $5d \to ^2F_{5/2}$、$5d \to ^2F_{7/2}$ 跃迁和 STE 发射，但各个发光峰的峰位和相对强度与 $LaCl_3$:Ce 晶体明显不同，表现为 Ce^{3+}的 $5d \to ^2F_{5/2}$ 发射强度明显弱于 $5d \to ^2F_{7/2}$，造成这些现象的原因估计与部分 Cl^- 被 O^{2-} 替代之后所引起的自吸收有关。

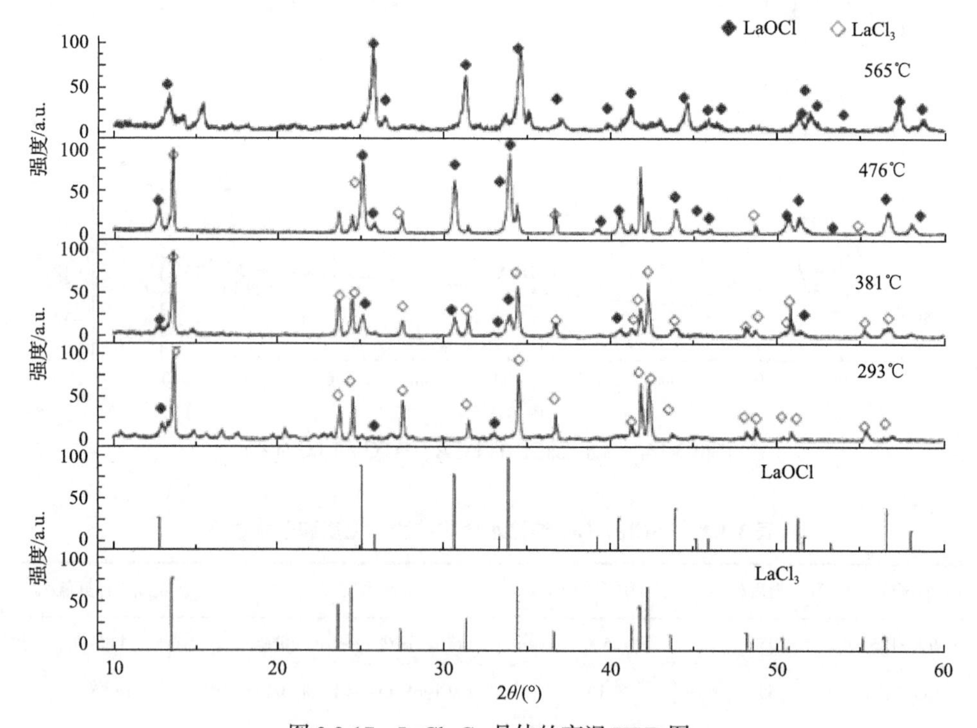

图 3.3.17　$LaCl_3$:Ce 晶体的高温 XRD 图

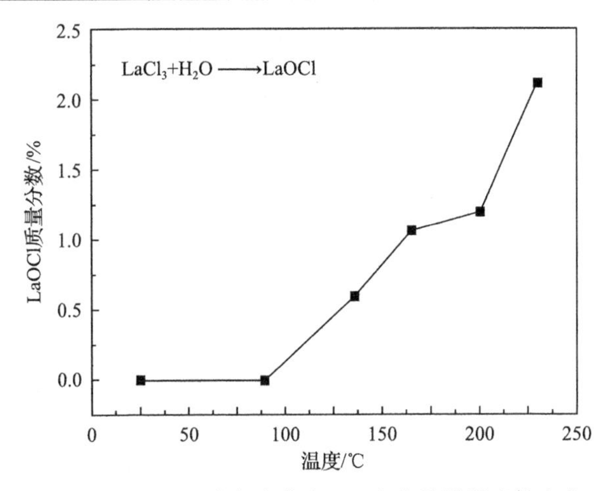

图 3.3.18　$LaCl_3$ 水解产物(LaOCl)含量随温度的变化

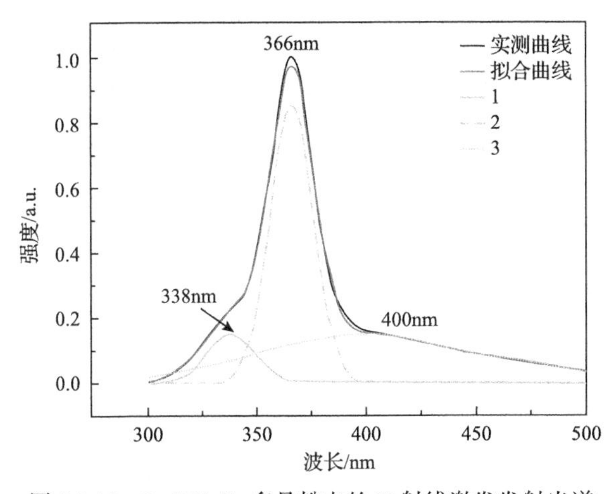

图 3.3.19　LaOCl:Ce 多晶粉末的 X 射线激发发射光谱

为了抑制 $LaCl_3$ 晶体的潮解性，裴钰等以 CeF_3 为掺杂剂生长出了 $La_{0.995}Ce_{0.005}(Cl_{0.995}F_{0.005})_3$ 晶体，该晶体的闪烁性能与 $LaCl_3$:Ce 没有明显的差别，但晶体的抗潮解性却得到了比较明显的改善[97]。这种现象可解释为 F^- 半径小于 Cl^- 而减弱了 $LaCl_3$ 晶体中 La-Cl 之间的极性，增强了正负离子之间的结合力，因而提高了它抵抗被水分子潮解的能力。类似的效应在 $CeCl_3$ 掺杂 $LaBr_3$ 晶体中也得到了很好的印证[98]。

3.3.3　溴化镧晶体

继 Guillot 等在 1999 年发现 $LaCl_3$:Ce 晶体的闪烁性能之后，荷兰科学家 van Loef 等[99]于 2000 年又在国际上首次推出溴化镧($LaBr_3$:Ce)晶体。与前者相比，后者的密度更大(表 3.3.1)，光产额更高(46000ph/MeV 和 74000ph/MeV)，衰减时间更短(35ns 和 20ns)，能量分辨率更好(3.2%和 2.5%)。特别是，$LaBr_3$:Ce 晶体的光产额和能量分辨率均优于目前正在广泛使用的 NaI:Tl 晶体(38000ph/MeV，6.5%@662keV)，因此，该晶体自发现以来迅速成为世界各国竞相研究的热点。

1. $LaBr_3$ 晶体结构和基本物理性质

$LaBr_3$ 晶体属于六方晶系，UCl_3 型结构，空间群为 $P6_3/m$，其晶体结构如图 3.3.20 所示[100]。$LaBr_3$ 晶胞参数 $a=b=7.97Å$、$c=4.52Å$、$Z=2$。$LaBr_3$ 晶体中 La^{3+} 所处的位置坐标是($\pm1/3a$，$\pm2/3b$，$\pm1/4c$)，Br^- 与 3 个 La^{3+} 配位，形成配位三角形；La^{3+} 的周围有 9 个 Br^- 与之配位，其中上下两层各有 3 个最近邻配位的 Br^-(La-Br=3.10Å)，中间有 3 个共面的次近邻配位的 Br^-(La-Br=3.15Å)，形成侧面外凸的三方柱配位多面体(图 3.3.20(a))。整个结构可以视作[$LaBr_9$]配位多面体沿 6 次对称轴螺旋排列而成(图 3.3.20(b))[100]。由于 Br^- 的最紧密排列面沿(100)相邻，(100)晶面的面间距为 0.6898nm，而(001)晶面的面间距只有 0.4512nm，因晶面间距越大，晶面之间的结合力越弱，从而在 $LaBr_3$ 晶体中发育出(100)解理面。作为发光剂的 Ce^{3+} 与 La^{3+} 是元素周期表中相邻的两个稀土元素，它们在化合价上相同、在离子半径上非常接近($R_{La^{3+}}=1.216Å$，$R_{Ce^{3+}}=1.196Å$)，特别是 $CeBr_3$ 晶体的结构和晶胞参数($a=b=7.96Å$，$c=4.45Å$)与 $LaBr_3$ 晶体几乎完全相同，所以 Ce^{3+} 掺入 $LaBr_3$ 晶体中后占据 La^{3+} 位置并能形成完全互溶的固溶体，从而使 $LaBr_3$ 晶体的晶胞体积随 Ce^{3+} 浓度的增加而线性减小。

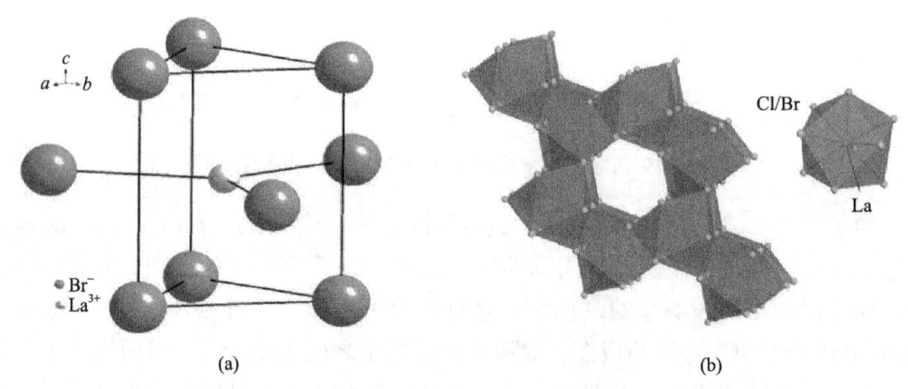

图 3.3.20　LaBr(Cl)$_3$ 晶胞中的配位多面体示意图[101]

(a)空间点阵图；(b)[$LaBr_9$]配位多面体连接方式图

$LaBr_3$ 的密度 5.07g/cm^3，有效原子序数 45.3，熔点为 772℃。$LaBr_3$:Ce 晶体的物理性质受晶体结构的影响而表现出明显的各向异性，根据对溴化镧晶体沿[001]和[100]方向在热膨胀系数、弹性模量、抗压强度和热应力测试结果(表 3.3.4)，[100]方向的热膨胀系数是[001]方向的约 3.7 倍[100]，表现出较大的各向异性。此外，

$LaBr_3$:Ce 晶体的物理性质还与 Ce 离子的掺杂浓度有关，a、c 两个方向对 380nm 光的折射率分别为 n_a=2.040+[Ce]×0.034，n_c=2.074+[Ce]×0.082[91]，表现出折射率随 Ce 掺杂浓度[Ce]的增加而增加的特征。

表 3.3.4　$LaBr_3$ 晶体不同方向上的热膨胀系数、抗压强度、弹性模量对比[100]

方向	热膨胀系数/K^{-1}	抗压强度/MPa	弹性模量/GPa
[001]	7.5×10^{-6}	6.76	1.21
[100]	28.1×10^{-6}	8.37	1.96

2. $LaBr_3$:Ce 晶体闪烁性能

$LaBr_3$:Ce 晶体在 325nm 激发下的荧光光谱在 350～425nm 波段之间产生一个很宽的、具有双峰特征的发光峰，峰值波长分别位于 356nm 和 382nm 附近(图 3.3.21)，属于 Ce^{3+}典型的 5d→4f($^2F_{7/2}$和 $^2F_{5/2}$)跃迁。从图 3.3.21 的荧光光谱上看，激发峰与发射峰之间距离很近，二者存在明显的交叉重叠区域，说明该晶体存在一定的自吸收现象。Ba、Sr 作为共掺杂剂能够提高 $LaBr_3$:Ce 晶体的发光强度，但对发射谱的峰位和形状没有明显影响。美国辐射探测器研究中心(RMD)的 Glodo 等研究了 Ce^{3+}掺杂浓度分别为 0.5%、5%、10%、20%、30%的 $LaBr_3$ 晶体的闪烁性能，发现 X 射线激发发射光谱的形状和发射峰的强度对 Ce^{3+}掺杂浓度和温度都有很强的依赖性[102]。发射峰的峰值波长会随着掺杂浓度的增加而向长波方向移动，同时 356nm 相对于 380nm 发射峰的强度也在逐渐下降(图 3.3.22)。这一变化特征与测试样品厚度增加所引起的波峰红移现象相似，因此被归因于晶体

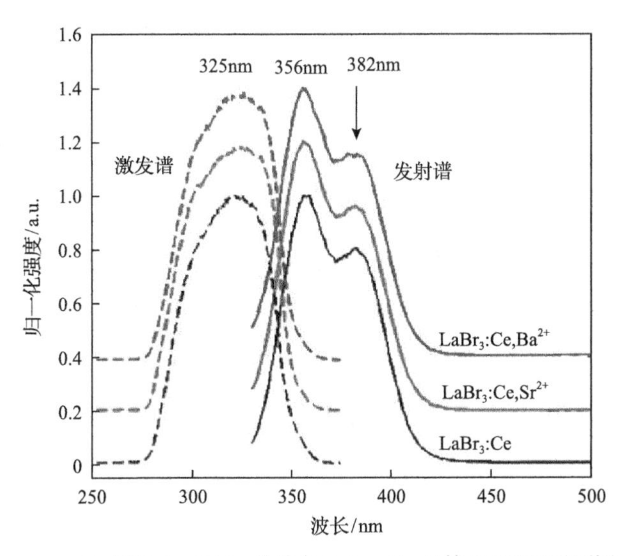

图 3.3.21　$LaBr_3$:Ce 以及 Ba 和 Sr 共掺杂 $LaBr_3$:Ce 晶体在室温下的紫外荧光光谱

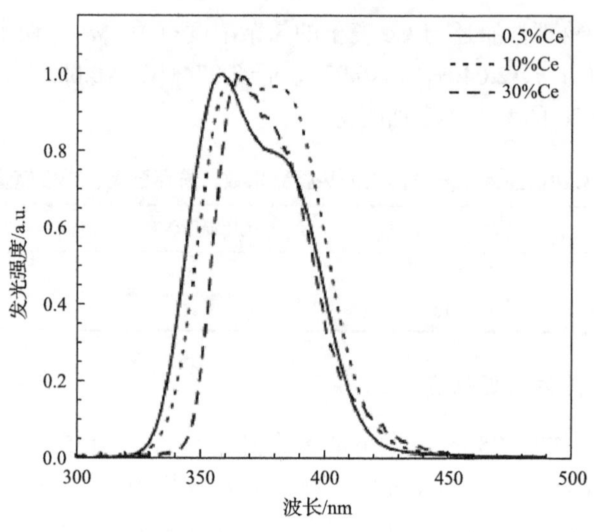

图 3.3.22　$LaBr_3$:Ce 晶体的室温 X 射线激发发射光谱随 Ce 浓度的变化[102]

中的自吸收作用所致。由于 Ce^{3+}的发射波长紧靠晶体的吸收边，356nm 发射峰被自身吸收，由此引起 356nm 强度的减弱以及整个发射波长随着 Ce^{3+}浓度的增加而出现小幅度的红移。实验表明，当 Ce^{3+}浓度为 5%时，晶体具有最高的光产额，约为 74000ph/MeV(图 3.3.23)，能量分辨率在 2.9%～3.9%之间。若进一步提高 Ce 的浓度，发光强度反而会逐渐减小，甚至发生浓度猝灭效应。$LaBr_3$:Ce 的衰减曲线可被描述为双指数衰减，快衰减成分(17ns±2ns)占整个光产额的 94%以上(图 3.3.24)，这是 Ce^{3+} 5d→4f 发光的本征寿命。此外还存在一个相对较慢的衰

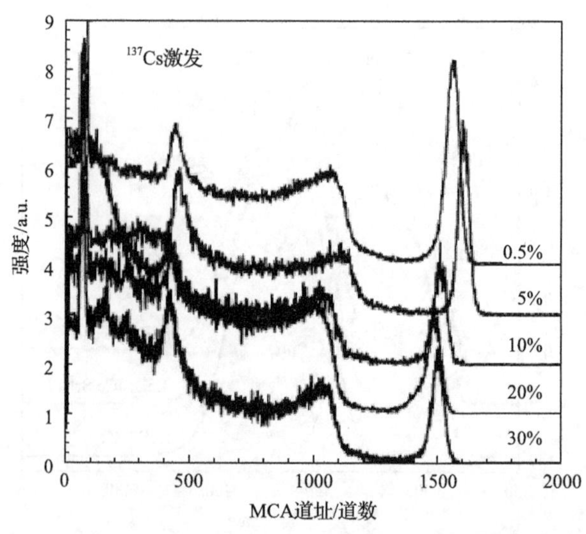

图 3.3.23　掺杂不同 Ce^{3+}浓度 $LaBr_3$:Ce 晶体的室温多道能谱[102]

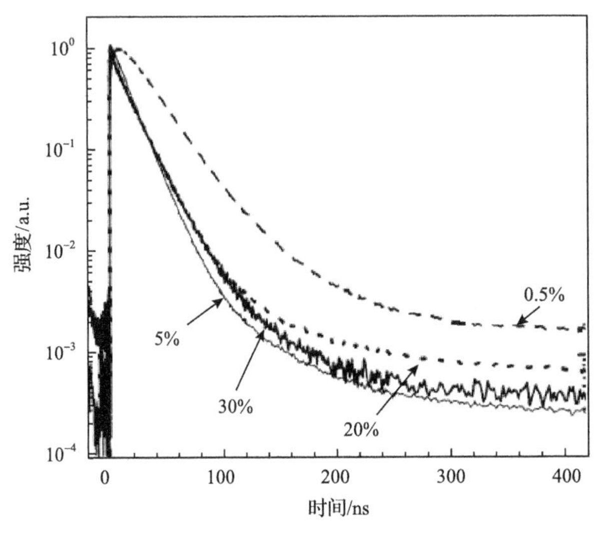

图 3.3.24　$LaBr_3$:xCe 晶体的光衰减曲线[103]

减成分(60ns±5ns)，它对整个光输出的贡献约为 6%，基本上可忽略不计。衰减时间受 Ce 掺杂浓度的影响不大，但上升时间呈现出比较大的浓度依赖性，当 Ce^{3+}掺杂浓度从 0.5%、5%、10%、20%增加到 30%，上升时间从 9.4ns 缩短至 0.2ns，时间分辨率从 361ps 变化到 260ps，已经接近于同等条件下 BaF_2 的时间分辨率(240ps)。这一变化关系表明，能量从主晶格到发光中心的传递速度或传递效率随着 Ce 离子掺杂浓度的增加而加快。

Bizarri 等[104]研究了 Ce 离子掺杂和纯 $LaBr_3$ 晶体在低温下的 X 射线激发发射光谱，发现 $LaBr_3$:Ce 晶体在 125K 的低温下除了存在 Ce^{3+}的发射光谱之外，还存在一个峰值波长为 440nm 的宽发射带，这个发射带的峰位与纯 $LaBr_3$ 晶体的发射谱几乎完全对应，而且强度随 Ce^{3+}掺杂浓度的增加而减弱(图 3.3.25(a))。相对于 $LaBr_3$:Ce 晶体，纯 $LaBr_3$ 晶体的发光强度很弱，只有当温度降低到 100K 时在 X 射线的激发下才会测得一个很宽的发光带，该发光带由波长分别为 440nm 和 340nm 的两个发射峰所组成(图 3.3.25(b))，其中的 440nm 主发光峰与纯 $LaCl_3$ 相似，都来自于晶体的 STE 发光[104]。纯 $LaBr_3$ 晶体在 ^{137}Cs 的 γ 射线激发下的光产额为 17000ph/MeV，能量分辨率为 14%；衰减曲线有一个相对较慢的成分(300ns)，其成因主要是自陷激子(STE)发光，并在室温下完全猝灭。从 $LaBr_3$:Ce 晶体的 X 射线激发发射光谱中(图 3.3.26)可以分解出两个发光分量，一个是强度占绝对优势的 Ce^{3+}发光，一个是强度相对微弱的纯 $LaBr_3$ 基质晶体的自陷激子(STE)发光，后者是 $LaBr_3$:Ce 晶体存在少量慢分量的主要原因。这两个发光带的强度都受温度的影响，Ce^{3+}发光在温度为 250K 时出现最大值，高于 250K 的温度和低于 250K 的温度都会降低 Ce^{3+}的发光强度；而 STE 发光分量则是温度越低发光越强，室温下则极其微弱，并且还随着 Ce^{3+}掺杂浓度的提高而急剧下降(图 3.3.25(a))。因此认为，自陷激子把能量传递给 $LaBr_3$:Ce 晶体中的 Ce^{3+}而使自身的发光被消耗掉了。

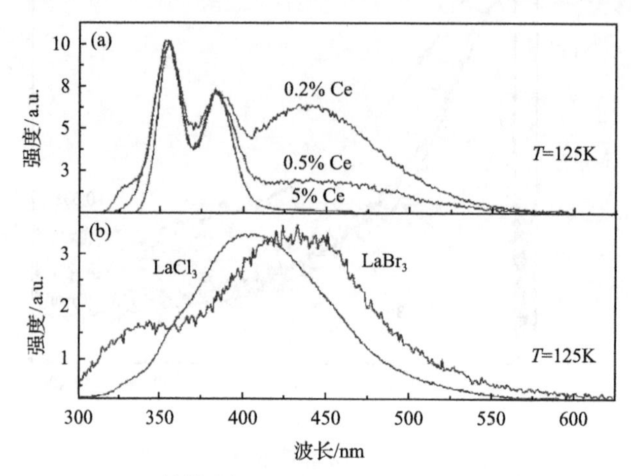

图 3.3.25　$LaBr_3$:Ce 晶体(a)以及纯 $LaCl_3$ 和纯 $LaBr_3$ 晶体(b)在 125K 的 X 射线激发发射光谱[104]

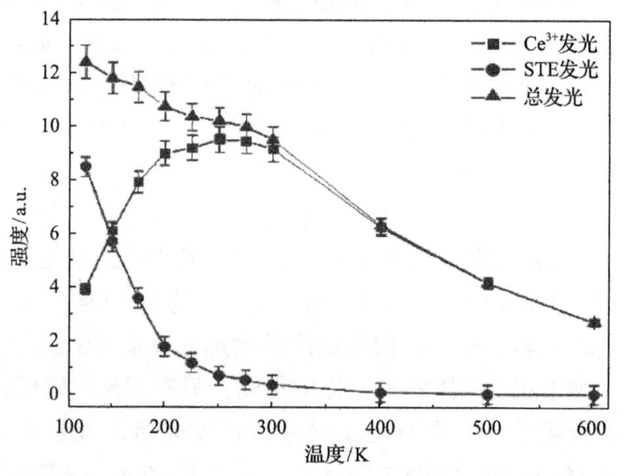

图 3.3.26　$LaBr_3$:Ce 晶体中两个发光分量的强度对温度的依赖性[104]

3. $LaBr_3$ 的掺杂效应

自从 2010 年以来，荷兰代尔夫特理工大学和法国的圣戈班公司为了改善和优化 $LaBr_3$:Ce 晶体的物理和闪烁性能开展了大量掺杂实验，所采用的共掺杂元素包括 Li^+、Na^+、Mg^{2+}、Ca^{2+}、Sr^{2+}、Ba^{2+}、Hf^{4+}、Zn^{2+}和 Zr^{4+}等异价离子。从研究结果看，这些元素在增强晶体力学强度和降低潮解性方面并没有显著效果，Hf^{4+}、Zn^{2+}和 Zr^{4+}等甚至很难进入晶格，但碱金属和碱土金属作为共掺剂在改善晶体的闪烁性能方面确实有积极的贡献。其中，Li、Na、Mg 共掺杂对 $LaBr_3$:5%Ce 晶体的光输出提高了 10%～20%，但对能量响应的非比例性没有明显改善(图 3.3.27(a))，晶体的发光仍可用单指数拟合。Ca、Sr、Ba 共掺杂的 $LaBr_3$:5%Ce 晶体的光输出提高了 25%，能量分辨率也有不同程度的优化，其中 Sr 共掺杂 $LaBr_3$:5%Ce 晶体在 662keV 的能量分辨率达到 2%[105]，而且光输出与能量之间的非线性响应则得到显著改善(图 3.3.27(b))。

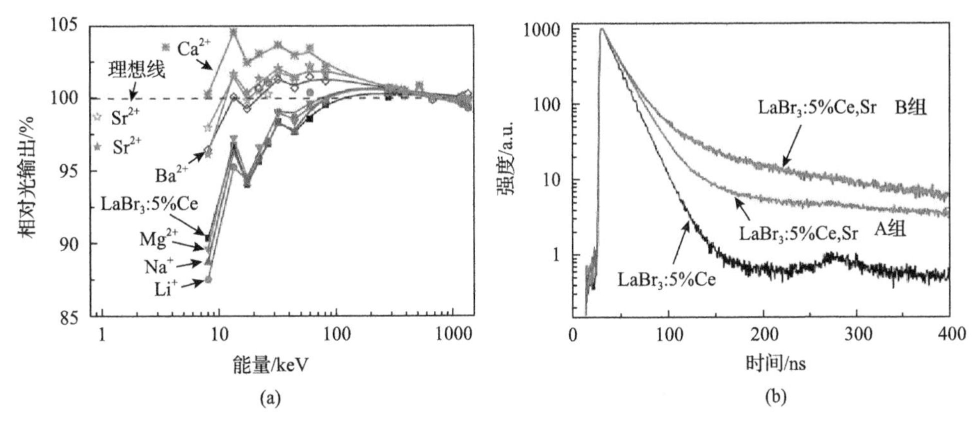

图 3.3.27　碱金属和碱土金属掺杂对 $LaBr_3$:5%Ce 晶体能量响应曲线(a)和闪烁衰减曲线(b)的影响[105,106]

测试条件：^{137}Cs 激发，温度 295K，样品厚度：1.5～3mm，监测波长：350～420nm。图(b)中 $LaBr_3$:Ce 衰减曲线中位于 280ns 的宽峰为 PMT 的后脉冲所致

所谓能量的非比例响应(nonproportional response)是指特定能量激发下的光产额与 662keV 能量激发下的光产额之比。理想情况下，这个比值应该是 1(或 100%)，但实际上，很多晶体都偏离这个理想值，或者大于 100%，或者小于 100%，尤其是在激发能量较低的情况下。例如，在 20keV 的能量时，NaI:Tl 晶体的能量响应系数是 117%，$Lu_2Si_2O_5$:Ce 是 65%。正常 $LaBr_3$:5%Ce 晶体在 8keV 能量下的能量响应系数小于 90%，但 Sr^{2+}或者 Ba^{2+}共掺杂的 $LaBr_3$:5%Ce 晶体的能量响应比例系数可以提高到 95%，而 Ca^{2+}共掺杂的 $LaBr_3$:5%Ce 晶体在 8keV～1.33MeV 的能量范围内均大于 100%(图 3.3.27(a))。说明以这些元素作为共掺杂剂有助于提高 $LaBr_3$:Ce 对能量的线性响应，且 Sr^{2+}的共掺杂效果好于 Ca^{2+}和 Ba^{2+}。只不过 Ca^{2+}、Sr^{2+}、Ba^{2+}等杂质的掺入会使 $LaBr_3$:Ce 晶体的发光峰红移和光衰减曲线呈现多指数衰减特征(图 3.3.27(b))。对这些衰减曲线的拟合结果表明，除了直接来源于 Ce^{3+}的快发光分量，还可拟合出多个慢分量(表 3.3.5)。已知 $LaBr_3$:Ce 只有一个单指数衰减，时间常数为 15ns，而共掺 Sr 的 $LaBr_3$:Ce 的晶体则为非单指数衰减，除了时间常数 18ns(A 组)或 17ns(B 组)之外，还有衰减速度更慢的分量。因此推断 Sr 共掺杂使 Ce 离子周围的配位环境发生改变，除了未受到干扰的 Ce 离子，

还存在受缺陷干扰的 Ce 离子。

表 3.3.5　不同元素共掺杂 $LaBr_3:Ce$ 晶体的闪烁性能[105]

共掺杂剂	光产额 @662keV/(ph/MeV)	相对光产额	能量分辨率/%@662keV	衰减时间及占比			
				快分量	慢分量Ⅰ	慢分量Ⅱ	慢分量Ⅲ
—	64000	1	3.1	15.1ns(100%)			
Li^{+}	78000	1.22	2.7	15.5ns(100%)			
Na^{+}	73000	1.14	2.7	16.7ns(100%)			
Mg^{2+}	73000	1.14	3.0	15.2ns(100%)			
Ca^{2+}	71000	1.11	2.9	17.6ns(62%)	55ns(15%)	220ns(14%)	1210ns(9%)
Sr^{2+}	76000	1.19	2.8	18.2ns(78%)	82ns(3%)	470ns(11%)	2500ns(8%)
Sr^{2+}	78000	1.22	2.35	16.8ns(56%)	56ns(16%)	240ns(16%)	1530ns(12%)
Ba^{2+}	69000	1.08	3.7	16.5ns(64%)	75ns(15%)	360ns(13%)	2250ns(8%)

热释光测试结果也表明，Sr 共掺杂 $LaBr_3:Ce$ 的 TSL 强度比未共掺杂的晶体高了两个数量级，说明这些碱土金属离子掺入 $LaBr_3:Ce$ 晶体后由于电荷的不平衡而产生了更多的缺陷或陷阱。理论计算发现，Sr^{2+}掺入 $LaBr_3:Ce$ 晶体后能占据 La^{3+}格位，同时产生 V_{Br}空位，缺陷反应可表示为

$$SrBr_2 \longrightarrow Sr'_{La} + 2Br^{x}Br + V^{\cdot}_{Br} \tag{3-25}$$

反应(3-25)中的点缺陷Sr'_{La}与$V^{\cdot}_{Br}$空位缺陷形成$\{Sr'_{La}+V^{\cdot}_{Br}\}$缔合中心，或者诱导的 Ce^{4+}($Ce^{4+} + Sr^{2+} = 2La^{3+}$)和间隙 $Ce^{3+}{}_{i}$等不同类型的点缺陷。这样，共掺杂 Sr^{2+}的 $LaBr_3:Ce$ 晶体中既有处于正常格位的 Ce^{3+}，也有与缺陷相邻并受到微扰的 Ce^{3+}(图 3.3.28)，由这些缺陷所形成的陷阱通过瞬时捕获和释放电子抑制非辐射俄歇猝灭效应，提升了晶体的光产额并改善了能量响应的非比例性，但同时也使 $LaBr_3$:Ce 中 Ce^{3+}周围的配位环境出现多样化，因此在正常的 Ce^{3+}发光中心之外又产生了多种类型的发光中心和与之对应的微秒级慢分量(表 3.3.5)或者余辉，这就是共掺杂带来的负面效应。

北京玻璃研究院桂强等以 $CeCl_3$ 或 CeF_3 取代 $CeBr_3$ 掺杂剂生长 $La(Br_{3-x}Cl_x)$:Ce 晶体或 $La(Br_{3-x}F_x)$:Ce，发现在晶体中掺入 F^-或 Cl^-等阴离子元素能够在一定程度上降低晶体的潮解性，同时晶体的光输出和能量分辨率不仅没有下降反而还有所改善[107]。生长的ϕ50mm×50mm 固溶体晶体 $LaBr_3$:5%$CeCl_3$ 的相对光输出达到 NaI:Tl 晶体的 156%，能量分辨率为 3.1%，衰减时间为 17ns，综合性能优于未共掺阴离子的 $LaBr_3:Ce$ 晶体[108]。上述效果的产生，源于在金属卤化物 MX_n(X=F,Cl,Br,I)

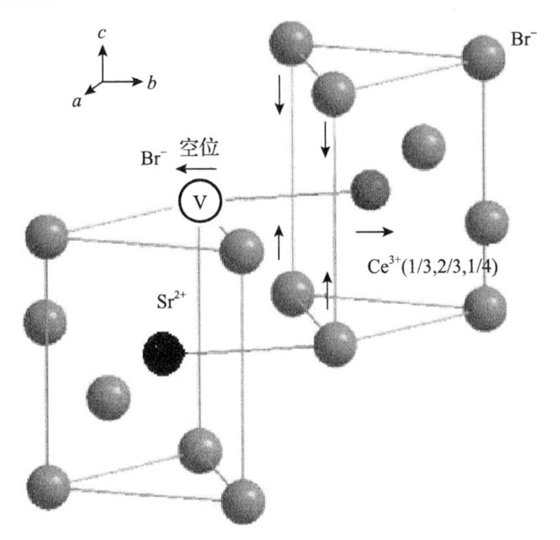

图 3.3.28　$LaBr_3$:Ce,Sr 晶体结构中的 Ce 和 Sr 离子占位情况示意图[106]

晶体中，晶体的晶格能和形成焓随着阴离子半径的增加而下降，造成晶体的潮解性呈现出 MI_n>MBr_n>MCl_n>MF_n 的变化顺序。

4. 闪烁机理

Ce^{3+}作为 $LaBr_3$:Ce 晶体的发光中心，其基态 $4f^1$ 电子存在两种能量状态：$^2F_{5/2}$ 和 $^2F_{7/2}$；激发态 5d 电子也存在两种能级：$^2D_{3/2}$($^2T_{2g}$)和 $^2D_{5/2}$(^2E_g)。随着 4f 电子进入 5d 轨道，离子半径增大，激发态具有不同的 Ce 配体平衡距离，激发态 ^2E_g 和 $^2T_{2g}$ 在 O_h 点对称位置的能量差与 5d 电子的晶体场参数 10Dq 相对应。Ce^{3+}的 5d 和 4f 之间的能量差约为 3.4eV，处于基质晶体的禁带之内，属于允许跃迁，其荧光发射具有谱带宽、光产额高和衰减时间快的特征。基于大量实验数据，Bizarri 等提出了 $LaBr_3$:Ce 晶体的闪烁发光模型(图 3.3.29)[104]：当闪烁晶体吸收外界的 X 射线或 γ 射线能量并与基体作用后，在导带产生电子(e^-)，在价带产生空穴(h^+)。晶体价带中位于 $4f^1$ 基态的 Ce^{3+}捕获空穴变为 Ce^{4+}(式(3-26))，接着 Ce^{4+}捕获导带上的电子而又重新变为 5d 电子态上的$(Ce^{3+})^*$(式(3-27))，此时$(Ce^{3+})^*$处于激发态，激发态的$(Ce^{3+})^*$通过 $5d^1$($^2T_{2g}$)→$4f^1$($^2F_{5/2}$，$^2F_{7/2}$)之间的能级跃迁回到两基态能级而发出闪烁光子(式(3-28))。这个过程一般只需几十纳秒，具有单指数衰减特征，且在 $LaBr_3$:Ce 晶体的发光中占据主导地位。Ce^{3+}的光激发和发射跃迁原理图如图 3.3.29(a)所示[104]。

$$Ce^{3+} + h^+ \longrightarrow Ce^{4+} \tag{3-26}$$

$$Ce^{4+} + e^- \longrightarrow (Ce^{3+})^* \tag{3-27}$$

$$(Ce^{3+})^* \longrightarrow Ce^{3+} + h\nu \tag{3-28}$$

这种发射的闪烁衰减规律符合单指数衰减：

$$I(t) = \mathrm{A}e^{-t/\tau} \tag{3-29}$$

式中，τ 是 Ce^{3+}的 5d 态的衰减时间。

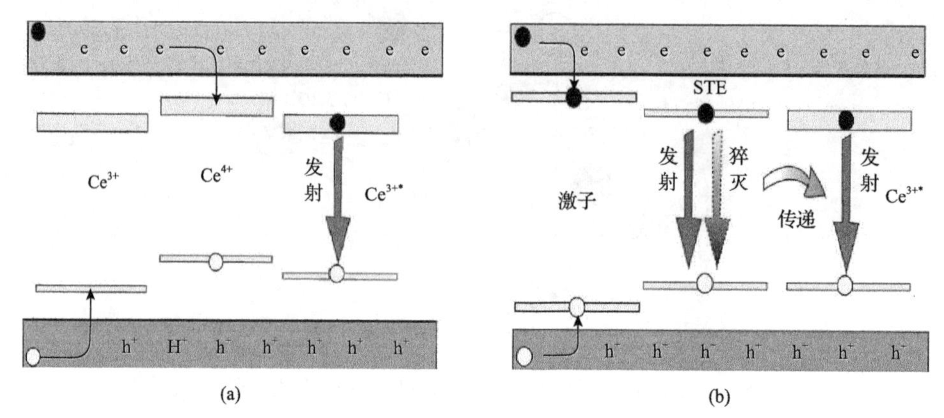

图 3.3.29 $LaBr_3$:Ce 晶体的两种闪烁发光模型[104]

而对于图 3.3.25 中位于 440nm 长波段的宽带发射，其强度既随着 Ce^{3+}掺杂浓度的增加而减弱，同时也随温度的升高而减弱，因此被认为是激子发射。这里的激子就是由两个相邻的 Br^-从价带捕获一个空穴形成 V_k 心，即过程(3-30)。随后 V_k 心捕获导带中的自由电子形成自陷激子(STE)，即过程(3-31)。自陷激子通过扩散而使热活化能转移到 Ce^{3+}上，从而使 Ce^{3+}处于激发态 $(Ce^{3+})^*$，即过程(3-32)。之后，处于激发态的 $(Ce^{3+})^*$通过跃迁回到基态而发光(3-33)。这种发光机制的衰减时间比较长，有几百纳秒的数量级。这种能量通过 STE 扩散传递到 Ce^{3+}上而发射的过程如图 3.3.29(b) 所示[104]。

$$2Br^- + h^+ \longrightarrow V_k \tag{3-30}$$

$$V_k + e^- \longrightarrow STE \tag{3-31}$$

$$Ce^{3+} + STE \longrightarrow (Ce^{3+})^* \tag{3-32}$$

$$(Ce^{3+})^* \longrightarrow Ce^{3+} + h\nu \tag{3-33}$$

$LaBr_3$:Ce 晶体存在两个衰减时间正是由这两种机制共同作用的结果。

5. $LaBr_3$ 晶体制备

1)原料的脱水处理

卤化物闪烁晶体，特别是非氟卤化物晶体的潮解性一直是制约这类晶体生长和应用的关键。从溶液中合成的溴化镧原料通常含有 7 个结晶水，即 $LaBr_3·7H_2O$，这种含水的原料如果直接用来生长晶体，它们在被加热到一定温度下后脱水、气化，导致石英坩埚内的蒸气压过大而使坩埚爆裂或爆炸。同时，高温下水与 $LaBr_3$ 反应所形成的氧化物或溴氧化物成为原料中的杂质而对晶体生长产生不利影响。所以，原料在使用之前必须经过脱水处理。Chen(陈红兵)等对 $LaBr_3·7H_2O$ 和 $CeBr_3·7H_2O$ 分别进行了热重和差热分析(图 3.3.30)，发现在从室温到 1000℃的加热过程中都出现了四次比较明显的吸热效应，与吸热效应相伴随的质量损失比约为 27%～28%[109]。$LaBr_3·7H_2O$ 的吸热效应所对应的温度从低到高依次是 128℃、151℃、204℃和 782℃，其中 782℃为晶体的熔融温度，其他三次热效应是 $LaBr_3·7H_2O$ 的脱水温度。根据每次吸热效应所对应的热重变化，$LaBr_3·7H_2O$ 的脱水经历了 $LaBr_3·7H_2O \rightarrow LaBr_3·3H_2O \rightarrow LaBr_3·H_2O \rightarrow LaBr_3$ 的变化。$CeBr_3·7H_2O$ 的差

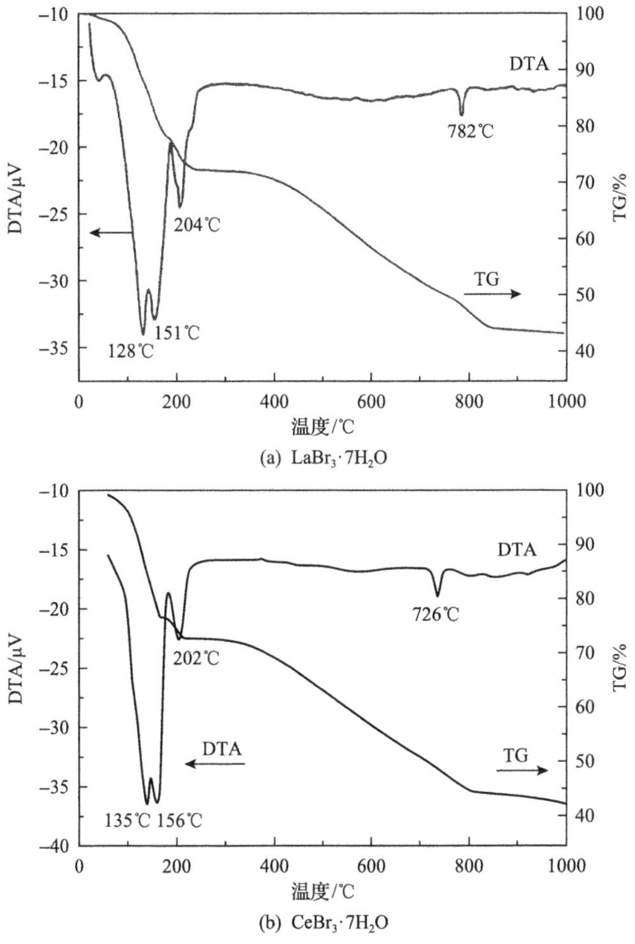

图 3.3.30　$LaBr_3·7H_2O$ 和 $CeBr_3·7H_2O$ 原料的 DTA 和 TG 曲线[109]

热曲线上也出现了四次吸热效应，所对应的温度从低到高依次是 135℃、156℃、202℃和 726℃，其中 726℃为晶体的熔融温度。但有的报道中没有观测到第一个吸热效应，只有第二、第三和第四个吸热效应，与脱水对应的吸热峰峰值温度为 167℃和 239℃[110]。美国桑迪亚(Sandia)国家实验室 Yang 的研究表明，脱水温度的高低取决于脱水的气氛、原料的组分和加热的速度，例如，$CeBr_3$ 的脱水温度略高于 $LaBr_3$，$CeBr_3$ 在真空下的脱水温度(105～145℃)显著低于它在氮气气氛下的脱水温度(180～220℃)[111]，说明真空有利于脱水作用的进行。总之，$LaBr_3 \cdot 7H_2O$ 和 $CeBr_3 \cdot 7H_2O$ 中的结晶水不是一次性脱离的，而是分阶段进行的，通过真空加热在 240℃之前可以实现完全脱离。

Yang 在对脱水相进行高温实时 XRD 分析时发现[111]，在从 $LaBr_3 \cdot 7H_2O \rightarrow LaBr_3 \cdot 3H_2O$ 转变时 $LaBr_3$ 晶体结构可保持不变，但在 $LaBr_3 \cdot 3H_2O \rightarrow LaBr_3 \cdot H_2O$ 转化时由于水分子的失去，脱水过程中还伴随有晶体结构的坍塌和无定形相的生成。此外，脱水反应通常发生在颗粒的表面，而颗粒内部因受到外部物质的包覆而无法彻底脱水，所以即便到了脱水温度，颗粒内部的水分也不一定就能够完全脱离。当温度升高到 400℃左右时，脱出的水还会与 $LnBr_3$ 反应形成溴氧化物(LnOBr)：

$$LaBr_3 \cdot H_2O \longrightarrow LaBr_3 + H_2O \longrightarrow LaOBr + 2HBr \tag{3-34}$$

$$CeBr_3 \cdot H_2O \longrightarrow CeBr_3 + H_2O \longrightarrow CeOBr + 2HBr \tag{3-35}$$

如果原料所处环境存在有空气或氧气，它们在高温熔化时还会发生氧化反应，形成溴氧化物(LnOBr)：

$$2LaBr_3 + O_2 \longrightarrow 2LaOBr + 2Br_2 \text{ (高温)} \tag{3-36}$$

$$2CeBr_3 + O_2 \longrightarrow 2CeOBr + 2Br_2 \text{ (高温)} \tag{3-37}$$

反应(3-34)、反应(3-36)中所形成的产物 LaOBr 与反应(3-35)、反应(3-37)中形成的 CeOBr 在 $LaBr_3$ 的生长温度下都是难熔化合物，在晶体生长过程中以包裹体的形式进入晶体内部，形成光散射中心等各种宏观缺陷，造成晶体透光性能和闪烁性能的下降。因此，在对 $LaBr_3$、$CeBr_3$ 原料进行预处理、晶体生长以及晶体加工等各个工艺环节必须防止氧气和水汽的介入。晶体在配料和加工时应在水、氧的含量低于 1ppm 的手套箱内进行，切割好的晶体应密封在铝制套管中。

2)晶体生长

$LaBr_3$:Ce 晶体生长所用原料为纯度大于 4N 的无水 $LaBr_3$ 和 $CeBr_3$ 多晶粉末。$CeBr_3$ 与 $LaBr_3$ 晶体在结构上完全相同，Ce^{3+}与 La^{3+}半径相差只有 1.6%，因此，$CeBr_3$ 与 $LaBr_3$ 晶体之间可以形成连续互溶的固溶体，即 $CeBr_3$ 在 $LaBr_3$ 晶体中的掺杂浓度可以任意调节。图 3.3.31 展示了 $LaBr_3$ 晶体在加热熔融和降温冷却过程的 DTA 曲线，从中发现，其熔融温度(795.8℃)与结晶温度(735.3℃)之间的温度差约为 60℃[112]。说明生长 $LaBr_3$ 晶体需要比较大的过冷度才有利于析晶作用的进行，通常采用的温度梯度为 30℃/cm 左右。

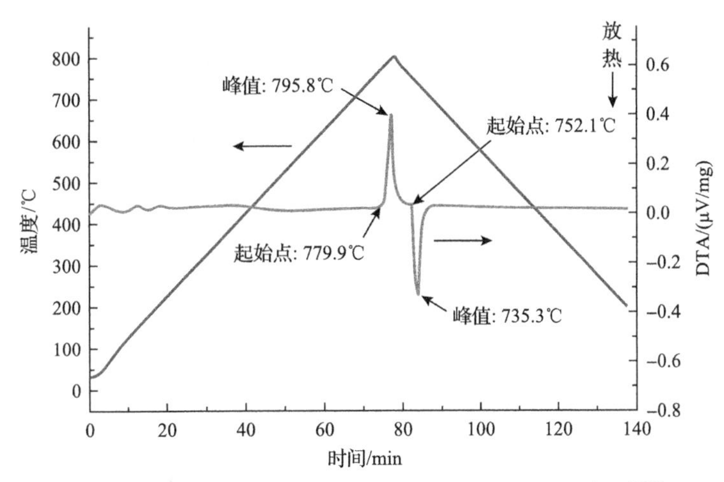

图 3.3.31　$LaBr_3$ 晶体在加热和降温过程中的 DTA 曲线[112]

$LaBr_3$:Ce 晶体通常采用垂直坩埚下降法生长大，用经过严格清洗和退火处理的熔石英玻璃作为坩埚，无水 $LaBr_3$ 和 $CeBr_3$ 原料按照适当的比例称重混合之后装入坩埚之后须先抽到不低于 10^{-3}Pa 的真空度，然后密封，以实现原料与大气的完全隔离，杜绝氧化污染和水污染。坩埚内部可以放置籽晶，也可以采用无籽晶的自发成核生长。当采用自发成核时，坩埚底部需要连接一个直径几毫米的毛细管。根据 Shi(史宏声)等的研究[113]，通过自发成核所获得的单晶生长方向与坩埚的下降速度有密切的关系。当坩埚下降速度为 0.5mm/h 时，得到的是沿[100]方向生长的单晶，但晶体很容易开裂；而当坩埚下降速度为 1mm/h 时，得到的是沿[001]方向生长的单晶，晶体不容易开裂。这是因为 $LaBr_3$:Ce 晶体中(100)晶面的面间距(7.96Å)大于(001)晶面的面间距(4.51Å)，面间距越大，晶面之间的结合力越弱，从而形成平行于(100)的解理面。同时，根据布拉维法则，面网间距越小的晶面，晶面间的结合力越强，生长速度越快，从而使[001]方向的生长速度大于[100]方向。快的坩埚下降速度有利于快速生长晶面的发育，结果在下降速度为 1mm/h 条件下得到的是[001]趋向的单晶；在下降速度为 0.5mm/h 条件下得到的是[100]趋向的单晶。根据对溴化镧晶体热学性能的测试结果，$LaBr_3$:Ce 晶体沿[001]和[100]方向在热膨胀系数、弹性模量、抗压强度和热应力表现出明显的各向异性(表 3.3.4)，其中[100]方向的热膨胀系数是[001]方向的 3.7 倍。在相同的温度范围内，晶体[100]方向的热应力是[001]方向上的 10～20 倍。这么大的差异很容易在晶体内部造成应力积累，使晶体冷却时出现开裂，这是导致大尺寸晶体难以生长的主要原因。由于[001]

方向是 $LaBr_3$:Ce 唯一的高次对称轴方向，如果沿该轴方向生长，而垂直于该生长轴的[100]和[010]两个方向则几乎没有太大的差异，因而能够最大限度地消解由于晶体各向异性所产生的应力。因此，使用[001]方向的定向籽晶，或者通过快速生长的自发成核优选出[001]方向的单晶将有助于生长出大尺寸且无开裂的完整晶体。

北京玻璃研究院已经生长出 ϕ80mm×60mm 的 $LaBr_3$:Ce 晶体(图 3.3.32)。根据对 $LaBr_3$:Ce 晶体轴向和径向不同部位 Ce^{3+}浓度的取样分析，测得 $LaBr_3$:Ce 晶体中的 Ce^{3+}浓度分布如图 3.3.33 所示。随着结晶作用的进行，Ce^{3+}在 $LaBr_3$:Ce 晶

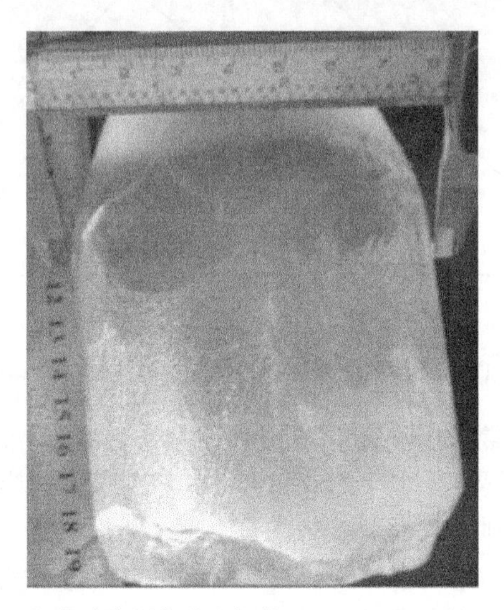

图 3.3.32　北京玻璃研究院生长的 ϕ80mm×60mm $LaBr_3$:Ce 晶体

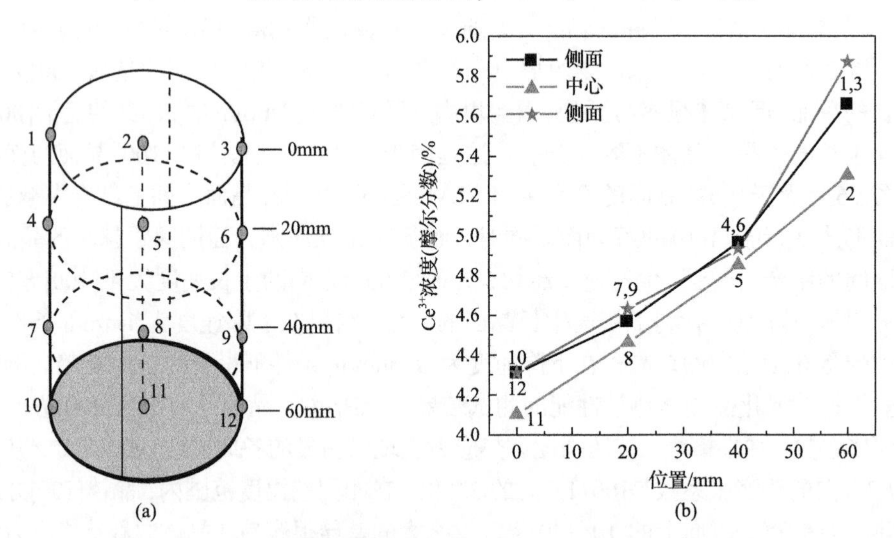

图 3.3.33　北京玻璃研究院所生长的 $LaBr_3$:Ce 晶体中 Ce^{3+}浓度分布

(a)取样位置图；(b)浓度分布图

体中的浓度逐渐增加，计算出的分凝系数为 0.85，具有非常高的均匀性。同时，Ce^{3+}在晶体边缘的浓度明显高于中心部位的浓度(图 3.3.33 中的点位 2-5-8-11)，反映出晶体生长过程中的固-液界面具有凸面生长的特征，这是确保生长出优质晶体的重要技术条件。

国际上拥有 $LaBr_3$:Ce 晶体专利的法国圣戈班公司所生产的商用 $LaBr_3$:Ce 晶体的尺寸已经达到 ϕ100mm×100mm，最大尺寸已经突破 ϕ125mm×125mm，实际应用的体积达几百个立方厘米[114]。

6. 晶体的放射性本底

$LaBr_3$:Ce 晶体中天然存在的少量 ^{138}La 放射性同位素和作为杂质存在的 ^{227}Ac 放射性核素及其衰变子体 ^{227}Th、^{223}Ra、^{219}Rn、^{215}Po、^{211}Pb 和 ^{211}Bi 等会产生β衰变和α衰变，使晶体存在较强的放射性本底[115]，因此降低了探测器的信噪比。

^{138}La 属于不稳定放射性同位素，虽然其天然丰度只有 0.09%，但半衰期很长，约为 1011 年[113]。^{138}La 的衰变模式有两个分支(图 3.3.34)：一是发生β^-衰变，分支比为 34.8%，释放出 255.3keV 的能量，成为处于激发态的子核 ^{138}Ce，子核由激发态跃迁到基态时发射出 788.7keV 的 γ 射线；二是通过电子捕获(electron capture，EC)方式衰变成 ^{138}Ba，该分支比为 65.2%，^{138}La 核内一个质子俘获近核 K 层电子轨道上的一个电子衰变为处于激发态的子核 ^{138}Ba，后者通过释放能量为 1435.8keV 的 γ 射线到达基态。由于电子俘获在核外电子轨道上产生了一个空位，较外层的电子在依次填补的过程中释放出能量约为 32keV 的 X 射线。1435.8keV 的 γ 射线与晶体样品中的 ^{40}K 衰变时产生的 1460.8keV 的特征 γ 射线能量很接近，从而产生重峰(图 3.3.35)。而 ^{227}Ac 与 La 是位于周期表中的同一主族的相邻元素，相似的化学性质使 ^{227}Ac 成为 $LaBr_3$:Ce 晶体中的常见杂质。^{227}Ac 核素及其子体衰变时，在 1600～2800keV 能量范围内形成较高的本底计数，而被探测体中的 ^{238}U

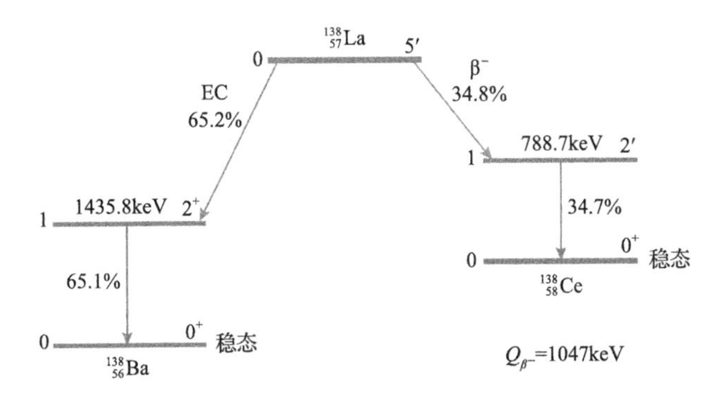

图 3.3.34　^{138}La 的衰变纲图[115]

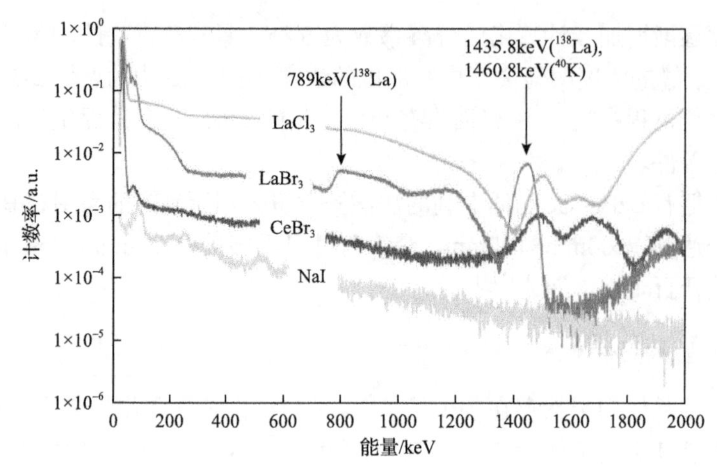

图 3.3.35　$CeBr_3$ 与 $LaBr_3$、$LaCl_3$ 和 NaI 晶体的放射性活度对比[115]

和 ^{232}Th 的特征峰正好在此能量段内，分别位于 1.76MeV、2.62MeV，较高的放射性本底会对 ^{238}U 和 ^{232}Th 含量的分析造成显著的影响。

随着溴化镧原料提纯和晶体材料制造技术的提高，晶体本征放射性中 ^{227}Ac（半衰期约 22 年）的含量已经大幅度减少，^{227}Ac 衰变链产生的放射性计数干扰已经大大降低，但放射性同位素 ^{138}La 的衰变是在 1500keV 能量以下造成本底计数的主要因素。目前，获取 $LaBr_3$:Ce 放射性本底光谱的方法主要有蒙特卡罗（MC）模拟法和实验测量。2016 年陈晔等利用参考法来扣除 $LaBr_3$:Ce 晶体中固有的放射性本底，该参考法分别获取 $LaBr_3$:Ce 和 NaI:Tl 探测器的本底谱，之后利用蒙特卡罗（MC）模拟计算出两个探测器的探测效率比，以效率校正后的 NaI:Tl 本底谱估计 $LaBr_3$:Ce 探测到的环境本底谱，从 $LaBr_3$:Ce 谱中扣除环境本底谱就可以较准确得到 $LaBr_3$:Ce 自身的本底谱。

虽然上述方法能够在一定程度上降低 ^{138}La 放射性本底对晶体的影响，但是并不能完全消除这种影响。为了避开 ^{138}La 放射性同位素的干扰，具有本征闪烁特性的 $CeBr_3$ 晶体成为最有竞争力的替补材料。虽然 $CeBr_3$ 晶体中的本征原生核素也含有微量的 ^{227}Ac 和痕量 ^{138}La，但它们的活度分别是 300mBq/kg±20mBq/kg 和 7.4mBq/kg±1.0mBq/kg，比 $LaBr_3$ 中低 5 个数量级。其活化产物——^{82}Br 和 ^{139}Ce 的含量分别为 18mBq/kg±4mBq/kg 和 4.3mBq/kg±0.3mBq/kg[116]。由于其放射性核素的含量远远低于含镧的卤化物晶体（如 $LaBr_3$:Ce 和 $LaCl_3$:Ce），甚至接近于碘化钠晶体（图 3.3.35），对低强度辐射信号的探测具有更高的灵敏度。北京玻璃研究院用高纯锗 γ 谱仪对其生长的 $LaBr_3$:5%Ce 和 $CeBr_3$:Ce 晶体的放射性比活度进行了测试，从前者中测试出 0.249Bq/g 的 ^{138}La 和 0.0425Bq/g 的 ^{227}Ac，而后者的活度则低于检测限（0.005Bq/g）[117]。由于 $CeBr_3$ 晶体的固有放射性活度较低，对于在 3MeV 能量以下的 γ 射线，$CeBr_3$ 探测器的探测灵敏度比 $LaBr_3$:Ce 高出约 5 倍。

因此，在消除放射性核素干扰方面，$CeBr_3$ 晶体比 $LaBr_3$:Ce 晶体更有优势。

3.3.4　溴化铈晶体

在 $LaCl_3$:Ce 和 $LaBr_3$:Ce 晶体中，因天然存在的放射性同位素 ^{138}La(丰度 0.09%)使这些含 La 晶体的背景噪声显著高于 NaI:Tl 等传统闪烁晶体，从而限制了这些晶体在高灵敏探测技术中的应用。于是，具有较低背景噪声且与 $LaBr_3$ 具有相同结构的本征闪烁晶体——溴化铈($CeBr_3$)开始受到广泛关注和研究。

$CeBr_3$ 的晶体结构和基本物理性质与 $LaBr_3$ 非常相似，也属于六方晶系，UCl_3 型结构，空间群为 $P6_3/m$，晶胞参数 $a=b=7.96$Å，$c=4.45$Å，密度 5.2g/cm^3，为一致熔融化合物，熔点 722℃，有效原子序数 45.9。

$CeBr_3$ 晶体中的 Ce 离子既是构成晶体的主要组分，又是晶体的发光中心，即所谓的本征闪烁晶体。其 X 射线激发发射光谱示于图 3.3.36，与 $LaBr_3$:5%Ce 晶体相似，也具有典型的 Ce^{3+}双峰发射，发射波长为 370nm 和 390nm，源于 Ce^{3+}的 5d 最低能级向自旋轨道分裂的两个 4f 能级之间的电子跃迁(即 5d→$^2F_{5/2}$ 和 5d→$^2F_{7/2}$)，不同之处在于 $CeBr_3$ 晶体的峰值发射波长(370nm)比 $LaBr_3$:5%Ce 晶体的(360nm)红移了大约 10nm。由于 $CeBr_3$ 的激发光谱的长波波段与其发射光谱的短波波段之间也存在重叠，造成发射光谱中的短波长光被晶体吸收，随着测试样品厚度从 0.25mm 变化到 25mm，发射主峰的波长向长波方向红移了大约 5nm(图 3.3.36)。同时，因“自吸收”的光再次激发 Ce^{3+}而发光，部分光子在晶体内部不断重复“发射-吸收-激发-发射”的过程，导致部分光子到达出光口的时间被延长。晶体尺寸越大，自吸收现象就越严重，因此造成晶体衰减时间随着晶体尺寸的增大而延长，当晶体体积从 1mm^3 增加至 102.9cm^3 时，$CeBr_3$ 和 $LaBr_3$:5%Ce 晶体的闪烁衰减时间从 17.2ns 和 16ns 分别增加至 26.6ns 和 20.7ns(图 3.3.37)。Shah 等以 ^{22}Na

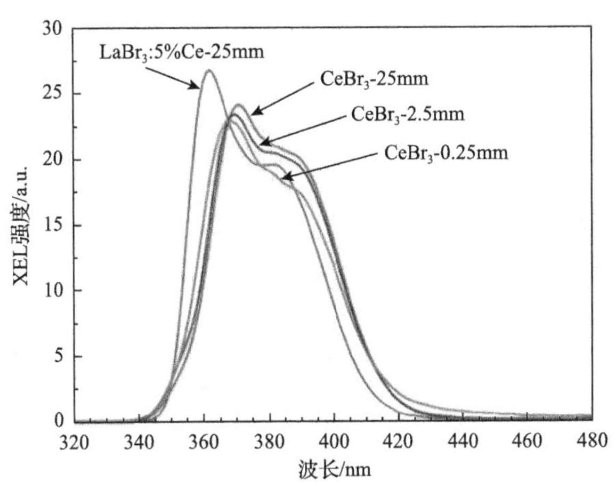

图 3.3.36　$LaBr_3$:5%Ce 和不同厚度 $CeBr_3$ 晶体的 X 射线激发发射光谱(XEL)[118]

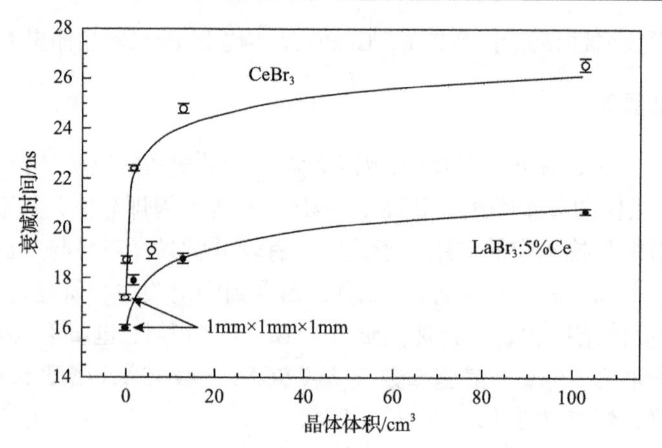

图 3.3.37　$CeBr_3$ 和 $LaBr_3$:5%Ce 晶体在 ^{137}Cs 激发下的闪烁衰减时间与晶体体积的关系[118]

所发射的 511keV 正电子分别测试了 BaF_2 参比晶体和 $CeBr_3$ 晶体的复合时间分辨谱，所测得的时间分辨率分别为 210ps 和 200ps[95]。这个结果表明，$CeBr_3$ 晶体适合应用于快响应、高计数率和高的时间分辨率的领域，在飞行时间技术方面可望发挥积极的作用。

图 3.3.38 展示了 $CeBr_3$ 晶体、NaI:Tl 晶体、$LaBr_3$:5%Ce 晶体在 ^{137}Cs 放射源所发射的 662keV γ 射线激发下的脉冲高度谱。与相同条件下测试的 NaI:Tl 和 $LaBr_3$:5%Ce 晶体的脉冲高度谱相比，$CeBr_3$ 晶体的道数介于 NaI:Tl 晶体与 $LaBr_3$:5%Ce 晶体之间，相对光输出约为 NaI:Tl 的 125%，即 66000ph/MeV。由于受样品生长质量、加工质量、封装质量、测试条件和数据处理方法的影响，不同研究单位所报道的数据存在一定的差异，$LaBr_3$:5%Ce 晶体的光产额和能量分辨率可以分别达到 68000ph/MeV

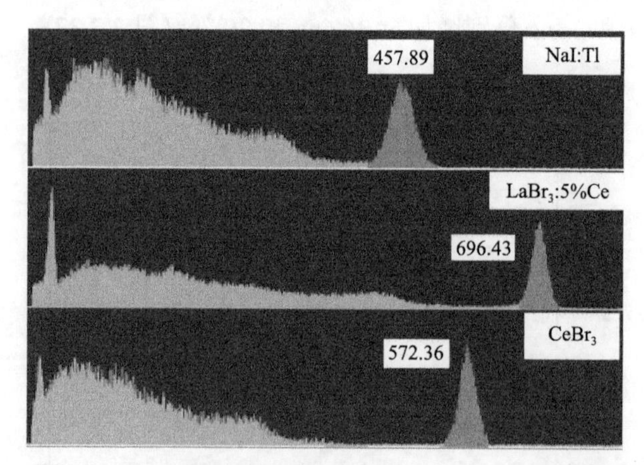

图 3.3.38　10mm×10mm×10mm $CeBr_3$ 晶体、NaI:Tl 晶体、$LaBr_3$:5%Ce（摩尔浓度）晶体的 γ 射线脉冲高度谱[119]

和 3.4%。从理论上来讲，$CeBr_3$ 晶体和 $LaBr_3$:5%Ce 晶体都是 Ce^{3+}发光，且晶体结构相同，$CeBr_3$ 晶体本征发光应与 $LaBr_3$:Ce 晶体相当[9]。但受 $CeBr_3$ 晶体自吸收效应和浓度猝灭效应的影响，$CeBr_3$ 晶体的一部分 Ce^{3+}受辐射激发发光被另一部分 Ce^{3+}吸收而再次激发发射光子，再发射光子方向随机分布，而被吸收光子的初始方向损失，使得晶体内部发光到离开晶体而被收集的光子减少，导致 $CeBr_3$ 晶体光输出一般都低于 $LaBr_3$: Ce 晶体。

虽然 $CeBr_3$ 晶体在能量为 100～1275keV，光输出对能量响应的非比例系数约为 4%，光输出对能量响应的线性程度不如 $LaBr_3$:Ce 晶体，但通过掺入碱土 Mg^{2+}、Ca^{2+}、Sr^{2+}、Ba^{2+}等离子，这一非比例性可得到明显改善(图 3.3.39)。Ca^{2+}、Sr^{2+}掺杂 $CeBr_3$ 晶体在 30～1332keV 之间的能量分辨率变化如图 3.3.40 所示，虽然 Ca^{2+}、Sr^{2+}掺杂都能够改善 $CeBr_3$ 晶体的能量分辨率，但相比较而言，Sr^{2+}掺杂 $CeBr_3$ 晶体的能量分辨率明显优于纯 $CeBr_3$ 晶体和 Ca^{2+}掺杂 $CeBr_3$ 晶体。

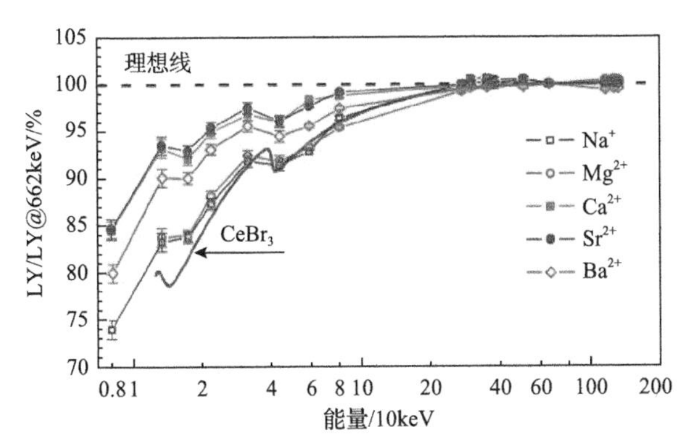

图 3.3.39　掺杂不同阳离子对 $CeBr_3$ 晶体光输出能量响应非比例性的影响[120]

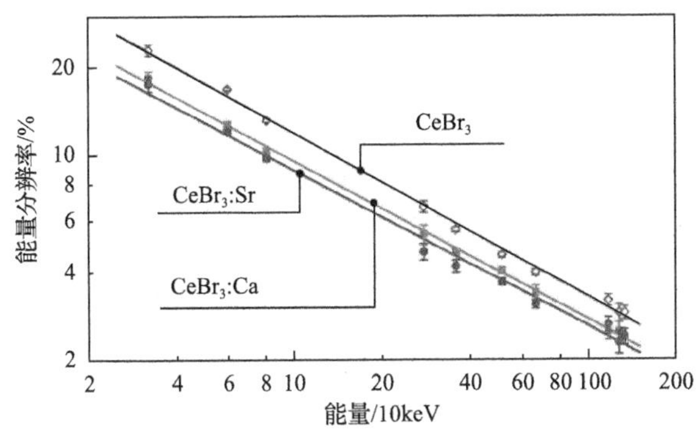

图 3.3.40　Sr^{2+}和 Ca^{2+}阳离子掺杂对 $CeBr_3$ 晶体的能量分辨率的影响[120]

除了掺杂阳离子，阴离子掺杂在优化 $CeBr_3$ 晶体性能方面也取得了积极的效果。美国田纳西大学 Loyd 等用 I 部分替代 Br，生长出了 $CeBr_{3-x}I_x$ 系列混合晶体(x=0.03～

1），测得 $CeBr_{2.94}I_{0.05}$ 晶体的能量分辨率为 3.9%@662keV，光产额约 80000ph/MeV，同时发光波长也会红移到 500nm 左右，衰减时间延长至 26ns[121]。Wei 等制备了若干掺不同浓度 Cl^- 的 $CeBr_{3-x}Cl_x$ 晶体，并以 NaI:Tl 晶体为参比样品观测它们在空气中的重量随时间的变化，结果发现随着 Cl^- 浓度（x）的提高晶体的吸潮性逐渐降低（图 3.3.41）[122]。由于 $CeCl_3$ 晶体的潮解比 $CeBr_3$ 弱，当以小半径的 Cl^- 置换大半径的 Br^- 时，所形成的 $CeBr_{3-x}Cl_x$ 晶体具有更加紧密的结构和更稳定的化学性质，从而有利于抗潮解能力的提高。但 Cl^- 的增加会使 $CeBr_{3-x}Cl_x$ 晶体密度下降、带隙变大、光产额降低和衰减时间的延长。

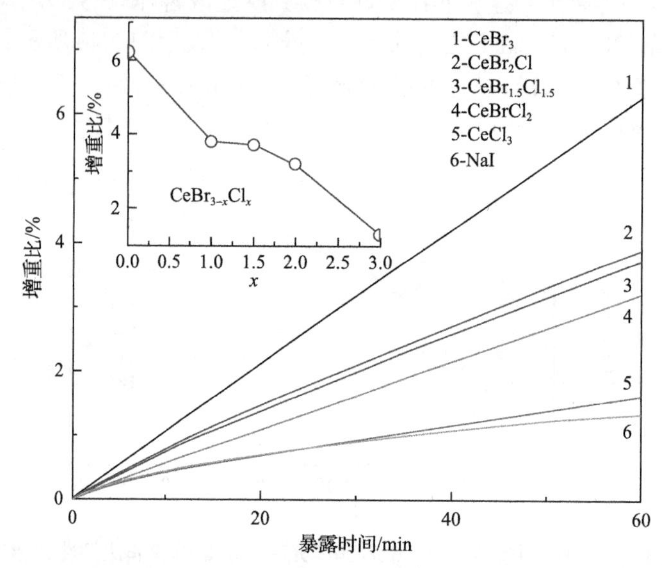

图 3.3.41　$CeBr_{3-x}Cl_x$（x=0～3）和 NaI:Tl 晶体在空气中暴露的重量变化[122]

$CeBr_3$ 晶体的生长方法与 $LaCl_3$ 和 $LaBr_3$ 晶体完全相同，即一般都采用抽真空的石英坩埚布里奇曼生长方法，所用原料必须事先经过真空脱水或烘干处理，以确保原料中无水无氧。2012 以来，美国 RMD、德国 Schott 公司、荷兰 SCIONIX 公司先后生长出 ϕ2in×2in $CeBr_3$ 晶体。德国 Hellma GmbH 公司生长 $CeBr_3$ 晶体已经达到 ϕ3in。北京玻璃研究院生长的 $CeBr_3$ 晶体已经达到 ϕ1.5in×1.5in，在国内处于领先水平。

3.4　钾冰晶石闪烁晶体

传统的闪烁晶体一般只适用于对 X 射线或 γ 射线的探测，而在混合辐射场中，γ 射线总是与中子相伴生，因此需要同时能够分辨中子和 γ 射线的闪烁材料。常规

的做法就是将 γ 射线探测器(如碘化钠闪烁探测器)与中子探测器(如氦-3 气体热中子探测器)组合在一起进行探测。这种探测方法不仅结构复杂，而且随着中子探测技术的迅速发展，氦-3 的资源供应已经无法满足需要，因此急需探索新的中子探测材料。最理想的模式是，一种探测器能够同时开展对 γ 射线和中子进行探测和甄别，这就是所谓的双模探测器(dual mode detector)[123]。这种模式要求探测材料能够满足脉冲高度甄别(PHD)或者脉冲形状甄别(PSD)的要求。与 γ 射线不同的是，中子因不带电而具有很强的穿透能力，而难以被直接捕获或探测，一般需要借助于对中子吸收截面比较大的 ^{6}Li、^{10}B、^{155}Gd 和 ^{157}Gd 元素与中子之间的核反应而产生的次级带电粒子来实现对中子的间接探测。在上述同位素当中，^{6}Li 同位素在吸收中子后能够通过 $^{6}Li(n,\alpha)^{3}H$ 反应，即 $n+^{6}Li \longrightarrow ^{4}He(2.05MeV)+^{3}H(2.75MeV)$ (σ=520b)，产生两个带电粒子：一个α粒子(^{4}He)和一个氚核(^{3}H)，所携带的能量分别为 2.05MeV 和 2.75MeV，总的反应能为 4.8MeV[124]。该能量(等效 γ 能量为 3.2～3.5MeV)沉积在闪烁晶体中使晶体产生闪烁光，由于该能量显著高于 γ 射线的能量，从而避免了 γ 能谱与中子能谱之间的重叠，因此可以通过脉冲高度甄别来检测热中子。最近，随着中子探测在核能利用、军备控制、反恐安检等领域的应用日益广泛，人们希望开发出能同时探测或区分中子和 γ 射线的闪烁晶体。此时，具有钾冰晶石结构的一系列新型闪烁晶体，如 Cs_2LiYCl_6:Ce (CLYC)引起了人们的重视，这类晶体不仅具有高的光输出、快的衰减速度，而且具有优异的 n/γ 甄别能力，因此成为同时具备中子和 γ 射线双模量探测的新型无机闪烁晶体。

3.4.1　钾冰晶石晶体结构

钾冰晶石是一种天然矿物，其化学式为 K_2NaAlF_6，因其发现地位于美国得克萨斯州的 El Paso 小镇而被命名为 elpasolite，属于立方晶系(图 3.4.1)，空间群为 $Fm\bar{3}m$。后续的研究表明，钾冰晶石化合物不止一种，而是一族，其通式可表示为$[A^+]_2[B^+][C^{3+}][X^-]_6$，其中的 A 位离子是第一主族中半径较大的碱金属离子，如 K^+、Rb^+、Cs^+；B 位是半径较小的碱金属离子，如 Li^+、Na^+、K^+，但一般多为 Li^+；C 位是稀土离子(如 Y^{3+}、La^{3+}、Ce^{3+}、Gd^{3+}、Lu^{3+}等)、过渡金属离子或者其他+3 价金属离子；X 为卤素离子(F^-、Cl^-、Br^-)[123]。由于①该化合物属于立方晶系，结构对称程度高，从而有利于从熔体中结晶出大单晶；②C 位的八面体配位空间适合于 Ce^{3+}、Pr^{3+}等发光离子的进入，从而为复合发光奠定了基础；③结构中存在的多种结晶学格位为离子替换和掺杂提供了合适的几何空间和选择余地，从而有利于通过离子掺杂来改善或优化材料性能；④当 B 格位被 Li^+占据时，由于 ^{6}Li 同位素具有大的中子捕获截面，从而可以实现对中子的有效吸收和探测。含锂的立方钾冰晶石型化合物称为锂基钾冰晶石，通式为 A_2LiCX_6(A=Cs、Rb，C=Y、La、Ce、Pr，X=Cl、Br)，如 Cs_2LiYCl_6:Ce、$Cs_2LiLaCl_6$:Ce、$Cs_2LiLaBr_6$:Ce、Cs_2LiYBr_6:Ce、$Rb_2LiLaBr_6$:Ce 和 Rb_2LiYBr_6:Ce 等。根据对 Cs_2LiYCl_6:Ce 晶体的 XRD 测试结果(图 3.4.2)，获得晶胞参数：a=10.481Å，V= 1152.9$Å^3$，密度 ρ=3.31g/cm^3[125]。特别是，当采用富集 ^6Li 同位素(≥95%)作为原料所生长的晶体，由于 ^6Li 的含量高于其天然丰度(7.5%)，中子探测效率可以比天然原料生长的晶体高出数倍。此外，因晶体中含有氯离子，还可以通过核反应 $^{35}Cl(n,p)^{35}S$ 和 $^{35}Cl(n,\alpha)^{32}P$ 来测量快中子。

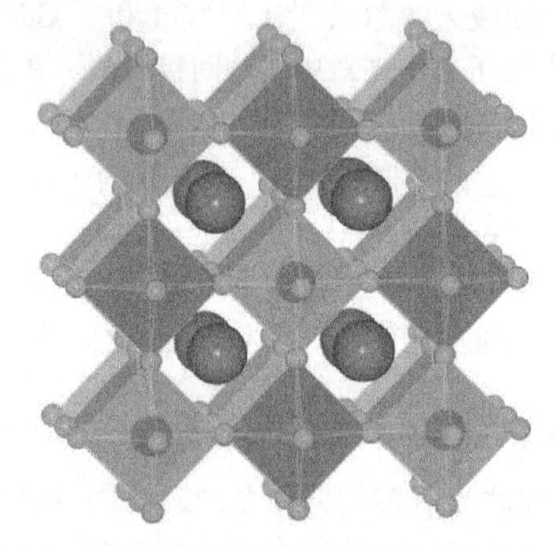

图 3.4.1　钾冰晶石型结构化合物晶体结构示意图[123]

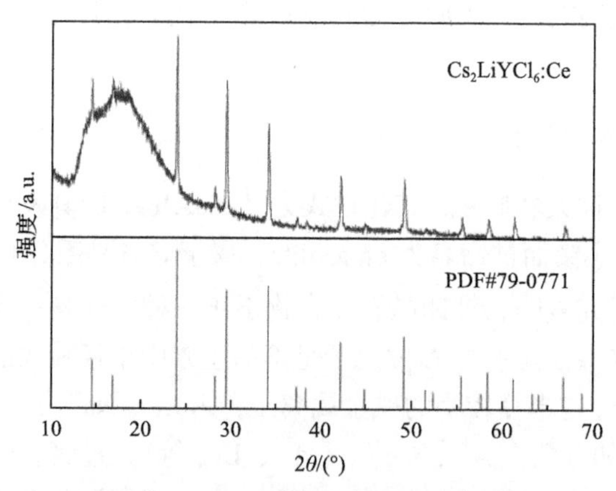

图 3.4.2　Cs_2LiYCl_6:Ce 晶体的 XRD 图

图中低角度区的宽谱带是包覆样品的有机膜所致

自 1999 年以来，国内外围绕锂基钾冰晶石结构的卤化物开展了大量的研究，制备了多种晶体，并测试了它们的基本物理性质以及闪烁性能，几种典型晶体的性能特征归纳到表 3.4.1。

表 3.4.1　一些钾冰晶石结构闪烁晶体的性能[123-125]

性能		Cs_2LiYCl_6:Ce	Cs_2LiYBr_6:Ce	$Cs_2LiLaCl_6$:Ce	$Cs_2LiLaBr_6$:Ce	$Rb_2LiLaBr_6$:Ce
简写		CLYC	CLYB	CLLC	CLLB	RLLB
密度/(g/cm^3)		3.31	4.15	3.3	4.2	3.9
有效原子序数 Z_{eff}		46.4	44.7	50.1	47.7	42.1
发射波长/nm		255～470	390～423	375～410	410	363
α/β		0.73	0.78	0.65	0.62	0.34
芯带-价带发光(CVL)		有	无	有	无	无
能量分辨率/%@662keV		3.9	4.1	3.4	2.9	4.8
光产额/(ph/MeV)	中子	70000	90000	110000	180000	54000
	γ	20000	24000	35000	60000	33000
衰减时间/ns	中子	50/100	70/100	50/450	55/270	—
	γ	2.4/50/1000	80/1000	1.6/50/450	55/270	100/750
品质因子 FOM		3.33	1.36	1.48	1.2	—

3.4.2　CLYC:Ce 晶体的闪烁性能

1. CLYC:Ce 的透光和荧光发射特征

CLYC:Ce 晶体是铈离子掺杂锂基钾冰晶石闪烁晶体的典型代表，于 1999 年由荷兰代尔夫特理工大学 Combes 等首次发现[124]。CLYC 晶体具有双探测能力，不但对 γ 射线有着优异的能量分辨率，对中子探测也有着较高的探测效率。CLYC 晶体具有衰减时间约为 1ns 的芯-价快发光特性，且这种快发光特性只存在于 γ 射线发光中，因而可以采用脉冲波形甄别(PSD)方法有效区分和探测慢(热)中子和 γ 射线[125]。在过去的几年中，CLYC 晶体作为一种非常有潜力的新型闪烁晶体，已经在中子光谱学、辐射环境检测和核安全等许多领域得到了推广和应用。

王绍涵等生长了一系列掺有不同浓度 Ce^{3+}的 CLYC 晶体并对其发光性能进行了研究[126]。图 3.4.3 展示了尺寸为ϕ11mm×5mm 的 CLYC:xCe 样品的透射光谱。在可见光波段范围，晶体的紫外截止吸收边都位于 225nm，该吸收对应于晶格的基质吸收[127]。晶体在 345nm 处出现了一个很强的吸收谷，且随着 Ce^{3+}浓度的增加而增强，当 Ce^{3+}掺杂浓度增加到 1%及其以上浓度时，吸收谷逐渐由窄变宽，吸收强度也有所提高。除此之外，在 269nm 和 280nm 处还出现了较弱的吸收峰。由于 Ce^{3+}占据了 CLYC:Ce 晶体中 Y^{3+}的正八面体 O_h 格位，在晶体场的作用下 5d 能级分为较低的三重态 t_{2g} 和较高的双重态 e_g[128]。因此 310～375nm 的吸收平台归因

于 Ce^{3+}从基态 $^2F_{5/2}$ 能级到较低的 5d 能级 t_{2g} 的跃迁。269nm 和 280nm 的吸收峰可以用从基态 $^2F_{5/2}$ 能级到 Ce^{3+}更高的 5d 能级 e_g 的跃迁来解释。CLYC:Ce 晶体的透光率受 Ce^{3+}掺杂浓度、晶体内在质量和表面抛光质量的影响较大，总体趋势是 Ce^{3+}掺杂浓度越高透光率越低。无色透明的 CLYC:1%Ce 晶体在 400nm 以上波段的透光率均高于 60%。

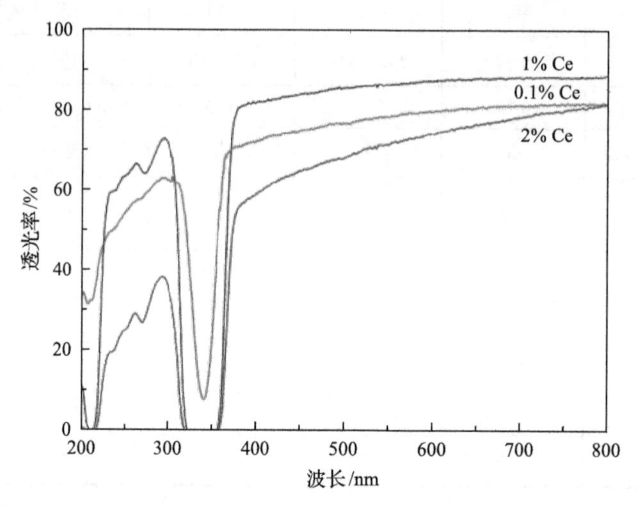

图 3.4.3　CLYC:xCe (x=0.1%, 1%, 2%，摩尔浓度) 晶体的透射光谱

在 340nm 波长的紫外激发下，CLYC:Ce 晶体的荧光发射光谱如图 3.4.4 所示，其发光带位于 350～450nm 的波长范围内。晶体的发射峰均在 371nm 和 403nm，分别对应于 Ce^{3+}的 $5d_1 \rightarrow {}^2F_{5/2}$ 和 $5d_1 \rightarrow {}^2F_{7/2}$ 能级跃迁产生，而且发射峰的位置没有

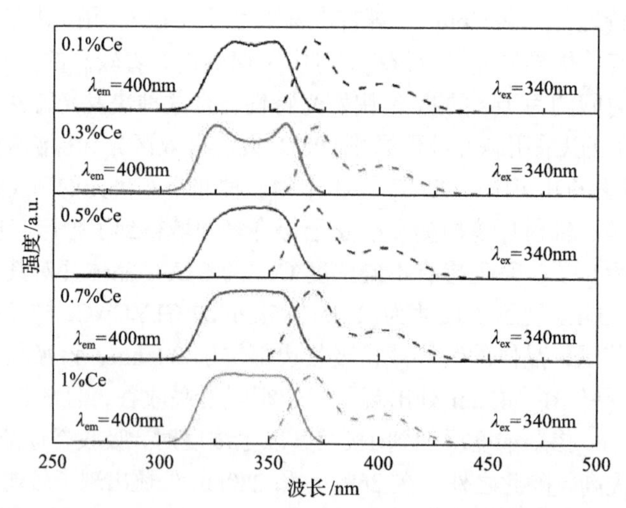

图 3.4.4　不同 Ce^{3+}浓度掺杂 CLYC:Ce 样品的光致激发和发射光谱

随着 Ce^{3+}掺杂浓度的提高而发生明显变化。两个激发峰，325nm 和 360nm，分别对应于 Ce^{3+}的 $^2F_{5/2}\to5d_1$ 和 $^2F_{7/2}\to5d_1$ 能级跃迁，它们随着 Ce^{3+}掺杂浓度的增加而加宽，甚至叠加成一个宽的发光带。这是由于 Ce^{3+}作为掺杂离子进入 CLYC 的晶格中并占据 Y^{3+}格位，其浓度越高，造成的晶格畸变越强，激发峰也就越宽，从而导致多个激发峰之间产生更多的叠加，多个激发峰合并为激发平台。特别是，激发光谱与发射光谱存在比较大的重叠区，导致晶体在 350～375nm 波段出现自吸收。当激发波长为 340nm 时，产生 371nm 和 403nm 两个 Ce^{3+}特征发光带，且 371nm 峰的强度总是高于 403nm 发射峰；当激发波长为 238nm、252nm、271nm、307nm 时，还存在波长位于 321nm 处较弱的发光峰，可归因于 STE 发光[129]。

CLYC:Ce 晶体的 X 射线激发发射光谱如图 3.4.5 所示。从中可以观察到三个典型的发光峰，分别是波长位于 310nm 处的 CLYC 晶体的本征发光——芯-价发光(CVL)和波长介于 350～450nm 之间的两个 Ce^{3+}发光。该发光仅仅存在于 X 射线和 γ 射线激发的发射光谱中，而在中子激发下则不存在。实验表明，CVL 发光强度随着晶体尺寸和 Ce^{3+}掺杂浓度的增加而下降，当晶体尺寸达到一定程度时，芯-价发光成分会直接被 Ce^{3+}吸收。随着 Ce^{3+}浓度增加，芯-价发光峰向短波长方向移动，并且强度有所降低。这是因为晶体内 Ce^{3+}浓度的增加会吸收更多的芯-价发光导致其发光强度下降。波长在 350～450nm 的发光存在两个发光峰，376nm 和 401nm 是典型的 Ce^{3+}发光，谱形和峰位与紫外荧光发射光谱几乎完全相同，即 376nm 处的发光峰对应于 Ce^{3+}的 $5d_1\to{}^2F_{5/2}$ 能级跃迁，而 401nm 处的发光峰对应于 Ce^{3+}的 $5d_1\to{}^2F_{7/2}$ 的能级跃迁。

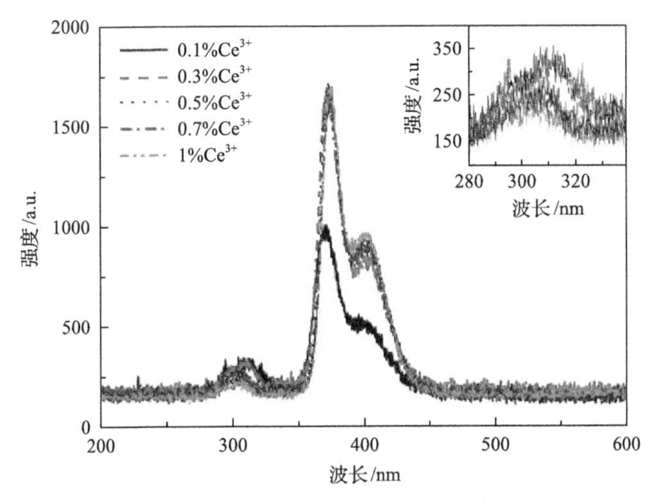

图 3.4.5　CLYC: Ce 晶体样品(10mm×10mm×5mm)的 X 射线激发发射光谱

2. CLYC 的闪烁发光与发光机理

以 ^{137}Cs 放射源所发射出 662keV 的 γ 射线激发 CLYC:Ce 晶体，所获得的闪烁光衰减曲线如图 3.4.6 所示。CLYC:Ce 晶体的光衰减曲线可采用式(3-38)和式(3-39)进行四指数衰减函数拟合[127]：

$$I = A_1 e^{-t/t_1} + A_2 e^{-t/t_2} + A_3 e^{-t/t_3} + A_4 e^{-t/t_4} \tag{3-38}$$

每种衰减时间成分的强度可以通过式(3-39)计算得到：

$$I_i = \frac{A_i t_i}{\sum_1^4 A_i t_i} \tag{3-39}$$

其中，I 为发光强度；A_1、A_2、A_3 和 A_4 分别表示曲线中不同分量的幅度；t 代表时间。拟合出的四个衰减时间常数，τ_1、τ_2、τ_3 和 τ_4 以及各个分量的强度比如表 3.4.2 所示。图 3.4.7 将表 3.4.2 的数据以图示的方式展现出各个分量的衰减时间及其发光强度比随 Ce^{3+}浓度的变化。

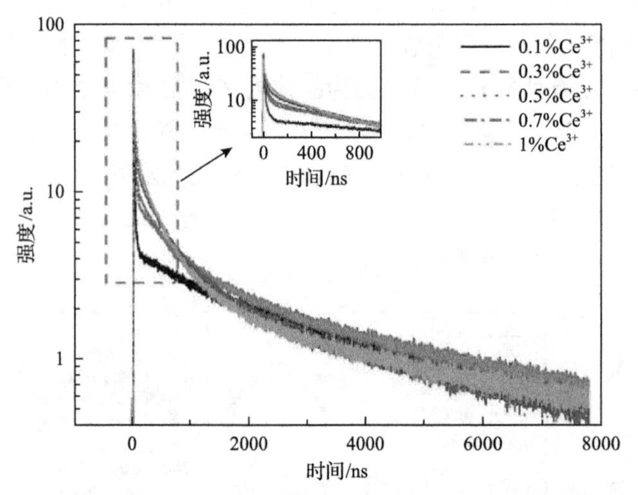

图 3.4.6　CLYC: Ce 晶体在 ^{137}Cs 放射源激发下的闪烁衰减曲线

表 3.4.2　CLYC:Ce 晶体各发光分量的时间常数和强度比

Ce^{3+}摩尔浓度/%	τ_1/ns	I_1/%	τ_2/ns	I_2/%	τ_3/ns	I_3/%	τ_4/ns	I_4/%
0.1	2.6	1.1	17.1	2.3	901.5	11.5	5121	85.1
0.3	2.6	1.0	21.1	3.6	580.3	21.6	3464.7	73.8
0.5	2.4	0.9	24.4	4.1	483.1	29.2	2855.2	65.8
0.7	3.0	0.9	28.2	4.7	426.5	33.6	2513.8	60.8
1.0	2.6	0.6	32.9	5.6	364.6	38.5	2357.9	55.3

第一个发光分量来自芯-价发光(CVL)，其特点是衰减速度很快，只有 2～3ns(图 3.4.7(a))，但强度占比只有 1%左右，而且随着 Ce^{3+}掺杂浓度提高而逐渐减弱(图 3.4.7(b))。这种超快发光成分常存在于某些碱金属和碱土金属卤化物晶体中,最早是由 Ershovet 等在研究 BaF_2 时观察到衰减时间为 0.8ns 的快衰减成分，用 CVL 机制来解释 BaF_2 荧光快分量的产生过程[57]。CVL 的特征是衰减时间短，为纳秒量级(通常只有 0.6～3ns 的超快荧光)，而且光输出受温度的影响较小。CLYC 的能带模型和芯-价发光原理如图 3.4.8(a)所示，当高能粒子入射晶体时，5p Cs 芯带的电子被激发到导带，即图 3.4.8(a)中的过程 1，在芯带留下空穴，所产生的芯带空穴寿命极短(皮秒量级)，此空穴迅速与来自 3p Cl 价带上的电子复合发出荧光[130]。但 CLYC:Ce 的芯-价发光现象只出现在 γ 射线激发下，而在中子激发下则不产生芯-价发光，根据这个差异可通过脉冲形状甄别技术来探测和区分 γ 射线与中子。

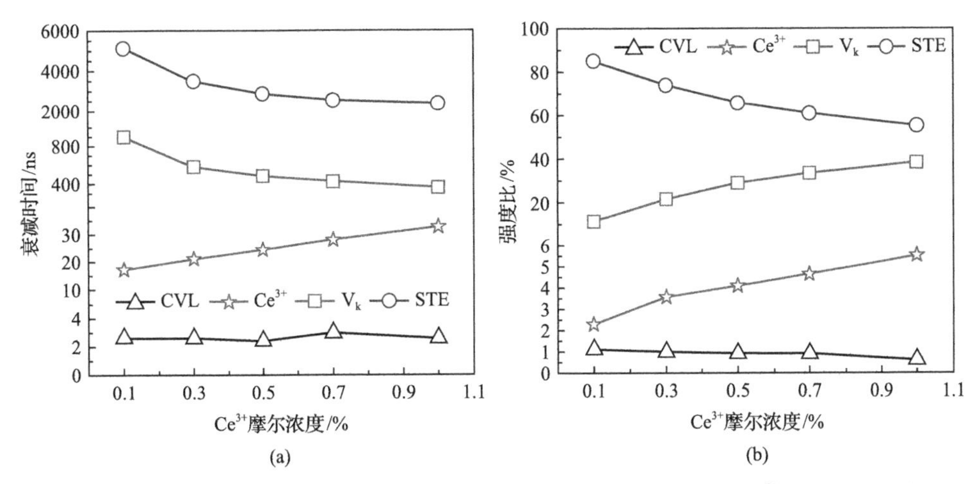

图 3.4.7　CLYC:Ce 晶体不同分量的闪烁衰减时间(a)和强度比(b)与 Ce^{3+}掺杂浓度的关系

第二个发光分量属于典型的 Ce^{3+}发光，即 Ce^{3+}直接捕获发光(t_2)。CLYC 晶体受到电离辐射或高能粒子辐射后，激发电子从价带跃迁到导带，从而在价带形成空穴，在导带形成自由电子(图 3.4.8(b)中的过程 1)，这些自由电子-空穴对在扩散的过程中被 Ce^{3+}捕获导致 4f→5d 激发，电子-空穴对的弛豫激发使 Ce^{3+}的 5d 轨道电子向 4f 轨道跃迁，迅速发射荧光(图 3.4.8(b)中的过程 4)，该过程的斯托克斯位移约为 $1940cm^{-1}$[128]，衰减时间约几十纳秒。由于 Ce^{3+}发光的衰减时间受 Ce^{3+}浓度的影响较大，随着浓度的增加，衰减时间逐渐增长，发光强度比缓慢增加(图 3.4.7)。

第三个分量是二元 V_k 和电子扩散(t_3)向 Ce^{3+}能量传递发光，衰减时间为数百个纳秒，且随着 Ce^{3+}浓度的增加，衰减时间缩短(图 3.4.7(a))，强度比逐渐增加(图 3.4.7(b))。在卤化物闪烁晶体中存在一种俘获空穴型色心即 V_k 心，V_k 心是两个相邻的卤素离子相互靠拢，形成一个双原子的分子离子$[X_2]^-$(X 指卤素离子)[129]。在 CLYC 晶体中的 V_k 心即是两个 Cl^- 俘获价带上的空穴形成的$[Cl_2]^-$。V_k 中心通过热激活迁移到 Ce^{3+}附近，被 Ce^{3+}捕获以形成 Ce^{4+}或 Ce^{3+}-V_k 复合体，随后 V_k 心捕获自由电子导致 Ce^{3+}激发(图 3.4.8(c))。Ce^{3+}掺杂浓度升高，V_k 中心迁移到 Ce^{3+}所需的时间就会缩短，导致该机制的衰减加快。这种慢衰减成分广泛存在于 $LaCl_3$ 和 $LaBr_3$ 等卤化物晶体当中。

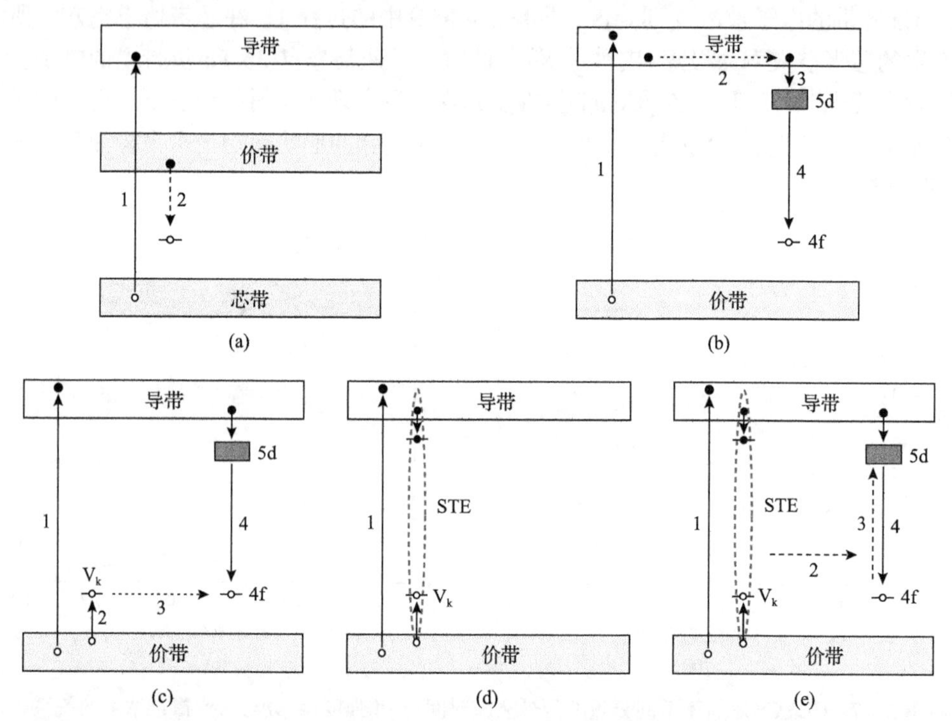

图 3.4.8　CLYC: Ce 晶体中几个不同发光分量的发光机理示意图[129]

(a) CVL 发光：1-芯带电子被激发后进入导带，并在芯带留下一个空穴；2-价带电子与芯带空穴复合并发光。(b) Ce^{3+}发光：1-价带电子被激发进入导带；2-电子在导带中迁移；3-导带电子与 Ce^{3+}捕获；4-Ce^{3+}通过 5d→4f 跃迁而发光。(c) 通过 V_k 中心的发光：1-价带电子被激发进入导带并在价带留下空穴；2-价带空穴被$[Cl_2]^-$分子复合体复合，形成 V_k 心；3-V_k 心通过热扩散迁移到 Ce^{3+}形成$[Ce^{3+}+V_k]$或者 Ce^{4+}；4-该中心与导带电子复合并发光。(d) (e) STE 参与的发光：1-价带电子被激发进入导带并形成 V_k 心；2-V_k 心捕获自由电子形成自陷激子 STE；2-STE 通过热运动迁移至 Ce^{3+}；3-STE 通过脱激化把能量传递给 Ce^{3+}；4-Ce^{3+}复合发光

第四个分量是 STE 向 Ce^{3+}能量传递发光机制，与二元 V_k 和电子扩散类似，V_k 心在扩散的过程中可能先捕获导带上的电子(图 3.4.8(d))，所形成的电子-空穴对被称为自陷激子(STE)。由于 STE 是电中性的，所以它在晶体中的迁移速度要比 V_k 心快，STE 通过热运动向 Ce^{3+}传递能量(图 3.4.8(e))，并通过电子-空穴对复合而发出荧光，衰减时间在微秒量级(图 3.4.7(a))。当晶体内 Ce^{3+}浓度增加时，

STE 周围的 Ce^{3+}数量增加，相同温度下，STE 把能量传递给 Ce^{3+}的路程减小，衰减时间也就缩短。强度占比随着 Ce^{3+}浓度的增加而下降(图 3.4.7(b))。能量转移不存在热猝灭效应，但 STE 发光峰会和 Ce^{3+}发光峰重叠而较难区分。

3. CLYC 的 n/γ 分辨能力

由于 CLYC:Ce 晶体既存在 CVL 发光，也存在 Ce^{3+}直接发光和通过 STE 能量传递的 Ce^{3+}发光，而且各自的光衰减时间差异很大，分别为几个纳秒、几十纳秒和数百纳秒，从而为脉冲形状甄别中子和 γ 射线奠定了充分的条件，因此成为第一个具有实用价值的 n/γ 射线双模式探测的闪烁晶体。CLYC:Ce 晶体在 662keV 的 γ 射线激发下的脉冲高度谱如图 3.4.9 所示，所测得的光产额为 21000ph/MeV，能量分辨率为 4.22%[130]，优于商用 NaI:Tl 的能量分辨率(7%)。CLYC:Ce 晶体在 59.5～1332.5keV 的能量范围内光输出对能量响应的曲线如图 3.4.10 所示，非比例性系数在 1%以内。而大多数闪烁晶体在此能量范围内显示出更大的偏离，例如在 10keV 的 γ 射线激发下，CsI:Tl 和 NaI:Tl 晶体非比例性系数为 20%，$LaBr_3$:Ce 和 $CeBr_3$ 的非比例性系数是 5%[106]，由此可见 CLYC:Ce 在 γ 射线探测方面的巨大优势。

CLYC:Ce 晶体对热中子的探测主要是借助于 ^{6}Li(n,α)反应所产生的 4.8MeV 辐射能，热中子的伽马等效量能为 3.2～3.5MeV，因该能量高于常规的 γ 射线能量，从而能确保中子激发下所产生的谱峰与 γ 射线激发的谱峰实现充分分离(图 3.4.11)，测得 CLYC:Ce 晶体在中子激发下的光产额为 70000ph/n，能量分辨率为 2.6%。然而自然界中 ^{6}Li 同位素的平均丰度只有 7.5%，要提高对热中子的探测效率，必须设法增加 ^{6}Li 同位素的含量。美国 RMD 公司对比了用富集度为 95% 的 ^{6}Li 同位素与天然锂晶体的闪烁性能，发现在 ^{252}Cf 源激发下中子峰的强度增加

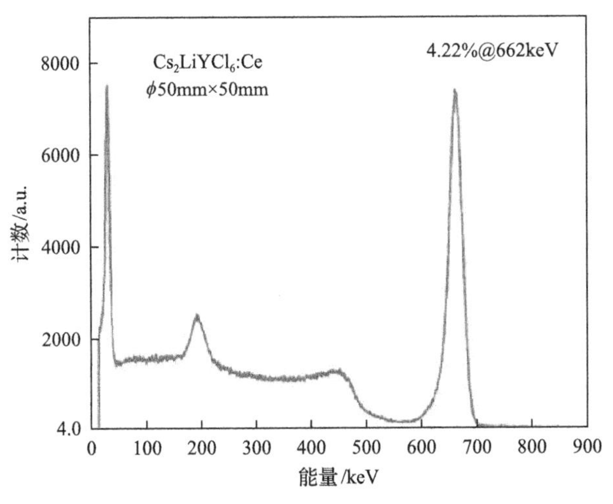

图 3.4.9　CLYC:Ce 晶体 ^{137}Cs 激发下的多道能谱

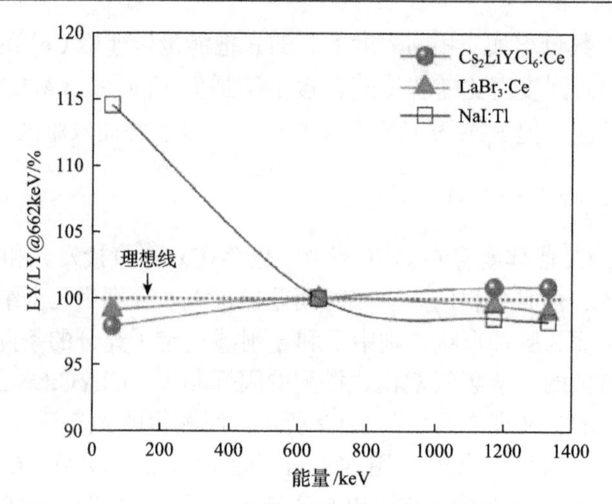

图 3.4.10　CLYC:Ce 晶体对不同能量的非比例响应曲线

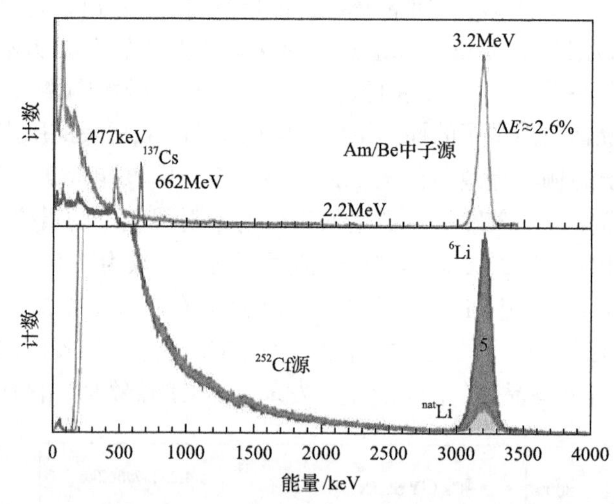

图 3.4.11　CLYC:Ce 晶体 ^{137}Cs、Am/Be 和 ^{252}Cf 源激发下的脉冲高度谱(PHD)[131]

了 5～7 倍[131]，从而显著增强了该材料的 n/γ 甄别能力和市场竞争力，有望替代 ^{6}Li 玻璃和 $^{6}LiI:Eu$ 晶体等传统热中子探测材料，因而在国防安全、核安全检查方面应用潜力巨大。

CLYC:Ce 除了能够探测 γ 射线和热中子，还可以探测快中子[132]。它所利用的核反应如式(3-40)和式(3-41)所示：

$$^{35}Cl+n \longrightarrow {}^{35}S+p+615keV \tag{3-40}$$

$$^{35}Cl+n \longrightarrow {}^{35}P+\alpha+860keV \tag{3-41}$$

由于反应(3-40)所释放的质子和反应(3-41)所释放 α 粒子的能量与入射快中子的动能呈线性关系，容易获得一个清晰的快中子能谱峰，从而简化了对快中子辐射的探测和分析，入射快中子的能量可以直接从探测器产生的脉冲中推导出来，因此成为 CLYC:Ce 的一个显著优点。图 3.4.12 展示了 CLYC:Ce 晶体在 1.6MeV 快中子激发下的 PSD 散点投影图，图的上半部为 γ 射线的能谱，其下部是中子的能谱图。图下半部分自左至右依次是由 ^{35}Cl 捕获的快中子、由 ^{6}Li 捕获的热中子和由 ^{6}Li 捕获的快中子。^{6}Li 对热中子的捕获截面高达 960b，而对快中子的捕获截面只有约 1b，因此造成热中子的能谱强度远远大于快中子。根据图 3.4.12 可以计算出与 PSD 性能对应的晶体品质因子(figure of merit，FOM)，其定义和计算方法参考图 3.4.13 和式(3-42)：

$$\mathrm{FOM} = \frac{\Delta S}{\delta_\gamma + \delta_\mathrm{n}} \tag{3-42}$$

ΔS 代表 γ 峰与中子峰之间的距离，δ_γ 和 δ_n 分别代表 γ 峰和中子峰的半高宽(图 3.4.13)。ΔS 越大，说明两个峰分离得越开，δ_γ 和 δ_n 越小，说明两个峰越尖锐。所得的 FOM 值越高，说明该晶体分辨能力越强，因此可用以衡量晶体对 n/γ 的甄别能力。当 FOM 值大于 1.5 时，意味着在 10^6 个中子中只有一个会被误认为是 γ

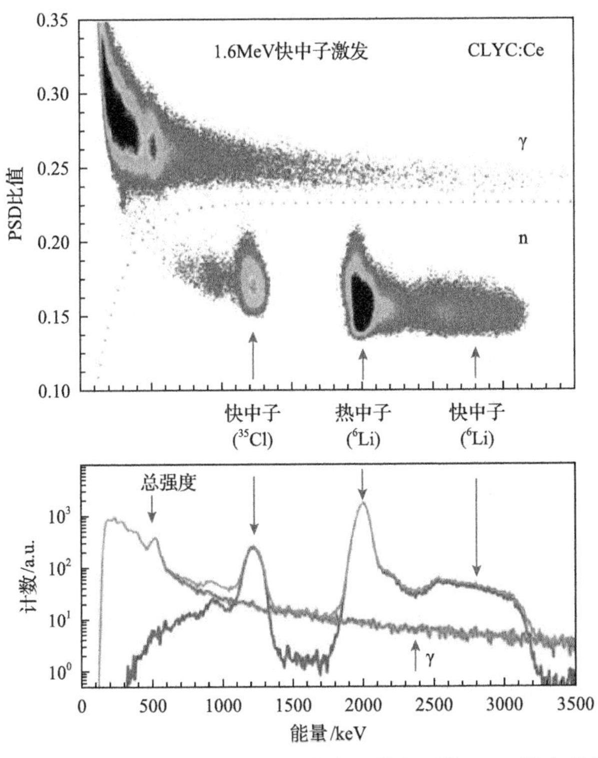

图 3.4.12　CLYC:Ce 晶体在 1.6MeV 快中子激发下的 PSD 散点投影图[131]

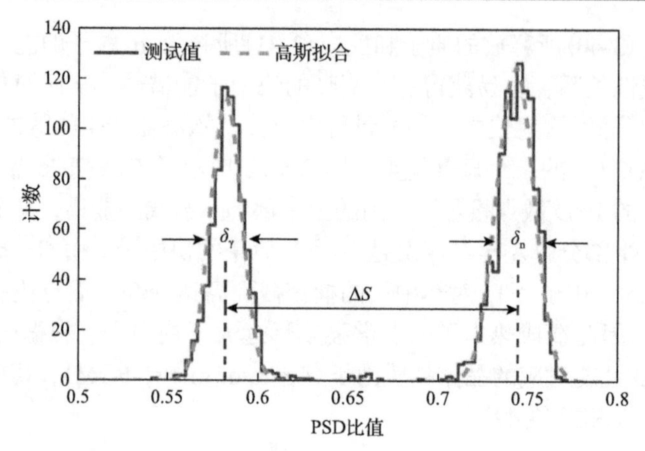

图 3.4.13　根据 PSD 散点图投影出的γ和中子能谱峰(左侧为γ峰，右侧为中子峰)

光子。FOM 值既取决于晶体的性能，同时也取决于中子的能量范围、计数率、算法、信号过滤器等参数。目前对脉冲形状算法进行优化之后，所报道 CLYC:Ce 晶体的 FOM 最高值为 4.8，可以很轻松地实现对 n/γ 的分辨。

3.4.3　CLLC:Ce 晶体的闪烁性能

CLLC:Ce($Cs_2LiLaCl_6$:Ce)晶体在 X 射线激发下含有三个发光分量：一个是波长在 220～310nm 之间的芯-价发光(CVL)，另两个是波长在 350～500nm 之间的 Ce^{3+}发光，Ce^{3+}又可以进一步划分为直接捕获电子-空穴对的瞬时发光和在迁移过程中捕获电子-空穴对的延迟发光[133]。但 CVL 的发射峰与 Ce^{3+}的激发峰处于同一波段(图 3.4.14)，因此可作为 Ce^{3+}的激发峰，造成 CVL 的发光峰随着 Ce^{3+}掺杂浓度的增加而减弱，甚至完全消失。此外，因晶体体积的增加引起自吸收的加重，也会削弱 CVL 发射。因此为了保护 CVL 发光，应采用尽可能低的 Ce^{3+}掺杂浓度和尽可能小的晶体体积。在γ射线激发下个光衰减曲线可拟合出三个时间分量，第一个是快衰减分量，时间常数 1～2ns，属于 CVL 发光，不仅衰减时间超快，而且只有在γ射线激发下才存在；第二个衰减分量 40～60ns；第三个是慢衰减分量，时间常数达 450ns。随着 Ce^{3+}掺杂浓度从 0.1%增加到 1%，还会出现衰减时间长达 1300ns 的超慢分量，同时快分量和慢分量的占比逐渐降低，只有第二个 Ce^{3+}发光分量逐渐增强。相较于 CLYC:Ce 晶体，CLLC:Ce 晶体的突出优势是光输出高，在 ^{137}Cs 和 Am/Be 中子源激发下的多道能谱显示，CLLC:Ce 晶体的光产额达到 35000ph/MeV，对 662keV 的γ射线的能量分辨率为 3.4%，这个值不仅优于碘化钠晶体(6%)，而且也优于 CLYC:Ce 晶体(4%)。中子全能峰的伽马等效能量为 3.04MeV，对中子的分辨率达到 2.6%(图 3.4.15)[134]，因此可以在 n/γ 射线混合场中进行有效的脉冲高度甄别(PHD)。

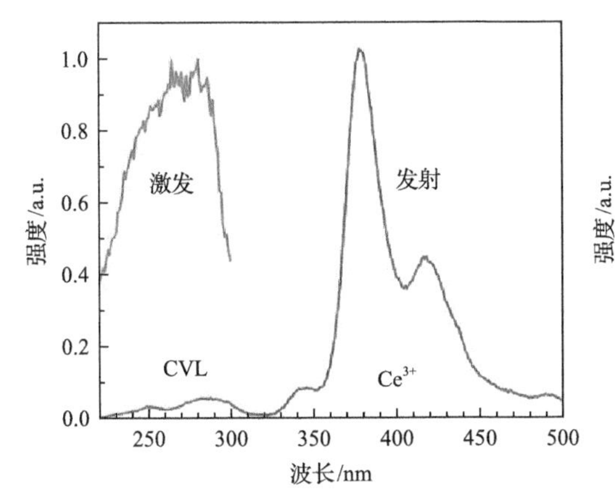

图 3.4.14　CLLC:0.5%Ce 晶体的 X 射线激发发射光谱和激发光谱[134]

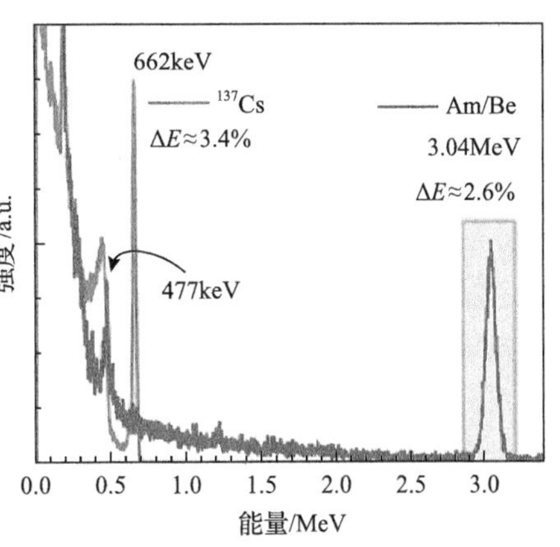

图 3.4.15　CLLC:Ce 晶体在 ^{137}Cs 和 Am/Be 源激发下的脉冲高度谱[134]

3.4.4　CLLB:Ce 晶体的闪烁性能

CLLB:Ce（$Cs_2LiLaBr_6$:Ce）晶体密度 4.2g/cm^3，没有 CVL 发光，只有 Ce^{3+}发光，发射双峰位于 390nm 和 420nm，但随着 Ce^{3+}浓度的增加，390nm 相对于 420nm 的强度比迅速下降，这归因于晶体自吸收对 390nm 发射峰的削弱[135]。γ 射线激发下的发光强度受 Ce^{3+}掺杂浓度的影响较大，在 0%～2%（摩尔浓度）的浓度区间，发光强度随 Ce^{3+}掺杂浓度的增加而增强，但随后随着 Ce^{3+}掺杂浓度的提高而缓慢下降[134]。与 CLYC:Ce 和 CLLC:Ce 晶体相比，CLLB:Ce 晶体的最大特点就是光产额高达 60000ph/MeV，因而可以获得很好的能量分辨率（图 3.4.16），最新报道的数值是 2.9%[136]，在 14.4～1274keV 的能量区间光输出对能量响应的非比例系数小于 2%。无论是 γ 激发或中子激发的发射光谱，都可以进行双指数拟合，得到两个发光分量：55ns 的快分量和 270ns 的慢分量，两者的占比分别是 40:60（γ 激发）和 50:50（中子激发），说明中子激发下所获得的快分量更多，中子激发下的光产额达到 180000ph/n。中国计量大学采用非化学计量比配比的原料和坩埚下降法自发成核技术生长了直径 1in 的 CLLB:Ce 晶体，并测试了该晶体在 ^{252}Cf 源辐照下的脉冲形状甄别散点图，从中可以清晰地分辨出中子和 γ 射线的能量，并计算出样品的 FOM 为 1.42（图 3.4.17）[137]。法国圣戈班公司使用 95%^6Li 富集同位素为原料生长出直径 2～3in 的 CLLB:Ce 晶体，测得中子的探测效率可以达到 74%，甄别热中子与 γ 射线的品质因子（FOM）达到 2.39。

CLLB:Ce 晶体的主要问题是其中含有 ^{138}La 和 ^{227}Ac 放射性同位素，它发生α衰变，衰变过程中发出 4.95MeV 的能量，在含有 La 的晶体中（如 $LaBr_3$、CLLB 和 CLLBC）所测得的α衰变事件数要比 CLYC 和碘化钠晶体高 2～3 个数量级，从而造成比较强的内部放射性污染或背景噪声[138]。因此，在实际的数据处理中必须考虑这个因素的影响。

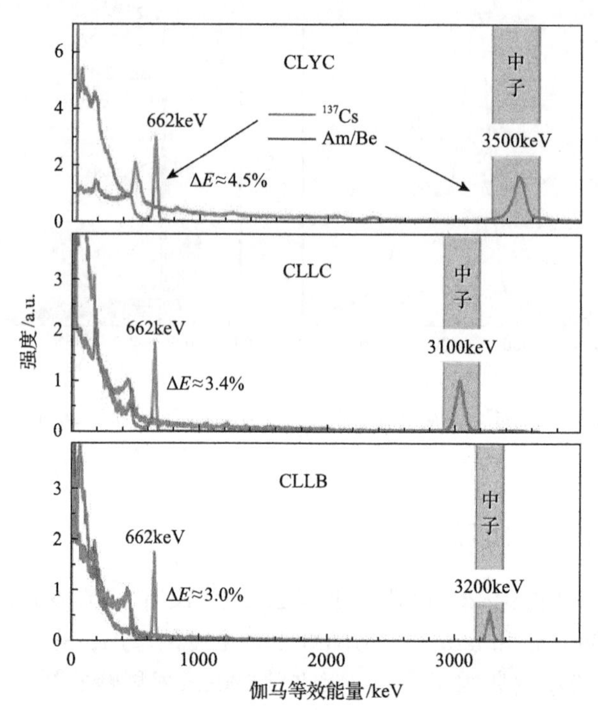

图 3.4.16　CLYC:Ce、CLLC:Ce 和 CLLB:Ce 晶体在 ^{137}Cs 和 Am/Be 源激发下的脉冲高度谱(图中的阴影区域为中子峰)[136]

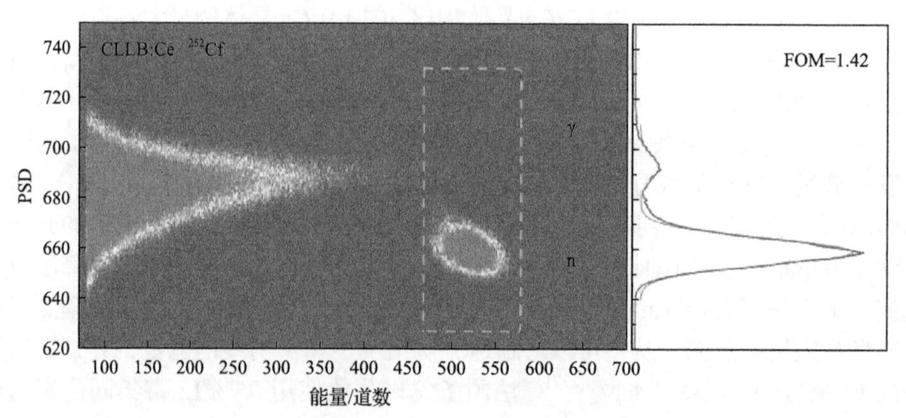

图 3.4.17　CLLB:Ce 晶体在 ^{252}Cf 源下的脉冲形状甄别散点图和用来计算品质因子的投影[137]

3.4.5　CLLBC:Ce 晶体的闪烁性能

CLLBC:Ce($Cs_2LiLa(Br,Cl)_6$:Ce)晶体是由美国 RMD 公司基于 CLLB 和 CLLC 晶体在结构上的相似性，将二者以适当比例混合在一起生长出的固溶体型晶体。由于 Br 的原子量高于 Cl，所得固溶体晶体的有效原子序数(47)和密度($4.19g/cm^3$)均高于 CLYC 晶体。更重要的是，因晶体中依然保留了 Li 和 Cl 元素，使得核反应 $^{6}Li(n,\alpha)^{3}H$ 和 $^{35}Cl(n,\gamma)^{36}Cl$ 能够有效进行。在 ^{137}Cs 和 ^{252}Cf 混合源激发下测得脉冲高度谱如图 3.4.18 所示，从中得到 662keV γ 射线激发下的光产额为 45000ph/MeV，能量分辨率达到 2.9%，在 30～1274.5keV 能量范围内光输出对能量的非比例响应系数小于 2%，远远优于当前商用闪烁晶体 NaI:Tl 和 $LaBr_3$:Ce。热中子激发下的光产额为 140000ph/n，能量分辨率为 1.8%(图 3.4.18)。热中子的伽马等效能量为 3.1MeV，因此既可以用于脉冲高度谱(PHD)，也可用于脉冲形状谱(PSD)的测量，在 $^{241}Am/Be$ 混合中子源激发下获得 n/γ 分辨系数(FOM)值为 3.2(图 3.4.19)[137]。因

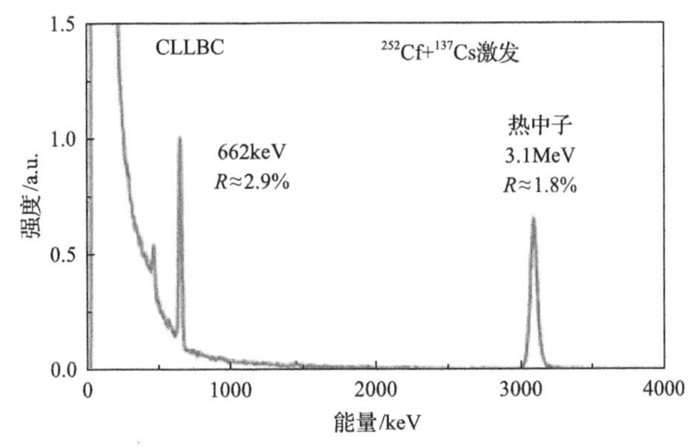

图 3.4.18　CLLBC:0.5%Ce 晶体在 ^{137}Cs 和 ^{252}Cf 源激发下的脉冲高度谱[139]

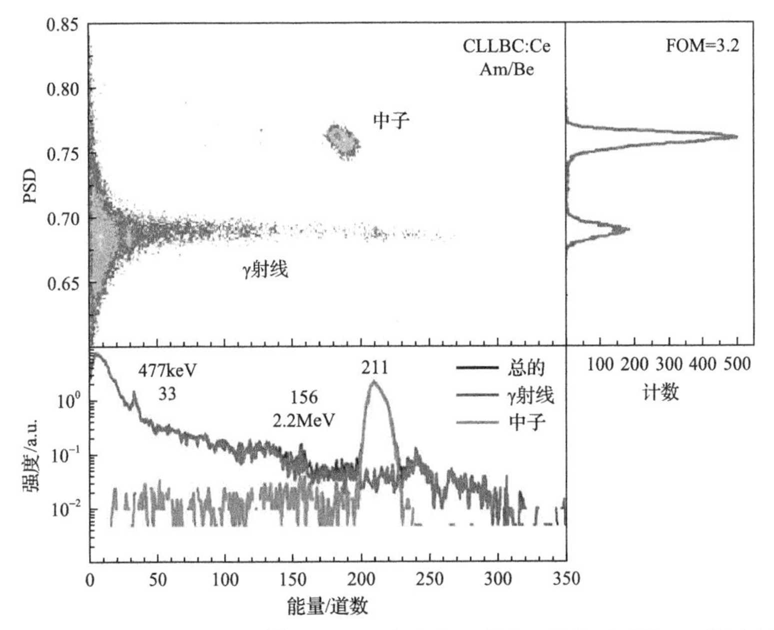

图 3.4.19　CLLBC:Ce 晶体在 $^{241}Am/Be$ 混合中子源激发下的脉冲形状甄别散点图[139]

此，该晶体有望成为继 CLYC 之后又一个能够进行 n/γ 双模探测的优异闪烁晶体。

3.4.6　CLYC:Ce 晶体生长

以 CLYC:Ce 为代表的钾冰晶石晶体在实际的晶体生长中遇到的主要问题在于，CLYC 晶体组分复杂，所涉及的原料——CsCl、LiCl、YCl_3 和 $CeCl_3$ 各组分的熔点、密度和化学性质等差异很大，组分偏析严重。更重要的是，从化学计量比的熔体中难以结晶出完全透明的晶体，毛坯的始端和尾端总是含有大量的包裹体而使晶体失去透明性，只有中间的有限区域内才是透明的，这个问题曾经一度制约了该晶体的研发。一直到 2017 年，美国斯坦福大学的 Ruta 团队发表了一篇关于 CsCl-LiCl-YCl_3 三元系相图的研究成果，绘制出基于 Cs_2YCl_5 和 LiCl 为起始原料的 CLYC 晶体赝二元系相图(图 3.4.20)[140]，才从根本上阐明了晶体存在不透明区的原因，从而为优质 CLYC:Ce 晶体的生长提供了方向性指导。王绍涵等以该相图作为参考，通过调整 LiCl 的含量及 CsCl 与 YCl_3 的比例，设计并配制了若干不同组分配比的原料，采用石英玻璃坩埚的下降法晶体生长技术，生长结果如图 3.4.21 所示[141]。毛坯的端部或者尾部比较混浊，只有 2#晶体具有较多的透明区域。运用 XRD 分别对晶体端部、尾部和中部透明区域进行物相鉴定，结果表明，端部不透明区域的物相组成主要是 Cs_3YCl_6 和少量的 CLYC 晶体，透明区域为 CLYC 单一晶相，而尾端的不透明区域则是 CLYC 和 LiCl 的混合物。测试结果与相图所揭示的相关系基本吻合。这说明，CLYC 是一个非一致熔融化合物，从化学计量比的熔体中首先结晶出来的往往不是 CLYC，而是 Cs_3YCl_6，它是 CsCl-YCl_3 二元系中的一个中间化合物。由此可以说明此前所生长的晶体在端部和尾部不透明，都是

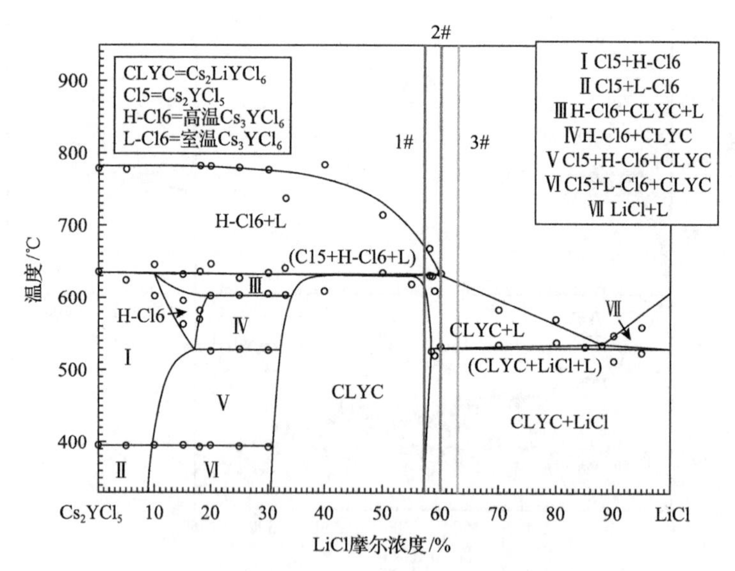

图 3.4.20　Cs_2YCl_5-LiCl 赝二元系相图[140]

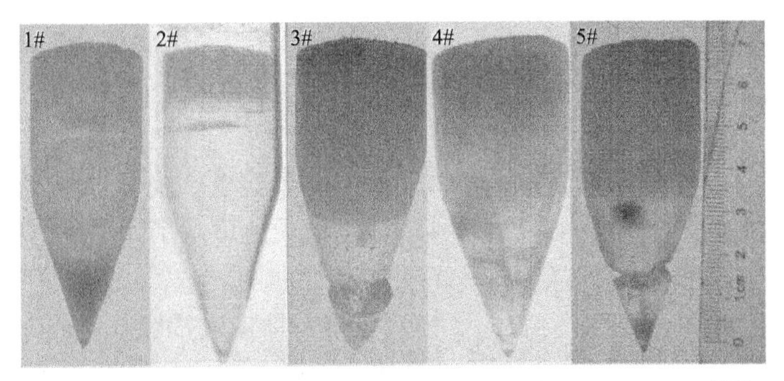

图 3.4.21　采用不同原料配比所生长的 CLYC: Ce 晶体照片[141]

由该化合物的非一致熔融性质所造成的。只有当把初始物料的组成精确控制在转晶点时，即 LiCl 的摩尔浓度 60%才可以完全抑制 Cs_3YCl_6 的形成，进而促使 CLYC 自发析出[141]。但由于该组成点相较于 CLYC 的化学计量比明显富 LiCl，随着结晶作用的进行，熔体中多余的 LiCl 会不断富集，当达到共结晶温度时就与 CLYC 共结晶，从而导致晶体的末尾端含有少量的 LiCl 包裹体。因此，要获得单一晶相的 CLYC 晶体，控制 LiCl 的过量程度将成为一个关键因素。

国际上，美国 RMD 公司已经生长出ϕ3in×3in 的 CLYC:Ce 晶体以及直径 1in 的 CLLC、CLLB 和 CLLBC 晶体等。法国圣戈班公司成功开发出ϕ2in×2in 的 CLLB:Ce 晶体，所用方法均为坩埚下降法，晶体性能处于世界领先水平，而且已经开发出基于这些晶体材料的 n/γ 探测器。

我国在 CLYC 晶体制备方面也取得了显著的进展。北京玻璃研究院已经生长并封装出ϕ50mm×50mm 的 CLYC:Ce 晶体[130]。西北工业大学也已生长出ϕ10mm×65mm 的 CLYC:Ce 透明晶体，并揭示了晶体中 Ce^{3+}的浓度分布规律，计算出 Ce 的有效分凝系数为 0.22[142]，且基于该系数所计算的浓度分布规律与实测值高度吻合，同时发现晶体在 ^{137}Cs 放射源线激发下的发光强度随 Ce 的增加而增强，并在 Ce^{3+}浓度为 0.67%时获得了最佳的能量分辨率(4.91%)。宁波大学研究了 CLLC 和 CLLC-CLYC 固溶体晶体的生长规律，发现配料中适度过量加入 LiCl 有助于获得透明度高的晶体[133]。

3.5　新型卤化物闪烁晶体

3.5.1　卤化物复盐闪烁晶体

为了追求更加优异的闪烁性能，最近几年国际上探索并发现了许多性能优良的新型卤化物闪烁晶体。与单一金属卤化物不同的是，这些新型卤化物是通过两种不同卤化物之间的复合，即把两种或者两种以上金属卤化物通过化合，或者把同种金属的两种卤素进行化合，或者是一种卤素与两种金属化合形成所谓的“复盐”卤化物晶体。例如，美国田纳西大学以 CsI 和 SrI_2 为原料合成出 $CsSrI_3$，以 BaI_2 与 $BaBr_2$ 合成出 BaIBr，日本东北大学则以 CsI 与 HfI_4 为基础合成出 $CsHfI_6$ 等。这些晶体中，有的是本征发光材料，有的则需要掺入 Eu^{2+} 或 Ce^{3+} 发光中心，从而表现出一定的闪烁性能。复盐的合成和研究极大地丰富了闪烁晶体材料的种类，为挖掘性能更为优异的闪烁晶体打开了一座巨大的资源宝库。根据张明荣对非氟卤化物复盐闪烁晶体的调研和总结[143]，这类闪烁晶体可以按照其合成方式划分为：

(1) 由 AX 和 MX_2 组成的卤化物晶体，主要包括 $AMX_3(AX·MX_2)$ 型晶体、$A_2MX_4(2AX·MX_2)$ 型晶体、$AM_2X_5(AX·2MX_2)$ 型晶体；

(2) 由 AX 和 RX_3 组成的卤化物晶体，主要包括 $ARX_4(AX·RX_3)$ 型晶体、$A_2RX_5(2AX·RX_3)$ 型晶体、$A_2A'RX_6(2AX·A'X·RX_3)$ 型晶体、$A_3RX_6(3AX·RX_3)$ 型晶体、$A_3R_2X_9(3AX·2RX_3)$ 型晶体；

(3) 由 AX 和 TX_4 组成的卤化物晶体，如 $A_2TX_6(2AX·TX_4)$。

这里的 A、M、R、T 和 X 分别代表+1、+2、+3、+4 价金属和除 F 元素以外的卤素。虽然从理论上讲，A 元素包括所有的碱金属元素，但因 Li 和 Na 的原子量太小、Rb 含有 ^{87}Rb 放射性同位素，所以实际上绝大多数都是采用 Cs、K 或 Tl 元素。M 主要是 Ca、Sr、Ba 等。R 主要是稀土元素中的光学惰性离子，如 Y、La、Gd 和 Lu 等。T 主要是 Hf 和 Zr 等。

1. 由 AX 和 MX_2 组成的卤化物复盐闪烁晶体

1) 通过 $AX+MX_2 \longrightarrow AMX_3$ 反应合成 AMX_3 型复盐

属于这类晶体的典型代表有 $KCaI_3$:Eu、$CsBaI_3$:Eu、$CsSrBr_3$:Eu、$CsSrI_3$:Eu 等，一般为钙钛矿结构或变形的钙钛矿结构，四方晶系或正交晶系，大多以 Eu^{2+} 为激活剂。从表 3.5.1 所列的性能参数可见，这组晶体以 $CsSrI_3$:Eu 和 $KCaI_3$:Eu 晶体的

表 3.5.1 若干 AMX_3 型卤化物复盐晶体的主要闪烁性能

化学式	密度/(g/cm³)	光产额/(ph/MeV)	衰减时间/μs	发射波长/nm	能量分辨率/%@662keV
$KCaI_3$:Eu	3.81	72000	1.06	465	3
$KCa_{0.8}Sr_{0.2}I_3$:Eu	—	78000	1.1～2.2	470	3
$CsSrI_3$:Eu	4.25	73000	3.2	455	3.9
$CsBaBr_3$:Eu	3.8	约 40000	3.5	440	4.9
$CsSrBrI_2$:Eu	4.0	65300	1.8	455	3.4
$CsCaBrI_2$:Eu	3.9	51800	2.1	462	3.8
$CsCaI_3$	4.1	38500	1.72	460	8
$CsBaI_3$:Eu	4.8	55000	0.76	429	3.8

闪烁性能为最佳。美国田纳西大学针对 $CsSrI_3$:Eu 晶体开展了大量的实验研究，发现组成为 $CsSr_{0.92}Eu_{0.08}I_3$ 的晶体具有较高的光产额(73000ph/MeV)和较好的能量分辨率(3.9%)[144]。Wu(吴云涛)等将 Sr 掺入 $KCaI_3$:Eu 中生长出 $KCa_{0.8}Sr_{0.2}I_3$:Eu 复盐晶体，研究了 Eu 离子掺杂浓度从 0.5%到 7%之间变化时晶体的闪烁性能[145]，发现 Eu 浓度为 5%时晶体的光产额高达 78000ph/MeV，662keV 下能量分辨率最好可达 3%，衰减时间随掺杂浓度和晶体体积变化于 1.1～2.2μs 之间，但存在比较强的自吸收效应。光输出对能量响应的非比例系数也与 Eu 的掺杂浓度有关，在 Eu 浓度 3%的晶体中为 1.5%，与 LaBr:Ce 晶体的 1.3%非常接近。

2) 通过 $2AX+MX_2 \longrightarrow A_2MX_4$ 反应合成 A_2MX_4 型复盐

代表性晶体有 Cs_2ZnCl_4、Cs_2BaBr_4、Cs_2BaBr_4:Tl、K_2BaCl_4:Eu、K_2BaBr_4:Eu、K_2BaI_4:Eu[146]等。其中性能最好的是 K_2BaI_4:Eu，晶体的发光波长为 448nm，光产额为 63000ph/MeV，能量分辨率为 2.9%[146]，与 $LaBr_3$:Ce 晶体相当，只是衰减时间较慢。

3) 通过 $AX+2MX_2 \longrightarrow AM_2X_5$ 反应合成的 AM_2X_5 型复盐

这组晶体不仅种类多，而且 Eu^{2+}激活的 AM_2X_5 复盐中出现了几个性能非常好的闪烁晶体(表 3.5.2)。2009 年美国劳伦斯伯克利国家实验室(LBNL)的 Bourret-Courchesne 等通过反应 $CsI+2BaI_2 \longrightarrow CsBa_2I_5$ 合成出了具有单斜晶系、$P12_1/c1$ 空间群、密度 4.8g/cm^3、熔点为 610℃的 $CsBa_2I_5$ 晶体[147]。测得发光光谱的峰值波长位于 435nm(图 3.5.1(a))，属于 Eu^{2+}的 5d→4f 特征发射。发光衰减曲线可拟合出四个发光分量，即 48ns±5ns、383ns±10ns、1500ns±50ns 和 9900±100ns，它

表 3.5.2　若干 AM_2X_5:Eu 型卤化物复盐晶体的主要闪烁性能

化学式	密度/(g/cm^3)	光产额/(ph/MeV)	衰减时间/ns	发射波长/nm	能量分辨率/% @662keV
$CsBa_2Br_5$:Eu	4.48	92000	378, 1260	435	—
$CsBa_2I_5$:Eu	4.9	102000	384, 1200	435, 459, 466	2.55
$CsBa_2I_5$:Tl	4.5	40000	28, 414, 1241	500	7.1
$CsBa_2I_5$:Yb	4.9	54000	870	414	5.7
KBa_2I_5:Eu	4.52	90000	910, 4900	444	2.4
KSr_2Br_5:Eu	3.98	75000	1076	427	3.5
KSr_2I_5:Eu	4.39	94000	990	445	2.4
$RbSr_2Br_5$:Eu	4.18	64700	780	429	4.0
$RbSr_2I_5$:Eu	4.55	90400	890	445	3.0
$TlSr_2I_5$:Eu	5.3	70000	535, 3300	463	4.2

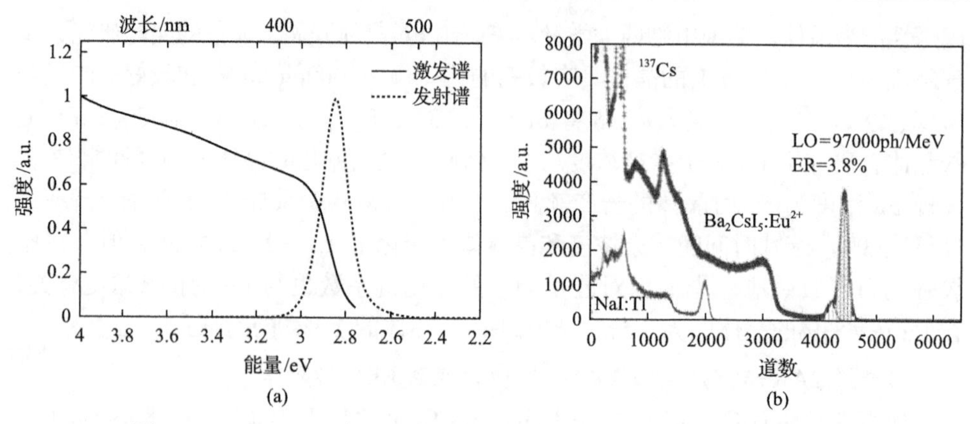

图 3.5.1　$CsBa_2I_5$:Eu 复盐晶体的光致发射光谱(a)和脉冲高度谱(b)[147]

们所占比例分别为 1%、6%、68%和 25%。Eu^{2+}在晶体中的掺杂浓度可以到 9%而不出现浓度猝灭。根据 γ 射线激发的多道能谱，$CsBa_2I_5$:Eu 晶体的光输出随积分时间的延长而增加，在 10μs 时达到 97000ph/ MeV±5000ph/MeV，能量分辨率分别为 3.8%@662keV(图 3.5.1(b))，相对光输出为 NaI:Tl 晶体的 2.2 倍。经过工艺改进，晶体的光产额已经提高至 102000ph/MeV，能量分辨率优化至 2.3%[148]，而且也具有较好的线性能量响应，但不足之处是存在自吸收(图 3.5.1(a))，容易造成晶体光输出的下降和衰减时间的延长，这种自吸收效应在大尺寸晶体中表现得尤为严重。

美国田纳西大学 Melcher 团队还在 RbI-SrI_2、RbBr-$SrBr_2$ 和 KI-SrI_2 体系中分别发现了 $RbSr_2I_5$:Eu、$RbSr_2Br_5$:Eu 和 KSr_2I_5:Eu 等 AM_2X_5:Eu 型复盐晶体(表 3.5.2)。其中 KSr_2I_5:Eu 晶体的发射主峰位于 452nm，光产额为 94000ph/MeV，对 662keV 的能量分辨率为 2.4%[149]，而且晶体熔点只有 471℃，单斜结构，无固相转变，易于结晶且成本较低，生长速度可快至 5mm/h。2016 年报道的 KBa_2I_5:Eu 晶体，也是一种优异的闪烁晶体，光产额高达 90000ph/MeV，662keV 的能量分辨率为 2.4%，对 γ 射线的能量响应线性也很好[150]。但不足之处是自吸收现象较为严重，造成闪烁性能对尺寸有明显依赖性。

4)通过 $4AX+MX_2 \longrightarrow A_4MX_6$ 反应合成的 A_4MX_6 型复盐

典型代表是美国田纳西大学于 2018 年发现的 Cs_4SrI_6:Eu 和 Cs_4CaI_6:Eu 晶体，密度分别为 3.99g/cm^3 和 4.03g/cm^3，光产额分别为 62300ph/MeV 和 51800ph/MeV，能量分辨率分别为 3.3%和 3.6%。2019 年，经过对组分和制备工艺的优化，晶体的性能得到进一步改善，光产额分别达到 78000ph/MeV 和 69000ph/MeV[151]，提高幅度非常显著。

2. 由 AX 和 RX_3 组成的卤化物复盐闪烁晶体

1）通过 $2AX+RX_3 \longrightarrow A_2RX_5$ 反应合成的复盐卤化物闪烁晶体

这组晶体包括自激活的 K_2CeBr_5 和 Cs_2CeBr_5 晶体，以及 Ce^{3+}激活的 K_2LaX_5:Ce（X=Cl, Br, I）系列晶体，它们都有较高的光输出、较好的能量分辨率和衰减时间，不过晶体密度相对较小（表 3.5.3），不适宜作为 γ 射线辐射探测材料。

但这组晶体中值得关注的是铊基 A_2RX_5 型晶体（表 3.5.3）。2017 年韩国 Kim 团队等报道了 Tl_2LaCl_5:Ce 晶体和 Tl_2LaBr_5:Ce 晶体的闪烁性能[152]。2018 年 Khan 等报道了 Tl_2GdCl_5:Ce 晶体。但相比较而言，这三个化合物中以 Tl_2LaCl_5:Ce 晶体的性能最好，其有效原子序数为 70，当 Ce 浓度为 3%时获得的最大光产额为 82000ph/MeV，能量分辨率为 3.3%[153]，甚至小于 3%，32～1275keV 范围内能量响应非线性小于 1%，是一种很有希望的 γ 射线探测材料。缺点是闪烁光中虽然以 36ns 衰减时间为主，但含有多个发光分量，而且 Tl 作为主量元素会使晶体的原料成本明显提高。

表 3.5.3 若干 A_2RX_5 型卤化物复盐晶体的闪烁性能

化学式	密度/(g/cm^3)	光产额/(ph/MeV)	衰减时间/ns	发射波长/nm	能量分辨率/% @662keV
K_2CeBr_5	2.9	50000	—	—	6.3
K_2LaBr_5:Ce	3.9	40000	50	359, 391	—
K_2LaCl_5:Ce	2.89	49300	80 + slow	347, 372	—
K_2LaI_5:Ce	4.4	55000	24	401, 439	4.5
Tl_2LaCl_5:Ce	5.16	82000	36, 217, 1500	389	3.3
Tl_2LaBr_5:Ce	5.98	43000	25	435, 415	6.3
Tl_2GdCl_5:Ce	5.10	53000	32, 271, 1600	389	约 5

2）通过 $3AX+RX_3 \longrightarrow A_3RX_6$ 反应合成的 A_3RX_6 复盐

属于这一组的卤化物闪烁晶体有 Cs_3LaBr_6:Ce、Cs_3LuI_6:Ce、Cs_3CeCl_6:Ce、Cs_3LaCl_6:Ce、Cs_3LaBr_6:Ce、Cs_3GdCl_6:Ce 和 Cs_3GdBr_6:Ce 等晶体。在这个系列中，只有 Cs_3GdBr_6:Ce 晶体的闪烁性能相对较好，其密度为 4.14g/cm^3，发光波长为 396nm 和 425nm，光产额和能量分辨率分别为 47000ph/MeV 和 4%@662keV[154]，但存在多个发光分量，衰减时间从 72ns 到 6μs 不等。

3）通过 $AX+2RX_3 \longrightarrow AR_2X_7$ 反应合成的 AR_2X_7 型复盐

20 世纪 90 年代末，Dorenbos 团队在分析了 $CsGd_2F_7:Ce^{3+}$和 $CsY_2F_7:Ce^{3+}$的能量传递和发光机制后，生长出 $RbGd_2Br_7$:Ce 晶体。该晶体的密度（4.7g/cm^3）、衰减时间（60ns）、光输出（55000ph/MeV）、能量分辨率（3.8%@662keV）及其能量响应

线性等都优于传统的 NaI:Tl 和 CsI:Tl 晶体[155]。但由于吸湿性强、脆性大、容易开裂，晶体生长十分困难。后来又报道了 $CsCe_2Cl_7$(2011 年)和 $CsCe_2Br_7$(2015 年)两种自激活的闪烁晶体，但其闪烁性能逊色于 $RbGd_2Br_7$:Ce 晶体。

3. 由 AX 和 TX_4 组成的卤化物复盐闪烁晶体

AX 和 TX_4 通过反应($2AX+TX_4 \longrightarrow A_2TX_6$)形成的卤化物复盐晶体中目前报道的有以下几种：$Cs_2ZrCl_6$、$Cs_2ZrBr_6$、$Cs_2HfCl_6$、$Cs_2HfCl_4Br_2$、$Cs_2HfI_6$、$Tl_2ZrCl_6$ 和 Tl_2HfCl_6 本征闪烁晶体，以及掺 Eu^{2+} 和掺 Ce^{3+} 的 Cs_2HfCl_6 晶体和 Cs_2HfI_6 晶体，它们的闪烁晶体见表 3.5.4。

表 3.5.4　若干 A_2TX_6 型卤化物复盐晶体的闪烁性能

化学式	密度/(g/cm^3)	光产额/(ph/MeV)	衰减时间/μs	发射波长/nm	能量分辨率/%@662keV
Cs_2HfCl_6	3.9	54000	0.25,3.3(87%)	400	3.3
Cs_2HfI_6	—	70000	2.5	700	8
Cs_2HfI_6:Eu	—	69000	2.8	700	8
Cs_2HfI_6:Ce	—	48000	2.3	700	12

A_2TX_6 型晶体中引人瞩目的是 Cs_2HfCl_6(简称 CHC)晶体，它由美国 Fisk 大学 Burger 等于 2015 年首先发现和报道[156]。该晶体为立方结构，Fm3m 空间群，有效原子序数 58，熔点 800℃左右，潮解性很弱。其发光机理为自陷激子发光，发射波长 400nm，激发波长 265nm，斯托克斯位移较大(约 2.5eV)，因而具有较高的发光效率和较低的自吸收，已测得的最高光产额为 54000ph/MeV，662keV 下的能量分辨率为 3.3%，59.5～1275keV 的能量响应线性很好，优于 NaI:Tl 晶体，是一种非常有前途的闪烁晶体。Ariesanti 等通过对生长工艺的改进，生长出质量更好的 CHC 晶体，能量分辨率已达 2.8%[157]。成双良等研究了 CHC 和 Tl 掺杂 CHC 在 ^{137}Cs 源激发下的闪烁衰减特征，测得 CHC 的闪烁衰减时间分别为 0.37μs(4.2%)、4.27μs(78.9%)和 12.52μs(16.9%)，CHC:Tl 的衰减时间分别为 0.33μs(3.5%)、4.09μs(81.9%)和 10.42μs(14.5%)[158]，说明 Tl 掺杂使得 CHC 的衰减时间有一定程度的加快。其中 4μs 左右的主分量来自 CHC 的自陷激子发光，$\geqslant$10μs 的分量来自晶体中存在的 Zr 杂质缺陷，而最快分量的来源尚不清楚。据测算，CHC 的能量分辨率可望达到$\leqslant$2%[159]，但目前所获得的数值距离这一目标还存在比较大的差距。为提高或优化 CHC 单晶的性能，日本东北大学开展了 Ba^{2+}、Sr^{2+}、Ca^{2+}、Ce^{3+} 和 Te^{4+} 的掺杂实验，但进展不大。在对该晶体进行全元素分析后发现，晶体中仍然存在大量金属杂质，尤其是 Zr 金属离子，由于它在 CHC 中会替代 Hf 离子形成替位型缺陷，作为浅电子陷阱参与载流子的捕获和释放，从而延迟闪烁发光

过程并降低闪烁性能。因此，要抑制晶体缺陷必须设法提高氯化铪原料的纯度，并对晶体生长工艺进行优化。

Kodama 等用碘离子替换 CHC 中的氯离子从而获得了 Cs_2HfI_6 晶体，测得该晶体的发光主峰波长位于 700nm，有效原子序数 58，光产额达 70000ph/MeV，与 CHC 相近，但衰减时间比较长，为 2.5μs[160]。为了优化其闪烁性能，他们生长并研究了 Ce^{3+}、Eu^{2+}掺杂 Cs_2HfI_6 晶体，发现这些掺杂离子对晶体的发射光谱没有明显影响，却将晶体的光产额分别降至 48000ph/MeV 和 69000ph/MeV，衰减时间分别为 2.3μs 和 2.8μs。值得注意的是，该晶体的发光波长位于近红外区，而且是本征发光，适合用 APD 探测，因而是一种很好的近红外闪烁材料（详见 3.5.2 节）。

3.5.2　近红外发光卤化物晶体

迄今为止所开发的闪烁晶体的发光波长一般都在紫光、蓝光或者黄绿光范围，它们与光电倍增管（PMT）的敏感探测波长具有较好的匹配效果。但实际上，PMT 的量子效率（QE）比较低，一般只有 20%左右，即使超级双碱阴极光电倍增管最高量子效率也仅为 35%。相比之下，新发展起来的雪崩光电二极管（APD）和硅光电倍增管（SiPM）则拥有远高于 PMT 的量子效率。SiPM 对近红外光长波敏感的 QE 可以达到 40%，APD 硅光探测器在 600～800nm 的 QE 可达 80%～90%（图 3.5.2），优化后甚至可以超过 90%。不仅如此，APD 和 SiPM 还具有高信噪比（SNR）、快时间响应、不受磁场干扰、体积小和价格低等优点。据报道，当 APD 探测效率达到 98%时，晶体光产额只要达到 62000ph/MeV 以上，对 662keV 的 γ 射线的能量分辨率可达到 2%（图 3.5.3 插图所示），这个值已经非常接近半导体的能量分辨率了。因此，研制能够发射红光或近红外光的闪烁晶体（又称黑色闪烁晶体）并与高量子效率的 APD 或 SiPM 耦合，不仅能极大提高闪烁探测器的能量分辨率，并且可有效减小探测器体积，成为实现高灵敏、高能量分辨、便携式辐射探测器的理想方案。

21 世纪初，多个近红外发光晶体相继被报道，如 $BaCl_2:Sm^{2+}$、$SrBr_2:Sm^{2+}$、$SrZnCl_4:Sm^{2+}$和 $LaBr_3:Pr^{3+}$等[161,162]，发射波长位于 660～750nm，其中 $LaBr_3:Pr^{3+}$晶体与 APD 耦合后，在 ^{137}Cs 源激发下 662keV 处的能量分辨率为 3.2%，但它的光输出较 $LaBr_3:Ce^{3+}$低，衰减时间也较长，仍不适合伽马能谱探测。随后，经过组分调整而合成的一些固溶体化合物，如 $Ba_{1-x}La_xCl_{2+x}:Sm^{2+}$、$Ba_{0.3}Sr_{0.7}Cl_2:Sm^{2+}$、$BaFCl:Sm^{2+}$、$SrFBr:Sm^{2+}$等材料陆续被报道[162,163]，其中 $Ba_{0.3}Sr_{0.7}Cl_2:Sm^{2+}$晶体的室温发射波长位于 680nm，光产额达到 22000ph/MeV，但衰减时间为 30μs[163]。2014 年，掺杂不同浓度 Sm 的 $CaF_2:Sm$ 晶体问世[164]，当 Sm 掺杂浓度为 0.1%时，

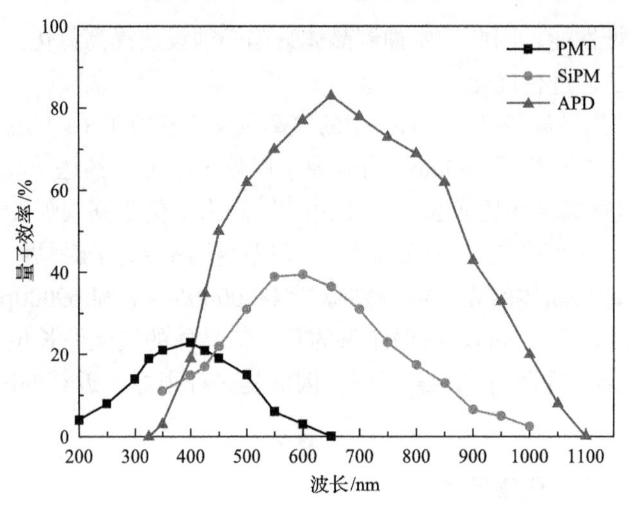

图 3.5.2　光电探测器对不同波长的量子效率

PMT：光电倍增管；SiPM：硅光电倍增管；APD：雪崩光电二极管

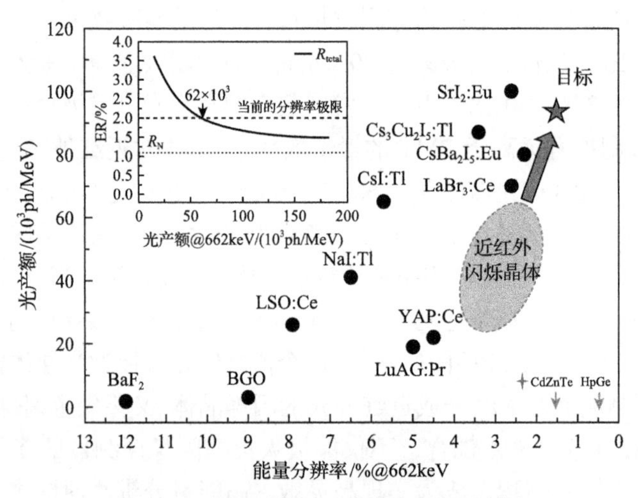

图 3.5.3　闪烁晶体的光产额和能量分辨率

插图为闪烁晶体本征能量分辨率与光产额的关系，APD 的 QE=98%

其发射波长位于 725nm，室温光产额为 6000ph/MeV，衰减时间提高到了纳秒级，但未观察到明显的 γ 射线能谱峰。

由于单掺 Sm^{2+}的晶体光产额普遍较低、能量分辨率差，近几年人们开始转向共掺杂卤化物体系的研究[165]。已知 SrI_2:Eu^{2+}晶体的光产额最高可达 120000ph/MeV，但由于存在比较强的自吸收，晶体的闪烁性能表现出随体积的增大而迅速劣化的现象。2019 年，Dorenbos 团队通过 Eu^{2+}和 Sm^{2+}共掺将 SrI_2:Eu^{2+}晶体的发光波长移至 750nm。共掺 Sm^{2+}后在 X 射线激发下的发射光谱如图 3.5.4 所示，它存在两个发射峰：430nm 和 750nm，前者源于 Eu^{2+}的 $4f^55d\rightarrow4f^7$ 跃迁，后者源于 Sm^{2+}

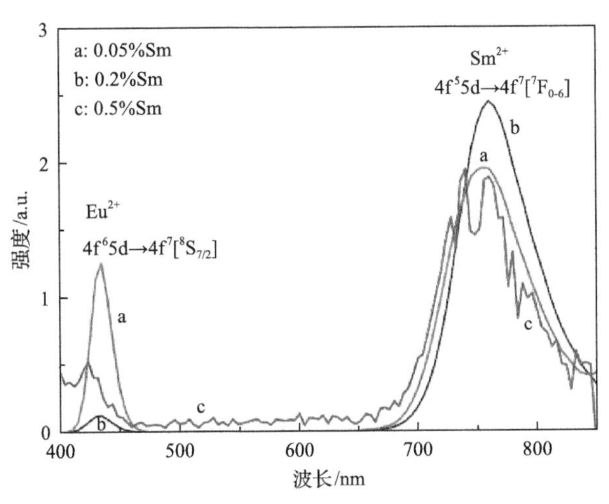

图 3.5.4 Eu^{2+}和 Sm^{2+}共掺杂 SrI_2:5%Eu 晶体的 X 射线激发发射光谱[166]

的 $4f^55d→4f^7$ 跃迁，但 Eu^{2+}的发光强度随着 Sm^{2+}掺杂浓度的提高而减弱，当 Sm^{2+}掺杂浓度达到 0.5%时，Eu^{2+}的发光峰减弱到几乎可以忽略不计的程度(图 3.5.4)[166]，Sm^{2+}/Eu^{2+}发光强度比的提高说明共掺杂有效促进了能量从 Eu^{2+}向 Sm^{2+}的传递。只是与单掺 Eu^{2+}的晶体相比，Sm 和 Eu 共同掺杂 SrI_2 晶体的光产额大幅度下降，只有 40000ph/MeV 左右，同时能量分辨率也随 Sm 掺杂浓度的提高而变差，衰减时间也有所延长。光产额的降低与 Eu^{2+}-Sm^{2+}能量传递的损失、Sm^{2+}发光效率较低以及晶体质量不高等诸多因素有关，这些问题可望通过今后的深入研究来解决。

与 SrI_2:Eu^{2+}晶体类似，共掺 Sm 离子的 $CsSrI_3$:Eu,Sm 晶体光致发射光谱中也出现了两个发光峰(图 3.5.5 中的曲线 c)：454nm 和 841nm，前者对应于 Eu^{2+}的 5d→4f 发射，后者对应于 Sm^{2+}的发射，而且后者的发射强度远大于前者[167]。Eu^{2+}的激发波长为 264nm 和 347nm，发射波长位于 456nm；Sm^{2+}的激发波长——264nm、347nm、454nm 和 658nm 不仅与 Eu^{2+}的激发波长在很宽的波长范围内存在重叠，而且与 Eu^{2+}的发射波长(456nm)也重叠，因此 Eu^{2+}可以通过能量传递来激发 Sm^{2+}，发射出 841nm 的近红外光。

通过 Eu^{2+}和 Sm^{2+}共掺，$CsBa_2I_5$ 晶体也被改造成了发近红外光的闪烁晶体(表 3.5.5)，它在 X 射线激发和紫外激发所测得的发光峰都位于 760nm(图 3.5.5)，$CsBa_2I_5$:2%Eu^{2+},1%Sm^{2+}闪烁晶体中 99.5%的发射光来自 Sm^{2+}，只有 0.5%来自于 Eu^{2+}。$CsBa_2I_5$:Eu^{2+},Sm^{2+}晶体主要有两个发射峰：423nm 和 762nm，分别属于 Eu^{2+}和 Sm^{2+}的 5d→4f 的电子跃迁发光。而在单掺 Sm^{2+}的 $CsBa_2I_5$ 晶体中，只有一个峰值波长位于 755nm 的发射峰(图 3.5.6(a))，与之对应的激发波长是 321nm、406nm、477nm 和 612nm。而 Eu^{2+}的激发波长为 290nm 和 333nm，可见 Sm^{2+}和 Eu^{2+}的激发光谱存在明显的重叠。同时，Eu^{2+}在 290nm 激发下所发射的 406nm 波长与 Sm^{2+}

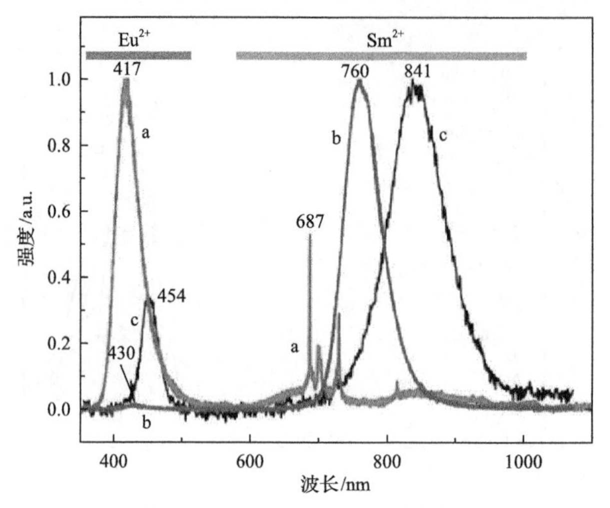

图 3.5.5　BaBrI:5%Eu,0.5%Sm(a)、$CsBa_2I_5$:2%Eu,1%Sm(b)和 $CsSrI_3$:2%Eu,1%Sm(c)晶体在室温下的紫外荧光光谱(与发射谱 a、b、c 对应的激发波长分别为 350nm、360nm、360nm)[167]

表 3.5.5　几种 Sm^{2+}掺杂近红外发光闪烁晶体的闪烁性能

晶体	发射波长/nm	衰减时间/μs	光产额/(ph/MeV)	能量分辨率/%	参考文献
$BaCl_2:Sm^{2+}$	660	8	—	—	[161]
$SrBr_2:Sm^{2+}$	699	13	—	—	[162]
$Ba_{0.3}Sr_{0.7}Cl_2:Sm^{2+}$	680	30	22000	—	[163]
CaF_2:Sm	725	50/0.87	6000	—	[164]
$SrI_2:Sm^{2+}$	746	1.25	6000	—	[165]
$SrI_2:Eu^{2+},Sm^{2+}$	750	1.5	40000	7.8	[166]
$BaBrI:Eu^{2+},Sm^{2+}$	686	1024	—	—	[167]
$CsBa_2I_5:Eu^{2+},Sm^{2+}$	760	2.09	45000	3.2	[168]

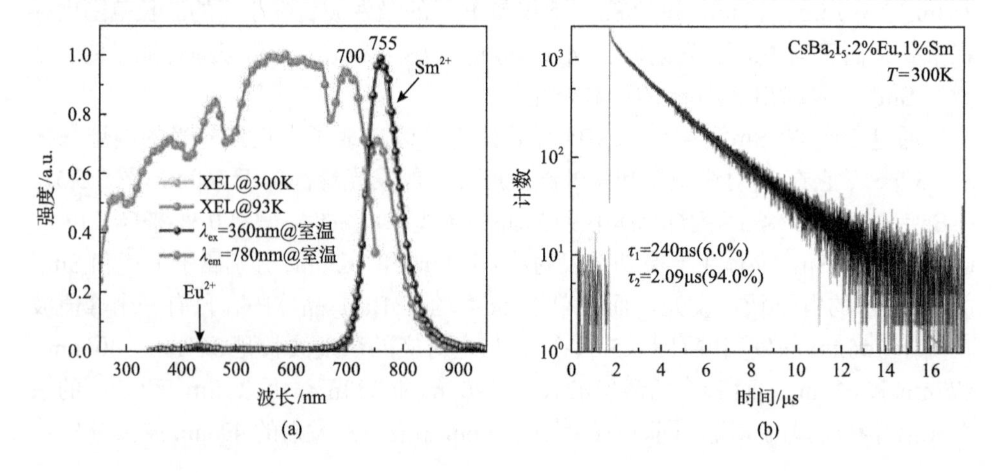

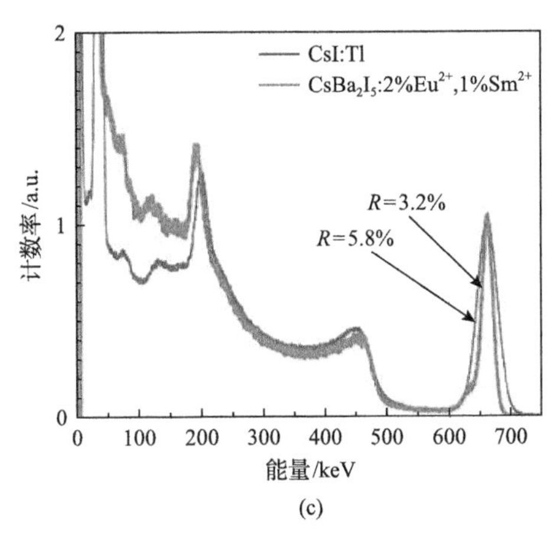

图 3.5.6　$CsBa_2I_5$:2%Eu^{2+},1%Sm^{2+}晶体的 X 射线激发发射光谱和紫外荧光光谱(a)，在脉冲 X 射线激发下的光衰减曲线(b)，以及在 ^{137}Cs 激发下的脉冲高度谱(c)[168]

的激发光谱也存在较大范围的重叠，因此 Eu^{2+}可以通过能量传递来激发 Sm^{2+}，实现近红外发光[168]。Wolszczak 等将 $CsBa_2I_5$:2%Eu^{2+},1%Sm^{2+}晶体与 APD 耦合后测得的光产额达 45000ph/MeV，能量分辨率为 3.2%@662keV(图 3.5.6(c))，与 SiPM 耦合后能量分辨率仍有 5.4%[168]。这个能量分辨率明显优于商用 CsI:Tl 晶体(5.8%)。预计通过晶体质量的改进及 Eu^{2+}-Sm^{2+}掺杂浓度的优化，晶体的光产额和能量分辨率可望得到进一步的提升，成为最接近实用的近红外闪烁晶体。但由于 Eu^{2+}-Sm^{2+}之间存在能量传递，Eu^{2+}和 Sm^{2+}共掺近红外闪烁晶体的衰减时间普遍在微秒量级(图 3.5.6(b))，很难达到纳秒级别。

Eu 和 Sm 共掺杂效应的能量传递机理可描述为，晶体吸收入射粒子/射线能量后，在导带和价带中形成电子-空穴对，通过弛豫过程电子和空穴分别传递到导带底和价带顶。形成的电子-空穴对先被 Eu^{2+}捕获，然后 Eu^{2+}将能量以非辐射或辐射跃迁的形式转移给 Sm^{2+}，最后 Sm^{2+}发生辐射跃迁发光(图 3.5.7)。单掺 Sm^{2+}时，由于 Sm^{2+}的能级较窄，与基质的禁带宽度匹配较差，绝大多数能量在基质内部被消耗，到达 Sm^{2+}的电子-空穴对数量较少，从而降低了晶体的光输出。而 Eu 和 Sm 共掺时，当 Eu^{2+}的能级与基质 Sm^{2+}的能级匹配好时，Eu^{2+}不但可以吸收基质的大部分能量，还能以非辐射跃迁的形式把能量传递给 Sm^{2+}，Eu^{2+}起到敏化剂的作用。Sm^{2+}赋能成为激发态，退激后发光，Eu^{2+}激发态与 Sm^{2+}低能态中心分别作为转移过程中的能量供体(即敏化剂 sensitizer)与能量受体，从而表现出优异的闪烁性能。

2018 年，Kodama 等成功获得了具有本征发光的 Cs_2HfI_6 晶体[160,169]，该晶体的发光波长位于红光区域(650nm)，在 662keV 激发下能量分辨率达到 4.2%，光产额约 64000ph/MeV，闪烁衰减时间 1.9μs±0.1μs。由于该晶体属于本征发光材料，

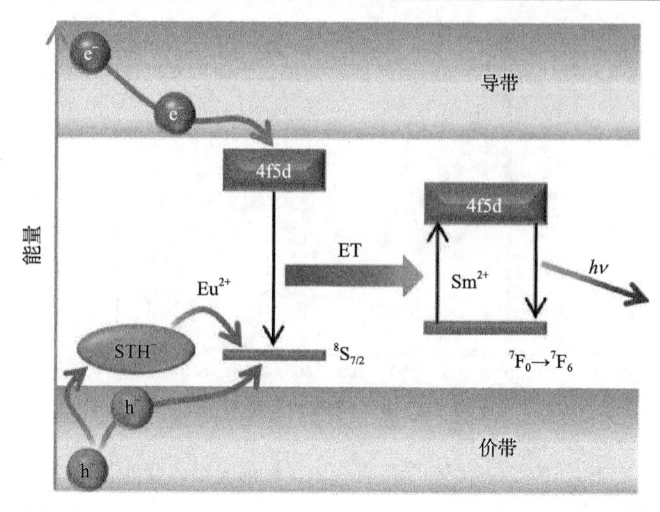

图 3.5.7　Eu 和 Sm 共掺杂近红外闪烁晶体发光机理示意图[168]

发光均匀性好，而且不易潮解，是最接近商用的红光闪烁晶体。根据 Dorenbos 的预测，其理论光产额为 100000ph/MeV，基于能量分辨率与光产额的关系 $\Delta E/E\propto 1/\sqrt{N_{\text{phe}}}$ [170]，不难推测，其能量分辨率可望优于 4%。但目前实际光产额与这个理论值还存在一定的差距。造成这个差距的原因除了存在于晶体中的位错和点缺陷之外，最大的障碍在于 Hf 与 Zr 元素因化学性质相似而在提纯过程中很难实现完全分离，导致高纯度 HfI_4 原料难以获取且价格昂贵。

3.5.3　钙钛矿结构闪烁晶体

钙钛矿结构材料是一类非常重要的功能材料，曾经在压电、激光器和太阳能电池等领域得到深入研究和广泛应用。近年来，钙钛矿或类钙钛矿结构的材料因具有荧光量子产率高、禁带宽度可调和荧光寿命短、制备成本低等优点而成为一类新型的闪烁晶体材料[171-174]。

钙钛矿闪烁晶体有不同的分类。从化学组成角度，可分为全无机钙钛矿和有机无机杂化钙钛矿闪烁晶体。从微观分子结构，可以根据八面体结构基元在空间的连接方式分为三维、二维、一维和零维(3D、2D、1D 和 0D)；从材料空间形态角度，可以分为块体(3D)、纳米片(2D)、纳米线(1D)、纳米晶(0D)(图 3.5.8)。需要注意的是，以上两种分法实际上是交叉的，按八面体在空间的连接方式分类为 3D 的钙钛矿材料，如 $CsPbX_3$(X=Cl，Br，I)(具有共顶点的$[BX_6]^{4-}$八面体的材料)，有块体、纳米片、量子点(纳米晶)等空间维度的类型。而按八面体在空间的连接方式分类为 2D、1D 或 0D 的钙钛矿材料，如 0D 钙钛矿闪烁晶体 $Cs_3Cu_2I_5$，也可以有块体、纳米片、量子点等不同按空间维度分类的类型[175-177]。

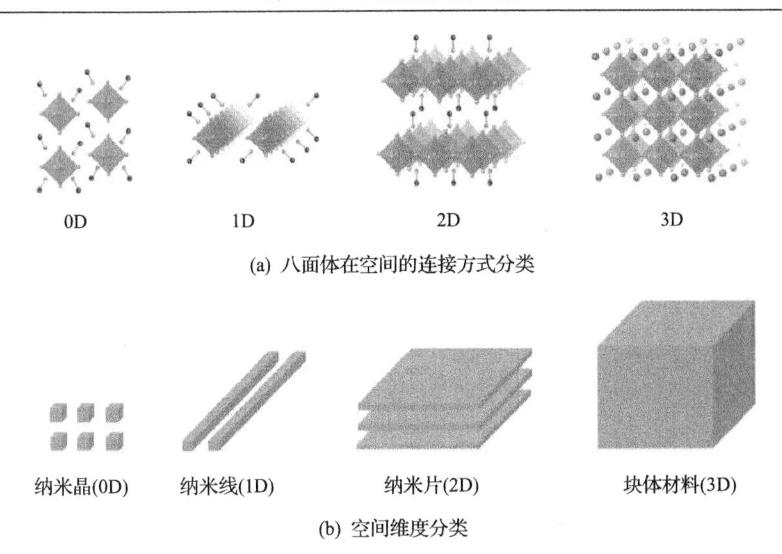

图 3.5.8　钙钛矿类晶体的维度分类[178]

(a)根据八面体在空间的连接方式分类；(b)根据空间维度分类

下面以八面体在空间的连接方式作为分类依据，介绍几种典型的钙钛矿结构全无机和有机-无机杂化卤化物闪烁晶体的主要性能和研究进展。

1. 三维钙钛矿闪烁晶体

三维钙钛矿的结构通式为 ABX_3，其中 A 可以为无机阳离子，如 Cs^+、Rb^+，或有机小阳离子，如 MA^+(甲胺)、FA^+(甲酰胺)；B 为 Pb^{2+}、Sn^{2+}或 Cu^{2+}等；X 为 Cl、Br、I 等[179]。通过$[BX_6]^{4-}$八面体共顶点的形式连接成三维网络结构，A 离子位于八个八面体的中心位置。

$CsPbX_3$(X=Cl,Br,I)是典型的全无机三维钙钛矿闪烁晶体，是最早受到关注的一类可以作为闪烁晶体使用的量子点(纳米晶)材料，$CsPbCl_3$、$CsPbBr_3$和 $CsPbI_3$在室温下属于正交晶系，密度分别为 3.93g/cm^3、4.42g/cm^{3}和 4.54g/cm^3，与 CsI (4.51g/cm^3)接近。$CsPbBr_3$ 块体单晶最初由美国西北大学用熔体法生长成功，它在 7K 下的光产额可达 109000ph/MeV±22000ph/MeV(@^{241}Am)，但随着温度的升高发光效率急剧降低，200K 时的光产额仅为 7K 时的 1/12[180]。因此，$CsPbBr_3$块体单晶更多作为直接探测的半导体材料使用。与典型的半导体探测材料 CdZnTe (CZT)相比，$CsPbBr_3$ 晶体具有较高的有效原子序数(Z=65.9)，较高的缺陷容忍度和较低的缺陷密度，使得载流子在漂移过程中被复合或俘获的概率较低，因此具有较高的载流子迁移能力。其中空穴的迁移寿命积达到 8×10^{-4}cm^2/V，是 CZT(9×10^{-5}cm^2/V)的 9 倍[181]。从而容易实现低暗电流、低检测限、高灵敏度和高稳定性的探测效果。已经测得的最佳能量分辨率达 1.4%@662keV[182]，可以与 CZT 相媲美。然而，$CsPbBr_3$ 晶体在 88℃和 130℃出现两次结构相变，分别对应于正交相

(Pbnm)向四方相(P4/mbm)和四方相向立方相(Pm-3m)的转变，两次相变都是可逆相变，只不过前者属于二级相变，后者为一级相变。结构相变和热应力导致晶体内存在裂纹、亚晶界或孪晶等缺陷，会对晶体性能和成品率造成不利影响。

Chen 等采用热注入方法在甲苯和正己烷中制备了 $CsPbBr_3$ 量子点，考察了其不同浓度和在不同能量 X 射线激发下的发光特性，指出 $CsPbBr_3$ 量子点是一种很有前景的闪烁材料[183]。通过溶液法制得 $CsPbBr_3$ 纳米晶与甲基丙烯酸树脂和光敏剂混合制成闪烁薄膜(图 3.5.9)[184]，与商用 GOS:Tb 薄膜相比，具有更高的 X 射线吸收效率和灵敏度，制成探测器后的成像效果也优于 GOS:Tb。

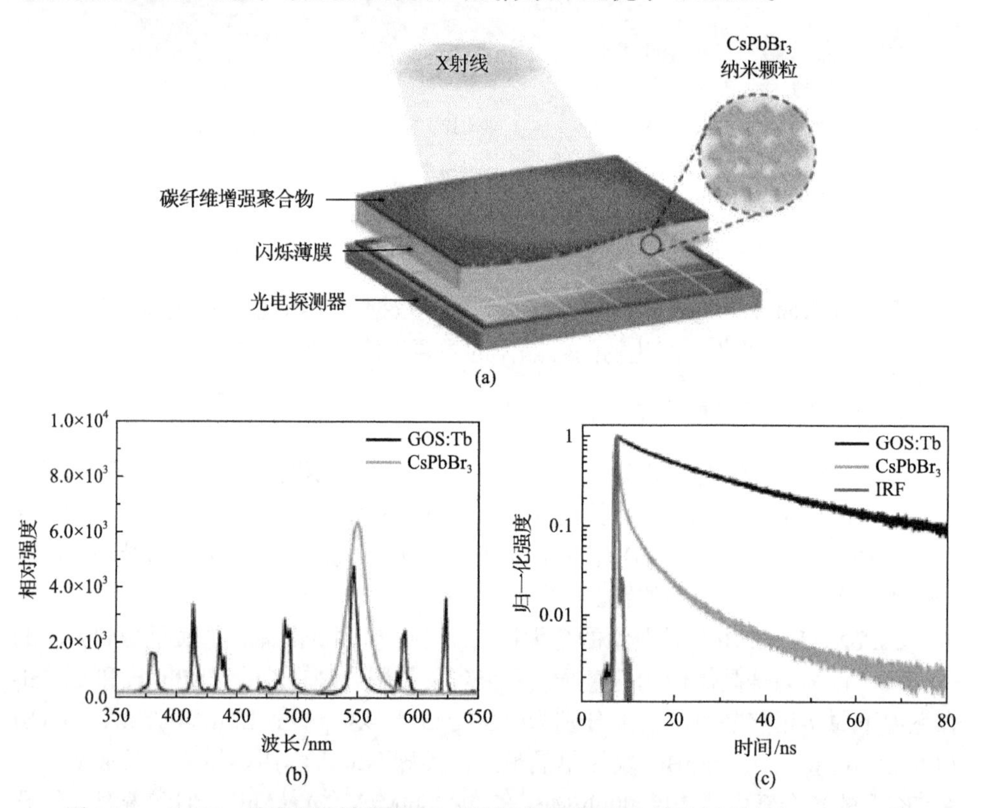

图 3.5.9　$CsPbBr_3$ 纳米晶闪烁薄膜的 X 射线探测器结构示意图(a)及其与 GOS:Tb 的光致发光光谱(b)、光致发光衰减谱(c)

Chen 等采用改进的热注入法制备了一系列全无机钙钛矿 $CsPbX_3$(X=Cl,Br,I)量子点，通过调控前驱体中的阴离子混晶比例，实现了对禁带宽度和发光波长(从紫光到红光)的调控，图 3.5.10(a)和(b)分别为 $CsPbX_3$(X=Cl,Br,I)的晶体结构示意图和 $CsPbX_3$ 随组分变化的 X 射线激发发射光谱。$CsPbBr_3$ 量子点薄膜(0.1mm 厚)在低剂量的 X 射线辐照下的发光峰位位于 530nm，闪烁发光效率达到 5mm 厚 CsI:Tl 单晶的 54%，其高闪烁发光效率来源于纳米晶的量子限域效应，闪烁衰减时间为44.6ns。120μm厚的$CsPbBr_3$薄膜X射线成像的探测限低至13nGy/s，远低于典型医学成像剂量，表明该材料在超灵敏X射线探测及低剂量数字化X射线技术中具有广泛应用前景。此外，$CsPbBr_3$薄膜基的平板X射线探测器的调制传递函数是商用CsI:Tl针状薄膜材料的两倍[185]。

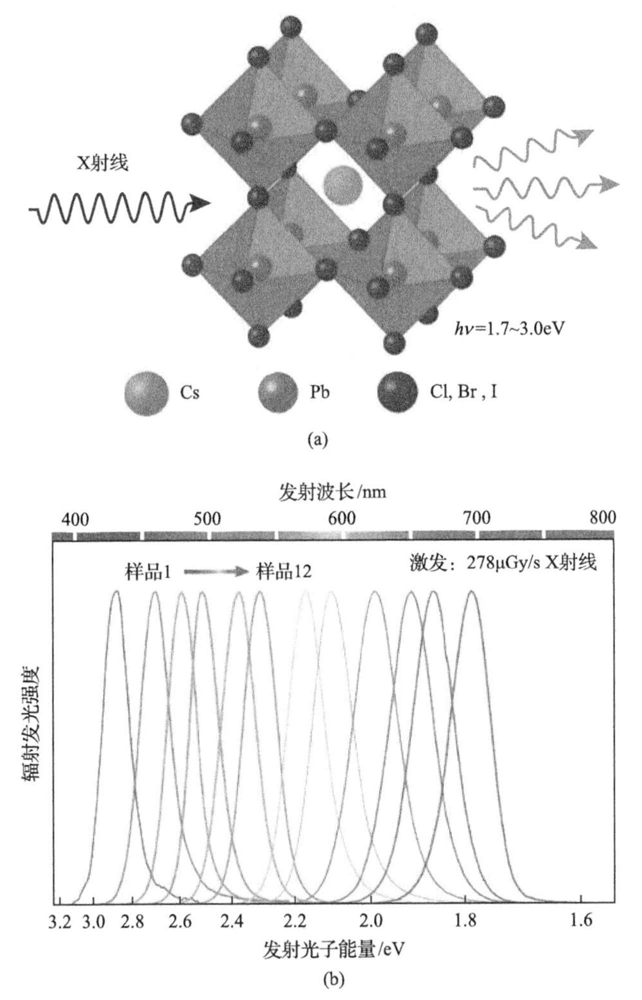

图3.5.10　(a) $CsPbX_3$ (X=Cl,Br,I)的晶体结构示意图，(b) $CsPbX_3$随组分变化的X射线激发发射光谱

从样品1到样品12的组分变化依次是：$CsPbCl_3$-$CsPbCl_2Br$-$CsPbClBr_2$-$CsPbBr_3$-$CsPbBr_2I$-$CsPbBrI_2$-$CsPbI_3$

低于3D材料的可以统称为低维钙钛矿材料，其组成单元在至少一个维度方向的分子水平上为一维。2D材料的结构通式为$A'_2A_{n-1}B_nX_{3n+1}$或$A'A_{n-1}B_nX_{3n+1}$，其中A′为+1或+2价阳离子，A为MA^+、FA^+、Cs^+。结构维度进一步降低到1D或0D的材料有($C_7H_{16}N$) $PbBr_3$、Cs_4PbBr_6和$Cs_2Cu_2I_5$，称为类钙钛矿[186]。相比于3D材

料，低维钙钛矿材料由于其形态的多样性和量子限定效应，具有更优异的性能。

2. 二维钙钛矿闪烁晶体

2D 层状钙钛矿是在传统 3D 杂化钙钛矿结构中插入较大体积的有机分子，将钙钛矿无机层$[PbX_6]^{2-}$撑开形成周期性的量子阱结构而成(平均层数 n 可调)。位于层间的疏水性大体积有机分子可有效阻挡水分子对钙钛矿结构的破坏，同时提高材料的热稳定性[187]。

2D 相 MA 铅基钙钛矿通式为$(LA)_2Ma_{n-1}Pb_nX_{3n+1}$，LA 代表一价长链烷基胺配体，$n$ 为$[PbX_6]^{2-}$八面体层的堆积层数，X 为卤化物。相比于 3D 钙钛矿，2D 钙钛矿材料的量子限制效应强烈，激子束缚能大于相似组分的 3D 钙钛矿材料，从而表现出更高的室温闪烁发光效率、更快的激子辐射寿命和更高的环境稳定性[188]，如二维钙钛矿(EDBE)$PbCl_4$晶体在室温下的光产额为 9000ph/MeV，远高于 $MAPbI_3$ 和 $MAPbBr_3$ 晶体(1000ph/MeV)[189]。研究发现，由于有机层到无机层的能量传递基本可以忽略，有机-无机杂化二维钙钛矿闪烁晶体的性能主要取决于无机层中的激子性质[190,191]。$(C_6H_5C_2H_4NH_3)_2PbBr_4$(17mm×23mm×4mm)的光产额达 14000ph/MeV，闪烁衰减时间 11ns[192]。通过用 Sr 部分取代 Pb，其光产额提高到了 19700ph/MeV，在 22～622keV 的能量线性响应性能也得到了提升[193]。Mn^{2+}的加入可以把 STA_2PbBr_4 晶体的荧光量子产率从 7.2%提高到 57%[194]，BA_2PbBr_4 晶体的光产额为 40000ph/MeV，闪烁衰减时间为 5.3ns[195]。

Shibuya 等通过旋涂法合成了 2D 层状钙钛矿$(n\text{-}C_6H_{13}NH_3)_2PbI_4$薄膜(约 250nm)[188]，其结构和质子激发的发射光谱如图 3.5.11 所示，该类型的钙钛矿可以形成周期性量子阱结构，具有皮秒级的超快衰减时间，发光峰位位于 524nm，室

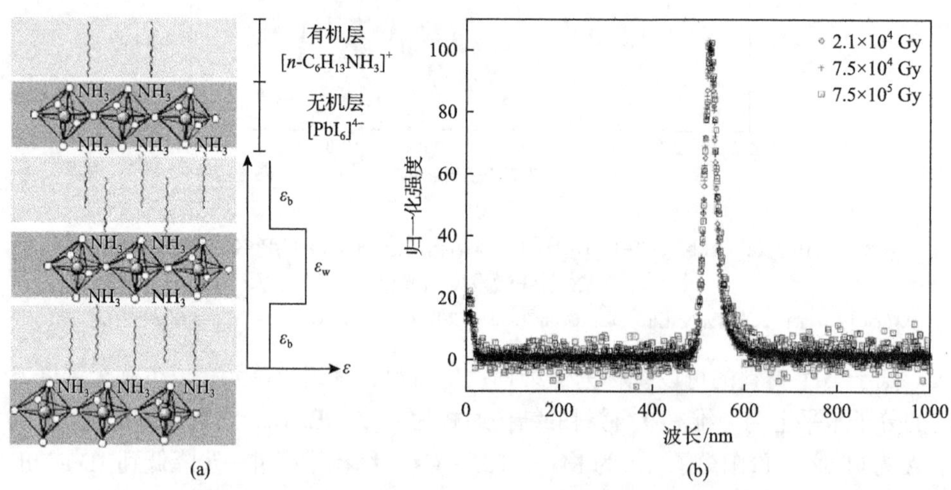

图 3.5.11　2D 钙钛矿$(n\text{-}C_6H_{13}NH_3)_2PbI_4$的结构(a)和 2.0MeV 质子激发的发射光谱(b)

温和 25K 时的闪烁发光效率分别为 NaI:Tl 的 11%和 40%[196]。此外，Shibuya 还通过溶液法获得了$(C_3H_7NH_3)_2PbBr_4$块体材料，测得室温下的闪烁发光效率为液氮温度的 1/4，这表明具有二维量子限域系统的纯半导体在室温下仍具有与 BGO 相当的闪烁效率[197]。该类型材料也体现出了优良的时间特性，其中$(C_6H_{13}NH_3)_2PbI_4$和$(C_3H_7NH_3)_2PbBr_4$薄膜的室温下的闪烁衰减时间分别为 390ps 和 2.8ns (38%)[188]。

一些二维材料(如$(C_3H_7NH_3)_2PbBr_4$)的厚度不到 0.3mm，为了增加厚度，提高其应用范围，van Eijk 等采用C_6H_5-C_2H_4-NH_3替代$C_nH_{2n+1}NH_3$来增强有机层间的结合力，提高了晶体质量和厚度，衰减时间从$(C_6H_5C_2H_4NH_3)_2PbBr_4$的 9.4ns 缩短至$(C_3H_7NH_3)_2PbBr_4$的 2.8ns[198]。Kawano 等采用不良溶剂扩散法制备了尺寸为 17mm×23mm×4mm 的$(C_6H_5C_2H_4NH_3)_2PbBr_4$单晶，测得其发光主峰位于 410nm，闪烁衰减时间主分量为 11ns，光产额为 14000ph/MeV，但能量分辨率较差，可能原因是晶体存在一些包裹体和裂纹造成不均匀性和有机层中的激子自吸收。晶体照片、荧光光谱、X 射线激发闪烁衰减谱和晶体的不同能量 γ 射线的多道能谱如图 3.5.12 所示[192]。

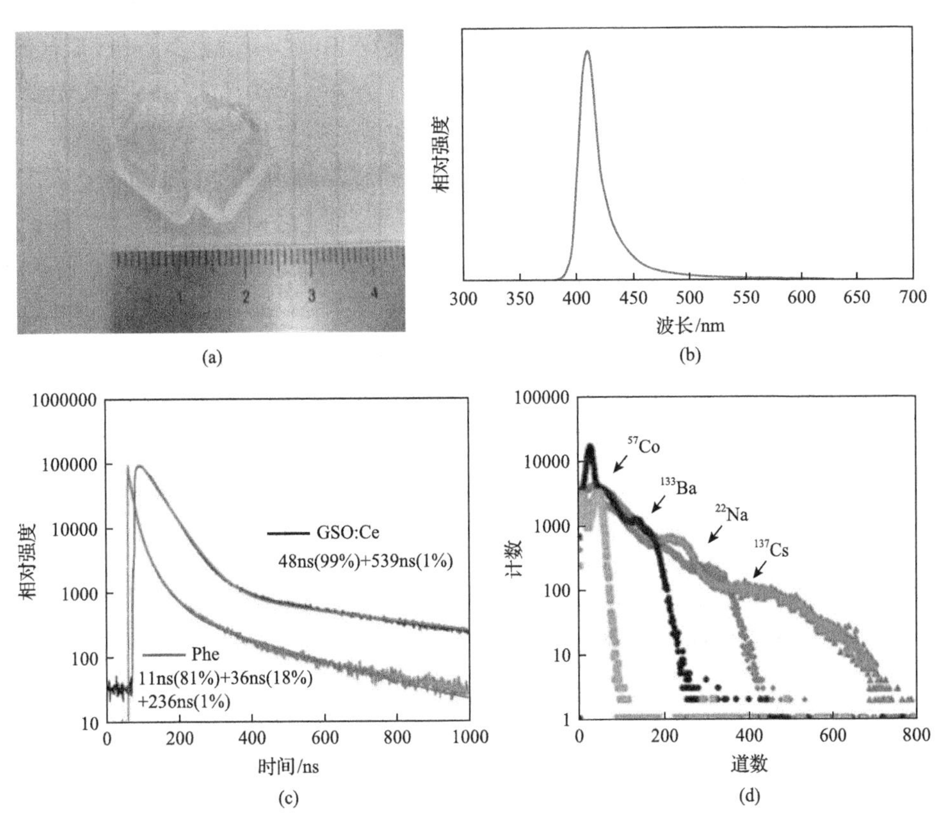

图 3.5.12　(a)$(C_6H_5C_2H_4NH_3)_2PbBr_4$(Phe)晶体照片，(b)荧光光谱，(c)X 射线激发闪烁衰减谱，(d)晶体的不同能量 γ 射线的多道能谱

由于钙钛矿材料都含有对环境不太友好的重金属 Pb，为了减少铅污染，人们开始探索和发展无铅的卤化物钙钛矿闪烁晶体。Hu 等通过水热法制备出无铅双钙钛矿结构的 $Cs_2NaTbCl_6$ 和 $Cs_2NaEuCl_6$ 晶体，所测得它们的光产额分别为 46600ph/MeV 和 1250ph/MeV。但由于其发光来自于 Tb 离子的 f→f 跃迁，衰减时间都较慢，为毫秒级[199]。另一种二维层状 $Cs_4MnBi_2Cl_{12}$ 单晶在 10～35keV X 射线能量范围内的闪烁发光效率优于 NaI:Tl，平均荧光衰减时间为 144μs[200]。Cao 等制备了无铅双钙钛矿$(C_8H_{17}NH_3)_2SnBr_4$材料，并与聚甲基丙烯酸甲酯(PMMA)混合通过旋涂法制成薄膜，测得的检测限为 104.23μGy/s，空间分辨率为 200μm[201]。

3. 一维钙钛矿闪烁晶体

一维钙钛矿闪烁晶体典型代表有 Rb_2CuBr_3[202]、Rb_2CuCl_3[203]和 K_2CuBr_3[204]等晶体，它们属于正交晶系，空间群为 Pnma。其中 Rb_2CuBr_3 的晶胞参数：a=13.33Å，b=4.46Å，c=3.82Å，$\alpha=\beta=\gamma=90°$，V=822.02Å^3，晶体结构如图 3.5.13(a)所示。Rb_2CuBr_3 晶体在接受高能射线辐照时，能通过晶格 Jahn-Teller 变形耗散入射能量，其自陷激子态和激发态的能量差较大，激发和发射波长分别为 300nm 和 385nm(图 3.5.13(b))，具有较大的斯托克斯位移。其光产额达 91056ph/MeV，荧光衰减时间为 41.4μs，检测限低至 121.5nGy/s，综合性能较好。但 Rb_2CuCl_3 和 K_2CuBr_3 晶体的性能不及 Rb_2CuBr_3 晶体，光产额分别为 16600ph/MeV 和 23806ph/MeV。

与上述 Rb_2CuBr_3 晶体的相比，一维类钙钛矿晶体 $CsCu_2I_3$ 拥有较高的密度(5.01g/cm^3)、较高的有效原子序数(Z_{eff}=50.6)、较低的熔点(371℃)、不潮解和无自吸收等优点，其发光来源为局域在$[Cu_2I_6]^{4-}$多面体的自陷激子态，发光峰位于 570nm(图 3.5.14(c))。$CsCu_2I_3$ 晶体拥有极低的 X 射线激发余辉(0.008%@10ms)，

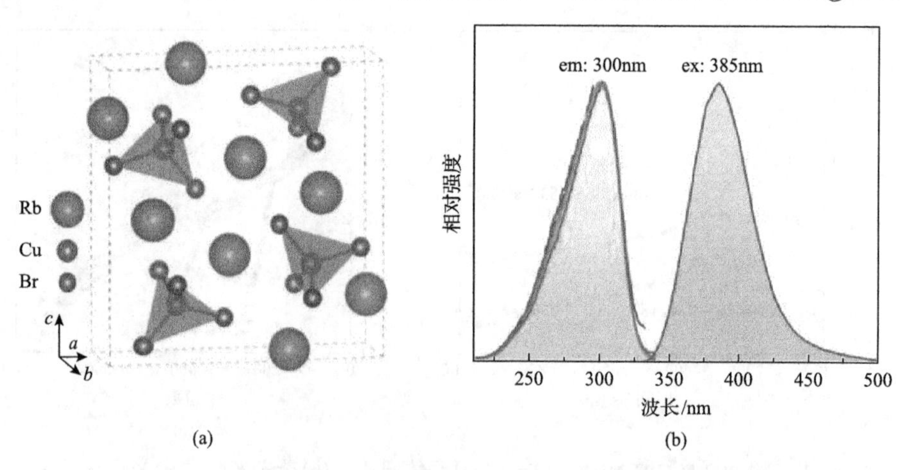

图 3.5.13　(a) Rb_2CuBr_3 晶体结构示意图，(b)荧光激发发射光谱

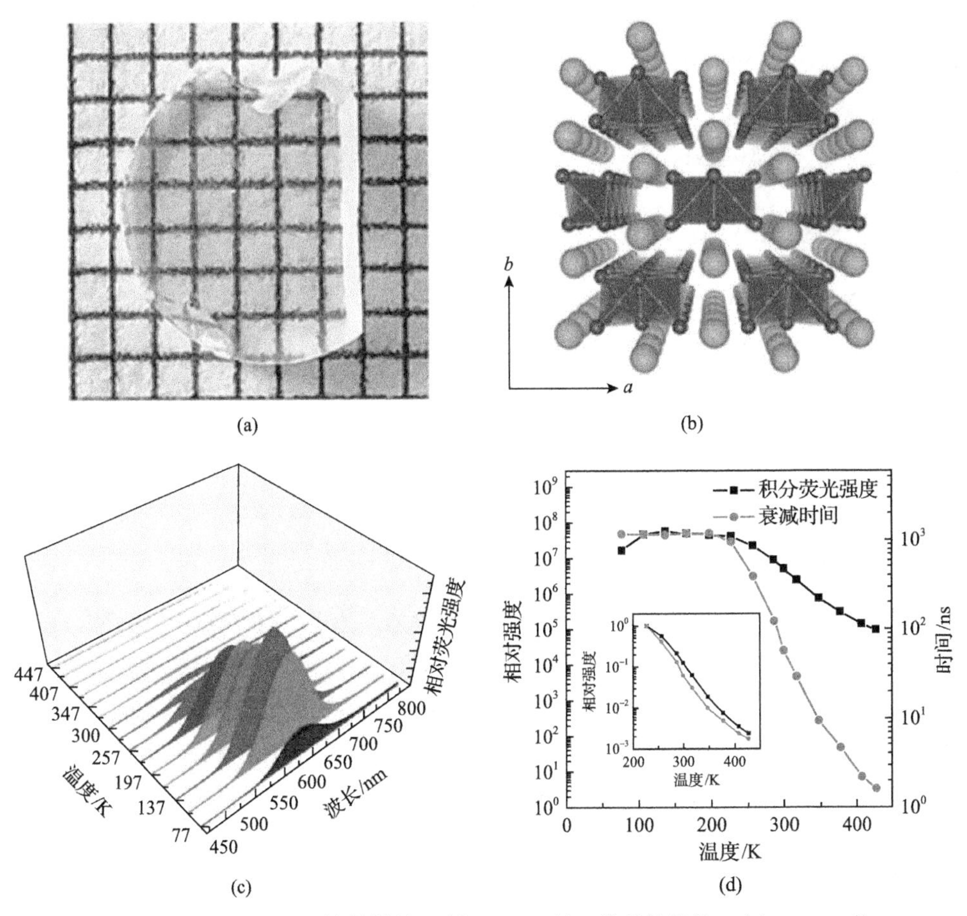

图 3.5.14　(a) $CsCu_2I_3$ 单晶样品，(b) $CsCu_2I_3$ 的一维晶体结构，(c) $CsCu_2I_3$ 的变温荧光光谱，(d) $CsCu_2I_3$ 的荧光发射谱强度和衰减时间

比商用 CsI:Tl 晶体低四个数量级。但其光产额较低，约为 16000ph/MeV，原因在于其发光在 200K 发生了温度猝灭效应(图 3.5.14(d))，需要通过进一步组分优化来提升激子束缚能[205]。

4. 零维钙钛矿闪烁晶体

2018 年，Wu 等[206]报道了首个高性能零维结构钙钛矿闪烁晶体：Cs_4EuBr_6 单晶。晶体结构为单斜结构，空间群为 $R\bar{3}c$ 。Cs_4EuBr_6 单晶有轻微潮解，熔化和结晶温度分别为 545℃和 525℃。Cs_4EuBr_6 单晶在 662keV 的 γ 射线激发下的光产额和能量分辨率分别为 78000ph/MeV±4000ph/MeV 和 4.3%(图 3.5.15)，是光产额最高的自激活闪烁晶体。

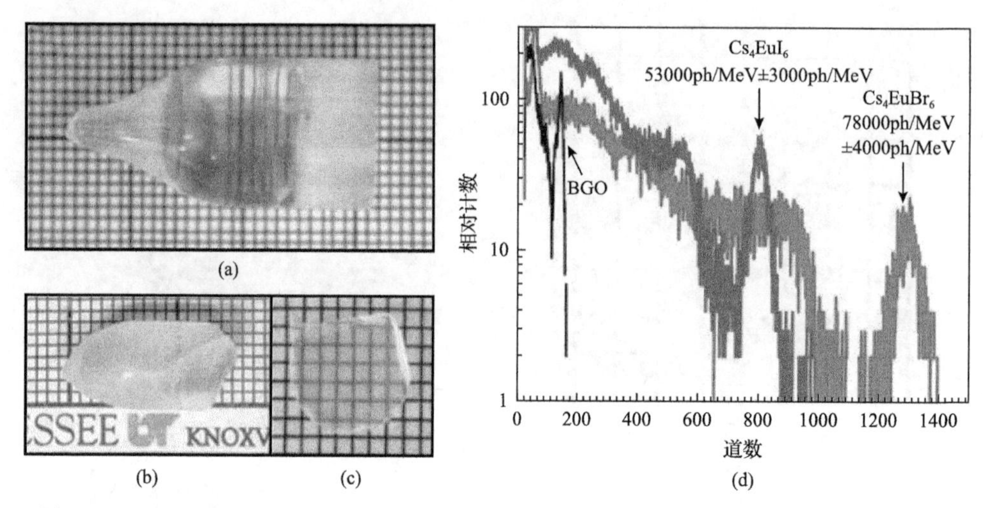

图 3.5.15　(a)、(b)和(c)分别为直径 12mm 的 Cs_4EuBr_6 单晶、直径 7mm 的 Cs_4EuI_6 单晶和 1mm 厚的 Cs_4EuI_6 晶片，(d)为 Cs_4EuBr_6 和 Cs_4EuI_6 晶体的 ^{137}Cs γ 多道能谱

然而，Eu 离子作为基质的材料仍然存在较为严重的自吸收效应。近期，零维铜基闪烁晶体展现出优异的闪烁性能，如 $Cs_3Cu_2I_5$。其晶体结构中$[Cu_2I_5]^{3-}$基团被 Cs^+隔开，形成零维结构。该晶体具有较低的熔点(386℃)，目前采用下降法成功制备出高质量的 $Cs_3Cu_2I_5$ 块状单晶(图 3.5.16(a))。该晶体的自限激子发光的波长位于 450nm，且无自吸收。在 X 射线和 γ 射线激发下，其光产额达到 29000ph/MeV，闪烁衰减时间主分量为 967ns，余辉低至 0.03%@10ms(图 3.5.16(b)和(c))。由于不潮解和物理化学性质稳定等优点，该晶体被认为是潜在的 X 射线和 γ 射线探测材料[186]。

更为重要的是，Yuan[207]、Cheng[208]和 Stand 等[209]几乎同时制备和研究了 Tl^+掺杂 $Cs_3Cu_2I_5$(图 3.5.17(a))，发现 Tl^+掺杂可有效提高 $Cs_3Cu_2I_5$ 的闪烁发光效率。虽然发光峰位仍然位于 450nm(图 3.5.17(b))，但 $Cs_3Cu_2I_5$:Tl 晶体在 X 射线激发下的光产额可达到 150000ph/MeV，约为非掺杂晶体的 5 倍；在 γ 射线激发下的光产额可达 87000ph/MeV(图 3.5.17(d))，662keV 处的能量分辨率为 3.4%。X 射线检测极限(66.3nGy/s)仅是医学 X 射线诊断要求的 1/83。Tl 掺杂提升 $Cs_3Cu_2I_5$ 晶体闪烁性能可能的原因是：Tl 掺杂后发射光谱红移减少了激发发射谱的重叠，从而降低了激子共振能量传递及缺陷处猝灭的概率；形成的 Tl^0 或 Tl^{2+}的库仑场对电子和空穴的吸引会提升自陷激子态的形成概率；形成的 Tl^+束缚激子态可以提供额外的辐射跃迁中心，从而进一步提升发光效率[208]。

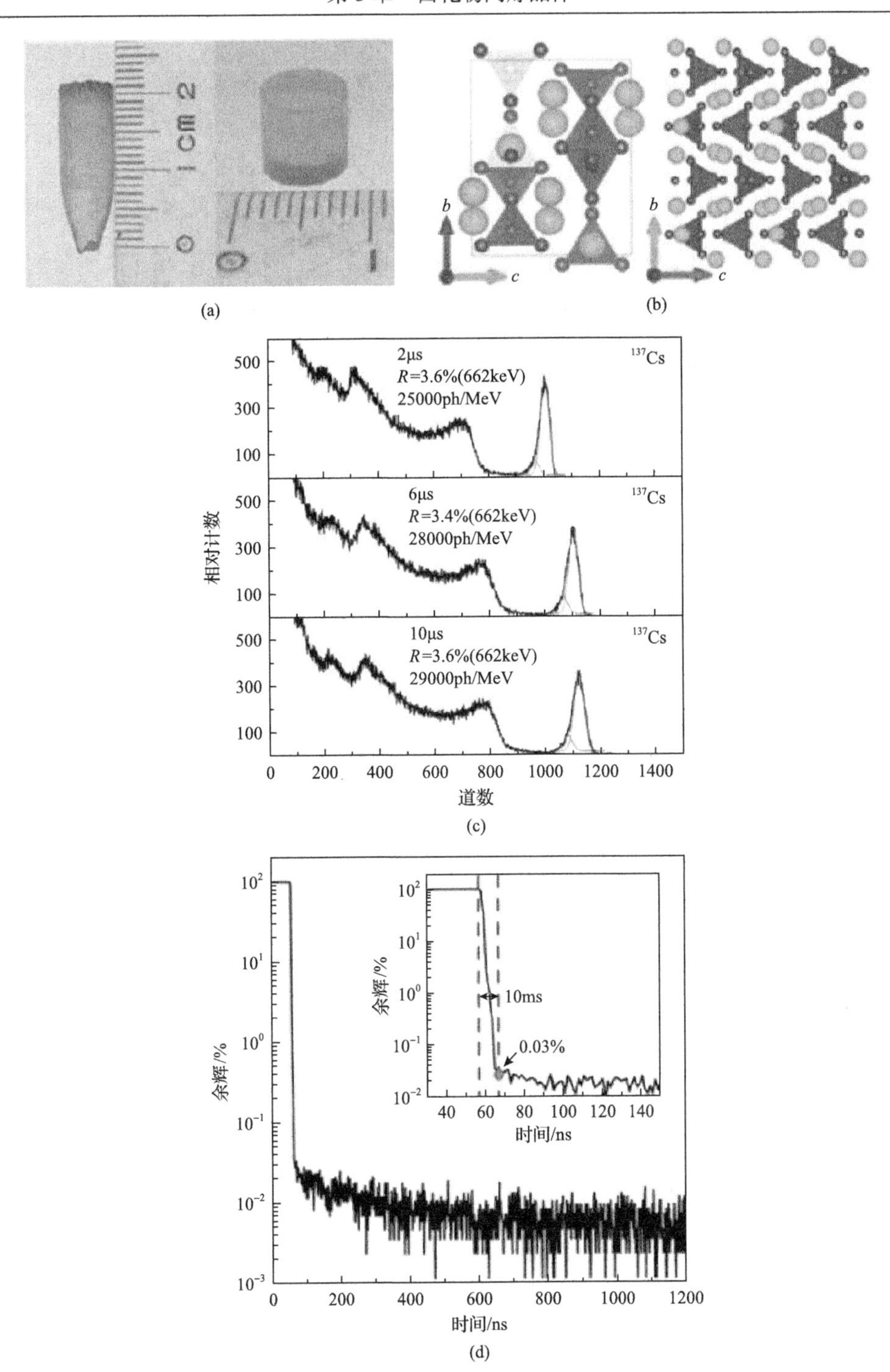

图 3.5.16　$Cs_3Cu_2I_5$ 晶体(a)和晶体结构示意图，(b)和(c)不同时间门宽下的 ^{137}Cs 多道能谱，(d)余辉曲线

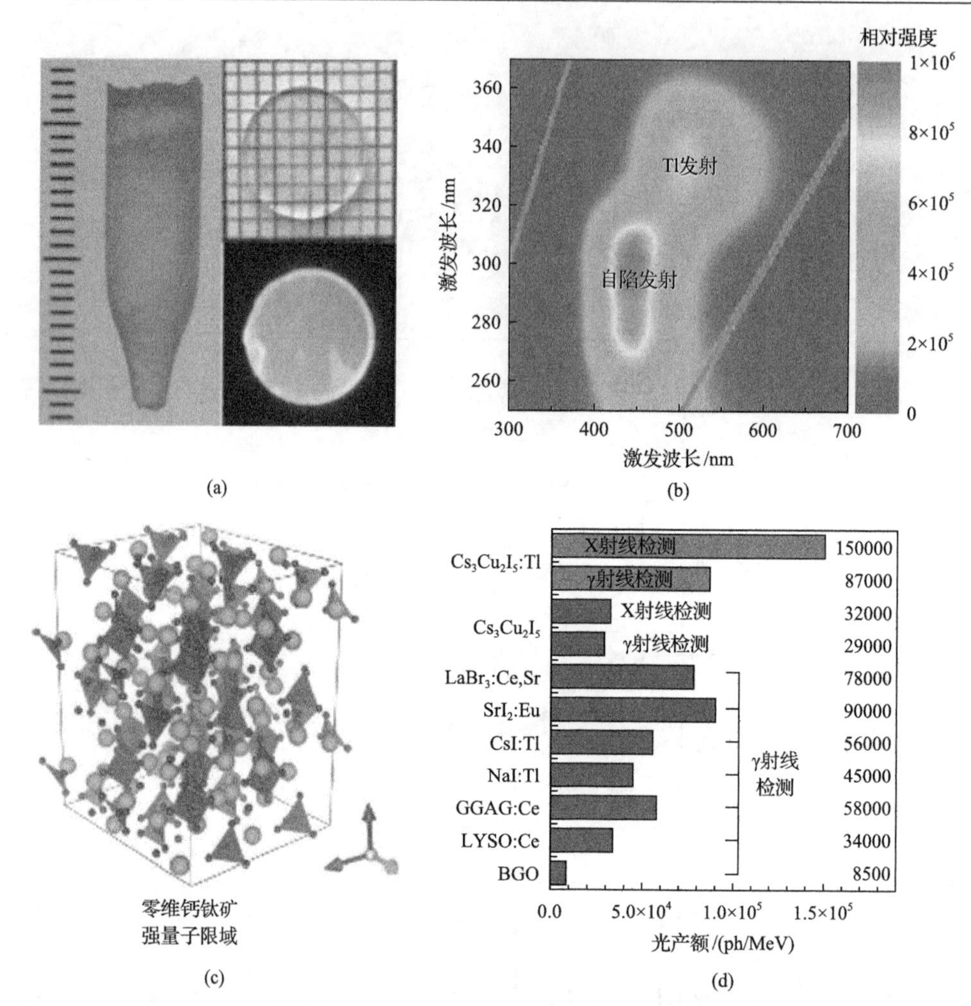

图 3.5.17　(a) $Cs_3Cu_2I_5$:Tl 单晶样品，(b) $Cs_3Cu_2I_5$:Tl 荧光光谱，(c) $Cs_3Cu_2I_5$ 的零维晶体结构，(d) $Cs_3Cu_2I_5$ 和 $Cs_3Cu_2I_5$:Tl 闪烁晶体与其他商用闪烁晶体的光产额对比

综上所述，无论是全无机还是有机-无机杂化晶体低维钙钛矿结构金属卤化物材料，普遍拥有强限域激子发光特性、大斯托克斯位移(无自吸收)和高荧光量子效率等特性。目前发现的若干非铅基低维钙钛矿结构卤化物闪烁晶体拥有不潮解、低熔点、高射线阻止能力、高光产额、高能量分辨率、低余辉等众多优点，在 X 射线和 γ 射线探测领域已展现出重要应用前景。

参 考 文 献

[1] Moszyński M, Balcerzyk M, Czarnacki W, et al. Study of pure nai at room and liquid nitrogen temperatures. IEEE Transaction on Nuclear Sciences, 2003, 1: 346.

[2] Shiran N, Boiaryntseva I, Gektin A, et al. Luminescence and radiation resistance of undoped NaI crystals. Materials Research Bulletin, 2014, (59): 13-17.

[3] Trefilova L N, Kudin A M, Kovaleva L V, et al. Role of tallium dimer in the NaI(Tl) scintillation process. Physics Letters, 1964, 9(4): 97.

[4] Hull G, Chong W S, Moses W W, et al. Measurements of NaI(Tl) electron response: Comparison of different samples. IEEE Transactions on Nuclear Science, 2009, 56(1): 331-335.

[5] Masuo I, Masaharu K. The scintillation process of NaI(Tl). Japanese Journal of Applied Physics, 1975, 14(1): 64-69.

[6] Trefilova L N, Kudin A M, Kovaleva L V, et al. Concentration dependence of the light yield and energy resolution of NaI:Tl and CsI:Tl crystals excited by gamma, soft X-rays and alpha particles. Nuclear Instruments and Methods in Physics Research A, 2002, (486): 474-481.

[7] Yang K, Menge P R. Improving γ-ray energy resolution, non-proportionality, and decay time of NaI: Tl with Sr^{2+} and Ca^{2+} co-doping. Journal of Applied Physics, 2015, (118): 213106.

[8] Khodyuk I V, Messina S A, Hayden T J, et al. Optimization of scintillation performance via a combinatorial multi-element co-doping strategy: Application to NaI:Tl. Journal of Applied Physics, 2015, (118): 084901.

[9] Yang K, Menge P R, Ouspenski V. Li co-doped NaI:Tl (NaIL)—A large volume neutron-gamma scintillator with exceptional pulse shape discrimination. IEEE Transactions on Nuclear Science, 2017: 2721398.

[10] Park B J, Choi J J, Choe J S, et al. Development of ultra-pure NaI(Tl) detectors for the COSINE-200 experiment. European Physical Journal C, 2020, 80: 814.

[11] Bondarenko S K, Udovichenko L V, Mitichkin A I, et al. Optical and scintillation properties of NaI(Tl) crystal. Journal of Applied Spectroscopy, 2002, 69(6): 901-906.

[12] 孔宪武, 莫世镳, 胡敦义, 等. 碘化钠(铊)闪烁晶体的制备. 原子能科学技术, 1966, (3): 141-147.

[13] Gpriletsky V I, Bondarenko S K. Production of preset quality large NaI(Tl) single crystals for detectors used in medical instrument building. Materials Science and Engineering, 2000, A288: 196-199.

[14] Berthold T, Bodinger H, Stefried J. Growth of single crystalline NaI plates. Journal of Crystal Growth, 2000, 217: 441-448.

[15] Kubota S, Sakuragi S, Hashimoto S, et al. A new scintillation material: Pure CsI with 10 ns decay time. Nuclear Instruments and Methods in Physics Research A, 1988, 268: 275-277.

[16] Schotanus P, Kamermana R, Dorenbos P, et al. Scintillation characteristics of pure and Tl-doped CsI crystals. IEEE Transactions on Nuclear Science, 1990, 37(2): 177-182.

[17] Woody C L, Levy P W, Kierstead J A, et al. Readout techniques and radiation damage of undoped cesium iodide. IEEE Transactions on Nuclear Science, 1990, 37(2): 492-499.

[18] Amsler C, Grogler D, Joffrain W, et al. Temperature dependence of pure CsI: Scintillation light yield and decay time. Nuclear Instruments and Methods in Physics Research A, 2002, 480: 494-500.

[19] Belsky A N, Vasilev A N, Mikhailin V V, et al. Time-resolved XEOL spectroscopy of new scintillators based on CsI. Review of Scientific Instruments, 1992, 63(1): 806-809.

[20] 任国浩, 宋朝晖, 张子川, 等. 纯碘化铯(CsI)晶体的发光与光衰减特性研究. 无机材料学报, 2017, 32(2): 169-174.

[21] Nishimura H, Sakata M, Tsujimoto T, et al. Origin of the 4.1-eV luminescence in pure CsI scintillator. Physical Review B, 1995, 51(4): 2167-2172.

[22] Shiran N, Gektin A, Vasyukov S, et al. Afterglow suppression in CsI crystals by Eu^{2+}, doping. Functional Materials, 2011, 18(94): 438-441.

[23] Boyarintsev A, Boyarintseva Y, Gektin A, et al. Study of radiation hardness of pure CsI crystals for Belle-Ⅱ calorimeteron luminescence properties of CsI crystals scavenged by Mg^{2+}. Iposciences. IOP. org, DOI. 10. 1088/1748-2021/11/03/P03013.

[24] Cherginets V L, Rebrova T P, Datsko Y N, et al. On luminescence properties of CsI crystals scavenged by Mg^{2+}. Materials Letters, 2011, (65): 2416-2418.

[25] Gektin A V, Kmovitskaya I M, Shuan N V, et al. The effect of Bi- and threevalent cation impurities on the luminescence CsI. IEEE Transactions on Nuclear Sciences, 1995, 22: 111-113.

[26] Bates C W, Salau A, Leniart D. Luminescence from bound excitons in CsI. Physical Review B, 1977, 15(12): 5963-5974.

[27] Zhu R Y. Precise crystal calorimetery in high energy physics. Nuclear Physics B, 1999, 78: 203-219.

[28] Ren G H, Chen X F, Xue X P, et al. Non-uniformity of light output in large CsI(Tl) crystals grown by non-vacuum Bridgman method. Nuclear Instruments and Methods in Physics Research A, 2006, (564): 364-369.

[29] Brechera C, Lempickia A, Miller S R, et al. Suppression of afterglow in CsI: Tl by codoping with Eu^{2+}—I: experimental. Nuclear Instruments and Methods in Physics Research A, 2006, 564: 450-457.

[30] Nagarkar V V, Brecher C, Ovechkina E E, et al. Scintillation properties of CsI:Tl crystals codoped with Sm^{2+}. IEEE Transactions on Nuclear Science, 2008, 55(3): 1270-1274.

[31] Wu Y T, Ren G H, Nikl M, et al. CsI: Tl^{+}, Yb^{2+}: Ultra-high light yield scintillator with reduced afterglow. CrystEngComm, 2014, 16: 3312-3317.

[32] Chowdhury M A H, Watts S J, Imrie D C, et al. Studies of radiation tolerance and optical absorption bands of CsI (Tl) crystals. Nuclear Instruments and Methods in Physics Research A, 1999, (432): 147-156.

[33] Zaslavsky B G, Grinyov B V, Suzdal V S, et al. Automated growing of large alkali halide single crystals. Journal of Crystal Growth, 1999, (198/199): 856-859.

[34] 沈定中，殷之文，邓群，等. 非真空坩埚下降法生长掺铊碘化铯晶体的工艺技术: CN96116387. 9. 1998-11-18.

[35] Nakayama M, Okuda K, Ando N, et al. Scintillation properties of CsI:Na thin films from viewpoint of nanoparticle formation. Journal of Luminescence, 2005, 112: 156-160.

[36] Yakovlev V, Trefilova L, Meleshko A, et al. Short-living absorption and emission of CsI (Na). Journal of Luminescence, 2011, (131): 2579-2581.

[37] Syntfeld-Kazuch A, Sibczynski P, Moszynski M, et al. Energy resolution of CsI (Na) scintillators. Radiation Measurements, 2010, (45): 377-379.

[38] 赵志刚，王世华，蒋盛邦. EuI_2-LiI 和 EuI_2-NaI 二元体系相图. 高等学校化学学报，1997, 18 (2): 182-185.

[39] Syntfeld A, Moszynski M, Arlt R, et al. ^{6}LiI (Eu) in neutron and γ-ray spectrometry—A highly sensitive thermal neutron detector. IEEE Transactions on Nuclear Science, 2005, 52 (6): 3151-3156.

[40] Boatner L A, Comer E P, Wrigh G W, et al. Improved lithium iodide neutron scintillator with Eu^{2+} activation Ⅱ: Activator zoning and concentration effects in Bridgman-grown crystals. Nuclear Instruments and Methods in Physics Research A, 2018, (903): 8-17.

[41] Khan S, Kim H J, Kim Y D. Scintillation characterization of thallium-doped lithium iodide crystals. Nuclear Instruments and Methods in Physics Research A, 2015, (793): 31-34.

[42] Khan S, Kim H J, Lee M H. Scintillation properties of the silver doped lithium iodide single crystals at room and low temperature. Nuclear Instruments and Methods in Physics Research A, 2016, (821): 81-86.

[43] Sofronov D S, Grinyov B V, Voloshko A Y, et al. Dehydration of alkali metal iodides in vacuum. Function Materials, 2005, 12 (3): 559-562.

[44] Boatner L A, Comer E P, Wrigh G W, et al. Improved lithium iodide neutron scintillator with Eu^{2+} activation: The elimination of Suzuki-phase precipitates. Nuclear Instruments and Methods in Physics Research A, 2017, (854): 82-88.

[45] Seliverstov D M, Demidenko A A, Garibin E A, et al. New fast scintillators on the base of BaF_2 crystals within creased light yield of 0.9 ns luminescence for TOF PET. Nuclear Instruments and Methods in Physics Research A, 2012, (695): 369-372.

[46] Laval M, Moszyncki M, Allemand R, et al. Barium fluoride-inorganic scintillator for subnanosecond timing. Nuclear Instruments and Methods in Physics Research, 1983, 206(1-2): 168-176.

[47] Diehl S, Novotny R W, Wohlfahrt B, et al. Readout concepts for the suppression of the slow component of BaF_2 for the upgrade of the TAPS spectrometer at ELSA. Journal of Physics: Conference Series, 2015, (587): 012044.

[48] Dorenbos P, de Haas J T M, Visser R, et al. Absolute light yield measurements on BaF_2 crystals and the quantum efficiency of several photomultiplier tubes. IEEE Transactions on Nuclear Science, 1993, 40(4): 424-430.

[49] Rosalinde H P, Etiennette A, Stefan G. Exploiting cross-luminescence in BaF_2 for ultrafast timing applications using deep-ultraviolet sensitive HPK silicon photomultipliers. Frontiers in Physics, 2020, 8: 592875.

[50] Schottanus P, Dorenbos P, van Eijk C W E, et al. Suppression of the slow scintillation light output of BaF_2 crystals by La^{3+} doping. Nuclear Instruments and Methods in Physics Research A, 1989(281): 162.

[51] 陈玲燕，顾牡，黎青，等. 新型超快探测器性能研究. 强激光与粒子束，1996, 8(3): 362-366.

[52] Yang F, Chen J F, Zhang L Y, et al. La- and La-/Ce-doped BaF_2 crystals for future HEP experiments at the energy and intensity frontiers Part Ⅰ. IEEE Transactions on Nuclear Science, 2019, 66(1): 506-511.

[53] Gu M, Chen L Y, Du J, et al. The mechanism of slow component suppression in lanthanum doped barium fluoride crystals. Materials Research Society, 1992, 348: 393.

[54] Chen J F, Yang F, Zhang L Y, et al. Slow scintillation suppression in yttrium doped BaF_2 crystals. IEEE Transactions on Nuclear Science, 2018, 65(8): 2147-2151.

[55] Hu C, Xu C, Zhang L Y, et al. Development of yttrium doped BaF_2 crystals for future HEP experiemnts. IEEE Transactions on Nuclear Science, 2018, 65(8): 2147-2151.

[56] Radzhabov E, Istomin A, Nepomnyashikh A, et al. Exciton interaction with impurity in barium fluoride crystals. Nuclear Instruments and Methods in Physics Research A, 2005, (537): 71-75.

[57] Biasini M, Cassidy D B, Deng S H M, et al. Suppression of the slow component of scintillation light in BaF_2. Nuclear Instruments and Methods in Physics Research A, 2005, 553: 550-558.

[58] 顾牡，马晓辉，徐荣昆，等. 加载光子带隙膜系 BaF_2 晶体闪烁光慢成分抑制和抗 γ 辐照损伤的研究. 强激光与粒子束, 2005, 17(1): 44-46.

[59] Tetsuo Y, Kentaro M, Jun N, et al. Behaviors of metal-oxide impurities in CaF_2 and BaF_2 single crystals grown with PbF_2 scavenger by Stockbarger's method. Journal of Crystal Growth, 2003,

258: 385-393.

[60] 陈俊锋, 李翔, 杜勇, 等. 大尺寸高质量掺钇氟化钡晶体的透光性能. 人工晶体学报, 2019, 48(8): 1403-1404.

[61] Kamada K, Nawata T, Inui Y, et al. Czochralski growth of 8 inch size BaF_2 single crystal for a fast scintillator. Nuclear Instruments and Methods in Physics Research A, 2005, (537): 159-162.

[62] 华素坤, 仲维卓. BaF_2 晶体的结晶习性与缺陷. 人工晶体学报, 1992, 21(2): 131-136.

[63] 李培俊. 氟化钡晶体闪烁特性与表征. 无机材料学报, 1995, 10(3): 265-271.

[64] 陈刚. 大尺寸 BaF_2 晶体 290nm 光吸收机理研究. 人工晶体学报, 1994, 23: 259.

[65] 任国浩, 沈定中, 王绍华, 等. 氟化铅晶体中 300nm 光吸收的起因. 人工晶体学报, 1999, 28(3): 253-257.

[66] Yang F, Chen J F, Zhang L Y, et al. La- and La-/Ce-doped BaF_2 crystals for future HEP experiments at the energy and intensity frontiers Part Ⅱ. IEEE Transactions on Nuclear Science, 2019, 66(1): 512-518.

[67] 苏良碧, 徐军. 氟化钙晶体材料及其应用. 北京: 科学出版社, 2006: 39-40.

[68] Sastry S B S, Kennedy M M. Luminescence studies on γ-irradiated BaF_2:Pb single crystals. Physica Status Solidi A, 1996, 155: 263-269.

[69] Nicoara I, Stef M, Vizman D. Influence of Pb^{2+} ions on the optical properties of gamma irradiated BaF_2 crystals. Radiation Physics and Chemistry, 2020, 168: 108565.

[70] Cherepy N J, HullL G, Drobshoff A, et al. Strontium and barium iodide high light yield scintillators. Applied Physics Letters, 2008, 92(8): 1-3.

[71] Wilson C M, van Loef E V, Glodo J, et al. Strontium iodide scintillators for high energy resolution gamma ray spectroscopy. Proceeding of SPIE, 2008, 7079: 707917.

[72] Boatner L A, Ramey J O, Kolopus J A, et al. Bridgman growth of large SrI_2:Eu^{2+} single crystals: A high-performance scintillator for radiation detection applications. Journal of Crystal Growth, 2013, 379: 63-68.

[73] Cherepy N J, Sturm B W, Drury O B, et al. SrI_2 scintillator for gamma ray spectroscopy. Proceeding of SPIE, 2009, 7449: 74490.

[74] 陈俊锋. 碘化锶闪烁晶体制备及光谱特性研究. 北京: 中国科学院大学博士学位论文, 2014.

[75] Glodo J, van Loef E V, Cherepy N J, et al. Concentration effects in Eu doped SrI_2. IEEE Transactions on Nuclear Science, 2010, 57(3): 1228.

[76] Smerechuk A, Galenin E, Nesterkin V. Growth and scintillation performances of SrI_2:Eu with low activator concentration. Journal of Crystal Growth, 2019, 521: 41-45.

[77] van Loef E V, Wilson C M, Cherepy N J, et al. Crystal growth and scintillation properties of

strontium iodide scintillators. IEEE Transactions on Nuclear Science, 2009, 56 (3): 869-872.

[78] Hawrami R, Glodo J, Shah K S, et al. Bridgman bulk growth and scintillation measurements of SrI_2: Eu^{2+}. Journal of Crystal Growth, 2013, 379: 69-72.

[79] Yoshikawa A, Shoji Y, Yokota Y, et al. Growth of 2 inch Eu-doped SrI_2 single crystals for scintillator applications. Journal of Crystal Growth, 2016, 452: 73-80.

[80] Galenin E, Sidletskiy O, Dujardin C, et al. Growth and characterization of SrI_2:Eu crystals fabricated by the Czochralski method. IEEE Transactions on Nuclear Sciences, 2018, 65(8): 2174-2177.

[81] Karimov D N, Lisovenko D S, Ivanova A G, et al. Bridgman growth and physical properties anisotropy of CeF_3 single crystals. Crystals, 2021, 11: 793.

[82] Anderson D F. Properties of high-density scintillator cerium fluoride. IEEE Transactions on Nuclear Science, 1989, 36(1): 137-140.

[83] Moses W W, Derenzo S E. Fluoride cerium, a new fast heavy scintillator. IEEE Transactions on Nuclear Science, 1989, 36(1): 173-176.

[84] Voloshinovsky A S, Rodnyi P A, Yanovsky V V. Spectral-kinetic parameters of CeF_3 crystal luminescence//de Notaristefani F, Mschneegans P L. Heavy Scintillators For Scientific and Industrial Applications. CRYSTAL 2000, Chananix, Septenmber 22-26, 2000: 219-223.

[85] Shimamura K, Villora E G, Nakakita S, et al. Growth and scintillation characteristics of CeF_3, PrF_3 and NdF_3 single crystal. Journal of Crystal Growth, 2004, 264: 208-215.

[86] 汪兆民, 许咨宗, 宫竹芳, 等. 强辐照场下氟化铈(CeF_3)的荧光特性. 原子与分子物理学报, 1998, 15(2): 229-234.

[87] Belli P, Bernabei R, Cerulli R. Performances of a CeF_3 crystal scintillator and its application to the search for rare processes. Nuclear Instruments and Methods in Physics Research A, 2003, 498: 352-361.

[88] Inagaki T, Yoshimura Y, Kanda Y. Development of CeF_3 crystal for high-energy electromagnetic Calorimetry. Nuclear Instruments and Methods in Physics Research A, 2000, 443: 126-135.

[89] Yuan D S, Víllora E G, Shimamura K. Regular hexagonal-prism microvoids in CeF_3 single crystals. Journal of Crystal Growth, 2021, 558: 126024.

[90] Shah K S, Glodo J, Klugerman M, et al. $LaCl_3$:Ce scintillator for γ-ray detection. Nuclear Instruments and Methods in Physics Research A, 2003, 505: 76-81.

[91] Iltis A, Mayhugh M R, Menge P, et al. Lanthanum halide scintillators: Properties and applications. Nuclear Instruments and Methods in Physics Research A, 2006, (563): 359-363.

[92] Pei Y, Chen X F, Mao R H, et al. Growth and luminescence characteristics of undoped $LaCl_3$ crystal by modified Bridgman method. Journal of Crystal Growth, 2005, (279): 390-393.

[93] van Loef E V D, Dorenbos P, van Eij C W E. The scintillation mechanism in $LaCl_3$: Ce^{3+}. Journal of Physics: Condensed Matter, 2003, 15: 1367-1375.

[94] Moszynski M, Nassalski A, Syntfeld-Kazuch A, et al. Temperature dependence of $LaBr_3$(Ce), $LaCl_3$(Ce) and NaI(Tl) scintillators. Nuclear Instruments and Methods in Physics Research A, 2006, (568): 739-775.

[95] Shah K S, Glodo J, Klugerman M, et al. $LaCl_3$:Ce scintillator for γ-ray detection. Nuclear Instruments and Methods in Physics Research A, 2003, (505): 76-81.

[96] Ren G H, Pei Y, Chen X F. Dehydration and oxidation in the preparation of Ce-doped $LaCl_3$ scintillation crystals. Journal of Alloys and Compounds, 2009, 467: 120-123.

[97] Pei Y, Chen X F, Yao D M, et al. The role of CeF_3 in $LaCl_3$ scintillation crystal. Radiation Measurements, 2007, 42: 1351-1354.

[98] 张明荣, 张春生, 葛云程, 等. 一种铈激活的卤溴化物稀土闪烁晶体及其制备方法: CN200710105857. X. 2010. 10. 13.

[99] van Loef E V D, Dorenbos P, van Eijk C W E, et al. High-energy-resolution scintillator: Ce^{3+} activated $LaBr_3$. Applied Physics Letters, 2001, (79): 1573.

[100] Doty F P, McGregor D, Harrison M, et al. Structureand properties of lanthanide halides. Proceedings of SPIE, 2007, 6707: 670705.

[101] Owensa A, Bos A J J, Brandenburg S. The hard X-ray response of Ce-doped lanthanum halide scintillators. Nuclear Instruments and Methods in Physics Research A, 2007, (574): 158-162.

[102] Glodo J, Moses W W, Higgins W M, et al. Effects of Ce concentration on scintillation properties of $LaBr_3$: Ce. IEEE Transaction on Nuclear Sciences, 2005, 52(5): 1805-1808.

[103] Higgins W M, Churilov A, van Loef E, et al. Crystal growth of large diameter $LaBr_3$:Ce and $CeBr_3$. Journal of Crystal Growth, 2008, 310: 2085-2089.

[104] Bizarri G, Dorenbos P. Charge carrier and exciton dynamics in $LaBr_3$:Ce^{3+} scintillators: Experiment and model. Physical Review B, 2007, 75: 184302.

[105] Alekhin M S, Biner D A, Krämer K W, et al. Improvement of $LaBr_3$:5%Ce scintillation properties by Li^+, Na^+, Mg^{2+}, Ca^{2+}, Sr^{2+}, and Ba^{2+} co-doping. Joural of Applied Physics, 2013, (113): 224904.

[106] Alekhin M S, Weber S, Krämer K W, et al. Optical properties and defects structure of Sr^{2+} co-doped $LaBr_3$:5%Ce scintillation crystals. Journal of Luminescence, 2014, 145: 518-524.

[107] 桂强, 张春生, 邹本飞, 等. 溴(氟)化镧(铈)晶体生长与性能研究. 人工晶体学报, 2013, 42(4): 639-642.

[108] 桂强, 张春生, 邹本飞, 等. 直径 2 英寸氯化铈掺杂溴化镧晶体的制备与闪烁性能研究. 人工晶体学报, 2013, 42(4): 616-619.

[109] Chen H B, Zhou C Y, Yan P Z, et al. Growth of $LaBr_3:Ce^{3+}$ single crystal by vertical Bridgman process in nonvacuum atmosphere. Journal of Materials Science and Technology, 2009, 25(6): 593-757.

[110] 丁言国, 包汉波, 李正国, 等. $LaBr_3$:Ce 晶体生长及物理特性的研究. 硅酸盐通报, 2014, 33(3): 476-481.

[111] Yang P, DiAntonio C B, Boyle T J, et al. Dehydration and solid solution formation for the $LaBr_3$-$CeBr_3$ binary system//Doty F P, Barber H B, Roehrig H. Penetrating Radiation Systems and ApplicationsⅧ. Proceedings of SPIE, 2007, 6707: 670709.

[112] 李雷, 李焕英, 史坚, 等. $LaBr_3$: Ce 晶体中包裹体的性质及成因探究. 人工晶体学报, 2020, 49(1): 15-20.

[113] Shi H S, Qin L S, Chai W H, et al. The $LaBr_3$:Ce crystal growth by self-seeding Bridgman technique and its scintillation properties. Crystal Growth and Design, 2010, 10(10): 4434-4436.

[114] Menge P R, Gautier G, Iltis A, et al. Performance of large lanthanum bromide scintillators. Nuclear Instruments and Methods in Physics Research A, 2007, 579: 6-10.

[115] Camp A, Vargas A, Fernández-Varea J M. Determination of $LaBr_3$(Ce) internal background using a HPGe detector and Monte Carlo simulations. Applied Radiation and Isotopes, 2016, 109: 512-517.

[116] Normand S, Iltis A, Bernard F, et al. Resistance to γ irradiation of $LaBr_3$:Ce and $LaCl_3$:Ce single crystals. Nuclear Instruments and Methods in Physics Research A, 2007, 572: 754-759.

[117] 桂强, 张春生, 邹本飞, 等. 溴化铈的生长与性能研究. 人工晶体学报, 2016, 45(1): 69-72.

[118] Quarati F G A, Dorenbos P, van der Biezen J, et al. Scintillation and detection characteristics of high-sensitivity $CeBr_3$ gamma-ray spectrometers. Nuclear Instruments and Methods in Physics Research A, 2013, (729): 596-604.

[119] Alekhin M S, de Haas J T M, Khodyuk I V. Improvement of γ-ray energy resolution of $LaBr_3$: Ce^{3+} scintillation detectors by Sr^{2+} and Ca^{2+} co-doping. Journal of Applied Physics, 2013, (102): 161915.

[120] Quarati F G A, Alekhin M S, Krämer K W, et al. Co-doping of $CeBr_3$ scintillator detectors for energy resolution enhancement. Nuclear Instruments and Methods in Physics Research A, 2014, (735): 655-658.

[121] Loyd M, Stand L, Rutstrom D, et al. Investigation of $CeBr_{3-x}I_x$ scintillators. Journal of Crystal Growth, 2020, 531: 1-6.

[122] Wei H, Martin V, Lindsey A, et al. The scintillation properties of $CeBr_{3-x}Cl_x$ single crystals. Journal of Luminescence, 2014, 156: 175-179.

[123] Guss P, Mukhopadhyay S. Dual gamma/neutron directional elpasolite detector. Proceedings of SPIE, 2013, 8854: 885402.

[124] Combes C M, Dorenbos P, van Eijk C W E. Optical and scintillation properties of pure and Ce^{3+}-doped $Cs_2LiYCl_6:Ce^{3+}$ and $Cs_3YCl_6:Ce^{3+}$, crystals. Journal of Luminescence, 1999, 82: 299-305.

[125] Bessiere A, Dorenbos P, van Eijk C W E, et al. New thermal neutron scintillators: $Cs_2LiYCl_6:Ce^{3+}$ and Cs_2LiYBr_6: Ce^{3+}. IEEE Transactions on Nuclear Science, 2004, 51(5): 2970-2972.

[126] 王绍涵, 吴云涛, 李焕英, 等. Ce^{3+}掺杂浓度对 Cs_2LiYCl_6 晶体闪烁性能的影响. 中国稀土学报, 2020, 38(6): 759-767.

[127] Li K N, Zhang X P, Gui Q, et al. Characterization of the new scintillator $Cs_2LiYCl_6:Ce^{3+}$. Nuclear Science and Techniques, 2018, 29: 11.

[128] van Loef E V D, Dorenbos P, van Eijk C W E, et al. Scintillation and spectroscopy of the pure and Ce^{3+}-doped elpasolites: Cs_2LiYX_6 (X = Cl, Br). Journal of Physics: Condensed Matter, 2002, 14: 8481-8496.

[129] Ferrullia F, Caresanac M, Covad F, et al. Analysis and comparison of the core-to-valence luminescence mechanism in a large CLYC crystal under neutron and γ-ray irradiation through optical filtering selection of the scintillation light. Sensors and Actuators A: Physical, 2021, 332: 113151.

[130] 侯越云, 桂强, 张春生, 等. Cs_2LiYCl_6: Ce晶体的n/γ双探测闪烁性能研究. 人工晶体学报, 2021, 50(10): 1933-1939.

[131] Glodo J, Hawrami R, Shah K S. Development of Cs_2LiYCl_6 scintillator. Journal of Crystal Growth, 2013, 379: 73-78.

[132] Glodo J, Shirwadkar U, Hawrami R, et al. Fast neutron detection with Cs_2LiYCl_6. IEEE Transactions on Nuclear Science, 2013, 60(2): 864-870.

[133] Zhu H B, Zhang P, Pan S K, et al. Growth and characterization of $Cs_2LiLaCl_6$:Ce single crystals. Journal of Crystal Growth, 2019, 507: 332-337.

[134] Glodo J, Hawrami R, van Loef E V, et al. Dual gamma neutron detection with $Cs_2LiLaCl_6$. Proceedings of SPIE, 2009, 7449: 74490E.

[135] Shirwadkar U, Glodo J, van Loef E V, et al. Scintillation properties of $Cs_2LiLaBr_6$ (CLLB) crystals with varying Ce^{3+} concentration. Nuclear Instruments and Methods in Physics Research A, 2011, 652: 268-270.

[136] Glodo J, van Loef E, Hawrami R, et al. Selected properties of Cs_2LiYCl_6, $Cs_2LiLaCl_6$, and $Cs_2LiLaBr_6$ scintillators. IEEE Transactions on Nuclear Science, 2011, 58(1): 333-338.

[137] 何君雨, 李雯, 魏钦华, 等. 1英寸 $Cs_2LiLaBr_6$:Ce 闪烁晶体的生长及性能研究. 人工晶体

学报, 2021, 50(10): 1879-1882.

[138] Mesick K E, Coupland D D S, Stonehill L C. Pulse-shape discrimination and energy quenching of alpha particles in$Cs_2LiLaBr_6$:Ce^{3+}. Nuclear Instruments and Methods in Physics Research A, 2017, 841: 139-143.

[139] Hawrami R, Pandian L S, Ariesanti E, et al. $Cs_2LiLa(Br,Cl)_6$ crystals for nuclear security applications. IEEE Transactions on Nuclear Science, 2016, 63(2): 509-512.

[140] Swider F L S, Ruta S L. Understanding phase equilibria and segregation in Bridgman growth of Cs_2LiYCl_6 scintillator. Journal of Materials Research, 2017, 32(12): 2373-2380.

[141] 王绍涵, 吴云涛, 李焕英, 等. 基质组分配比对 Cs_2LiYCl_6: Ce 晶体生长及闪烁性能的影响. 人晶体学报, 2021, 50(10): 1925-1932.

[142] Zhang X G, Kang Z, Cai Z C, et al. Study on the segregation behavior of Ce in CLYC crystals. Journal of Crystal Growth, 2021, 573: 126308.

[143] 张明荣. 非氟卤化物闪烁晶体的研究现状与发展趋势. 人工晶体学报, 2020, 49(5): 753-770.

[144] Yang K, Zhuravleva M, Melcher C L. Crystal growth and characterization of $CsSr_{1-x}Eu_xI_3$ high light yield scintillators. Physica Status Solidi-Rapid Research Letters, 2011, 5: 43-45.

[145] Wu Y T, Zhuravleva M, Lindsey A C, et al. Eu^{2+} concentration effects in $KCa_{0.8}Sr_{0.2}I_3$: Eu^{2+}: A novel high-performance scintillator. Nuclear Instruments and Methods in Physics Research A, 2016, 820: 132-140.

[146] Stand L, Zhuravleva M, Chakoumakos B, et al. Scintillation properties of Eu^{2+}-doped KBa_2I_5 and K_2BaI_4. Journal of Luminescence, 2016, 169: 301-307.

[147] Bourret-Courchesne E D, Bizarri G, Borade R, et al. Eu^{2+}-doped Ba_2CsI_5, a new high-performance scintillator. Nuclear Instruments and Methods in Physics Research A, 2009, 612: 138-142.

[148] Alekhin M S, Biner D A, Krämer K W, et al. Optical and scintillation properties of $CsBa_2I_5$: Eu^{2+}. Journal of Luminescence, 2014, 145: 723-728.

[149] Stand L, Zhuravleva M, Lindsey A, et al. Potassium strontium iodide: A new high light yield scintillator with 2.4% energy resolution. 2013 IEEE Nuclear Science Symposium and Medical Imaging Conference(2013 NSS/MIC), Seoul, 2013: 1-3.

[150] Stand L, Zhuravleva M, Chakoumakos B, et al. Scintillation properties of Eu^{2+}-doped KBa_2I_5 and K_2BaI_4. Journal of Luminescence, 2016, 169: 301-307.

[151] Rutstrom D, Stand L, Koschan M, et al. Europium concentration effects on the scintillation properties of Cs_4SrI_6:Eu and Cs_4CaI_6:Eu single crystals for use in gamma spectroscopy. Journal of Luminescence, 2019, 216: 116740.

[152] Hawrami R, Ariesanti E, Wei H, et al. Tl_2LaCl_5:Ce, high performance scintillator for gamma-ray detectors. Nuclear Instruments and Methods in Physics Research A, 2017, 869: 107-109.

[153] Khan A, Vuong P Q, Rooh G, et al. Crystal growth and Ce^{3+} concentration optimization in Tl_2LaCl_5: An excellent scintillator for the radiation detection. Journal of Alloys and Compounds, 2020, 827: 154366.

[154] Samulon E C, Gundiah G, Gascón M, et al. Luminescence and scintillation properties of Ce^{3+}-activzated $Cs_2NaGdCl_6$, Cs_3GdCl_6, $Cs_2NaGdBr_6$ and Cs_3GdBr_6. Journal of Luminescence, 2014, 153: 64-72.

[155] Guillot-Noël O, van't Spijker J C, deHaas J T M, et al. Scintillation properties of $RbGd_2Br_7$: Ce advantages and limitations. IEEE Transactions on Nuclear Science, 1999, 46: 1274-1284.

[156] Burger A, Rowe E, Groza M, et al. Cesium hafnium chloride: A high light yield, non-hygroscopic cubic crystal scintillator for gamma spectroscopy. Applied Physics Letters, 2015, 107: 143505-7.

[157] Ariesanti E, Hawrami R, Burger A, et al. Improved growth and scintillation properties of intrinsic, non-hygroscopic scintillator Cs_2HfCl_6. Journal of Luminescence, 2020, 217: 116784.

[158] 成双良，任国浩，吴云涛. Cs_2HfCl_6 和 Cs_2HfCl_6: Tl 晶体的生长、光学和闪烁性能研究. 人工晶体学报, 2021, 50(5): 803-808.

[159] Kral R, Babin V, Mihokova E, et al. Luminescence and charge trapping in Cs_2HfCl_6 single crystals: optical and magnetic resonance spectroscopy study. Journal of Physical Chemistry C, 2017, 121(22): 12375-12382.

[160] Kodama S, Kurosawa S, Yamaji A, et al. Growth and luminescent properties of Ce and Eu doped cesium Hafnium Iodide single crystalline scintillators. Journal of Crystal Growth, 2018, 492: 1-5.

[161] Dixie L C, Edgar A, Reid M F. Sm^{2+} fluorescence and absorption in cubic $BaCl_2$: Strong thermal crossover of fluorescence between $4f^6$ and $4f^5 5d^1$ configurations. Journal of Luminescence, 2012, 132: 2775-2782.

[162] Karbowiak M, Solarz P. Optical spectra and excited state relaxation dynamics of Sm^{2+} ions in $SrCl_2$, $SrBr_2$ and SrI_2 crystals. Journal of Luminescence, 2018, 195: 159-165.

[163] Dixie L C, Edgar A, Bartle M C. Luminescence and X-ray phosphor properties of samarium and lanthanum-doped cubic barium chloride. Physica Status Solidi, 2011, 8(1): 132-135.

[164] Dixie L C, Edgar A, Bartle M C. Samarium doped calcium fluoride: A red scintillator and X-ray phosphor. Nuclear Instruments and Methods in Physics Research Section A, 2014, 753: 131-137.

[165] Alekhin M S, Awater R H, Biner D A, et al. Luminescence and spectroscopic properties of

Sm^{2+} and Er^{3+} doped SrI_2. Journal of Luminescence, 2015, 167: 347-351.

[166] Alekhin M S, Awater R H, Biner D A, et al. Converting SrI_2:Eu^{2+} into a near infrared scintillator by Sm^{2+} co-doping. Journal of Luminescence, 2019, 212: 1-4.

[167] Wolszczak W, Kramer K W, Dorenbos P. Engineering near-infrared emitting scintillators with efficient Eu^{2+}→Sm^{2+} energy transfer. Journal of Luminescence, 2022, 222: 117101.

[168] Wolszczak W, Krämer K W, Dorenbos P. $CsBa_2I_5$:Eu^{2+}, Sm^{2+}—The first high-energy resolution black scintillator for γ-ray spectroscopy. Physics Status Solidi RRL, 2019, 13: 1900158.

[169] Kodama S, Kurosawab S, Ohno M, et al. Development of a novel red-emitting cesium hafnium iodide scintillator. Radiation Measurements, 2021, 124: 54-58.

[170] Dorenbos P. Light output and energy resolution of Ce^{3+}-doped scintillators. Nuclear Instruments and Methods in Physics Research A, 2002, 486: 208-213.

[171] Quan L N, Rand B P, Friend R H. Perovskites for next-generation optical sources. Chemical Reviews, 2019, 119(12): 7444-7477.

[172] Shamsi J, Urban A S, Imran M, et al. Metal halide perovskite nanocrystals: Synthesis, post-synthesis modifications, and their optical properties. Chemical Reviews, 2019, 119(5): 3296-3348.

[173] Quan L N, García de Arquer F P, Sabatini R P, et al. Perovskites for light emission. Advanced Materials, 2018, 30(45): 1801996.

[174] Chen Y M, Zhou Y, Zhao Q, et al. Cs_4PbBr_6/$CsPbBr_3$ perovskite composites with near-unity luminescence quantum yield: Large-scale synthesis, luminescence and formation mechanism, and white light-emitting diode application. ACS Applied Materials and Interfaces, 2018, 10(18): 15905-15912.

[175] Feng J G, Gong C, Gao H F, et al. Single-crystalline layered metal-halide perovskite nanowires for ultrasensitive photodetectors. Nature Electronics, 2018, 1(7): 404-410.

[176] Lian L Y, Zheng M Y, Zhang W Z, et al. Efficient and reabsorption-free radioluminescence in $Cs_3Cu_2I_5$ nanocrystals with self-trapped excitons. Advanced Science, 2020, 7(11): 2000195.

[177] Xu Q, Wang J, Zhang Q, et al. Solution-processed lead-free bulk 0D $Cs_3Cu_2I_5$ single crystal for indirect gamma-ray spectroscopy application. Photonics Research, 2021, 9(3): 351-356.

[178] Zhu P, Zhu J. Low-dimensional metal halide perovskites and related optoelectronic applications. InfoMat, 2020, 2(2): 341-378.

[179] Sutton R J, Eperon G E, Miranda L, et al. Bandgap-tunable cesium lead halide perovskites with high thermal stability for efficient solar cells. Advanced Energy Materials, 2016, 6(8): 1502458.

[180] Mykhaylyk V B, Kraus H, Saliba M, et al. Bright and fast scintillations of an inorganic halide

perovskite $CsPbBr_3$ crystal at cryogenic temperatures. Scientific Reports, 2020, 10(1): 8601.

[181] He Y H, Hadar I, Kanatzidis M G. Detecting ionizing radiation using halide perovskite semiconductors processed through solution and alternative methods. Nature Photonics, 2022, 16: 14-26.

[182] He Y H, Petryk M, $CsPbBr_3$ perovskite detectors with 1.4% energy resolution for high-energy γ-rays. Nature Photonics, 2021, 15: 36-42.

[183] Chen W, Liu Y P, Yuan Z C, et al. X-ray radioluminescence effect of all-inorganic halide perovskite $CsPbBr_3$ quantum dots. Journal of Radioanalytical and Nuclear Chemistry, 2017, 314(3): 2327-2337.

[184] Heo J H, Shin D H, Park J K, et al. High-performance next-generation perovskite nanocrystal scintillator for nondestructive X-Ray imaging. Advanced Materials, 2018, 30(40): 1801743.

[185] Chen Q S, Wu J, Ou X Y, et al. All-inorganic perovskite nanocrystal scintillators. Nature, 2018, 561(7721): 88-93.

[186] Cheng S, Beitlerova A, Kucerkova R, et al. Zero-dimensional $Cs_3Cu_2I_5$ perovskite single crystal as sensitive X-ray and γ-ray scintillator. Physica Status Solidi RRL, 2020, 14(11): 2000374.

[187] Wang J F, Luo S Q, Lin Y, et al. Templated growth of oriented layered hybrid perovskites on 3D-like perovskites. Nature Communications, 2020, 11(1): 582.

[188] Shibuya K, Koshimizu M, Murakami H, et al. Development of ultra-fast semiconducting scintillators using quantum confinement effect. Japanese Journal of Applied Physics B, 2004, 43(10): L1333-L1336.

[189] Birowosuto M D, Cortecchia D, Drozdowski W, et al. X-ray scintillation in lead halide perovskite crystals. Scientific Reports, 2016, 6: 37254.

[190] Kawano N, Koshimizu M, Sun Y, et al. Mixed-crystal effect on the scintillation properties of organic-inorganic layered perovskite-type compounds. Japanese Journal of Applied Physics, 2014, 53(2): 02BC20.

[191] Kawano N, Koshimizu M, Horiai A, et al. Effect of organic moieties on the scintillation properties of organic-inorganic layered perovskite-type compounds. Japanese Journal of Applied Physics, 2016, 55(11): 110309.

[192] Kawano N, Koshimizu M, Okada G, et al. Scintillating organic-inorganic layered perovskite-type compounds and the gamma-ray detection capabilities. Scientific Reports, 2017, 7(1): 14754.

[193] Akatsuka M, Kawano N, Kato T, et al. Development of scintillating 2D quantum confinement materials—$(C_6H_5C_2H_4NH_3)_2Pb_{1-x}Sr_xBr_4$. Nuclear Instruments and Methods in Physics Research

Section A, 2020, 954: 161372.

[194] Yu D J, Wang P, Cao F, et al. Two-dimensional halide perovskite as β-ray scintillator for nuclear radiation monitoring. Nature Communications, 2020, 11(1): 3395.

[195] Xie A Z, Maddalena F, Witkowski M E, et al. Library of two-dimensional hybrid lead halide perovskite scintillator crystals. Chemistry of Materials, 2020, 32(19): 8530-8539.

[196] Shibuya K, Koshimizu M, Takeoka Y, et al. Scintillation properties of $(C_6H_{13}NH_3)_2PbI_4$: Exciton luminescence of an organic/inorganic multiple quantum well structure compound induced by 2.0MeV protons. Nuclear Instruments and Methods in Physics Research B, 2002, 194(2): 207-212.

[197] Shibuya K. Quantum confinement for large light output from pure semiconducting scintillators. Applied Physics Letters, 2004, 84(22): 4370-4372.

[198] von Eijk C W E, de Haas J T M, Rodnyi P A, et al. Scintillation properties of a crystal of $(C_6H_5(CH_2)_2NH_3)_2PbBr_4$//2008 IEEE Nuclear Science Symposium Conference Record, 2008: 3525-3528.

[199] Hu Q S, Deng Z Z, Hu M C, et al. X-ray scintillation in lead-free double perovskite crystals. Science China Chemistry, 2018, 61(12): 1581-1586.

[200] Wei J H, Liao J F, Wang X D, et al. All-inorganic lead-free heterometallic $Cs_4MnBi_2Cl_{12}$ perovskite single crystal with highly efficient orange emission. Matter, 2020, 3(3): 892-903.

[201] Cao J T, Guo Z, Zhu S, et al. Preparation of lead-free two-dimensional-layered $(C_8H_{17}NH_3)_2SnBr_4$ perovskite scintillators and their application in X-ray imaging. ACS Applied Materials and Interfaces, 2020, 12(17): 19797-19804.

[202] Yang B, Yin L X, Niu G D, et al. Lead-free halide Rb_2CuBr_3 as sensitive X-Ray scintillator. Advanced Materials, 2019, 31(44): 1904711.

[203] Zhao X, Niu G D, Zhu J S, et al. All-inorganic copper halide as a stable and self-absorption-free X-ray scintillator. The Journal of Physical Chemistry Letters, 2020, 11(5): 1873-1880.

[204] Gao W, Niu G D, Yin L X, et al. One-dimensional all-inorganic K_2CuBr_3 with violet emission as efficient X-ray scintillators. ACS Applied Electronic Materials, 2020, 2(7): 2242-2249.

[205] Cheng S L, Beitlerova A, Kucerkova R, et al. Non-hygroscopic, self-absorption free, and efficient 1D $CsCu_2I_3$ perovskite single crystal for radiation detection. ACS Applied Materials and Interfaces, 2021, 13(10): 12198-12202.

[206] Wu Y T, Du M H, Han D, et al. Zero-dimensional Cs_4EuX_6 (X = Br, I) all-inorganic perovskite single crystals for gamma-ray spectroscopy. Journal of Materials Chemistry C, 2018, 6(25): 6647-6655.

[207] Yuan D S. Air-stable bulk halide single-crystal scintillator $Cs_3Cu_2I_5$ by melt growth: Intrinsic

and Tl doped with high light yield. ACS Applied Materials and Interfaces, 2020, 12(34): 38333-38340.

[208] Cheng S L, Nikl M, Beitlerova A, et al. Ultrabright and highly efficient all-inorganic zero-dimensional perovskite scintillators. Advanced Optical Materials, 2021, DOI: 10.1002/adom.202100460.

[209] Stand L, Rutstrom D, Koschan M, et al. Crystal growth and scintillation properties of pure and Tl-doped $Cs_3Cu_2I_5$. Nuclear Instruments and Methods in Physics Research A, 2021, 991: 164963.

第4章　锗酸铋闪烁晶体

锗酸铋晶体是Bi_2O_3-GeO_2二元系化合物的总称，其中最常见的两种锗酸铋晶体的化学式分别为$Bi_4Ge_3O_{12}$(bismuth germanate)和$Bi_{12}GeO_{20}$(bismuth germanium oxide)，均简写为BGO晶体[1]；但两者在晶体结构、物理性能及应用方面存在较大的差异，前者具有闪烁和电光等效应，而后者具有压电、声光、旋光和光电导等效应；从颜色上区分，前者无色透明，而后者则呈深黄色。尽管$Bi_{12}GeO_{20}$在极低温下也有闪烁性能[1]，但未见作为闪烁晶体材料应用的报道。如无特殊说明，本文提及的BGO晶体均指$Bi_4Ge_3O_{12}$晶体。

BGO晶体具有密度高($7.13g/cm^3$)、有效原子序数大(Z_{eff}=74)、辐射阻止能力强(约为于NaI:Tl的2.5倍)、探测效率高、能量分辨适中、本征峰康比大、均匀性好、无发光自吸收、无余辉、物化性能稳定和机械加工性好等突出优点，作为一种闪烁晶体材料在高能物理、天体物理、核物理、核医学成像、地质勘探和石油测井等领域获得广泛且重要的应用，20世纪80年代已实现规模化生产，且随着研究和开发的深入，晶体尺寸和性能不断有新的突破。

4.1　BGO晶体的研究历史

早在1957年，法国晶体学家Durif就在《法国科学院院刊》报道了BGO的晶体结构，但直到1965年，瑞士RCA公司实验室的科学家Nitsche才首次生长出BGO单晶。表4.1.1中给出了BGO闪烁晶体的主要研究与应用历程中的一些重大事件。

表4.1.1　BGO闪烁晶体的主要研究与应用历史[1-16]

年份	主要研究进展
1957	Durif固相合成出BGO晶相，确定了其晶体结构
1965	Nitsche首次采用提拉法生长出BGO晶体
1969	Johnson和Ballman率先研究了BGO作为激光基质的特性
1973	Weber和Monchamp报道了BGO的辐射发光特性
1975	Nestor和Huang报道了BGO晶体的闪烁特性
1977	Cho和Farukhi研究了BGO晶体的定时和能量分辨特性，探索其在正电子发射扫描仪应用方面的潜力
1978	EG&G ORTEC公司采用BGO晶体研制出用于脑部检查的Neuro ECAT

续表

年份	主要研究进展
1979	Thompson 等研制出基于 BGO 的正电子成像装置 POSITOME: Ⅱ
1982	提拉法可生长直径 50～100mm，长 300mm 的大尺寸 BGO 晶体
1983	上海硅酸盐所等采用多坩埚坩埚下降法生长出 250mm 长 BGO 晶体，揭开了工业化生长 BGO 晶体的序幕
1990	欧洲核子研究中心大型正负电子对撞机 L3 实验中采用 1.2 万只 240mm 净长 BGO 晶体作为量能器材料，BGO 晶体在高能物理领域的大规模应用完成
1998	正电子发射计算机断层扫描检查进入美国的医保系统报销目录，BGO 进入大规模化应用阶段
2010	上海硅酸盐所研制出净长 600mm 的大尺寸 BGO 晶体
2015	采用 600mm 长的 BGO 晶体的“悟空”号暗物质粒子探测卫星成功发射

1973 年，美国 Raytheon 公司的 Weber 等率先报道了 BGO 晶体的发射光谱和光衰减特性[1]；1975 年，美国 Harshaw Chemical 公司的 Nestor 等率先研究了 BGO 晶体在γ射线和α粒子激发下的室温闪烁性能，证明了该晶体是一种阻止能力强、物化性能稳定、综合性能优异的无机闪烁晶体[5]。

1977 年，Cho 等首次将 BGO 晶体应用于正电子相机[6]；1982 年，Cavalli-Sforza 等采用提拉法生长出达 30cm、直径为 5～10cm 的大尺寸 BGO 晶体，研究了大尺寸 BGO 晶体的性能及其在电磁量能器中的应用，晶体的能量分辨率相比之前得到大幅度提升。但遗憾的是，当时采用提拉法制备 BGO 晶体的成本较高，且大尺寸晶体的光响应均匀性差，从而限制了晶体的广泛应用[9]。

1983～1990 年，上海硅酸盐所采用多坩埚下降法生长出净长 240mm 的大尺寸 BGO 晶体，实现了 BGO 晶体的工业化生产，并成功应用于欧洲核子研究中心(CERN)大型正负电子对撞机 L3 实验装置。

1998 年，正电子发射计算机断层扫描检查作为一种诊断方法，纳入美国的医疗保险系统报销目录，使得 BGO 晶体重新进入大规模化应用的新阶段；上海硅酸盐所研制的高质量 BGO 晶体通过了核医学成像领域的严格考核，获得了美国通用电气公司的认可，逐步发展成全球 BGO 晶体产能和产量最大的实体[15]。

2010～2015 年，上海硅酸盐所研制的 600mm 超长 BGO 晶体作为核心探测元件，成功应用于中国首颗空间天文卫星——“悟空”号暗物质粒子探测卫星[15, 17, 18]。

本章将围绕 BGO 晶体，从组成/结构、基本物性、生长方法、闪烁特性、宏观缺陷及其代表性应用方面进行逐一介绍。

4.2　BGO 晶体的组成、结构与基本物性

BGO 晶体具有闪铋矿(Eulytine，$Bi_4Si_3O_{12}$)结构(CAS：12233-56-6)，属于等

轴晶系，立方体心结构，六四面体类，点群为$\bar{4}3m$，空间群为$I\bar{4}3d(T_d^6)$，对称型为$3L_i^4 4L^3 6P$，三次对称轴与极轴相交45°[19]；BGO在室温下的晶胞参数为10.52Å，密度为7.13g/cm^3。图4.2.1中给出了BGO晶体的结构示意图，每个晶胞中包含4个$Bi_4Ge_3O_{12}$化学式单元，Bi^{3+}与周围的O^{2-}形成扭曲的$[BiO_6]^{3-}$八面体配位结构，Ge^{4+}与周围的O^{2-}形成$[GeO_4]^{4-}$四面体配位结构，每个晶胞中含有16个$[BiO_6]^{3-}$八面体和12个$[GeO_4]^{4-}$四面体[20, 21]。

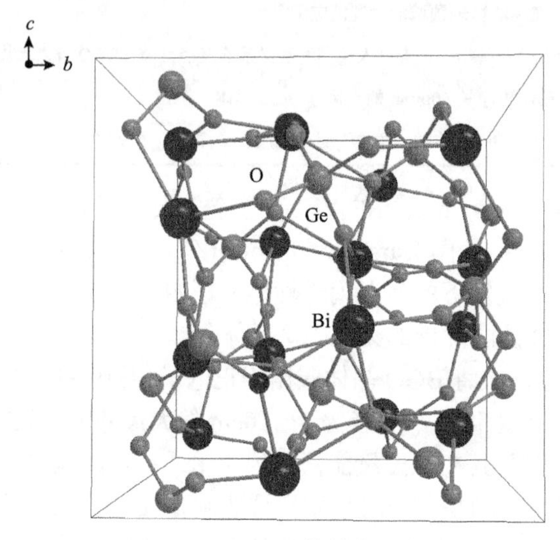

图 4.2.1　BGO 晶体结构示意图

从空间上看，Bi^{3+}处于6个$[GeO_4]^{4-}$四面体的空隙中，Bi—O之间的键长有两种：3个距离较短，为2.19Å，另外3个较长，为2.67Å。Ge—O键长为1.74Å，O—Ge—O的键角为117.26°和105.72°[20]；$[BiO_6]^{3-}$八面体和$[GeO_4]^{4-}$四面体通过共用顶点的方式连接，可以构成不同的单形，主要有立方体、四面体、四六面体、三角三四面体、菱形十二面体和五角二十四面体等，这些单形聚合成理想的BGO晶体形态(图4.2.2)[19, 22, 23]。

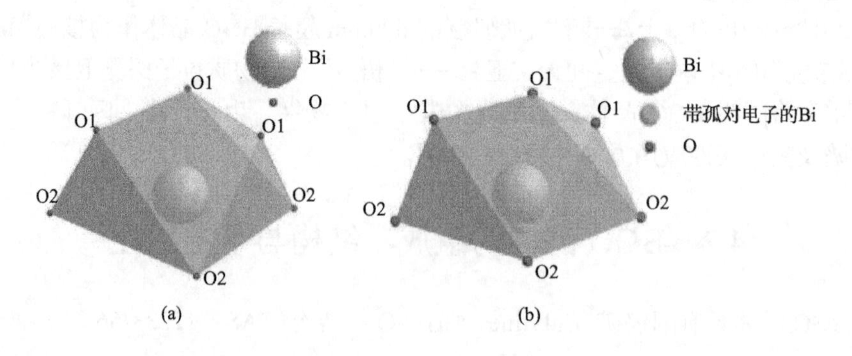

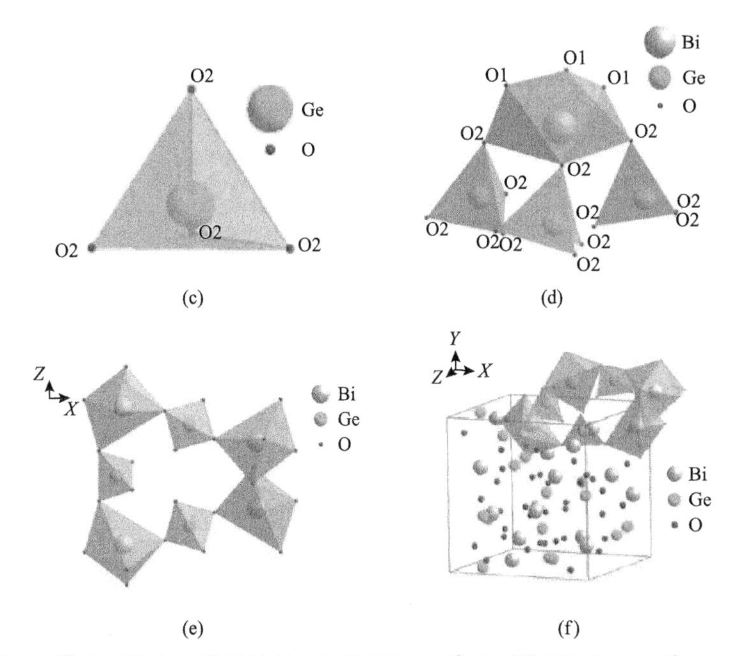

图 4.2.2　$[BiO_6]^{3-}$八面体(a)，带活性孤对电子的$[BiO_6]^{3-}$八面体(b)，$[GeO4]^{4-}$四面体(c)，BiO_6八面体和 GeO_4 四面体连接方式(d)(e)及 $Bi_4Ge_3O_{12}$ 晶胞(f)[21]

从化学键和稳定性看，BGO 晶体中含有 Ge—O 共价键和 Bi—O 离子键两类化学键，其中 Ge—O 共价键比 Bi—O 离子键更为稳定，同样$[GeO_4]^{4-}$四面体的稳定性也远高于$[BiO_6]^{3-}$八面体。4 个$[GeO_4]^{4-}$四面体以顶角相连方式构成一个四方形，4 个$[GeO_4]^{4-}$四面体的棱平行于晶轴。以顶角相连的$[GeO_4]^{4-}$四面体共组成四条两组链状结构，每一组中的两条$[GeO_4]^{4-}$四面体链互相垂直，相邻的两条$[GeO_4]^{4-}$四面体链呈 45°角[22]。扭曲的$[BiO_6]^{3-}$八面体(图 4.2.2(a)和(b))与$[GeO_4]^{4-}$四面体(图 4.2.2(c))通过共 O2 原子顶点方式相连(图 4.2.2(d)～(f))，3 个共顶点的$[GeO_4]^{4-}$四面体、4 个$[BiO_6]^{3-}$八面体和 2 个共边的$[BiO_6]^{3-}$八面体相连成链，氧原子与两个 Bi 原子和一个 Ge 原子配位[21]。

表 4.2.1 中列出了 BGO 晶体的主要物理性能。该晶体具有较高的密度($7.13g/cm^3$)，适中的熔点(1050℃)，较小的热膨胀系数($7.15\times10^{-6}\ K^{-1}$)，较高的导热系数(2.59W/(m·K)@300K)，不溶于水和一般的有机溶剂，只溶于盐酸和热硝酸，不潮解。BGO 晶体具有各向同性、硬度适中(莫氏硬度 5)、抗折、耐压、剪切强度较高、无解理面等优点，良好的机械加工性能使其可被加工成各种形状(图 4.2.3)。

表 4.2.1　BGO 晶体的主要物理性能[10, 24-26]

性能	参数	性能	参数
熔点/℃	1050	密度/(g/cm^3)	7.13
结晶潜热/(kJ/kg)	156	热膨胀系数/K^{-1}	7.15×10^{-6}
导热系数/(W/(m·K))	2.59@300K	比热容/(J/(mol·K))@300K	374
莫氏硬度	5	维氏硬度/(kg/mm^2)	533
弹性模量/Pa	1.091×10^6	抗折强度/(kg/cm^2)	766±18%
耐压强度/(kg/cm^2)	3036±9%	剪切强度/(kg/cm^2)	136±6%
介电常数	16	颜色外观	无色透明
解理面	无	溶解性	不溶于水和有机溶剂，溶于盐酸和热硝酸

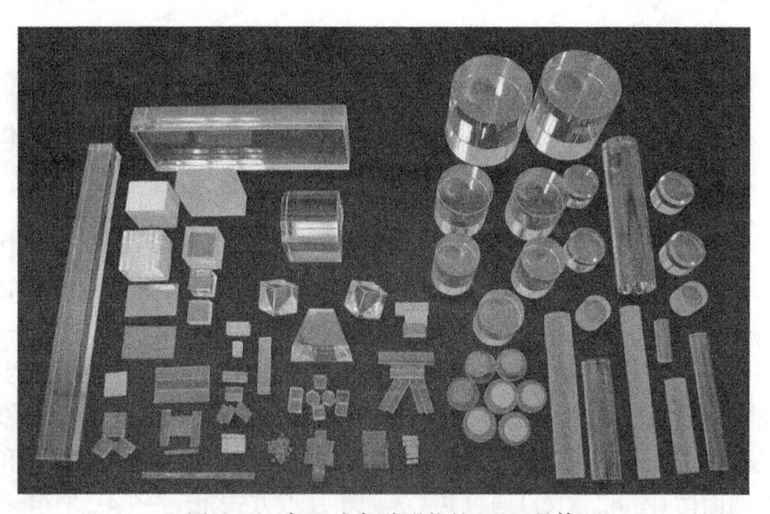

图 4.2.3　加工成各种形状的 BGO 晶体

4.3　BGO 晶体的闪烁特性

BGO 晶体的基本光学和闪烁特性如表 4.3.1 所示。从表中可以看出，BGO 晶体具有大的有效原子序数(74)、短的辐射长度(1.12cm)、较小的莫里哀半径(2.3cm)、较高的最小电离损失(~8MeV/cm)和极低的余辉(<0.005%@3ms)等优点，是一种高探测效率、低余辉的闪烁探测材料，适用于对探测效率要求高、结构要求紧凑和空间分辨要求较高的场合。

表 4.3.1　BGO 晶体的基本光学和闪烁特性[24, 25, 27]

性能	参数	性能	参数
有效原子序数	74	折射率@480nm	2.15
透光波段/nm	350～6500	辐射长度/cm	1.12
短波截止波长/nm	320	莫里哀半径/cm	2.3
激发波长/nm	301	最小电离损失/(MeV/cm)	~8
发光峰值/nm	480	能量分辨率/%@662keV	9
光产额/(ph/MeV)	8000～10000	光输出温度系数/(%/℃)	−1.2
衰减时间/ns	300(90%)，60(10%)	余辉/%@3ms	<0.005

4.3.1　发光、衰减及透光性能

BGO 晶体是一种自激活发光的无机闪烁晶体，其发光机制与基质中 Bi^{3+}的跃迁有关。1973 年，美国 Raytheon 公司的 Weber 等率先报道了 BGO 晶体在光激发和 X 射线激发下的光致发光和辐射发光特性，揭开了该晶体作为一种综合性能优异的无机闪烁材料研究的序幕[1]。

BGO 晶体的发光机制为 Bi^{3+}的自激活发光，图 4.3.1 为其光致发光的激发和发射光谱，发射峰位于 480nm。Bi^{3+}具有类汞离子的全满填充 $6s^2$ 电子构型，其基态电子组态为 $6s^2$，对应能级为 $^1S_0$；第一激发态为 6s6p，对应能级为 $^3P_{0,1,2}$ 和 $^1P_1$；在 $^1S_0$ 基态与激发态 $^3P_{0,1,2}$ 和 $^1P_1$ 激发态间的允许跃迁为 $^1S_0 \to {}^3P_1$ 和 $^1S_0 \to {}^1P_1$，分别对应于图 4.3.1 中峰值约为 301nm(4.12eV) 和 256nm(4.84eV) 的光致发光激发谱峰。

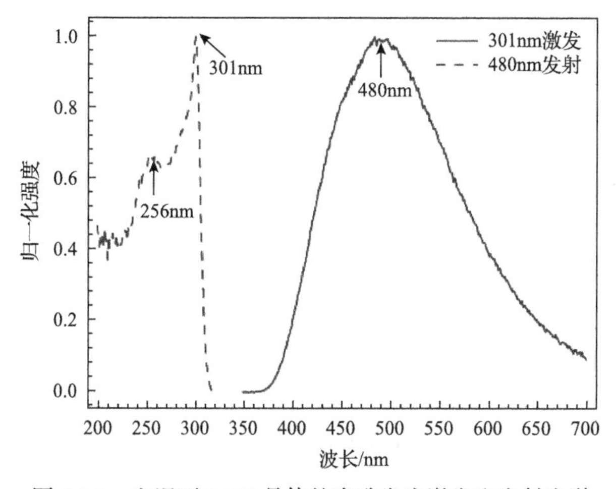

图 4.3.1　室温下 BGO 晶体的光致发光激发和发射光谱

尽管 $^3P_0$ 是 Bi^{3+}的最低激发态，但由于 $^3P_0 \to {}^1S_0$ 是禁戒跃迁，辐射跃迁概率很

小，发光源自 $^3P_1 \rightarrow ^1S_0$ 的允许跃迁[1]，发光峰值位于约 480nm(2.58eV)。由于离子间相互作用，掺杂 Bi^{3+}发光材料常存在浓度猝灭效应，BGO 晶体中 Bi^{3+}浓度比常规掺杂材料的浓度高很多，发光却未受到浓度猝灭效应影响，根源在于其中 Bi^{3+}发光的斯托克斯位移($12400cm^{-1}$)较大，Bi^{3+}的激发谱和发射谱之间无重叠，从而降低了 Bi^{3+}之间相互作用的概率。

BGO 晶体在室温下的光致发光的荧光衰减时间谱如图 4.3.2 所示，该衰减时间谱可以用单指数模型较好地拟合，荧光衰减时间为 312ns。这与表 4.3.1 的 300ns 有所差异，原因在于 BGO 晶体的衰减时间受温度影响较大。BGO 晶体发光强度在 77～200K 范围内基本不变，温度猝灭效应在 200K 以上开始起作用，使得发光强度随温度升高而逐步减弱[1]，温度系数为−1.2%/℃。在 BGO 晶体中，由于 $^3P_1$ 能级与 $^3P_0$ 之间能级差较小(0.003eV)，Bi^{3+}的 $^3P_{0,1,2}$ 和 $^1P_1$ 能级之间存在快速的热平衡，$^3P_1$ 能级会因热激发而被大量填充，从而具有高的辐射跃迁概率[1, 28]。

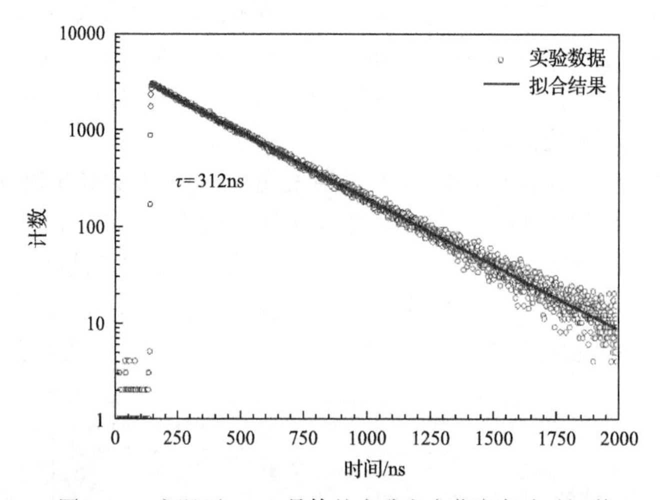

图 4.3.2　室温下 BGO 晶体的光致发光荧光衰减时间谱

除了 300ns 的慢发光成分(占 90%)之外，BGO 晶体还一个有 60ns 的快发光成分(占 10%)[27]，慢发光成分的衰减时间与 NaI:Tl 晶体的 230ns 相当；但相比于 $LaBr_3$:Ce、LSO/LFS/LYSO:Ce、$PbWO_4$ 等快闪烁材料而言，BGO 的衰减时间慢了将近 1 个量级，从而限制了它在高计数率辐射探测领域的应用。

从 BGO 晶体的紫外-可见光学透射光谱(图 4.3.3 中的虚线)以及 BGO 晶体的 X 射线激发发射光谱(图 4.3.3 中的实线)可以看出，BGO 晶体的吸收边约为 300nm，对自身发出的闪烁光具有良好的透过性能，这与 BGO 晶体发光具有大的斯托克斯位移有关。图 4.3.4 中给出了尺寸为 25mm×25mm×600mm BGO 晶体的横向(光程 25mm)和纵向(光程 600mm)的紫外-可见光学透射光谱；通过比较横向和纵向的透射光谱不难看出，吸收边随光程的增加而红移，这与 Bi^{3+}的 $^1S_0 \rightarrow ^3P_1$

跃迁有关，同时和晶体中存在一定程度的特征吸收有关。

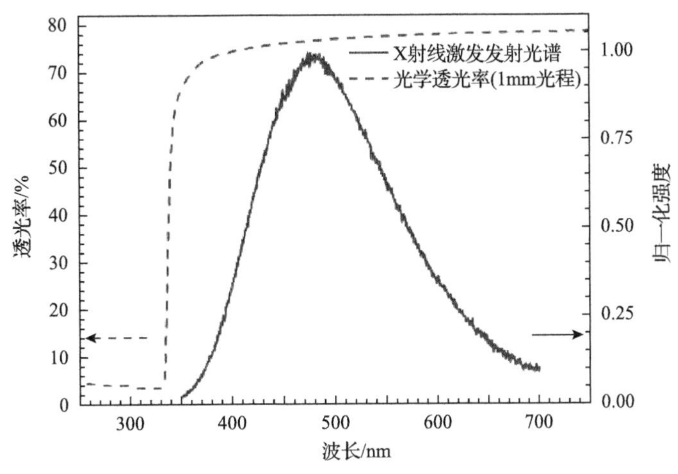

图 4.3.3　BGO 晶体的紫外-可见光学透射光谱(虚线)和 X 射线激发发射光谱(实线)

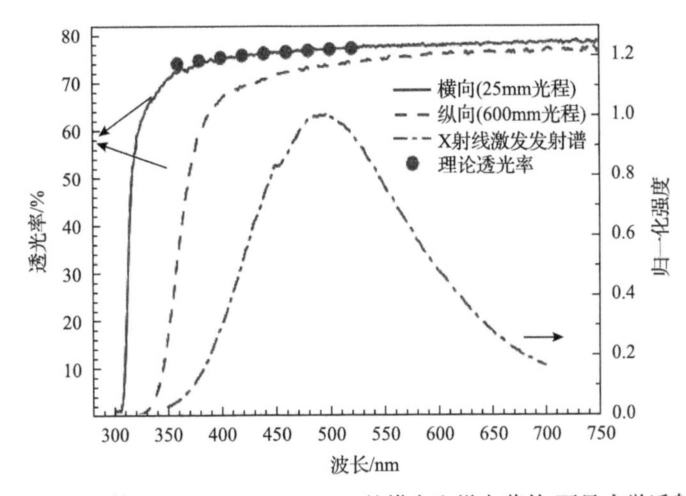

图 4.3.4　BGO 晶体 25mm×25mm×600mm 的横向和纵向紫外-可见光学透射光谱[29]

常规 BGO 晶体是无色透明的，但偶尔呈现出不均匀的着色现象，或者在紫外线照射下呈现特定的颜色，通常把该类晶体称为着色晶体。图 4.3.5 给出了一支 600mm 长 BGO 晶体在不同位置处(1 为籽晶端，11 为尾端)的横向透射光谱[17]，该晶体在 300～500nm 范围内存在程度不同的光吸收，使该晶体整体呈淡黄色，且该晶体尾端(11，550mm)颜色更深；着黄色晶体的光吸收将会影响闪烁光的传输过程，使得光衰减长度减少，进而影响晶体的光输出和能量分辨性能。着色现象与原料中存在的特定杂质或生长缺陷有关，通过采用高纯原料，并优化晶体工艺，可以显著降低晶体的着色程度。

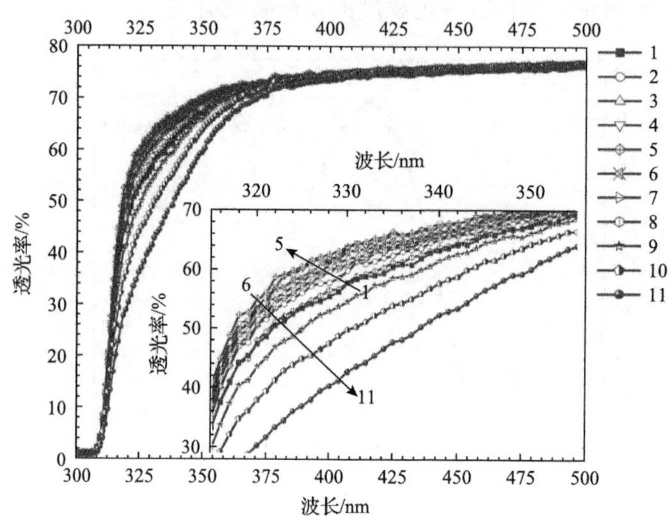

图 4.3.5　一支 600mm 长 BGO 晶体的横向光学透射光谱

图 4.3.6 给出了 20 世纪 80 年代(L3-1980，240mm)、2004 年(SIC-2004，200mm)和 2011 年(SIC-2011 年，200mm)制备的 BGO 晶体及它们的紫外-可见光学透射光谱，从图中发射权重透光率(EWLT)数值可以看出，SIC-2004 的 EWLT(74.3%)和 SIC-2011 的 EWLT(75.8%)比 80 年代建造 L3 用 BGO 晶体的 EWLT(65.2%)有非常大的提升[30]，显示出晶体质量随着原料纯度的提高和生长技术工艺的改进所带来的明显改善。

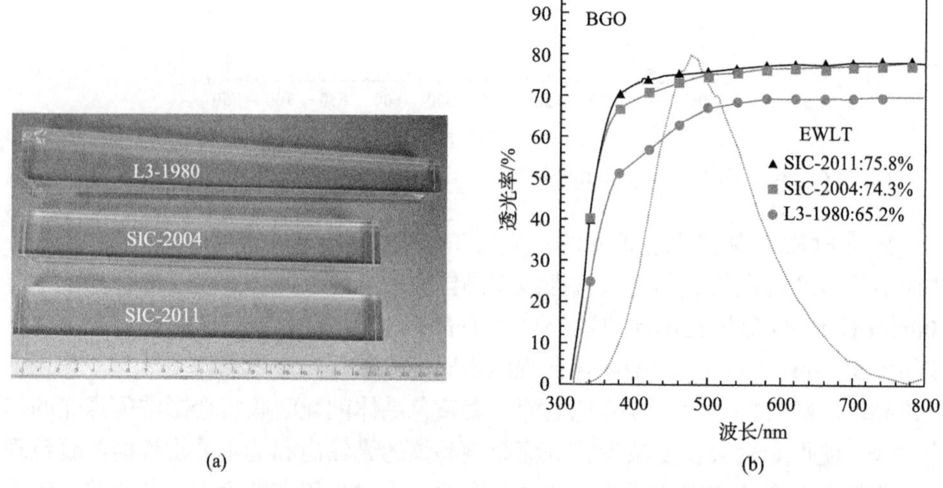

图 4.3.6　上海硅酸盐所不同时期生长的 BGO 晶体(a)及其光学透射光谱和 EWLT(b)[30]

4.3.2 光输出、能量分辨与能量响应性能

1. 光输出和能量分辨

光输出表征了晶体输出闪烁光的能力，能量分辨率则表征了晶体对粒子/射线的甄别能力，这两项性能除了与晶体本征特性相关外，还与原料纯度、晶体质量、表面状态和光探测器有关。BGO 晶体的绝对光输出较低，不同研究者所报道的数值变化于 8000～10000ph/MeV，而折射率又比较大(2.15@480nm)，闪烁光在规则形状晶体中易发生全反射，进而影响晶体的实际光输出和能量分辨率。在实际应用中，为获得高的闪烁光输出和更好的能量分辨性能，需特别关注闪烁光的收集方式，尽量避免闪烁光损失[31]。

Ishibashi 等研究了表面粗糙度和晶体形状对 BGO 晶体光输出的影响，从晶体内部光传输和表面反射损失两个角度探讨了晶体光输出与表面状态和晶体形状的关系，发现当晶体表面为粗糙面，采用反光涂层可以将光输出提高 50%～70%[32]。研究者开发出一套模拟光在晶体内部传播过程的蒙特卡罗程序，探索了不同几何形状对 BGO 晶体光输出的影响，比较了不同体形状、衰减长度和反射层的作用[33]。

研究发现，通过重结晶可以改善闪烁晶体的性能，重结晶 BGO 晶体的能量分辨率从 15%@662keV 改善至 9.3%@662keV[34]。Okajima 等通过表面处理、增大光耦合层折射率和提高光收集效率，使得 BGO 晶体的光输出提高至 NaI∶Tl 晶体的 15%～16%，能量分辨率改善至 10.7%@511keV[35]。

为了减少光收集过程和光电倍增管光电子收集的校正问题，Moszyński 等采用小尺寸(ϕ9mm×1mm)的 BGO 晶体进行绝对光输出测量，确定其绝对光输出为(8500±350)ph/MeV@(22±1)℃[36]。为了研究 BGO 晶体的本征能量分辨和光输出的非比例响应特性，Moszyński 等还测试了液氮(77K)温度和室温下 BGO 晶体的光输出和能量分辨率，测试到 BGO 晶体在液氮温度下的光输出为(31000±2000)ph/MeV、能量分辨率为 6.3%～6.5%@662keV。液氮温度下的光输出和能量分辨显著优于室温下的闪烁性能，在液氮温度下的能谱图上，可以清晰地分辨 ^{55}Fe 源的 K_X 逃逸峰(5.9keV)[37]。

图 4.3.7 给出了作者最新研制的ϕ3in×3in BGO 晶体在 ^{137}Cs 源激发下的脉冲高度谱，该晶体在室温下的能量分辨率为 9.3%@662keV，高能区域的全能峰与 ^{40}K 自然本底有关。图 4.3.8 给出了 BGO 探测模块在−20℃和 ^{60}Co 源γ射线激发下的脉冲高度谱，其中晶体的尺寸为 60mm×60mm×120mm，该探测模块在不同能量处的分辨率分别为 6.6%@1173keV、6.6%@1332keV、5.6%@2505keV，表明新研制的 BGO 闪烁探测模块有良好的能量分辨性能。

此外，晶体的能量分辨性能还与晶体尺寸有较强的相关性，随着晶体尺寸的增加，能量分辨性能变差。同时，对于尺寸较长的晶体，还与晶体的位置有关。

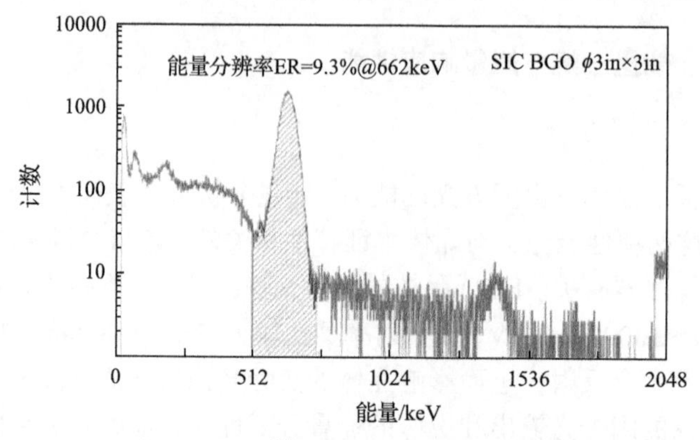

图 4.3.7　BGO 晶体在室温和 ^{137}Cs 源激发下的脉冲高度谱及能量分辨特性

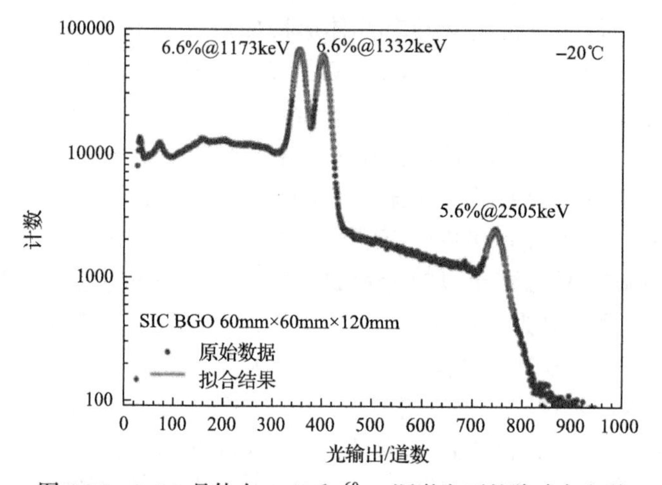

图 4.3.8　BGO 晶体在-20℃和 ^{60}Co 源激发下的脉冲高度谱

图 4.3.9 给出了一根典型 600mm 长晶体(SIC-BGO-125)在 ^{137}Cs 源激发下不同位置处的脉冲高度谱,从位置 1(籽晶端)到 11(尾端)晶体的能量分辨率变化于 18.6%@662keV 至 19.2%@662keV 之间,当以一端面作为光耦合面时,晶体的能量分辨率为 19.68%@662keV[17]。

2. 光输出和能量分辨的温度依赖性

BGO 晶体光输出和能量分辨特性对外界环境温度比较敏感,从而使测量结果产生较大的误差,导致系统不稳定,降低了结果的可信度。温度特性的研究对于材料实际应用具有重要的意义。为了精确地测量 BGO 晶体随温度的变化规律,作者对 1 只 ϕ3in×3in 的晶体与光电倍增管耦合组成探测模块后,放置于恒温箱中,测试温度范围-20～50℃,间隔温度为 5℃,成形时间为 2μs,温度到达每个设定点后,稳定 3h 之后再采集数据。

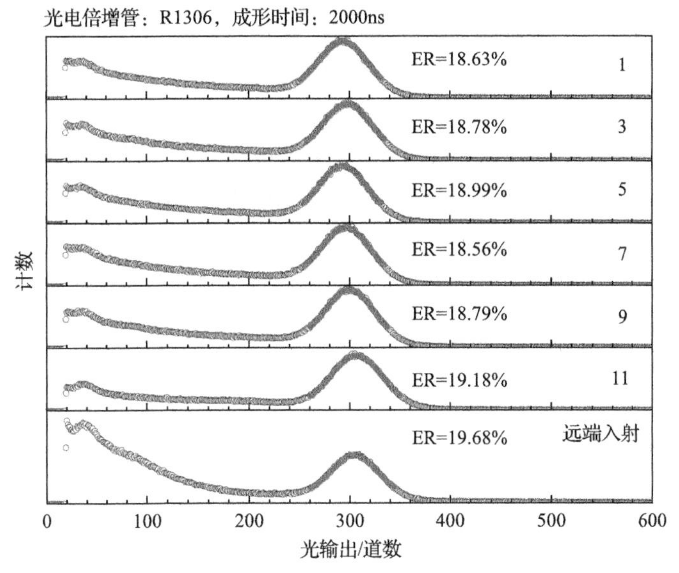

图 4.3.9　一支 25mm×25mm×600mm 长 BGO 晶体的能量分辨率[17]

图 4.3.10 中给出了归一化光输出(归一化点为 25℃)与温度的关系，在所观测的温度范围内，归一化的光输出的温度系数为-1.6%～-1.8%/℃，即温度每升高 1℃，光输出降低 1.6%～1.8%，该数值与裴常进等的实测结果很好地吻合[38]。因此，对 BGO 晶体光输出的测量和评价，必须处于同一、稳定的工作温度下进行；为了获取较高的光输出，需要尽可能将晶体处于较低的温度。

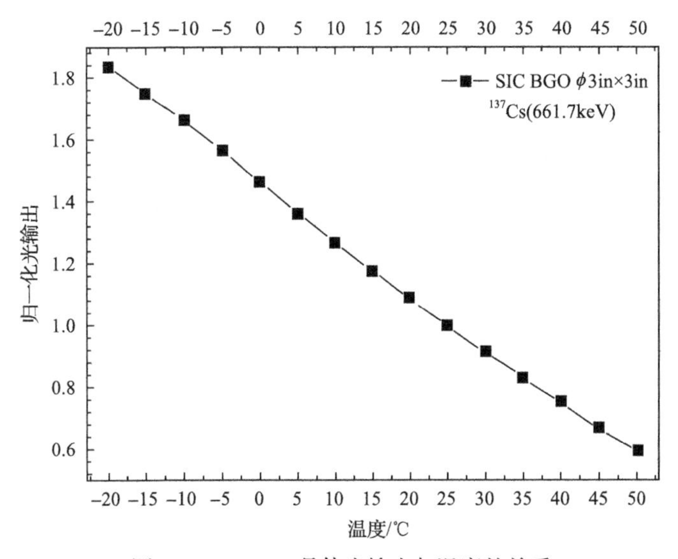

图 4.3.10　BGO 晶体光输出与温度的关系

图 4.3.11 展示了不同温度下 BGO 晶体(尺寸为 ϕ3in×3in)的能量分辨率。在 –20℃时，晶体能量分辨率≤8%@662keV，而 50℃时晶体的能量分辨率为 11.25%@662 keV，可见温度越低，晶体的能量分辨率越好，这与温度越低光输出越高的变化趋势(图 4.3.10)是吻合的。所以低温环境有助于提高对γ射线的鉴别能力和提高测量精度[38]。但另一方面，温度的变化会引起能谱峰位的漂移，对测量工作造成不利影响。

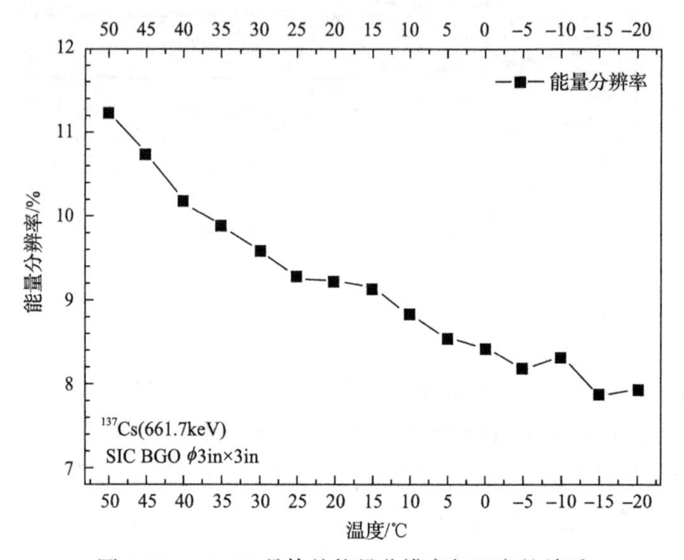

图 4.3.11　BGO 晶体的能量分辨率与温度的关系

3. 能量响应与能量响应比例性特性

作为一种高密度闪烁晶体，尽管 BGO 晶体能量分辨率相比于 NaI:Tl 等闪烁晶体略差，但具有更高的总探测效率、全能峰探测效率、峰康比和全能峰/逃逸峰比。Evans 等对一只 ϕ38mm×38mm 的 BGO 晶体的γ射线响应特性进行了研究，发现随着能量从 0.12MeV 增大到 8.28MeV，晶体的能量分辨率逐步改善，BGO 晶体对 2.7MeV γ射线全能峰探测效率是同体积 NaI:Tl 晶体探测效率的 5.6 倍[39]。

图4.3.12中给出了BGO晶体在室温和不同能量伽马射线激发下的脉冲高度谱峰值，对实验结果进行线性拟合，发现 BGO 晶体在 59.5keV 到 1332MeV 范围内，光输出(图 4.3.12 中纵坐标为道数)对能量的响应具有较好的线性特征。

4.3.3　光响应均匀性

光响应均匀性(light response uniformity，LRU)用于表征闪烁晶体光输出与辐射事件入射位置的关系，常用物理参量为δ，越小的δ数值表示越好的 LRU 性能，δ受晶体形状、尺寸、表面状态、内在质量以及光读出器件等因素的影响。在 LRU 测试时，将准直的放射源沿着长闪烁晶体的纵向移动，测试等间隔点晶体的光输出(LO)，而后采用如下公式进行线性拟合：

$$\frac{\mathrm{LO}(x)}{\mathrm{LO}(\mathrm{mid})}=1+\delta\left(\frac{x}{x_{\mathrm{mid}}}-1\right) \tag{4-1}$$

其中，x 为从晶体一端到测试点距离；LO(x)为 x 位置处的光输出；LO(mid)为晶体中间位置(x_{mid})的光输出。

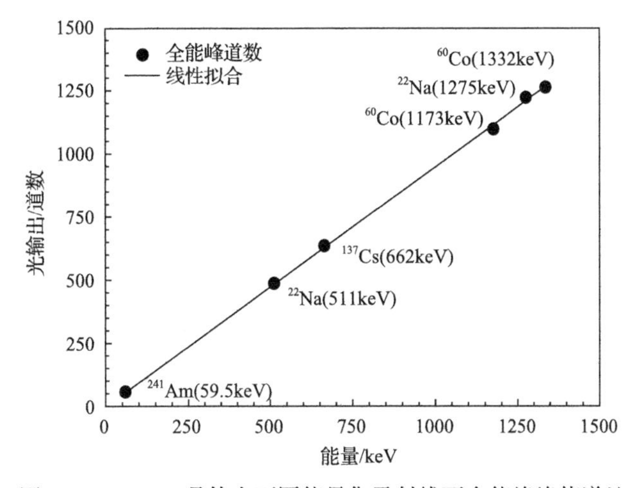

图 4.3.12　BGO 晶体在不同能量伽马射线下全能峰峰值道址

在高能物理、天体物理、核物理等应用的大尺寸 BGO 晶体均涉及光响应均匀性的表征，如 LEP-L3 实验中采用了(20mm×20mm)×240mm×(30mm×30mm)的 BGO 锥形六面体晶体[40, 41]，“悟空”号暗物质粒子探测卫星采用了 25mm×25mm×600mm 的长方柱形 BGO 晶体[18]。

对于锥形六面体晶体，大尺寸 BGO 晶体的光响应均匀性主要受到光衰减效应和锥形高折射率晶面“聚光”效应的影响[41, 42]。光衰减效应的贡献包括晶体内部和外部两部分。前者主要由内部散射颗粒、杂质分布、点缺陷吸收、表面反射等引起，使得晶体的光输出减小。对于长方体或正方体晶体，主要是晶体光衰减效应起作用。聚光效应是晶体楔形和高折射率引起的，晶体内部闪烁光经过全抛光侧面反射后入射角均发生变化，靠近小端面位置经过多次反射，相对于大端面角度减小，更易从大端面耦合出来，使光输出偏高。

通过研究锥形六面体晶体一对粗糙侧面的加工方法和热处理对晶体的光输

出、均匀性和能量分辨率的影响,沈定中等确定了合适的表面粗糙度,通过PVC/M_7研磨及热处理等技术，提高了锥形六面体晶体的光输出和均匀性，同时也改善了晶体的能量分辨率[41]。Yang 等对不同时期上海硅酸盐所生长 BGO 晶体(图 4.3.6)的光输出和光响应均匀性进行了研究(图 4.3.13)[30]，发现 SIC-2011 和 SIC-2004 晶体的平均光输出(459.7phe/MeV 和 373.5phe/MeV)相较 L3-1980 的光输出(305phe/MeV)分别提高了 50.7%和 22.5%,光响应非均匀性值(δ)则从 27.5%±1.0%分别优化至–0.7%±1.0%(SIC-2011)和–1.0%±1.0%(SIC-2004)，说明目前所制备晶体的光输出和均匀性与先前晶体相比均有大幅度提升。

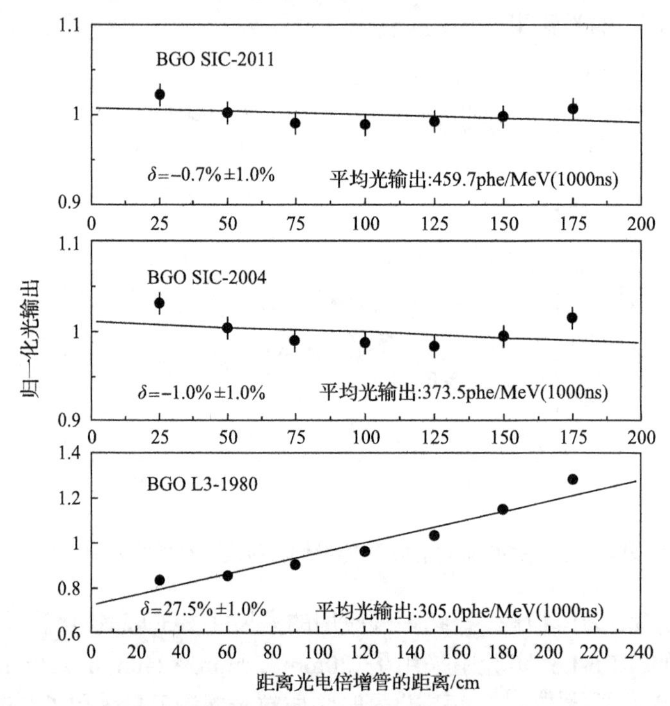

图 4.3.13　上海硅酸盐所不同时期生长的 BGO 晶体的光输出和光响应均匀性[30]

一支 600mm 长 BGO 晶体分别在空气耦合和硅油耦合下的平均光输出和光响应均匀性测试结果示于图 4.3.14 和图 4.3.15，晶体两端均采用型号为 R2059 的光电倍增管进行测量。从图 4.3.14 中可以看出，晶体在空气耦合下的光输出(94.8phe/MeV、94.4phe/MeV)显著低于硅油耦合下的光输出(413.0phe/MeV、423.9phe/MeV)(图 4.3.15)，硅油耦合下的光响应均匀性也比空气耦合好。对于单次闪烁事件而言，由于两端均有闪烁光耦合出来，仅用两端光电倍增管任何一端所测试到的光输出并不能准确反映闪烁过程，由于晶体光程较长，闪烁光耦合进入两端面光电倍增管的信号比例会受到影响。

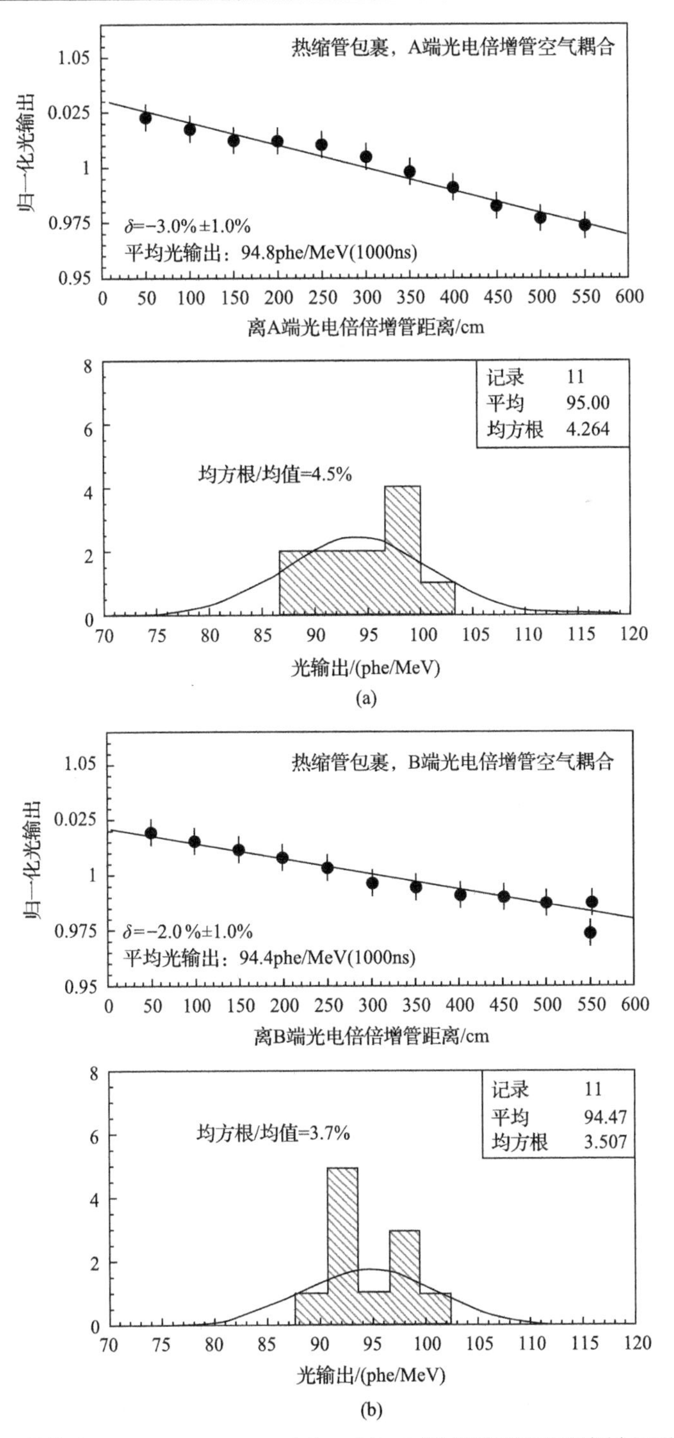

图 4.3.14　BGO 晶体(25mm×25mm×600mm)在 A(a)、B(b)端读出和空气耦合下的光响应均匀性

数据来源：美国加州理工学院 Ren-Yuan Zhu 实验室

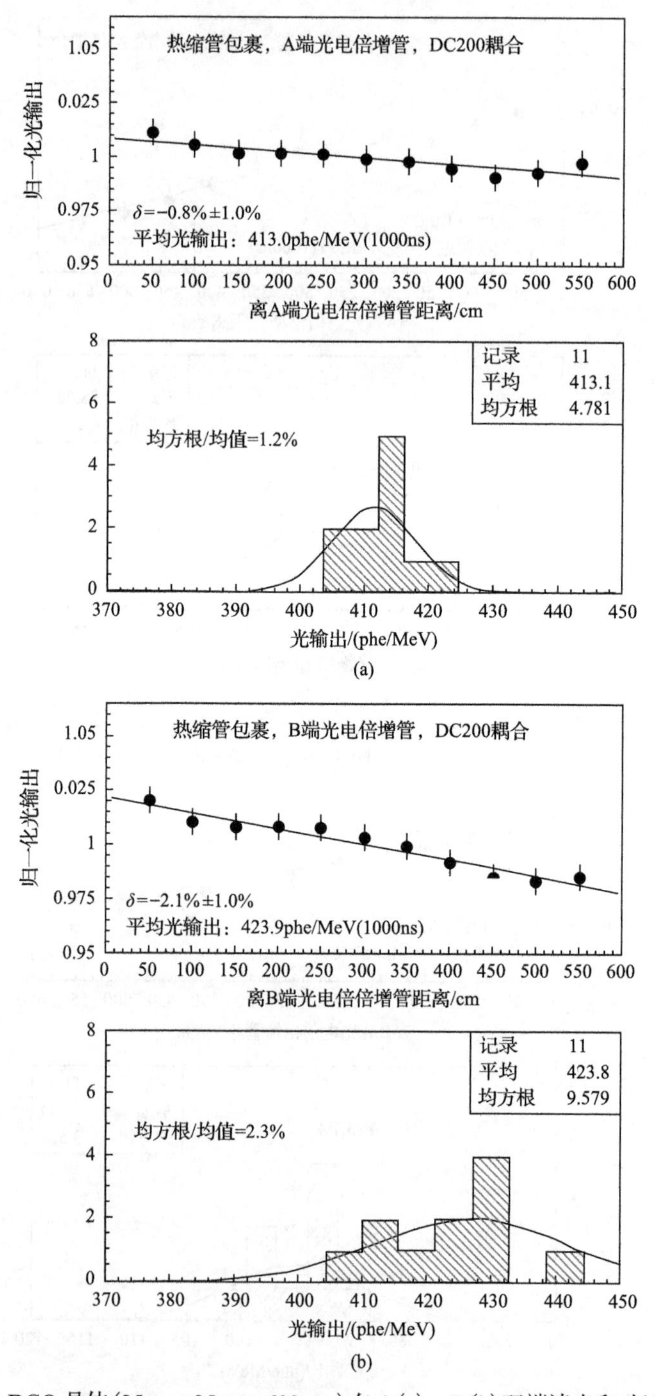

图 4.3.15　BGO 晶体(25mm×25mm×600mm)在 A(a)、B(b)双端读出和硅油耦合下的光响应均匀性

数据来源：美国加州理工学院 Ren-Yuan Zhu 实验室

作者将空气耦合下双端光电倍增管光输出加和后归一化，并在此基础上再分析晶体的光响应均匀性，结果如图 4.3.16 所示。从结果看，双端加和归一化后，晶体显示出非常好的光响应均匀性，δ 为–0.9%±1.0%，均方根/均值仅为 0.43%。在此基础上，作者所在团队对 600mm 长 BGO 晶体的光响应均匀性的影响因素进行了较为详细的研究，发现晶体内部光学质量、读出方式和反射材料都会对晶体的光响应均匀性产生重要影响[17, 29]。当晶体质量一定时，读出方式和反射材料成为影响均匀性的主要因素。图 4.3.17 给出了若干常用反射材料—ESR、Tyvek、特氟龙(Teflon)、铝箔、黑纸的紫外-可见光反射谱测试，采用上述材料包覆的 BGO 晶体与 PMT 进行单端耦合和双端耦合的光响应均匀性测试结果如图 4.3.18 所示，拟合得到的光响应均匀性系数 δ 分析结果见表 4.3.2。

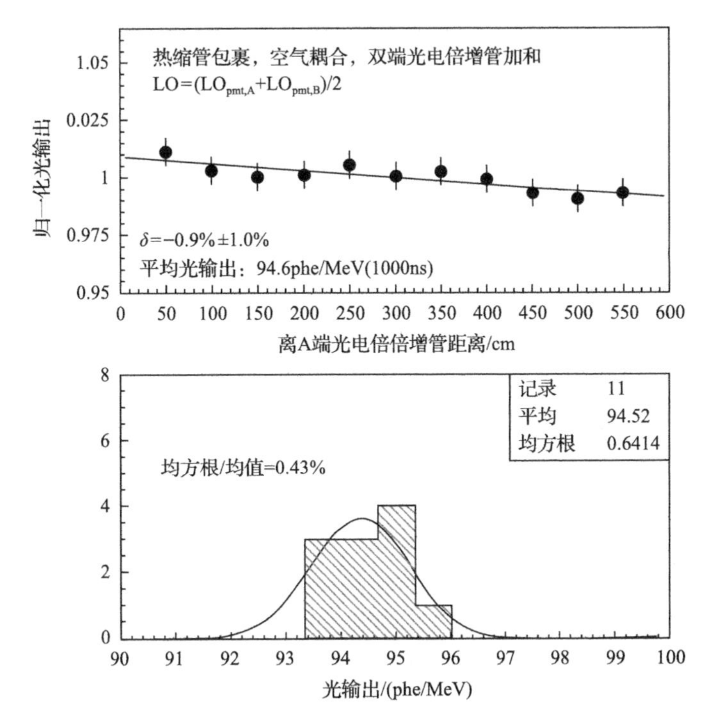

图 4.3.16　BGO 晶体(25mm×25mm×600mm)在空气耦合模式下两端加和的光响应均匀性

数据来源：美国加州理工学院 Ren-Yuan Zhu 实验室

表 4.3.2　用不同反射材料包覆的 BGO 晶体(25mm×25mm×600mm)单端耦合和双端耦合情况下的光响应均匀性

包覆材料	单端读出			双端读出		
	δ_S (±0.8%)	δ_T (±0.8%)	平均	δ_S (±1.1%)	δ_T (±1.0%)	平均
ESR	3.1	–1.4	1.7	8.5	–5.1	3.4
Tyvek	5.6	–2.2	3.4	8.7	–6.1	2.6

续表

包覆材料	单端读出			双端读出		
	δ_S (±0.8%)	δ_T (±0.8%)	平均	δ_S (±1.1%)	δ_T (±1.0%)	平均
特氟龙(Teflon)胶带	6.5	−1.9	4.6	8.2	−5.4	2.8
铝箔	6.7	−2.5	4.2	9.7	−6.4	3.3
黑纸	14.3	−10.0	4.3	11.7	−9.2	2.5

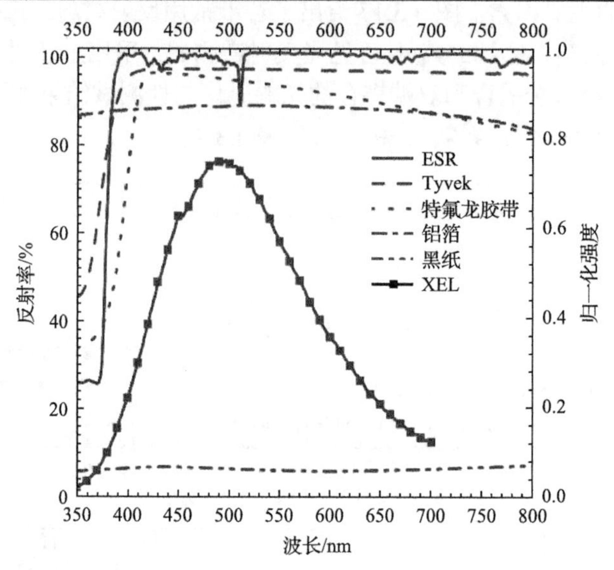

图 4.3.17　不同反射材料的紫外-可见反射谱和 BGO 晶体的 X 射线激发发射谱[29]

如表 4.3.2 所示，在单端耦合模式下，$\delta_{ESR}<\delta_{Tyvek}<\delta_{特氟龙胶带}<\delta_{铝箔}<\delta_{黑纸}$；而双端耦合下，$\delta_{ESR}<\delta_{特氟龙胶带}<\delta_{Tyvek}<\delta_{铝箔}<\delta_{黑纸}$。无论单端或双端耦合，ESR 作为反射材料时，都具有最好的光响应均匀性，且单端耦合下光响应均匀性更好，这是因为 ESR 具有高的反射率，表面反射的闪烁光损失占比较小；黑纸在单端耦合和双端耦合下的光响应均匀性较差，这与黑纸较低的反射率有关，从表面反射损失的闪烁光占比较大。

通过减小晶体闪烁光内部损失和表面损失，可以显著地改善 600mm 长 BGO 晶体光响应均匀性[17, 29]，如在晶体非读出面包覆高反射率材料、对晶体进行退火处理以提高晶体透过性能；而闪烁光的损失则会劣化光响应均匀性，如表面涂黑或采用黑纸包覆处理；双端读出模式下，晶体双端读出信号加和处理是一种改善光响应均匀化的有效方式，且此时光响应均匀性对包覆材料和晶体表面状态无显著的依赖关系[17]。

研究结果表明，光收集效率对粒子与晶体的作用位置存在一定的依赖关系。影响 600mm 长 BGO 晶体的光响应均匀性的主要因素：①晶体自身的散射和吸收；

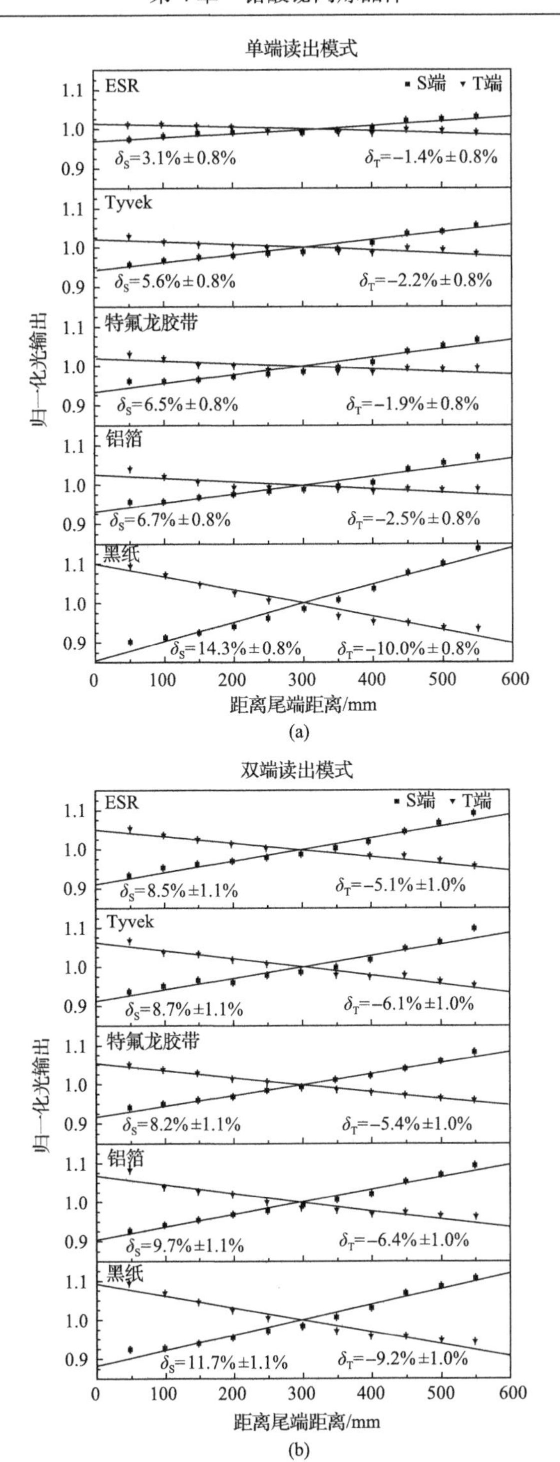

图 4.3.18　BGO 晶体(25mm×25mm×600mm)单端耦合(a)和双端耦合(b)模式下的光响应均匀性[29]

②非读出面包覆的反射材料；③晶体的表面处理情况；④光电探测器与光收集面的耦合方式、耦合面积等[17]。

根据对批量制备的600mm长BGO晶体在特定波长(435nm、480nm、750nm)的透光率和发射权重透光率(EWLT)与光响应均匀性(LRU)的相关性分析(如图4.3.19所示，其中ρ为相关性系数，其数值越接近于–1，则相关性越强)，发现600mm长晶体的光响应均匀性和轴向透光率有较强的相关性，435nm的光吸收带是影响光响应均匀性的主要因素，轴向透光率@435nm可作为评判600mm长晶体光响应均匀性好坏的指标[17, 43]。

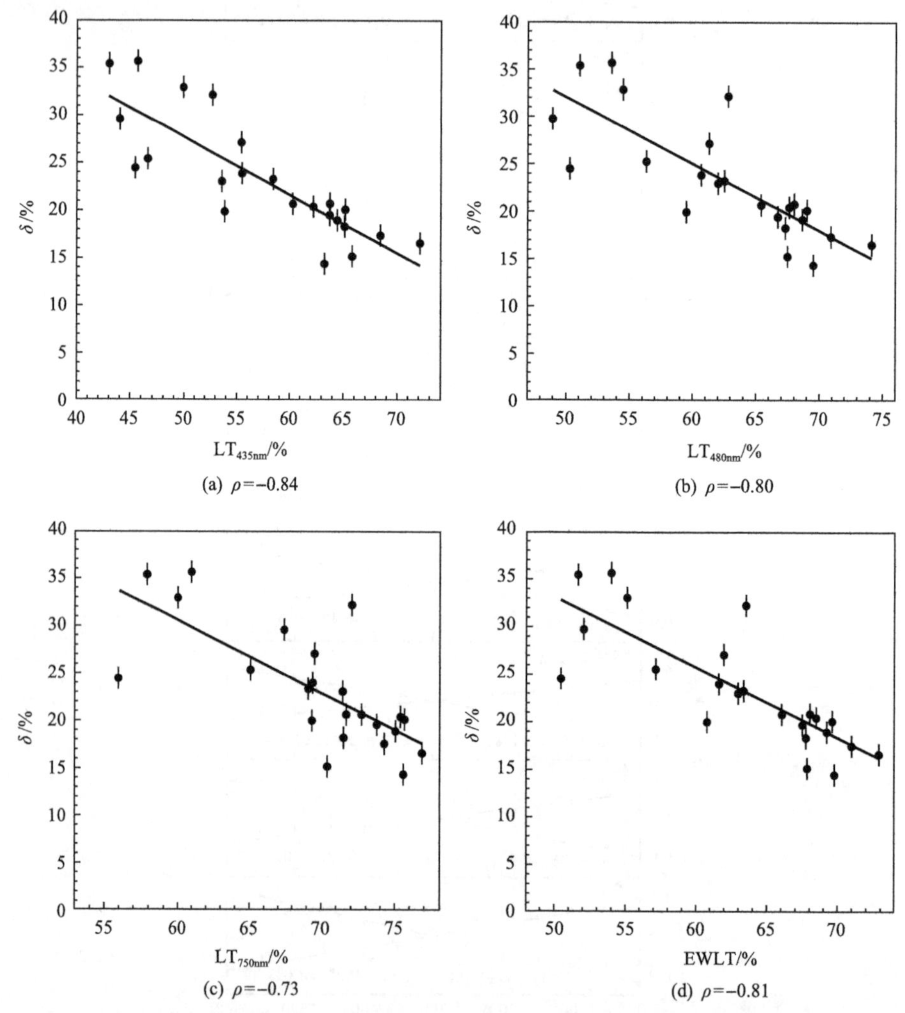

图4.3.19　BGO晶体(25mm×25mm×600mm)光响应均匀性(LRU)与不同波长((a)435nm，(b)480nm，(c)750nm)处轴向透光率数据的相关关系(ρ为相关性系数)，以及(d)发射谱依赖的透光率[17]

4.3.4　辐照诱导吸收与抗辐照性能

闪烁晶体在受到一定剂量辐照时，会产生辐照诱导色心，造成对闪烁光的吸收，从而导致晶体的光输出降低、透光率下降、能量分辨和光响应均匀性等性能劣化，这种现象称为辐照损伤，或者把晶体抵抗辐照损伤的能力叫作辐照硬度。紫外线、X 射线/γ射线、电子、中子和质子等都能引起晶体的辐照损伤，并在一定的辐照剂量下趋于饱和。经过一定剂量的γ射线、X 射线、特定波长的紫外光辐照后，BGO 晶体由无色透明变为黄色或红色，常称为辐照着色。与着色现象相对应的是晶体的吸收光谱中存在三个辐照诱导吸收峰(2.3eV±0.1eV、3.0eV±0.1eV 和 3.8eV±0.1eV)。

魏宗英等在 BGO 晶体辐照损伤的热释光研究中发现三个热释光峰(90℃、150℃和 200℃)，但热释光的光谱并非 Bi^{3+}的发光，热释光强弱和辐照损伤的强弱也并无单调的对应关系，即每个热释光峰的出现并不表明一种色心的解离，辐照损伤的恢复存在快、中、慢三种恢复机制，并对应于不同的时间常数(τ_1:15.3h, τ_2:54.2h, τ_3:369.7h)[44]。沈定中等通过研究辐照损伤后 BGO 晶体的热释光和光学透过特性发现，当在空气气氛下把样品置于200～250℃的温度下退火并保温5～7h，可使得着色晶体的颜色消失，实现“漂白”，辐照损伤几乎得到完全恢复[45]。相反，如果是在真空或者在惰性气氛下退火，则不能实现“漂白”，说明辐照诱导色心与晶体中存在的氧空位缺陷密切相关。

加州理工学院的 Zhu 等与上海硅酸盐所何崇藩等合作，较系统地研究了 BGO 晶体辐照损伤现象与晶体中杂质的相关性[46]，发现 Cr、Mn、Fe 和 Pb 痕量杂质会降低 BGO 晶体的抗辐照损伤能力，称为有害杂质；Al、Ca、Cu 和 Si 痕量杂质则对抗辐照损伤能力无显著影响，称为无害杂质，而 Co、Ga、Mg 和 Ni 的影响介于有害和无害以上两类杂质之间。

俄罗斯科学院无机化学研究所(Nikolaev Institute of Inorganic Chemistry, NIIC)研究人员在低温度梯度提拉法(LTG-Cz)生长的 BGO 晶体中发现两类抗辐照性能完全不同的晶体，一类抗辐照能力较差，在 1krad 辐照下光输出下降 35%～40%；而另一类在同样的剂量辐照后只下降 10%，在辐照剂量达 1Mrad 时光输出仅下降 30%，直到辐照剂量达 10Mrad 时光输出才会进一步下降。令人费解的是，这两类晶体生长原料无显著差异，他们推测是本底杂质的不可控掺杂，这些杂质可能是含量过低无法被检测出来或被误认为是无害的杂质[47]。类似的现象在坩埚下降法生长也经常被观察到，晶体的抗辐照能力与原料的生产厂家、批次有密切的相关性，即使是成分分析结果无显著差异的原料，生长出的晶体也存在非常大的差异。

原料纯度是影响 BGO 晶体抗辐照能力的关键因素，为了获取高纯的 Bi_2O_3 原料，NIIC 采用直接金属氧化法合成了专用于 BGO 晶体生长的 Bi_2O_3 原料，在合成的全流程中控制杂质的最大允许量：Pb—0.1ppm，Fe—0.2ppm，Cr—0.05ppm，Mn—0.02ppm，以保证获取高抗辐照能力的 BGO 晶体；LTG-Cz 法的生长工艺条件对抗辐照能力也有影响，掺杂约 20ppm 的 CuO 也可以显著提高晶体的抗辐照能力[47]。

谢幼玉等认为，BGO 晶体的氧离子空位是根本性缺陷，氧空位是电子陷阱，能俘获电子形成电子色心。有害杂质，如 Pb、Mn、Cr、Fe 等金属元素能够在晶体中形成空穴陷阱，辐照产生的电子-空穴对，空穴被杂质缺陷所俘获，将有助于电子色心的稳定，从而影响晶体的抗辐照特性[48]。在 BGO 中掺杂一定量 Eu_2O_3，引入的 Eu^{3+}可以作为电子陷阱与氧空位争夺电子转换为 Eu^{2+}，即 $Eu^{3+}+e \rightarrow Eu^{2+}$，从而阻止氧空位捕获电子形成 F 心或 F^+心，减少晶体中电子心的浓度，显著提高晶体的抗辐照损伤能力。

Georgii 等以 ^{60}Co 所发射的γ射线为辐射源对 Eu 掺杂 BGO 晶体和无掺杂 BGO 晶体所进行的辐照实验表明，经过 2440rad 的辐照，前者的光输出下降了 55%，且很快恢复；而后者则高达 80%，且恢复速度缓慢(图 4.3.20)[49]。说明 Eu 掺杂确实能有效提高 BGO 晶体的抗辐照强度。但 Eu_2O_3 掺杂时会使 BGO 晶体的吸收边红移至 330nm，占据 O_h 格位的 Bi^{3+}会产生 1.5ms 衰减时间的红色(704nm)长余辉，只有当 Eu_2O_3 掺杂量在 5ppm 以下才能在增强抗辐照能力的同时不产生严重的余辉[48]。但在实际生长过程中，如果要制备铕掺杂 BGO 晶体，需考虑氧空位浓度和 Eu 含量及分布，这对掺杂浓度的控制精度要求较高。

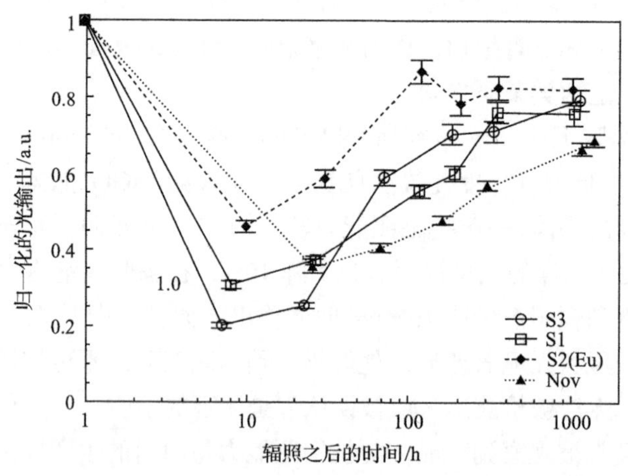

图 4.3.20 纯 BGO(S1、S3、Nov)和 Eu 掺杂 BGO 晶体(S2)的抗辐照性能[49]

S1、S2、S3：上海硅酸盐所生长；Nov：俄罗斯生长

由此可见,结构缺陷和杂质缺陷都可能成为 BGO 晶体中产生辐照诱导色心的根源，前者与晶体中 Bi、O 或 Ge 主元素偏离化学计量比有关，而后者则起到催化剂的作用，将晶体中已存在的色心激活。

从 1998 年起，上海硅酸所科研人员系统地研究了原料批次、来源与晶体抗辐照特性的相关性，建立起标准化检测装置和方法，通过对原料纯度、批次和来源的管控，结合预生长验证，极大地提升了坩埚下降法生长 BGO 晶体的抗辐照性能。Yang(杨帆)等测试了上海硅酸盐所在不同时期制备的大尺寸 BGO 晶体的γ射线抗辐照特性(图 4.3.21)[30]，发现 BGO SIC-2011 晶体在辐照前的光输出(LO)、发射权重透光率(EWLT)、抗辐照性能较早年生长的晶体(BGO SIC-2004，BGO L3-1980)有很大的提升，抗辐照剂量率可达 30rad/h；但 BGO 晶体的辐照损伤在室温下能自动恢复，EWLT 随着恢复时间的延长而升高(图 4.3.22)，使得辐照损伤存在剂量率依赖，停止辐照后的恢复过程可用双时间常数描述。

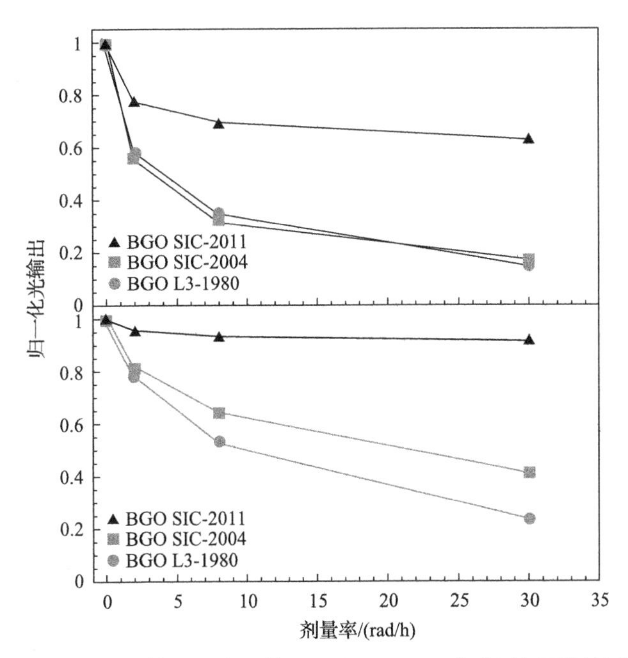

图 4.3.21　三种 BGO 晶体归一化光输出(上)和 EWLT(下)随辐照剂量率的变化[30]

在辐照诱导吸收溯源和提高抗辐照特性方面，仍然有许多值得开展的研究工作：①晶体辐照诱导吸收与本征缺陷、不可控杂质的相关性；②利用新的检测设备和方法，提高对杂质的检测精度和全面性；③探索合适的掺杂离子，提高晶体的抗辐照性能。

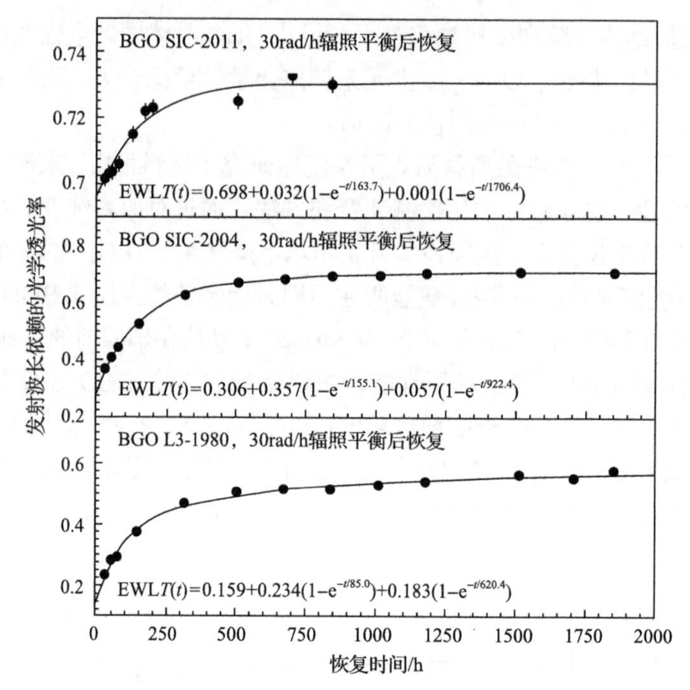

图 4.3.22　三种 BGO 晶体在 30rad/h 的剂量率辐照达到平衡时的 EWLT 恢复过程[30]

4.4　BGO 晶体的生长

Bi_2O_3-GeO_2二元系统含有多种稳定和亚稳化合物,图 4.4.1 给出该二元系的相图[50]。从图中可以看出，二元系统中存在 Bi_2O_3∶GeO_2=6∶1 的立方 $Bi_{12}GeO_{20}$相和 Bi_2O_3∶GeO_2=2∶3 的立方 $Bi_4Ge_3O_{12}$相，均为稳定的、一致熔融化合物，二者的单晶都可以直接从化学计量配比的熔体中生长出来。此外，该二元系统中还存在 Bi_2O_3∶GeO_2 比分别为 1∶1、2∶1 和 1∶3 的正交晶系 Bi_2GeO_5 亚稳相、立方晶系 Bi_4GeO_8 亚稳相和六方晶系 $Bi_2Ge_3O_9$ 稳定相[50-53]。

虽然同属于闪铋矿结构天然 $Bi_4Si_3O_{12}$ 晶体已在全球多处被发现，但人们至今仍未发现 BGO 晶体的天然矿物，这可能与锗为稀散金属、富集度极低有关，只能进行人工合成。作为一种一致熔融的低熔点氧化物晶体，BGO 晶体可以通过熔体法生长。1965 年，Nitsche 首次采用提拉法(Czochralski technique，Cz)生长出该单晶[3]，这是已知最早关于该晶体生长的报道。随着晶体生长方法和技术的进步，热交换法(heat exchange method，HEM)[54]、坩埚下降法(vertical bridgman method，VBM)[55]、水平布里奇曼法(horizontal Bridgman technique，HBM)[56]、微下拉法(micro-pulling-down method，μ-PD)[57, 58]和导模法(edge-definde film-fed growth method，EFG)[59]等多种晶体生长方法都被用于生长 BGO 晶体。

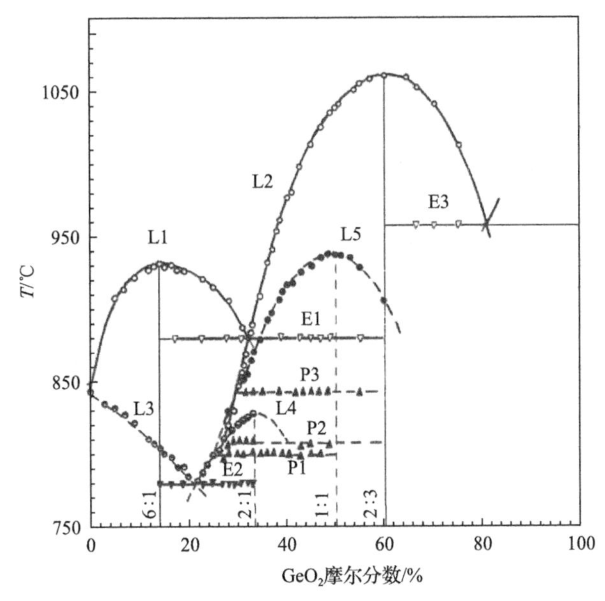

图 4.4.1　Bi_2O_3-GeO_2 二元系统相图(实线对应稳定相，虚线对应亚稳相)[50]

尽管多种方法都可以用于生长 BGO 晶体,但目前应用最多的是提拉法和坩埚下降法，并在此基础上衍生出低温度梯度提拉法(low-thermal-gradient Czochralski technique, LTG Cz)[60, 61]和改进的多坩埚下降法(modified vertical bridgman method with multi-crucibles)[10, 55, 62]。限于篇幅，本节仅重点介绍提拉法和坩埚下降法在 BGO 晶体生长中的应用。

4.4.1　提拉法晶体生长

提拉法的主要优点为：①生长过程可以观察，易于通过温度、功率、转速和拉速等工艺参数的调节，而实现生长过程的调控；②晶体在生长时与坩埚不直接接触，内应力小，无坩埚壁寄生成核影响；③可以采用“缩颈”工艺，降低位错密度。

1978 年起，因承担了 X 射线断层扫描仪用锗酸铋(BGO)晶体的研究任务，上海硅酸盐所何崇藩团队在国内率先开展 BGO 晶体的提拉法生长，于 1981 年生长出ϕ(25～30) mm×30mm 的单晶，并应用于中国首台脑 CT 扫描检测仪上[24]；1982 年，该团队采用提拉法生长出 20mm×20mm×200mm 的大尺寸 BGO 晶体[63]，该长度接近当时国际最大尺寸。在同一时期，我国四川压电与声光技术研究所(现中电集团重庆声光电公司)的蔡起善等也用提拉法成功获取了直径 30mm、长度 50～90mm 的 BGO 单晶，并研究了晶体中缺陷的成因[64, 65]；北京人工晶体研究所(现中材集团人工晶体研究院)的沈德忠等采用提拉法和[100]、[321]取向的籽晶，生长出 BGO 单晶，发现用[321]取向籽晶更易获取平界面，晶体中主要的生长缺陷是包裹体[66]。

国际上，1982～1983年，法国Crismatec公司、美国Harshaw Chemical公司和日本Hitach Chemical等采用提拉法，均生长出长度20～24cm的大尺寸BGO晶体[67, 68]。随后，Harshaw Chemical公司和Crismatec公司被圣戈班晶体公司(Saint-Gobain Crystals，SGC)兼并。目前，圣戈班晶体公司可商业化生产净截面达ϕ5in的大尺寸BGO晶体，晶体具有较好的光学质量和闪烁性能，其中ϕ3in×3in晶体的能量分辨率为9.7%@662keV[69]。

俄罗斯科学院无机化学研究所(NIIC)在常规的提拉法基础上发展出BGO晶体的低温度梯度(LTG Cz，LTG)提拉法生长技术，该技术可以生长出直径达130mm，长度达450mm的大尺寸BGO晶体，单个晶锭的重量达50kg[47, 60, 61]。LTG提拉法生长装置的结构示意图和实物图分别如图4.4.2和图4.4.3所示[60]，生长的晶体如图4.4.4所示[70]。

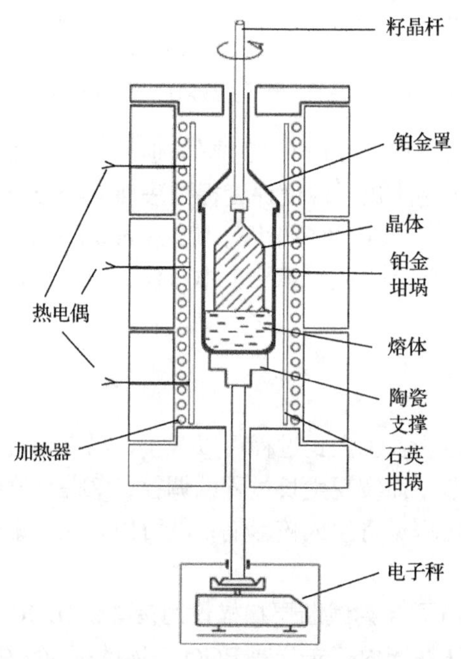

图4.4.2　低温度梯度提拉法的生长氧化物晶体装置示意图[60]

LTG提拉法采用电阻加热和铂金坩埚，并在铂金坩埚上部附加铂金保温罩，保温罩顶部开有提拉孔，保温罩的作用不仅可以稳定温场，而且可以抑制熔体组分的挥发和分解，减少生长过程中的质量损失。在LTG提拉法生长全过程中，BGO晶体始终处于铂金坩埚内，熔体中径向和纵向的温度梯度仅为0.05～1.0℃/cm，晶体与生长坩埚的直径比可达0.8∶1[71]。晶体生长处于非束缚状态，加之径向温度梯度较小，使得BGO晶锭上特定的显露面得到充分发育，导致所生长的BGO

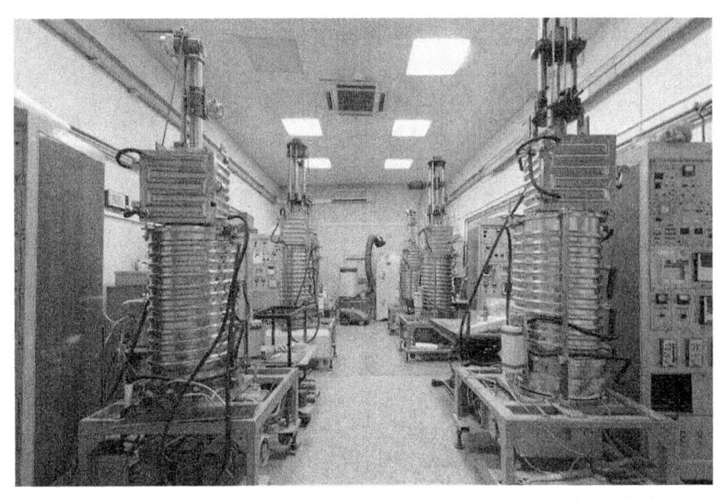

图 4.4.3　低温度梯度提拉法的生长装置[60]

图 4.4.4　低温度梯度提拉法生长的 BGO 晶体[72]

晶锭呈现不规则的外形，显露许多生长小面(图 4.4.4)，并常在锥体及其邻近区域晶锭中形成气态包裹体。但铂金保温罩的存在使得无法对 LTG 法的生长过程进行实时观察，生长过程控制主要依赖于精密的上称重反馈系统。

LTG 提拉法生长出的晶体具有高抗辐照硬度，先后应用于 VEPP-2m 对撞机的 CMD-2 探测装置(1992 年)、KEK B-factory BELLE 探测装置极端前向量能器(extreme forward calorimeter, EFC) (1998 年)以及欧洲航天局国际伽马射线天体物理实验室(INTEGRAL)观测卫星 IBIS 望远镜(2002 年)[60, 73]。

4.4.2　坩埚下降法晶体生长

坩埚下降法或称垂直布里奇曼法(vertical Bridgman method)，是由美国 Bridgman

率先报道[74]，随后经 Stockbarger 改进和优化[75]，故又称为布里奇曼-斯托克伯格法(Bridgman-Stockbarger method)。经过 90 余年的发展，坩埚下降法已成为从熔体中生长功能晶体的重要方法，在卤化物和中低温氧化物晶体生长中占据主导地位。

1982 年，上海硅酸盐所开始尝试采用坩埚下降法生长 BGO 晶体，并于 1983 年成功制备出大尺寸 BGO 晶体[55]，逐步发展出有中国特色的多坩埚下降法生长设备和工艺技术(图 4.4.5)。1983 年，飞利浦公司在荷兰申请了毛细结构的坩埚下降法生长 BGO 晶体的专利(专利号 NL8402575A)，生长时采用偏铋原料配比；同年，Crismatec 公司(现属于圣戈班公司)在法国申请了在弱氧或惰性气氛下采用铱金坩埚下降法生长 BGO 晶体的专利(专利号 FR8311349A)，但未见飞利浦公司和圣戈班公司采用坩埚下降法生长 BGO 晶体的其他文献报道。

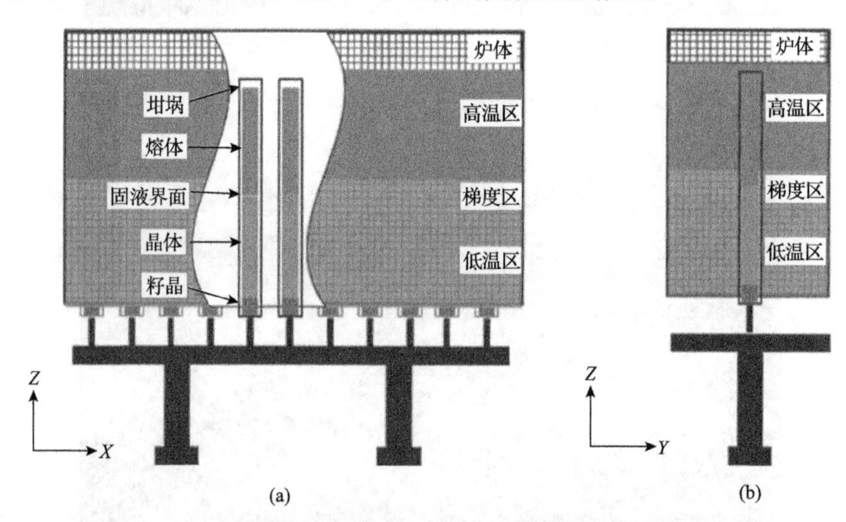

图 4.4.5 多坩埚下降法晶体生长炉结构的正视图(a)和侧视图(b)

与提拉法相比，坩埚下降法具有如下优点：晶体的形状和尺寸可由坩埚而定，可以获取方形、圆形、锥形等形状的晶锭；根据需要密封坩埚，可防止熔体中易挥发组分的损失，在保持化学计量比的同时，也能避免有害挥发物对环境的影响；设备结构简单和操作工艺简便，易于实现生长过程的自动化。

以下将从应用维度出发，对高能物理、核医学成像和暗物质粒子探测用 BGO 晶体的坩埚下降法生长进行介绍。

1. 高能物理用大尺寸 BGO 晶体的多坩埚下降法生长

为了满足欧洲核子研究中心(CERN)大型正负电子对撞机(large electron-positron，LEP)的 L3 实验装置建设的迫切需求，上海硅酸盐所在大尺寸氟金云母[$KMg_3(AlSi_3O_4)F_2$]坩埚下降法生长技术基础上经过改进，逐渐发展出多坩埚下降法晶体生长技术。不同于圆柱形结构的常规坩埚下降炉，经过改进的多坩埚下降炉为长方体结构，其结构示意图如图 4.4.5 所示；数十只装有原料和籽晶的坩埚沿 X 轴直线排布，发热体则位于坩埚的两侧，晶体生长沿 Z 轴进行[15]。

高质量 BGO 晶体的生长不仅需要采用高纯原料、严格保持熔体组分化学计量比、减少生长过程中的组分挥发，而且必须保持氧化气氛以防止熔体分解[76]。在 BGO 晶体生长中，Bi 在较低温度下即与 Pt 形成合金[77]，从而造成铂金坩埚腐蚀，因此 BGO 晶体生长必须在氧化气氛中进行，以避免氧化铋被部分还原为 Bi 单质。

1983 年起，上海硅酸盐所采用多坩埚下降法，在铂金坩埚中生长出 35mm×70mm×250mm 的楔形单晶，并通过中试放大实验，实现了(20mm×20mm)×240mm×(30mm×30mm)净尺寸 BGO 晶体的大规模工业化生产(图 4.4.6)，并在与美国、日本、法国和荷兰等国公开竞标中成功胜出，获得国际高能物理领域的一致认可，于 1990 年 4 月独家完成 L3 所需 12000 根大尺寸 BGO 晶体研制任务[10, 11, 55, 78]。该项成果先后获得 1987 年中国科学院科技进步一等奖和 1988 年国家技术发明一等奖，为我国闪烁晶体领域赢得良好的国际声誉。

图 4.4.6　多坩埚下降法生长的 240mm 长 BGO 晶体

这种多坩埚下降炉具有结构简单、造价低、操作简便、产率高、可生长异型晶体、具有生长成本低和易于批量化等突出优点，且能有效抑制 BGO 熔体的偏组分挥发。多坩埚技术和异型坩埚技术是多坩埚下降法的突出优势，该方法能在单炉次中生长数十根 BGO 晶体，从而极大地弥补了常规坩埚下降法生长速度慢、生长周期长的缺点，生产效率得到大幅提升，设备数量和成本投入显著减少。由于铂金坩埚具有延展性好、稳定性高、可焊接密封的特点，通过加工出异型的铂金坩埚，采用坩埚下降法可以生长出楔形、方形等形状的晶体，从而显著提高材料利用率和降低晶体的生产成本。

2. 核医学成像用高质量 BGO 晶体的多坩埚下降法生长

20 世纪末，随着经济和社会的发展，疾病和健康日益成为人们关注的焦点，PET、CT 作为分子影像的医学影像设备得到日益广泛的应用，BGO 晶体成为首选的探测材料之一，用于探测正负电子湮没后发出的一对能量为 511keV 的γ射线；且面向人体疾病诊断的 PET 在运行中需要探测较低能量的γ射线，因而对晶体光学质量、闪烁性能、均匀性和制造成本等提出了远高于高能物理应用的要求。

尽管多坩埚下降法制备的 BGO 晶体在高能物理领域应用取得了巨大的成功，但在核医学成像领域应用却碰到了极大的障碍，与圣戈班公司、俄罗斯科学院无机化学所提拉法生长晶体相比，在质量、成品率和一致性方面存在较大差距。1998 年以来，上海硅酸盐所王绍华率领的 BGO 晶体研究团队在原有基础上，从原料控制、生长设备改进、生长工艺优化等多方面入手，对生长设备和工艺进行了全面革新，使得晶体的尺寸和性能得到了大幅度提高，实现了核医学成像用 BGO 晶体元器件的低成本和规模化生产(图 4.4.7)[15]，使得上海硅酸盐所逐渐成为全球 PET 用 BGO 晶体元器件的最大供应商，长期占据全球 85%以上的 BGO 晶体 PET 应用市场份额。

图 4.4.7　多坩埚下降法批量制备的 PET 用 BGO 晶锭

此后，该团队又突破了大口径 BGO 晶体生长的技术瓶颈，实现了ϕ3～5in 截面、65mm×(130～160) mm 截面、88mm×68mm 截面、75mm×110mm 截面、300～400mm 长柱状晶体的批量化生产，图 4.4.8 为已实现量产的各种规格 BGO 晶体。与 LTG 法生长的晶锭相比，采用多坩埚下降法生长的ϕ5in BGO 晶锭(图 4.4.9)不仅形状更加规整，而且单炉可生长 4 根ϕ5in 大口径 BGO 晶体，效率和取材率更高。

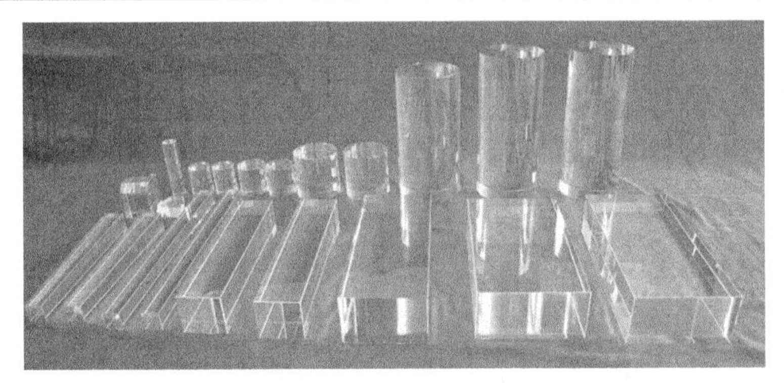

图 4.4.8　上海硅酸盐所量产的各种尺寸和规格的闪烁晶体

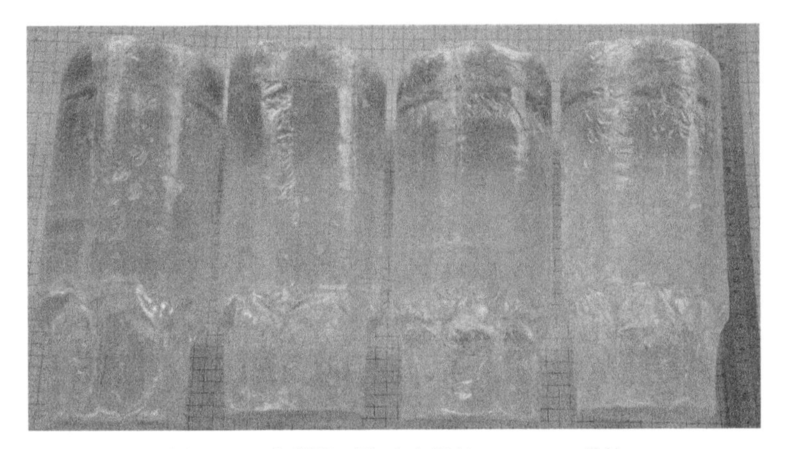

图 4.4.9　多坩埚下降法生长的ϕ5in BGO 晶体

3. 暗物质粒子探测用超大尺寸 BGO 晶体的坩埚下降法生长

为满足暗物质粒子空间探测对 600mm 超长 BGO 晶体的需求，2010 年起，王绍华团队在常规多坩埚下降法基础上，通过搭建可拆卸辅助加热区的四温区温场，发展出超长晶体的多坩埚下降法生长装置和相关工艺[15]。通过炉体加热系统和辅助加热系统的协同控制，实现了对生长过程中温度场的动态调节；采用上述多坩埚晶体生长装置和方法，通过对高温区和辅助加热区高度的优化，已成功生长出净长度超过 600mm 的 BGO 晶体(图 4.4.10)，而且单炉次可以实现达 22 根超长 BGO 晶体的生长；并研究了影响 BGO 晶体光透过和光响应均匀性的因素，为“悟空”号暗物质粒子探测卫星量能器晶体性能指标的确立，以及数据处理方案的确定做出了关键性贡献[29, 43]。此外，该团队还生长出世界上已知单体面积最大的宽板状 BGO 晶体(610mm×280mm)，如图 4.4.11 所示[15]，它在大面积探测器和成像设备中具有较好的应用前景。

图 4.4.10 上海硅酸盐所量产的暗物质粒子探测卫星用 600mm 长 BGO 晶体[15]

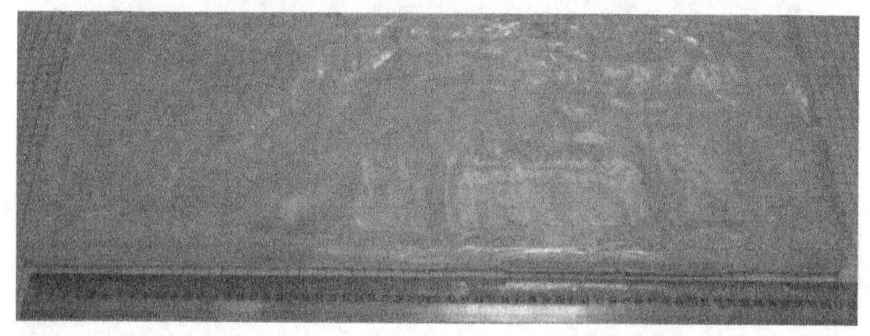

图 4.4.11 上海硅酸盐所研制的单体面积为 610mm×280mm 的宽板状 BGO 晶体[15]

4.5 BGO 晶体的宏观缺陷

在坩埚下降法生长的 BGO 晶体中，有时会出现与这种生长方法密切相关的宏观生长缺陷，如灰黑色界面层、枝蔓状析出物、云层状散射、生长芯及纵向条纹等，这些宏观缺陷的存在对晶体的透光、发光、光响应均匀性等闪烁性能产生比较大的负面影响。

4.5.1 灰黑色界面层

在坩埚下降法生长 BGO 晶体过程中，由于接种、断电、发热体和机械故障等原因，在垂直于晶体生长方向，常出现厚度不一、肉眼可见的灰黑色生长界面层[80, 81]。该界面层在激光照射下显示出光散射现象，使得晶体的光学透过性能显著下降，从而影响晶体的光输出、光响应均匀性、光衰减长度等性能，进而影响到电磁量能器的能量校正效果和能量分辨等性能参数[79]。图 4.5.1(a)中给出了一根自然光照射下带有灰黑色界面层的 600mm 长 BGO 晶体，虚线圈中标注了晶体中的灰黑色界面层的位置，晶体被灰黑色界面层区分为两部分。图 4.5.1(b)中显

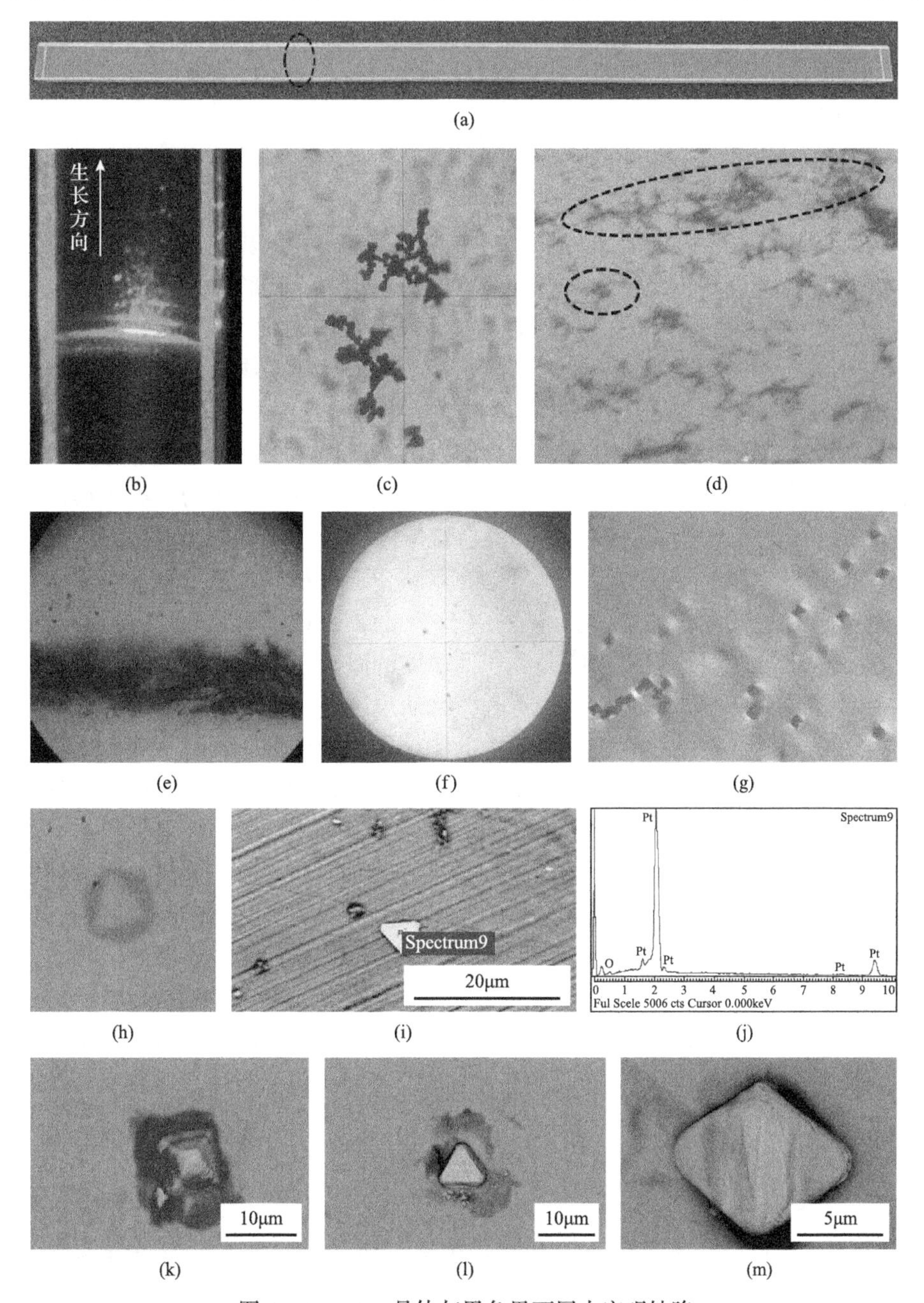

图 4.5.1　BGO 晶体灰黑色界面层中宏观缺陷

(a) 一支 600mm 长 BGO 的晶体在自然光照射下的灰黑色界面层 (圈中)[79]；(b) 一支 600mm 长晶体在绿激光照射下的灰黑色界面层；(c) 光学显微镜下枝蔓状析出物；(d) 晶体表面的枝蔓状析出物；(e) 光学显微镜下枝蔓状析出物的聚集形态；(f)、(g) 和 (h) 灰黑色界面层中规则包裹体在光学显微镜下的形态[80]；(i) 和 (j) 灰黑色界面层中规则包裹体的电子探针背散射电子成像及图谱[80]；(k)、(l) 和 (m) 为灰黑色包裹体在盐酸腐蚀后的扫描电镜下形态 (照片 (k)～(m) 由上海硅酸盐所齐雪君提供)

示了一根 600mm 长晶体在绿激光照射下的灰黑色界面层，在绿激光照射下界面层呈现显著的光散射现象。灰黑色界面层存在使得 600mm 晶体的光输出在该位置附近出现突变[79]。

1. 灰黑色界面层中枝蔓状析出物

在坩埚下降法生长的 BGO 晶体中，宏观上呈灰黑色的界面层在光学显微镜下呈现出弥散状的规则包裹体和枝蔓状的不规则析出物，其形态如图 4.5.1(c)、(d)和(e)所示，其中图 4.5.1(c)为光学显微镜下枝蔓状析出物，图 4.5.1(d)为晶体表面的枝蔓状析出物，图 4.5.1(e)光学显微镜下枝蔓状析出物的聚集形态，该枝蔓状析出物的产生与熔体中金属铂(Pt)有关[19, 81]。

通过对扫描电镜成像、电子探针背散射电子成像和 X 射线面扫描(Pt, Lα)分析，殷之文等发现包裹体中含有铂(Pt)元素及少量的 Bi_2O_3，认为该类包裹体中所含的金属 Pt 与 BGO 熔体对铂金坩埚的对流熔蚀作用有关。被熔蚀的 Pt 进入熔体中，当其浓度超过临界饱和度时，便会在熔体中自发析晶，迅速脱溶沉淀，并互相连接成滴状、珊瑚状的 Pt 包裹体。由于 Pt 的密度($21g/cm^3$)远大于 BGO 熔体的密度($6.65g/cm^3$)，这些包裹体会沉积到熔体的底部，并密集于固-液界面上；由于界面为粗糙面状态，发生较快速析晶，从而呈现枝蔓状形态[81]。

大量的实验观测结果表明，坩埚中的铂金因为受到熔体不断腐蚀而逐步进入熔体，逐步达到浓度平衡状态，在正常晶体生长时，铂金的化学惰性使其难以与其他组分发生反应，较小的溶解度和较高的析晶温度使铂金不断从生长界面被排斥，浓缩到剩余的熔体或排斥到晶体侧面。灰黑色界面层通常出现在籽晶接种，或者发生断电、机械故障和发热体故障时，熔体温度的急剧下降或坩埚停止移动，使得 Pt 处于过饱和状态，从而发生自发析晶和沉积，在固-液界面处以枝蔓晶的形式析出，如图 4.5.1(c)、(d)和(e)所示。为减少或消除该类黑色枝蔓状包裹体，在晶体生长全过程必须始终保持稳定的微凸生长界面，在满足熔体足够排杂能力的情况下，适当降低熔体的温度、提高控温精度和设备稳定性，能较为有效地阻止枝蔓状包裹体的析出。

2. 灰黑色界面层中规则形状包裹体

在枝蔓状析出物的上方，常存在弥散状、密集分布的规则形状包裹体，如图 4.5.1(f)、(g)和(h)所示。姚冬敏等对灰黑色界面层的规则包裹体进行了观测和分析，发现从不同方位观察，该包裹体呈现四棱锥、四方形、正六边形、三角形和菱形等形状，如图 4.5.1(g)和(h)；电子探针分析结果表明，该类密集分布的包裹体主要含 Pt 元素，如图 4.5.1(i)和(j)所示，尺寸较小(8～10μm)[80]。

在电子探针背散射电子成分像中，含 Pt 的包裹体呈现三角形和四边形等规则外形，对于该规则形状包裹体的成因，一直存在两种不同的观点：一种观点认为，这类包裹体是由铂金坩埚受到熔体腐蚀，进入熔体中的金属 Pt 在亚稳定态下通过自发结晶或者缓慢析晶，从而形成具有规则几何外形的 Pt 晶粒[81]；另一种观点则认为，该类包裹体事实上是一种负晶结构，外在形态反映了 BGO 晶体的结构特征，Pt 填充于这些规则形状的负晶空洞中，如同沙子填充在规则形状容器中呈现出规则形状一样[19, 80]，从而保留了负晶的形状。

作者团队对含规则形状包裹体的样品用盐酸腐蚀后，在 SEM 下的观察，结果如 4.5.1(k)、(l)和(m)所示，以八面体或六面体形状镶嵌在晶体中的包裹体为金属铂，它们因观测方向不同而呈现三角形或四边形等不同的几何形状。因此可以认为，由于枝蔓状包裹体析出后，熔体中 Pt 的浓度大幅降低，含 Pt 包裹体低于临界尺寸，已不具备快速脱溶沉淀条件，会保持弥散状、均匀分布的状态，因而具有较小的尺寸。当熔体中的热力学和动力学条件达到铂金的析晶条件时，便按照面心立方堆积方式结晶成八面体、六面体等反映金属铂自身对称特点的规则几何外形。

4.5.2　纵向条纹

在生长的 BGO 晶体中，常存在两种形状的纵向条纹[80]：一种是近似平行于生长方向或呈放射性分布的一类宏观缺陷，在 532nm 绿激光照射下呈现出纵向条纹形态(图 4.5.2(a))；另一种是管状纵向条纹，其在端面的显露为长条形，尺寸约为(2～5) μm×(5～10) μm，在正交偏光显微镜下呈长管状形态(图 4.5.2(b))。纵向条纹沿生长方向从籽晶端向尾端延伸，长度不一，一直延伸至晶体顶部或终止于侧面，通常可见到面缺陷诱导的放射状纵向条纹。条纹内部由多个形状不规则的包裹体(直径为 15～30μm)组成点状纵向排列。对条纹内包裹体所进行的电子

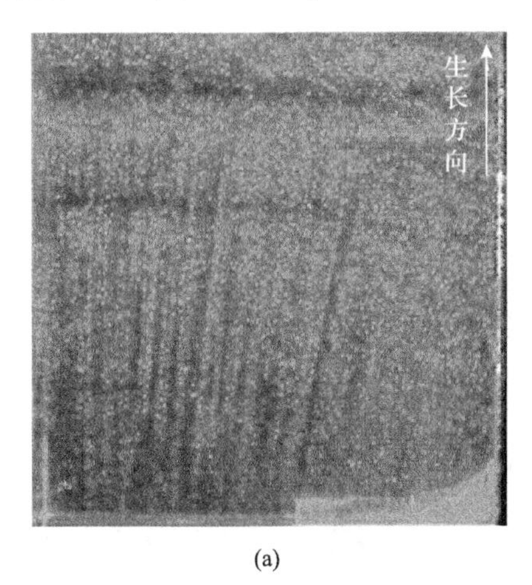

(a)

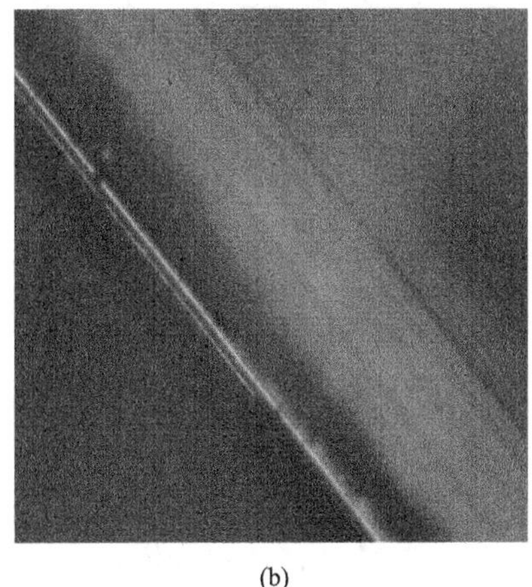

(b)

图 4.5.2　BGO 晶体中纵向条纹在绿激光照射下的生长条纹(a)和在正交偏光镜下的照片(b)

探针成分分析表明，包裹体含 Bi_2O_3 量偏高且变化范围较大(83%～97%)，同时还伴生有空洞；当籽晶取向为[001]方向或接种面为凹界面时，纵向面缺陷较易发育。

殷之文等把纵向条纹散射的成因分为两种[81]：一种是起始于籽晶的条纹，在垂直于生长方向的抛光切片上，在籽晶相应部位可以观察到小角度晶界组织，可视作一列等间距排列的刃型位错，在生长界面露头的位错，会延伸至晶体中。另外一种是组分过冷滴状包裹体，其熔体的比热容小于晶体，包裹体体积增加导致晶体内部产生应力，应力可能会形成新的位错，然后小角晶界发展延伸，溶质在晶界部位浓集，而发展成宏观的纵向条纹。姚冬敏等则认为，形成纵向条纹中的包裹体并非传统观念中的外在杂质，而是组分偏析所致。

在籽晶取向为[001]方向或生长界面为凹界面时，晶体容易结构失配，杂质和过冷熔体浓集于结构失配部位，造成一些生长速率较快的晶面簇优先发育，形成面缺陷。这些面缺陷随着晶体生长，沿生长界面向上延伸，直至晶体顶部或侧面，形成纵向条纹[80]。生长实践表明，除以上原因外，纵向条纹形成还与晶体生长过程中的结构失配密切相关。控制晶体接种工艺制度，较好的原料预合成、坩埚边角的平整度都是减少结构失配的有效措施。在生长过程中，保持微凸的生长界面和采用重结晶原料可以显著地减少或消除晶体中纵向散射现象。

4.5.3 云层状散射

云层状散射是平行于生长界面的一类宏观缺陷，是大量颗粒状、棒状包裹体沿生长界面规则排列所形成的聚集体，其形态如图 4.5.3 所示，其中图(a)为平行于生长方向的切面图，图(b)为平行于生长方向放大视图。云层状散射含直径约为

(a)

(b)

图 4.5.3 绿激光照射下的 BGO 晶体中云层状缺陷平行于生长轴方向(a)及其局部放大视图(b)
(本照片由齐雪君提供)

15～30μm 的包裹体，其形成与生长过程中控温偏低[80]、外界环境引起的温度波动[19]、原料纯度低[81]和局域偏离化学计量比有关。

周边云层状散射是较为常见的一种形态，该类散射在生长界面上分布极为不均匀，晶体中心无明显散射，而周围含有较多的散射包裹体。周边云层状包裹体较易在晶体生长的中后期出现，其形态和分布如图 4.5.4 所示，其中图 4.5.4(a)和(b)分别为垂直和平行于晶体生长方向的视图。

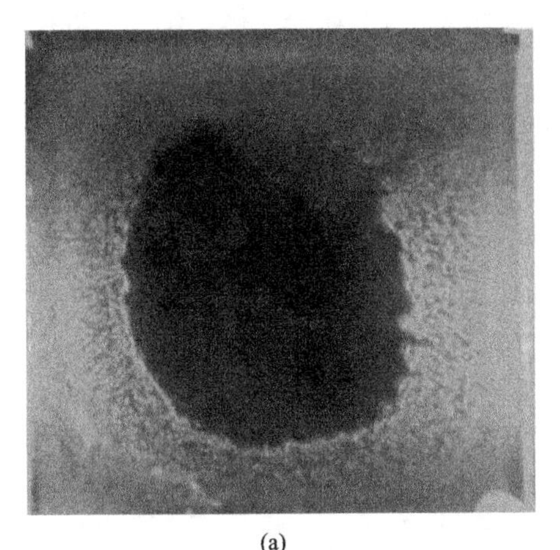

(a)

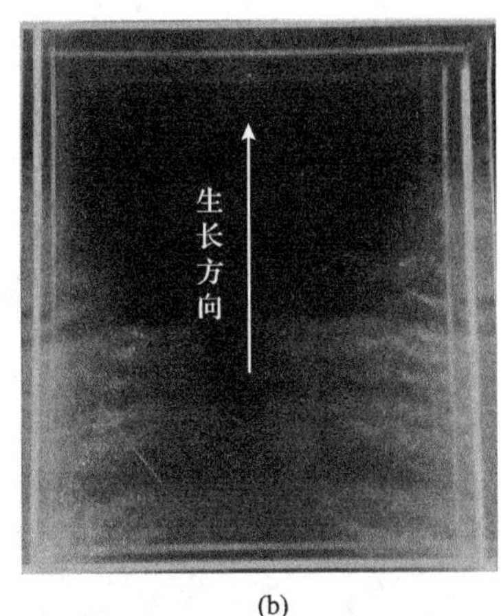

(b)

图 4.5.4　BGO 晶体中层状周边散射缺陷垂直于生长方向(a)和平行于生长方向(b)的视图
(本照片由齐雪君提供)

云层状缺陷中的散射颗粒实际上是由大量包裹体聚集而成的。殷之文等采用电子探针对中包裹体进行了分析，发现包裹体中含有较多的 Mg、Ca、Si、Al 等杂质，认为该类杂质会在固-液界面的前沿形成狭窄的过冷区，破坏了生长界面的稳定性，形成胞状界面，温度波动或生长速度较快时，杂质可能会以包裹体形式进入晶体，成为散射颗粒[81]。姚冬敏等通过对该类云层状散射中包裹体的电子探测观察和分析，发现该类包裹体内部存在空洞，空洞周围 Bi_2O_3 含量高达 96.24%，远大于 BGO 单晶中 Bi_2O_3 的含量，认为该层状周边散射包裹体是控温较低、凸界面生长造成的，或者温度波动引起的，包裹体内部空洞是过冷熔体结晶后体积缩小所留下来的空洞[80]。

作者认为，由于熔体中非基质和偏移化学计量比的杂质含量随生长进行而逐步增加，当生长过程的中后期控温偏低，热量不能补偿径向周边散热时，周边的生长界面等温线位置与中心的等温线偏离较大，加之向周边的排杂作用，熔体四周杂质浓度升高，熔体出现组分过冷现象，过冷的熔体被包裹在晶体中，进而形成云层状包裹体。在晶体生长中，精确地调控固-液界面的形状和稳定性，配合合适的温度制度，能够消除或减少云层状散射缺陷的产生。

4.5.4　生长芯

在坩埚下降法生长的中后期，BGO 晶体中心部位常会出现体积不一的梭形细密散射区，严重时肉眼即可观察到黑色的芯，称为“生长芯”。在激光照射下，生长芯呈现中心细密、周边弥散状分布，如图 4.5.5 所示，其中图(a)为绿激光照射下的散射情况，图(b)为生长芯部位取样在绿激光照射下的情况。生长芯中包裹体呈微凸层状分布，形状一般不规则，呈类圆形，较为密集，体积细小，直径约 2～5μm[80]。

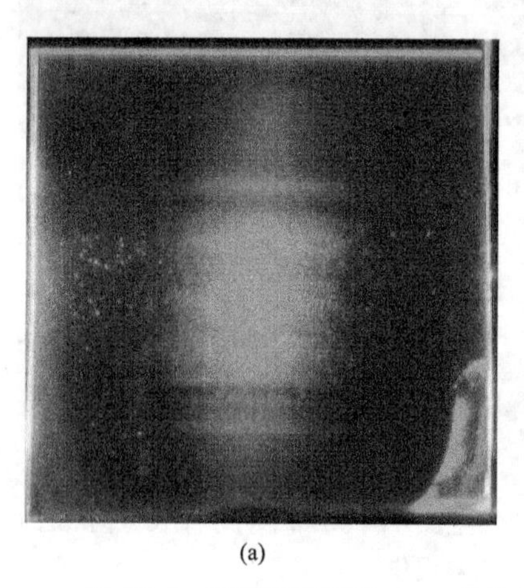

(a)

(b)

图 4.5.5　绿激光照射下 BGO 晶体中的生长芯(a)及其局部放大图(b)

姚冬敏等对生长芯内的包裹体成分进行了电子探测分析，发现包裹体中含有 Pt，周边是富 Bi 区域，同时存在一定体积的空洞，提出如下观点[80]：

(1)富 Bi 化合物与 Pt 共存的现象反映出 Pt 的熔蚀是 Bi_2O_3 组分作用的结果。

(2)在此包裹体内 Pt 呈现不规则形状是偏组分成分和杂质 Pt 共同导致熔体过冷时，被包裹的熔体内向生长，偏析组分自形结晶而留下不规则形状的空洞，Pt 填充在此空洞中。

(3)生长芯的形成常见于晶体生长中后期，熔体中的偏组分成分和 Pt 的浓度相应增加，此时控温偏高，生长界面的径向温度梯度增大，熔体由周边向中心流动，偏组分成分和金属 Pt 则随着液流浓集于晶体中心形成包裹体。

(4)生长芯呈梭形，记录了熔体中杂质和偏组分成分的溶解度先是由小变大，之后又逐渐变小的演化过程。生长芯中包裹体呈微微凸起的层状分布，表明形成生长芯时生长界面比较平稳，所以形成的包裹体细小。

作者认为，生长芯的形成过程与灰黑界面层不同，并无显著的温度降低过程，因此也就没有显著的铂金析出过程，其形成是对流和铂金组分过冷所导致。适当降低后期的温度能有效地消除生长芯出现的概率；生长芯的形成与生长后期控温偏高有关，导致熔体对流变化，聚集在中心边界层的偏组分成分和 Pt 来不及扩散，降低控温能有效地消除生长芯的出现概率。

4.6 BGO 的晶体应用

BGO 晶体具有高的有效原子序数、较小的莫里哀半径和较短的辐射长度，阻止射线的能力仅次于 $PbWO_4$ 和 $CdWO_4$ 晶体，不潮解、无解理面、化学稳定性和机械加工性能好，加工、维护和使用方便，无须特殊防潮封装，使用寿命长。辐射长度和莫里哀半径分别决定电磁簇射纵向和横向尺寸，BGO 晶体的这两个参数均较小，使得基于 BGO 晶体的量能器结构极为紧凑，空间分辨高。密度和有效原子序数大，对射线或粒子的阻止能力强，同尺寸时效率更高，同效率时总体积更小，装置建设成本更低。加之 BGO 晶体为自激活发光闪烁晶体，发光均匀性好，尽管其低能区能量分辨性能较差，但在高能区分辨性能则远优于 NaI:Tl 等掺杂发光晶体，因此被广泛应用于高能物理、核物理、核医学等领域。

4.6.1 高能物理

20 世纪 80～90 年代，著名华裔物理学家丁肇中领导多个国家的合作组成员，在欧洲核子研究中心(CERN)大型正负电子对撞机(LEP)上进行 L3 物理实验(图 4.6.1)[82-84]。经过评估，L3 实验装置最终选择 BGO 晶体作为电磁量能器的探测材料，采用了长度为 240mm、数量达 12000 只、总重量达 12t 的 BGO 晶体[25, 84, 85]。美国康奈尔大学威尔逊实验室采用 250 只 BGO 晶体建造康奈尔电子存储环(cornell electron storage ring，CESR)的 CHSB 电磁量能器，显著改善了原有 NaI:Tl 晶体量能器的分辨率。中国科学院高能物理研究所采用 36 只 BGO 晶体建成 6×6 阵列，为建立探测粲介子、粲重子的 BGO 晶体球进行胶子物理研究做准备[86]。日本 KEK 实验室 B-Factory 装置的 BELLE 实验中，360 根 NIIC 生长的

图 4.6.1　CERN LEP-L3 实验电磁量能器[82]

BGO 晶体被用于极端前向量能器(extreme forward calorimeter，EFC)[47]。

当前，Higgs 粒子已成为物理学研究的主要热点之一，中国已于 2018 年底发布环形正负电子对撞机(circular electron positron collider，CEPC)的概念设计审查(CDR)，其 3D 晶体型量能器拟采用 400mm 长的 BGO 晶体作为探测材料(图 4.6.2)[83]，预计晶体总用量可达 $20m^3$，有望成为人类有史以来闪烁晶体用量最大的高能物理装置。CERN 正在筹建的同类装置——未来环形正负电子对撞机(future circular collider e^+e^-,FCC-ee),也考虑将 BGO 晶体作为量能器探测材料[87]。

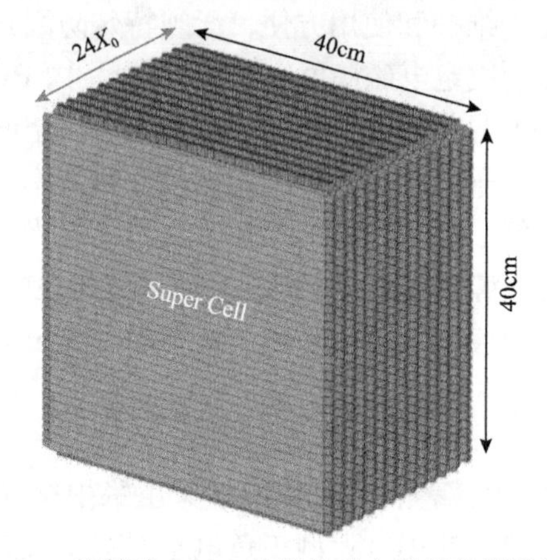

图 4.6.2　拟筹建 CEPC 的晶体型电磁量能器设计[83]

4.6.2　核物理

BGO 晶体具有高的γ射线阻止能力、高的全能峰探测效率、低的放射性本底，以及良好的加工性能和不潮解的理化特性，可实现复杂结构和形状的加工，无须防潮密封，作为反康普顿效应屏蔽和量能器探测材料，广泛应用于国内外核物理研究领域。

在已知的辐射探测材料中，高纯锗半导体晶体具有优异的能量分辨特性，相比于锗锂探测器具有室温存储的优点；但由于其密度低($5.32g/cm^3$)、有效原子序数小($Z_{eff}=32$),高纯锗晶体对较高能γ射线的全能峰探测效率低,造成其峰康比小,在γ射线能谱探测时，高纯锗探测器会存在较强的反康普顿本底，使得探测器难以有效甄别低能γ射线[88-90]。尽管可以通过增大高纯锗晶体的体积来提高全能峰效率，但探测器级高纯锗单晶的生长难度极大，产能和产量均很有限，目前只有比利时 Umicore 和美国 ORTEC 等欧美公司能提供探测器级高纯锗晶体，且价格高昂、供应周期长，实际能获取的锗探测器体积有限，使其探测到的全能峰事件只占所探测γ光子的一少部分[91, 92]。

鉴于此，人们常在高纯锗主探测器外围放置反康普顿屏蔽探测器，主探测器中经历反康普顿散射后逃逸的γ射线，最终被 BGO 或 NaI∶Tl 反康屏蔽探测器探测，通过高纯锗探测器和反康普顿屏蔽探测器的反符合探测，抑制主探测器能谱中的康普顿连续本底，从而实现高峰康比、低本底前提下的高能量分辨探测[93, 94]。相比于常用的反康普顿屏蔽材料 NaI∶Tl 晶体而言，BGO 晶体有效原子序数大和密度高，使得其光电效应占比高，康普顿散射效应占比小，在伽马能谱测量时的峰康比较大；其 2 倍于 NaI∶Tl 的高阻止能力，使得同等效率下所需晶体总体积远小于 NaI∶Tl 晶体（约 1/10），基于 BGO 晶体的反康普顿屏蔽谱仪结构更为紧凑，能显著减弱因反康普顿探测屏蔽所造成的主探测器覆盖固体角降低效应，或者在同样效率下通过减少锗探测器的体积从而降低系统造价[88, 89]。

BGO 晶体具有不潮解、无须特殊防潮封装、易于实现各种复杂形状和结构的反康普顿屏蔽组件的加工（图 4.6.3）等突出优点，国内外众多实验室纷纷更新或建造基于 BGO 晶体反康普顿屏蔽的大型化在束γ测量装置，装置中常包括多台乃至几十台 BGO 反康普顿屏蔽探测器[89, 92, 95, 96]。20 世纪 90 年代，在美国能源部资助下，劳伦斯伯克利国家实验室牵头多个国家实验室和大学建设 Gammasphere γ射线谱仪。该谱仪由 110 个布置于 4π 球形外壳的高纯锗探测器组成，每个高纯锗探测器被 BGO 反康普顿屏蔽探测器环绕，而每个反康普顿探测器由 6 块侧面 BGO、1 块端面 BGO 晶体和 14 只 PMT 组成，使得典型位置处伽马能谱的全能峰计数/总计数（峰总比）提高近 200 倍[88, 89, 94, 97]。欧洲多国科研机构参与的 EUROBALL（后改

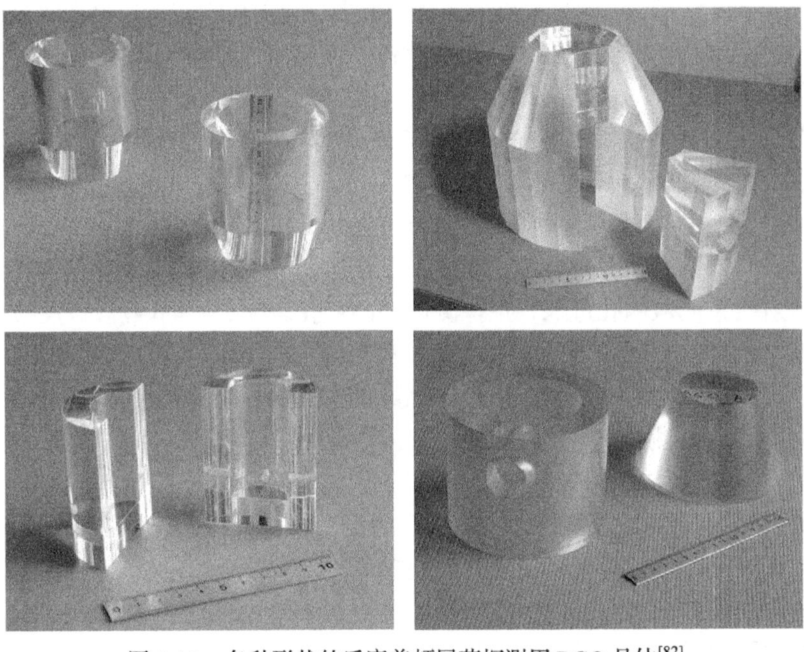

图 4.6.3　各种形状的反康普顿屏蔽探测用 BGO 晶体[82]

名为 GAMMAPOOL）合作组采用 BGO 晶体作为锗探测器的反康普顿屏蔽材料，搭建起 EUROGAM Ⅰ-Ⅳ和 GASP Ⅰ-Ⅱ γ射线谱仪[95, 98-102]；英国、南非和丹麦等国的研究人员在 EXOGAM[103]、AFORDDITE[104]和 NORDBALL[105]等γ射线谱仪建设中，也大量采用 BGO 晶体作为反康普顿屏蔽探测材料。近期，加拿大 TRIUMF-ISAC 的 GRIFFIN 谱仪第二阶段升级计划中，BGO 晶体也被选作高纯锗和 $LaBr_3$: Ce γ探测器的反康普顿和本底屏蔽材料[106, 107]。

在国内，早在 1989 年，北京核仪器厂和中国原子能研究院就尝试采用梯形 BGO 晶体制作 FJ422 型反康普顿屏蔽探测器，反康普顿减弱系数可达 5.5，研制出 4 套轴对称反康普顿高纯锗谱仪，谱仪的主要性能指标达到国际同类装置的较高水平[108]。1990 年，他们采用上海硅酸盐所提供的 BGO 晶体，研制出 6 套 BGO 晶体高纯锗反康普顿谱仪，测得的抑制系数可达 5.3@700～900keV，峰总比为 46%～49%，达到了当时国际同类谱仪的最高水平[93]。

1998～2000 年，中国原子能研究院与日本联合设计的超球-Ⅰ和超球-Ⅱγ射线探测系统，采用了含有 20 套由 BGO 作为反康普顿材料的高纯锗探测器[31]。由中国原子能科学研究院联合国内其他研究院所/高校，在 HI-13 串列加速器的在束γ实验终端建成了含 15 套带 BGO 反康的高纯锗探测器阵列，是目前国内探测器个数最多的γ探测器阵列，并在 BRIF 升级中发展 16～18 台多用途物理实验平台中的γ探测器阵列[109]。

2003 年，为了满足兰州重离子加速器所需，中国科学院近代物理研究所的雷祥国等采用上海硅酸盐所提供的 BGO 晶体，研制出 1 套轴向对称型 BGO-HPGe 反康普顿谱仪[92]。2015～2020 年期间，为满足近代物理研究所高纯锗探测阵列建设需要，上海硅酸盐所制备出 15 套（16 只/套）和 8 套（26 只/套）Clover 高纯锗探测器反康用异型 BGO 反康普顿屏蔽晶体。

2020 年，根据中国先进堆瞬发γ中子活化分析需求，作者采用ϕ5in×5in 的大尺寸 BGO 晶体，研制出底部盲孔、非中心对称的大尺寸 BGO 反康普顿屏蔽探测器模块，γ射线束流从侧孔进入，主探测从底部盲孔装配（图 4.6.4）。该反康普顿屏蔽探测模块可配合 3in 直径高纯锗、掺铈溴化镧等高能量分辨探测器使用。此外，为满足 CZT 等室温半导体探测器反康普顿探测需求，作者研制出ϕ2in 直径的盲孔、中心对称 BGO 探测器。

在核物理实验中，BGO 晶体还被用于制作电磁量能器，用于精确测量高能γ射线的能量。例如，欧洲 EUROBALL Ⅳ谱仪采用 59 只 BGO 晶体，形成内球 4π量能器（图 4.6.5）[98]；意大利 GASP 大型在束γ射线谱仪采用 80 只 BGO 晶体覆盖谱仪 80%的固体角，65mm 厚 BGO 晶体对 1MeV γ射线的吸收效率达 95%，使得 BGO 内球量能器的总效率达 70%[110]。

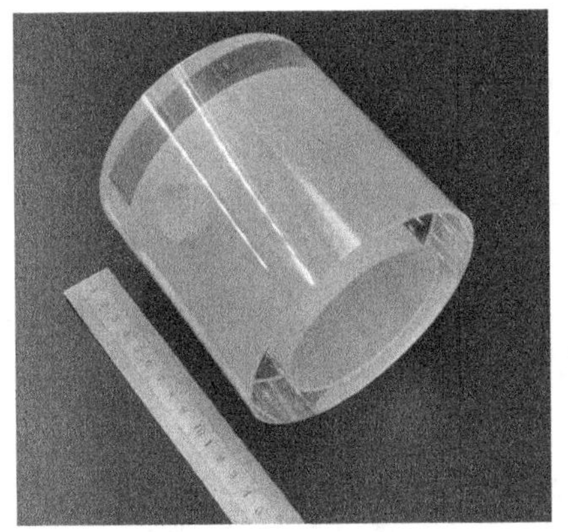
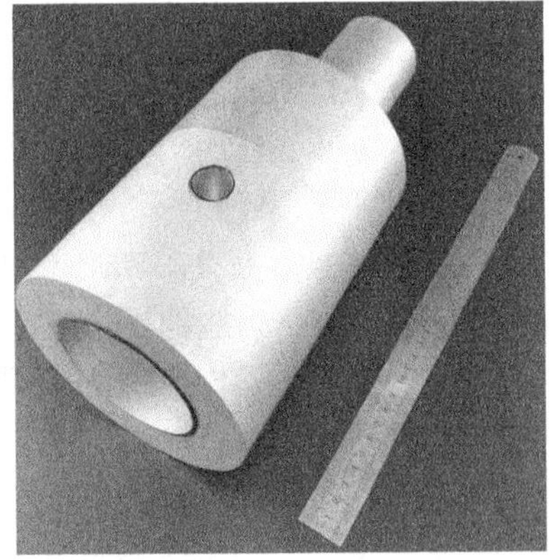

图 4.6.4　ϕ5in×5in 盲孔 BGO 晶体及反康普顿屏蔽探测器

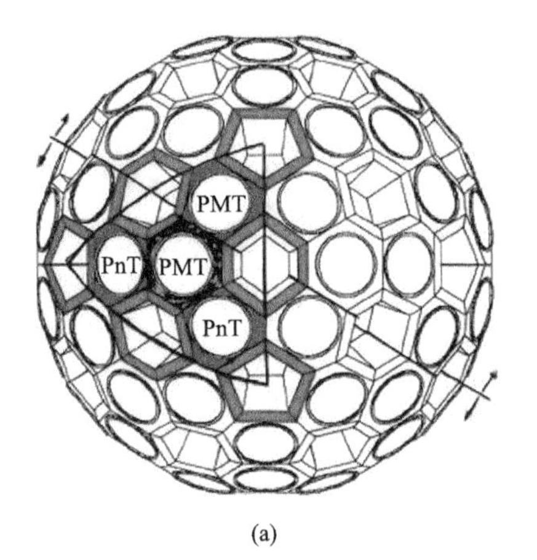

(a)

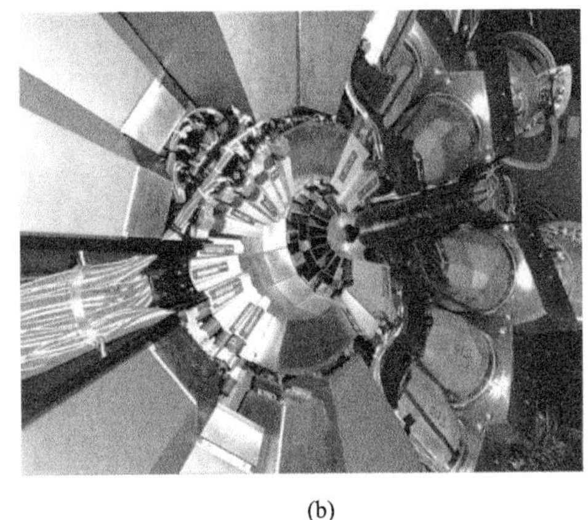

(b)

图 4.6.5　EUROBALL Ⅳ内球 BGO 量能器空间排布示意图(a)和实物图(b)[101]

1995 年，中国科学院近代物理研究所采用上海硅酸盐所提供的 38 个正六棱柱 BGO 晶体研制出 BJ38-BGO 中型 BGO 晶体球，并安装在位于中国原子能研究院的 HI13 串列加速器上。该晶体球随后升级为 52 个正六棱柱阵列单元，用于γ射线多重性和γ射线总能谱测量，结合带有 BGO 晶体反康普顿屏蔽的高纯锗谱仪使用[93, 111, 112]。2019 年，中国原子能研究院核物理研究所与中国科学院近代物理研究所、北京大学、清华大学和深圳大学等多家科研机构和大学签署协议，决定在中国原子能研究院共建中国在束γ谱学探测阵列，标志着中国新一代大型γ探测阵列建设正式启动，BGO 晶体作为高纯锗探测器反康探测器材料也将得到重要应用。

此外，在核物理研究中，BGO 晶体在精确测定γ射线能量也有重要的应用。日本东北大学电子光子科学研究中心采用 NIIC 生产的 1320 只、总体积达 264L、晶体长约 220mm、总重达 1900kg 的 BGO 晶体，搭建了大接受度的 BGO-EGG 电磁量能器，该电磁量能器的能量分辨为 1.3%@1GeV[113]。2016～2020 年，为了实现(α,γ)和(p,γ)反应的γ射线探测，我国锦屏山地下实验室的核天体物理(JUNA)实验项目采用上海硅酸盐所提供的长度达 25cm 的梯形 BGO 晶体(图 4.6.6)，组成一套低本底、4π 高效率阵列探测器，其能量分辨率(10.4%@662keV)远优于意大利 LUNA(17%)、加拿大 TRIUMF(13%)，达到国际同类型探测器的先进水平，探测器对 6～8MeV 的γ射线的探测效率达 60%以上[38, 114]。图 4.6.7 中给出了作者研制的ϕ76.2mm×200mm 集成 BGO 探测模块，该类模块先后被上海光源和上海超快激光装置所采用，实现了对激光电子产生的高能γ射线的监测。

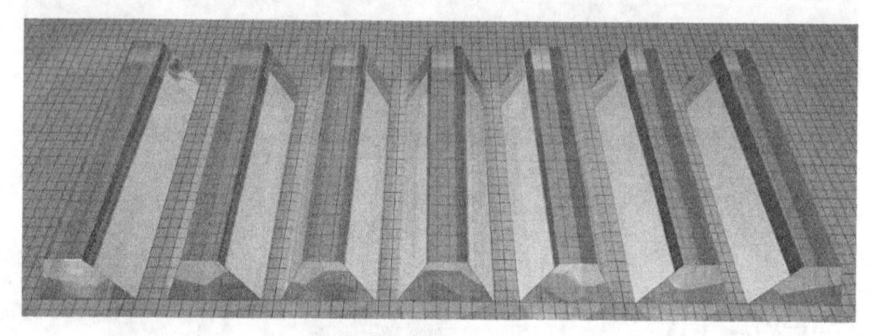

图 4.6.6 JUNA 实验项目所采用的部分大尺寸梯形 BGO 晶体

图 4.6.7 激光电子γ监测用ϕ76.2mm×200mm BGO 集成探测模块

4.6.3 天体物理

由于 BGO 晶体具有探测效率高、辐射长度短、莫里哀半径小等优点，是天体物理探测高能射线或粒子的重要闪烁晶体材料。从 20 世纪 90 年代起，在先进薄电离量能器(advanced thin ionization calorimeter，ATIC)系列气球实验装置中，世界多国组成的研究团队采用上海硅酸盐所提供的 25mm×25mm×250mm 的 BGO 晶体，搭建了阵列式 BGO 量能器，该量能器共 8 层(18.1X_0，ATIC-1&2)到 10 层(22.6X_0，ATIC-4)，每层由 40 只 BGO 晶体和光电倍增管组成的探测模块构成[116]。ATIC 实验发现了 300～800GeV 能量范围内的高能电子流量远高于理论模型所预测的流量，该结果于 2008 年发表，引起天体物理领域的广泛关注，但需要更为精细的观测结果，因此掀起了在空间间接探测暗物质粒子的热潮[115-119]。

2015 年底，为抢占国际暗物质空间间接探测时间窗口，中国发射了暗物质粒子探测卫星(DAMPE)，该卫星是迄今人类在轨观测能段范围最宽和能量分辨最优的空间探测器，其关键探测指标居国际领先水平。作为 DAMPE 最核心的组成部分，全吸收型的 BGO 电磁量能器采用 14 层共 308 根尺寸为 25mm×25mm×600mm 的 BGO 晶体作为核心探测部件，这些大尺寸晶体是与高能宇宙线和暗物质可能湮没产物作用的媒介[14, 15, 120]。图 4.6.8 给出了 DAMPE 的有效载荷结构示意图，其中，BGO 量能器采用上海硅酸盐所在国际上独家研制的 600mm 长 BGO 晶体作为探测元件，晶体两个 25mm×25mm 端面分别耦合光电倍增管形成一个最小探测模块，308 个最小探测模块以单层 22 只、共 14 层、相邻两层相互垂直交错排列方式，形成三维探测阵列实现核心探测功能[15]。

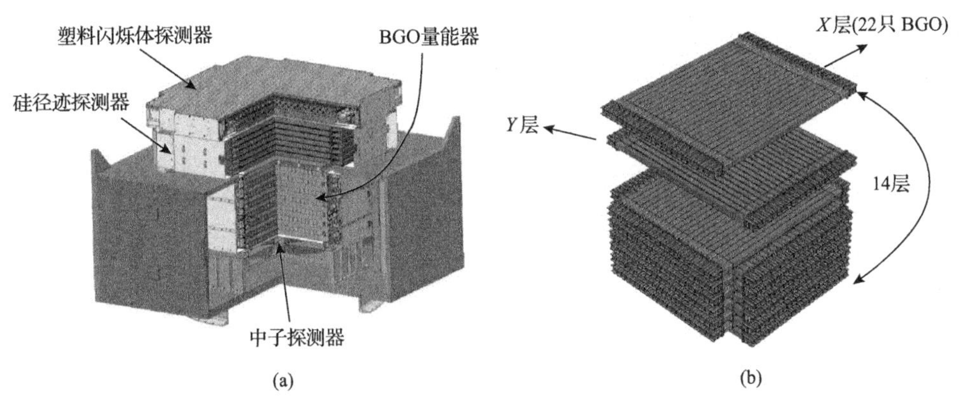

图 4.6.8　DAMPE 有效载荷结构(a)和 14 层 600mm 长 BGO 晶体排布(b)示意图[115]

DAMPE 首次在空间直接将正负电子能谱测量到接近 5TeV 的能量，超过 Fermi-LAT 的 2TeV 和 AMS-02 的 1TeV。2017 年研究团队发表了 25GeV～4.6TeV 能段的正负电子能谱精确测量结果，证实了在 100GeV 以上能段正负电子总谱的“超出”，而且首次以高置信度直接观测到正负电子总谱在 0.9TeV 处的能谱拐折。此外，还在 1.4TeV 能量处观察到存在能谱精细结构的迹象，而质子能谱在约 13TeV 处存在拐折[120-122]。目前，正在酝酿中的下一代空间暗物质探测装置——甚大面积γ射线空间望远镜(VLAST)，对γ射线观测的接受度和能量分辨率将显著超越 Fermi-LAT，预期将在高灵敏度暗物质探测和高能时域天文研究方面发挥引领作用[123]，该装置的建设需要米级或超米级长 BGO 晶体的支撑。

在由瑞士科学家牵头、多个国家参与研制的轻质量极化γ射线观测器(PoGoLite)气球实验装置中(图 4.6.9(a))，共采用了 5 种形状、共 427 根的 BGO 晶体，其中

600mm 长边缘反康普顿屏蔽探测 BGO 晶体单元由 3 根 200mm 长的晶体胶合而成(图 4.6.9(b))，这批由俄罗斯科学院无机化学所提供的 BGO 晶体为降低带电宇宙线、初级和环境γ射线、大气和仪器中子的本底起到了关键作用[124-126]。

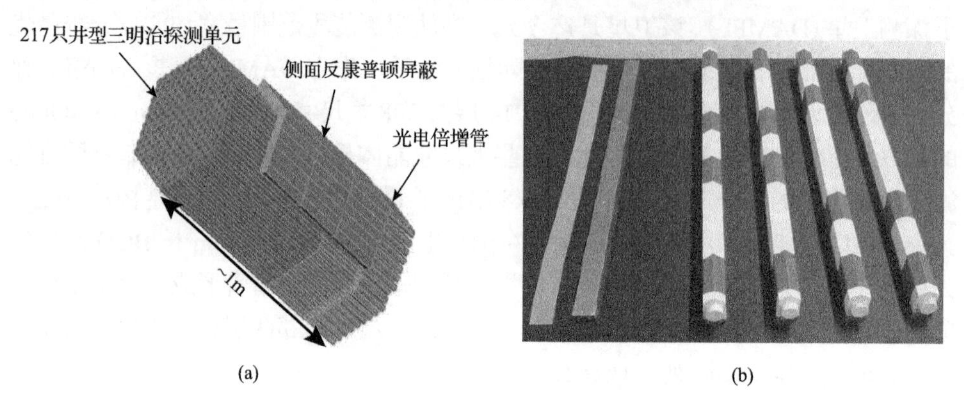

图 4.6.9　PoGoLite 探测器结构示意图(a)和三段胶合的 600mm 长 BGO 晶体(b)[124]

欧洲航天局国际伽马射线天体物理实验室在伽马射线天文观测 SPI(spectrometer on INTEGRAL)谱仪和 IBIS(imager on-board INTEGRAL)成像仪中，分别采用了 91 只和 16 只的 BGO 晶体模块作为反康普顿屏蔽探测材料[72, 73]。费米国家实验室牵头的伽马射线爆监测器(GBM)装置采用了 ϕ127mm×127mm 的 BGO 作为探测材料，涵盖 200keV～40MeV 的γ射线能区[127]。此外，国际空间站调制 X 射线和γ射线传感器(MXGS)[128]、γ射线先进探测器(GRAD)[129]、月球勘探者(Lunar Prospector，LP)、瞳(ASTRO-H)软 X 射线γ射线探测器[130]、黎明号(Dawn)和辉夜号(Kaguya)[131]等空间科学装置/仪器中，BGO 晶体也被作为主探测器或反康普顿屏蔽探测器材料得到了广泛应用。

4.6.4　核医学成像

正电子发射计算机断层扫描(positron emission tomography，PET)是一种核医学临床检查的成像技术，能以解剖形态方式进行功能、代谢和受体显像，具有无创伤性的特点，并能提供全身三维和功能运作的图像。闪烁探测器作为 PET 设备的核心部件，决定了系统的极限空间分辨率、探测效率、信噪比和性价比等。

在 BGO 晶体之前，能用于 PET 成像的唯一闪烁晶体是 NaI∶Tl 晶体，但该晶体具有潮解性，使得加工和使用均存在很大的困难；且晶体的密度低、有效原子序数低，使其对 PET 产生的 511keV 的γ射线的探测效率较低。BGO 晶体作为一种阻止能力强、光电效应占比大、不潮解、低余辉和易于加工材料，自从 1975 年 Nestor 和 Huang 发现它非常适用于 PET 探测器后[5]，就迅速引起核医学成像领域的高度关注。

1977 年，美国加利福尼亚大学洛杉矶分校和 Harshaw 化学公司的 Cho 等基于 BGO 晶体的探测系统具有十倍以上的正电子湮没符合探测效率，指出该晶体在核医学成像领域具有广阔的应用前景[6, 133]。1978～1981 年，EG&G ORTEC 公司开发出用于脑部研究的 NeuroECAT，这是第一台利用 BGO 晶体生产的商用 PET 产品[13]。1979 年，麦吉尔大学和 Harshaw 化学公司的 Thompson 等研制出首台基于 64 只 BGO 晶体的脑部正电子成像装置(POSITOME Ⅱ)[7]。1981 年，加利福尼亚大学伯克利分校的 Dorenzo 等采用 280 只 BGO 晶体研制出 Donner 正电子断层扫描装置。1981 年，瑞典 Scanditronix 公司在 Eriksson 主导下设计并推出了基于 BGO 晶体的商用 PET 产品。1986 年，Computer Technology and Imaging(CTI，现西门子医疗)公司提出并设计出基于滑槽 BGO 和 4 只光电倍增管的探测器模块[134]。1988 年，英国的 Spinks 等推出基于该类型探测模块的商业化 PET 扫描仪[135]。1992 年，中国科学院高能物理研究所的赵永界等采用国产 BGO 晶体研制出中国首台供临床应用的正电子发射断层成像系统 PETB01[136]。

从 20 世纪 80～90 年代，BGO 晶体一直是 CTI 公司和 Scanditronix 公司生产 PET 系统的主要闪烁晶体，但由于 PET 整机的价格高昂，且 PET 检测费用未被美国医疗保险系统列入报销目录，基于 BGO 晶体的 PET 系统装机量仍比较有限。1996 年，美国通用电气医疗(General Electric Healthcare，GEHC)公司收购 Scanditronix 公司，进入 PET 成像领域。1998 年，美国 PET 检测费用进入医保报销目录[16]，基于 BGO 晶体的 PET 装备发展迎来重要的发展契机。采用 BGO 晶体作为闪烁探测材的 Discovery IQ 系列 PET/CT 在全球应用最为广泛和最受医师信赖，PET/CT 系统具有可拓展性，能够在低剂量下获取高质量的图像。2019 年，GEHC 公司推出 Discovery IQ PET/CT 系统的升级版 IQ PET/CT Gen 2，图 4.6.10 给出该系统及其所采用的 LightBurst PET 探测器。

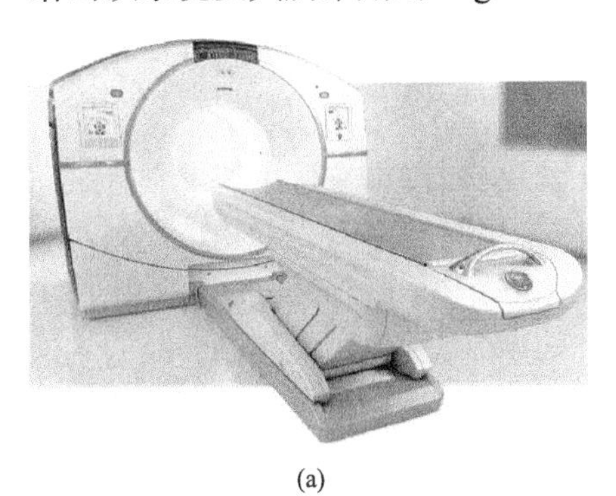

(a)

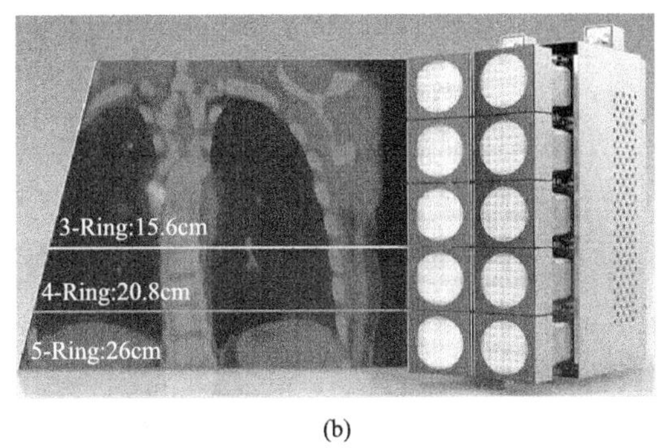

(b)

图 4.6.10　GEHC Discovery IQ PET/CT Gen 2 系统(a)及其所采用的 LightBurst PET 探测器(b)[132]

尽管高能物理应用和核医学成像应用均属于辐射探测应用，但二者对晶体内在质量和性能的要求存在显著的差异，核医学成像应用对晶体的质量、性能和一致性提出了更高的要求[15]。上海硅酸盐所独创的多坩埚下降法，在制备高能物理用大尺寸 BGO 晶体方面取得了巨大的成功，但在 PET 应用方面却遇到许多困难，所制备的晶体光学质量差、一致性差，光输出、透过率和抗辐照等闪烁性能都不及国际上用提拉法生长的 BGO 晶体，甚至一度被认为根本无法用于核医学成像领域。

1998 年以来，上海硅酸盐所 BGO 研究团队从原料控制、晶体生长设备改进、生长工艺优化等多方面进行了全面革新，使得多坩埚下降法制备出的晶体尺寸、质量和性能均得到大幅度提高，达到了 PET 用 BGO 晶体的技术指标，实现了 BGO 元件及阵列的低成本和规模化制备。图 4.6.11 给出了该所量产的 PET 用 BGO 闪烁晶体阵列照片。迄今为止，该所已累计为包括 GEHC、CTI、东软医疗、大基康明等国内外医疗设备整机公司提供了数千台 PET 整机所需晶体及晶体阵列，占据全球 PET 用 BGO 的绝大部分市场份额。

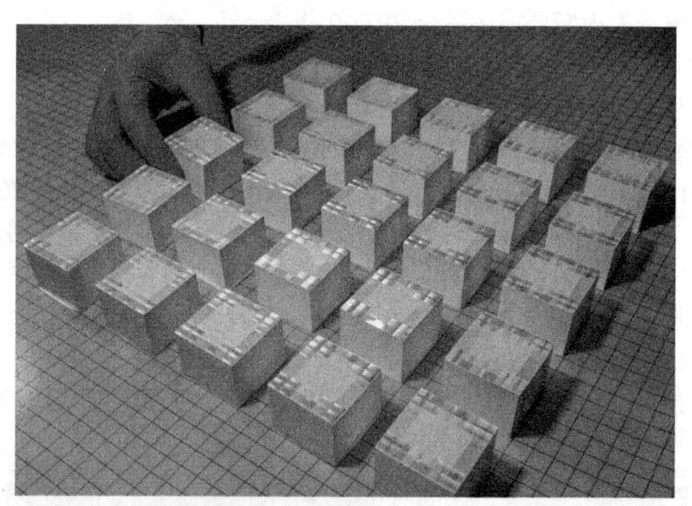

图 4.6.11　上海硅酸盐所量产的 PET 用 BGO 闪烁晶体阵列

当闪烁晶体具有较快的衰减时间时，可以在 PET 图像重建中利用飞行时间(time of flight，TOF)技术，进而提高 PET 图像信噪比[16]。LSO：Ce/LYSO：Ce/LFS：Ce 等镥基闪烁晶体具有快的衰减时间(30～40ns)，可以采用 TOF 技术提高图像质量，国内外医疗设备整机公司纷纷采用该类材料取代 BGO 晶体，这对 BGO 晶体在 PET 领域的应用提出了挑战。但是，随着紫外敏感固态光探测器 SiPM 的发展，通过利用高折射率 BGO 晶体的切连科夫光瞬时信号定时，可以赋予 BGO-PET 设备以 TOF 功能；采用 BGO 晶体可以获取与同尺寸的 LYSO 晶体相当的信噪比和符合时间分辨，而且具有更高的灵敏度和更低的成本优势，使得这种 PET 用传统闪烁晶体又迎来了新的发展契机[137-141]。

4.6.5　资源勘探

作为一种资源勘探用γ射线能谱仪探测材料，BGO 晶体射线阻止能力强、探测效率高，尤其是 BGO 晶体的γ射线高能部分的计数效率和峰谷比等性能都远优于 NaI：Tl 晶体。因此，基于 BGO 晶体的γ射线谱仪具有探测效率高、剥谱系数小、体积小、重量轻等优点，在小孔径或需要高探测效率的自然伽马能谱测井仪或元素俘获伽马能谱测井仪中被广泛应用。

1. 自然伽马能谱测井

BGO 晶体在 1.76～2.62MeV 能量范围内的分辨率、特征峰峰谷比(1.76MeV、2.62MeV)和计数率(1～3MeV)等性能均优于同尺寸的 NaI：Tl 晶体，可以更精确地确定 U/K、U/Th 和 Th/K 比，它不仅可以用于铀矿资源勘查，还可以用于地质填图，并间接用于找矿[142]。马丽娟等采用上海硅酸盐所生产的 BGO 晶体，研制出伽马能谱测井仪、地面伽马能谱仪和伽马能谱物理分析仪，发现 BGO 对钍(Th)2.62MeV 峰的计数率是同体积 NaI：Tl 的 7.5 倍，BGO 的峰谷比(5.2)是同体积 NaI：Tl(2.5)的 2 倍，可以大幅提高仪器对铀、钍、钾的测量精度，在低放射性物质含量低的石油、煤田和金矿地区应用中具有显著优势[143]。如今，核辐射测井已进入全能谱测井时代，相对于其他商用无机闪烁晶体，BGO 晶体探测器在γ射线低能段的全能峰和反散射峰强度及在高能γ段的光电效应峰和第一逃逸峰强度均最大，探测效率最高[144]。

2. 元素俘获伽马能谱测井

利用 BGO 晶体高探测效率的突出优点制作的双探测器补偿 C/O 测井仪，可以消除井眼油的影响，提高测量精度，并降低对中子发生器的产额要求[145]。在元素俘获能谱石油测井领域，世界主要石油测井公司分别推出基于大尺寸 BGO 伽马探测器的元素俘获能谱测井仪器，如斯伦贝谢(Schlumberger)公司的 ECS、哈里伯顿(Halliburton)公司的 GEM，以及贝克休斯公司(Baker Hughes)的 RockView 和 FLeX；通过 Am-Be 中子源或脉冲中子源产生的中子，激发地层元素产生的次生俘获伽马能谱，通过谱解析可以获取多种元素含量[146-148]。

近 20 年来，国内测井技术公司一直在跟踪国际地层元素测井技术的发展，并利用斯伦贝谢 ECS 仪器对国内的测井资料进行了应用评价。2012 年，中国石油测井技术有限公司推出国内首台地层元素测井仪——FEM，该仪器采用 BGO 晶体作为俘获伽马能谱测量材料[149, 150]，打破了国外在元素测井市场的技术垄断；随后，大庆油田有限公司测试技术分公司研发出 PNST 脉冲中子地层元素测井仪，仪器采用近、远两个 BGO 闪烁晶体γ射线探测器，并在实际使用中取得了良好的测井效果[151]。随着计算机稳谱技术、低温保持技术的不断发展，BGO 在能谱测井中有望得到更为广泛的应用。

4.6.6 其他应用

作为一种综合性能优异的闪烁晶体，BGO 在爆炸物及违禁品检测[152-154]、工业物料在线分析[155]、γ射线液位仪[156, 157]和放射性物质监测[158, 159]等领域也有较为广泛的实际应用。

参 考 文 献

[1] Weber M J, Monchamp R R. Luminescence of $Bi_4Ge_3O_{12}$: spectral and decay properties. Journal of Applied Physics, 1973, 44(12): 5495-5499.

[2] Durif A. Etude dune serie de phosphosulfates isomorphes de leulytine. Comptes Rendus Hebdomadaires Des Seances De L Academie Des Sciences, 1957, 245(14): 1151-1152.

[3] Nitsche R. Crystal growth and electro-optic effect of bismuth germanate, $Bi_4(GeO_4)_3$. Journal of Applied Physics, 1965, 36(8): 2358-2360.

[4] Johnson L, Ballman A. Coherent emission from rare earth ions in electro-optic crystals. Journal of Applied Physics, 1969, 40(1): 297-302.

[5] Nestor O H, Huang C Y. Bismuth germanate: A high-Z gamma-ray and charged particle detector. IEEE Transactions on Nuclear Science, 1975, 22(1): 68-71.

[6] Cho Z, Farukhi M. Bismuth germanate as a potential scintillation detector in positron cameras. Journal of Nuclear Medicine, 1977, 18(8): 840-844.

[7] Thompson C J, Yamamoto Y L, Meyer E. Positome Ⅱ: A high efficiency positron imaging device for dynamic brain studies. IEEE Transactions on Nuclear Science, 1979, 26(1): 583-589.

[8] Gu Y. Present status of research and development of bismuth germanate in China//International Workshop on BGO, Princeton, November, 1982.

[9] Cavalli-Sforza M, Hawley J, Sonnenfeld R, et al. Properties of bismuth germanate and its use for electromagnetic calorimetry. Energy, 1982, 10: 216-220.

[10] 何崇藩, 范世骥, 廖晶莹, 等. 坩埚下降法生长锗酸铋(BGO)大单晶. 人工晶体, 1985,(3): 37.

[11] 戴元超. 锗酸铋(BGO)晶体研究开发的启示. 中国科学院院刊, 1988, (1): 44-46.

[12] 何景棠. 锗酸铋晶体的特性及其应用前景. 核技术, 1984, 1: 7-11.

[13] Williams C, Crabtree M, Burke M, et al. Design of the neuro-ECAT®: A high-resolution, high efficiency positron tomograph for imaging the adult head or infant torso. IEEE Transactions on Nuclear Science, 1981, 28(2): 1736-1740.

[14] 常进, 冯磊, 郭建华, 等. 暗物质粒子探测卫星及邻近的电子宇宙射线源. 中国科学: 物理

学 力学 天文学, 2015, 45(11): 119510.

[15] 陈俊锋. 大尺寸锗酸铋闪烁晶体与暗物质粒子探测. 现代物理知识, 2016, 28(6): 23-30.

[16] Jones T, Townsend D. History and future technical innovation in positron emission tomography. Journal of Medical Imaging, 2017, 4(1): 011013.

[17] 计志明. 空间暗物质探测用 600mm 长 BGO 晶体的光响应均匀性研究. 北京: 中国科学院大学, 2014.

[18] 常进, 冯磊, 郭建华, 等. "悟空"玉宇探测暗物质——暗物质粒子探测卫星简介. 科技导报, 2016, 34(5): 22-25.

[19] 华素坤, 仲维卓. 锗酸铋晶体的结晶习性与缺陷——1. 散射颗粒的形成. 人工晶体, 1986, (4): 245-251.

[20] Fischer P, Waldner F. Comparison of neutron diffraction and EPR results on the cubic crystal structures of piezoelectric $Bi_4Y_3O_{12}$(Y=Ge, Si). Solid State Commun, 1982, 44(5): 657-661.

[21] Kuz'micheva G M, Kaurova I A, Ivleva L I, et al. Structure and composition peculiarities and spectral-luminescent properties of colorless and pink $Bi_4Ge_3O_{12}$ scintillation crystals.Arabian Journal of Chemistry, 2018, 11(8): 1270-1280.

[22] 宋桂兰, 姚冬敏, 齐雪君, 等. BGO 熔体急冷自发结晶形貌. 人工晶体学报, 2004, (6): 955-959.

[23] 范世(马豈). 高技术晶体材料——BGO. 大学化学, 1988, (2): 3-7.

[24] 何崇藩, 沈炳孚, 苏伟堂, 等. X 线断层扫描仪用新型闪烁晶体——锗酸铋($Bi_4Ge_3O_{12}$)单晶生长, 性质及其应用研究. 新型无机材料, 1981, 9(3～4): 12-13.

[25] 古佩新, 胡关钦, 华素坤, 等. 新型无机闪烁晶体 BGO. 功能材料, 1994, (2): 189-192.

[26] 费扬, 奚同庚, 蔡忠龙, 等. 锗酸铋($Bi_4Ge_3O_{12}$)单晶热物理性质的研究. 无机材料学报, 1989, (4): 357-361.

[27] Moszyński M, Gresset C, Vacher J, et al. Timing properties of BGO scintillator. Nuclear Instruments and Methods, 1981, 188(2): 403-409.

[28] Weber M J. Discovery of the scintillation properties of BGO: Underlying principles. International Workshop On Bismuth Germanate, Princeton, 10 Noverber, 1982.

[29] Ji Z, Ni H, Yuan L, et al. Investigation of optical transmittance and light response uniformity of 600-mm-long BGO crystals. Nuclear Instruments and Methods A, 2014, 753: 143-148.

[30] Yang F, Mao R, Zhang L, et al. A study on radiation damage in BGO and PWO-Ⅱ crystals. IEEE Transactions on Nuclear Science, 2013, 60 (3): 2336-2342.

[31] 卢绍军. 用于 Hyperball 上的 BGO 反康计数器研究. 北京: 中国原子能科学研究院, 2002.

[32] Ishibashi H, Akiyama S, Ishii M. Influence of surface roughness and crystal shape on scintillation performance of bismuth germinates//International Workshop on BGO, Princeton, November, 1982.

[33] Kobayashi M, Sugimoto S, Ueda M, et al. Improving the longitudinal uniformity in the response of long BGO detectors//International Workshop on BGO, Princeton, November, 1982.

[34] Farukhi M R. $Bi_4Ge_3O_{12}$（BGO）—A scintillator replacement for NaI(Tl). MRS Proceedings, 1982, 16: 115.

[35] Okajima K, Takami K, Ueda K, et al. Characteristics of a gamma-ray detector using a bismuth germanate scintillator. Review of Scientific Instruments, 1982, 53(8): 1285-1286.

[36] Moszyński M, Kapusta M, Mayhugh M, et al. Absolute light output of scintillators.IEEE Transactions on Nuclear Science, 1997, 44(3): 1052-1061.

[37] Moszyński M, Balcerzyk M, Czarnacki W, et al. Intrinsic energy resolution and light yield nonproportionality of BGO. IEEE Transactions on Nuclear Science, 2004, 51(3): 1074-1079.

[38] 裴常进，苏俊，李志宏，等. 大尺寸 BGO 晶体的温度特性研究. 原子能科学技术，2018, 52(01): 140-144.

[39] Evans A E. Gamma-ray response of a 38-mm bismuth germanate scintillator. IEEE Transactions on Nuclear Science, 1980, 27(1): 172-175.

[40] von Dardel. Guy and others, L3 Technical Proposal. CERN Report CERN/LEPC/83-5, 1983.

[41] 沈定中，薛志麟，杨正泉，等. 锥形六面体 BGO 大单晶的表面处理与均匀性. 无机材料学报, 1988, (2): 186-192.

[42] Auffray E, Cavallari F, Lebeau M, et al. Crystal conditioning for high-energy physics detectors. Nuclear Instruments and Methods A, 2002, 486: 22-34.

[43] Ji Z M, Ni H H, Yuan L Y, et al. Correlation between light response uniformity and longitudinal transmission in 600 mm BGO crystals. Key Engineering Materials, 2015, 633: 277-280.

[44] 魏宗英，何崇藩，殷之文. $Bi_4Ge_3O_{12}$ 晶体辐照损伤的热释光研究. 人工晶体学报，1990, (04): 324-330.

[45] 沈定中，魏宗英，殷之文. BGO 晶体的热释光效应及光损伤后晶体的恢复. 无机材料学报, 1986, (04): 289-295.

[46] Zhu R, Stone H, Newman H, et al. A study on radiation damage in doped BGO crystals.Nuclear Instruments and Methods A, 1991, 302(1): 69-75.

[47] Grigoriev D N, Akhmetshin R R, Babichev E A, et al. The radiation hard BGO crystals for astrophysics applications. IEEE Transactions on Nuclear Science, 2014, 61(4): 2392-2396.

[48] 谢幼玉，魏宗英，殷之文. 铕掺杂 BGO 晶体的辐照损伤及余辉. 无机材料学报, 1992, (1): 1-6.

[49] Georgii R, MeiBl R, Hajdas W, et al. Influence of radiation damage on BGO scintillation properties. Nuclear Instruments and Methods A, 1998, 413: 50-58.

[50] Kaplun A, Meshalkin A. Stable and metastable phase equilibrium in system Bi_2O_3-GeO_2. Journal of Crystal Growth, 1996, 167(1-2): 171-175.

[51] Speranskaya E, Arshakuni A. System Bi_2O_3-GeO_2 . Zhurnal Fizicheskoi Khimii, 1964, 9(2): 414-421.

[52] Grabmaier B, Haussühl S, Klüfers P. Crystal growth, structure, and physical properties of $Bi_2Ge_3O_9$.Zeitschrift für Kristallographie-Crystalline Materials, 1979, 149(3-4): 261-267.

[53] Corsmit G, van Driel M A, Elsenaar R J, et al. Thermal analysis of bismuth germanate compounds. Journal of Crystal Growth, 1986, 75(3): 551-560.

[54] Schmid F, Khattak C P, Smith M B. Growth of bismuth germanate crystals by the heat exchanger method. Journal of Crystal Growth, 1984, 70(1): 466-470.

[55] Chongfan H, Shiji F, Jingying L, et al. Growth and characterization of BGO. Progress in Crystal Growth and Characterization, 1985, 11(4): 253-262.

[56] Katsuyasu K, Toshiyuki Y, Ryouhei N, et al. Crystal Growth of $Bi_4Ge_3O_{12}$ and Heat Transfer Analyses of Horizontal Bridgman Techniques. Japanese Journal of Applied Physics, 1993, 32(4R): 1736.

[57] Shim J B, Lee J H, Yoshikawa A, et al. Growth of $Bi_4Ge_3O_{12}$ single crystal by the micro-pulling-down method from bismuth rich composition. Journal of Crystal Growth, 2002, 243(1): 157-163.

[58] Farhi H, Belkahla S, Lebbou K, et al. BGO fibers growth by μ-pulling down technique and study of light propagation.Physics Procedia, 2009, 2(3): 819-825.

[59] Galenin E, Baumer V, Gerasymov I, et al. Characterization of bismuth germanate crystals grown by EFG method. Crystal Research and Technology, 2015, 50(2): 150-154.

[60] Borovlev Y A, Ivannikova N V, Shlegel V N, et al. Progress in growth of large sized BGO crystals by the low-thermal-gradient Czochralski technique . Journal of Crystal Growth, 2001, 229(1-4): 305-311.

[61] Omid S, Tavakoli M H. Effect of the ceramic tube shape on global heat transfer, thermal stress and crystallization front in low thermal gradient (LTG) Czochralski growth of scintillating BGO crystal. Materials Research Express, 2018, 5(10): 105507.

[62] 廖晶莹, 叶崇志, 杨培志. 锗酸铋闪烁晶体的研究综述. 化学研究, 2004, 15(4): 52-58.

[63] 何崇藩, 沈炳孚, 苏伟堂, 等. X线断层扫描仪用新型闪烁晶体——锗酸铋($Bi_4Ge_3O_{12}$)单晶生长性质及其应用研究. 医疗器械, 1982, 5: 29-33.

[64] 蔡起善, 吕刚, 陈淑芬, 等. 锗酸铋单晶($Bi_4Ge_3O_{12}$)的缺陷观察与分析. 压电与声光, 1982, (06): 38-41,34.

[65] 吕刚, 陈淑芬, 孔金学, 等. 闪烁晶体——锗酸铋($Bi_4Ge_3O_{12}$). 压电与声光, 1983, (5): 16-21.

[66] 沈德忠, 杨正棠, 宋永革. 锗酸铋($Bi_4Ge_3O_{12}$)晶体的提拉法生长. 人工晶体, 1983, (03): 149-154.

[67] Bobbink G J, Engler A, Kraemer R W, et al. Study of radiation damage to long BGO

crystals.Nuclear Instruments and Methods A, 1984, 227(3): 470-477.

[68] Ishii M, Akiyama S, Ishibashi H, et al. Progress in BGO quality improvement at Hitachi. 1982.

[69] Luxium Solutions [2023-08-13]. https://luxiumsolutions.com/radiation-detection-scintillators/crystal-scintillators/bgo-bismuth-germanate.

[70] Dedmaxopka, LiveJournal, Institute of Inorganic Chemistry. A.V. Nikolaev SB RAS (INC SB RAS) [2022-12-31]. https://dedmaxopka.livejournal.com/60885.html.

[71] Nikolaev Institute of Inorganic Chemistry of the Siberian Branch of the RAS, Product Brochure. [2022-13-31]. https://niic.nsc.ru/science/razrabotki/619-materials/bgo/2853-bgo-en.

[72] Kienlin A V, Arend N, Lichti G G. A GRB Detection System Using the BGO-Shield of the INTEGRAL-Sectrometer SPI. Berlin Heidelberg: Springer,2001.

[73] Ubertini P, Lebrun F, Di Cocco G, et al. IBIS: the imager on-board INTEGRAL. Astron Astrophys, 2003, 411(1): L131-L139.

[74] Bridgman P W. Certain physical properties of single crystals of tungsten, antimony, bismuth, tellurium, cadmium, zinc, and tin. Proceedings of the American Academy of Arts and Sciences, 1925, 60(6): 305-383.

[75] Stockbarger D C. The production of large single crystals of lithium fluoride. Review of Scientific Instruments, 1936, 7(3): 133-136.

[76] Ishii M, Kobayashi M. Single crystals for radiation detectors. Progress in Crystal Growth and Characterization of Materials, 1992, 23: 245-311.

[77] Okamoto H. The Bi-Pt (bismuth-platinum) system. Journal of Phase Equilibria, 1991, 12(2): 207-210.

[78] 吴英熙, 汤鸣. 科研需要积累 开发先要投资——关于锗酸铋晶体研究开发的调查. 科研管理, 1987, 4: 64-66.

[79] Wu L B, Zhang Y L, Zhang Z Y, et al. Energy correction based on fluorescence attenuation of DAMPE. Research in Astronomy and Astrophysics, 2020, 20(8): 118.

[80] 姚冬敏, 齐雪君, 宋桂兰, 等. BGO 晶体的缺陷与性能—(1)缺陷及其形成. 人工晶体学报, 2004, (06): 940-944.

[81] 殷之文, 薛志麟, 胡关钦, 等. BGO 大单晶宏观缺陷的研究. 无机材料学报, 1991, (4): 391-398.

[82] CERN, Photographs of L3, L3 subdetectors[2022.12.31]. Https://l3.web.cern.ch/images/bgo1.gif.

[83] Liu Y. 3D Crystal Calorimeter: R and D status. HKUST IAS High Energy Physics Conference. Beijing: Institute of High Energy Physics, Chinese Academy of Sciences, 2021.

[84] Schopper H. CERN-Bringing Nations Together. LEP-The Lord of the Collider Rings at CERN 1980-2000. Springer. 2009: 179-183.

[85] 丁肇中. 一个未来的实验. 物理, 1982, (07): 394-409.

[86] 何崇藩. 新型闪烁材料: 锗酸铋(BGO)晶体. 中国科学院院刊, 1986, 2: 154-156.

[87] Lucchini M T, Chung W, Eno S C, et al. New perspectives on segmented crystal calorimeters for future colliders. Journal of Instrumentation, 2020, 15(11): P11005-P.

[88] Baxter A M, Khoo T L, Bleich M E, et al. Compton-suppression tests on Ge and BGO prototype detectors for GAMMASPHERE .Nuclear Instruments and Methods A, 1992, 317(1): 101-110.

[89] Carpenter M P, Khoo T L, Ahmad I, et al. Test and performance of a BGO Compton-suppression shield for GAMMASPHERE .Nuclear Instruments and Methods A, 1994, 353(1): 234-238.

[90] LEE I Y. The gammasphere. Progress in Particle and Nuclear Physics, 1992, 28: 473-485.

[91] 朱显超, 林泉, 马远飞, 等. 高纯锗晶体的研究进展. 稀有金属, 2020, 44(08): 876-885.

[92] 雷祥国, 郭应祥, 周小红, 等. 轴对称型 BGO 反康屏蔽探测器研制. 核电子学与探测技术, 2003, (3): 193-196.

[93] 袁观俊, 吴平, 杨春祥, 等. 用于原子核高自旋态研究的 BGO 反康普顿高纯锗谱仪. 核技术, 1990, (7): 425-430.

[94] Janssens R, Stephens F. New physics opportunities at Gammasphere. Nuclear Physics News, 1996, 6(4): 9-17.

[95] Simpson J. The Euroball Spectrometer. Zeitschrift für Physik A Hadrons and Nuclei, 1997, 358(2): 139-143.

[96] Korten W, Lunardi S.On behalf of the Euroball Coordination Committee. Achievements with the Euroball Spectrometer: Scientific and Technical Activity Report 1997-2003, 2003.

[97] Goulding F S, Landis D A, Madden N, et al. GAMMASPHERE-timing and signal processing aspects of the BGO Compton shield. IEEE Transactions on Nuclear Science, 1994, 41: 1135-1139.

[98] Simpson J. Euroball: Present status and outlook. Acta Physica Hungarica New Series Heavy Ion Physics, 1997, 6(1): 253-264.

[99] Wilhelm M, Eberth J, Pascovici G, et al. The response of the Euroball Cluster detector to γ-radiation up to 10 MeV.Nuclear Instruments and Methods A, 1996, 381(2): 462-465.

[100] Barbagli G, Castellini G, Landi G, et al. GASP Ⅱ: A new-generation instrument for the gamma ray astronomy at the South Pole. Nuclear Physics B - Proceedings Supplements, 1998, 61(3): 145-150.

[101] Korten W, Lunardi S. Achievements with the Euroball spectrometer. Scientific and Technical Report 1997-2003, 2003.

[102] Lenzi S M, Herzberg R D. GAMMAPOOL: Celebrating 10 years of the European gamma ray spectroscopy pool.Nuclear Physics News, 2012, 22(4): 24-28.

[103] France G D, Collaboration E. EXOGAM: A γ-ray spectrometer for exotic beams.AIP

Conference Proceedings, 1998, 455(1): 977-980.

[104] Jones P, Papka P, Sharpey-Shafer J, et al. Study of 0+ States at iThemba LABS. Proceedings of the EPJ Web of Conferences F. Paris: EDP Sciences, 2013.

[105] Moszyński M, Bjerregard J H, Gaardhøje J J, et al. Limitation of the Compton suppression in Ge-BGO Compton suppression spectrometers.Nuclear Instruments and Methods A, 1989, 280(1): 73-82.

[106] Bildstein V, Andreoiu C, Ball G C, et al. New opportunities in decay spectroscopy with the GRIFFIN and DESCANT Arrays. Physics Procedia, 2015, 66: 465-470.

[107] Garnsworthy A B, Svensson C E, Bowry M, et al. The GRIFFIN facility for Decay-Spectroscopy studies at TRIUMF-ISAC .Nuclear Instruments and Methods A, 2019, 918: 9-29.

[108] 潘仲韬, 代主得, 唐金丽, 等. FJ422 型 BGO 反康普顿屏蔽探测器. 核电子学与探测技术, 1989, (03): 142-146.

[109] 竺礼华. HI-13 串列加速器上核结构在束γ谱学研究: 现状及展望. 高能物理与核物理, 2006, 30: 127-130.

[110] Medina N H, Collaboration G. In-beam γ-ray spectroscopy with GASP. Acta Physica Hungarica New Series Heavy Ion Physics, 1995, 2(3-4): 141-159.

[111] 雷祥国, 郭应祥, 孙相富, 等. BJ38-BGO 晶体球性能及其特性模拟实验研究. 核电子学与探测技术, 1997, (6): 21-24.

[112] 雷祥国, 郭应祥, 黄文学, 等. 联合在束γ装置的发展和实验. 核电子学与探测技术, 2000, (2): 81-85.

[113] Ishikawa T, Fujimura H, Grigoriev D N, et al. Testing a prototype BGO calorimeter with 100–800MeV positron beams. Nuclear Instruments and Methods A, 2016, 837: 109-122.

[114] 柳卫平, 李志宏, 何建军, 等. 锦屏深地核天体物理实验(JUNA)地面实验进展.原子核物理评论, 2020, 37(3): 283-290.

[115] Wei Y, Zhang Y, Zhang Z, et al. Performance of the DAMPE BGO calorimeter on the ion beam test. Nuclear Instruments and Methods A, 2019, 922: 177-184.

[116] Panov A, Adams J, Ahn H, et al. Fine structure in the cosmic ray electron spectrum measured by the ATIC-2 and ATIC-4 experiments.Bulletin of the Russian Academy of Sciences: Physics, 2011, 75(3): 319-322.

[117] Isbert J, Adams J H, Ahn H S, et al. Temperature effects in the ATIC BGO calorimeter. Advances in Space Research, 2008, 42(3): 437-441.

[118] Chang J, Adams J H, Ahn H S, et al. An excess of cosmic ray electrons at energies of 300–800 GeV. Nature, 2008, 456(7220): 362-365.

[119] Niita T, Torii S, Akaike Y, et al. Energy calibration of Calorimetric Electron Telescope (CALET) in space. Advances in Space Research, 2015, 55(11): 2500-2508.

[120] Collaboration D. Direct detection of a break in the teraelectronvolt cosmic-ray spectrum of electrons and positrons. Nature, 2017, 552: 63.

[121] 常进, 袁强. 电子和质子宇宙射线能谱的精确测量——“基于暗物质粒子探测卫星的科学研究”项目进展. 中国基础科学, 2019, 21(4): 7-14.

[122] An Q, Asfandiyarov R, Azzarello P, et al. Measurement of the cosmic ray proton spectrum from 40 GeV to 100 TeV with the DAMPE satellite. Science Advances, 2019, 5(9): 3793.

[123] 常进. 暗物质粒子探测进入新时期. 科学通报, 2020, 65(18): 1809-1813.

[124] Kiss M. Studies of PoGOLite performance and background rejection capabilities. Stockholm: Royal Institute of Technology, 2008.

[125] Marini Bettolo C, Pearce M, Kiss M, et al. The BGO anticoincidence system of the PoGOLite balloon-borne soft gamma-ray polarimeter. 30th International Cosmic Ray Conference, Merida, Yucatan, 3-11 July, 2007.

[126] Kamae T, Andersson V, Arimoto M, et al. PoGOLite – A high sensitivity balloon-borne soft gamma-ray polarimeter. Astroparticle Physics, 2008, 30(2): 72-84.

[127] Meegan C, Lichti G, Bhat P, et al. The Fermi gamma-ray burst monitor. The Astrophysical Journal, 2009, 702(1): 791.

[128] Østgaard N, Balling J E, Bjørnsen T, et al. The modular X- and gamma-ray sensor (MXGS) of the ASIM payload on the international space station. Space Science Reviews, 2019, 215(2): 23.

[129] Rester A C, Coldwell R L, Trombka J I, et al. Performance of bismuth germanate active shielding on a balloon flight over Antarctica. IEEE Transactions on Nuclear Science, 1990, 37(2): 559-565.

[130] Hanabata Y, Fukazawa Y, Yamaoka K, et al. Development of BGO active shield for the ASTRO-H soft gamma-ray detector. SPIE, 2010.

[131] Reedy R. Backgrounds in bismuth germanate (BGO) gamma-ray spectrometers in space. Proceedings of the Lunar and Planetary Science Conference, 2010.

[132] General Electronic Healthcare, Discovery IQ PET/CT Gen 2, Product Brochure[2022-12-31]. Https://www.gehealthcare.com/products/molecular-imaging/pet-ct/discovery-iq-gen-2.

[133] Cho Z H, Cohen M B, Singh M, et al. Performance and Evaluation of the Circular Ring Transverse Axial Positron Camera (CRTAPC).IEEE Transactions on Nuclear Science, 1977, 24(1): 532-543.

[134] Casey M, Nutt R. A multicrystal two dimensional BGO detector system for positron emission tomography. IEEE Transactions on Nuclear Science, 1986, 33(1): 460-463.

[135] Spinks T, Jones T, Gilardi M, et al. Physical performance of the latest generation of commercial positron scanner. IEEE Transactions on Nuclear Science, 1988, 35(1): 721-725.

[136] 赵永界, 李学军. 中国第一台正电子发射断层成像系统—PET—B01. 现代科学仪器, 1993, (3): 4-6.

[137] Sun I K, Alberto G, Alessandro F, et al. Bismuth germanate coupled to near ultraviolet silicon photomultipliers for time-of-flight PET. Physics in Medicine and Biology, 2016, 61(18): L38.

[138] Brunner S, Schaart D. BGO as a hybrid scintillator/Cherenkov radiator for cost-effective time-of-flight PET. Physics in Medicine and Biology, 2017, 62(11): 4421.

[139] Gundacker S, Martinez Turtos R, Kratochwil N, et al. Experimental time resolution limits of modern SiPMs and TOF-PET detectors exploring different scintillators and Cherenkov emission. Physics in Medicine and Biology, 2020, 65(2): 025001.

[140] Kratochwil N, Gundacker S, Lecoq P, et al. Pushing cherenkov PET with BGO via coincidence time resolution classification and correction. Physics in Medicine and Biology, 2020, 65(11): 115004.

[141] Kratochwil N, Auffray E, Gundacker S. Exploring Cherenkov emission of BGO for TOF-PET. IEEE Transactions on Radiation and Plasma Medical Sciences, 2020, 5(5): 619-629.

[142] 王德梅, 马丽娟, 李家俊, 等. 锗酸铋(BGO)探测器用于找矿的初步研究.铀矿地质, 1988, (1): 52-55.

[143] 马丽娟, 陆士立, 王德梅, 等. BGO 系列伽马能谱仪研制成功.铀矿地质, 1990, (4): 247-250.

[144] 吴文圣, 何景枝. 核测井 NaI、BGO 和 $LaBr_3$ 探测器响应的 M-C 模拟.核技术, 2011, 34(12): 909-915.

[145] 吉朋松, 庄人遴, 林谦, 等. 双 BGO 晶体能谱测井.核电子学与探测技术, 1997, (2): 37-40,11.

[146] Galford J E, Quirein J A, Shannon S, et al. Field test results of a new neutron induced gamma ray spectroscopy geochemical logging tool. Proceedings of the SPE Annual Technical Conference and Exhibition F, Society of Petroleum Engineers, 2009.

[147] 袁超, 周灿灿. 基于伽马能谱的元素测井发展历程及技术展望. 地球物理学进展, 2014, 29(4): 1867-1872.

[148] Baker Hughes. RockView, In-situ mineralogical characterization service. Tool Brochure 2019 [2022-12-31]. Https://www.bakerhughes.com/sites/bakerhughes/files/2020-07/RockView-in-situ-mineralogical-characterization-service-broc.PDF.

[149] 岳爱忠, 朱涵斌, 何绪新, 等. FEM 地层元素测井仪. 石油科技论坛, 2016, 35(S1): 20-4, 238.

[150] 佘刚, 陈宝, 朱涵斌, 等. FEM 地层元素测井仪可靠性及应用效果评价. 测井技术, 2020, 44(3): 233-240.

[151] 郑华, 孙亮, 梁庆宝, 等. PNST-E 脉冲中子地层元素测井技术研究. 测井技术, 2015,

39(4): 395-404, 21.

[152] 杨祎罡, 李元景, 王宏渊, 等. 基于 14 MeVμs 脉冲中子发生器与 NaI(Tl)和 BGO 闪烁探测器的爆炸物检测系统的研制. 同位素, 2005, (Z1): 34-38.

[153] Perot B, Perret G, Mariani A, et al. The EURITRACK project: Development of a tagged neutron inspection system for cargo containers. Proceedings of the Non-Intrusive Inspection Technologies F, International Society for Optics and Photonics, 2006.

[154] Gierlik M, Batsch T, Moszynski M, et al. Comparative study of large NaI (Tl) and BGO scintillators for the EURopean Illicit TRAfficking Countermeasures Kit project. Proceedings of the IEEE Nuclear Science Symposium Conference Record, 2005.

[155] 张伟, 肖宪东, 龚亚林. BGO探测器在中子活化元素分析仪中的应用. 中国水泥, 2017, 10: 96-97.

[156] 李公平, 柳纪虎, 任重, 等. γ射线 BGO 探头研制. 甘肃科学学报, 2000, (03): 32-34.

[157] van der Graaf E, Rigollet C, Maleka P, et al. Testing and assessment of a large BGO detector for beach monitoring of radioactive particles .Nuclear Instruments and Methods A, 2007, 575(3): 507-518.

[158] 潘小东, 韩雪梅, 李公平, 等. γ射线连续液位仪中BGO闪烁晶体探测器设计. 核电子学与探测技术, 2007, 27(2): 268-270.

[159] Vetter K. The nuclear legacy today of fukushima. Annual Review of Nuclear and Particle Science, 2020, 70: 257-292.

第5章　钨酸盐闪烁晶体

钨酸盐晶体是一类非常古老的发光材料。自从 1895 年伦琴发现 X 射线之后，科学家们就在不断寻找比感光胶片更加灵敏、更加高效的 X 射线探测材料，钨酸钙($CaWO_4$)粉末最早进入这一领域，并作为 X 射线感光材料服役了长达 70 多年的时间。由于含有重元素钨，钨酸盐材料具有密度高和对射线阻止本领强的优点，从而成为最早被发现、最早被应用，而且是产生了重大科技、经济和社会影响的无机闪烁晶体。

按照晶体结构，钨酸盐晶体可以分为白钨矿型和黑钨矿型，前者属于四方晶系，如 $CaWO_4$ 和 $PbWO_4$，后者属于单斜晶系，如 $CdWO_4$ 和 $ZnWO_4$ 晶体。现有的钨酸盐闪烁晶体中，已商品化且仍在大量使用的主要有钨酸铅 $PbWO_4$(简称 PWO)和钨酸镉 $CdWO_4$(简称 CWO)，这些晶体的主要物理性能总结于表 5.0.1。其中 PWO 主要用于高能物理，CWO 则主要用于 X 射线计算机断层成像(X-CT)。

表 5.0.1　若干钨酸盐闪烁晶体的主要物理性能

性能	$PbWO_4$	$CdWO_4$	$CaWO_4$	$ZnWO_4$
空间群	$I4_1/a$	P2/c	$I4_1/a$	P2/c
熔点/℃	1123	1270	1580	1250
莫氏硬度	4	4～4.5	4.5～5	4
解理	(001)	(010)	(101)	(010)
密度/(g/cm^3)	8.28	7.90	6.06	7.87
辐射长度/cm	0.85	1.06	1.509	1.16
发光主峰位/nm	420/450	470/540	420	480
衰减常数/ns	<10/36	5000	8000	5000
光产额/(ph/MeV)	120	15000	13500	8000
余辉/%@3ms	—	0.1	0.005	0.001

5.1　钨酸铅晶体

PWO 晶体发现于 1948 年[1,2]，当初因光输出太低而未受到重视。但随着高能物理对闪烁晶体产生新的需求以及雪崩光电二极管等光探测器件的飞速发展，PWO 晶体的综合性能在高能物理探测上表现出了独特优势。PWO 晶体密度达

8.28g/cm^3，属于高密度闪烁晶体，辐射长度 0.89cm，莫里哀半径 2.2cm，莫氏硬度 4.0。PWO 虽然发光较弱，但室温下在纳秒时间内的发光却足以探测高能粒子，而且物化性能非常稳定，造价也相对较低。因此，1994 年 PWO 晶体被欧洲核子研究中心选定为大型强子对撞机(LHC)CMS 实验电磁量能器(EMC)用闪烁晶体。LHC 当初建造时的一个主要研究目标是发现希格斯玻色子(Higgs boson)，当时预测希格斯粒子能量在 114～130GeV(实际为 125GeV)之间，其 Higgs→$\gamma\gamma$衰变道可以用来探测其能量。LHC 的辐射环境非常复杂，辐射强度很高，有γ射线、中子、重子等各种高能射线，最高峰时的辐照亮度高达 5×10^{34}/(cm^2·s)，其中 CMS 实验的电磁量能器的端帽部分(endcap)的最高辐照剂量可达 5Gy/h，平均辐照剂量率为 0.15Gy/h，每年的平均辐射水平可达 10Mrad 或 10^{13}～10^{14} 快中子/cm^2。因此，PWO 晶体的高密度、高辐照硬度及快衰减特性就变得非常重要，其相对较低的制造成本显然也有极大优势，至今仍是某些大型高能物理探测器的首选晶体。

5.1.1　晶体结构

PWO 晶体结构除前述的白钨矿型(Scheelite)、黑钨矿型(Wolframite)外，还有高压下的钨酸铅晶体，分别记为Ⅰ型、Ⅱ型和Ⅲ型。其中Ⅰ型和Ⅲ型可以实验合成，Ⅱ型仅存在于自然界中。Ⅰ型在高压下会转变为Ⅲ型，Ⅱ型加热至 400℃则转变为Ⅰ型。这三种晶体的结构参数见表 5.1.1[3]。

表 5.1.1　三种 PWO 晶体的结构参数

晶体类型		Ⅰ(白钨矿型)	Ⅱ(黑钨矿型)	Ⅲ
空间群		$I4_1/a$	$P2_1/a$	$P2_1/n$
晶胞常数/Å	a	5.456(2)*	13.555(11)	12.709(5)
	b		4.976(2)	7.048(3)
	c	12.020(2)	5.561(3)	7.348(3)
b 轴与 c 轴的夹角β/(°)		90	107.63(3)	90.57
密度 D_c/(g/cm^3)		8.12	8.45	9.19

*括号内数字表示偏差。

Ⅰ型和Ⅱ型结构差异非常小，因此Ⅱ型可以看作是Ⅰ型结构的畸变。常规生长的Ⅰ型晶体中，在生长过程或随后的退火、加工等处理过程中，由于组分变化、杂质引入等造成的点阵扰动，都有可能在Ⅰ型晶体的微区中出现小尺度的Ⅱ型结构，但这一观点尚需要更多的实验佐证。

用熔体法(提拉法和布里奇曼法)生长的 PWO 晶体为Ⅰ型[4]，图 5.1.1 为Ⅰ型 PWO 晶体结构示意图[5]，图中晶体的 b 轴方向与纸面垂直。Ⅰ型 PWO 晶体由$[WO_4]^{2-}$四面体和 Pb^{2+}连成，$[WO_4]^{2-}$为沿 c 轴方向稍微压扁的四面体，是钨酸盐类晶体中的基本结构基元。Pb^{2+}位于四个$[WO_4]^{2-}$四面体之间，被 8 个 O^{2-}包围，构成畸变的立方体$[PbO_8]^{14-}$，$[WO_4]^{2-}$四面体与$[PbO_8]^{14-}$立方体通过顶角联结。

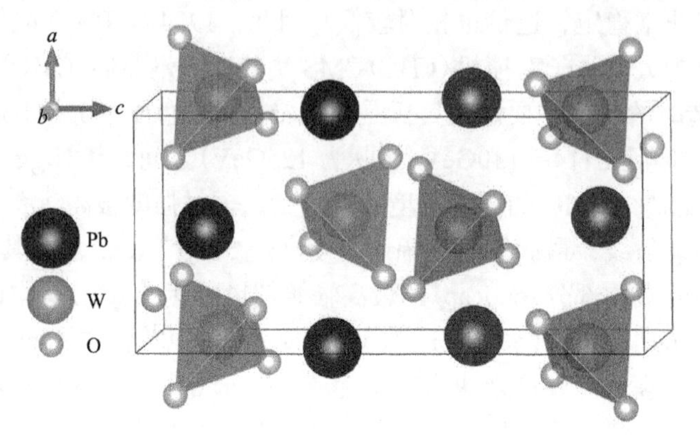

图 5.1.1　Ⅰ型 PWO 晶体结构示意图

Moreau 等从缺铅熔体中生长出了 PWO 晶体，发现了类白钨矿相 $Pb_7W_8O_{32-x}$[5]，其空间群为 P4/nnc，晶胞参数 a=7.719Å、c=12.018Å。该晶体结构与Ⅰ型 PWO 晶体结构非常相近，但晶体中 Pb 有三种结晶学位置，这三种结晶学位置的魏科夫符号表示分别为 2a、2b、4c，其中"2a"位置的空间占有率为 0.50，O 有两种结晶学位置，其魏科夫符号表示皆为 16k，O(2)的空间占有率为 0.80，这意味着晶体结构中存在有铅空位(V_{Pb})和氧空位(V_O)，但也可能是 Pb^{3+}和 O^-存在的间接证据[6,7]。CERN 的研究人员用中子衍射对最可能缺铅的常规生长的 PWO 晶体进行了分析，认为晶体中没有明显的类白钨矿结构[8]。林奇生等对类白钨矿 $Pb_7W_8O_{32-x}$ 结构数据进行分析后发现，Pb(1)和 O(1)原子的温度因子异常，Pb(2)原子的化合价仅 0.3，与+2 价相差较大，所以仍不能确定晶体结构 $Pb_7W_8O_{32-x}$ 是否真的存在[3]。Moreau 等后来又用中子衍射重新研究了该晶体的结构，认为其空间群为 P4，Pb 在晶体中有四种结晶学位置，Pb(4)的占有率为 0.50，是 V_{Pb} 的来源，晶体结构式应为 $Pb_{7.5}W_8O_{32}$[9]，但未给出具体的原子坐标。Annenkov 等认为常规生长的 PWO 在组分上主要是缺铅[10]，因此可能在晶体结构的某些部分或系统产生与缺铅有关的点缺陷，导致析晶时出现了白钨矿和类白钨矿两种相，实际晶体组成可能也介于这两者之间，起初他所指的类白钨矿结构是 $Pb_7W_8O_{32-x}$，后来修正为 $Pb_{7.5}W_8O_{32}$。

5.1.2　闪烁性能

1. 闪烁机制

PWO 晶体是一种典型的自激活发光材料，其发光中心是$[WO_4]^{2-}$。$[WO_4]^{2-}$具有四面体结构，W^{6+}位于四面体的中心，4 个 O^{2-}位于四面体的角顶。基态时，W^{6+}的外层轨道是充满电子的 $5s^25p^6$，被激发后，O^{2-}的 $2s^22p^6$ 中的 1 个 2p 电子向

W^{6+}的 5d 轨道做电荷迁移激发，形成 $W^{5+}(5s^25p^65d)$激发态，电子从激发态回到基态时产生辐射跃迁而发射出可见光。但实际的发光情况要远比上述过程复杂，绝大多数 PWO 晶体有三个发光带[10-13]，分别是峰值波长位于 420nm 左右的蓝发光带、490～520nm 之间的绿发光带，以及峰值波长位于 650nm 左右的红发光带，PWO 晶体的荧光激发发射光谱见图 5.1.2。激发光谱中存在 308nm 和 325nm 两个强激发峰，此外还有一个波长为 275nm 的弱激发峰。除了波长不同，三个发光带的衰减时间也不相同，PWO 晶体的快分量主要来自蓝发光带，蓝发光无偏振性，温度猝灭效应明显，粒子探测主要依赖于蓝发光带。绿发光亦存在严重的温度猝灭，多数报道认为有偏振性，对提高 PWO 晶体光输出有很大的贡献。目前普遍认为 PWO 晶体蓝发光带起源于 Pb^{2+}扰动下的 $WO_4{}^{2-}$内的电荷迁移跃迁，或称激子型本征发光。大多数钨酸盐在室温下显示强的蓝绿色发光，并且衰减常数为微秒量级，只有 PWO 是个例外，室温发光具有快速发光分量。这意味着 PWO 晶体的发光机理有别于其他钨酸盐发光。Belsky 等注意到 PWO 的反射谱与其他二价金属钨酸盐的主要差别是存在一个 4.17eV 的强峰，它与 Pb 离子的 6s→6p 跃迁相联系，而且具有异常高的振子强度。因此，其反向跃迁 6p→6s 应该是容许跃迁，且辐射时间为几个纳秒。只要弛豫过程中所产生的 Pb^{2+}的激发态粒子数与其他类型的激发态相比足够高，就能观察到该快发射带。因此，PWO 晶体中可能存在几种发光中心(表 5.1.2)：Pb 离子激发的弛豫态，它似乎是一种弛豫的弗仑克尔(Frenkel)激子；Pb^{2+}扰动下的$[WO_4]^{2-}$络合离子(分子激子)的弛豫态，对应于衰减常数为 20～40ns 蓝发光带。PWO 晶体中的红发光则与$(Pb^{3+}+V_k+F^+)$有关，PWO 晶体中的间隙氧造成的弗伦克尔缺陷能够稳定 Pb^{3+}，从而产生 650nm 红光[14]。

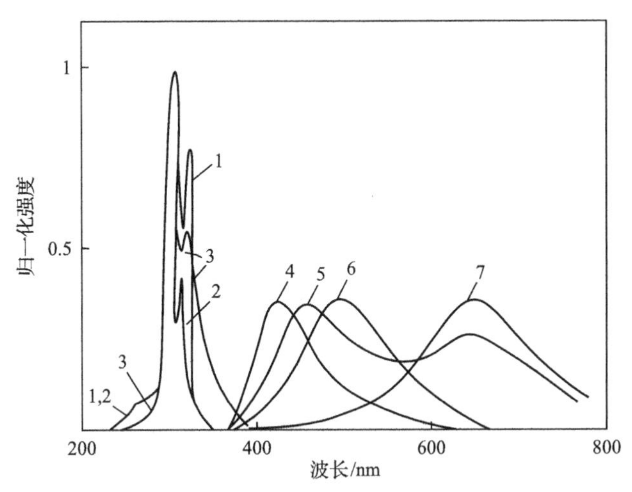

1-λ_{em}=420nm; 2-λ_{em}=500nm; 3-λ_{em}=650nm; 4-λ_{ex}=275nm; 5-λ_{ex}=308nm; 6-λ_{ex}=325nm; 7-λ_{ex}=350nm

图 5.1.2　PWO 晶体荧光激发发射光谱

表 5.1.2　PWO 晶体的发光机制

发光带	发光波长/nm	可能的发光中心
蓝光	420	Pb^{2+}微扰的$[WO_4]^{2-}$；孤立的$[WO_4]^{2-}$；缺陷微扰的$[WO_4]^{2-}$；激子；$Pb^{2+}6p \to 6s$
绿光	490～520	(WO_3+F)心；$[WO_4]^{2-}+O_i$；WO_3；$[WO_4]^{2-}$周围的激子；$[MoO_4]^{2-}$；$W5d \to Pb6s$
红光	650	$(Pb^{3+}+V_k+F^+)$；$[WO_3]^+$周围的弗伦克尔缺陷

关于 PWO 晶体中绿发光分量的起源，目前的认识尚未统一，可概括为以下四种观点：①根据 PWO 与 $CaWO_4$发光性质的相似性，认为 PWO 的绿色发光中心来自孤立的 WO_3 基团($[WO_4]^{2-}$+F)。②根据 PWO 中同时存在铅空位(V_{Pb})、氧空位(V_O)和 PWO 绿色发光的偏振特性测量结果，认为 PWO 中二个重叠的绿光带是由二种空间非等效的(WO_3+F)心——F 心(V_O+2e)和空穴心(O^-和 Pb^{3+})产生的。③根据 PWO 晶体在含氧气氛下适当温度退火后绿光大幅增强的效果，认为 PWO 绿光源于受到间隙氧扰动的钨酸根($[WO_4]^{2-}+O_i$)，或钨离子和填隙氧离子之间的电子转移过程。④根据 Mo 和 W 的离子化学性质非常相似，它们在自然界中总是伴生在一起，原料处理过程中很难把 Mo 元素与 W 元素彻底分离，使得钨酸盐晶体中 Mo 和 W 非常容易相互替代，因此把 PWO 晶体中的绿发光归因于$[MoO_4]^{2-}$(表 5.1.2)。Hofstaetter 等在 1978 年就提出了这一可能性[15]。2001 年，通过光学探测磁共振技术(optically detected magnetic resonance，ODMR)技术在 PWO 晶体中检测到了$[MoO_4]^{2-}$的存在[16]。俄罗斯 BTCP 的 Annenkov 生长并测试了非掺杂 PWO 晶体和 Mo 掺杂 PWO 晶体的激发发射光谱(图 5.1.3)，发现 Mo 掺杂 PWO 晶体的确在 510～520nm 有一个非常明显的发射峰，该峰和未掺杂 PWO 晶体的绿光发射带重叠在一起，从而获得关于PWO晶体绿光发射来源于$[MoO_4]^{2-}$杂质基团的实验依据。LHC 晶体主要负责人 Lecoq 等也比较认可这一观点。因此相对而言，绿发光带中 508nm 发光争议较小。图 5.1.4 是 PWO 晶体发光能级图[11]。

2. 光输出及光衰减

纯 PWO 晶体(10mm×10mm×10mm)在室温下的光输出为 40～45phe/MeV，经掺杂后的高质量 PWO 晶体光输出可达 60phe/MeV。典型的闪烁过程需要电子-空穴对的产生，PWO 晶体的禁带宽度约 4.33eV[17]，在晶体中产生一个电子-空穴对的能量按照禁带宽度的 2.2 倍(多在 2.2～3 之间)估算，则能量为 9.53eV，对应的光子波长为 130nm。X 射线及γ射线能量均大于 130nm，因此其发光光谱包含了完整的闪烁过程。荧光光谱则不然，因此不同激发光源的发光衰减时间会有差别。另外，PWO 晶体发光中心不止一个，其发光衰减是根据光谱进行多指数拟合后得到的，所以不同文献报道的衰减时间有差别。Lecoq 等发现纯 PWO 晶体的衰减规律为三指数衰减，衰减时间分别为 5.1ns、14ns 及 110ns，其中 90%的发光衰减时

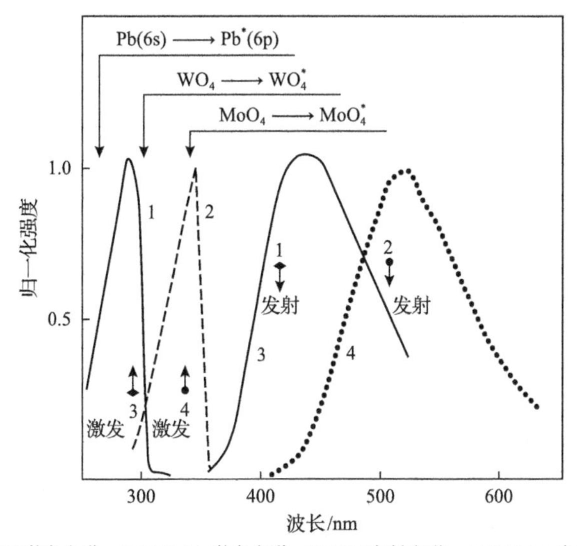

1-PWO激发光谱；2-PWO:Mo激发光谱；3-PWO发射光谱；4-PWO:Mo发射光谱

图 5.1.3　PWO 晶体和 $PbMoO_4$ 晶体的发光能级图

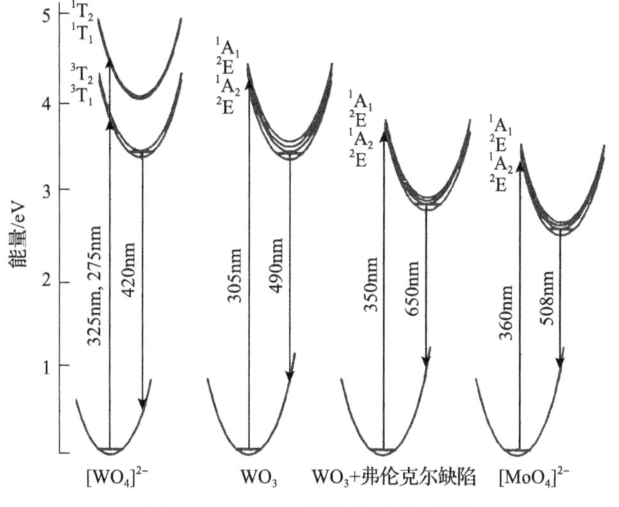

图 5.1.4　PWO 晶体发光能级图

间在 100ns 以内[2]。Lecoq 等还发现掺 Nb 的 PWO:Nb 晶体没有红光，只有蓝光和绿光，按两指数衰减进行拟合，发现 3ns 的发光分量占总发光量的 55%，而 14ns 的发光分量占总发光量的 45%。Belsky 等发现 PWO 晶体的发光衰减时间存在三个分量——2～4ns、20ns 以及 50ns[14]，快分量集中在波长较短的蓝发光带，所占比例有 70%。Nikl 等发现 La^{3+}、Y^{3+}、Lu^{3+}等三价阳离子掺杂可以抑制绿发光[18]，使较慢的发光成分猝灭，从而缩短衰减时间。Zhu 等分别用单光子计数法和积分法测量了多个 PWO 晶体的衰减曲线[19]，并认为单光子计数法更适合测快衰减，积分法更适合测慢衰减，但这两种方法测试时设置的成形时间若一致，结果也会高度一致。测得 PWO 晶体的发光衰减时间存在三个分量：≤20ns 的快分量、20～500ns 之间的慢分量，以及超过 1μs 的极慢分量，其中前两个分量的发光占比大于 90%。

3. 透光率

PWO 晶体的主发射波长位于 420nm，而其紫外截止吸收边在 325nm，二者之间相差不足 100nm，因此，在该波段晶体透光率的高低对晶体的发光强度有巨大影响。有的 PWO 晶体在 350nm 存在吸收带，吸收严重时会引起截止吸收边向长波方向移动。有的晶体还在 420nm 波段存在吸收带，从而使晶体带浅黄色。陈建明和杨帆等通过对大量来自上海硅酸盐所（SIC）和俄罗斯 BTCP 产 PWO 样品光输出和透光率的测试[20,21]，统计出一个经验规律——PWO 晶体光输出与其在 360nm 处的透光率存在较好的正相关关系，即在该波段透光率越高，晶体的光输出越多，见图 5.1.5。其中 SIC 晶体的光输出和 360nm 透光率的线性关系斜率为 0.46，BTCP 的为 0.25。这种线性关系的存在源于 PWO 晶体的紫外截止吸收边（在 350nm 左右）与晶体的 420nm 发光带之间存在一定的重叠，因此晶体中存在闪烁发光的自吸收效应。晶体的紫外截止吸收边波长越短，在 360nm 的透光率越高，晶体的自吸收效应越弱，光输出就越高。SIC 晶体的斜率与 BTCP 晶体的斜率之所以不同，在于 SIC 晶体的平均光输出要高于 BTCP 样品，推测这与两家晶体的生长方法（SIC 为下降法生长，BTCP 为提拉法生长）、原料来源，以及籽晶取向（SIC 为 c 轴生长，

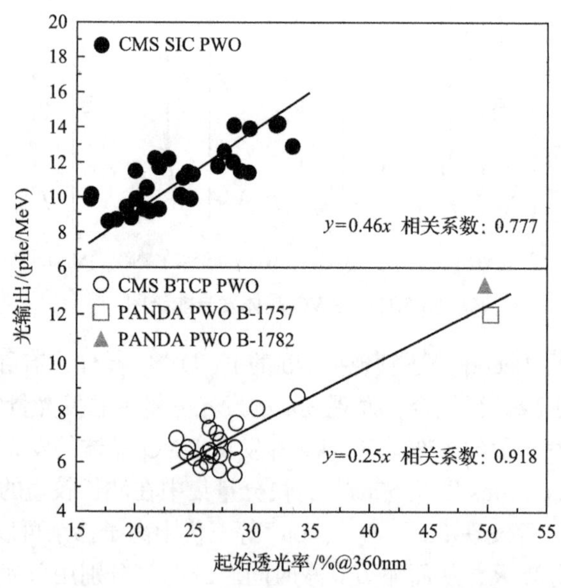

图 5.1.5 SIC 和 BTCP 产 PWO 样品的光输出与 360nm 处透光率的统计关系

BTCP 为 *a* 轴生长)的不同有关。

由于透光率能够很好反映 PWO 晶体的综合质量，而且测试相对简单，所以 PWO 晶体在紫外波段的透光率成为评价晶体性能的最简便的判断指标。Lecoq 用 PWO 晶体的透光率作为该晶体研究过程中所取得的进展标志[22]，图 5.1.6 中最上面的曲线为根据折射率计算的理想晶体的透光率曲线，中间曲线为 1998 年时的实际晶体的透光率曲线，最下面曲线为 1995 年时的实际晶体的透光率曲线。从图中可以看出，随着时代的推进，经过技术攻关 PWO 晶体的透光率得到了明显提升，晶体的其他性能同样也随着研究的深入而逐年提高。

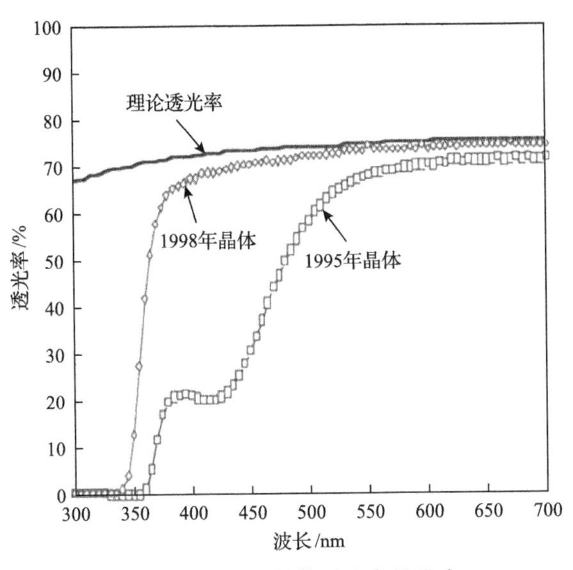

图 5.1.6　PWO 晶体透光率的进步

5.1.3　色心与辐照损伤

1. 色心

理想的 PWO 晶体是无色透明的，但在某些情况下，所生长的钨酸盐晶体则呈浅黄色，由于吸收带与发光带(420nm)重叠较大，它会严重影响到晶体的光输出和辐照硬度。早期的文献认为，部分 PWO 晶体着色与杂质铁有关，但随着高纯原料的制备，PWO 晶体中因原料杂质所引起的着色问题已基本消除。除了杂质，结构缺陷也会引起 PWO 晶体着色。这种对可见光进行选择性吸收而使晶体呈现出不同颜色的点缺陷被称为色心。PWO 晶体中的色心问题可以划分为两种，一种是未辐照时就已经存在于晶体中的固有色心，它是在晶体生长过程或者后期的热处理过程中产生的缺陷；另一种是由高能粒子或射线辐照后形成的诱导色心。这两者关系密切，时常与同种晶体缺陷或微结构有关。Nikl 等认为，PWO 晶体中色心的结构类型主要有 Pb^{3+}、O^-、F 心和 F^+心，其中 F 心是指氧空位 V_O处捕获 2 个电子，F^+心是指 V_O处捕获 1 个电子，它们的吸收波长及能量见表 5.1.3[23]，上述观点得到许多研究者的认可[24-26]。冯锡淇等研究了 PWO 晶体在不同温度下退火前后所测得的吸收光谱[27]，发现存在于未退火晶体中的 350nm 吸收带在低温退火后有所增强，但随着温度的升高而不断减弱，到 1040℃时几乎完全消失。而辐照诱导出的 410nm 吸收带经过 1040℃退火后强度大幅度减弱，且这两个吸收带之间存在明显的关联性(图 5.1.7)，说明辐照诱导色心源于固有色心。PWO 是一种非化学计量配比化合物，从熔体中生长的 PWO 由于 PbO 的挥发，晶体中既缺铅，又缺氧，因此存在着铅空位(V_{Pb})和氧空位(V_O)，它们分别携带负电荷和正电荷，基于电中性的原则，它们在数量上是相等的，并且倾向于结合成无光学活性和电中性的缺陷对$[V_{Pb}\text{-}V_O]^0$。但实际的 PWO 晶体结构并非单一的白钨矿结构，而很可能是白钨矿结构与类白钨矿($Pb_{7.5}W_8O_{32}$)超结构形成的固溶体，因后者在结构上存在明显的铅空位，造成实际生长的 PWO 晶体中铅空位(V_{Pb})的浓度多于氧空位(V_O)。为了平衡因铅空位(V_{Pb})偏多而带来的电荷不平衡问题，晶体中会存在一些带正电荷的缺陷或色心，如 $Pb^{2+}+h\rightarrow Pb^{3+}$，或者 $O^{2-}+h\rightarrow O^-$等。在综合了 EXAFS 和 XPS 等其他测试结果的基础上，冯锡淇等提出 PWO 中的 350nm 固有色心吸收带的强度取决于晶体中的铅空位浓度和氧空位浓度之差，即$[V_{Pb}]-[V_O]$[28]。补偿铅空位(V_{Pb})电荷不平衡的正电荷中心既非 Pb^{3+}也不是 O^-，而是由相邻的两个氧离子俘获一个空穴所形成的自陷空穴心，即 $2O^{2-}+h=(O_2)^{3-}$，它与 V_{Pb} 组合成的缺陷簇$[(O_2)^{3-}-V_{Pb}\text{-}V_O\text{-}V_{Pb}-(O_2)^{3-}]$是引起 350nm 吸收带的起源；而辐照后固有的色心转化成双空穴心，亦即$[(O_2)^{3-}-V_{Pb}-(O_2)^{3-}]$缺陷簇，从而诱导出主体波长位于 410nm 附近，并伴以生成 500～700nm 范围的长波吸收带。

表 5.1.3　PWO 晶体中的主要色心及其能级(波长)

色心类型	Pb^{3+}	O^-	F 心	F^+心
能量/eV	3.4～3.6	2.85～3.0	2.15～2.35	1.75～1.85
波长/nm	365～344	435～413	577～527	708～670

2. 辐照损伤及恢复

闪烁晶体在遭受一定强度的射线辐照之后会出现光输出减少、透光率下降、发光均匀性降低，严重时甚至出现晶体着色的现象，这种现象被称为辐照损伤。受到损伤的晶体在脱离辐照环境并放置一定的时间之后，透光率和光输出会有所恢复，有的甚至恢复到辐照前的水平，但恢复的速度和程度与晶体内的杂质、陷阱深度以及晶体生长工艺存在密切的关系。关于 PWO 晶体辐照损伤的研究有很多[29-40]，总的来说可以归结为以下几个特点：①PWO 晶体的闪烁机制不会因辐照

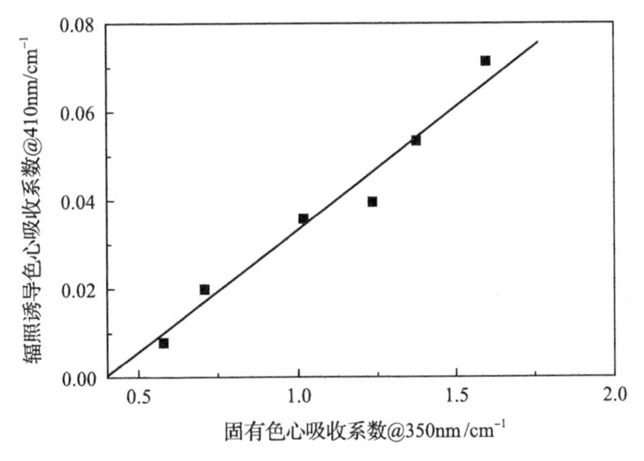

图 5.1.7 PWO 晶体中固有的 350nm 吸收与辐照诱导的 410nm 吸收带之间的关系

损伤而改变。②不同 PWO 晶体经受辐照后，虽色心分布和浓度有所不同，但色心类型基本一致，辐照诱导吸收带主要出现在 350～400nm、470nm、520nm、620nm 及 720nm 波段处。③PWO 晶体的辐照诱导色心在室温能够自动恢复。Zhu 等对 PWO 晶体的辐照损伤进行了大量研究[29,32,35-40]，发现 PWO 晶体中既有室温下约 1h 就能恢复的浅能级色心，也有需要很长时间才能缓慢恢复的深能级色心，其中对晶体性能最有害的是浅能级色心，所以晶体的辐照损伤缺陷与辐照剂量率和辐照总剂量均有关。④在空气中进行 200℃、2h 退火能够有效消除晶体中的色心，而且退火后晶体的抗辐照损伤能力(或辐照硬度)与未受辐照的晶体基本一致。紫外-可见光漂白也能暂时消除晶体内的色心，但是经过光漂白的晶体其辐照硬度并未真正恢复，其辐照硬度远小于未曾受过辐照的晶体，所以光漂白不能作为降低晶体辐照损伤的手段。⑤PWO 晶体的抗辐照损伤能力与晶体未受辐照时在 420nm 以及 350～360nm 区间的透光率存在密切的相关性，透光率越高，抗辐照损伤能力越强。因此通过测定每根晶体的透光率，尤其是 420nm 处的透光率，即可对晶体的辐照硬度做出较为准确的预判，利用这一特点可以快速鉴别和筛选出合格晶体。

5.1.4 掺杂效应

从理论上讲，生长晶体的原料应该尽可能地纯净，但这是不现实的，任何原料都会含有或多或少的杂质元素。另一方面，杂质在晶体中的作用具有两面性，虽然大部分杂质的存在对 PWO 晶体性能是有害的，如 K、Na、Mo 和 As 和一些过渡金属元素等，通常会造成晶体着色、透光率偏低、光输出下降和辐照损伤等，但有些杂质的存在则会改善晶体性能，如 Y 和 La 等。有些杂质虽然没有益处但也没有表现出明显的危害性，如 Ca 和 Ba[41]。

为了抑制 PWO 晶体的着色、慢分量，以及提高光输出和辐照硬度等，国内外对 PWO 晶体进行了大量掺杂改性的研究，其中掺杂的阳离子元素有 K^+、Na^+、Mg^{2+}、Ba^{2+}、Y^{3+}、La^{3+}、Gd^{3+}、Er^{3+}、Eu^{3+}、Sb^{3+}、Nb^{5+}及 Mo^{6+}等[42-50]，一价、二价和三价阳离子在晶体中主要是替代 Pb^{2+}的晶格位置，而五价和六价阳离子在晶体中主要是替代 W^{6+}的晶格位置。研究结果表明，一价阳离子掺杂对晶体性能的影响总体是负面的，表现为 420nm 吸收增强，快/慢发光的分量比降低，衰减时间延长。二价阳离子掺杂总体上并未有效改善晶体的闪烁性能。

围绕三价阳离子掺杂 PWO 晶体的研究开展得最多[42-45]，也取得了显著成果。1996 年 Annenkova 等在 PWO 晶体中掺入了 Nb、Bi、Yb 和 Mg，其中 Bi 和 Yb 均为三价离子。1999 年，Kobayashi 等在 PWO 晶体中掺入了 La^{3+}、Lu^{3+}、Gd^{3+}、Y^{3+}、Sc^{3+}，并将这些掺杂 PWO 晶体和纯 PWO 晶体、掺 Cd^{3+}的 PWO 晶体和掺 Nb^{5+}的 PWO 晶体进行了比较，发现 PWO:Y 和 PWO:Gd 性能最为优异。从电荷平衡的角度，两个三价阳离子可以相当于三个 Pb^{2+}的总电价，PWO 晶体被认为是缺铅的，因此三价离子掺杂有助于抑制缺铅导致的各种不良缺陷，进而改善晶体质量，提高晶体性能。1998 年上海硅酸盐所的冯锡淇研究组在 La^{3+}掺杂的 PWO:La 晶体中观察到了介电弛豫峰[51]，而纯 PWO 晶体则无此信号，这被解释为$[2La_{Pb}^{3+}-V_{Pb}'']$结构缺陷的缔合，从而抑制了铅空位(V_{Pb}'')对晶体性能的危害。随后在 Gd^{3+}、Y^{3+}、Sb^{3+}等三价离子掺杂的 PWO 晶体中也陆续测到了类似信号，这被认为是三价阳离子掺杂导致晶体微结构转变的实验证据。由于 PWO 晶体中 PbO 组分的过量挥发而导致带负电荷的点缺陷——铅空位(V_{Pb}'')的产生，V_{Pb}''是产生 350～420nm 波段的光吸收的主要原因。Y 掺杂离子进入 PWO 晶体后占据 Pb 格位，形成带正电荷的点缺陷 $Y_{Pb}^{\cdot}$，缺陷反应可以表示为：$Y_2O_3 \rightarrow 2Y_{Pb}^{\cdot}+V_{Pb}''+3O_o^{\times}$，$Y_{Pb}^{\cdot}$与负电荷缺陷 V_{Pb}'' 缔合在一起形成$[2Y_{Pb}^{\cdot}-V_{Pb}'']$，从而消除了 350～420nm 波段的光吸收。当然，Y 掺杂离子进入 PWO 晶体的缺陷反应还存在另外一种可能性，即 $Y_2O_3 \rightarrow 2Y_{Pb}^{\cdot}+2O_o^{\times}+O_i''$，多余出来的这个氧离子可以进入间隙格位，也可能占据氧空位$(O_i''+V_{\ddot{O}} \rightarrow O_o^{\times})$，起到消灭氧空位的作用，将晶格中的$[WO_{4-x}]$恢复为$[WO_4]$，从而使晶体的光输出和抗辐照硬度均得到提高。图 5.1.8 展示了 Sb 和 Y 掺杂 PWO 晶体的透射光谱，与纯 PWO 相比，Sb 和 Y 掺杂都能显著提高 PWO 晶体在紫外波段的透光率。但 Sb 在 PWO 晶体中的分凝系数为 0.6，存在比较大的浓度不均匀性，而且随着浓度的提高，会出现 420nm 光吸收，特别 Sb 还存在+3 和+5 两种价态，因而很快被放弃。大量实验表明，三价离子确实能够显著改善 PWO 晶体的透光性能、提高发光强度、抑制慢分量和增强辐照硬度[42,45,52-54]。但是，La^{3+}在晶体中的分凝系数为 k=2.5，这意味着 La^{3+}在晶体中的分布也是不均匀的，在晶体生长过程中倾向于富集于晶体的起始端，越到末端含量越少，这也会影响晶体生长界面的稳定性及光学均匀性，而且还会在晶体中引入 130meV 和

200meV 的电子陷阱。Mo-La 双掺后晶体辐照硬度有所提高，而且 Mo 单掺时慢分量增多的现象也被遏制了，但 Mo-La 双掺也会降低了晶体生长的稳定性。相比较而言，单掺 Y 的 PWO:Y 晶体综合性能最好，上海硅酸盐所对 PWO:Y 晶体做了大量的生长实验和测试分析[55-60]，发现 PWO:Y 晶体中的紫外透光率与 Y 的掺杂浓度有密切的相关性，当掺杂浓度约为 100ppm 时晶体的透光性能最佳(图 5.1.9)，光输出、透光性、抗辐照和光响应均匀性也得到显著改善，而且 Y 在 PWO 晶体中的分凝系数接近 1，分布比较均匀，晶体的发光均匀性也得到显著改善，该所供给 CERN LHC-CMS 实验装置的数千根晶体均为 PWO:Y 晶体。

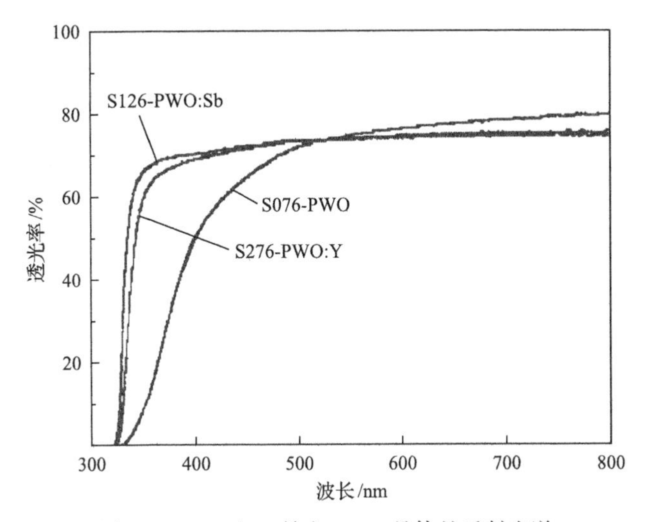

图 5.1.8　Sb 和 Y 掺杂 PWO 晶体的透射光谱

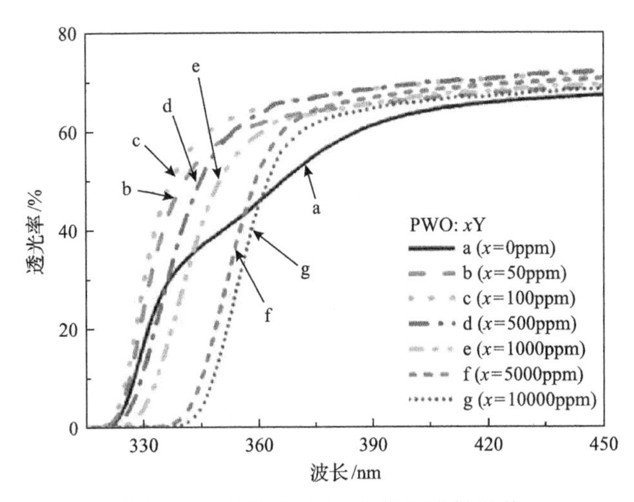

图 5.1.9　Y 掺杂 PWO 晶体的透射光谱

掺杂的阴离子主要是 F^-、Cl^-、I^-、S^{2-}等，其中对 F^-掺杂效应的研究较为深入。

王绍华和刘先才等率先开展了 F^-掺杂 PWO 晶体的生长，发现 F^-掺杂可以大幅度提高 PWO 晶体的光输出[55-63]。与不掺杂的 PWO 晶体相比，掺有 PbF_2 的 PWO 晶体在 340～600nm 段的透光率有大幅度提高，且越是短波区，提高幅度越大。氟掺杂 PWO 晶体的截止吸收边变得非常陡峭(图 5.1.10)。叶崇志等认为 F 掺杂能够提高短波区透光率的原理与 Y 离子掺杂的作用类似[64-66]，F 掺杂进入 PWO 之后占据 O 格位,也形成一个正电荷点缺陷 $F_o^{\cdot}$,缺陷反应可表示为：$PbF_2 \rightarrow 2F_o^{\cdot} + V_{Pb}''$ ，$F_o^{\cdot}$ 通过与负电荷缺陷 V_{Pb}'' 缔合在一起形成$\left[2F_o^{\cdot} - V_{Pb}''\right]$稳定的偶极子复合体，也起到了消除 350～420nm 波段光吸收的作用,从而显著提高了 PWO 晶体的透光性能。但与 Y 离子掺杂不同的是，PWO:F 晶体的激发和发射波长分别为 323nm 和 553nm(图 5.1.11)，而未掺杂 PWO 晶体的激发和发射波长分别为 310nm 和 419nm(图 5.1.3 的曲线 3)，两者之间存在明显差异，说明 F^-掺杂在 PWO 晶体中产生了新的发光中心。考虑到 F^-与 O^{2-}具有相近的离子半径(1.36Å 对 1.44Å)和电子构型，F^-进入 PWO 后很可能会占据 O 的位置，从而形成$[WO_3F]^-$这样一个新的四面体发光中心，产生 553nm 发光。

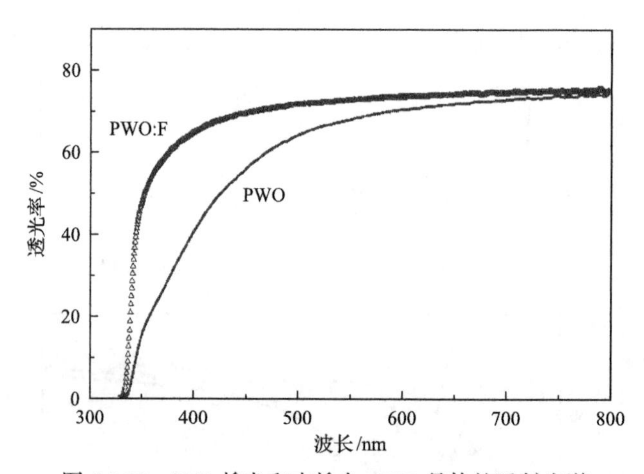

图 5.1.10　PbF_2 掺杂和未掺杂 PWO 晶体的透射光谱

Mao(毛日华)等以 ^{137}Cs 的γ射线为激发源测试 PWO:F 的多道能谱图(图 5.1.12)，发现 PWO:F 晶体的道数明显高于非 F 掺杂的 PWO 晶体[67]，特别是光电子产额随积分时间的延长而增加，比 PWO:Y 晶体提高了 5～8 倍，若换算成光子产额，则最高光产额约为未掺 F 的 10 倍左右。光产额随积分时间的增加而增加的现象说明，PWO:F 晶体所发射的光绝大部分为数百纳秒级的慢分量。根据 ^{22}Na 源激发下 PWO:F 晶体的光衰减曲线(图 5.1.13)可拟合出三个不同的衰减常数：2.675ns(57.5%)、47.6ns(31.0%)和 183ns(11.5%)。其中，前两个发光分量源于 PWO 晶体的本征发光，而 183ns 的衰减分量是一个与 553nm 发射相对应的时间常数。说

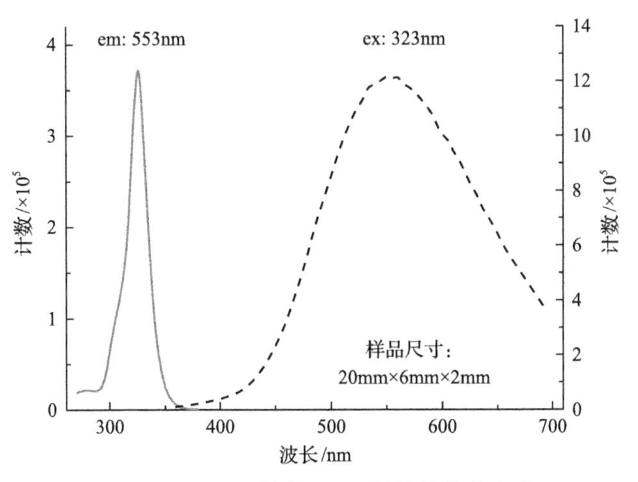

图 5.1.11　PbF_2 掺杂 PWO 晶体的荧光光谱

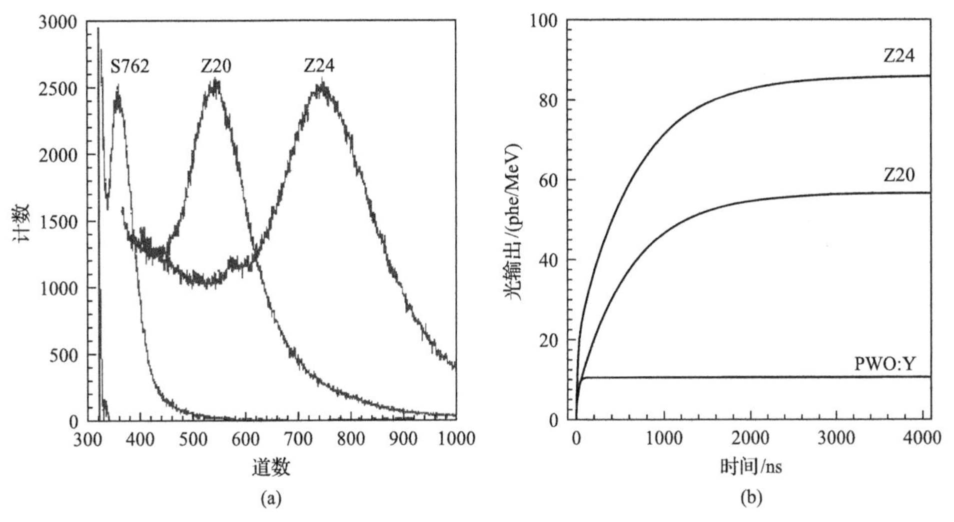

图 5.1.12　掺杂 PWO 晶体在 ^{137}Cs 激发下的多道能谱(a)及其光输出随积分时间的变化(b)
S762 为 PWO:Y，Z20 和 Z24 为 PWO:F

明 F 掺杂虽然大幅度提高了 PWO 晶体的光输出，但提高的这部分光输出来自于一个新的、具有慢衰减特征的发光中心。

5.1.5　各向异性

PWO 晶体为四方晶系，其晶格常数 a=5.456Å，c=12.020Å，为单轴晶负光性，晶体沿[001]和[100]向的折射率不同，这会导致其透光率、光输出等闪烁性能随晶向的不同而不同，呈现出明显的各向异性。Zhu 等指出，PWO 的 486nm 和 510nm 主发射波长的 o 光和 e 光的光衰减长度、透光率均有不同[19]。宫波等研究了 PWO

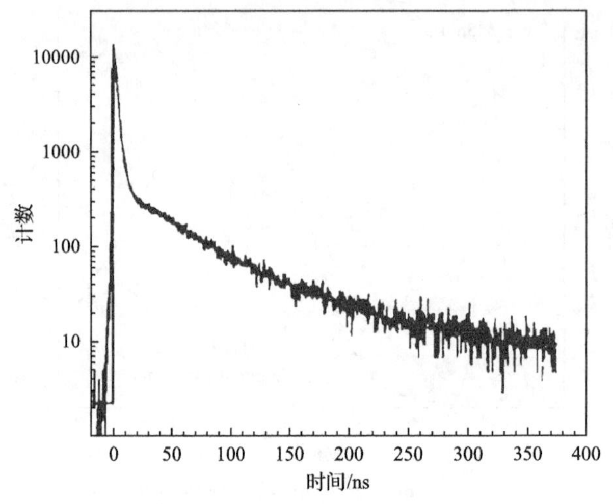

图 5.1.13　^{22}Na 源激发下 PWO:F 晶体的光衰减曲线

晶体中的各向异性[68,69]，所用定向晶体为 25mm×25mm×25mm 的立方体，测得[100]方向和[001]方向的透射光谱如图 5.1.14(a)所示，发现[100]向的透光率高于[001]方向，但是X射线激发发射光谱测试表明，[001]方向发光更强，如图5.1.14(b)所示。根据在 ^{137}Cs 的γ射线激发下的脉冲高度谱，测得[100]方向的光输出为22.6phe/MeV，[001]向的光输出则为 25.6phe/MeV，后者比前者增加了约 13%。后文对 PWO 晶体生长中的各向异性也有相关描述。

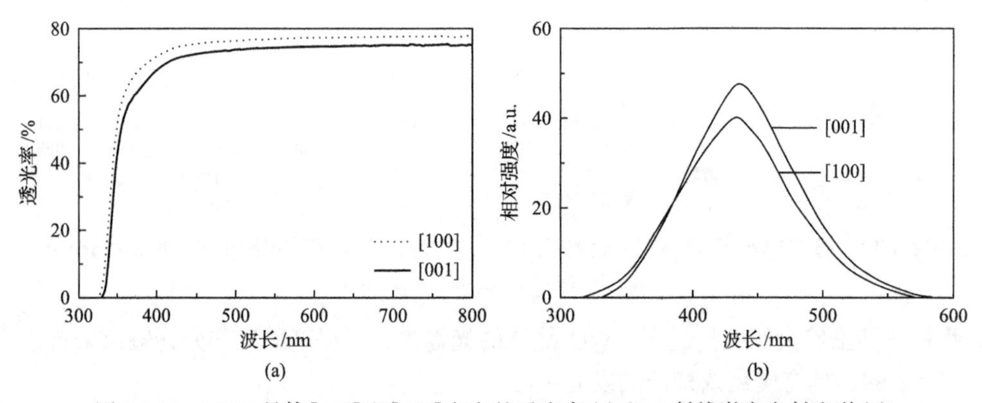

图 5.1.14　PWO 晶体[100]和[001]方向的透光率(a)和 X 射线激发发射光谱(b)

5.1.6　晶体制备

1. 原料

生长 PWO 晶体的原料是高纯度(≥99.99%)的氧化铅(PbO)和氧化钨(WO_3)。PbO 的熔点相对较低，为 886℃，而且 PbO 在 300～450℃之间容易变成氧化亚铅

Pb_2O_3，PbO 和 Pb_2O_3 结合在一起就是 Pb_3O_4，Pb_2O_3 的熔点只有 370℃，而 Pb_3O_4 在 530℃时又会分解为氧化铅和氧，所以 Pb_2O_3 和 Pb_3O_4 都较易挥发。而 WO_3 相当稳定，熔点为 1473℃，比 PbO 的熔点高了将近 600℃。所以，如果直接以 PbO+WO_3 的粉料来生长 $PbWO_4$ 晶体，则因 PbO 的提前挥发而造成晶体中 PbO 组分的严重缺失。尤其是提拉法生长 PWO 晶体时，熔体挥发速度能够达到 3.0g/h[14]，挥发物的主要成分就是 Pb_2O_3、Pb_3O_4 和 PbO，这会导致所生长的 PWO 晶体严重偏离 $PbWO_4$ 的化学计量比，形成许多与缺铅、缺氧组分有关的结构缺陷。因此，在正式生长晶体之前，须将 PbO 与 WO_3 通过高温固相反应：

$$PbO + WO_3 = PbWO_4 \tag{5-1}$$

合成出 $PbWO_4$ 的多晶料锭，以保证高温熔融时原料的组分构成基本符合 $PbWO_4$ 的化学计量比。

2. 晶体制备

图 5.1.15 为 PbO-WO_3 二元系统在常压下的相图。从图中可以看出，PWO 晶体为 PbO∶WO_3=1∶1 的同成分熔融化合物，熔点为 1123℃[70]，从熔点到室温 PWO 没有明显的相变，因此可以从熔体中直接结晶出来。

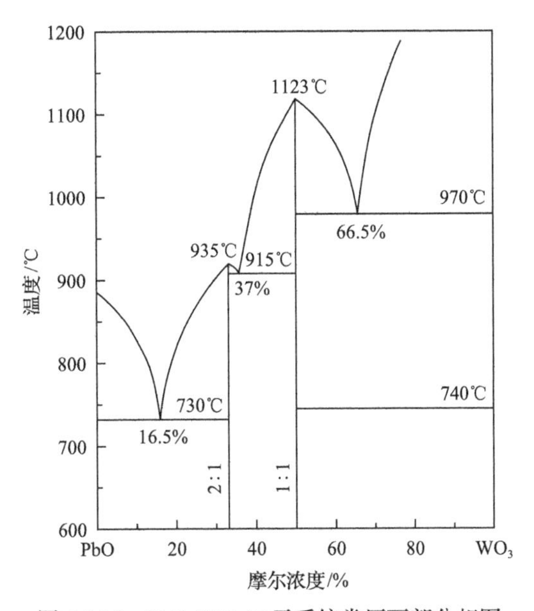

图 5.1.15　PbO-WO_3 二元系统常压下部分相图

制备大尺寸 PWO 晶体的方法是提拉法和垂直布里奇曼法(垂直布里奇曼法也常简称为下降法)，俄罗斯 BTCP 采用提拉法生长 PWO 晶体，生长参数包括：温度梯度 50℃/cm，提拉速度 5～6mm/h，旋转速度 10～15r/min，生长气氛为大气环境[71,72]。通常，提拉法的特点是温度梯度较大，生长速度快，所以早年生长的晶体特别容易开裂。近年来通过使用后加热、加长坩埚等手段，发展出了小温度梯度提拉法技术。另外，由于晶体不受坩埚压迫，所以晶体中残余机械应力小，连续加料技术成熟，便于生长大尺寸晶体。根据 Burachas 等的研究，PWO 晶体[001]方向的热导率比[100]方向和[101]方向高 10%左右，因此沿[001]方向生长有利于结晶潜热的释放；同时，[001]方向的光产额也要比晶体其他方向高 5%～10%[73]。但由于晶体(001)解理面的作用，提拉法生长出的 PWO 晶体在加工过程中易沿(001)面发生系统性开裂，从而无法获得较大尺寸的 PWO 晶体。而当晶体沿[100]方向生长时，尽管(101)与(112)面的弱解理作用也存在，但不会在晶体加工过程中造成破坏性影响，容易得到完整的 PWO 晶体。俄罗斯的 BTCP 用提拉法生长 PWO 晶体时采用的籽晶是[100]方向(图 5.1.16)。

(a)

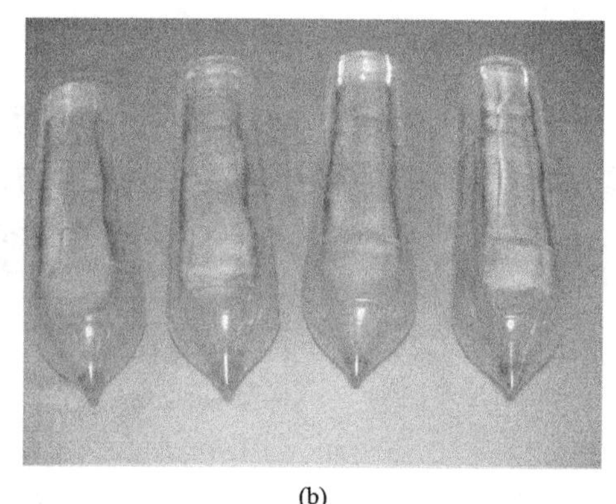

(b)

图 5.1.16 俄罗斯 BTCP 用提拉法工艺(a)生长的 PWO 晶体毛坯(b)[73]

相对提拉法而言，坩埚下降法通常温度梯度较小，生长速度也相对较慢，残余热应力相对较小，而且是密封或半密封的气氛，对抑制组分的过量挥发较有利。坩埚下降法可以利用坩埚设计直接生产预定尺寸的晶体，同时多工位坩埚下降法可以一炉生产多根晶体，具有生产效率高和生长成本低的优势，但因生长过程中晶体与坩埚直接接触造成晶体中残余机械应力往往更大，此外坩埚壁也容易寄生成核导致多晶。下降法晶体生长炉的炉膛自上而下分为高温区、梯度区和低温区。高温区温度高于晶体的熔点，在确保原料充分熔化的前提下又要避免熔体组分过量挥发；低温区温度应低于晶体的熔点，但不要太低，以免生成的晶体在短距离内承受大的温差而形成较大的热应力，导致晶体开裂；梯度区是决定晶体生长成败的关键，温度梯度主要由炉体的结构、生长温度、坩埚的形状和尺寸、坩埚在腔体中的位置以及下端的导热系统决定。对于坩埚下降法生长 PWO 单晶，较理想的轴向温度和坩埚下降速度分为 30～40℃/cm 和 1mm/h。坩埚下降法中，晶体生长被束缚在铂金坩埚内，铂金的热膨胀系数和晶体热膨胀性能的各向异性都会造成晶体开裂。廖晶莹等 1997 年就报道了 PWO 晶体[100]方向（或[010]）和[001]轴 20～800℃范围内的热膨胀系数测定结果[74]，$\alpha_{[001]}=24\times10^{-6}/℃$，$\alpha_{[100]}=10\times10^{-6}/℃$，$\alpha_{[001]}/\alpha_{[100]}\approx2.4$，不同方向热膨胀系数的差异使得生长后期的降温、退火或因机械加工引起晶体的局部升温都有可能诱发应力不均匀，导致晶体出现裂纹或者开裂。坩埚下降法中，晶体径向有铂金坩埚的束缚，轴向虽有坩埚底部和上部熔体对晶体的束缚，但熔体对晶体的束缚作用很弱，因此晶体的结晶方向是晶体应力释放的主要方向。当籽晶方向为[100]时，晶体在径向上的热膨胀性能差异将最大，同时铂金坩埚在径向上对晶体的束缚作用最强，晶体的热应力不易沿热膨胀系数小的[100]方向释放，容易增加晶体沿(001)面（平行于晶体生长方向）解理的可能性。当籽晶方向改为[001]后，由于晶体热膨胀系数大的方向与晶体生长方向一致，晶体热应力更容易释放，因此更易获得大尺寸 PWO 单晶，所以上海硅酸盐所用下降法生长 PWO 晶体（图 5.1.17）时采用的籽晶为[001]方向[75]。

图 5.1.17　上海硅酸盐所用多坩埚下降法生长的 PWO 晶体毛坯

5.1.7　晶体应用

欧洲核子研究中心（CERN）在 21 世纪初建成的世界上最大强子对撞机 LHC，是一台高精度、高能量、高流强的质子-质子对撞机。该工程的核心部分——电磁量能器 CMS-ECAL 和 ALLICE 经过广泛论证，最终决定采用钨酸铅（PWO）晶体作为其核心探测材料。这两个探测装置对晶体性能的要求基本上是一致的，具体见表 5.1.4[76]。

LHC 于 2008 年 9 月 10 日正式启动，CMS 实验用了约 77000 根 PWO 晶体，其中端帽部分约 15000 根晶体，尺寸为（28mm×28mm）×（30mm×30mm）×220mm，中间桶部约 61200 根晶体，尺寸为（22mm×22mm）×（26mm×26mm）×230mm，ALLICE 实验用了约 17920 根 PWO 晶体。

表 5.1.4 LHC 对晶体的性能要求

性能	密度/(g/cm^3)	辐射长度/cm	快分量占比 LY(50ns)/LY(总的)	光产额/(phe/MeV)	辐照引起的光输出损失/%
指标	>6	<2	≥80%	>10	<10

CMS 实验的目的是发现和确认粒子物理标准模型中所预测的希格斯玻色子的存在。2012 年 7 月 4 日，CMS 探测站率先宣布，LHC 发现两种粒子极像希格斯玻色子[77]。2013 年 3 月 14 日，CERN 向全世界正式宣告，先前探测到的新粒子的确是希格斯玻色子 H。希格斯玻色子 H 的发现，验证了标准模型，终结了一个半多世纪的悬念。2013 年的诺贝尔物理学奖颁给了预测到希格斯玻色子的彼得·希格斯和弗朗索瓦·恩格勒。基于这一重大发现，国际上随之掀起了探索希格斯玻色子机制、暗物质、反物质、夸克胶子等离子体等更多未知科学领域的热潮。

PWO 晶体在 LHC 上的成功应用及批量化生产能力的建成为该晶体的大规模推广应用奠定了良好的基础。但迄今为止，PWO 晶体的应用领域仍主要集中在高能物理上，在民用领域的应用尚在探索当中。

5.2 钨酸镉晶体

钨酸镉晶体的化学式为 $CdWO_4$(简称 CWO)，1948 年 Kroger 等率先研究了 CWO 多晶粉末的发光性能[1]，发现 CWO 晶体的紫外截止吸收边位于 310nm 左右，在紫外激发下产生 495nm 的发光峰，这是 CWO 作为发光材料的研究起点。1950 年 Gillette 等报道了 CWO 块体单晶[78]，该晶体密度大、发光效率高、抗辐照损伤能力强、不潮解，衰减时间在微秒量级，在 X-CT、安全检查、γ相机等领域已经应用并将继续获得广泛应用。

5.2.1 晶体结构与基本物理性质

CWO 晶体属单斜晶系，为黑钨矿型结构，空间群为 P2/C[79]，一个晶胞中含有两个 $CdWO_4$"分子"，其晶格常数如下：a=5.04Å，b=5.87Å，c=5.08Å，β=91.48°。图 5.2.1 为晶体的晶胞结构示意图。每个 W^{6+}与周围六个 O^{2-}配位形成[WO_6]$^{6-}$八面体，相邻八面体之间沿 c 轴方向通过共棱的方式连接成链，链与链之间通过 Cd—O 键连接。由于(010)面之间的接触均为 O^{2-}，因此该面之间的库仑斥力较强，容易解理。因解理而引起的开裂问题曾一度困扰了 CWO 晶体的生长、加工和应用。CWO 晶体的熔点为 1598K，莫氏硬度 4～4.5，密度 7.9g/cm^3，不潮解，化学性质稳定。Sabharwal 等还测定了 CWO 晶体沿[100]方向和[010]方向从 25℃到 800℃的热膨胀系数[80]，其平均值分别为 6.39×10^{-6}/K 和 1.09×10^{-5}/K。这么大的差异也是晶体易于开裂的另一个重要因素，因此在晶体生长和生长后的热处理时必须考虑合适的方向、温度梯度和降温速度。

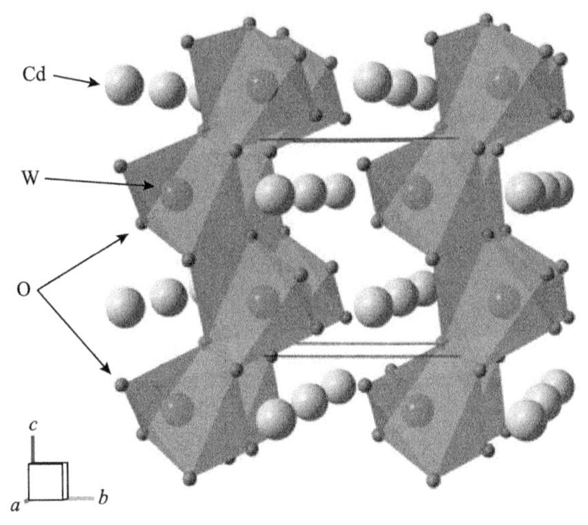

图 5.2.1　CWO 晶体结构示意图

5.2.2　闪烁性能及机理

1981 年，Lammers 等研究了用提拉法生长的 CWO 单晶的发光性能[81]，发现晶体在 4.2K 温度下用 275nm 激发时，在 490nm 左右产生一个主发射峰，用 360nm 激发时，发射主峰出现在 570nm 左右；室温下用 275nm 激发时，发射主峰在 460nm 左右，用 360nm 激发时，发射主峰在 540nm(图 5.2.2)。显然，针对两个不同的激发波长，CWO 单晶有两个发射峰，只是与低温相比，室温下的发射峰波长有明显的蓝移。这个现象说明，CWO 晶体存在两个发光中心，通常将室温下的 460nm 发射被归因于$[WO_4]^{2-}$基团中氧原子的 2p 电子到钨原子的 d 亚层的$^3T_1 \rightarrow {}^1A_1$跃迁，衰减时间 5μs 左右，而 540nm 发射则被归因为结构缺陷，很可能与缺氧的$[WO_4]^{2-}$基团有关，衰减时间 20μs 左右。

1989 年，Melcher 等用 ^{137}Cs 为激发源，测试了 CWO 晶体的闪烁性能[82]，发现晶体总的衰减时间可以分为两个发光分量，一个衰减时间为 5μs，光输出占总发光量的 60%；另一个衰减时间为 20μs，光输出占总发光量的 40%。1994 年，Kinloch 等也测试了 CWO 晶体的闪烁性能，发现 CWO 晶体的光衰减时间确实有两个分量，但衰减时间不同于 Melcher 等的测试结果，一个分量衰减时间为 1.1μs，光输出占总发光量的 40%；另一个的衰减时间为 14.5μs，光输出占总发光量的 60%。室温下 CWO 晶体只在 475～480nm 有发射，但没有观察到 540nm 左右的长波发射，在 ^{137}Cs 所发射的 662keV γ射线激发下的光输出约为 NaI:Tl 晶体的

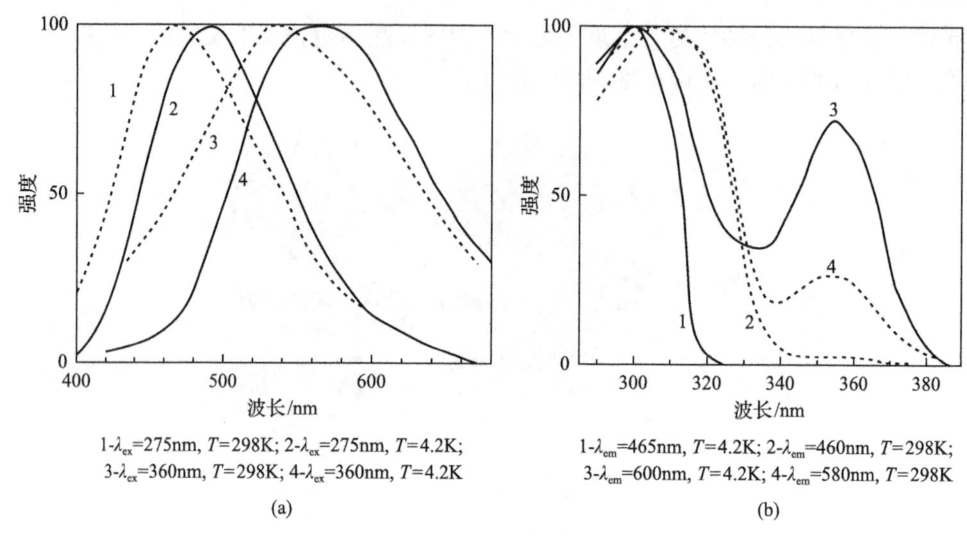

1-λ_{ex}=275nm, T=298K; 2-λ_{ex}=275nm, T=4.2K; 3-λ_{ex}=360nm, T=298K; 4-λ_{ex}=360nm, T=4.2K

(a)

1-λ_{em}=465nm, T=4.2K; 2-λ_{em}=460nm, T=298K; 3-λ_{em}=600nm, T=4.2K; 4-λ_{em}=580nm, T=298K

(b)

图 5.2.2　CWO 晶体的荧光光谱

38%，能量分辨率达 6.8%[83]。虽然两个团队测试的衰减时间及其强度比之间存在较大的差异，这很可能与各自晶体的质量不同有关，但都认为 CWO 晶体中存在两个发光分量。CWO 晶体中的两个发光中心，无论是发光波长或是发光强度都与温度有很大的关系，第一个发光峰在 4.2K 时的发光波长为 465nm，而到 298K 下则变为 460nm。有些文献报道是从 5K 时的 500nm 变化到 296K 时的 490nm；第二个发光峰在 4.2K 时是 600nm，而在 298K 变化到 580nm，发光波长都随温度的升高而蓝移了 5～20nm。而最为重要的是第一个发光分量的强度随温度从 5K 升高到室温几乎没有发生变化，但第二个发光峰在室温下却完全消失。由于第二个发光峰的温度猝灭效应，CWO 晶体在室温下无论是紫外荧光光谱或是 X 射线激发的发射光谱，通常只有一个发光峰，波长位于 465～475nm，衰减时间为 842～1100ns。

CWO 晶体的光输出与能量分辨率受晶体尺寸的影响较大，晶体尺寸越大，光输出越低，能量分辨率越差。1996 年，Burachas 等用提拉获得了大尺寸但带有淡黄色的 CWO 晶体[84]，测试了它们在 662keV γ射线激发下的能量分辨率，结果表明，体积为 10～20cm^3 的 CWO 晶体的能量分辨率为 7%～8%(图 5.2.3)，而体积为 80～150cm^3 的 CWO 晶体的能量分辨率为 10%～12%。由于其晶体样品呈明显的暗黄色，他们把晶体性能随尺寸变大而变差的现象首先归因于自吸收，并且认为随着晶体质量的提高，这一现象有望得到改善。

2005 年，Moszynski 等测试了 CWO 晶体的光输出和能量分辨率[85]，发现在 ^{137}Cs 的 662keV 激发下，光收集时间为 12μs 时，10mm×10mm×3mm 尺寸的 CWO 晶体光输出达 27300ph/MeV±2700ph/MeV，为 NaI∶Tl 的 70%，能量分辨率为 6.6%±

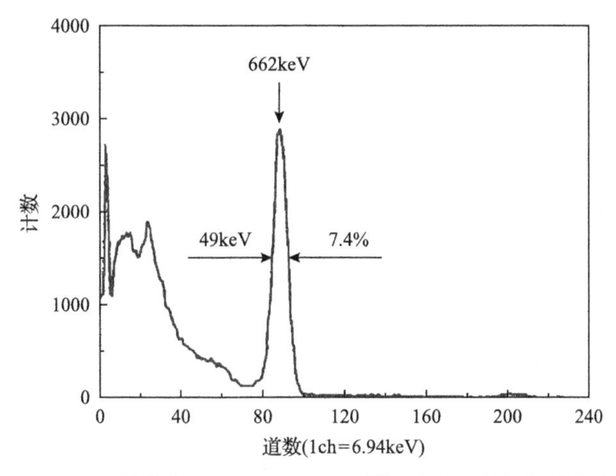

图 5.2.3　CWO 晶体(ϕ25mm×20mm)在 ^{137}Cs 激发下的γ射线多道能谱

0.2%；而ϕ20mm×20mm 尺寸的 CWO 晶体光输出只有 12600ph/MeV±1300ph/MeV，能量分辨率为 8.8%±0.3%，也呈现出晶体的体积越大光输出越低的现象。

CWO 晶体的光输出不仅受晶体尺寸的影响，而且还与测试温度密切相关。图 5.2.4 在不同温度下测得的光输出[86]，为了显示光输出随温度变化的趋势，将该晶体在室温下最高的光输出归为 1，然后把在其他温度下所测得的光输出与之进行相对比较。从图 5.2.4 中可以看出，CWO 晶体的光输出在−40℃到 70℃之间表现非常稳定，但 70℃到 200℃之间随温度的升高而迅速下降，下降速度为 1%/℃，表现出比较强的温度依赖性。但不同研究者所测得的温度系数并不完全相同，Totsuka 等以 X 射线和 ^{137}Cs 所发射的γ射线为激发源，测试了尺寸为 5mm×5mm×3.5mm 的 CWO 单晶光输出与温度的关系[87]，归一化后的测试结果表明，

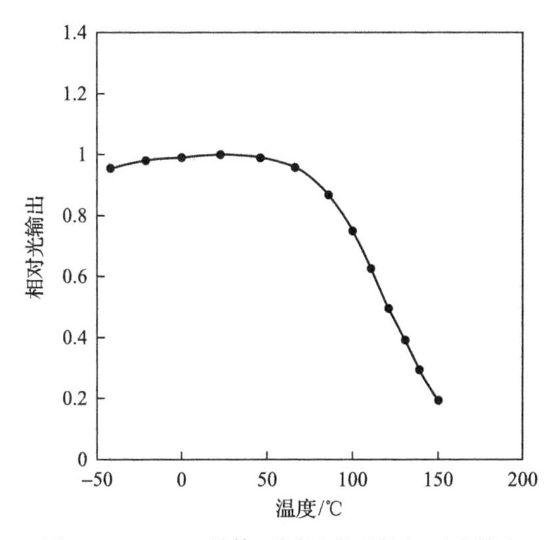

图 5.2.4　CWO 晶体不同温度下的相对光输出

当温度从–30℃变化到 60℃时 CWO 晶体在 X 射线激发下的光输出温度系数只有–0.2～–0.3%/℃，γ射线的光输出温度系数更小。因此，在这个温度区间，CWO 晶体光输出的温度稳定性还是比较好的。

Brik 等用第一性原理计算了 CWO 晶体的能带[88]，并分别采用广义梯度近似(generalized gradient approximation, GGA)和局域密度近似(local density approximation, LDA)进行修正，计算结果如图 5.2.5 所示。计算表明，CWO 晶体为直接带隙，其导带弥散相对较大，价带弥散较小，禁带宽度为 2.99eV，但 GGA 的能带计算结果一般都偏小。

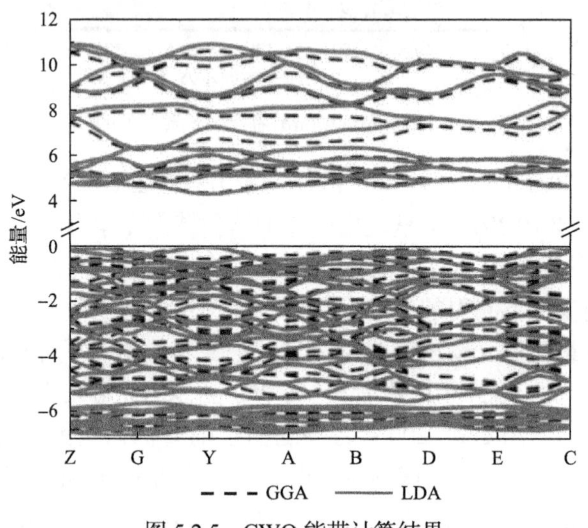

图 5.2.5 CWO 能带计算结果

CWO 晶体在 350～400nm 波段存在比较强的光吸收(图 5.2.6)，该吸收随晶体结晶过程的推进而逐渐增强，曾经一度认为该吸收是晶体中存在的微量 Bi^{3+}杂质离子所为。为探索该吸收带的起源，Zhou 等用密度泛函理论(density functional theory, DFT)分别计算了 CWO 晶体中 Cd 空位(V_{Cd})和 O 空位(V_O)对晶体电子态密度及性能的影响[89,90]，采用的程序包为 CASTEP(Cambridge Serial Total Energy Package)，选取的团簇为 2×2×2 晶胞，该晶胞中共包含 16 个 CWO 分子，然后假设该团簇失去一个 Cd 或一个 O，所以实际计算对象均包含了 95 个原子。计算结果表明，V_{Cd} 会造成 V_F 心，V_F 心的具体形式为 O_2^{3-}-V_{Cd}-O_2^{3-}，正常晶格中氧离子为 O^{2-}，O_2^{3-}意味着两个 O^{2-}失去了一个电子，该电子被 V_{Cd} 捕获，这个 V_F 心会将 O 的 2p 电子引入晶体的带隙中，从而造成晶体在 400～650nm、峰值在 650nm 的光吸收。CWO 晶体中有两类 O 原子 O_I 和 O_{II}，其中 O_{II} 空位的形成能为 0.517eV，比 O_I 空位的形成能更低，所以在对 2×2×2 晶胞计算时去掉了 O_{II}。计算结果表明，V_O 会在带隙中引入新的电子态，造成 350nm 和 400nm 吸收。

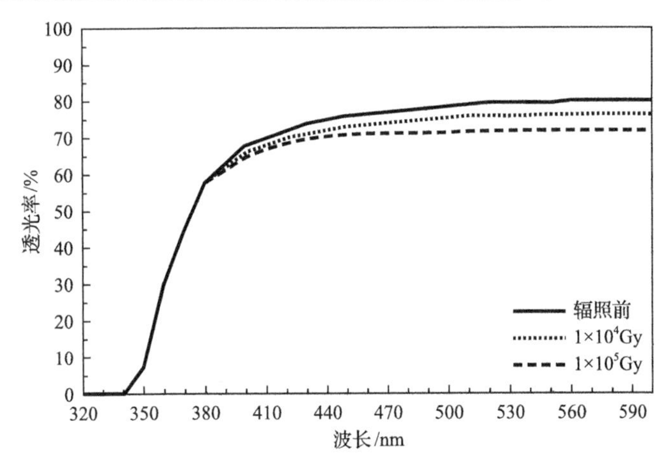

图 5.2.6　CWO 晶体(20mm×20mm×195mm)辐照前后的透光率

2000 年，Kozma 等研究了 CWO 晶体的抗辐照性能，以 ^{60}Co 为辐照源，测试 CWO 晶体分别在 1×10^4Gy 和 1×10^5Gy γ射线辐照前、后的透光率(图 5.2.6)[91]，发现晶体经 1×10^5Gy 辐照后在 470nm 波长处的透光率与辐照之前相比降低了 8%。根据公式 $T_{irrad}/T_{init}=\exp(-\Delta kL)$ (式中，T_{irrad} 代表辐照后特定波长的透光率；T_{init} 代表辐照前特定波长的透光率；L 代表透光率测试时晶体的厚度) 计算了辐照诱导吸收系数Δk，并在同等条件下与 PWO 晶体的辐照诱导吸收系数进行了对比(图 5.2.7)。结果显示，CWO 晶体 1×10^4Gy 辐照后的诱导吸收系数只有 PWO 晶体的 1/2，1×10^5Gy 辐照后的诱导吸收系数也比 PWO 小，表明 CWO 晶体的抗辐照性能比 PWO 晶体好。

由于微量或少量的特定元素掺杂能让晶体性能得到改善，所以多年来国际上对掺杂 CWO 晶体有持续研究，其中研究较多的当属 Bi 掺杂 CWO 晶体(CWO:Bi)。CWO:Bi 晶体研究主要有两个动因：一是在 CWO 晶体研究初期，有研究者认为 CWO 晶体黄光发射与杂质元素 Bi 有关[92]；二是 Bi 离子掺杂固体材料往往具有近红外宽带发光效应，在激光器和光纤放大器中有潜在应用价值[93]。1999 年，Murphy 等用电子顺磁共振(electron paramagnetic resonance，EPR)等手段研究了纯 CWO 和掺有 100ppm Bi_2O_3 的 CWO:Bi 晶体[92]，发现纯 CWO 晶体仅在 480nm 左右有发射，550～570nm 黄光区域无发射，而 CWO:Bi 晶体则在 550nm 左右有发射，该发射对应的激发波长在 350nm 左右，CWO:Bi 晶体在低温和室温下也都在 350nm 左右有明显的光吸收(图 5.2.8)，而纯 CWO 晶体则无此吸收。因此认为，CWO:Bi 晶体中 Bi^{3+}替代了 Cd^{2+}，350nm 吸收和 550nm 发射源于 Bi^{3+}的 $6s^2$ 和 6s6p 之间的能级跃迁，其室温下的斯托克斯位移为 1.26eV。CWO:Bi 晶体在 77K 温度下晶体被 X 射线辐照后，EPR 也测到了信号，该信号被认为是 Bi^{3+}捕获了电子形成了 Bi^{2+}。

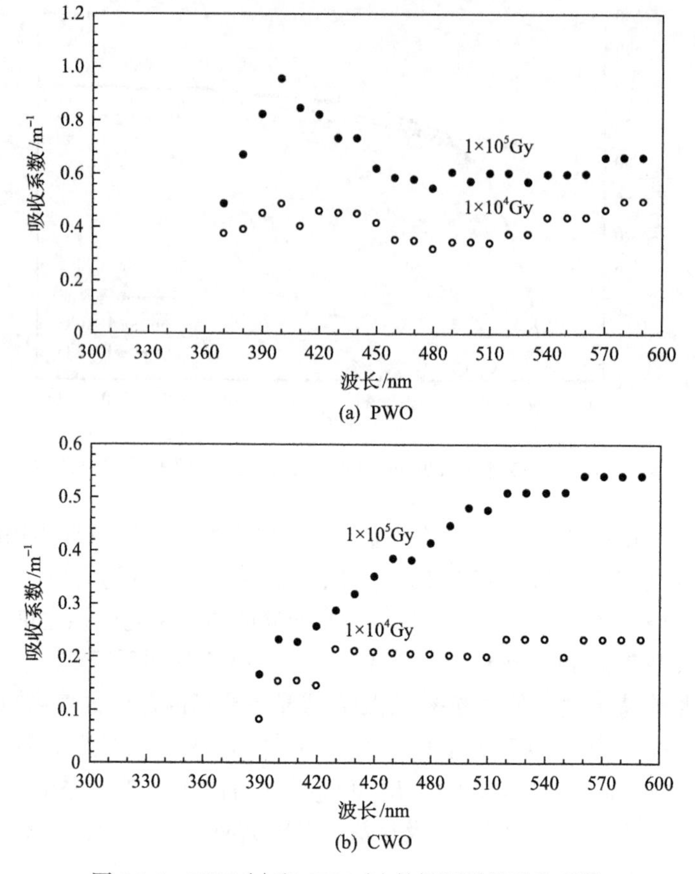

图 5.2.7　PWO(a)和 CWO(b)的辐照诱导吸收系数

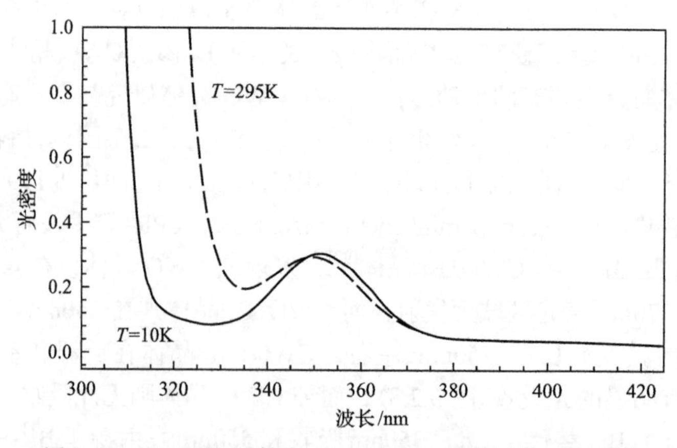

图 5.2.8　CWO:Bi 晶体在 10K 和 295K 温度下的吸收光谱

虞灿等用坩埚下降法生长了 CWO:0.5%Bi 晶体[94]，晶体毛坯底部呈青黄色，顶部呈血红色，加工后的晶体(样品为 10mm×10mm×2mm)在 808nm 和 980m 激发下分别出现 1.07μm 和 1.5μm 的宽带发光，前者发射峰的半峰宽为 95nm，荧光寿命为 238μs，推测该发光与 Bi 掺杂有关，后者发射峰的半峰宽为 38nm，荧光寿命为 294μs，可能与晶体杂质或缺陷有关。罗彩香等也用坩埚下降法生长了 CWO:Bi 晶体[95]，测定了相应光谱以及 X 射线光电子能谱(XPS)，发现晶体中既有 Bi^{3+}也有 Bi^{5+}，沿着晶体生长方向，Bi^{5+}含量减少，Bi^{3+}含量增加，同时 1078nm 荧光强度变弱，528nm 荧光强度增强。

Nagornaya 等在生长 CWO 晶体的原料中以氧化物形式分别掺入 Bi、La、Gd、Sm、Ti、Ce、Sb 离子[96]，发现这些三价离子掺杂都降低了晶体的透光率，增强了晶体的余辉，但 La^{3+}、Y^{3+}掺杂使晶体的抗辐照性能有所提高，而五价阳离子掺杂则使透光率和抗辐照性能均出现下降。晶体的生长和退火实验表明，纯 CWO 晶体在氧气氛中生长或退火均有助于抑制着色现象；相反，在真空或惰性气氛中生长或退火则使着色更加严重，余辉更长，晶体甚至呈灰色，因此认为 CWO 晶体的着色与晶体中存在不同程度氧空位缺陷有关。对掺杂晶体来说，空气气氛退火提高了透光率，但透光率在辐照前后的差异更明显，而纯 CWO 晶体由辐照导致的透光率下降则需要几个月才能恢复。Kobayashi 等还在 CWO 晶体中掺入 Cs、La、Si、Bi、Na、Nb 和 Pb[97]，但掺杂后晶体总体性能均表现为下降。

Garces 等在 CWO 晶体中掺入 Mo[98]，研究了该晶体在不同温度下的荧光光谱(图 5.2.9)，发现该晶体存在 680nm 和 480nm 两个发光带，发光强度受温度的影响很大。在 5～220K 的低温下用 325nm 激发时在 680nm 左右有红光发射，发射强度随温度的降低而增强，室温下几乎完全消失；相反，480nm 发射峰则随着温

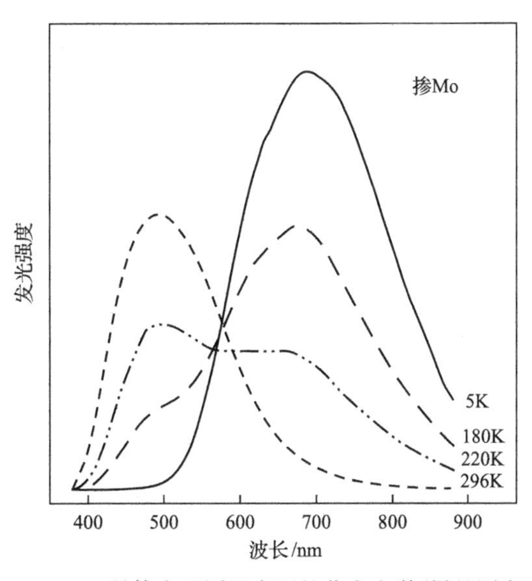

图 5.2.9　CWO:Mo 晶体在不同温度下的荧光光谱(样品厚度为 1.3mm)

度的升高而增强。CWO:Mo 晶体在 77K 下用 X 射线辐照，然后在 15K 下测到了 EPR 信号，说明 Mo^{6+}替代了晶体中 W^{6+}的位置，然后 Mo^{6+}捕获了一个电子形成了 $Mo^{5+}(4d^1)$，但相对于未掺杂 CWO，Mo 掺杂对晶体性能是不利的。

也有人以锂离子为掺杂剂研究 CWO 晶体的发光性能。从少数报道看，Li 掺杂可以提高 CWO 的综合性能，EPR 也能测到掺杂晶体中 Li 的存在[99]，但是大量研究表明，不掺杂也能获得高质量的 CWO 晶体，单纯作为闪烁材料考虑，CWO 掺杂实验并没有呈现出任何积极的效果。

5.2.3　晶体制备

1950 年，Gillette 采用火焰法首次得到 CWO 块体单晶[78]。1972 年，Spitkovskii 等用提拉法生长出了 CWO 单晶。1979 年，Robertson 等用 XRD、DTA 等手段研究 WO_3 与 CdO 不同配比之间的物相关系，绘制出了 WO_3-CdO 二元系相图[100]。从众多晶体生长的文献来看，图 5.2.10 所示的相图得到了检验，从图中可以看出，CWO 晶体为同成分熔融化合物，熔点为 1289℃，从结晶温度到室温没有出现相变，因此适合用熔体法生长晶体。

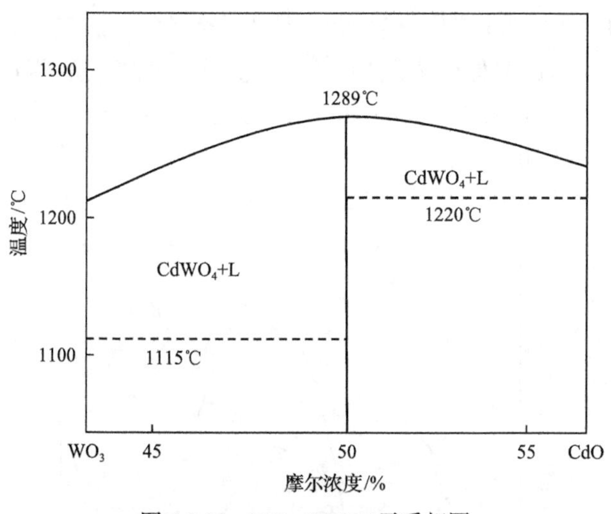

图 5.2.10　WO_3-CdO 二元系相图

Sabharwal 等对提拉法生长 CWO 进行了大量研究[101,102]，发现采用化学计量比生长的晶体易着色，晶体透光率偏低，靠近吸收边时晶体透光率逐渐降低(图 5.2.6)；为了补偿 CdO 的过量挥发，在配制原料中需要富余适量的 CdO，实验证明采用摩尔浓度 53%CdO 配比的原料可使得生长晶体具有更高的透光率(图 5.2.11(a))。采用不同原料配比生长的 CWO 晶体在不同剂量辐照后在 500nm 处的透光率变化(图 5.2.11(b))显示，用化学计量比生长的 CWO 晶体在 500nm 处的透光率最低，而且透光率还会随着辐照剂量的增加而升高(图 5.2.11(b)，曲线 a)，显示出晶体中存在较多的缺陷；采用摩尔浓度 53%CdO 配比生长出的晶体不仅具有较高的透光率，而且在高达 10^7rad 的γ射线辐照后基本保持不变(图 5.2.11(b)，曲线 b)，显示出比较高的抗辐照损伤能力；原料中摩尔浓度为 52.2%的无色 CWO 晶体在 10^7rad 辐照后 500nm 波长处的透光率仍几乎不变；但如果 CdO 过量(54.3%CdO)，则适得其反(图 5.2.11(b)，曲线 c)。热释光测试结果表明，CWO 无色晶体在 148℃时有较弱的热释光信号，而暗绿色晶体在 158℃时出现相对无色晶体三倍强度的热释光信号，说明 CWO 晶体的颜色越深，缺陷浓度越高，抗辐照损伤能力越差。从这些结果可以推断，虽然 CdO 和 WO_3 在高温都有挥发，但 CdO 的挥发更加强烈，这种不一致挥发会造成晶体组分偏离化学计量比。因此，用提拉法生长 CWO 晶体时，配料中富余适量的 CdO 很有必要，这样可以弥补因 CdO 挥发造成的不利影响，CdO 在配料时的最佳摩尔浓度应在 52.2%～53.5%。

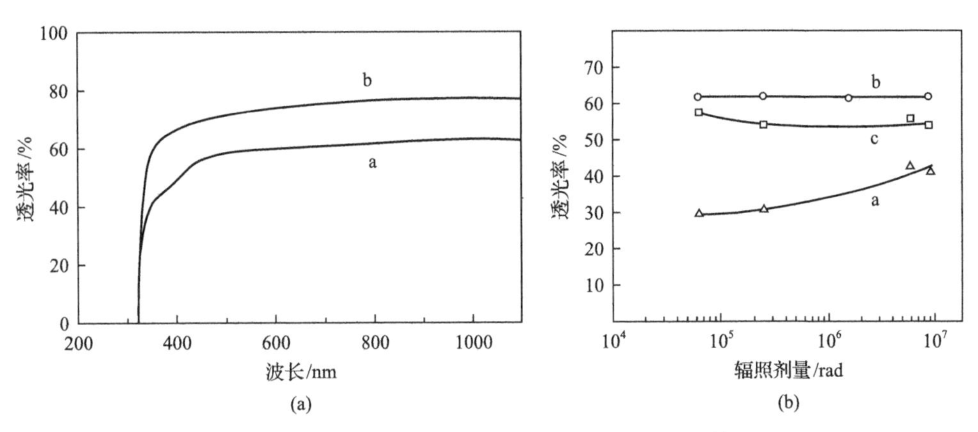

a-摩尔分数50%CdO；b-摩尔分数53.5%CdO；c-摩尔分数54.3%CdO

图 5.2.11 不同配比 CWO 晶体的透射光谱(a)及其在 500nm 处的透光率随辐照剂量的变化(b)[106]

CWO 晶体中的生长缺陷概括起来有以下几种：

(1) 350nm 光吸收。CWO 晶体时常呈现出不同程度的棕色或咖啡色，其根源在于晶体对紫色光有强烈的吸收，典型的吸收峰位于 350nm。陈红兵团队在下降法生长的晶体中观察到该吸收带的吸收强度从单晶棒的底部到顶部依次(a→b→c→d)逐渐增强的趋势(图 5.2.12)[103]。关于该吸收带的成因至今仍有两种观点，一种认为是晶体中的微量杂质 Bi^{3+}所为，如图 5.2.8 清楚地显示掺有 Bi^{3+}的 CWO 在 350nm 存在一个很强的吸收带。但 Bi^{3+}进入 CWO 晶体中占据 Cd^{2+}位置，由于 Bi^{3+}与 Cd^{2+}在价态上的不同，为了平衡电价必然形成 V_{Cd} 空位，所以从本质上讲 V_{Cd}空位也可能是引起 350nm 光吸收的原因。因此，另一种观点认为 350nm 吸收是 CWO 中的本征缺陷所为。Nagornaya 等在提拉法生长的 CWO 晶体中观察到

CdO 和 WO_3 的含量随结晶作用的进行而发生不同的变化，前者逐渐减少，后者逐渐增多[102]，CdO 的过量挥发以及 CdO 和 WO_3 密度的差异而导致的重力分层作用，使得早期结晶的 CWO 晶体尚能维持化学计量比，而到后期则逐渐偏离化学计量比，组分的变化与图 5.2.12 所展示的吸收强度变化趋势非常一致，因此推测 350nm 光吸收与 CdO 的缺失而导致晶体中产生与 V_{Cd} 空位缺陷有关。但空气气氛下退火之后，着色程度明显减弱，说明氧的作用不容低估，完全归于 V_{Cd} 空位未免过于简单化。

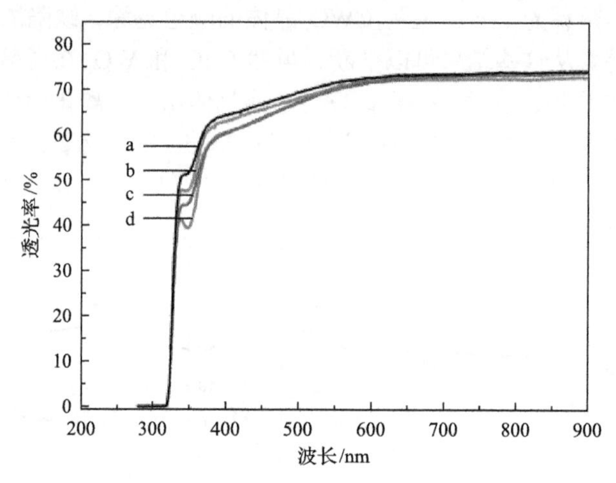

图 5.2.12　下降法生长 CWO 单晶棒沿生长方向(a→b→c→d)不同部位的透射光谱[107]

(2)晶体开裂。CWO 晶体结构中(010)解理面的存在常导致晶体生长出现严重开裂现象，这种现象在温度梯度较大的提拉法生长工艺中表现得尤为突出。同时，还给晶体加工带来困难，降低了晶体材料的利用率。为此，优选生长方向(如采用[010]方向的籽晶)和降低温度梯度(≤20℃/cm)是比较有效的措施。

(3)宏观包裹体。位于晶体的中心沿晶体轴向分布，而在提拉法生长的 CWO 晶体中包裹体易沿[001]方向成层状分布，因对可见光具有强烈的散射作用也被称为散射中心。据分析，这些包裹体主要由 CdO 和气孔所组成，其成因与原始配料中 CdO 的富余量过多有关。此外，坩埚边缘部位的温度高于中心区域而导致边缘处熔体中的 W/Cd 比高于中心部位，从而使中心部位富余的 CdO 以包裹体的形式析出。

(4)双晶。主要出现在提拉法生长的晶体中，当生长方向为[001]时，双晶面为(100)，从晶体放肩部位开始向等径部分延伸。

(5)杂质缺陷。就目前所开展的掺杂实验研究结果来看，无论是异价离子掺杂或者等价离子掺杂，绝大部分掺杂效应都是负面的，它们有的降低 CWO 晶体的光输出和能量分辨率，有的增强晶体的余辉，掺杂晶体的质量普遍不如不掺杂的晶体。因此提高原料纯度才是提高晶体性能的关键。

2005 年，乌克兰闪烁晶体材料研究所的 Nagornaya 等克服了对晶体生长不利的各种因素之后，用提拉法得到ϕ60mm×150mm 无色透明的 CWO 晶体[104]，晶体光产额大于 19500ph/MeV，^{137}Cs 激发时的能量分辨率≤7.5%，20ms 时的余辉小于 0.01%，已基本满足计算机断层扫描仪(CT)的应用要求。

2014 年，俄罗斯 Galashov 等利用低温梯度提拉法(low thermal gradient czochralski technique)[105]，采用高纯 WO_3 和 CdO 原料、[010]方向的籽晶成功生长出了直径 80～90mm、长度 180～200mm 的 CWO 晶体(图 5.2.13)，其中的晶体直径与坩埚(铂金)直径的比例为 8:10，这样高的比例可以减少熔体表面的面积，降低熔体的挥发量。因为低温梯度提拉法生长时的物料挥发量很小，所以其原料可以按照 WO_3:CdO=1:1 化学计量比进行配比，原料先在 1000℃下烧结 6h，确保反应 $WO_3+CdO═CdWO_4$充分完成，开始生长时熔体的温度比熔点高 10～15℃。2016 年，Atuchin 等通过对低温梯度提拉法生长工艺参数的进一步优化，采用 1℃/cm 的温度梯度、0.5～1mm/h 的生长速度和 15r/min 的转速，生长出直径 110mm，重达 20kg 的高质量 CWO 单晶[106]。

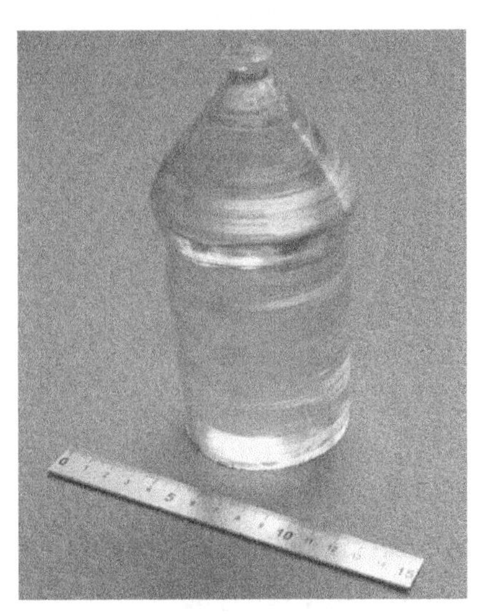

图 5.2.13　俄罗斯利用低温梯度提拉法生长的大尺寸 $CdWO_4$ 晶体

我国开展 CWO 晶体研究的时间比较晚，1990 年中科院上海光机所徐军等用提拉法获得了ϕ20mm×20mm 的浅黄色 CWO 晶体，发现生长过程中 WO_3 和 CdO 均有挥发，且 CdO 挥发尤其严重[107]。中科院安徽光机所罗丽明等用提拉法生长出ϕ57mm×45mm 尺寸的红棕色 CWO 晶体[108]，并发现氧气气氛退火后晶体变为浅黄色[109]，透光率有明显提高。由于所生长的晶体着色比较严重，造成晶体的透光性能和闪烁性能无法满足应用需求。这些结果说明，CdO 的过量挥发及其诱发的晶体缺陷一直是 CWO 晶体生长中面临的主要难题。针对这些问题，宁波大学功能晶体材料实验室自 2006 年以来开展了 CWO 晶体的坩埚下降法生长研究，采用密闭的铂金坩埚不仅有效抑制了 CdO 的过量挥发，而且利用坩埚下降法温度梯度较小这个特点克服了晶体的解理开裂问题，再结合[001]方向的籽晶引导晶体的定向生长，成功生长出了接近无色的大尺寸透明 CWO 晶体(图 5.2.14)[103,110-116]。单晶试样的 X 射线摇摆曲线的半高宽为 41in，X 射线激发下晶体的发光峰值位于 470nm，发光波长附近范围的光学透光率达 70%，以 ^{137}Cs 源γ射线激发时，其相对光输出达到为 CsI:Tl 晶体的 51%～57%，经 10^7rad 的γ射线辐照后仍能保持稳定的光学和闪烁性能。

图 5.2.14 宁波大学采用坩埚下降法生长的 CWO 单晶

5.2.4 应用

2016 年 Lecoq 在一篇医用闪烁晶体的综述报道中，列出了 CT 用闪烁晶体的性能指标[117]：①吸收 X 射线能力强，尤其对 150keV 能量范围内的 X 射线，2mm 厚的闪烁晶体能够吸收入射能量的将近 100%；②大于 20000ph/MeV 的光输出；③发射光谱和硅光二极管匹配；④衰减时间在 1～10μs；⑤X 射线激发后 3ms 以后的余辉低于全部光输出的 0.1%；⑥高的抗辐照硬度，晶体在每天 10Gy 的辐照下光输出下降幅度小于 0.1%，辐照 10^4Gy 量级后晶体光输出下降不超过 10%；⑦在 CT 的工作温度范围内，晶体光输出随温度变化系数小于 0.1%/℃；⑧良好的机械性能使得晶体能够被加工成直径 1mm 的像素元件。上述指标中，晶体的光输出、余辉和密度尤为重要。CWO 晶体密度为 7.99g/cm^3，对 X 射线吸收系数大，辐射长度短，光输出较高，而且具有极低的发光余辉和很高辐照损伤阈值，性能可以满足上述全部指标，相对于其他商用闪烁晶体具有明显的优势，因此在 X-CT 和集装箱安检辐射成像技术中得到实际应用。

2013年以来，宁波大学与北京滨松光子技术有限公司(滨松公司)合作，研究开发出钨酸镉晶体坩埚下降法生长工艺和晶体生长炉，实现了大尺寸钨酸镉晶体棒材和晶体阵列元件的批量-生产，生长的钨酸镉单晶毛坯尺寸达ϕ80mm×200mm，单晶毛坯批量化生长成品率达95%以上[114]。钨酸镉晶片的相对光输出达到法国圣戈班公司基准晶片的90%～110%，经退火处理晶片的相对光输出最高达基准晶片的124%，能量分辨率优于15%，发光余辉低于0.06%@6ms，抗辐照损伤阈值达10Mrad，综合性能达同种闪烁晶体产品的国际先进水平。与提拉法生长技术相比，这种多工位坩埚下降法技术还具有低成本优势和良好的环保特性。2014年以来滨松公司面向大型集装箱安检扫描仪和其他射线成像设备制造业，已实现了系列晶体阵列元件和射线探测器模组的批量供货，尤其为清华同方威视技术有限公司等我国大型安检设备制造业提供了替代进口的钨酸镉晶体元件[115]。

除了在X-CT、集装箱安检中的应用外，CWO在一些小型探测器上也有众多应用。2002年美国的Eisen等报道了CWO用于空间γ射线探测[118]，与CsI∶Tl晶体相比较，CWO晶体不仅密度更高、体积更小，在0.662～7.64MeV能量范围内的发光性能也优于CsI∶Tl晶体，而且更耐辐照、吸收能力更强、可以探测的能量范围更宽。

此外，CWO晶体中因含有^{106}Cd和^{116}Cd而可望用于双β衰变的实验研究[119-123]，该研究有望给出中微子的质量上限，其中^{106}Cd用于双β衰变研究最早见于1952年，研究较多，而含^{116}Cd的CWO晶体的双β衰变研究最早见于1995年。重结晶后富^{116}Cd的CWO晶体放射性背景值不到0.01mBq/kg，也有一定的优势。表5.2.1列出了CWO晶体用于双β衰变的一些研究工作。

表5.2.1 基于CWO晶体的双β衰变研究

年份	简要描述
1995	1000m深的地下实验室，CWO晶体122g，Cd中^{116}Cd含量达83%[119]
1996	3600m深的地下实验室，CWO晶体1.046kg[120]
2003	1000m深的地下实验室，CWO晶体共330g，Cd中^{116}Cd含量达83%[121]
2008	3cm×3cm×3cm CWO晶体，3cm×3cm×6cm CWO晶体[122]
2009	ϕ40mm×50mm CWO晶体[123]

5.3 钨 酸 钙

除了PWO和CWO以外，还有一些钨酸盐晶体作为闪烁材料得到了应用，主要是钨酸钙($CaWO_4$)和钨酸锌($ZnWO_4$)。$MgWO_4$也曾受到关注[124]，但它存在高温相变，需用助熔剂生长，大尺寸晶体的产率低，总体无突出特色，并未得到真正使用。下面仅对 $CaWO_4$ 做简要论述。

$CaWO_4$是最古老的发光材料之一，最早的 X 射线成像屏用的就是 $CaWO_4$ 多晶，1908 年爱迪生发明了 X 射线增感屏，用的也是 $CaWO_4$ 多晶。$CaWO_4$ 晶体是白钨矿型结构的典型代表，空间群为 $I4_1/a$[125]，属四方晶系，a=5.2387Å，c=11.3781Å，晶体密度 6.06g/cm^3，熔点 1580℃。

5.3.1 晶体闪烁性能

1960 年，Dixon 等测得 $CaWO_4$ 晶体的衰减时间在 5～10μs 之间，提出 $CaWO_4$ 能够分辨α粒子、质子和γ射线。1965 年，Sayer 等测试了 $CaWO_4$ 在阴极射线、α粒子和γ射线激发下的光衰减，发现该晶体在 ^{60}Co 的γ射线(1.17MeV 和 1.33MeV)激发下衰减时间约为 6.1～6.8μs，在能量约 7.5keV 的阴极射线激发下衰减时间约为 6.9～9.4μs，在 ^{210}Po 的 5MeV 的α粒子激发下衰减时间约为 4.3～6.8μs，表明晶体的衰减时间与激发源粒子的种类和能量的大小有密切的相关性。

1974 年，Treadaway 等研究了 $CaWO_4$ 从 7K 至室温的发光行为[126]，所用晶体样品尺寸为 10mm×15mm×3mm，当激发波长为 240nm 时，晶体从 10K 至室温的发射主峰均位于 440nm；当激发波长为 265nm 时，晶体在 10K 温度下的发射主峰位于 530nm，室温的发射主峰则位于 440nm；当激发波长为 315nm 时，从 10K 至室温 520nm 处均有一宽带发射，同时还观察到了发射峰位于 368nm 和 375nm 的两条零声子线，这两条零声子线在 220K 强度最高，这些发射主要与 WO_4^{2-}有关，其各自归属见图 5.3.1。但不管是发射光谱还是激发光谱，均未观察到偏振效应。

Moszyński 等研究了 $CaWO_4$ 的闪烁性能[127]，认为 $CaWO_4$ 的发光源于 WO_4^{2-} 基团，在 ^{137}Cs 的 662keV 激发下，$CaWO_4$ 的光产额可达 15800ph/MeV±1600ph/MeV，最佳的能量分辨率可达 6.6%±0.2%，室温下的主要发光成分可拟合出两个衰减时间常数，一个为 5.4～8.2μs，另外一个为 177～200μs，液氮温度的发光衰减时间为 11.2μs±0.6μs。

Kim 等报道了 $CaWO_4$ 晶体的能带计算结果[128]，其导带底由 W 的 5d 轨道构成，价带顶则主要由 O 的 2p 轨道构成，禁带宽度 4.25eV。

1999 年，Meunier 等在低温下用 $CaWO_4$ 单晶同时测定声子和闪烁光信号[129,130]，发现该晶体具有分辨核反冲信号和背景核辐射信号的能力，因此提出了 $CaWO_4$ 晶体应用于暗物质探测的可能性。2003 年 Cebrián 等首次在地下用 $CaWO_4$ 晶体测定暗物质[131]。2005 年，Zdesenko 等用提拉法生长出尺寸为ϕ40mm×39mm 的 $CaWO_4$ 晶体[132]，并分别以 ^{137}Cs 和 ^{60}Co 为激发源测试了该晶体的多道能谱(图 5.3.2)，测得在 662keV 激发下能量分辨率达 7.8%～7.2%，1333keV 处能量分辨率达 5.4%～

4.7%，2615keV 处能量分辨率达 3.8%。

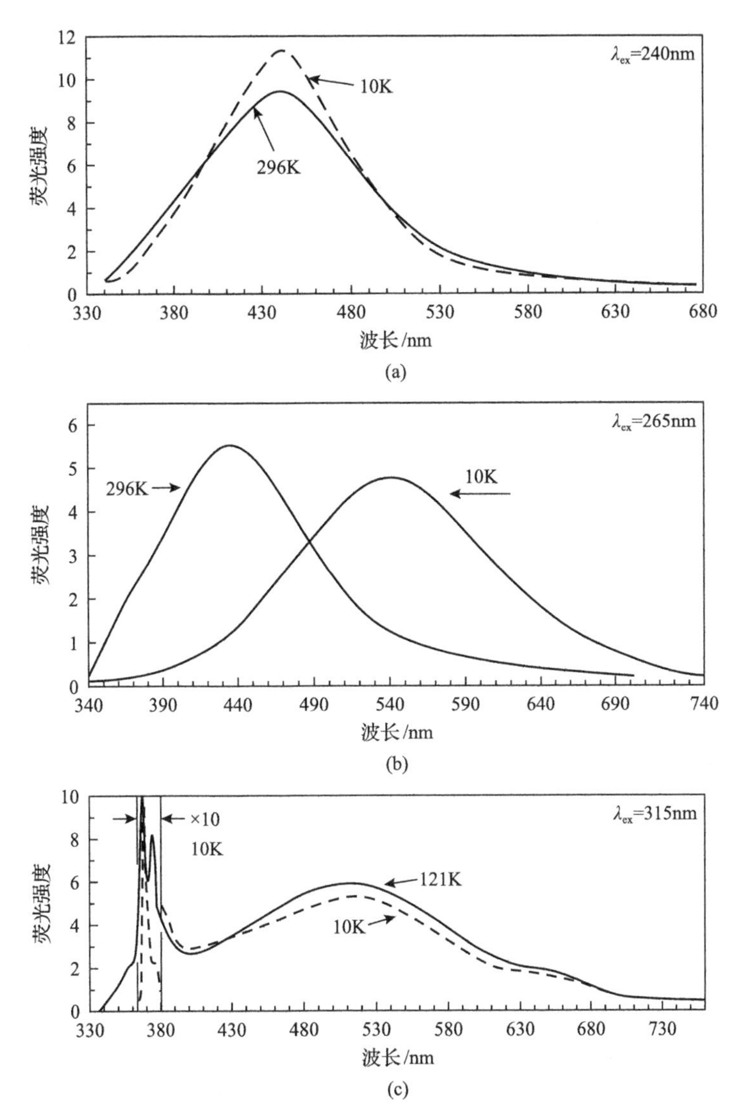

图 5.3.1　$CaWO_4$ 晶体分别在 240nm (a)、265nm (b) 和 315nm (c) 光激发下的荧光光谱

$CaWO_4$ 晶体在不同激发源下的α/β比如图 5.3.3 所示，在不同激发源下的发光衰减时间及发光分量的占比见表 5.3.1。$CaWO_4$ 的核辐射本底主要来自于铀(U)和钍(Th)，通过改进的脉冲谱形等手段可以将 $CaWO_4$ 晶体在 3.6～5.4MeV 能量区间的本底计数降至 0.07counts/(keV·kg·a)，这是双β衰变中最低的辐射本底之一。另外，$CaWO_4$ 晶体中 ^{180}W 的α衰变的半衰期为 $1.0^{+0.7}_{-0.3}\times10^{18}$ 年，这些性能表明 $CaWO_4$ 晶体可以用来探测双β衰变、WIMP 等。2015 年，Sivers 等报道了 3.4K 温

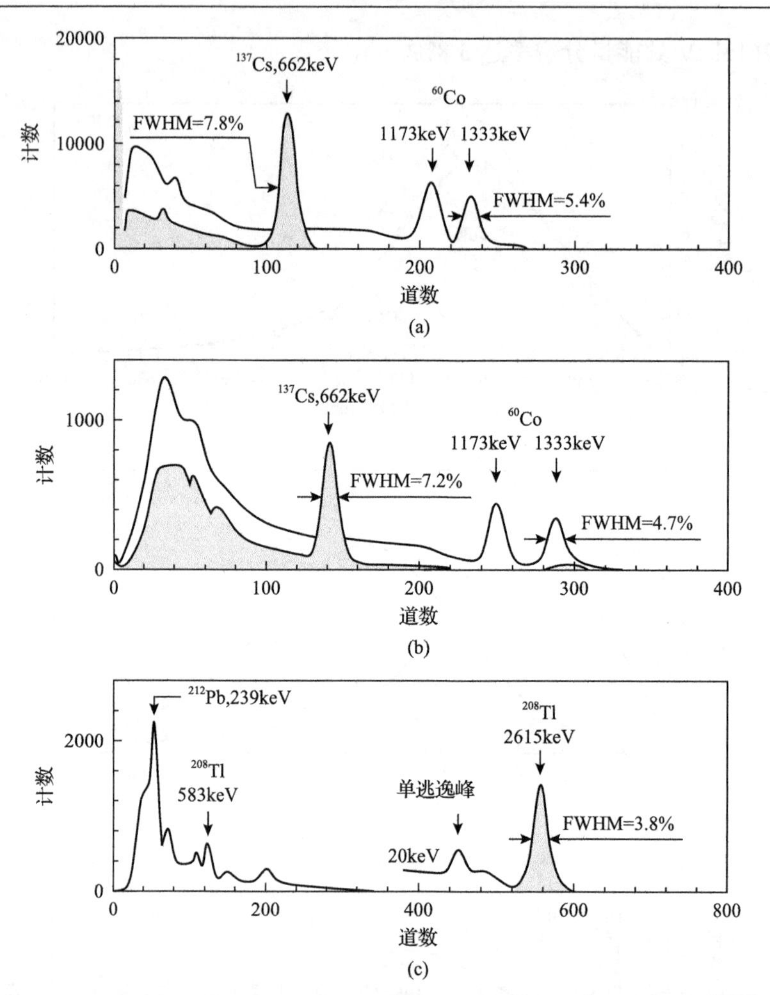

图 5.3.2　$CaWO_4$ 晶体（ϕ40mm×39mm）在不同放射源激发下的多道能谱[132]

(a)晶体用 PTFE 包裹，留一出光面与光电倍增管耦合，^{60}Co 源激发；(b)晶体放在硅油中用两个光电倍增管耦合，^{60}Co 源激发；(c)晶体放在硅油中用两个光电倍增管耦合，^{208}Tl 源激发

表 5.3.1　$CaWO_4$ 在不同激发源下的衰减时间

辐射源	衰减常数/μs		
	τ_1(发光量占比)	τ_2(发光量占比)	τ_3(发光量占比)
γ射线	0.3(3%)	4.4(15%)	9.0(82%)
α粒子	0.3(6%)	3.2(18%)	8.8(76%)

度下 $CaWO_4$ 的闪烁性能[133]，并首次在 3.4～320K 的温度区间测定了α粒子、γ射线激发下的光输出，发现低温下α/γ的光输出比值比室温下低 8%～15%，这对于区分无中微子的双β衰变和α粒子很有意义。

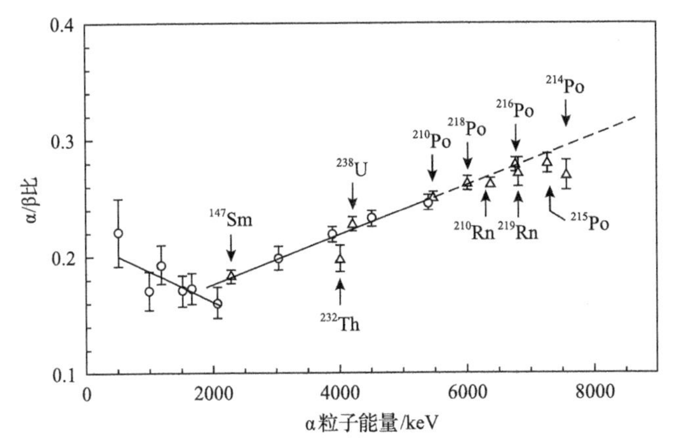

图 5.3.3　$CaWO_4$ 晶体在不同能量α粒子激发下的α/β比

5.3.2　晶体生长

$CaWO_4$ 熔点高达 1580℃，可以从熔体中直接结晶出来。早在 1949 年，Zerfoss 等分别用焰熔法和温度梯度法生长了 $CaWO_4$ 晶体[134]，但晶体尺寸只有毫米量级。就文献中对温度梯度法“gradient technique”实验过程的简要描述来看，他们是用锥度 60°、等径部分分别为 18mm 和 31mm 的锥形铂金坩埚缓慢通过温度梯度区进行生长，温度梯度约 59℃/cm，下降速度约 3mm/h，因此也可以说是坩埚下降法，用以上两种方法所生长的晶体都严重开裂。1960 年，贝尔实验室的 Nassau 等首次用提拉法生长出了尺寸约为ϕ8mm×60mm 的 $CaWO_4$ 单晶[135]，所用坩埚为铑坩埚，晶体无色透明。1963 年，Chaudhuri 等研究了提拉法生长的 $CaWO_4$ 晶体中的生长缺陷[136]，晶体毛坯先在 1200℃退火 21h，然后用热的稀盐酸进行腐蚀，得到的位错密度约为 $10^5/cm^2$，认为位错主要起源于气态包裹体。$CaWO_4$ 在放肩部分出现的小角晶界可以通过后加热、较快的提拉速度和还原气氛来抑制[137,138]。

因提拉法生长时多用铱坩埚、铂坩埚或铑坩埚，这些金属在高温下会进入晶体中形成光散射中心导致晶体质量下降。为克服这些生长缺陷，Gassqn 尝试用浮区法生长 $CaWO_4$ 晶体[139]，以直径 ϕ8mm×160mm 的 $CaWO_4$ 多晶料棒可以得到ϕ6mm×50mm 的 $CaWO_4$ 单晶。

2017 年，宁波大学陈红兵团队用坩埚下降法得到了尺寸为 30mm×30mm×120mm 的 $CaWO_4$ 晶体[140]（图 5.3.4）。$CaWO_4$ 晶体的吸收边位于 277nm，在 280nm 紫外激发下的发射波长位于 416nm，但在 X 射线激发下的发光波长位于 424nm。这个差异很可能是由于紫外激发发射属于表面发射，X 射线激发发射则属于体内发射。由于自吸收的缘故，后者的发射波长通常要比前者红移若干纳米。从闪烁衰减曲线可拟合出两个衰减时间，分别为 5.4μs 和 177.1μs，与 Moszynski 等对提拉法生长 $CaWO_4$ 晶体的测试结果基本一致。

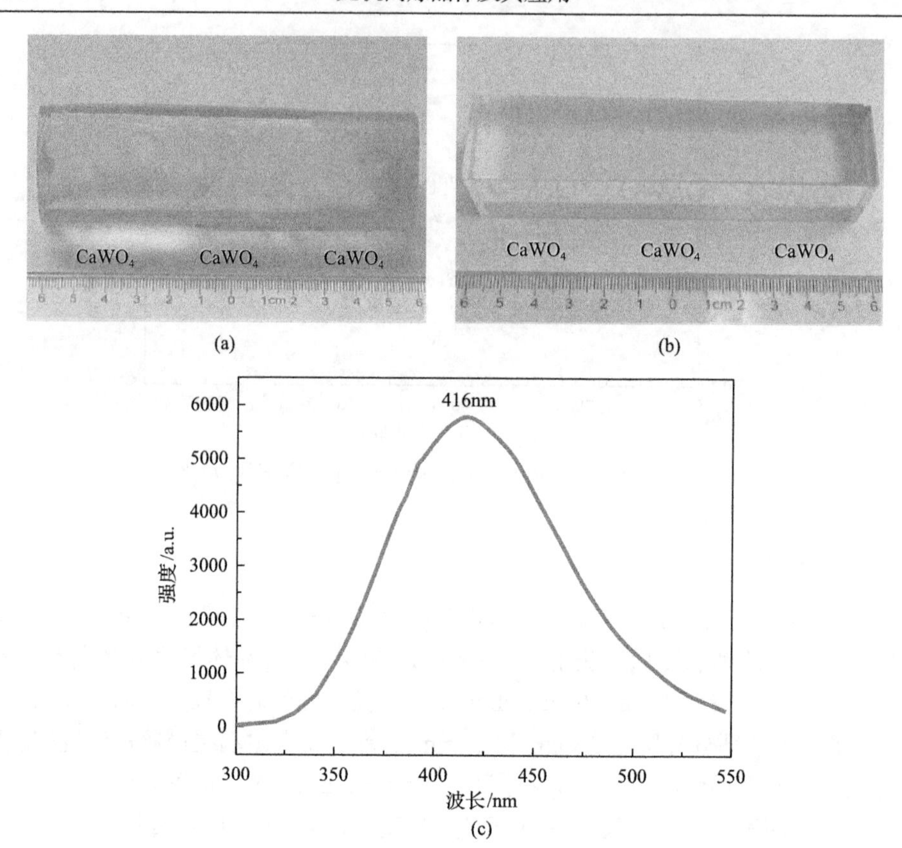

图 5.3.4　坩埚下降生长的 $CaWO_4$ 晶体及其紫外荧光发射光谱

(a)毛坯 $CaWO_4$；(b)加工后的 $CaWO_4$；(c)荧光发射光谱

5.4　钨　酸　锌

钨酸锌晶体的化学式是 $ZnWO_4$，空间群为 P2/c[141]，属单斜晶系，其晶胞参数 a=4.6917Å，b=5.7198Å，c=4.9273Å，β=90.6277°；密度 7.87g/cm^3，熔点 1200℃，不潮解。

5.4.1　晶体闪烁性能

$ZnWO_4$ 在 1948 年就作为荧光材料受到关注[1]，但早期研究主要针对其微波介质特性及其顺磁特性。1980 年，Tetsu 等首次报道了尺寸为 ϕ20mm×80mm 块体 $ZnWO_4$ 单晶的某些闪烁性能[142,143]，测得其荧光的峰值波长为 480nm，在 X 射线激发下的光输出约为 NaI:Tl 的 28%，其 3ms 以外的余辉小于 1×10^{-3}。另外，该晶体不含 Pb、Cd 等有毒元素，环境友好，因此曾被作为闪烁晶体得到持续研究。

Minoru 等计算了 $ZnWO_4$ 晶体的电子结构，认为晶体的价带顶主要由 O 的 2p 轨道构成，导带底主要由 W 的 5d 轨道构成，禁带宽度约为 4.6eV，这些结果在 XPS 中得到了验证[144]。

1986 年，Zhu(祝玉灿)等研究了提拉法生长的 $ZnWO_4$ 的闪烁性能[145]，测得晶体在 662keV 下的能量分辨率达 13%，发光衰减可以拟合为快、慢两个分量，快分量发光的占比为 5%，衰减时间 100ns，慢分量发光的占比为 95%，衰减时间 25μs。1988 年，朱国义等报道了 $ZnWO_4$ 的发光峰值波长在 480nm 附近[146]，在 ^{137}Cs 的 662keV 激发下的相对光输出为 NaI:Tl 的 25.6%，662keV 下的能量分辨率达 18.8%，发光衰减时间为 20～25μs，但没有发现快分量。在 4～60℃范围内光输出的温度变化系数约为 -5.4×10^{-3}/℃。1989 年，周亚栋等报道了掺铌钨酸锌晶体[147]，发现原料中掺入微量的高纯氧化铌后可以得到无色钨酸锌单晶，晶体在 662keV γ 射线激发下的能量分辨率达 13%，单光子技术测定的发光衰减含三个分量，衰减时间分别为 16μs、3.6μs、0.9μs，铌在钨酸锌晶体中的分凝系数约为 1.1，该晶体着色的主要原因是氧空位。阴离子团 $[WO_6]^{6-}$ 八面体中 W—O 键长最长为 2.184Å，最短为 1.816 Å，差值达 0.368Å，同时 W—O 键较弱，因此高温下容易失去氧，而 $[NbO_6]^{6-}$ 八面体中长短键之差为 0.286Å，同时 Nb—O 键较强，减少了失氧数目，达到了去色目的。臧竞存研究了掺 Ge、Gd 的钨酸锌晶体[148]，发现 Ge 掺量在 0.06%～0.08%时可得到无色优质单晶体，而掺 Gd 钨酸锌晶体的光致发光强度为 CsI:Tl 晶体的 110%，但光致发光测试为表面效应，难以与闪烁性能直接对应。李铭华等则发现在分析纯的 ZnO、WO_3 原料中掺入摩尔浓度 0.1%的 Bi_2O_3，可以获得无色 ZWO 晶体，该掺杂晶体的发光效率和能量分辨率可以和光谱纯原料生长的 ZWO 晶体相媲美[149,150]。

2005 年，Danevich 等探索了 $ZnWO_4$ 用于无中微子的双β衰变研究和暗物质探测研究的可能性[151]，为 $ZnWO_4$ 的应用开辟了新方向。从理论上讲，含以下核素的低本底闪烁晶体都具备测双β衰变的可能性：^{40}Ca、^{48}Ca、^{106}Cd、^{108}Cd、^{114}Cd、^{116}Cd、^{136}Ce、^{138}Ce、^{160}Gd、^{180}W、^{186}W、^{64}Zn、^{70}Zn，$ZnWO_4$ 可利用的核反应有 $^{64}Zn\to^{64}Ni$、$^{70}Zn\to^{70}Ge$、$^{180}W\to^{180}Hf$、$^{186}W\to^{186}Os$，其中 $^{70}Zn\to^{70}Ge$ 和 $^{186}W\to^{186}Os$ 均有双β衰变以及无中微子双β衰变分支，而低辐射污染也是 $ZnWO_4$ 用于暗物质探测的一个优势。Danevich 等用 ϕ14mm×7mm 的 $ZnWO_4$ 晶体测得其 662keV 下的能量分辨率达 9.1%，同样条件下 ϕ13mm×28mm 的晶体能量分辨率达 11.3%。2008 年，Belli 等报道了用 $ZnWO_4$ 晶体的 ^{64}Zn 来探测双β衰变，所用晶体的质量为 117g，^{64}Zn 的自然丰度达 48.268%，因而无须再进行同位素富集，显示出一定优势[152]。乌克兰闪烁晶体材料研究所通过掺杂碱金属离子生长出了高能量分辨率、低本底的大尺寸 $ZnWO_4$ 晶体[153,154]，其 $ZnWO_4$ 晶体(1cm^3)在 662keV 下能量分辨率达 8.5%(图 5.4.1)，特定方向可以达到 7%，ϕ40mm×40mm 晶体的能量分辨率达 10.7%，

晶体的余辉为 0.002%@20ms，这是迄今为止获得的能量分辨率最佳的 $ZnWO_4$ 晶体。一块 26mm×24mm×24mm 的 $ZnWO_4$ 晶体中的α活度为 2.4mBq/kg，^{228}Th 小于 0.1mBq/kg，^{226}Ra 小于 0.16mBq/kg。2010 年，Belli 等报道了 $ZnWO_4$ 晶体的辐射纯度[155]，测试在 3600m 深的地下实验室进行，所用晶体分别重 117g、239g、699g，晶体辐射污染小，非常有望得到实际应用。$ZnWO_4$ 晶体的辐射污染不超过 0.1～10mBq/kg，非常有望用于暗物质探测[156]。2011 年，Belli 等再次评价了 $ZnWO_4$ 晶体的辐射污染[157]，其量值为 0.002～0.8mBq/kg，与 $CdWO_4$ 和 NaI∶Tl 相当，但低于 $CaWO_4$，预计通过真空蒸馏、过滤等提纯技术有望进一步提高锌的纯度，区熔法结晶有望提高 W 的纯度。2012 年，Klamra 等测得 $ZnWO_4$ 在液氮温度下 662keV 处的能量分辨率为 9.3%[158]，光产额约 8460ph/MeV；室温下能量分辨率为 11.1%，光产额约 7170ph/MeV。2013 年，Cappella 等首次提出利用 $ZnWO_4$ 探测暗物质信号[159]，发现各向异性闪烁晶体对重粒子及核反冲的脉冲谱及光输出也显示出各向异性，但对γ/β信号的反应则显示各向同性。2014 年，Danevich 等通过后加工处理、包装等手段提高了 $ZnWO_4$ 晶体的光收集效率[160]，发现六方柱形的晶体光收集效率高于圆柱形晶体，这对器件设计有很重要的参考价值。

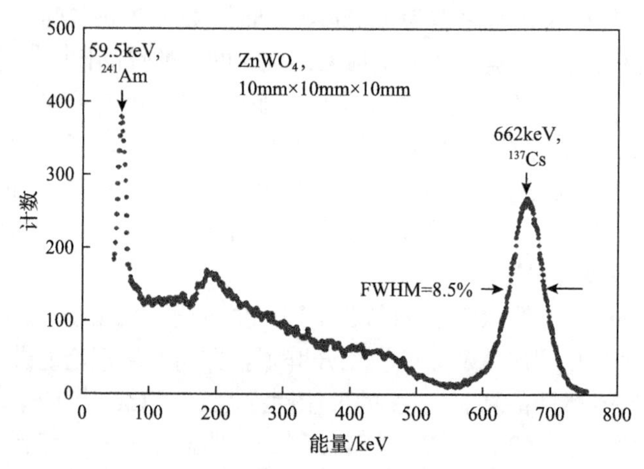

图 5.4.1　$ZnWO_4$ 晶体在 ^{137}Cs 激发下的多道能谱

5.4.2　晶体生长

$ZnWO_4$ 单晶主要采用提拉法生长。1981 年，Takagi 等报道了高纯 $ZnWO_4$ 单晶生长[161]，发现该晶体容易着色，认为着色与杂质有关，尤其是铁，并通过加电场的方法改变 Fe^{2+}在晶体中的分凝系数，从而改善晶体着色。Born 等用提拉法生长了 $ZnWO_4$ 单晶[162]，探索出晶体生长的最佳提拉速度在 3～5mm/h 之间，最佳生长方向为[100]方向，发现无论在纯氧气、空气、氮气气氛下生长的晶体均有不同程度的着色现象，掺杂不同离子对晶体着色则有明显作用，其中 Sb^{3+}掺杂有助于生长出无色且光输出稳定的 $ZnWO_4$ 晶体。1985 年，Grassmann 等报道了纯 $ZnWO_4$ 晶体、掺 Bi^{3+}以及掺 Sb^{3+}的 $ZnWO_4$ 晶体的发光衰减、光输出、−40～80℃范围内的温度效应[163]，未观察到这三种晶体的明显差别。1986 年，Földvári 等也研究了 $ZnWO_4$ 晶体中的着色问题[164,165]，测得 Fe^{2+}和 Fe^{3+}的分凝系数都接近 1，Fe^{2+}浓度不高时，加电场可以显著降低 Fe^{2+}的分凝系数，Fe^{2+}浓度大于 10^{-3} 摩尔比时，加电场作用不明显，氧气气氛退火可以将 Fe^{2+}氧化为 Fe^{3+}从而改善晶体着色，Sb^{3+}掺杂也能让 Fe^{2+}转化为 Fe^{3+}从而得到无色晶体，并将 $ZnWO_4$ 晶体着色的本质原因归结为 Fe^{2+}造成的 460nm 吸收，指出了消除晶体着色的方法：①高纯原料；②加电场；③氧气氛退火；④氧化性离子掺杂。

$ZnWO_4$ 晶体生长中存在的主要问题是容易出现孪晶、(010)面解理开裂和易于着色，其中着色问题最为突出。着色原因可归结为：①杂质铁；②氧空位引起的色心；③弥散的铂；④OH^-。但 20 世纪 80 年代国内外都已能够获得无色透明的高质量块体单晶[147,161]。2009 年，Galashov 等用低温度梯度提拉法生长出 ϕ45mm×150mm 的 $ZnWO_4$ 晶体[166]。2011 年，Atuchin 等用低温度梯度提拉法生长的 $ZnWO_4$ 晶体直径达 90mm，质量达 8kg，晶体无色透明(图 5.4.2)[167]。2014 年，赵学洋等报道了用坩埚下降法生长的尺寸达ϕ25mm×60mm 的 $ZnWO_4$ 晶体[168]，晶体毛坯着色，980℃氧气氛退火后晶体透光率有明显改善，紫外和 X 射线激发下的发射主峰均位于 470nm 处。但总体而言，我国生长的 ZWO 晶体无论尺寸还是性能与国际上还存在比较大的差距。

图 5.4.2　用低温度梯度提拉法生长的 $ZnWO_4$ 晶体[167]

参 考 文 献

[1] Kroger F A, Urbach F. Some Aspects of the Luminescence of Solids. Chap.3. Amersterdam: Elsiver, 1948.

[2] Lecoq P, Dafinei I, Auffray E, et al. Lead tungstate (PbWO4) scintillators for LHC EM calorimetry.

Nuclear Instruments and Methods in Physics Research A, 1995, 365:291-298.

[3] 林奇生，冯锡淇. 钨酸铅($PbWO_4$)闪烁晶体的结构研究进展. 无机材料学报，2000，15: 193-199.

[4] 冯锡淇，袁晖. 钨酸铅($PbWO_4$)闪烁晶体研究进展. 无机材料学报, 1996, 11: 385-395.

[5] Moreau J M, Galez P, Peigneux J P, et al. Structural characterization of $PbWO_4$ and related new phase $Pb_7W_8O_{(32-x)}$. Journal of Alloys and Compounds, 1996, 238:46-48.

[6] Nikl M, Nitsch K, Hybler J. Origin of the 420 nm absorption band in $PbWO_4$ single crystals. Physical Status Solidi B, 1996, 196: K7-K10.

[7] Nikl M, Rosa J, Nitsch K, et al. Optical and EPR study of point defects in $PbWO_4$ single crystals. Materials Science Forum, 1997, 239-241: 271-274.

[8] Burachas S, Bondar V, Borodendko Y. Lead tungstate $PbWO_4$ crystals for high energy physics. Journal of Crystal Growth, 1999, 198: 881-884.

[9] Moreau J M, Gladyshevskii R E. A new structural model for Pb-deficient $PbWO_4$. Journal of Alloys and Compounds, 1999, 284: 104-107.

[10] Annenkov A N, Auffray E, Korzhik M, et al. On the origin of the transmission damage in lead tungstate crystals under irradiation. Physical Status Solidi A, 1998, 170: 47-62.

[11] Annenkov A A, Korzhikb M V, Lecoq P. Lead tungstate scintillation material. Nuclear Instruments and Methods in Physics Research A, 2002, 490: 30-50.

[12] 邵明国，向卫东，梁晓娟，等. 钨酸铅($PbWO_4$)晶体的研究进展. 材料导报，2011，25: 346-350.

[13] 罗丽明，陶德节，王英俭. 钨酸铅($PbWO_4$)晶体的研究概况. 人工晶体学报，2004，33: 820-825.

[14] Belsky A N, Mikhailin V V, Vasilev A N, et al. Fast luminescence of undoped $PbWO_4$ crystal. Chemical Physics Letter, 1995, 243: 552-558.

[15] Hofstaetter A, Scharmann A, Schwabe D, et al. EPR of radiation induced MoO_3—Centers in lead tungstate. Zeitschrift Fur Physik B, 1978, 30: 305-311.

[16] Alves H, Hofstaetter A, Leiter F, et al. Green emitting molybdate complexes in $PbWO_4$—Results of an ODMR study. Radiation Measurement, 2001, 33: 641-644.

[17] Fedorov A, Korzhik M, Missevitch O, et al. Progress in $PbWO_4$ scintillating crystal. Radiation Measurement, 1996, 26: 107-115.

[18] Nikl M, Boháček P, Mihóková E, et al. Modification of $PbWO_4$ scintillator characteristics by doping. Journal of Crystal Growth, 2001, 229: 312-315.

[19] Zhu R Y, Ma D A, Newman H B, et al. A study on the properties of lead tungstate crystals. Nuclear Instruments and Methods in Physics Research, 1998, 376: 319-334.

[20] Chen J M, Mao R H, Zhang L Y, et al. A study on correlations between the initial optical and

scintillation properties and their radiation damage for lead tungstate crystals. IEEE Transactions on Nuclear Science, 2007, 54: 375-382.

[21] Yang F, Mao R H, Zhang L Y, et al. A study on radiation damage in PWO-Ⅱ crystals. IEEE Transactions on Nuclear Science, 2013, 60: 2336-2342.

[22] Lecoq P. Ten years of lead tungstate development. Nuclear Instruments and Methods in Physics Research A, 2005, 537: 15-21.

[23] Nikl M, Baccaro S, Cecilia A, et al. Radiation induced formation of color centers in $PbWO_4$ single crystals. Journal of Applied Physics, 1997, 82: 5758-5762.

[24] Annenkova A N, Fedorov A A, Galez P, et al. The influence of additional doping on the spectroscopic and scintillation parameters of $PbWO_4$ crystals. Physical Status Solidi A, 1996, 156: 493-504.

[25] Korzhik M V, Pavlenko V B, Timoshenko T N, et al. Spectroscopy and origin of radiation centers and scintillation in $PbWO_4$ single crystals. Physical Status Solidi A, 1996, 154: 779-788.

[26] Annenkov A N, Auffray E, Borisevich A E, et al. On the mechanism of radiation damage of optical transmission in lead tungstate crystal. Physica Status Solidi A, 2002, 191: 277-290.

[27] 冯锡淇，韩宝国，胡关钦，等. $PbWO_4$ 晶体的辐照损伤机理研究. 物理学报，1999，48: 1282-1290.

[28] 冯锡淇，林奇生，满振勇，等. 钨酸铅晶体的本征色心和辐照诱导色心. 物理学报, 2002, 51: 315-321.

[29] 王绍华，沈定中，任国浩，等. 钨酸铅晶体着色问题的实验研究. 无机材料学报，1999，14: 847.

[30] Deng Q, Yin Z W, Zhu R Y. Radiation-induced color centers in La-doped $PbWO_4$ crystals. Nuclear Instruments and Methods in Physics Research A, 1999, 438: 415-420.

[31] Burachas S, Ippolitov M, Manko V, et al. Physical origin of coloration and radiation hardness of lead tungstate scintillation crystals. Journal of Crystal Growth, 2006, (293): 62-67.

[32] Adzic P, Andelin D, Antunovic Z, et al. Radiation hardness qualification of $PbWO_4$ scintillation crystals for the CMS electromagnetic calorimeter. CMS Note, 2009, 16: 1-9.

[33] Han B, Feng X, Hu G, et al. Annealing effects and radiation damage mechanisms of $PbWO_4$ single crystal. Journal of Applied Physics, 1999, 86: 3571-3575.

[34] Batarin V A, Butler J, Davidenko A M, et al. Design and performance of LED calibration system prototype for the lead tungstate crystal calorimeter. Nuclear Instruments and Methods in Physics Research A, 2006, 556: 94-99.

[35] Anfreville M, Bailleux D, Bard J P, et al. Laser monitoring system for the CMS lead tungstate crystal calorimeter. Nuclear Instruments and Methods in Physics Research A, 2008, 594: 292-320.

[36] Zhang L Y, Bailleux D, Bornheim A, et al. Implementation of a software feedback control for the CMS monitoring lasers. IEEE Transactions in Nuclear Science, 2008, 55: 637-643.

[37] Zhang L Y, Zhu K J, Zhu R Y, et al. Monitoring light source for CMS lead tungstate crystal calorimeter at LHC. IEEE Transactions in Nuclear Science, 2001, 48: 372-378.

[38] Zhu R Y. Calibration and monitoring for crystal calorimetry. Nuclear Instruments and Methods in Physics Research A, 2005, 537: 344-348.

[39] Zhang L Y, Bailleux D, Bornheim A, et al. Performance of the monitoring light source for the CMS lead tungstate crystal calorimeter. IEEE Transactions in Nuclear Science, 2005, 52: 1123-1130.

[40] Zhang L Y. A diode-pumped solid state blue laser for monitoring the CMS Lead tungstate crystal calorimeter at the LHC//XV th International Conference on Calorimetry in High Energy Physics (CALOR2012), Journal of Physics:Conference Series, 2012, 404: 012042.

[41] 任国浩, 沈定中, 王绍华, 等. 钨酸铅晶体中痕量杂质元素的分布特征及其对晶体性能的影响. 人工晶体学报, 2002, 31: 445-450.

[42] Kobayashi M, Martini M, Nikl M, et al. Influence of la-doping on radiation hardness and thermoluminescence characteristics of $PbWO_4$. Physical Status Solidi A, 1997, 160: 5-6.

[43] Baccaro S, Bohacek P, Cecilia A, et al. Influence of Gd^{3+} concentration on $PbWO_4$:Gd^{3+} scintillation characteristics. Physical Status Solidi A, 2000, 179: 445-454.

[44] Hara K, Ishii M, Kobayashi M, et al. La-doped $PbWO_4$ scintillating crystals grown in large ingots. Nuclear Instruments and Methods in Physics Research A, 1998, 414: 325.

[45] Kobayashi M, Usuki Y, Ishii M, et al. Improvement in transmittance and decay time of $PbWO_4$ scintillating crystals by la-doping. Nuclear Instruments and Methods in Physics Research A, 1997, 399: 261-268.

[46] Annenkov A, Auffray E, Borisevich S, et al. Suppression of radiation damage in lead tungstate scintillation crystals. Nuclear Instruments and Methods in Physics Research A, 1999, 426: 486-491.

[47] Chukova O, Nedilko S, Scherbatskyi V. Luminescent spectroscopy and structure of centers of the impurity Eu^{3+} ions in lead tungstate crystals. Journal of Luminescence, 2010, 130: 1805-1812.

[48] Chen T, Xu K Y, Shi D L. Study on the doping mechanism and electronic structure for Nb^{5+} doping $PbWO_4$ crystals. Current Applied Physics, 2010, 10: 351-354.

[49] Li W F, Long Y M, Feng X Q. Study on the low-temperature annealing-induced color center inY^{3+}-doped $PbWO_4$ single crystal. Nuclear Instruments and Methods in Physics Research A, 2009, 610: 636-639.

[50] Pazzia G P, Fabeni P, Susini C, et al. Recombination luminescence in lead tungstate scintillating

crystals. Radiation Measurements, 2004, 38: 381-384.

[51] Han B G, Feng X Q, Hu G Q, et al. Observation of dipole complexes in $PbWO_4:La^{3+}$ single crystals. Journal of Applied Physics, 1998, 84: 2831-2834.

[52] Kobayashi M, Usuki Y, Ishii M, et al. Significant improvement of $PbWO_4$ scintillating crystals by doping with trivalent ions. Nuclear Instruments and Methods in Physics Research A, 1999, 434: 412-423.

[53] Qu X D, Zhang L Y, Zhu R Y, et al. A study on yttrium doping in lead tungstate crystals. Nuclear Instruments and Methods in Physics Research A, 2022, (480): 470-487.

[54] 梁玲, 顾牡, 段勇, 等. 掺钇钨酸铅晶体发光性能和微观缺陷的研究. 发光学报, 2003, 24: 76-80.

[55] 王绍华. 钨酸铅晶体宏观缺陷及其掺杂效应. 上海: 中国科学院上海硅酸盐研究所, 1999.

[56] Zhang X, Liao J Y, Li P J, et al. The study of light yield increase after low dose rate irradiation in Y^{3+} doping $PbWO_4$ crystals. Journal of Crystal Growth, 2002, 240: 321-329.

[57] Zhang X, Liao J Y, Li P J, et al. The influences of monovalent ions on the stability of scintillation properties and radiation hardness of $PbWO_4:Y^{3+}$ crystals. Nuclear Instruments and Methods in Physics Research A, 2002, 489: 271-281.

[58] Xie J J, Yang P Z, Yuan H, et al. Influence of Sb and Y co-doping on properties of $PbWO_4$ crystal. Journal of Crystal Growth, 2005, 275: 474-480.

[59] Xie J J, Liao J Y, Geng Z S, et al. Effects of Y concentration on luminescence properties of $PbWO_4$ single crystals. Materials Science and Engineering B, 2006, 130: 31-35.

[60] Xie J J, Yuan H, Yang P Z, et al. Characterization of optical properties on large-size $PbWO_4$:Y crystals grown by modified Bridgman method. Optical Materials, 2006, 28: 266-270.

[61] Liu X, Hu G, Feng X, et al. Influence of PbF_2 doping on scintillation properties of $PbWO_4$ single crystals. Physical Status Solidi A, 2002, 190: R1-R3.

[62] 任国浩, 陈晓峰, 毛日华, 等. 氟离子掺杂钨酸铅闪烁晶体的发光特性. 物理学报, 2010, 59: 4812-4817.

[63] Krutyak N, Gladyshevskii R, Moroz Z, et al. Influence of PbF_2 and MoO_3 on properties of $PbWO_4$ crystals. Radiation Measurements, 2004, 38: 563-566.

[64] Ye C Z, Liao J Y, Shao P F, et al. Growth and scintillation properties of F-doped PWO crystals. Nuclear Instruments and Methods in Physics Research A, 2006, 566: 757-761.

[65] Ye C Z, Xiang W D, Liao J Y, et al. Growth and uniformity improvement of large-size $PbWO_4$ crystal with PbF_2 doping. Nuclear Instruments and Methods in Physics Research A, 2008, 592: 472-475.

[66] 叶崇志, 廖晶莹, 杨培志, 等. F, Y 双掺钨酸铅晶体的发光性能和微观缺陷. 物理学报, 2006, 55: 1947-1952.

[67] Mao R H, Qu X D, Ren G H, et al. New types of lead tungstate crystals with high light yield. Nuclear Instruments and Methods in Physics Research A, 2002, 486: 196-200.

[68] 宫波, 沈定中, 任国浩, 等. $PbWO_4$ 晶体光学性能的结构效应. 人工晶体学报, 2001, 30: 364-368.

[69] Gong B, Shen D Z, Ren G H, et al. Crystal growth and optical anisotropy of Y:$PbWO_4$ by modified Bridgman method. Journal of Crystal Growth, 2002, 235: 320-326.

[70] Chang L L Y. Phase relations in the system PbO-WO_3. Journal of American Ceramic Society, 1971, 54: 357-358.

[71] Lecoq P. Organization of the production of 100 tons of lead tungstate crystals for the CMS experiment at CERN. Optical Materials, 2004, 26: 523-528.

[72] Annenkova A, Auffrayb E, Drobychev G, et al. Large-scale production of PWO scintillation elements for CMS ECAL. Nuclear Instruments and Methods in Physics Research A, 2005, 537: 173-176.

[73] Burachas S, Martynov V, Ryzhikov V, et al. Peculiarities of growing $PbWO_4$ scintillator crystals for application in high-energy physics. Journal of Crystal Growth, 1998, 186: 175-180.

[74] 廖晶莹, 沈炳孚, 邵培发, 等. $PbWO_4$ 晶体的热膨胀及坩埚下降技术生长晶体开裂分析. 无机材料学报, 1997, 12: 228-230.

[75] 杨培志, 廖晶莹, 沈炳孚, 等. 高质量钨酸铅晶体的生长. 无机材料学报, 2002, 17: 210-214.

[76] The CMS Collaboration. The Electromagnetic Calorimeter Technical Design Report. CERN/LHCC 33-97, 1997.

[77] The CMS Collaboration. A new boson with a mass of 125 GeV observed with the CMS experiment at the large hadron collider. Science, 2012, 338: 1569.

[78] Gillette R H. Calcium and cadmium tungstate as scintillation counter crystals for gamma ray detection. Review of Scientific Instruments, 1950, 21: 294-301.

[79] Dahlborg M A, Svensson G, Sartori P. Structural changes in the system $Zn_{1-x}Cd_xWO_4$, determined from single crystal data. Acta Chemica Scandinavica, 1999, 53: 1103-1109.

[80] Sabharwal S C, Sangeeta J. Investigations on cracking in $CdWO_4$ crystals. Journal of Crystal Growth, 2000, 216: 535-537.

[81] Lammers M J J, Blasse G, Robertson D S. The luminescence of cadmium tungstate ($CdWO_4$). Physical Status Solidi A, 1981, 63: 569-572.

[82] Melcher C L, Manente R A, Schweitzer J S. Applicability of barium fluoride and cadium tungstate scintillators for well logging. IEEE Transactions on Nuclear Science, 1989, 36: 1188-1192.

[83] Kinloch D R, Novak W, Raby P, et al. New developments in cadmium tungstate. IEEE

Transactions on Nuclear Science, 1994, 41: 752-754.

[84] Burachas S P, Danevich F A, Georgadze A S, et al. Large volume $CdWO_4$ crystal scintillators. Nuclear Instruments and Methods in Physics Research A, 1996, 369: 164-168.

[85] Moszynski M, Balcerzyk M, Kapusta M, et al. $CdWO_4$ crystal in gamma-ray spectrometry. IEEE Transactions on Nuclear Science, 2005, 52: 3124-3128.

[86] Onyshchenko G M,Nagornaya L L, Bondar V G, et al. Comparative light yield measurements of oxide and alkali halide scintillators. Nuclear Instruments and Methods in Physics Research A, 2005, 537: 394-396.

[87] Totsuka D, Yanagida T, Fujimoto Y, et al. Temperature response of light output of cadmium tungstate. IEEE Nuclear Science Symposium Conference Record, 2013.

[88] Brik M G, Nagirnyi V, Kirm M. Ab-initio studies of the electronic and optical properties of $ZnWO_4$ and $CdWO_4$ single crystals. Materials Chemistry and Physics, 2012, 134: 1113-1120.

[89] Zhou X W, Liu T Y, Zhang Q R, et al. First-principles study of cadmium vacancy in $CdWO_4$ crystal. Solid State Sciences, 2009, 11: 2071-2074.

[90] Zhou X W, Liu T Y, Zhang Q R, et al. Electronic structure and optical properties of $CdWO_4$ with oxygen vacancy studied from first principles. Solid State Communications, 2010, 150: 5-8.

[91] Kozma P, Bajgar R, Kozma Jr P. Radiation resistivity of large tungstate crystals. Radiation Physics and Chemistry, 2000, 59: 377-380.

[92] Murphy H J, Stevens K T, Garces N Y. Optical and EPR characterization of point defects in bismuth-doped $CdWO_4$ crystals. Radiation Effects and Defects in Solids, 1999, 149: 273-278.

[93] Fujumoto Y, Nakatsuka M. Infrared luminescence from bismuth-doped silica glass. Japanese Journal of Applied Physics, 2001, 40: 279-281.

[94] 虞灿, 夏海平, 罗彩香. 掺 Bi 钨酸镉单晶体的坩埚下降法生长及近红外发光特性. 中国激光, 2010, 37: 2610-2614.

[95] 罗彩香, 夏海平, 虞灿, 等. 掺 Bi 钨酸镉单晶体发光特性的研究. 物理学报, 2011, 60: 077806.

[96] Nagornaya L, Apanasenko A, Burachas S, et al. Influence of doping on radiation stability of scintillators based on lead tungstate and cadmium tungstate single crystals. IEEE Transactions on Nuclear Science, 2002, 49: 297-300.

[97] Kobayashi M, Usuki Y, Ishii M, et al. Modification of scintillation characteristics of $CdWO_4$ by doping with different ions. Radiation Measurements, 2004, 38: 375-379.

[98] Garces N Y, Chirila M M, Murphy H J, et al. Absorption, luminescence, and electron paramagnetic resonance of molybdenum ions in $CdWO_4$. Journal of Physics and Chemistry of Solids, 2003, 64: 1195-1200.

[99] Laguta V V, Nikl M, Rosa J, et al. Electron spin resonance study of self-trapped holes in $CdWO_4$

scintillator crystals. Journal of Applied Physics, 2008, 104: 103525.

[100] Robertson D S, Young I M, Telfer J R, et al. The cadmium oxide-tungsten oxide phase system and growth of cadmium tungstate single crystals. Journal of Materials Science, 1979, 14:2967-2974.

[101] Sabharwal S C, Sangeeta J. Study of growth imperfactions, optical absorption, thermoluminescence and radiation hardness of $CdWO_4$ crystals. Journal of Crystal Growth, 1999, 200: 191-198.

[102] Nagornaya L, Vostretsov Y, Martynov V, et al. Studies of ways to reduce defects in $CdWO_4$ single crystals. Journal of Crystal Growth, 1999, 198: 877-880.

[103] 沈琦, 陈红兵, 王金浩, 等. 坩埚下降法生长钨酸镉晶体的闪烁性能. 人工晶体学报, 2012, 41: 844-848.

[104] Nagornaya L, Burachas S, Vostretsov Y, et al. Production of the high-quality $CdWO_4$ single crystals for application in CT and radiometric monitoring. Nuclear Instruments and Methods in Physics Research A, 2005, 537: 163-167.

[105] Galashov E N, Atuchin V V, Kozhukhov A S, et al. Growth of $CdWO_4$ crystals by the low thermal gradient Czochralski technique and the properties of a (010) cleaved surface. Journal of Crystal Growth, 2014, 401: 156-159.

[106] Atuchin V V, Galashov E N, Khyzhun O Y, et al. Low thermal gradient Czochralski growth of large $CdWO_4$ crystals and electronic properties of (010) cleaved surface. Journal of Solid State Chemistry, 2016, 236: 24-31.

[107] 徐军, 马笑山, 顾及, 等. 闪烁晶体 $CdWO_4$ 的生长. 人工晶体学报, 1990, 19: 283-287.

[108] 罗丽明, 陶德节, 王英俭. $CdWO_4$ 闪烁晶体的生长及其光学性能的研究. 人工晶体学报, 2006, 35: 922-926.

[109] 罗丽明, 王英俭. 退火对钨酸镉晶体光谱性能影响的研究. 量子电子学报, 2008, 25: 166-169.

[110] 肖华平, 陈红兵, 徐方, 等. 钨酸镉单晶的坩埚下降法生长. 硅酸盐学报, 2008, 36: 617-621.

[111] Xiao H P, Chen H B, Fang X, et al. Bridgman growth of $CdWO_4$ single crystals. Journal of Crystal Growth, 2008, 310: 521-524.

[112] 陈红兵, 肖华平, 徐方, 等. 坩埚下降法生长钨酸镉单晶的光学均匀性. 无机材料学报, 2009, 24: 1036-1040.

[113] 陈红兵, 肖华平, 杨培志, 等. 钨酸镉闪烁单晶的坩埚下降法生长工艺: CN101294304. 2007-4-29.

[114] 教育部科技发展中心. 钨酸镉闪烁单晶材料制备技术的产业应用, 中国高校产学研合作优秀案例集(2012-2014). 中国高校科技, 2015: 101-102.

[115] 任国浩. 无机闪烁晶体在我国的发展史. 人工晶体学报, 2019, 48: 1373-1385.

[116] 许家跃, 范世騑. 坩埚下降法晶体生长. 北京: 化学工业出版社, 2015: 120-135.

[117] Lecoq P. Development of new scintillators for medical application. Nuclear Instruments and Methods in Physics Research A, 2016, 809: 130-139.

[118] EisenY, Evans L G, Starr R, et al. $CdWO_4$ scintillator as a compact gamma ray spectrometer for planetary lander missions. Nuclear Instruments and Methods in Physics Research A, 2002, 490: 505-517.

[119] Danevich F A, Barabash A S, Belli P, et al. Search for double beta decay of ^{116}Cd with enriched $^{116}CdWO_4$ crystal scintillators (Aurora experiment). Journal of Physics: Conference Series, 2016, 718: 062009.

[120] Belli P, BernabeiR, Boiko R S, et al. Development of enriched $^{106}CdWO_4$ crystal scintillators to search for double decay processes in ^{106}Cd. Nuclear Instruments and Methods in Physics Research A, 2010, 615: 301-306.

[121] Gironi L, Arnaboldi C, Capelli S, et al. $CdWO_4$ bolometers for double beta decay search. Optical Materials, 2009, 31: 1388-1392.

[122] Tretyak V I, Belli P, Bernabei R, et al. New limits on 2β processes in ^{106}Cd. Journal of Physics: Conference Series, 2016, 718: 062062.

[123] Barabash A S, Belli P, Bernabei R, et al. Improvement of radiopurity level of enriched $^{116}CdWO_4$ and $ZnWO_4$ crystal scintillators by recrystallization. Nuclear Instruments and Methods in Physics Research A, 2016, 833: 77-81.

[124] Danevich F A, Chernyak D M, Dubovik A M, et al. $MgWO_4$–A new crystal scintillator. Nuclear Instruments and Methods in Physics Research A, 2009, 608: 107-115.

[125] Gomez G E, López C A, Ayscue R L, et al. Strong photoluminescence and sensing performance of nanosized $Ca_{0.8}Ln_{0.1}Na_{0.1}WO_4$ (Ln=Sm,Eu) compounds obtained by the dry "top-down" grinding method. Dalton Transactions, 2019, 48: 12080-12087.

[126] Treadaway M J, Powell R C. Luminescence of calcium tungstate crystals. The Journal of Chemical Physics, 1974, 61: 4003-4011.

[127] Moszyński M, Balcerzyk M, Czarnacki W, et al. Characterization of $CaWO_4$ scintillator at room and liquid nitrogen temperatures. Nuclear Instruments and Methods in Physics Research A, 2005, 553: 578-591.

[128] Kim D W, Cho I S, Shin S S, et al. Electronic band structures and photovoltaic properties of MWO_4 (M=Zn, Mg, Ca, Sr) compounds. Journal of Solid State Chemistry, 2011, 184: 2103-2107.

[129] Meunier P, Bravin M, Bruckmayer M, et al. Discrimination between nuclear recoils and electron recoils by simultaneous detection of phonons and scintillation light. Applied Physics

Letters, 1999, 75: 1335-1337.

[130] Bravin M, Bruckmayer M, Bucci C, et al. The CRESST dark matter search. Astroparticle Physics, 1999, 12: 107-114.

[131] Cebrián S, Coron N, Dambier G, et al. First underground light versus heat discrimination for dark matter search. Physics Letters B, 2003, 563: 48-52.

[132] Zdesenko Y G, Avignone F T, Brudanin V B, et al. Scintillation properties and radioactive contamination of $CaWO_4$ crystal scintillators. Nuclear Instruments and Methods in Physics Research A, 2005, 538: 657-667.

[133] Sivers M V, Clark M, Di Stefano P C F, et al. Low-temperature scintillation properties of $CaWO_4$ crystals for rare-event searches. Journal of Applied Physics, 2015, 118: 164505.

[134] Zerfoss S, Johnson L R, Imber O, et al. Single crystal growth of scheelite. Physics Review, 1949, 75: 320.

[135] Nassau K, van Uitert L G. Preparation of large calcium-tungstate crystals containing paramagnetic ions for maser applications. Journal of Applied Physics, 1960, 31: 1508.

[136] Chaudhuri A R, Phaneuf L E. Grown-in dislocations in calcium tungstate crystals pulled from the melt. Journal of Applied Physics, 1963, 34: 2162-2167.

[137] Cockayne B, Robertson D S, Bardsley W. Growth defects in calcium tungstate single crystals. British Journal of Applied Physics, 1964, 15: 1165-1169.

[138] Cockayne B. The growth of calcium tungstate single crystals free from low-angle boundaries. British Journal of Applied Physics, 1965, 16: 423-424.

[139] Gassqn D B. The preparation of calcium tungstate crystals by a modified floaing zone recrystallization technique. Journal of Scientific Instrument, 1965, 42: 114-115.

[140] Wang Z H, Jiang L W, Chen Y P, et al. Bridgman growth and scintillation properties of calcium tungstate single crystal. Journal of Crystal Growth, 2017, 480: 96-101.

[141] Yadav P, Rout S K, Sinha E, et al. Correlation between optical properties and environmental parameter of $ZnWO_4$ ceramic using complex chemical bond theory. Journal of Alloys and Compounds, 2017, 726: 1014-1023.

[142] Tetsu O, Kazumasa T, Tokuumi F. Scintillation study of $ZnWO_4$ single crystals. Applied Physics Letters, 1980, 36: 278.

[143] Khyzhun O Y, Bekenev V L, Atuchin V V, et al. Electronic properties of $ZnWO_4$ based on ab initio FP-LAPW band-structure calculations and X-ray spectroscopy data. Materials Chemistry and Physics, 2013, 140: 588-595.

[144] Minoru I, Naoyuki F, Yoshiyuki I. X-ray photoelectron spectroscopy and electronic structures of scheelite-and wolframite-type tungstate crystals. Journal of the Physical Society of Japan, 2006, 75: 084705.

[145] Zhu Y C, Lu J G, Shao Y Y, et al. Measurement of the scintillation properties of $ZnWO_4$ crystals. Nuclear Instruments and Methods in Physics Research A, 1986, 244: 579-581.

[146] 朱国义, 何景棠, 顾以藩, 等. 钨酸锌晶体光子探测性能研究. 高能物理与核物理, 1988, 12: 577-580.

[147] 周亚栋, 刘国庆, 王启宗, 等. 掺铌钨酸锌单晶的研究. 硅酸盐学报, 1989, 17: 344-347.

[148] 臧竞存, 武少华, 汪良苗, 等. 闪烁晶体 $ZnWO_4:Ge^{4+}$单晶研究. 人工晶体学报, 1990, 19: 320-323.

[149] 臧竞存. 掺杂钨酸锌单晶的生长、性能及应用. 北京工业大学学报, 1998, 24: 110-114.

[150] 李铭华, 徐玉恒, 金婵, 等. Bi:$ZnWO_4$ 晶体的生长及其闪烁性能研究. 人工晶体学报, 1994, 23: 240-242.

[151] Danevich A F, Kobychev V V, Nagorny S S, et al. $ZnWO_4$ crystals as detectors for 2β decay and dark matter experiments. Nuclear Instruments and Methods in Physics Research A, 2005, 544: 553-564.

[152] Belli P, Bernabei R, Cappella F, et al. Search for 2β processes in ^{64}Zn with the help of $ZnWO_4$ crystal scintillator. Physics Letters B, 2008, 658: 193-197.

[153] Nagornaya L L, Dubovik A M, Vostretsov Y Y, et al. Growth of $ZnWO_4$ crystal scintillators for high sensitivity 2β experiments. IEEE Transactions on Nuclear Science, 2008, 55: 1469-1472.

[154] Nagornaya L L, Grinyov B V, Dubovik A M, et al. Large volume $ZnWO_4$ crystal scintillators with excellent energy resolution and low background. IEEE Transactions on Nuclear Science, 2009, 56: 994-997.

[155] Belli P, Bernabei R, Cappella F, et al. Radiopurity of $ZnWO_4$ Crystal Scintillators. Acta Physica Polonica A, 2010, 117: 15-19.

[156] Kraus H, Danevich F A, Henry S, et al. $ZnWO_4$ scintillators for cryogenic dark matter experiments. Nuclear Instruments and Methods in Physics Research A, 2009, 600: 594-598.

[157] Belli P, Bernabei R, Cappellai F, et al. Radioactive contamination of $ZnWO_4$ crystal scintillators. Nuclear Instruments and Methods in Physics Research A, 2011, 626-627: 31-38.

[158] Klamra W, Szczesniak T, Moszynski M, et al. Properties of $CdWO_4$ and $ZnWO_4$ scintillators at liquid nitrogen temperature. Journal of Instruments, 2012, 7: 03011.

[159] Cappella F, Di Marco A, Poda D Y, et al. On the potentiality of the $ZnWO_4$ anisotropic detectors to measure the directionality of Dark Matter. European Physical Journal C, 2013, 73: 2276.

[160] Danevich A F, Kobychev V V, Mikhailik V, et al. Optimization of light collection from crystal scintillators for cryogenic experiments. Nuclear Instruments and Methods in Physics Research A, 2014, 744: 41-47.

[161] Takagi K, Oi T, Fukazawa T. Growth of high purity $ZnWO_4$ single crystals. Journal of Crystal

Growth, 1981, 52: 580-583.

[162] Born J P, Robertson S D, Smith W P. The preparation and scintillation properties of zinc tungstate single crystals. Journal of Luminescence, 1981, 24-25: 131-136.

[163] Grassmann H, Moser H G, Lorenz E, et al. Scintillation properties of $ZnWO_4$. Journal of Luminescence, 1985, 33: 109-113.

[164] Földvári I, Capelletti R, Péter Á, et al. Spectroscopic properties of $ZnWO_4$:Fe single crystals. Solid State Communications, 1986, 59: 855-860.

[165] Földvári I, Péter Á, Keszthelyi-Lándori S, et al. Improvment of the quality of $ZnWO_4$ single crystals for scintillation applications. Journal of Crystal Growth, 1986, 79: 714-719.

[166] Galashov E N, Gusev V A, Shlegel V N, et al. The growth of $ZnWO_4$ and $CdWO_4$ single crystals from melt by the low thermal gradient czochralski technique. Crystallography Report, 2009, 54: 733-735.

[167] Atuchin V V, Galashov E N, Khyzhun O Y, et al. Structural and electronic properties of $ZnWO_4$ (010) cleaved surface. Crystal Growthand Design, 2011, 11: 2479-2484.

[168] 赵学洋, 张敬富, 方义权, 等. 闪烁单晶钨酸锌的坩埚下降法生长. 人工晶体学报, 2014, 43: 2475-2480.

第6章　硅酸盐闪烁晶体

稀土氧化物与二氧化硅组成的二元体系(RE_2O_3-SiO_2，RE=Lu，Y和Gd)中存在若干个二元化合物，其中 RE_2O_3:SiO_2=1:1 的 RE_2SiO_5 称为正硅酸盐，RE_2O_3:SiO_2=1:2 的 $RE_2Si_2O_7$ 称为焦硅酸盐(或称二硅酸盐)。自20世纪80年代起，一系列 Ce^{3+} 掺杂或 Pr^{3+} 掺杂的稀土硅酸盐材料以及由两种稀土硅酸盐互溶所形成的固溶体相继被证明是快衰减、高光输出的新型闪烁晶体。不仅如此，它们还具有密度大、各向异性小和物理化学稳定性好等优点，因此一经发现便立即引起辐射探测技术领域的高度重视和深入研究，并迅速在石油勘探、核医学和粒子物理实验中获得了日益广泛的应用，成为无机闪烁晶体家族的后起之秀。

6.1　正硅酸盐闪烁晶体

稀土正硅酸盐闪烁晶体 RE_2SiO_5:Ce(RE=Lu，Y 和 Gd)主要包括硅酸钆晶体(Gd_2SiO_5:Ce)、硅酸钇晶体(Y_2SiO_5:Ce)、硅酸镥晶体(Lu_2SiO_5:Ce)及其固溶体晶体。正硅酸盐是由[SiO_4]四面体和[REO_n](n=6,7,9)多面体连接而成，根据稀土离子半径的不同形成对称性不同的两个系列晶体。从La到Tb半径较大的稀土离子形成空间群为 $P2_1/c$ 的对称结构，在这种结构中，RE有两种不同的结晶学格位，配位数分别为7和9，[REO_n]多面体和[SiO_4]四面体通过角顶连接的二维网络，形成了(100)面的层状结构，其典型代表是 Gd_2SiO_5:Ce 晶体；而从Dy到Lu及Y这些半径较小的稀土离子则形成空间群为C2/c结构，在这种结构里，RE也有两种结晶学格位，其氧配位数分别为7(RE1)和6(RE2)，其中RE1与5个[SiO_4]的 O^{2-} 和2个孤立的不与硅成键的孤立 O^{2-} 配位形成畸变的十面体，RE2与4个[SiO_4]的 O^{2-} 和2个孤立的 O^{2-} 配位形成赝八面体，[SiO_4]与[REO_4]四面体共边形成由分离的[SiO_4]四面体连接的链。畸变的[LuO_4]四面体平行于 C 轴方向排列，并为[SiO_4]四面体所链接，其典型代表是硅酸镥(Lu_2SiO_5)晶体。当把 Ce^{3+} 掺入到上述两类化合物所形成的晶体中，这些晶体均表现出优异的闪烁性能(表6.1.1)，其中，以 Lu_2SiO_5:Ce 为代表的稀土正硅酸盐闪烁晶体具有稳定的物理化学性质和优异的闪烁性能，是一类具有广泛应用前景的闪烁晶体材料。

6.1.1　硅酸钆晶体

1983年，日本日立公司首次报道了掺铈硅酸钆(化学式为 Gd_2SiO_5:Ce，缩写

表 6.1.1　掺 Ce 稀土正硅酸盐及其固溶体晶体的物理和闪烁性能[1-6]

物理和闪烁性能	Gd_2SiO_5:Ce	Y_2SiO_5:Ce	Lu_2SiO_5:Ce	$(Lu_{0.9}Y_{0.1})_2SiO_5$:Ce
缩写	GSO:Ce	YSO:Ce	LSO:Ce	LYSO:Ce
晶体结构	$P2_1/c$	C2/c	C2/c	C2/c
密度/(g/cm^3)	6.71	4.45	7.41	7.11
熔点/℃	1950	1980	2150	约 2150
是否一致熔融	是	是	是	是
光产额/(ph/MeV)	12500	24000	27000	33000
发光峰位/nm	430	420	420	420
闪烁衰减时间/ns	83，600*，有余辉	100	41，有余辉	42，有余辉
折射率@发光峰值波长	1.85	1.80	1.82	1.82

*Ce 原子浓度 0.5%。

为 GSO:Ce)晶体的制备和闪烁性能。虽然其光输出在掺铈正硅酸盐闪烁晶体中并不突出，但综合的物理和闪烁性能较好，是一致熔融化合物，在大气环境下化学性质稳定，在 150℃下的光输出仍有室温下的 60%，具有优异的高温闪烁性能，且没有天然放射性，余辉强度较掺铈焦硅酸钆($Gd_2Si_2O_7$:Ce，缩写为 GPS:Ce)和掺铈硅酸镥(Lu_2SiO_5:Ce，缩写为 LSO)都低[7,8]，原料成本也相对低廉，所以一经发现便首先在世界上最大的石油测井公司——Schlumberger 公司获得重视和应用，基于 GSO:Ce 的测井仪逐步发展成储层饱和度仪测井的核心部件。

1. GSO 晶体制备

GSO:Ce 晶体为一致熔融化合物，熔点为 1950℃，可以采用铱坩埚盛料通过提拉法制备。其主要问题是由于存在(100)的弱解理面开裂和接近(010)面的非解理开裂。1995 年，Kurata 等发现通过在含氧气氛下生长并结合 N_2 气氛退火，可有效克服 GSO:Ce 的开裂问题，获得尺寸为ϕ62mm×300mm 的 GSO:Ce 晶体[9]。Kurashige 等选取[100]的籽晶方向，采用有限元方法对生长热场进行优化，获得了ϕ105mm×290mm 的晶体，如图 6.1.1 所示，为目前报道的最大尺寸的 GSO:Ce 晶体[10]。

Ce^{3+}在 GSO 晶体中占据 Gd^{3+}位置，由于 Ce^{3+}半径(1.134Å)与 Gd^{3+}半径相差较小，很容易占据 Gd^{3+}位置，所以 Ce^{3+}在 GSO 晶体中的分凝系数为 0.56，显著高于 Ce^{3+}在硅酸钇(Y_2SiO_5:Ce，缩写为 YSO)和在 LSO 晶体中的分凝系数(表 6.1.2)。Ce^{3+}在 GSO 晶体中的均匀分布使得该晶体表现出比较高的发光均匀性。

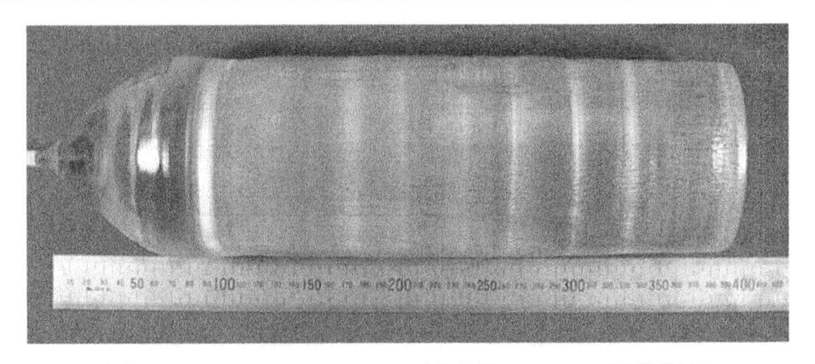

图 6.1.1　ϕ105mm×290mm 尺寸的 GSO:Ce 晶体照片

表 6.1.2　Ce^{3+}在稀土正硅酸盐晶体 RE_2SiO_5(RE=Gd,Y,Lu)中的分凝系数[11,12]

晶体	RE^{3+}半径/Å	离子半径差(Ce^{3+}-RE^{3+})[13]/Å	Ce^{3+}的分凝系数
GSO:Ce	0.938	0.072	0.56
YSO:Ce	0.90	0.11	0.42
LSO:Ce	0.861	0.149	0.22

2. GSO 晶体结构

图 6.1.2 所示为 GSO 的晶体结构示意图，其为单斜晶系，空间群为 $P2_1/c$(晶胞参数为 a=9.12Å，b=7.06Å，c=6.73Å，β=107.5°)，存在(100)的弱解理面[14]。Ishibashi 等测得 GSO 晶体沿[100]、[010]和[001]三个方向的热膨胀系数分别是 $\alpha_{[100]}=4.8\times10^{-6}K^{-1}$，$\alpha_{[010]}=14.0\times10^{-6}K^{-1}$ 和 $\alpha_{[001]}=6.4\times10^{-6}K^{-1}$，其[010]方向的热膨胀系数是[100]或[001]方向的 2～3 倍[15]。因此，(100)面解理和晶体热膨胀系数的各向异性是造成 GSO 晶体易于开裂的两个主要原因。

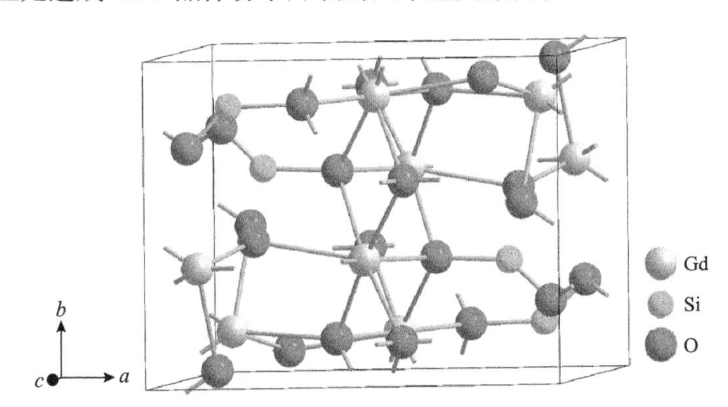

图 6.1.2　GSO 的晶体结构示意图

GSO:Ce 中，存在两种稀土离子格位，Gd1 和 Gd2，其中 Gd1 为 9 配位，Gd2 为 7 配位。因 Ce 掺入 GSO 后占据 Gd 离子格位，相应地存在两种铈离子格位，Suzuki 等把占据配位数为 9 和 7 格位的 Ce 离子发光中心分别叫作 Ce1 和 Ce2，其配位数及发光特性如表 6.1.3 所示。

表 6.1.3　GSO:Ce 晶体中的两种 Ce 离子格位及其发光特性[15-17]

发光中心	配位数	激发波长/nm	发射波长/nm	衰减时间/ns		
				UV@77K	UV@RT*	X 射线@RT
Ce1	9	284，350	430	27	22	56
Ce2	7	300，378	480	43	<6	600

*RT 代表室温。

3. GSO 闪烁性能

GSO:Ce 晶体在 11K 温度下 Ce1 和 Ce2 的激发峰分别位于 345nm 和 378nm，对应的发射峰分别位于 425nm 和 480nm。这两个 Ce^{3+}发光中心不仅表现为不同的发光波长和衰减时间，而且表现出不同的温度依赖性：①在发光效率方面，Ce1 和 Ce2 两个发光中心的发光效率在温度低于 200K 时基本相同；但当温度高于 200K 时，Ce2 的发光效率迅速下降，而 Ce1 中心的发光效率则下降缓慢，从而使该晶体在室温下的发光主要以 Ce1 为主，其室温下的紫外激发发射光谱如图 6.1.3 所示，激发和发射光谱的峰值波长分别为 355nm 和 430nm。②在衰减时间方面，当温度低于 200K 时，Ce1 和 Ce2 两个发光中心的衰减时间分别为 27ns 和 43ns，并基本保持不变；但当温度高于 200K 时，Ce2 的衰减时间迅速缩短，室温下几乎完全猝灭，而 Ce1 中心的衰减时间则下降缓慢，室温下的发光基本上以 Ce1 发光中心占主导地位，从而确保 GSO:Ce 晶体的发光稳定性。室温下采用 ^{22}Na 源激发并通过复合触发(coincidence trigger)512 个脉冲平均所获得的闪烁衰减谱如图 6.1.4 所示，测得的闪烁衰减时间约为 83ns。

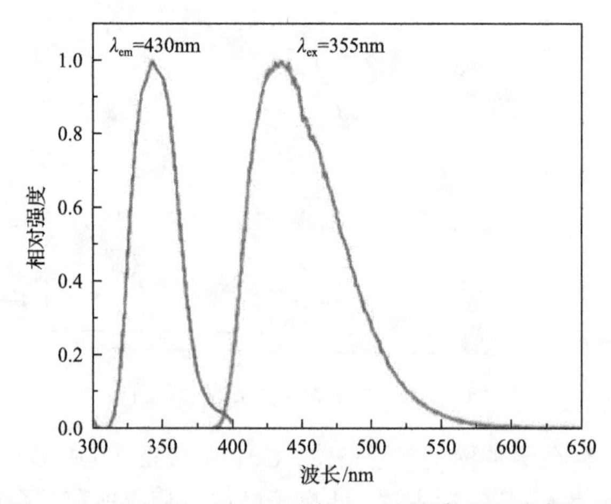

图 6.1.3　室温下 GSO:Ce 晶体 Ce1 的紫外激发发射光谱

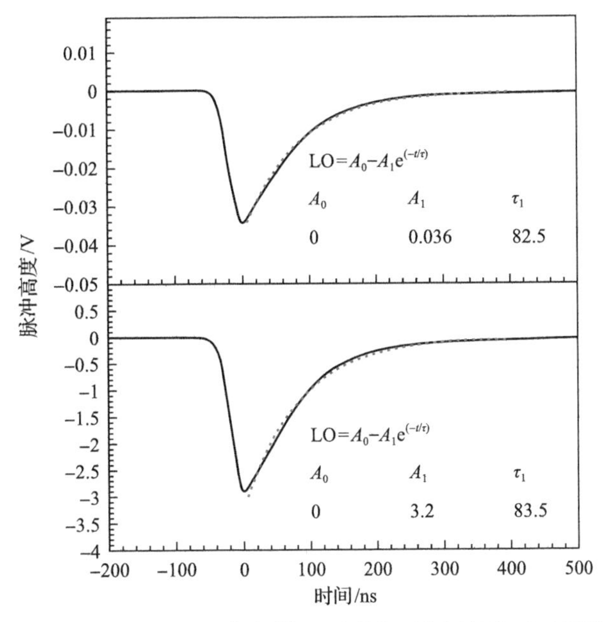

图 6.1.4　GSO:Ce 晶体在 ^{22}Na 源激发下的闪烁衰减时间谱

PMT：R2059，上图 PMT 电压为–1450V，下图 PMT 电压为–2500V

GSO:Ce 晶体在 15～25℃温度范围光输出的温度系数为–0.4%/℃±0.1%/℃，发光效率的温度系数比 BGO 晶体小得多，大约与 NaI:Tl 晶体相当[8]，表现出很高的温度稳定性，这使得它有利于在温度变化比较大的环境下获得应用。GSO:Ce 的荧光和闪烁衰减时间差异较大，不仅与激发源有关，而且与测试温度和 GSO 晶体中 Ce 离子的掺杂浓度有关。Ishibashi 等[15]、Suzuki 等[16]和 Melcher 等[17]研究发现，GSO:Ce 的 Ce1 和 Ce2 的荧光衰减时间分别为 22ns 和<6ns，但其闪烁衰减时间快慢分量分别为 56ns 和 600ns(表 6.1.3)，且 GSO:Ce 的闪烁衰减时间与 Ce 浓度紧密相关，在 Ce 摩尔浓度 0.1%～2.5%的范围内，随着 Ce 浓度的增加，闪烁衰减时间显著缩短，快分量从 190ns 缩短至 20ns，慢分量从 1200ns 缩短至 70ns。从以上数据可以看出，GSO:Ce 的闪烁衰减时间慢于其荧光衰减时间。对于以上现象，Suzuki 认为闪烁和荧光衰减的慢分量都来源于 $Gd^{3+}\rightarrow Ce^{3+}$的无辐射能量传递。在荧光衰减过程中，$Gd^{3+}$的 $^6I_J\rightarrow Ce^{3+}$能量传递导致信号的“堆积”(build up)，Gd^{3+}的 $^6P_J\rightarrow Ce^{3+}$能量传递导致衰减的慢分量。γ闪烁衰减时间也可以拟合为三个分量，分别为 Ce1 的直接发射、Gd^{3+}的 $^6P_J\rightarrow Ce1^{3+}$发射和 Gd^{3+}的 $^6I_J\rightarrow Ce1^{3+}$伴随能量传递的发射。随着 Ce^{3+}浓度的增加，其无辐射能量传递效率也会增加，衰减时间逐渐缩短[18]。Mori 等用 Gd^{3+}的 4f→4f 核心激子与 Ce^{3+}的能量传递来解释这一现象(图 6.1.5)，即 Gd^{3+}的 4f→4f 核心激子在温度约低于 30K 时被束缚在缺陷周围，随着温度的升高，核心激子成为自由态，再将能量传递给 Ce^{3+}，该核心激子的扩

散距离较长，导致闪烁和荧光过程的慢分量[19]。此外，研究发现 Ca^{2+}的共掺入可以将 GSO:Ce 的闪烁衰减时间从 52ns 缩短到 32ns，但与此同时光产额也降低至未掺 Ca^{2+}时的 28%[20]。

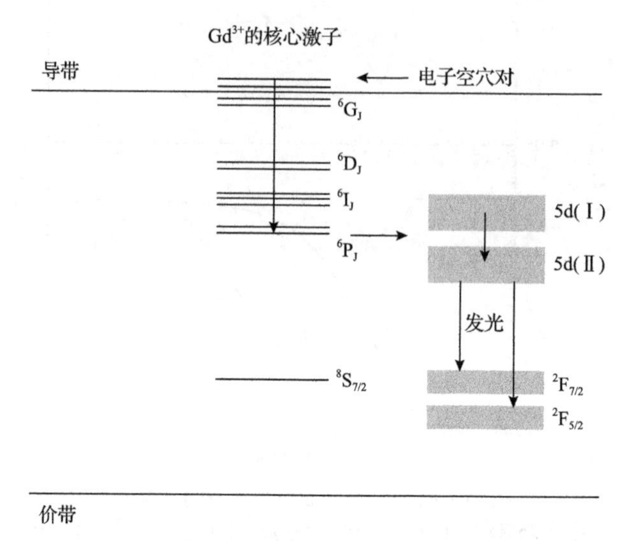

图 6.1.5　GSO:Ce 中激发能量到 Ce^{3+}的传递机理示意图：Ce^{3+}的 5d 能级劈裂为 5d（Ⅰ）和 5d（Ⅱ），电子态的宽度示意较强的电子-声子反应[19]

值得一提的是，GSO:Ce 晶体还存在一个异常的性能特点——该晶体在经受 1kGy 剂量的辐照后晶体的光输出不降反而还会升高约 20%，当辐照剂量达 1MGy 时晶体的光输出仍没有明显的下降。类似现象也存在于 LPS:Pr、BGO、LuAG:Ce 和 LuYAP:Ce 闪烁晶体中，这可能源于辐照剂量的增加使得晶体内载流子陷阱被逐步填充，不再参与闪烁发光过程。

6.1.2　硅酸钇晶体

Y_2SiO_5:Ce（YSO:Ce）晶体具有光输出高、衰减时间快、无放射性本底、原料价格便宜和制备成本相对较低等优点，可应用于极低放射性的探测，具有独特的应用价值，因而受到辐射探测领域研究人员的重视。

1. YSO 晶体制备

YSO 晶体是一致熔融化合物，熔点 1980℃，其相图见图 6.1.6。YSO 晶体既可以用助熔剂法生长，也可以用水热法、区熔法和提拉法生长，但最常用的方法还是提拉法。早期生长的晶体都呈现出淡黄色，晶体的吸收光谱中普遍存在 350～460nm 吸收带，但在 1460℃的空气气氛下退火可以使着色晶体转变成无色透明的晶体，因此这种着色现象被认为是生长过程中缺氧而形成的色心所致。1993 年，

Cutler 等通过优化籽晶取向和控制炉内气氛,成功生长出质量较好的 YSO 晶体[3]。目前，YSO:Ce 晶体生长中的主要问题是晶体开裂和铱坩埚的变形。开裂主要是由于坩埚上方的温度梯度过大，铱坩埚变形主要是剩余 YSO:Ce 原料与坩埚的热膨胀系数不一致导致。针对这两个问题，乌克兰闪烁晶体材料研究所(ISMA)通过在炉腔内配置一个独立的后热器，降低坩埚上方的温度梯度；通过生长界面热场的优化，使 80%～90%的料能从坩埚中拉出，减少坩埚中的余料，缓解坩埚变形问题。并结合合适的空气退火工艺,获得了尺寸为ϕ50mm×250mm 的透明 YSO:Ce 晶体。图 6.1.7 为上海硅酸盐所研制的尺寸为ϕ60mm×230mm 的透明 YSO:Ce 晶体。

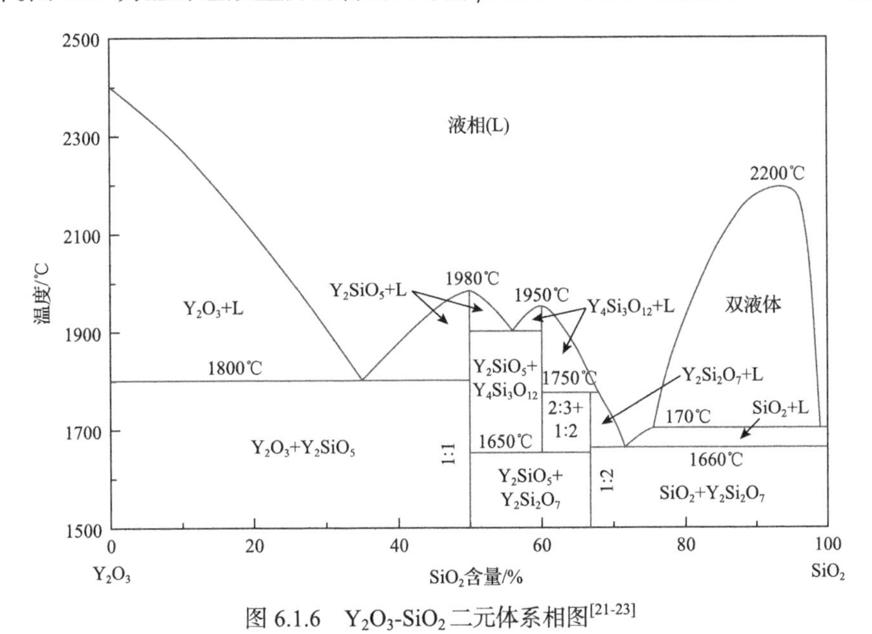

图 6.1.6　Y_2O_3-SiO_2 二元体系相图[21-23]

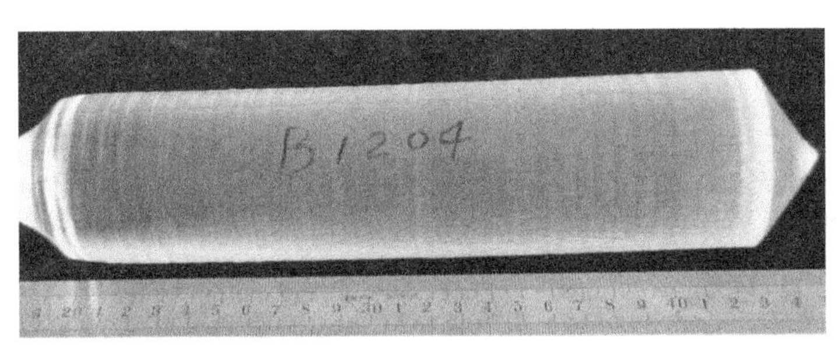

图 6.1.7　上海硅酸盐所采用提拉法制备的 YSO:Ce 晶体(等径尺寸ϕ60mm×230mm)

2. YSO 晶体结构

YSO:Ce 晶体结构的空间群为 C2/c，其晶体结构中存在两种 Y 离子格位，一种是与 7 个氧离子配位的 Y1 格位,另一种是与 6 个氧离子配位的 Y2 格位(图 6.1.8)[24]。

与 Y1 配位的氧离子包括 5 个与 Si 配位形成 Y—O—Si 化学键的“硅键氧”(silicon-bonded oxygeon) 和 2 个只与 Y 离子成键而不与 Si 成键的所谓“非硅氧”(non-silicon-bonded oxygeon)；与 Y2 的配位氧离子包括 4 个“硅键氧”和 2 个“非硅氧”。由于 Si—O 键存在一定的共价键成分，所以这种与 Si 结合的氧离子具有比较高的化学稳定性，而“非硅氧”离子的稳定性较低。特别是 YSO 晶体的生长通常都是在一个中性或弱还原气氛下进行，因而非常容易造成这些“非硅氧”的丢失从而在晶体中形成氧空位，并按照所含电子数目的多少分别形成 F 心或 F^+心，由这些氧空位所产生的晶体缺陷会对晶体的性能产生不同程度的影响。

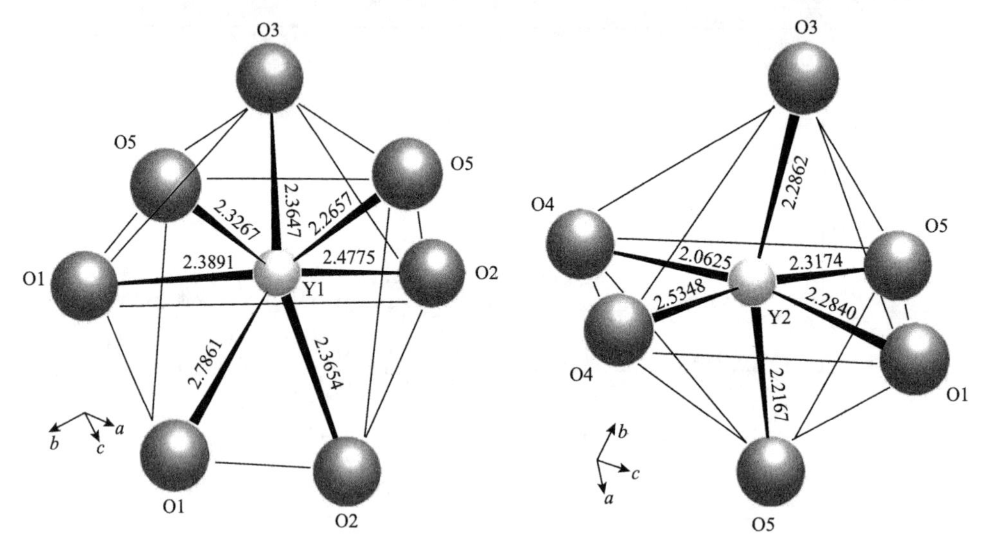

图 6.1.8 YSO:Ce 晶体结构中稀土离子的[YO_7]和[YO_6]两种配位多面体(单位：Å)

3. YSO 闪烁性能

Ce^{3+}在 YSO 晶体中通常占据空间体积较大的 Y1 格位，在 362nm(激发 Ce1) 或 327nm(激发 Ce2)的紫外激发下产生的发射光谱如图 6.1.9 所示，其发光源于 Ce^{3+}的 5d→4f 跃迁，峰值发光波长分别为 389～420nm(Ce1 发光)和 470～500nm (Ce2 发光)，荧光衰减时间分别为 43ns 和 49ns。此外，该晶体在 577nm 波长处还存在非常弱的发光带，其衰减时间为 726～846μs[2]，如此长的衰减时间不可能来自 Ce^{3+}的发光，而很可能是与 F 心或 F^+心等点缺陷有关的光发射，或者是与 F 心和 F^+心相邻的 Ce^{4+}的发光。

YSO:Ce 晶体在 ^{22}Na 源γ射线激发下，闪烁衰减时间为 100ns，见图 6.1.10，较 LSO:Ce 的闪烁衰减时间(35～41ns)长[25]。Rothfuss 等认为闪烁衰减时间的差异主要是来自于二者电子陷阱类型的差异，二者的热释光谱(图 6.1.11)显示，YSO:Ce 在 40～200K 的低温下存在一个很强的热释光峰，说明它具有更丰富的载流子陷阱[25]。然而，在作者制备的 YSO:Ce 晶体中并未发现该低温热释光峰(见后文 LYSO 晶体缺陷研究相关内容)，这表明电子陷阱并非 YSO 晶体的固有缺陷，它不仅与晶体本身相关还与制备晶体的工艺技术相关。此外，该晶体在γ射线激发下的闪烁衰减时间不同于α射线下的衰减时间，这个差异主要是由于电离密度的差异所造成的[25]。

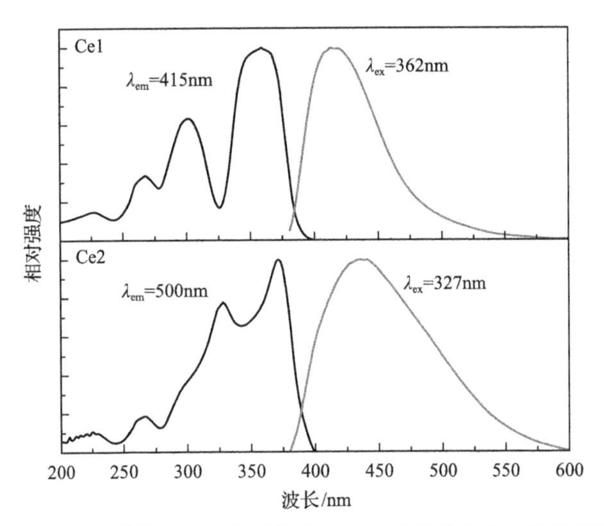

图 6.1.9　YSO:Ce 晶体中 Ce1(上图)和 Ce2(下图)发光中心的激发发射光谱

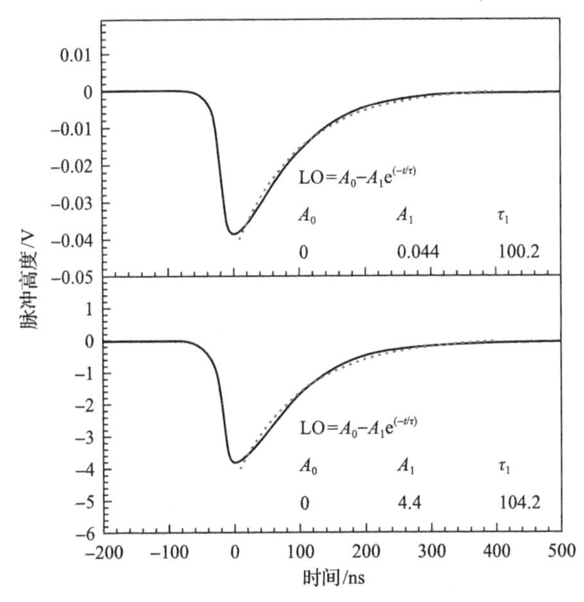

图 6.1.10　室温下 YSO:Ce 晶体在 ^{22}Na 激发下的闪烁衰减时间谱

PMT：R2059，上图 PMT 电压为-1450V，下图 PMT 电压为-2500V

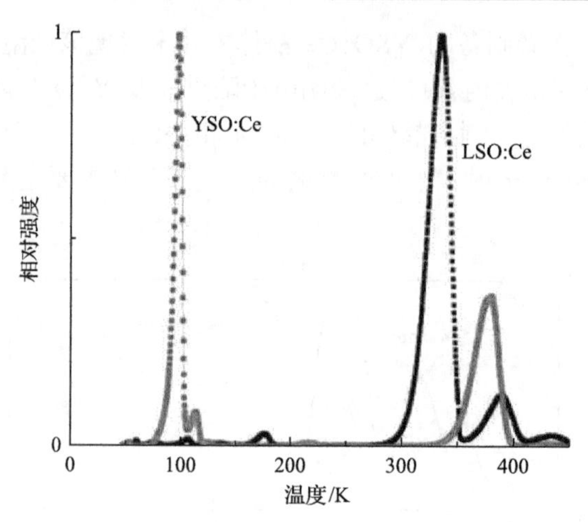

图 6.1.11 LSO:Ce 和 YSO:Ce 的热释光谱

Balcerzyk 等研究发现，YSO:Ce 晶体在 662keV γ射线激发下的光输出和能量分辨率约为 7000phe/MeV 和 10%，光输出及其对能量的非比例响应都与 LSO: Ce 非常相近。虽然 YSO 的密度只有 LSO 的 60%，但两者的晶体结构相同，这说明它们的非线性响应和能量分辨率差与其原子序数及自吸收无关，而是由其晶体结构、电子结构和杂质组分所决定[6]。

Auffray 等对 YSO:Ce 闪烁晶体的抗辐照性能进行了研究，对样品进行了γ射线和 24GeV 的质子辐照，比较辐照前后的透射光谱、光输出等数据，发现以上两种辐照并未在 YSO:Ce 中产生明显辐照损伤和缺陷[26]。说明该晶体具有较强的抗辐照损伤能力，可望应用于高亮度大型强子对撞机电磁量能器的核心探测材料。

6.1.3 硅酸钇镥晶体

$(Lu,Y)_2SiO_5$:Ce(LYSO:Ce)在 1969 年首先被 Mesquita 等作为荧光粉和激光介质材料进行研究[27,28]。1992 年 Melcher 等[29]发现 LSO:Ce 晶体是一种性能优良的闪烁晶体——密度大、光输出高、光衰减时间短、物理化学稳定性好、发射峰位能与光敏器件很好耦合，特别适合于 PET 器件使用[30]。由于 LSO:Ce 闪烁晶体综合性能优异，它的发现引起了世界闪烁晶体界的广泛关注。美国(CTI 等)、日本、德国、俄罗斯等国家的一些科研机构与大公司都加强对 LSO:Ce 的研究力度，尤其是对 LSO:Ce 晶体闪烁性能和器件的研究。2000 年 Cooke 等[31]通过在 LSO:Ce 晶体中引入离子半径更大的 Y 离子，制备出固溶体型的 LYSO:Ce 晶体，实现了熔点的降低、成本的降低、缺陷的减少，以及晶体性能的优化，由此出现了从 LSO 向 LYSO 晶体的转变，并揭开了 LYSO 晶体研究与应用的新篇章[31-35]。

1. LYSO 晶体制备

20 世纪 90 年代初，美国科学家 Melcher 等[36]及其所在的 CTI 公司首次使用提拉法成功生长出 LSO:Ce 晶体，通过改进生长工艺，晶体尺寸和质量得以进一步提高，目前美国 CPI 公司和法国圣戈班公司已能生长出直径 95mm 的高质量 LYSO:Ce 晶体。1995 年，中科院上海光机所开展了硅酸镥晶体的跟踪研究，不过所生长晶体尺寸较小，而且未见闪烁性能测试结果。2000 年起上海硅酸盐所在 863(国家高技术研究发展)计划项目、国家自然科学基金等的支持下开展了晶体的生长和闪烁性能研究，并于 2015 年率先实现直径 4in LYSO:Ce 晶体的批量化制备。

在晶体制备理论与技术方面，目前尚缺乏实测的“Lu_2O_3-SiO_2”二元体系相图，而对比分析二元体系相图“Y_2O_3-SiO_2”(图 6.1.6)、“Gd_2O_3-SiO_2”和“Sc_2O_3-SiO_2”则不难发现这些相图非常相似。由于 Lu_2O_3、Y_2O_3、Gd_2O_3 同属稀土氧化物，稀土元素电负性、离子半径等相关晶体化学性质非常接近，因此有理由推测“Lu_2O_3-SiO_2”二元体系相图应与前述三个二元体系相图相似。根据 Ye(叶信宇)计算的 Lu_2O_3-SiO_2 二元相图(图 6.1.12)[21]，同时结合晶体生长实践，基本上可以认定 LSO 为一致熔融化合物，熔点为 2150℃。

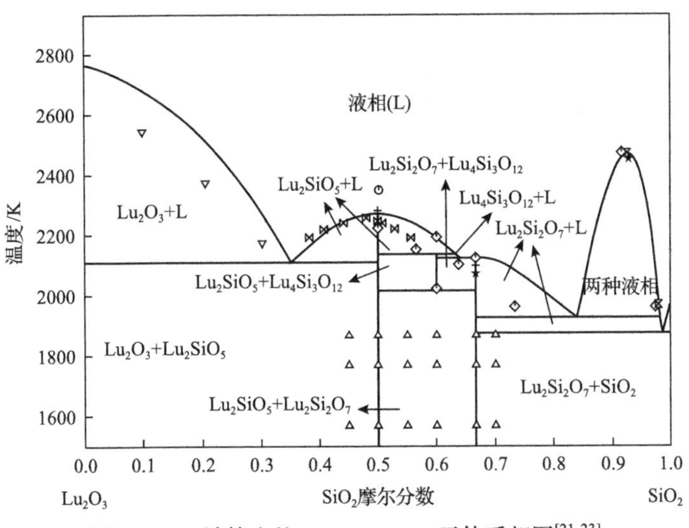

图 6.1.12　计算出的 Lu_2O_3-SiO_2 二元体系相图[21-23]

图中三角形和菱形代表实验值

原料纯度对 LYSO:Ce 晶体的品质有很大的影响，用低纯度原料所长的晶体中时常会伴有云层、气泡及散射颗粒等缺陷。为避免吸附水的影响，可以将纯度为 99.99%以上的 Lu_2O_3、Y_2O_3、SiO_2 和 CeO_2 原料烘干并按下列反应式(6-1)的比例进行准确称量：

$$(1-x-y)Lu_2O_3 + xY_2O_3 + 2yCeO_2 + SiO_2 \rightarrow 2\left(Lu_{1-x-y}Y_xCe_y\right)SiO_5 + \frac{y-5}{2}O_2 \uparrow \tag{6-1}$$

式中，x 和 y 分别代表 Y_2O_3 和 CeO_2 原料的掺杂浓度，其中 $0<x\leqslant10\%$，$0<y\leqslant1\%$。原料混匀后压制成料锭，再在马弗炉中于1700℃左右的温度下经固相反应烧结成LYSO:Ce多晶料。这样做的目的主要在于可以增大料体的堆积密度，减少晶体生长时所需的熔料次数，其次还可以避免由于不同原料组分密度差异所造成的熔体分层而导致晶体生长失败。

除了少量以研究为目的的晶体是以浮区法制备以外，目前商业应用的LYSO:Ce晶体几乎都是通过提拉法来制备，选用铱坩埚作为盛放原料的容器，中频感应加热(频率为 2～8kHz)，晶体生长过程通过上称重法计算机程序精确控制。为避免铱坩埚在高温下被氧化，可以先将炉腔抽成真空后充入高纯氮气或氩气作保护气体。

早期的 LYSO:Ce 晶体通常存在着色和容易开裂的问题，通过热场的优化，现在生长的晶体已经非常完整、无色透明，无宏观包裹体。图 6.1.13 为上海硅酸盐研究所研制的尺寸为ϕ105mm 的 LYSO:Ce 晶体。

图 6.1.13 中科院上海硅酸盐研究所研制的ϕ105mm LYSO:Ce 晶体

2. 微结构及能带结构

1)稀土离子占位[37]

$(Lu_{1-x}Y_x)_2SiO_5$:Ce 晶体属于单斜晶系，C2/c 空间群，其二次对称轴平行于 b 轴方向，垂直于(010)晶面。晶格参数为 a=14.254Å，b=6.641Å，c=10.241Å，β=122.2°，单胞分子数 Z=8[38]。在这种结构中，稀土离子 RE 有两种结晶学格位，与其配位的氧离子个数分别为 7 和 6(图 6.1.14)[39]，分别标记为 RE1 和 RE2，其中 RE1 与 5 个 SiO_4 的 O^{2-} 和 2 个孤立的不与硅成键的 O^{2-} 配位形成畸变的十面体，RE2 与 4 个[SiO_4]的 O^{2-} 和 2 个孤立的 O^{2-} 配位形成赝八面体，SiO_4 与[REO_4]四面体通过共棱形成由分离的[SiO_4]四面体连接的链。畸变的[LuO_4]四面体平行于 c

轴方向排列，并为 SiO_4 四面体所链接[40]。值得强调的是，结构中与稀土离子配位的氧离子存在两种类型：硅键氧和非硅氧，参见图 6.1.14，在 LSO 晶体结构中，在每个晶胞中有 8 个非硅氧，该非硅氧只与稀土离子成键。Si—O 键的结合力通常强于 RE—O 键的结合力，非硅氧在晶体生长过程中容易缺失而形成氧空位，因此给晶体性能带来不利影响。

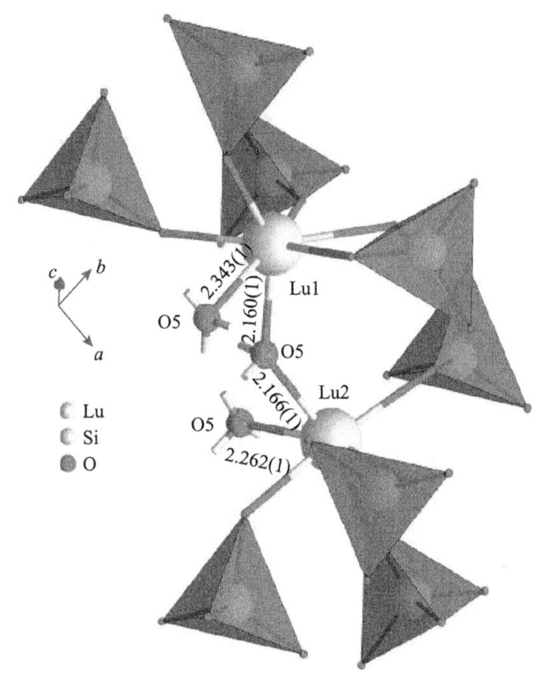

图 6.1.14　LSO 晶体结构中两种不同稀土离子的结晶学格位
(Lu1 氧配位数为 7；Lu2 氧配位数为 6)[40]

Speakman 等把 LSO 晶体的空间群表示为 I2/a[41]，如 JCPDF No. 41-0239，该数据在物相指认时也常被引用[42]。Speakman 等[41]还通过研究指出，对于 LSO:Ce 而言，C2/c 或 I2/a 空间群结构在本质上是相同的，这两种不同的空间群设置可以通过如下矩阵(式(6-2))由 I2/a 转换成 C2/c 构型，或者由其逆矩阵从 C2/c 构型转换成 I2/a 构型：

$$\begin{bmatrix} 0 & 0 & 1 \\ 0 & 1 & 0 \\ -1 & 0 & -1 \end{bmatrix} \tag{6-2}$$

根据该转换矩阵，I2/a 构型中的 a 轴对应于 C2/c 构型中的 c 轴；I2/a 构型中

的 b 轴对应于 C2/c 构型中的 b 轴；I2/a 构型中的 c 轴对应于 C2/c 构型中的 $[\bar{1}0\bar{1}]$ 方向[41]。

LYSO 晶体中多面体内化学键的长度随组分而变化。室温下，$(Lu_{1-x}Y_x)_2SiO_5$:Ce 晶体晶胞参数精细结果如表 6.1.4 所示。对该结果进行进一步计算得到的键长的平均值并作于图 6.1.15 中。结果表明，随 Y 原子分数由 0(LSO:Ce)升高至 100%(YSO:Ce)，$(Lu_{1-x}Y_x)_2SiO_5$:Ce 晶体中平均键长增加，其中 RE1—O 键长由 2.32286Å 增加至 2.36743Å；RE2—O 键长由 2.2265Å 增加至 2.2795Å；Si—O 键长由 1.61975Å 增加至 1.6285Å。

表 6.1.4 不同 Y 含量 $(Lu_{1-x}Y_x)_2SiO_5$:Ce 晶体在室温下的结晶学参数

熔体	X=0	X=10%	X=30%	X=50%	X=70%	X=90%	X=100%
晶体	X=0	X=8.8%	X=29.3%	X=52%	X=69.5%	X=90.3%	X=100%
晶系	单斜	单斜	单斜	单斜	单斜	单斜	单斜
空间群	C2/c	C2/c	C2/c	C2/c	C2/c	C2/c	C2/c
a/Å	14.243(4)	14.263(3)	14.271(5)	14.336(5)	14.342(4)	14.380(5)	14.458(6)
b/Å	6.6334(16)	6.6346(12)	6.651(2)	6.673(2)	6.6903(17)	6.711(2)	6.749(3)
c/Å	10.235(3)	10.2421(18)	10.284(4)	10.335(4)	10.361(3)	10.390(4)	10.455(4)
β/(°)	122.193(2)	122.202(2)	122.198(3)	122.212(3)	122.198(2)	122.185(3)	122.199(4)
V/Å^3	818.3(3)	820.0(3)	826.1(5)	836.5(5)	841.3(4)	848.6(5)	863.2(6)
Z	8	8	8	8	8	8	8
密度/(g/cm^3)	7.435	7.173	6.558	6.857	6.338	4.739	4.400
Lu(2)-O(4)	2.168(8)	2.159(6)	2.165(6)	2.178(7)	2.180(4)	2.202(3)	2.224(4)
Lu(2)-O(3)	2.218(9)	2.231(7)	2.247(6)	2.247(8)	2.256(4)	2.266(3)	2.287(4)
Lu(2)-O(5)	2.219(11)	2.241(7)	2.240(6)	2.249(7)	2.264(4)	2.269(3)	2.290(4)
Lu(2)-O(7)	2.247(10)	2.244(6)	2.245(6)	2.260(8)	2.267(4)	2.273(3)	2.291(4)
Lu(2)-O(7)	2.252(9)	2.246(6)	2.251(6)	2.261(8)	2.267(4)	2.274(3)	2.292(4)
Lu(2)-O(4)	2.255(8)	2.274(6)	2.269(6)	2.281(7)	2.280(4)	2.279(3)	2.293(4)
Lu(1)-O(4)	2.144(9)	2.166(6)	2.165(6)	2.181(7)	2.190(4)	2.198(3)	2.213(4)
Lu(1)-O(6)	2.264(10)	2.263(6)	2.273(6)	2.293(7)	2.299(4)	2.307(3)	2.314(4)
Lu(1)-O(3)	2.264(8)	2.264(6)	2.286(6)	2.297(8)	2.302(4)	2.317(3)	2.327(4)
Lu(1)-O(6)	2.282(8)	2.288(6)	2.301(6)	2.304(7)	2.314(4)	2.323(3)	2.346(4)
Lu(1)-O(4)	2.341(9)	2.322(6)	2.346(6)	2.346(7)	2.361(4)	2.363(3)	2.371(4)
Lu(1)-O(5)	2.353(8)	2.330(6)	2.338(6)	2.347(7)	2.363(4)	2.364(3)	2.382(4)
Lu(1)-O(5)	2.612(9)	2.618(7)	2.621(6)	2.620(8)	2.616(4)	2.607(3)	2.619(4)
Si(3)-O(3)	1.603(10)	1.611(6)	1.601(7)	1.611(8)	1.610(4)	1.613(3)	1.615(4)

续表

熔体	X=0	X=10%	X=30%	X=50%	X=70%	X=90%	X=100%
Si(3)-O(7)	1.610(9)	1.619(7)	1.615(6)	1.623(8)	1.609(4)	1.620(3)	1.622(4)
Si(3)-O(6)	1.624(8)	1.626(6)	1.621(6)	1.628(7)	1.627(4)	1.628(3)	1.630(4)
Si(3)-O(5)	1.642(10)	1.635(7)	1.640(7)	1.647(8)	1.643(4)	1.646(3)	1.647(4)

注：括号中的数值表示统计误差。

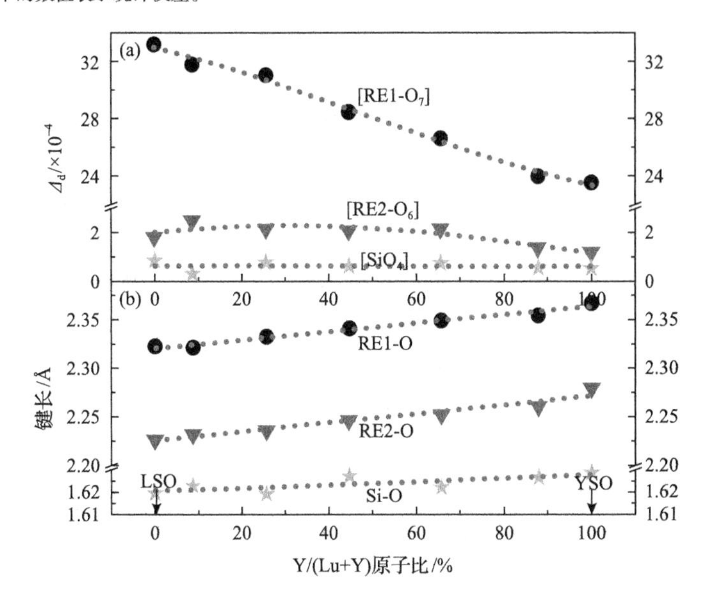

图 6.1.15　室温下，(a) $(Lu_{1-x}Y_x)_2SiO_5$:Ce 晶体中，多面体[RE1-O_7]、[RE2-O_6]及[SiO_4]的畸变参数Δ_d，虚线代表实验结果的三次多项式拟合结果；(b)平均键长，虚线代表实验结果的线性拟合结果

多面体中心离子和配位离子间键长的离散程度可以直接反映多面体的畸变程度。多面体的畸变参数(Δ_d)可以通过如下方程(6-3)来进行计算[43]：

$$\Delta_d = \frac{1}{n}\sum_{n=1}^{n}\left[\frac{d(\mathrm{M—O})_n - \langle d(\mathrm{M—O})\rangle}{\langle d(\mathrm{M—O})\rangle}\right]^2 \tag{6-3}$$

在该方程中，$d(\mathrm{M—O})_n$ 及 $\langle d(\mathrm{M—O})\rangle$ 分别代表键长及键长的平均值；M 代表 RE1(n=7)、RE2(n=6)或 Si(n=4)，所获得的畸变参数对 $(Lu_{1-x}Y_x)_2SiO_5$：Ce 晶体中的 Y 含量进行作图，如图 6.1.15 所示。

计算结果表明，当 $(Lu_{1-x}Y_x)_2SiO_5$:Ce 晶体中的 Y 原子分数从 0 增加至 100%时，其[SiO_4]四面体的畸变参数Δ_d一直保持在一个非常低的水平(小于 0.86×10^{-4})，这表明[SiO_4]是一个结构对称的刚性结构单元，几乎不受 $(Lu_{1-x}Y_x)_2SiO_5$:Ce 晶体中的 Y 离子含量的影响(图 6.1.15(a))。在不同 Y 含量的 $(Lu_{1-x}Y_x)_2SiO_5$:Ce 晶体中，[RE2-O_6]多面体的畸变参数Δ_d处在 $1.2\times10^{-4}\sim2.5\times10^{-4}$ 这样的一个范围内。该畸变参数比较小，这显示[RE2-O_6]多面体结构对称。此外，测试结果表明，$(Lu_{1-x}Y_x)_2SiO_5$:Ce 晶体中随 Y 原子分数由 0 增加至 100%时，[RE2-O_6]多面体的畸变参数Δ_d呈现先增大后减小的趋势(图 6.1.15(a))。也就是说，固溶体晶体 LYSO:Ce 中[RE2-O_6]多面体的畸变参数Δ_d比“纯”晶体 LSO:Ce 及 YSO:Ce 的都要大。这表明，Lu、Y 元素间因电负性及离子半径等方面的差异导致 Y^{3+}进入 Lu^{3+}格位 RE2 时，容易引起[RE1-O_7]和[RE2-O_6]多面体结构的畸变。而且[RE1-O_7]多面体的畸变参数Δ_d高出[RE2-O_6]多面体畸变参数Δ_d十余倍(图 6.1.15(a))，这表明[RE1-O_7]多面体要比[RE2-O_6]多面体的对称性低得多。而且，$(Lu_{1-x}Y_x)_2SiO_5$:Ce 晶体中随 Y 原子分数由 0 增加至 100%时，[RE1-O_7]多面体的畸变参数Δ_d逐步降低。

通过占位参数拟合，获得了室温下元素 Y、Lu 在稀土格位 RE1 及 RE2 中的相对含量(表 6.1.5)。从表 6.1.5 可以看出，就相对含量(Y/(RE1+RE2))而言，采用单晶衍射(SCD)法所获得的结果与采用 X 射线荧光分析(XRF)法所获得的结果非常接近，这表明 SCD 是一种分析离子占位含量的有效方法。分凝系数通常用于表述低浓度杂质在固相-液相的界面中的溶解度差异大小。为了分析讨论的方便，此处借用分凝系数来分析主含量元素 Lu、Y 在 LYSO 晶体中以及晶体中不同稀土格位上的浓度差异。通过式(6-4)计算晶体中实测组分含量与配方中组分含量的比值，可以获得其“分凝系数”(图 6.1.16)。举例来说，从组成为$(Lu_{1-x}Y_x)_2SiO_5$:Ce(x=30%)的熔体中生长所得晶体，Y 分别占据了 RE1 及 RE2 稀土格位的 36.1%及 22.3%。既然稀土格位 RE1 及 RE2 数目相等，那么可以计算 Y 在该晶体整个稀土格位(RE1+RE2)中的含量，该含量的计算结果为 29.2%，即 36.1%和 22.3%的平均值。采用这些数据可得，对该晶体而言，Y 在 RE1 及 RE2 稀土格位上的分凝系数分别为 1.20(36.1%/30%)及 0.74(22.3%/30%)；同理，Lu 在 RE1 及 RE2 稀土格位上的分凝系数分别为 0.91(63.90%/70%)及 1.11(77.73%/70%)。

$$k_0=C_s/C_l \tag{6-4}$$

式中，C_s表示晶体中溶质的浓度；C_l表示熔体中溶质的平均浓度。

表 6.1.5　不同 Y 含量$(Lu_{1-x}Y_x)_2SiO_5$:Ce 晶体中 Y、Lu 在稀土格位 RE1 及 RE2 中的相对含量

(原子分数，%)

设计浓度	Y/(RE1+RE2)	0	10	30	50	70	90	100	测试方法
晶体中的浓度	Y/RE1	0	11.6	36.1	61.3	77.5	93.0	100	SCD
	Y/RE2	0	6.21	22.3	42.3	61.9	87.5	100	
	Lu/RE1	100	88.4	63.9	38.7	22.5	7	0	
	Lu/RE2	100	93.8	77.7	57.7	38.1	12.5	0	
	Y/(RE1+RE2)	0	8.90	29.2	51.8	69.7	90.3	100	
	Y/(RE1+RE2)	0	8.67	26.7	44.7	66.7	87.9	100	XRF

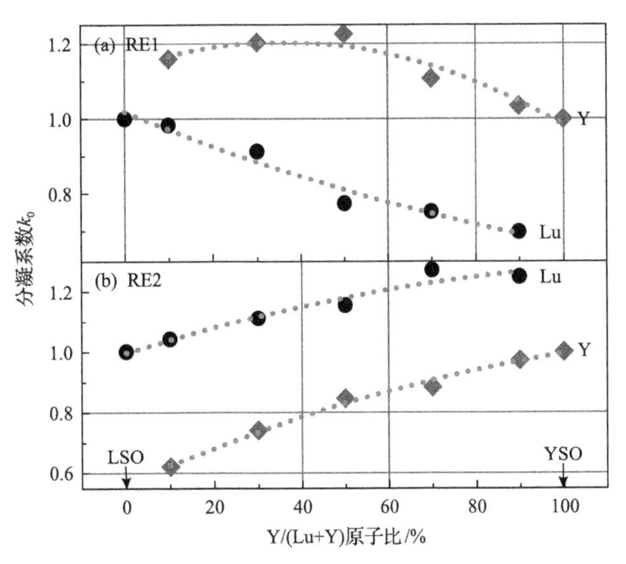

图 6.1.16　不同 Y 含量$(Lu_{1-x}Y_x)_2SiO_5$:Ce 晶体中，Lu、Y 在稀土格位 RE1(a)中和 RE2(b)中的“分凝系数”(虚线为数据的二次多项式拟合结果)

图 6.1.16 显示 Lu、Y 在稀土格位 RE 中存在选择性占位：Y 离子更倾向于占据配位数为 7 的 RE1 格位而不是配位数为 6 的 RE2 格位，而 Lu 离子则恰恰相反。这一现象可以归因于大半径离子 Y^{3+}倾向于占据具有大配位数和大空间的稀土格位(表 6.1.6)。表现在晶胞参数上就是，$(Lu_{1-x}Y_x)_2SiO_5$:Ce 晶体的晶胞边长 a、b、c 及晶胞体积(V)随着 Y 含量的增加而增大，但增大的幅度有所不同。图 6.1.17 中所示的斜率 $\Delta L/L_0$ 表示$(Lu_{1-x}Y_x)_2SiO_5$:Ce 晶体中 Y 含量每升高 1%所引起的晶胞参数的变化，对于晶胞参数 a、b 和 c 而言，该斜率分别为 1.34×10^{-4}、1.60×10^{-4}和 1.96×10^{-4}，这些斜率呈现一个递增的排列顺序。这表明，$(Lu_{1-x}Y_x)_2SiO_5$:Ce 晶体中 Y 含量的增加(引入)对晶胞参数 a 和 b 的(增大)影响较小，而对晶胞参数 c 的(增大)影响较大。然而，室温下，不同 Y 含量$(Lu_{1-x}Y_x)_2SiO_5$:Ce 晶体的β角度值保持恒定[38,44]。

表 6.1.6　不同配位情形下有效离子半径及其相对偏差

参数	离子	CN=6	CN=7*	CN=8
有效离子半径/pm	Ce^{3+}	102	108.15	114.3
	Lu^{3+}	86.1	91.9	97.7
	Y^{3+}	90	95.95	101.9
	Gd^{3+}	93.8	99.6	105.3

续表

参数	离子	CN=6	CN=7*	CN=8
有效离子半径差/%	Y^{3+}-Lu^{3+}	4.5	4.4	4.3
	Ce^{3+}-Lu^{3+}	18.5	17.7	17.0
	Ce^{3+}-Y^{3+}	13.3	12.7	12.2
	Ce^{3+}-Gd^{3+}	8.7	8.6	8.5

*在配位数 CN=7 时的离子半径是通过平均其在 CN=6 和 8 时的半径得到的。

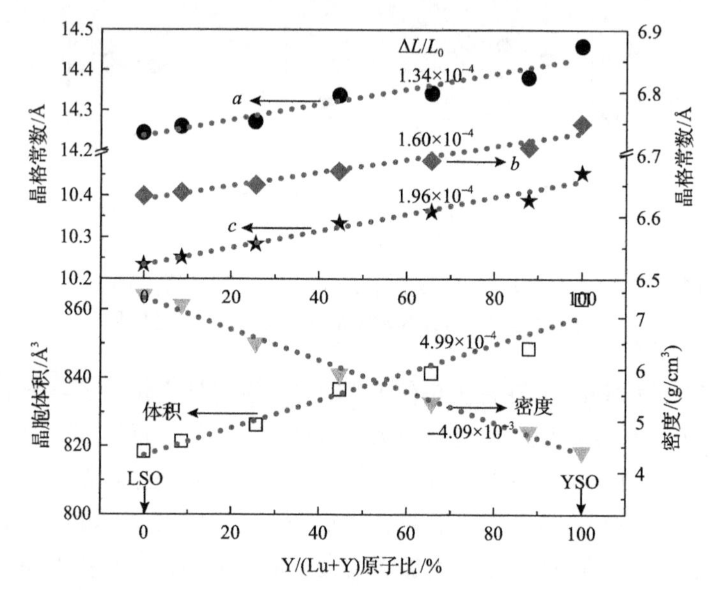

图 6.1.17 $(Lu_{1-x}Y_x)_2SiO_5$:Ce 晶体的晶格常数(上图)、晶胞体积和密度(下图)随 Y/(Lu+Y)原子比的变化

虚线代表的是晶胞参数的线性拟合结果，比值 $\Delta L/L_0$ 代表随着 $(Lu_{1-x}Y_x)_2SiO_5$:Ce 晶体中 Y 含量每升高 1%所引起的晶胞参数的相对变化

通过分析 LYSO 的晶体结构，发现在[100]方向，在 2a 长度(28.5Å)内，存在 2 个[RE1-O_7]多面体、4 个[RE2-O_6]多面体及 4 个[SiO_4]四面体；而在[001]方向，在 2c 长度(20.5Å)内，存在 4 个[RE1-O_7]多面体、2 个[RE2-O_6]多面体及 0 个[SiO_4]四面体。也就是说，在[100]方向(a 方向)，在 1Å 长度内，存在 0.07 个[RE1-O_7]多面体及 0.14 个[RE2-O_6]；而在[001]方向(c 方向)，在 1Å 长度内，存在 0.2 个[RE1-O_7]多面体及 0.1 个[RE2-O_6]。既然在单位长度内[001]方向比[100]方向拥有更多的[RE1-O_7]多面体，而且[001]方向相比[100]方向，其稀土多面体[RE1-O_7]和[RE2-O_6]总数也更多，Y 更倾向于占据 RE1 格位而不是 RE2 格位，很自然就导致其对晶胞参数 c 的影响比对晶胞参数 a 的影响更大。

2）能带结构[45]

根据第一性原理计算，LSO 和 YSO 在γ点的带隙分别为 6.31eV 和 6.39eV。为进一步验证能带计算结果的可靠性，采用真空紫外激发光谱研究了 LYSO:Ce 的能带结构，如图 6.1.18 所示。在激发光谱中，左侧的两个激发峰是晶体中发光中心 Ce^{3+}的 4f→$5d_3$ 和 4f→$5d_4$ 之间的电子跃迁。右侧能量较高的能带（>6.5eV）属于基质激发。从图 6.1.18 可以看出，随着 Y 含量的增加，禁带宽度增大，这一实验结果与用第一性原理计算的带隙宽度衍变趋势是一致的，即随着 LYSO 晶体中 Y 含量的增加，能隙变宽。

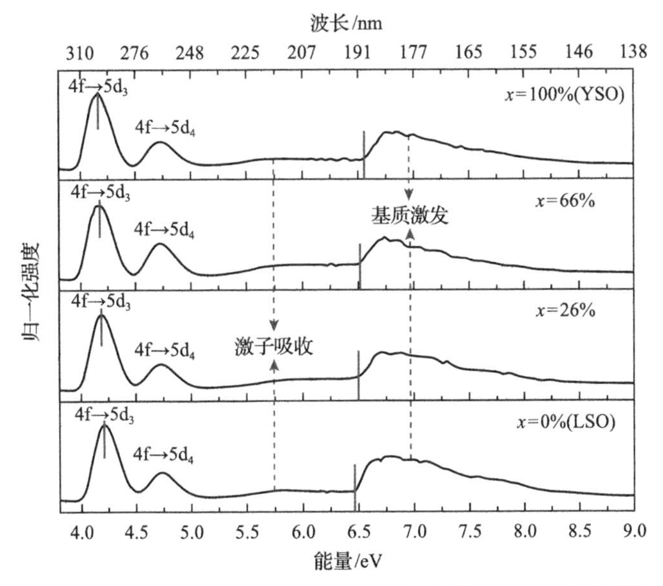

图 6.1.18　$Lu_{2(1-x)}Y_{2x}SiO_5$:Ce（x=0, 26%, 66%, 100%，原子分数）在 26K 温度下的 VUV 激发光谱（发射波长为 397nm）

3. 发光机制

1）光谱与能级结构

如前所述，LYSO:Ce 中存在两种发光中心——氧配位数为 7 的 Ce1 和氧配位数为 6 的 Ce2[46-49]，这两类发光中心的激发发射光谱均存在重叠。图 6.1.19 所示的是具有代表性的 LYSO:Ce（26%Y）晶体在室温下的紫外激发发射光谱。该发射光谱可采用 3 个高斯分量来进行拟合，这 3 个高斯分量分别对应于 Ce1 发光和 Ce2 发光，Ce1 的两个发光峰的峰值位于 2.96eV（420nm）及 3.19eV（389nm），而 Ce2 发光峰的峰值位于 2.74eV（453nm）。为降低重叠效应，两类发光中心监测发射波长间采用了较大的间隔：对于 Ce1 而言，采用 397nm 作为发射监测波长；对于 Ce2 而言，采用 550nm 作为发射监测波长（该监测波长远长于通常所用的 470～

500nm)[47,50-53]。很明显，Ce1 发光中心在 3.47eV(358nm)处有一个非常强的激发分量，因此 358nm 被选作 Ce1 发光中心的激发波长。既然 3.81eV(326nm)可有效激发 Ce2 的发光，且它激发 Ce1 发光的效率很低，因此 326nm 被选为 Ce2 的激发波长。

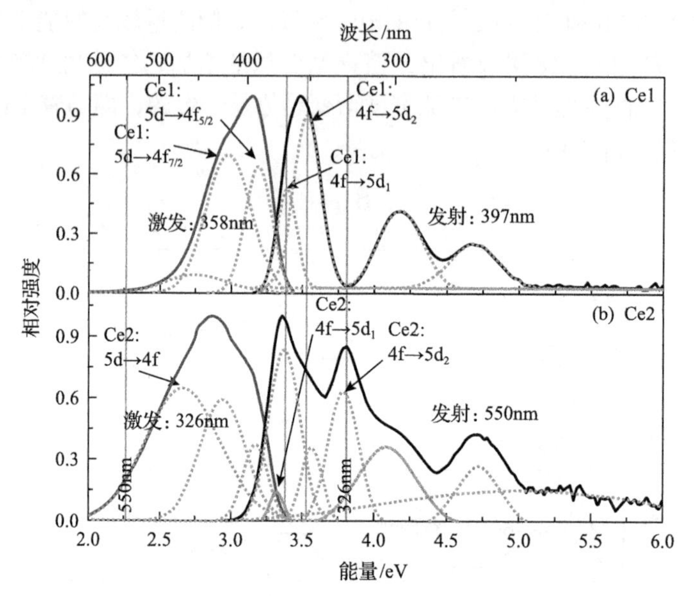

图 6.1.19　LYSO:Ce(26%Y)晶体在室温下的紫外激发发射光谱

(a) Ce1(λ_{em}=397nm(3.13eV)，λ_{ex}=358nm(3.47eV))；(b) Ce2(λ_{em}=550nm(2.26eV)，λ_{ex}=326nm(3.81eV))

左侧实线为发射光谱，右侧实线为激发光谱，虚线为实测曲线的高斯拟合光谱

图 6.1.20 展示了 LYSO:Ce(45%Y)晶体在 80K 温度下的紫外激发发射光谱。该发射光谱可采用 4 个高斯分量来进行拟合，这 4 个高斯分量分别对应于 Ce1 发光和 Ce2 发光，Ce1 发光峰位于 2.93eV(424nm)及 3.17eV(392nm)，Ce2 发光峰位于 2.53eV(490nm)及 2.72eV(457nm)。

LYSO:Ce 中 Ce2 要比 Ce1 的激发发射光谱的强度低一个数量级[49]。图 6.1.21 展示的是 Ce2 激发发射光谱测试时的信噪比。结果显示，Ce2 的发射光谱及激发光谱信号的强度分别大于 1×10^5 及 1×10^4，而噪声的强度则低于 1×10^2。这表明这些光谱具有很高的信噪比，因此可以用来提取准确的参数。

80K 温度下，不同 Y 含量 LYSO:Ce 晶体所有的激发发射光谱均采用上述这一套相同的方法予以处理，提取出来的高斯分量的拟合结果列在表 6.1.7 中。结果表明，80K 温度下，不同 Y 含量 LYSO:Ce 晶体具有基本相近的 $5d_1\to4f_{5/2}$ 发射峰位。如图 6.1.22 所示，采用 $5d_1$ 与 $5d_4$ 之间的能隙来评价激发态的劈裂。结果发现，随着 LYSO:Ce 晶体中 Y 含量的升高，Ce1 两个激发态($4f_{5/2}\to5d_1$, $5d_4$)之间劈裂的能隙从 1.354eV 减小至 1.283eV(参见表 6.1.7 和图 6.1.19)。这表明随着 LYSO:Ce

晶体中 Y 含量的升高，Ce1 周围的晶体场强度降低。

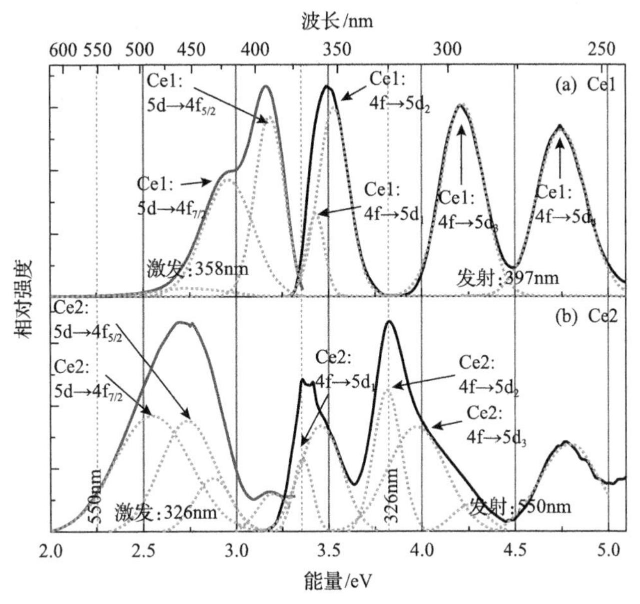

图 6.1.20　LYSO:Ce(45%Y)晶体在 80K 温度下的紫外激发发射光谱

(a) Ce1 (λ_{em}=397nm(3.17eV)，λ_{ex}=358nm(3.47eV))；(b) Ce2 (λ_{em}=550nm(2.26eV)，λ_{ex}=326nm(3.81eV))

左侧实线为发射光谱，右侧实线为激发光谱，虚线为相应实测曲线的高斯拟合光谱

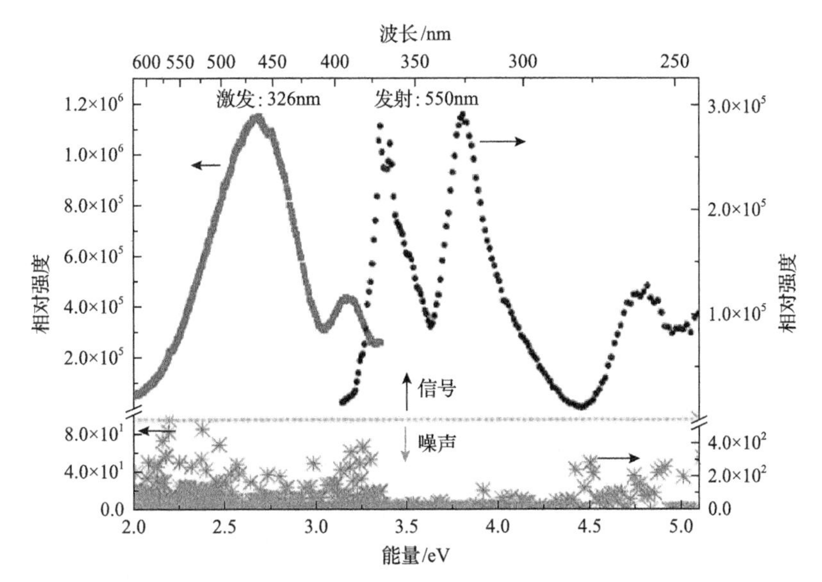

图 6.1.21　LYSO:Ce(Y 含量为 66%)晶体在 80K 温度下的紫外激发发射光谱的信噪比(发射波长λ_{em}=550nm(2.26eV)，激发波长λ_{ex}=326nm(3.81eV))

左侧实线是发射光谱，右侧点线是激发光谱。水平虚线将该图分成两部分，线的上方和下方分别为数值信号及测试时的噪声

表 6.1.7 不同 Y 含量$(Lu_{1-x}Y_x)_2SiO_5$:Ce 晶体在 80K 温度下的激发波长、零声子线能量 E_0、发射波长、发射谱的半高全宽 FWHM 以及斯托克斯位移 ΔE_S

	x/%	激发波长/eV			E_0/eV	发射波长/eV		斯托克斯位移 ΔE_S/eV
		$4f_{5/2}\rightarrow 5d_4$	$4f_{5/2}\rightarrow 5d_1$	劈裂		$5d_1\rightarrow 4f_{5/2}$	FWHM	
Ce1	0	4.760	3.406	1.354	3.290	3.174	0.153	0.233
	26	4.766	3.428	1.338	3.301	3.174	0.159	0.254
	45	4.749	3.430	1.319	3.306	3.181	0.160	0.249
	66	4.762	3.430	1.333	3.305	3.181	0.159	0.249
	100	4.729	3.446	1.283	3.315	3.184	0.156	0.262
Ce2	0		3.339		3.030	2.721	0.249	0.619
	26		3.355		3.046	2.737	0.265	0.618
	45		3.359		3.046	2.734	0.292	0.625
	66		3.368		3.052	2.736	0.288	0.632
	100		3.369		3.050	2.731	0.329	0.638

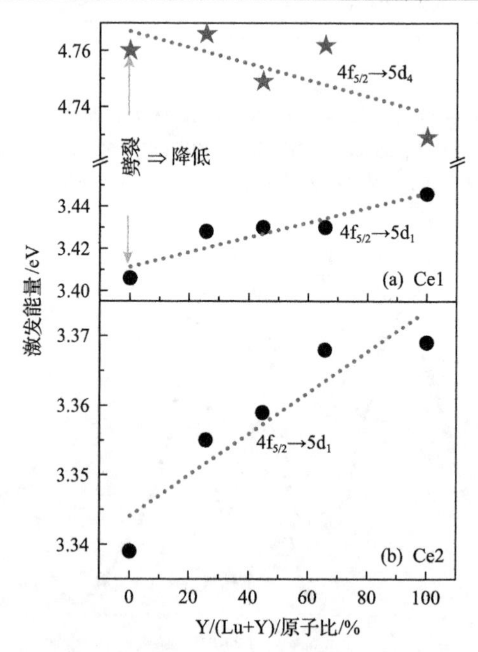

图 6.1.22 LYSO:Ce 晶体中铈离子发光中心 Ce1 和 Ce2 在 80K 温度下的激发能量与 Y/(Y+Lu)原子比的关系

(a) λ_{em}=392nm(3.17eV); (b) λ_{em}= 550nm(2.26eV)

圆点代表 $4f_{5/2}\rightarrow 5d_1$ 激发能。五角星代表 Ce1 的 $4f_{5/2}\rightarrow 5d_4$ 激发能,虚线代表随着 LYSO:Ce 晶体中 Y 含量的升高,激发能量的变化趋势

LYSO:Ce 晶体中 Ce2 的 $4f_{5/2}\rightarrow 5d_4,5d_5$ 激发跃迁能量难以获得,因此未计算

Ce2 离子 5d 能级的劈裂。然而，我们可以通过 Ce2 离子 $5d_1$ 能量的变化情况来推断 Ce2 离子周围晶体场强度的变化。参照 Dorenbos 等提出的理论模型[54-56]：①$5d_1$ 能带位置是由晶体场劈裂和质心移动（centroid shift）共同决定，其中质心移动是由于 5d 电子和晶格有很强的相互作用，Ce 离子第一偶极子允许的 f→d 跃迁相对于自由离子而言降低了[54-56]；②光谱极化率 α_{sp} 随着晶体结构中阳离子尺寸的增加而增大[55]。采用大离子 Y^{3+} 来取代 Lu^{3+}（配位数=6 时，有效离子半径为 $r(Lu^{3+})=86.1pm$，$r(Y^{3+})=90pm$）[57]影响 O^{2-} 电子云并使 α_{sp} 增大，这导致质心移动的增大。也就是说，随着 LYSO:Ce 晶体中 Y 含量的升高 $5d_1$ 能带降低。然而，表 6.1.7 和图 6.1.22 显示 Ce2 的 $5d_1$ 能带实际上却升高了（$4f_{5/2}$→$5d_1$ 跃迁的能量增大）。这意味着随着 LYSO:Ce 晶体中 Y 含量的升高必定伴随着 Ce2 离子 5d 能带劈裂的减小。

总之，LYSO:Ce 晶体中大半径离子 Y^{3+} 含量的升高导致质心移动增大，该质心移动增大的效果与晶体场劈裂减小的趋势对 $5d_1$ 能带位置的影响是相反的，它们的作用或影响被对冲与部分抵消了。晶体场劈裂对于 $5d_1$ 能带位置的确定占主导地位（晶体场劈裂减小的幅度要比质心移动增大的幅度大），导致随着 LYSO:Ce 晶体中 Y 含量的升高，Ce1 和 Ce2 的 $5d_1$ 能带位置向上提升（图 6.1.23）。

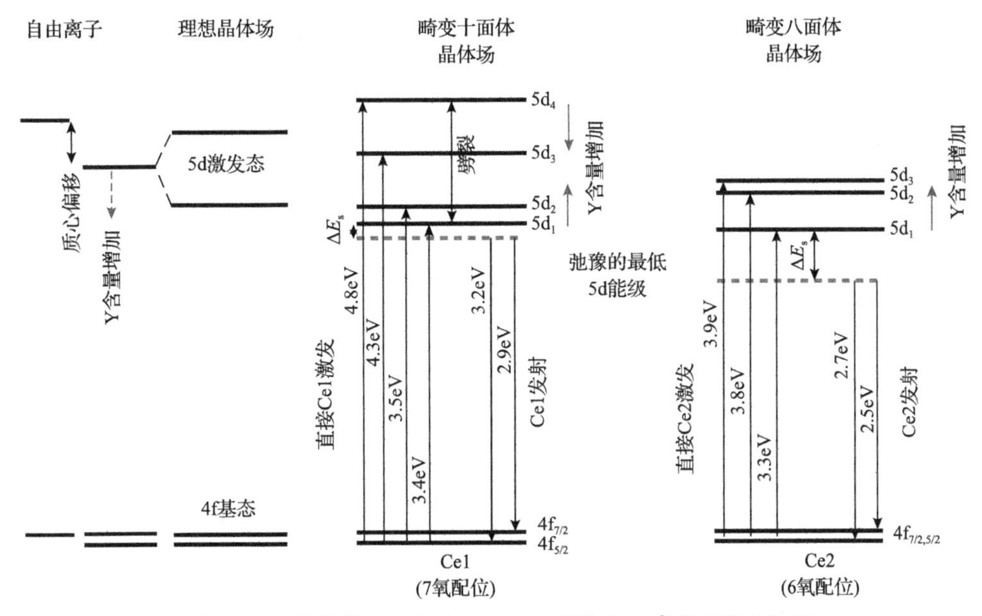

图 6.1.23　简化的 80K 温度下 LYSO 晶体中 Ce^{3+}的能带结构图

随着 LYSO:Ce 晶体中 Y 含量的升高，质心移动增加、晶体场劈裂减小

类似的现象在其他基质材料中也被观察到了：采用大半径的离子 Ga^{3+}取代 $Gd_3Al_5O_{12}$:Ce 中的 Al^{3+}导致其晶体场劈裂减小[58,59]；YPO_4:Ce 的晶体场劈裂（$18000cm^{-1}$）小于 $LuPO_4$:Ce 的晶体场劈裂（$19500cm^{-1}$），其中 Y 的半径要比 Lu 的

半径要大[54,56]。此外，已有文献证实在相同基质 LSO:Yb 中大配位多面体(为 Yb1 所占据，氧配位数为 7)伴随着小的晶体场劈裂($\Delta(^2F_{5/2})=675cm^{-1}$)，而小配位多面体(为 Yb2 所占据，氧配位数为 6)则伴随有较大的晶体场劈裂($\Delta(^2F_{5/2})=874cm^{-1}$)[60]。

上述晶体场劈裂减小的现象可以从结晶学上找到解答：如果不考虑多面体类型(形态)，晶体场劈裂的程度与中心离子至配位多面体的距离成反比(其作用关系式大致为 R^{-2})[54,56]。也就是说，随着多面体尺寸的增加，晶体场劈裂减小[54]。而多面体大小和多面体中离子大小的变动趋势是一致的：就有效离子半径而言，在配位数为 6 的情况下，离子半径递增 $r(Lu^{3+})=86.1pm<r(Y^{3+})=90pm<r(Ce^{3+})=102pm$[57]。随着 LYSO:Ce 晶体中 Y 含量由 0(LSO:Ce)升高至 100%(YSO:Ce)时，RE1—O 的平均键长由 2.32Å 增至 2.37Å，而 RE2—O 的平均键长则由 2.23Å 增至 2.28Å。即随着 LYSO:Ce 晶体中 Y 含量的升高，多面体[RE1-O_7]及[RE2-O_6]的空间体积都变大了，这导致晶体场襞裂减小。此外 Ce^{3+}和所取代的 Y^{3+}之间的半径差小于 Ce^{3+}和 Lu^{3+}之间的半径差，这导致随着 LYSO:Ce 晶体中 Y 含量的升高，晶格施加在 Ce^{3+}上的作用力变小，这也导致了晶体场劈裂的减小。

此外，随着 LYSO:Ce 晶体中 Y 含量的升高，导致晶体场劈裂的减小的现象还可以从离子主极化力上找到解释。离子的主极化力β可以用式(6-5)来表达[61]：

$$\beta = W/r^2 \tag{6-5}$$

式中，W、r 分别表示离子的电价和离子半径。Lu^{3+}、Y^{3+}的电价相等而前者的离子半径小于后者，使得 Lu^{3+}比 Y^{3+}的主极化能力大。因而，随着 LYSO:Ce 晶体中 Y 含量的升高，稀土格位离子的主极化能力变弱，使得同样处于稀土格位的激活离子 Ce^{3+}在晶体场的作用下能级分裂减弱，激发态-基态的能级差加大，在表 6.1.7 中显示为随着 LYSO:Ce 晶体中 Y 含量的升高，激发及退激发时光波能量增大(如在 Y 含量为 0 和 100%时，Ce1 的激发、发射峰峰位分别由 3.290eV 和 3.174eV 增加到 3.315eV 和 3.184eV)。

需指出的是，随着 LYSO:Ce 晶体中 Y 含量的升高，多面体[RE1-O_7]的畸变程度降低[37]。这也可能是导致 Ce1 周围的晶体场强度降低的原因之一。

2)电声子耦合强度[62]

实验表明，尽管 LYSO 晶体样品中 Y 含量各不相同，但它们在 80K 温度下 Ce1 和 Ce2 的激发发射谱峰形是相似的(图 6.1.24 和图 6.1.25)。这一现象 Drozdowski 等也曾报道过[63]。如上所述，通过增大监测波长的能量间隔降低了 Ce1 和 Ce2 谱的重叠效应，通过低温测试降低温度对谱的宽化效应以及降低 Ce1 和 Ce2 谱的重叠效应。但是在 Ce2 的实测激发谱中仍然存在相当比例 Ce1 的贡献成分。导致这一现象的可能原因在于：在 550nm 处，Ce1 和 Ce2 的发光强度相近[50]。此外，在 Ce2 的实测发射光谱中仍然存在少量的 Ce1 发光，其可能原因在于 Ce2

的浓度比 Ce1 低[46]，Ce2 的发光效率比 Ce1 低[64]，以及在选择性激发 Ce2 时，存在由 Ce2 至 Ce1 的能量传递[65]。通过扣除谱中源于 Ce1 的贡献，得到了“纯”Ce2 的纯发射光谱和纯激发光谱(图 6.1.25 中的点划线和双点划线)。

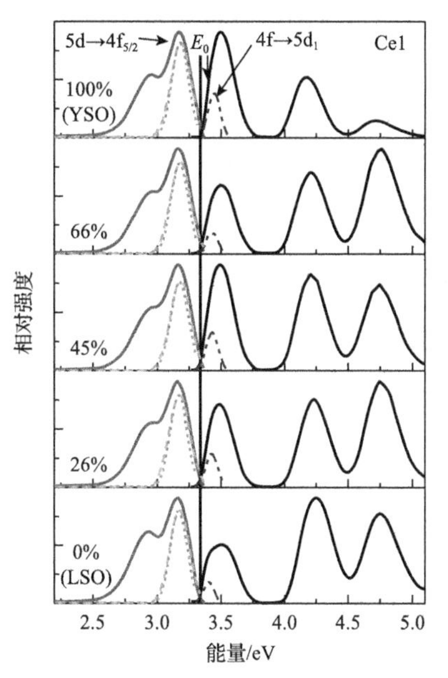

图 6.1.24　不同 Y 含量(原子分数)LYSO:Ce 晶体中 Ce1 在 80K 温度下的紫外激发发射光谱

左侧粗实线为发射光谱(λ_{ex}=358nm(3.47eV))，右侧点实线为激发光谱(λ_{em}=392nm(3.17eV))，双点划线为 Ce1 的 $4f_{5/2}\rightarrow 5d_1$ 激发光谱，短划线为 Ce1 的 $5d_1\rightarrow 4f_{5/2}$ 发射光谱，短点线对应于采用图 6.1.26 所示的电-声子耦合参数 S 和 $\hbar\omega$，通过式(6-6)和式(6-7)模拟得到的 Ce1 的 $5d_1\rightarrow 4f_{5/2}$ 发射光谱，激发发射光谱的交点指示的是零声子线 E_0

研究发现，峰位位于 3.47eV 的 Ce1 的主激发峰不是一个单一的峰，而是由两个能量距离很近的峰组成(图 6.1.20)。其可能的原因在于 Ce1 发光中心的 $5d_1$ 和 $5d_2$ 能带在能量上很接近[50,66]。分析表明，激发光谱中峰位位于 3.41eV、3.53eV、4.25eV 及 4.76eV 的高斯分量对应于 Ce1，而峰位位于 3.34eV、3.82eV 及 3.93eV 的高斯分量对应于 Ce2。

$$I=\frac{e^{-S}S^m}{m!}\left(1+S^2\frac{e^{\frac{-\hbar\omega}{\kappa T}}}{m+1}\right) \tag{6-6}$$

$$m=\frac{E_0-E}{\hbar\omega} \tag{6-7}$$

以上公式中，S 为黄昆因子；$\hbar\omega$为与电子迁移相关联的晶格振动的平均声子能量；κ为玻尔兹曼常数；T 热力学温度；m 为有效声子数。

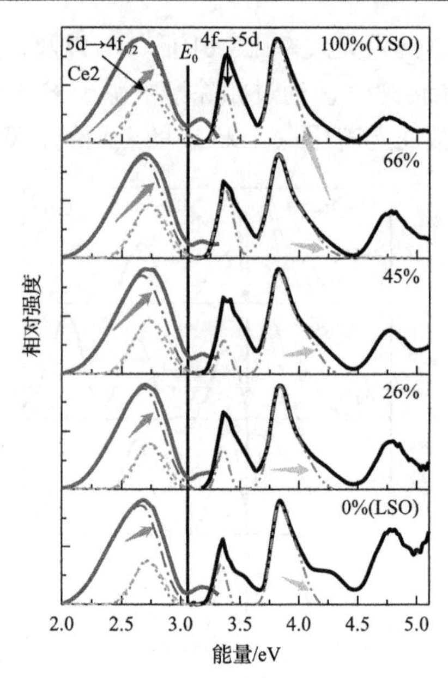

图 6.1.25　不同 Y 含量(原子分数)LYSO:Ce 晶体中 Ce2 在 80K 温度下的紫外激发发射光谱

左侧实线为发射光谱(λ_{ex}=326nm(3.81eV))，右侧实线为激发光谱(λ_{em}=550nm(2.26eV))。点划线及双点划线分别表示 Ce2 的纯发射光谱和纯激发光谱。短划线为 Ce2 的 $5d_1 \rightarrow 4f_{5/2}$ 发射光谱，短点线对应于采用图 6.1.26 所示的电-声子耦合参数 S 和 $\hbar\omega$，通过式(6-6)和式(6-7)模拟[67]，得到的 Ce1 的 $5d_1 \rightarrow 4f_{5/2}$ 发射光谱，激发发射光谱的交点指示的是零声子线 E_0

光谱的拟合结果如表 6.1.7 所示，采用该表所列的数据 ΔE_S、FWHM 以及温度 T=298K，通过解上述两个方程，可以得到所需的 S 及 $\hbar\omega$。在能量为 E 处的发射强度可采用式(6-6)来表达[67]，在该方程中 m 可用式(6-7)来表达，它指包含在发射过程中的有效声子数，E_0 为零声子线位置处的能量[67]。

如表 6.1.7 所示，不同 Y 含量的 LYSO:Ce 晶体，其发射光谱 $5d_1 \rightarrow 4f_{5/2}$ 的半高全宽 FWHM 对于 Ce1 和 Ce2 而言分别约为 0.16eV 和 0.25～0.33eV。采用 $4f_{5/2} \rightarrow 5d_1$ 激发和 $5d_1 \rightarrow 4f_{5/2}$ 发射光谱的数据,可以计算得到斯托克斯位移 ΔE_S。如表 6.1.7 和图 6.1.23 所示，Ce2 要比 Ce1 的斯托克斯位移 ΔE_S 大。两者斯托克斯位移的差异可归因于 Ce^{3+}所处的配位多面体的不同。在 80K 温度下，随着 LYSO:Ce 晶体中 Y 含量由 0(LSO:Ce)升高至 100%(YSO:Ce)，Ce1 的斯托克斯位移由 0.233eV 增加至 0.262eV，Ce2 由 0.619eV 增加至 0.638eV。据报道，采用大半径的离子 Ga^{3+} 取代 $Gd_3Al_5O_{12}$:Ce 中的 Al^{3+}也会导致斯托克斯位移的增大[58]。随着 LYSO:Ce 晶体中 Y 含量的升高，多面体[RE1-O_7]及[RE2-O_6]的体积都变大了,增大的空间给了 Ce1 的 $5d_1$ 激发态以更大的空间与余地用于弛豫，因而 Ce1 和 Ce2 的斯托克斯位移 ΔE_S 随着 LYSO:Ce 晶体中 Y 含量的升高而逐步增大。

计算出的黄昆因子、有效声子能量和斯托克斯位移随 LYSO:Ce 晶体中的 Y

含量的变化关系如图 6.1.26 所示。结果表明，Ce1 的黄昆因子 S 为 4.2～5，它位于 $1<S<5$ 这样的一个区间内，这表明 Ce1 和晶格之间为中等强度的耦合[68]。Ce2 的黄昆因子 S 为 9.7～6.2，它位于 $S>5$ 这样的一个区间内，这表明 Ce2 和晶格之间为强耦合[68]。此外，随着 LYSO:Ce 晶体中 Y 含量由 0(LSO:Ce)升高至 100%(YSO:Ce)，Ce2 的黄昆因子 S 由 9.7 降低至 6.2。本书获得的 LSO:Ce 中 Ce1 的黄昆因子 S 值 4.2 与文献报道的 6.02[69]及 4.89～6.75[50]接近。其细微差异可能源于研究方法与样品的不同(如铈离子浓度、杂质含量等)。

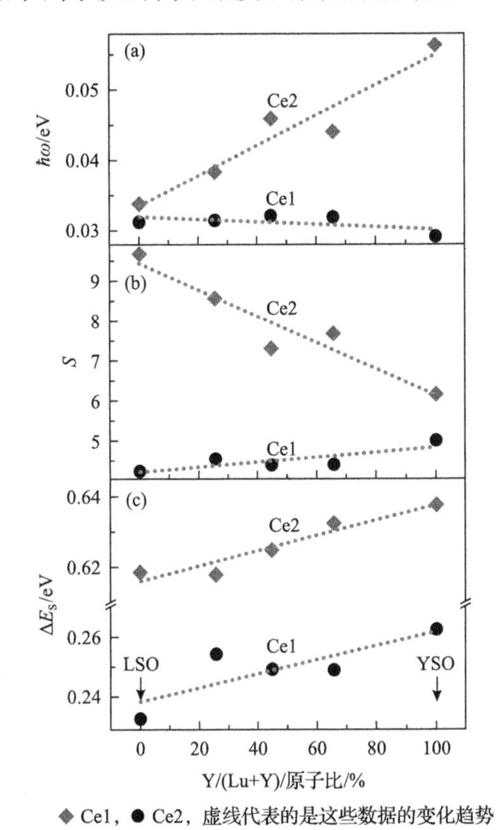

图 6.1.26　不同 Y 含量 LYSO:Ce 晶体在 80K 温度下的电-声子耦合参数——黄昆因子 S、有效声子能量 $\hbar\omega$ 与斯托克斯位移 ΔE_S

图 6.1.26 表明，Ce1 的黄昆因子小于 Ce2 的黄昆因子，这意味着 Ce1 和晶格之间的耦合强度要小于 Ce2 和晶格之间的耦合强度。这一结果为 Ce1 较小的斯托克斯位移和窄的发射光谱所支持(表 6.1.7)。Ce1 的黄昆因子小于 Ce2 的黄昆因子的可能原因在于：多面体[RE1-O_7]比[RE2-O_6]大[37]，RE1 格位有较大的空间来容纳 Ce^{3+}，这导致其晶体场强度较弱、Ce^{3+}和周围配位多面体中 O^{2-}的电子云重叠更少，因此 Ce^{3+}和晶格间的作用力也就越弱。

同理，Y^{3+}离子半径比Lu^{3+}大，LYSO:Ce 晶体中 Y 含量的升高为Ce^{3+}提供了更大的空间，因此其晶体场强度变弱(参看上文晶体场劈裂的讨论)，Ce^{3+}和周围配位多面体中O^{2-}的电子云重叠更少，因此Ce^{3+}和晶格间的作用力也就越弱。这可能是随着 LYSO:Ce 晶体中 Y 含量的升高，Ce2 的黄昆因子减小的原因(图 6.1.26)。

采用该结果，可以模拟出发射光谱。通过比对该模拟的发射光谱和作为计算起点的实测发射光谱，看它们之间是否接近，以此来判断计算结果 S 及 $\hbar\omega$的有效性与可靠性。实测和模拟的结果都列在图 6.1.25 和图 6.1.26 中，模拟光谱和实测光谱之间的相近与匹配显示了本计算所获得的数据 S 及 $\hbar\omega$是有效、可靠的。

3) 能量传递

不同Y含量LYSO:Ce晶体的发射光谱及其高斯函数拟合结果示于图6.1.27[70]。通常，能量跃迁过程中存在自发跃迁到最低能级的趋势，即在 LYSO:Ce 晶体中Ce^{3+}中处于 5d 轨道上的电子存在自发跃迁到能量较低的$4f^2F_{5/2}$能级的趋势。但是，从图 6.1.27 中 Ce1 和 Ce2 的拟合结果中均发现 $5d\rightarrow4f^2F_{7/2}$分量(即 424nm 发光峰)会比 $5d\rightarrow4f^2F_{5/2}$分量(即 392nm 发光峰)所占面积大。这意味着在 Ce1、Ce2 的发光过程中能量跃迁至 $4f^2F_{7/2}$的概率均高于跃迁至 $4f^2F_{5/2}$的概率。这一反常现象与之前针对 YSO:Ce 的发光性质研究及 LSO:Ce 的 X 射线发射光谱相一致[37,71]。这可能是 Y 原子的引入导致 LSO 晶体晶格发生了畸变，从 $5dT_2\Gamma_7$能态到 $5dT_2\Gamma_8$能态的热弛豫被高度限制，同时，Ce^{3+}通过 5d 配体波函数混合进行的 5d 电子轨道扩展将使自旋轨道参数值减小，从而使 $5dT_2\Gamma_7$能态而不是 $5dT_2\Gamma_8$能态对光的发射有更加显著的贡献，即 $5dT_2\Gamma_7\rightarrow4f^2F_{7/2}$的概率高于 $5dT_2\Gamma_7\rightarrow4f\,^2F_{5/2}$的概率[72-74]。随着 Y 含量的增加，晶体场分裂会变得更加严重，因此发光中心的 $5dT_2\Gamma_7$能态和 $5dT_2\Gamma_8$能态之间能隙会被扩宽。这一现象会使 $5dT_2\Gamma_7\rightarrow4f^2F_{7/2}$的发生概率提高，并且使不同发光中心较低能量的发光分量所占比例得到提高。因此，同一 Ce 发光中心的 $5d\rightarrow4f^2F_{7/2}$的分量高于 $5d\rightarrow4f^2F_{5/2}$的分量。

进一步研究发现，随着晶体内 Y 元素含量的提高，在 358nm 激发的发射光谱中 Ce2/Ce1 的值呈现先下降后上升的趋势，如图 6.1.28(a)所示；而在 326nm 激发的发射光谱中，Ce2/Ce1 呈现一个总体上升的趋势，如图 6.1.28(b)所示。这一现象可归因于Ce^{3+}在晶体中的分布情况产生变化以及不同 Ce 发光中心的斯托克斯位移随着 Y 含量的上升而上升。当晶体内 Y 含量上升时，Y 原子倾向于占据晶体中 RE2 的位置，并且使在 RE2 位置与 RE1 位置的 Y 原子数量的比值上升[37]。Y 原子对晶格位置的选择倾向性也同样会影响 Ce^{3+}在晶格中掺杂位置的选择倾向性。Ce^{3+}与 Y^{3+}的离子半径差值小于 Ce^{3+}与 Lu^{3+}的离子半径差值，所以 Ce^{3+}更倾向于取代 Y^{3+}的位置。由于在六配位的 Ce^{3+}与 Y^{3+}的离子半径差值要小于七配位Ce^{3+}与 Y^{3+}的离子半径差值，所以随着晶体内 Y 含量的增加，Ce^{3+}更倾向于进入六配位多面体中心占据 RE2 的位置。同时，在图 6.1.28(b)中，还观察到 2.93eV

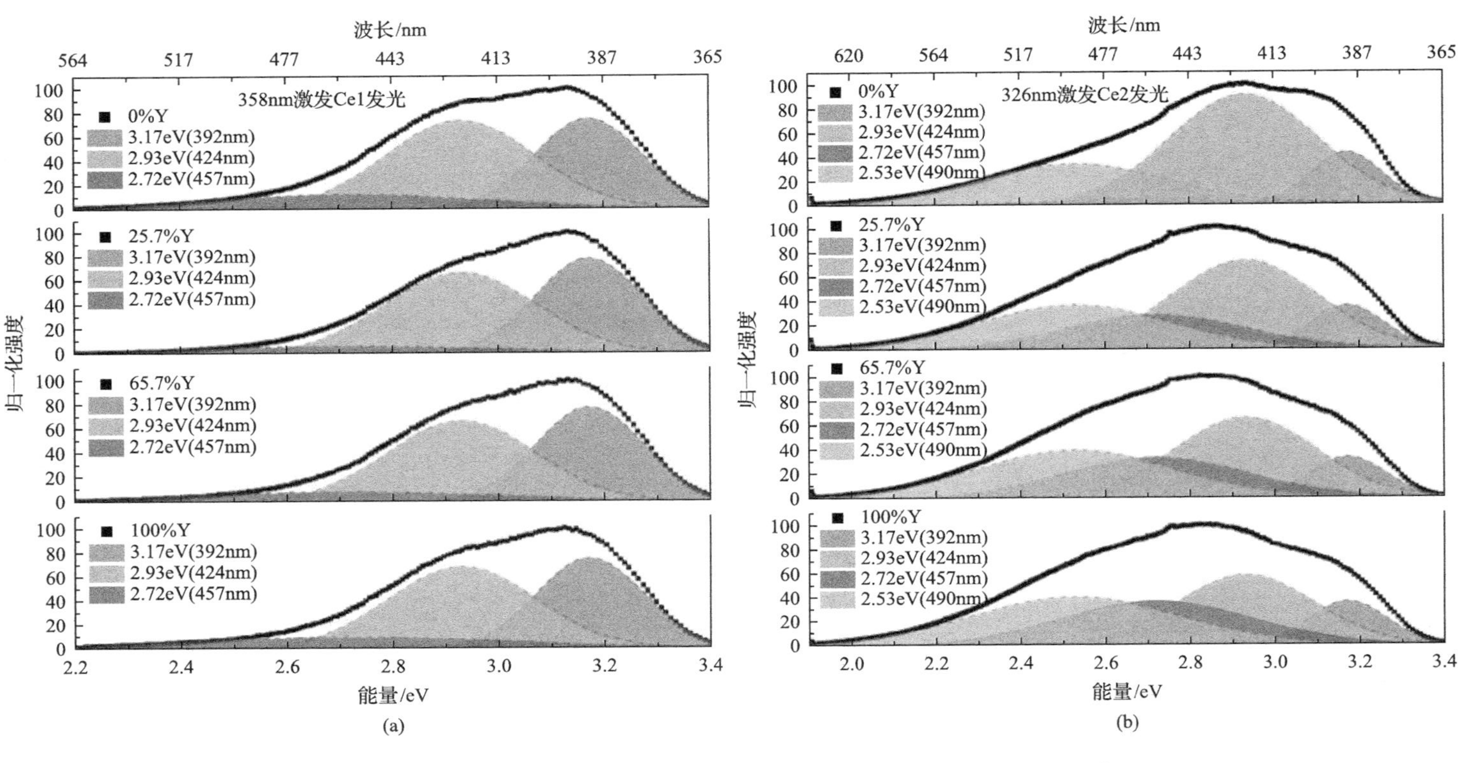

图6.1.27　不同Y含量(原子分数)的LYSO:Ce晶体的发射光谱各分峰高斯拟合图

(a) λ_{ex}=358nm；(b) λ_{ex}=326nm

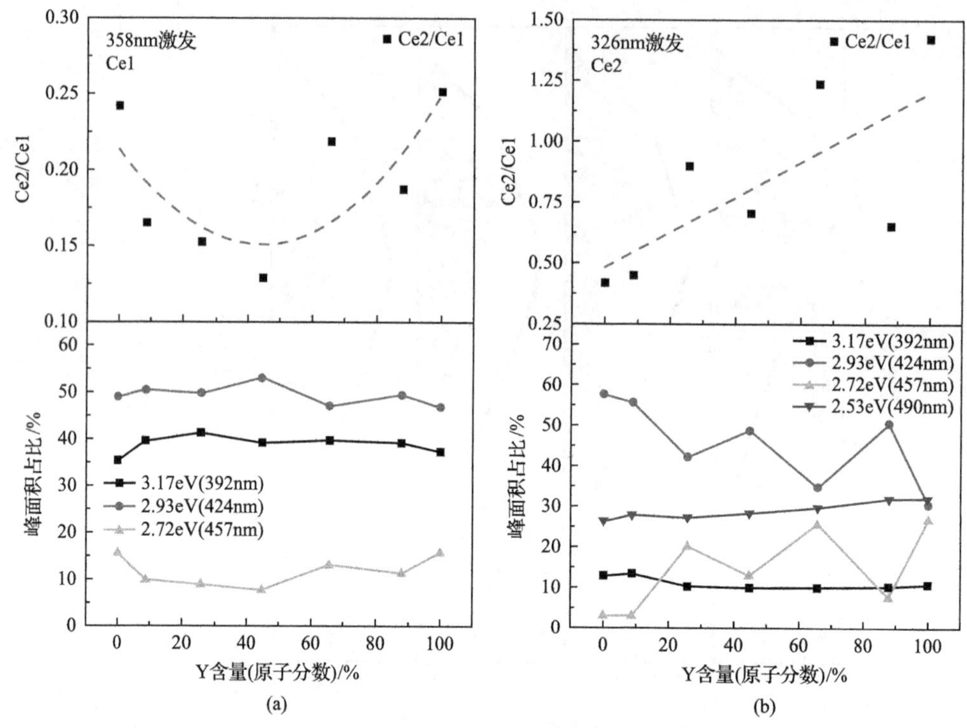

图 6.1.28　LYSO:Ce 晶体的 PL 光谱中不同组分的高斯拟合结果

(a) λ_{ex}=358nm；(b) λ_{ex}=326nm

(424nm)与 2.72eV(457nm)这两个分量之间存在着一定波动,这意味着 Ce1 与 Ce2 之间可能存在着一种相互竞争关系。

上述研究结果证实了在单个发光中心内，能量趋向于跃迁至能量较高的基态能级。此外，不同发光中心之间还存在着一种能量相互竞争的关系，这表明在不同 Ce^{3+}发光中心之间存在着能量传递过程，这一能量传递所占比例会随着晶体内 Y 含量的变化而发生变化，并与晶格的畸变程度相联系。

4)温度效应

荧光寿命存在温度依赖性,LYSO:Ce 晶体中 Ce1 和 Ce2 中心的发光强度和激发强度随温度的变化如图 6.1.29 所示。总的趋势是发光强度随着温度的升高而下降，其中 Ce1 中心的发光强度出现明显下降的转折温度为 300K，而 Ce2 中心发光强度出现明显下降的转折温度为 150K，相比 Ce1 而言，Ce2 发光更容易发生温度猝灭[50]。而图 6.1.30 也证实了 Ce2 的温度猝灭能更小，100K 温度下，Ce1、Ce2 的荧光寿命分别为 33.8ns 和 49.1ns，随着温度的升高，在 300K 以上的温度下衰减时间均呈现明显加快的趋势。

根据 Ce1 中心衰减时间和发射强度的时间分辨光谱的温度响应曲线，计算出 $5d_1$ 电离势垒(或弛豫激发态)约为 0.43～0.44eV，这与从光电导测量得到的数值非

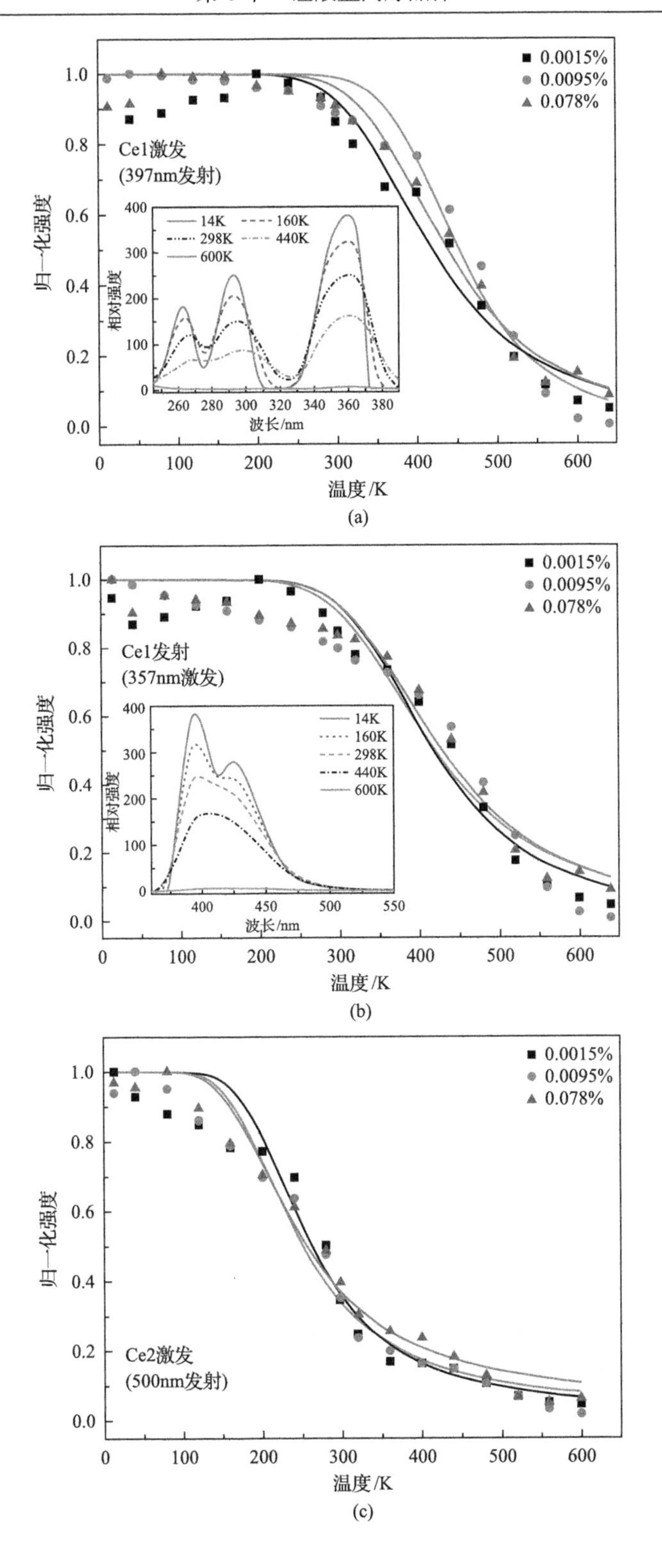
0.0015%
0.0095%
0.078%
Ce1激发
(397nm发射)
14K
160K
298K
440K
600K
相对强度
波长/nm
归一化强度
温度/K
Ce1发射
(357nm激发)
Ce2激发
(500nm发射)

(a)

(b)

(c)

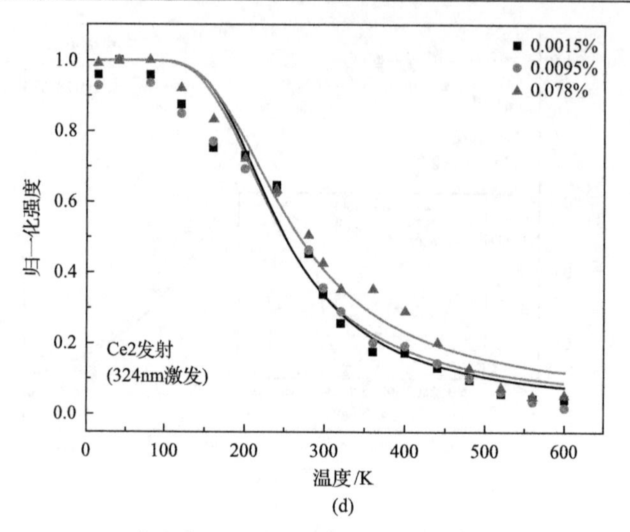

图 6.1.29　Ce1 和 Ce2 荧光激发光谱积分强度和发射光谱积分强度随温度的变化（图中浓度均为摩尔浓度）

(a) λ_{em}=397nm；(b) λ_{ex}=357nm；(c) λ_{em}=500nm；(d) λ_{ex}=324nm

(a) (b) 图中的插图分别为中间浓度样品在不同温度下的激发光谱和发射光谱

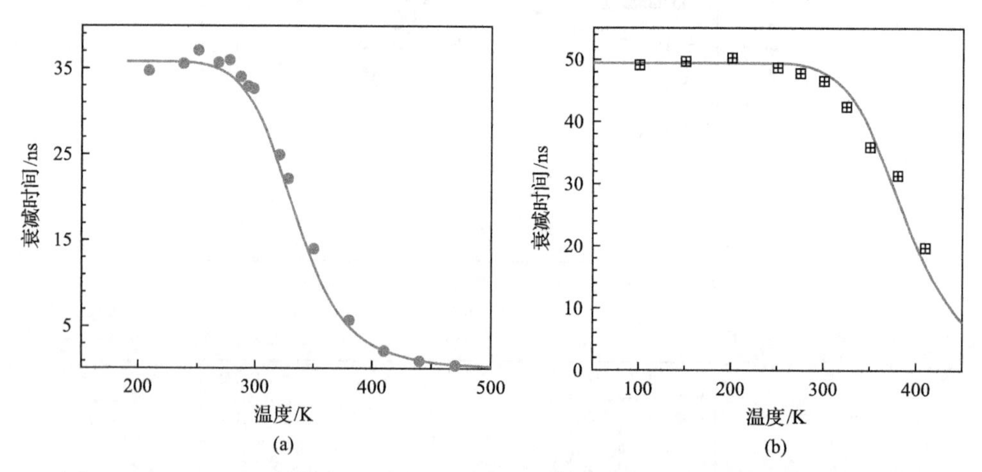

图 6.1.30　LYSO:Ce 晶体中 Ce1 和 Ce2 荧光衰减时间随温度的变化(点为实验数据，实线为拟合结果)[51]

(a) λ_{ex}=355nm, λ_{em}=405nm，$k_r=2.8\times10^7 s^{-1}$，$w_0=10^{14} s^{-1}$，ΔE=435meV；(b) λ_{ex}=320nm, λ_{em}=490nm，$k_r=2\times10^7 s^{-1}$，$w_0=3.2\times10^{12} s^{-1}$，$\Delta E$=400meV

常一致[75]。值得注意的是，Ce2 的荧光衰减时间在 300K 之前没有出现明显的猝灭。与 Ce2 衰减时间相关的势垒约为 0.4eV，属于 $5d_1$ 激发态电离过程。在 X 射线激发发射光谱中，350K 之前没有观察到 Ce2 相关的发射猝灭。Feng 等进行了 Ce1 和 Ce2 发光中心的 PL 衰减曲线积分强度的温度依赖曲线，该积分强度可以表征 Ce1 和 Ce2 的延迟复合的强度，发现二者的积分强度在 300K 以上，都随着温度的升高显著增加，这为 Ce1 和 Ce2 中心在高温下的为 $5d_1$ 激发态电离提供了额外的证据[51]。

一些学者曾把观察到的 Ce2 光致发光强度随温度升高而降低的现象归因于热猝灭，但相比之下，从以上的结论可以知道，更可能是由于 Ce2 中心难以激发。也就是说，随着温度的升高，Ce2 中心的 4f→5d 跃迁能量与 Ce1 中心变宽的吸收带的重叠增加，形成竞争能量更多被用来激发 Ce1[50]。

5) 本底辐射

在过去二十余年中，LYSO:Ce 闪烁晶体被广泛应用于各类核医学成像及高能物理相关器件，如 PET 等医学诊断设备。在这些精密设备的使用过程中，观察到了来自晶体中 ^{176}Lu 原子的衰变所产生的本征辐射噪声[36]。这种噪声会对读出信号造成干扰，使测试的数据精度下降，影响仪器的空间分辨率与时间分辨率。^{176}Lu 这种放射性同位素在镥元素中的丰度大约为 2.6%，它在进行β衰变时会释放不同能量的电子和三种能量分别为 307keV、202keV 及 88keV 的γ光子[76]。

由于 ^{176}Lu 这种放射性同位素来自 Lu 元素，通过对 LYSO 晶体中 Y/Lu 比的调节将会改变晶体中本底辐射的强度。图 6.1.31(a) 显示，本底辐射的强度随着 Y 含量的提升而出现下降趋势，并且如图 6.1.31(b) 所示晶体本底能谱的积分强度与晶体内 ^{176}Lu 原子数量之间呈线性关系[77]。

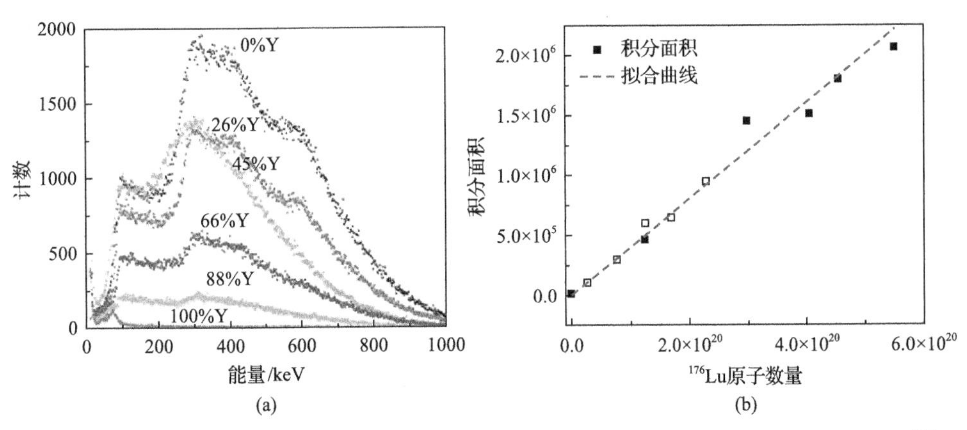

图 6.1.31　不同 Y 含量(原子分数) LYSO:Ce 晶体的本底辐射能谱(a)的积分面积与晶体内 ^{176}Lu 原子数量(b)之间的关系(图中浓度均为摩尔浓度)

通过研究不同强度放射源辐照下大尺寸晶体能量分辨率，发现在低剂量γ射线照射下，本底辐射对晶体伽马能谱的影响很大，扣除来自 ^{176}Lu 原子的本底辐射后，晶体的能量分辨率可以得到明显改善。图 6.1.32 展示了晶体的γ能谱、本底能谱及扣除本底影响后的能谱。图 6.1.32(a) 为 8μCi 的 ^{137}Cs 源激发下的γ能谱，通过函数计算，得出晶体的能量分辨率为 11.6%。扣除本底后，晶体的能量分辨率为 11.4%。图 6.1.32(b)是强度为 2.1μCi 的 ^{137}Cs 源激发下的γ能谱，扣除本底前后晶体的能量分辨率分别为 16.1%和 10.5%。可以看出，大尺寸晶体的γ能谱与本底能谱的峰位相似。这是由于如上所述，^{176}Lu 进行 β 衰变会释放三种不同能量的 γ 光子，三种能量光子形成 597(88+202+307)keV 能量的 γ 射线，与 ^{137}Cs 源放射出的 662keV γ射线的能量接近，所以当晶体尺寸较大时，晶体的本底辐射较大，放出的 597keV γ射线较多，产生的本底辐射能谱中与该射线对应的峰非常明显，非常容易与 662keV 的光电全能峰混淆，测试误差变大。在扣除来自于 597keV 的全能峰本底之后，会使 662keV 全能峰的半高全宽(FWHM)缩小，从而提升晶体的能量分辨率。同样，射线源的强弱也会对能量分辨率优化的程度造成影响，在低辐照剂量γ射线照射下，晶体的本底辐射对γ能谱的影响显得更加突出，必须予以去除。或在测试过程中使用较高强度的γ源，以降低本底辐射所带来的不利影响。

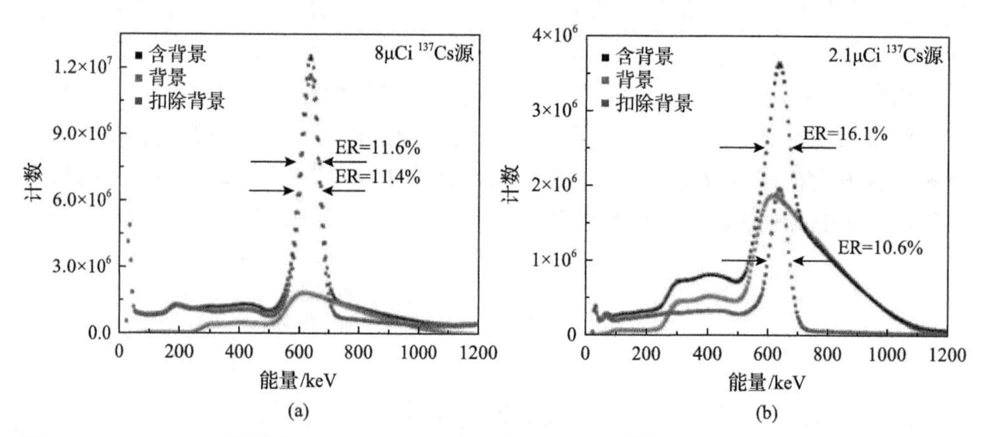

图 6.1.32　LYSO:Ce 晶体(30mm×30mm×200mm)在 8μCi 的 ^{137}Cs 源(a)及 2.1μCi(b)的 ^{137}Cs 源激发下的能谱、本底能谱及扣除本底的能谱

4. 晶体的各向异性

具有非立方结构的晶体由于晶体组元在不同方向上的周期性排列，通常会在晶体制备[78,79]及其性能[80,81]方面展示出各向异性的特点。最经典的例子是具有四方白钨矿结构的 PWO 晶体，它的折射率(以及与其相对应的理论透光率)、闪烁性能等就具有非常明显的各向异性[82-85]。LYSO:Ce 晶体属于单斜晶系，结构对称性较低，晶胞参数 a、b、c 之间存在很大的差异。据报道 LSO:Ce 晶体热膨胀系数[41,42,86]和热导率[41]存在显著的各向异性。Ding(丁栋舟)等的研究[87]表明，尽管 LYSO:Ce 晶体具有较低的结构对称性，但该晶体的晶格完整性、折射率、透光率、发光机制等并没有明显的方向性差异。这一特征对于晶体加工、应用非常有利。

LYSO:Ce 晶体的微结构特点决定的面密度各向异性、非硅氧的选择性分布

(表 6.1.8、图 6.1.33) 导致的缺陷与电子陷阱分布存在各向异性。这些因素都导致 LYSO:Ce 晶体的余辉、热释光及小尺寸样品的光输出均存在各向异性(图 6.1.34)。

表 6.1.8　$(Lu_{0.913}Y_{0.087})_2SiO_5$:Ce 晶体中非硅氧的位置 O_n，结构中非硅氧的平均位置〈O〉，非硅氧相对于晶面(200)、(020)及(002)的偏离参数Δ_o

位置或参数	x/a	y/b	z/c
O_n	0.0177	0.4034	0.8975
	0.0177	0.5966	0.3975
	0.5177	0.9034	0.8975
	0.4823	0.9034	0.6025
	0.5177	0.0966	0.3975
	0.4823	0.0966	0.1025
	0.9823	0.4034	0.6025
	0.9823	0.5966	0.1025
〈O〉	0.5	0.5	0.5
Δ_o/Å	6.6445 (200)	2.2831 (020)	3.4518 (002)

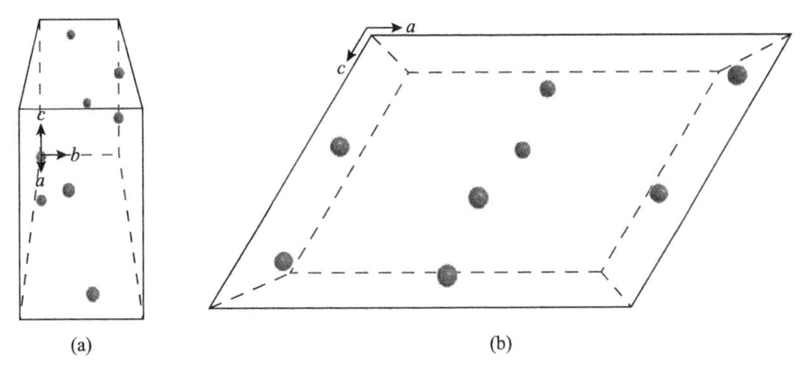

图 6.1.33　(a) 从垂直晶面(100)方向所观测到的$(Lu_{0.913}Y_{0.087})_2SiO_5$:Ce 晶体的结构示意图；(b) 从垂直晶面(010)方向所观测到的$(Lu_{0.913}Y_{0.087})_2SiO_5$:Ce 晶体的结构示意图
图中所有的圆点仅代表非硅氧

非硅氧不与晶体中的 Si 成键，倾向于分布在(020)晶面内。然而，对于(200)晶面来说，情况则与之相反。作为氧空位的根源，非硅氧这样选择性的占位与分布是导致光输出、热释光与余辉各向异性的一个物质基础。

晶面(200)、(020)及(002)的面密度之比为 100:55:72。晶面(020)拥有相对最低的面密度表明在该平面内离子间距最大，离子间的键合力弱，化学键很容易被打断，因此容易引入较多的缺陷。这可能是导致(020)晶面内热释光强度及余辉很强的原因，该晶面方向很强的缺陷发光自然也就降低了该方向上快发光的占比，

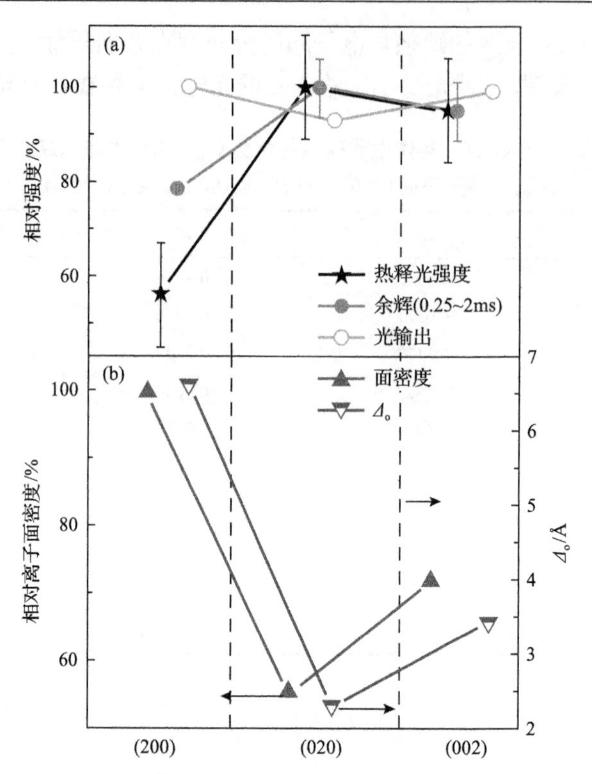

图 6.1.34　LYSO:Ce 晶体三个主晶面(200)、(020)及(002)的(a)相对光输出、余辉与热释光强度，以及(b)相对离子面密度和非硅氧对晶面(200)、(020)及(002)的偏离参数Δ_o

导致其强度较低。同理，晶面(200)拥有相对最高的面密度可能是导致其在该方向上光输出最高、热释光强度及余辉等缺陷发光最弱的原因(图 6.1.34)。

必须指出的是，各向异性效应也受“体效应”与“面效应”的制约，离子面密度、非硅氧相对晶面的偏离程度，以及与这两者相关的缺陷对应于面效应。缺陷相关的热释光、余辉很大程度上受面效应的制约，其对应的各向异性在一个具有大面积的薄样品中体现得更为显著。然而，对于光输出而言，其更多地是依赖于“体效应”，这一点对于一个厚样品而言则尤为显著。闪烁光在晶体内各方向上进行传播，在抵达光电探测器被收集之前在晶体内要经过多次的反射，这时与面相关的各向异性则因光子传播路径的多次转变而被均化得不那么突出了。但热释光和余辉是直接来自于薄样品发光，这可能是导致光输出的各向异性相对于热释光与余辉的各向异性而言不那么明显的原因之一。垂直于(020)晶面的方向是已发现的光输出各向异性最为明显的方向，在未定向的立方形状的 LYSO:Ce 晶体中，该方向会与晶面的表面倾斜成一定的夹角。也就是说，不够显著的光输出的各向异性、(020)晶面相对于晶体表面的倾斜，加上体效应自然将导致未定向的立方形状 LYSO:Ce 晶体容易表现出光输出的各向同性。

总之，与方向相关的离子面密度的各向异性、非硅氧的选择性分布都归因于 LYSO:Ce 晶体的微结构特点。该各向异性很可能是导致缺陷、电子陷阱分布各向异性的原因，而这也就进一步导致热释光、余辉与光输出的各向异性。有必要指出的是，光输出的差异有时并不能直接对应于热释光和余辉的差异，有时它们之间的关系与我们常规的认识(光输出低的样品其缺陷多，反映缺陷的热释光、余辉等参数数值大)对立。而在本节中，这些性能之间的关系都很完美地自洽，其原因可能在于，对性能有极大制约性影响的样品状态因素(如样品尺寸、形状、抛光质量及透光率等)得到了很好的控制。

5. 生长缺陷

1)宏观缺陷

LYSO 晶体生长过程中偏离理想的生长条件就会产生各种缺陷，其宏观缺陷主要有开裂、固体包裹体、气体包裹体，以及表面的回熔纹和铱金附着物等。图 6.1.35 是晶体中最常见的铱金颗粒、氧化镥颗粒和气孔等包裹体的显微照片，其组分得到能谱分析的确认。铱金颗粒通常以规则的六边形或三角形出现，其成因与所使用的铱金坩埚在弱氧化气氛下被氧化和熔体的熔蚀作用有关。氧化镥包

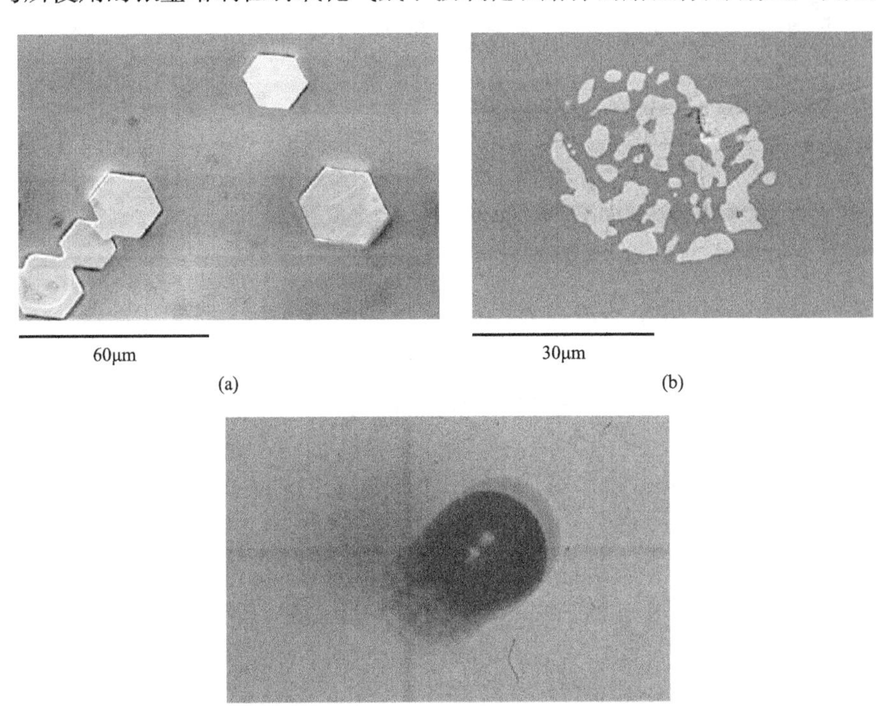

图 6.1.35　LYSO 晶体中的包裹体

(a)铱金颗粒；(b)氧化镥颗粒；(c)气孔

裹物呈不规则形，具有明显的熔蚀特征，其成因与 Lu_2O_3 和 SiO_2 原料之间的合成反应不充分或者 SiO_2 组分在高温下的过量挥发而使氧化镥相对“过剩”有关。气孔呈规则的圆形或者椭圆形，其成因与硅酸盐熔体黏度较大或熔体对流不充分，造成熔体中的气泡不能及时从固液界面排除而被包裹进晶体内。此外，(110)解理以及更为主要的热应力是导致 LYSO 晶体开裂的主要因素，通过温度场的调节与降温制度的优化可以防止晶体开裂。

LYSO 晶体中还发育着一维线缺陷——位错。将不同方向的晶体切片置于10%磷酸溶液中并加热到 170℃进行热腐蚀，然后在光学显微镜下观察腐蚀面，可以看到三角锥和四方锥等不同形状的腐蚀坑(图 6.1.36)。由于腐蚀坑代表了位错的露头，据此可以判断位错密度。图 6.1.36 显示，(010)面的位错密度高于(101)面，说明晶体内的线缺陷分布也有明显的方向性。

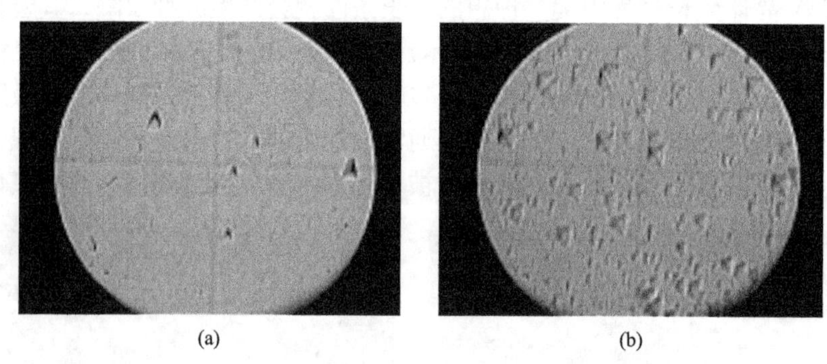

(a)　　　　(b)

图 6.1.36　LYSO 晶体中不同晶面的位错腐蚀坑的光学显微照片

(a)(101)面；(b)(010)面，放大倍数：10×25

2)电子陷阱缺陷

除了前述的宏观生长缺陷以外，在 LSO:Ce/LYSO:Ce 晶体中还存在一些电子缺陷。它对认识 LYSO:Ce 发光机制、优化晶体性能及应用方面具有重要的作用。Vedda 等指出氧空位是 LSO:Ce、LYSO:Ce 晶体中的电子陷阱，位于 78℃、135℃、181℃及 236℃的热释光峰所对应的陷阱深度(0.99eV±0.07eV)是单一的点缺陷，即氧空位(电子陷阱)所束缚的电子，在热激励下通过隧穿机制与束缚于稀土格位 Ce^{3+}的空穴发生复合发光[39]。相同的陷阱深度却呈现四个不同的热释光峰，这是由于结晶学格位的不同，稀土离子 RE1 与近邻氧离子距离不同，在氧离子生成氧空位时电子-空穴间的距离必然不同，造成了频率因子的不同(图 6.1.37)并分别在78℃、135℃、181℃及 236℃处产生热释光峰。根据 Lu—O 之间的距离，可将与 Lu 配位的 O 离子排序成 1~9 号，它们的编号见图 6.1.37 中插图所示。其中：①第一近邻的 5 个硅氧(1～5 号氧离子)及 1 个非硅氧(6 号氧离子)距离稀土 RE1 距离相近，对应的电子陷阱振动频率相同；②第二近邻的 7 号氧离子(非硅氧)、第三近邻的 8 号氧离子及第四近邻的 9 号氧离子距离稀土 RE1 距离渐次增加，对应的电子陷阱振动频率则渐次降低(图 6.1.37)。

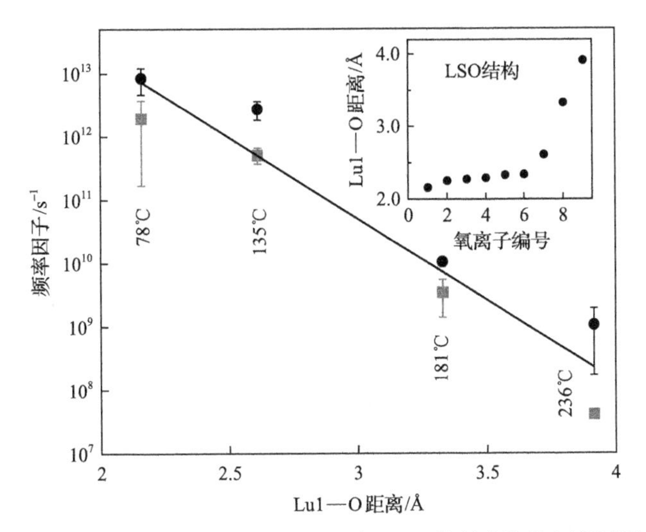

图 6.1.37　峰值温度为 78℃、135℃、181℃及 236℃热释光峰的频率因子与 Lu1—O 键长的对应关系[38]

圆点代表 LSO:Ce 的数据，方块代表 LYSO:Ce 的数据，实线为数据的指数拟合结果。插图为 9 个最短的 Lu1—O 键长

Liu(刘波)等通过采用第一性原理，计算了 LSO 晶体中不同成键状态下氧的空位形成能，发现 LSO:Ce 中硅键氧(位于[SiO_4]四面体中，根据占位的不同分别标记为 O1、O2、O3 及 O4)的空位形成能要明显高于非硅氧 O5 的空位形成能(图 6.1.38)，因此提出由非硅氧 O5 生成的氧空位应在氧空位中占主体，与该氧空位有关的缺陷是导致 LSO:Ce 晶体余辉的根源[88]。但也有研究人员认为氧空位形成于硅键氧(O1—O4)，原因是虽然单个 Si—O 键的强度高于 Lu—O 键，但硅键氧(O1—O4)与非硅氧(O5)的成键数量不同。硅键氧与三个配位阳离子成键，而非硅氧与四个配位离子成键，最终导致非硅氧的总键强更高，形成空位的概率也更低[89]。

$Lu_{2(1-x)}Y_{2x}SiO_5$:Ce 晶体的热释光(TSL)发光曲线如图 6.1.39(a)所示。随着 Y 浓度的增加，两个热释光峰——A1 和 B1 逐渐向高温方向移动，这表明从陷阱中释放俘获电荷所需的热能(陷阱深度)逐渐增加或频率因子逐渐降低。通常，陷阱深度越深，所需能量越高；因此，根据热释光峰温(T_m)用通用级动力学方程计算的 A1 峰和 B1 峰的陷阱深度如图 6.1.39(c)所示。峰值偏移可能是由于陷阱深度及频率因子两者变化所致[45]。

根据单晶衍射测量的 $Lu_{2(1-x)}Y_{2x}SiO_5$:Ce 的晶体结构和多面体的畸变参数(Δ_d)

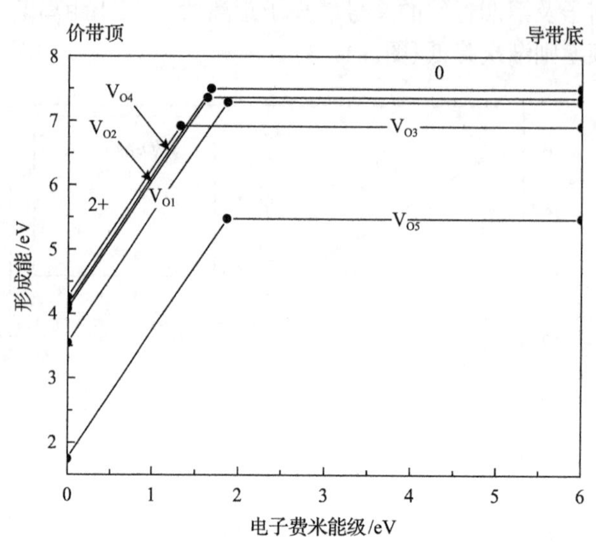

图 6.1.38　LSO 晶体中氧空位形成能与电子费米能级的对应关系[88]

V_{O1}、V_{O2}、V_{O3}及V_{O4}是由[SiO_4]四面体中硅键氧所形成的空位，但V_{O5}是由非硅氧所形成的空位

计算结果，发现[RE2-O_6]多面体的畸变参数Δ_d(n=6)随着 Y 浓度的增加先增大后减小[37]。由于Lu^{3+}和Y^{3+}的电负性和离子半径的差异，LYSO:Ce 中[RE2-O_6]多面体的畸变程度略大于 LSO:Ce 和 YSO:Ce 中的畸变程度，这可能会在晶体中产生更多的电子陷阱。TSL 峰源于点缺陷中暂时俘获的电子在被加热时的延迟复合[31]。复合中心由图 6.1.39(b)所示的波长分辨等高线图确定，发射波长在 370～525nm 之间，证明了 TSL 发射来源于Ce^{3+}格位的电子-空穴复合发光。由实验可知，YSO 晶体的 TSL 谱中 A1 峰完全消失，即浅陷阱被抑制，这可能是 Y 能降低余辉的原因之一。据文献报道，与 340K 左右的 TSL 峰 B1 所对应的缺陷是 LSO:Ce 晶体中产生余辉的主要原因[90]，TSL 曲线由通用级动力学方程拟合所得的 A1 峰和 B1 峰的陷阱深度E_t和温度峰值T_m随 Y 含量的变化如图 6.1.39(c)所示。可以看出，A1 峰和 B1 峰的最高峰值温度随着 Y 含量的增加而逐渐升高。

此外，无论是低温的 A1 峰还是高温的 B1 峰，其热释光相对积分强度(反映了晶体中的陷阱浓度)随 Y 含量的变化规律基本一致，其陷阱浓度都随着 Y 浓度的增加先增大后减小。如图 6.1.40(a)所示，A1 峰的积分强度和能量分辨率(ER)随 Y 含量的变化趋势相同，A1 峰的电子陷阱浓度越高，ER 越差，这是因为 A1 峰的浅电子陷阱产生慢分量[91]或闪烁光转移到了更慢的分量上[92]。由图 6.1.40(b)可见，B1 峰的积分强度和晶体光输出对 Y 含量的依赖性相反，B1 峰所代表的深陷阱数量对闪烁晶体的光输出有负面影响。这可能是由于对应于 B1 峰的深陷阱通过与发光中心竞争载流子俘获降低了晶体的光输出[93]。

6. 余辉

Y 含量对 LYSO:Ce 晶体的荧光衰减时间和闪烁衰减时间都会产生不同程度的影响(图 6.1.41)，358nm 激发下的 Ce1 荧光衰减时间和 326nm 激发下的 Ce2 荧光衰减时间在 Y 浓度达到 25%之前有明显的增加趋势，但超过这个浓度后，基本上趋于稳定或增幅趋缓[70]。但γ射线激发下的闪烁衰减时间随 Y 浓度的增加存在一个最小值。

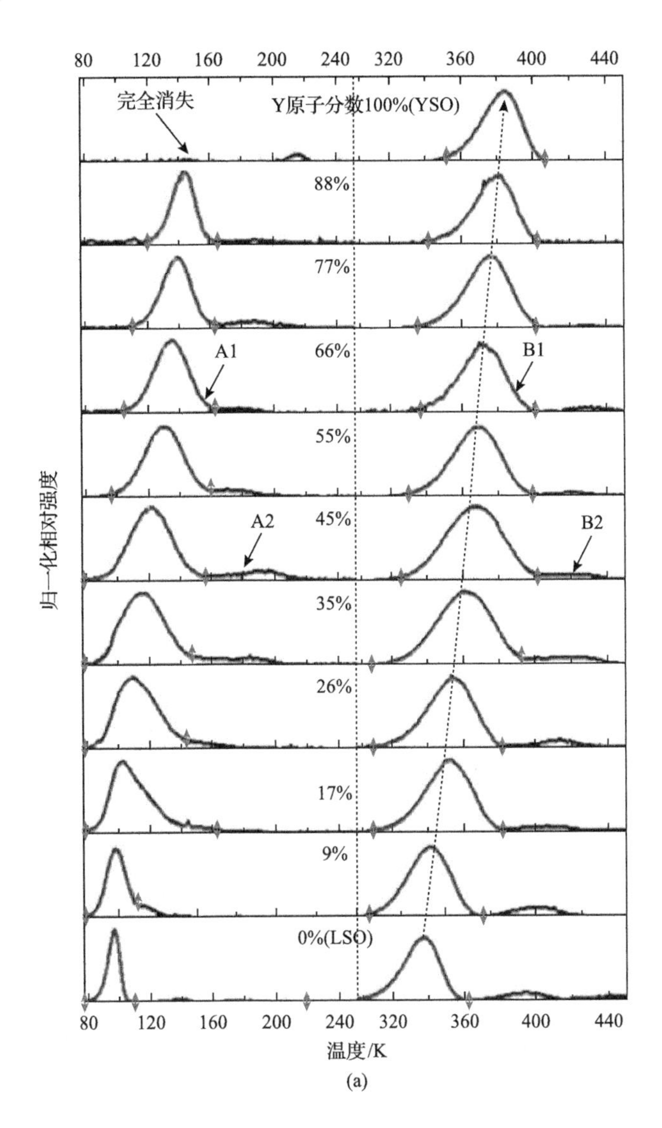

(a)

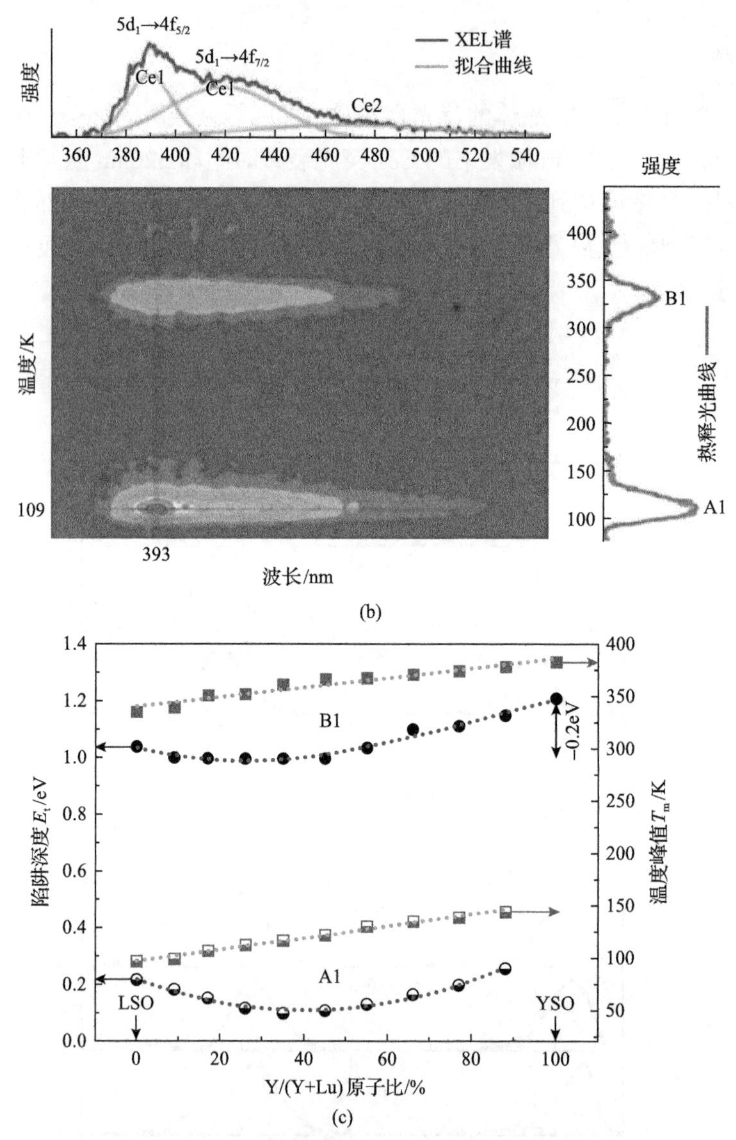

图 6.1.39　(a) $Lu_{2(1-x)}Y_{2x}SiO_5$:Ce 晶体的热释光 TSL 曲线(经 X 射线辐照 5min 后，以 0.2K/s 的加热速率记录)；(b) 对 LYSO:Ce (Y 原子分数 26%) 晶体进行波长分辨 TSL 测量的等高线图；(c) 根据热释光峰温 (T_m) 用通用级动力学方程计算的 A1 峰和 B1 峰的陷阱深度[44]

根据 LYSO:Ce 晶体在 X 射线激发停止后的光衰减曲线(图 6.1.42(a))可以求解出晶体的余辉时间与晶体中 Y 浓度的关系，如图 6.1.42(b) 所示，随着晶体内 Y 含量的增高，LYSO:Ce 晶体的余辉强度呈现先下降后上升的趋势。在之前的研究中[45,78,94-96]，研究人员认为禁带中的陷阱能级以及晶体自身的本征辐射——来自晶体内部的 ^{176}Lu 原子衰变释放出的辐射，是产生余辉的主要原因，本征辐射会

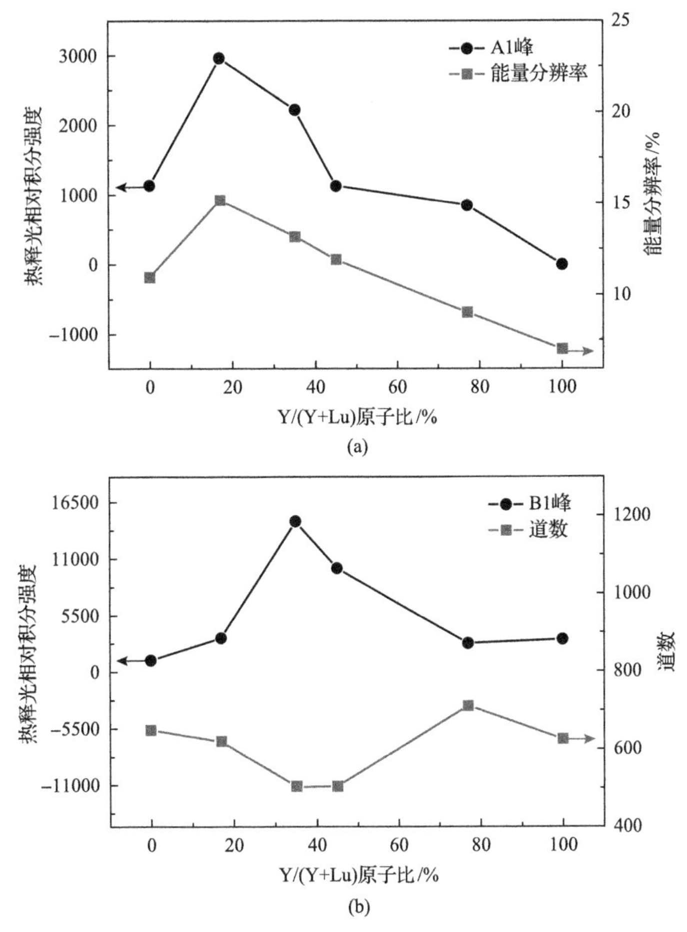

图 6.1.40　A1(a)和 B1(b)峰的热释光相对积分强度，以及晶体能量分辨率和道数随 Y 含量的变化

对晶体自身进行激发，Y 含量的增加和 Lu 含量的减少可以解释图 6.1.42(b)中 V 形余辉曲线的左半边，但无法解释该曲线的右半边。LYSO:Ce 晶体的 ^{176}Lu 含量不同，该差异使得不同晶体的余辉强度存在差异。

被激活的载流子会被禁带中不同能级的陷阱所捕获，使得发光过程受到影响[39,45]。这些陷阱影响了电子-空穴对的复合过程，导致系列样品余辉时间的变化。随着 LYSO 晶体内 Y 含量的增加，深能级陷阱的深度先减小而后增大(图 6.1.42(b))[45]，这导致晶体的余辉强度呈现先下降而后上升的趋势。而 $Lu_{0.24}Y_{1.76}Si_2O_5$:Ce 晶体的余辉强度高于 LSO:Ce 晶体的余辉强度，这一现象表明对该组分晶体而言，由晶格畸变产生的陷阱在余辉的形成过程中比晶体的本征辐射更为重要[54]。

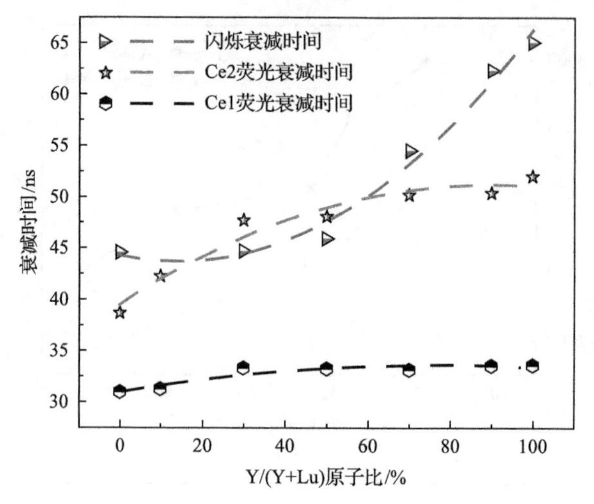

图 6.1.41　LYSO:Ce 晶体的荧光衰减时间和闪烁衰减时间与 Y 含量的关系

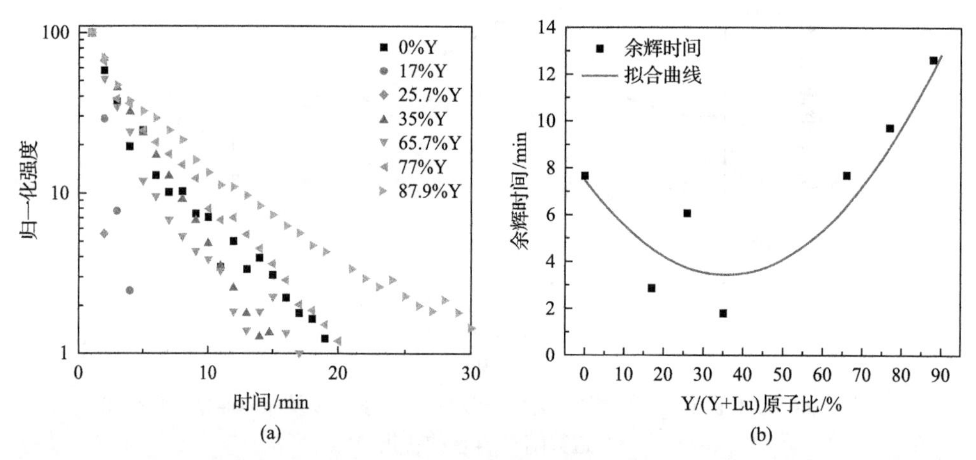

图 6.1.42　不同 Y 含量 LYSO:Ce 晶体在 X 射线激发停止后的光衰减曲线(a)和余辉变化曲线(b)(余辉时间系借用衰减时间的指数公式对光衰减曲线拟合所得)

7. 掺杂效应

2005 年，俄罗斯科学院普通物理所报道了 Mg、Ca、Tb 在 LSO:Ce 中的共掺杂效应，发现共掺原子分数为 0.2%的 Ca 能提高 LSO:Ce 晶体的光输出[97]。2008 年，美国田纳西大学 Melcher 教授课题组发现 Ca 共掺杂不仅有助于 LSO:Ce 晶体光产额的增加，还有助于衰减时间的缩短(图 6.1.43)，认为 Ca^{2+}主要是通过影响能量传递过程，即主要通过抑制晶体中的浅能级陷阱来实现这一积极的改性效果[98,99]。

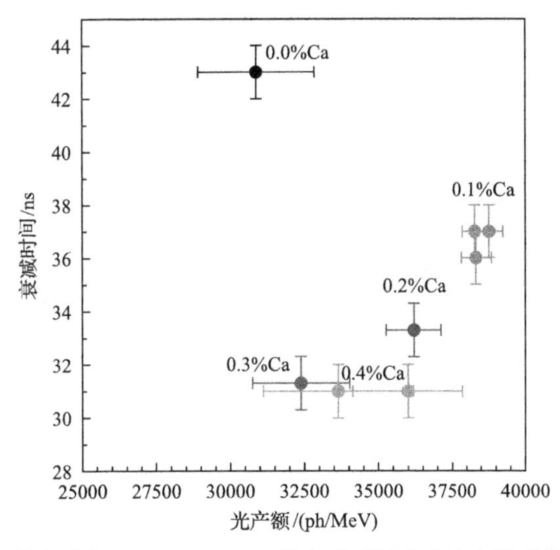

图 6.1.43　不同 Ca 掺杂浓度下 LSO:0.1%Ce 的衰减时间和光输出关系(浓度为原子分数)[98]

2013 年,法国圣戈班公司研究人员 Blahuta 等进一步将 Ca^{2+}、Mg^{2+}向 LYSO:Ce 晶体中进行共掺杂，发现二价阳离子的共掺杂使 LYSO:Ce 光输出提高 21%，此外还能使晶体的余辉下降一个数量级[100]。研究结果显示，共掺 Ca^{2+}、Mg^{2+}后，晶体中的 Ce^{4+}在全部铈离子中的比例达到了 35%。而在未共掺杂 Ca^{2+}、Mg^{2+}的 LSO:Ce 晶体中[101]，或是在未共掺杂的 LYSO:Ce 晶体中[100]，铈离子都是以正三价的 Ce^{3+}形式存在，在这些晶体中均未找到 Ce^{4+}的踪迹，这说明 Ca^{2+}或者 Mg^{2+}共掺杂是诱发 LYSO:Ce 晶体中的 Ce^{3+}向 Ce^{4+}发生转变的关键因素。稳态 Ce^{3+}的闪烁发光过程需要俘获空穴、俘获电子形成激发态$(Ce^{3+})^*$再复合辐射发光，如图 6.1.44 所示。但稳态 Ce^{4+}可直接俘获电子成为激发态$(Ce^{3+})^*$实现辐射复合发光。因此，稳态 Ce^{4+}相较 Ce^{3+}少一个俘获空穴的过程，从而具有更快的衰减时间。

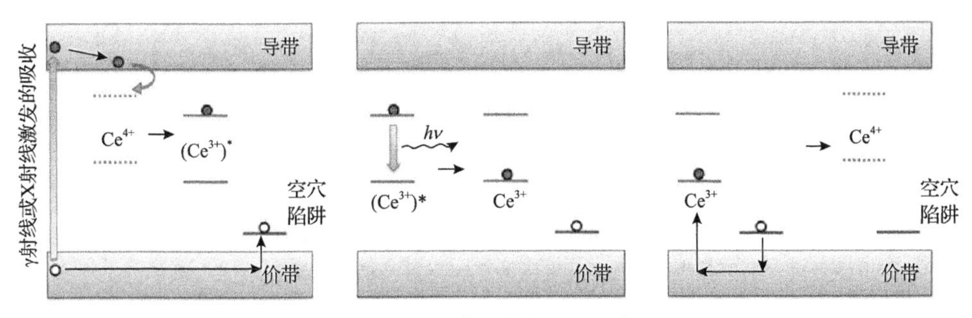

图 6.1.44　Ce^{4+}的发光过程示意图

Ca 离子共掺杂虽然能够提高 LSO:Ce 晶体的光产额和缩短衰减时间，但晶体中不同部位的光产额存在很明显的位置依赖性，即便在同个生长截面上，中心部位与边缘部位也存在差异(图 6.1.45)。为深入揭示 Ca 掺杂对 LSO:Ce 晶体闪烁性能的影响机理，Wu(吴云涛)等研究了 Ca^{2+}共掺杂浓度对稳态 Ce^{3+}(或 Ce^{4+})和 $V_o^{\cdot\cdot}$相关缺陷的径向分布，以及固液界面处的溶质传输[102]，发现在原子分数 0.1%Ca 共掺杂的 LSO:Ce 晶体中，稳态 Ce^{3+}沿径向的浓度分布表现出晶体中心区域高、边缘区域低的特征，且随着 Ca 掺杂浓度的增加，稳态 Ce^{3+}的径向分布差异更为显著。0.1%Ca 共掺杂 LSO:Ce 晶体横截面上中心区域的光产额低于边缘区域，但仍呈现中心对称分布(图 6.1.45(b))，但当 Ca 掺杂浓度增加至 0.4%时，光产额呈现出整体下降和非对称分布特征(图 6.1.45(c)和(d))。

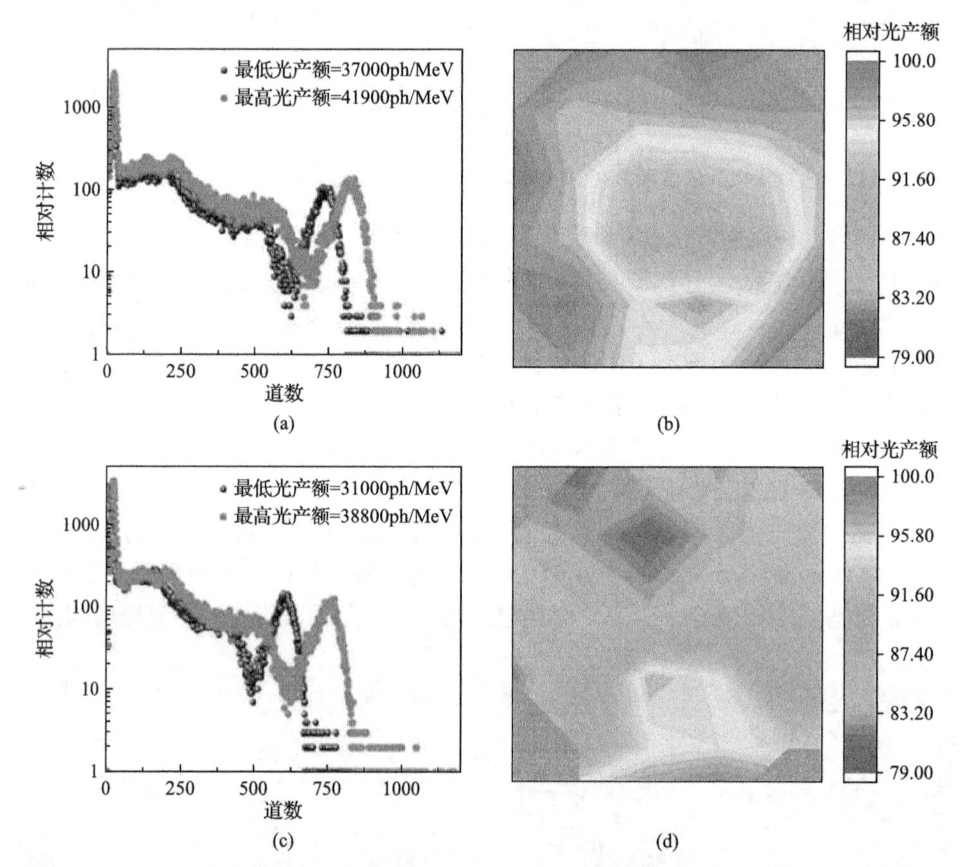

图 6.1.45　0.1%Ca 共掺杂 LSO:Ce 晶体(a)(b)和 0.4%Ca 共掺杂 LSO:Ce 晶体(c)(d)横截面中光产额最高和最低位置的 ^{137}Cs 激发脉冲高度谱以及横截面内相对光产额的分布图

据 DFT 计算 $V_o^{\cdot\cdot}$缺陷形成能发现，Ca^{2+}共掺杂会在 LSO 晶体中引入氧空位 $V_o^{\cdot\cdot}$，且与 Ca_{Lu}' 替位型缺陷结合成 $(Ca_{Lu}' + V_o^{\cdot\cdot})$ 缔合缺陷的形成能比氧空位 $V_o^{\cdot\cdot}$ 更低(图 6.1.46)。因此，Ca^{2+}共掺杂提升 LSO:Ce 光产额的现象归因于 $(Ca_{Lu}' + V_o^{\cdot\cdot})$ 缔

合缺陷使得原本空间相关的 $V_O^{\cdot\cdot}$ 和 Ce^{3+} 分离，导致电子更有效地迁移到 Ce^{3+} 发光中心，实现更高效的辐射复合发光。

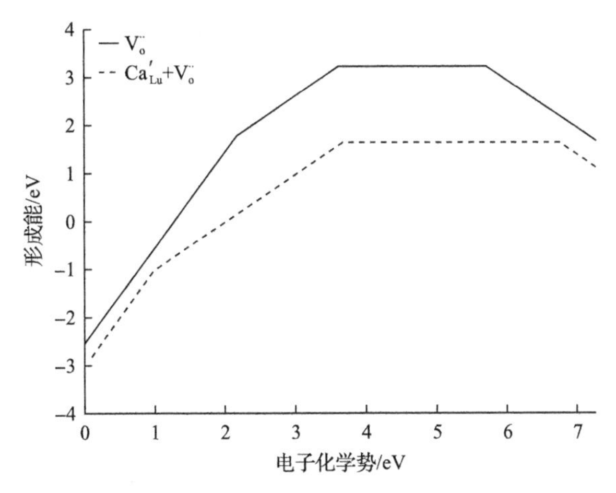

图 6.1.46　LSO 晶体中氧空位 ($V_O^{\cdot\cdot}$) 缺陷和 ($Ca'_{Lu}+V_O^{\cdot\cdot}$) 缔合缺陷的缺陷形成能计算结果

此外，基于荧光和 X 射线激发发射谱，发现稳态 Ce^{4+} 在 LSO 基质中更倾向于占据 Ce2 格位，但占位比例也和 Ca 掺杂浓度相关。具体来说，对于 0.1%Ca 共掺杂 LSO，稳态 Ce^{4+} 容易完全占据 Ce2 格位。而对于 0.4%Ca 共掺杂 LSO:Ce，稳态 Ce^{4+} 在 Ce2 格位占据达到饱和后，占据 Ce1 格位的概率会逐渐增加。

然而，Ca^{2+} 共掺杂给 LYSO:Ce 晶体带来了一个不利影响——晶体的螺旋生长，晶体形状呈螺旋状扭曲。造成这个现象的原因可能是 Ca^{2+} 共掺杂降低了熔体的表面张力，在提拉过程中 LSO:Ce 晶体与熔体之间的界面稳定性受到破坏，导致 Ca^{2+}、Mg^{2+} 共掺杂晶体的偏轴生长。

对于提拉法生长而言，杂质和掺杂剂(或共掺杂剂)的存在会通过以下方式影响固液界面的形态稳定性：①分凝现象——其中被排出的掺杂剂集中在溶质边界层中形成胞状界面；②当杂质引起的吸收带与熔体的发射波长相匹配时，生长的晶体可能增加辐射热吸收，从而降低界面处的径向温度梯度；③表面张力或浓度梯度引起的马兰戈尼(Marangoni)流。对于提拉法生长的 LSO:Ce, Ca 晶体，Ca 杂质没有引起与熔体发射波长匹配的额外吸收带，便不会影响界面稳定性。一个重要但被忽略的问题是，表面张力梯度引起的马兰戈尼流对 Ca^{2+} 共掺 LSO:Ce 晶体中沿径向、轴向的闪烁性能产生影响。在 LSO:Ce 生长期间，当自然对流(浮力驱动对流)和强制对流(旋转驱动对流)之间达到平衡时，才能使在生长的晶锭中实现相当均匀的闪烁性能径向分布。相反，由于 Ca^{2+} 已被证明是产生 Ce^{4+} 和影响电荷载流子俘获的关键因素，Ca^{2+} 的径向非均匀分布必然会影响晶体光学和闪烁特性的径向均匀性。Ca 掺杂导致熔体表面张力驱动的马兰戈尼流增加，并且与晶体旋转产生的受迫对流效应叠加，导致 Ca 离子远离晶体的中心位置，引起发光和闪烁性能的径向梯度分布现象。Ca^{2+}共掺杂对 LSO:Ce 晶体生长过程中熔体对流的影响如图 6.1.47 所示。在 0.4% Ca^{2+}共掺杂 LSO:Ce 晶体中，观察到的闪烁光产额径向差异明显且呈非对称分布，可归因于更强的马兰戈尼流动和螺旋离轴生长现象。

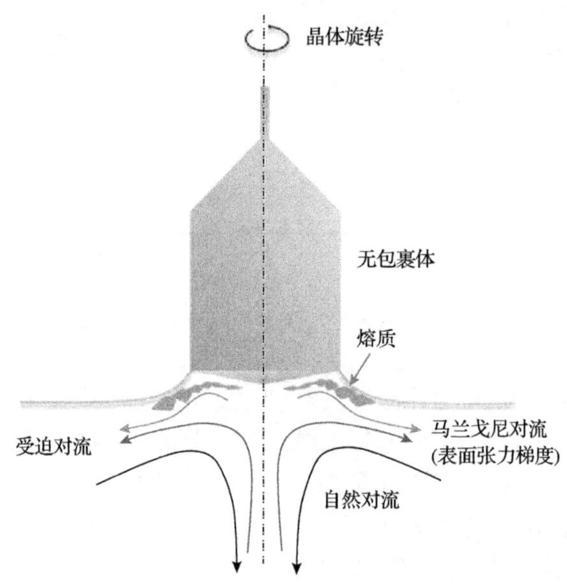

图 6.1.47　Ca^{2+}共掺杂 LSO:Ce 晶体的提拉法生长过程中熔体对流模式的示意图

除了 Ca 离子共掺杂之外，Wu(吴云涛)等首次提出适量 Li^+掺杂可以同步优化 LSO:Ce 晶体光产额、闪烁衰减时间和余辉性能[103,104]。吸收光谱测试结果证实，Li^+掺杂不会将 LSO:Ce 晶体中稳态 Ce^{3+}转化为稳态 Ce^{4+}，如图 6.1.48(a)所示。Li^+掺杂加速闪烁衰减时间的主要原因是 Li^+的引入抑制了慢衰减发光中心 Ce2 的形成，如图 6.1.48(b)所示。核磁共振技术证明了 Li^+在 LSO 晶体中可占据六配位的间隙位和替代七配位的 Lu 格位，两者的比例取决于 Li^+掺杂浓度。具体来说，当 Li^+掺杂浓度为 0.05%时，Li 在晶体中以 $Li_i^{\cdot}$ 填隙型缺陷为主，光产额可优化至 39000ph/MeV，但随着 Li^+掺杂浓度进一步提高至 0.3%，光产额急剧劣化。当 Li^+掺杂浓度增加至 0.3%时，晶体中的缺陷以 Li_{Lu}'' 替代型缺陷为主(图 6.1.49)。结合 Li^+占位和热释光研究，发现 0.05% Li^+掺杂晶体中形成大量带正电的 $Li_i^{\cdot}$，这将抑制 $V_o^{\cdot\cdot}$ 缺陷的形成，从而提升光产额并抑制余辉；而在 0.3% Li^+掺杂晶体中占主导地位的 Li_{Lu}'' 缺陷将促进 $V_o^{\cdot\cdot}$ 缺陷形成，导致光产额降低并形成强余辉。

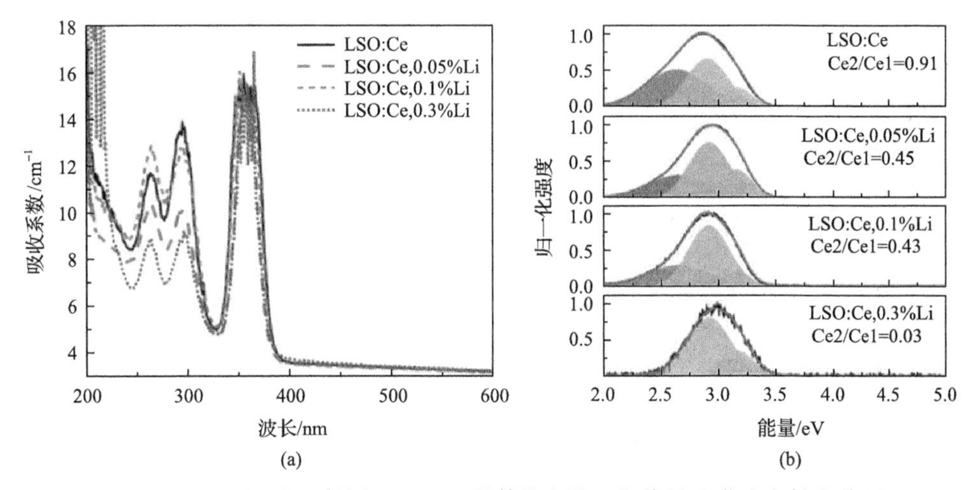

图 6.1.48　不同浓度 Li^+掺杂 LSO:Ce 晶体的光学吸收谱(a)和荧光发射光谱(b)（浓度为原子分数）

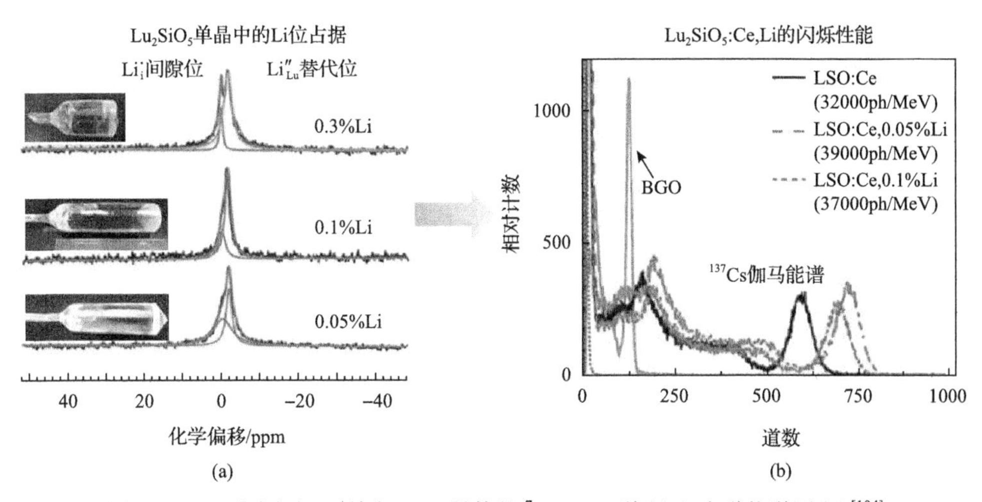

图 6.1.49　不同浓度 Li^+掺杂 LSO 晶体的 ^{7}Li NMR 谱(a)和多道能谱图(b)[104]

Cu^{2+}也被作为共掺杂剂引入到 LSO:Ce 晶体中，同样实现了对 LSO:Ce 晶体光产额、闪烁衰减时间和余辉性能的同步优化[105]。该研究采用提拉法生长了不同浓度 Cu^{2+}掺杂的 LSO:Ce 晶体，在与 Ca^{2+}相同掺杂浓度下，Cu^{2+}共掺对熔体表面张力的降低幅度更小(如图 6.1.50 所示)，晶体等径生长稳定，未出现螺旋生长现象。当 Cu^{2+}掺杂浓度为 0.1%时，LSO:Ce 的光产额可从 32000ph/MeV 优化至 39000ph/MeV，并且闪烁衰减时间也相应加快。研究发现 Cu^{2+}掺杂的效应与 Li^+掺杂相似，皆未引入稳态 Ce^{4+}，且慢发光中心 Ce2 的贡献逐渐减少。Ce2 发光的抑制被认为是闪烁衰减时间加快的主要原因。

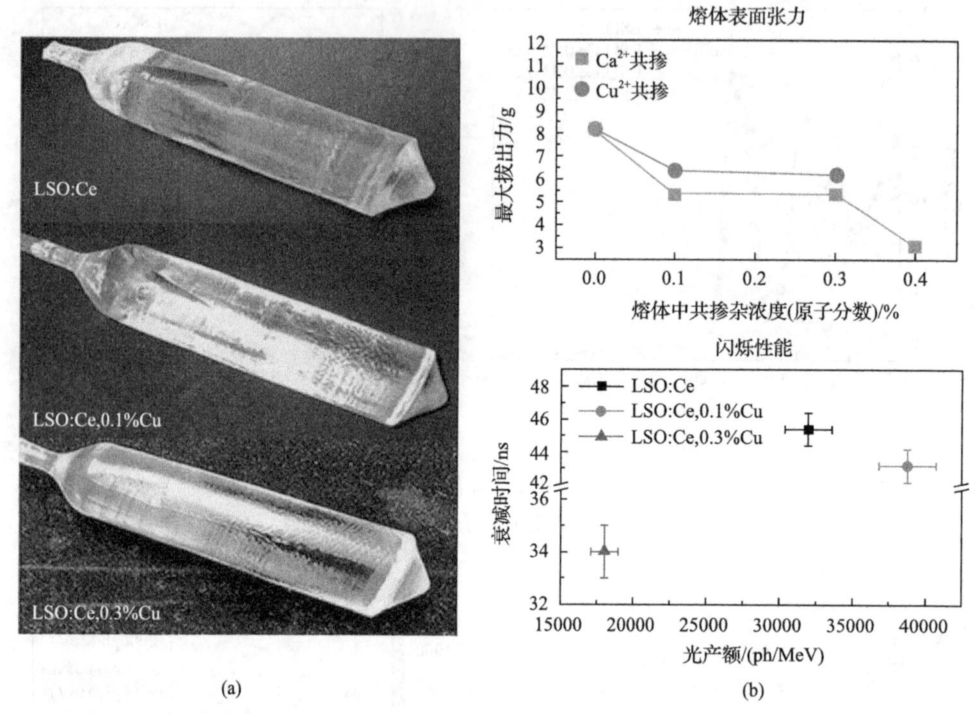

图 6.1.50　不同浓度 Cu 共掺杂 LSO:Ce 晶体毛坯(a)以及 Cu 掺杂浓度对熔体表面张力和闪烁性能的影响(b)[105]

8. 抗辐照性能

LYSO/LSO 晶体中的辐照损伤效应体现在透光率的下降和光输出的降低，降低幅度与所受到的γ射线辐照剂量有关，所以可直接研究晶体的辐照损伤与所受辐照剂量之间的关系。图 6.1.51 展示了不同厂家的大尺寸(LYSO/LSO)晶体在受到不同剂量的γ射线辐照后的透射光谱、发射权重透光率(EWLT)与光输出的变化过程。从图中可以看到，随着辐射剂量的增加，截止吸收边逐步红移，EWLT 不断下降，当辐照剂量从 10^6rad 增加至 10^7rad 时，EWLT 从 50%附近降低至 40%左右，当辐照剂量为 10^8 rad 时，EWLT 和光输出表现为明显的降低(图 1.7.4)，但即便是下降最多的样品，辐照之后仍保留超过 30%的光输出。

第 1 章的图 1.7.1 和图 1.7.14 分别展示了不同生产商生产的大尺寸 LYSO/LSO 晶体经γ射线和质子辐照前后的归一化 EWLT 数值和归一化光输出之间的关系。数据表明，LYSO/LSO 晶体样品受到辐照后其光输出的下降和 EWLT 的下降呈现明显的线性关系，说明 LYSO/LSO 晶体受到辐照后产生的光输出下降是由晶体的透光率下降所引起的。而晶体透光率的下降不仅引起晶体光输出的下降，还会使大

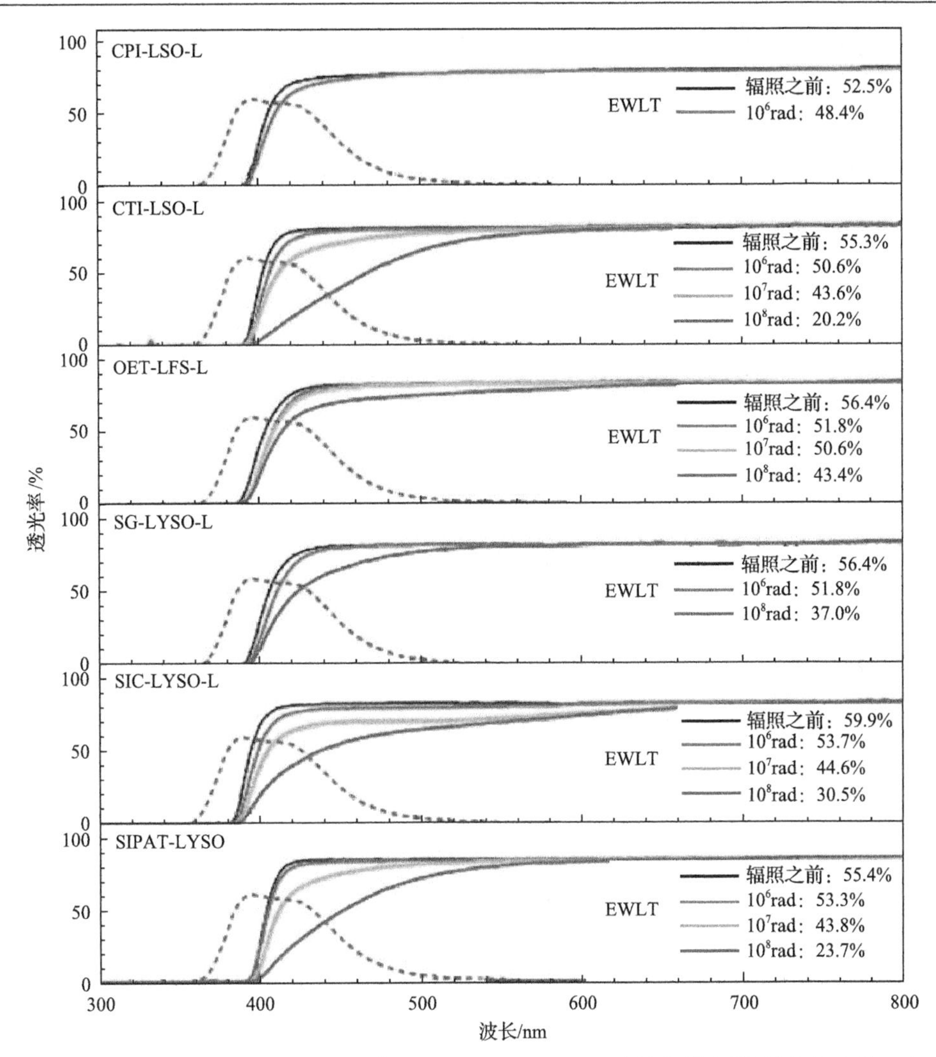

图 6.1.51　不同厂家的 LYSO/LSO 晶体(25mm×25mm×200mm)的发射光谱(图中的虚线)、经过不同剂量γ射线辐照之后的透射光谱和 EWLT

尺寸晶体受到激发后的闪烁响应均一性受到影响。图 6.1.52 展示了 LYSO:Ce 晶体沿长轴方向不同位置经准直的 ^{22}Na 放射源照射后测得的光输出与激发位置之间的关系。闪烁晶体不同位置受到激发后，产生的闪烁光在进入光电倍增管之前在晶体中传播的距离有所不同，越靠近光电倍增管的位置所发出的闪烁光光程较短，而远离光电倍增管的位置发出的闪烁光光程较长。但是从图中可以看到，原始样品的不同位置受到照射后测得的发光强度较为均匀，对七个位置的归一化光输出进行线性拟合后其斜率(δ)只有 2%，这说明闪烁光在该样品中传播时其光衰减长度较长，不同位置发光的光程差对于晶体闪烁发光强度影响较小。但是该样品受到不同剂量的射线辐照后，其归一化光输出的线性拟合斜率逐渐增大，在受到 2×10^8rad 的γ射线辐照后，δ变为 17.1%。这一数据说明，辐照后晶体的 EWLT 下降导致闪烁光在该样品中传播时光衰减长度大大缩短，造成样品不同位置发出的闪烁光在传播过程中的衰减程度明显不同。大尺寸闪烁晶体受到辐照后闪烁响应均一性会下降，这一问题将导致该晶体对高能粒子/射线的能量分辨率下降。

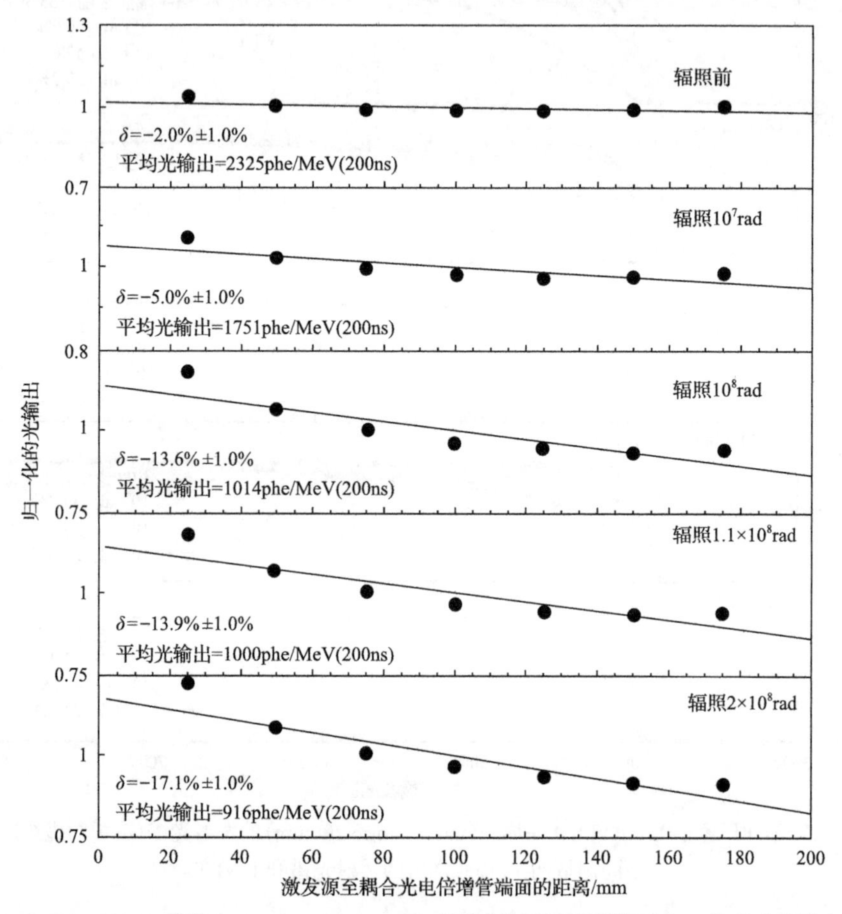

图 6.1.52 LYSO:Ce 晶体(25mm×25mm×200mm)不同位置受到激发时归一化的光输出与累积辐照剂量的关系

杨帆等考察了不同剂量γ射线辐照后 LYSO:Ce 晶体的透射光谱、光输出等性能变化，发现 LYSO/LSO 晶体受到γ射线辐照后，晶体因辐照损伤而降低的透光率并不因晶体在黑暗环境下静置时间的增加而出现明显的恢复，如图 1.7.2 所示。如果对恢复时间按照指数进行拟合，其时间常数长达数千天。这一现象说明 LYSO/LSO 晶体中辐照诱导的色心在室温下的湮灭速率极其缓慢，所以该晶体的辐照损伤效应与所受γ射线辐照剂量有关，与所受γ射线辐照剂量率关系较小。

相较于 CeF_3、BGO、PWO 和 BaF_2 等闪烁晶体在γ射线辐照后归一化的光输出与累积辐照剂量的关系(图 1.7.9)，LYSO/LSO 晶体在受到相同剂量辐照后的光输出下降程度最小。这一数据说明在这些常用的闪烁晶体中 LYSO/LSO 晶体表现出最佳的抗辐照性能。

6.2　焦硅酸盐闪烁晶体

在稀土氧化物和氧化硅 RE_2O_3-SiO_2(RE=Lu, Gd, La, Y, Sc)二元体系中存在两种二元化合物，除了 6.1 节所述的 RE_2O_3:SiO_2 摩尔比为 1:1 的稀土正硅酸盐(RE_2SiO_5)之外，还有一组 RE_2O_3:SiO_2=1:2 的稀土焦硅酸盐($RE_2Si_2O_7$)。与正硅酸盐系列相对应，稀土焦硅酸盐的典型化合物主要包括 $Lu_2Si_2O_7$、$Gd_2Si_2O_7$、$Y_2Si_2O_7$、$La_2Si_2O_7$ 和 $Sc_2Si_2O_7$ 等，以及它们之间的互相混合所形成的固溶体(见表 6.2.1)。本节将着重介绍 $Lu_2Si_2O_7$ 和 $Gd_2Si_2O_7$ 稀土焦硅酸盐闪烁晶体的结构、制备、性能和应用现状。

表 6.2.1　几种掺铈焦硅酸盐闪烁晶体的基本物理和闪烁性能[106-108]

性能	$Lu_2Si_2O_7$:Ce	$Gd_2Si_2O_7$:Ce	$Y_2Si_2O_7$:Ce	$La_2Si_2O_7$:Ce	$Sc_2Si_2O_7$:Ce
名称缩写	LPS:Ce	GPS:Ce	YPS:Ce	LaPS:Ce	SPS:Ce
熔点/℃	1900	—	—	—	1860
是否一致熔融	是	否	否	否	是
密度/(g/cm^3)	6.23	5.5	4.04	4.57～4.97	3.3
光产额/(ph/MeV)	26300	40000	5800*	5400*	5700*
发光峰位/nm	385	372, 394	362	390	380
衰减时间/ns	38	46	30	29	33

*该光产额数据通过与相同尺寸 LYSO:Ce 标样的 X 射线激发发射光谱积分强度对比获得。

6.2.1　焦硅酸镥晶体

焦硅酸镥(Lutetium PyroSilicate，缩写为 LPS)的化学式为 $Lu_2Si_2O_7$，密度为 6.23g/cm^3，为单斜晶系，钪钇石结构，空间群为 C2/m；晶胞参数为 a=6.7665Å，b=8.8407Å，c=4.7195Å，β=101.95°[109]。2 个[SiO_4]通过一个桥氧连接成双四面体[Si_2O_7]。Lu^{3+}在 LPS 中只有一种格位，周围与 6 个 O^{2-}配位，构成扭曲的[LuO_6]八面体，相邻八面体之间共边相连成平行的面，并与分离的[Si_2O_7]双硅氧四面体交替按层状排列，如图 6.2.1 所示[110]。Ce^{3+}作为发光剂进入晶格中并占据 Lu^{3+}的位置，与周围的 6 个氧配位。

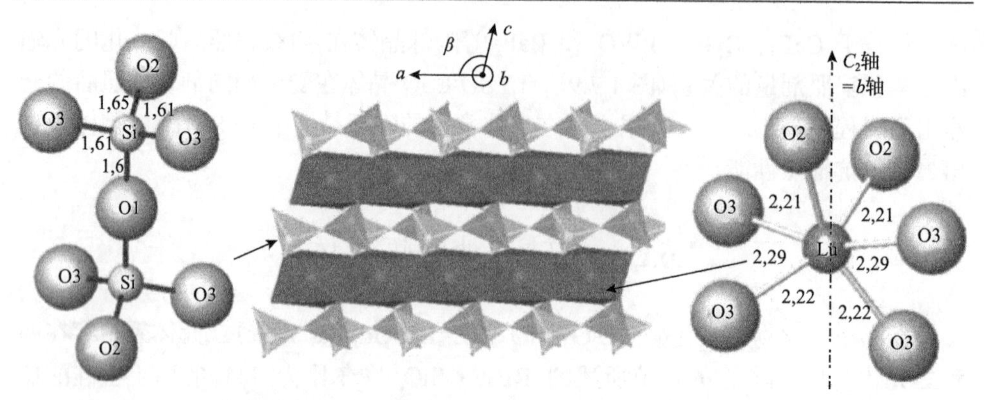

图 6.2.1　LPS 晶体结构示意图(图中数字为 Si—O 和 Lu—O 键的长度，单位为 Å)

1. LPS:Ce 晶体的荧光和闪烁性能

LPS:Ce 最早由 Pauwels 等[111]在 2000 年报道。从图 6.2.1 的晶体结构可以看出，铈在 LPS 基质中只有一种结晶学格位，因此发光成分比较单一，只有一种 Ce^{3+}发光中心，光产额为 26300ph/MeV，衰减时间 32ns。与对应的稀土正硅酸盐 LSO:Ce 相比，其主要特点是具有较好的高温闪烁发光效率，热猝灭温度最高可达 500K[108]，余辉较低[112]，因此可望在 PET 和油井勘测等领域获得实际应用。

法国的 Pidol 等通过 XPS 测定了 Ce^{3+}的 4f 基态与价带顶的能隙，通过低温 X 射线激发发射光谱和真空紫外激发光谱确定了 Ce^{3+}的 5 个 5d 子能级，激子能级的位置和禁带宽度，在此基础上构建了 LPS:Ce^{3+}基质中的能级位置(图 6.2.2)。其中，Ce^{3+}的 5 个 5d 能级中有 2 个位于激子能级(E_{ex})之下，3 个位于激子能级之上；4f 能级位于价带之上 2.4eV 的位置[113]。

Pidol 等研究了 LPS:Ce 晶体荧光衰减时间的温度依赖性并与 LYSO:Ce 晶体进行了比较分析[108]。从图 6.2.3(a)中可以看出，二者的衰减时间都随温度的升高呈现出先缓慢增加，然后突然降低的特征，不同之处在于 LPS:Ce 晶体从增加到降低的温度转变点位于 450K，而 LYSO:Ce 位于 350K 左右，前者明显高于后者，说明 LPS:Ce 晶体具有更高的温度稳定性。图 6.2.3(b)是二者的非辐射跃迁率(W_{NR})的温度依赖曲线，符合阿伦尼乌斯定律(Arrhenius law)公式：

$$W_{NR} = W_0 \times \exp\left(-\frac{\Delta E}{\kappa_B T}\right) \tag{6-8}$$

式中，W_0 为尝试频率(attempt frequency)；ΔE 为激活能；κ_B 为玻尔兹曼常数。通过曲线拟合，可以得到 LPS:Ce 和 LYSO:Ce 晶体的激活能 ΔE 分别为 0.68eV 和 0.27eV，这个差异可以解释二者衰减时间对温度依赖性的差异，该值越大，其衰减时间的温度稳定性越好。这个值一般认为是 Ce^{3+}最低 5d 子能级到导带底的能级差，在 LPS:Ce 中也被认为是最低 5d 能级和激子能级之差，即图 6.2.2 中的 ΔE_A[113]。

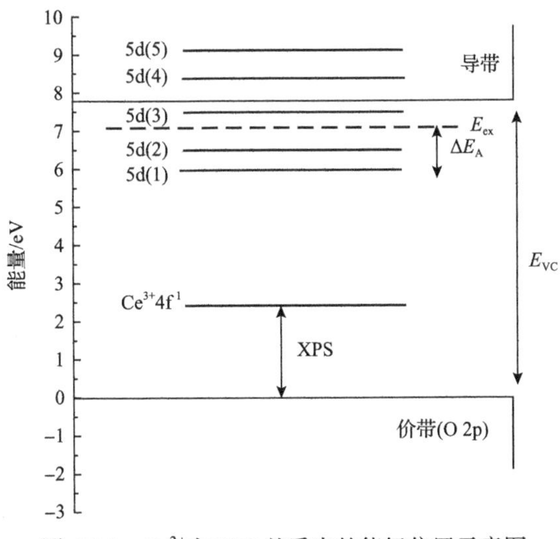

图 6.2.2　Ce^{3+}在 LPS 基质中的能级位置示意图

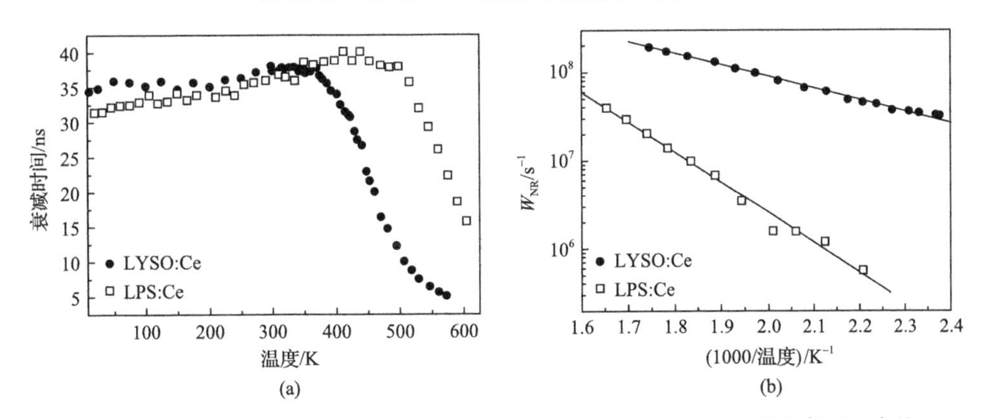

图 6.2.3　LPS:Ce 和 LYSO:Ce 的荧光衰减时间温度依赖曲线(a)和非辐射跃迁率的温度依赖曲线(b)

掺杂不同 Ce 浓度的 LPS:Ce 晶体样品的吸收光谱如图 6.2.4 所示。5 个含有不同 Ce 浓度样品的吸收谱的谱形相似，主要有两个吸收峰：305nm 和 350nm，分别对应于 Ce^{3+}电子从 4f 基态向最低的两个 5d 子能级的跃迁[112]。从图 6.2.4 的插图(a)可以看到，随着 Ce 掺杂浓度的增加，LPS:Ce 晶体的吸收强度也逐渐增加[114]；插图(b)显示，在 250～380nm 范围内的吸收谱积分强度随掺杂浓度的增加而增强，当 Ce 的掺杂浓度达到 0.75%后，积分强度达到饱和，随后便不再增加，表明掺杂浓度超过 0.75%后，Ce 离子难以进入 Lu 格位，多余的部分很可能以包裹体的形式存在于晶体中。由此看出，为确保 LPS:Ce 晶体的光学质量，Ce 的掺杂浓度以不超过 0.75%为宜[115]。目前闪烁发光效率最高为浮区法制备的 LPS:0.5%Ce 晶体(31000ph/MeV)[116]。

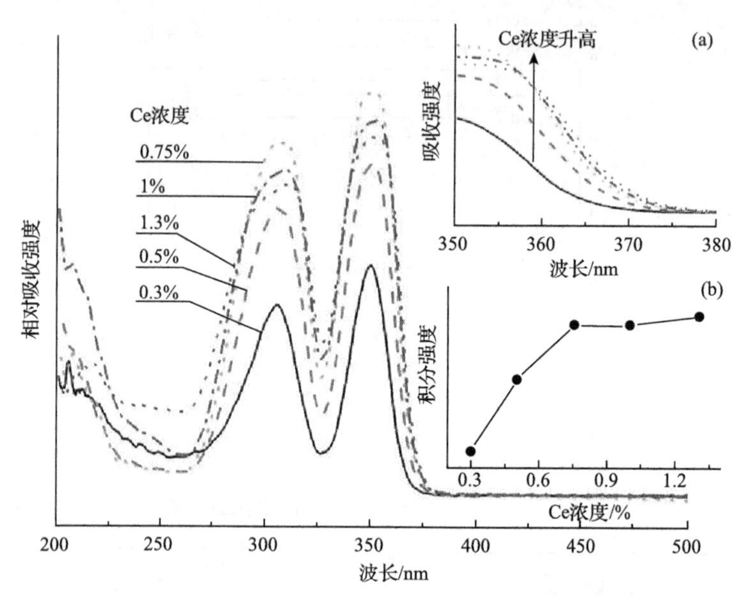

图 6.2.4　LPS:Ce 晶体的吸收谱与 Ce 浓度的关系(浓度为原子分数)

插图(a)350～380nm 波段吸收强度随 Ce 浓度的变化；插图(b)250～380nm 范围内吸收谱积分强度随 Ce 掺杂浓度的变化。样品厚度为 2mm

不同 Ce 浓度 LPS:Ce 闪烁晶体紫外激发发射光谱如图 6.2.5 所示，激发光谱中的两个激发峰分别位于 300nm 和 350nm，且后者的强度高于前者，这与图 6.2.4 所示的吸收光谱相对应。300nm 处的激发峰的相对强度随 Ce 离子浓度的增加而逐渐增强，由于激发光谱与发射光谱在 350～380nm 之间存在一定的重叠(图 6.2.5)，吸收增强对 350nm 处的激发峰影响较大。随着 Ce 掺杂浓度增加，发射光谱中峰值波长位于 380nm 发射光谱的短波一侧因样品自吸收作用的逐渐增强而受到削弱，使发射峰变得越来越不对称，并随着 Ce 掺杂浓度的增加而逐渐使峰值波长向长波方向移动。

LPS:Ce 晶体的衰减时间随 Ce 浓度变化情况如图 6.2.6 所示。在 0.3%～1.3%Ce 的掺杂范围内，晶体的荧光衰减均符合单指数衰减规律，随 Ce 掺杂浓度从 0.3%增加至 1%，所拟合出的衰减时间从 36ns 增加至 41ns[115]。样品 LPS:0.3%Ce 的光衰减曲线如图 6.2.6 中的插图所示。

图 6.2.7 所示为 LPS:0.3%Ce 晶体在 77～500K 温度范围内的变温荧光光谱和发射光谱。在紫外激发光谱图 6.2.7(a)中存在两个激发峰：300nm 和 350nm(分别

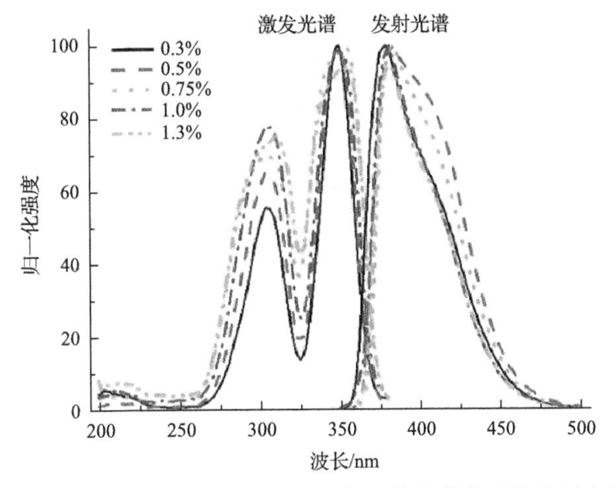

图 6.2.5　不同 Ce 浓度 LPS:Ce 闪烁晶体的紫外激发发射光谱

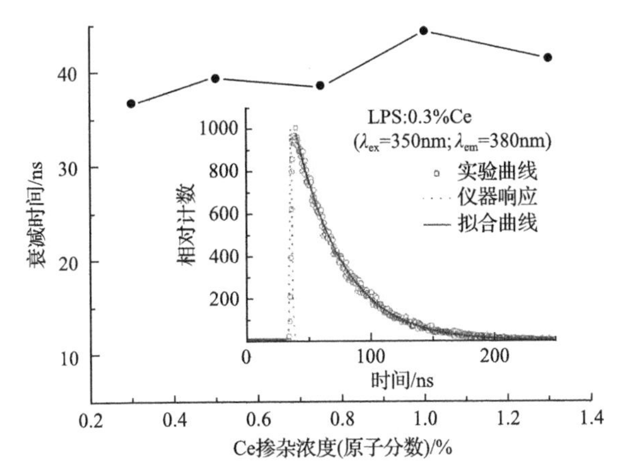

图 6.2.6　LPS:Ce 晶体的衰减时间随 Ce 浓度变化的曲线

插图为 LPS:0.3%Ce 的荧光衰减曲线，λ_{ex}=350nm，λ_{em}=380nm

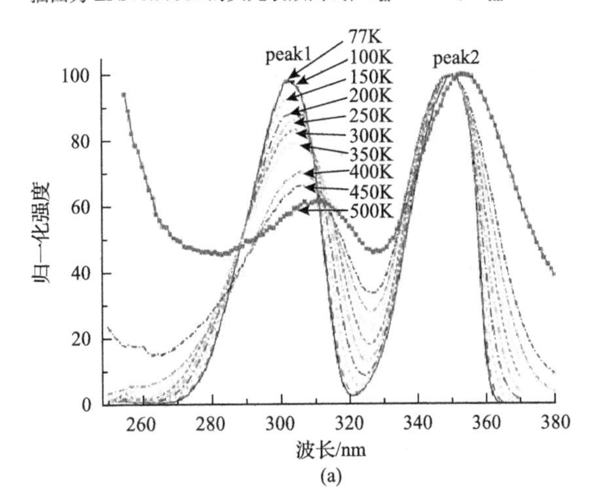

(a)

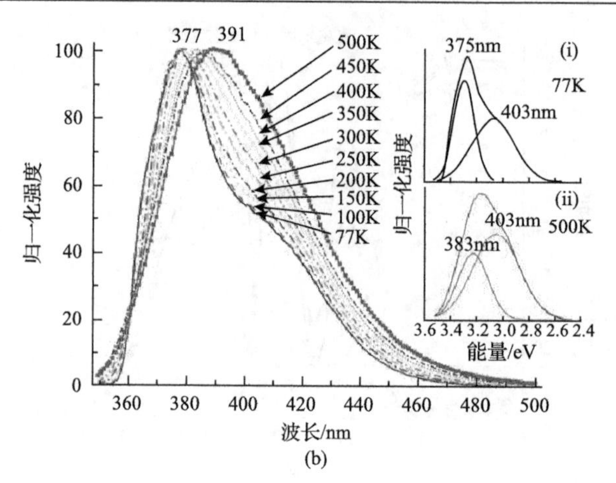

图 6.2.7　LPS:0.3%Ce 晶体的变温荧光光谱(a)和发射光谱(b)

标识为 peak1 和 peak2)，在 77K 时，两个峰的强度几乎一样。随着温度的升高，主要呈现三个变化趋势：①peak1 和 peak2 展宽，这主要是由于电子振动随着温度升高而加剧，峰形变宽；②当温度升至 150K 以上时，peak1 的相对强度开始明显低于 peak2，这主要是由于 peak1 对应于 4f 基态向 $5d_2$ 子能级的跃迁，$5d_2$ 子能级更靠近导带，其强度随着 5d 电子热离子化进入导带而很快下降；③peak1 逐渐向长波方向移动，peak2 的峰位稳定于 350nm，只在 500K 时微移到 353nm，该现象与趋势②的原因相同都可用经典的 Ce^{3+}的 5d 电子的热离子化进入导带来解释[115]。

2. LPS:Pr 晶体的荧光和闪烁性能

Pr^{3+}的 5d→4f 跃迁使得 LPS:Pr 闪烁晶体具有较快的衰减时间(约 20ns)[117-120]，但 LPS:Pr 晶体的光产额较低，仅为 9700ph/MeV。Pidol 等认为这可能是由于 Pr^{3+}的能级位置的关系，存在于 LPS 晶体中的 STE 更倾向于把能量传递到 Pr^{3+}的 $4f^2$ 激发态而不是 4f5d 激发态，从而导致快衰减的 5d→4f 跃迁效率较低[121]。但 Nikl 等认为，STE 的发光峰位和 Pr^{3+}的 4f→5d 的吸收峰具有较好的重叠，二者应具有较好的能量传递效率，因此以上原因仍无法解释该晶体闪烁发光效率低的问题[122]。

图 6.2.8 展示了 LPS:Pr 荧光衰减时间与温度的关系曲线。在温度高于 360K 时，衰减时间迅速缩短，这表明发光中心 Pr^{3+}的 $5d_1$ 电子的热离子化温度为 360K (一般来说，这也基本上对应于闪烁发光的猝灭温度)。其热离子化过程或逃逸过程可以采用式(6-9)进行表征。

$$\frac{1}{\tau} = k_1 + \sum K_{xi} \times \exp\left(-\frac{E_{xi}}{kT}\right), \quad i = 1, 2, \cdots \tag{6-9}$$

其中，k_1 为 Pr^{3+}的 5d→4f 辐射跃迁速率；K_{xi} 和 E_{xi} 分别为 $5d_1$ 弛豫激发态的非辐

射逃逸过程的频率因子和能垒。拟合结果表明，该过程为双逃逸过程，其中逃逸过程 1 在 320～380K 温度范围与实验数据吻合较好，逃逸过程 2 在 440K 温度以上与实验数据吻合较好。

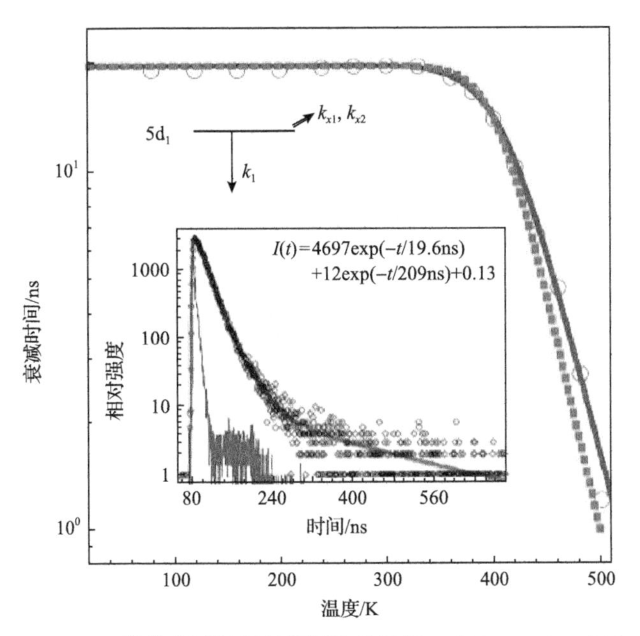

图 6.2.8　LPS:Pr 荧光衰减时间与温度的关系(λ_{ex}=240nm，λ_{em}=305nm)[122]

曲线由式(6-9)拟合。空心圆点为实验数据，虚线和实线分别为对应式(6-9)中的 1、2 逃逸过程。插图中为室温下的荧光衰减曲线，拟合结果显示为双指数衰减(拟合结果如图中插图所示)

图 6.2.9 所示为不同温度下的衰减曲线。衰减曲线的积分强度可以表征延迟辐射复合强度的大小，随着温度的增加，延迟复合强度显著上升，这也说明 LPS:Pr 的衰减时间变快不是经典热猝灭或中心内部过程，而是来自于 $5d_1$ 电子的热离子化[122]。

由于 Pr^{3+}的 5d→4f 跃迁的发光峰位与 Ce^{3+}的激发峰位重叠，利用这个特点，我们将 Pr^{3+}与 Ce^{3+}共同掺入到 LPS:Ce 中，与浮区法制备的 LPS:Ce 晶体相比较，Pr^{3+}的掺入可将 LPS:Ce 晶体在 X 射线激发下的发光效率提高约 20%。经过真空紫外-紫外激发发射光谱的确认，双掺杂后发光效率的提高得益于 Pr^{3+}的 d→f 辐射跃迁与 Ce^{3+}的 4f→5d 的跃迁之间存在的能量传递[123]。

LPS:Pr 晶体随着辐照剂量的增加闪烁效率会呈现出逐渐上升并趋于饱和的现象[119]，当辐照剂量增加到 50Gy 时，源于 Pr^{3+}的 5d→4f 发光分量的强度增加了 14.3 倍，4f→4f 发光分量的强度增加了 3.4 倍。该现象被归因于辐照后晶体内载流子陷阱(对应于 460K 和 515K 的热释光峰)被逐渐填充，缺陷态和 Pr^{3+}的 4f 激

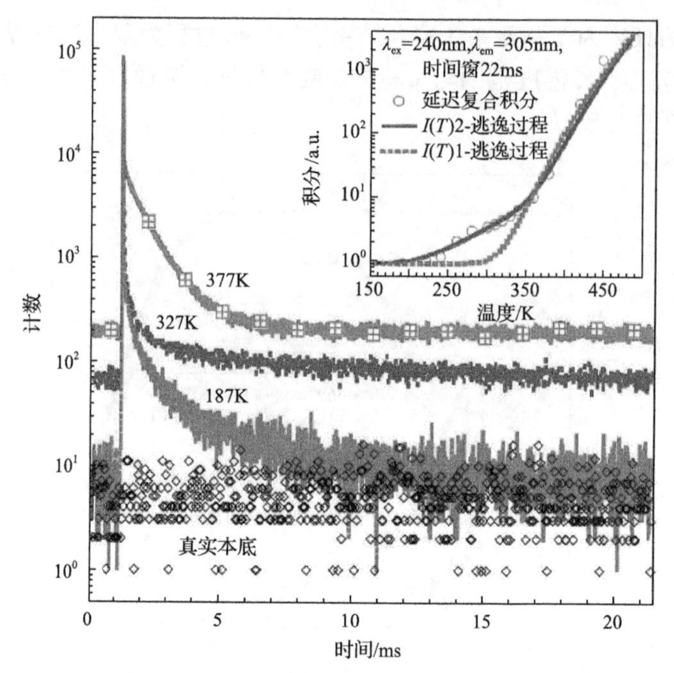

图 6.2.9　LPS：Pr 晶体在不同温度下的荧光衰减曲线(λ_{ex}=240nm, λ_{em}=305nm)[122]
插图所示为衰减积分的温度响应曲线。空心圆圈为根据实验数据计算得到的延迟复合积分值，实线和虚线分别为根据式(6-9)拟合的 1、2 逃逸过程

发态之间的热隧穿，余辉的存在进一步证实了这些陷阱和 Pr^{3+}之间存在空间关联。这种现象对 LPS:Pr 用作闪烁材料是不利的，但可望用作辐射剂量计。

3. LPS 晶体生长与生长缺陷

根据 Lu_2O_3-SiO_2 二元相图和生长实践，基本上认为 LPS 为一致熔融化合物，熔点为 1900℃，且在降温过程中没有相变。LPS:Ce 晶体的制备方法主要有提拉法[124,125]和浮区法[111]。

目前报道尺寸最大的 LPS:Ce 晶体由 Melcher 课题组通过提拉法制得，尺寸为ϕ70mm×200mm。在垂直于生长轴的横切片中观察到呈同心环状分布的固体包裹体，如图 6.2.10(a)和(b)所示[126]，且 LPS 存在(110)和$(1\bar{1}0)$的解理面[126,127]。当温度梯度或热应力较大时经常出现沿晶体解理面分布的裂纹，但通过采用定向籽晶和优化工艺参数可以获得不开裂且外形规整的晶体，如图 6.2.10(c)所示[125]。但浮区法制备的晶体直径控制较难，且开裂比较严重，如图 6.2.10(d)所示。

从光学显微镜下可以看出，LPS 晶体中的包裹体有气孔和固体(或称杂晶)两种类型，形态存在椭圆形或长条形(图 6.2.11)。纵向切片中的包裹体颗粒一般呈椭圆形或枕形，黑色的气孔在中部，杂晶在两端，主要分布在包裹体较少的区域；

也有许多条形的包裹颗粒，由杂晶和气孔的交替排列组成的，两端是具有彩色干涉色的杂晶，主要分布在包裹体较多的区域。LPS 晶体中的包裹体使晶体呈现透明区域和包裹区域交替出现的现象，如图 6.2.11 所示，它们降低了晶体的光学质量和闪烁性能。

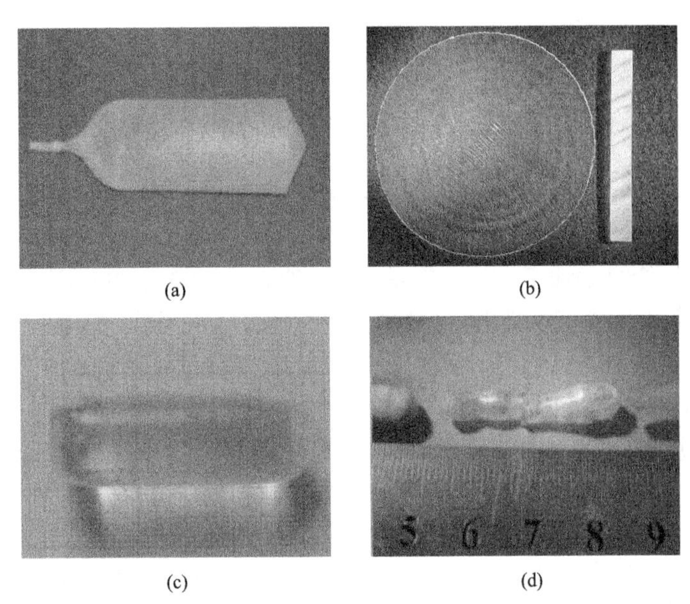

图 6.2.10　LPS:Ce 晶体毛坯（(a)(c)提拉法生长，(d)浮区法生长）和及其横切片(b)照片[126]

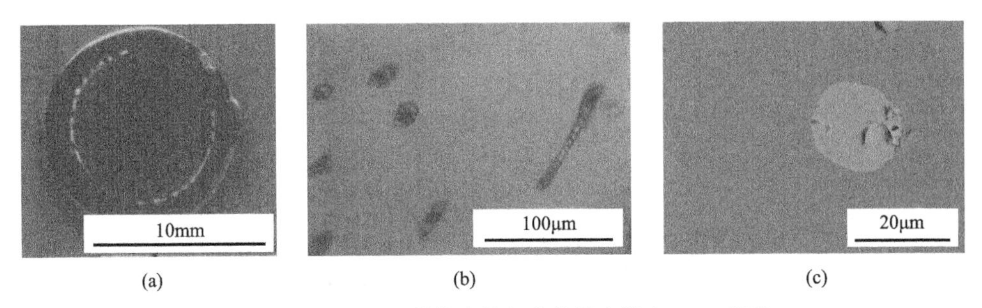

图 6.2.11　LPS:Ce 晶体中的包裹体的光学和 SEM 照片

(a)横向切片；(b)纵向切片；(c)富镥第二相颗粒

对图 6.2.11(c)所示的包裹体和基质成分进行了电子探针成分分析，测试结果(表 6.2.2)表明，在包裹体周围的基质中，$n_{Lu}:n_{Si}\approx1:1$，可以判定为 LPS 相；包裹体内的 $n_{Lu}:n_{Si}\approx2:1$，可以判定为 LSO 和富镥晶相，且包裹体中 Ce 的含量很高(2%)，大约为名义掺杂浓度(0.5%)的 4 倍，说明固体包裹体为富含 Ce 离子的 LSO 杂相。

表 6.2.2　LPS:0.5%Ce 晶体的基质和包裹体的电子探针成分分析结果(单位：%)

元素	基质			包裹体		
	质量比	原子比	离子数	质量比	原子比	离子数
Lu	67.64	18.27	2.30	71.75	23.52	3.01
Ce	—	—	—	6.95	2.03	0.26
Si	10.75	18.11	2.28	6.90	12.05	1.54
O	22.15	63.62	8.00	17.41	62.41	8
总计	100	100		100	100	

LPS 晶体中容易出现包裹体的原因与熔体过高的黏度有关。相较于 LSO 晶体，LPS 中的 SiO_2 含量增加了一倍，双硅氧四面体阴离子基团$[Si_2O_7]^{6-}$体积较大，造成熔体黏度大，气泡不易排出，容易被带入生长界面并被晶体包裹，从而形成气体包裹体。此外，硅氧阴离子基团$[SiO_4]^{4-}$也常常通过共用氧聚合成$[Si_3O_9]^{6-}$、$[Si_2O_7]^{6-}$或者$[Si_2O_5]^{2-}$等聚合体，其相互转化反应式如式(6-10)～式(6-13)所示，临近结晶温度时，熔体中的硅氧阴离子团在互相转化过程中，$[Si_3O_9]^{6-}$转化为$[SiO_2]$基团，与 Lu_2O_3 结合，形成富镥的固体相，随着生长的进行而进入晶体。第二相包裹体中铈富集的原因是铈在 LPS 晶体中的分凝系数很小(0.1)，大部分被排出 LPS 晶体富集在溶质边界层中，而铈在 LSO 中的分凝系数相对大一些(0.22)，很容易进入到 LSO 相的包裹体内[127]。

$$2[SiO_4]^{4-} \longleftrightarrow [Si_2O_7]^{6-} + O^{2-} \tag{6-10}$$

$$3[Si_2O_7]^{6-} \longleftrightarrow 2[Si_3O_9]^{6-} + 3O^{2-} \tag{6-11}$$

$$[SiO_3]_n{}^{2-} \longleftrightarrow n[SiO_2] + nO^{2-} \tag{6-12}$$

$$2n[SiO_2] + nO^{2-} \longleftrightarrow n[Si_2O_5]^{2-} \tag{6-13}$$

在提拉法所生长 LPS 晶体毛坯的表面还经常出现熔蚀纹(图 6.2.12)，晶体内部有包裹体。熔蚀纹是提拉法生长晶体时，在高温和熔体的侵蚀下，铱从坩埚表面脱落进入熔体，进而漂浮在熔体表层，随着生长的进行附着于晶坯表面，继续被线圈感应发热，从而在晶坯表面形成一道道纵向的纹路所致。

除在表面形成熔蚀纹外，铱颗粒也可以进入晶体内部形成包裹体。铱属于等轴晶系 Fm3m 空间群类，六八面体晶类，因而自然析晶所获得的晶体三维发育，容易出现六面体、八面体等形态，在显微镜下则观察到正三角形或正六边形的形貌，这类现象也常出现在用铱坩埚提拉法制备的其他稀土氧化物晶体中[128]。

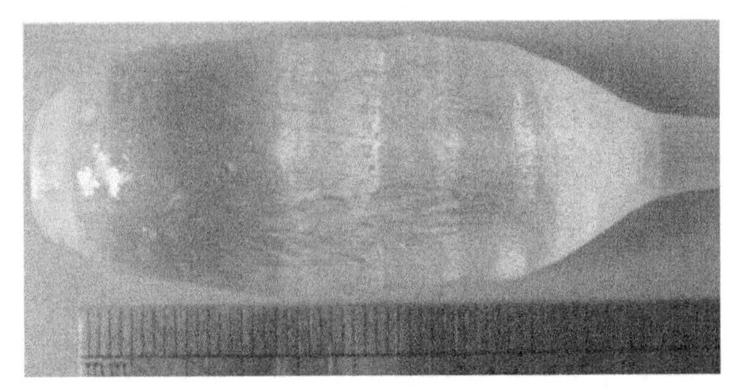

图 6.2.12　表面带有熔蚀纹的 LPS:Ce 晶坯照片(晶坯表面颗粒为铱金颗粒)

浮区法制备的 LPS 晶体横切片的 SEM 照片如图 6.2.13 所示。在扫描电子显微镜下，晶体的横切片呈现年轮状的纹路，实为微裂纹，是由于较大的径向热应力造成的。对样品的不同区域——包括基质、浅色包裹体和深色包裹体所进行的成分分析(表 6.2.3)表明，基质部分，只检测到 Lu、Si 和 O 三种元素，$n_{Lu}:n_{Si}\approx1:1$，检测不到 Ce 的含量，可以确定为 LPS 相；灰色包裹体内 Ce 含量达 10%，根据各元素原子比，认为该包裹体可能主要由 $Ce_2Si_2O_7$ 和过量的 SiO_2 组成。而深色包裹体中 Si 的含量进一步增加，$n_{Si}:n_O\approx1:2$，表明该部分主要由 SiO_2 和少量的 Lu_2O_3、CeO_2 组成。

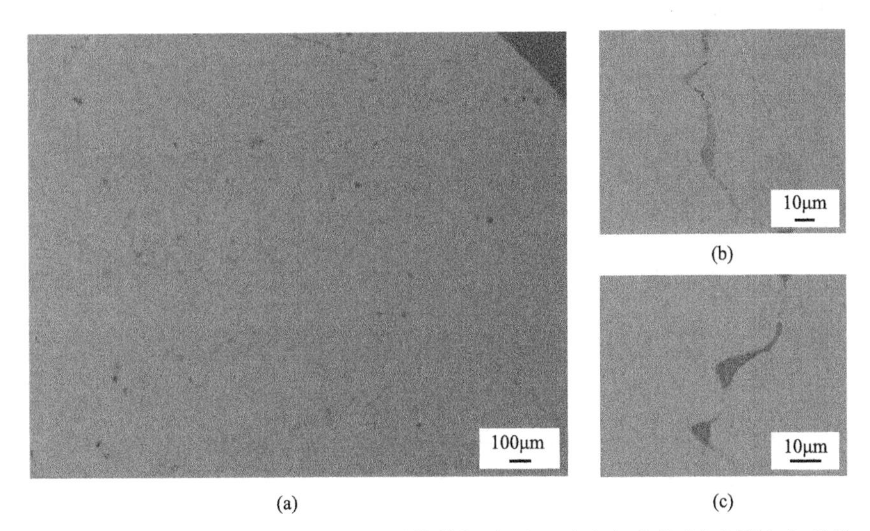

图 6.2.13　浮区法制备 LPS:0.5%Ce 晶体横切片(a)、浅色包裹体(b)和深色包裹体(c)的 SEM 照片

以上结果可以看到，浮区法和提拉法制备的 LPS:Ce 晶体中包裹体的形态和组分存在明显差异：提拉法制备 LPS 晶体中的主要生长缺陷为富含 Ce 的 LSO 包裹体；而浮区法制备晶体中有两种固体包裹体，一种主相为 $Ce_2Si_2O_7$，另一种为

表 6.2.3　浮区法 LPS:Ce 晶体与包裹体的电子探针成分分析结果（单位：%）

元素	基质			灰色包裹体			深色包裹体		
	质量比	原子比	离子数	质量比	原子比	离子数	质量比	原子比	离子数
Lu	66.45	17.51	2.20	17.22	3.73	0.46	3.35	0.40	0.05
Ce	—	—	—	39.92	10.80	1.34	1.86	0.28	0.03
Si	11.42	18.74	2.35	16.75	21.23	2.64	43.95	32.77	3.94
O	22.13	63.75	8.00	26.11	66.25	8	50.85	66.55	8
总计	100	100		100	100		100	100	

SiO_2。造成这种差别的主要原因是提拉法中熔体的对流比在浮区法充分，有利于组分的均化，从而减少了包裹体的种类和数量。

不同的生长方法不仅会在晶体内部形成不同类型的生长缺陷，同时对晶体的闪烁性能也会产生不同的影响。浮区法制备 LPS:Ce 晶体的光产额一般为 15000～31000ph/MeV，而提拉法制备的晶体光产额常常低于 2000ph/MeV[111]。Pidol 等根据 LPS:Ce 样品的电子顺磁共振谱，在提拉法生长的 LPS 晶体中发现了 Ir^{4+}的信号(图 6.2.14)[116]，而浮区法则不存在铱污染的问题。由此推断，来自铱坩埚的 Ir^{3+}污染是导致提拉法 LPS:Ce 光输出降低的原因，Ir^{3+}在闪烁发光过程中作为空穴陷阱，束缚空穴形成 Ir^{4+}，导致发光猝灭。后来在故意掺杂 Ir 的 LPS:Ce 晶体样品中确实观察到了发光猝灭的现象。

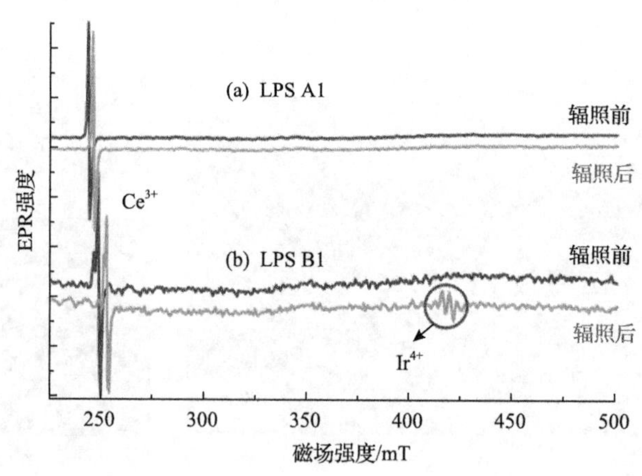

图 6.2.14　15K 下 X 射线辐照前后 LPS A1 和 LPS B1 样品的 EPR 谱[116]

LPS A1 样品由浮区法制备，闪烁性能较好(27000ph/MeV)。LPS B1 样品由提拉法制备(铱坩埚)，光产额很低(700ph/MeV)。测试条件：微波频率 9.5GHz，功率 20mW，调幅 1mT。磁场方向平行于 $a\times b$ 面，与 b 轴夹角 68°

除了铱污染，晶体中的氧空位也会影响到 LPS 的发光性能。根据对提拉法生长的 LPS:Ce 样品在不同气氛下的退火实验，作者发现中性气氛(Ar)退火对样品的光产额没有影响；而经过空气气氛退火后，样品的发光效率有了明显提高(约 9 倍)；同一样品再经 H_2 气氛退火后，发光效率又回到退火前的水平，如图 6.2.15 所示。显然，氧化气氛退火有助于提高 LPS:Ce 晶体的光输出，而氢气气氛则恰恰相反，这说明在原始生长的 LPS:Ce 晶体存在有氧空位一类的生长缺陷，它是导致样品闪烁发光猝灭的重要原因。再根据空气气氛退火前后样品的热释光谱所确定的氧空位能级，氧空位被认为是闪烁发光过程中的电子陷阱，导致了发光的猝灭[129]。因此，合适的氧气氛退火工艺是提高 LPS:Ce 晶体发光效率的有效措施。

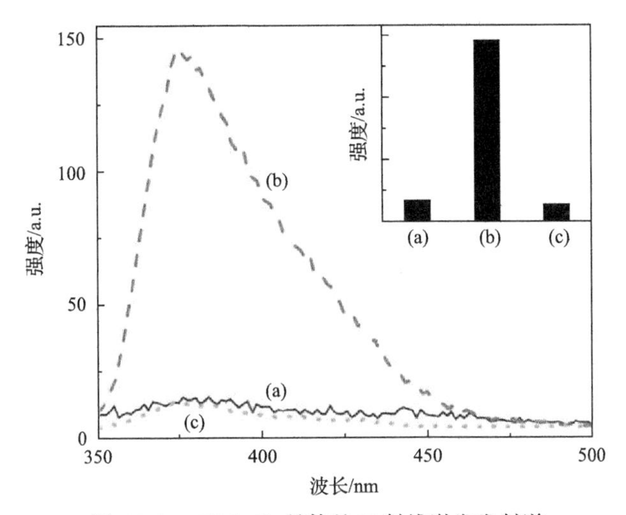

图 6.2.15 LPS:Ce 晶体的 X 射线激发发射谱

(a)退火前；(b)空气气氛 1400℃退火 5h 后；(c)H_2 气氛 1200℃退火 5h 后。插图中为三条谱线的积分强度

浮区法与提拉法生长的 LPS:Ce 晶体除了存在闪烁发光效率的差别外，二者在衰减时间上的差别表现在提拉法的衰减时间略大于浮区法的衰减时间，而且对温度的依赖性也存在显著的不同(图 6.2.16)。提拉法样品的衰减时间随着温度的升高呈现出先缓慢增加，后突然降低的趋势，转折点出现在 400K。而且在 1500℃的空气气氛下退火对衰减时间没有产生明显的影响(图 6.2.16(a))。而浮区法生长的 LPS:Ce 晶体的衰减时间随温度的升高而增大，不仅增大的斜率较提拉法大，而且从升高到下降的转折温度(500K)明显高区提拉法所生长的晶体。此外，在 1500℃的空气气氛下退火后能使其衰减时间有所延长(图 6.2.16(b))[112]。由于提拉法与浮区法生长工艺的最大区别是前者使用铱金坩埚，而后者则无须坩埚，说明 Ir 污染很可能是造成提拉法晶体衰减时间较慢和猝灭温度较低的原因。以 Ir 掺杂并采用浮区法生长的 LPS:Ce 晶体在 200K 温度以下的衰减时间与提拉法的几乎完全相同，这进一步验证了 Ir 污染是造成 LPS:Ce 晶体衰减时间延长的重要因素。

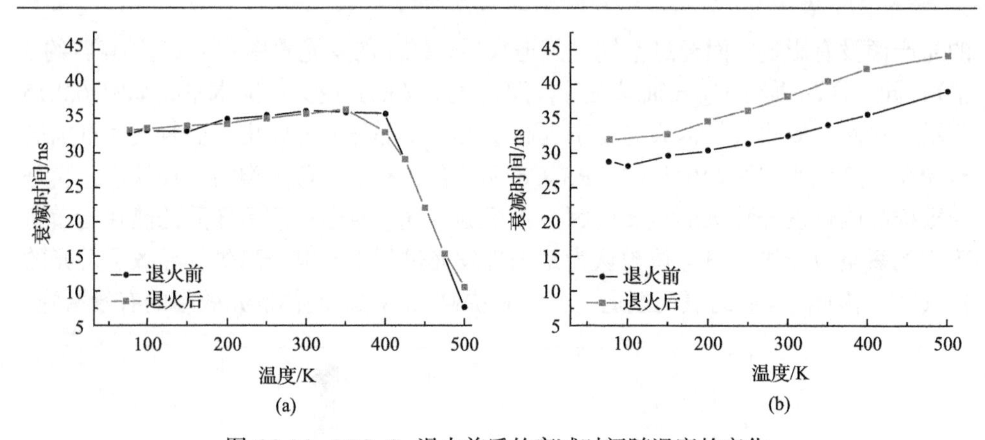

图 6.2.16 LPS:Ce 退火前后的衰减时间随温度的变化

(a)提拉法生长 LPS:0.3%Ce；(b)浮区法生长 LPS:0.5%Ce。退火条件：空气气氛，1500℃/10h

6.2.2 焦硅酸钆闪烁晶体

1. GPS:Ce 晶体性能

焦硅酸钆(Gadolinium PyroSilicate，缩写为 GPS)的化学式为 $Gd_2Si_2O_7$。2004 年日立公司 Yagi 等首次报道了该晶体的闪烁性能[130,131]。2007 年，日本北海道大学 Kawamura 等通过固相烧结的方法制备了一系列 GPS:Ce 粉体，发现 GPS:10%Ce 粉末样品的光产额是 GSO:Ce 晶体样品的 1.8 倍[132]。但 GPS:Ce 及其固溶体晶体由于制备方法和组分的不同，呈现不同的晶型，造成 Ce^{3+}在基质中占据位置也不尽相同。GPS:Ce 及其固溶体晶体的密度在 5.2～5.72g/cm^3 之间[133]，发光峰位于 350～450nm 之间[134]，其荧光呈典型的 Ce^{3+}的 5d→4f 衰减特征，衰减时间与 Ce 离子的掺杂浓度有很强的依赖性。在低 Ce 掺杂浓度下的闪烁衰减时间较慢，如 GPS:2.5%Ce 的衰减时间变化于 83～105ns 之间[135,136]，且通常呈一快一慢双指数衰减，其中慢分量可达 200ns，但快、慢成分的变化趋势和所占比例随着 Ce 浓度的增加并未呈现规律性的变化，当 Ce 浓度为 30%时，慢成分消失。Ce 浓度在 2.5%～30%范围内，随着 Ce 浓度的升高，光产额从 24000ph/MeV 逐渐降低到 14000ph/MeV[136]。从以上情况可以看出，增大 Ce 浓度可以加快衰减时间，但会降低光产额。与后期的光产额数据相比，以上样品的光产额偏低，可能是由于尚未优化的晶体质量。

为优化 GPS 晶体的闪烁性能，许多科学家对 GPS 晶体开展了固溶体混晶制备研究。Kurosawa 等用浮区法制备 Y-GPS:Ce——$(Ce_{0.01}Gd_{0.90}Y_{0.09})_2Si_2O_7$ 晶体，测得其光产额为 48000ph/MeV，能量分辨率为 11.8%，^{137}Cs γ射线激发的闪烁衰减时间为 42ns(58%)+180ns(42%)[137]。

Chewpraditkul 等用提拉法制备了 La-GPS:Ce 晶体，在 511keV 的γ射线激发下

测得其光产额为 33500ph/MeV，能量分辨率为 6.4%[138]。日本东北大学和日本 C&A 公司的研究人员用浮区法制备出 La 掺杂的 $(Ce_{0.01}Gd_{0.90}La_{0.09})_2Si_2O_7$ 闪烁晶体[139]，测得晶体的光产额达到 41000ph/MeV±1000ph/MeV，能量分辨率为 4.4%±0.1%@662keV，光输出温度系数在−10～+30℃范围内的波动只有 0.15%/℃，显著小于不掺 La 的 GPS 晶体。图 6.2.17 所示为掺有 48%La 的 GPS:Ce 衰减时间的温度依赖曲线(a)、三种晶体的衰减曲线积分强度的温度曲线(b)和 $(Gd_{0.7}La_{0.3})_2Si_2O_7$:Ce 的能级和 Gd→Ce 能量传递示意图(c)[140]。图 6.2.17(a)显示 GPS:Ce 及其固溶体晶体的发光猝灭温度位于 420K 左右，说明 La 离子的掺入不仅能够提高 GPS 晶体的光输出，而且增强了光输出的温度稳定性。图 6.2.17(b)中，积分强度的上升转变点对应于 Ce^{3+} 的 5d 电子热离子化温度，三种晶体的转变点温度都远高于室温，其中 GPSLa(48%):Ce 的转变点与其衰减时间的温度转变点吻合较好。且 Ce^{3+}

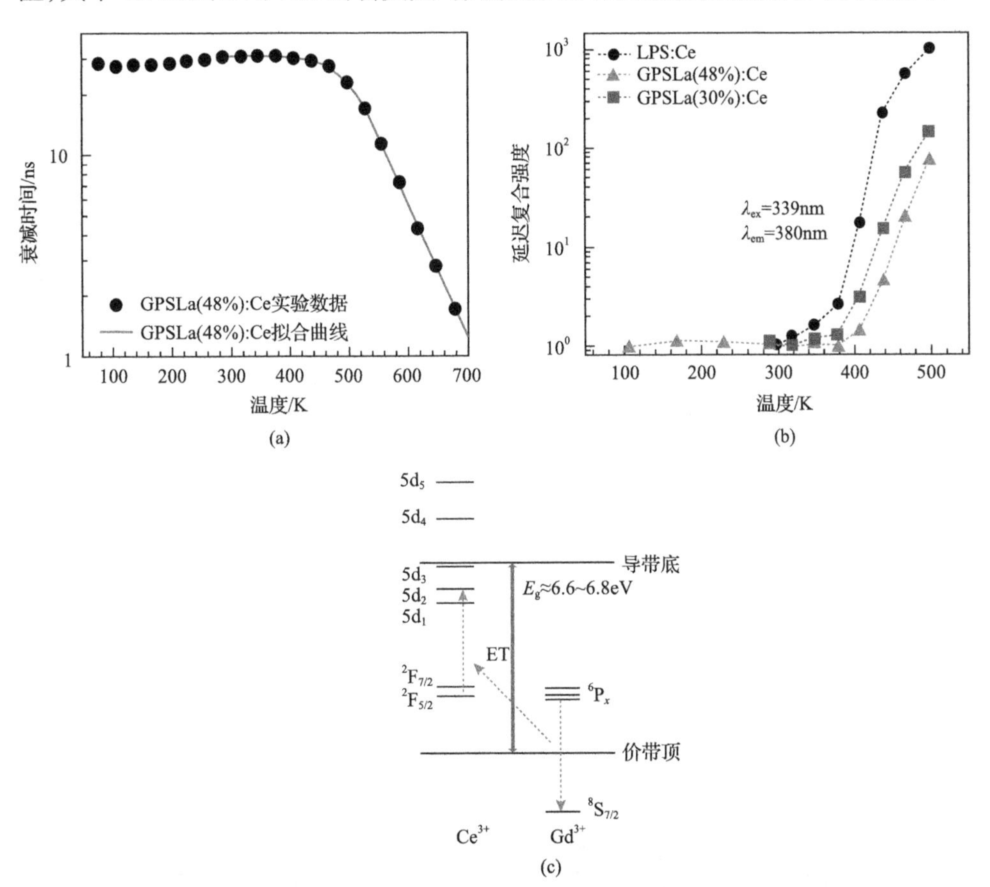

图 6.2.17　(a) GPSLa(48%):Ce 衰减时间的温度依赖曲线(λ_{ex}=339nm，λ_{em}=380nm)；(b)三种晶体的衰减曲线积分强度的温度曲线；(c) $(Gd_{0.7}La_{0.3})_2Si_2O_7$:Ce 的能级和 Gd→Ce 能量传递示意图[140]

激发态与基质导带底的距离会随着 La 浓度的增加而增加，因此说明 $(Gd_{0.7}La_{0.3})_2Si_2O_7$:Ce 晶体中的 Gd^{3+}-Ce^{3+}之间存在能量传递关系，它们的能级位置和能量传递过程如图 6.2.17(c)所示。

Murakami 等考察了不同浓度 Zr(0ppm, 100ppm, 200ppm, 500ppm 和 1000ppm)掺杂对 $(Gd_{0.75},Ce_{0.015},La_{0.235})_2Si_2O_7$ 晶体闪烁性能的影响，发现 Zr 的加入可以加快闪烁衰减，但随着 Zr 浓度的增加，晶体光产额逐渐降低(从 42000ph/MeV 降低到 34000ph/MeV)[141]。

由于 Gd^{3+}具有较大的中子俘获截面，GPS:Ce 在热中子探测方面也具有较好的应用前景，其热中子光产额为 GSO:Ce 的两倍，采用 50μm 厚 GPS:Ce 晶体样品具有较好的 n/γ分辨能力[142]。

2. GPS:Ce 晶体制备

GPS 有三种晶型结构，分别为正交(E)、三斜(B)以及四方(A)[143,144]。结构随着掺入离子种类和制备方法(结晶温度)的不同而呈现出三种不同的情况：一种是掺入较 Gd^{3+}半径大的离子，如 Pr^{3+}、Ce^{3+}和 La^{3+}时，随着掺杂浓度的增加，固溶体晶体呈正交-三斜-单斜的结构变化趋势[145,146]；第二种为采用顶部籽晶法(TSSG)法，当 La 比例低于 10%时，La-GPS 呈四方结构[134]；第三种为掺入半径较 Gd^{3+}小的离子，如 Sc^{3+}[133]、Y^{3+}时，呈正交结构。以上特点给 GPS 晶体制备带来相当大的难度。

根据 Gd_2O_3-SiO_2 相图，GPS 为非一致熔融化合物，转熔温度约为 1850℃[147,148]，其包晶线与液相线的温度差达到了 120℃，成分点与包晶点相距较远。Kawamura 等和 Gerasymov 等分别采用浮区法和提拉法生长出了尺寸为 8.5mm×3.0mm×1.0mm 和 10mm×10mm×2mm 尺寸的 GPS:10%Ce 晶体(图 6.2.18)[107,134]。通过结晶行为的研究，发现 GPS:10%Ce 仍为非一致熔融组分，见图 6.2.19，不过其转熔点更靠近组分计量比，生长过程中熔体转变为富 SiO_2 的成分，SiO_2 起到助熔剂的作用，借助于“移动熔剂浮区”的途径实现晶体生长[147]。

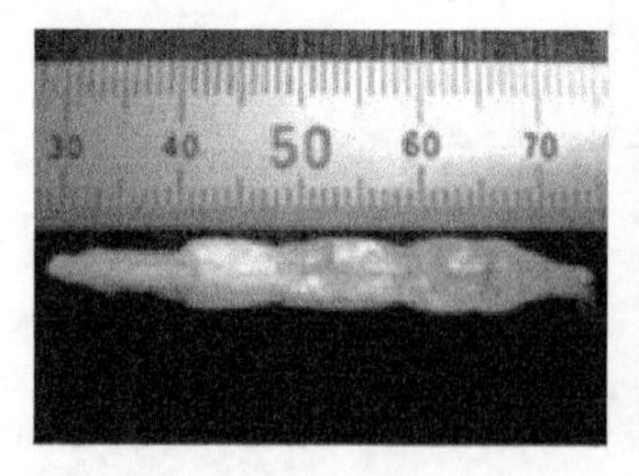

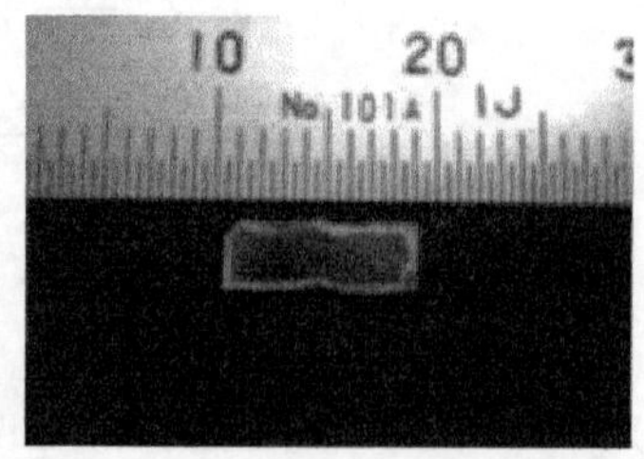

(a)

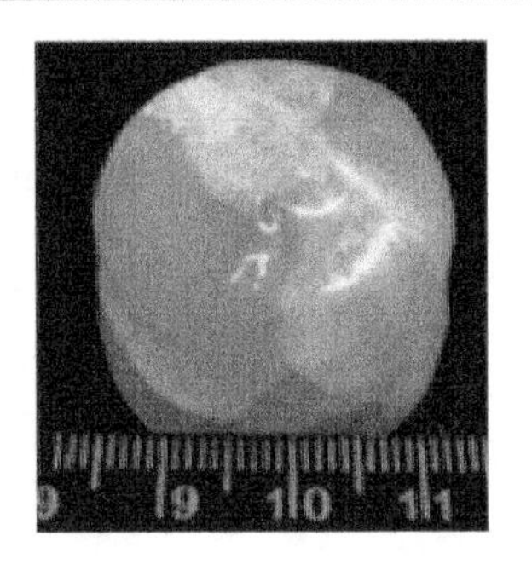

(b)

图 6.2.18　浮区法[107](a)和提拉法[134](b)制备 GPS:10%Ce 晶体毛坯和样品照片

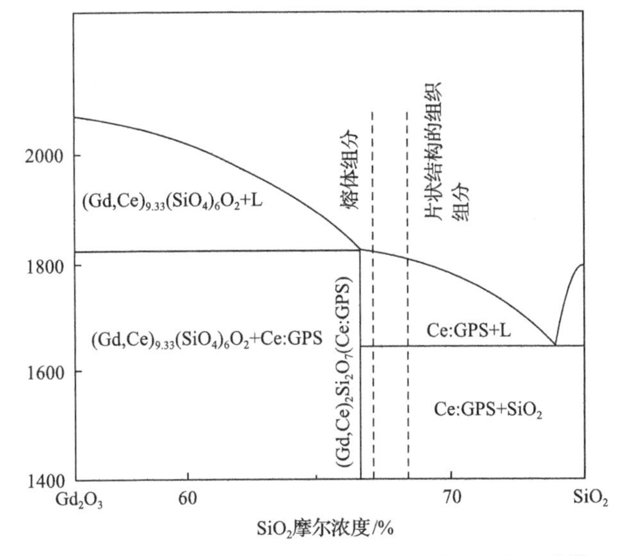

图 6.2.19　GPS:10%Ce 在 GPS 相附近的局部相图[147]

Gerasymov 等用 La^{3+}取代部分 Ce^{3+}(La^{3+} 1.03Å, Ce^{3+} 1.01Å)，通过 TSSG 生长出掺 Ce 焦硅酸镧钆固溶体晶体 La-GPS:Ce[134]，发现 GPS:Ce 晶体难以生长的原因是熔体容易出现温度不均匀的情况，通过加热到高于熔点 100～150℃的温度并保温 40～60min 的处理方法，可改善熔体的均一性，并用提拉法和 TSSG 法相继获得了纯 GPS、GPS:10%Ce、GPS:10%La, 1%Ce 和 GPS:5%Sc, 0.2%Ce 晶体[149]。图 6.2.20 所示为文献中报道的一些用 TSSG 方法制备的 GPS:Ce 晶体，表明 TSSG 是一种制备 GPS:Ce 晶体的有效方法。

Yoshikawa 对 La-GPS:Ce 晶体进行了生长优化，通过提拉法得到了组分为($La_{0.485}Gd_{1.5}Ce_{0.015}$)$Si_2O_7$的直径 2in 的 La-GPS:Ce 晶体(图 6.2.21)，并认为 La、Gd 离子在稀土格位的不均匀分布是 La-GPS 固溶体晶体较 GPS 晶体更加稳定的主要原因[143]。

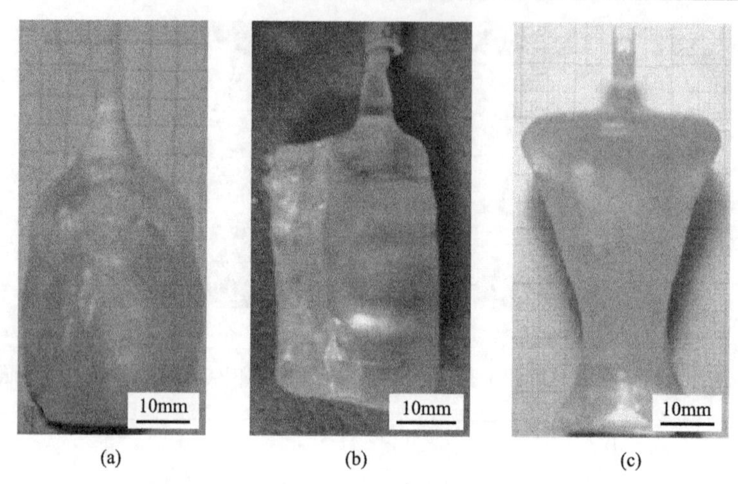

图 6.2.20　TSSG 法制备的 GPS 晶体照片 (a) (b) GPS:2.5%Ce[135,150]和 (c) GPS:10%Ce[135]

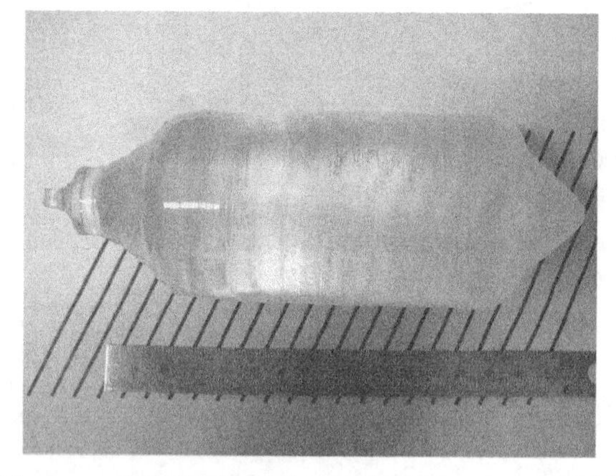

图 6.2.21　提拉法制备的直径 2in 的 La-GPS:Ce 晶体[145]

在上述正硅酸盐闪烁晶体中，GSO 晶体的核心制约因素是存在由 Gd-Ce 能量传递所致的慢分量、易解理开裂等问题；YSO 虽然不存在余辉及放射性本底等问题，但其密度小、易开裂；而 LYSO 则因其密度大、光输出高、衰减快以及超强的抗辐照性能等综合优势，晶体开发及相关应用研究十分活跃，随着大尺寸和高均匀性晶体的制备技术的不断突破，必将在核辐射探测领域中扮演重要的角色。LYSO 未来发展及更大规模应用的瓶颈是高昂的制备成本，因此晶体的低成本制备及器件研究将是其未来发展的重点。

在焦硅酸盐晶体中，LPS:Ce 晶体的余辉弱、猝灭温度高达 500K，这些优点使得其有望在油井勘测等领域获得应用；近年来 GPS 晶体通过共掺杂 La 离子，使晶体制备和晶体性能获得了突破性的进展。尽管如此，就整体而言，由于焦硅酸盐闪烁晶体具有熔体黏度大(易产生包裹体)、自吸收强(大尺寸晶体的光输出低)、性能不突出[151-155]，加之存在多种不同的晶型(导致晶体制备困难)等不利因素，导致焦硅酸盐的研究及应用大大滞后于正硅酸盐闪烁晶体。

参 考 文 献

[1] Utsu T, Akiyama S. Growth and applications of Gd_2SiO_5:Ce scintillators. Journal of Crystal Growth, 1991, 109(1): 385-391.

[2] Weber M J. Inorganic scintillators: Today and tomorrow. Journal of Luminescence, 2002, 100(1-4): 35-45.

[3] Cutler P A, Melcher C L, Spurrier M A, et al. Scintillation non-proportionality of lutetium- and yttrium-based silicates and aluminates. IEEE Transactions on Nuclear Science, 2009, 56 (3): 915-919.

[4] Feng H, Chen J, Zhang Z, et al. Structure, photoluminescence and scintillation characteristics of a $Gd_{1.9}Y_{0.1}SiO_5$:0.5%Ce (GYSO:Ce) single crystal scintillator. Radiation Measurements, 2018, 109: 8-12.

[5] Kurtsev D, Sidletskiy O, Neicheva S, et al. LGSO:Ce scintillation crystal optimization by thermal treatment. Materials Research Bulletin, 2014, 52 (Supplement C): 25-29.

[6] Balcerzyk M, Moszynski M, Kapusta M, et al. YSO, LSO, GSO and LGSO. A study of energy resolution and nonproportionality. IEEE Transactions on Nuclear Science, 2000, 47(4): 1319-1323.

[7] Sidletskiy O, Baumer V, Gerasymov I, et al. Gadolinium pyrosilicate single crystals for gamma ray and thermal neutron monitoring. Radiation Measurements, 2010, 45(3-6): 365-368.

[8] Melcher C L, Schweitzer J S, Manente R S, et al. Applicability of GSO scintillators for well logging. IEEE Transactions on Nuclear Science, 1991, 38(2): 506-509.

[9] Kurata Y, Kurashige K, Ishibashi H, et al. Scintillation characteristics of GSO single crystal grown under O/sub 2/-containing atmosphere. IEEE Transactions on Nuclear Science, 1995, 42(4): 1038-1040.

[10] Kurashige K, Gunji A, Kamada M, et al. Large GSO single crystals with a diameter of 100 mm and their scintillation performance. 2003 IEEE Nuclear Science Symposium, Conference Record (IEEE Cat. No.03CH37515), 2003: 1895, 3.

[11] Ding D Z, Weng L H, Yang J H, et al. Influence of yttrium content on the location of rare earth ions in LYSO: Ce crystals. Journal of Solid State Chemistry, 2014, 209: 56-62.

[12] Sidletskiy O, Belsky A, Gektin A, et al. Structure-property correlations in a Ce-doped $(Lu,Gd)_2SiO_5$: Ce scintillator. Crystal Growth and Design, 2012, 12(9): 4411-4416.

[13] Ahrens L H. The use of ionization potentials Part 1. Ionic radii of the elements. Geochim Cosmochim Acta, 1952, 2(3): 155-169.

[14] 徐军. 新型高效闪烁晶体 Ce: Gd_2SiO_5 的生长. 人工晶体学报, 1995, 24(3): 261.

[15] Ishibashi H, Shimizu K, Susa K, et al. Cerium doped GSO scintillators and its application to position sensitive detectors. IEEE Transactions on Nuclear Science, 1989, 36(1): 170-172.

[16] Suzuki H, Tombrello T A, Melcher C L, et al. Energy transfer from Gd to Ce in $Gd_2(SiO_4)O$: Ce. Journal of Luminescence, 1994, 60-61: 963-966.

[17] Melcher C L, Schweitzer J S, Utsu T, et al. Scintillation properties of GSO. IEEE Transactions on Nuclear Science, 1990, 37(2): 161-164.

[18] Suzuki H, Tombrello T A, Melcher C L, et al. The role of gadolinium in the scintillation processes of cerium-doped gadolinium oxyorthosilicate. Nuclear Instruments and Methods in Physics Research, 1994, 346 (3): 510-521.

[19] Mori K, Nakayama M, Nishimura H. Role of the core excitons formed by 4f-4f transitions of Gd^{3+} on Ce^{3+} scintillation in Gd_2SiO_5: Ce^{3+}. Physical Review B, 2003, 67(16): 165206.

[20] Belov M V, Zavartsev Y D, Zavertyaev M V, et al. Scintillation properties of oxyorthosilicate crystals Gd_2SiO_5: Ce^{3+}: Ca^{2+}. Bulletin of the Lebedev Physics Institute, 2019, 46(8): 259-262.

[21] Ye X, Luo Y, Liu S, et al. Experimental study and thermodynamic calculation of Lu_2O_3-SiO_2 binary system. Journal of Rare Earths, 2017, 35(9): 927-933.

[22] Toropov N A, Bondar I A. Silicates of the rare earth elements, communication 3. Phase diagram of the binary system yttrium oxide-silica. Izvestiia Akademii Nauk SSSR, 1961, 4: 544-550.

[23] Toropov N A, Bondar I A. Silicates of the rare earth element. Russian Chemical Bulletin, 1961, 10(4): 502-508.

[24] Aitasalo T, Hölsä J, Lastusaari M, et al. Delayed luminescence of Ce^{3+} doped Y_2SiO_5. Optical Materials, 2004, 26(2): 107-112.

[25] Rothfuss H E, Melcher C L, Eriksson L, et al. Scintillation kinetics of YSO:Ce. 2007 IEEE Nuclear Science Symposium Conference Record, 2007: 1401-1403.

[26] Auffray E, Borisevitch A, Gektin A, et al. Radiation damage effects in Y_2SiO_5: Ce scintillation crystals under γ-quanta and 24GeV protons. Nuclear Instruments and Methods in Physics Research A, 2015, 783: 117-120.

[27] Mesquita A, Bril A. Preparation and cathodoluminescence of Ce^{3+}-activated yttrium silicates and some isostructural compounds. Materials Research Bulletin, 1969, 4(9): 643-650.

[28] Arsenev P A, Raiskaya L N, Sviridovaya R K. Spectral properties of neodymium ions in the lattice of Y_2SiO_5 crystals. Physica Status Solidi A, 1972, 13(1): K45-K47.

[29] Melcher C L, Schweitzer J S. A promising new scintillator: Cerium-doped lutetium oxyorthosilicate. Nuclear Instruments and Methods in Physics Research A, 1992, 314(1): 212-214.

[30] Moses W W. Current trends in scintillator detectors and materials. Nuclear Instruments and

Methods in Physics Research, 2002, 487(1-2): 123-128.

[31] Cooke D W, Mcclellan K J, Bennett B L, et al. Crystal growth and optical characterization of cerium-doped $Lu_{1.8}Y_{0.2}SiO_5$. Journal of Applied Physics, 2000, 88(12): 7360-7362.

[32] Chai B, Ji Y. Lutetium yttrium orthosilicate single crystal scintillator detector: US06921901B1. 2005-07-26.

[33] Kimble T, Chou M, Chai B H T. Scintillation properties of LYSO crystals//Metzler S. 2002 IEEE Nuclear Science Symposium, Conference Record, 2003, 1-3: 1434-1437.

[34] Qin L, Li H, Lu S, et al. Growth and characteristics of LYSO ($Lu_{2(1-x-y)}Y_{2x}SiO_5$:Ce_y) scintillation crystals. Journal of Crystal Growth, 2005, 281(2-4): 518-524.

[35] Blahuta S, Viana B, Bessière A, et al. Luminescence quenching processes in Gd_2O_2S: Pr^{3+}, Ce^{3+} scintillating ceramics. Optical Materials, 2011, 33(10): 1514-1518.

[36] Melcher C L, Schweitzer J S. Cerium-doped lutetium oxyorthosilicate: A fast, efficient new scintillator. IEEE Transactions on Nuclear Science, 1992, 39(4): 502-505.

[37] Ding D, Weng L, Yang J, et al. Influence of yttrium content on the location of rare earth ions in LYSO: Ce crystals. Journal of Solid State Chemistry, 2014, 209: 56-62.

[38] Gustafsson T, Klintenberg M, Derenzo S E, et al. Lu_2SiO_5 by single-crystal X-ray and neutron diffraction. Cheminform, 2010, 32(39): 668-669.

[39] Vedda A, Nikl M, Fasoli M, et al. Thermally stimulated tunneling in rare-earth-doped oxyorthosilicates. Physical Review B, 2008, 78(19): 195123.

[40] Felsche J. The Crystal Chemistry of the Rare-earth Silicates. Berlin Heidelberg: Springer, 1973.

[41] Speakman S A, Porter W D, Spurrier M A, et al. Thermal expansion and stability of cerium-doped Lu_2SiO_5. Materials Research Bulletin, 2006, 41(2): 423-435.

[42] Cong H, Zhang H, Wang J, et al. Structural and thermal properties of the monoclinic Lu_2SiO_5 single crystal: Evaluation as a new laser matrix. Journal of Applied Crystallography, 2009, 42: 284-294.

[43] Carvajal J J, García-Muñoz J, Solé R, et al. Charge self-compensation in the nonlinear optical crystals $Rb_{0.855}Ti_{0.955}Nb_{0.045}OPO_4$ and $RbTi_{0.927}Nb_{0.056}Er_{0.017}OPO_4$. Chemistry of Materials, 2003, 15: 2338-2345.

[44] O'bryan H M, Gallagher P K, Berkstresser G W. Thermal expansion of Y_2SiO_5 single crystals. Journal of the American Ceramic Society, 1988, 71(1): C-42-C-43.

[45] Chen L, Ding D, Fasoli M, et al. Role of yttrium in thermoluminescence of LYSO: Ce crystals. The Journal of Physical Chemistry C, 2020, 124(32): 17726-17732.

[46] Pidol L, Guillot-Noël O, Kahn-Harari A, et al. EPR study of Ce^{3+} ions in lutetium silicate scintillators $Lu_2Si_2O_7$ and Lu_2SiO_5. Journal of Physics and Chemistry of Solids, 2006, 67(4): 643-650.

[47] Suzuki H, Tombrello T A, Melcher C L, et al. UV and gamma-ray excited luminescence of cerium-doped rare-earth oxyorthosilicates. Nuclear Instruments and Methods in Physics Research A, 1992, 320(1-2): 263-272.

[48] Suzuki H, Melcher C L, Schweitzer J S. Light emission mechanism of $Lu_2(SiO_4)O$: Ce. IEEE Transactions on Nuclear Science, 1993, 40(4): 380-383.

[49] Cooke D W, Bennett B L, Mcclellan K J, et al. Electron-lattice coupling parameters and oscillator strengths of cerium-doped lutetium oxyorthosilicate. Physical Review B, 2000, 61(18): 11973.

[50] Peak J D, Melcher C L, Rack P D. Investigating the luminescence properties as a function of activator concentration in single crystal cerium doped Lu_2SiO_5: Determination of the configuration coordinate model. Journal of Applied Physics, 2011, 110(1): 013511.

[51] Feng H, Jary V, Mihokova E, et al. Temperature dependence of luminescence characteristics of $Lu_{2(1-x)}Y_{2x}SiO_5$:Ce^{3+} scintillator grown by the Czochralski method. Journal of Applied Physics, 2010, 108(3): 6.

[52] Liu B, Shi C, Yin M, et al. Luminescence and energy transfer processes in Lu_2SiO_5:Ce^{3+} scintillator. Journal of Luminescence, 2006, 117(2): 129-134.

[53] Wojtowicz A J, Drozdowski W, Wisniewski D, et al. Scintillation properties of selected oxide monocrystals activated with Ce and Pr. Optical Materials, 2006, 28(1-2): 85-93.

[54] Dorenbos P. 5d-level energies of Ce^{3+} and the crystalline environment. Ⅲ. Oxides containing ionic complexes. Physical Review B, 2001, 64(12): 125117.

[55] Dorenbos P. 5d-level energies of Ce^{3+} and the crystalline environment. Ⅰ. Fluoride compounds. Physical Review B, 2000, 62(23): 15640-15649.

[56] Dorenbos P. Light output and energy resolution of Ce^{3+}-doped scintillators.Nuclear Instruments and Methods in Physics Research A, 2002, 486(1): 208-213.

[57] Dean J A. Lange's Handbook of Chemistry Version 15th, Section 4 (Properties of Atoms, Radicals, and Bonds). New York: McGraw-Hill Inc, 1999: 4.32-4.34.

[58] Ogiegło J M, Katelnikovas A, Zych A, et al. Luminescence and luminescence quenching in $Gd_3(Ga,Al)_5O_{12}$ scintillators doped with Ce^{3+}. The Journal of Physical Chemistry A, 2013, 117(12): 2479-2484.

[59] Luo J, Wu Y, Zhang G, et al. Composition–property relationships in $(Gd_{3-x}Lu_x)(Ga_yAl_{5-y})O_{12}$: Ce ($x$=0, 1, 2, 3 and y=0, 1, 2, 3, 4) multicomponent garnet scintillators. Optical Materials, 2013, 36(2): 476-481.

[60] Campos S, Denoyer A, Jandl S, et al. Spectroscopic studies of Yb^{3+}-doped rare earth orthosilicate crystals. Journal of Physics Condensed Matter, 2004, 16(25): 4579.

[61] 陆佩文. 硅酸盐物理化学. 南京: 东南大学出版社, 1991: 24-27.

[62] Ding D, Liu B, Wu Y, et al. Effect of yttrium on electron–phonon coupling strength of 5d state of Ce^{3+} ion in LYSO: Ce crystals. Journal of Luminescence, 2014, 154: 260-266.

[63] Drozdowski W, Wojtowicz A J, Wisniewski D, et al. VUV spectroscopy and low temperature thermoluminescence of LSO: Ce and YSO:Ce. Journal of Alloys and Compounds, 2004, 380(1-2): 146-150.

[64] Yang K, Melcher C L, Koschan M A, et al. Effect of Ca Co-doping on the luminescence centers in LSO: Ce single crystals. IEEE Transactions on Nuclear Science, 2011, 58(3): 1394-1399.

[65] Rodriguez-Mendoza U R, Cunningham G B, Shen Y, et al. High-pressure luminescence studies in Ce^{3+}: Lu_2SiO_5. Physical Review B, 2001, 64(19): 195112.

[66] Kuznetsov A Y, Sobolev A B, Varaksin A N. Embedded cluster calculations of the electron structure of the Ce^{3+} impurity in Lu_2SiO_5 crystals with allowance for crystal lattice relaxation and polarization. Physica Status Solidi, 1997, 204: 701-709.

[67] Henderson B, Imbusch G F. Optical Spectroscopy of Inorganic Solids. Oxford: Clarendon, 1989.

[68] Blasse G, Grabmaier B C. Luminescent Materials. NewYork: Springer-Verlag, 1994.

[69] Liu B, Gu M, Qi Z, et al. Laser-excited spectra of Lu_2SiO_5:Ce scintillator. Journal of Luminescence, 2007, 127(2): 645-649.

[70] Wan B, Ding D, Wang L, et al. Analysis of luminescence spectra and decay kinetics of LYSO:Ce scintillating crystals with varied yttrium content. Ceramics International, 2021, 47(12): 16918-16925.

[71] Wang J, Tian S, Li G, et al.Influence of rare earth elements (Sc, La, Gd, and Lu) to the luminescent properties of FED blue phosphor Y_2SiO_5:Ce. Journal of The Electrochemical Society, 2001, 148(6): H61.

[72] Hoshina T. 5d→4f radiative transition probabilities of Ce^{3+} and Eu^{2+} in crystals. Journal of the Physical Society of Japan, 1980, 48(4): 1261-1268.

[73] Duan C K, Reid M F. Local field effects on the radiative lifetimes of Ce^{3+} in different hosts. Current Applied Physics, 2006, 6(3): 348-350.

[74] Lyu L J, Hamilton D S. Radiative and nonradiative relaxation measurements in Ce^{3+} doped crystals. Journal of Luminescence, 1991, 48-49: 251-254.

[75] Kolk E V D, Basun S A, Imbusch G F, et al. Temperature dependent spectroscopic studies of the electron delocalization dynamics of excited Ce ions in the wide band gap insulator, Lu_2SiO_5. Applied Physics Letters, 2003, 83(9): 1740-1742.

[76] Alva-Sánchez H, Zepeda-Barrios A, Díaz-Martínez V D, et al. Understanding the intrinsic radioactivity energy spectrum from 176Lu in LYSO/LSO scintillation crystals. Scientific Reports, 2018, 8(1): 17310.

[77] Wan B, Yang F, Ding D, et al. Effects of yttrium content on intrinsic radioactivity energy spectra

of LYSO: Ce crystals. Nuclear Instruments and Methods in Physics Research A, 2021, 1001: 165263.

[78] Bazouband F, Maraghechi B. Efficiency enhancement of nonlinear odd harmonics in thermal free electron laser. Journal of Applied Physics, 2013, 113(17): 3539.

[79] Erb A, Lanfranchi J C. Growth of high-purity scintillating $CaWO_4$ single crystals for the low-temperature direct dark matter search experiments CRESST- Ⅱ and EURECA. CrystEngComm, 2013, 15: 2301-2304.

[80] Dinger T R,Worthington T K, Gallagher W J, et al. Direct observation of electronic anisotropy in single-crystal $YBa_2Cu_3O_{7-x}$. Physical Review Letters, 1987, 58(25): 2687.

[81] Jeon J, Mironov S, Sato Y S, et al. Anisotropy of structural response of single crystal austenitic stainless steel to friction stir welding. Acta Materialia, 2013, 61: 3465-3472.

[82] Baccaro S, Barone L M, Borgia B, et al. Ordinary and extraordinary complex refractive index of the lead tungstate ($PbWO_4$) crystal. Nuclear Instruments.Methods in Physics Research, 1999, 385(2): 209-214.

[83] Cocozzella N, Lebeau M, Majni G, et al. Quality inspection of anisotropic scintillating lead tungstate ($PbWO_4$) crystals through measurement of interferometric fringe pattern parameters. Nuclear Instruments Methods in Physics Research, 2001, 469(3): 331-339.

[84] Mao R H, Zhang L Y, Zhu R Y. Quality of mass produced lead tungstate crystals. IEEE Transactions on Nuclear Science, 2005, 51(4): 1777-1783.

[85] Gong B, Shen D, Ren G, et al. Crystal growth and optical anisotropy of Y: $PbWO_4$ by modified Bridgman method. Journal of Crystal Growth, 2002, 235(1): 320-326.

[86] Ding D, Qin L, Yang J, et al. Thermal expansion of Lu_2SiO_5:Ce crystal. Thermochimica Acta, 2014, 576: 36-38.

[87] Ding D, Yang J, Ren G, et al. Effects of anisotropy on structural and optical characteristics of LYSO:Ce crystal. Physica Status Solidi B, 2014, 251(6): 1202-1211.

[88] Liu B, Qi Z M, Gu M, et al. First-principles study of oxygen vacancies in Lu_2SiO_5. Journal of Physics: Condensed Matter, 2007, 19(43): 436215.

[89] Jia Y, Miglio A, Gonze X, et al. Ab-initio study of oxygen vacancy stability in bulk and Cerium-doped lutetium oxyorthosilicate. Journal of Luminescence, 2018, 204: 499-505.

[90] Dorenbos P, Vaneijk C W E, Bos A J J, et al. Afterglow and thermoluminescence properties of Lu_2SiO_5-Ce scintillation crystals. Journal of Physics: Condensed Matter, 1994, 6(22): 4167-4180.

[91] Jary V, Krasnikov A, Nikl M, et al. Origin of slow low-temperature luminescence in undoped and Ce-doped Y_2SiO_5 and Lu_2SiO_5 single crystals. Physica Status Solidi B, 2015, 252(2): 274-281.

[92] Wojtowicz A J, Glodo J, Drozdowski W, et al. Electron traps and scintillation mechanism in

$YAlO_3$:Ce and $LuAlO_3$:Ce scintillators. Journal of Luminescence, 1998, 79(4): 275-291.

[93] Lempicki A, Glodo J. Ce-doped scintillators: LSO and LuAP. Nuclear Instruments and Methods in Physics Research A, 1998, 416(2): 333-344.

[94] Mao R, Wu C, Dai L E, et al. Crystal growth and scintillation properties of LSO and LYSO crystals. Journal of Crystal Growth, 2013, 368: 97-100.

[95] Cooke D W, Bennett B L, Muenchausen R E, et al. Intrinsic trapping sites in rare-earth and yttrium oxyorthosilicates. Journal of Applied Physics, 1999, 86(9): 5308-5310.

[96] Zorenko Y, Zorenko T, Voznyak T, et al. Intrinsic luminescence of Lu_2SiO_5(LSO) and Y_2SiO_5 (YSO) orthosilicates. Journal of Luminescence, 2013, 137: 204-207.

[97] Zavartsev Y D, Koutovoi S A, Zagumennyi A I. Czochralski growth and characterisation of large Ce^{3+}: Lu_2SiO_5 single crystals co-doped with Mg^{2+} or Ca^{2+} or Tb^{3+} for scintillators. Journal of Crystal Growth, 2005, 275(1): e2167-e2171.

[98] Spurrier M A, Szupryczynski P, Yang K, et al. Effects of Ca^{2+} co-doping on the scintillation properties of LSO: Ce. IEEE Transactions on Nuclear Science, 2008, 55(3): 1178-1182.

[99] Yang K, Melcher C L, Rack P D, et al. Effects of calcium codoping on charge traps in LSO: Ce crystals. IEEE Transactions on Nuclear Science, 2009, 56(5): 2960-2965.

[100] Blahuta S, Bessière A, Viana B, et al. Evidence and Consequences of Ce^{4+} in LYSO: Ce, Ca and LYSO: Ce, Mg single crystals for medical imaging applications. IEEE Transactions on Nuclear Science, 2013, 60(4): 3134-3141.

[101] Melcher C L, Friedrich S, Cramer P, et al. Cerium oxidation state in LSO:Ce scintillators. IEEE Transactions on Nuclear Science, 2005, 52(5): 1809-1812.

[102] Wu Y, Koschan M, Li Q, et al. Revealing the role of calcium codoping on optical and scintillation homogeneity in Lu_2SiO_5: Ce single crystals. Journal of Crystal Growth, 2018, 498: 362-371.

[103] Wu Y, Tian M, Peng J, et al. On the role of Li^+ codoping in simultaneous improvement of light yield, decay time, and Afterglow of $Lu_2Si_2O_7$:Ce^{3+} scintillation detectors. Physica Status Solidi: Rapid Research Letterse, 2019, 13(2): 1800472.

[104] Wu Y, Peng J, Rutstrom D, et al. Unraveling the critical role of site occupancy of lithium codopants in Lu_2SiO_5:Ce^{3+} single-crystalline scintillators. ACS Applied Materials and Interfaces, 2019, 11(8): 8194-8201.

[105] Wu Y, Koschan M, Foster C, et al. Czochralski growth, optical, scintillation, and defect properties of Cu^{2+} codoped Lu_2SiO_5:Ce^{3+} single crystals. Crystal Growth and Design, 2019, 19(7): 4081-4089.

[106] Kantuptim P, Kato T, Nakauchi D, et al. Ce concentration dependence of optical and scintillation properties on Ce-doped $La_2Si_2O_7$ crystal. Japanese Journal of Applied Physics, 2022, 61(SB): SB1038.

[107] Kawamura S, Kaneko J H, Higuchi M, et al. Floating zone growth and scintillation characteristics of cerium-doped gadolinium pyrosilicate single crystals. IEEE Transactions on Nuclear Science, 2007, 54(4): 1383-1386.

[108] Pidol L, Kahn-Harari A, Viana B, et al. High efficiency of lutetium silicate scintillators, Ce-doped LPS, and LYSO crystals. IEEE Transactions on Nuclear Science, 2004, 51(3): 1084-1087.

[109] Bretheaulnaynal F, Lance M, Charpin P. Crystal data for $Lu_2Si_2O_7$. Journal of Applied Crystallography, 1981, 14(5): 349-350.

[110] Pidol L, Guillot-No O, Kahn-Harari A, et al. EPR study of Ce^{3+} ions in lutetium silicate scintillators $Lu_2Si_2O_7$ and Lu_2SiO_5. Journal of Physics and Chemistry of Solids, 2006, 67(4): 643-650.

[111] Pauwels D, Le Masson N, Viana B, et al. A Novel Inorganic Scintillator: $Lu_2Si_2O_7$: Ce^{3+}(LPS). IEEE Transactions on Nuclear Science, 2000, 47(6): 1787-1790.

[112] Pidol L, Kahn-Harari A, Viana B, et al. Scintillation properties of $Lu_2Si_2O_7$:Ce^{3+}, a fast and efficient scintillator crystal. Journal of Physics: Condensed Matter, 2003, 15: 2091-2102.

[113] Pidol L, Viana B, Kahn-Harari A, et al. Optical properties and energy levels of Ce^{3+} in lutetium pyrosilicate scintillator crystal. Journal of Applied Physics, 2004, 95(12): 7731-7737.

[114] Bachmann V, Ronda C, Meijerink A. Temperature quenching of yellow Ce^{3+} luminescence in YAG: Ce. Chemistry of Materials, 2009, 21(10): 2077-2084.

[115] Feng H, Ding D, Li H, et al. Cerium concentration and temperature dependence of the luminescence of $Lu_2Si_2O_7$: Ce scintillator. Journal of Alloys and Compounds, 2011, 509(9): 3855-3858.

[116] Pidol L, Guillot-Noel O, Jourdier M, et al. Scintillation quenching by Ir^{3+} impurity in cerium doped lutetium pyrosilicate crystals. Journal of Physics: Condensed Matter, 2003, 15(45): 7815-7821.

[117] Yanagida T, Watanabe K, Okada G, et al. Optical, scintillation and radiation tolerance properties of Pr-doped pyrosilicate crystals. Japanese Journal of Applied Physics, 2018, 57(10): 106401.

[118] Fasoli M, Vedda A, Mihóková E, et al. Optical methods for the evaluation of the thermal ionization barrier of lanthanide excited states in luminescent materials. Physical Review B, 2012, 85(8): 085127.

[119] Dell'orto E, Fasoli M, Ren G, et al. Defect-Driven radioluminescence sensitization in scintillators: The case of $Lu_2Si_2O_7$: Pr. The Journal of Physical Chemistry C, 2013, 117(39): 20201-20208.

[120] Kantuptim P, Akatsuka M, Nakauchi D, et al. Scintillation properties of Pr-doped $Lu_2Si_2O_7$ single crystal. Radiation Measurements, 2020, 134: 106320.

[121] Pidol L, Viana B, Kahn-Harari A, et al. Luminescence properties and scintillation mechanisms of Ce^{3+}-, Pr^{3+}- and Nd^{3+}-doped lutetium pyrosilicate. Nuclear Instruments and Methods in Physics Research A, 2005, 537 (1-2): 125-129.

[122] Nikl M, Ren G, Ding D, et al. Luminescence and scintillation kinetics of the Pr^{3+} doped $Lu_2Si_2O_7$ single crystal. Chemical Physics Letters, 2010, 493(1-3): 72-75.

[123] Feng H, Ren G, Li J, et al. Energy transfer and defects study in Ce^{3+}, Pr^{3+} Co-doped $Lu_2Si_2O_7$ crystal. IEEE Transactions on Nuclear Science, 2014, 61(1): 271-275.

[124] Yan C F, Zhao G J, Hang Y, et al. Czochralski growth and crystal structure of cerium-doped $Lu_2Si_2O_7$ scintillator. Materials Letters, 2006, 60(16): 1960-1963.

[125] 李焕英, 秦来顺, 陆晟, 等. $Lu_2Si_2O_7$: Ce 闪烁晶体的生长与宏观缺陷研究. 无机材料学报, 2006, 21(3): 527-532.

[126] Szupryczynski P, Melcher C L, Spurrier M A, et al. Ce-doped lutetium pyrosilicate scintillators LPS and LYPS. Proceedings of the IEEE Nuclear Science Symposium Conference, 2005, 3: 1310.

[127] Pidol L, Kahn-Harari A, Viana B, et al. Czochralski growth and physical properties of cerium-doped lutetium pyrosilicate scintillators Ce^{3+}: $Lu_2Si_2O_7$: Ce. Journal of Crystal Growth, 2005, 275(1-2): e899-e904.

[128] 丁栋舟. $Lu_xY_{1-x}AlO_3$: Ce 晶体的结构稳定性及其闪烁性能研究. 上海: 中国科学院上海硅酸盐研究所, 2006.

[129] Feng H, Ding D Z, Li H Y, et al. Effect of annealing treatments on scintillation properties of $Lu_2Si_2O_7$:Ce grown by Czochralski method. Journal of Inorganic Materials, 2009, 24(5): 1054-1058.

[130] Yagi Y, Susa K. Phase studies of the system Gd_2O_3-Ce_2O_3-SiO_2 and their luminescence. Proceedings of KEK-RCNP International School and Mini-Workshop for Scintillating Crystals, 2004, 4: 89-94.

[131] Yagi Y, Susa K. A new bright glass scintillator. Proceedings of KEK-RCNP International School and Mini-Workshop for Scintillating Crystals, 2004, 4: 95-98.

[132] Kawamura S, Kaneko J H, Higuchi M, et al. Investigation of Ce-doped $Gd_2Si_2O_7$ as a scintillator material.Nuclear Instruments and Methods in Physics Research A, 2007, 583(2-3): 356-359.

[133] Gerasymov Y V, Baumer V N, Neicheva S V, et al. Impact of codoping on structure, optical and scintillation properties of $Gd_2Si_2O_7$-based crystals. Functional Materials, 2013, 20(1): 15-19.

[134] Gerasymov I, Sidletskiy O, Neicheva S, et al. Growth of bulk gadolinium pyrosilicate single crystals for scintillators. Journal of Crystal Growth, 2011, 318(1): 805-808.

[135] Tsubota Y, Kaneko J H, Higuchi M, et al. Dependence of scintillation properties on cerium concentration for GPS single crystal scintillators grown by a TSSG method. Nuclear Science

Symposium and Medical Imaging Conference (NSS/MIC), 2011 IEEE, 2011: 1923-1926.

[136] Kawamura S, Kaneko J H, Higuchi M, et al. Scintillation characteristics of Ce:$Gd_2Si_2O_7$ (Ce 2.5-30mol%) single crystals prepared by the floating zone method. IEEE Transactions on Nuclear Science, 2009, 56 (1): 328-330.

[137] Kurosawa S, Shishido T, Sugawara T, et al. Scintillation properties of Y-Admixed $Gd_2Si_2O_7$ scintillator. Radiation Measurements, 2019, 126: 106123.

[138] Chewpraditkul W, Sakthong O, Chewpraditkul W, et al. Scintillation timing characteristics of $(La,Gd)_2Si_2O_7$: Ce and Gd_2SiO_5: Ce single crystal scintillators: A comparative study. Radiation Measurements, 2016, 92: 49-53.

[139] Kurosawa S, Shishido T, Suzuki A, et al. Performance of Ce-doped $(La,Gd)_2Si_2O_7$ scintillator with an avalanche photodiode.Nuclear Instruments and Methods in Physics Research A, 2014, 744 (0): 30-34.

[140] Jary V, Nikl M, Kurosawa S, et al. Luminescence characteristics of the Ce^{3+}-doped pyrosilicates: the case of La-admixed $Gd_2Si_2O_7$ single crystals. The Journal of Physical Chemistry C, 2014, 118 (46): 26521-26529.

[141] Murakami R, Kurosawa S, Shoji Y, et al. Scintillation properties of Zr co-doped Ce: $(Gd,La)_2Si_2O_7$ grown by the Czochralski process. Radiation Measurements, 2016, 90: 162-165.

[142] Haruna J, Kaneko J H, Higuchi M, et al. Response function measurement of $Gd_2Si_2O_7$:Ce scintillator for neutrons. Nuclear Science Symposium Conference Record, 2007. NSS'07. IEEE, 2007: 1421-1425.

[143] Felsche J. Polymorphism and crystal data of the rare-earth disilicates of type $RE_2Si_2O_7$. Journal of the Less Common Metals, 1970, 21 (1): 1-14.

[144] Baumer V, Gerasymov I, Sidletskiy O, et al. Growth and characterization of tetragonal structure modification of beta-$Gd_2Si_2O_7$: Ce. Journal of Alloys and Compounds, 2011, 509 (33): 8478-8482.

[145] Yoshikawa A, Kurosawa S, Shoji Y, et al. Growth, structural considerations, and characterization of Ce-Doped $(La, Gd)_2Si_2O_7$: Ce scintillating crystals. Crystal Growth and Design, 2015, 15 (4): 1642-1651.

[146] 万欢欢, 冯鹤, 肖丰, 等. $Gd_2Si_2O_7$: Ce-$Ce_2Si_2O_7$体系的相关系及其发光性能. 硅酸盐学报, 2017, 45 (1): 64-69.

[147] Kawamura S, Higuchi M, Kaneko J H, et al. Phase relations around the pyrosilicate phase in the Gd_2O_3-Ce_2O_3-SiO_2 system. Crystal Growth and Design, 2009, 9 (3): 1470-1473.

[148] Toropov N A, Galakhov F Y, Konovalova S F. Silicates of the rare earth elements. Bulletin of the Academy of Sciences of the USSR, Division of chemical science, 1961, 10 (4): 497-501.

[149] Gerasymov I V, Sidletskiy O T, Baumer V N, et al. Melt composition and heat treatment at

growth of $Gd_2Si_2O_7$-based crystals. Functional Materials, 2013, 20(2): 234-238.

[150] Youichi T, Junichi H K, Mikio H, et al. High-temperature scintillation properties of orthorhombic $Gd_2Si_2O_7$ aiming at well logging. Applied Physics Express, 2015, 8(6): 062602.

[151] Toropov N A, Bondar I A. Silicates of the rare earth elements. Russian Chemical Bulletin, 1961, 10(4): 502-508.

[152] Feng H, Ding D, Li H, et al. Growth and luminescence characteristics of cerium-doped yttrium pyrosilicate single crystal. Journal of Alloys and Compounds, 2010, 489(2): 645-649.

[153] 冯鹤, 丁栋舟, 李焕英, 等. 新型闪烁晶体 Ce 掺杂焦硅酸钇(YPS: Ce)的闪烁与热释光性能. 无机材料学报, 2010, 25(8): 801-805.

[154] Wan H, Wang Y, Zhuang L, et al. Photoluminescence, scintillation properties and trap states of $La_2Si_2O_7$: Ce single crystal. Materials Research Express, 2018, 5(8): 086202.

[155] Feng H, Chou M M C, Chen C, et al. Optical, scintillation and thermally stimulated luminescence properties of $Sc_2Si_2O_7$: Ce single crystal grown by floating zone method. Optical Materials, 2012, 34(7): 1003-1006.

第 7 章　铝酸盐闪烁晶体

与硅酸盐体系类似，稀土氧化物与三氧化二铝组成的二元体系(RE_2O_3-Al_2O_3，RE=Lu,Y 和 Gd)也存在若干个中间二元化合物。RE_2O_3 与 Al_2O_3 可形成三种稀土化合物，分别为 RE_2O_3∶Al_2O_3=1∶1 的钙钛矿结构(Perovskite，P)铝酸盐、RE_2O_3∶Al_2O_3=3∶5 的石榴石结构(Garnet，G)铝酸盐以及 RE_2O_3∶Al_2O_3=2∶1 的单斜结构(Monoclinic，M)铝酸盐。不同的稀土离子之间还可以通过类质同象替换从而演化出多种复杂组分的稀土铝酸盐晶体。当以 Ce、Pr 或者 Yb 作为发光中心离子掺入上述铝酸盐晶体中，则可合成出许多性能各异的闪烁晶体。其中的 YAP:Ce/Pr、LuAG:Ce 和 GAGG:Ce 等因高光产额、快衰减和高能量分辨率等优点吸引了全世界研究者的关注，近十年来围绕稀土铝酸盐闪烁晶体的制备、材料改性与应用开展了大量的研究工作。

本章依照基质晶体的结构将稀土铝酸盐闪烁晶体划分为钙钛矿结构和石榴石结构两类闪烁晶体，分别阐述它们的性质、制备，以及组分和缺陷对闪烁性能的影响。

7.1　钙钛矿结构铝酸盐闪烁晶体

钙钛矿结构铝酸盐晶体主要包括铝酸镥($LuAlO_3$，LuAP)、铝酸钇($YAlO_3$，YAP)、铝酸钆($GdAlO_3$, GAP)以及它们之间的固溶体，当掺入适量的铈离子后它们都表现出一定的闪烁性能。表 7.1.1 列出了它们的主要物理和闪烁性能。

表 7.1.1　四种铈掺杂钙钛矿型稀土铝酸盐闪烁晶体的物理和闪烁性能[1-7]

性能	$LuAlO_3$:Ce	$Lu_{0.7}Y_{0.3}AlO_3$:Ce	$YAlO_3$:Ce	$GdAlO_3$:Ce
缩写	LuAP:Ce	LuYAP:Ce	YAP:Ce	GAP:Ce
熔点/转融温度/℃	2050	—	1917	2069
是否一致熔融	否	—	有争议	是
密度/(g/cm^3)	8.3	7.5	5.37	7.24
晶体结构	Pnma	Pnma	Pnbm	Pnma
光产额/(ph/MeV)	12000	13000	21600	9000*
发光峰位/nm	370	375	375	335,358
衰减时间/ns	18	21，有慢分量	27	30，180

*X 射线激发发射光谱积分对比数据。

7.1.1　$Lu_{1-x}Y_xAlO_3$:Ce 晶体

1995 年，Lempicki 等[8]和 Moses 等[9]几乎在同一时间报道了 LuAP:Ce 的闪烁性能，该晶体的显著特点是密度大(8.2g/cm^3)——对 γ 射线的阻止能力强，其次是闪烁衰减时间在掺 Ce 氧化物闪烁晶体中最快(18ns)(表 7.1.1)。此外，它的机械强度高、莫氏硬度高达 8.5[10]、物理化学性能稳定，特别适合于 PET 器件使用[10-13]。LuAP:Ce 晶体一经发现就引起了世界闪烁晶体界的广泛关注，尤其是 CERN 的 3C 小组、捷克的 Crytur 公司、俄罗斯的 BTCP 等都纷纷展开了对它的生长技术、闪烁性能和器件研究。

但该晶体面临的主要问题是晶体结构的不稳定性和非一致熔融而导致晶体制备极其困难。为了稳定 LuAP 的钙钛矿结构相，研究者通过在其中加入适量的钇(Y)离子，形成 $Lu_{1-x}Y_xAP$，所以 LuAP:Ce 和 LuYAP:Ce 关系十分密切，本节将二者放在一起讨论。

1. 晶体结构及其稳定性

理想的钙钛矿结构为立方晶系，但实际的结构常常畸变为四方、正交甚至单斜晶系，图 7.1.1 所示为理想的钙钛矿型晶体结构示意图。LuAP 属于正交晶系，空间群为 Pbnm。Al 离子处于氧八面体的中心，配位数为 6；Lu 处于氧配位多面体的中心，配位数为 12。单位晶胞中含有 4 个 $LuAlO_3$“分子”。晶格常数为 a=7.11Å，b=7.33Å 和 c=7.33Å[14]。

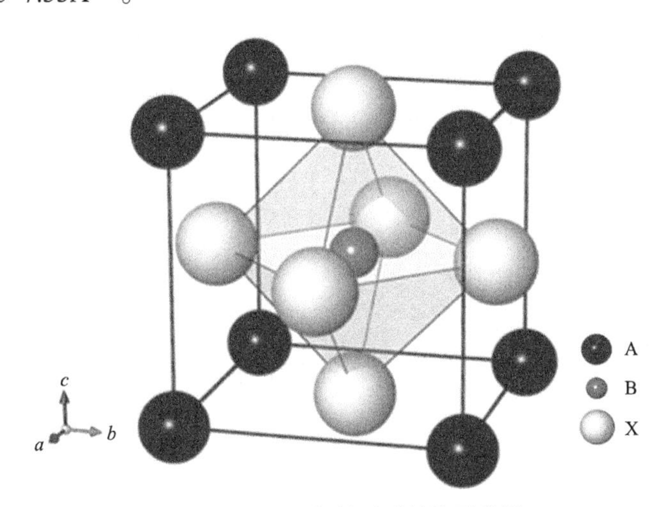

图 7.1.1　ABX_3 钙钛矿型结构示意图

理想的 ABX_3 钙钛矿结构(见图 7.1.1)中相邻离子必须彼此相互接触，B-X 间距为 $a/2$(a 为立方晶胞的晶胞参数)，A-X 间距为 $\sqrt{2}a/2$，此时，各离子半径满

足 $R_A+R_X=\sqrt{2}(R_B+R_X)$ 的关系。但实际上，钙钛矿结构化合物中各离子半径之间的关系为 $R_A+R_X=t\sqrt{2}(R_B+R_X)$，其中 t 称为容差因子，其值一般在 0.75～1.00 之间，若 t 超出此范围，则钙钛矿结构不稳定[15]。对于 $LuAlO_3$，其 t 值为 0.89，从这个角度讲 $LuAlO_3$ 晶体结构应该是稳定的。但由于 ABX_3 中的 A 格位理想的离子半径 $R_A=\{1.414(R_{Al}^{3+}+R_O^{2-})-2R_O^{2-}\}/2=1.343Å$，而 Lu^{3+} 即便在配位数为 12 时的离子半径也只有 1.2Å，也即 $LuAlO_3$ 中 Lu^{3+} 半径相对理想数值偏小。通常，大半径的离子倾向于高配位(如 12 配位)，形成钙钛矿结构(P 相)，而小半径的离子倾向于低配位(如 8 配位)，形成石榴石结构(G 相)。在钙钛矿型稀土铝酸盐晶体中，随稀土离子半径的缩小，结构稳定性也随之降低，如 $TmAlO_3$、$YbAlO_3$、$LuAlO_3$ 在 1200℃以上均不稳定，但 $ErAlO_3$ 直至熔点一直都很稳定[14]。这表明，要保持 P 相结构的稳定，ABX_3 中 A 离子半径须大一点，以便与 X 离子一起形成立方最紧密堆积；同理分析可知，B 离子半径应小一点，以便填充在上述密堆的八面体间隙当中。

对 LuAP:Ce 晶体和 LuAP 相为主的多晶粉末(编号为 LuAP-9)样品进行的差热分析、高温 XRD 测试以及高温退火实验表明，当温度升至 1292℃开始出现吸热峰(图 7.1.2)，而变温 XRD 结果也显示在温度为 1300℃时所测得的 XRD 图谱显示有新的衍射峰出现(图 7.1.3)。这些新出现的衍射峰分别对应于 LuAG 相和 LuAM 相，而且，随着测试温度的升高以及保温时间的延长，这些新出现衍射峰的强度有进一步增强的趋势(图 7.1.3)。这表明当温度高出某个临界温度时，LuAP 晶相开始分解，分解反应如式(7-1)所示：

$$7LuAlO_3(\text{P相}) \longrightarrow Lu_3Al_5O_{12}(\text{G相}) + Lu_4Al_2O_9(\text{M相}) \quad (7\text{-}1)$$

上述 LuAP 分解反应的临界温度点处在 1200～1300℃之间，此临界温度与图 7.1.2 中 DTA 曲线升温阶段峰值为 1292℃的吸热峰起点处的温度相吻合，此外

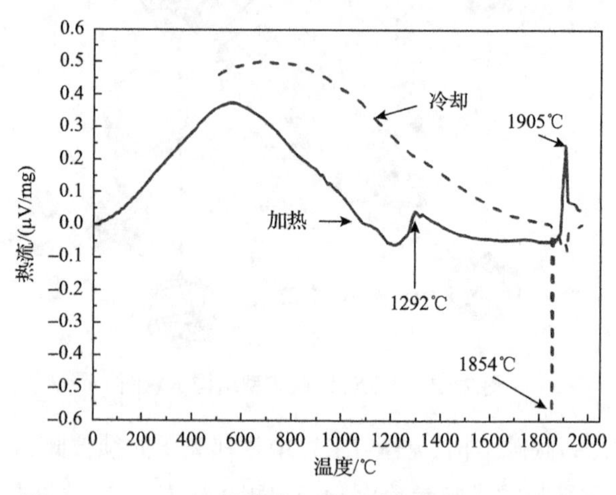

图 7.1.2　LuAP:Ce 晶体在加热和冷却过程的 DTA 曲线

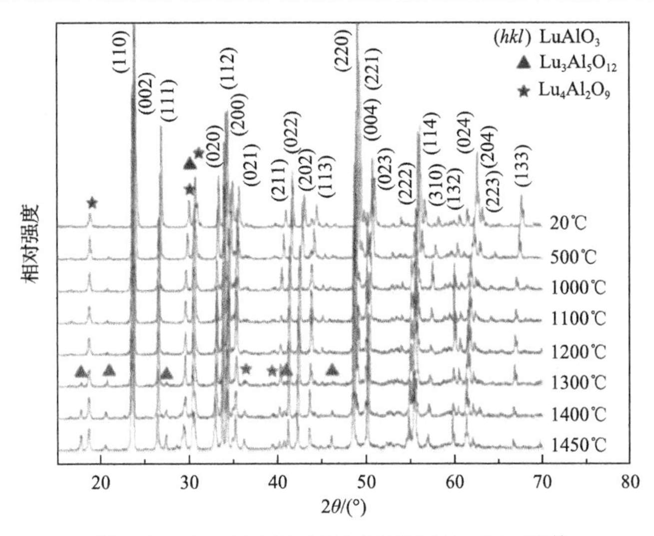

图 7.1.3　LuAP-9 样品不同温度下的 XRD 图谱

该温度点也与 Petrosyan 等[14]报道的 1200℃的相转变温度点基本一致。

图 7.1.4 列出了 LuAP-9 样品于 1450℃下保温 30min 后降至室温后测得的 XRD 图谱。与图 7.1.3 相比，两者的相似之处在于都含有因相分解所产生的新衍射峰，这些新出现的衍射峰并没有因为温度降至室温而消失，这说明如式(7-1)所示的相分解反应是单向的，并不可逆——前述 DTA 降温曲线上 1292℃附近并没有出现与升温曲线上吸热峰相对应的放热峰，这也佐证了如式(7-1)所示的相分解反应不可逆。两者的差异在于 LuAP-9 样品在 1450℃下的保温时间更长，相分解更充分，因而相分解产物所对应的新衍射峰在相对强度上要更强一些。

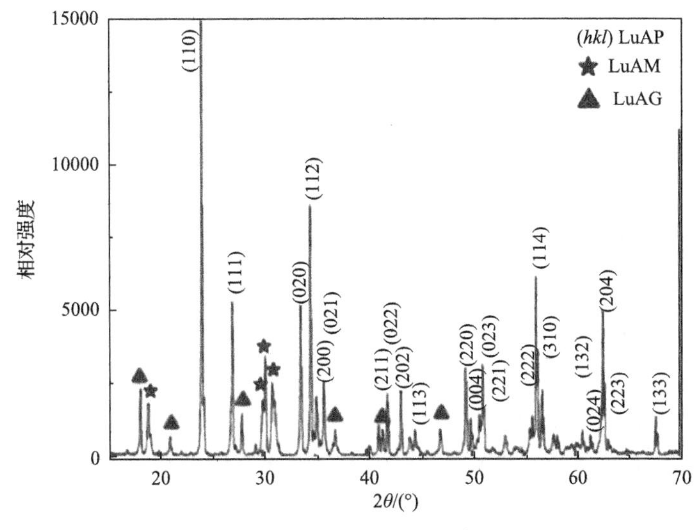

图 7.1.4　LuAP-9 样品于 1450℃下保温 30min 后降至室温所测得的 XRD 图谱

此外，根据鲍林第一规则[16]，在围绕阳离子的配位多面体中，阳离子的配位数决定于阳离子与阴离子的半径比。表 7.1.2 是理论计算所得阳、阴离子半径比值与阳离子配位数之间的对应关系，表 7.1.3 是钙钛矿和石榴石结构中离子的占位情况及各离子在相应配位数情形下的离子半径。LuAP 结构中 Lu^{3+}、Al^{3+}分别占据钙钛矿相的 A、B 格位，配位数分别为 12 和 6，该配位数情形下的离子半径比 $R_{Lu^{3+}}/R_{O^{2-}}\approx0.86$、$R_{Al^{3+}}/R_{O^{2-}}\approx0.39$，比值分别处在 1～0.732 和 0.414～0.225 之间，因而按照表 7.1.2，Lu^{3+}在结构中的配位数等于 8(而不是 12)、Al^{3+}的配位数等于 4(这是 G 相中 Lu^{3+}和 60%Al^{3+}的配位数)才是稳定的。由此可见，Lu^{3+}、Al^{3+}半径不利于 LuAP 的生成和稳定。由于镥铝石榴石(LuAG:Ce)晶体结构中也还有 40%Al^{3+}的配位数为 6，这一配位数和 LuAP:Ce 中 Al^{3+}的配位数相同，因而总体来看 Lu^{3+}半径偏小是造成 LuAP 结构不稳定的主要原因。相对而言，LuAG 中阳、阴离子半径的比值以及各阳离子在稳定结构中的理论配位数与其实际配位数均更为吻合，因此以 Lu_2O_3 与 Al_2O_3 为原料合成出具有石榴石结构的化合物——LuAG 才是比较稳定的。

表 7.1.2　阳、阴离子半径比值与稳定结构中阳离子配位数的对应关系[17]

R^+/R^-	1	1～0.732	0.732～0.414	0.414～0.225	0.225～0.15
配位数	12	8	6	4	3

表 7.1.3　不同类型结构中离子的占位情况及相应离子半径

ABX_3 钙钛矿结构					$A_3B_2Z_3O_{12}$ 石榴石结构				
离子	格位	配位数	离子半径/Å	R^+/R^-	离子	格位	配位数	离子半径/Å	R^+/R^-
Lu^{3+}	A	12	1.2	0.86	Lu^{3+}	A	8	0.977	0.75
Al^{3+}	B	6	0.54	0.39	Al^{3+}	B	6	0.54	0.415
					Al^{3+}	Z	4	0.39	0.3
O^{2-}	X	6	1.4		O^{2-}	O	4	1.3	

备注：本表中的离子半径数据来源于文献[18]。

为抑制 LuAP:Ce 晶体的相分解问题，我们将大半径的 Y 离子引入到 LuAP 中，制备出 Lu_xY_{1-x}AP:Ce(x=0, 0.3, 1)晶体粉末样品，并将它们置于 1600℃空气气氛中保温 10h 进行退火。退火前各粉末样品均为白色，退火后 YAP:Ce 在颜色上未有明显变化；$Lu_{0.3}Y_{0.7}$AP:Ce 在退火后则呈淡淡的黄绿色；而未掺杂的 LuAP:Ce 在退火后样品呈现明显的黄绿色。XRD 鉴定结果显示，YAP:Ce 样品退火后仍然还是 P 相；但 $Lu_{0.3}Y_{0.7}$AP:Ce 退火后的 XRD 谱中除了 P 相的衍射峰外，还有相分解产物 G 相和 M 相的衍射峰出现；而 LuAP:Ce 在经历同样的退火工艺条件后产物则是 G 相和 M 相的混合物(见图 7.1.5)。这表明 YAP:Ce 的 P 相结构在高温下是稳定的，LuAP:Ce 是不稳定的，但在 LuAP:Ce 中掺入大半径的 Y^{3+}有助于增强 LuAP:Ce 晶体的结构稳定性。

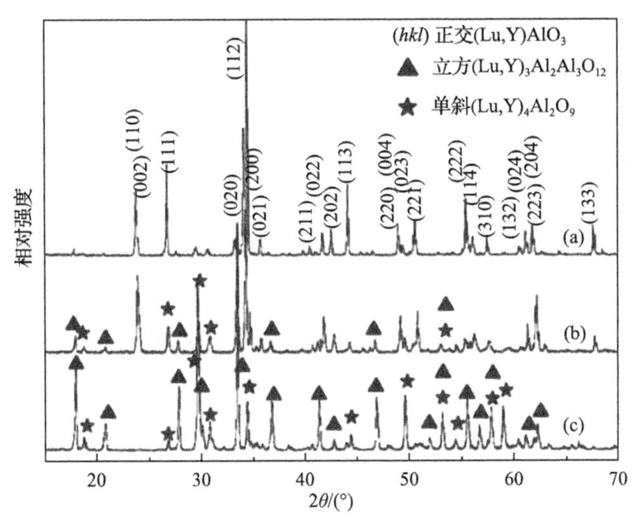

图 7.1.5　YAP:Ce(a)、$Lu_{0.3}Y_{0.7}AP$:Ce(b)、LuAP:Ce(c)晶体的粉末样品于 1600℃空气气氛下保温 10h 后的 XRD 粉末衍射谱

Lu_2O_3-Al_2O_3 相图[19](图 7.1.6)也显示 LuAP 是一个低温分解、高温非一致熔融的化合物，因此，从 Lu_2O_3:Al_2O_3=1:1 的熔体中无法直接结晶出来 LuAP，而是首先结晶出具有石榴石结构的 $Lu_3Al_5O_{12}$ 晶体。只有当温度降至 1907℃时，先期结晶的 $Lu_3Al_5O_{12}$ 通过转熔反应才能生成 $LuAlO_3$ 介稳相，即 $Lu_3Al_5O_{12}$ + L⟶

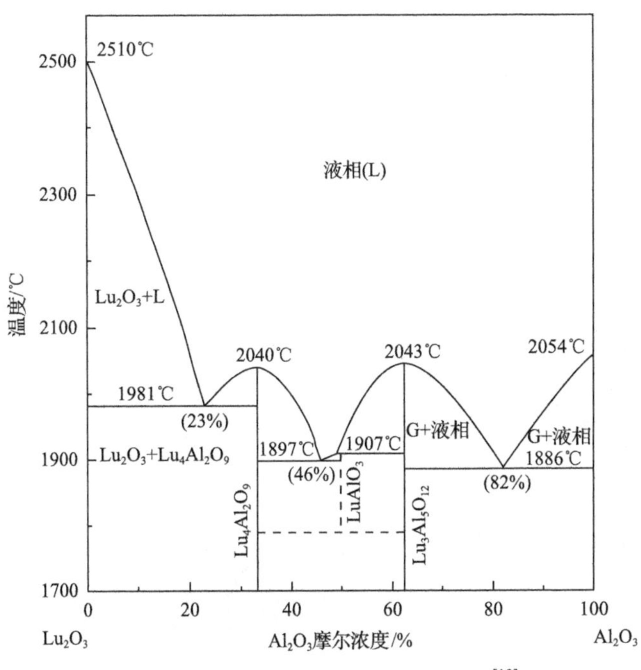

图 7.1.6　Lu_2O_3-Al_2O_3 二元体系相图[19]

$LuAlO_3$。而在1200～1600℃的温度区间里，先前析出的LuAP会发生相分解反应，生成石榴石相和单斜相的铝酸镥(LuAG和LuAM)[14,20,21]。

在LuAP的DTA曲线中，以1292℃为峰值的相分解吸热峰是一个处在温度区间为1200～1600℃宽吸热峰，因而在晶体生长结束后，应快速降温以尽快越过该物相的高温不稳定区。但是由于该相不稳定的温度区间较宽，难以实现快速跨越，因而不可避免地会有部分LuAP相发生分解，LuAP晶体样品中或多或少地要含有一定数量的LuAG与LuAM相(如图7.1.4所示)。

如前所述，LuAP中Lu^{3+}半径相对于理想数值偏小，阴阳离子半径的相对大小(比值)决定了从该体系的熔体中结晶时最容易得到的稳定相是LuAG，而LuAP是介稳相，这是LuAP易于发生相分解的原因。因此，研究者普遍采用向其中掺入比半径比Lu离子更大的元素，如Y和Gd等，以有助于稳定P相结构，降低LuAP:Ce晶体的生长难度。由此发展出$Lu_x(RE^{3+})_{1-x}$AP:Ce固溶体型闪烁晶体。此外，必须精确控制熔体的组分和温度梯度，通过熔体过冷的方法进入LuAP的析晶温度。在晶体生长结束后快速降温以尽快越过该相不稳定的温度区间。

2. LuYAP晶体生长

1999年，亚美尼亚科学院物理研究所Petrosyan等[14]首次用下降法成功生长出了LuYAP:Ce晶体。捷克科学院物理研究所的Mares等[21]采用导模法(edge-defined film-fed growth，EFG)制备出了截面尺寸为2mm×2mm的$(Lu_{0.2}Y_{0.8})$AP:Ce晶体。但在EFG技术中，固液相边界的温度波动大，容易导致各种缺陷及石榴石相的生成、晶体的品质差(原生的晶体有双晶、晶粒间界以及由内应力造成的缺陷)、成品率不高、性能不均匀和光产额较低等问题[22]。

BTCP采用提拉法成功地长出了$(Lu_{0.7}Y_{0.3})AlO_3$:Ce晶体[23,24]，晶体尺寸达到ϕ25mm×(180～210)mm(图7.1.7)。这是迄今为止所报道的Lu含量最高，同时也是性能最佳的LuYAP晶体，但提拉法生长RE^{3+}AP:Ce时常会导致RE^{3+}、Al^{3+}的微量过量，成为杂质缺陷或色心，如O^-、V_O等[25]。

(a)

(b)

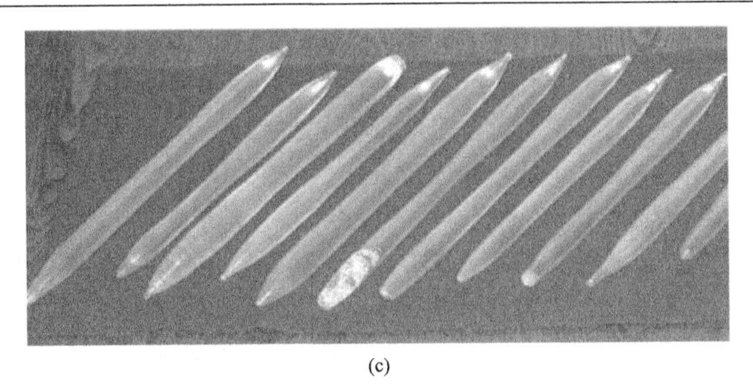

(c)

图 7.1.7　$Lu_{0.7}Y_{0.3}AP:Ce$ 晶体的提拉法生长工艺(a)和加工抛光后的晶体照片(b)以及所生长的晶体毛坯(c)[24]

通过一系列工艺的调节，作者成功地制备出了不同含量的 Lu_x (Y)$_{1-x}$AP:Ce (x=0.1, 0.2, 0.3)固溶体晶体，等径部分尺寸可达 ϕ 30mm×90mm(见图 7.1.8)，晶体无色透明，体内无明显的宏观缺陷。实验发现，随着熔体中镥含量的增加，熔体分层现象加剧，在所生长晶体的上端面生成黄绿色的外壳。XRD 鉴定结果表明，这层黄绿色外壳的物相为石榴石多晶，内部无色透明的部分为正交晶系的(Lu_xY_{1-x}) AP 晶体，属于赝钙钛矿相结构。

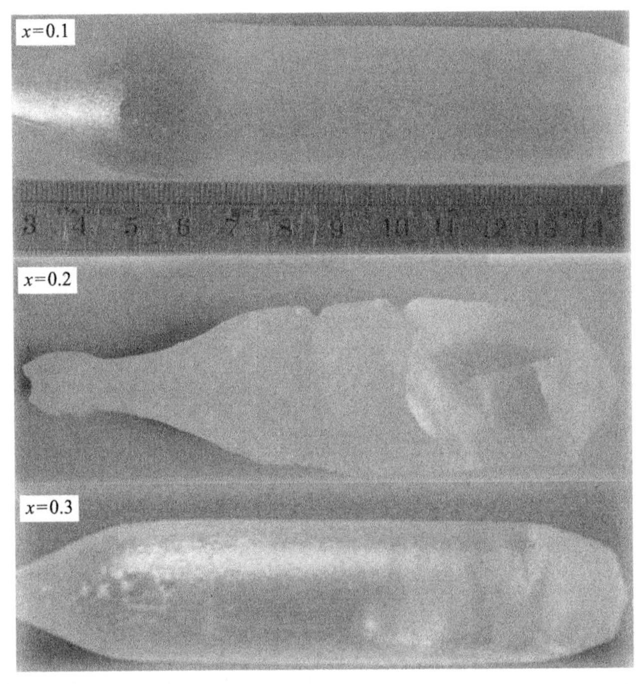

图 7.1.8　从 $Lu_xY_{1-x}AlO_3:Ce$ (x=0.1, 0.2, 0.3)固溶体中生长出的晶体

表 7.1.4 给出了三个不同配比 $Lu_xY_{1-x}AP:Ce$ 中主要组分的实测浓度，根据这些数据，通过熔体与晶体中的元素比例系数粗略计算各元素在不同镥含量 $Lu_xY_{1-x}AP:Ce$ 晶体中的组分分配情况。各元素比例系数的计算结果列在表 7.1.4 的右侧。结果显示，随着熔体中 Lu 含量的增大和 Y 含量的降低，Lu^{3+}、Al^{3+}在 $Lu_xY_{1-x}AP:Ce$ 晶体中的占比逐渐减小，而 Y^{3+}在其中的占比逐渐增大。产生这一现象的原因在于：随着镥含量的增大，固溶体晶体 $Lu_xY_{1-x}AP:Ce$ 的稳定性降低，为实现结构的稳定，晶体将更加“渴求”大半径的离子(Y^{3+}在其中的比例系数逐渐增大)，同时将更加“排斥”不利于结构稳定的“小半径”离子(Lu^{3+}、Al^{3+}在其中的比例系数逐渐减小)。

表 7.1.4　$Lu_xY_{1-x}AP:Ce$ 中各主要组分在固液两相中的分配比

熔体的组分	EPMA 实测的晶体组分	元素在晶体中的含量与在熔体中的含量比		
		Lu^{3+}	Y^{3+}	Al^{3+}
$Lu_{0.1}Y_{0.894}Ce_{0.006}AlO_3$	$Lu_{0.098}Y_{0.923}Al_{0.979}O_3$	0.98	1.032	0.979
$Lu_{0.2}Y_{0.794}Ce_{0.006}AlO_3$	$Lu_{0.191}Y_{0.833}Al_{0.979}O_3$	0.955	1.049	0.979
$Lu_{0.3}Y_{0694}Ce_{0.006}AlO_3$	$Lu_{0.281}Y_{0.765}Al_{0.953}O_3$	0.937	1.102	0.953

采用 UnitCell 程序，对一系列不同镥含量 $Lu_xY_{1-x}AP:Ce$ 晶体的 XRD 数据进行拟合，可以得到晶体的晶胞参数(如图 7.1.9 所示)。结果显示，晶胞参数 b 受镥含量的影响不大；而晶胞参数 a、c 及晶胞体积 V 则随镥含量的增加逐步减小；重元素镥的增加和晶胞体积的缩小，使得晶体的密度随镥含量的增大而逐步增大。

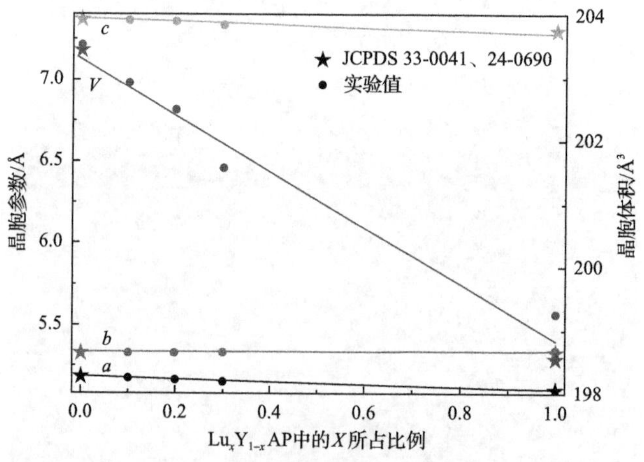

图 7.1.9　固溶体晶体 $Lu_xY_{1-x}AP:Ce$ 的晶胞参数和晶胞体积(V)与镥组分含量的关系

随着熔体 $Lu_xY_{1-x}AP:Ce$ 中镥含量的升高($x\geqslant 0.2$)，生长所得的晶体毛坯的上部及外表面往往逐步开始呈现出黄绿色的多晶态，黄绿色多晶部分占整根晶体的比例随熔体中镥含量的增加而增大，直至在生长 LuAP:Ce 晶体时整根晶体从里到外都是黄绿色的多晶(如图 7.1.10 所示)。

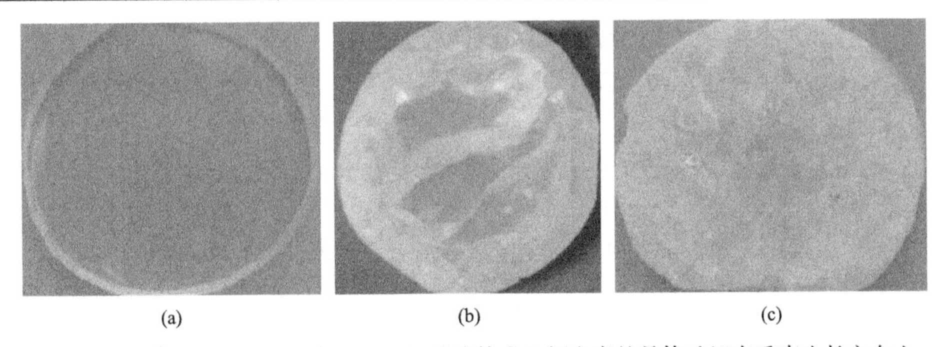

图 7.1.10　从 $Lu_xY_{1-x}AP:Ce$ (x=0.1, 0.2, 1) 熔体中生长出来的晶体毛坯在垂直生长方向上切出的晶片

(a) x=0.1；(b) x=0.2；(c) x=1

对图 7.1.10(b) 所示晶体切片的不同部位分别取样进行了 X 射线粉末衍射，鉴定结果显示：晶体中心无色透明部分为正交晶系的 $Lu_{1-x}Y_xAP$ 晶体，无其他杂相。算得的晶胞参数为 a=7.3253Å、b=7.1710Å、c=7.3613Å，这些参数处于 YAP 的晶胞参数 a=7.3286Å、b=7.1796Å、c=7.3706Å 和 LuAP 的晶胞参数 a=7.1012Å、b=7.3317Å、c=7.300Å 之间，且更接近 YAP，这与生长该晶体时所用熔体的组成相吻合；晶体表层黄绿色部分则以 $(Lu,Y)_3Al_5O_{12}$ (G 相) 为主，P 相含量只占很少的一部分，而并未发现 $(Lu,Y)_4Al_2O_9$ (M 相) 和作为初始原料用的氧化物相 (如 Lu_2O_3、Y_2O_3 等)，因为缺乏 M 相的存在，表明此处的 G 相是原生的而非 P 相分解的产物。

3. LuYAP 的荧光和闪烁性能

1) 激发发射光谱与自吸收

LuAP:Ce 的发射峰为单发光峰，不像 GSO:Ce 和 LSO:Ce 那样为双发光峰。这是由于在具有钙钛矿结构的 LuAP:Ce 中，Lu^{3+} 只有一种结晶学格位，Ce^{3+} 替换 Lu^{3+} 自然也只有一种可选择的位置，即一种发光中心。能量主要是通过连续的电荷迁移来激发 Ce^{3+}，产生 $(Ce^{3+})^*$，即以电荷迁移机制为主[25]，发光过程可以表达式 (7-2)[26-28]：

$$Ce^{3+} + h \rightarrow Ce^{4+},\ Ce^{4+} + e \rightarrow (Ce^{3+})^* \rightarrow Ce^{3+} + h\nu \tag{7-2}$$

LuAP:Ce 晶体在 154nm 处激发峰的强度是能量由基质传递给激活离子的量度。Lempicki 等[26]研究了 LuAP:Ce 室温和 180K 下的激发光谱，结果表明室温下该激发峰强度很强，而在 180K 时该峰几乎消失，即该激发峰强度对温度的依赖性很强 (如图 7.1.11 所示)。照此推论，在温度低于 180K 时闪烁发光就将停止。而事实并非如此，这说明在低温下有其他的能量迁移机制在发挥作用。LuAP:Ce 中的 Lu^{3+} 对 γ 射线有较高的吸收截面，表现在 $Lu_xY_{1-x}AP:Ce$ 的吸收系数随 Lu 含量的增多而增大，

LuAP:Ce 对 662keV γ 射线的线性吸收系数要比 YAP:Ce 高出 10 倍[27]。因此曾经有人提出，Lu^{3+}吸收一个光子变成 Lu^{4+}，同时在导带中产生电子，随后通过电荷迁移很快将能量传给 Ce^{3+}并复合发光，而产生非辐射跃迁的概率较小[29]。

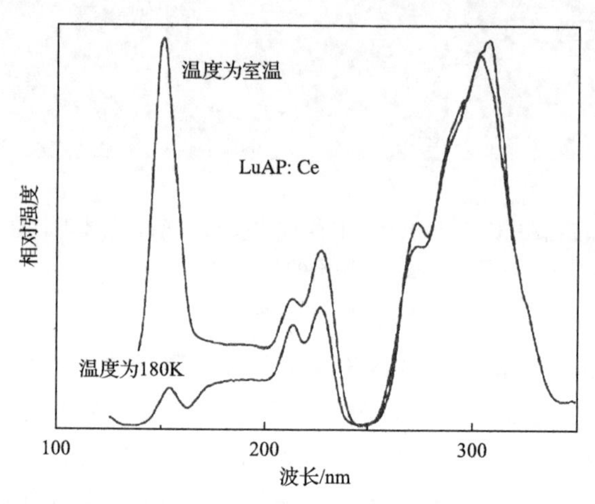

图 7.1.11　LuAP:Ce 室温及 180K 时的激发光谱，在 180K 时 154nm 的带间跃迁几乎消失[26]

LuAP:Ce 晶体的实际发光效率比理论预测值要低 15%～30%[26]，导致其实际发光效率低的可能原因是：①能量传递效率低，文献[30]认为只有14%的激子把能量传给了 Ce^{3+}。缺陷的存在是造成从基质到 Ce^{3+}发光中心能量传递效率低的另一原因[26,31]。②激发发射光谱的部分重叠导致大的自吸收(图7.1.12 和图7.1.13)[23,27]，自吸收的存在造成光程越长，发射峰越窄，光输出越低[26]。而无论是提拉法还是下降法，所获得的 LuAP:Ce 晶体均存在有延伸至 400nm 的自吸收[8,32]。此外，Ce^{2+}

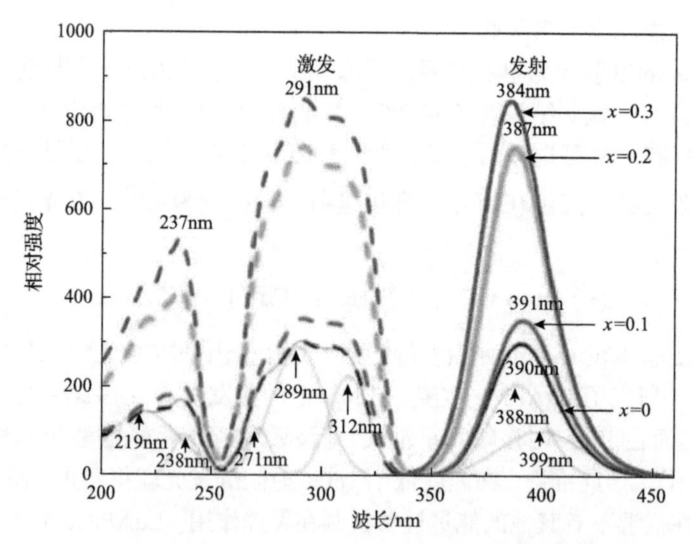

图 7.1.12　$Lu_xY_{1-x}AP$:Ce(x=0, 0.1, 0.2, 0.3)晶体的紫外激发发射光谱

的存在也是导致紫外吸收的一类陷阱[26]。③杂质吸收。④固有缺陷的存在[33,34]。LuAP:Ce晶体在40～400K的范围内热释光主峰所对应的陷阱深度分别为0.51eV、0.79eV、1.6eV 左右。这些浅陷阱不仅降低光产额还影响其动力学过程[35]。Wojtowicz 等把 30%左右的光损失归因于浅陷阱[36]，此外浅陷阱的存在还导致其室温条件下的光产额比低温情形下高，同时还导致闪烁上升时间(rise time)延长。Bartram 等则指出 LuAP:Ce 中有 15%的光损失源于深陷阱[37,38]。如果能消除这些陷阱，预计晶体的光产额有望达到15000ph/MeV。

图7.1.12为$Lu_xY_{1-x}AP$:Ce(x=0, 0.1, 0.2, 0.3)晶体的紫外激发发射光谱，Y/Lu比不同的铝酸钇镥晶体的吸收谱和激发谱在谱形、峰位上非常相似。随 Y/Lu 比的降低，发射谱的峰位由 YAP:Ce 的 390nm 逐步向着短波方向偏移至$Lu_{0.3}Y_{0.7}AP$:Ce的384nm。这表明Y/Lu比的变化会影响稀土格位的晶体场。

$Lu_xY_{1-x}AP$:Ce晶体发射峰的波长随Lu含量的增加而向短波长方向移动的原因可能与Lu、Y离子在极化力上的差异有关。离子的极化力β可以用计算公式(7-3)表达[17]：

$$\beta = W/r^2 \tag{7-3}$$

式中，W、r 分别表示离子的电价和离子半径。Lu^{3+}、Y^{3+}的电价相等而前者的离子半径小于后者，使得Lu^{3+}的极化力比Y^{3+}大。因而，随着$Lu_xY_{1-x}AP$:Ce晶体中Lu含量的升高，稀土格位离子的主极化能力变大，使得同样处于稀土格位的激活离子Ce^{3+}在晶体场的作用下能级分裂加剧，激发态-基态的能级差可能会加大，并使得处于激发态的激活离子Ce^{3+}在退激发时发射出波长更短的光。

$Lu_{0.1}Y_{0.9}AP$:Ce 晶体的发射光谱和激发光谱之间存在一定的交叠(图 7.1.13(a)所示)，也即晶体所发出的光将有一部分被晶体自身所吸收，交叠区域越大，自吸收效应越明显。

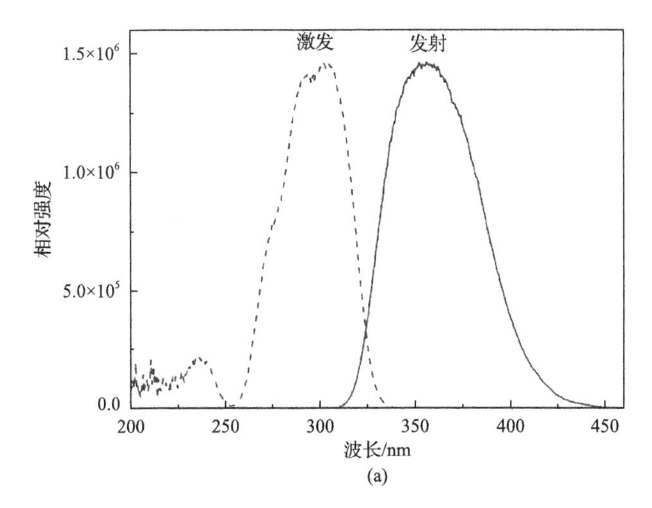

(a)

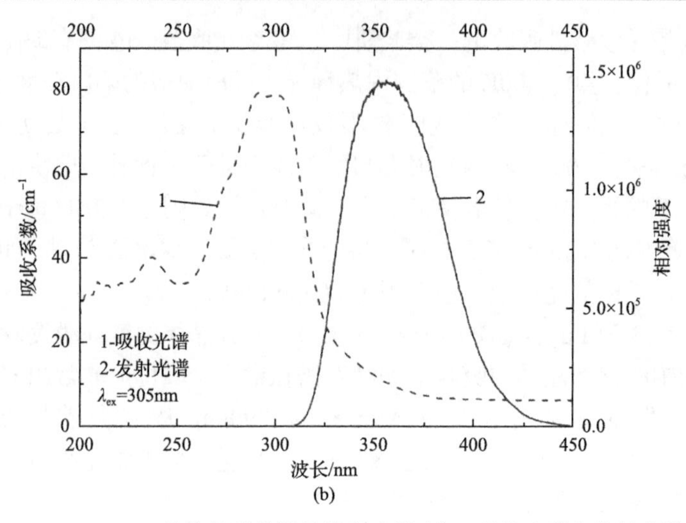

图 7.1.13　$Lu_{0.1}Y_{0.9}AP$:Ce 晶体的紫外激发发射光谱(a)、吸收光谱和发射光谱(b)

比较图 7.1.13 的(a)和(b)还可以发现，$Lu_{0.1}Y_{0.9}AP$:Ce 晶体样品的激发光谱在 255nm 附近处的激发强度近似为零，而吸收光谱中位于该波段的吸收强度则大于零。这表明，除了发光中心离子 Ce^{3+}的吸收以外还存在与 Ce^{3+}的 4f→5d 电子跃迁无对应关系的“伴生吸收”，这些伴生吸收不能在晶体中产生 e-h 电子空穴对，因而对发光没有贡献，属于无效吸收。这种无效吸收不仅降低了晶体的能量转换效率，同时还会使得晶体的光输出随晶体样品厚度的增加而降低。这可能与它们的禁带中存在有稳态的 Ce^{2+}能级所导致的吸收有关[26]。非平衡价态的 Ce^{2+}虽然吸收能量，但不发光，它的存在与具体的晶体制备过程有关[39]。

LuYAP:Ce 晶体的自吸收效应造成晶体的光输出随晶体厚度的增加而降低。图 7.1.14 展示了 $Lu_{0.1}Y_{0.9}AP$:Ce 晶体的全能峰道数随晶体厚度从 11mm 增加到

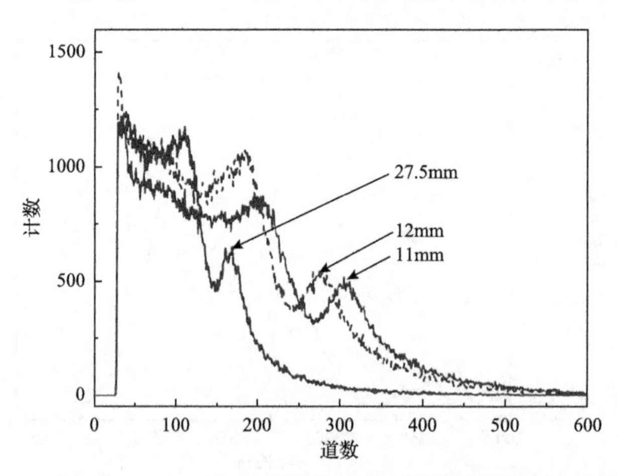

图 7.1.14　同一块 $Lu_{0.1}Y_{0.9}AP$:Ce 晶体厚度(图中数字)不同时的伽马能谱图

27.5mm 而不断减少的测试结果，说明晶体在 γ 射线激发下所产生的光子(体发光)在抵达 PMT 之前所穿行的光程越长，被晶体自身所吸收掉的光子数也就越多，造成抵达 PMT 的光子数也就越少。例如，尺寸为 ϕ 8mm×1mm 和尺寸为 20mm×20mm×27mm 的 $Lu_{0.1}Y_{0.9}AP:Ce$ 晶体虽然具有相同的 Ce 掺杂浓度和光学质量，但前者的光产额为 3880phe/MeV，而后者只有 108phe/MeV。

2) 衰减时间

LuYAP:Ce 晶体在 X 射线激发下的衰减时间谱(图 7.1.15)可采用单指数拟合。拟合结果显示，随着 Lu 含量(x)的增加，铝酸钇镥晶体的闪烁衰减时间整体上呈逐渐减小的趋势，由 YAP:Ce 的 29.7ns 降低到 $Lu_{0.3}Y_{0.7}AP:Ce$ 的 24.2ns[19]。

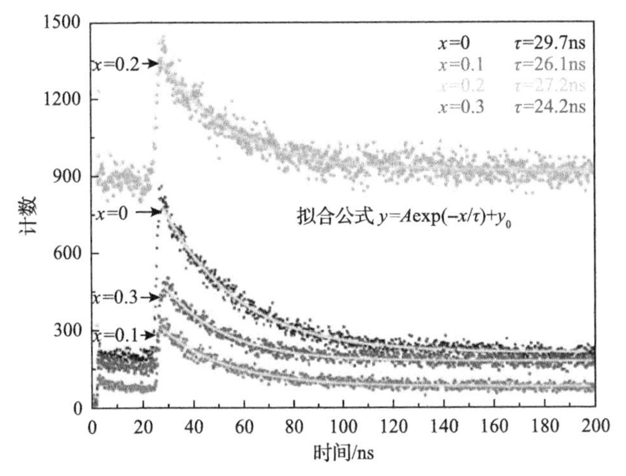

图 7.1.15　$Lu_xY_{1-x}AP:Ce$ (x=0, 0.1, 0.2, 0.3) 晶体的 X 射线激发时间衰减谱及其拟合

图 7.1.16 展示了 $Lu_{0.1}Y_{0.9}AP:Ce$ 和 LSO:Ce 晶体的荧光衰减时间随温度的变化

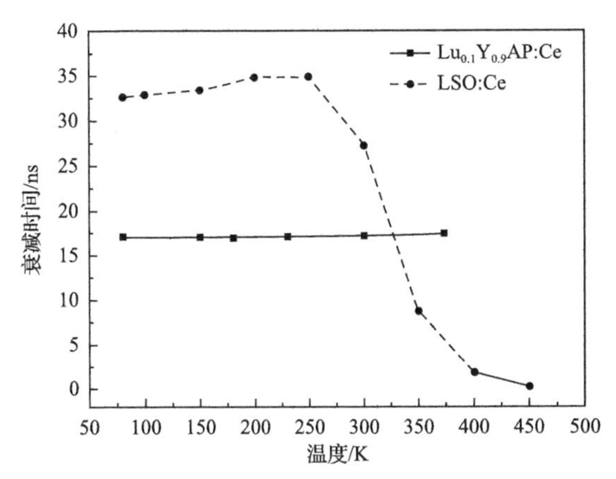

图 7.1.16　不同温度下 $Lu_{0.1}Y_{0.9}AP:Ce$ 和 LSO:Ce 晶体的荧光衰减时间比较

情况，LSO:Ce 晶体在 250K 之下，衰减时间在 32～35ns 之间，但高于 250K 则出现骤然缩短的现象。而 $Lu_{0.1}Y_{0.9}AP$:Ce 晶体的荧光衰减时间在 80～373K 的温度范围之内基本恒定为 16ns，这表明处于激发态的 Ce^{3+}跃迁至基态时非辐射跃迁不明显。Lempicki 更是将研究的温度范围上限拓展至 600K，发现 LuYAP:Ce 的荧光衰减时间仍然近似为常数，而且温度在 500K 以下时晶体的光输出始终具有比较好的稳定性，因而适合用于温度变化较大的环境，如石油测井等领域[26]。

7.1.2 YAP:Ce/Yb 晶体

1. YAP 晶体生长

关于 YAP 是否为一致熔融化合物尚无定论[40]。Toropov 等认为 YAP 为非一致熔融化合物，转熔温度约为 1917℃[41]。Abell 等[42]和 Jin 等[43]发现，虽然 YAP 单晶粉末在高温下会分解，但 YAP 是一致熔融化合物。从最新制作的 Y_2O_3-Al_2O_3 相图(图 7.1.17)[43]和晶体制备实践看，目前倾向于认为 YAP 为一致熔融化合物，实测熔点为 1917℃，从结晶到室温没有发生相转变或相分解现象。

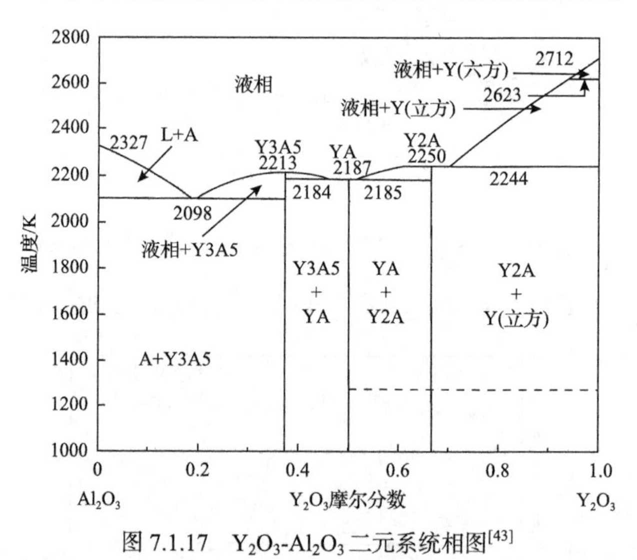

图 7.1.17 Y_2O_3-Al_2O_3 二元系统相图[43]

YAP 单晶最早于 1956 年借助 PbO 助熔剂法获得[44]。YAP 早期作为激光晶体基质研究，1969 年 Weber 等首次报道采用提拉法制备 YAP:Nd 晶体[45]。1990 年，中国科学院福建物质结构研究所李敢生也制备出优质 YAP:Nd 单晶[46]。1983 年，Autrata 等采用钼坩埚通过提拉法生长出 YAP:Ce 单晶，并报道了它的闪烁性能[47]。1988 年，Tomiki 等将 YAP:Ce 晶体作为阴极射线和紫外荧光体使用[48]。1991 年，Baryshevsky 采用 Mo 坩埚，水平定向凝固法制备出 YAP:Ce，获得尺寸为

80mm×100mm×15mm 的晶体[6]。目前，YAP:Ce 单晶的制备方法主要还是用铱坩埚感应加热的提拉法制备，如图 7.1.18 所示为作者采用该方法获得的 YAP:Ce 单晶，晶体表面光洁，光学质量较好。

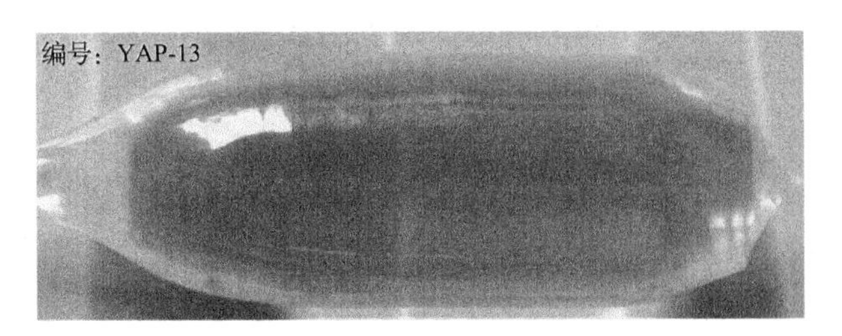

图 7.1.18　提拉法制备的 YAP:Ce 单晶

2. YAP 晶体结构与性能

YAP 晶体属于正交晶系，空间群为 Pnbm，为畸变的钙钛矿结构(如图 7.1.1 所示)。晶格常数 a=6.329Å，b=7.370Å，c=7.179Å。

YAP:Ce 的荧光激发发射光谱如图 7.1.19(a)所示，其激发光谱和发射光谱的峰位分别位于 300nm 和 365nm[6]。

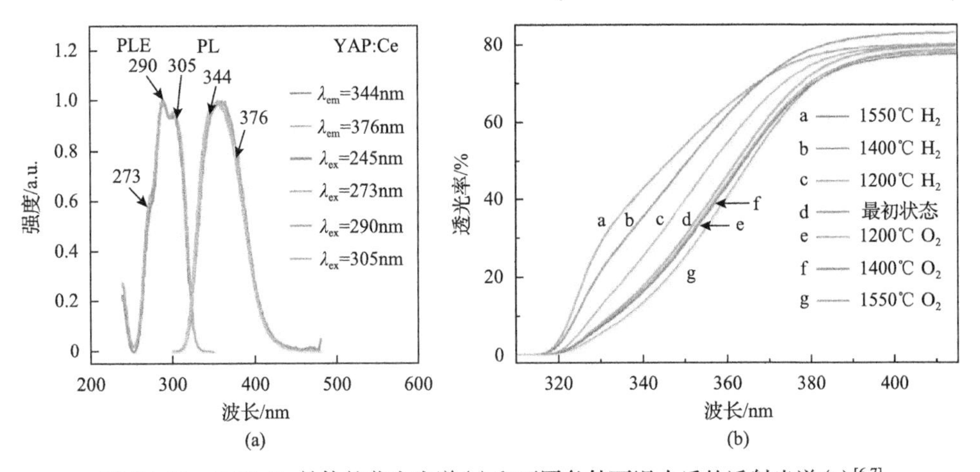

图 7.1.19　YAP:Ce 晶体的荧光光谱(a)和不同条件下退火后的透射光谱(b)[6,7]

从图 7.1.19(a)可以看出，激发光谱与发射光谱之间存在一个交叉区，说明 YAP:Ce 也存在一定的自吸收，且随着厚度和 Ce 浓度增加而增强。Cao 等发现通过还原性气氛退火，可以使晶体的截止吸收边发生蓝移，从而有效降低晶体的自吸收(如图 7.1.19(b)所示)[7]，因此认为 YAP:Ce 中的自吸收来自于 Ce^{4+}-O^{2-}的电荷迁移带。

发射主峰位为单指数衰减，荧光衰减时间为 46ns，闪烁衰减时间介于 15～38ns

之间，光产额介于 5700～20000ph/MeV 之间，具体数值受 Ce 离子掺杂浓度和晶体本身质量的影响较大。日本东北大学 Fukabori 等生长了掺杂不同 Ce 浓度的 YAP 晶体[49]，发现晶体在 ^{241}Am 激发下的光产额和闪烁衰减时间都对 Ce 离子掺杂浓度具有很强的依赖性(图 7.1.20)，当 Ce 离子掺杂摩尔浓度从 0.1%增加至 1.6%，光产额从 20000ph/MeV 下降至约 5700ph/MeV(图 7.1.20(a))；闪烁衰减时间从 Ce 摩尔浓度为 0.1%时的 38ns 缩短至 0.4%时的 15ns，然后不再随 Ce 浓度的增加而变化(图 7.1.20(b))。即便对于同一支晶体，由于结晶分凝作用，Ce 离子沿晶体生长方向和径向的浓度也呈现不均匀分布，表现为 Ce 离子浓度随生长作用的进行而降低，而在径向上表现为从中心到边缘逐渐升高，因此造成性能测试结果容易受到取样部位的影响。此外还曾经报道过一个很弱的慢发光分量，衰减

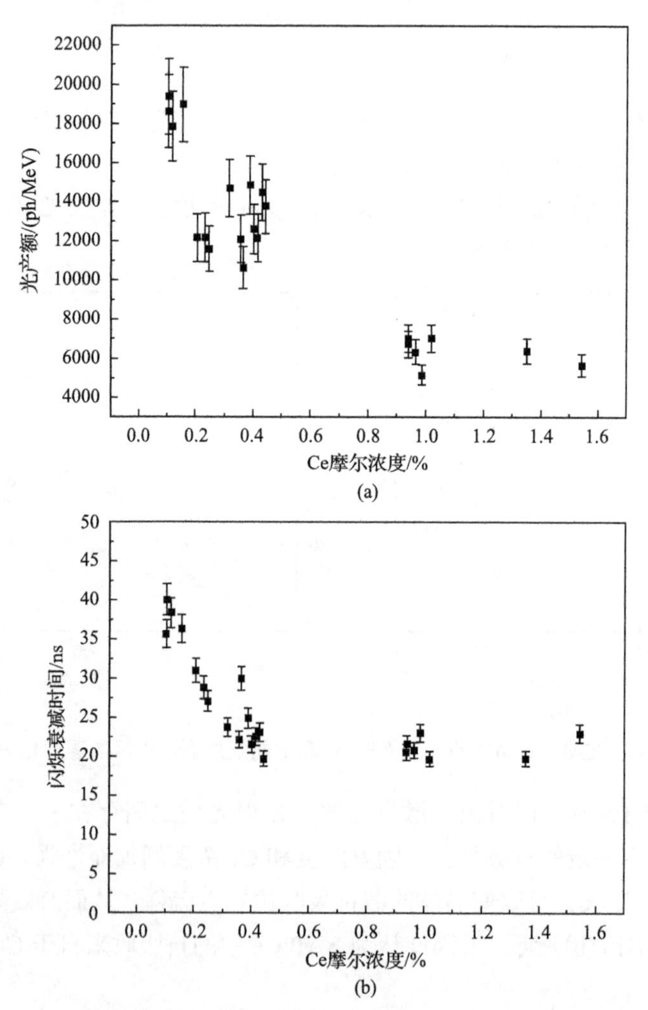

图 7.1.20 YAP:Ce 晶体的光产额(a)和闪烁衰减时间(b)与 Ce 掺杂浓度的关系[49]

时间为数百个纳秒。不同实验室所报道的能量分辨率介于 5%～9%，最好可以达到 4.6%@662keV。由于 YAP:Ce 具有较小的非线性响应比例，其发光效率不会因为入射能量的变化大幅波动，因此可以作为低能 γ 射线或 X 射线的成像探测器用材料。

YAP:Yb 作为一种快衰减闪烁晶体受到高度关注，与 Yb^{3+}相连接的氧原子上的 p 电子形成晶体中价带的顶部，在高能粒子作用下，形成电荷迁移态 CTS，Yb^{3+}的电荷迁移发光就是发生在 CTS 与其两个能级($^2F_{7/2}$ 和 $^2F_{5/2}$)之间的能量转移，因此通常表现为双峰发射，其中 CTS→$^2F_{7/2}$ 的发射波长为 345nm，CTS→$^2F_{5/2}$ 的发射波长为 525nm(图 7.1.21)。从图中可以看出，YAP:Yb 的紫外截止吸收边与发光峰之间没有重叠，因此不存在自吸收问题[50]。

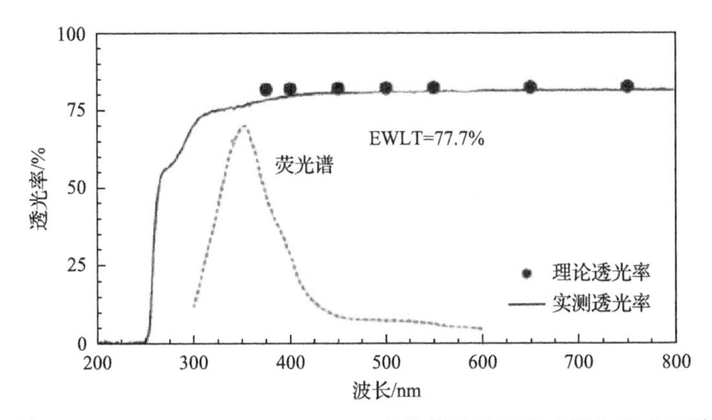

图 7.1.21　YAP:Yb (ϕ40mm × 2mm) 晶体样品的透射光谱和荧光光谱

YAP:Yb 快衰减特性来自于其闪烁发光强烈的热猝灭情况，如图 7.1.22 所示

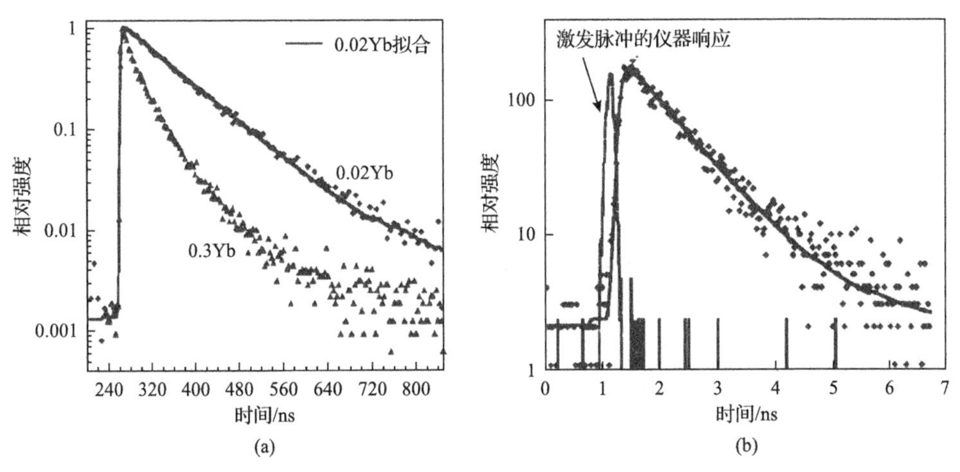

图 7.1.22　YAP:0.02Yb 和 YAP:0.3Yb 晶体样品 10K(a)下和 YAP:0.3Yb 晶体样品在 295K(b)下的荧光衰减谱(λ_{ex}=230nm，λ_{em}=350nm)

为 YAP:Yb 晶体样品在 10K 和 295K 下的荧光衰减谱，从 10K 时衰减时间为 94.4ns 缩短至室温下的亚纳秒级别，甚至可以与 BaF_2 晶体相媲美[51]。但相应地，其室温下的闪烁发光效率也急剧降低，室温下 YAP:Yb 在 α 粒子激发下的光产额仅为 57ph/MeV[50]，较低的光产额是该晶体获得应用的主要障碍。

7.1.3 $GdAlO_3$:Ce 晶体

用热力学计算法得到的 Gd_2O_3-Al_2O_3 赝二元体系相图如图 7.1.23 所示，图中显示 $GdAlO_3$(GAP)为一致熔融化合物，其熔点为 2069℃[52]。GAP:Ce 单晶的生长方法主要有提拉法[53]和水平定向结晶技术[1]。

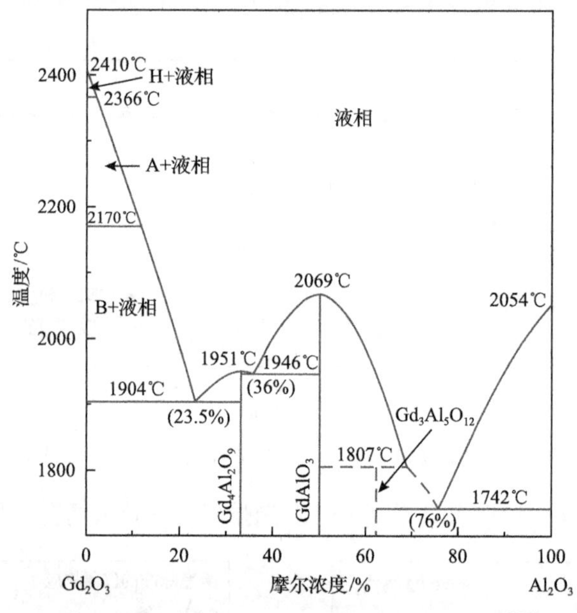

图 7.1.23 计算的 Gd_2O_3-Al_2O_3 赝二元系相图[52]

GAP 的晶体结构属于轻微扭曲的正交钙钛矿结构[54]，晶胞参数为 *a*=7.251Å、*b*=6.301Å 和 *c*=7.444Å，Gd 在晶体中的点对称性为 C_1h，Ce 占据 Gd 的位置[53]。

1993 年，Mares 等首次报道了 GAP:Ce 晶体的荧光性能，测得的荧光衰减时间为 1～2ns，相较于 Ce^{3+}典型的衰减时间明显偏快[53]。1995 年，Dorenbos 等系统报道了其闪烁性能[1]，如图 7.1.24(a)所示为掺杂不同 Ce 浓度的 GAP:Ce 晶体的 X 射线激发发射光谱，其发射峰具有典型的 Ce 离子双峰发射的特征，发射强度随 Ce 离子掺杂浓度的增加而增强。掺有不同 Ce 浓度 GAP:Ce 晶体的闪烁衰减曲线如图 7.1.22(b)所示，从中可拟合出快、慢两个分量的闪烁衰减时间，快分量范围为 30～240ns，慢分量范围为 180～1700ns，随着铈浓度的增加，快、慢分量的衰减时间都逐渐缩短[1]。主要原因是基质晶格中的离子 Gd^{3+}与发光离子 Ce^{3+}之间存在能量传递。

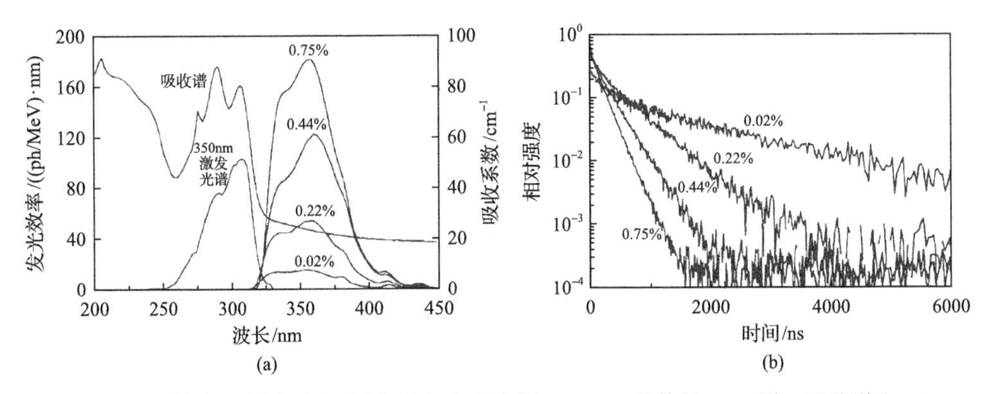

图 7.1.24 (a)掺杂不同铈浓度(图中数字表示浓度)GAP:Ce 晶体的 XEL 谱、吸收谱和 350nm 监测的激发光谱；(b)GAP:Ce 不同铈浓度的闪烁衰减谱

van der Kolk 考察了 GAP:Ce 荧光和光电导的温度效应，通过对光电导谱和荧光光谱温度响应曲线的拟合，获得三点认识：①Ce^{3+}的 5d 能级位于导带以下 0.34eV；②荧光光谱猝灭的激活能比光电导产生的激活能低 0.05eV；③发光猝灭主要发生在激发态的 Ce^{3+}上。GAP:Ce 晶体的发光猝灭可以分为两个阶段，在 230K 以下，主要是 $Ce^{3+}\rightarrow(Gd^{3+})_n\rightarrow X$ 的能量传递过程，其中 X 为猝灭中心，至少部分为 Ce^{4+}；230K 以上为激发 Ce^{3+}的热激发离子化过程[55]。

7.2 石榴石结构铝酸盐闪烁晶体

石榴石原指自然界存在的形似石榴籽的等轴状硅酸盐矿物，但人工合成的石榴石晶体主要以铝酸盐为主，其典型代表是用作激光晶体的 Nd 掺杂钇铝石榴石($Y_3Al_5O_{12}$:Nd, 缩写为 YAG:Nd)。该晶体自 20 世纪 60 年代出现以来，一直作为固体激光器的首选材料。在闪烁应用领域，石榴石结构的铝酸盐稀土氧化物晶体具有高光学透明特性及易于掺杂稀土元素的结构优势，使其成为具有广阔应用前景的一类闪烁晶体，包括 $Y_3Al_5O_{12}$:Ce(YAG:Ce)、$Lu_3Al_5O_{12}$:Ce(LuAG:Ce)、$Lu_3Al_5O_{12}$:Pr 和 $Gd_3(Al_{1-x}Ga_x)_5O_{12}$:Ce(GAGG:Ce)等。表 7.2.1 所示为具有石榴石结构的几种典型铝酸盐闪烁晶体的基本物理和闪烁性能。

表 7.2.1 几种石榴石结构稀土铝酸盐闪烁晶体的基本物理和闪烁性能[56-59]

性能	$Y_3Al_5O_{12}$:Ce	$Lu_3Al_5O_{12}$:Ce	$Lu_3Al_5O_{12}$:Pr	$Gd_3(Al_{1-x}Ga_x)_5O_{12}$:Ce
缩写	YAG:Ce	LuAG:Ce	LuAG:Pr	GAGG:Ce
熔点/℃	1940	2050	2050	1850
是否一致熔融	是	是	是	是

续表

性能	$Y_3Al_5O_{12}$:Ce	$Lu_3Al_5O_{12}$:Ce	$Lu_3Al_5O_{12}$:Pr	$Gd_3(Al_{1-x}Ga_x)_5O_{12}$:Ce
密度/(g/cm^3)	4.42	6.6	6.6	5.8～6.8
空间群	$Ia\bar{3}d$	$Ia\bar{3}d$	$Ia\bar{3}d$	$Ia\bar{3}d$
光产额/(ph/MeV)	20300	12500	19000	40000～55000
发光峰位/nm	300,550	510～520	310	530～540
衰减时间/ns	88,302	60+slow	21+slow(2.8μs)	88+slow

石榴石属于立方晶系，空间群为O_h^{10}-$Ia\bar{3}d$[60]，化学式可以用$[A^{3+}]_3[B^{3+}]_2[C^{3+}]_3O_{12}$来表示，整个结构看作是正四面体、正八面体和畸变的十二面体在空间通过顶角氧离子的互相连接(如图 7.2.1)。石榴石闪烁晶体的 A 位一般由稀土元素 Lu、Y 或 Gd 离子占据，B、C 位一般由 Al、Ga 或它们的组合占据。Al 和 Ga 都可以独占四面体和八面体位。当 B、C 位被 Ga 离子占据时形成的 $Lu_3Ga_5O_{12}$、$Gd_3Ga_5O_{12}$镓石榴石是性能优异的固体激光的基质晶体或者作为外延生长的基体，但是它们的发光微弱到可以忽略，掺杂 Ce^{3+}后，它的 5d→4f 跃迁发光也会因为 Ce^{3+}的 5d 态淹没在基质的导带中而导致其猝灭。在闪烁材料领域，人们更关注的是铝石榴石系列，如 YAG 和 LuAG 晶体等。未掺激活剂的 YAG 和 LuAG 晶体发光强度也比较弱，掺杂后其闪烁性能则得到大幅度提升。用作激活剂的离子一般是三价稀土离子 Ce^{3+}、Pr^{3+}、Nd^{3+}和 Yb^{3+}等，它们一般进入十二面体中心(24c 格位或 c 位，24 是十二面体在晶胞中的个数)，而用于共掺杂的过渡金属离子如 Cr^{3+}、Sc^{3+}、

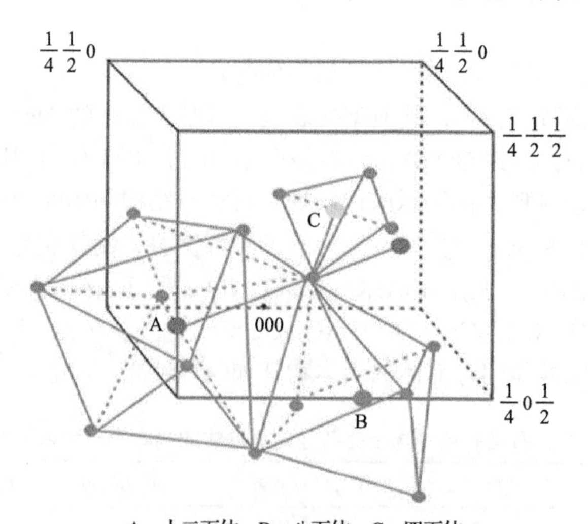

A：十二面体，B：八面体，C：四面体

图 7.2.1　石榴石晶体结构中的配位多面体

Mn^{3+}等进入八面体位。至于其他一些二价、四价离子，如 Mg^{2+}、Ca^{2+}、Pb^{4+}等可进入八面体位或十二面体位，一般二价和四价离子是成对出现的，以满足电荷平衡的要求。杂质离子在晶体中的取代行为主要取决于电荷数、离子半径、电负性和配位环境。

7.2.1　YAG:Ce 晶体

YAG:Ce 是一种应用广泛的发光材料，包括荧光粉[61]、陶瓷[62,63]和单晶等形式。YAG 是 20 世纪 60 年代使用 Czochralski 技术生长的第一批氧化物晶体之一[64]。1978 年，Autrata 等首次报道了 YAG:Ce 闪烁晶体在扫描电镜中的应用[65]。Moszyński 等报道了 YAG:Ce 晶体的闪烁性能，由于 YAG:Ce 对 γ 射线和 α 粒子的光谱响应谱形区别较大，可以用于 γ 射线和 α 粒子的分辨[56]。

1. 晶体生长

根据 Y_2O_3-Al_2O_3 相图(见图 7.1.17)，YAG 为一致熔融化合物，熔点 1942℃。晶体生长主要采用铱坩埚的提拉法制备技术，也有采用下降法等技术[66]。掺 Nd 的 YAG 晶体是一种应用广泛的激光晶体基质，目前国内报道 YAG:Nd 激光晶体的尺寸可以达到 ϕ202mm×215mm[67]。中电集团重庆声光电公司生长的 YAG:Ce 闪烁晶体总长可达 270mm(图 7.2.2)[68]。

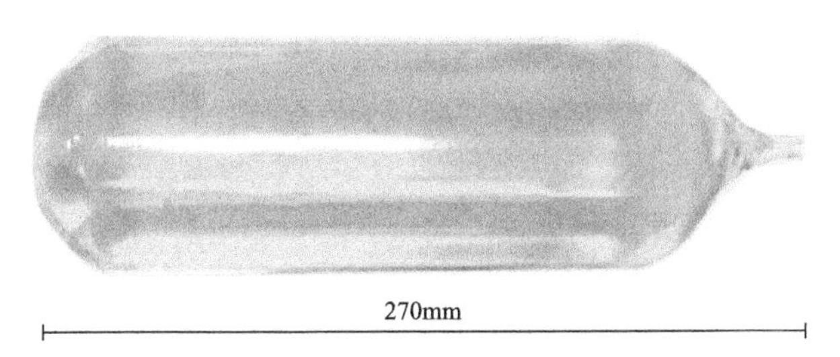

图 7.2.2　提拉法生长的 YAG:Ce 晶体

2. 光学与闪烁性能

1994 年，Moszyński 等通过三种独立的方法，测得 YAG:Ce 室温下的光产额为 20300ph/MeV±2000ph/MeV[56]，随着温度的升高，600K 以上发光效率出现明显的降低，630K 时，发光基本猝灭[69]。在 γ 射线和 α 射线的激发下，晶体的闪烁衰减时间均存在慢分量，且两种射线激发下的衰减时间存在较大差异，因此可望用于不同粒子的甄别[56]。图 7.2.3 所示为 YAG:Ce 单晶和 YAG:Ce 陶瓷的吸收谱。对比分析发现[63]，它们具有完全相同的吸收峰个数和吸收波长，主峰都位于 460nm，均来自于 Ce^{3+}的 4f→5d 跃迁，但透明陶瓷的吸收强度显著高于单晶，这是因为陶瓷中的 Ce 浓度约为单晶中的 6 倍。YAG:Ce 单晶和陶瓷的闪烁发光效率相当，主峰位于 540～560nm，源于 Ce^{3+}的 5d→4f 跃迁。相比于陶瓷，YAG:Ce 单晶在 300nm 处还有一个发光峰(图 7.2.3 中的插图)，该发光峰被认为是来自于单晶中的 Y_{Al} 反替位缺陷发光[70]。由于这个 300nm 发光峰只出现在单晶中，而在陶瓷中却消失了，鉴于陶瓷的烧结温度远低于晶体的生长温度，因此把 YAG:Ce 晶体中出现的反替位缺陷归因于高温所致。

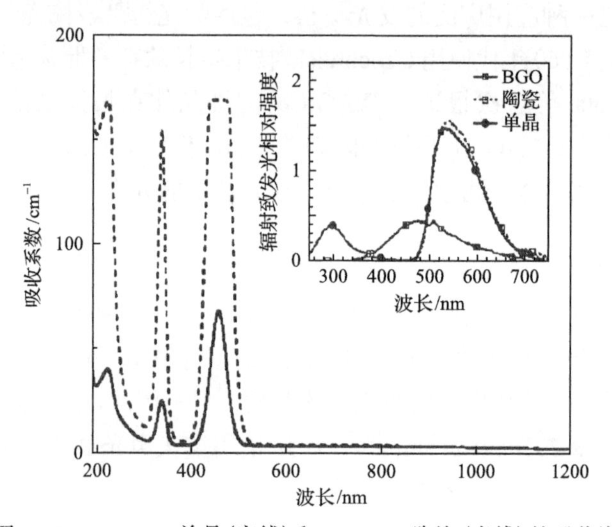

图 7.2.3　YAG:Ce 单晶(实线)和 YAG:Ce 陶瓷(虚线)的吸收谱

图 7.2.4 给出了 YAG:Ce 晶体在 77～800K 温度下的衰减时间和 480～660nm 的荧光积分强度。如图所示，衰减时间的最大值和荧光积分强度的最大值都出现在 475K，然后随温度的升高发光强度骤然下降，衰减时间迅速缩短。

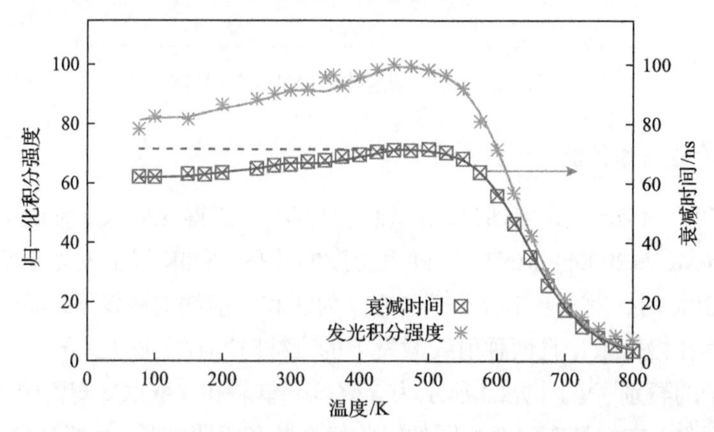

图 7.2.4　YAG:Ce 晶体在 77～800K 温度下的衰减时间和 480～660nm 的荧光积分强度[71]

虽然 YAG:Ce 的闪烁发光效率最高可以达到 BGO 的 7 倍，但在 1μs 的成形时间下，其光产额仅为 BGO 的 3 倍，光产额随成形时间的增加而增加，说明其光产额中的大部分属于慢分量。根据 Zorenko 等对 YAG:Ce 晶体的研究，其慢分量主要来自于反替位缺陷 Y_{Al}[72]。为了抑制反替位缺陷所诱发的慢分量，Vrubel 等通过第一性原理计算和热释光测试，考察了 Ga 掺杂对 YAG:Ce 能带结构的影响，发现晶体禁带宽度随着 Ga 在 YAG 中的增加而变窄[73]。如图 7.2.5 所示，随着 Ga 含量增加，导带底逐渐降低，且 s 和 p 轨道在导带底的组成中比例越来越高，出现这种现象的原因是扭曲的晶体场和 Ga 的 s、p 和 d 原子轨道到分子轨道的重排引起的共价性的变化[73]，引起导带底的下降或者禁带宽度的缩小。

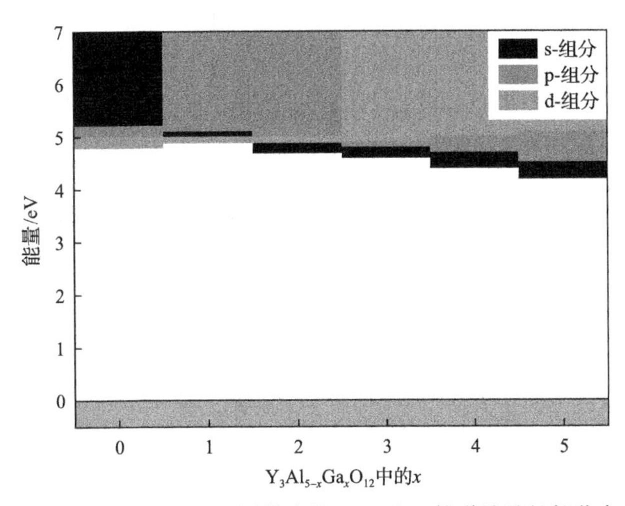

图 7.2.5　形成 $Y_3Al_{5-x}Ga_xO_{12}$ 导带底的 s、p 和 d 轨道堆叠的部分态密度图

Sidletskiy 等在 Ar+CO 的气氛中，采用钨坩埚制备得到 YAG:Ce,C 单晶，发现碳(C)可以作为 F 色心和 F^+心的电子陷阱竞争中心，提高 YAG:Ce 的光产额[74]。通过 Ce 和 C 浓度的优化，所制备的 YAG:Ce,C 晶体的光产额可以达到 29600ph/MeV，这是目前 YAG:Ce 闪烁晶体报道的最高值[75]。

7.2.2　LuAG:Ce/Pr 晶体

当 YAG:Ce 单晶中的 Y 离子完全被 Lu 离子取代时就形成了镥铝石榴石晶体 LuAG:Ce。它相较于 YAG:Ce 单晶(ρ=4.56g/cm^3)不仅具有更大的密度(ρ=6.67g/cm^3)、更高的有效原子序数(Z_{eff}=63 对 Z_{eff}=32)，而且具有更快的响应时间(表 7.2.1)，这在 γ 射线探测领域极为重要。因此，自 2008 年以来，LuAG 逐渐取代 YAG:Ce 成为重点研究的石榴石结构无机闪烁晶体，特别是掺镨离子的 LuAG 晶体的品质因子(figure of merit)高达 7.4[76]。相比当前在核医学成像 PET 探测器中被广泛应用的 BGO 晶体，该材料具有光输出高、衰减时间更短等突出优势；而相比卤化物闪烁晶体来说，它具有不潮解、不易氧化、密度更高、辐射长度更短等优点。其综合性能不仅可以与新一代高性能 LSO:Ce 晶体相媲美，而且由于其较高的结构对称性和比较低的制作成本，由其组装的探测器有望获得较好的信噪比和性价比。

1. LuAG 晶体生长

Lu_2O_3-Al_2O_3二元体系相图(图 7.1.6)显示，LuAG 为一致熔融化合物，因而可以从熔体中直接制备出单晶。1995 年，科学家 Lempicki 等利用提拉法制备出 LuAG:Ce 单晶样品，并发现它具有优异的闪烁性能[77]。法国科学家 Dujardin 等成功利用下降法制备得到了铈离子掺杂 LuAG:Ce 晶体[78]，光产额达到 25000ph/MeV。目前，上海硅酸盐所的 LuAG:Ce 闪烁晶体等径部分可以达到ϕ 60mm×120mm，如图 7.2.6 所示。

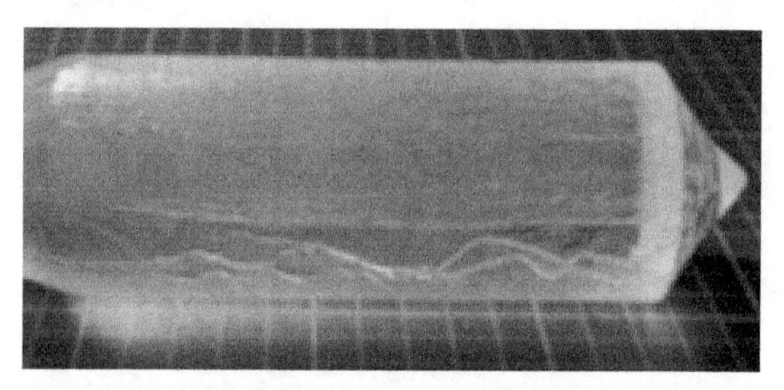

图 7.2.6　提拉法制备的 LuAG:Ce 晶体照片

2. LuAG:Pr 晶体和 LuAG:Ce 晶体的荧光和闪烁性能

LuAG:Pr 晶体和 LuAG:Ce 晶体的荧光激发发射光谱如图 7.2.7 所示。从图 7.2.7(a) 中可以看到，LuAG:Pr 的主发光峰位于 313nm，属于 Pr^{3+}的 $5d_1 \rightarrow {}^3H_4$ 跃迁，在 330nm、365nm 和 340nm 附近的其他发射峰分别来自于 Pr^{3+}的 $5d_1$ 到 ${}^3H_5$、${}^3H_6$ 和 ${}^3F_{3,4}$ 的跃迁。LuAG:Ce 存在一个不对称的发光带(图 7.2.7(b))，主发光峰位于 520nm，来自于 Ce^{3+}典型的 5d→4f 的辐射跃迁。

LuAG:Pr 和 LuYAG:Pr 晶体在 ^{137}Cs 激发下的多道能谱如图 7.2.8 所示，LuYAG:Pr 的能谱道数(光输出)明显高于 LuAG:Pr，测得 LuYAG:Pr 的光产额为 33000ph/MeV，能量分辨率为 4.4%@662keV[57]，显示出 Y 掺杂的积极效果。2018 年，Foster 等采用离子掺杂策略优化 LuYAG:Pr 晶体的闪烁性能，首次发现 Li 离子掺杂可同时优化光输出和能量分辨率，将能量分辨率从 4.8%优化至 4.1%

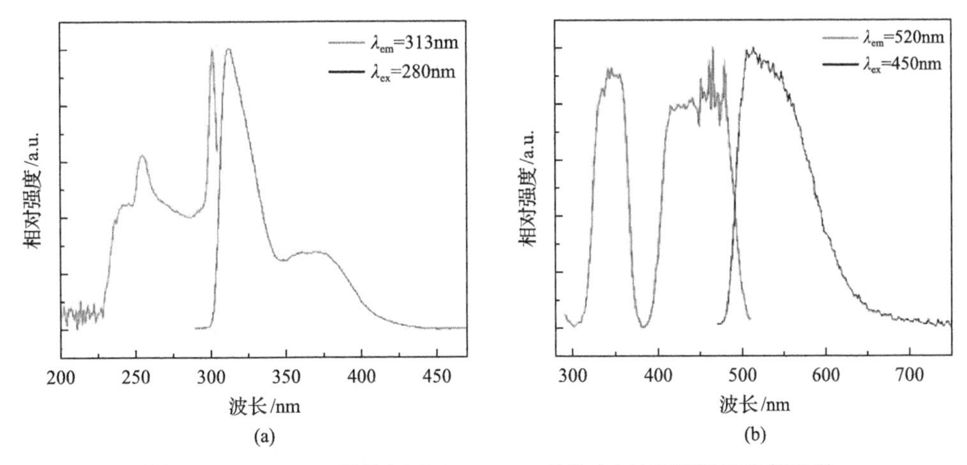

图 7.2.7　LuAG:Pr 晶体(a)和 LuAG:Ce 晶体(b)的荧光激发发射光谱

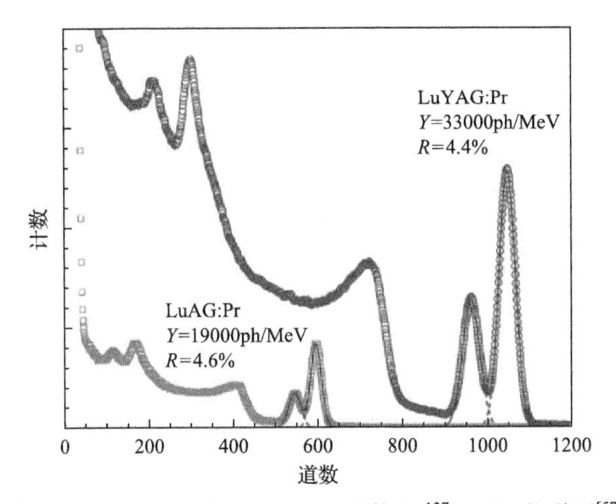

图 7.2.8　LuAG:Pr 和 LuYAG:Pr 晶体的 ^{137}Cs 的 γ 能谱图[57]

@662keV，但并未改变 LuYAG 晶体的能量非线性响应性质[79,80]。图 7.2.9 汇集了 LuYAG:Pr,Li 晶体与具有代表性的氧化物闪烁晶体以及卤化物闪烁晶体的光产额和能量分辨率[81]，对比结果显示，LuYAG:Pr,Li 晶体已超越 YAP:Ce 晶体，成为迄今报道的能量分辨率最佳的氧化物单晶闪烁晶体。

为揭示 Li 离子掺杂对 LuYAG 晶体性能提升的作用机理，Wu(吴云涛)等[81]通过 ^{7}Li 的固态核磁共振实验和 DFT 计算，发现 Li 离子在 LuYAG 晶体中存在三种可能的占位形式：四配位间隙位缺陷 Li_i、四配位替位缺陷 Li_{Al} 和六配位间隙位缺陷 Li_i。热释光测试和理论计算证实，Li 离子掺杂会占据 Lu 和 Al 格位形成 Li 替代位缺陷(如 Li''_{Lu} 和 Li''_{Al})，从而抑制阳离子空位(如 V'''_{Lu} 和 V'''_{Al})等深陷阱的产

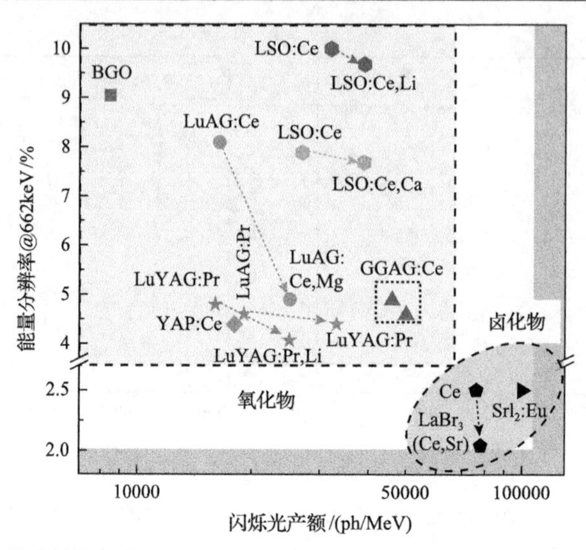

图 7.2.9　具有代表性的氧化物和卤化物闪烁晶体的光产额和能量分辨率数据分布图[81]

生。但相比阳离子空位型缺陷，具有较低的价态占位型缺陷更不容易捕获空穴，导致具有较低的空穴捕获截面和更浅的空穴捕获能级。因此，Li 掺杂引起的降低空穴捕获能量和截面可能会增加空穴被 Pr 离子捕获的概率，从而改善光产额。Foster 等测试了 LuYAG:Pr 和 LuYAG:Pr,0.8%Li 正电子湮灭寿命谱，如图 7.2.10 所示。根据该图的拟合结果，确认 Li 离子掺杂使 LuYAG:Pr 样品的正电子寿命主分量从 194ps 降低至 175ps，正电子陷阱数量降低意味着 Al 和 Lu 空位被 Li 填充。借助于一系列碱金属离子掺杂，LuYAG:Pr 晶体的能量分辨率目前已优化至 3.8%@662keV[82]。

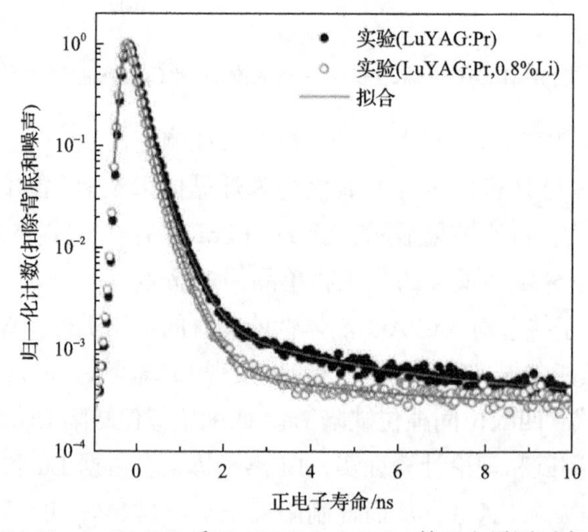

图 7.2.10　LuYAG:Pr 和 LuYAG:Pr,0.8%Li 的正电子湮灭寿命谱

研究发现，LuAG:Ce 在室温下除了 Ce 离子发光之外，还存在发光波长位于 300～350nm 的慢发光分量[83]。这部分发光被认为是石榴石结构中存在大量的缺陷引起的浅电子陷阱俘获载流子，从而使其闪烁衰减时间变长。捷克科学家 Nikl 等[84]于 2005 年首次提出，在稀土石榴石体系中，除了常见的阳离子空位、氧空位及空位缺陷基团之外，还有一种反位缺陷(anti-site defect)[85]，基于原子模型的理论计算结果——反位缺陷的形成能相比弗伦克尔缺陷、肖特基缺陷的形成能要低得多，这从理论上肯定了反位缺陷存在的可能性[86]。该缺陷是由原本应占据八配位格位的稀土离子占据了理应属于铝离子的六配位格位造成的(见式(7-4)和图 7.2.11)。Nikl 等的研究证实，由反位缺陷所产生的电子陷阱会导致 300～350nm 的发光，该电子陷阱会在晶体禁带中形成浅陷阱，它能捕获电子，阻止或延迟电子与空穴的直接复合，也会和近邻的 Ce_{Lu} 隧穿，延迟 Ce^{3+} 发光中心处的复合发光过程从而导致慢发光，致使石榴石闪烁晶体的光产额降低并严重影响其时间特性[87]。

$$RE_{RE}^{X} + (Al_{Al}^{X})_{16a} \longleftrightarrow (RE_{Al}^{X})_{16a} + Al_{RE}^{X} \tag{7-4}$$

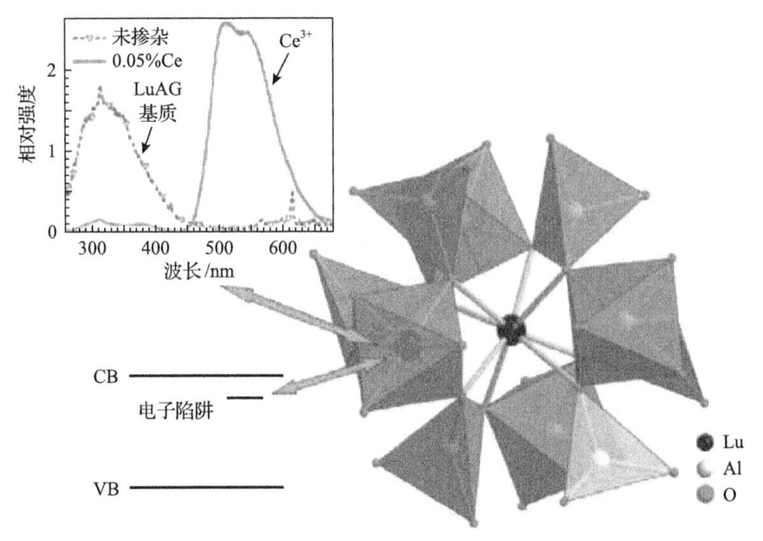

图 7.2.11　LuAG 结构中的 Lu_{Al} 反位缺陷的示意图(如右图所示)；相对应的在材料禁带中形成的电子陷阱示意图(如左下图所示)；反位缺陷对应的发光峰位位于 300～350nm 波段(如左上图所示)[88]

乌克兰科学家 Zorenko 等在用液相外延法生长 LuAG 单晶薄膜(SCF)时发现，由于采用 $PbO\text{-}B_2O_3$ 作为助溶剂，在生长温度为 885～1040℃温度下形成的 LuAG 晶体中没有出现反位缺陷，其衰减时间也较单晶材料更快[89]。此外，Nikl 等[90]、Li(李会利)等[91]、Shi(石云)等[92]合作利用真空烧结制备 Ce 和 Pr 离子掺杂 LuAG 基透明陶瓷，在这些陶瓷样品中也没有发现反位缺陷。以上两个样品的制备温度都低于单晶的生长温度，因此提出存在于 LuAG 单晶中反位缺陷的形成与单晶生长的温度高有关。

反位缺陷是造成晶体出现慢分量的主要原因，因此抑制慢分量的关键就在于如何抑制反位缺陷[93]。Fasoli 等提出了一种“带隙工程”，即通过等价离子掺杂控制 Ce 离子能级位置从而抑制铝酸盐石榴石晶体中浅电子陷阱[94]。根据“带隙工程”理论，Kamada 等将 Ga 和 Gd 掺杂到 LuAG 结构中，制备成 $Lu_{3-y}Gd_yAl_{5-x}Ga_xO_{12}$: Ce 多组分石榴石固溶体晶体，$Ga^{3+}$能够降低导带底的能级，部分淹没浅陷阱能级，部分消除反位缺陷，而 Gd^{3+}能够降低 Ce^{3+}的 $5d_1$ 能级，提高常温下激发态 Ce^{3+}的热电离能，同时可以有效调控闪烁晶体的发光峰位和发光强度[95]。图 7.2.12 所示

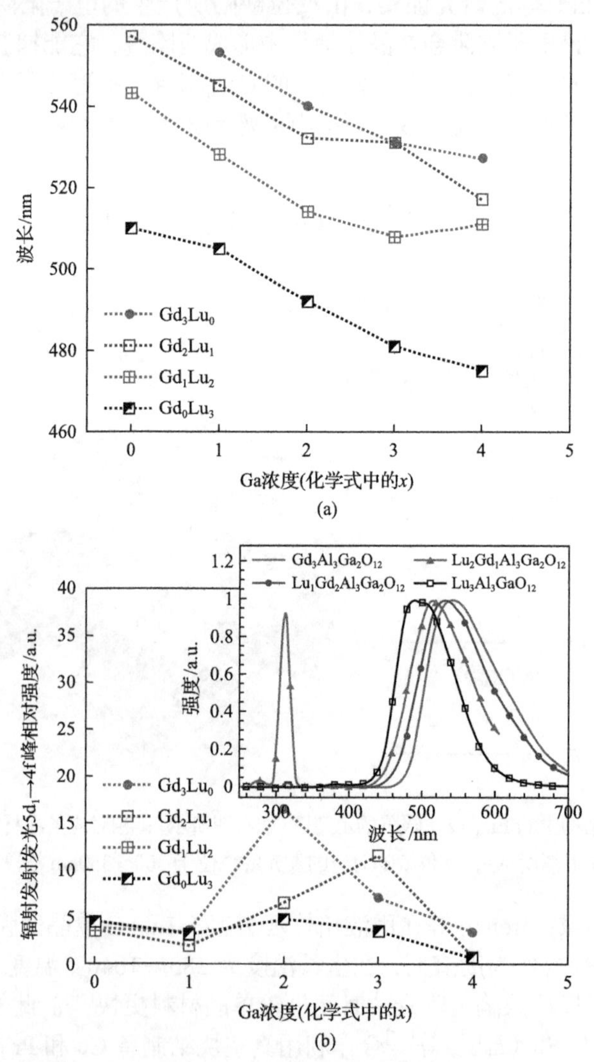

图 7.2.12　辐射发光峰位（Ce^{3+}离子 $5d_1 \rightarrow 4f$，(a)）和发射强度（(b)，相对于 BGO 标样的倍数）随 Ga、Gd 含量的变化趋势[95]

为 $Lu_{3-y}Gd_yAl_{5-x}Ga_xO_{12}$:Ce 晶体辐射发光峰位波长和发光强度(相对于BGO标样的倍数)随 Ga 含量(x)和 Gd 含量(y)的变化趋势。从图中可以看出，随着 Ga 的增加，发光峰位都逐渐蓝移，随着 Gd 含量的增加，发光峰红移(图 7.2.12(a))，且最强发光效率出现在 x=2，y=3 的配方，即 $Gd_3Al_3Ga_2O_{12}$ 组分(图 7.2.12(b))[95]，其光产额达到 LuAG:Ce 的 3 倍，由此诞生了一个新的闪烁晶体——GAGG:Ce 晶体，详见 7.2.3 节。

7.2.3　GAGG:Ce 晶体

如前所述，$Gd_3(Al_{1-x}Ga_x)_5O_{12}$:Ce(GAGG:Ce)闪烁晶体是在 LuAG:Ce 晶体研究的基础上发展出来的一种新型闪烁晶体。由于 LuAG 晶体中的反位缺陷形成温度较高，而熔体法晶体生长的温度取决于材料的熔点，具有高熔点的 LuAG 晶体在生长过程中将不可避免地产生反位缺陷。因此，“带隙工程”和调整发光离子能级位置相结合的办法被视为优化 LuAG:Ce 晶体闪烁性能的重要途径。根据“带隙工程”理论，通过 Ga 的部分替换可移动导带底将反替位缺陷覆盖在导带内，但与此同时，Ce 离子的 $5d_1$ 能级的电离激活能也会随之减小并引起负面的室温电离效应。因此，为了进一步调整发光离子能级位置，再引入部分 Gd 离子增强 Ce 离子的晶体场劈裂，使 Ce 离子 $5d_1$ 能级远离导带底从而避免室温电离效应[96]。图 7.2.13 所示为掺杂 Ga 和 Gd 之后 LuAG 晶体的能带结构变化示意图。这样，由 Gd 原子占据 A 格位、由 Al 和 Ga 原子占据 B 格位形成的一个新型石榴石闪烁晶体——$Gd_3(Al_{1-x}Ga_x)_5O_{12}$:Ce 便应运而生。同时，X 射线近边吸收谱的测试结果表明，Ga^{3+}的部分替换可影响 Ce 离子 4f 能级相较于费米能的位置，从而改变 Ce^{3+}/Ce^{4+}比例并影响闪烁发光效率[97]。

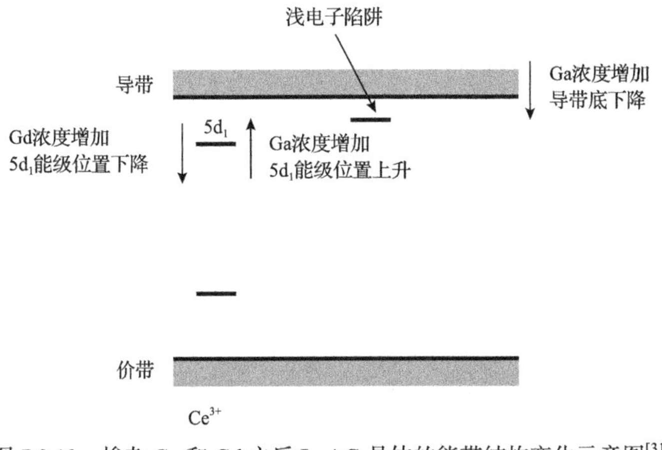

图 7.2.13　掺杂 Ga 和 Gd 之后 LuAG 晶体的能带结构变化示意图[31]

1. GAGG 晶体生长

GAGG:Ce 熔点高，目前主要采用感应加热的提拉法(CZ 法)及微下拉法生长(图 7.2.14)。首次报道的 GAGG:Ce 闪烁晶体是采用铱金坩埚提拉法生长的，为避免坩埚氧化，采用惰性气体如氩气作为生长气氛。提拉法可以通过缩颈技术减少晶体缺陷、降低晶体位错密度，生长出大尺寸和光学均一性高的晶体。但提拉法中熔体的液流作用、传动装置的振动和温度场的波动都会对晶体的质量产生不利影响。微下拉法由于生长周期短，常用于实验室研究，但所生长的晶体尺寸小，不利于全面展示晶体的性能和晶体材料的规模化生产。

图 7.2.14　微下拉法生长系列 GYGAG:Ce 晶体[98]

GAGG:Ce 晶体在生长过程中，无论是杂质的引入还是化学计量比偏离都会引起结构的变化和晶体缺陷的生成，甚至出现多晶。这些现象的产生与高温时 Ga_2O_3 的挥发和分解有密切的关系。

Ga_2O_3 高温时易发生如式(7-5)所示的分解反应[99]，导致熔体的组成中因缺少 Ga_2O_3 组分而使所生长的晶体偏离化学计量比，挥发严重时甚至导致晶体成分由 $Gd_3(Al,Ga)_5O_{12}$ 偏离为 $Gd_3Al_5O_{12}$(GAG)。GAG 高温时处于亚稳态，无法通过熔体法进行制备，晶体生长过程中发生相转变，部分相转变为 $GdAlO_3$ 的钙钛矿相，由于二相的折射率不同，生长出的晶体不透明，引起晶体生长质量变差和闪烁性能下降。

$$Ga_2O_3 \longrightarrow Ga_2O\uparrow + O_2\uparrow \tag{7-5}$$

GAGG:Ce 晶体易出现螺旋生长，其主要原因是晶体的偏心生长[16]。而偏心生长的原因则可能是 Ga_2O_3 挥发至熔体表面，导致熔体表面组分不均匀，引起表面张力梯度发生变化，液流不稳定易引起温度场发生变化，温度场的改变易导致晶体偏心生长，使晶体呈螺旋状。

为克服 GAGG:Ce 晶体的螺旋生长问题，可采取的措施有：①保证籽晶所在的晶体轴与温度场轴心对称，以防其温度场不一致；②在晶体生长气氛中保持一定量的氧分压以抑制熔体中 Ga_2O_3 组分的挥发所引起的表面张力梯度变化；③控制温度场的变化有助于解决晶体的螺旋生长问题。

因此，抑制晶体生长过程中 Ga_2O_3 的挥发是保证生长出 GAGG 单一相的关键。目前采用的方法是在原料中添加适当过量的 Ga_2O_3，以补偿挥发量，改善晶体质量。此外，在生长气氛中适量提高氧分压，也可起到抑制或缓解高温时 Ga_2O_3 挥发的作用。2012 年，Kamada 等首次用提拉法生长出直径 2in 的 GAGG:Ce 闪烁晶体（图 7.2.15），测得的光产额为 46000ph/MeV，能量分辨率为 4.9%@662keV[100]。据报道，晶体在不同凝固系数下的光产额差值仅为 2.4%，表现出较好的光学均一性。2020 年，Kochurikhin 等已经成功制备出了直径达 4in 的 GAGG:Ce 闪烁晶体（图 7.2.15）[101]。

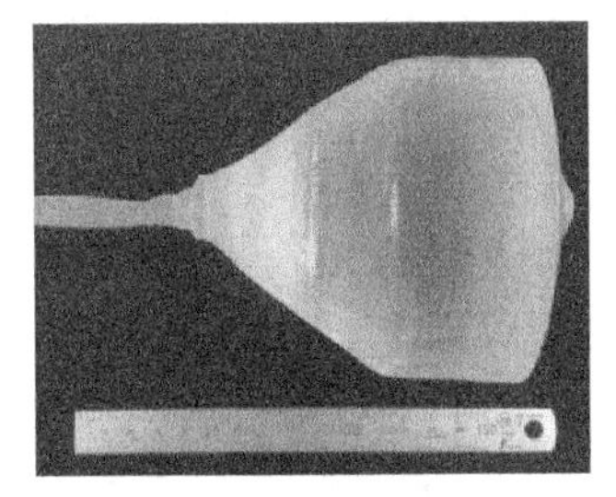

图 7.2.15　提拉法生长直径 2in 和直径 4in 的 GAGG:Ce 闪烁晶体[100,101]

2. 晶体结构与离子占位研究

GAGG:Ce 闪烁晶体属立方晶系，体心立方晶格，点群为 m3m，空间群为 $Ia\bar{3}d$，其化学式 $Gd_3(Al_{1-x}Ga_x)_5O_{12}$:Ce，其中 x 的值可根据性能需要调整配比。石榴石结构有三个阳离子格位，即十二面体、八面体和四面体位置，它们与氧离子配位，配位数分别为 8、6 和 4，如图 7.2.16 所示。GAGG:Ce 闪烁晶体中八配位的十二面体格位（24c 格位）被 Gd^{3+} 占据，而六配位的八面体和四配位的四面体位置均被 Al^{3+} 和 Ga^{3+} 分别随机占据。六配位格位和四配位格位数量之比为 2:3，但 Al^{3+} 和 Ga^{3+} 分别在四、六配位的比例需要进一步探究。

GAGG:Ce 晶体中，Ga^{3+} 与 Al^{3+} 同时占据八面体和四面体中心位置。理想的 $A_3B_5O_{12}$ 石榴石结构中各离子必须彼此相互接触，以维持结构的稳定性。在石榴石相

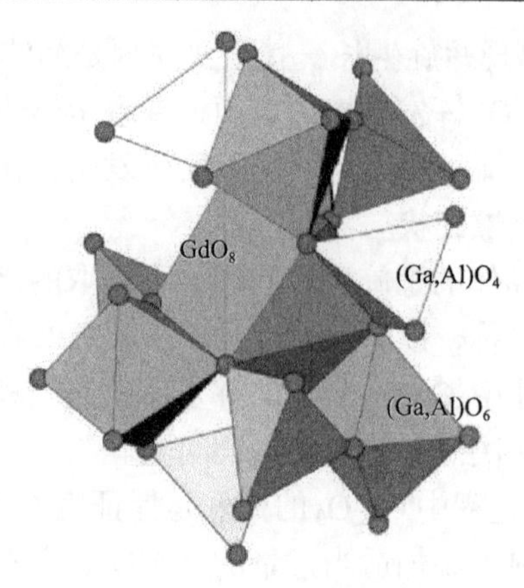

图 7.2.16　GAGG:Ce 闪烁晶体配位多面体联结关系图

结构中，阳离子的配位数为 4 时，R^+/R^-的范围为 0.225～0.414；当阳离子的配位数为 6 时，R^+/R^-的范围为 0.414～0.732。根据鲍林规则，离子半径比是决定离子配位数的关键因素之一，若实际比值与理论比值相差较大，则石榴石结构不稳定。然而配位数为 6 时 Al^{3+}的有效离子半径为 53.5pm，$R^+/R^-=0.382<0.414$，这表明 Al^{3+}半径相对理想 $A_3B_5O_{12}$ 石榴石结构中六配位多面体的空间还是偏小。此时，其半径偏小，Al^{3+}与 O^{2-}脱离接触，相邻 O^{2-}之间斥力增加，导致结构不稳定。在 GAGG:Ce 晶体生长中，如果 Al/Ga 比中 Al 的比例过多，Al 占据六配位的八面体格位的比例会增加，使得石榴石结构变得不稳定，造成晶体生长质量变差。

石榴石晶体结构中不同的配位多面体可以容纳与之体积和电价相适应的杂质离子，因而具有易掺杂的特点。掺杂离子进入不同格位，会对晶体性能产生不同的影响，因此可通过掺入杂质离子调节其物理化学性质。一般情况下，掺杂离子倾向于取代与其自身性质相似的基体离子，包括化合价、离子半径以及电负性等因素。同时，掺杂离子的电子排布以及格位附近配位离子的分布情况也会影响离子占位倾向。

在 $Y_3(Al,Ga)_5O_{12}$[102,103]、$Lu_3(Al,Ga)_5O_{12}$[104]、$Gd_3(Al,Ga)_5O_{12}$[105]晶体中都发现大半径的 Ga^{3+}倾向于占据小体积的四面体格位，小半径的 Al^{3+}倾向于占据大体积的八面体格位。如果仅考虑化合价、离子半径以及电负性，则无法解释这一现象。但通过 DFT 模拟计算发现，$Gd_3Al_5O_{12}$ 晶体中平均每个 Ga^{3+}占据八面体格位的能量比占据四面体格位高 146meV，$Gd_3Ga_5O_{12}$ 晶体中每个 Al^{3+}占据四面体格位的能量比占据八面体格位高 65meV[105]。这就是说，从占位能考虑，Ga^{3+}倾向于占据四面体中心，Al^{3+}倾向于占据八面体中心。

根据 Slater 法则，离子的有效核电荷数(Z_{eff})与原子序数(Z)的关系可表示为：$Z_{eff}=Z-\sum\sigma$($\sum\sigma$ 为核外所有电子的屏蔽系数之和)。基于 Al^{3+}和 Ga^{3+}的电子排布式分别为：$1s^22s^22p^6$，$1s^22s^22p^63s^23p^63d^{10}$，$n-1$ 层电子对 n 层电子的屏蔽常数 $\sigma_{n-1}=0.85$，即 Ga^{3+} 的 $3d^{10}$ 电子对原子核的屏蔽较弱，导致 Ga^{3+} 的有效核电荷数比 Al^{3+} 大，分别约为 $Z_{eff}(Ga^{3+})=5.7$，$Z_{eff}(Al^{3+})=4.2$。另外，通过构建晶体结构图可以发现，相较于四面体格位，八面体格位附近的阳离子 Gd 数量更多，平均距离更近(图 7.2.17)，这将导致八面体格位中心的电势更高。综合这两方面的情况，再根据点电荷模型和库伦势能公式，$E_p=\sum_l\left(n\cdot\frac{q_c\cdot q_l}{r}\right)$(其中，$n=\frac{e^2}{4\pi\varepsilon_0}$，$e$ 为电子电荷量，ε_0 为真空电容率；q_c 为格位中心离子电荷数；q_l 为配位离子电荷数；r 为格位中心离子与配位离子之间的距离)，计算出 Ga^{3+} 占据八面体格位的库仑势能 $E_p(Ga^{3+}\text{-oct})=79.6n$，$Ga^{3+}$ 占据四面体格位的库仑势能 $E_p(Ga^{3+}\text{-tet})=63.1n$，前者的库仑势能明显大于后者，因此导致 Ga^{3+} 更倾向于占据体积更小的四面体格位。

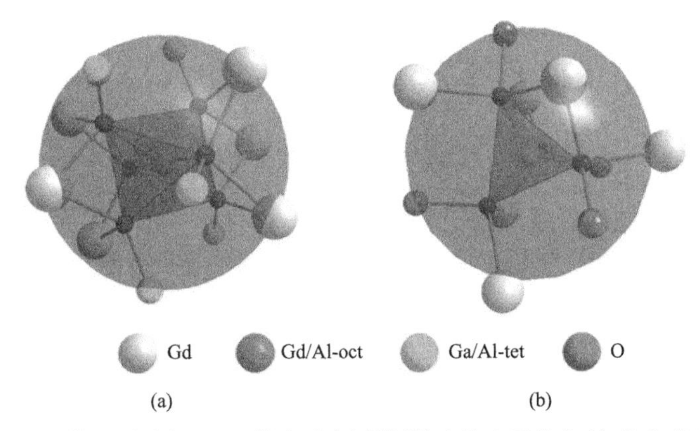

图 7.2.17　八面体(oct)(a)和四面体(tet)(b)周围的配位离子分布(灰色参考球的半径为 3.4249Å)

3. GAGG:Ce 闪烁性能的优化

Ce^{3+} 掺杂 GAGG 晶体(GAGG:Ce)一般呈黄色，在 410～470nm 波长之间具有强烈的吸收。Ce^{3+} 作为 GAGG:Ce 闪烁晶体的发光中心在被激发后能够形成快速高效的 5d→4f 跃迁而产生非本征发光[106]，发射波长位于 550nm(图 7.2.18)。由于受到外部 $5s^25p^6$ 轨道的屏蔽，晶体场对 Ce^{3+} 的影响小于 Ce^{3+} 的 4f 能级自旋-轨道耦合作用，Ce^{3+} 的 $^2F_{7/2}$ 和 $^2F_{5/2}$ 能级带隙很小。不同配体形成的晶体场会在不同程度上影响 5d 和 4f 轨道之间的能隙，在不同的基质中 Ce^{3+} 的发光特性会有一定的差异[107]。此外，激发后 Ce^{3+} 的 5d 能级无外层电子屏蔽[108]，因此 GAGG:Ce 的晶体场对 Ce^{3+} 的 5d 能级的影响相对比较明显，Ce^{3+} 的 5d 能级劈裂成 $5d_1$、$5d_2$ 等多个能级。与此对应，GAGG:Ce 晶体的吸收光谱[109]有多个吸收峰，其中 450nm 和 345nm 分别对应 Ce^{3+} 的两个强吸收峰：$4f\to5d_1$ 与 $4f\to5d_2$。

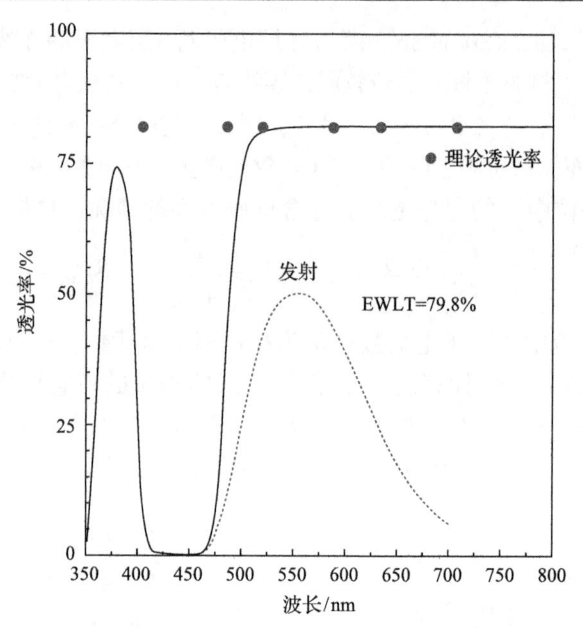

图 7.2.18　GAGG:Ce 晶体的透射和发射光谱

GAGG:Ce 晶体闪烁过程中，处于基态 Ce^{3+}首先俘获价带上的空穴，形成中间态 Ce^{4+}，然后中间态 Ce^{4+}与导带上的电子结合形成激发态$(Ce^{3+})^*$，激发态$(Ce^{3+})^*$通过辐射光子回到基态完成一次发光过程[110]。其表达式为

$$Ce^{3+} + h = Ce^{4+} \tag{7-6}$$

$$Ce^{4+} + e = (Ce^{3+})^* \tag{7-7}$$

$$(Ce^{3+})^* \rightarrow Ce^{3+} + h\nu \tag{7-8}$$

2012 年，Kamada 等[100]首次报道 GAGG:Ce 的光产额达 46000ph/MeV，为 LYSO:Ce 闪烁晶体的 1.5 倍。理论计算预测[111,112]，石榴石闪烁晶体的理论光产额可达 60000ph/MeV。针对光产额低于理论值 20%的问题，2013 年波兰核物理研究所 Ogieglo 等通过改进提拉法生长工艺，生长出的 GAGG:Ce 晶体的光产额高达 56500ph/MeV±5600ph/MeV，其能量分辨率为 7.1%@662keV[106]。除工艺参数外，改变 Al/Ga 比例和掺杂异价离子也是对 GAGG:Ce 晶体进行性能优化的主要手段。

通过改变 GAGG 中的 Al/Ga 比例，可以在一定程度上调控晶体的性能。Ga 含量的变化会导致十二面体发生不同程度畸变，进而影响发光中心附近的晶体场。当 Al/Ga 比例由 2.0∶3.0 增加到 2.6∶2.4，Ce^{3+}的发射峰红移约 15nm[58]（见图 7.2.19）。

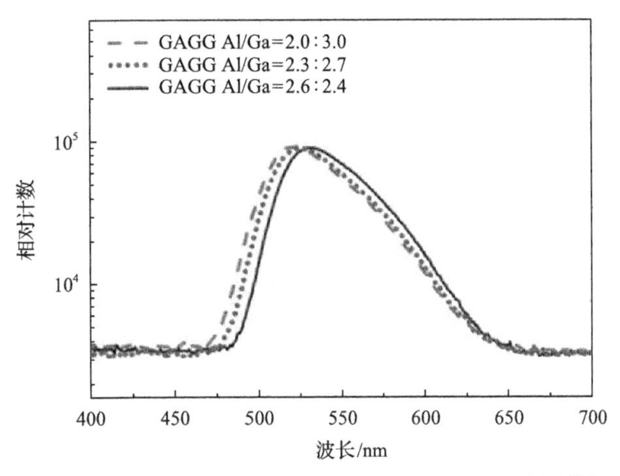

图 7.2.19　不同 Al-Ga 的 GAGG:Ce 闪烁晶体发射谱[58]

为了同时提高光输出和能量分辨率，Kamada 等对 GAGG:Ce 晶体中的 Al/Ga 比进行优化，生长出 $Gd_3Al_{5-x}Ga_xO_{12}$ (x=2, 2.3, 2.6, 3) 系列晶体，并发现 GAGG:Ce 闪烁晶体光输出随 Ga^{3+}浓度增加呈现先上升后下降，推测其原因是 Ga^{3+}引起的导带底能级的下降淹没了部分浅陷阱能级，同时增加了热电离作用之间的相互平衡作用[113]。据报道，在 Al/Ga=2.3:2.7 时，其光产额最高达 57000ph/MeV，而能量分辨率随 Al^{3+}浓度升高而变好，这为 GAGG:Ce 晶体闪烁性能的进一步改善提供了实验基础。

研究表明[58]，GAGG:Ce 闪烁晶体的闪烁衰减时间存在快、慢两个分量，快分量在 90ns 左右(91%)，慢分量普遍在 300ns 以上(9%)，且随 Al/Ga 比中 Ga^{3+}浓度的降低，慢分量时间变长。如果限制 Ga^{3+}的含量来提高光输出，这会延长衰减时间，引起能量堆积而造成信号堵塞，对实际应用极为不利。此外，GAGG:Ce 中由氧空位构成的浅能级电子陷阱俘获电子，延迟了复合发光的过程，导致闪烁衰减时出现慢分量[114]。

日本东北大学的研究表明，GAGG:Ce 吸收谱中 270nm 和 320nm 处的窄峰来自于 Gd^{3+}的 $^8S_{7/2}$ 基态到 ^6P_X 和 ^6I_X 激发态跃迁[115]。$^8S_{7/2}\rightarrow{}^6P_X$ 和 $^8S_{7/2}\rightarrow{}^6I_X$ 吸收峰表明，GAGG:Ce 晶体中存在 $Gd^{3+}\rightarrow Ce^{3+}$的能量转移。由于在含有 Ce^{3+}和 Gd^{3+}的晶体中，Gd^{3+}的 4f 发射带和 Ce^{3+}的 4f→5d 吸收带之间存在重叠，根据 Dexter 的理论，这也从另一方面证明了 $Gd^{3+}\rightarrow Ce^{3+}$间存在能量转移[116]。

为了抑制 GAGG:Ce 晶体衰减时间慢分量，泰国蒙库特大学开展了 Ca^{2+}掺杂 GAGG:Ce 晶体的研究[117,118]，认为相较于 Al^{3+}与 Ga^{3+}，Ca^{2+}半径大而价态低，在 GAGG:Ce 中占据八面体的中心，导致阳离子空位和空穴陷阱浓度的增加，对 Gd^{3+}到 Ce^{3+}的能量传递产生猝灭作用，因此 Ca^{2+}掺杂有助于抑制闪烁发光中的慢成分。美国田纳西大学也开展了 Ca 掺杂 GAGG 研究[117,119,120]，发现 GAGG 晶体的闪烁衰减曲线可拟合为双指数衰减：一个是源于 Ce^{3+}的 5d→4f 跃迁的快衰减分量(<100ns)，另一个是源于 Gd^{3+}向 Ce^{3+}能量迁移的慢衰减分量(>200ns)。随着 Ca 掺杂浓度的增加，GAGG:Ce 晶体的快闪烁衰减时间逐渐缩短(图 7.2.20(a))，余辉强度也不断减小。吸收光谱测试结果表明，GAGG:Ce 晶体中源于 Ce^{3+}的 450nm 和 340nm 吸收峰随着 Ca 掺杂浓度的提升而减弱(图 7.2.20(b))，与此同时，波长小于 350nm 吸收带的吸收强度则显著增强，由于该吸收带源于 Ce^{4+}的电荷迁移吸收，说明晶体中随着 Ca 掺杂浓度的增加，部分 Ce^{3+}被转化成了稳态 Ce^{4+}(图 7.2.20(b))，因此衰减时间的缩短。但在光致激发下高 Ca 掺杂晶体的荧光发光非常微弱，在 ^{137}Cs 源激发下该晶体仍有较强的闪烁发光，只是发光强度随着 Ca^{2+}掺杂浓度的增加而下降，能量分辨率变差，高浓度 Ca 掺杂的 GAGG:Ce 晶体甚至呈现淡红色。这说明，相比非共掺 GAGG:Ce 晶体，Ca^{2+}掺杂在抑制闪烁发光慢成分的同时也显著降低了晶体的光输出。

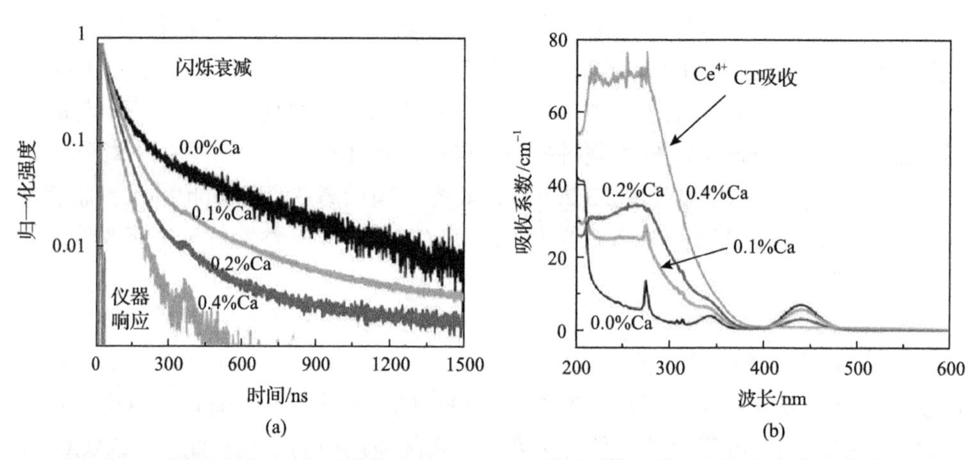

图 7.2.20　不同浓度 Ca 离子共掺杂 GAGG:Ce 晶体在 ^{137}Cs 激发下的闪烁衰减曲线(a)和吸收光谱(b)[120]

Liu(刘书萍)等[121]在研究闪烁陶瓷时发现，共掺杂 Mg^{2+}能够抑制 LuAG:Ce 陶瓷中闪烁衰减的慢分量。基于电荷补偿的作用，提出 Mg^{2+}掺杂的作用机理是部分 Ce^{3+}转变为 Ce^{4+}，Ce^{4+}中心提供快速辐射退激通道，其捕获导带电子后，形成处于激发态的 Ce^{3+}，并立即辐射光子，这对于抑制浅电子陷阱导致的闪烁衰减的慢分量起关键作用，这种通过掺杂来抑制缺陷影响的方法叫“缺陷工程”。受此启发，Lucchini 等在 2015 年研究报道了 Mg^{2+}掺杂对 GAGG:Ce 单晶发光性能的影响，发现随 Mg^{2+}掺杂浓度的提高，吸收光谱中 Ce^{4+}吸收(约 300nm)明显增强[122]。与 GAGG:Ce 的光谱相比，共掺杂 Mg 离子的 GAGG:Ce,Mg 晶体吸收光谱中，除了 450nm 和 345nm 两个 Ce^{3+}的吸收峰之外，在 300nm 处出现了 Ce^{4+}电荷转移吸收带(图 7.2.21)。因此推断在 GAGG:Ce, Mg 晶体中，Mg 离子掺杂导致部分 Ce^{3+}转

化成了 Ce^{4+}，即 $2Ce^{3+} \rightarrow Mg^{2+} + Ce^{4+}$。相比于 Ce^{3+}，Ce^{4+}能够更快地俘获电子，并辐射出光子，从而降低电子被陷阱俘获的概率，因此对抑制 GAGG:Ce 闪烁发光衰减的慢分量有很大的帮助，并且其俘获空穴的过程是非辐射过程，不会造成闪烁晶体的余辉[123]。

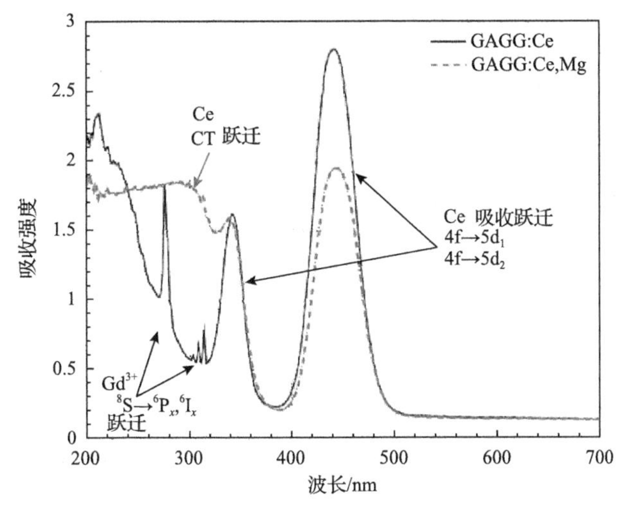

图 7.2.21　GAGG:Ce 与 GAGG:Ce,Mg 的吸收光谱[122]

Kamada 等生长了 Mg 共掺杂浓度分别为 100ppm、200ppm、500ppm 和 1000ppm 的 GAGG:Ce 晶体，发现晶体的快、慢衰减时间分量均随着 Mg 掺杂浓度的增加而缩短，其中 100ppm 量级 Mg^{2+}掺杂的 GAGG:Ce 晶体与 GAGG:Ce 晶体相比，在相同时间内，闪烁脉冲幅度提高了 1.5 倍，闪烁衰减时间的快分量从 62ns(52%)缩短至 39ns(53%)，慢分量从 225ns(48%)缩短至 135ns(47%)，掺杂不同浓度 Mg 离子 GAGG:Ce 晶体的衰减时间谱如图 7.2.22 所示，但光输出略有降低，约为

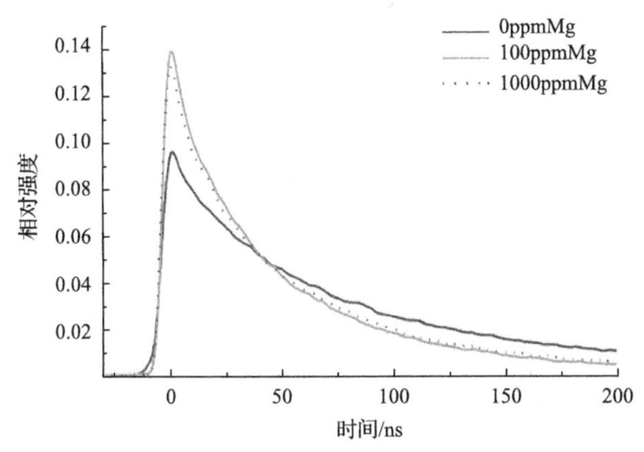

图 7.2.22　GAGG:Ce 与 GAGG:Ce,Mg 晶体的衰减时间谱(@662keV)[124]

GAGG:Ce 晶体的 94%。与 Ca^{2+}掺杂相比，即使 Mg^{2+}在非常低浓度掺杂时，其对闪烁衰减慢分量的抑制更加明显，虽然也会引起光输出下降，但下降幅度较小，其作用效果比 Ca^{2+}好[124]。

根据 Mg^{2+}、Ca^{2+}等碱土离子共掺杂 GAGG:Ce 的发光行为，吴云涛等提出了稳态 Ce^{4+}在 GAGG 晶体电离激发下的发光模型(如图 7.2.23 所示)。整个发光过程可分为以下几个步骤：在电离激发下首先产生电子空穴对(步骤 1)；稳态 Ce^{4+}会从导带捕获一个电子形成 Ce^{3+}的激发态(步骤 2)；再通过辐射复合发光退激发到 Ce^{3+}基态(步骤 3)；从空穴陷阱或者价带捕获一个空穴形成稳态 Ce^{4+}(步骤 4)。相比于稳态 Ce^{3+}发光需要先捕获空穴形成瞬态 Ce^{4+}，稳态 Ce^{4+}发光不需要经历这个步骤，因此从理论上讲稳态 Ce^{4+}的闪烁发光具有更快的响应时间。

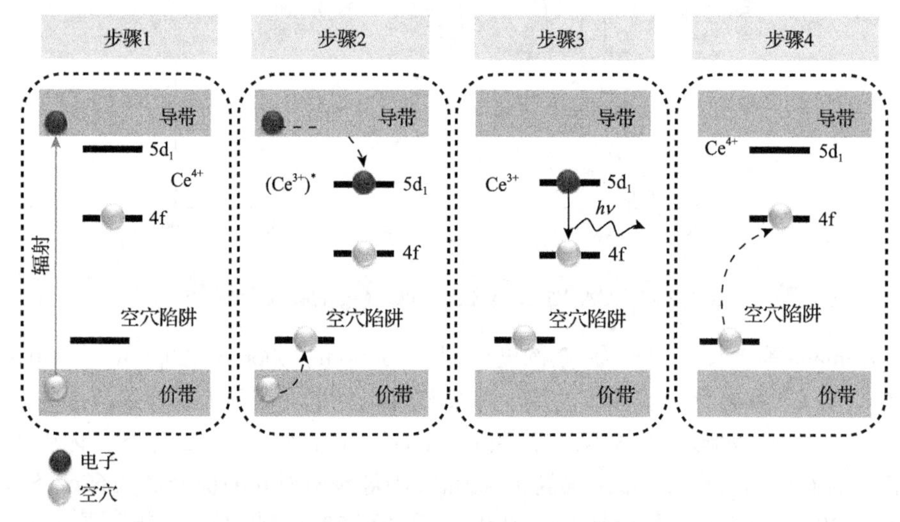

图 7.2.23 电离激发下稳态 Ce^{4+}的闪烁发光过程示意图[120]

本章对钙钛矿型和石榴石型两类铝酸盐闪烁晶体分别进行了论述，相比较而言，以 LuAP:Ce 为代表的钙钛矿结构的铝酸盐闪烁晶体具有密度大、衰减速度快且无余辉等优异的闪烁性能，成为继 L(Y)SO:Ce 之后又一类新型闪烁晶体。但因为 LuAP 结构不稳定而导致晶体制备极为困难，加之自吸收现象严重，使晶体的实际光输出远远低于理论预测值。而 YAP 及 GAP 则因为密度小、光产额低、存在慢分量等性能劣势，导致具有钙钛矿结构的稀土铝酸盐闪烁晶体在与其他闪烁晶体的竞争中，缺乏明显优势。

石榴石结构的铝酸盐闪烁晶体不仅对称程度高、光产额高、能量分辨率好和易于制备出大尺寸晶体等优势，而且其独特的多配位结构为离子取代、掺杂改性提供了广阔的空间，因此自 2011 年以来，石榴石结构的铝酸盐闪烁晶体及其应用研究开展得如火如荼，诞生了一个又一个性能优异的新型石榴石闪烁晶体。特别是 Gd_2O_3-Ga_2O_3-Y_2O_3-Al_2O_3 多组分石榴石体系的深度开发以及 Ga 组分挥发所引起的结构缺陷、闪烁效应和发光均匀性等问题展现出丰富多彩的物理现象。围绕该类晶体的所开展的“能带工程”“缺陷工程”研究进一步优化了晶体的闪烁性能，同时也深化了人们对闪烁性能与结构关系的认识，推动了发光物理学的发展。

参 考 文 献

[1] Dorenbos P, Bougrine E, de Haas J T M, et al. Scintillation properties of $GdAlO_3$:Ce crystalsl. Radiation Effects and Defects in Solids, 1995, 135: 321-323.

[2] Moszyński M, Wolski D, Ludziejewski T, et al. Properties of the new LuAP:Ce scintillator. Nuclear Instruments and Methods in Physics Research A, 1997, 385: 123-131.

[3] Lopes M I, Chepel V. Detectors for medical radioisotope imaging: Demands and perspectives. Radiation Physics and Chemistry, 2004, 71: 683-692.

[4] Kuntner C, Auffray E, Bellotto D, et al. Advances in the scintillation performance of LuYAP:Ce single crystals. Nuclear Instruments and Methods in Physics Research A, 2005, 537: 295-301.

[5] Chewpraditkul W, Wanarak C, Szczesniak T, et al. Comparative studies of $Lu_{1.95}Y_{0.05}SiO_5$:Ce and $Lu_{0.7}Y_{0.3}AlO_3$:Ce single crystal scintillators for gamma-ray detection. Nuclear Instruments and Methods in Physics Research B, 2014, 326: 103-105.

[6] Baryshevsky V G, Korzhik M V, Moroz V I, et al. $YAlO_3$: Ce-fast-acting scintillators for detection of ionizing radiation. Nuclear Instruments and Methods in Physics Research B, 1991, 58(2): 291-293.

[7] Cao D, Zhao G, Chen J, et al. Effects of growth atmosphere and annealing on luminescence efficiency of YAP:Ce crystal. Journal of Alloys and Compounds, 2010, 489: 515-518.

[8] Lempicki A, Randles M H, Wisniewski D, et al. $LuAlO_3$:Ce and other aluminate scintillators. IEEE Transactions on Nuclear Science, 1995, 42: 280-284.

[9] Moses W W, Derenzo S E, Fyodorov A, et al. $LuAlO_3$:Ce-a high density, high speed scintillator for gamma detection. IEEE Transactions on Nuclear Science, 1995, 42: 275-279.

[10] Annenkov A, Fedorov A, Korzhik M, et al. First results on prototype production of new LuYAP crystals. Nuclear Instruments and Methods in Physics Research A, 2004, 527: 50-53.

[11] Fedorov A, Korzhik M, Missevitch O, et al. Double-end readout of Lu-based scintillation pixels in Positron Emission Tomography. Nuclear Instruments and Methods in Physics Research A, 2005, 537: 331-334.

[12] Petrosyan A G, Ovanesyan K L, Shirinyan G O, et al. LuAP/LuYAP single crystals for PET scanners: Effects of composition and growth history. Optical Materials, 2003, 24: 259-265.

[13] Fedorov A, Korzhik M, Lobko A, et al. Light yield temperature dependence of lutetium-based scintillation crystals. Nuclear Instruments and Methods in Physics Research A, 2005, 537: 276-278.

[14] Petrosyan A G, Shirinyan G O, Ovanesyan K L, et al. Bridgman single crystal growth of

Ce-doped ($Lu_{1-x}Y_x$) AlO_3. Journal of Crystal Growth, 1999, 198-199: 492-496.
[15] 王中林, 康振川. 功能与智能材料结构演化与结构分析. 北京: 科学出版社, 2002.
[16] Pauling L. The principles determining the structure of complex ionic crystals. Journal of the American Chemical Society, 1929, 51: 1010-1026.
[17] 陆佩文. 硅酸盐物理化学. 南京: 东南大学出版社, 1991.
[18] Dean J A. Langes' Handbook of Chemistry. 15th ed. New York: Mc Graw-Hill, Inc, 1998.
[19] 丁栋舟. $Lu_xY_{1-x}AlO_3$:Ce 晶体的结构稳定性及其闪烁性能研究. 上海: 中国科学院上海硅酸盐研究所, 2006.
[20] Chval J, Clement D, Giba J, et al. Development of new mixed $Lu_x(RE^{3+})_{1-x}$AP:Ce scintillators ($RE^{3+}=Y^{3+}$ or Gd^{3+}): Comparison with other Ce-doped or intrinsic scintillating crystals. Nuclear Instruments and Methods in Physics Research A, 2000, 443: 331-341.
[21] Mares J A. Spectroscopy and characterisation of Ce^{3+}-doped pure or mixed $Lu_x(RE^{3+})_{1-x}AlO_3$ scintillators. Journal of Alloys and Compounds, 2000, 300: 95-100.
[22] Derdzyan M, Petrosyan A, Butaeva T, et al. Growth and properties of LuAP co-doped with divalent or tetravalent impurities. Nuclear Instruments and Methods in Physics Research A, 2005, 537: 200-202.
[23] Kuntner C, Auffray E, Bellotto D, et al. Advances in the scintillation performance of LuYAP:Ce single crystals. Nuclear Instruments and Methods in Physics Research A, 2005, 537: 295-301.
[24] Annenkov A, Fedorov A, Korzhik M, et al. Industrial growth of LuYAP scintillation crystals. Nuclear Instruments and Methods in Physics Research A, 2005, 537: 182-184.
[25] Korzhik M V, Lecoq P. Physics of scintillation in $REAlO_3:Ce^{3+}$ (RE = Y, Lu). Nuclear Instruments and Methods in Physics Research A, 2005, 537: 40-44.
[26] Lempicki A, Glodo J. Ce-doped scintillators: LSO and LuAP. Nuclear Instruments and Methods in Physics Research A, 1998, 416: 333-344.
[27] Mares J A, Nikl M, Solovieva N, et al. Scintillation and spectroscopic properties of Ce^{3+}-doped $YAlO_3$ and $Lu_x(RE)_{1-x}AlO_3$ (RE = Y^{3+} and Gd^{3+}) scintillators. Nuclear Instruments and Methods in Physics Research A, 2003, 498: 312-327.
[28] Wisniewski D, Wojtowicz A J, Lempicki A. Spectroscopy and scintillation mechanism in $LuAlO_3$:Ce. Journal of Luminescence, 1997, 72-74: 789-791.
[29] Mares J A, Nikl M, Chval J, et al. Fluorescence and scintillation properties of $LuAlO_3$:Ce crystal. Chemical Physics Letters, 1995, 241: 311-316.
[30] Wisniewski D. VUV excited emission pulse shapes of $LuAlO_3$:Ce. Journal of Alloys and Compounds, 2000, 300: 483-487.
[31] Krasnikov A, Savikhina T, Zazubovich S, et al. Luminescence and defects creation in Ce^{3+}-doped aluminium and lutetium perovskites and garnets. Nuclear Instruments and Methods in Physics Research A, 2005, 537: 130-133.

[32] Petrosyan A, Ovanesyan K, Shirinyan G, et al. The melt growth of large LuAP single crystals for PET scanners. Nuclear Instruments and Methods in Physics Research A, 2005, 537: 168-172.

[33] Drozdowski W, Wisniewski D, Wojtowicz A J, et al. Thermoluminescence of $LuAlO_3$:Ce. Journal of Luminescence, 1997, 72-74: 756-758.

[34] Glodo J, Wojtowicz A J. Thermoluminescence and scintillation properties of LuAP and YAP. Journal of Alloys and Compounds, 2000, 300: 289-294.

[35] Lempicki A, Bartram R H. Effect of shallow traps on scintillation. Journal of Luminescence, 1999, 8: 13-20.

[36] Wojtowicz A J, Glodo J, Drozdowski W, et al. Electron traps and scintillation mechanism in $YAlO_3$:Ce and $LuAlO_3$:Ce scintillators. Journal of Luminescence, 1998, 79: 275-291.

[37] Bartram R H, Hamilton D S, Kappers L A, et al. Electron traps and transfer efficiency of cerium-doped aluminate scintillators. Journal of Luminescence, 1997, 75: 183-192.

[38] Bartram R H, Lempicki A. Efficiency of electron-hole pair production in scintillators. Journal of Luminescence, 1996, 68: 225-240.

[39] Ding D Z, Lu S, Qin L S, et al. Influence of self-absorption and impurities on scintillation properties of $(Lu_{0.1}Y_{0.9})AlO_3$:Ce single crystals. Chinese Physics Letters, 2006, 23: 2570-2572.

[40] Medraj M, Hammond R, Parvez M A, et al. High temperature neutron diffraction study of the Al_2O_3-Y_2O_3 system. Journal of the European Ceramic Society, 2006, 26: 3515-3524.

[41] Toropov N A, Bondar I A, Galadhov F Y, et al. Phase equilibria in the yttrium oxide-alumina system. Bulletin of the Academy of Sciences of the USSR, Division of chemical science, 1964, 13: 1076-1081.

[42] Abell J S, Harris I R, Cockayne B, et al. An investigation of phase stability in the Y_2O_3-Al_2O_3 system. Journal of Materials Science, 1974, 9: 527-537.

[43] Jin Z, Chen Q. An assessment of the $AlO_{1.5}$-$YO_{1.5}$ system. Calphad, 1995, 19: 69-79.

[44] Remeika J P. Growth of single crystal rare earth orthoferrites and related compounds. Journal of the American Chemical Society, 1956, 78: 4259-4260.

[45] Weber M J, Bass M, Andringa K, et al. Czochralski growth and properties of $YAlO_3$ laser crystals. Applied Physics Letters, 1969, 15: 342-345.

[46] Li G S, Shi Z Z, Guo X B, et al. Growth and characterization of high-quality Nd^{3+}: YAP laser crystals. Journal of Crystal Growth, 1990, 106: 524-530.

[47] Autrata R, Schauer P, Kvapil J, et al. A single crystal of $YAlO_3$:Ce^{3+} as a fast scintillator in SEM. Scanning, 1983, 5: 91-96.

[48] Tomiki T, Fukudome F, Kaminao M, et al. Optical properties of YAG and YAP single crystals in VUV. Journal of Luminescence, 1988, 40-41: 379-380.

[49] Fukabori A, Yanagida T, Moretti F, et al. Study on the single crystal growth of concentration gradient Ce:YAP rod and the dopant concentration dependence on the scintillation properties.

Radiation measurements, 2010, 45: 453-456.
[50] Hu C, Zhang L, Zhu R, et al. Ultrafast inorganic scintillators for gigahertz hard X-Ray Imaging. IEEE Transactions on Nuclear Science, 2018, 65: 2097-2104.
[51] Shim J B, Yoshikawa A, Fukuda T, et al. Growth and charge transfer luminescence of Yb^{3+}-doped $YAlO_3$ single crystals. Journal of Applied Physics, 2004, 95: 3063-3068.
[52] Wu P, Pelton A D. Coupled thermodynamic-phase diagram assessment of the rare earth oxide-aluminium oxide binary systems. Journal of Alloys and Compounds, 1992, 179: 259-287.
[53] Mares J A, Pedrini C, Moine B, et al. Optical studies of Ce^{3+} -doped gadolinium aluminium perovskite single crystals. Chemical Physics Letters, 1993, 206: 9-14.
[54] Sajwan R K, Tiwari S, Harshit T, et al. Recent progress in multicolor tuning of rare earth-doped gadolinium aluminate phosphors $GdAlO_3$. Optical and Quantum Electronics, 2017, 49: 344.
[55] van der Kolk E, Dorenbos P, de Haas J T M, et al. Thermally stimulated electron delocalization and luminescence quenching of Ce impurities in $GdAlO_3$. Physical Review B, 2005, 71: 045121.
[56] Moszyński M, Ludziejewski T, Wolski D, et al. Properties of the YAG:Ce scintillator. Nuclear Instruments and Methods in Physics Research A, 1994, 345: 461-467.
[57] Drozdowski W, Brylew K, Wojtowicz A J, et al. 33000 photons per MeV from mixed $(Lu_{0.75}Y_{0.25})_3Al_5O_{12}$:Pr scintillator crystals. Optical Materials Express, 2014, 4: 1207-1212.
[58] Sibczynski P, Iwanowska-Hanke J, Moszyński M, et al. Characterization of GAGG:Ce scintillators with various Al-to-Ga ratio. Nuclear Instruments and Methods in Physics Research A, 2015, 772: 112-117.
[59] Mares J A, Beitlerova A, Nikl M, et al. Scintillation response of Ce-doped or intrinsic scintillating crystals in the range up to 1MeV. Radiation Measurements, 2004, 38: 353-357.
[60] Li Z, Liu B, Wang J, et al. Mechanism of intrinsic point defects and oxygen diffusion in yttrium aluminum garnet: First-principles investigation. Journal of the American Ceramic Society, 2012, 95: 3628-3633.
[61] Pan Y, Wu M, Su Q. Tailored photoluminescence of YAG:Ce phosphor through various methods. Journal of Physics and Chemistry of Solids, 2004, 65: 845-850.
[62] Yanagida T, Takahashi H, Ito T, et al. Evaluation of properties of YAG (Ce) ceramic scintillators. IEEE Transactions on Nuclear Science, 2005, 52: 1836-1841.
[63] Mihóková E, Nikl M, Mareš J A, et al. Luminescence and scintillation properties of YAG:Ce single crystal and optical ceramics. Journal of Luminescence, 2007, 126: 77-80.
[64] Brandle C D. Czochralski growth of oxides. Journal of Crystal Growth, 2004, 264: 593-604.
[65] Autrata R, Schauer P, Kuapil J, et al. A single crystal of YAG-new fast scintillator in SEM. Journal of Physics E: Scientific Instruments, 1978, 11: 707-708.

[66] Zorenko Y, Gorbenko V, Savchyn V, et al. Time-resolved luminescent spectroscopy of YAG:Ce single crystal and single crystalline films. Radiation Measurements, 2010, 45: 395-397.

[67] 杨国利, 韩剑锋, 李兴旺, 等. 提拉法生长直径 8 inch Yb:YAG 激光晶体.人工晶体学报, 2019, 48: 1216-1217.

[68] 中电科技集团重庆声光电公司. 闪烁晶体产品信息 http://cetccq.cetc.com.cn/cetccq/334914/334919/1507168/index.html.

[69] Zych E, Brecher C, Glodo J. Kinetics of cerium emission in a YAG:Ce single crystal: The role of traps. Journal of Physics: Condensed Matter, 2000, 12: 1947-1958.

[70] Babin V, Blazek K, Krasnikov A, et al. Luminescence of undoped LuAG and YAG crystals. Physica Status Solidi, 2005, 2: 97-100.

[71] Rejman M, Babin V, Kucerková R, et al. Temperature dependence of CIE-*x,y* color coordinates in YAG:Ce single crystal phosphor. Journal of Luminescence, 2017, 187: 20-25.

[72] Zorenko Y, Voloshinovskii A, Savchyn V, et al. Exciton and antisite defect-related luminescence in $Lu_3Al_5O_{12}$ and $Y_3Al_5O_{12}$ garnets. Physica Status Solidi B, 2007, 244: 2180-2189.

[73] Vrubel I I, Polozkov R G, Shelykh I A, et al. Bandgap engineering in yttrium-aluminum garnet with Ga doping. Crystal Growth and Design, 2017, 17: 1863-1869.

[74] Sidletskiy O, Arhipov P, Tkachenko S, et al. Drastic scintillation yield enhancement of YAG:Ce with carbon doping. Crystal Growth and Design, 2018, 215: 1800122.

[75] Sidletskiy O, Gerasymov I, Boyaryntseva Y, et al. Impact of carbon Co-doping on the optical and scintillation properties of a YAG:Ce scintillator. Crystal Growth and Design, 2021, 21: 3063-3070.

[76] Conti M, Eriksson L, Rothfuss H, et al. Comparison of fast scintillators with TOF PET potential. IEEE Transactions on Nuclear Science, 2009, 56: 926-933.

[77] Lempicki A, Randles M H, Wisniewski D, et al. $LuAlO_3$:Ce and other aluminate scintillators. IEEE Transactions on Nuclear Science, 1995, 42: 280-284.

[78] Dujardin C, Mancini C, Amans D, et al. LuAG:Ce fibers for high energy calorimetry. Journal of Applied Physics, 2010, 108: 013510.

[79] Foster C, Wu Y, Koschan M, et al. Improvements in light yield and energy resolution by Li^+ codoping $(Lu_{0.75}Y_{0.25})_3Al_5O_{12}:Pr^{3+}$ single crystal scintillators. Physica Status Solidi (RRL), 2018, 12: 1800280.

[80] Foster C, Wu Y, Stand L, et al. Effect of lithium codopant concentration on the luminescence properties of $(Lu_{0.75}Y_{0.25})_3Al_5O_{12}:Pr^{3+}$ single crystals: Before and after air annealing. Journal of Luminescence, 2019, 216: 116751.

[81] Wu Y, Yang G, Han D, et al. Role of lithium codoping in enhancing the scintillation yield of aluminate garnets. Physical Review Applied, 2020, 13: 064060.

[82] Foster C, Wu Y, Stand L, et al. Czochralski growth and scintillation properties of Li^+, Na^+, and K^+ codoped $(Lu_{0.75}, Y_{0.25})_3Al_5O_{12}$: Pr^{3+} single crystals. Journal of Crystal Growth, 2020, 532: 125408.

[83] Stanek C R, McClellan K J, Levy M R, et al. Extrinsic defect structure of $RE_3Al_5O_{12}$ garnets. Physica Status Solidi, 2006, 243: R75-R77.

[84] Nikl M, Mihokova E, Pejchal J, et al. The antisite Lu_{Al} defect-related trap in $Lu_3Al_5O_{12}$:Ce single crystal. Physica Status Solidi, 2005, 242: R119-R121.

[85] Wang C L, Solodovnikov D, Lynn K G. Point defects in Ce-doped $Y_3Al_5O_{12}$ crystal scintillators. Physical Review B, 2006, 73: 233204.

[86] Stanek C R, Levy M R, McClellan K J, et al. Defect identification and compensation in rare earth oxide scintillators. Nuclear Instruments and Methods in Physics Research B, 2008, 266: 2657-2664.

[87] Nikl M, Vedda A, Fasoli M, et al. Shallow traps and radiative recombination processes in $Lu_3Al_5O_{12}$:Ce single crystal scintillator. Physical Review B, 2007, 76: 195121.

[88] Nikl M, Mihokova E, Pejchal J, et al. Scintillator materials--achievements, opportunities, and puzzles. IEEE Transactions on Nuclear Science, 2008, 55: 1035-1041.

[89] Zorenko Y, Gorbenko V, Mihokova E, et al. Single crystalline film scintillators based on Ce- and Pr-doped aluminium garnets. Radiation Measurements, 2007, 42: 521-527.

[90] Nikl M, Mares J A, Solovieva N, et al. Scintillation characteristics of $Lu_3Al_5O_{12}$:Ce optical ceramics. Journal of Applied Physics, 2007, 101: 033515.

[91] Li H L, Liu X J, Xie R J, et al. Fabrication of transparent cerium-doped lutetium aluminum garnet ceramics by Co-precipitation routes. Journal of the American Ceramic Society, 2006, 89: 2356-2358.

[92] Shi Y, Nikl M, Feng X, et al. Microstructure, optical, and scintillation characteristics of Pr^{3+} doped $Lu_3Al_5O_{12}$ optical ceramics. Journal of Applied Physics, 2011, 109: 013522.

[93] Nikl M. Energy transfer phenomena in the luminescence of wide band-gap scintillators. Physica Status Solidi A, 2005, 202: 201-206.

[94] Fasoli M, Vedda A, Nikl M, et al. Band-gap engineering for removing shallow traps in rare-earth $Lu_3Al_5O_{12}$ garnet scintillators using Ga^{3+} doping. Physical Review B, 2011, 84: 081102.

[95] Kamada K, Endo T, Tsutumi K, et al. Composition engineering in cerium-doped $(Lu,Gd)_3(Ga,Al)_5O_{12}$ single-crystal scintillators. Crystal Growth and Design, 2011, 11, 4484-4490.

[96] Luo J, Wu Y, Zhang G, et al. Composition-property relationships in $(Gd_{3-x}Lu_x)(Ga_yAl_{5-y})O_{12}$:Ce ($x$=0, 1, 2, 3 and y=0, 1, 2, 3, 4) multicomponent garnet scintillators. Optical Materials, 2013, 36: 476-481.

[97] Wu Y, Luo J, Nikl M, et al. Origin of improved scintillation efficiency in $(Lu,Gd)_3$

$(Ga,Al)_5O_{12}$:Ce multicomponent garnets: An X-ray absorption near edge spectroscopy study. APL Materials, 2014, 2: 012101.

[98] Kamada K, Yanagida T, Pejchal J, et al. Scintillator-oriented combinatorial search in Ce-doped $(Y,Gd)_3(Ga,Al)_5O_{12}$ multicomponent garnet compounds. Journal of Physics D, 2011, 44: 505104.

[99] Asadian M, Hajiesmaeilbaigi F, Mirzaei N, et al. Composition and dissociation processes analysis in crystal growth of Nd:GGG by the Czochralski method. Journal of Crystal Growth, 2010, 312: 1645-1650.

[100] Kamada K, Yanagida T, EndoT, et al. 2 inch diameter single crystal growth and scintillation properties of $Ce:Gd_3Al_2Ga_3O_{12}$. Journal of Crystal Growth, 2012, 352: 88-90.

[101] Kochurikhin V, Kamada K, Kim J K, et al. Czochralski growth of 4-inch diameter $Ce:Gd_3Al_2Ga_3O_{12}$ single crystals for scintillator applications. Journal of Crystal Growth, 2020, 531: 125384.

[102] Laguta V, Zorenko Y, Gorbenko V, et al. Aluminum and Gallium Substitution in Yttrium and Lutetium Aluminum-Gallium garnets: Investigation by single-crystal NMR and TSL methods. The Journal of Physical Chemistry C, 2016, 120: 24400-24408.

[103] Marezio M, Remeika J P, Dernier P D. Cation distribution in $Y_3Al_{5-c}Ga_cO_{12}$ garnet. Acta Crystallographica Section B, 1968, 24: 1670-1674.

[104] Zagorodniy Y O, Chlan V, Štěpánková H, Yet al. Gallium preference for the occupation of tetrahedral sites in $Lu_3(Al_{5-x}Ga_x)O_{12}$ multicomponent garnet scintillators according to solid-state nuclear magnetic resonance and density functional theory calculations. Journal of Physics and Chemistry of Solids, 2019, 126: 93-104.

[105] Li M, Meng M, Chen J, et al. Abnormal site preference of Al and Ga in $Gd_3Al_{2.3}Ga_{2.7}O_{12}$:Ce Crystals. Physica Status Solidi B, 2021, 258: 2000603.

[106] Ogieglo J M, Katelnikovas A, Zych A, et al. Luminescence and luminescence quenching in $Gd_3(Ga,Al)_5O_{12}$ scintillators doped with Ce^{3+}. Journal of Physical Chemistry A, 2013, 117: 2479-2484.

[107] Kozlova N S, Busanov O A, Zabelina E V, et al. Optical properties and refractive indices of $Gd_3Al_2Ga_3O_{12}:Ce^{3+}$ crystals. Crystallography Reports, 2016, 61: 474-478.

[108] Kitaura M, Tanaka S, Itoh M. Optical properties and electronic structure of Lu_2SiO_5 crystals doped with cerium ions: Thermally-activated energy transfer from host to activator. Journal of Luminescence, 2015, 158: 226-230.

[109] Sakthong O, Chewpraditkul W, Wanarak C, et al. Scintillation properties of $Gd_3Al_2Ga_3O_{12}:Ce^{3+}$ single crystal scintillators. Nuclear Instruments and Methods in Physics Research A, 2014, 751: 1-5.

[110] Tamulatis G, Dosovitskiy G, Gola A, et al. Vaitkevicius, Improvement of response time in

GAGG:Ce scintillation crystals by magnesium codoping. Journal of Applied Physics, 2018, 124: 215907.

[111] Ferri A, Gola A, Serra N, et al. Piemonte, Performance of FBK high-density SiPM technology coupled to Ce:LYSO and Ce:GAGG for TOF-PET. Physics in Medicine and Biology, 2014, 59: 869-880.

[112] Omidvari N, Sharma R, Ganka T R, et al. Characterization of 1.2×1.2mm^2 silicon photomultipliers with Ce:LYSO, Ce:GAGG, and Pr:LuAG scintillation crystals as detector modules for positron emission tomography. Journal of Instrumentation, 2017, 12: P04012.

[113] Kamada K, Kurosawa S, Prusa P, et al. Cz grown 2-in. size Ce:$Gd_3(Al,Ga)_5O_{12}$ single crystal; relationship between Al, Ga site occupancy and scintillation properties. Optical Materials, 2014, 36: 1942-1945.

[114] Grigorjeva L, Kamada K, Nikl M, et al. Effect of Ga content on luminescence and defects formation processes in $Gd_3(Ga,Al)_5O_{12}$:Ce single crystals. Optical Materials, 2018, 75: 331-336.

[115] Kitaura M, Watanabe S, Kamada K, et al. Shallow electron traps formed by Gd^{2+} ions adjacent to oxygen vacancies in cerium-doped $Gd_3Al_2Ga_3O_{12}$ crystals. Applied Physics Letters, 2018, 113: 041906.

[116] Kitaura M, Zen H, Kamada K, et al. Visualizing hidden electron trap levels in $Gd_3Al_2Ga_3O_{12}$:Ce crystals using a mid-infrared free-electron laser. Applied Physics Letters, 2018, 112: 031112.

[117] 刘书萍. LuAG:Ce 透明闪烁陶瓷的制备及其性能优化研究. 北京：中国科学院大学, 2016.

[118] Mohit T, Fang M, Merry K, et al. Effect of codoping on scintillation and optical properties of a Ce-doped $Gd_3Ga_3Al_2O_{12}$ scintillator. Journal of Physics D: Applied Physics, 2013, 46: 475302.

[119] Meng F, Koschan M, Wu Y, et al. Relationship between Ca^{2+} concentration and the properties of codoped $Gd_3Ga_3Al_2O_{12}$:Ce scintillators. Nuclear Instruments and Methods in Physics Research A, 2015, 797: 138-143.

[120] Wu Y, Meng F, Li Q, et al. Role of Ce^{4+} in the scintillation mechanism of codoped $Gd_3Ga_3Al_2O_{12}$:Ce. Physical Review Applied, 2014, 2: 044009.

[121] Liu S, Feng X, Zhou Z, et al. Effect of Mg^{2+} co-doping on the scintillation performance of LuAG:Ce ceramics. Physica Status Solidi (RRL), 2014, 8: 105-109.

[122] Lucchini M T, Babin V, Bohacek P, et al. Effect of Mg^{2+} ions co-doping on timing performance and radiation tolerance of Cerium doped $Gd_3Al_2Ga_3O_{12}$ crystals. Nuclear Instruments and Methods in Physics Research A, 2016, 816: 176-183.

[123] Liu P, Liu Y, Cui C, et al. Enhanced luminescence and afterglow by heat-treatment in reducing atmosphere to synthesize the $Gd_3Al_2Ga_3O_{12}$: Ce^{3+} persistent phosphor for AC-LEDs. Journal of Alloys and Compounds, 2018, 731: 389-396.

[124] Kamada K, Nikl M, Kurosawa S, et al. Alkali earth co-doping effects on luminescence and scintillation properties of Ce doped $Gd_3Al_2Ga_3O_{12}$ scintillator. Optical Materials, 2015, 41: 63-66.

第 8 章　无机闪烁晶体的应用

一个世纪以来，人类发现了大量的无机闪烁晶体，但绝大多数晶体由于闪烁性能、材料制备、成本价格和环境因素等的限制而没有获得实际应用，只有那些不仅综合性能优良，而且制备成本相对低廉，又经过应用市场反复考验的少数闪烁晶体才被用户认可，最终成为产品，被广泛应用于核物理、高能物理、天体物理、核医学、射线无损检测、国土安全检查和核测井等领域。

无机闪烁晶体的应用基于电离辐射探测技术各领域的发展需求，而需求则进一步推动了对现有闪烁晶体的性能改造、优化、提升，以及对新型晶体的探索，并不断突破晶体生长技术瓶颈和闪烁性能极限。本章基于闪烁晶体当前应用的主要领域，阐述各领域探测技术的基本原理、性能要求和特殊服役环境，介绍各领域无机闪烁晶体的应用现状和典型实例，试图从应用角度出发，总结不同领域对闪烁晶体的性能需求，展望闪烁晶体未来的发展方向。

8.1　应用领域对无机闪烁晶体的性能要求

按照无机闪烁晶体的应用需求,研发或选用无机闪烁晶体主要考虑以下方面[1]。

1. 密度(ρ)和有效原子序数(Z_{eff})

密度和有效原子序数是闪烁晶体非常重要的物理参数，直接或间接决定了射线与物质相互作用的机理，决定了闪烁晶体对射线的阻止能力与探测效率。

高能光子和电子在高 Z_{eff} 闪烁晶体中的簇射范围较小，高能光子与晶体发生光电效应的概率较高，所以使用高 Z_{eff} 闪烁晶体建造的闪烁晶体探测器具有较高的探测效率和空间分辨率。高 Z_{eff} 闪烁晶体具有高的电离辐射阻止能力，能够以更小的体积实现对射线/粒子的高效吸收，从而减小探测器的尺寸、节约建造成本。高 Z_{eff} 闪烁晶体光电效益占比大，对于正电子发射断层扫描应用特别重要。

在高能物理领域,高密度闪烁材料有助于减少强磁场中粒子簇射的横向传播。因此，为了减少探测器的体积和成本，紧凑型量能器的设计需要优先考虑阻止能力强、辐射长度小、密度高于 5g/cm^3 的闪烁材料。

2. 光输出(LO)

光输出表示一定能量的射线/粒子入射闪烁晶体后产生紫外或可见光光子的

能力。闪烁晶体的光输出越高，闪烁探测器信噪比越好，统计误差越小，能谱测量的能量分辨率越好(正比于$1/\sqrt{LO}$)，辐射成像空间分辨率越高。

闪烁光需要通过光电倍增管、光电二极管或雪崩光电二极管进行光电转换和放大。PIN 二极管的增益约为 1，雪崩光电二极管为数百，光电倍增管则更高。为了提高闪烁光收集效率，希望闪烁晶体不仅有足够高的光输出，而且发射波长尽可能与光探测器的敏感探测波长相匹配，从而有利于提高光的收集效率。

闪烁光输出对温度的依赖性应尽可能地小，较大的温度系数增加了探测器和校正系统的复杂性，并且晶体正面和背面之间的温度梯度引入了不均匀性，降低了探测系统的能量分辨率。

3. 能量分辨率(ER)

能量分辨率表征闪烁晶体对不同能量射线/粒子的甄别能力。无机闪烁晶体的能量分辨率与其有效原子序数、光输出、发光波长、发光均匀性、折射率和闪烁光衰减长度等因素有关。有效原子序数高意味着晶体与高能光子发生光电效应的概率高，电子逃逸率低；光输出高有利于探测器信噪比提高、统计误差降低；发光波长要求与光电探测器的波长敏感区域匹配，从而提高探测系统信噪比。

能量分辨率取决于所有可能的不均匀性来源。发光均匀性好意味着晶体不同部位发出的闪烁光强度一致而信号的离散性小；晶体折射率低与闪烁光衰减长度大则使闪烁光子收集效率高、损失小。因此，本征闪烁晶体更容易实现大晶体中光输出的均匀性，非本征闪烁晶体中发光中心的不均匀分布容易造成光输出的不均匀性。具有高有效原子序数、高光输出、可见光发射、发光均匀、折射率低、闪烁光衰减长度大的闪烁晶体通常拥有更好的能量分辨能力。

4. 衰减时间(τ)和时间分辨(TR)

闪烁探测器的时间分辨能力正比于$\sqrt{\tau}$。无机闪烁晶体的闪烁衰减时间取决于晶体的发光机制，例如具有交叉本征发光的 BaF_2 晶体为皮秒级，宇称允许跃迁(如Ce^{3+}的 5d→4f 跃迁)离子掺杂晶体为纳秒级，而 Tb^{3+}、Yb^{3+}掺杂晶体为毫秒级。多数应用希望闪烁晶体的衰减时间越短越好，短的闪烁时间有利于快速符合、减少闪烁探测器的死时间和响应时间，实现高重频辐射探测。

信号堆积会对信号读出造成严重影响，特别在大型强子对撞机上。为了获得良好的信噪比，需要在一次粒子穿越中尽可能多地收集信号并减少定时抖动引起的波动，因此要求闪烁晶体的衰减时间尽可能短。

5. 抗辐照硬度

强辐射环境下服役的无机闪烁晶体必须具有良好的抗辐照损伤能力，尤其在高能物理、空间物理和油井探测等领域，不仅要求晶体能够抵抗高剂量辐照，而且希望晶体对辐照总剂量敏感，而对辐照剂量率不敏感，有利于闪烁探测器的校准。

无机闪烁晶体受到辐照作用后一般会形成辐照诱导色心，色心吸收了闪烁光，从而降低了晶体的光输出。色心的湮灭速率随着温度的升高而加快。如果室温下闪烁晶体的辐照诱导色心湮灭较快，那么辐照停止后其闪烁性能(通常监测光输出和透光率)会随着时间而缓慢恢复到接近辐照前的水平，其辐照损伤行为与辐照剂量率关联，一定剂量率内辐照损伤饱和，色心生成与湮灭平衡。如果辐照诱导色心湮灭较慢，辐照停止后闪烁性能基本不再改变，辐照损伤行为仅与辐照总剂量关联，而不受剂量率影响，辐照诱导色心浓度随着辐照总剂量的增加持续增长，无辐照损伤饱和。

色心的形成源于晶体结构缺陷、杂质对电荷的捕获，直接与晶体生长中所使用的原料纯度和生长工艺相关。为了提高晶体的抗辐照硬度，可采用提高原料纯度、改善生长工艺以及适当的晶体掺杂等方法。

6. 晶体尺寸

高能物理建造大型探测器需要大量的晶体材料，足够大的晶体尺寸是必要指标。晶体生长技术应能够保证制造出尺寸足够大的单晶，以满足应用要求的尺寸指标，同时提高晶体的取材率、降低成本。

7. 晶体的制造成本

影响晶体成本的因素包括：

1)原料价格

有的晶体成本中原料占大部分。以高密度、高光输出、快衰减的闪烁晶体LSO:Ce为代表的镥基闪烁晶体性能良好，但镥原料价格昂贵，应用受到一定限制。

2)能源消耗

晶体的熔化温度和生长速度直接决定了能源消耗量。晶体的熔点过高，不仅直接增加了能源消耗，而且对耐火材料、保温材料、坩埚材质、热电偶测温元件等的消耗同时增加。GSO或LSO的高熔点(>1900℃)是生长成本高的重要原因。NaI:Tl、PbF_2(822℃)和$PbWO_4$(1123℃)的熔点低，原料丰富，晶体成本较低。

3)晶体生长工艺和坩埚材料

坩埚下降法能够规模化生长大尺寸甚至异形晶体，取材率高，一炉可以生长多根晶体，具有明显的成本优势，因此BGO、PWO等晶体通常采用坩埚下降法制造。铂金和铱金是良好的坩埚材料，但价格昂贵。因此，如果技术上允许，应尽可能采用价格相对便宜的石墨、氧化铝陶瓷、钨或钼等材质的坩埚。

4) 晶体的可加工性

良好的可加工性有利于降低损耗、提高成品率，能降低晶体元件的制作成本。机械加工性能涉及晶体的硬度、解理、各向异性和潮解性等，适中的硬度、不发育的解理和较小的各向异性对于机械加工比较有利。

8. 服役耐久性

油井探测、空间探测等应用需要无机闪烁晶体在高温或高湿环境中服役，要求承受一定的温度变化和湿度、振动等考验，通常应具有十年以上的使用寿命。

总之，理想的闪烁晶体应具有密度高、有效原子序数高、光输出高、能量分辨率好、衰减时间短、无余辉、与光电探测器光谱匹配好、成本低、寿命长、物化性能稳定、适用范围广等特性。然而，理想的闪烁晶体并不存在，每种应用技术应按照实际需求进行折中，综合考量选择相对合适的闪烁晶体。主要应用领域对闪烁晶体的闪烁性能要求概略总结在表 8.1.1。

表 8.1.1　应用领域对闪烁晶体的一般要求[2]

应用领域	光产额 /(Ph/MeV)	衰减时间 /ns	密度 /(g/cm^3)	有效原子序数	发射峰 /nm	其他要求
高能物理	>200	≪20	高	高	>450	抗辐照硬度高，能量分辨率好
核物理	高	—	高	高	>300	能量分辨率好
空间物理	高	—	高	高/低	>450	辐射本底低，温度系数小
工业应用	高	—	高	高	>300	余辉低，温度系数小
PET	高	<40	高	高	>300	—
X-CT	高	—	>4	>50	>450	余辉低
γ 相机	高	—	高	高	>300	—
X 射线成像	高	—	高	高	>450	—
中子探测	高	10～100	低	低	>300	富含 ^{6}Li 和 ^{10}B，对 γ 射线敏感度低

8.2　核　物　理

闪烁现象最早在研究核素的放射性中被发现并得到应用[3]。1903 年，Crookes 首先发现硅锌矿石 (Zn_2SiO_4) 在镭放出的 α 粒子作用下发出微弱的黄绿色闪光，从而可以对 α 粒子逐个计数。其后，硅锌矿石被硫化锌 (ZnS) 取代。肉眼观察闪烁的方法最早用于阐明 α 粒子本性的实验和 α 粒子散射实验，应用于第一个人工核

反应 $N^{14}+\alpha\rightarrow O^{17}+p$ 的研究和开辟加速器时代的首批高压倍加器核反应实验。该方法虽然原始，却为卢瑟福原子模型的建立，乃至核物理的发展起到了十分重要的作用。

20 世纪 30 年代气体放电计数管取代了目测闪烁法，40 年代后期光电倍增管的出现促进了一系列无机闪烁晶体的发现和应用，闪烁探测器以崭新的姿态成为重要的核探测手段。继有机闪烁晶体萘和蒽之后，诺贝尔奖获得者美国物理学家 Robert Hofstadter 于 1948 年发现的 NaI:Tl 晶体不仅具有优良闪烁性能，而且基于该晶体研制的核辐射探测器成为 γ 射线能谱测量的有力手段。随后，NaI:Tl 的应用从核物理扩展到高能物理和核医学领域，成为无机闪烁晶体中的常青树。

我国在 20 世纪 50 年代前期根据核物理实验研究的需要开始无机闪烁晶体的研制。目前，我国生产的 NaI:Tl、CsI:Tl、BGO、PWO、BaF_2、LYSO、$LaBr_3$:Ce 等无机闪烁晶体在质量上已经达到世界先进水平。

8.2.1 α粒子散射实验

1899 年英国著名物理学家卢瑟福运用威廉 · 克鲁克斯发明的闪烁镜发现了 α 粒子，被视为第一个运用闪烁晶体的核物理实验。卢瑟福 1909 年做了著名的 α 粒子散射实验，实验目的为证实汤姆森(J. J. Thomson) 1903 年提出的原子的葡萄干圆面包模型，实验结果却否定了汤姆森原子模型，为 1911 年卢瑟福提出原子核式结构模型奠定了基础。

卢瑟福用 α 粒子轰击金箔，如图 8.2.1 所示为 α 粒子散射实验装置示意图。铅盒里放有少量的放射性元素钋(Po)，钋发出的 α 粒子从铅盒的小孔射出，形成一束很细的射线射到金箔上。α 粒子穿过金箔后射到 ZnS 荧光屏上产生闪烁光点，闪光点可用显微镜观察。为了避免 α 粒子和空气中的原子碰撞而影响实验结果，整个装置放在真空容器内，带有荧光屏的显微镜能够围绕金箔在圆周上移动。

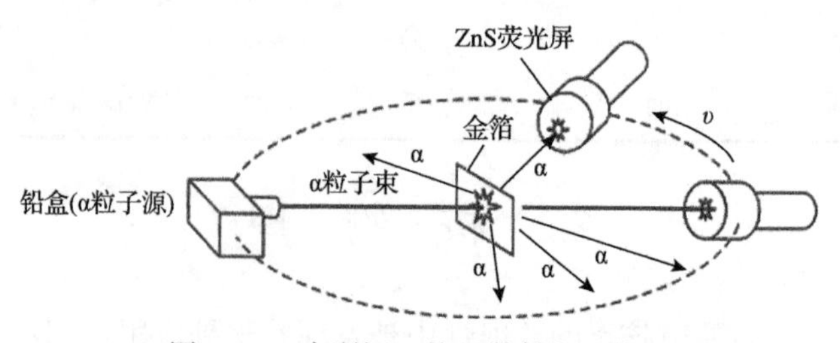

图 8.2.1　卢瑟福 α 粒子散射实验装置

实验用准直的 α 射线轰击厚度为微米级的金箔，绝大多数的 α 粒子直接穿过薄金箔，偏转很小，但有少数 α 粒子发生角度比汤姆森模型所预言的大得多的偏转，大约有 1/8000 的 α 粒子偏转角大于 90°，甚至观察到偏转角等于 150°的散射，称大角散射，更无法用汤姆森模型说明。基于该实验，卢瑟福提出了原子的核式结构模型，由此开创了原子结构研究的先河。

ZnS:Ag 为白色多晶粉末，粉末厚度大于 25μg/cm^2 就不透明，通常做成薄板闪烁屏，闪烁性能参数如表 8.2.1 所示。ZnS:Ag 闪烁屏价格低廉、探测效率高，至今仍然广泛应用。ZnS:Ag 对快电子的光转换效率低，响应信号作为本底，主要用于探测 α 粒子和重粒子(图 8.2.2)，探测效率可达 100%。ZnS:Ag 嵌入含 ^{6}Li 的化合物可用于探测热中子，嵌入含氢透明材料可用于探测快中子。

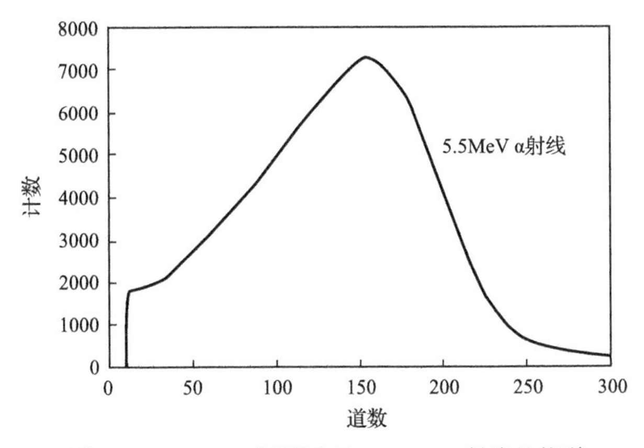

图 8.2.2　ZnS:Ag 闪烁屏对 5.5MeV α 射线的能谱

表 8.2.1　ZnS:Ag 的闪烁性能

性能	数值
密度/(g/cm^3)	4.09
发光峰波长/nm	450
折射率@峰值波长	2.36
光输出(% NaI:Tl)@α 粒子)	130
衰减时间/ns	110

8.2.2　γ 射线探测

无机闪烁晶体通常具有密度大、有效原子序数高的特点，因此对 γ 射线的阻止本领大、探测效率高。NaI:Tl 晶体不仅光输出高、能量分辨率好，而且具有价格便宜的优势，因此自发现以来就是 γ 射线和能谱测量的首选材料。继 NaI:Tl 晶体之后，出现了 CsI:Tl、CsI:Na、BGO、BaF_2、$CdWO_4$ 和 $ZnWO_4$ 闪烁晶体，它们的密度和平均原子序数都比 NaI:Tl 大，因而具有更大的 γ 射线吸收系数和更高的探测效率。BGO 的 γ 射线吸收系数约为 NaI:Tl 的 2.5 倍，达到同样 γ 射线吸收效果所需 BGO 晶体的线度仅为 NaI:Tl 的 1/2.5，BGO 适合于空间有限而又需要有足够阻止本领的场合。

相比于 NaI:Tl、CsI:Na 等晶体，近年来开发的 GAGG:Ce 密度高达 6.63g/cm^3，具有探测效率高、发光衰减快和不易潮解的优点，长期稳定性更好。特别是它没有本底放射性，相比于 $LaBr_3$:Ce、LSO:Ce 等晶体更适合作为低剂量能谱仪的探测材料。将 GAGG:Ce 晶体耦合 SiPM、搭配 ARM 处理器研制出的高性能便携式能谱测量仪(图 8.2.3(a))，其能谱响应线性拟合优值为 0.996，能量分辨率为 5.2%@662keV(图 8.2.3(b))，具有体积小、功耗低和性价比高的优点，已被应用于科学实验、环境辐射监测和野外探矿等领域[4]。

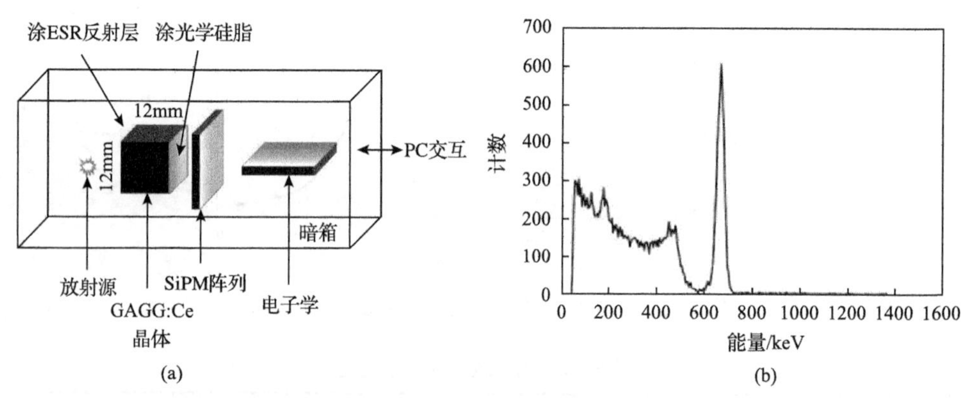

图 8.2.3 基于 GAGG:Ce 晶体的便携式能谱仪(a)及 ^{137}Cs 能谱(b)

8.2.3 带电粒子探测

基于无机闪烁晶体的带电粒子探测器具有立体角较大、计数较快和符合测量的优点，可测量较长射程的带电粒子。CaF_2:Eu 具有很好的光学性质及化学稳定性，能在许多场合下取代有机晶体，用于 β 放射性测量。ZnS:Ag 多晶粉末薄片，用于探测 α 粒子和其他重离子。CsI:Na 和 CsI:Tl 发光效率高，化学稳定性优于 NaI:Tl 晶体，适用于质子和 α 粒子计数以及能谱测量。

以中能重离子核反应产物测量装置 4π 多探测器为例，它由 16 个环、共 276 个单元探测器构成，大部分单元探测器由塑料闪烁薄膜(100μm 厚)与 CsI:Tl 晶体(3cm×3cm×5cm)构成的叠层探测器(phoswich)，用光电倍增管 EM I-9125B 和 CR110 PMT 读出，CsI:Tl 晶体对 ^{60}Co 射线能量分辨为 5.7%。在中能重离子加速器(HIRFL)上，用闪烁单元探测器测量 55MeV/u ^{40}Ar+Ni 反应产物，CsI:Tl 晶体的脉冲具有 15ns 的上升时间和两种衰减成分，慢成分为 0.3～1.0μs，随被探测粒子种类而变化，长成分为 7μs。三个不同时间门用电荷幅度转换器 QDC 对反应碎片在塑料闪烁体和 CsI:Tl 晶体中产生的快、慢和长成分的光进行积分，得到了快成分-长成分和慢成分-长成分的关联两维散点图(图 8.2.4)，可清晰地鉴别从轻粒子氢、氦到氧之间的粒子种类，甚至氢的三个同位素也能区分开[5]。

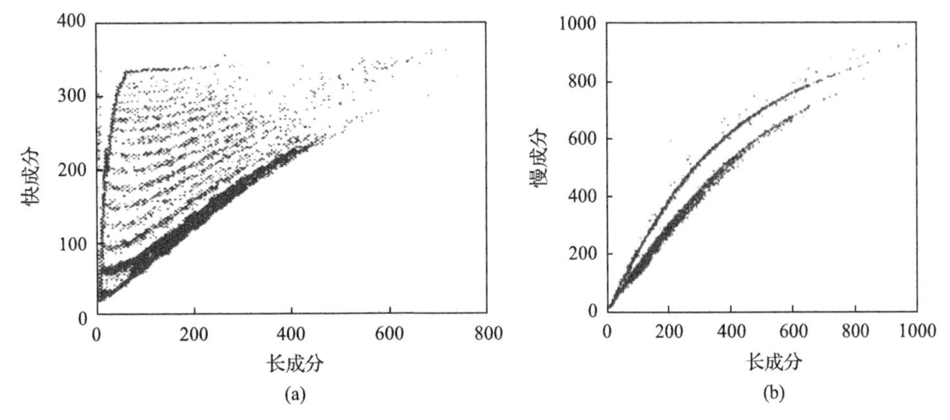

图 8.2.4　叠层闪烁晶体(a)和 CsI:Tl 闪烁晶体(b)快成分-慢成分-长成分的关联两维散点图

8.2.4　粒子鉴别

粒子鉴别，就是要测定粒子原子序数 Z 和质量数 A，并测量其能谱等特性，在重离子物理研究中经常遇到。晶体的衰减时间与激发粒子的关系首先在有机闪烁晶体上发现，后来在无机闪烁晶体 CsI:Tl、NaI:Tl 和 BaF_2 对电子、α 粒子和裂变碎块的测量也观察到，即衰减时间因粒子种类的不同而不同[6,7]。表 8.2.2 是 α 粒子、质子(p)和 γ 射线激发 CsI:Tl 晶体的衰减时间。

表 8.2.2　CsI:Tl 晶体在不同粒子激发下的衰减时间[8]

粒子类型	粒子能量/MeV	衰减时间/ns
α	4.8	425
p	2.2	520
γ	0.66	700

根据晶体的这种性能，可以借助于专门设计的电子学线路鉴别不同类型的粒子，该技术在低能核反应研究和中子物理实验中被用来鉴别不同电荷数的粒子和在中子测量时抑制 γ 射线本底。如图 8.2.5 所示，较重的粒子产生的电流脉冲持续时间较长，幅值较低，电荷上升时间较长，过零时间较大，不同带电粒子的过零

时间随能量不同，从而可以鉴别出粒子种类。

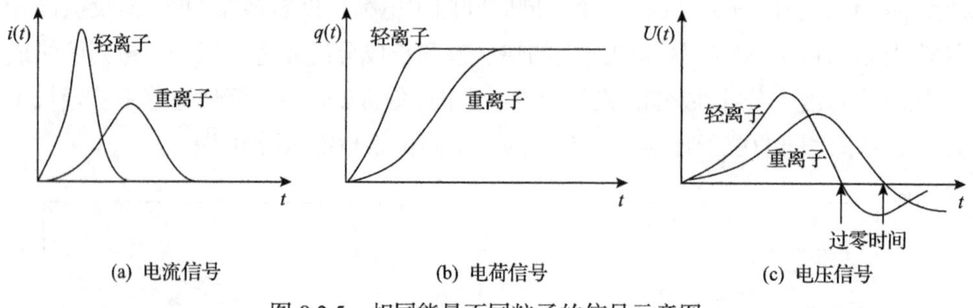

(a) 电流信号　　(b) 电荷信号　　(c) 电压信号

图 8.2.5　相同能量不同粒子的信号示意图

叠层探测器采用两个具有不同衰减时间的闪烁晶体的组合，由同一光电倍增管读出，当粒子通过叠层闪烁晶体组合时，光电倍增管的输出信号表现为两个分量的叠加。从脉冲形状的差异可以区分出粒子的类型和方向。常规叠层探测器由 NaI:Tl 和 CsI:Tl 组成，在 X 射线和 γ 射线天文学测量中屏蔽非各向同性本底而保持足够高的光电峰效率。采用 CsI:Tl 和 NE102A 塑料闪烁体组成的叠层探测器可以鉴别有效原子序数为 1～19 的粒子[9]；采用 BGO 和 CsI:Tl 的叠层探测器与用相同截面的 NaI:Tl-CsI:Tl 叠层闪烁晶体相比具有更低的本底计数率和更高的信噪比[10]。

8.2.5　反康普顿屏蔽

在进行 γ 射线谱学研究时，探测器能谱中有相当一部分事件来自初始 γ 射线在探测器中由于非相干康普顿散射造成的能量不完全沉积，形成连续分布的本底，阻碍对弱光电峰的辨认，而且增加了测量光电峰位置及强度的不确定性。抑制本底的办法是在主探测器周围设置采用反符合模式的大体积探测器，称为反康普顿屏蔽层。常用屏蔽层材料是 NaI:Tl 和塑料闪烁晶体，现在逐渐为 BGO 所取代[11]。与 NaI:Tl 相比，BGO 反康普顿屏蔽面积减小 75%，不改变离靶距离，主探测器布置可以更加紧凑和简化。关于 BGO 晶体反康普顿应用详见 4.6 节。

8.2.6　中子探测

无机闪烁晶体用于中子探测的原理是，中子先在吸收物质中通过核反应被转换成带电粒子或 γ 射线，然后为闪烁晶体所记录。吸收物质置于闪烁晶体前面，或掺在闪烁晶体中。吸收物质置于闪烁晶体前面时，用得较多的无机闪烁晶体有 ZnS:Ag、CsI:Tl 和 NaI:Tl 等。吸收原子掺入闪烁晶体中，例如，^{6}LiI:Eu 闪烁晶体，中子通过与 ^{6}Li 核反应而被探测：$n + {}^{6}Li \rightarrow {}^{4}He + {}^{3}H + 4.78MeV$，当热中子入射时，

α 粒子得到全部反应能量的 3/7，因而能够以足够高的甄别阈除去天然 γ 射线本底而测出干净的窄峰。闪烁晶体中的 Li 可以采用天然丰度的同位素，也可以采用浓缩至 96%的 ^{6}Li。对于热中子全吸收，正常 LiI:Eu 所需的厚度为 2～4cm，而浓缩的 ^{6}LiI:Eu 仅需 0.2～0.3cm。

8.2.7 DMMSC 实验[12]

为了研究与宇宙大爆炸理论有关的物质演化，美国洛斯·阿拉莫斯国家实验室提出了极端物质辐射相互作用实验(matter-radiation interaction in extreme，MaRIE)，后升级成 DMMSC(dynamic mesoscale material science capability)计划，需要超快时间响应的 3GHz 硬 X 射线成像仪。半导体直接传感器和超快闪烁晶体间接传感器都可用于快速 X 射线成像，分别需要小于 2ns 和 300ps 的帧速率时间响应，以减轻快帧速率引起的堆积效应。目前最先进的高速 X 射线成像采用硅传感器探测 X 射线，帧速率为 10MHz，适用于能量低于 20keV 的 X 射线。半导体直接成像在兆赫兹软 X 射线成像中占主导地位，但其对快速响应所需的薄探测器的探测效率较低，对吉赫兹(GHz)硬 X 射线成像存在固有局限。

具有快速上升时间、快速衰减时间和可忽略慢闪烁分量的超快无机闪烁晶体是研制 3GHz、126keV 硬 X 射线成像仪的关键。设计的像素化超快无机闪烁晶体前置成像仪，应用厚度约 5mm 的超快无机闪烁晶体屏对硬 X 射线光子的完全吸收特性，输出亚纳秒闪烁脉冲，满足探测和分辨纳秒脉宽 X 射线束，如图 8.2.6(a)所示。

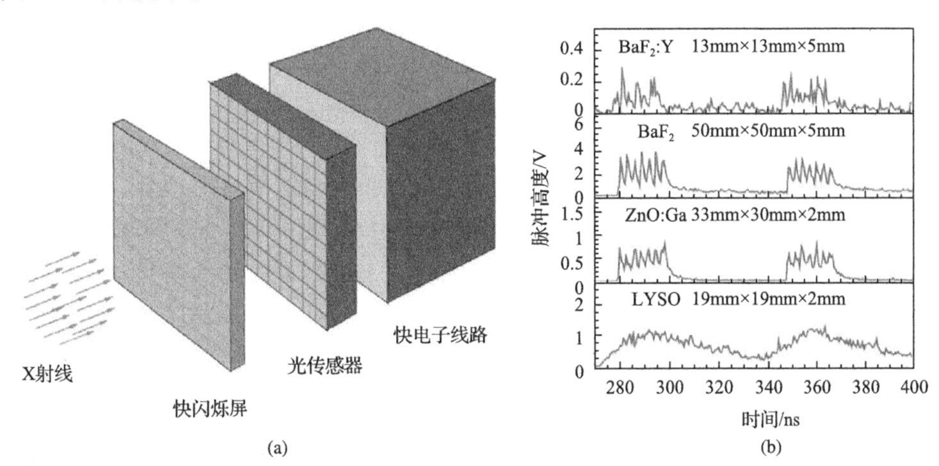

图 8.2.6　X 射线全吸收像素成像(a)和闪烁晶体对 7 分脉吉赫兹 30keV 硬 X 射线束流的响应(b)

能够对吉赫兹硬 X 射线具有快响应的闪烁晶体如表 8.2.3 所示。其中，LYSO:Ce 晶体光输出最高，但衰减速度不够快，YAP:Yb 和 YAG:Yb 等晶体光输出较低。图 8.2.6(b)展示了 BaF_2:Y、BaF_2、ZnO:Ga、LYSO:Ce 晶体对 7 分脉吉赫兹 30keV

硬X射线束流的响应，相比较而言，BaF_2:Y和ZnO:Ga具有亚纳米衰减时间的超快闪烁光，表现出良好的X射线束分辨能力，连续X射线照射探测强度稳定。特别是BaF_2:Y晶体兼具高光输出、超快响应时间和对高能γ、质子、快中子的高抗辐照硬度，被认为是最有希望应用于吉赫兹硬X射线成像的探测材料。

表 8.2.3 吉赫兹硬X射线探测用候选材料的闪烁性能[12]

闪烁晶体	尺寸 /(mm×mm×mm)	发射峰 /nm	EWLT /%	光输出 /(phe/MeV)	1ns LY /(ph/MeV)	上升时间 /ns	衰减时间 /ns	FWHM /ns
BaF_2:Y	10×10×5	220	89.1	258	1200	0.2	1.0	1.4
BaF_2	50×50×5	220	85.1	209	1200	0.2	1.2	1.5
YAP:Yb	ϕ 40×2	350	77.7	9.1*	28	0.4	1.1	1.7
ZnO:Ga	33×30×2	380	7	76*	157	0.4	1.8	2.3
YAG:Yb	10×10×5	350	83.1	28.4*	24	0.3	2.5	2.7
Ga_2O_3	7×7×2	380	73.8	259	43	0.2	5.3	7.8
YAP:Ce	ϕ50×2	370	54.7	1605	391	0.8	34	27
LYSO:Ce	19×19×2	420	80.1	4841	740	0.7	36	28
LuYAP:Ce	10×10×7	385	—	1178	125	1.1	36	29
LuAG:Ce 陶瓷	25×25×0.4	520	52.3	1531	240	0.6	50	40
YSO:Ce	25×25×5	420	72.6	3906	318	2.0	84	67
GAGG:Ce	10×10×7	530	—	3212	239	0.9	88	91

8.3 高能物理实验

长期以来，高能物理应用是发展新型闪烁晶体材料的重要推动力。现代高能物理实验不仅需要大量的闪烁晶体，而且苛刻的物理约束和严酷的实验条件对探测器提出了越来越严格的要求，从而不断挑战已有闪烁晶体的性能。自20世纪80年代开始，高能物理实验对建造电磁量能器的需求一直推动着新型闪烁晶体的研究和开发。欧洲核子研究中心(CERN)开展的大型正负电子对撞机(LEP)L3实验项目使得锗酸铋(BGO)晶体脱颖而出[13]。BGO晶体有效原子序数比NaI:Tl高，因而有更短的辐射长度和莫里哀半径，电磁簇射纵向及横向发展更小，建造高能物理实验所需的电磁量能器愈加紧凑，空间分辨性能愈好，详见4.6节[14]。

自20世纪70年代以来，世界发达国家围绕高能物理实验建造了多项重大科学工程(表8.3.1)，因此推动了闪烁晶体和读出技术的蓬勃发展。

表 8.3.1 世界主要高能物理实验装置中的闪烁晶体电磁量能器[15,16]

年份	1975～1985	1980～2000	1980～2000	1980～2000	1990～2010	1994～2010	1994～2010	1995～2020	2004～2008	1997～1998，2016～2018
实验项目	C. Ball	L3	CLEO Ⅱ	C. Barrel	KTeV	BaBar	BELLE	CMS	BES Ⅲ	A4，g-2
加速器名称	SPEAR	LEP	CESR	LEAR	FNAL	SLAC	KEK	CERN	BEPC	MAMI
闪烁晶体	NaI:Tl	BGO	CsI:Tl	CsI:Tl	CsI	CsI:Tl	CsI:Tl	PWO	CsI:Tl	PbF_2*
晶体数量/支	672	11400	7800	1400	3300	6580	8800	76000	6240	2400
晶体长度/X_0	16	22	16	16	27	16～17.5	16.2	25	28	150
晶体体量/m^3	1	1.5	7	1	2	5.9	9.5	11	9	0.3
光输出/(phe/MeV)	350	1400	5000	2000	40	5000	5000	2	5000	1.45
光探测器	PMT	Si PD	Si PD	WS+Si PD	PMT	Si PD	Si PD	Si APD	Si PD	Si PM
探测器增益	LARGE	1	1	1	4000	1	1	50	—	—

*PbF_2 为切连科夫晶体。

8.3.1 晶体球探测器

20 世纪 70 年代，无机闪烁晶体在高能物理中的应用取得了长足的进展，直径 30in、高 10in 大尺寸 NaI:Tl 单晶的成功制备使得高能物理实验中主要使用的塑料闪烁体逐渐被 NaI:Tl 单晶取代[17]。采用大尺寸 NaI:Tl 晶体的全吸收探测器能够吸收高能电子或光子产生的全部电磁簇射，并能确定 4～14GeV 范围的电子或光子的能量，FWHM 为 1%～2%[18]。随后发展的热锻挤压技术能将 NaI:Tl 单晶加工成各种特定形状的多晶闪烁体，产品在光学和闪烁性能方面与原来单晶几乎没有差别，而在机械强度、抗热冲击和均匀性等方面得到显著增强。该技术促使高能物理实验中采用分块堆垛建造 NaI:Tl 量能器，块与块之间彼此光学绝缘，能够同时测出多个光子能量并且给出光子方向信息。

美国斯坦福直线加速器中心(SLAC)采用超过 672 根 NaI:Tl 闪烁晶体建造的“晶体球”(crystal ball)探测器是这类装置的典型代表，它整体呈球形，外径 26in，内腔半径 10in[19]。球体的设计按照二十面体为基础，二十面体的每个面都是一个尺寸相同的等边三角形，每个面再被设计分成 4 个小三角形，每个三角形有 9 个模组，把球体的表面分成了 720 个三角形。探测器分为两个半球，半球内的模组用 15mm 的不透明纸和铝箔进行光学分隔。完整的晶体球探测器需要 720 个模组，但为了让电子束和正电子束在球体中心相撞而省略了 48 个模组。这样，核心部分由 672 根长度为 16in(约 $16X_0$)的三棱柱状 NaI:Tl 闪烁晶体堆砌而成的中空球体(图 8.3.1)，整个设计保证具有接近于 4π 立体角的覆盖率、极高的光子探测效率以及能量和空间分辨率[19]。

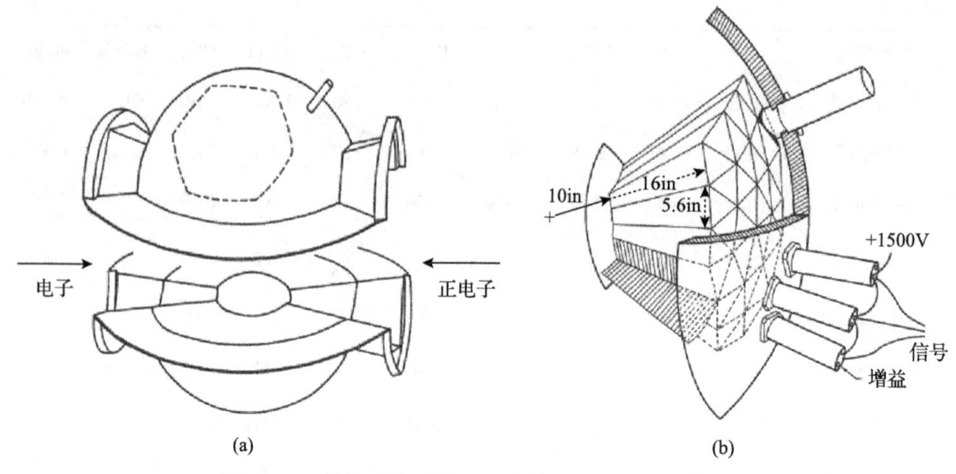

图 8.3.1　晶体球探测器两个半球(a)和原型上盖(b)

晶体球探测器在高能物理领域首次实现精确测量夸克能谱[20]，成功地开辟了高能物理实验中精密光子谱学的新方向。该探测器现在位于德国美因茨的古腾堡大学，仍用于 η 介子、π-p → ηn、γp → ηp 等粒子物理的科学研究。继晶体球之后，大量采用 NaI:Tl 晶体的探测器相继进入了高能物理实验室，用于核物理实验的类似装置也在建造，并且成为研究重离子反应中高自旋态 γ 谱学的有力工具。

8.3.2　北京谱仪

北京正负电子对撞机(Beijing electron positron collider，BEPC)是我国自行设计和建造的大型粒子物理实验装置，其物理目标主要是进行 2～5GeV 能区的正负电子对撞物理研究，重点是 τ-粲物理研究，通过测量正负电子对撞产生的次级粒子来研究物质的基本组成及其性质[21]。在 BEPC 储存环的对撞区安装有大型通用磁谱仪——北京谱仪(BESIII)，它长 11m，宽 6.5m，高 9m，重约 700 多吨，整体重量达 800t，精度达 2mm。采用当时国际最新的粒子探测和电子学技术，其制造与加工涵盖了物理设计、精密机械加工、材料、低温超导、快电子学、大规模数据获取与处理技术等，性能指标达到或超过国际先进水平。BESIII 由多种粒子探测器组成，主要包括主漂移室、飞行时间计数器、电磁量能器、缪子计数器、超导磁铁和电子学读出、触发和数据获取系统等(图 8.3.2)。当正负电子束流被加速到所需要的能量时，正负电子束流在谱仪中心发生对撞，对撞产生的末态带电、中性粒子和其他次级粒子被 BESⅢ谱仪记录，经过数据处理后进行粲物理能区的物理研究。

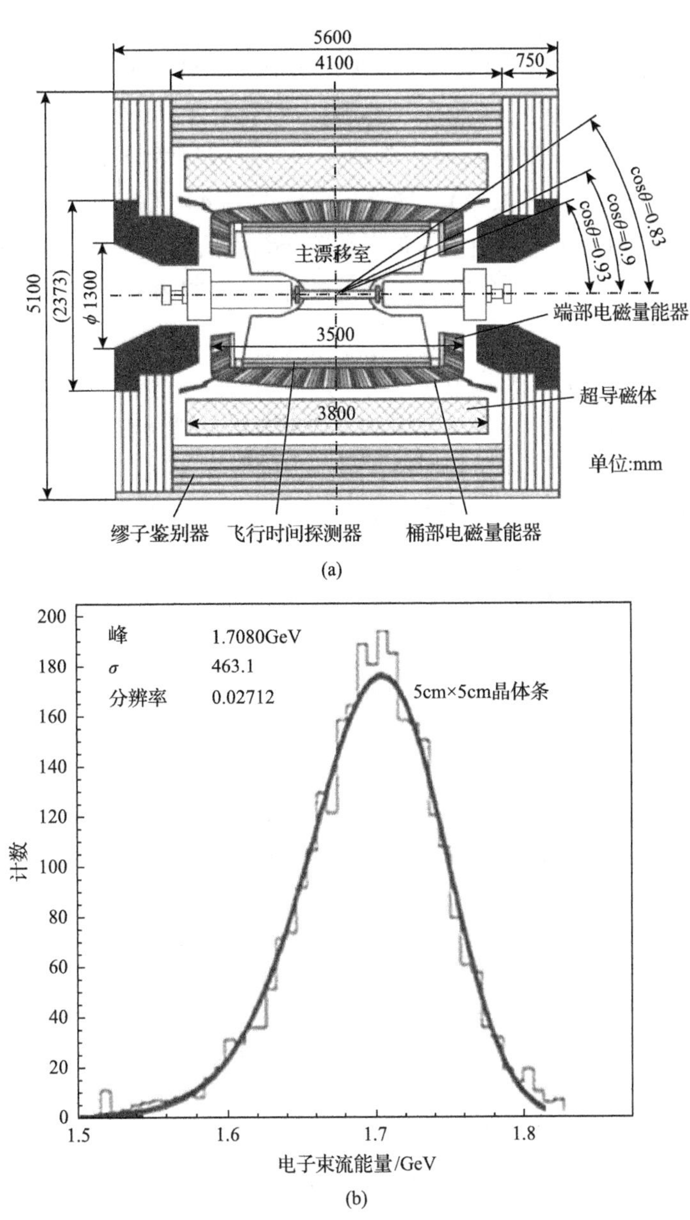

图 8.3.2　BESⅢ总体结构(a)和对 1GeV 电子能量分辨率(b)[21~22]

BESⅢ上电磁量能器 EMC 的主要功能是精确测量电子或光子的能量和位置，能量分辨率是电磁量能器最重要的指标之一。BESⅢ采用 CsI:Tl 晶体建造全吸收型电磁量能器，CsI:Tl 晶体具有发光效率高、辐射长度短、能较好地匹配硅光电二极管的发射光谱、不易潮解、价格较低等优点。与 NaI:Tl 晶体相比，CsI:Tl 晶体具有更短的辐射长度 X_0，电磁量能器要求 $15X_0$ 长度，则其长度比 NaI:Tl 晶体短约 11cm，CsI:Tl 晶体的莫里哀半径 R_M 更小，对 π^0 衰变的双γ分辨有利。当采用硅光电二极管读出，CsI:Tl 晶体的光输出信号脉冲幅度约为 NaI:Tl 的 1.4 倍。

BESⅢ电磁量能器使用楔形 CsI:Tl 晶体，分别来自中科院上海硅酸盐研究所、法国圣戈班公司和北京滨松公司，典型尺寸为：前端面 5.0cm×5.0cm，后端面 6.5cm×6.5cm，长度 28cm($15X_0$)。桶部在 Z 方向有 44 圈晶体，每圈 120 根，共 5280 根，端盖各由两个半圆组成，每个端盖 480 根晶体，共 960 根，整个量能器合计 6240 根 CsI:Tl 晶体，总重 24t。除后端外，CsI:Tl 晶体 5 个晶面包裹厚度为 2×130μm 的双层 Tyvek 反光材料，两片 1.0cm×2.0cm 的 Hamamatsu S2744-08 硅光电二极管匹配 1 根 CsI:Tl 晶体形成 1 个探测单元。

BESⅢ电磁量能器对 1.7GeV 电子和光子的能量分辨率达到了 2.7%(图 8.3.2)，自运行以来，相继在 τ 物理、粲物理、强子物理等方面取得了世界瞩目的成果，精确测量了 τ 轻子质量，精确测量 2～5GeV 能区正负电子湮没产生强子反应截面，精确测量粲粒子弱衰变，发现 X(1835)等新粒子，发现四夸克物质 Zc(3900)[23]，使中国在世界高能物理领域占有了一席之地。

8.3.3　欧洲核子研究中心 CMS 实验

20 世纪 90 年代初，欧洲核子研究中心设计出世界上前所未有的高精度、高能量、高流强的大型强子对撞机(LHC)，实验目标是发现和确认粒子物理标准模型中所预测的希格斯玻色子[24]。大型强子对撞机 LHC 对高密度、快闪烁晶体的新需求引发了全球范围的闪烁晶体研发，CERN 为此成立了“3C 晶体合作组”(crystal clear collaboration)。来自国际高能物理学家、材料科学家和材料工程师组成的交叉学科团队紧密协作，包括俄罗斯 BTCP、中国科学院上海硅酸盐研究所、北京玻璃研究院和中国科学技术大学在内的多个学科的专家和工业界共同参与了 CeF_3、$PbWO_4$、LuAP:Ce、YAP:Ce 等系列闪烁晶体的开发。

在综合考虑晶体性能和制造成本的基础上，CERN 最终选定具有高密度、快速响应和高辐照硬度等优点的 $PbWO_4$ 晶体作为 LHC 电磁量能器 CMS-ECAL 和 ALLICE 实验装置的核心探测材料。CMS-ECAL 装置使用了 76000 根 $PbWO_4$ 晶体，总体积约 $11m^3$，总重量约 100t，是迄今为止使用闪烁晶体数量最大的电磁量能器(图 8.3.3)。其中端帽部分 15000 根晶体，规格为 28^2mm×220mm×30^2mm，桶体部分约 61200 根，规格为 22^2mm×230mm×26^2mm，中国科学院上海硅酸盐研究所和俄罗斯 BTCP 共同承担了 CMS 用 $PbWO_4$ 晶体的研制和供货。

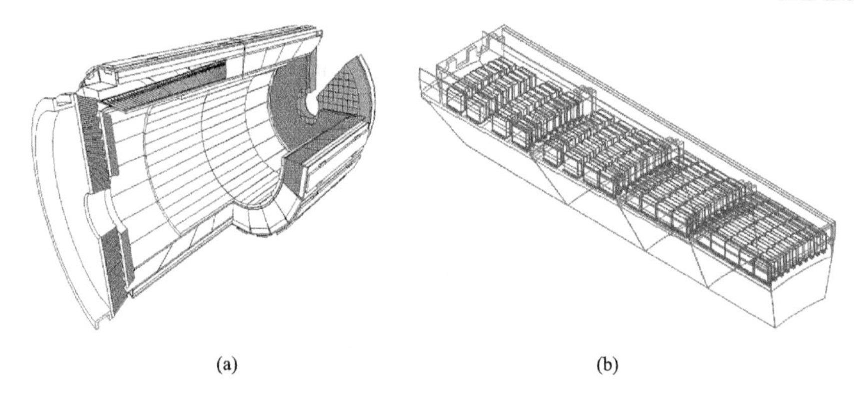

图 8.3.3　CMS-ECAL 闪烁晶体量能器的内部结构(a)和超级晶体模块(b)

LHC 于 2008 年 9 月 10 日建成,2013 年 3 月 14 日 CERN 正式宣布探测到“上帝粒子”希格斯(Higgs)玻色子 H。希格斯玻色子 H 的发现，验证了标准模型，终结了世纪悬念，大大推进了粒子物理学的发展。2013 年诺贝尔物理学奖颁给了预测希格斯玻色子的彼得·希格斯和弗朗索瓦·恩格勒。2015 年 4 月 5 日，CERN 宣布 LHC 将开启第二阶段运行，探索希格斯玻色子机制、暗物质、反物质、夸克、胶子、等离子体等更多未知科学领域。

$PbWO_4$ 闪烁晶体的开发和应用是国际高能物理学家、材料科学家和材料工程师组成的交叉学科团队围绕应用目标成功合作的典范。通过大规模的合作研究，人们在研究晶体生长技术的同时，对闪烁晶体中的能量转换、闪烁过程和辐照损伤等基本机制有了更深入的认识，从而促进了更快、更高效闪烁晶体的研发，同时促进了闪烁晶体在高能物理领域之外的推广和应用，如安全检测、环境监测、工业无损检测和医疗成像等领域。

8.3.4　德国 PANDA 实验

PANDA 是德国加速器实验基地重离子研究中心正在建设的反质子与离子研究装置 FAIR 上的大型实验[25]，其研究内容与 BESⅢ相近，它用动量 1.5～15GeV 的反质子轰击质子固定靶，物理目标包括强子谱、强子结构、奇特态粒子、核物理等。PANDA 预计 2023～2025 年开始运行，国际合作组由来自 20 个国家、75 个科研机构的 460 位研究人员组成。

利用电磁量能器 EMC 探测多光子和轻子对是 PANDA 实验能否成功的关键之一。10MeV 的低能量阈值、高达 15GeV 光子的良好能量分辨率、空间分辨率和全角度覆盖，对于实现高产额和良好背景抑制非常重要。为此，PANDA 将靶能谱仪 EMC 置于超导线圈上，电磁量能器 EMC 的靶能谱仪由筒体和两个端盖组成(图 8.3.4)，前置量能器作为信号补偿，使用铅吸收，通过塑料闪烁体的光纤波导光电倍增管读出，从而全立体角覆盖。量能器筒体部分，长度 2.5m，内径 0.57m；

前端盖，直径 2m，位于靶下 2.1m 处；后端盖，直径 0.8m，位于靶上 1m 处。要求闪烁材料尺寸精确、快速响应、足够的能量分辨率和效率，以及足够高的辐照硬度。

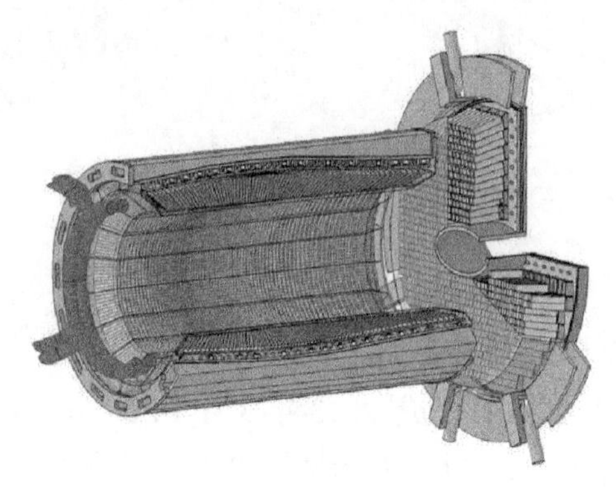

图 8.3.4　PANDA 电磁量能器内部筒体和前端盖结构[26]

虽然用于 CMS-ECAL 的 PWO 闪烁晶体的本征性能可以基本满足 PANDA 所有要求，但该晶体的光输出仍然偏低，为此，人们在原有晶体的基础上通过掺杂和工艺优化，提高了 PWO 晶体的结构完整性和光输出，发展出 PWO-Ⅱ晶体。与 CMS 实验中 PWO 晶体相比，PWO-Ⅱ的光产额提高了 1 倍，此外量能器在–25℃下运行又获得了额外 4 倍的光产额， 达到 NaI:Tl 晶体的大约 2.5%。

PANDA 电磁量能器 EMC 的靶能谱仪使用了 15744 根 20cm 长 PWO-Ⅱ晶体，筒体部分 11360 根锥形晶体，后端盖 524 根直方晶体，前端盖 3856 根锥形晶体。PWO-Ⅱ晶体呈截角金字塔形状，单根晶体的正面要覆盖量能器内部立体角，其截面略高于莫里哀半径 2.1cm(图 8.3.5)。晶体长度为 200mm，相当于 22 个辐射长度，对于高达 15GeV 光子能量的簇射达到最佳。筒体和端盖的晶体设计有所不同。筒体被分成 16 区，每区 710 根晶体，需要 11 种不同形状的晶体，平均质量 0.98kg，

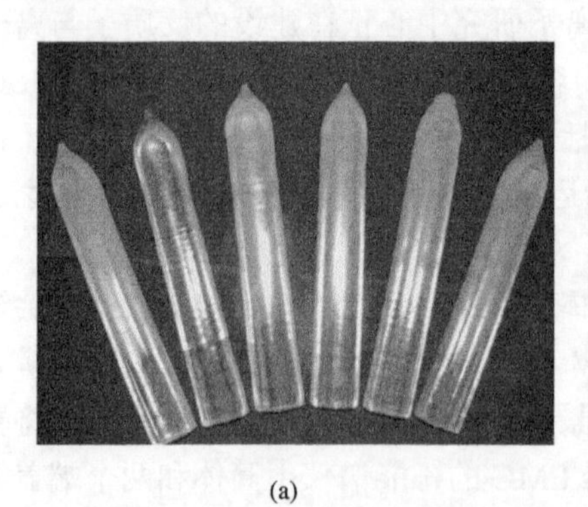

(a)

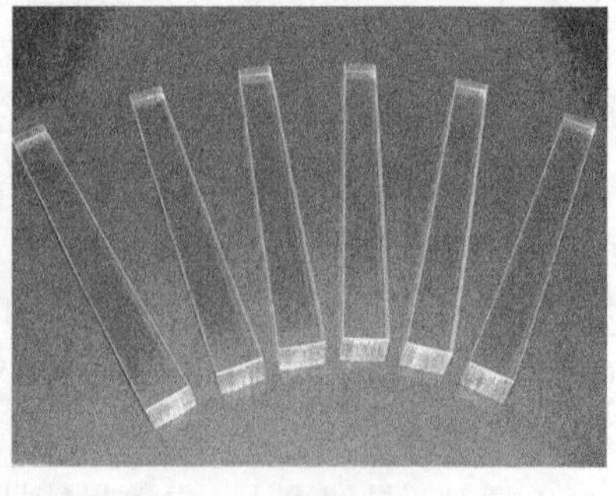

(b)

图 8.3.5　为 PANDA 实验电磁量能器开发的 PWO-Ⅱ晶体毛坯(a)和 PWO-Ⅱ晶体元件(b)

通常具有 21.3mm 的方形正面和 27.3mm 的方形背面。与筒体不同，端盖只需要一种形状，前端面尺寸为 24.4mm，后端面尺寸为 26mm。

晶体被包裹在反射率约 98%的金属箔中，并插入轻质碳纤维用以支撑，有助于避免堆积应力。晶体间距约 600μm，其中反光层 2×65μm，碳纤维泡 2×200μm，另有机械自由间隙。对于前端盖，全亮度辐照的情况下，每年的最大辐照剂量累计高达 125Gy，内部 768 根晶体将用直径 23.9mm 的 Hamamatsu 真空光电管读出。外部 3088 根晶体由 2 个 6.8mm×14mm 大面积 APD 读出。低噪声、低功耗的电荷敏感前置放大器靠近光电探测器。前端盖采用 Basel 实验开发的分立前置放大器。64 通道 80 MSPS 14 位采样 ADC 将信号数字化，提供基本的特征提取。预计对 100MeV 以上的能量沉积可以获得小于 1ns 的时间分辨率对 10GeV 能量分辨率和空间分辨率分别为 1.5%和 1.1mm。

8.3.5　下一代闪烁晶体电磁量能器

国际上正在兴起下一代晶体电磁量能器研究，用于未来高能高强 HEP 实验。未来高能物理实验的量能器运行辐照剂量率更高、剂量更大，粒子/射线能量更强。现有闪烁晶体探测器不能同时满足高亮度、快响应和强辐照硬度的要求，无法在如此严酷的辐照环境中应用。例如，PWO 闪烁晶体曾经作为电磁量能器的最佳选择材料被应用于 CERN 的 CMS 实验中，如今却发现它在 ECAL 端部受高强度和高密度辐照后出现了损伤[27]，粒子的束流越强、赝快度(η)越小，光输出下降越明显，如图 8.3.6 所示。

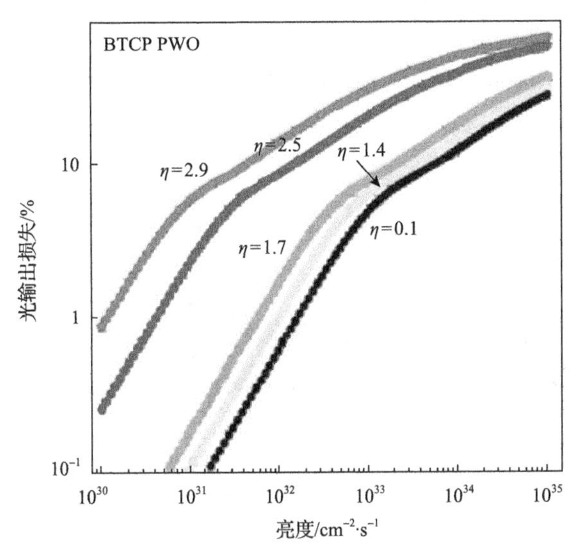

图 8.3.6　俄罗斯 BTCP 所产 PWO 晶体的光输出与束流亮度的关系

为此，国际上提出了基于新型无机闪烁晶体的概念探测器，其中包括基于LSO/LYSO晶体的全吸收和取样式量能器、基于BaF_2晶体的超快电磁量能器和高性价比均匀强子量能器[28]。高光输出、快衰减、抗辐照强的LSO/LYSO晶体可用于全吸收电磁量能器。LYSO/钨片/移波光纤组成的 Shashlik 取样量能器拥有比LYSO 晶体量能器更好的抗辐照硬度，可在严酷辐射环境的高能物理实验中获得应用。BaF_2晶体具有亚纳秒的快闪烁成分和优良的抗辐照硬度，只要能够有效抑制慢闪烁成分、避免信号堆积，基于BaF_2晶体的探测器的响应速率和时间分辨能力有望提高10倍以上。为了实现更好的强子探测，可将电磁量能器和强子量能器集成，因而提出了切连科夫(Cherenkov)光和闪烁光双读出的均匀强子量能器(homogeneous hadron calorimeter，HHCAL)，建设HHCAL估计需要闪烁晶体达$100m^3$。PbF_2、PbFCl和BSO可望作为切连科夫/闪烁光的双读出HHCAL候选晶体，以实现未来轻子对撞机的簇射流分辨。

1. LSO/LYSO/LFS 晶体在高能物理装置的应用

LSO/LYSO晶体密度高达$7.4g/cm^3$，辐射长度短(约1.14cm)，响应速度快(约40ns)，光输出高，对质子[29]、γ射线[30,31]、中子[32]和带电强子[28]具有高的辐照硬度，成为在严苛辐射环境下工作电磁量能器(如 HL-LHC)的首选材料，图 6.1.52展示了国内外6个单位生长的LYSO晶体在γ射线辐照后的纵向透射光谱，它们的辐照损伤表现基本一致。图1.7.4为LYSO晶体的归一化光输出(LO)和发射权重透光率(EWLT)随辐照剂量的变化，LYSO晶体受到340Mrad γ射线辐照后，光输出降低幅度仍在可接受范围。

基于LYSO晶体的“串形”(Shashlik)取样量能器结构如图8.3.7所示，它由30块1.5mm厚的LYSO晶体板和29块2.5mm厚的钨板组成，每个模块厚$25X_0$，以吸收能量高达太电子伏特(TeV)量级的电子和光子，取样分数选择约20%，以提供足够的能量分辨能力(约10%)。4根均匀分布的移波光纤用于读出，中心光

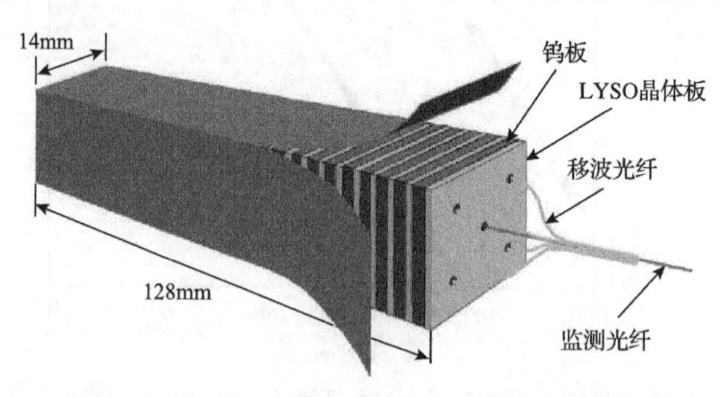

图 8.3.7　LYSO/钨隔板“串形”取样量能器结构

纤用于监测。由于 LSO/LYSO 晶体和钨板密度高，平均辐射长度(0.51cm)和莫里哀半径(1.3cm)比常用闪烁晶体小得多，因此，“串形”量能器非常紧凑，预计能减轻 HL-LHC 的堆积效应，并通过减少晶体用量，大大减少了闪烁光的光程，从而显著提高抗辐射硬度[28]。“串形”量能器已在费米实验室和欧洲核子研究中心完成束流测试，其能量分辨率可达到 $\frac{10\%}{\sqrt{E}}$，可望应用于下一代高能物理实验[30-33]。

2. 快闪烁晶体在电磁量能器的应用潜力

闪烁衰减时间介于亚纳秒到几十纳秒的晶体被称为快闪烁晶体，表 8.3.2 列出了若干代表性快闪烁体的基本性质。其中的 BaF_2 和纯 CsI 晶体原料成本低、熔点低，具有低成本批量化生产的优势。费米实验室的 Mu2e Phase-Ⅰ 实验选用了尺寸为 3.4cm×3.4cm×20cm 的纯 CsI 晶体，Mu2e Phase-Ⅱ 计划使用 BaF_2:Y 超快闪烁晶体。LSO/LYSO 晶体虽然综合闪烁性能优良，然而晶体价格昂贵，限制了在未来 HEP 实验的应用。除此之外，YAP:Yb、YAG:Yb、LuAG:Ce、YAP:Ce、LuYAP:Ce、GAGG:Ce、ZnO:Ga 和 β-Ga_2O_3 等快闪烁晶体也受到关注，并在最近几年获得了长足发展。对于在强辐照环境(如 HL-LHC 或者未来的 SPPC)服役的闪烁晶体，抗辐照硬度是衡量其是否优秀的关键性能之一，所以快闪烁候选晶体的抗辐照性能研究将为未来高能量高亮度的粒子物理实验提供重要依据。

表 8.3.2　若干快闪烁体的基本性质[28]

性质参数	LSO/LYSO	GSO	YSO	CsI	BaF_2	CeF_3	$CeBr_3$	$LaCl_3$	$LaBr_3$	BC404*
密度/(g/cm^3)	7.40	6.71	4.44	4.51	4.89	6.16	5.23	3.86	5.29	1.03
熔点/℃	2150	1950	1980	621	1368	1443	732	858	772	70[e]
辐射长度/cm	1.14	1.38	3.11	1.86	2.03	1.70	1.96	2.81	1.88	42.54
莫里哀半径/cm	2.07	2.23	2.93	357	3.10	2.41	2.97	3.71	2.85	9.59
相互作用长度/cm	20.9	22.2	27.9	39.3	30.7	23.2	31.5	37.6	30.4	78.8
有效原子序数	64.8	57.9	33.3	54.0	51.6	50.8	45.6	47.3	45.6	—
dE/dX/(MeV/cm)	9.55	8.88	6.56	5.56	6.52	8.42	6.65	5.27	6.90	2.02
发光峰[a]/nm	420	430	420	310	310 220	340 300	370	335	385	408
折射率[b]	1.82	1.85	1.80	1.95	1.50	1.62	1.9	1.9	1.9	1.58
相对光输出[a,c]/%LSO	100	45	76	4.2 1.3	42 4.8	8.6	141	15 49	153	35
衰减时间[a]/ns	40	56 600	60	30 6	630 0.9	30	20	570 24	17	1.8
d(LY)/dT[d]/(%/℃)	−0.2	−0.4	−0.3	−1.4	−1.9 0.1	0	−0.1	0.1	0.2	0

a 慢分量在上，快分量在下；b 在发射峰波长的值；c 相对 LSO 的对光输出；d 室温 20℃；e 软化点；*BC404-塑料闪烁体。

图 1.7.9 展示了若干典型闪烁晶体的光输出、RIAC 与累计剂量的关系，其中 BaF_2、纯 CsI 和 LYSO 的辐照损伤不依赖剂量率，LYSO 晶体表现出最好的抗辐照硬度。纯 CsI 晶体在辐照剂量 10^4rad 以下时辐照损伤很小，但高剂量连续辐照损伤继续增加且没有饱和。相比较而言，BaF_2 在高剂量下的抗辐照硬度好，纯 CsI 在低剂量下的抗辐照硬度好。

BaF_2 晶体在 γ 射线辐照后的辐照损伤行为如图 8.3.8 所示，样品由上海硅酸盐所(SIC)和北京玻璃研究院(BGRI)生长，长 250mm。BaF_2 晶体在 10^4rad γ 射线辐照后损伤趋于稳定，表明参与辐照诱导色心形成的本征缺陷已经接近耗尽，保证了 BaF_2 晶体量能器在严苛的辐照环境下稳定工作，BaF_2 晶体在 γ 射线辐照剂量 120Mrad 后归一化发射权重透光率(EWLT)和光输出仍可达到初始值的 40%。批量生产的 BaF_2 晶体的快分量辐射诱导吸收系数可控制在 $1.6m^{-1}$ 以下。

BaF_2 和 LYSO 晶体抗高能质子和快中子辐照损伤的能力明显强于 PWO，如图 8.3.9 所示。经 800MeV 质子流辐照剂量 $1\times10^{15}p/cm^2$ 后，BaF_2 和 LYSO 光输出损失 20%以内，而 PWO 损失约 90%。经 1MeV 快中子流辐照剂量 $3.6\times10^{15}n/cm^2$ 后，BaF_2 和 LYSO 光输出降低 25%以内，而 PWO 损失约 86%。

BaF_2 晶体是拥有亚纳秒快衰减交叉发光的经典闪烁晶体，但其位于 300nm 的慢分量(约 600ns)发光强度通常是快分量的 5 倍。通过 La、Y 和 Ce 掺杂可以抑制慢分量，当掺杂摩尔浓度 5%Y 时效果最佳，快/慢分量比由 1/5 增加至 5/1。因此，

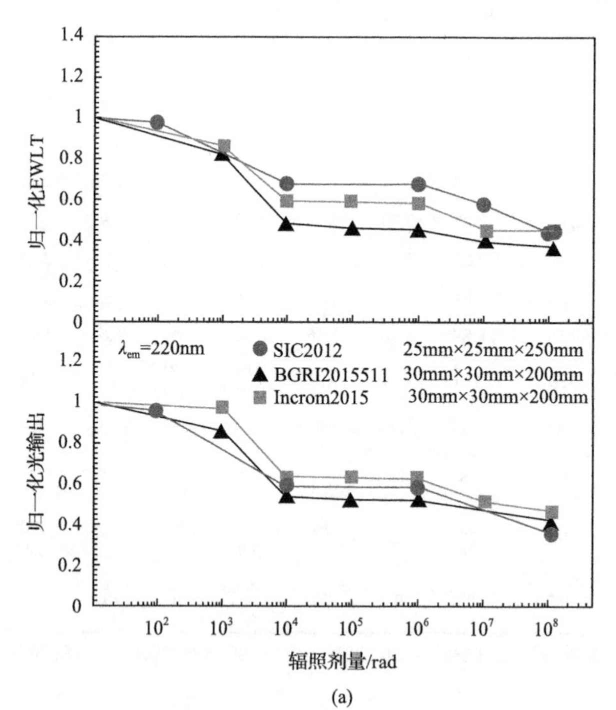

(a)

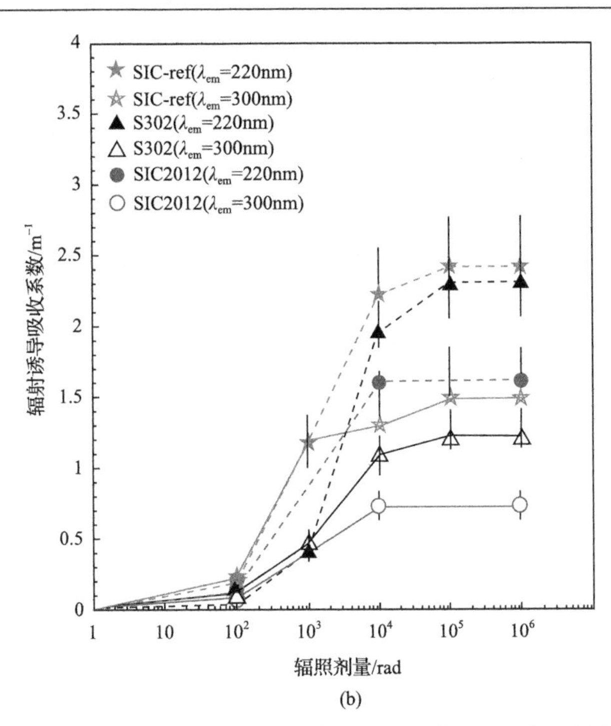

图 8.3.8　BaF_2 晶体经 γ 射线辐照后的归一化发射权重透光率(EWLT)，(a)辐射诱导吸收系数(RIAC)(b)与辐照剂量的关系[28]

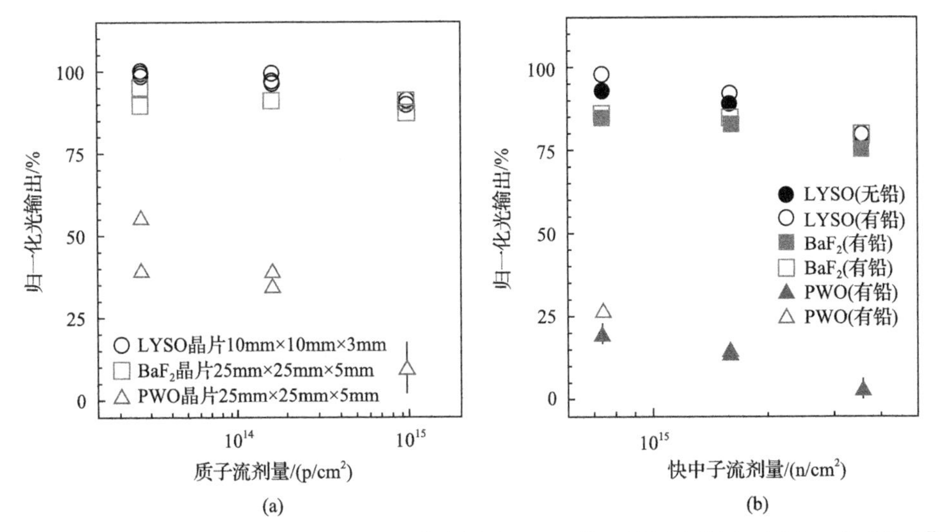

图 8.3.9　BaF_2、LYSO 与 PWO 经 800MeV 质子(a)和 1MeV 快中子(b)辐照之后的归一化光输出[28]

具有高性价比、抗辐照能力强的 BaF_2:Y 超快闪烁晶体可望替代 LYSO 晶体在 Mu2e Phase-II 等未来高能物理实验中获得更加广阔的应用。

3. 基于双读出闪烁晶体的量能器设计

为了获得均匀强子量能器(HHCAL)的最佳簇射分辨，美国费米实验室提出并设计出既有切连科夫光又有闪烁光的双读出量能器(dual-readout calorimeter)[15]，目的在于不增加量能器体积的情况下最大限度地提高强子能量的测量精度，用于未来的高能强子对撞机。由于切连科夫光相对入射粒子束有一个特征角，光子数与其波长的平方成反比，且为瞬时光；而闪烁光则各向同性、有确定的波长和较慢的衰减速度，因此可以有效分离切连科夫光和闪烁光，大大提高量能器的能量分辨率。通过测量强子簇射过程(也包括少量电磁簇射)次级粒子的沉积能量得到入射强子的能量，它是鉴别强子(π、K、p)和其他种类粒子的主要探测器。预计HHCAL用量达史无前例的70～100m^3，性价比是最重要的指数。HHCAL要求闪烁晶体须具有高的密度以减小量能器体积，强的透紫外性能以有效收集和增强切连科夫光。同时，还需要闪烁光的波长较长且衰减速度较慢，以有效区分切连科夫光。目前，PbF_2[34]、PbFCl[35]、$Bi_4Si_3O_{12}$(BSO)[36]、BGO和PWO晶体都是HHCAL双读出量能器用候选材料[37](图8.3.10)。

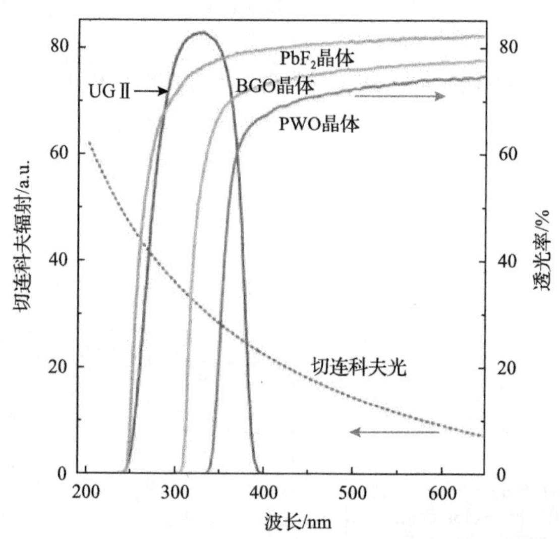

图8.3.10　几种候选双读出晶体(PbF_2、BGO、PWO)的透射光谱与切连科夫光的波长分布

PbF_2晶体具有密度高、截止吸收边短和透紫外能力强的优点，是优良的切连科夫辐射体，但缺点是难以产生闪烁光。虽然通过稀土离子掺杂PbF_2可以产生微弱的荧光，但光衰减时间为毫秒量级，尚不能满足双读出要求[35]。

BSO晶体具有较短的紫外截止波长(约310nm)，密度6.80g/cm^3，折射率2.06，发射波长480nm(图8.3.11)，光输出约为BGO晶体的12%，衰减时间为100ns[36]，且原材料成本较低(小于BGO的50%)，国内已经生长出105mm长BSO晶体。

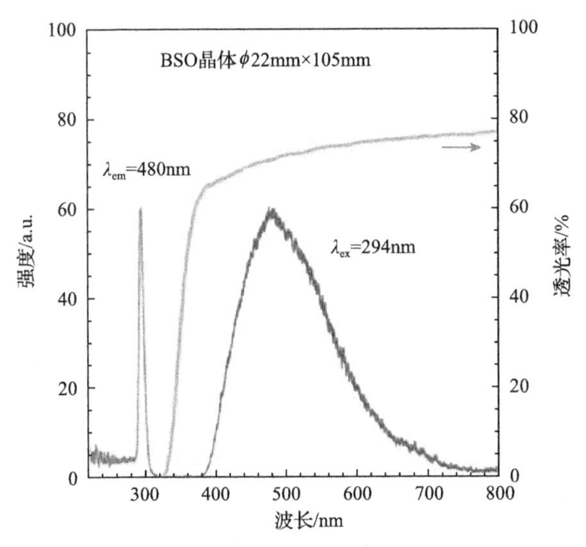

图 8.3.11　BSO 晶体的纵向透光率和光致发光光谱

Akchurin 等对 BSO 和 BGO 晶体在 180GeV π 粒子作用下的双读出性能做了对比研究[38]，发现 BSO 晶体在单位能量沉积下所产生的切连科夫光与闪烁光信号的强度比约为 BGO 晶体切连科夫光/闪烁光信号强度比的 2～3 倍(图 8.3.12)。虽然两者的闪烁发射波长都是 480nm，但 BSO 晶体的紫外截止吸收边(310nm)比

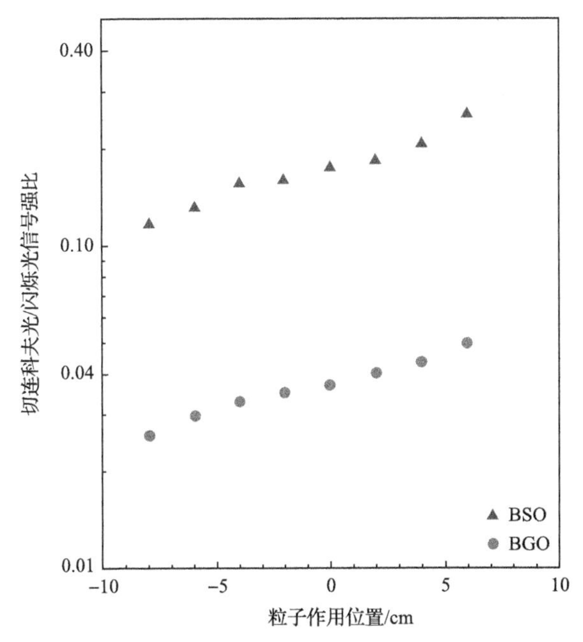

图 8.3.12　BSO 和 BGO 晶体在 180GeV π 子作用下的切连科夫光信号与闪烁光信号比随粒子作用位置的变化[38]

BGO(330nm)的短，从而有利于产生更多的切连科夫光。因此，BSO 晶体比 BGO 晶体更适合用于双读出量能器。

4. 规划中下一代大型正负电子对撞机量能器

欧洲核子研究中心发现希格斯粒子之后，有关希格斯粒子性质的研究成为当前粒子物理的重要研究任务。但 LHC 产生希格斯粒子的本底噪声高，难以实现高精度测量。国际高能物理学界普遍认为，建造基于正负电子对撞机的希格斯粒子工厂可将希格斯粒子性质测量精度提高到 0.1%～1%，超出 LHC 极限精度一个量级，为此提出了建造环形对撞机(FCC)和紧致直线对撞机(CLIC)、国际直线对撞机(ILC)和环形正负电子对撞机(CEPC)等希格斯工厂的技术方案。

中国高能物理学界在国际上率先提议建造下一代大型环形正负电子对撞机(CEPC)，并于 2018 年 11 月正式发布了 CEPC 的概念设计报告[39]。CEPC 量能器的预研提出了基于塑料闪烁体的高颗粒度取样量能器方案和基于闪烁晶体的高颗粒度电磁量能器方案。相比较而言，前者功耗高、系统复杂、能量分辨率差，而后者具有能量分辨好、功耗低等突出优势[40-42]。CEPC 的 ECAL 要求晶体具有高密度、快衰减、低价格的特点，目前主要有两种设计(图 8.3.13)，分别基于厘米

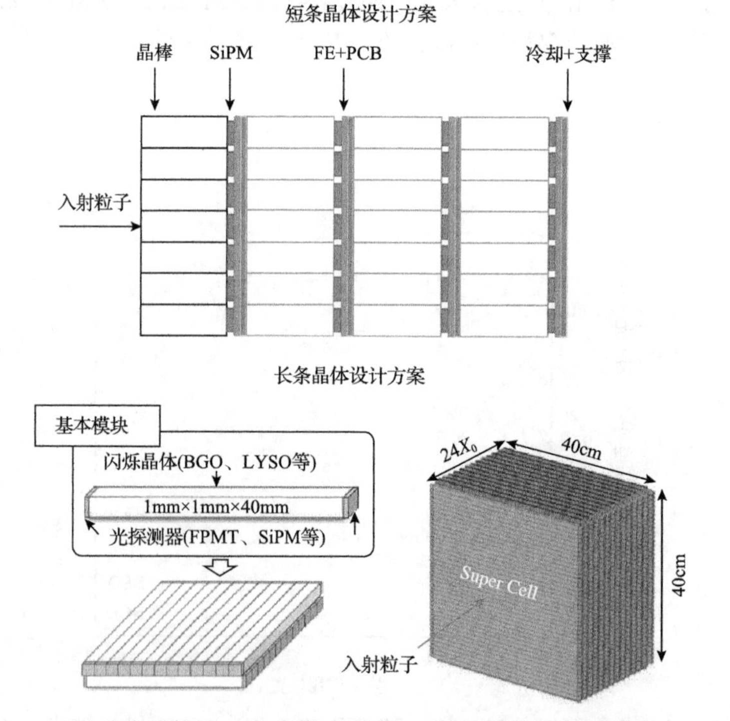

图 8.3.13　基于短条晶体和 40cm 长条晶体的 CEPC-ECAL 晶体量能器的设计方案

级短条晶体或长条晶体(40cm)，基于 40cm 晶体的双端读出 Super Cell 量能器方案已成为 ECAL 优选的发展方向。因 ECAL 晶体用量可达 20m^3，造价便成为选择晶体的首要因素，高密度、短辐射长度、成本相对较低且可大规模制备的 BGO 和 PWO 晶体是当前主要候选闪烁晶体。

FCC 是 CERN 提出的希格斯工厂环形正负电子对撞机方案[43]，其电磁量能器(ECAL)和强子量能器(HCAL)的初步设计方案如图 8.3.14 所示。图 8.3.14(a)为 ECAL 和 HCAL 的布局，而图 8.3.14(b)为该混合型量能器在 4π 空间布局。量能器为分割化的电磁精密量能器(SCEPCAL)，由高度分割的四部分构成，两个薄的定时层 T1 和 T2 采用快衰减、高光输出的闪烁晶体(如 LYSO:Ce 晶体等)，可以实现 20ps 时间分辨的精确时间标定。具有双读出能力 E1 和 E2 部分采用 PWO、BGO 或 BSO 等高密度晶体，可以实现高精度的电磁簇射测量。

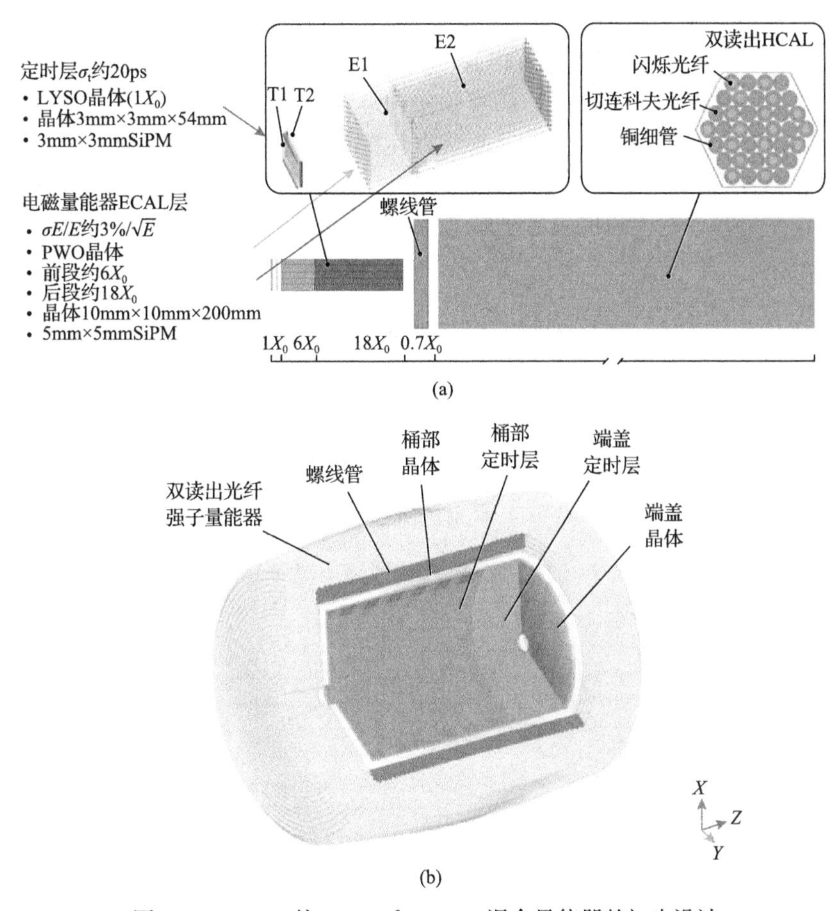

图 8.3.14　FCC 的 ECAL 和 HCAL 混合量能器的初步设计

8.4 天体物理研究

8.4.1 暗物质和双β衰变[1]

暗物质(dark matter, DM)、暗能量(dark energy)、黑洞和双β衰变(double beta decay，DBD)等问题是当前粒子物理学的研究热点[44]。据理论推测，暗物质和暗能量在宇宙中的占比高达 95%，但由于暗物质粒子间弱相互作用(weakly interacting massive particles, WIMP)没有明确的效应，WIMP 引起核反冲的能量范围低于几十千电子伏特，因而观测十分困难。为避免宇宙产生的散裂中子背景的干扰，暗物质观测装置须深埋于地下。WIMP 的直接测量基于探测器材料中电离、反冲核的激发，实验装置中使用了多种闪烁晶体，如 DAMA/LIBRA 使用 NaI:Tl[45]，KIMS 使用 CsI:Tl[46]，CREST 使用 $CaWO_4$[47]，EURECA 使用 $ZnWO_4$、$CaMoO_4$、CaF_2、LiF、BGO、$PbMoO_4$、$PbWO_4$、$MgWO_4$[48]，Lucifer 使用 ZnSe[49]。

双β实验旨在观察中微子在原子核中的衰变，通过对比大气、太阳和反应堆中微子的相互作用，以确定中微子的基本性质，因此需要对同位素精确测量，消除中微子 DBD 精确测量时极低强度的γ射线辐射污染。为 DBD 实验建造的各种新型闪烁探测器以无机闪烁晶体为主要选择，表 8.4.1 列出了典型闪烁晶体的辐射污染源。

表 8.4.1　典型闪烁晶体的辐射污染源[1]　　　　(单位：mBq/kg)

闪烁晶体	总α活度(U + Th)	^{228}Th	^{226}Ra	^{40}K	其他放射性
$MgWO_4$	5700±400	<50	<50	<1600	
$CaWO_4$	400～1400	<0.2～0.6	5.6～7	<12	
$ZnWO_4$	0.2	0.002	0.002	<0.4	0.5(^{65}Zn)
$CdWO_4$	0.3～2	<0.003～0.039	<0.004	0.3～3.6	558(^{113}Cd)
$PbWO_4$	$(53～79)\times10^3$	<13	<10		$(53～79)\times10^3$
$PbMoO_4$					$(67～192)\times10^3$
$CaMoO_4$	<10	0.04	0.13	<3	
Li_2MoO_4	<300	<12	<21	170	
$ZnMoO_4$	73±2	<0.3～1.1	<1.1～8.1		
YAG		70	170	3300	
YAG:Nd	<20				
$Li_6Eu(BO_3)_3$		<130	<70	<1500	949(^{152}Eu) 212(^{154}Eu)

续表

闪烁晶体	总 α 活度(U + Th)	^{228}Th	^{226}Ra	^{40}K	其他放射性
BGO		<0.4～6	<1.2	<7	7～3×10^{3} (^{207}Bi)
GSO:Ce	40～217	2.3～100	0.3	<14	1200 (^{152}Gd)
Lu_2SiO_5:Ce					3.9×10^{7} (^{176}Lu)
NaI:Tl	0.08～2.4	0.009～0.02	0.012～0.2	0.6	
CsI:Tl		0.0015～0.009	0.009～0.010		6 (^{134}Cs) 14～61 (^{137}Cs)
$LaCl_3$:Ce		<0.4	<34		4.1×10^{5} (^{138}La)
$LaBr_3$					3.2×10^{5}
LuI_3					1.6×10^{7} (^{176}Lu)
LiF:W		<20	<20	<66	
CaF_2:Eu	8	0.1～0.13	1.1～1.3	<7	10 (^{152}Eu)
CeF_3	3400	1100	<60	<330	
BaF_2		400	1400		
塑料闪烁体		<0.00013			
液体闪烁体	约 10^{-6}	(0.21～1.2)×10^{-6}	(0.043～6.3)×10^{-6}	<7×10^{-5}	0.3
高纯锗(HPGe)		^{232}Th<2×10^{-5}	^{238}U<2×10^{-5}		

DM 和 DBD 应用都要求粒子探测器具有极低的放射性污染、高的能量分辨率和极低的能量阈值，并要求存在某些元素(DBD α 衰变)或核素(暗物质探测器)。利用同位素富集的闪烁晶体对原子核双 β 衰变过程精确地研究，这些同位素包括 ^{100}Mo、^{40}Ca[50]、^{48}Ca、^{70}Zn 和 ^{64}Zn[51]、^{106}Cd[52]、^{108}Cd 和 ^{114}Cd、^{116}Cd、^{130}Ba[53]、^{136}Ce 和 ^{138}Ce[54]、^{160}Gd[55]、^{180}W 和 ^{186}W。由于 ^{100}Mo 的跃迁能高，$Q_{2\beta}$=3034.40keV±0.17keV，富含 ^{100}Mo 的 $CaMoO_4$、Li_2MoO_4 和 $ZnMoO_4$ 晶体是双 β 实验中最有前景的候选材料，此外富含 ^{106}Cd 和 ^{116}Cd 的 $CdWO_4$ 也是很好的选择。在纯净的探测材料中，高纯 $ZnMoO_4$ 的放射性污染水平约为 20，CaF_2 和 $CaMoO_4$ 分别约为 50 和 500。双 β 实验中危害最大的放射性核素是 ^{226}Ra 和 ^{228}Th，β 衰变能分别为 3270keV 和 4999keV。天然 ^{40}K 同位素 1461keV 能量的计数率很高，也存在干扰。

8.4.2　行星能谱测量

行星元素的空间浓度分布是研究其演化历史的重要线索。行星 γ 射线和中子谱学于 20 世纪 60 年代由 Arnold、Lingenfelter 和 van Dilla 等提出[56]，包括行星谱学、核仪器和研究方法。宇宙射线中包含的质子 ^{1}H 约 87%，α 粒子 ^{4}He 约 12%，其他重核约 1%，通常具有 0.1～10GeV/核的能量，从天体大气层撞击行星表面原子，产生 0.1～20MeV 中子、质子等次级粒子簇射，质子等带电粒子快速能量损失而被阻止吸收，中子则与行星表面原子核连续碰撞，通过非弹性散射和辐射俘获产生 γ 射线，或逃逸向空间，如图 8.4.1 所示。天然放射性核素 K、Th 和 U 衰变产生 γ 射线，因而，行星表面发射出 γ 射线、X 射线和中子，通过行星辐射能谱测量和远程观测，能够确定行星表面物质的元素种类和浓度，包括重要的成岩元素 O、Mg、Si、Fe 和天然放射性元素，从而分析行星表面的矿物组成。中子能谱还可提供含氢和含碳化合物的图谱。γ 射线能谱(GRS)是远程测量行星表面化学元素丰度的有效技术，已经在许多空间探测任务成功运用，包括阿波罗 15 号(1971 年)、16 号(1972 年)、月球探险家号(1999 年)、火星奥德赛号、赛琳娜号、嫦娥 1 号和 2 号(2010 年)。

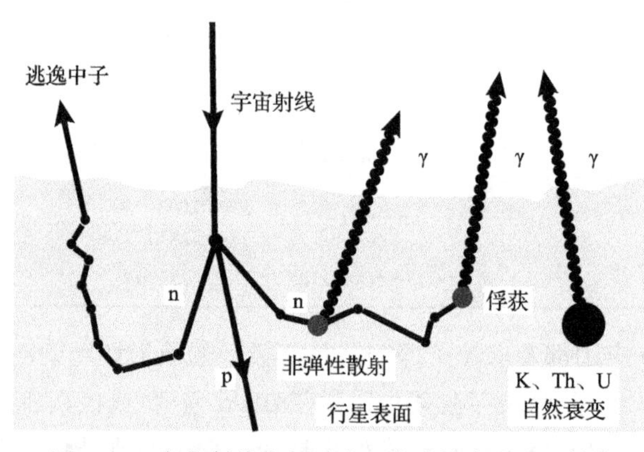

图 8.4.1　宇宙射线在行星表面产生的中子和 γ 射线

探测行星辐射能谱需要高灵敏度、高效率和低放射性本底的大体积探测器。高纯锗(HPGe)探测器拥有好的能量分辨率(约 0.3%)，但需要在低温下运行，而且体积庞大，使用不便。阿波罗 15 号和 16 号飞船搭载的 γ 射线能谱仪[57]配备 ϕ 70mm×70mm 圆柱体 NaI:Tl 闪烁晶体，耦合 7.6cm RCA 型 C31009 3in 光电倍增管，外围 8mm 厚 Pilot-B 塑料闪烁体用于反符合抑制带电粒子，绘制了月球表面约 22%的地图，获得 0.065～27.5MeV 宇宙 γ 射线谱，成功测出月球表面 Mg、K、Fe、Ti、Th 的元素丰度。

月球探险家号在低极轨道的航天器上搭载了 BGO 晶体 γ 射线能谱仪 GRS 和 ^{3}He 中子能谱仪 NS。γ 射线能谱仪 GRS[58](图 8.4.2)配备了 ϕ 71mm×76mm 圆柱体 BGO 晶体，外围 ϕ 120mm×200mm 井形含硼塑料闪烁体 BC454 反符合屏蔽，GRS 设计运行温度–28℃，使 BGO 的能量分辨率提高至 10.5%@662keV。GRS 用于绘制月球 20cm 深度内 O、Si、Fe、Ti、U、Th、K、Mg、Al、Ca 等元素地图，中子能谱仪为月球两极冰提供证据。

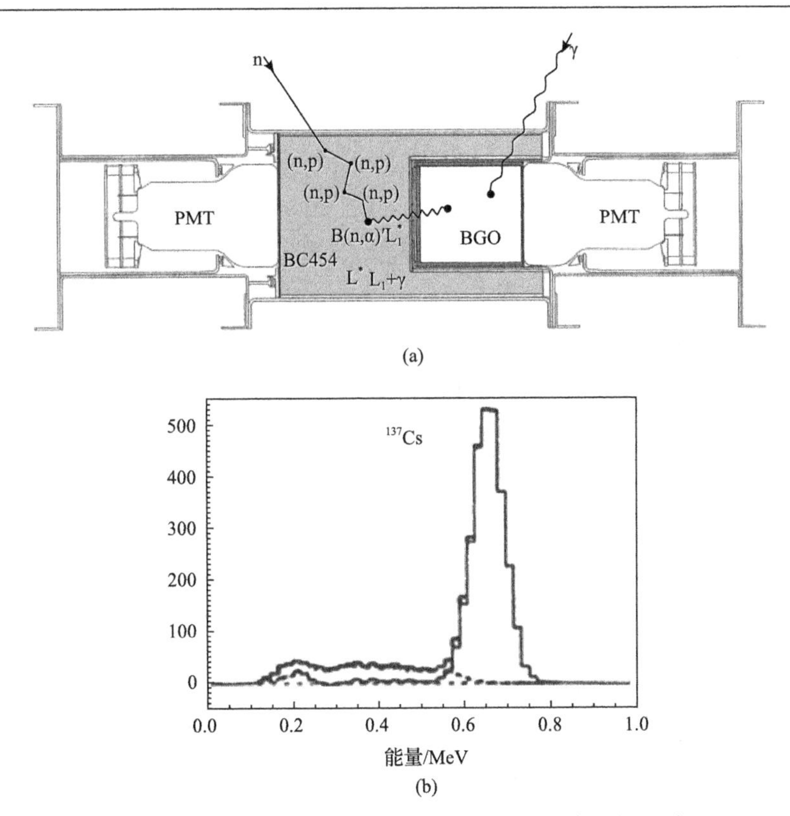

图 8.4.2　月球探险家号 BGO 晶体 GRS (a) 和反康普顿能谱 (b)

火星奥德赛辐射能谱仪套件[59]由头部伽马能谱仪、中子能谱仪和高能中子探测器组成。头部伽马能谱仪采用了 ϕ 67mm×67mm 高纯锗探测器，配备<140K 的二级冷却系统。中子能谱仪采用 4 个立方块含硼塑料闪烁体 BC454，高能中子探测器包括 3 个 ^{3}He 正比计数器和内部闪烁体苯乙烯、外部闪烁晶体 CsI 的闪烁探测器，闪烁探测器结构如图 8.4.3 所示，外部闪烁晶体 CsI 用于探测带电粒子和 30keV 以上 γ 射线。中子仪器对低含量的氢有更高的灵敏度，但氢含量变高会导致信号饱和，结合两组数据可以推断氢的含量和分布，并测定其他元素丰度。配备了 CsI:Tl 伽马能谱仪的苏联火星 5 号和 Phobos 卫星获得了火星上少量元素数据。

月球特有的矿产资源是对地球资源的重要补充和储备，将对人类社会的可持续发展产生深远影响，因而，成为未来各国争夺战略资源的热点。我国于 2004 年正式开始月球探测工程，即"嫦娥工程"，实现了我国深空探测零的突破。

月球表面物质的原子或原子核受到宇宙线粒子的轰击而激发，会产生能量不同的特征 X 射线和 γ 射线，通过 γ 射线谱仪测量特征 γ 谱线的能量和通量，可以推导出月球表面元素的种类和丰度。

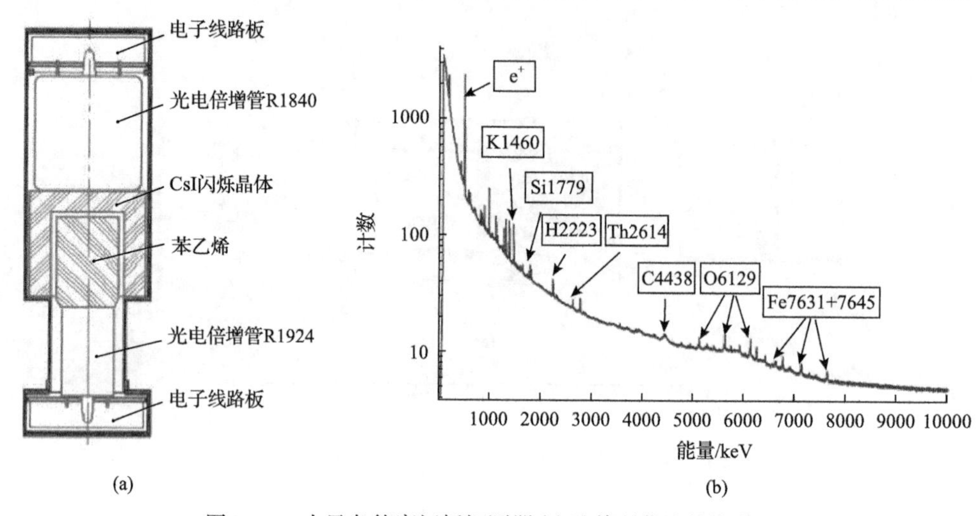

图 8.4.3　火星奥德赛闪烁探测器(a)及其所获取的能谱(b)

嫦娥一号与二号 γ 射线谱仪(GRS)的科学使命是获取全月表有用元素的丰度与分布，进而分析各元素和物质类型的富集区域和分布特点等。为此，γ 射线谱仪装配了更先进的高性能闪烁晶体——$LaBr_3$:Ce[60]，晶体尺寸为 ϕ 108mm×78mm，能量分辨率接近 HPGe 探测器，在 662keV 下 FWHM 达到 3.6%，而且具有良好的温度稳定性，适合于环月轨道上阳照区和阴影区巨大的温度变化。杯型 CsI:Tl 晶体反符合，外形尺寸为 ϕ 178mm×108mm，662keV 下 FWHM 约为 12%，5MeV 以上反符合达 97%。γ 射线谱仪探测器口径约为 20cm，长约 40cm，重约 30kg(图 8.4.4)，通过读取嫦娥一号 GRS 数据中相互正交的谱线主成分，分析月表各区域对应谱线的低序层谱线中的峰信号，鉴别各峰信号对应的能量值是否等于特定元素的特征 γ 射线能量来确定月表各区域的元素种类，能够识别出的月表元素包括 U、Th、K、Fe、Ti、Si、O、Al、Mg、Ca 和 Na 等 11 种元素。

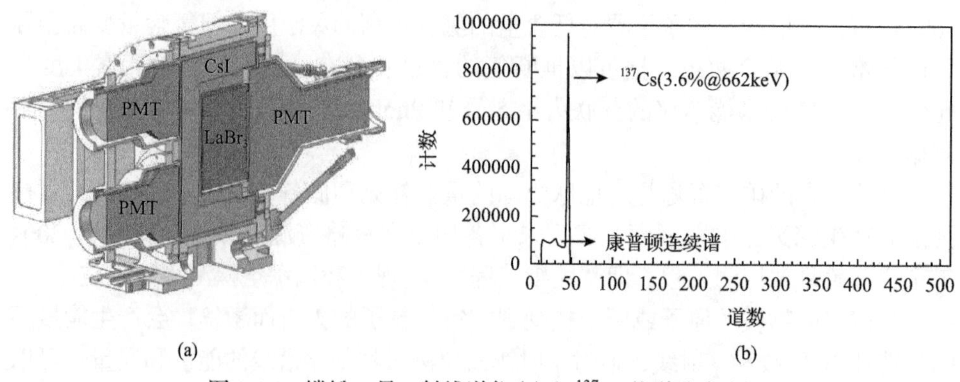

图 8.4.4　嫦娥二号 γ 射线谱仪(a)和 ^{137}Cs 能谱响应(b)

正在设计和研制的嫦娥七号将搭载中子伽马谱仪[61]。该谱仪配备有 $CeBr_3$ 闪烁晶体和含 ^{10}B 的塑料闪烁体(图 8.4.5)，前者位于探测器中心部位，用于探测 γ 射线；后者位于底部，用于探测超热中子/快中子。其中，前向与后向含 ^{10}B 的塑料闪烁体可探测热中子，顶部含 ^{10}B 的塑料闪烁体抑制卫星本底的中子。快中子与 H 原子发生弹性碰撞，损失动能，变成慢中子，再与 ^{10}B 发射俘获作用，产生特征信号，^{10}B 俘获慢中子的反应为：慢中子$+^{10}B \rightarrow ^{7}Li+\alpha+\gamma$，$CeBr_3$ 闪烁晶体探测由此产生的 γ 射线。中子伽马谱仪同时搭载小行星水探测器，通过测量 H 元素的特征峰 2223keV 寻找水的存在，通过测量 K/Th 研究其小行星演化过程等。

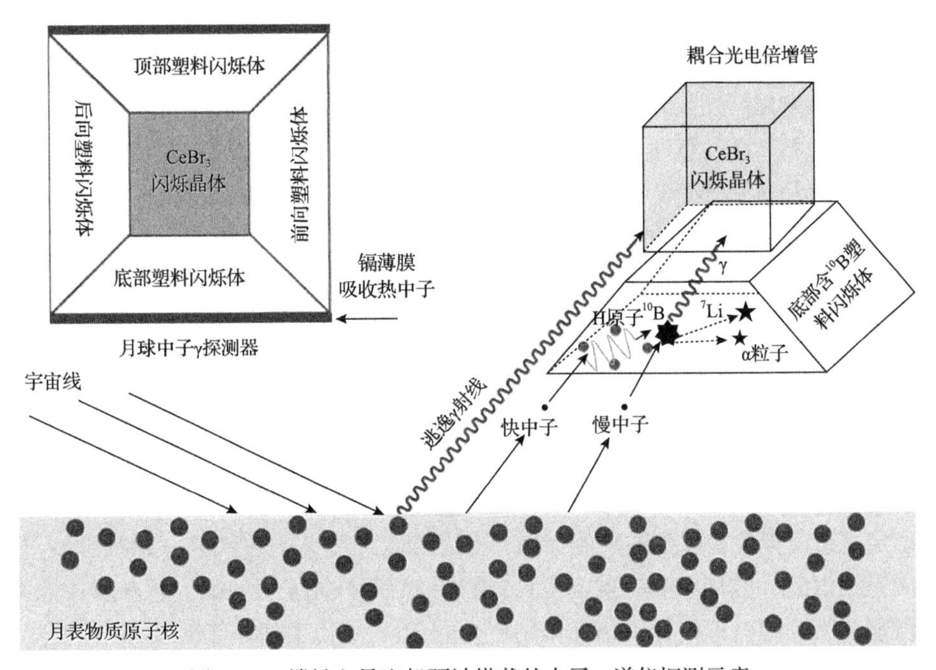

图 8.4.5　嫦娥七号飞船预计搭载的中子 γ 谱仪探测示意

8.4.3　γ 射线天文

高能 γ 射线具有较低的相互作用截面和强穿透能力，可以从星系或宇宙的任何部分到达地球。伽马望远镜通过测量宇宙 γ 射线的能谱，为揭示发生在天体物理空间中的能量相互作用和认识银河系乃至宇宙的演化过程积累数据。

伽马天体物理探测器对闪烁材料的选用主要根据所探测 γ 射线的能量范围。低轨道卫星被地球磁场屏蔽，对闪烁材料辐照硬度的要求较低，星际空间带电粒子的太阳风则对闪烁材料的探测性能有很大的影响。天体物理辐射测量基于位置敏感望远镜，使用连续闪烁晶体或阵列探测器，一般选择发光效率高、衰减速度快，但密度不太大的闪烁晶体，如 $LaBr_3$:Ce[62]、YAP:Ce 和 $CeBr_3$[63]。

连续晶体闪烁探测器的伽马望远镜通常基于 Anger 相机原理。GRANT 的 SIGMA 探测器是典型实例，采用 12.5mm 厚 NaI:Tl 闪烁晶体平板，经 12.5mm 厚玻璃光波导，与 61 个六边形 PMT 耦合，CsI:Tl 闪烁晶体反符合，使 SIGMA 探测器对 120keV 的能量分辨率 FWHM 达到 10%，位置分辨率为 4mm。

基于阵列探测器的伽马望远镜采用与高能物理电磁量能器、核医学相机相同的重建原理，由三层六棱柱 CsI:Tl 闪烁晶棒组成，2880 个 CsI:Tl 闪烁晶体元件与硅光电二极管耦合，BGO 闪烁晶体作反符合屏蔽，共 38 根 20mm×90mm×(310～345)mm 的晶棒，在 50keV～10MeV 能区获得了良好的成像质量和灵敏度。

20 世纪 90 年代，伽马射线实验望远镜(EGRET)使高能 γ 射线天体物理学得到了极大的发展。EGRET 中 γ 射线的能量由厚度为 8 个辐射长度 76cm×76cm NaI:Tl 闪烁晶体在较低飞行时间下测量，NaI:Tl 探测器覆盖有塑料闪烁体反符合罩，防止触发与 γ 射线无关的事件。EGRET 能探测 20MeV～30GeV 范围的 γ 射线，在较大的动态范围内提供了良好的能量分辨率，在其灵敏度范围内为 20%～25%，光子到达时间的记录精度约为 50μs。EGRET 通过观测银河系内外卫星 γ 射线源，发现了活跃星系和 γ 射线暴。

全球大面积空间望远镜项目(GLAST)[64]是美国国家航空航天局 2006 年启动的空间科学战略计划，目标是建造新一代高能 γ 射线天文台，用以研究 10MeV～100GeV 能区的天体 γ 射线源。GLAST 的任务涵盖了天体物理学的 4 个重要方向：①探索脉冲星和其他空间源的粒子加速机制；②创建空中 γ 射线源的精密地图；③确定 γ 射线爆发和瞬变的高能行为；④探测暗物质和早期宇宙。γ 射线脉冲星的观测是认识超大质量黑洞的重要工具，通过银河系外光子吸收研究恒星形成速率，有可能观察到超对称暗物质相互作用产生的 30GeV 以上的单能射线，以探测早期宇宙的衰变遗迹，甚至可以使用 γ 射线暴来探测量子引力现象。在 GLAST 量能器中，CsI:Tl 晶体条排成 16 个平板塔，提供纵向和横向能量沉积信息。γ 射线穿透反符合屏蔽层、硅微条探测器和铅转换层后，被 CsI:Tl 量能器探测，在 CsI:Tl 晶体中产生闪烁光，再被光电探测器转换成电压脉冲，然后电压信号数字化，并通过航天器的机载计算机和遥测天线中继传至地球。CsI:Tl 晶体块沿两个垂直方向排列，提供簇射的额外位置信息。GLAST 伽马望远镜结合两个耦合到晶体两端的光电探测器的信号可以提高位置分辨率。

8.4.4 太阳探测

太阳物理学是用物理方法研究太阳的本质和演化的学科，是天体物理学的分支。20 世纪 90 年代以后，空间卫星探测占据主导地位，它充分利用空间探测不受天气影响、没有大气抖动、可以长时间连续观测的优势，实现了多波段、全时域、高分辨率和高精度探测。

先进天基太阳天文台(ASO-S)是我国太阳物理界在2011年自主提出的首个专用太阳空间探测卫星计划，总经费约 8 亿元。ASO-S 卫星于 2022 年 10 月 9 日发射，以太阳活动第 25 周峰年作为契机，实现了我国太阳卫星探测零的突破。ASO-S 的科学目标为观测和研究太阳磁场、太阳耀斑和日冕物质抛射的起源及关系。太阳耀斑和日冕物质抛射是两类最剧烈的爆发现象，产生的磁云会裹挟着大量带电高能粒子，对地球空间环境的破坏性最大。ASO-S 卫星携带莱曼阿尔法太阳望远镜(LST)、全日面矢量磁像仪(FMG)和太阳硬 X 射线成像仪(HXI)三个有效载荷，如图 8.4.6(a)所示。

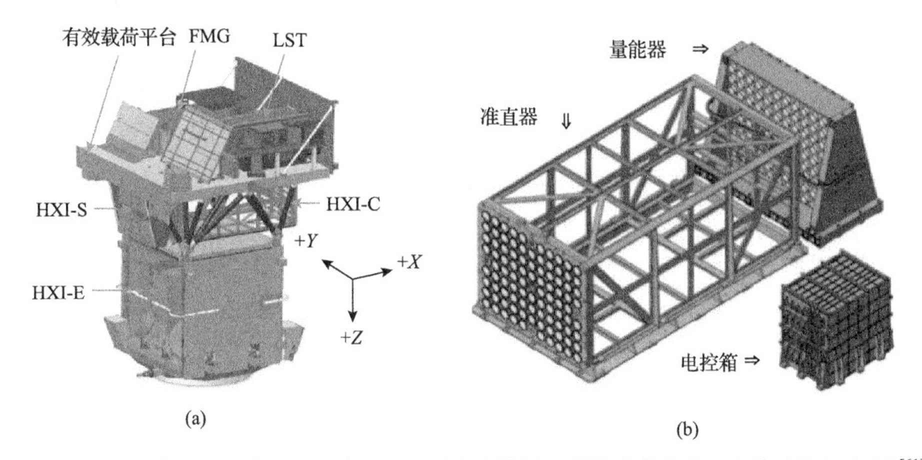

图 8.4.6　我国先进天基太阳天文台 ASO-S(a)及其硬 X 射线成像仪(HXI)分系统组成(b)[61]

量能器是 HXI 的关键之一，主要功能是对经过准直器调制的太阳硬 X 射线光子进行流量和能量的测量。HXI 的量能器由 99 个独立探测单元、4 块高压扇出板、4 块前端电子学板及配套的碳纤维结构和屏蔽板组成，如图 8.4.7(a)～(c)所示。

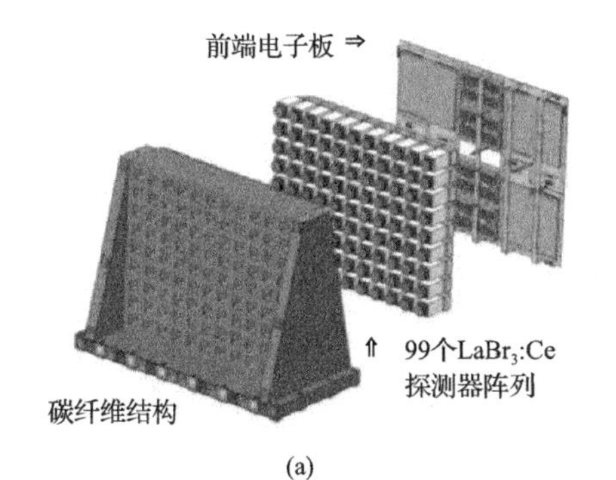

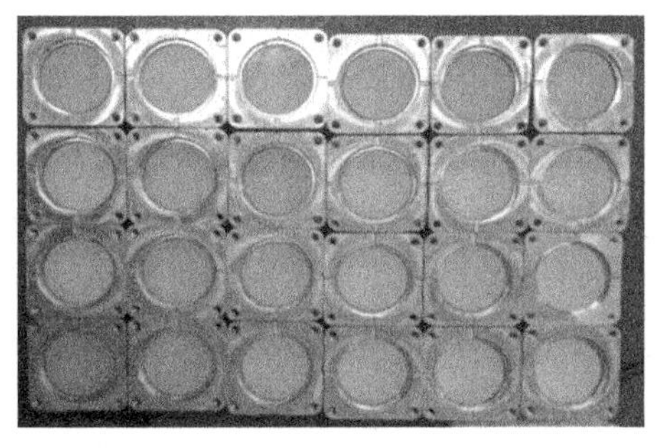

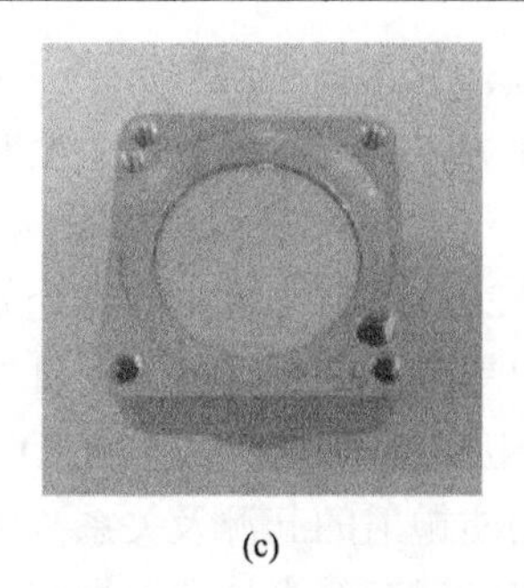

(c)

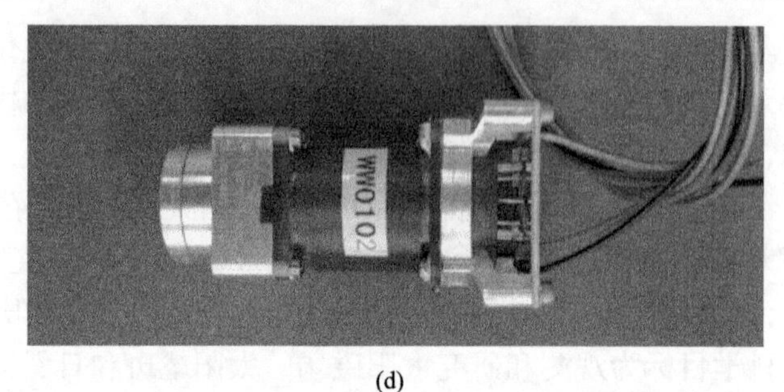

(d)

图 8.4.7　HXI 量能器组成(a)、$LaBr_3$:Ce 封装晶体阵列(b)、单体(c)和探测单元(d)[61]

量能器的探测单元采用光输出大、能量分辨率高、温度稳定性好的 $LaBr_3$:Ce 作为探测晶体，$LaBr_3$:Ce 晶体尺寸为 ϕ25mm×25mm，匹配 ϕ25mm 的 R1924A-100 高量子效率光电倍增管，如图 8.4.7(d)所示。量能器主要性能为：①观测能段 30～200keV；②能量分辨优于 27%@30keV；③各探测单元差异性在±20%之内。

HXI 通过对太阳活动发射的硬 X 射线进行傅里叶调制成像，实现高空间分辨率和高时间分辨率的太阳能谱成像观测。HXI 可以同时获得耀斑发生的位置形状、辐射强度及时间演化等信息，具有重要的科学意义。HXI 由中国科学院紫金山天文台牵头研制，在 30～200keV 的硬 X 射线波段对太阳耀斑爆发中的高能辐射进行能谱和成像观测，空间分辨近 3 角秒，达到国际同类载荷先进水平。HXI 由准直器、量能器和电控箱构成，如图 8.4.6(b)所示。

8.5　医 学 成 像

1895 年德国威廉 · C · 伦琴(Wilhelm C.Rontgen)使用照相胶片转换 X 射线，拍摄出其妻子的手骨照片，成为历史上第一张 X 射线照片。随后 $CaWO_4$ 等粉末荧光体取代照相胶片作为 X 射线转换材料，无机闪烁晶体从此成为核医学成像设备的重要组成部分。X 射线放射学和发射断层扫描的核医学成像，运用 X 射线和 γ 射线作为入射源，使用闪烁晶体探测出射射线而成像，包括平面 X 射线成像、X 射线计算机断层扫描(X-CT)、单光子发射计算机断层扫描(SPECT)和正电子发射断层扫描(PET)等。

核医学成像系统对能量从 15keV 到 511keV 之间的光子成像，出于安全考虑，检测系统必须非常有效，以最大限度地降低人体吸收的总辐射剂量，因此必须通过最大化检测效率，而不能通过增加 X 射线源或注射强度来减少噪声。生物组织的有效原子序数较低，能量为 15～511keV 的 γ 光子在组织中的衰减长度为 2～10cm，大多产生康普顿散射形成本底，精确成像的无散射 γ 射线约占 10%～50%，通常通过物理准直，测量每个探测光子的能量，要求 FWHM 8%～20%，从而减少探测系统的康普顿本底。

核医学成像与核物理、高能物理的探测器系统相似，因而经常相互借鉴和技术转移。为物理实验开发的 NaI:Tl 闪烁晶体首先被“转移”到核医学诊断中。1958 年发明了 Anger 相机[65]，NaI:Tl 晶体围绕人体排列成球体或圆形，耦合光电倍增管读出，用于核医学成像和非侵入性临床研究。然而，尽管 NaI:Tl 晶体光输出非常高，但是较低的密度($3.67g/cm^3$)限制了仪器的空间分辨率和图像质量的提高。

BGO 是从粒子物理实验“转移”到核医学的典型案例。BGO 闪烁晶体由韦伯(Weber)和蒙查姆(Monchamp)于 1973 年发明，密度高达 $7.13g/cm^3$，非常适用于 γ 射线相机。BGO 晶体首先在欧洲核子研究中心 LEP 对撞机 L3 项目中获得成功应用，随后被美国通用电气公司用于核医学成像 PET 设备。LSO:Ce 最初为石油测井开发，目前是 PET 探测器中占主导地位的晶体。

最流行的核医学诊断技术包括 X 射线照相术、X 射线计算机断层扫描(X-CT)和断层摄影密度测定(DXA)。X 射线放射设备的发展趋势是用数字成像设备逐步替换胶片。数字成像转换包括了非晶硅、CdZnTe 等直接转换探测器和闪烁材料间接转换探测器。厚度 0.1～0.2mm 的薄陶瓷闪烁屏很适合低能 X 射线，已用于约 20keV 的 X 射线乳房摄影术。对于约 60keV 的牙科 X 射线诊断和约 150keV 的全身 X 射线计算机断层扫描，需要阻止能力更强的厚屏，使用陶瓷闪烁屏会导致过多的光输出损失，针状 CsI:Tl 厚膜或板状晶体($CaWO_4$ 或 YAP)可直接耦合到光电二极管或分段光电倍增管形成阵列探测器。

医学成像设备对闪烁晶体的需求相当大。表 8.5.1 汇总了 2000 年全球销售的核医学成像设备和闪烁晶体的使用数量，每年约需要 175t 闪烁晶体[66]。另据统计，2014～2019 年医学影像设备国内市场占全球的比重越来越大，2019 年约占 32%。截至 2019 年，我国市场保有量 DR 系统约 7 万台，X-CT 约 2.56 万台，直线加速器 3000 台，SPECT 和 PET 约 1877 台。近年来，我国 PET/CT 设备按照每年 10%的速率增长，2019 年 PET-CT 市场规模达 148 亿元，预计 2022 年将突破 200 亿元，PET 需求总量达 5600 台。随着社会经济发展、人们对生命健康的重视和医疗体系建设的完善，全球核医学成像设备需求将持续高速增长。

表 8.5.1　2000 年全球核医学成像设备及其对闪烁晶体的需求[66]

医疗设备	年产量/台	闪烁晶体用量/(mL/台)	闪烁晶体用量/(L/年)
平面 X 射线成像	1000000	50	50000
X-CT	2000	75	150
SPECT	2000	3000	6000
PET	50	10000	500

8.5.1　计算机断层扫描的基本原理[66]

X-CT、SPECT 和 PET 利用了计算机断层扫描的数学原理。计算机断层扫描是将一个物体的二维图像由该物体的多个一维投影形成。如图 8.5.1 所示，二维物体是一个密度均匀的大圆，其中嵌入一个密度较低的中圆和一个密度较高的小圆。物体在垂直方向上的一维投影显示在物体下方，是物体的平面 X 射线投影结果，它代表了二维物体密度沿平行垂直线的线积分。与大圆相对应的半球清晰可见，低密度区造成波谷，高密度区造成尖峰。水平方向上的一维投影如右边曲线，同样显示出半球、波谷和尖峰，但由于视角变化，波谷和尖峰的位置改变。在物体周围的所有角度进行一维投影可以提供足够的信息来再现物体的二维图像。

图 8.5.1　计算机断层扫描原理

8.5.2　平面 X 射线成像[66]

平面 X 射线成像技术用的 X 射线是由加速电子束撞击金属阴极而产生的韧致辐射，能量范围广，平均能量约为入射电子能量的一半，由加速电压决定。根据要成像的身体部位，加速电压为 25～300kV，从而产生约 15～200keV 能量的 X 射线光子。X 射线穿透身体时一部分被吸收，出射 X 射线强度形成图像，X 射线流强度约 $10^{10}/(s \cdot mm^2)$。

典型 X 射线探测器如图 8.5.2 所示[67]。X 射线通过准直器透射人体，穿过感光照相胶片，并照射到粉末闪烁晶体荧光屏，随后闪烁光子使照相胶片曝光，照相胶片与荧光屏相邻、相隔。将胶片取出，用化学方法显影成像。由于 X 射线在荧光屏中按照指数衰减，X 射线应尽可能从荧光屏的胶片侧入射。与光学透明的大尺寸闪烁平板相比，颗粒状闪烁体使闪烁光子经历多次散射，限制了闪烁光的横向扩散，从而提高了空间分辨率。然而，横向扩散随着闪烁体层厚度的增加而增加，因此高空间分辨率的应用(如乳房 X 射线照相术)使用薄层闪烁体屏。此外，闪烁光子穿过胶片乳剂，在胶片底的背面反射，再次被乳剂探测，空间分辨率会降低。这种反射影响可以通过在胶片底的背面上的吸收涂层或在胶片底的染料吸收闪烁光来减小或消除。

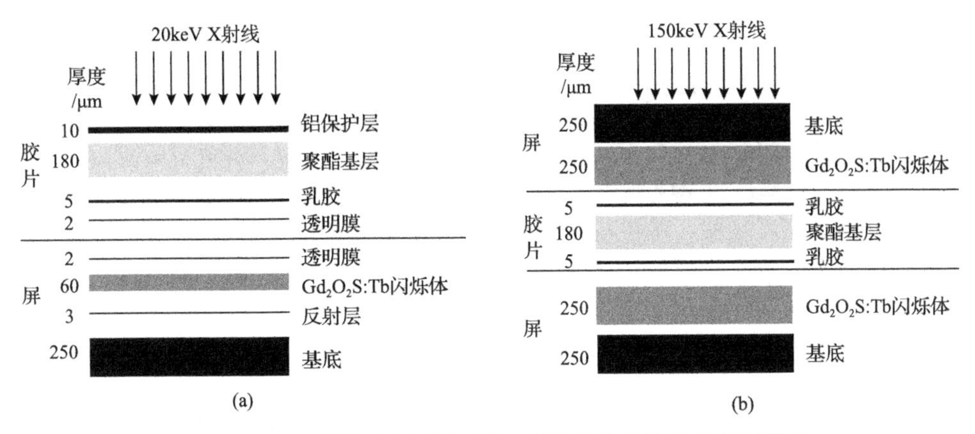

图 8.5.2　用于乳房(a)和胸部(b)X 射线检查的胶片/闪烁屏结构

图 8.5.2(a)为空间分辨率优化的胶片/闪烁屏，用于乳房 X 射线照相术成像，对约 20keV 的低能 X 射线成像需要约 75μm 的高空间分辨率，通常使用约 60μm 厚的闪烁屏。图 8.5.2(b)中胸部 X 射线成像系统须对较高能量(约 150keV)的 X 射线成像有效，荧光屏厚达 250μm，放在双乳剂照相胶片的两侧。

X 射线成像对闪烁体的性能要求按重要性递减顺序依次为[66]：①高发光效率(>60000ph/MeV)；②高密度(>7g/cm^3)；③发射波长与照相胶片的感光波长(550nm)匹配良好；④颗粒形状良好(呈球形，直径为 3～10μm)；⑤工艺特性良好，易成浆，不结块。

表 8.5.2 列出平面 X 射线成像用闪烁材料的主要性能，其中 Gd_2O_2S:Tb 材料具有优异的综合性能而被广泛使用。

表 8.5.2　平面 X 射线成像用闪烁材料的主要性能

闪烁材料	光产额/(ph/MeV)	密度/(g/cm^3)	波长/nm	颗粒形状
Gd_2O_2S:Tb	70000	7.3	545	很好
LaOBr:Tb	67000	6.3	425	板状
Y_2O_2S:Tb	60000	4.9	545	很好

许多 X 射线成像诊断会对人体皮肤造成灼伤，高速 X 射线成像能减少人体吸收的辐射剂量，此处“速度”不是指衰减时间，而是指为获取合格的图像而在特定的入射闪烁光强度曝光所需时间的倒数。速度提高 10%将是非常显著的进步，速度增加来自闪烁发光效率的提高、衰减长度的减小，或由于闪烁体微观结构的

改进(如 CsI:Tl 的柱状结构)而在给定的屏厚内减小闪烁光横向传播。因此，闪烁体高的光产额非常重要，同时发射波长应能匹配硅光电探测器(如 CCD 或非晶硅平板)。

8.5.3　X 射线计算机断层扫描

X 射线计算机断层扫描(X-ray computer tomograqy，X-CT)是应用最广泛的医学成像系统。X-CT 的原理是基于对不同照射方向的 X 射线衰减曲线的探测，从不同方向查看密度剖面，并进行切片分析，从而对解剖图像进行全三维重建。

1. X-CT 原理

X-CT 系统由 X 射线源和沿圆弧分布的单个 X 射线探测器组成(图 8.5.3(a))。X 射线探测器用于测量从人体透射出来的 X 射线强度[67]，它由闪烁晶体或闪烁陶瓷与光电二极管耦合组成，如图 8.5.3(b)所示。X-CT 系统围绕人体连续旋转，以约 1ms 的间隔获取数据。光电二极管输出的数字化电流被转换成截面投影从而重构形成三维立体图像。与平面 X 射线成像一样，X 射线源光子束流强度高，非单色，不能测量单个 X 光子能量，必须使用准直器以减少康普顿散射。

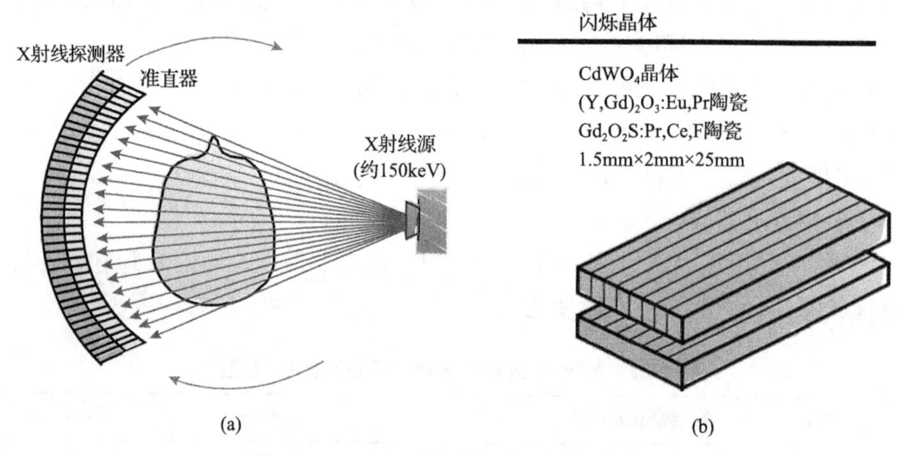

图 8.5.3　X-CT 系统(a)和探测器元件(b)

2. X-CT 应用对闪烁体的要求[66]

X 射线探测器通常为闪烁材料耦合硅光电二极管阵列。X 射线探测器对闪烁体的性能要求有：高的 X 射线吸收系数，发射光谱与光收集匹配，强的抗辐射稳定性和低的余辉水平[67]。与其他应用相比，X 射线辐射稳定性、光输出的温度稳定性和低余辉最为重要[68]。现代 X-CT 系统每秒产生约 1000 个投影，严重受制于衰减时间和余辉，余辉通过“记忆效应”产生“鬼影”，降低图像质量，应尽量避免。

X-CT 对闪烁体的性能要求按重要性递减顺序为：①低余辉(<1%@3ms)；②化学、温度和辐照损伤稳定性高；③高密度(>6g/cm^3)；④发射峰与光电二极管读出匹配良好(500～1000nm)；⑤高发光效率(>15000ph/MeV)。

3. X-CT 用闪烁晶体[1]

早期的 X-CT 系统使用的闪烁体主要是单晶材料，如 CsI:Tl、BGO 和 $CdWO_4$(CWO)闪烁晶体，当前使用的则以 $(Y,Gd)_2O_3$:Eu,Pr 陶瓷和 Gd_2O_2S:Pr,Ce,F 陶瓷为主，其主要性能参数见表 8.5.3。陶瓷比晶体更均匀，陶瓷闪烁晶体有几种掺杂剂，通常第一种掺杂剂是发光离子，而其他掺杂剂用于减少余辉。

表 8.5.3　X-CT 系统用闪烁体的主要性能[1]

性能参数	CsI:Tl	BGO	$CdWO_4$	$(Y,Gd)_2O_3$:Eu,Pr	Gd_2O_2S:Pr, Ce,F
材料形态	单晶	单晶	单晶	陶瓷	陶瓷
密度/(g/cm^3)	4.52	7.13	7.90	5.9	7.34
厚度*/mm	6.1	2.8	2.6	5.8	2.9
发射波长/nm	550	480	475	610	520
相对光输出/%(NaI:Tl)	85	9	38	34	51
衰减时间/μs	1.05	0.3	14	1000	3
余辉/%	0.5～5(6ms)	0.005(3ms)	0.005(3ms)	0.1(100ms)	0.01(3ms)
温度系数/(%/℃)	0.02	−0.15	−0.30	<0.04	−0.6
抗辐照损伤/%	+13.5(450rad)	—	−1.8(775rad)	−1.0(450rad)	—

*对能量为 145kV 的 X 射线吸收 99%时的厚度。

医用 CT 探测器因连续暴露在辐射环境下，累积辐照损伤超过一定限度后可能造成灵敏度变差和精度下降。CT 典型辐射剂量率约为 1rad/s，然而，闪烁晶体入射端的剂量率可能达到约 50rad/s，辐照损伤导致闪烁效率下降，造成探测器增益漂移和光谱灵敏度损失，但 1h 弛豫后闪烁效率可恢复，因此闪烁晶体的使用必须考虑到辐射剂量累积与恢复之间的平衡。对于闪烁陶瓷、$(Y,Gd)_2O_3$:Eu,Pr 陶瓷需要缩短衰减时间，而 Gd_2O_2S:Pr,Ce,F 陶瓷则需要光学透明度的改进。

1) 单晶体材料

CsI:Tl 晶体是首先应用于 X-CT 的闪烁材料，它不仅光输出高，而且绿光发射与硅光电二极管的灵敏区匹配良好。但 CsI:Tl 晶体较强的余辉限制了 X-CT 扫描速度的提高，因而无法满足新一代 X-CT 的要求。$CdWO_4$ 的余辉较 CsI:Tl 低，虽然其转换系数稍差，但 X-CT 应用要求晶体考虑辐照后 3ms 内余辉强度低于 0.005%，所以 $CdWO_4$ 更有优势。

2) 陶瓷闪烁体

$CdWO_4$ 晶体虽然已经获得广泛应用，但由于发光效率较低、晶体具有脆性和镉有毒性，因而并非理想的 CT 闪烁晶体。因此，美国通用电气公司和德国西门子公司在 20 世纪 80 年代分别开发了 Hilight 和 UFC 陶瓷闪烁体，并广泛应用于 CT。Hilight 陶瓷闪烁体的基质材料为 Y_2O_3 和 Gd_2O_3 的固溶体[69]，经 Pr^{3+} 和 Tb^{3+} 掺杂获得优良的性能。Eu^{3+} 掺杂能有效地俘获电子，形成瞬态 Eu^{2+}，使空穴形成 Pr^{4+} 和 Tb^{4+}，因而与产生余辉的内部缺陷相竞争。在 Eu^{3+} 作用下，Pr^{4+} 和 Tb^{4+} 的能量无辐射跃迁，因此降低余辉水平。3%Eu_2O_3 掺杂 $(Y,Gd)_2O_3$ 闪烁陶瓷的发射峰位于 610nm，发光效率达到 CsI:Tl 的 65%，因为余辉水平较低，相对较长的衰变时间(约 1ms)也可接受。但 Hilight 陶瓷的透光率相当低，呈半透明。UFC 为 Gd_2O_2S:Pr,Ce,F 陶瓷，衰减时间更短、光输出高、余辉低，但发射峰位于 511nm，与硅光电二极管不太匹配。

探索更佳闪烁陶瓷的研究仍在继续。其中，石榴石结构陶瓷闪烁体被认为是优秀的候选材料。Lu_2O_3:Eu,Tb 具有高密度的优点，但较高的余辉是其应用障碍。$SrHfO_3:Ce^{3+}$ 和 $BaHfO_3:Ce^{3+}$ 陶瓷不仅密度高、衰减时间短、光产额高达 20000ph/MeV，而且余辉强度很小，是潜在的候选闪烁材料。

3) 闪烁晶体阵列

随着位置敏感光电倍增管 PSPMT 和硅光电二极管阵列的进步，基于阵列设计的高像素空间分辨成像已开始应用于医用 CT、工业 CT 和安全检查系统。

线性闪烁阵列主要设计有两种：阶梯式闪烁晶体和医用 CT 线性阵列。硅光电二极管阵列典型像素数从 8 到 16、32、64，与 $CdWO_4$ 和 CsI:Tl 闪烁晶体耦合，线性阵列典型尺寸为(1～2) mm×(20～30) mm×(2～3) mm。近年来二维矩阵设计与先进光电二极管阵列的进步使得“三明治”结构具有更好的空间分辨率和实时可视化。

先进的阵列设计基于两个主要参数的最小化：像素尺寸和隔离层，对达到最佳空间分辨率和减小像素间光损失至关重要。

(1) 像素尺寸。

各种材料最小像素略有不同，CsI:Tl、$CdWO_4$ 和 BGO 为 0.3mm，CaF_2:Eu 和 LSO:Ce 为 0.5mm。最小像素尺寸取决于晶体的硬度、解理、加工能力等机械特性。小的像素尺寸将使通道数量显著增加，数千万像素的 CCD 矩阵可用于读取柱状结构屏。

(2)隔离层。

晶体像素间有隔离层，以防止光子在像素间的串扰。实际使用的隔离层材料有白色反光粉、特氟龙、Tyvek 膜和铝塑复合材料。常用的白色反光粉有 TiO_2 和 MgO，厚度大于 1mm，反射率接近 100%。Tyvek 膜厚 0.5～0.15mm，反射率为 98%。铝塑复合材料以 VM2000 型为例，厚度 0.1mm 时反射率为 95%。

像素尺寸和矩阵设计取决于阵列规格。现代规范要求相邻信道之间的串扰小于 2%～4%，因此，隔离层应尽可能地厚度薄、反射率高和透明度低。粉末反射层和反射膜具有最佳的反射率，但不适用于黏结工艺，需要较厚才能具有良好的性能。白色涂料和环氧树脂覆盖层适用于较大尺寸的像素。铅、钨或钽可以吸收入射到隔层表面的辐射，防止像素间的射线串扰，但得不到良好的反射率。金属化薄膜是最合适的材料，如 VM2000，在反射率、厚度和串扰间达到了最佳平衡。

矩阵和线性阵列中的总光收集取决于隔层类型、反射率以及晶体表面质量，对光输出、像素间均匀性和闪烁光传输都很重要。矩阵的各像素间不均匀性不应超过 2%～5%。晶体表面处理要求良好和均匀，加工造成的晶体损伤、表面应力和材料再结晶可能会降低某些像素的性能。阵列的均匀性基于高精度和低尺寸公差，对于硬度高的材料，如 BGO、$CdWO_4$ 和 GSO:Ce，尺寸公差不应超过±0.01～0.02mm，对于硬度低的闪烁晶体则尺寸公差应更小。

8.5.4　单光子发射计算机断层扫描

1. SPECT 原理

单光子发射计算机断层扫描(single photon emission computed tomography, SPECT)将含有放射性核素的微量生物活性化合物的药物注入患者体内，核素分子参与患者体内的代谢，聚集于某些器官或肿瘤位置，放射性核素发射能量介于 60keV 到 511keV 之间的单色 γ 射线，如 ^{99}Tc 发射 140keV 的单个 γ 光子，通过探测和重建 γ 射线发射点来成像，用于计算放射性核素和示踪剂化合物的分布。

典型 SPECT 成像系统如图 8.5.4 所示。在探测器阵列和人体之间放置准直器，准直器的作用为通过及确定能探测的 γ 射线，准直器阻挡了不平行其表面传播的 γ 射线，未按准直器方向传播的 γ 射线被准直器吸收。通过准直器的 γ 射线被二维位置灵敏探测器所探测。准直器和探测器的组合及相关的机械、电子装置形成了 SPECT 伽马相机的“头部”，每个“头部”测量人体生理活动的平面投影，系统绕着人体旋转，通过旋转“头部”测量获得执行计算机断层扫描所需的投影集。大多数 SPECT 成像系统配置 1～3 个“头部”。多“头部”虽然能够增加 SPECT 成像仪的探测效率，但三“头部”以上效率增益很小，成本却增加很多。

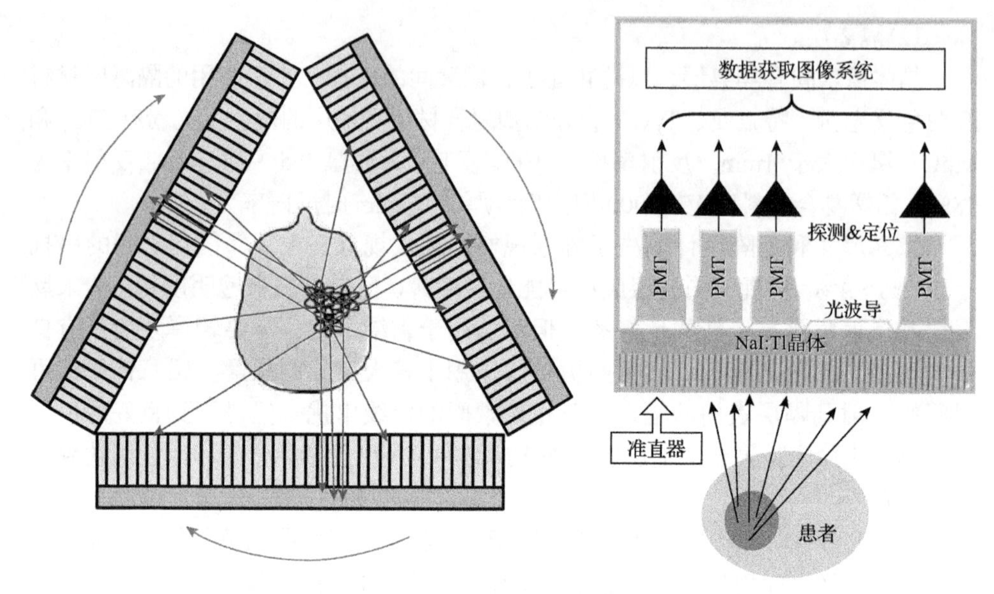

图 8.5.4　SPECT 成像系统(a)和俄歇相机构造(b)

最流行的 SPECT 基于俄歇相机原理[65]。γ 射线通过多孔准直器导向 NaI:Tl 或 CsI:Tl 闪烁晶体屏，闪烁晶体平板光学屏耦合多个光电倍增管 PMT。γ 射线与晶体相互作用，产生闪烁光子以各向同性发射，并被几个 PMT 探测。γ 射线相互作用的位置由 PMT 输出信号的模拟比决定。俄歇系统具有良好的性价比，全身成像探测器的截面积为 600mm×500mm，使用 35～40 个 PMT。该技术已在医学成像实验室大量使用，但空间分辨率在厘米量级，相对较差，随着闪烁晶体发光效率的提高，位置测量的精度将会得到提高。

2. SPECT 用闪烁晶体[66]

SPECT 成像系统对闪烁晶体的要求依次为：

(1)高发光效率，从而获得良好的能量分辨率和空间分辨率；

(2)高密度(>3.5g/cm^3)；

(3)低成本；

(4)发射波长与光电倍增管读出匹配良好(300～500nm)；

(5)短衰减时间(<1μs)。

表 8.5.4 列出了常用于 SPECT 系统的闪烁晶体。目前实际使用的是 NaI:Tl 晶体。CsI:Tl 匹配光电二极管只在实验装置中使用。能量分辨率达到 3%～4%的新型闪烁晶体，如 $LaBr_3$:Ce 晶体有望应用于 SPECT 系统，但其应用受到成本和尺寸的局限。SPECT 成像闪烁晶体的提升空间在于提高发光效率，优化 140keV γ 射线的能量分辨率至 9%，用更少、更大的光电倍增管获得相同的固有分辨率。

表 8.5.4　SPECT 用闪烁晶体及其性能

闪烁晶体	光产额/(ph/MeV)	密度/(g/cm^3)	衰减时间/ns	发射峰波长/nm
NaI:Tl	38000	3.7	230	415
CsI:Tl	65000	4.5	1050	550

3. SPECT 探测器的发展[66]

早期的γ射线探测器曾经使用过以气体为敏感介质的盖革计数器，但其γ射线的探测效率只有 1%左右。碘化钠晶体问世以后，探测器改用碘化钠闪烁晶体和光电倍增管耦合的闪烁探测器，碘化钠的光产额为 38000ph/MeV，对 ^{99}Tc 衰变所产生的 140keV γ射线，可以产生大约 5320 个闪烁光子，它对γ射线探测效率接近 100%。迄今为止，商用 SPECT 的γ射线探测器仍然使用碘化钠闪烁晶体，尽管其原子序数和密度并不够高，但它可以制备成直径达 60cm 的超大型单晶，而且价格较低，可满足大面积单光子扫描成像设备的需要。然而，大面积晶体边缘的光反射导致闪烁光的分布对测量位置存在一定的依赖性，造成侧面比中部弱得多。未能耦合到 PMT 的闪烁晶体表面质量强烈影响 PMT 探测到的闪烁光分布，为此，碘化钠晶体被加工成圆弧面形状，以改变晶体边缘γ射线接收度，也可通过专有的表面处理来优化位置和能量分辨率。

由于成像时射线的强度很弱，探测器的计数率很低，如何降低探测器本身的噪声就变得极为重要，因此必须使用发光效率高的闪烁体和噪声低的光电倍增管。与 NaI:Tl 相比，CsI:Tl 具有更高的光产额和密度，基于 CsI:Tl 闪烁晶体阵列耦合位置敏感光电倍增管(position sensitive PMT，PSPMT)可用于直接定位，开发出的 SPECT 具有 0.7mm 的空间分辨率。CsI:Na 单晶板和 CsI:Tl 像素探测器(面阵)均可用于便携式 SPECT。50mm×50mm×4.6mm CsI:Na 晶体的平板微型伽马相机[70]分辨率优于 1.5mm，可与像素化、部分像素化的探测器媲美，用于淋巴结研究。CsI:Tl 闪烁晶体与光电二极管耦合，可达到 4096 像素，具有良好的灵敏度，显著减小了探测器尺寸。

此外，使用 CdTe、CdZnTe 等半导体直接转换探测器，可获得更好的能量分辨率，但半导体探测器的发展受到高质量晶体产量低、价格高的限制。

8.5.5　正电子发射断层扫描[1]

正电子发射断层扫描(positron emission tomography，PET)可用于定量测量许多生理过程，包括糖代谢、血流、灌注、耗氧量等[71]。美国布鲁克海文国家实验室(BNL)于 1961 年开发了世界上第一台 PET——Headshrinker，采用 32 根 1in NaI:Tl 晶体交替排布在人体头部周围，由 PMT 读出信号(图 8.5.5(a))，该 PET 在加拿大蒙特利尔神经研究所重新装配为 Positome，用于仰卧位检查人体(图 8.5.5(b))。

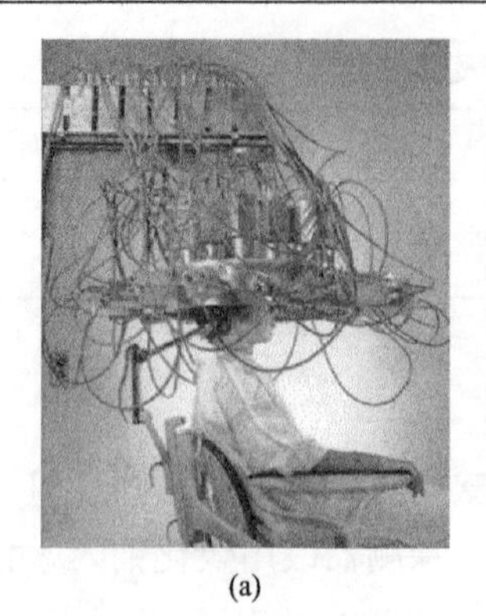
(a)

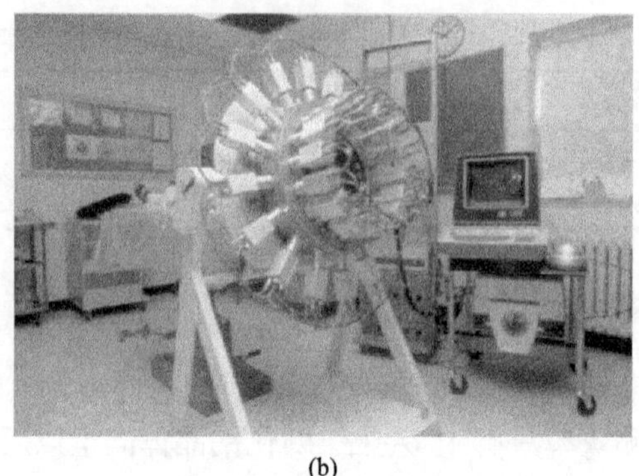
(b)

图 8.5.5 世界第一台 PET——Headshrinker

20 世纪 70 年代以来，PET 成为医学分子成像领域的明星，灵敏度达到皮摩尔级(10^{-12}mol)，是目前最灵敏的分子成像技术，可以动态、定量地研究不同分子途径对患者代谢过程的作用，因此成为认知科学、临床肿瘤学和药物动力学研究的强大工具，在癌症诊断、治疗监测和药物开发等方面发挥着日益重要的作用。PET 虽然可以定位人体内的放射性示踪剂，但不能像 MRI 或 X-CT 那样提供精确的解剖图像，因此新一代影像医学仪器将高灵敏度的 PET 代谢成像和 X-CT/MR 高空间分辨解剖成像融合为 PET/CT、PET/MR，从而可以提供精确定位的器官和肿瘤的活性病变区域图像，补偿了 PET 固有空间分辨率。

1. PET 工作原理与构造[66]

与 SPECT 类似，PET 利用了参与人体不同代谢功能的分子对放射性示踪药物成像，可以进行精确的生理功能研究。区别在于，PET 使用能发射正电子的放射性同位素，正电子在人体组织中迅速热化，吸引一个电子，并与之湮灭形成两个辐射方向相反的 511keV 光子。

PET 示踪剂，即能够发射正电子的同位素，通常是在回旋加速器中形成的能发射 β^+同位素，最常用的是 ^{18}F(寿命 109.8min)、^{11}C(寿命 20.4min)、^{13}N(寿命 10min)和 ^{15}O(寿命 2.1min)，均为有机体的基本组成，典型分子是 FDG(氟脱氧葡萄糖)。它们以分子形式被注射到患者体内并参与到人体内糖、蛋白质、水和氧气的代谢运动，可以监测身体不同部位细胞的能量消耗。一旦被某些器官或肿瘤捕获，该分子就会发射正电子，与该位置上的负电子复合后发射出 2 个相隔 180°的 511keV 能量的 γ 光子，被周围闪烁探测环符合探测(图 8.5.6)。PET 通过测量器官或肿瘤中示踪剂的轨迹形成生物细胞活动的图像。

典型 PET 相机光子探测器环是由 γ 光子探测器的平面环组成(图 8.5.6)，每个光子探测器与环另一侧的光子探测器时间符合。当一对光子探测器同时探测到 511keV 光子时，表明一个正电子湮没在两个探测器的连接线上。利用两个探测器

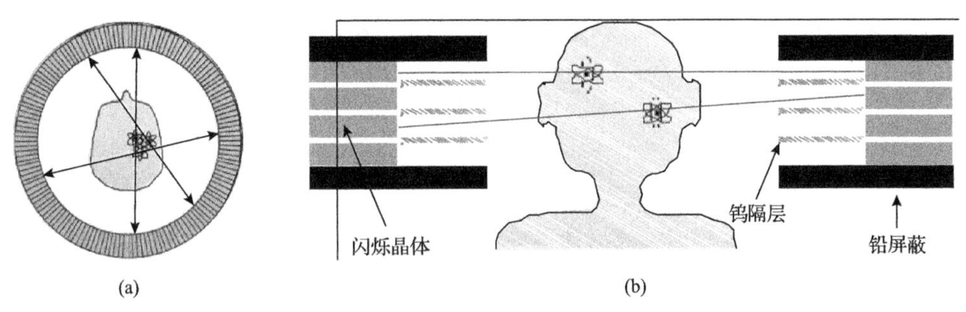

图 8.5.6　PET 相机光子探测器环(a)和探测器工作原理示意图(b)

之间时间复合，将事件限制在一条直线上的方法称为电子准直，电子准直比 SPECT 中机械准直更有效。正电子湮灭后产生的 511keV 光子，被光子探测器环中相距 180°的两个探测模块所探测(图 8.5.6(a))。通过时间复合识别配对(图 8.5.6(b))，将多个环堆叠起来，创建出三维图像。单个平面计算机断层扫描需要平面探测器环的一组探测投影，投影为连接平面环内探测器的弦线。多个探测器环堆叠起来，构成多个切片图像，从而获得患者的三维图像。钨隔层放置在探测器平面之间，用于探测器屏蔽来自身体其他部位的康普顿散射光子，从而拍摄“二维 PET”图像。

PET 常用探测器模块如图 8.5.7 所示[67]。为了兼顾性能和成本，可将一块 BGO 闪烁晶体部分切割，制成一组准独立晶体，与 4 个光电倍增管光学耦合成 PET 探测器。当 γ 射线在晶体中相互作用时，发射出的闪烁光子是各向同性的，但准独

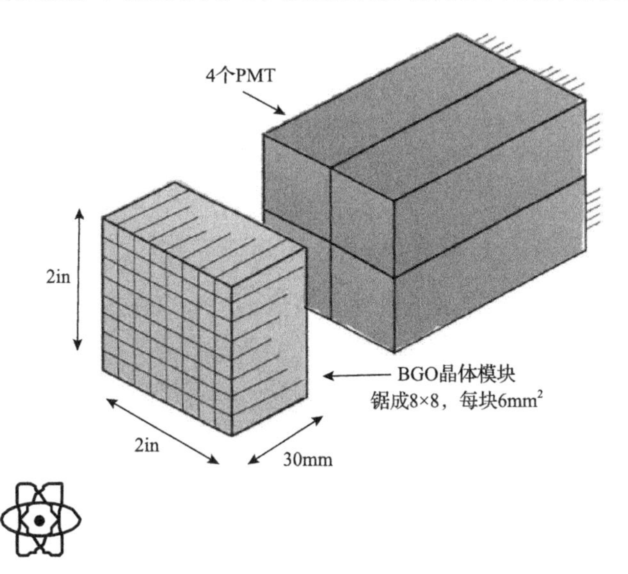

图 8.5.7　PET 探测器模块

立晶体的边界限制了(不能完全阻止)闪烁光子向 PMT 横向传播。根据 PMT 输出模拟信号的比值确定 γ 射线相互作用的位置，根据定时脉冲信号确定 γ 射线的能量。

2. PET 用闪烁晶体

核医学影像设备使用闪烁晶体首要考虑对入射 X 射线和 γ 射线能量的阻止能力和转换效率。高有效原子序数和高密度的闪烁晶体具有强的阻止能力，有助于减小环形探头的尺寸。短的吸收长度不仅降低径向光传播、增加探测效率，而且有利于保持良好的空间分辨率。另一方法是用两个或两个以上具有不同的发射波长或衰减时间的晶体组合安装在彼此的顶部，形成叠层组合(phoswich)，通过识别射线作用晶体位置，确定相互作用的深度(DOI)。但材料的 K 吸收边的位置也很重要，如图 8.5.8 所示。对于低于 63keV 的低能 X 射线成像，Y、Cs 和 I 的吸收系数很高，YAP 和 CsI 晶体是很好的选择。高于 K 吸收边(Lu 为 63keV，Bi 为 90keV)，Lu 和 Bi 的吸收更强，因此 BGO 和 Lu 基闪烁晶体是 SPECT(通常用 ^{99}Tc 90keV)和 PET(511keV)最为青睐的闪烁材料。

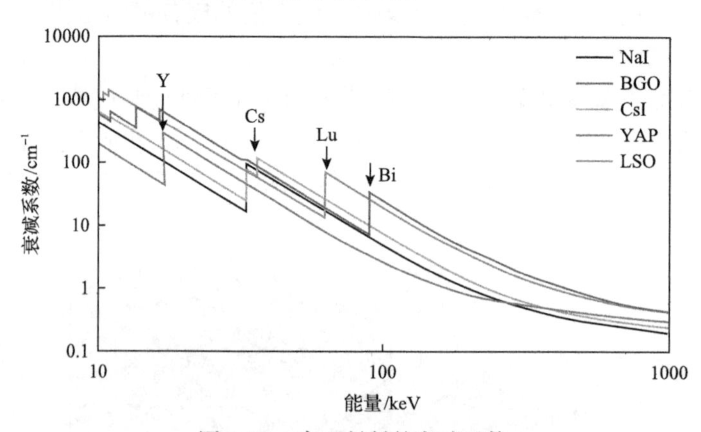

图 8.5.8 高 *Z* 材料的衰减系数

高光输出有利于提高能量分辨率，良好的能量分辨率可以区分康普顿事件，提高空间分辨率和灵敏度。灵敏度是核医学成像设备非常关键的参数，反映了单位注射剂量所产生的有用事件。灵敏度越高，注射剂量越小，图像对比度越高。

短的闪烁衰减时间可以减少死区时间，从而提高计数极限。通过减少复合门，提高了信噪比，直接提高了图像质量。快闪烁晶体可使 PET 利用飞行时间(TOF)信息，通过沿复合路径选择狭窄区域来减少背景。

按重要性递减顺序，PET 应用对闪烁晶体的要求[66]为：①辐射长度短(<1.2cm)；②衰减时间短(<300ns)；③成本低；④发光效率高(>8000ph/MeV)；⑤发射波长与光电倍增管匹配良好，300～500nm。因此，最理想的性能是，光输出与 NaI:Tl 相当，密度与 BGO 相当，光衰减时间比 BGO 快十倍。

BGO 晶体已经被通用公司大量应用于 PET 成像。BGO 的辐射长度为 12mm，因此 30mm 厚 BGO 晶体几乎能够完全吸收 PET γ 射线能量。BGO 晶体的不足之处在于光输出低和衰减时间长，限制了 PET 性能的进一步提高。时间符合效率受限于 BGO 晶体的衰减时间，511keV 光子相互作用后的光电子速率约 0.5pe/ns。对于 511keV γ 射线，典型 PET 探测器模块的能量分辨率约 20%，时间分辨率约 2ns，位置分辨率约 5mm。现代 PET 相机正逐步向更多的像素和更高的占空比发展，以实现更高的空间分辨率。

继 BGO 之后，LSO:Ce 和 LYSO:Ce 成为 PET 应用的首选闪烁晶体。

除 LSO:Ce 外，光产额超过 10^4ph/MeV、衰减时间小于 100ns 的闪烁晶体还有 $LuAlO_3$:Ce、$Lu_2Si_2O_7$:Ce、$Gd_3Al_2Ga_3O_{12}$:Ce、$LuBO_3$:Ce、$LaBr_3$:Ce、$CeBr_3$、$PrBr_3$:Ce、GdI_3:Ce、Lu_2S_3:Ce（见表 8.5.5），它们是未来 PET 应用的候选闪烁晶体。在过去的 20 年中，欧洲核子研究中心的“3C 晶体合作组”深入开展了 LuAP:Ce、LuYAP:Ce 闪烁晶体的研究，尽管它们的光输出比 LSO:Ce 小很多，但能量分辨率比 LSO:Ce 好，在低能下比 LSO 具有更好的线性响应，只是晶体生长的难关尚未突破。

表 8.5.5 PET 候选高密度闪烁晶体及其性能[1]

闪烁晶体	密度 /(g/cm^3)	Z_{eff}/吸收系数@511keV/cm^{-1}	光产额 /(ph/MeV)	衰减时间 τ_{sc} /ns	发射波 λ_{sc} /nm	S_τ /(ph/(MeV·ns))	$1/\tau_{scu}$ /MHz
Lu_2SiO_5:Ce (LSO)	7.4	65/0.28	27000	40	420	675	25
$Bi_4Ge_3O_{12}$ (BGO)	7.13	73/0.37	8000	300	480	27	3.3
$LuAlO_3$:Ce (LuAP)	8.34	64.9/0.29	11400	17 + slow	365	670	58
$Lu_2Si_2O_7$:Ce (LPS)	6.23	64.4/0.21	30000	30	380	1000	33
$Gd_3Al_2Ga_3O_{12}$:Ce	6.63		54000	80，800	530		207
$LuBO_3$:Ce	7.4	64.5/0.28	26000	39	410	660	26
$LaBr_3$:Ce	5.3	46.9	74000	17	375		205
$CeBr_3$	5.2		66000	21	370		203
$PrBr_3$:Ce	5.3	46.9	21000	8，22	365，395		204
GdI_3:Ce	5.2		44000	45，250	560		206
Lu_2S_3:Ce	6.2	66.7/0.24	28000	32	592	875	31

3. TOF-PET[72,73]

早在 1966 年，Anger 就提出将飞行时间 TOF(time-of-flight)技术应用于 PET

的理念(即 TOF-PET)[74]，但当时的闪烁晶体、光电倍增管和电子学的时间特性均存在局限。随着 LSO:Ce 闪烁晶体、硅光电倍增管(silicon photomultiplier，SiPM)和快电子学的发展，TOF-PET 受到广泛重视，采用 TOF 技术可使 PET 的有效灵敏度、分辨率和病变可检测性得到改进。

1) TOF-PET 原理、优点与医学应用

Tomitani 指出了 TOF 在背景过滤降噪和图像重建中的作用[75]，如图 8.5.9 所示，非 TOF-PET 沿正电子衰变发射的两个 γ 射线定义为响应线(LOR)，所有过该 LOR 的体积元投影贡献相同，噪声添加到该 LOR 信号中。如果实现 TOF，通过检测两个光子对之间的时间差(t_2–t_1)，能够准确获取光子对的响应线 LOR 及正负电子的湮灭位置，则每个事件都会被 TOF 标记，只有与该 TOF 信息相符的沿 LOR 体积元才被用于背投重建，TOF 使图像的信噪比得到提高，信噪比决定于符合时间分辨率(CTR)。TOF-PET 为每个事件记录提供了额外的时间信息，不受数据不一致、不完整甚至不正确和不精确衰减校正的影响，从而提升了 PET 图像重建能力。

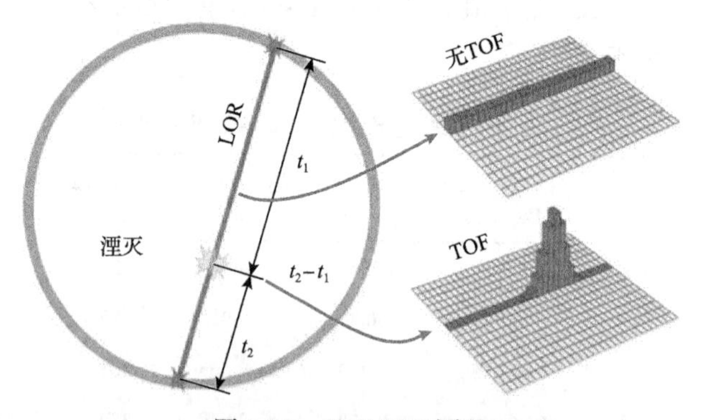

图 8.5.9 TOF-PET 原理

TOF-PET 的最大优点是提高有效灵敏度，为长期放射性同位素治疗开辟了道路，对于某些临床适应症(如免疫治疗研究)非常重要。图像有效灵敏度增益是信噪比增益的平方[76,77]。有效灵敏度增益的提高可以减少向患者注射的放射性剂量，从而扩大 PET 应用患者类别和病症范围。PET 的辐射剂量减少一个数量级，将有助于把 PET 用于儿科甚至产妇，诊断范围将扩大至炎症、心血管、败血症和传染病等。有效灵敏度增加将允许在相同注射剂量下延长更多放射性示踪剂半衰期的扫描时间，从而实现对微小细胞凋亡过程的检测，更好地跟踪和治疗疾病。

2) TOF-PET 探测器和闪烁晶体的发展

第一代商用 TOF-PET 的 CTR 约为 500ps，对超重患者的成像质量得到明显改善[78]。2019 年，西门子公司研发了 214ps 的生物影像 PET[79]，图像信噪比提高 2

倍多。当将 TOF 分辨率从 350～500ps 优化到 200ps 时，病灶对比度明显改善，促进了低对比度生物现象的检测。

2017 年，“3C 晶体合作组”研发出 CTR 为 10ps 的 TOF-PET，其空间分辨率优于 1.5mm，与非 TOF-PET 相比，信噪比增益将超过 16 倍。获得正电子发射放射性药物的活性分布的直接 3D 信息几乎不再需要层析反演，PET 成像和定量检查将开启全新医疗应用。

TOF-PET 探测器由闪烁晶体、光探测器和读出电子器件三个主要模块所组成(图 8.5.10)，要实现 10ps 的 TOF-PET，这三个模块的性能都需有质的飞越[73]。PET 的是探测器灵敏度应尽可能高，因而要求探测器使用高密度、高有效原子序数的无机闪烁晶体，如 LYSO:Ce、BGO。无机闪烁晶体探测器的 CTR 决定粒子探测精度，时间分辨率则取决于无机闪烁晶体中粒子产生的光脉冲信号的形状和振幅。闪烁光强随时间的函数一般用双指数表达式来描述：

$$I(t)=I(0)\mathrm{e}^{-t/\tau_\mathrm{d}}(1-\mathrm{e}^{-t/\tau_\mathrm{r}}) \tag{8-1}$$

式中，τ_r、τ_d 分别称为闪烁上升时间和闪烁衰减时间，它们与本征光输出(ILY)一起统称为闪烁光子的时间特性。Gundacker 等给出理论最佳 CTR 的公式[80]，$\mathrm{CTR}^2 \propto \tau_\mathrm{r} \times \tau_\mathrm{d}/\mathrm{ILY}$。精密的时间分辨率要求无机闪烁晶体具有高的光输出和短的衰减时间，光子密度近似表示为 $\mathrm{LY}/\tau_\mathrm{d}$。

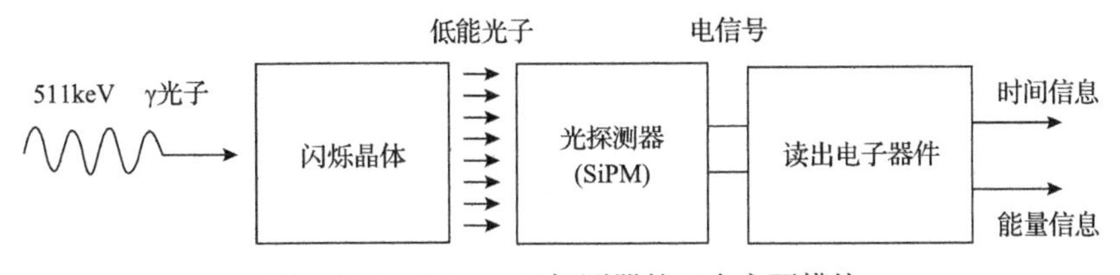

图 8.5.10　TOF-PET 探测器的三个主要模块

TOF-PET 目前使用的闪烁晶体为长方柱状 LYSO:Ce 晶体，尺寸约为 2mm×2mm×20mm 至 6mm×6mm×20mm，直接耦合到 SiPM，CTR>100ps。2019 年 Gundacker 等用 2mm×2mm×20mm 的 LSO:Ce,Ca 获得的最佳 CTR 为 98ps[81]。

“3C 晶体合作组”指出，闪烁晶体不可能在 511keV 下达到 CTR 约 10ps。目前闪烁晶体的最高光产额<100000ph/MeV，最快衰减 10～20ns，考虑上升时间延迟，511keV 的光子密度不高于 5ph/ps，因此 CTR 存在固有极限约大于 50ps。目前发射可见光的无机闪烁晶体即将达到极限，实现 10ps 的 TOF-PET 尚需提升 10 倍。图 8.5.11 总结了选用最好的 SiPM 和高频电子器件读出闪烁晶体的最新时间特性。虽然塑料闪烁体技术上可实现 30ps CTR，但因塑料闪烁体对 511keV γ 射线作用很弱而不适用于 PET，3mm 长的无机闪烁晶体的最佳 FWHM 为 58ps，快

速发光的 BaF_2 的 CTR 也达不到 30ps。当然，闪烁上升时间和 SiPM 单光子时间分辨率(SPTR)对 CTR 具有类似的影响，必须同时提高。只有发现新的闪烁发射机制，匹配高性能光电探测器和读出电子器件，才有可能改善 CTR，达到 10ps 的 FWHM。

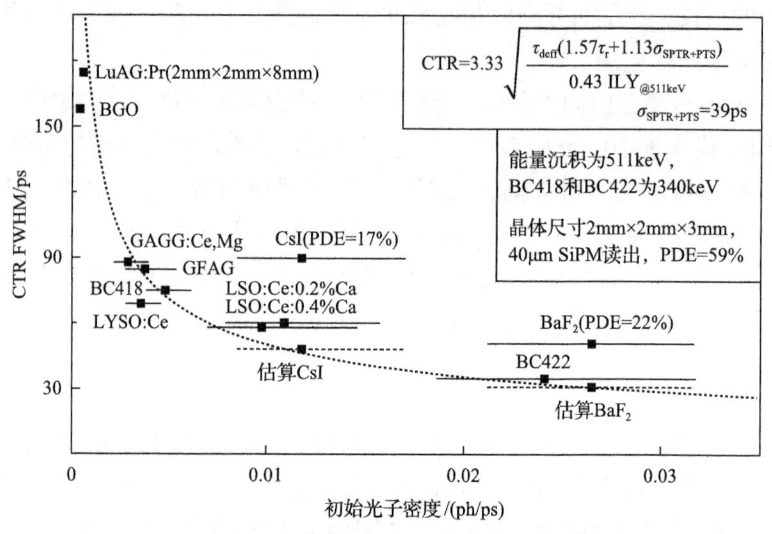

图 8.5.11　CTR 测量值与闪烁光子密度[73]

针对 10ps TOF-PET 探测器用闪烁晶体，国际上提出了以下策略[73]：

(1)提高闪烁脉冲前沿光子时间密度。

闪烁晶体上升时间延迟了光子发射和转换，增加了时间抖动，从而降低了闪烁晶体的时间分辨率。这是热电子-空穴对的级联弛豫机制的结果，电离辐射与晶体材料相互作用产生热电子-空穴对，然后转移到闪烁晶体的发光中心随机弛豫，导致闪烁光子产生统计涨落。为了提高闪烁脉冲前沿光子时间密度使 CTR 达到 10ps，有两个基本途径：一是改进现有闪烁晶体的时间特性，以获得最高的光输出和最短的上升、衰减时间；二是开发出具有亚纳秒量级的新型快闪烁材料，如交叉发光、热带内发光(hot intra-band luminescence)材料。

由于晶体缺陷(空位、位错、无序等)的存在，电子或空穴被捕获的概率增加，从而影响晶体的发光和时间特性。缩短上升时间不仅需要最大程度地抑制晶体中捕获电子-空穴对的浅陷阱，而且需要加快激子直接弛豫或被发光中心捕获的速度。

晶体掺杂或共掺杂是增加闪烁脉冲前沿光子时间密度的有效方法。掺杂/共掺杂的目的是与电荷载流子陷阱竞争，抑制余辉，或使能量更快地转移到发射中心，从而缩短上升和衰减时间。2008 年 Spurrier 等用 Ca^{2+}共掺杂 Ce^{3+}激活氧化物闪烁晶体(LSO:Ce、LYSO:Ce 和 YSO:Ce)[82]，2014 年 Nikl 等用 Mg^{2+}共掺杂石榴石结构闪烁晶体(LuAG:Ce、YAG:Ce 和 GAGG:Ce)[83]，将上升时间 τ_r缩短至几十皮秒，将衰减时间 τ_d缩短至几十纳秒，使 CTR 得到显著提高。

从产生热电子对到复杂闪烁过程是闪烁晶体时间分辨率受限的主要原因之一，克服限制的最佳方法是使闪烁材料在 γ 射线激发后的第 1ps 内对非热化载流子具有辐射弛豫机制。某些材料态密度具有特殊性，如导带底部或价带顶部存在态密度能隙，就会出现热带内发光机制。热带内发光是由于热电子或空穴分别在导带或价带的子能级之间发生辐射跃迁而产生的，特征衰减时间约为 1ps。复杂卤化物和氧化物的热带内发光已经受到高度关注，但是光输出非常小。2018 年 Omelkov 等获得 CsI 的最佳光输出为 33ph/MeV[84]。尽管仅使用低光输出的热带内发光材料不适合获得 10ps 时间分辨率，但是将具有超快发射的热带内发光闪烁晶体与具有高光输出的其他高密度材料结合可提高 CTR。由于电子能带内声子弛豫与快速辐射过程的竞争，低声子能量材料的研究势在必行。特定的能带结构，特别是价带和导带中态密度能隙的存在，可以降低电子-声子弛豫的概率，导致热带内发光输出的增加，伴随着发射衰减略有增加。

另一策略是寻找具有电子离域的材料。离域电子能够与空穴快速辐射复合，就像交叉发光、宽带隙直接半导体。交叉发光主要发生在 Ba、Cs、K、Rb 阳离子的二元或复杂组成的卤化物材料中，衰减时间为亚纳秒，比热带内发光慢，光输出相对较高，如 BaF_2可达到 1400ph/MeV，但是发光波长介于 150～250nm 深紫外区域，造成光探测器量子效率低，时间探测存在严重局限。近年来，随着深紫外光敏探测器的发展，CTR 得到了显著的改进，例如，使用当前最先进的 VUV SiPM 和 2mm×2mm×3mm BaF_2 晶体已获得 68ps 的 CTR，使用 LSO:Ce,Ca 晶体的 CTR 可达约 60ps。如果改进光探测器探测效率，可望获得更好的 CTR。

(2) 利用快速切连科夫发射。

PbF_2 晶体具有良好的透明度，截止吸收边约 240nm，切连科夫光传输特性优良，伽马阻止能力($1.06cm^{-1}$)高于常用 PET 闪烁晶体，价格只有 BGO 闪烁晶体的 1/3，是优秀的切连科夫辐射材料。Korpar 等使用 15mm 厚 PbF_2 晶体和 MCP PMT，获得 95ps 的 CTR[85]。Ota 等使用 5mm 厚 PbF_2 晶体，实现 47ps 的响应(图 8.5.12)[86]。模拟三层 PbF_2-切连科夫-PET 探测器，可能实现 22ps 的 CTR。

511keV 与 BGO 作用在 10ps 内平均产生约 17 个切连科夫光子，可以用作超快时间标记，Gundacker 等使用先进的 SiPM 对于 2mm×2mm×3mm 和 2mm×2mm×20mm 的 BGO 分别实现了 159ps 和 277ps 的 CTR。快速切连科夫辐射探测的 CTR

将有望进一步提升[87]。

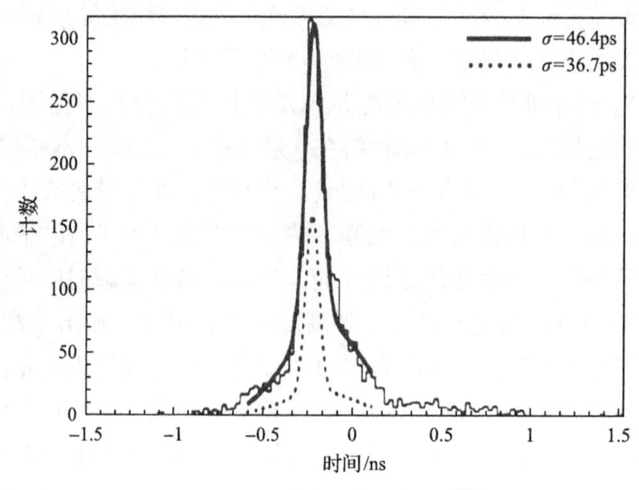

图 8.5.12　PbF_2 晶体的 CTR[86]

(3)采用量子限域的超快纳米闪烁晶体。

CdSe、$CsPbBr_3$[88]纳米晶、纳米板理论上具有良好的光输出，衰减时间低于 100ps，但纳米晶体密度低。纳米晶与闪烁晶体组合形成超材料，为无机闪烁晶体提供所需的能量分辨率和伽马阻止能力，而纳米晶提供超快时间标记。当 SiPM 的 SPTR 达到 10ps 和 PDE 达 59%时，CdSe 纳米板光产额达到 1200ph/MeV，TOF-PET 可望突破 10ps 极限。

8.6　射线无损检测

工业射线无损检测技术(non-destructive testing，NDT)始于 20 世纪 30 年代。与医学 X 射线成像原理、探测技术相似，射线无损检测技术是让强度均匀分布的 X 射线或者 γ 射线通过机械零件及结构，通过探测透过被测物体的射线强度来判定被检测物体的构成、内部缺陷的种类、大小、分布和损伤，评估其质量和使用安全性。射线无损检测技术既适用于金属，也适用于非金属等各种材质，因而成为现代工业生产中不可替代的产品质量检验手段。

射线穿越被检测物体后强度变化与物体的吸收系数、厚度的关系为

$$\Delta I / I = -((\mu - \mu')\Delta d) / (1 + n) \tag{8-2}$$

式中，I 是入射射线的强度；ΔI 是入射射线与透过射线的强度差；$\Delta I / I$ 为物体对比度；μ 是物质线衰减系数；μ' 是缺陷线衰减系数；Δd 是射线照射方向上的厚度差；n 是散射比。只要缺陷在透射方向上具有一定的尺寸，其衰减系数与物

体的线衰减系数具有一定差别，并且散射比控制在一定范围，就能够获得由于缺陷存在而产生的对比度差异，从而发现缺陷。

工业射线无损检测主要运用三类射线源，形成了三类成像技术：

(1) 放射性同位素射线源，发射 γ 射线，形成 γ 射线成像技术。

(2) 阴极射线管和直线加速器射线源，发射 X 射线，形成 X 射线成像技术，包括 X 射线照相和 X 射线工业 CT。

(3) 中子放射源、中子发生器和大型加速器，形成中子成像技术。

X 射线和 γ 射线都可以用作工业射线无损检测的手段。与 X 射线医学成像相比，工业无损检测可以使用较大剂量的射线，但因 γ 射线源使用和保存有安全隐患，一般优先选择 X 射线。中子无损检测功能强大，但技术复杂、设备昂贵，只适用于特殊材料和场合，不易普及。射线无损检测按照成像原理可分为透射吸收投影式、背散射式和计算机辅助断层扫描立体成像。

8.6.1　γ 射线照相无损检测[89]

γ 射线照相无损检测原理如图 8.6.1 所示。放射性同位素产生的 γ 射线是工业无损检测的常用射线源，γ 射线能量高、穿透能力强、使用方便、无须维护，适用于原子序数和密度较高的金属零件的检测。γ 射线照相具有结构简单、操作简便的优点，主要用于对工业固定设备和管道的缺陷鉴定、锈蚀检测，包括输油管线的焊缝、接缝、管道、压力罐等。

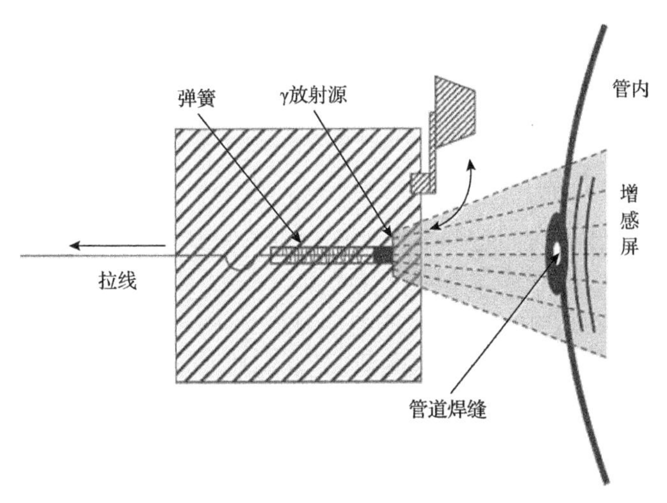

图 8.6.1　γ 射线照相无损检测原理

常用 γ 射线源如表 8.6.1 所列，其中 ^{60}Co 的 γ 射线能量最高，适用于较厚的重金属材料。低能量 γ 射线虽然不适用于较厚的重金属，但用于较轻薄的材料时可以得到较好的反差。能量较低的放射源中，^{192}Ir 应用最广。选择合适的放射性同位素(如 ^{169}Yb、^{170}Tm)才能对薄钢件(<5mm)获得较高的检测灵敏度。

表 8.6.1　工业无损检测用 γ 射线放射源

同位素	半衰期	射线能量/MeV	适宜厚度(钢)/mm
^{137}Cs	30 年	0.622	
^{60}Co	5.3 年	1.17，1.33	40～200
^{192}Ir	74 天	0.355	20～100
^{75}Se	120 天	0.40	10～40
^{169}Yb	32 天	0.31，0.47，0.60	
^{170}Tm	130 天	0.084	≤5

γ 射线照相无损检测可采用射线乳胶片、胶片暗盒、磷光增感屏和闪烁探测器的成像技术。射线乳胶片照相是记录射线影像的传统手段，价格便宜，但胶片的 γ 射线转换效率低，需要较强的放射性剂量和较长的曝光时间，而且需要暗室显影，不能及时获得结果，也不能得到数字化的图像。胶片暗盒为荧光屏吸收射线并产生荧光图像，由紧贴在荧光屏上的对可见光敏感的普通照相底板记录射线图像，不需要特殊的乳胶板，荧光屏可重复使用，照相成本较低。磷光增感屏为射线磷光存储影像板(phosphor store image plate)，射线的图像以激发能的形式储存在 BaFBr:Eu 多晶粉末磷光物质中，在射线照射曝光后可经过激光扫描得到数字化的图像，可重复使用上千次，单次照相成本低于照相胶片，不需要暗室和化学药品，主要缺点是不能直接得到实时的图像。采用 ϕ 50mm×50mm 的 NaI:Tl 闪烁探测器用于探测 122keV～1.4MeV 的同位素 γ 射线，可得到数字化信号和实时成像。

8.6.2　X 射线照相无损检测[89]

X 射线照相仪分为固定检测式和便携式两种。根据检测对象可使用不同的 X 射线源，工业检测常用的低能 X 射线能量为 450keV 以下，1MeV 以上 X 射线属于高能范围，高能 X 射线由电子加速器产生。增加 X 射线能量可增加穿透深度、提高透照厚度，能量 1～4MeV 的 X 射线对钢、铜和镍基合金透照厚度可达 30～200mm；能量 4～12MeV 的 X 射线透照厚度可达 50～500mm；能量大于 12MeV 的 X 射线，透照厚度可达 600mm。高能 X 射线工业检测对军工产品特别重要，是发展国防、航空、航天及大型动力设备不可或缺的基础技术，如火箭、导弹、核武器中关键部件的无损检测。便携式电池供电的小型 X 射线发生器的最大能量可达 300keV，可以满足很多工业无损检测的需要。

射线转换与信号获取是 X 射线照相检测系统的关键部件。X 射线照相设备探测器主要使用胶片和数字化探测器。胶片成像已经远远不能满足现代化大生产过程中实时成像、快速在线检测与评估的要求。数字实时成像的图像质量越来越高，成像速度越来越快，设备价格越来越低。

X 射线照相无损检测技术主要应用于机械、兵器、船舶、电子、石油化工、土木工程等领域中铸件和焊缝的检测，如检测未焊透、裂纹、夹杂、孔洞等常见焊接缺陷，也可以用来检测材料的厚度。

1. 数字实时成像技术

数字实时成像(digital radiography，DR)系统包括 X 射线管、探测器、机械扫描系统、信号放大和数据采集处理单元、计算机图像处理存储传输系统、图像显示系统等。X 射线穿过被检测物体后携带了物体内部的组成信息，经过准直器后，进入由探测器及电子学系统组成的转换装置中，转换装置输出的信号和入射射线强度正相关。数据采集系统将信号 A/D 转换和预处理，输入计算机存储和处理。该装置具有检测速度快、探测效率高、价格成本低、分辨率好、适应现代工业生产快速在线检测等优点。

X 射线数字实时成像探测器主要有三种：

1) 图像增强器[89]

图像增强器(image intensifier tube)于 20 世纪 70 年代开始用于无损检测。它由输入屏、聚焦电极和荧光屏构成。由输入屏转化而来的可见光经过光电阴极转换为电子束，电子束在高压作用下加速并聚焦于荧光屏，从而形成可视图像。荧光屏后面装有光学系统和 CCD，将信号采集和模数转化，再输入到计算机处理(图 8.6.2(a))。

输入屏闪烁转换结构如图 8.6.2(b)所示，CsI:Na 以单晶针状结构生长，单个晶体的直径约 5μm，长度约 0.5mm，铝基底厚约 0.5mm。厚度约 1μm 的光电阴极过渡层渗入 CsI:Na 闪烁体表面，约 2mm 厚的光电阴极层再沉积在过渡层上。受到 X 射线照射的闪烁体发出可见光光子，光电阴极在光电效应作用下释放出光电子。50kV 的 X 射线光子被输入屏接收，在输出屏产生 200000 个光子。图像增强器闪烁屏直径通常在 150～300mm。

X 射线图像增强器具有价格低、成像快等优点，而缺点有：①可承受 X 射线的能量范围小，只能在低能下使用；②动态范围窄；③在强磁场环境下使用时图像发生扭曲；④易灼伤老化，寿命短，一般工业使用 2～3 年；⑤空间分辨率和灵敏度较差，成像质量不如胶片，只适合于检查工件厚度相对均匀的中、薄工件，如焊缝缺陷实时动态检测和流水线产品的快速实时检测等。

2) 平板探测器[89-91]

平面数字式 X 射线探测器如图 8.6.3 所示，主要优点是体积小、重量轻、集成度高，动态范围高达 2000∶1，优于普通胶片，能量范围 50kV～1MeV；缺点

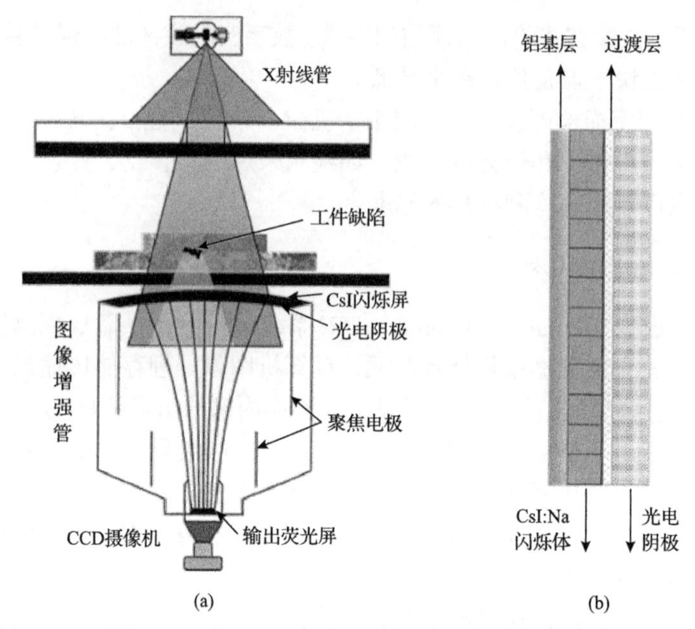

图 8.6.2　图像增强器作 X 射线无损检测(a)和输入屏闪烁转换结构(b)

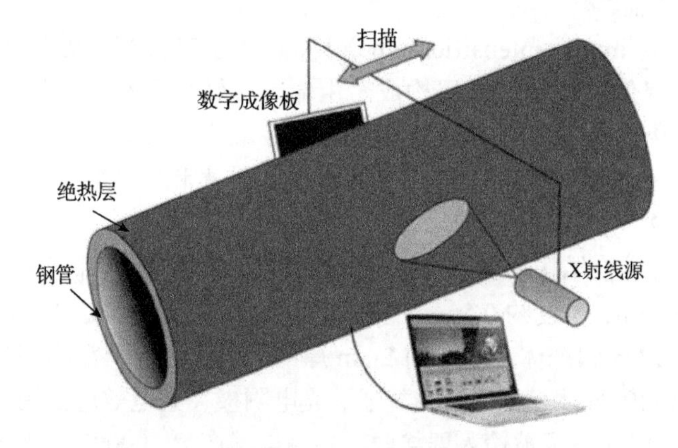

图 8.6.3　平面数字式 X 射线成像板无损检测

是仍然不能用于高能射线检测、价格昂贵。平面数字式 X 射线探测器适合于厚度中等、不均匀和不规则的构件内部缺陷及装配结构检查。在 γ 射线和 X 射线无损检测设备中所使用的成像技术主要有两种：间接转换平板探测器（indirect FPD）和直接数字成像(direct DR，DDR)技术。

间接转换平板探测器主要采用非晶硅平板探测器，由闪烁体、非晶硅薄膜阵列、外围电路等组成，其结构如图 8.6.4 所示，获取图像主要分为以下三步：①X 射线经过闪烁体转化为可见光；②可见光经非晶硅半导体薄膜阵列把光转换为电信号存储；③电信号经过电路读出、A/D 转换形成数字信号，传至计算机形成 X

射线数字图像。

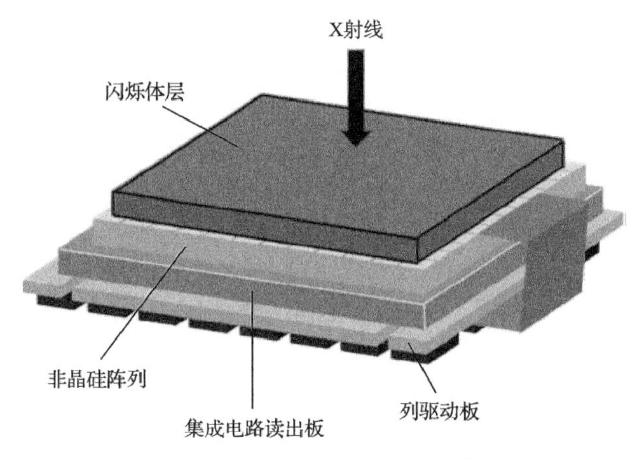

图 8.6.4　非晶硅平板探测器的结构

碘化铯（CsI:Tl）和硫氧化钆（GOS）闪烁体与非晶硅匹配很好，均在波长 550nm 出现峰值响应，如图 8.6.5 所示，所以常用碘化铯和硫氧化钆作为闪烁体涂层制造非晶硅平板探测器。

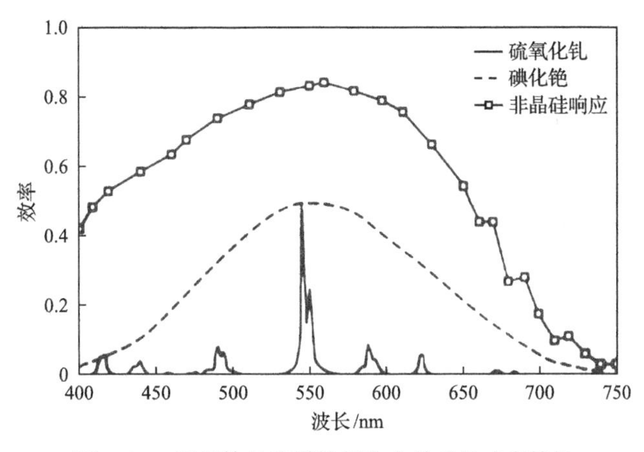

图 8.6.5　闪烁体的光谱特征和非晶硅的响应特性

将碘化铯闪烁体蒸镀成直径 6μm 柱状连续阵列膜层（图 8.6.6(a)），能有效减少可见光的散射，提高成像速度、影像质量及转换效率等综合水平；硫氧化钆（图 8.6.6(b)）闪烁体性能稳定、成本较低，但晶粒为层状排布，对光的强烈散射造成图像不清晰，灰阶动态范围较低。因此，做动态连续检测时应优先选用碘化铯屏。

非晶硅平板探测器的主要优点为：①有效检测区域大。美国Varian公司 PaxScan 4030 平板探测器有效检测面积达到 40cm×30cm。②空间分辨率高。PaxScan 4030 平板探测器像素为 2232×3200，像素尺寸 127μm×127μm，接近普通

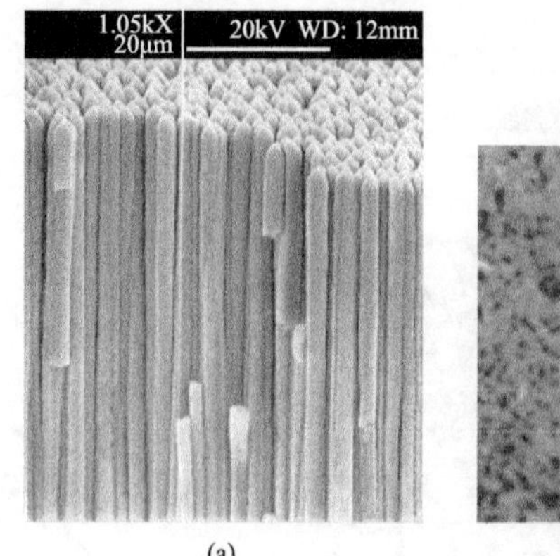

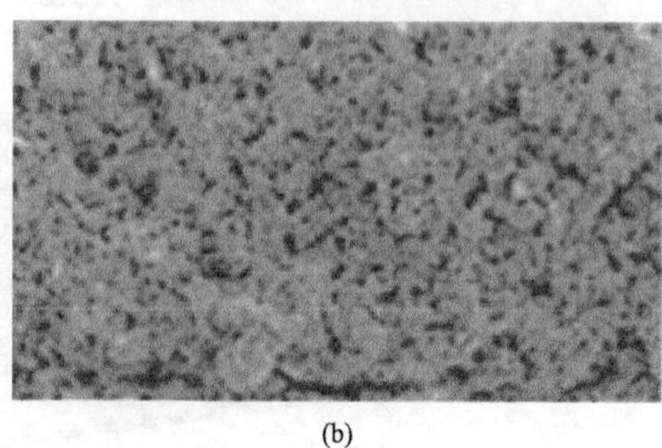

(a)　　　　(b)

图 8.6.6　非晶硅平板探测器中的碘化铯多晶柱(a)和硫氧化钆闪烁陶瓷(b)

胶片颗粒大小，极限分辨率高，图像质量高，实际检测的空间分辨率高。③动态范围大。动态范围是最大输出信噪比，动态范围越大，允许被检工件的穿透厚度差越大。Paxscan 系列动态范围为 2000:1(66dB)，输出图像的数字信号可达 12bit。④射线可直接照射。允许高达 1000kV 的 X 射线直接照射，不遮挡也不会损坏。⑤适用于低能或较低的高能。

非晶硅平板探测器的主要缺点是价格高，承受高能射线能力差，在加速器高能射线下使用时闪烁体吸收射线少。非晶硅平板探测器主要应用于低能 X 射线下，高质量的成像使其应用于结构复杂、厚度差别大的非均匀工件的高灵敏度检测，还可应用于在线的印刷电路板、飞机机身裂纹、管线和焊接无损检测及 X 射线断层成像等。我国上海奕瑞公司和江苏康众公司研制生产了高性能的非晶硅平板探测器，广泛应用于医疗诊断、工业无损检测及安全检查等领域。

光探测元件也可以是电荷耦合器件(CCD)或互补型金属氧化物半导体(CMOS)。CCD/CMOS 平板探测器主要由 CsI 或 GOS 闪烁屏、光传输介质(透镜或光纤)和 CCD/CMOS 成像单元组成，如图 8.6.7 所示。由于存在光学通路，图

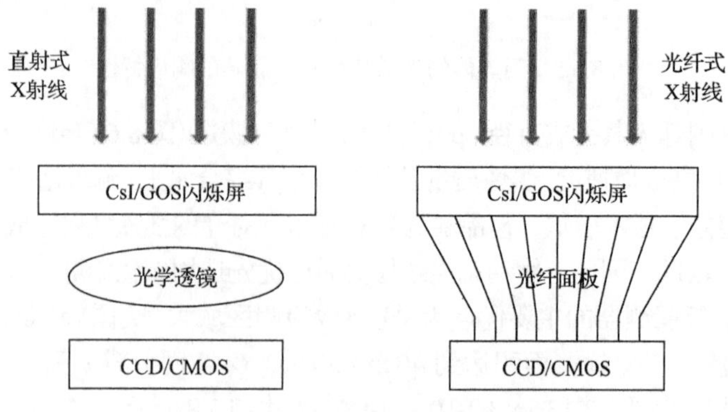

图 8.6.7　CCD/CMOS 平板探测器

像存在失真，而且光传输过程中因吸收和反射会损失光学信息，导致影像质量差，无法与非晶硅平板探测器竞争。

直接转换平板探测器(direct FPD)主要由非晶硒层 TFT 构成，如图 8.6.8 所示。非晶硒不产生可见光、无光散射，空间分辨率较高。非晶硒 TFT 避免了非晶硅类平板光电转换过程的能量损失，但是硒层对 X 射线吸收率低，X 射线转化电子的速度慢，最终因成像速度慢而导致大量信息丢失，其影像质量与非晶硅平板有很大差距，只能靠增加放射剂量弥补信息丢失；硒层对温度特别敏感，稳定性极差，使用条件受限，而且易坏易损、返修率高。

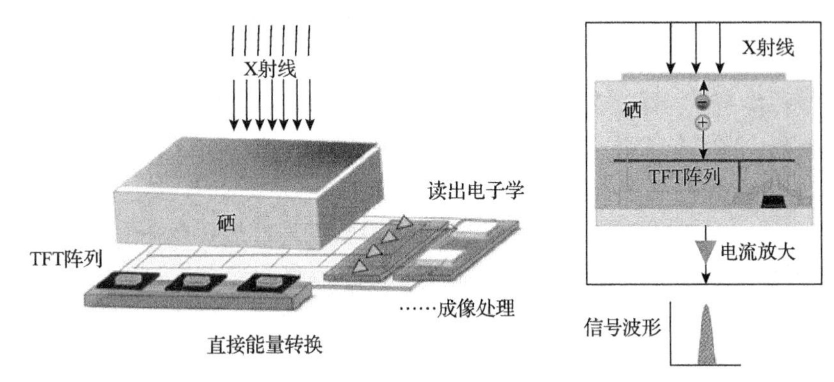

图 8.6.8　非晶硒平板探测器

3) 线阵

线阵用于低能 X 射线成像，利用准直器可以获得较好的图像，缺点是成像速度慢，适合于流水线零部件的实时成像检测。高能线阵成像系统，具有高转换效率、高动态范围、高空间分辨率、低噪声的特点，但速度慢，对机械系统和控制系统要求高。关于线阵探测器详见 8.6.3 节。

2. 平板探测器成像比较[92]

平板探测器成像性能指标主要有量子探测效率(detective quantum efficiency, DQE)和空间分辨率，前者决定对组织密度差异的分辨能力，而后者决定对组织细微结构的分辨能力。

1) 量子探测效率

间接转换平板探测器影响 DQE 的因素主要为闪烁体涂层和将可见光转换成电信号的晶体管。闪烁体的材料和工艺影响了 X 射线转换成可见光的能力，对 DQE 产生影响。CsI 屏将 X 射线转换成闪烁光的效率高于 GOS 屏，原因在于 CsI 柱状结构提高了捕获 X 射线的能力，减少散射光。可见光转换成电信号也会对 DQE 产生影响。CsI(或 GOS)+TFT 结构的平板探测器，TFT 阵列与闪烁晶体层的面积相同，可见光不需要经过透镜折射而直接投射到 TFT 上，中间没有光损失，

DQE 比较高。而 CsI+CCD(或 CMOS)结构的平板探测器，CCD(或 CMOS)的面积远小于闪烁体涂层，需要光学系统折射、反射后才能将影像投照到 CCD(或 CMOS)上，光子损耗较大，DQE 较低。直接转换平板探测器 DQE 取决于非晶硒层产生电荷能力。

2)空间分辨率

直接转换平板探测器没有可见光的产生，不发生散射，空间分辨率取决于单位面积内薄膜晶体管矩阵的大小。矩阵越大，薄膜晶体管的个数越多，空间分辨率越高。间接转换平板探测器有可见光产生，存在散射，空间分辨率不仅取决于单位面积内薄膜晶体管矩阵大小，而且还取决于对散射光的控制。

3)DQE 与空间分辨率的关系

间接转换平板探测器的极限 DQE 比直接转换平板探测器的高,但是随着空间分辨率提高，前者的 DQE 下降得较多，而后者的 DQE 下降比较平缓，在高空间分辨率时 DQE 反而超过间接转换平板探测器。

间接平板探测器区分组织密度差异的能力较强，直接转换平板探测器区分细微结构差异能力较强。DQE 影响图像的对比度，空间分辨率影响图像对细节的分辨能力，因此摄片应根据检查需要选择平板探测器类型。

3. X 射线转换闪烁体与屏结构[93]

1)X 射线转换闪烁体

闪烁体的密度、硬度、发光效率、发射光谱、折射系数、余辉等特性参数是制备成像屏的关键要素，还须考虑透明度、潮解性、尺寸、价格等。闪烁屏转换 X 射线为可见光的效率依赖射线能量，转换效率随屏增厚而增加，但同时不清晰度增加。典型 X 射线转换闪烁体的主要特性见表 8.6.2。

表 8.6.2 典型 X 射线转换闪烁体主要特性

特性	NaI:Tl	CsI:Tl	CsI:Na	LiI:Eu	BGO	$CdWO_4$	$C_{14}H_{10}$
发射峰/nm	415	550	420	470	480	475	445
相对于 NaI:Tl 的光输出	100%	45%	85%	35%	12%	40%	
莫氏硬度	2	2	2	2	5	4	
密度/(g/cm^3)	3.67	4.53	4.51	4.08	7.13	7.9	1.25
熔点/℃	651	621	621	446	1050	1325	217
潮解性	潮解	轻微	潮解	潮解	不	不	
制备大面积闪烁屏	较容易	较容易	较容易	难	难	难	较容易

闪烁屏发射与光探测器匹配可提高转换效率，实际应用要求成像面积大、发光效率高、不潮解、性能稳定、保存方便和价格适中。CsI:Tl 发光效率高，峰值

波长和光电探测器光谱匹配，转换效率高，容易做成大面积屏，价格适中，成为经常选用的闪烁屏材料。俄罗斯斯托姆斯克工业大学研制了 CsI:Tl 单晶闪烁屏，有效成像直径达 200mm，厚 5mm，密封重量<2kg，适用能量范围 0.1～15MeV，空间分辨达 4～5lp/mm，最大亮度 0.25cd/m^2。

2) 闪烁屏的结构

CsI:Tl 闪烁晶体因潮解而需要密封，为了图像清晰，采用能吸收光的黑色铝质外壳保护和固定整个闪烁屏，光学玻璃保护闪烁晶体并透光，油层起折射率匹配液的作用，减小不同介质截面的反射，使更多的闪烁光能传出去，抗反射膜增透，减小光学玻璃-空气截面的反射，增大光的输出。闪烁屏的结构如图 8.6.9 所示。

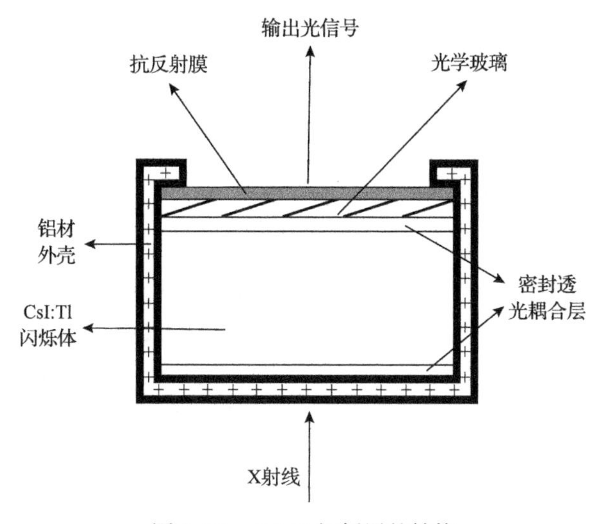

图 8.6.9　CsI:Tl 闪烁屏的结构

8.6.3　X 射线工业 CT[89]

X 射线工业 CT 是由计算机辅助的断层扫描技术来获得被测物体内部三维立体结构的设备，被广泛用于检测内部结构复杂的塑料、金属、碳纤维复合材料等零部件。X 射线工业 CT 的原理与医学 X-CT 基本相同，医学 X-CT 的射线源和探测器围绕人体快速旋转，而 X 射线工业 CT 机械系统简化，被测工件由工作台带动旋转，如图 8.6.10 所示。

工业 CT 的 X 射线源能量可根据被测物体的大小来选择，被测物体为大型金属部件时采用基于直线电子加速器的 X 射线源。射线探测器为高气压电离室阵列，或者闪烁晶体与光敏二极管阵列线阵探测器（LDA）。高气压电离室阵列由薄钨板隔开电离室，电离室充高原子序数的氙气，气压高达 100atm 以获得足够好的射线

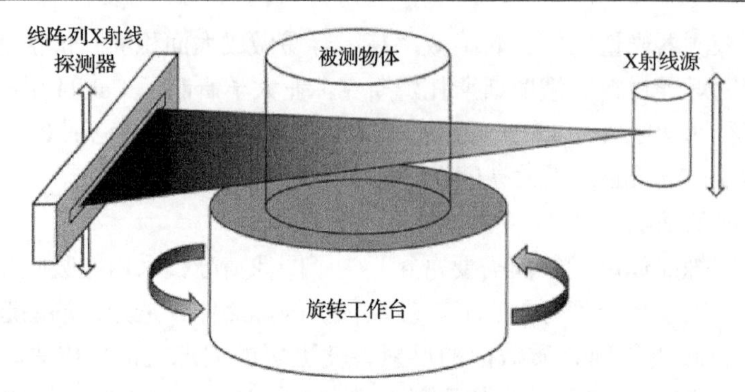

图 8.6.10 采用线阵列射线探测器的工业 CT

吸收效率，缺点是对工业 CT 的高能射线的吸收效率低，像素单元较大，位置分辨率有限。高密度的 $CdWO_4$ 闪烁晶体对射线的吸收能力强，在工业 CT 中最为常用。用于兆电子伏特能量射线时，长度 3～4cm 晶体的探测效率可达 50%以上，晶体条宽度可达约 1mm，与光敏二极管阵列耦合，成为高分辨率的射线成像探测器。

1. 工业 CT 辐射探测器的主要性能要求[94]

1)探测效率

探测效率(DE)是工业 CT 辐射探测器极为重要的指标，表征吸收入射粒子将其转换成测量信号过程中的有效性。探测效率越高，越有利于缩短扫描时间、提高信噪比、提高图像质量。探测效率定义为探测器所测量到的辐射光子数(D)与辐射源所发射光子数(N)之比，即 DE=D/N。DE 受以下三个因素的影响：

(1)几何因素，即探测器接收面朝向辐射源的空间角度比(G)：

$$G = (\pi r^2) / (4\pi R^2) \tag{8-3}$$

式中，r 为探测器窗口的半径；R 为探测器与辐射源的距离。除非探测器的接受面在三维空间上完全包围辐射源，通常这个立体角度比总是小于 1。

(2)辐射光子的传递效率，即辐射光子在穿越空气、探测器包覆或封装介质、光反射介质的途中，被这些介质材料吸收之后传播到探测器表面的透过率(I)。

$$I = \exp(-\mu_1 d_1) \cdot \exp(-\mu_2 d_2) \tag{8-4}$$

式中，μ_1、μ_2 分别为介质 1 和介质 2 的吸收系数；d_1、d_2 分别介质 1 和介质 2 的厚度。

(3)探测器对光子的吸收效率(M)，它取决于闪烁材料的种类和厚度，

$$M = 1 - \exp(-\mu d) \tag{8-5}$$

式中，μ 为晶体对某一能量的吸收系数；d 为晶体厚度。

因此，探测效率(DE)为以上三个因素的乘积：

$$DE=G\times I\times M \tag{8-6}$$

图 8.6.11 展示了 NaI、CsI、$CdWO_4$ 和 BGO 的吸收效率与入射射线能量的关系，图 8.6.12 展示了不同厚度 $CdWO_4$ 闪烁晶体的吸收效率与射线能量的影响。

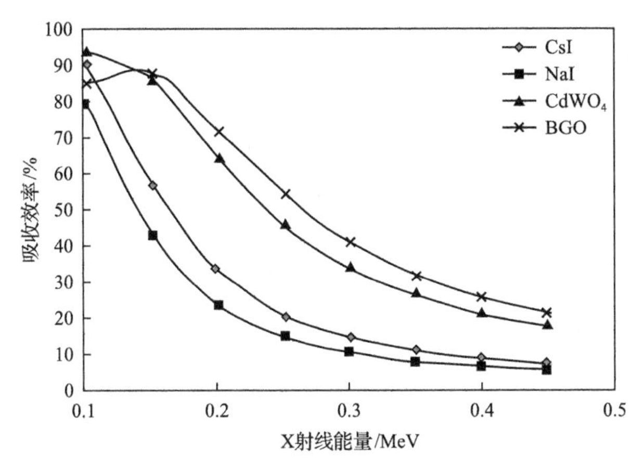

图 8.6.11　NaI、CsI、$CdWO_4$ 和 BGO 吸收效率随射线能量的变化

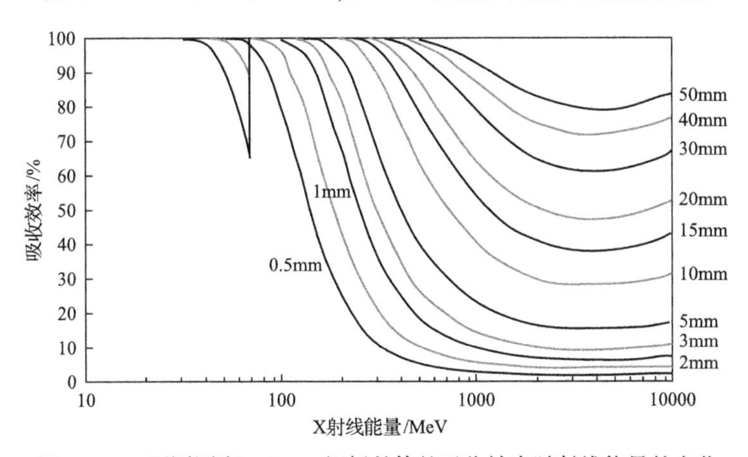

图 8.6.12　不同厚度 $CdWO_4$ 闪烁晶体的吸收效率随射线能量的变化

2) 几何尺寸

晶体像素的宽度影响空间分辨率，宽度越小，空间分辨率越高；像素的高度决定了最大可切片厚度，切片厚度大则信噪比高，有利于提高密度分辨率，但会降低切片垂直方向上的空间分辨率。晶体像素的长度影响转换效率，长度增加可提高 X 射线的吸收概率，太短则无法完全吸收入射 X 射线。

3) 线性度和稳定性

线性度是探测器产生的信号在一定射线强度范围内与入射强度成正比的能

力。稳定性是探测器信号随着工作时间增加对信号产生一致响应的能力。线性度和稳定性直接影响原始数据的精度。

4）响应时间

响应时间指探测器从接收射线粒子到获得稳定的探测信号所需要的时间。由于 CT 扫描时被测物体的平移旋转运动、探测器插值运动、数据采集和传输时间严格同步，特别是加速器出束脉冲触发同步，要求选择具有一定响应速度以保证投影时间与位置的精确性。

5）动态范围

动态范围是探测器线性响应射线强度的范围，定义为最大输出信号与最小输出信号的比率，动态范围大则工件在厚度变化很大的情况下仍能保持很好的对比灵敏度。工业 CT 探测器动态范围上限往往取决于射线源的最大射线强度，通常低于探测器最大线性输出范围，下限取决于电子学系统在内的系统噪声。

6）通道数及探测器一致性

探测器通道数是工业 CT 重要指标之一。工业 CT 使用数百到几千个探测器，探测器数量越多采样点数越多，越有利于缩短扫描时间，提高图像分辨率。探测器阵列的一致性表征各探测器性能一致的能力，与每个探测器通道有关，同时也受探测器之间的串扰、电路噪声等因素影响，对一致性一般要求不大于 1%。

2. 线阵探测器[95]

线阵探测器(linear diode arrays, LDA)普遍应用于各种质量检测、无损检测和工业 CT，可以发现食品异物、包装缺漏、铸件畸形、行李凶器或异物、危险材料等。线阵探测器也成功应用于大型集装箱检测系统、医用 CT、L 型双能探测器等。线阵探测器正朝着快速扫描、更大动态范围和更小像素尺寸的方向发展。

典型线阵探测器的构成主要包括闪烁体、光电二极管阵列、探测器前端、数据采集系统、控制单元、机械结构、电源、附件、帧采集卡和软件。

1）线阵探测器用闪烁体和光电二极管

LDA 采用闪烁体将吸收的射线转换成可见光，常用的有钆基荧光屏、$CdWO_4$ 和 CsI:Tl 晶体，Gd_2O_2S、Y_2O_3/Gd_2O_3 闪烁陶瓷及闪烁玻璃也是重要的候选材料。单晶体切成晶体条，形成图像中离散像素，例如 640 个探测单元的线阵探测器，总长 512mm，单元长度 0.8mm。

表 8.6.3 列出了 LDA 用闪烁体的主要性能。闪烁体的 4 个重要特性决定了能否用于 LDA 的某种特定应用，吸收效率依赖原子序数和密度，决定使用厚度；发射波长大于 500nm 才能和光电二极管匹配；光产额介于 13000～54000ph/MeV，同批晶体光输出均匀性良好；余辉通常介于 1～3ms；价格要适度。

表 8.6.3　线阵探测器用闪烁体的主要性能

特性	CsI:Tl 晶体	$CdWO_4$ 晶体	Gd 基荧光屏	Gd 基闪烁陶瓷
吸收效率	–	+	+	++
余辉	– –	++	++	+~++
光输出	++	– –		+
价格	+		++	– –

注："+"代表性能优良；"–"代表性能差。

光电二极管类型应根据晶体的闪烁性能和 X 射线源来选择。探测器阵列可排成不同的形状，如直线型、L 型、U 型或弧形。通常行李检测用 L 型，而工业 CT 使用直线型或弧形。图 8.6.13 为耦合有光电二极管的 16 像素碘化铯晶体阵列。

图 8.6.13　耦合有光电二极管的 16 像素线阵探测器

LDA 前放用来集成和放大光电二极管阵列极低的电流输出。经过前放和多路电子电路后，数据采集系统(DAS)完成信号的模数转换。控制单元包括控制信号、数字信号处理电路和图像采集接口电路。机械结构包括金属封装、X 射线准直器、X 射线入射窗口和 X 射线屏蔽。

2)线阵探测器与射线源

大多数 LDA 使用电压低于 160kV 的 X 射线发生器产生的连续扇形射线束。高压 X 射线发生器高达 450kV，线性加速器 X 射线达几兆电子伏特能量，某些应用中也会用到放射性同位素源。X 射线发生器在宽频谱范围产生连续流量，线性加速器产生几十或几百个微秒脉冲宽度，同位素源则依赖于自然放射性衰变产生单频 X 射线。

对于各类射线源，阵列设计有差异，选择合适的晶体和尺寸使 X 射线的吸收效率达到最佳。区别不同材料物品(典型的有机物和金属)通常使用双能探测器，双能信息从一个探测器获取，该探测器由两个二极管阵列组成，靠近 X 射线的阵列作为滤波器，另一阵列探测经滤波后较低能量的 X 射线，两个阵列组合在一起。

3)线阵探测器的性能

(1)探测效率：依赖于晶体类型和厚度、晶体-光电二极管的耦合，以及电路的优化。

(2)空间分辨率：主要由像素形状决定。像素尺寸越小，分辨率越高。商业化LDA 最小像素可达 50μm，0.1mm 像素已经普遍。但是，小的像素尺寸会减少对 X 射线的吸收量，产生相同信号需要的 X 射线强度将成倍加大。

(3)动态范围：动态范围和探测器的 A/D 转换器分辨率相同，实际的动态范围一般小于 A/D 转换器分辨率。大多数商用 LDA 提供 ADC 在 8 到 14 位之间。

(4)扫描速度：取决于探测器一帧的积分时间。使用并行输出的探测器卡，可以建立更长的阵列而扫描速度不会降低。最小的积分时间不仅依赖于电路，还与 X 射线流量有关。一帧积分时间从几百微秒到几十毫秒，最大扫描速度为 2m/s，依赖于在扫描方向要求的分辨率。通过电路优化，一帧范围内的积分时间达到 100μs 内。

3. 高能工业 CT[94]

高能工业 CT 由电子直线加速器系统、探测器阵列、数据采集、机械扫描部件(包括前、后射线准直器)、控制系统、计算机图像系统及辐射防护系统等部分组成，如图 8.6.14 所示。

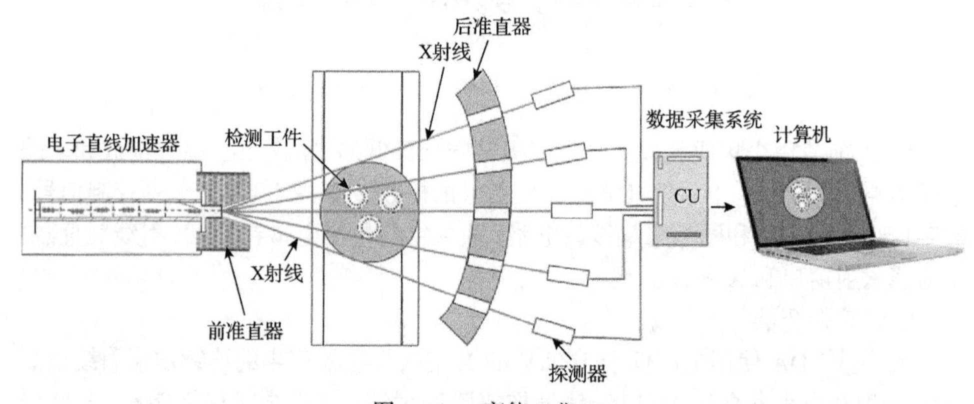

图 8.6.14　高能工业 CT

高能工业 CT 和大型集装箱检测系统的加速器多以驻波电子直线加速器为主，电子束在驻波电子直线加速管中完成加速后轰击加速管终端的钨靶，电子减速而产生韧致辐射 X 射线，加速器在一定周期内对电子束加速打靶，产生重复频率脉冲 X 射线束，能量为 2～60MeV。低能工业 CT 采用 X 射线管，能量为 160kV、320kV、450kV，中低工业 CT 采用同位素放射源 ^{60}Co、^{137}Cs，平均能量为 1.25MeV 和 0.661MeV。

高能工业 CT 对探测器在结构形式上分为面阵和线阵两种类型。面阵探测器一般使用一块连续的闪烁屏，它的射线探测效率低，无法限制散射和串扰，动态范围小，高能范围应用效果较差。线阵探测器由独立的探测器单元按一定的要求排列而成，主要有闪烁探测器和气体电离室。

1) 高能工业 CT 对辐射探测器的性能要求

高能工业 CT 采用高能 X 射线快速准确测量，实现高分辨率和快速扫描，对探测器的要求如下：

(1) 几何尺寸。探测器需要足够的灵敏体积保证探测效率，但为了提高分辨率和 CT 扫描速度又需要减少探测器体积，因此需要综合考虑几何尺寸。

(2) 探测灵敏度高。检测大型高密度物体，要得到较高的空间分辨率和密度分辨率，要求探测器的灵敏度越高越好。

(3) 动态范围大。高能工业 CT 被测工件从几米到几毫米，剂量率范围从 3000～0.3mGy/min，为保证空间分辨率和密度分辨率，要求动态范围达到 80dB 以上。

(4) 能谱响应宽。高能工业 CT 的电子直线加速器的 X 射线束为宽谱轫致辐射，能量从千电子伏特到兆电子伏特，要求探测器对宽谱 X 射线都有足够的探测灵敏度。

(5) 抗辐照。电子直线加速器辐射剂量大，每分钟达到几十戈瑞，高能工业 CT 探测器要有很强的抗辐照能力。

(6) 抗串扰。X 射线能量越高，探测器像素密度越大，探测器间的串扰影响越大。串扰噪声影响探测器的信噪比，降低图像质量。

(7) 抗电磁干扰。电子直线加速器的磁控管、闸流管、脉冲变压器等元件工作时产生强大的电磁脉冲，电磁干扰需要考虑。

(8) 灵敏度。探测器在高能脉冲 X 射线持续时间内探测灵敏度保持恒定。

(9) 价格。高能 CT 探测器系统成本高，占总成本比例高，影响整机价格。

2) 高能工业 CT 闪烁探测器

工业 CT 探测器单元由闪烁晶体和光电二极管阵列耦合组成，8 或 16 个闪烁探测器单元组合成高能工业 CT 闪烁探测器模块。为了减小探测器通道间的串扰，闪烁体之间须用 Pb 片和 TiO_2 反光材料隔开，如图 8.6.15 所示。

高能工业 CT 应用的闪烁晶体有 $CdWO_4$、BGO、CsI:Tl 和 LYSO:Ce，其主要闪烁性能如表 8.6.4 所示。

3) 高能工业 CT 闪烁探测器的局限与不足

高能直线加速器的大剂量辐照易造成晶体发光效率降低、透明度下降，如 9MeV 电子直线加速器满负荷工作每小时辐射剂量达到 1800Gy，闪烁晶体完全暴

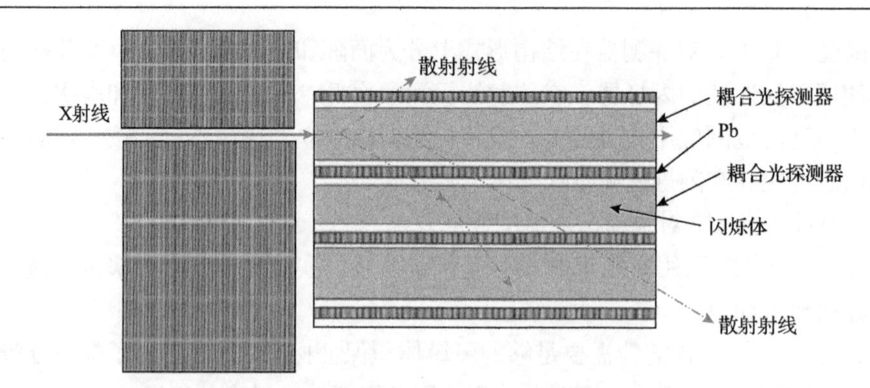

图 8.6.15　探测器产生串扰噪声

表 8.6.4　高能工业 CT 用闪烁晶体的主要性能参数

性能参数	CsI:Tl	$CdWO_4$	BGO	LYSO:Ce
光产额/(ph/keV)	65	12～15	8～10	32
光输出温度系数(25～50℃)/(%/℃)	0.01	–0.1	–1.2	–0.28
衰减时间/ns	1050	14000	300	41
峰值波长/nm	550	475	480	420
半值厚度@662keV/cm	2	1	1	1.1
密度/(g/cm^3)	4.53	7.9	7.13	7.1
潮解性	轻微	否	否	否
抗辐照性(透光率下降<15%)/Gy	10	1000	1～10	—

露极短时间就会损坏。$CdWO_4$ 晶体在被照射 6h 后发光效率和透明度下降约 15%，防护良好时可正常工作约 1000h，但光输出随温度的升高而下降。BGO、CsI:Tl 等抗辐照损伤能力较低，使用寿命很短，基本上不能用于高能工业 CT。光电二极管的抗辐照损伤能力也很弱，累积剂量 3000Gy 时性能严重下降。

8.7　电离辐射监测与安全检查

核技术的广泛应用推动了电离辐射安全检查和监测技术的迅速发展，特别是“9·11”事件和福岛核事故发生之后，核辐射探测、监测和安全检查在国土安全和国防的应用成为快速增长的领域。闪烁晶体及探测器的安全检查设备应用于四个方面：行李检查、货物集装箱检查、核裂变和爆炸性材料检查、核裂变材料的远程检测。根据辐射来源和系统配置，探测系统分为被动探测和主动探测。

8.7.1　被动探测系统

被动探测基于闪烁晶体探测 γ 射线和中子。被动探测系统为环境安全、海关和边境检查提供了非侵入性检查手段，可检查天然放射性核素、民用工业放射性同位素、脏弹、特殊核材料和核装置核辐射。按照使用方式可分为便携式辐射测量仪、移动辐射监测系统和固定检查装置三种类型。

1. 便携式辐射测量仪

以上海新漫传感科技有限公司 SIM-MAX 100G 多功能辐射检测仪为例(图 8.7.1)，主机可连接众多智能探测器，支持热插拔，可综合测量 α、β、γ、n 的辐射水平，可覆盖几乎所有的环境监测和辐射防护测量。配备 2in×2in NaI:Tl 闪烁晶体的高灵敏 γ 探测器，可探测 γ 能量范围 30keV～3MeV，剂量率测量范围 10nSv/h～100μSv/h，灵敏度 1500cps/(μSv/h)；配备高灵敏 ^{6}LiI:Eu 中子探测器，可探测中子能量范围 0.025eV～16MeV；环境级 X 射线、γ 射线剂量率检测仪，使用 76mm×76mm 大体积复合闪烁体探测器，可探测能量范围 33keV～3MeV，剂量率范围 10nSv/h～100μSv/h，灵敏度>2000cps/(μSv/h)。

图 8.7.1　上海新漫公司生产的便携式多功能辐射检测仪

Kromek 公司开发了智能手机大小的新型辐射探测器 D3S，如图 8.7.2 所示，综合采用了非 ^{3}He 紧凑型热中子闪烁探测器和 16cm^{3} 的 CsI:Tl 晶体耦合 SiPM，它体积小、重量轻、使用方便，可由急救、海关和边检人员佩戴，可以快速准确地检测、定位放射性。美国国防高级研究计划局(DARPA)国防科学办公室(DOS)于 2013 年提出开展 SIGMA 项目，大范围部署核探测装置，应对核与放射性“脏弹”威胁，建立与手机网络互联的传感器网络，D3S 探测器满足 SIGMA 项目对低成本、携带方便、高灵敏度和使用寿命长等设计预期。

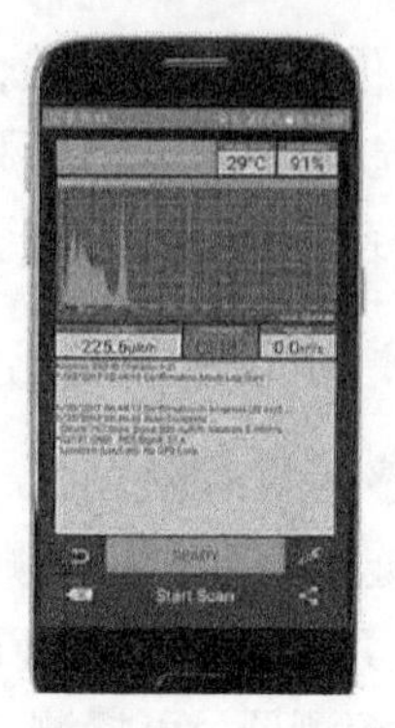

图 8.7.2　D3S 探测器

便携式辐射测量仪可用于探测放射性核素、测量 γ 剂量率和指示中子辐射，识别的核素包括：

(1) 武器级和反应堆级 Pu (>12% ^{240}Pu)；

(2) 核材料 ^{233}U、^{235}U、^{237}Np、Pu*；

(3) 工业放射性核素 ^{57}Co、^{60}Co、^{133}Ba、^{137}Cs、^{192}Ir、^{241}Am；

(4) 医用放射性核素 ^{18}F (PET)、^{67}Ga、^{99m}Tc、^{111}In、^{123}I、^{125}I、^{131}I、^{133}Xe、^{201}Tl；

(5) 天然放射性物质 ^{40}K、^{226}Ra、^{232}Th、^{238}U 及衍生物。

辐射探测器应能在暴露规定时间内识别放射性核素。无屏蔽时，1min 内能识别 ^{111}In、^{133}Xe、^{99m}Tc、^{201}Tl、^{67}Ga、^{125}I、^{123}I、^{131}I、^{18}F (PET)；3mm 钢板屏蔽时，2min 内能识别 ^{235}U、^{238}U、^{57}Co、^{241}Am、^{237}Np；5mm 钢板屏蔽时，2min 内识别 Pu*、^{233}U、^{133}Ba、^{40}K、^{226}Ra、^{232}Th、^{137}Cs、^{60}Co、^{192}Ir、>6% ^{240}Pu。

2. *移动辐射监测系统*

如果将辐射探测系统置于汽车，可以对 100m 远距离移动平台进行探测、识别和定位 1mCi 辐射源；如果加载于直升机、无人机等飞行平台，不仅可进行高灵敏度的 X 射线、γ 射线和中子的快速探测、核素分析与成像，而且可实现飞行器组网飞行、现场情景视频监控与传输、无线通信与组网、数据处理分析与地图拟合技术、三维立体图像构建等技术，建立完整的核应急辐射侦检系统，适用于核电站、环保、国防、反恐等核应急监测领域。探测 γ 射线的能量范围 50keV～3MeV，剂量率范围 0.1μSv/h～10Sv/h，探测中子能量范围 0.02eV～14MeV，中子剂量率范围 0.1μSv/h～100mSv/h。图 8.7.3 所示中国科学院高能物理研究所研制的远距离移动辐射探测系统和西安核仪器厂制造的核辐射探测无人机。

移动辐射监测系统能以一定的速度或采集间隔识别放射性核素。无屏蔽时可识别核素 ^{57}Co、^{60}Co、^{67}Ga、^{99m}Tc、^{131}I、^{133}Ba、^{137}Cs、^{192}Ir、^{201}Tl、^{233}U、^{235}U、

^{238}U、Pu*、^{241}Am、^{237}Np，识别钾、花岗岩、瓷砖等天然材料，区分 ^{40}K、^{226}Ra、^{232}Th。有容器屏蔽时，能识别核素 ^{60}Co、^{131}I、^{133}Ba、^{137}Cs、^{192}Ir、^{238}U、Pu*、^{237}Np。

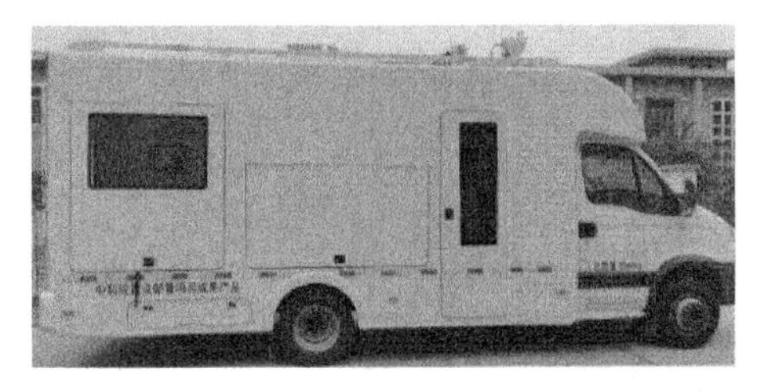

图 8.7.3　远距离移动辐射探测系统和核辐射探测无人机

3. 出入口辐射监测系统[96]

出入口辐射监测(radiation portal monitors，RPM)系统是最重要的固定检查装置。特殊核材料、天然放射性核素、医学和工业用放射性同位素等放射性物质的通常通过探测其发射的 γ 射线和中子信号进行监测。物质发射的 α 和 β 穿透力弱、自吸收强、易为外物阻挡，通常不用于探测。为了更好地监测最敏感、最关注的特殊核材料，必须进行中子探测和为核材料所发射 γ 射线设定最佳能区的专门探测通道。中子探测有两大益处：①相对 γ 射线，中子很容易穿透集装箱等屏蔽体，中子探测可提高监测特殊核材料的灵敏性；②中子本底通常很低，即使高 γ 射线本底地区也可使用。

1) 放射性物质监测原理

放射性物质发射的 γ 射线、中子入射到探测器，与探测器材料相互作用变换为电脉冲信号输出，电脉冲信号经过数据采集与处理系统而被记录下来，单位时间内记录的脉冲数为计数率。利用射线探测器来探测放射性物质通过时所发射出的射线引起系统计数率的异常变化，从而判断被检物是否含有放射性物质。为了有效地监测放射性物质，监测系统根据没有检测物体时本底计数率，采用特别运算设定报警阈值以满足对监测系统灵敏度、监测速度和误报警率的要求。当被检测物体通过时，如果测量的放射性强度高于阈值，监测系统报警。

2) 系统组成与工作原理

放射性物质监测系统由互相对立放置的两个探测机柜(由探测区域和报警线不同，可为单边探测器)组成。放射性物质监测系统，主要由 4 个分系统组成(图 8.7.4)：①γ 探测模块，通常由大面积高灵敏的塑料闪烁体和低噪声光电倍增管组成 γ 探测器；②中子探测模块，由优化慢化体结构的 ^{3}He 正比中子管组成中子探测器；③占用/速度探测器，由装在对立探测机柜上的对射式红外传感器或地面磁环传感器组成，用以获知被检对象是否占用监测通道和其通过速度；④数据获取与处理分系统，由信号传输与控制器和数据采集处理计算机组成。对来自于探测装置的信号进行数据收集和分析处理，并根据要求显示、记录和输出计算结果。

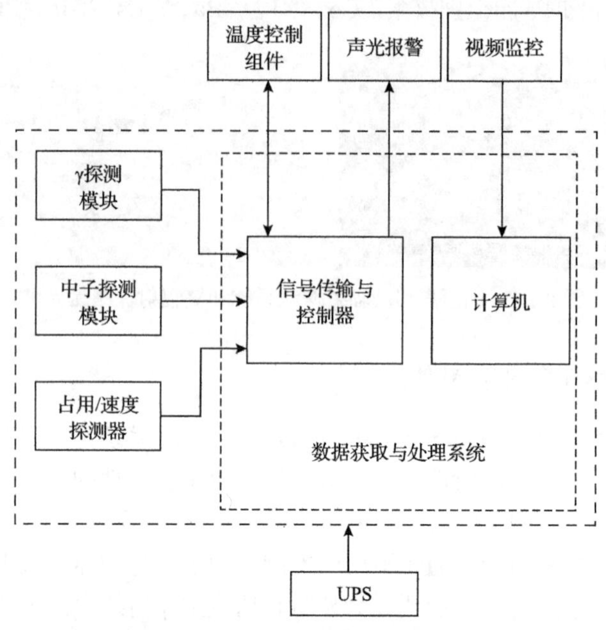

图 8.7.4　放射性物质监测系统组成框图

放射性物质监测系统可探测到对放射性物质屏蔽后极微弱的泄漏射线，因而对γ射线和中子探测技术要求极高。对放射性物质监测系统中的γ探测，若不需要核素分辨，应优先选择塑料闪烁体γ探测器。相对于气体γ探测器，塑料闪烁体探测效率更高；相对于 NaI:Tl、CsI:Tl 和 BGO 等无机闪烁晶体，塑料闪烁体具有更高的性价比，塑料闪烁体可制成更大的面积以接收更多的入射射线。采用铅准直屏蔽大面积塑料闪烁体和低本底光电倍增管组成的γ探测器也是一个很好的选择。特殊核材料γ能区为 40～220keV，尽量低的γ探测能量下限将决定γ射线最终的报警水平。

中子探测通常采用高灵敏 ^{3}He 气体正比计数管，核反应为：n+^{3}He⟶p+^{3}H+765keV。^{3}He 气体正比计数管只对热中子有足够的探测效率，而对于高能中子的俘获反应截面非常低，所以必须使用慢化体将中子能量降低到核反应概率达到一定水平才能探测。

3）出入口辐射监测系统的发展应用

第一代出入口辐射监测系统使用大面积γ射线探测器（通常为塑料闪烁体）和中子探测器（通常为 ^{3}He），能够被动探测港口集装箱、卡车中的放射性物质，为防范核废料流入、避免和减少由于特殊核材料及放射性物质的失控发挥了重要作用。

第一代出入口辐射监测系统不能进行能谱测量，造成货物的天然放射性引起错报，减缓速率。2005 年，美国核探测办公室(DNDO)计划研发新一代先进能谱出入口辐射监测系统(advanced spectroscopic portals，ASP)，旨在探测和识别核辐射源。ASP 主要识别军用放射源、增强天然放射源(包括 ^{238}U、^{232}Th 和 ^{40}K)，以及人造放射源，如 ^{241}Am、^{133}Ba、^{137}Cs、^{57}Co、^{60}Co、^{192}Ir、^{226}Ra、^{252}Cf、^{99m}Tc 和核燃料。

图 8.7.5 为我国上海新漫公司研制的立柱式和通道式行人行李放射性核素识别监测系统，以及大型通道式车辆放射性监测系统，它们采用大体积 NaI:Tl γ 探测器进行集成剂量率测量和核素识别，识别的核素包括特殊核材料、工业核素、医用核素和天然放射性核素等，能够快速有效地对通过的行人、行李进行放射性核素检查识别，判断其是否携带有放射性物质。另外，该公司 SIM-MAX G3940 通道式行包放射性监测系统配备 15L 大面积塑料闪烁体探测器或 NaI:Tl 晶体探测器、^{3}He 中子探测器，用于对行包进行放射性检测，可应用于大型活动场馆、出入境安检通道、边境口岸等出入口。

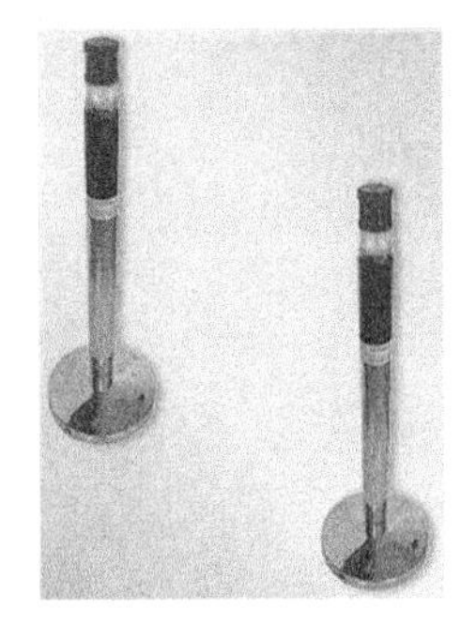

(a) 立柱式

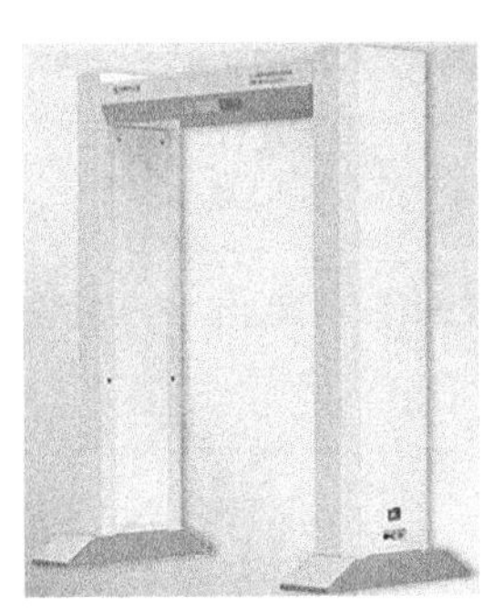

(b) 通道式系统

(c) 通道式车辆

图 8.7.5　出入口放射性监测系统

4. 被动探测闪烁晶体的发展

被动探测系统在短时间内探测短距离内核裂变材料，对大尺寸闪烁晶体有强烈的需求，通常为 400～500mm 长的大尺寸 NaI:Tl 和 CsI:Na 闪烁晶体。过去双模探测主要依赖于组合 γ 射线探测器和 ^{3}He 中子探测器，最近诞生的 Cs_2LiYCl_6:Ce (CLYC)[97,98]为第一个具有能谱探测的 γ/n 双模闪烁晶体，表 8.7.1 列出了可用于双模探测的 CLYC 和 CLLBC 等晶体的闪烁性质。

γ/n 双模闪烁晶体 CLYC 用于小型辐射探测器和手持式设备，分辨率更好，体积更小。Thermo Fisher Scientific 公司首次使用 CLYC 晶体研制的新型手持高灵敏度辐射探测仪 Radeye GN+(图 8.7.6)，能同时探测 γ 射线和中子，响应速度快，2s 即可报警，很容易区分人工放射性和天然放射性。

表 8.7.1 γ/n 双模探测用闪烁晶体的性能

闪烁晶体	密度/(g/cm^3)	光产额/(ph/MeV)	能量分辨率@662keV/%	衰减时间/ns	中子能峰/MeV
NaI:Tl	3.7	38000	7	230	—
$LaBr_3$:Ce	5.3	74000	3	17	—
LiI:Eu	4.1	52000	7	1200	3.5
CLYC:Ce	3.3	20000	4.5	50, 1000	3.3～3.5
CLLBC:Ce	约 4.2	40000	3	120,500	3～3.2

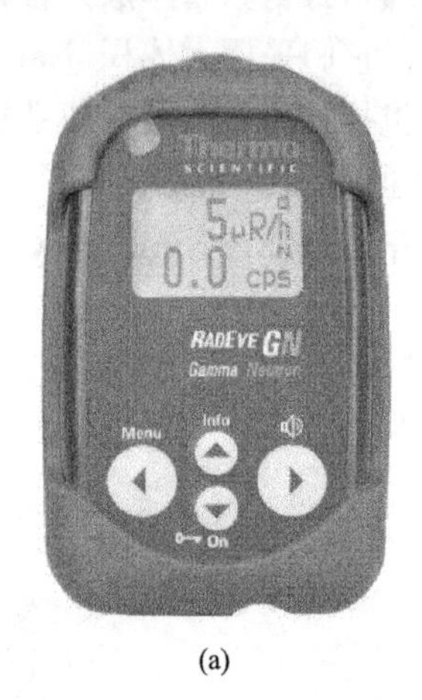

(a)

(b)

图 8.7.6 Radeye GN+辐射探测仪(a)和 CLYC 闪烁晶体(b)

8.7.2 X 射线和 γ 射线主动探测系统

美国“9·11”事件发生后，反恐怖安全检测需要对爆炸物、武器、毒品，以及恐怖分子进行探测、监视、识别。安全检测系统用于港口、机场、车站，既要求速度快、准确率高，又不能被恐怖分子的简易反探测措施所欺骗。采用 X 射线或 γ 射线源的主动安全探测系统以无机闪烁晶体等作为辐射探测器,使用射线透射检查，能够获取行李、卡车、集装箱中高和低密度物质的图像，分辨金属物品(手枪、刀具等)、隐藏毒品、爆炸物和偷渡者，为公共安全提供重要保障。

1. X 射线安全检查技术

X 射线安全检查技术主要包括 X 射线透视成像技术、X-CT 成像技术和 X 射线衍射探测技术。

1) X 射线透视成像技术

X 射线透视成像技术利用 X 射线和物质相互作用的物理机制，可以有效实现对违禁物品的不开箱检查。X 射线穿过物体时主要发生瑞利散射、康普顿散射、光电效应和电子对效应等相互作用，造成射线强度的衰减，衰减程度随着被穿透物质的成分和穿透路径长度而变化，根据穿透前后 X 射线的强度可得出物体的内部结构。X 射线透视成像技术在货物和行李物品安全检查中都有着广泛的应用。典型成像装置如图 8.7.7 所示，它由射线源、探测器阵列、传送装置、计算机控制和成像设备等组成。

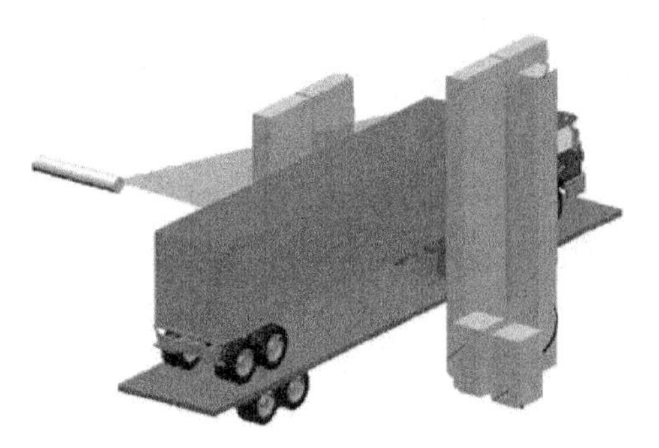

图 8.7.7　集装箱 X 射线透视成像系统示意图

不同物质吸收 X 射线的能力存在差异，根据穿透能量范围，可区分三个类别：有机物、无机非金属和金属。爆炸物的主要成分为碳、氮、氧和氢，与衣服和塑料相近，塑料炸药又可制成任何形状(如镶嵌在衣物中的薄片等)，难以从重量和形状来确定是否为爆炸物。单能 X 射线成像技术能够识别形状(如武器)、区分材料密度和 Z_{eff}，区分是否有机物，但难以实现对固、液态炸药等危险物质的查验。因此逐渐发展出双能透视成像、多视角成像等新技术，能够识别 O、N、C、H 等相同化学元素组成的炸药和食品，图 8.7.8 显示了炸药和食品的 O-N 含量的特定分布[99,100]，从而能够区分炸药、确定有机物类型。多能 CT 可在低剂量下甄别有

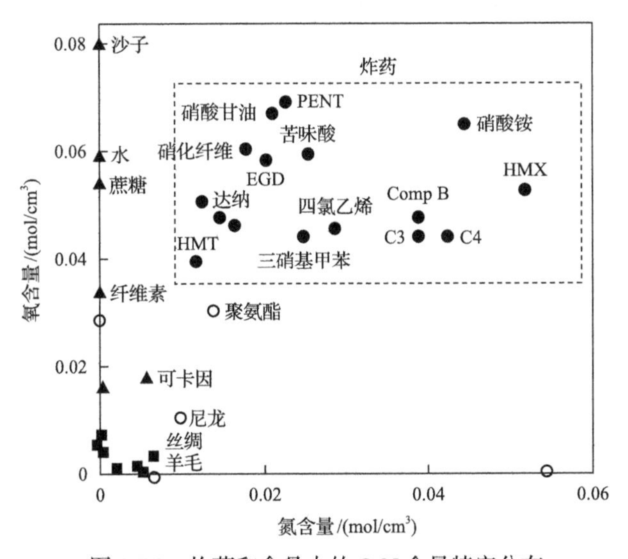

图 8.7.8　炸药和食品中的 O-N 含量特定分布

机物组织，测定 Z_{eff} 准确度达约 5%，极大地提升了对材料及爆炸物的分辨和检出能力。清华大学在国际上首次提出了基于能谱整形及图像相似性聚类的高能双能成像及材料识别方法，成功研制出世界首套具备特殊材料识别功能的集装箱/车辆检查系统，实现了对无机物、有机物、轻金属及重金属四类物质的有效区分。

安全检查 X 射线扫描要求尽可能大的吞吐量，空间分辨率应满足定位和识别可疑物品的需求。X 射线安检扫描辐射剂量极小，3s 内辐射剂量仅 3μrem（$1rem=10^{-2}Sv$），远小于医院 X 射线透视的辐射剂量 3×10^4～3×10^5rem/h。使用高能韧致辐射的安检 X 射线扫描仪，能量范围为 5～10MeV，适用于大型物体，如 30～40cm 厚的汽车钢材，X 射线系统扫描速度高达 13km/h。除了通用 X 射线扫描系统，机场还使用集装箱扫描设备，基本是携带物品 X 射线检查设备的加大版，主要区别在于更快的速度和更强的 X 射线。此外，μ 介子比 X 射线穿透更深，使用 μ 介子断层扫描可以用来探测更厚的隐蔽材料。

2）X-CT 成像技术

鉴于 X 射线透视检查设备存在物品影像重叠图像失真的问题，难以清晰展现复杂行包中物品的结构信息，因而发明了 X 射线计算机断层成像技术（X-CT）。与医用 X-CT 相似，安检 X-CT 技术通过对目标物体进行全方位的三维扫描，利用计算机重建获得被检物体内部三维结构信息，有效提升了对违禁品的识别率和查验效率。它在成像模式、扫描速度和可靠性等方面的突出优势被公认是传统 X 射线透视成像的替代技术，成为机场海关行包检查的新手段。

不同于双能透视成像，双能 CT 可以对被检物的成分进行准确的定量分析，技术关键在于结合双能分解和 CT 重建技术获得物质等效原子序数和电子密度的空间分布。大部分物品的电子密度和原子序数是确定的，爆炸物、毒品等违禁品明显处于和常见物品不同的电子密度（图 8.7.9），结合空间形状信息，双能 CT 可

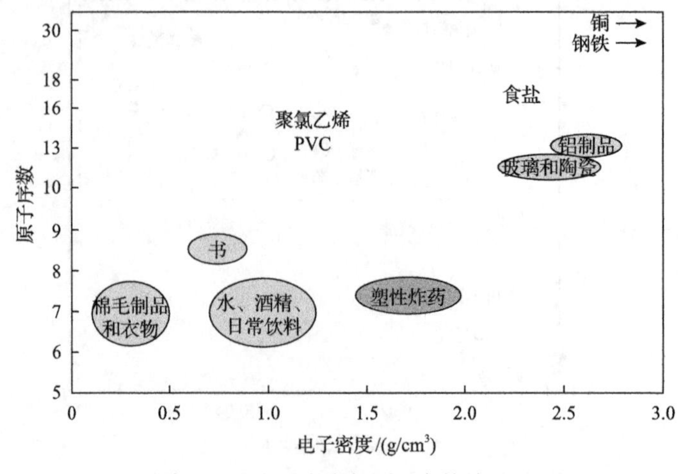

图 8.7.9　电子密度与原子序数关系图

以准确地发现并定位行李中隐藏的爆炸物、毒品，实现自动分析及报警功能，这是 CT 代替透视技术的重要因素。同方威视技术股份公司研制出的 CT 型行李安全检查设备能利用双能 CT 重建三维结果及切片图像，如图 8.7.10 所示，同时具有嫌疑物自动报警功能或对可疑物体用红框予以标记。

图 8.7.10　双能 CT 重建三维图像

安检 CT 所用的闪烁晶体和闪烁陶瓷与医用 CT 类似，如表 8.7.2 所示。

表 8.7.2　安检和医学 CT 用典型闪烁体的性能

闪烁体	密度 /(g/cm³)	阻止厚度* /mm	相对光输出 /% $CdWO_4$	发射波长 /nm	衰减时间 /μs	余辉@3ms /%
$CdWO_4$	7.9	2.6	1	475	14	<0.1
CsI:Tl	4.53	6.8	3.7	550	1.05	<5
ZnSe	5.27	6.4	3.5	610	1～3	<0.2
Gd_2O_3:Eu^{3+}	7.55	2.6	—	610	—	—
$(Y,Gd)_2O_3$:Eu	5.9	6.1	1.52	610	1000	5
Gd_2O_2S:Pr, Ce	7.34	2.9	1.8	520	2.4	<0.1
Gd_2O_2S:Tb(Ce)	7.34	2.9	1.8	550	600	0.7
La_2HfO_7:Ti	7.9	2.8	0.45	475	10	—
$Gd_3Ga_5O_{12}$:Cr	7.09	4.5	1.38	730	150	<0.1

*对 12keV 能量射线吸收 99%。

3) X 射线衍射探测技术

X 射线衍射探测技术测量物质的相干散射信息，为毒品、炸药、液体危险品等违禁品的检测提供了全新的技术手段，可进一步提高现有 X 射线安检系统的识别准确率。该技术分为角度色散方式和能量色散方式。角度色散方式多用于实验研究；能量色散方式利用能谱探测器测量某一固定角度不同能量的散射强度

(图 8.7.11)，以获得待检测物体的特征图谱，它具有体积小、系统稳定、射线穿透能力强、测量效率高等优点。Halo、SmithDetection、Morpho 等公司已开发出基于能量色散的 X 射线衍射探测技术安检产品。

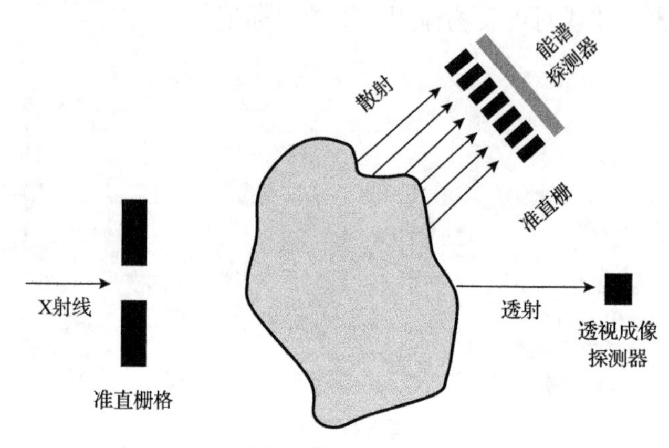

图 8.7.11　能量色散 X 射线衍射探测系统

2. γ 射线探测系统

γ 射线的成像探测的基本原理与 X-CT 相似，它以穿透力更强的 γ 射线替代 X 射线，生成的图像质量更好。使用 ^{60}Co、^{137}Cs 作为放射源和垂直塔状 γ 探测器，同位素放射源放在屏蔽、坚固容器内，^{60}Co 源 γ 射线(能量 1.25MeV)可以穿透 15～18cm 的钢板。例如在“车辆与集装箱检查系统”(VACIS)的 γ 射线探测系统可以探测到集装箱内的汽车。γ 射线成像探测系统可以设置在某固定站点，也可制成移动系统，用于扫描港口、铁路系统的载重货车和大体积货物。γ 射线成像探测系统体积小，占地少，使用方便，效率高。

8.7.3　中子主动探测系统

主动探测安检系统运用穿透性强的中子源和 γ 射线源，基于探测自然或诱发的特征中子反应产生的 γ 射线，判断核素的类别和含量，从而探测密封容器内是否装有炸药等违禁物品。主动探测不但可以探测不稳定核素，而且对稳定核素同样有效。相对于一般有机物，许多爆炸物具有三个特点：①含有大量氮，约占 12%～38%；②含有少量氢，约占 2%～7%；③密度高，约 1.5g/cm^3。对于爆炸物最好的辨别标志是氮浓度，结合氮浓度和高密度辨别，具有相当好的空间分辨率(约 0.5cm)。

基于中子的主动探测方法可分为三类：热中子活化分析(TNA)、快中子活化分析(FNA)和脉冲快中子分析(PFNA)。中子主动探测使用中子诱导反应和中子活化[101]，如弹性散射(n, n)、非弹性散射(n, n′)、俘获反应(n, γ)、np 反应(n, p)。

最有效的元素敏感检查基于活化中子源，利用 ^{252}Cf 放射性同位素的快中子或脉冲中子发生器的快热中子，裂变材料发射中子，例如武器级核材料 ^{239}Pu 发射大量中子，使中子探测成为发现违禁品的有力工具。中子活化分析可检验多达 74 种元素，最低检测限为 0.1～1×10^{6}ng/g。元素越重原子核越大，中子俘获截面越大，更容易被活化。中子与元素相互作用引发反应，产生特征 γ 射线，通过快中子热化，炸药中的 C、O、N、Cl、S 元素及组合可以通过核反应识别（见表 8.7.3），对炸药鉴定很重要的轻核发射 γ 射线的能量 E_γ 基本在 4～11MeV。

表 8.7.3　快中子与轻核的核反应及能量

元素	核反应	E_γ/MeV
C	(n, n′γ)	4.44
O	(n, n′γ)	6.13
N	(n, γ)	10.83
Cl	(n, γ)	6.11
S	(n, γ)	5.42

中子与 ^{1}H、^{12}C、^{16}O 和 ^{14}N 的 (n, γ) 反应截面较小，如图 8.7.12 所示，^{1}H 的 (n, γ) 反应截面最大，^{14}N 次之，^{16}O 最小，四种核素 (n, γ) 反应截面均随中子能量降低而增加，因此可利用慢化剂慢化中子以提高反应截面。

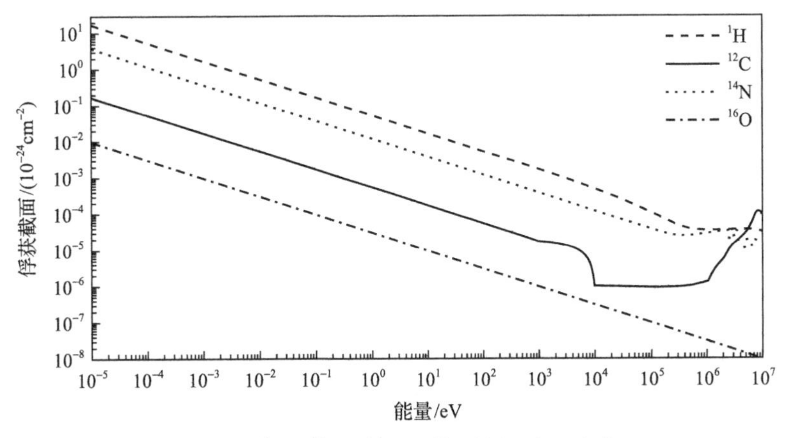

图 8.7.12　^{1}H、^{12}C、^{14}N 和 ^{16}O 的 (n, γ) 反应截面

1. 热中子活化分析（TNA）

快中子与慢化剂的原子核碰撞后被减速成为热中子，热中子能量分布大体上等于慢化剂原子群的分布，其平均能量依赖于慢化剂的温度，服从麦克斯韦分布。热中子活化反应几乎全部为 (n, γ) 反应，反应截面较大，且很少有副反应。根据炸

药中氮的含量一般高于日常物品，热中子活化分析通过测热中子引起的氮元素俘获特征 γ 射线，能量为 10.83MeV，具有唯一性，干扰小，从而给出行李箱中的氮元素密度分布图。

安检设备通常装配环状 ^{252}Cf 中子源，或使用分别产生约 14MeV 和 2MeV 中子的(d, t)和(d, d)反应中子发生器。两个 NaI:Tl 闪烁晶体和平面闪烁探测器分别安置在两侧而成像，也有采用 ^{6}Li 玻璃闪烁体或硫氧化钆转换中子，配备增益达上千万倍的热中子像增强器，对热中子实时成像，直接对低 Z 违禁品监测。但 NaI:Tl 闪烁晶体发光衰减时间较长(约 230ns)，在强中子源辐照下能谱脉冲堆积严重，信噪比不高。新型闪烁晶体 $LaBr_3$:Ce 不仅具有更短的衰减时间、更高的发光效率、更大的有效原子序数和密度，而且能有效减少脉冲堆积带来的本底计数，因而具有更优的能量分辨率和探测效率。

2. 快中子活化分析(FNA)

各类商用和军用炸药都包含 15%～35%N 和 30%～60%O，N 含量相对非炸药物质都高，同时检测 N 和 O 含量即可准确对炸药报警。当用 14MeV 快中子照射时，将发生 ^{14}N(n, 2n)^{13}N*和 ^{16}O(n, p)^{16}N*反应。其中 ^{13}N*和 ^{16}N*分别经 β^+和 β^-衰变到基态，放出 5.11MeV 和 6.13MeV 的 γ 射线，半衰期分别为 9.96min 和 7.12s，反应具有延迟发射的特点，这样可将待检物体经中子照射后移到一定距离处，再用探测器记录 γ 射线辐射，使探测器处于中子辐射及其产生的瞬时本底场之外。中子环境活化本底降低，对 N、O 的检测更明显。

FNA 检测装置由中子产生器、探测器及电子学线路、数据获取处理、传送系统、自动控制及显示报警系统等组成[102]。如图 8.7.13 所示，高压倍加器 D-T 反应产生 14MeV 中子，Au-Si 面垒探测器记录反应伴随 α 粒子，有 90°和 135°两种信号输出，α 计数用于中子辐照量归一。传送装置将行李箱由辐照位置传送到探测位置。装配有 ϕ 100mm×100mm 的 NaI:Tl 闪烁晶体探测器置于 50mm 厚铅屏蔽

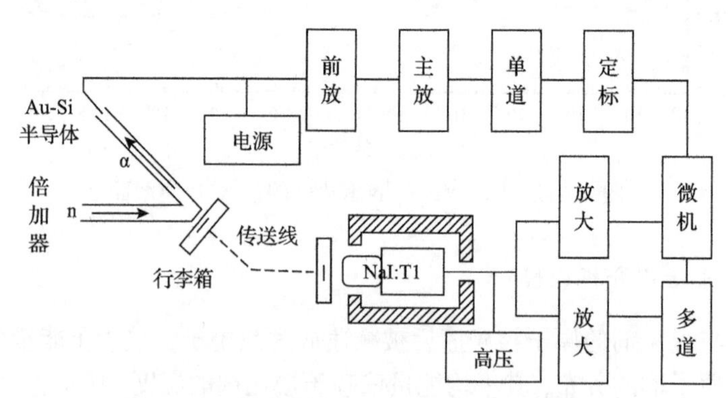

图 8.7.13　隐藏爆炸物的快中子活化检测装置

室，闪烁信号经放大后送入多道分析器并获取净峰面积，通过微机数据处理，求得 N 与 O 计数比率。

与 TNA 法比较，FNA 法具有多元素同时分析、无须经过中子慢化、γ 射线的探测避开了中子和辐射场、中子穿透力强、适于大块物质分析和残留放射性低等优点，并且可与机场多能 X 射线检查系统互补配合。

3. 脉冲快中子分析

测量脉冲中子与发射 γ 射线的衰减时间，决定了中子在相互作用点之前的飞行时间，能够获得附加空间信息。对于 14MeV 中子，在中子-γ 射线同时存在的情况下，1ns 时间分辨率相当于大约 5cm 厚度。脉冲快中子分析本质上是伴随粒子飞行时间测量，不同比例 C、N、O 三种元素的被测物在受到中子轰击后将辐射出 γ 射线，其能谱能提供元素特征信号。

高精度的中子源、中子探测器和 γ 射线探测器是中子探测系统的关键技术。国际上典型的中子探测系统主要有欧洲的 EURITRACK 系统、美国的 PELAN 系统和俄罗斯的 SENNA 系统等，见表 8.7.4。

表 8.7.4　国际上典型的中子安检探测系统

中子安检探测系统	EURITRACK 系统	SENNA 系统	PELAN 系统	FNGR 系统
中子源	D+T 中子管，108n/s。α 道：8×8 YAP:Ce 阵列	ING 型 D+T 中子管，108n/s。α 道：3×3 PIN 阵列	10kHz 脉冲式 D+T 中子管	D+T 中子管，108n/s。配 ^{60}Co γ 源，2.4GBq
中子探测器	BC501A			塑料闪烁体阵列
γ 探测器	24 个 127mm×127mm NaI:Tl 晶体	ϕ 63mm×63mm BGO	BGO	CsI:Tl 阵列
检测对象	炸药、毒品	炸药、毒品、武器	隐藏爆炸物	炸药、毒品、武器

尽管使用高光输出、重闪烁晶体的伽马能谱仪也能记录快中子，但大多数安全检查装置同时配置 γ 和中子信道。记录中子信号通常使用 ^{3}He 探测器，然而全球 ^{3}He 供应短缺问题日趋严重，近年来以 Cs_2LiYCl_6:Ce（CLYC）为代表的 γ /n 闪烁晶体研究取得了重大进展，将逐步用于 γ /n 双模探测[97]。

8.8　核　测　井

核测井（nuclear well logging），又称放射性测井，通过探测钻孔内岩石及孔隙流体的核辐射信息来研究地质剖面性质的技术，被应用于石油、煤炭、地质矿产等资源的勘探过程中。在钻井期间或钻井后，将放射源和核测井探测器输送到钻孔中，利用井下和地面仪器对核测量信息进行采集、处理和记录，通过测量对象(地层)与标准对象进行分析解谱，并结合其他测井信息确定地下深处岩层属性和矿产储量等参数(图 8.8.1)。

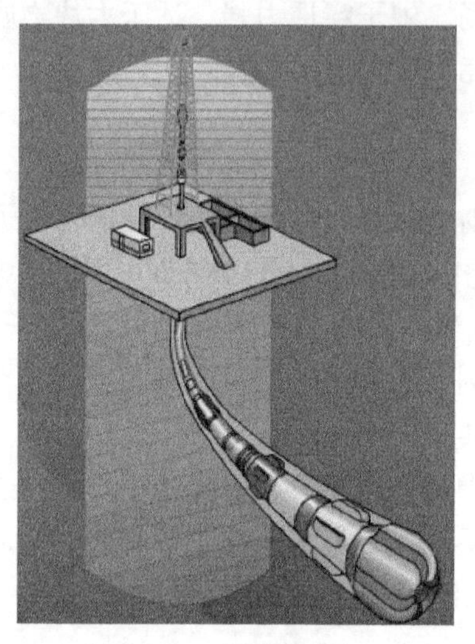

图 8.8.1　测井示意图

核测井技术的关键是通过传感器把核物理信号转换成电信号，并通过滤波、降噪、模数转换等处理后记录成计算机可识别的数字信号。无机闪烁晶体与光探测器耦合，为有效的核辐射探测器而配置于核测井仪器中。核测井方法众多，虽然原理各异，但对无机闪烁晶体探测器的性能要求基本相同。

8.8.1　核测井方法与原理

核测井方法与探测器总结于表 8.8.1。具体原理如下：

表 8.8.1　核测井方法与探测器

核测井方法	主动放射源	探测放射信号	探测器类型	闪烁晶体要求	输出信息
自然 γ 测井	—	${}_{19}K^{40}$、${}_{92}U^{238}$、${}_{90}Th^{232}$、${}_{80}Ac^{227}$ 及衰变物	γ 探测器	探测效率	GR
自然 γ 能谱测井	—	${}_{19}K^{40}$、${}_{92}U^{238}$、${}_{90}Th^{232}$、${}_{80}Ac^{227}$ 及衰变物	γ 探测器	探测效率，能量分辨率	GR、U、Th、K、KTH
放射性同位素测井	人工放射性同位素示踪剂	岩石天然和人工示踪放射性同位素	γ 探测器	探测效率，能量分辨率	J_{r1} 和 J_{r2}
超热中子测井	快中子源	弹性散射的超热中子	超热中子探测器	中子探测效率	超热中子计数

续表

核测井方法	主动放射源	探测放射信号	探测器类型	闪烁晶体要求	输出信息
补偿中子测井	快中子源	位置不同的超热中子	两个热中子探测器	中子探测效率	$\frac{N_t(r_1)}{N_t(r_2)}$
中子/γ测井	快中子源	中子俘获γ	γ探测器	探测效率，中子/γ区分	俘获γ强度
中子寿命测井	脉冲快中子源(14MeV)	俘获γ	γ探测器	探测效率，能量分辨率衰减快	热中子寿命和宏观俘获截面
快中子非弹性散射γ能谱测井	脉冲快中子源(14MeV)	非弹性散射γ，0.76～6.13MeV	γ探测器	探测效率，能量分辨率衰减快	C/O、Si/Ca

1. 自然γ测井

自然γ测井法是通过测量井内岩石中天然放射性核素衰变时放出的γ射线强度来研究地质问题，井下仪器在井内由下向上提升时连续记录井剖面上岩层的自然γ射线强度并绘制测井曲线，用于划分岩性、识别地层、划分储集层、计算地层泥质含量等。

岩石中所含的含放射性核素包括 $_{92}U^{238}$、$_{90}Th^{232}$、$_{19}K^{40}$、$_{80}Ac^{227}$ 及其衰变物。岩石中核素的种类和数量与岩石的性质和成岩环境有关。岩浆岩放射性最强，变质岩次之，沉积岩最弱。就沉积岩而言，放射性元素倾向富集于页岩，而贫于碳酸盐岩和砂岩层；还原环境下形成的沉积岩放射性强，氧化环境下形成的沉积岩放射性弱，深海泥质沉积岩最强，浅海和陆相泥质沉积岩中等，砂岩石灰岩最弱。

2. 自然γ能谱测井

自然γ能谱测井只能反映地层中所有放射性核素的总效应，而不能区分地层中所含放射性核素的种类及含量。岩石中天然放射性核素铀(U)、钍(Th)和钾(K)的分布不均匀，统计表明，黏土岩中放射性核素的平均含量为钾 2%、铀 6ppm、钍 12ppm，钾和钍的含量高，铀相对较低。地层中 U/Th 和 U/K 比值与含油饱和度有关，有机碳含量与还原性环境、U 的富集相关联，有机碳含量与 U/K 的关系如图 8.8.2 所示。

自然γ能谱测井根据地层中铀系、钍系及钾产生的γ射线的特征谱能量，测量它们在地层中的含量，输出自然γ总计数率(GR)，钍(Th)、铀(U)、钾(K)的含量和去铀γ(KTH)等五条曲线。钾、铀、钍三种放射性核素产生的γ射线特征谱能量分别为 ^{40}K 1.46MeV、U 系 1.76MeV、Th 系 2.62MeV。运用自然γ能谱五条测井曲线，能够有效地识别沿井岩性变化，寻找富含有机物的高放射性黑色页岩储集层。该类岩层的钾、钍含量低而铀含量高，并能区分储集层、非储层与页岩层。

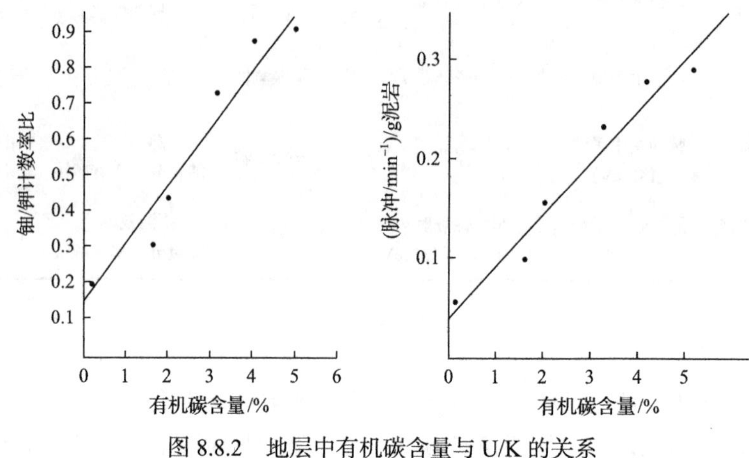

图 8.8.2　地层中有机碳含量与 U/K 的关系

3. 放射性同位素测井

放射性同位素测井是利用人工放射性同位素作为示踪剂，研究观察油井工程状况和采油注水动态。施工时向井内注入被放射性同位素活化的溶液或悬浮液，并将其压入管外通道或进入地层或滤积在射孔道附近的地层上，对注入前后的 γ 测井结果进行对比，便知注入示踪剂沿井剖面的分布。放射性同位素测井主要用于找窜槽位置、检查测井封堵、压裂、测定吸水剖面等。

测量系统与自然 γ 测井相同，测井效果与放射性示踪剂选择相关，如放射性同位素测井找窜槽位置时，将 Ba^{131} 或 I^{131} 配成的活化液压入找窜层段，分别测量自然 γ 测井曲线和放射性同位素测井曲线进行并比较，则可查出示踪液的通道，找出窜槽位置。

4. 超热中子测井

超热中子测井采用快中子源和超热中子探测器。测井时，快中子源和超热中子探测器贴靠井壁。快中子与地层中的核素发生弹性散射，成为超热中子，其减速长度与地层中的核素类型及数量有关。减速长度与孔隙度、空隙流体、岩性相关。孔隙度相同时，白云岩、石灰岩、砂岩的减速长度依次增加，超热中子计数率依次减小；岩性相同时，随含水孔隙度的增加，减速长度减小，减速能力增加，超热中子计数率减小。

5. 补偿中子测井

补偿中子测井使用一个快中子源、两个距中子源不同的热中子探测器。测井时，仪器居中测量。当源距足够大时，两个探测器的热中子计数率之比 $\frac{N_t(r_1)}{N_t(r_2)}$ 仅与地层的减速能力有关。

6. 中子/γ 测井

中子/γ 测井的井下仪器由快中子源和 γ 射线探测器组成。快中子经过地层减速形成热中子，扩散的热中子被地层俘获，产生俘获 γ 射线，用探测器记录俘获 γ 射线强度。根据油、水、气地层含氢指数、中子减速能力和中子 γ 计数率，划分出油层、水层和气层。

7. 脉冲中子测井

脉冲中子测井又可细分为中子寿命测井和快中子非弹性散射 γ 能谱测井。

(1) 中子寿命测井又称热中子衰减时间测井，即通过测量地层热中的中子寿命研究地层性质。热中子寿命是指从热中子产生到被俘获的时刻为止所经过的平均时间，约等于原有热中子的 63.2%被俘获所经历的时间。热中子的寿命与地层对热中子的宏观俘获截面有关，如表 8.8.2 所示。

表 8.8.2　常见地层物质的热中子寿命和宏观俘获截面

地层物质	热中子寿命/μs	宏观俘获截面/cu
石英	1070	4.25
白云石	948	4.8
方解石	623	7.3
石膏	240	19
纯水	205	22.1
黏土	83～130	35～55
盐水	78.5	58
原油	207～253	18～22
硼砂	0.5	9000

井下仪由脉冲中子源和 γ 探测器组成。根据测量获得的俘获 γ 射线计数率，经过一定刻度，得到地层的热中子寿命(τ)和宏观俘获截面。其中热中子寿命的计算式为

$$\tau = \frac{T_2 - T_1}{\ln \frac{N_1}{N_2}} = \frac{0.4343(T_2 - T_1)}{\lg N_1 - \lg N_2} \tag{8-7}$$

式中，τ为岩石的热中子寿命；N_1、N_2分别为时间T_1、T_2时的热中子密度。

测井值主要反映地层对热中子的俘获能力，而地层的俘获能力主要取决于地层水矿化度，所以探测只能区分油气层与水层。

(2)快中子非弹性散射γ能谱测井。快中子与地层指示元素碳、氧、硅、钙发生非弹性散射后产生γ射线，用 NaI:Tl 闪烁晶体γ谱仪测量，能谱包括全能峰、单能峰和双能峰。非弹性散射γ能谱仪测井分别测量碳、氧、硅、钙各种核素的非弹性散射γ射线的强度，根据表 8.8.3 所列这四种指示核素的特征峰位所对应的能量，可以确定地层中对应核素的浓度。

表 8.8.3　四种指示核素的特征峰位能量　　(单位：MeV)

核素	硅	钙	碳	氧
全能峰	1.78	3.73	4.43	6.13
单逃逸峰	1.27	3.22	3.92	5.62
双逃逸峰	0.76	2.71	3.14	5.11

井下仪由快中子源和γ射线探测器组成。快中子能量约 14MeV，进入地层后，在 0.01～0.1μs 内主要产生非弹性散射；在 1～0.1ms 内主要出现热中子被俘获，产生俘获γ射线。测井仪根据两个过程的时间差异，分别测量不同能量的非弹性散射γ射线强度和俘获γ射线强度。

8. 泥浆录井

泥浆录井测量井内抽取物中 K、Th 和 U 的含量。泥浆录井对钻井安全至关重要，可以现场分析测量钻井泥浆的含气饱和度和钻屑参数等。采用总体积达 5L 的 NaI:Tl 晶体高灵敏度γ能谱仪可以屏蔽背景辐射，测量浓度下限低至 2～3ppm，用于精确描述油田信息。

8.8.2　核测井主动射线源[1]

核测井除利用井下地层的天然放射性外，大多数方法使用主动射线源，包括γ射线源和中子源。受井眼尺寸(偏小、弯曲、不规则等)和井下环境(高温、高压等)的制约，加速器γ源尚难以应用于测井。

测井常用γ源为放射性同位素源。人工制备放射性同位素有三种：反应堆生产的丰中子同位素，简称堆照同位素；加速器生产的贫中子同位素，简称加速器同位素；从核燃料废物中提取的同位素，简称裂片同位素。

测井常用的中子源有放射性同位素中子源、自发裂变中子源和人工脉冲中子源三种。衡量中子源特性的指标包括源强度、能量、单色性、γ 辐射和寿命(半衰期)等。测井常用的 ^{241}Am-Be 源属于放射性同位素中子源，衰变过程是 $_{95}Am^{241} \longrightarrow {}_{93}Np^{237} + {}_2He^4(\alpha)$，$_4Be^{49} + {}_2He^4 \longrightarrow {}_6C^{12} + {}_0n^1 + Q(5.701MeV)$，中子产额 2×10^7/s，平均中子能量 5MeV；^{252}Cf 是自发裂变中子源，中子产额 2×10^8/s，平均中子能量 2.35MeV；脉冲中子源(中子管技术)常用 T(d,n)源，衰变过程为 $D+T \longrightarrow {}_2He^4 + {}_0n^1 + 17.588MeV$，中子产额 10^7～10^9/s，强流中子管产额达 10^{10}/s，平均中子能量 14.1MeV。测井用中子源正在向小体积、高强度、高度可控、高安全、高耐温、耐压发展。

8.8.3　核测井对闪烁晶体的性能要求[1]

探测器是核测井仪器的核心部件。高分辨率的辐射探测器和多道脉冲高度分析仪的发展，使分析测量的灵敏度与准确度大为提高。核测井探测器应具备高效率、高计数率、高能量分辨率、耐高温、耐压、高抗震、小体积和价格适中等优点。

核测井常用的 X 射线和 γ 光子探测器为闪烁探测器。为提高脉冲输出幅度，探测 γ 射线的闪烁材料必须具有很高的阻止能力、高的发光亮度、快的响应速度和大的晶体尺寸，此外还应选择反射系数大的反射层和性能良好的光导系统，调整好光电倍增管前级的分压电阻，选择与闪烁晶体能实现良好匹配的光电倍增管。近年来 APD、SiPM 等新型光探测器得到了快速发展，并开始应用。

核测井闪烁晶体还应具有高的温度稳定性。石油核测井经常在地下 2000～4000m 深度的地层中进行，最深可达 6000～7000m，以地温梯度每 30m 增加 1℃计算，4000m 深处地温可达 130～150℃。石油核测井应用的闪烁晶体需要实际服役在 20～175℃的环境温度范围内，随着温度的升高，晶体的闪烁性能通常会有一定程度的下降(图 1.6.1)。由于受测井工具尺寸和井内空间体积的限制，闪烁探测器不可能装入具有高隔热性的外壳中，因此要求晶体具有比较高的温度稳定性。

易潮解晶体需要密封封装，高温服役环境还将引起封装密封胶气密性和硅油光收集变差，从而使闪烁晶体封装件整体性能降低。弱潮解甚至不潮解晶体更适合井下环境应用。

井下随钻探测对闪烁材料的力学性能也提出了更加苛刻的要求。随钻测井(logging while drilling, LWD)的探测器在钻探过程中处于振动状态，因此，闪烁材料的机械强度和抗振能力至关重要。实践证明，经过热锻压的 NaI:Tl 晶体力学性能良好，可满足该使用要求。

核测井 γ 射线和 X 射线探测器正向高密度、高精度(能量分辨性好、计数率高)、高温度稳定性、快衰减、中低价格和紧凑化的方向发展。高性能位置灵敏 γ 射线和 X 射线核探测器将广泛应用于测井中。

8.8.4 核测井用闪烁晶体[1,103]

NaI:Tl 晶体是核测井中最常使用的闪烁晶体。NaI:Tl 晶体对 γ 射线有较大的吸收系数和较高的 γ 射线探测效率。从千电子伏特到 10MeV γ 射线能量范围内，NaI:Tl 晶体发出的脉冲幅度和 γ 射线能量成正比，闪烁计数效率约为 20%～30%，很适合于 γ 射线的能谱测量。ϕ 100mm 的圆柱形 NaI:Tl 晶体对 ^{137}Cs 661keV γ 射线的能量分辨率约 7%。特别是，NaI:Tl 晶体价格便宜，商业竞争力极强，在石油测井领域的用量占其总产量的 40%～50%。

NaI:Tl 晶体应用时须注意长余辉和温度效应。NaI:Tl 晶体 3ms 以后的余辉占总发光量的 0.3%～5%，当受 100rad/h 强 ^{60}Co 源照射 10min，停止照射后 10min，光输出仍达到 10%。因此应避免 NaI:Tl 晶体长时间遭受 γ 射线辐照。NaI:Tl 晶体的温度效应是非线性的(图 1.6.1)，在–40～–10℃之间，变化率为 1%/K；在–10～0℃之间变化率为 0.5%～7%/K；在 0～20℃之间，变化率为 0.3%/K；20～50℃之间变化可以忽略；50～120℃之间变化率为–0.2%/K。

石油测井用的 NaI:Tl 晶体的尺寸通常为 ϕ 50mm×760mm。图 8.8.3 为中材北京人工晶体院制造的石油测井用 NaI:Tl 晶体器件。北京核仪器厂生产的 ST-100G NaI:Tl 晶体耐温 100℃，ST-111G NaI:Tl 晶体耐温达 150℃，能够热锻制造 ϕ 50mm×300mm NaI:Tl 晶体。美国 Harshaw 公司生产的 ϕ 50mm×300mm NaI:Tl 晶体在许多油井测井工具中得到广泛应用。

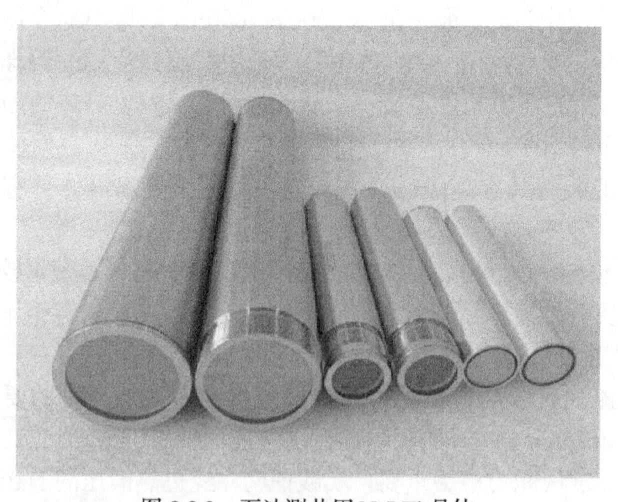

图 8.8.3 石油测井用 NaI:Tl 晶体

CsI:Tl 和 BGO 也是核测井常用的闪烁晶体。CsI:Tl 优点是有效原子序数(Z_{eff}=54)、探测效率、抗潮解性优于 NaI:Tl，缺点是能量分辨率较差，光输出随温度的升高呈现先增加后下降的特征，并在 75℃后下降迅速。但 CsI:Na 晶体的高温稳定性优于 CsI:Tl 晶体。BGO 晶体的优点是有效原子序数大(Z_{eff}=73)，密度大(ρ=7.13g/cm^3)，对 γ 射线的吸收能力达 NaI:Tl 晶体的 2.5 倍，因此晶体的线性尺寸可减小约 60%，体积可缩减 93.6%，不潮解，但缺点是能量分辨率较差，光输出随温度的升高而迅速下降(图 4.3.10)。

从闪烁晶体光输出的温度稳定性来看，YAP:Ce、$LaBr_3$:Ce 和 $CeBr_3$ 是油井探测闪烁晶体的优选。如图 1.6.1 所示，$LaBr_3$:Ce 晶体在−50～175℃宽广的温度范围内具有良好的光输出稳定性[104]，完整 YAP:Ce 晶体的光输出在 500K 以下的温度几乎没有明显的变化(图 1.6.2)。

与 Ce^{3+}掺杂相比，Pr^{3+}激活晶体的光输出受温度的影响较小。相同化合物中 Pr^{3+}的 d→f 跃迁相对于 Ce^{3+}具有−1.5eV 偏移，因而 Pr^{3+}发光衰减时间比 Ce^{3+}短 2 倍。这个特点使 Pr^{3+}掺杂晶体的光输出对温度的依赖较小，如 YAP:Pr 和 LuAP:Pr，然而发光波长位于紫外区，与普通 PMT 的光谱匹配困难，与 SiPM 的匹配也较差。

14MeV 中子源的测井工具通常配备热中子计数器和 γ 射线探测器，中子探测器较早使用 BF_3 正比计数管，因环保要求逐渐被 ^{3}He 正比计数管或富 ^{6}Li 玻璃替代。GS20 是应用最广泛的富 ^{6}Li 闪烁玻璃，它的热中子计数率比 ^{3}He 计数器高一个数量级，对地层中子引发的 γ 射线较为敏感。在中子/γ 射线双模探测材料中，以 Cs_2LiYCl_6:Ce 为代表的钾冰晶石结构闪烁晶体可以为高可靠热中子脉冲形状甄别提供全新的技术支撑。

参 考 文 献

[1] Lecoq P, Gektin A, Korzhik M. Inorganic Scintillators for Detector Systems. Berlin: Springer, 2017: 408.

[2] 张明荣, 葛云程. 无机闪烁晶体及其产业化开发. 新材料产业, 2002, 3: 16-20.

[3] 顾以藩. 无机闪烁晶体及其在高能物理与核物理中的应用. 物理, 1987, 16(7): 426-431.

[4] 李钰龙, 王忠海, 高泰, 等. 口袋式伽马能谱仪研制. 四川大学学报: 自然科学版, 2021, 58(3): 034001

[5] 李松林, 诸永泰, 靳根明, 等. 中能重离子核反应产物测量装置4π带电粒子探测设备的研制. 核电子学与探测技术, 2002, 22(6): 485-488.

[6] Kubota S, Suzuki M, Jian-Zhi R, et al. Variation of luminescence decay in BaF_2 crystal excited by electrons, alpha particles and fission fragments. Nuclear Instruments and Methods in Physics Research A, 1986, 242(2): 291-294.

[7] Bormann M, Andersson-Lindstrom G, Neuert H, et al. Fluorexence decay time in Tl-activated inorganic scintillation crystals for particles of various ionization density. Zeitschrift Fuer Naturforschung, 1959, (14a): 681.

[8] Harihar P. A recoil-proton spectrometer using pulse-shape discrimination in CsI (Tl). Nuclear Instruments and Methods, 1975, 127 (3): 387-390.

[9] Alarja J, Dauchy A, Giorni A, et al. Charged particles identification with a CsI (Tl) scintillator. Nuclear Instruments and Methods in Physics Research A, 1986, 242 (2): 352-354.

[10] Costa E, Massaro E, Piro L. A BGO-CsI (Tl) phoswich: A new detector for X-and γ-ray astronomy. Nuclear Instruments and Methods in Physics Research A, 1986, 243 (2-3): 572-577.

[11] Lieder R M, Jger H, Neskakis A, et al. Design of a bismuth germanate anti-Compton spectrometer and its use in nuclear spectroscopy. Nuclear Instruments and Methods in Physics Research A, 1984, 220 (2-3): 363-370.

[12] Hu C, Zhang L, Zhu R Y, et al. Ultrafast inorganic scintillator-based front imager for Gigahertz Hard X-ray imaging. Nuclear Instruments and Methods in Physics Research A, 2019,940: 223-229.

[13] Blanar G, Dietl H, Lorenz E, et al. Bismuth germanate, a novel material for electromagnetic shower detectors//EPS International Conference on High Energy Physics, Lisbon, 1981: 1-33.

[14] Collaboration L. The construction of the L3 experiment. Nuclear Instruments and Methods in Physics Research A, 1990, 289: 35-102.

[15] Zhu R Y. The next generation of crystal detectors. Radiation Detection Technology and Methods, 2018, 2 (1): 1-12.

[16] Zhu R Y. Applications of very fast inorganic crystal scintillators in future HEP experiments//International Conference on Technology and Instrumentation in Particle Physics. Singapore: Springer, 2017: 70-75.

[17] Heath R L, Hofstadter R, Hughes E B. Inorganic scintillators. A review of techniques and applications. Nuclear Instruments and Methods, 1979, 162 (1-3): 431-476.

[18] Hofstadter R, Hughes E B, Lakin W L, et al. NaI (Tl) total absorption detector for electrons and gamma-rays at GeV energies. Nature, 1969, 221: 228-230.

[19] Chan Y, Partridge R A, Peck C W, et al. Design and performance of a modularized NaI (Tl) detector (the crystal ball prototype). IEEE Transactions on Nuclear Science, 1978, 25 (1): 333-339.

[20] Oreglia M. Study of the reaction $\psi' \rightarrow \gamma\gamma J/\psi$. Physical Review D, 1982, 25: 2295-2277.

[21] 王贻芳. 新一代北京谱仪的设计与建造. 现代物理知识, 2007, 3: 17-21.

[22] 王贻芳. 北京谱仪(BESⅢ)的设计与研制. 上海: 上海科学技术出版社, 2011: 540.

[23] Ablikim M, Achasov M N, Ai X C, et al. Observation of a charged charmonium like structure in e + e ⟶ π + π-J/ψ at =4.26GeV. Physical Review Letters, 2013, 110(25): 252001.

[24] CMS ECAL collaboration. ECAL CMS Technical Design Report. Electromagnetic Calorimeter, CERN/LHCC 33-97, 1997.

[25] Erni W, Keshelashvili I, Krusche B, et al. Technical design report for PANDA electromagnetic calorimeter(EMC). Darmstadt: FAIR, 2008: 1-199.

[26] Andersson W I. The PANDA Detector at FAIR//Journal of Physics: Conference Series. London: IOP Publishing, 2016, 770(1): 012043.

[27] Chen J, Mao R, Zhang L, et al. Gamma-ray induced radiation damage in large size LSO and LYSO crystal samples. IEEE Transactions on Nuclear Science, 2007, 54(4): 1319-1326.

[28] Zhu R Y. Ultrafast and radiation hard inorganic scintillators for future HEP experiments//Journal of Physics: Conference Series. London: IOP Publishing, 2019, 1162(1): 012022.

[29] Dissertori G, Luckey D, Nessi-Tedaldi F, et al. Results on damage induced by high-energy protons in LYSO calorimeter crystals. Nuclear Instruments and Methods in Physics Research Section A, 2014, 745: 1-6.

[30] Zhang L, Mao R, Yang F, et al. LSO/LYSO crystals for calorimeters in future HEP experiments. IEEE Transactions on Nuclear Science, 2014, 61(1): 483-488.

[31] Chen J, Zhang L, Zhu R Y. Large size LYSO crystals for future high energy physics experiments//IEEE Symposium Conference Record Nuclear Science 2004. Rome: IEEE, 2004, 1: 117-125.

[32] Eigen G, Zhou Z, Chao D, et al. A LYSO calorimeter for the super B factory. Nuclear Instruments and Methods in Physics Research A, 2013, 718: 107-109.

[33] Pezzullo G, Budagov J, Carosi R, et al. The LYSO crystal calorimeter for the Mu2e experiment. Journal of Instrumentation, 2014, 9(3): C03018.

[34] Mao R, Zhang L, Zhu R Y. A search for scintillation in doped cubic lead fluoride crystals. IEEE Transactions on Nuclear Science, 2010, 57(6): 3841-3845.

[35] Yang F, Zhang G, Ren G, et al. Doped lead fluoride chloride crystals for the HHCAL detector concept. IEEE Transactions on Nuclear Science, 2013, 61(1): 489-494.

[36] Yang F, Yuan H, Zhang L, et al. BSO crystals for the HHCAL detector concept. Journal of Physics: Conference Series, 2015, 587(1): 012064.

[37] Barysevich A, Dormenev V, Fedorov A, et al. Radiation damage of heavy crystalline detector materials by 24 GeV protons. Nuclear Instruments and Methods in Physics Research A, 2013, 701: 231-234.

[38] Akchurin N, Bedeschi F, Cardini A, et al. A comparison of BGO and BSO crystals used in the

dual-readout mode. Nuclear Instruments and Methods in Physics Research A , 2011, 640: 91-98.

[39] 靳松, 娄辛丑, 阮曼奇, 等. 环形正负电子对撞机: 物理、技术以及现状. 物理, 2019, 48(3): 148-158.

[40] Liu Y, Jiang J, Wang Y. High-granularity crystal calorimetry: Conceptual designs and first studies. Journal of Instrumentation, 2020, 15(4): C04056.

[41] Liu Y . High-granularity Crystal Calorimeter: recent progress and activities//CEPC Day, Beijing, 2022.

[42] Qi B H. High-granularity crystal calorimeter: R and D status//Joint Workshop of the CEPC Physics, Beijing, 2022.

[43] Lucchini M T, Chung W, Eno S C, et al. New perspectives on segmented crystal calorimeters for future colliders. Journal of Instrumentation, 2020, 15(11): P11005.

[44] Olive K A, Agashe K, Amsler C, et al. Review of particle physics. Chinese Physics C, 2014, 38(9): 1-090001.

[45] Bernabei R, Belli P, Cappella F, et al. First results from DAMA/LIBRA and the combined results with DAMA/NaI. The European Physical Journal C, 2008, 56(3): 333-355.

[46] Lee H S, Bhang H, Choi J H, et al. Search for low-mass dark matter with CsI(Tl) crystal detectors. Physical Review D, 2014, 90(5): 36-47.

[47] Angloher G, Bento A, Bucci C, et al. Results on low mass WIMPs using an upgraded CRESST-Ⅱ detector. The European Physical Journal C, 2014, 74(12): 3184.

[48] Kraus H, Bauer M, Benoit A, et al. EURECA - The European future of cryogenic dark matter searches. Journal of Physics: Conference Series, 2006, 39: 139-141.

[49] Beeman J W, Bellini F, Benetti P, et al. Double-beta decay investigation with highly pure enriched ^{82}Se for the LUCIFER experiment. European Physical Journal C, 2015, 75: 591.

[50] Bernabei R, Belli P, Montecchia F, et al. Improved limits on WIMP-^{19}F elastic scattering and first limit on the 2EC2v ^{40}Ca decay by using a low radioactive CaF_2(Eu) scintillator. Astroparticle Physics, 1997, 7(1-2): 73-76.

[51] Belli P, Bernabei R, Cappella F, et al. Search for double beta decay of Zinc and Tungsten with the help of low-background $ZnWO_4$ crystal scintillators. Nuclear Physics A, 2008, 826(1): 256-273.

[52] Danevich F A, Georgadze A S, Kobychev V V, et al. Search for 2β decay of cadmium and tungsten isotopes: Final results of the Solotvina experiment. Physical Review C, 2003, 68(3): 035501.

[53] Cerulli R, Belli P, Bernabei R, et al. Performances of a BaF_2 detector and its application to the search for beta beta decay modes in Ba-130. Nuclear Instruments and Methods in Physics

Research A, 2004, 525(3): 535-543.

[54] Belli P, Bernabei R, Cerulli R, et al. Performances of a CeF_3 crystal scintillator and its application to the search for rare processes. Nuclear Instruments and Methods in Physics Research A, 2003, 498: 352-361.

[55] Danevich F A, Kobychev V V, Ponkratenko O A, et al. Quest for double beta decay of ^{160}Gd and Ce isotopes. Nuclear Physics A, 2001, 694(1): 375-391.

[56] Kim K J, Hasebel N. Nuclear planetology: Especially concerning the Moon and Mars. Research in Astronomy and Astrophysics, 2012, 12(10): 1313.

[57] Harrington T M, Marshall J H, Arnold J R, et al. The Apollo gamma-ray spectrometer. Nuclear Instruments and Methods in Physics Research A, 1974, 118(2): 401-411.

[58] Feldman W C, Barraclough B L, Fuller K R, et al. The Lunar prospector gamma-ray and neutron spectrometers. Nuclear Instruments and Methods in Physics Research A, 1999, 422(1-3): 562-566.

[59] Boyntoni W V, Feldman W C, Mitrofanoy I G, et al. The Mars odyssey gamma-ray spectrometer instrument suite. Space Science Reviews, 2004, 110(1-2): 37-83.

[60] Ma T, Chang J, Zhang N, et al. Gamma-ray spectrometer onboard Chang'E-2. Nuclear Instruments and Methods in Physics Research A, 2013, 726: 113-115.

[61] 李翔. 空间高能探测中晶体的应用//核探测晶体青年学术研讨会, 眉山, 2021.

[62] Owens A, Bos A, Brandenburg S, et al. Assessment of the radiation tolerance of $LaBr_3$:Ce scintillators to solar proton events. Nuclear Instruments and Methods in Physics Research A, 2007, 572(2): 785-793.

[63] Drozdowski W, Dorenbos P, Bos A, et al. $CeBr_3$ scintillator development for possible use in space missions. IEEE Transactions on Nuclear Science, 2008, 55(3): 1391-1396.

[64] Johnson W N, Grove J E, Phlips B F, et al. The construction and performance of the CsI hodoscopic calorimeter for the GLAST beam test engineering module. IEEE Transactions on Nuclear Science, 2000, 48(4): 1182-1189.

[65] Anger H O. Scintillation camera. Review of Scientific Instruments, 1958, 29(1): 27-33.

[66] Moses W W. Scintillator requirements for medical imaging. Lawrence Berkeley National Lab, CA(US), 1999: 10.

[67] Krestel E. Imaging systems for medical diagnostics. Siemens Aktiengesellschaft, 1990: 1-636.

[68] Blasse G. Scintillator materials. Chemistry of Materials, 1994, 6(9): 1465-1475.

[69] Kostler W, Bayer E, Rossner W, et al. Correlation of time and temperature dependence of the luminescence of rare earth activated $(Y, Gd)_2O_3$. Nuclear Tracks and Radiation Measurements, 1993, 21(1): 135-138.

[70] Fernández M M, Benlloch J M, Cerdá J, et al. A flat-panel-based mini gamma camera for lymph nodes studies. Nuclear Instruments and Methods in Physics Research Research A, 2004, 527(1-2): 92-96.

[71] Sandler M P. Diagnostic Nuclear Medicine. Baltimore: Williams and Wilkins, 1996: 139-159.

[72] Lecoq P, Gundacker S. SiPM applications in positron emission tomography: Toward ultimate PET time-of-flight resolution. European Physical Journal Plus, 2021, 136(3): 292.

[73] Lecoq P, Morel C, Prior J O, et al. Roadmap toward the 10 ps time-of-flight PET challenge. Physics in Medicine and Biology, 2020, 65(21): RM01.

[74] Anger H O. Survey of radioisotope cameras. ISA Transactions, 1966, 5(4): 311-334.

[75] Tomitani T. Image reconstruction and noise evaluation in photon time-of-flight assisted positron emission tomography. IEEE Transactions on Nuclear Science, 1981, 28(6): 4581-4589.

[76] Snyder D L,Thomas L J, Terpogossian M M. A mathematical-model for positron-emission tomography systems having time-of-flight measurements. IEEE Transactions on Nuclear Science, 1981, 28: 3575-3583.

[77] Budinger T F. Time-of-flight positron emission tomography: Status relative to conventional PET. Journal of Nuclear Medicine, 1983, 24: 73-76.

[78] Conti M, Bendriem B. The new opportunities for high time resolution clinical TOF PET. Clinical and Translational Imaging, 2019, 7(2): 139-147.

[79] van Sluis J, de Jong J, Schaar J, et al. Performance characteristics of the digital biograph vision PET/CT system. Journal of Nuclear Medicine, 2019, 60(7): 1031-1036.

[80] Gundacker S, Auffray E, Pauwels K, et al. Measurement of intrinsic rise times for various L(Y)SO and LuAG scintillators with a general study of prompt photons to achieve 10 ps in TOF-PET. Physics in Medicine and Biology, 2016, 61(7): 2802.

[81] Gundacker S, Turtos R M, Auffray E, et al. High-frequency SiPM readout advances measured coincidence time resolution limits in TOF-PET. Physics in Medicine and Biology, 2019, 64(5): 055012.

[82] Spurrier M A, Szupryczynski P, Yang K, et al. Effects of Ca^{2+} Co-Doping on the scintillation properties of LSO: Ce. IEEE Transactions on Nuclear Science, 2008, 55(3): 1178-1182.

[83] Nikl M, Kamada K, Babin V, et al. Defect engineering in Ce-doped aluminum garnet single crystal scintillators. Crystal Growth and Design, 2014, 14(9): 4827-4833.

[84] Omelkov S I, Nagirnyi V, Gundacker S, et al. Scintillation yield of hot intraband luminescence. Journal of Luminescence, 2018, 198: 260-271.

[85] Korpar S, Dolenec R, Krizan P, et al. Study of TOF PET using Cherenkov light. Nuclear Instruments and Methods in Physics Research A, 2011, 654(1): 532-538.

[86] Ota R, Nakajima K, Hasegawa T, et al. Timing-performance evaluation of Cherenkov-based radiation detectors. Nuclear Instruments and Methods in Physics Research A, 2019, 923: 1-4.
[87] Gundacker S, Turtos R M, Kratochwil N, et al. Experimental time resolution limits of modern SiPMs and TOF-PET detectors exploring different scintillators and Cherenkov emission. Physics in Medicine and Biology, 2020, 65(2): 025001.
[88] Tomanová K, Čuba V, Brik M G, et al. On the structure, synthesis, and characterization of ultrafast blue-emitting $CsPbBr_3$ nanoplatelets. APL Materials, 2019, 7(1): 011104.
[89] 赵天池. 传感器和探测器的物理原理和应用. 北京: 科学出版社, 2008.
[90] 张雷, 刘明. X 射线实时成像项目平板探测器选型调研报告//中国核科学技术进展报告(第五卷)——中国核学会 2017 年学术年会论文集第 9 册(核情报分卷, 核技术经济与管理现代化分卷, 核电子学与核探测技术分卷), 2017.
[91] 贠明凯, 刘力. 数字实时成像(DR)与 X 射线胶片成像对比分析. CT 理论与应用研究, 2005, 3: 13-17.
[92] 聂聪. 不同平板探测器 DR 的比较研究. 中国医疗设备, 2007, 22(4): 87-88.
[93] 程耀瑜. 工业射线实时成像检测技术研究及高性能数字成像系统研制. 南京: 南京理工大学, 2003.
[94] 周日峰. 高能 X 射线工业 CT 气固混合型电子倍增辐射探测器探索研究. 重庆: 重庆大学, 2011.
[95] 柯斯克能 J, 蔺春涛, 高冬. 线阵探测器(LDA)的现状及发展趋势. CT 理论与应用研究, 2002, 3: 14-17.
[96] 王小兵, 李荐民, 李元景, 等. 特殊核材料及放射性物质门式监测系统. 核电子学与探测技术, 2007, 27(4): 634-630.
[97] Glodo J, Wang Y, Shawgo R, et al. New developments in scintillators for security applications. Physics Procedia, 2017, 90: 285-290.
[98] Glodo J, Hawrami R, Shah K S. Development of Cs_2LiYCl_6 scintillator. Journal of Crystal Growth, 2013, 379: 73-78.
[99] Grodzins L. Nuclear techniques for finding chemical explosives in airport luggage. Nuclear Instruments and Methods in Physics Research B, 1991, 56: 829-833.
[100] Naydenov S V, Ryzhikov V D. Multi-energy techniques for radiographic monitoring of chemical composition. Nuclear Instruments and Methods in Physics Research A, 2003, 505(1-2): 556-558.
[101] Womble P C, Schultz F J, Vourvopoulos G. Non-destructive characterization using pulsed fast-thermal neutrons. Nuclear Instruments and Methods in Physics Research B, 1995, 99(1-4): 757-760.

[102] 丁锡祥, 杨小尝, 李宇兵, 等. 隐藏爆炸物的快中子活化检测. 原子能科学技术, 1994, 28(5): 434-438.

[103] 王卫华. 地层自然伽马射线能量峰的识别. 东营: 中国石油大学, 2007.

[104] Mcgregor D S. Materials for gamma-ray spectrometers: inorganic scintillators. Annual Review of Materials Research, 2016, 48(1): 245-277.

附录一　常用闪烁晶体的闪烁性能表

化学式	密度 /(g/cm^3)	熔点 /℃	辐射长度 /cm	Z_{eff}	dE/dX /(MeV/cm)	发射峰 /nm	光产额 /(ph/MeV)	衰减时间 /ns
BaF_2	4.89	1280	2.03	52	6.52	300 220	9000 1600	630 0.6
$Bi_3Ge_4O_{12}$	7.13	1050	1.12	73	8.99	480	8000	300
$CdWO_4$	7.90	1325	1.10	62	10.2	475	13500	14000
CeF_3	6.16	1460	1.70	51	8.42	300	2770	30
$CeBr_3$	5.23	722	1.96	46	6.65	371	30000	17
CLYC:Ce	3.31	640	3.36	44	4.55	344 320	22000	6600 2
CsI	4.51	621	1.86	54	5.56	420 310	1400 420	30 6
CsI:Na	4.51	621	1.86	54	5.56	420	33400	690
CsI:Tl	4.51	621	1.86	54	5.56	550	62700	1220
GAGG:Ce	6.63	1850	1.59	52	9.13	530	54000	150
Gd_2SiO_5:Ce	6.71	1950	1.38	58	8.88	430	13500	73
$LaBr_3$:Ce	5.29	783	1.88	46	6.90	385	73000	25
Lu_2SiO_5:Ce	7.40	2050	1.14	65	9.55	420	30000	40
NaI:Tl	3.67	651	2.59	50	4.79	410	38000	245
$Y_3Al_5O_{12}$:Ce	4.56	1970	3.53	30	7.01	550	8000	70
$PbWO_4$	8.30	1123	0.89	74	10.1	420	120	10

附录二　常用放射源

常用γ放射源

核素	衰变方式	半衰期/a	能量/keV	衰变产物
^{137}Cs	β^-	30.17	661.7	^{137}Ba
^{60}Co	β^-	5.26	1173 1332	^{60}Ni

常用β^+放射源

核素	半衰期/a	能量 E_{β^+}/keV	能量 E_γ/keV	衰变产物
^{22}Na	2.60	545.7	1275	^{22}Ne

常用α放射源

核素	半衰期/a	能量/keV	分支比/%
^{241}Am	433	5486 5443 5387	(85.2) (12.8) (1.6)
^{252}Cf	2.637	6118 6076	81.4 15.5

常用α中子源

源	半衰期/a	平均中子能量/MeV	中子产额/(×10^{-5}n/(s·Bg))	γ射线强度/(×10^{-6}n·C/(kg·h))
^{241}Am-Be	433	5.0	5.9～7.3	0.26
^{210}Pb-Be	22	4.5～5.0	6.0～6.8	2.32
^{210}Po-Be	138.4 d	4.2	6.0～8.1	<0.026
^{238}Pu-Be	86	5.0	5.9～10.8	<0.26
^{239}Pu-Be	24400	4.5～5.0	4.0～7.3	<0.26
^{226}Ra-Be	1062	3.9～4.7	27.0～46.2	15.5

附录三　典型闪烁晶体吸收已知能量 X 射线的 95% 所需要的晶体厚度(单位：mm)

晶体种类	K-吸收边/keV	40keV	60keV	80keV	100keV	300keV	600keV
NaI:Tl	33.2	0.43	1.3	2.7	4.9	49.2	99.2
CsI:Tl	33.2	0.29	0.8	1.8	3.3	36.5	79.3
$CdWO_4$	69.5	0.33	0.9	0.5	0.9	12.6	35.9
BGO	90.5	0.38	1.1	2.2	1.1	13.3	37.8
LSO:Ce	63.3	0.55	1.6	0.7	1.3	16.0	40.9
LYSO:Ce	63.3	0.58	1.65	0.8	1.4	17.3	43.2

数据来源：https://luxiumsolutions.com/radiation-detection-scintillators/crystal-scintillators.